DESIGNER

Design that Connects... Interior Design and Construction, Space Identity & Design Consulting, Experience Solution, Exhibition Space design and Brand Identity.

최신판 2026

실내건축산업기사 필기

강혜진, 한석우 저

70+ 4주

실내건축 분야 YouTube 공간살롱

머리말

2026 실내건축산업기사 필기

Preface

Background

> 새로운 도전의 조건
> 1. 전망이 있는 분야인가?
> 2. 자격증의 가치가 어느정도 인가?

Trend

> Space Transformation
> 의 식 주★
> 공간에 대한 중요도 확대

Concept

> 70점 목표!
> 과감하게 버리자!
> 공부시간 최소로!
> 핵심기출문제 3회독!

실내건축 지식이 없어도! 누구나! 쉽게
4주 or 6주 … pass

실내디자이너가 될 후배님들을 생각하며…
저자 한석우, 강혜진

저자의 실내건축 인기 유튜브 채널
#공간살롱
"구독하시면 많은 정보와 혜택이 있습니다."

실내디자이너 선배가 알려주는
실내건축산업기사
Orientation

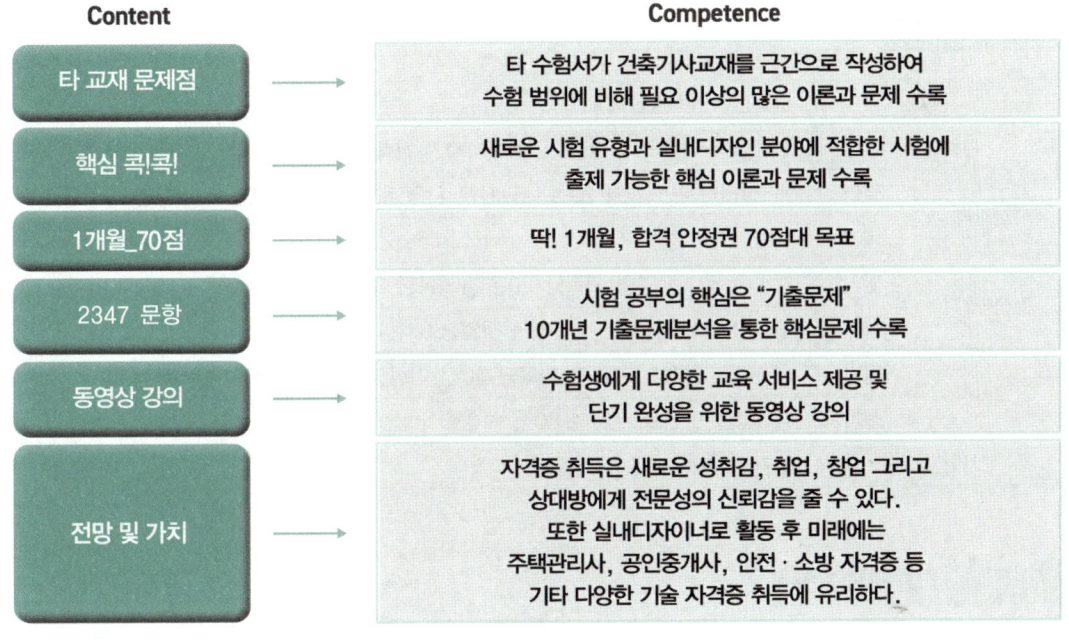

2026년 합격전략
AI One-stop Pass Solution

시험 방식의 변화로 **걱정? No!**

- 38% 4주 1회독
- 89% 6주 2.5회독

2차 실시 작업형 시험방식 변경
손 작업 ⇒ PC 작업
1차 2차 시험을 한번에 합격!

실내건축 지식이 없어도! 누구나! 쉽게!
1차 & 2차 이론과 기출문제를 AI 분석으로 파헤친 교재 & 동영상 강의
epasskorea AI One-stop Pass Solution

출제경향분석

2026 실내건축산업기사 필기

실내디자이너 선배가 알려주는
실내건축산업기사
Orientation

수험정보

시행처		한국산업인력공단
관련학과		전문대학 이상의 실내건축, 실내디자인 건축설계디자인공학, 건축설계학 관련학과
시험과목	필기	1. 실내디자인 계획 2. 실내디자인 시공 및 재료 3. 실내디자인환경
	실기	실내디자인 실무
검정방법	필기	객관식 4지 택일형 과목당 20문항(과목당 30분)
	실기	복합형(필답형(1시간, 40점) + 작업형(6시간 정도, 60점))
합격기준	필기	100점을 만점으로 하여 과목당 40점 이상, 전과목 평균 60점 이상
	실기	100점을 만점으로 하여 60점 이상
시험일정		필기, 실기 각 년 3회 실시

과목별 출제 경향 분석

1. 실내디자인 계획

- Chapter 01 실내디자인 기본 계획 **44%**
- Chapter 02 실내디자인 색채 계획 **43%**
- Chapter 03 실내디자인 가구 계획 **10%**
- Chapter 04 실내건축설계 시각화 작업 **3%**

2. 실내디자인 시공 및 재료

- Chapter 01 실내디자인 마감계획 및 협력공사 **91%**
- Chapter 02 실내디자인 시공관리 **7%**
- Chapter 03 실내디자인 사후관리 **2%**

3. 실내디자인 환경

- Chapter 01 실내환경 분석 **20%**
- Chapter 02 건축관계 법령 분석 **50%**
- Chapter 03 실내디자인 조명계획 **8%**
- Chapter 03 실내디자인 설비계획 **22%**

좀 더 자세한 내용 및 수험정보 등은 당사 홈페이지(www.epasskorea.com) 참조

학습전략

필기시험 출제 기준

직무분야	건설	중직무분야	건축	자격종목	실내건축산업기사	적용기간	2025.1.1 ~ 2027.12.31

○ 직무내용 : 기능적, 미적요소를 고려하여 건축 실내공간을 계획하고, 제반 설계도서를 작성하며, 완료된 설계도서에 따라 시공 및 공정관리를 수행하는 직무이다.

필기검정방법	객관식	문제수	60	시험시간	1시간 30분

필기과목명	문제수	주요항목	세부항목	세세항목
1. 실내디자인 계획	20	1. 실내디자인 기본 계획	1. 디자인 요소	1. 점, 선, 면, 형태 2. 질감, 문양, 공간 등
			2. 디자인 원리	1. 스케일과 비례 2. 균형, 리듬, 강조 3. 조화, 대비, 통일 등
			3. 실내디자인 요소	1. 고정적 요소(1차적 요소) 2. 가동적 요소(2차적 요소)
			4. 공간 기본 구상	1. 죠닝 계획 2. 동선 계획
			5. 공간 기본 계획	1. 주거공간 계획 2. 업무공간 계획 3. 상업공간 계획 4. 전시공간 계획
		2. 실내디자인 색채계획	1. 색채 구상	1. 색채 기본 구상 2. 부위 및 공간별 색채구상
			2. 색채 적용 검토	1. 부위 및 공간별 색채 적용 검토 2. 색채 지각 3. 색채 분류 및 표시 4. 색채 조화 5. 색채 심리 6. 색체 관리
			3. 색채 계획	1. 부위 및 공간별 색채계획 2. 용도와 특성에 맞는 색채 계획
		3. 실내디자인 가구계획	1. 가구 자료 조사	1. 가구 디자인 역사 · 트렌드 2. 가구 구성 재료
			2. 가구 적용 검토	1. 사용자의 행태적 · 심리적 특성 2. 가구의 종류 및 특성
			3. 가구 계획	1. 공간별 가구계획 2. 업종별 가구계획

학습전략

2026 실내건축산업기사 필기

필기과목명	문제수	주요항목	세부항목	세세항목
2. 실내디자인 시공 및 재료	20	4. 실내건축설계 시각화 작업	1. 2D표현	1. 2D 설계도면의 종류 및 이해 2. 2D 설계도면 작성 기준
			2. 3D표현	1. 3D 설계도면의 종류 및 이해 2. 3D 설계도면 작성 기준
			3. 모형제작	1. 모형제작 계획
		1. 실내디자인 마감계획	1. 목공사	1. 목공사 조사 분석 2. 목공사 적용 검토 3. 목공사 시공 4. 목공사 재료
			2. 석공사	1. 석공사 조사 분석 2. 석공사 적용 검토 3. 석공사 시공 4. 석공사 재료
			3. 조적공사	1. 조적공사 조사 분석 2. 조적공사 적용 검토 3. 조적공사 시공 4. 조적공사 재료
			4. 타일공사	1. 타일공사 조사 분석 2. 타일공사 적용 검토 3. 타일공사 시공 4. 타일공사 재료
			5. 금속공사	1. 금속공사 조사 분석 2. 금속공사 적용 검토 3. 금속공사 시공 4. 금속공사 재료
			6. 창호 및 유리공사	1. 창호 및 유리공사 조사 분석 2. 창호 및 유리공사 적용 검토 3. 창호 및 유리공사 시공 4. 창호 및 유리공사 재료
			7. 도장공사	1. 도장공사 조사 분석 2. 도장공사 적용 검토 3. 도장공사 시공 4. 도장공사 재료
			8. 미장공사	1. 미장공사 조사 분석 2. 미장공사 적용 검토 3. 미장공사 시공 4. 미장공사 재료

필기과목명	문제수	주요항목	세부항목	세세항목
3. 실내디자인 환경	20	2. 실내디자인 시공관리	9. 수장공사	1. 수장공사 조사 분석 2. 수장공사 적용 검토 3. 수장공사 시공 4. 수장공사 재료
			1. 공정 계획 관리	1. 설계도 해석·분석 2. 소요 예산 계획 3. 공정계획서 4. 공사 진도관리 5. 자재 성능 검사
			2. 안전 관리	1. 안전관리 계획 수립 2. 안전관리 체크리스트 작성 3. 안전시설 설치 4. 안전교육 5. 피난계획 수립
			3. 실내디자인 협력 공사	1. 가설공사 2. 콘크리트공사 3. 방수 및 방습공사 4. 단열 및 음향공사 5. 기타 공사
			4. 시공 감리	1. 공사 품질관리 기준 2. 자재 품질 적정성 판단 3. 공사 현장 검측 4. 시공 결과 적정성 판단 5. 검사장비 사용과 검·교정
		3. 실내디자인 사후관리	1. 유지관리	1. 하자요인 유지관리지침 2. 하자 대처방안
		1. 실내디자인 자료 조사 분석	1. 주변 환경 조사	1. 열 및 습기 환경 2. 공기환경 3. 빛환경 4. 음환경
			2. 건축법령 분석	1. 총칙 2. 건축물의 구조 및 재료 3. 건축설비 4. 보칙
			3. 건축관계법령 분석	1. 건축물의 설비기준 등에 관한 규칙 2. 건축물의 피난·방화구조 등의 기준에 관한 규칙 3. 장애인·노인·임산부 등의 편의증진 보장에 관한 법률

필기과목명	문제수	주요항목	세부항목	세세항목
			4. 화재예방, 소방시설 설치·유지 및 안전관리에 관한 법령 분석	1. 총칙 2. 소방시설의 설치 및 유지관리 등 3. 소방대상물의 안전관리
		2. 실내디자인 조명계획	1. 실내조명 자료 조사	1. 조명 방법 2. 조도 분포와 조도 측정
			2. 실내조명 적용 검토	1. 조명 연출
			3. 실내조명 계획	1. 공간별 조명 2. 조명 설계도서 3. 조명기구 시공계획 4. 물량 산출
		3. 실내디자인 설비 계획	1. 기계설비 계획	1. 기계설비 조사·분석 2. 기계설비 적용 검토 3. 각종 기계설비 계획
			2. 전기설비 계획	1. 전기설비 조사·분석 2. 전기설비 적용 검토 3. 각종 전기설비 계획
			3. 소방설비 계획	1. 소방설비 조사·분석 2. 소방설비 적용 검토 3. 각종 소방설비 계획

Study Plan

SELF-PASS PLANNER

나의 목표 4주 2회독	20(　)년 [　/　] ~ 20(　)년 [　/　]	D-DAY [　/　]

시작하는 방법은 생각과 말을 멈추고 즉시 행동하는 것이다.

Walt Disney

PART	CHAPTER	중요도	1회독	2회독
1. 실내디자인 계획	01 실내디자인 기본 계획 ★★★	44%	/	/
	02 실내디자인 색채 계획 ★★★	43%	/	/
	03 실내디자인 가구 계획 ★★	10%	/	/
	04 실내건축설계 시각화 작업 ★	3%	/	/
2. 실내디자인 시공 및 재료	01 실내디자인 마감계획 및 협력공사 ★★★	91%	/	/
	02 실내디자인 시공관리 ★	7%	/	/
	03 실내디자인 사후관리	2%	/	/
3. 실내디자인 환경	01 실내환경 분석 ★★	20%	/	/
	02 건축관계 법령 분석 ★★★	50%	/	/
	03 실내디자인 조명계획 ★	8%	/	/
	04 실내디자인 설비계획 ★★	22%	/	/

좀 더 자세한 내용 및 수험정보 등은 당사 홈페이지(www.epasskorea.com) 참조

차례 CONTENTS

2026 실내건축산업기사 필기

Index

PART 01 실내디자인 계획

Chapter 1 실내디자인 기본 계획 17
01 디자인 요소 18
02 디자인 원리 37
03 실내디자인의 요소 52
04 공간 기본 구상 70
05 공간 기본 계획 77
    05-1 주거공간 계획 77
    05-2 업무공간 계획 98
    05-3 상업공간 계획 112
    05-4 전시공간 계획 130

Chapter 2 실내디자인 색채 계획 143
01 색채 구상 144
02 색채 적용 검토 154
    02-1 색채 지각 154
    02-2 색채 분류 및 표시 167
    02-3 색채 조화 193
    02-4 색채 심리 211
    02-5 색채 관리 230
03 색채 계획 234

Chapter 3 실내디자인 가구 계획 251
01 가구 자료 조사 252
02 가구 적용 검토 265
03 가구 계획 273

Chapter 4 실내건축설계 시각화 작업 281
01 2D 표현 282
02 3D 표현 292
03 모형 제작 297

PART 02 실내디자인 시공 및 재료

Chapter 1 실내디자인 마감계획 및 협력공사   305
01 목공사   306
02 석공사   335
03 조적공사   345
04 타일공사   363
05 금속공사   373
06 유리 및 창호공사   388
07 도장공사   401
08 미장 및 수장공사   413
09 실내디자인 협력공사   430
    09-1 가설공사   430
    09-2 콘크리트 공사   435
    09-3 방수 및 방습공사   466
    09-4 단열 및 음향공사   475
    09-5 합성수지공사   481

Chapter 2 실내디자인 시공관리   497
01 공정계획 관리   498
02 안전관리   504
03 시공감리   511

Chapter 3 실내디자인 사후관리   515
01 하자 및 대처방안   516

PART 03 실내디자인 환경

Chapter 1 실내환경 분석 — 529
01 열 및 습기 환경 — 530
02 공기 환경 — 553
03 빛 환경 — 563
04 음 환경 — 574

Chapter 2 건축관계 법령 분석 — 593
01 건축법 총칙 — 594
02 건축물 설비규정 — 615
03 피난·방화규정 — 630
04 장애인·노인·임산부 등의 편의증진 보장에 관한 법률 — 658
05 화재예방, 소방시설 설치·유지 및 안전관리에 관한 법령 분석 — 666

Chapter 3 실내디자인 조명계획 — 699
01 실내조명 자료 조사 — 700
02 실내조명 계획 — 713

Chapter 4 실내디자인 설비계획 — 723
01 급수 및 급탕 설비 — 724
02 공조 설비 — 744
03 전기 설비 — 764
04 소방 설비 — 776

PART 04

과년도 기출문제

01 실내건축산업기사 2023년 1회	788
02 실내건축산업기사 2023년 2회	797
03 실내건축산업기사 2023년 3회	805
04 실내건축산업기사 2024년 1회	813
05 실내건축산업기사 2024년 2회	821
06 실내건축산업기사 2024년 3회	829
07 실내건축산업기사 2025년 1회	837
08 실내건축산업기사 2025년 2회	845
09 실내건축산업기사 2025년 3회	853

정답 및 해설

01 실내건축산업기사 2023년 1회	861
02 실내건축산업기사 2023년 2회	867
03 실내건축산업기사 2023년 3회	873
04 실내건축산업기사 2024년 1회	880
05 실내건축산업기사 2024년 2회	885
06 실내건축산업기사 2024년 3회	890
07 실내건축산업기사 2025년 1회	896
08 실내건축산업기사 2025년 2회	901
09 실내건축산업기사 2025년 3회	907

PART
01

실내디자인 계획

Chapter 01　실내디자인 기본 계획　　44%
Chapter 02　실내디자인 색채 계획　　43%
Chapter 03　실내디자인 가구 계획　　10%
Chapter 04　실내건축설계 시각화 작업　3%

Chapter 01

실내디자인 기본 계획

최근 10개년 출제문항수 **377**개

New_ 2022년 이후 평균 출제비중 **44%**

Chapter 출제경향분석

Section		출제비율
01	디자인 요소	6%
02	디자인 원리	5%
03	실내디자인 요소	6%
04	공간 기본구상	3%
05	공간 기본 계획	24%

01 디자인 요소

Pass Note

예상출제문항		키워드
1~2	- 점,선의 특징 - 형태의 종류 특징 - 형태지각심리 특성 - 착시 종류 특징	- 다의 도형 착시, 역리 도형착시 - 공간구획 종류,방법 - 질감의 특성

1. 점·선·면·형태

1) 점(point)

① 기하학적으로 크기가 없고 위치만 있다.
② 선의 교차, 선의 굴절, 면과 선의 교차에서 나타난다.
③ 점의 장력(인장력) : 2점을 가까운 거리에 놓아두면, 서로간의 장력으로 선으로 인식되는 효과
④ 점의 집중효과 : 공간에 놓여있는 한 점은 시선을 집중시키는 효과가 있다.
⑤ 시선의 이동 : 크기가 다른 두 점이 함께 놓여있을 때 큰 점에서 작은 점으로 시선이 이동한다.
⑥ 많은 점을 근접시키면 면으로 지각하는 효과가 있다.
⑦ 다수의 점은 면으로 지각되며, 점의 크기가 다를 때에는 동적인 면이 지각되며, 같을 때에는 정적인 면이 지각된다.

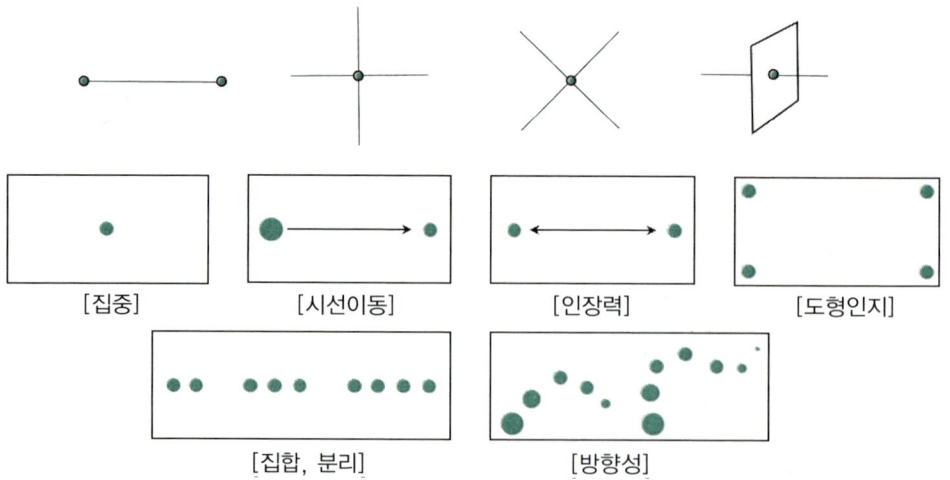

점의 조형효과에 대한 설명 중 옳지 않은 것은? [22]
① 점이 연속되면 선으로 느끼게 한다.
② 두 개의 점이 있을 경우 두 점의 크기가 같을 때 주의력은 균등하게 작용한다.
③ 배경의 중심에 있는 하나의 점은 점에 시선을 집중시키고 역동적인 효과를 느끼게 한다.
④ 배경의 중심에서 벗어난 하나의 점은 점을 둘러싼 영역과의 사이에 시각적 긴장감을 생성한다.

정답 ③

 다음 그림과 같이 많은 점이 근접되었을 때 효과로 가장 알맞은 것은? [22]
① 공간으로 지각　　② 부피로 지각
③ 물체로 지각　　④ 면으로 지각

정답 ④

2) 선(line)

① 길이와 위치, 방향성을 갖고 있으며 폭과 부피는 갖지 않는다.
② 점이 이동한 궤적을 선이라 할 수 있는데, 이것을 포지티브(Positive)선이라 하며 많은 선의 근접은 면으로 지각되는 효과가 있다.
③ 선은 길이와 위치만 있고, 폭과 부피는 없다. 점이 이동한 궤적이며 면의 한계, 교차에서 나타난다.
④ 선은 어떤 형상을 규정하거나 한정하고 면적을 분할한다.
⑤ 운동감, 속도감, 방향 등을 나타낸다.
⑥ 선은 점이 이동된 궤적으로 점이 확장되어 선이 된다. 선을 나란히 놓으면 면으로 지각된다.
⑦ 선의 조형 심리적 효과

선의 종류	조형효과
수직선	상승감, 엄숙함, 존엄성, 남성적인 느낌
수평선	영원, 안정, 무한, 정적인 느낌
사선	운동감, 속도감, 불안, 변화하는 활동적 느낌
곡선	유연, 복잡, 동적, 부드러움, 경쾌, 여성적인 느낌

 다음 중 수평선(Horizontal Line)이 주는 느낌으로 가장 알맞은 것은? [24,22]
① 존엄성　　② 경쾌　　③ 위험　　④ 안정

정답 ④

예제 04 점과 선에 관한 설명으로 옳지 않은 것은? [25,23,16]
① 점은 선과 선이 교차될 때 발생한다.
② 선은 기하학적 관점에서 폭은 있으나 방향성이 없다.
③ 하나의 점은 관찰자의 시선을 화면 안의 특정한 위치로 이끈다.
④ 점이 이동한 궤적에 의해 생성된 선을 포지티브선이라고도 한다.

정답 ②

3) 면(surface)
① 점이나 선의 집합, 면의 절단에 의해 생성되며, 입체의 한계와 공간의 경계이기도 하다.
② 길이와 넓이는 있으나 두께가 없고 위치나 방향을 가지는 선의 집합체
③ 선이 이동한 궤적
④ 절단에 의해서 여러 가지 면이 생긴다.
⑤ 곡면과 평면의 결합으로 대비 효과를 얻을 수 있으며, 공간의 구성에는 극히 효과적이다.
⑥ 면의 구성방법에는 지배적 구성, 분리 구성, 일렬 구성, 자유 구성 등이 있다.
⑦ 면의 심리적 인상은 그 면이 놓인 위치, 질감, 색, 패턴 또는 다른 면과의 관계 등에 따라 차이를 나타낸다.

예제 05 디자인의 요소 중 면에 관한 설명으로 옳은 것은? [19]
① 면 자체의 절단에 의해 새로운 면을 얻을 수 있다.
② 면이 이동한 궤적으로 물체가 점유한 공간을 의미한다.
③ 점이 이동한 궤적으로 면의 한계 또는 교차에서 나타난다.
④ 위치만 있고 크기는 없는 것으로 선의 한계 또는 교차에서 나타난다.

정답 ①

4) 형태(form)
형태는 모양, 부피, 구조로 정의 된다.
① **이념적 형태(negative form)** : 인간의 지각, 즉 시각과 촉각 등으로는 직접 느낄 수 없고 개념적으로만 제시될 수 있는 형태로서 상징적 형태라고도 한다.
② **현실적 형태(positive form)** : 실재 존재하는 모든 물상
  ㉠ 자연형태 : 자연계에 존재하는 모든 것으로부터 보이는 형태를 말하며, 조형의 원형으로서 작용하며 기능과 구조의 모델이 되기도 한다. 단순한 부정형의 형태를 취하기도 하지만 경우에 따라서는 체계적인 기하학적인 특징을 갖는다.
  ㉡ 인위형태 : 3차원적인 모양, 구조를 갖는 인위적 형태로 휴먼스케일과 일정한 관계를 갖는다.
③ **오가닉 형태(organic form)** : 합리적, 수리적, 유기적인 형태로 재현이 가능한 형태이다.
④ **액시던트 형태(accident form)** : 재현이 불가능한 형태. 우연적 방법

기하학적 형태에 관한 설명으로 옳지 않은 것은? [21]
① 유기적 형태를 가진다.
② 인공적 형태의 특징을 느끼게 한다.
③ 규칙적이며 단순 명쾌한 감각을 준다.
④ 수학적인 법칙과 함께 생기며 뚜렷한 질서를 가진다.

정답 ①

 다음 설명에 알맞은 형태의 종류는? [20]

- 인간의 지각, 즉 시각과 촉각 등으로는 직접 느낄 수 없고 개념적으로만 제시될 수 있는 형태이다.
- 순수형태 또는 상징적 형태라고도 한다.

① 자연형태　　　　　　　　② 인위형태
③ 이념적 형태　　　　　　　④ 추상적 형태

정답 ③

5) 형태의 지각심리(게슈탈트의 지각심리)

(1) 근접성
가까이 있는 유사한 요소들을 패턴이나 그룹으로 지각

[수평으로 지각]

[수직으로 지각]

(2) 유사성
유사한 형태와 색깔, 크기 등이 함께 모여 있는 것처럼 보이는 지각심리

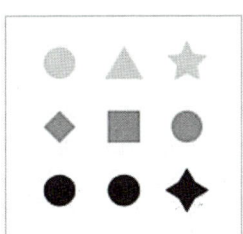

(3) 연속성

유사한 배열의 묶음이 하나로 인식되는 지각심리

(4) 폐쇄성

불완전한 시각요소들을 하나의 형태로 지각하는 심리

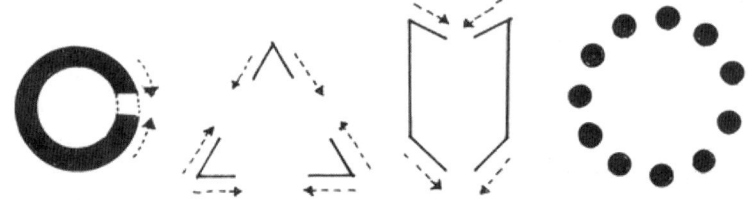

(5) 단순화

복잡한 형태를 보다 단순화 형태로 지각하려는 심리

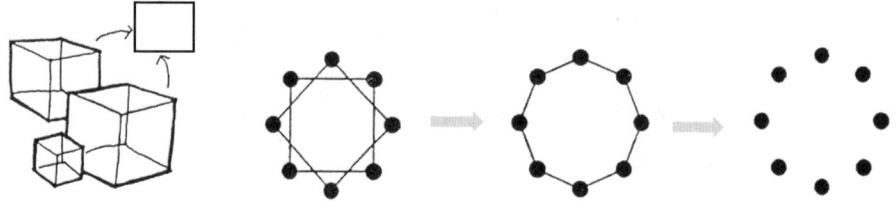

(6) 도형과 배경의 법칙

도형과 배경 중 하나로만 인식되는 심리

[루빈의 항아리 – 다의 도형 착시]

(7) 착시현상

길이착시(뮐러-라이어)	방향착시(체르너)	면적착시	거리착시
선 끝의 처리에 따라서 길이가 다르게 보인다.	평행선의 각도가 다르게 느껴진다.	배경색에 따라 면적이 다르게 느껴진다.	크기다 작은 것이 멀리 느껴진다.

만곡 착시(헤링도형)	포겐도르프(방향착시)	분트도형	역리도형(펜로즈)
평행선이 만곡 되어 보인다.	직선이 이어져 보이지 않는다.	수직선이 수평선보다 길어 보인다.	모순도형, 불가능한 도형

 예제 08 형태의 지각에 관한 설명으로 옳지 않은 것은? [20,13]
① 폐쇄성 : 폐쇄된 형태는 빈틈이 있는 형태들보다 우선적으로 지각된다.
② 근접성 : 거리적, 공간적으로 가까이 있는 시각적 요소들은 함께 지각된다.
③ 유사성 : 비슷한 형태, 규모, 색채, 질감, 명암, 팬턴의 그룹은 하나의 그룹으로 지각된다.
④ 프래그넌츠 원리 : 어떠한 형태도 그것을 될 수 있는 한 단순하고 명료하게 볼 수 있는 상태로 지각하게 된다.

정답 ①

 예제 09 '루빈의 항아리'와 가장 관련이 깊은 형태의 지각 심리는? [18]
① 그룹핑 법칙　　　　　　② 역리도형 착시
③ 형과 배경의 법칙　　　　④ 프래그넌츠의 법칙

정답 ③

2. 질감 · 문양 · 공간

1) 질감(texture)
① 모든 물체가 갖고 있는 **촉각** 또는 **시각**으로 지각되는 물체 표면상의 **특징**을 말한다.
② 매끄러운 질감은 빛을 반사하는 특성이 있고, 거친 질감은 반대로 흡수하는 특성을 갖는다.
③ 목재와 같은 자연재료의 질감은 따뜻함과 친근감을 부여한다.

④ 질감의 성격에 따라 공간의 통일성을 살릴 수도 있고 파괴시킬 수도 있으므로 공간에서의 영향력이 있으며, 재료의 질감대비를 통해 실내공간의 변화와 다양성을 꾀할 수 있다.
⑤ 질감 선택 시 고려해야 할 사항은 색, 빛의 반사와 흡수, 촉감이다

예제 10 촉각 또는 시각으로 지각할 수 있는 어떤 물체 표면상의 특징을 의미하는 것은? [22]
① 모듈 ② 패턴 ③ 스케일 ④ 질감

정답 ④

2) 문양(pattern)

① 2차원 또는 3차원적인 장식의 질서를 부여하는 배열로서 점, 선, 형태, 공간, 조명, 색채 등을 도형화 한 것
② 일반적으로 연속성을 지니며, 연속성이 있는 패턴은 리듬감이 생긴다. 이때 리듬은 공간의 성격이나 스케일에 맞게 적용한다.
③ 규모가 크든, 작든, 추상적이든 간에 운동감을 지닌다.
④ 문양을 선정하는 모티브(Motive)는 자연적인 것, 양식화된 것, 추상적인 것 등이 있으며, 문양의 패턴을 선정하는데 문제 시 된다.

3) 공간(space)

공간은 점, 선, 면의 구성으로 이루어지며, 모든 물체의 안쪽을 말한다. 규칙적 형태와 불규칙 형태로 구분된다.

(1) 공간의 분할

① 차단적 구획(물리적 구획) : 칸막이(고정 벽) 등으로 수평, 수직 방향으로 분리(커튼, 열주, 유리창)
② 심리, 도덕적 구획(상징적 구획) : 가구, 기둥, 식물 같은 실내 구성요소로 가변적으로 분할(바닥, 천장면의 단차의 변화)
③ 지각적 구획 : 조명, 마감, 재료의 변화, 통로나 복도 공간 등의 공간 형태의 변화로 분할

예제 11 실내공간을 심리적으로 구획하는데 사용하는 일반적인 방법이 아닌 것은? [21]
① 식물 ② 기둥 ③ 조각 ④ 커튼

정답 ④

핵심 기출문제

01 디자인 요소

1 점, 선, 면, 형태

01 ▶ 22
점의 인식에 대한 설명 중에서 적당하지 않은 것은?

① 가까운 거리에 위치하는 두개의 점은 장력의 작용으로 선이 생긴다.
② 나란히 있는 점은 간격에 따라 집합, 분리의 효과를 얻는다.
③ 공간의 중심에 점이 있음으로써 단순하지만 주목성을 높인다.
④ 많은 점들이 근접해 있을 경우 각 점의 독립성이 강조된다.

해설 | 많은 점들이 근접해 있을 경우 각 점의 독립성이 약화되어 면으로 인식 된다.

02 ▶ 21, 16
다음 그림과 같이 많은 점이 근접되었을 때 효과로 가장 알맞은 것은?

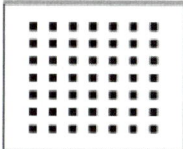

① 공간으로 지각
② 부피로 지각
③ 물체로 지각
④ 면으로 지각

해설 | 많은 점이 근접되었을 때 면으로 지각된다.

03 ▶ 20
점의 조형효과에 관한 설명으로 옳지 않은 것은?

① 점이 연속되면 선으로 느끼게 한다.
② 두 개의 점이 있을 경우 두 점의 크기가 같을 때 주의력은 균등하게 작용한다.
③ 배경의 중심에 있는 하나의 점은 점에 시선을 집중시키고 역동적인 효과를 느끼게 한다.
④ 배경의 중심에서 벗어난 하나의 점은 점을 둘러싼 영역과의 사이에 시각적 긴장감을 생성한다.

해설 | 배경의 중심에 있는 하나의 점은 점에 시선을 집중시키고 정적인 효과를 느끼게 한다.

04 ▶ 20
실내디자인 요소 중 점에 관한 설명으로 옳지 않은 것은?

① 점이 많은 경우에는 선이나 면으로 지각된다.
② 공간에 하나의 점이 놓이면 주의력이 집중되는 효과가 있다.
③ 점의 연속이 점진적으로 축소 또는 팽창 나열 되면 원근감이 생긴다.
④ 동일한 크기의 점인 경우 밝은 점은 작고 좁게, 어두운 점은 크고 넓게 지각된다.

해설 | 동일한 크기의 점인 경우 밝은 점은 크고 넓게, 어두운 점은 작고 좁게 지각된다.

정답 | 01 ④ 02 ④ 03 ③ 04 ④

05

디자인 요소 중 점에 관한 설명으로 옳지 않은 것은?

① 공간에 한 점을 두면 집중효과가 생긴다.
② 다수의 점을 근접시키면 면으로 지각된다.
③ 같은 점이라도 밝은 점은 작고 좁게, 어두운 점은 크고 넓게 보인다.
④ 점은 선과 마찬가지로 형태의 외곽을 시각적으로 설명하는데 사용될 수 있다.

해설 | 같은 점이라도 밝은 점은 크고 넓게, 어두운 점은 작고 좁게 보인다.

06

점에 관한 설명으로 옳지 않은 것은?

① 많은 점이 같은 조건으로 집결되면 평면감을 준다.
② 두 점의 크기가 같을 때 주의력은 균등하게 작용한다.
③ 하나의 점은 관찰자의 시선을 화면 안에 특정한 위치로 이끈다.
④ 모든 방향으로 펼쳐진 무한히 넓은 영역이며 면들의 교차에서 나타난다.

해설 | ④는 선에 대한 설명이다.

07

다음 중 집중효과가 가장 큰 것은?

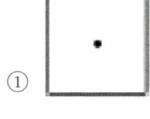 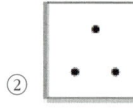
① ②
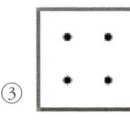 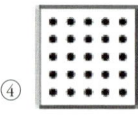
③ ④

해설 | 공간에 하나의 점이 위치하면 주의력과 집중되는 효과가 있다.

08

디자인 요소 중 선에 관한 설명으로 옳지 않은 것은?

① 선은 면이 이동한 궤적이다.
② 선을 포개면 패턴을 얻을 수 있다.
③ 많은 선을 나란히 놓으면 면을 느낀다.
④ 선은 어떤 형상을 규정하거나 한정한다.

해설 | 선은 점이 이동한 궤적이다.

09

다음 중 곡선이 주는 느낌과 가장 거리가 먼 것은?

① 우아함 ② 안정감
③ 유연함 ④ 불명료함

해설 | 선의 조형적 효과
  ㉠ 수직선 : 상승감, 엄숙함, 존엄성, 남성적인 느낌
  ㉡ 수평선 : 영원, 안정, 무한, 정적인 느낌
  ㉢ 사선 : 운동감, 속도감, 불안, 변화하는 활동적 느낌
  ㉣ 곡선 : 유연, 복잡, 동적, 부드러움, 경쾌, 여성적인 느낌

10

실내디자인 요소 중 선에 관한 설명으로 옳지 않은 것은?

① 많은 선을 근접시키면 면으로 인식된다.
② 수직선은 공간을 실제보다 더 높아 보이게 한다.
③ 수평선은 무한, 확대, 안정 등 주로 정적인 느낌을 준다.
④ 곡선은 약동감, 생동감 넘치는 에너지와 운동감, 속도감을 준다.

해설 | 곡선은 유연, 복잡, 동적, 부드러움, 경쾌, 여성적인 느낌을 준다.

정답 | 05 ③ 06 ④ 07 ① 08 ① 09 ② 10 ④

11
디자인 요소 중 선에 관한 다음 그림이 의미하는 것은?

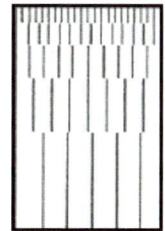

① 선을 끊음으로써 점을 느낀다.
② 조밀성의 변화로 깊이를 느낀다.
③ 선을 포개면 패턴을 얻을 수 있다.
④ 지그재그선의 반복으로 양감의 효과를 얻는다.

해설 | 그림의 경우 선의 조밀성의 변화로 깊이를 느끼게 한다.

12
점과 선에 관한 설명으로 옳지 않은 것은?

① 선은 면의 한계, 면들의 교차에서 나타난다.
② 크기가 같은 두 개의 점에는 주의력이 균등하게 작용한다.
③ 곡선은 약동감, 생동감 넘치는 에너지와 속도감을 준다.
④ 배경의 중심에 있는 하나의 점은 시선을 집중시키는 효과가 있다.

해설 | 곡선은 유연, 복잡, 동적, 부드러움, 경쾌, 여성적인 느낌을 준다.

13
다음 중 엄숙, 의지, 신앙, 상승 등을 연상하게 하는 선은?

① 수직선   ② 수평선
③ 사선   ④ 곡선

해설 | 수직선은 상승감, 엄숙함, 존엄성, 남성적인 느낌을 준다.

14
고딕건축에서 엄숙함, 위엄 등의 느낌을 주기위해 사용한 디자인 요소는?

① 곡선   ② 사선
③ 수평선   ④ 수직선

해설 | 고딕건축에서 첨두아치, 플라잉버트레스, 리브 볼트 등 수직적인 요소들은 엄숙함, 위엄 등의 느낌을 주기 위해 사용되었다.

15
선에 관한 설명으로 옳지 않은 것은?

① 선의 외관은 명암, 색채, 질감 등의 특성을 가질 수 있다.
② 많은 선을 근접시키거나 굵기 자체를 늘리면 면으로 인식되기도 한다.
③ 기하학적 관점에서 높이, 깊이, 폭이 없으며 단지 길이의 1차원만을 갖는다.
④ 점이 이동한 궤적에 의한 선은 네거티브 선, 면의 한계 또는 면들의 교차에 의한 선은 포지티브선으로 구분하기도 한다.

해설 | 점이 이동한 궤적에 의한 선은 포지티브선, 면의 한계 또는 면들의 교차에 의한 선은 네거티브선으로 구분하기도 한다.

16
수평선이 주는 조형효과로 가장 알맞은 것은?

① 엄숙함   ② 안정감
③ 생동감   ④ 유연함

해설 | 수평선은 영원, 안정, 무한, 정적인 느낌을 준다.

정답 | 11 ② 12 ③ 13 ① 14 ④ 15 ④ 16 ②

17 ▶ 14
선의 종류별 조형효과로 옳지 않은 것은?

① 사선 - 생동감
② 곡선 - 우아, 풍요
③ 수직선 - 평화, 침착
④ 수평선 - 안정, 편안함

해설 | 수직선은 승감, 엄숙함, 존엄성, 남성적인 느낌을 준다.

18 ▶ 13
점과 선에 관한 설명으로 옳지 않은 것은?

① 공간에 한 점을 두면 집중효과가 있다.
② 점은 기하학적으로 크기는 없고 위치만 존재한다.
③ 사선은 유연함, 우아함, 부드러움 등의 여성적인 느낌을 준다.
④ 여러 개의 선을 이용하여 움직임, 속도감을 시각적으로 표현할 수 있다.

해설 | 사선은 운동감, 속도감, 불안, 변화하는 활동적 느낌을 준다.

19 ▶ 13
디자인 구성요소 중 사선이 주는 느낌과 가장 거리가 먼 것은?

① 약동감
② 운동감
③ 안정감
④ 생동감

해설 | 사선은 운동감, 속도감, 불안, 변화하는 활동적 느낌을 준다.
곡선은 유연함, 우아함 등 여성적인 느낌을 준다.

20 ▶ 13
선의 조형효과에 관한 설명으로 옳지 않은 것은?

① 수직선은 상승감, 존엄성의 느낌을 준다.
② 사선은 침착, 안정 등 주로 정적인 느낌을 준다.
③ 수평선은 영원, 무한, 안정, 평화의 느낌을 준다.
④ 곡선은 유연함, 우아함 등 여성적인 느낌을 준다.

해설 | 사선은 운동감, 속도감, 불안, 변화하는 활동적 느낌을 준다.

21 ▶ 19
형태를 현실적 형태와 이념적 형태로 구분할 경우, 다음 중 이념적 형태에 관한 설명으로 옳은 것은?

① 주위에 실제 존재하는 모든 물상을 말한다.
② 인간의 지각으로는 직접 느낄 수 없는 형태이다.
③ 자연계에 존재하는 모든 것으로부터 보이는 형태를 말한다.
④ 기본적으로 모든 이념적 형태들은 휴먼 스케일과 일정한 관계를 갖는다.

해설 | ㉠ 이념적 형태(negative form) : 인간의 지각, 즉 시각과 촉각 등으로는 직접 느낄 수 없고 개념적으로만 제시될 수 있는 형태로서 상징적 형태라고도 한다.
㉡ 현실적 형태(positive form) : 실제 존재하는 모든 물상
 ⓐ 자연형태 : 자연계에 존재하는 모든 것으로부터 보이는 형태를 말하며, 조형의 원형으로서 작용하며 기능과 구조의 모델이 되기도 한다. 단순한 부정형의 형태를 취하기도 하지만 경우에 따라서는 체계적인 기하학적인 특징을 갖는다.
 ⓑ 인위형태 : 3차원적인 모양, 구조를 갖는 인위적 형태로 휴먼스케일과 일정한 관계를 갖는다.

정답 | 17 ③ 18 ③ 19 ③ 20 ② 21 ②

22 ▶ 17

형태를 의미구조에 의해 분류하였을 때, 다음 설명에 해당하는 것은?

> 인간의 지각, 즉 시각과 촉각 등으로 직접 느낄 수 없고 개념적으로만 제시될 수 있는 형태로서 순수 형태 혹은 상징적 형태라고도 한다.

① 현실적 형태 ② 인위적 형태
③ 이념적 형태 ④ 추상적 형태

해설 | 이념적 형태(negative form) : 인간의 지각, 즉 시각과 촉각 등으로는 직접 느낄 수 없고 개념적으로만 제시될 수 있는 형태로서 상징적 형태라고도 한다.

23 ▶ 16

형태의 분류 중 인간의 지각, 즉 시각과 촉각으로는 직접 느낄 수 없고 개념적으로만 제시될 수 있는 형태로서 순수 형태라고도 하는 것은?

① 인위적 형태 ② 현실적 형태
③ 이념적 형태 ④ 직설적 형태

해설 | 문제 22번 해설참조

24 ▶ 14

이념적 형태에 관한 설명으로 옳은 것은?

① 순수형태 또는 상징적 형태라고도 한다.
② 자연계에 존재하는 모든 것으로부터 보이는 형태를 말한다.
③ 구체적 형태를 생략 또는 과장의 과정을 거쳐 재구성된 형태이다.
④ 인간에 의해 인위적으로 만들어진 모든 사물, 구조체에서 볼 수 있는 형태이다.

해설 | 이념적 형태(negative form) : 인간의 지각, 즉 시각과 촉각 등으로는 직접 느낄 수 없고 개념적으로만 제시될 수 있는 형태로서 상징적 형태라고도 한다.

25 ▶ 14

기하학적으로 취급한 점, 선, 면, 입체 등이 속하는 형태의 종류는?

① 현실적 형태
② 이념적 형태
③ 추상적 형태
④ 3차원적 형태

해설 | 이념적 형태는 점, 선, 면, 입체의 기본 형식으로 이루어져 있으며 밀접한 관계가 있다.

26 ▶ 13

자연형태에 관한 설명으로 옳지 않은 것은?

① 현실적 형태이다.
② 조형의 원형으로서도 작용하며 기능과 구조의 모델이 되기도 한다.
③ 단순한 부정형의 형태를 취하기도 하지만 경우에 따라서는 체계적인 기하학적인 특징을 갖는다.
④ 디자인에 있어서 형태는 대부분이 자연형태이므로 착시 현상으로 일어나는 형태의 오류를 수정하도록 해야 한다.

해설 | 현실적 형태(positive form), 현실적 형태(positive form)는 실제 존재하는 모든 물상
  ㉠ 자연형태 : 자연계에 존재하는 모든 것으로부터 보이는 형태를 말하며, 조형의 원형으로서 작용하며 기능과 구조의 모델이 되기도 한다. 단순한 부정형의 형태를 취하기도 하지만 경우에 따라서는 체계적인 기하학적인 특징을 갖는다.
  ㉡ 인위형태 : 3차원적인 모양, 구조를 갖는 인위적 형태로 휴먼스케일과 일정한 관계를 갖는다.

정답 | 22 ③ 23 ③ 24 ① 25 ② 26 ④

27
다음 그림이 나타내는 형태지각의 원리는?

① 유사성 ② 접근성
③ 폐쇄성 ④ 형과 배경의 법칙

해설 | 도형과 배경의 법칙(루빈의 항아리)
도형과 배경이 순간적으로 번갈아 보이면서 다른 형태로 지각되는 심리

28
형태의 지각심리 중 루빈의 항아리와 가장 관계가 깊은 것은?

① 유사성
② 폐쇄성
③ 형과 배경의 법칙
④ 프래그넌즈의 법칙

해설 | 문제 27번 해설참조

29
'루빈의 항아리'와 가장 관련이 깊은 형태의 지각심리는?

① 그룹핑 법칙
② 역리도형 착시
③ 형과 배경의 법칙
④ 프래그넌츠의 법칙

해설 | 도형과 배경의 법칙(루빈의 항아리) : 도형과 배경이 순간적으로 번갈아 보이면서 다른 형태로 지각되는 심리

30
다음 중 다의도형 착시와 가장 관계가 깊은 것은?

① 루빈의 항아리
② 포겐도르프 도형
③ 쾨니히의 목걸이
④ 펜로즈의 삼각형

해설 | 도형과 배경의 법칙(루빈의 항아리) : 도형과 배경이 순간적으로 번갈아 보이면서 다른 형태로 지각되는 심리

31
그리스의 파르테논 신전에서 사용된 착시교정 수법에 관한 설명으로 옳지 않은 것은?

① 기둥의 중앙부를 약간 부풀어 오르게 만들었다.
② 모서리 쪽의 기둥 간격을 보다 좁혀지게 만들었다.
③ 기둥과 같은 수직 부재를 위쪽으로 갈수록 바깥쪽으로 약간 기울어지게 만들었다.
④ 아키트레이브, 코니스 등에 의해 형성되는 긴 수평선을 위쪽으로 약간 볼록하게 만들었다.

해설 | 그리스의 파르테논 신전에서 사용된 안 쏠림 기법은 기둥과 같은 수직 부재를 위쪽으로 갈수록 안쪽으로 약간 기울어지게 만들었다.

32
형태의 지각에 관한 설명으로 옳지 않은 것은?

① 대상을 가능한 한 복합적인 구조로 지각하려 한다.
② 형태를 있는 그대로가 아니라 수정된 이미지로 지각하려 한다.
③ 이미지를 파악하기 위하여 몇 개의 부분으로 나누어 지각하려 한다.
④ 가까이 있는 유사한 시각적 요소들은 하나의 그룹으로 지각하려 한다.

해설 | 보편적인 지각심리는 대상을 가능한 한 단순한 구조로 지각하려 한다.

정답 | 27 ④ 28 ③ 29 ③ 30 ① 31 ③ 32 ①

33

착시현상의 내용으로 옳지 않은 것은?

① 같은 길이의 수평선이 수직선보다 길어 보인다.
② 사선이 2개 이상의 평행선으로 중단되면 서로 어긋나 보인다.
③ 같은 크기의 도형이 상하로 겹쳐져 있을 때 위의 것이 커 보인다.
④ 검정 바탕에 흰 원이 동일한 크기의 흰 바탕에 검정 원보다 넓게 보인다.

해설 | 분트 도형의 착시에서 같은 길이라도 수직선이 수평선보다 길어 보인다.

34

바탕과 도형의 관계에서 도형이 되기 쉬운 조건에 관한 설명으로 옳지 않은 것은?

① 규칙적인 것은 도형으로 되기 쉽다.
② 바탕 위에 무리로 된 것은 도형으로 되기 쉽다.
③ 명도가 높은 것보다 낮은 것이 도형으로 되기 쉽다.
④ 이미 도형으로서 체험한 것은 도형으로 되기 쉽다.

해설 | 명도가 낮은 쪽이 배경이 되기 쉽다.

35

착시 현상에 관한 설명으로 옳지 않은 것은?

① 같은 길이의 수직선이 수평선보다 길어 보인다.
② 사선이 2개 이상의 평행선으로 중단되면 서로 어긋나 보인다.
③ 같은 크기의 2개의 부채꼴에서 아래쪽의 것이 위의 것보다 커 보인다.
④ 달 또는 태양이 지평선에 가까이 있을 때가 중천에 떠 있을 때보다 작아 보인다.

해설 | 달 또는 태양이 지평선에 가까이 있을 때가 중천에 떠 있을 때보다 크게 보인다.

36

펜로즈의 삼각형과 가장 관계가 깊은 착시의 유형은?

① 길이의 착시
② 방향의 착시
③ 역리도형 착시
④ 다의도형 착시

해설 | 역리도형(펜로즈)

37

역리도형 착시의 사례로 가장 알맞은 것은?

① 헤링 도형
② 자스트로의 도형
③ 펜로즈의 삼각형
④ 쾨니히의 목걸이

해설 | 문제 36번 해설참조

38

다음과 같은 방향의 착시 현상과 가장 관계가 깊은 것은?

사선이 2개 이상의 평행선으로 중단되면 서로 어긋나 보인다.

① 분트 도형
② 폰초 도형
③ 쾨니히의 목걸이
④ 포겐도르프 도형

해설 | 포겐도르프 도형

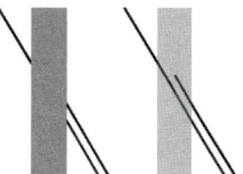

정답 | 33 ① 34 ③ 35 ④ 36 ③ 37 ③ 38 ④

39 ▶ 15, 13

게슈탈트 심리학에서 제시한 인간의 지각원리에 관한 주요 법칙에 속하지 않는 것은?

① 유사성 ② 접근성
③ 폐쇄성 ④ 착시성

해설 | 게슈탈트(Gestalt)의 법칙
- 유사성 : 비슷한 형태, 색채, 질감은 같은 요소로 보인다.
- 접근성 : 근접한 것끼리는 같은 패턴으로 보일 가능성이 크다.
- 폐쇄성 : 시각요소들이 어떤 형성을 지각하게 하는데 있어서 폐쇄된 느낌을 주는 법칙이다.
- 연속성 : 유사한 배열은 하나의 묶음으로 보인다.

40 ▶ 15

다음 설명에 알맞은 형태의 지각심리는?

> 비슷한 형태, 규모, 색채, 질감, 명암, 패턴의 그룹을 하나의 그룹으로 지각하려는 경향

① 근접성 ② 연속성
③ 유사성 ④ 폐쇄성

해설 | 유사성
형태, 규모, 색채, 질감 등에 있어서 유사한 시각적 요소들이 서로 연관되어 자연스럽게 그룹핑(Grouping)하여 하나의 패턴으로 보인다는 법칙이다.

41 ▶ 14

다음 설명과 가장 관련이 깊은 형태의 지각심리는?

> 여러 종류의 형들이 모두 일정한 규모, 색채, 질감, 명암, 윤곽선을 갖고 모양만이 다를 경우에는 모양에 따라 그룹화되어 자각된다.

① 유사성 ② 근접성
③ 연속성 ④ 폐쇄성

해설 | 유사성
형태, 규모, 색채, 질감 등에 있어서 유사한 시각적 요소들이 서로 연관되어 자연스럽게 그룹핑(Grouping)하여 하나의 패턴으로 보인다는 법칙이다.

42 ▶ 14

다음 설명과 가장 관련이 깊은 형태의 지각 심리는?

> 한 종류의 형들이 동등한 간격으로 반복되어있을 경우에는 이를 그룹화하여 평면처럼 지각되고 상하 좌우의 간격이 다를 경우 수평, 수직으로 지각된다.

① 유사성 ② 연속성
③ 폐쇄성 ④ 근접성

해설 | 게슈탈트(Gestalt)의 법칙
- 유사성 : 형태, 규모, 색채, 질감 등에 있어서 유사한 시각적 요소들이 서로 연관되어 자연스럽게 그룹핑(Grouping)하여 하나의 패턴으로 보인다는 법칙이다.
- 연속성 : 유사한 배열이 하나의 묶음으로 지각되는 것으로 공동운명의 법칙이라고 한다.
- 폐쇄성 : 시각요소들이 어떤 형성을 지각하게 하는데 있어서 폐쇄된 느낌을 주는 법칙이다.
- 접근성(근접) : 보다 더 가까이 있는 2개 또는 그 이상의 시각요소들은 패턴이나 그룹으로 지각될 가능성이 크다는 법칙이다.

43 ▶ 14

거리, 길이, 방향, 크기의 착시와 같은 기하학적 착시의 사례에 속하지 않는 것은?

① 분트 도형
② 뮐러-리어 도형
③ 포겐도르프 도형
④ 펜로즈의 삼각형

해설 | 역리도형 착시
모순도형, 불가능한 도형(펜로즈의 삼각형)

정답 | 39 ④ 40 ③ 41 ① 42 ④ 43 ④

44 ▶ 18
디자인 요소 중 2차원적 형태가 가지는 물리적 특성이 아닌 것은?

① 질감　　② 명도
③ 패턴　　④ 부피

해설 | 부피는 3차원적 형태를 가지는 물리적 특성이다.

45 ▶ 15
다음 설명과 가장 관련이 깊은 그림은?

> 2차원적 형상의 절단을 통해 새로운 2차원적 형상을 예감할 수 있다.

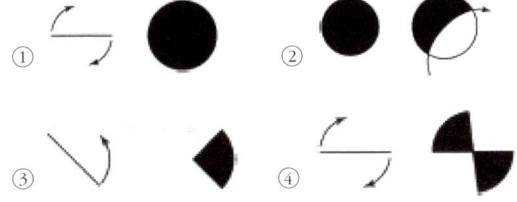

해설 | ①,③,④는 1차적 형상의 회전을 통해 새로운 2차원적 형상을 예감할 수 있는 그림이다.

46 ▶ 15
3차원 형상에 관한 설명으로 옳은 것은?

① 면과 선의 교차에서 나타난다.
② 2차원적 형상에 깊이나 볼륨을 더하여 창조된다.
③ 어떤 형상을 규정하거나 한정하고, 면적을 분할한다.
④ 삼각형, 사각형, 다각형, 원, 기타 기하학적 형태로 존재한다.

해설 | ①점, ③선, ④면의 설명이다.

47 ▶ 15
실내디자인의 요소에 관한 설명으로 옳지 않은 것은?

① 디자인에서의 형태는 점, 선, 면, 입체로 구성되어 있다.
② 벽면, 바닥면, 문, 창 등은 모두 실내의 면적 요소이다.
③ 수직선이 강조된 실내에서는 아늑하고 안정감이 있으며 평온한 분위기를 느낄 수 있다.
④ 실내 공간에서의 선은 상대적으로 가느다란 형태를 나타내므로 폭을 갖는 창틀이나 부피를 갖는 기둥도 선적 요소이다.

해설 | 수직선이 강조된 실내에서는 위엄성 있는 웅장한 분위기를 느낄 수 있다.

2 질감, 문양, 공간

48 ▶ 21
실내 마감 재료의 질감은 시각적으로 변화를 주는 중요한 요소이다. 다음 중 재료의 질감을 바르게 활용하지 못한 것은?

① 창이 작은 실내는 거친 질감을 사용하여 안정감을 준다.
② 좁은 실내는 곱고 매끄러운 재료를 사용한다.
③ 차고 딱딱한 대리석 위에 부드러운 카페트를 사용하여 질감 대비를 주는 것이 좋다.
④ 넓은 실내는 거친 재료를 사용하여 무겁고 안정감을 갖도록 한다.

해설 | 창이 작은 실내는 매끄러운 질감을 사용하여 안정감을 준다.

정답 | 44 ④　45 ②　46 ②　47 ③　48 ①

49 ▶ 21, 15
일반적으로 목재와 같은 자연적인 재료의 질감이 주는 느낌은?

① 친근감 ② 차가움
③ 현대적임 ④ 세련됨

해설 | 목재와 같은 자연 재료의 질감은 따뜻함과 친근감을 준다.

50
다음 중 질감(texture)에 관한 설명으로 옳은 것은?
▶ [21, 20]

① 스케일에 영향을 받지 않는다.
② 무게감은 전달할 수 있으나 온도감은 전달할 수 없다.
③ 촉각 또는 시각으로 지각할 수 있는 어떤 물체 표면상의 특징을 말한다.
④ 유리, 빛을 내는 금속류, 거울 같은 재료는 반사율이 낮아 차갑게 느껴진다.

해설 | 질감(texture)은 촉각 또는 시각으로 지각할 수 있는 어떤 물체 표면상의 특징을 말한다.

51 ▶ 18
질감에 관한 설명으로 옳지 않은 것은?

① 매끄러운 재료가 반사율이 높다.
② 효과적인 질감 표현을 위해서는 색채와 조명을 동시에 고려해야 한다.
③ 좁은 실내 공간을 넓게 느껴지도록 하기 위해서는 표면이 거칠고 어두운 재료를 사용하는 것이 좋다.
④ 질감은 시각적 환경에서 여러 종류의 물체들을 구분하는데 도움을 줄 수 있는 중요한 특성 가운데 하나이다.

해설 | 좁은 실내공간을 넓게 느껴지도록 하기 위해서는 표면이 매끄럽고 밝은 재료를 사용하는 것이 좋다.

52 ▶ 14
질감에 관한 설명으로 옳지 않은 것은?

① 질감의 선택 시 고려해야 할 사항은 스케일, 빛의 반사와 흡수 등의 요소이다.
② 질감은 실내디자인을 통일시키거나 파괴할 수도 있는 중요한 디자인 요소이다.
③ 좁은 실내공간을 넓게 느껴지도록 하기 위해서는 표면이 곱고 매끄러운 재료를 사용하는 것이 좋다.
④ 시각으로 지각할 수 있는 어떤 물체 표면상의 특징을 양감이라고 하며, 촉각으로 지각할 수 있는 것을 질감이라고 한다.

해설 | 양감은 사물의 모양을 인지하는 시각이며, 질감은 모든 물체가 갖고 있는 촉각 또는 시각으로 지각되는 물체 표면상의 특징을 말한다.

53 ▶ 13
질감(texture)에 관한 설명으로 옳지 않은 것은?

① 모든 물체는 일정한 질감을 갖는다.
② 매끄러운 재료는 빛을 많이 반사하므로 무겁고 안정적인 느낌을 준다.
③ 효과적인 질감 표현을 위해서는 색채와 조명을 동시에 고려해야 한다.
④ 실내공간에서는 재료의 질감 대비를 통하여 변화, 다양성, 드라마틱한 분위기를 연출할 수 있다.

해설 | 유리나 금속 등 매끄러운 재료는 빛을 반사하여 차갑고 강한 느낌을 주며, 본래의 색보다 강조되어 보인다.

정답 | 49 ① 50 ③ 51 ③ 52 ④ 53 ②

54 ▶ 13
질감(Texture)에 관한 설명으로 옳지 않은 것은?

① 광선은 질감의 효과에 거의 영향을 끼치지 않는다.
② 실내공간은 시각적 질감에 의해 그 윤곽과 인상이 형성된다.
③ 유리, 거울 같은 재료는 높은 반사율을 나타내며 차갑게 느껴진다.
④ 재료의 질감 대비를 이용하여 공간의 다양한 분위기를 연출할 수 있다.

해설 | 광선은 질감의 효과에 영향을 끼친다. 효과적인 질감 표현을 위해서는 광선에 가장 민감해야 한다.

55 ▶ 15
촉각 또는 시각으로 지각할 수 있는 어떤 물체 표면상의 특징을 의미하는 것은?

① 모듈　　　② 패턴
③ 스케일　　④ 질감

해설 | 질감(texture)은 촉각 또는 시각으로 지각할 수 있는 어떤 물체 표면상의 특징을 말한다.

56 ▶ 21
다음 중 공간을 분할하는데 있어 심리·도덕적 구획에 사용되는 요소와 가장 관계가 먼 것은?

① 낮은 수납장　　② 조각상
③ 화분　　　　　④ 이동벽

해설 | 공간 구획
　㉠ 차단적 구획(물리적 구획) : 칸막이(고정 벽) 등으로 수평, 수직 방향으로 분리(커튼, 열주, 유리창)
　㉡ 심리, 도덕적 구획(상징적 구획) : 가구, 기둥, 식물 같은 실내 구성요소로 가변적으로 분할(바닥, 천장면의 단차의 변화)
　㉢ 지각적 구획 : 조명, 마감, 재료의 변화, 통로나 복도 공간 등의 공간 형태의 변화로 분할

57 ▶ 21
공간의 형태에 관한 설명으로 옳은 것은?

① 천장면이 모아진 삼각형의 공간에서는 높이에 대한 집중도와 중심성이 상대적으로 떨어진다.
② 원형이나 정사각형의 평면 중심에 강한 요소를 도입하면 공간형태를 더욱 강조할 수 있다.
③ 공간의 형태는 일관성이나 축에 따라 자연적인 것과 유기적인 형태의 것으로 구분할 수 있다.
④ 천장면이 곡면일 경우 공간의 방향성은 공간의 중심으로 모이게 되며 정적인 분위기가 된다.

해설 | ① 천장면이 모아진 삼각형의 공간에서는 높이에 대한 집중도와 중심성이 높아진다.
　　　③ 공간의 형태는 일관성이나 축에 따라 자연적인 것과 인위적인 형태의 것으로 구분할 수 있다.
　　　④ 천장면이 곡면일 경우 공간의 방향성은 공간의 중심으로 모이게 되며 동적인 분위기가 된다.

58 ▶ 20
공간에 관한 설명으로 옳지 않은 것은?

① 모든 사물을 담고 있는 무한한 영역을 의미한다.
② 실내디자인에 있어서 가장 기본적인 요소이다.
③ 실내의 공간은 건축의 구조물에 의해 그 영역이 한정될 수 있다.
④ 사용자의 시각적인 위치에 따라 공간의 형태와 느낌은 변화하지 않는다.

해설 | 공간은 사용자가 보는 위치에 따라 시각적으로 수없이 변화한다.

정답 | 54 ① 55 ④ 56 ④ 57 ② 58 ④

59 ▶ 18
실내 공간의 형태에 관한 설명으로 옳지 않은 것은?

① 원형의 공간은 중심성을 갖는다.
② 정방형의 공간은 방향성을 갖는다.
③ 직사각형의 공간에서는 깊이를 느낄 수 있다.
④ 천장이 모인 삼각형 공간은 높이에 관심이 집중된다.

해설 | 정방형의 공간은 조용하고 정적인 느낌을 준다. 방향성을 갖는 것은 장방형 공간이다.

60 ▶ 15
공간에 관한 설명으로 옳지 않은 것은?

① 내부 공간의 형태는 바닥, 벽, 천장의 수직, 수평적 요소에 의해 이루어진다.
② 평면, 입면, 단면의 비례에 의해 내부 공간의 특성이 달라지며 사람은 심리적으로 다르게 영향을 받는다.
③ 내부 공간의 형태에 따라 가구유형과 형태, 가구배치 등 실내의 제요소들이 달라진다.
④ 불규칙적 형태의 공간은 일반적으로 한 개 이상의 축을 가지며 자연스럽고 대칭적이어서 안정되어 있다.

해설 | 불규칙적 형태의 공간은 일반적으로 한쪽 방향으로 긴 축이 형성되어 강한 방향성을 갖게 되는 특징이 있다.

61 ▶ 16
실내공간을 심리적으로 구획하는데 사용하는 일반적인 방법이 아닌 것은?

① 화분   ② 기둥
③ 조각   ④ 커튼

해설 | 커튼은 물리적 구획방법이다.

62 ▶ 14
공간의 차단적 분할에 사용되는 요소가 아닌 것은?

① 커튼   ② 열주
③ 조명   ④ 스크린벽

해설 | 공간 구획
  ㉠ 차단적 구획(물리적 구획) : 칸막이(고정 벽) 등으로 수평, 수직 방향으로 분리(커튼, 열주, 유리창)
  ㉡ 심리·도덕적 구획(상징적 구획) : 가구, 기둥, 식물 같은 실내 구성요소로 가변적으로 분할(바닥, 천장면의 단차의 변화)
  ㉢ 지각적 구획 : 조명, 마감, 재료의 변화, 통로나 복도 공간 등의 공간 형태의 변화로 분할

63 ▶ 13
공간의 분할에서 공간을 구획하는 실내 구성요소에 따른 구분에 속하지 않는 것은?

① 차단적 분할
② 기계적 분할
③ 지각적 분할
④ 상징적 분할

해설 | 공간 구획
  ㉠ 차단적 구획(물리적 구획)
  ㉡ 심리, 도덕적 구획(상징적 구획)
  ㉢ 지각적 구획

정답 | 59 ② 60 ④ 61 ④ 62 ③ 63 ②

02 디자인 원리

> Pass Note

예상출제문항	키워드	
1 ~ 2	- 균형의 원리 - 르 꼬르뷔지에와 황금비, 모듈러, 비례와 함께 이해 - 휴먼스케일	- 리듬의 특징 - 통일과 균형 - 조화의 특징

1. 스케일과 비례

1) 스케일

① 라틴어에서 유래된 것으로 도구를 나타내는 것. 즉 계단, 사다리를 뜻하는 고어이다.
② 스케일은 디자인이 적용되는 공간에서 인간과 공간 내의 사물과의 종합적인 연관을 고려하는 공간 관계 형성의 측정 기준에서 쾌적한 활동 반경 측정에 두어야 한다.
③ 가구, 실내, 건축물 등 물체와 인체와의 관계 및 물체 상호간의 관계를 말한다. 이때 물체 상호간에는 서로 같은 비율로 규정되어야 한다.
④ **휴먼스케일(Human Scale)** : 인간의 신체를 기준으로 파악하고 측정되는 척도 기준이다. 생활 속의 모든 스케일 개념은 인간중심으로 결정되어야 한다. 휴먼스케일이 잘 적용된 실내는 안정되고 안락한 느낌을 준다.

> **예제 01**
> 스케일(Scale)에 대한 설명 중 옳지 않은 것은? [22]
> ① 휴먼 스케일은 인간의 신체를 기준으로 파악되고 측정되는 척도 기준이다.
> ② 휴먼 스케일이 잘 적용된 실내공간은 심리적, 시각적으로 안정되고 편안한 느낌을 준다.
> ③ 휴먼 스케일의 적용은 추상적, 상징적 척도를 추구하는 것이다.
> ④ 기념비적인 스케일은 엄숙함, 경건함 등의 분위기를 창출하는데 사용된다.
>
> 정답 ③

예제 02 실내디자인의 원리 중 휴먼 스케일에 대한 설명으로 옳지 않은 것은? [24,22]
① 인간의 신체를 기준으로 파악되고 측정되는 척도 기준이다.
② 휴먼 스케일의 적용은 추상적, 상징적이 아닌 기능적인 척도를 추구하는 것이다.
③ 휴먼 스케일이 잘 적용된 실내공간은 심리적, 시각적으로 안정된 느낌을 준다.
④ 공간의 규모가 웅대한 기념비적인 공간은 휴먼 스케일을 적용하는데 용이하다.

정답 ④

2) 비례

물리적 크기를 선으로 측정하는 기하학적 개념이다. 디자인의 형태의 부분과 부분, 부분과 전체 사이의 크기, 모양 등의 시각적 질서, 균형을 결정하는데 효과적이다.

(1) 황금비

고대 그리스인들이 창안한 기하학적 분할 방식이다. 면적을 나누었을 때 작은 부분과 큰 부분의 비율이 큰 부분과 전체에 대한 비율과 동일하게 되는 기하학적 분할 방식으로 1:1.618의 비율을 갖는 가장 균형 잡힌 비례이다.

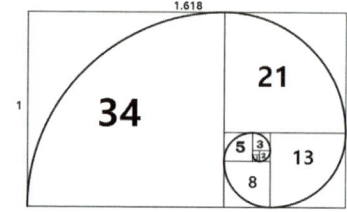

(2) 모듈러(Le modulor)

르 꼬르뷔제(Le corbusier)는 황금비를 바탕으로 한 대수 개념의 모듈 체계인 모듈러(modulor)의 개념을 만들었다.

(3) M.C(Modular Coordination)

① 설계 작업이 단순해지고 간편해진다.
② 현장작업이 단순해지고 공기가 단축된다.
③ 대량생산이 가능하며 생산비가 낮아진다.
④ 다양한 형태에 따른 개성 있는 디자인, 인간성 상실의 우려가 있다.

| 예제 03 | 다음 그림은 무엇을 나타내는가? [22] |

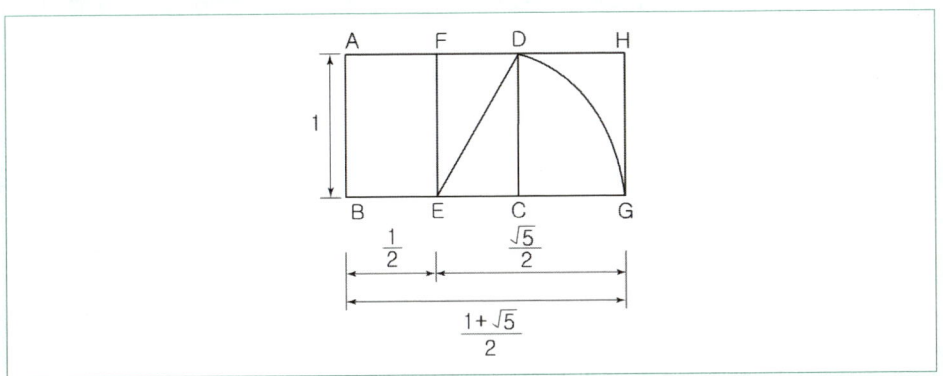

① 루트 직사각형 비례　　② 황금비례
③ 정수비례　　　　　　　④ 수열에 의한 비례

정답 ②

2. 균형 · 리듬 · 강조

1) 균형

(1) 균형의 원리

① 디자인 요소들의 상호작용이 하나의 지점에서 역학적으로 평형을 갖거나 전체의 그룹 안에서 서로 균등함을 이루고 있는 상태를 말한다.
② 시각적 무게의 평행상태로 실내에서 감지되는 시각적 무게의 균형을 말한다.
③ 기하학적 형태는 불규칙한 형태보다 가볍게 느껴진다.
④ 작은 것은 큰 것보다 가볍게 느껴진다.
⑤ 부드럽고 단순한 것은 거칠거나 복잡한 것보다 가볍게 느껴진다.
⑥ 사선은 수직, 수평선보다 가볍게 느껴진다.
⑦ 밝은 색은 어두운 색보다 시각적 중량감이 작다.

(2) 균형의 유형

대칭적 균형	① 대칭적 균형은 형, 형태의 크기, 위치, 형식, 집합의 정렬 등이 축을 중심으로 서로 대칭적인 관계로 구성되어 있는 경우를 말한다. ② 대칭 균형은 균형에서 **정형균형(완전한 균형)**이라고도 한다. ③ **완고하거나 여유, 변화가 없이 엄격, 경직될 수 도 있다.** ④ **통일과 질서감을 얻기 쉽고 때로는 표현효과가 단순하므로 딱딱한 형태감을 준다.**
비대칭적 균형	① **자연스러우며 풍부한 개성을 표현할 수 있어 능동의 균형**이라고도 한다. ② 비정형균형, 신비의 균형, 대칭균형보다 자연스럽다. ③ 균형의 중심점으로부터 양측은 가능한 모든 배열이 다르게 배치된다. ④ 시각적인 결합에 의해 동적인 안정감과 변화가 풍부한 개성 있는 형태를 준다. ⑤ **물리적으로는 불균형이지만 시각 상으로는 균형을 이루는 것으로 흥미로움을 주며 율동감, 역동감이 있다.**

균형의 원리에 관한 설명으로 옳지 않은 것은? [21]
① 크기가 큰 것이 작은 것보다 시각적 중량감이 크다.
② 색의 중량감은 색의 속성 중 명도, 채도에 영향을 받는다.
③ 불규칙적인 형태가 기하학적 형태보다 시각적 중량감이 크다.
④ 단순하고 부드러운 질감이 복잡하고 거친 질감보다 시각적 중량감이 크다.

정답 ④

2) 리듬

(1) 리듬의 특징
① 규칙적인 요소들의 반복에 의해 통제된 운동감이다.
② 디자인에 시각적인 질서를 부여하며, 음악적 감각인 **청각적 원리를 시각적으로 표현**하는 것으로 리듬의 원리는 **반복, 점이, 대립, 변이, 방사**로 이루어진다.

(2) 리듬의 원리

반복 (repetition)	• 색채, 질감, 형태, 문양의 반복을 통해 시각적으로 조화를 이루는 것이 리듬의 중점적인 원리이다.
점이 (점진 : gradation)	• 공간, 형태, 색상 등의 점차적인 변화로 생기는 리듬, 어떠한 조형요소가 시간적 또는 공간적인 간격을 두고 다른 형태로 변해가는 과정적인 의미.
대조 (대립 : opposition)	• 갑작스러운 형태 · 색깔 등의 변화로 생기는 느낌으로, 전체의 벽과 창, 문의 구성과 배치에 따라 변화된다.
변이 (transition)	• 원형 아치, 둥근 의자의 배치를 통해 느껴지는 리듬감이다.
방사 (radiation)	• 디자인 요소가 중심으로부터 외부로 퍼져나가는 리듬감으로, 생동감 있는 분위기를 느끼게 한다.

 디자인의 원리 가운데 리듬(Rhythm)에 나타나는 현상이 아닌 것은? [21]
① 반복　　　② 점이　　　③ 억양　　　④ 대칭

정답 ③

3) 강조
① 디자인의 일부에 주어진 초점이나 의도적인 변화이다.
② 균형과 리듬이 만들어지는 과정에서 강조가 필요하므로 강조는 균형과 리듬의 기초가 된다.
③ 구성의 구조 안에서 각 요소들의 시각적 계층 관계를 기본으로 한다.
④ 단조로움의 극복, 관심의 초점을 조성하거나 흥분을 유도할 때 적용한다.
⑤ 강조의 원리가 적용되는 시각적 초점은 주위가 대칭적 균형일 때 더욱 효과적이다.
⑥ 시각적 중량감이나 지배적인 시각적 힘 등에 의해서 강조되는 정도를 측정 한다.
⑦ 공간에서 색채나 형태를 강조함으로써 전체의 성격을 명백하게 규정하며, 강한 통일감을 준다.

예제 06 다음 중 도시의 랜드마크에 가장 중요시 되는 디자인 원리는? [18.13]

① 점이 ② 대립 ③ 강조 ④ 반복

해설 | 강조는 시각적인 힘의 강약에 단계를 주어 디자인의 일부분에 주어지는 초점이나 흥미를 중심으로 변화, 변칙, 불규칙성을 의도적으로 조성하는 것이다.

정답 ③

 Note 랜드마크(landmarks)란
어떤 지역을 식별하기 위한 목표물로서 적당한 사물(事物)로, 주위의 경관 중에서 두드러지게 눈에 띄기 쉬운 것이어야 한다.

3. 조화·대비·통일

1) 조화

(1) 조화의 특징

① 전체적인 조립이 모순 없이 질서를 갖는 것으로 다양성의 통일이다.
② 디자인 요소의 상호관계에 미적 현상을 발생시킨다. 즉 형태, 질감, 조명, 색, 선 등의 디자인 요소들 중 대부분이 일관성을 띠면서도 한두 개씩 다를 때 이루어지며, 통합적으로 일체감을 느끼게 되는 상태이다.
③ 둘 이상의 요소들이 상호 관련성에 의해 어울림을 느끼게 되는 상태이다.

(2) 조화의 종류

구분	내용
단순조화 (유사조화)	㉠ 형식적, 외형적으로 시각적인 동일한 요소의 조합 ㉡ 온화하며 부드럽고 여성적인 안정감 있는 이미지 전달 ㉢ 통일과 변화에 있어 통일의 개념에 가깝다.
대비조화 (복합조화)	㉠ 질적, 양적으로 서로 전혀 다른 2개의 요소가 편성되었을 때 서로 다른 반대성에 의해 미적 효과를 자아내는 것 ㉡ 강함, 화려함, 남성적 이미지 전달

 예제 07 디자인 원리에 관한 설명으로 옳지 않은 것은? [16]

① 대비조화는 부드럽고 차분한 여성적인 이미지를 준다.
② 유사조화는 시각적으로 동일한 요소들에 의해 이루어진다.
③ 조화란 전체적인 조립방법이 모순 없이 질서를 잡는 것이다.
④ 통일은 변화와 함께 모든 조형에 대한 미의 근원이 되는 원리이다.

정답 ①

2) 대비
① 질적, 양적으로 전혀 다른 둘 이상의 요소가 동시적 혹은 계속적으로 배열될 때 상호의 특징이 한층 강하게 느껴지는 통일적 현상
② 상반되는 요소가 인접될수록 대비효과는 커진다.
③ 디자인에서는 절대적 통일성이 필요하나 대비를 통해서 강력함, 남성적인 성격을 갖게 된다.
④ 조형 요소로서의 대비 개념에는 직선과 곡선, 대소, 장단, 무거움과 가벼움, 딱딱함과 부드러움, 투명과 불투명 등이 있다.

예제 08 디자인의 원리 중 대비에 대한 설명으로 옳지 않은 것은? [25,23,22,21,16]
① 극적인 분위기를 연출하는데 효과적이다.
② 상반 요소가 밀접하게 접근하면 할수록 대비의 효과는 감소된다.
③ 강력하고 화려하며 남성적인 이미지를 주지만 지나치게 크거나 많은 대비의 사용은 통일성을 방해할 우려가 있다.
④ 질적, 양적으로 전혀 다른 둘 이상의 요소가 동시에 혹은 계속적으로 배열될 때 상호의 특질이 한층 강하게 느껴지는 통일적 현상이다.

정답 ②

3) 통일
① 이질(異質)의 각 구성요소들이 전체로서 동일한 이미지를 갖게 하는 것으로, 변화와 함께 모든 조형에 대한 미의 근원이 되는 원리
② 대비인 통일과 변화는 상반되는 성질을 지니고 있으면서도 서로 긴밀한 유기적 관계를 유지
③ 정적 통일(교육 공간, 기념 공간), 동적 통일(상업 시설, 레저 시설), 양식통일(휴양 공간, 교통 공간) 등이 있다.
④ 디자인에 미적 질서를 주는 기본 원리로 모든 디자인 원리의 구심점이 된다.
⑤ 강하고 분명한 자극을 주는 디자인에서 느껴진다.
⑥ 동일성이나 반복성·유사성 등의 방법에 의해 연출되어 진다.

예제 09 이질(異質)의 각 구성요소들이 전체로서 동일한 이미지를 갖게 하는 것으로, 변화와 함께 모든 조형에 대한 미의 근원이 되는 원리는? [20]
① 조화   ② 강조   ③ 통일   ④ 균형

정답 ③

핵심 기출문제

02 디자인 원리

1 스케일과 비례

01 ▶ 21

가구 실내 건축물 등 물체와 인체와의 관계 및 물체 상호간의 관계를 인간 중심의 비율로 규정하는 것을 무엇이라 하는가?

① 휴먼스케일(human scale)
② 황금비례(golden section)
③ 심메트리(symmetry)
④ 프로포션(proportion)

해설 | 휴먼스케일
인간의 신체를 기준으로 파악하고 측정되는 척도 기준이다.
생활 속의 모든 스케일 개념은 인간중심으로 결정되어야 한다. 휴먼스케일이 잘 적용된 실내는 안정되고 안락한 느낌을 준다.

02 ▶ 21

다음 중 실내공간에서 단면의 비례를 결정 하는데 가장 기본적으로 고려하여야 하는 요소는?

① 개구부와 가구의 폭
② 인간의 시점과 천장고
③ 가구의 높이와 이용도
④ 공간의 가로 세로 비율

해설 | 실내공간에서 단면의 비례를 결정하는데 가장 기본적으로 고려하여야 하는 요소는 인간의 시점과 천장고이다.

03 ▶ 21

황금비를 바탕으로 한 대수 개념의 모듈 체계인 모듈러(Modulor)의 개념을 만든 건축가는?

① 알바 알토
② 르 꼬르뷔제
③ 미스 반 데 로에
④ 프랭크 로이드 라이트

해설 | 모듈러(Modulor)
르 꼬르뷔제(Le corbusier)는 황금비를 바탕으로 한 대수 개념의 모듈 체계인 모듈러(modulor)의 개념을 만들었다.

04 ▶ 20

황금비례에 관한 설명으로 옳지 않는 것은?

① 1 : 1.618의 비례이다.
② 기하학적인 분할방식이다.
③ 고대 이집트인들이 창안하였다.
④ 몬드리안의 작품에서 예를 들 수 있다.

해설 | 황금비례는 고대 그리스인들이 창안한 기하학적 분할 방식이다.

05 ▶ 20, 19

다음 중 실내공간계획에서 가장 중요하게 고려하여야 하는 것은?

① 조명 스케일
② 가구 스케일
③ 공간 스케일
④ 인체 스케일

해설 | 휴먼스케일
인간의 신체를 기준으로 파악하고 측정되는 척도 기준이다. 생활 속의 모든 스케일 개념은 인간중심으로 결정되어야 한다. 휴먼스케일이 잘 적용된 실내는 안정되고 안락한 느낌을 준다.

정답 | 01 ① 02 ② 03 ② 04 ③ 05 ④

06 ▸ 19,17,15
다음 중 황금분할의 비율로 가장 알맞은 것은?

① 1 : 1.314 ② 1 : 1.414
③ 1 : 1.618 ④ 1 : 1.732

해설 | 황금비례는 1 : 1.618의 비율을 갖는다.

07 ▸ 19,15
실내디자인의 원리 중 휴먼 스케일에 관한 설명으로 옳지 않은 것은?

① 인간의 신체를 기준으로 파악되고 측정되는 척도 기준이다.
② 공간의 규모가 웅대한 기념비인 공간은 휴먼 스케일의 적용이 용이하다.
③ 휴먼 스케일이 잘 적용된 실내공간은 심리적, 시각적으로 안정된 느낌을 준다.
④ 휴먼 스케일의 적용은 추상적, 상징적이 아닌 기능적인 척도를 추구하는 것이다.

해설 | 공간의 규모가 웅대한 기념비인 공간은 휴먼 스케일의 적용이 어렵다.

08 ▸ 17,13
르꼬르뷔제의 모듈러에 따른 인체의 기본 치수로 옳지 않은 것은?

① 기본 신장 : 183cm
② 배꼽까지의 높이 : 113cm
③ 어깨까지의 높이 : 162cm
④ 손을 들었을 때 손끝까지 높이 : 226cm

해설 | 르꼬르뷔제는 공간의 크기를 계량하는 기준으로서 자연스런 모습으로 손을 올린 인간을 선택하였다. 사람의 올린 손끝에서 머리끝까지, 머리끝에서 배꼽까지, 배꼽에서 발꿈치까지의 세 부분으로 구분하였다.
- 기본 신장 : 183cm
- 배꼽까지의 높이 : 113cm
- 손을 들었을 때 손끝까지 높이 : 226cm

09 ▸ 17
황금분할(golden section)에 관한 설명으로 옳지 않은 것은?

① 1:1.618의 비율이다
② 기하학적 분할방식이다.
③ 루트직사각형비와 동일하다.
④ 고대 그리스인들이 창안하였다.

해설 | 루트직사각형비는 1: $\sqrt{2}$ 와 같이 긴 쪽의 길이가 $\sqrt{}$ 로 표현된다.

10 ▸ 14
황금비례에 관한 설명으로 옳은 것은?

① 1 : 3.14의 비율이다.
② 건축에만 적용되었다.
③ 기하학적 분할방식이다.
④ 고대 로마인들이 창안하였다.

해설 | ① 1:1.618의 비율이다.
② 이 비율은 인체의 비례부터 시작되었지만, 후에 회화, 건축, 미술, 디자인에 이르는 다방면에 적용되었다.
④ 고대 그리스인들이 창안하였다.

11 ▸ 16
다음 설명이 의미하는 것은?

- 르 꼬르뷔지에가 창안
- 인체를 황금비로 분석
- 공업 생산에 적용

① 패턴 ② 조닝
③ 모듈러 ④ 그리드

해설 | 모듈러(Modulor)
르 꼬르뷔제(Le corbusier)는 황금비를 바탕으로 한 대수 개념의 모듈 체계인 모듈러(modulor)의 개념을 만들었다.

정답 | 06 ③ 07 ② 08 ③ 09 ③ 10 ③ 11 ③

12 ▶ 15
다음 중 모듈(module)과 가장 관계가 깊은 디자인 원리는?

① 비례 ② 균형
③ 리듬 ④ 통일

해설 | 비례
물리적 크기를 선으로 측정하는 기하학적 개념이다. 디자인의 형태의 부분과 부분, 부분과 전체 사이의 크기, 모양 등의 시각적 질서, 균형을 결정하는데 효과적이다.

13 ▶ 15
피보나치 수열에 관한 설명으로 옳지 않은 것은?

① 디자인 조형의 비례에 이용된다.
② 1, 2, 3, 5, 8, 13, 21…의 수열을 말한다.
③ 황금비와는 전혀 다른 비례를 나타낸다.
④ 13세기 초 이탈리아의 수학자인 피보나치가 발견한 수열이다.

해설 | 황금비의 1:1.618의 수학적 원리는 피보나치 수열에서 찾을 수 있다.

2 균형, 리듬, 강조

14 ▶ 20
시각적인 무게나 시선을 끄는 정도는 같으나 그 형태나 구성이 다른 경우의 균형을 무엇이라고 하는가?

① 정형 균형
② 좌우 균형
③ 대칭적 균형
④ 비대칭형 균형

해설 | 비대칭적 균형
㉠ 자연스러우며 풍부한 개성을 표현할 수 있어 능동의 균형이라고도 한다.
㉡ 비정형균형, 신비의 균형, 대칭균형보다 자연스럽다.
㉢ 균형의 중심점으로부터 양측은 가능한 모든 배열이 다르게 배치된다.
㉣ 시각적인 결합에 의해 동적인 안정감과 변화가 풍부한 개성 있는 형태를 준다.
㉤ 물리적으로는 불균형이지만 시각상으로는 균형을 이루는 것으로 흥미로움을 주며 율동감, 역진감이 있다.

15 ▶ 19
가장 완전한 균형의 상태로 공간에 질서를 주기가 용이하며, 정적, 안정, 엄숙 등의 성격으로 규명할 수 있는 것은?

① 비정형 균형
② 대칭적 균형
③ 비대칭 균형
④ 능동의 균형

해설 | 대칭적 균형
㉠ 대칭적 균형은 형, 형태의 크기, 위치, 형식, 집합의 정렬 등이 축을 중심으로 서로 대칭적인 관계로 구성되어 있는 경우를 말한다.
㉡ 대칭 균형은 균형에서 정형균형이라고도 한다.
㉢ 완고하거나 여유, 변화가 없이 엄격, 경직될 수도 있다.
㉣ 통일감을 얻기 쉽고 때로는 표현효과가 단순하므로 딱딱한 형태감을 준다.

16 ▶ 16
가장 완전한 균형의 상태로 공간에 질서를 주기 용이한 디자인 원리는?

① 대칭적 균형
② 능동의 균형
③ 비정형 균형
④ 비대칭 균형

해설 | 대칭적 균형은 가장 완전한 균형의 상태이며, 공간에 질서를 주기 용이한 디자인 원리다.

정답 | 12 ① 13 ③ 14 ④ 15 ② 16 ①

17

균형에 관한 설명으로 옳지 않은 것은?

① 대칭적 균형은 가장 완전한 균형의 상태이다.
② 비정형 균형은 능동의 균형, 비대칭 균형이라고도 한다.
③ 균형은 정적이든 동적이든 시각적 안정성을 가져올 수 있다.
④ 대칭적 균형은 비정형 균형에 비해 자연스러우며 풍부한 개성 표현이 용이하다.

해설 | 대칭적 균형
　　　 ㉠ 완고하거나 여유, 변화가 없이 엄격, 경직될 수도 있다.
　　　 ㉡ 통일감을 얻기 쉽고 때로는 표현효과가 단순하므로 딱딱한 형태감을 준다.

18

비정형 균형에 관한 설명으로 옳은 것은?

① 좌우대칭, 방사대칭으로 주로 표현된다.
② 대칭의 구성 형식이며, 가장 완전한 균형의 상태이다.
③ 단순하고 엄숙하며 완고하고 변화가 없는 정적인 것이다.
④ 물리적으로는 불균형이지만 시각상으로 힘의 정도에 의해 균형을 이룬 것이다.

해설 | 비정형 균형은 물리적으로는 불균형이지만 시각 상으로는 균형을 이루는 것으로 흥미로움을 주며 율동감, 역진감이 있다.

19

비정형 균형에 관한 설명으로 옳지 않은 것은?

① 능동의 균형, 비대칭 균형이라고도 한다.
② 대칭 균형보다 자연스러우며 풍부한 개성을 표현할 수 있다.
③ 가장 온전한 균형의 상태로 공간에 질서를 주기가 용이하다.
④ 물리적으로는 불균형이지만 시각상 힘의 정도에 의해 균형을 이루는 것은 말한다.

해설 | 대칭적 균형은 가장 완전한 균형의 상태이다.

20

디자인의 원리 중 균형에 관한 설명으로 옳지 않은 것은?

① 대칭적 균형은 가장 완전한 균형의 상태이다.
② 비대칭 균형은 능동의 균형, 비정형 균형이라고도 한다.
③ 방사형 균형은 한 점에서 분산되거나 중심점에서부터 원형으로 분산되어 표현된다.
④ 명도에 의해서 균형을 이끌어 낼 수 있으나 색채에 의해서는 균형을 표현할 수 없다.

해설 | 시각균형으로 표현 할 수 있다. 시각각적 균형을 느끼게 할 수 있는 요소로서 형태, 명도, 질감, 색채 등으로 표현할 수 있다.

21

균형(balance)에 관한 설명으로 옳지 않은 것은?

① 대칭적 균형은 가장 완전한 균형의 상태이다.
② 대칭적 균형은 공간에 질서를 주기가 용이하다.
③ 비대칭적 균형은 시각적 안정성을 가져올 수 없다.
④ 비대칭적 균형은 대칭적 균형보다 자연스러우며 풍부한 개성을 표현할 수 있다.

해설 | 비정형 균형은 물리적으로는 불균형이지만 시각 상으로는 균형을 이루는 것으로 흥미로움을 주며 율동감, 역진감이 있다.

정답 | 17 ④ 18 ④ 19 ③ 20 ④ 21 ③

22
▶ 16, 14

다음 중 실내공간에 침착함과 평형감을 부여하는데 가장 효과적인 디자인 원리는?

① 리듬　　② 균형
③ 변화　　④ 대비

해설 | 균형을 이루면 편안함을 느끼게 되고 안정감을 느끼게 된다.

23
▶ 15

균형의 원리에 관한 설명으로 옳지 않은 것은?

① 어두운 색이 밝은 색보다 무겁게 느껴진다.
② 차가운 색이 따뜻한 색보다 무겁게 느껴진다.
③ 기하학적인 형태가 불규칙적인 형태보다 무겁게 느껴진다.
④ 복잡하고 거친 질감이 단순하고 부드러운 것보다 무겁게 느껴진다.

해설 | 불규칙한 형태가 기하학적 형태보다 무겁게 느껴진다.

24
▶ 14

균형의 원리에 관한 설명으로 옳지 않은 것은?

① 수직선이 수평선보다 시각적 중량감이 크다.
② 크기가 큰 것이 작은 것보다 시각적 중량감이 크다.
③ 불규칙적인 형태가 기하학적 형태보다 시각적 중량감이 크다.
④ 복잡하고 거친 질감이 단순하고 부드러운 것보다 시각적 중량감이 크다.

해설 | 균형의 원리
　㉠ 기하학적 형태는 불규칙한 형태보다 가볍게 느껴진다.
　㉡ 작은 것은 큰 것보다 가볍게 느껴진다.
　㉢ 부드럽고 단순한 것은 거칠거나 복잡한 것보다 가볍게 느껴진다.
　㉣ 사선은 수직, 수평선보다 가볍게 느껴진다.

25
▶ 13

디자인 원리 중 균형(Balance)에 관한 설명으로 옳지 않은 것은?

① 정형 균형은 흥미로움을 주며 율동감, 약진감이 있다.
② 대칭적 균형은 가장 완전한 균형의 상태로 공간에 질서를 주기가 용이하다.
③ 비정형 균형은 물리적으로는 불균형이지만 시각적으로 힘의 정도에 의해 균형을 이룬 것이다.
④ 디자인에서의 균형은 인간의 주의력에 의해 감지되는 시각적 무게의 평형상태를 뜻하는 가장 일반적인 미학이다.

해설 | 정형 균형은 안정감 · 엄숙함 · 완고함. 단순함 등의 느낌을 준다.

26
▶ 13

디자인 원리에 관한 설명으로 옳지 않은 것은?

① 대칭은 완전한 균형의 상태로 흥미로운 역동성을 나타낸다.
② 율동은 규칙적이거나 조화된 순환으로 나타나는 통제된 운동감이다.
③ 다양한 형태와 색의 결합에 있어 조화가 결여된다면 통일성이 없다.
④ 커튼, 소파, 벽지 등을 동일한 색상과 무늬로 연출하는 것은 반복에 해당된다.

해설 | 완전대칭이 정적인 느낌을 주며 비대칭적 균형은 동적 느낌과 다양성을 나타낸다.

정답 | 22 ② 23 ③ 24 ① 25 ① 26 ①

27

디자인의 원리에 관한 설명으로 옳은 것은?

① 균형은 정적인 경우에만 시각적 안정성을 가져올 수 있다.
② 강조는 힘의 조절로서 전체 조화를 파괴하는데 주로 사용된다.
③ 리듬은 청각의 원리가 시각적으로 표현된 것이라 할 수 있다.
④ 통일과 변화는 서로 대립되는 관계로, 동시 사용이 불가능하다.

해설 | ① 균형은 비대칭과 같은 동적인 경우에서도 시각적 안정성을 가져올 수 있다.
② 강조는 힘의 조절로서 전체 조화를 의도적으로 초점을 주거나 의도적인 변화에 주로 사용된다.
④ 통일과 변화는 서로 대립되는 성질을 가지고 있으며 동시에 서로 긴밀한 유기적인 관계를 가진다.

28

다음 설명에 알맞은 디자인 원리는?

- 규칙적인 요소들의 반복에 의해 나타나는 통제된 운동감으로 정의된다.
- 청각의 원리가 시각적으로 표현된 것이라 할 수 있다.

① 리듬   ② 균형
③ 강조   ④ 대비

해설 | 리듬
㉠ 균형이 잡힌 후에 나타나는 선, 색, 형태 등의 규칙적인 요소들의 반복으로 통일화 원리의 하나인 통제된 운동감을 말한다.
㉡ 리듬은 음악적 감각인 청각적 원리를 시각적으로 표현하는 것으로 리듬의 원리는 반복, 점이, 대립, 변이, 방사로 이루어진다.

29

디자인의 원리 중 일반적으로 규칙적인 요소들의 반복에 의해 나타나는 통제된 운동감으로 정의되는 것은?

① 강조   ② 균형
③ 비례   ④ 리듬

해설 | 문제 28번 해설참조

30

다음 중 리듬을 이루는 원리와 가장 거리가 먼 것은?

① 균형   ② 반복
③ 점이   ④ 방사

해설 | 리듬의 원리는 반복, 점이, 대립, 변이, 방사로 이루어진다.

31

어떤 공간에 규칙성의 흐름을 주어 경쾌하고 활기 있는 표정을 주고자 한다. 다음의 디자인 원리 중 가장 관계가 깊은 것은?

① 조화   ② 리듬
③ 강조   ④ 통일

해설 | 리듬은 규칙적인 요소들의 반복으로 나타나는 통제된 운동감이다. 리듬은 공간에 규칙이 있는 흐름을 주어 경쾌하고 활기찬 느낌을 준다.

32

형태의 크기, 방향 및 색상의 점차적인 변화로 생기는 리듬감을 무엇이라 하는가?

① 점이(gradation)
② 변이(transition)
③ 반복(repetition)
④ 대립(opposition)

해설 | 리듬의 원리
- ㉠ 점이(gradation): 공간, 형태, 색상 등의 점차적인 변화로 생기는 리듬, 어떠한 조형요소가 시간적 또는 공간적인 간격을 두고 다른 형태로 변해가는 과정적인 의미.
- ㉡ 변이(transition): 원형 아치, 둥근 의자의 배치를 통해 느껴지는 리듬감이다.
- ㉢ 반복(repetition): 색채, 질감, 형태, 문양의 반복을 통해 시각적으로 조화를 이루는 것이 리듬의 중점적인 원리이다.
- ㉣ 대립(opposition): 갑작스러운 형태, 색깔 등의 변화로 생기는 느낌으로, 전체의 벽과 창, 문의 구성과 배치에 따라 변화된다.

33 ▸ 13
리듬에 관한 설명으로 가장 알맞은 것은?
① 모든 조형에 대한 미의 근원이 된다.
② 서로 다른 요소들 사이에서 평형을 이루는 상태이다.
③ 음악적 감각인 청각적 원리를 촉각적으로 표현한 것이다.
④ 규칙적인 요소들의 반복으로 디자인에 시각적인 질서를 부여하는 통제된 운동감각을 말한다.

해설 | 리듬은 실내에 있어서 공간이나 형태의 구성을 조직하고 반영하여 시각적으로 디자인에 질서를 부여한다.

34 ▸ 15
다음 중 평범하고 단순한 실내를 흥미롭게 만드는데 가장 효과적인 디자인 원리는?
① 조화   ② 강조
③ 통일   ④ 균형

해설 | 강조는 시각적인 힘의 강약에 단계를 주어 디자인의 일부분에 주어지는 초점이나 흥미를 중심으로 변화, 변칙, 불규칙성을 의도적으로 조성하는 것이다.

35 ▸ 14
디자인의 원리 중 강조에 관한 설명으로 가장 알맞은 것은?
① 서로 다른 요소들 사이에서 평형을 이루는 상태이다.
② 규칙적인 요소들의 반복으로 디자인에 시각적인 질서를 부여한다.
③ 이질의 각 구성요소들이 전체로서 동일한 이미지를 갖게 하는 것이다.
④ 최소한의 표현으로 최대의 가치를 표현하고 미의 상승효과를 가져오게 한다.

해설 | ①은 균형, ②는 리듬, ③은 통일의 원리다.

36 ▸ 16
실내건축의 요소들이 한 공간에서 표현되어질 때 상호 관계에 대한 미적 판단이 되는 원리는?
① 리듬   ② 균형
③ 강조   ④ 조화

해설 | 조화
- ㉠ 전체적인 조립이 모순 없이 질서를 갖는 것으로 다양성의 통일이다.
- ㉡ 디자인 요소의 상호관계에 미적 현상을 발생시킨다. 즉 형태, 질감, 조명, 색, 선 등의 디자인 요소들 중 대부분이 일관성을 띠면서도 한두 개씩 다를 때 이루어지며, 통합적으로 일체감을 느끼게 되는 상태이다.
- ㉢ 둘 이상의 요소들이 상호 관련성에 의해 어울림을 느끼게 되는 상태이다.

정답 | 33 ④ 34 ② 35 ④ 36 ④

37
▶ 15

다음 설명에 알맞은 조화의 종류는?

> • 다양한 주제와 이미지들이 요구될 때 주로 사용하는 방식이다.
> • 각각의 요소가 하나의 객체로 존재하는 동시에 공존의 상태에서는 조화를 이루는 경우를 말한다.

① 단순조화 ② 유사조화
③ 동등조화 ④ 복합조화

해설 | ㉠ 비조화(복합조화)
　　　　ⓐ 질적, 양적으로 서로 전혀 다른 2개의 요소가 편성되었을 때 서로 다른 반대성에 의해 미적 효과를 자아내는 것
　　　　ⓑ 강함, 화려함, 남성적 이미지 전달
　　㉡ 단순조화(유사조화)
　　　　ⓐ 형식적, 외형적으로 시각적인 동일한 요소의 조합
　　　　ⓑ 온화하며 부드럽고 여성적인 안정감 있는 이미지 전달
　　　　ⓒ 통일과 변화에 있어 통일의 개념에 가깝다.

38
▶ 14

실내디자인의 원리 중 조화에 관한 설명으로 옳지 않은 것은?

① 복합조화는 동일한 색채와 질감이 자연스럽게 조합되어 만들어 진다.
② 유사조화는 시각적으로 성질이 동일한 요소의 조합에 의해 만들어 진다.
③ 동일성이 높은 요소들의 결합은 조화를 이루기 쉬우나 무미건조, 지루할 수 있다.
④ 성질이 다른 요소들의 결합에 의한 조화는 구성이 어렵고 질서를 잃기 쉽지만 생동감이 있다.

해설 | 복합조화는 서로 다른 요소들이 각기 개체이면서 공존하는 구성으로 풍부한 감성과 다양한 경험을 준다.

39
▶ 14

디자인 원리 중 조화에 관한 설명으로 옳지 않은 것은?

① 단순조화는 대체적으로 온화하며 부드럽고 안정감이 있다.
② 복합조화는 다양한 주제와 이미지들이 요구될 때 주로 사용된다.
③ 대비조화에서 대비를 많이 사용할수록 뚜렷하고 선명한 이미지를 준다.
④ 유사조화는 형식적, 외형적으로 시각적인 동일 요소의 조합을 통하여 성립한다.

해설 | 대비조화란 질적, 양적으로 서로 전혀 다른 2개의 요소가 편성되었을 때 서로 다른 반대성에 의해 미적 효과를 자아내는 것으로 대비를 너무 많이 사용하면 통일성이 결여될 수 있다.

40
▶ 20

디자인의 원리 중 대비에 관한 설명으로 가장 알맞은 것은?

① 제반요소를 단순화하여 실내를 조화롭게 하는 것이다.
② 저울의 원리와 같이 중심에서 양측에 물리적 법칙으로 힘의 안정을 구하는 현상이다.
③ 모든 시각적 요소에 대하여 극적 분위기를 주는 상반된 성격의 결합에서 이루어진다.
④ 디자인 대상의 전체에 미적 질서를 부여하는 것으로 모든 형식의 출발점이며 구심점이다.

해설 | 대비
　　㉠ 질적, 양적으로 전혀 다른 둘 이상의 요소가 동시적 혹은 계속적으로 배열될 때 상호의 특징이 한층 강하게 느껴지는 통일적 현상
　　㉡ 상반되는 요소가 인접될수록 대비효과는 커진다.
　　㉢ 디자인에서는 절대적 통일성이 필요하나 대비를 통해서 강력함, 남성적인 성격을 갖게 된다.
　　㉣ 조형 요소로서의 대비 개념에는 직선과 곡선, 대소, 장단, 무거움과 가벼움, 딱딱함과 부드러움, 투명과 불투명 등이 있다.

정답 | 37 ④　38 ①　39 ③　40 ③

41 ▶ 17
디자인 원리 중 대비에 관한 설명으로 옳지 않은 것은?

① 상반된 성격의 결합에서 이루어진다.
② 극적인 분위기를 연출하는데 효과적이다.
③ 많은 대비의 사용은 화려하고 우아한 여성적인 이미지를 준다.
④ 모든 시각적 요소에 대하여 상반된 성격의 결합에서 이루어진다.

해설 | 대비는 강력함, 화려함, 남성적 이미지를 갖는다.

42 ▶ 15
디자인의 원리 중 대칭에 관한 설명으로 옳지 않은 것은?

① 이동대칭은 형태가 하나의 축을 중심으로 겹쳐지는 대칭이다.
② 방사대칭은 정점으로부터 확산되거나 집중된 양상을 보인다.
③ 확대대칭은 형태가 일정한 비율로 확대되어 이루어진 대칭이다.
④ 역대칭은 형태를 180°로 회전하여 상호의 형태가 반대로 되는 대칭이다.

해설 | ①은 선대칭이다. 이동대칭은 도형이 일정한 규칙에 따라 평행으로 이동해서 생기는 형태이다.

43 ▶ 13
서로 다른 특성을 가진 요소를 같은 공간에 배열할 때 서로의 특성을 더욱 돋보이게 하는 디자인 원리는?

① 대칭   ② 통일
③ 대비   ④ 척도

해설 | 대비
질적, 양적으로 전혀 다른 둘 이상의 것이 동일 공간에 배열되어 서로의 특질을 한층 돋보이게 하는 디자인의 원리

44 ▶ 13
실내 디자인의 구성원리에 관한 설명으로 옳지 않은 것은?

① 통일성이란 디자인의 질서를 주는 기본으로서 디자인 원리의 중심이다.
② 대비란 일정한 단계에 변화를 주어 동적인 장단 효과를 주는 것을 의미한다.
③ 조화는 전체적인 조립방법이 모순 없이 질서를 잡아가는 것을 의미하며 유사조화와 대비조화로 구분된다.
④ 리듬은 일반적으로 규칙적인 요소들의 반복으로 디자인에 시각적인 질서를 부여하는 통제된 운동감각을 말한다.

해설 | 대비
질적, 양적으로 전혀 다른 둘 이상의 것이 동일 공간에 배열되어 서로의 특질을 한층 돋보이게 하는 디자인의 원리

45 ▶ 14
디자인에 있어서 구심적 활동으로 변화와 함께 모든 조형에 대한 미의 근원이 되는 디자인원리는?

① 통일   ② 대비
③ 균형   ④ 리듬

해설 | 통일
㉠ 이질(異質)의 각 구성요소들이 전체로서 동일한 이미지를 갖게 하는 것으로, 변화와 함께 모든 조형에 대한 미의 근원이 되는 원리
㉡ 대비인 통일과 변화는 상반되는 성질을 지니고 있으면서도 서로 긴밀한 유기적 관계를 유지
㉢ 정적 통일(교육 공간, 기념 공간), 동적 통일(상업 시설, 레저 시설), 양식통일(휴양 공간, 교통 공간) 등이 있다.
㉣ 디자인에 미적 질서를 주는 기본 원리로 모든 디자인 원리의 구심점이 된다.

정답 | 41 ③ 42 ① 43 ③ 44 ② 45 ①

03 실내 디자인의 요소

Pass Note

예상출제문항		키워드
2~1	- 벽의 기능과 구분 - 천장의 특징 - 창의 종류와 특징	- 고정적 요소(1차적 요소) - 커튼, 블라인드 종류

① 고정적 요소(1차적 요소) : 바닥, 벽, 천정, 기둥, 개구부, 통로, 실내환경 시스템
② 가동적 요소(2차적 요소) : 커튼, 블라인드, 가구, 조명, 액세서리

1. 고정적 요소(1차적 요소)

1) 바닥(Floor)

인간의 감각 중 **시각적, 촉각적 요소와 밀접한 관계**를 가지고 있고 일반적으로 접촉빈도가 가장 높다.

(1) 바닥의 기능
① 천장과 더불어 공간을 구성하는 수평선 요소로서 생활을 지탱하는 기본적 요소이다.
② 외부로부터 추위와 습기를 차단하고 사람의 보행과 가구 배치를 위한 기준면을 제공한다.
③ 바닥은 고저차가 가능하므로 필요에 따라 공간의 영역을 조정 할 수 있다.

(2) 바닥 형성시 고려사항
① 안전성, 구조적 견고성이 가장 먼저 고려
② 내구성, 관리성, 유지성, 마모성, 차단성(내화, 방화, 내열, 방수, 차음 등)
③ 신체와 직접 접촉하므로 촉각적으로 만족 할 수 있어야 한다.
④ 바닥 재료의 색채는 저 명도에 중 채도나 저 채도를 선택하는 것이 좋다.
⑤ 바닥의 모서리는 때에 따라서는 형태나, 색채, 질감, 마감재를 다르게 하거나 조명을 설치함으로써 시각적인 구분을 명확하게 하는 경우도 있다.

예제 01 실내기본요소 중 바닥에 관한 설명으로 옳지 않은 것은? [23,19,16]
① 공간을 구성하는 수평적 요소이다.
② 촉각적으로 만족할 수 있는 조건을 요구한다.
③ 고저차를 통해 공간의 영역을 조정할 수 있다.
④ 다른 요소들에 비해 시대와 양식에 의한 변화가 현저하다.

정답 ④

2) 벽(Wall)

(1) 벽의 개념 및 기능

① 공간을 에워싸는 **수직적 요소**로 **수평방향**을 차단하여 공간을 **형성**한다.
② 천장과 바닥에 대해 구조적인 지지역할을 하고 있다.
③ 시각적 대상물이 되거나 **공간에 초점적 요소**가 된다.
④ 벽의 높이에 따라 시각적, 심리적으로 다른 효과를 준다.
⑤ 인간의 시선이나 동선을 차단한다.
⑥ 공기의 움직임, 소리의 전파, 열의 이동을 제어한다.
⑦ 외부로부터의 **방어와 프라이버시 확보의 기능**을 한다.
⑧ 가구, 조명 등 실내에 놓이는 설치물에 대해 배경적 요소가 된다.

(2) 벽의 종류

① 구조적 기능에 따른 종류
  ㉠ 내력벽
    ⓐ 상부로 부터의 하중을 벽 자체가 받아 하부 구조에 전달하는 벽
    ⓑ 변화를 함부로 주어서는 안 되므로 실내공간의 구성이나 동선의 영향 등을 고려하여 계획
  ㉡ 비 내력벽
    벽 자체만의 하중만 받는 벽체이기 때문에 비교적 설치와 해체 시 구조적 검토가 용이하다.(경량 칸막이, 유리 칸막이, 스크린 월(screen wall), 이동 칸막이)

② 높이에 따른 종류

구분	내 용
높이 600mm 이하	• 상징적 경계 : 통행과 시선이 자유롭다. 영역표시나 경계표시 등으로 사용한다.
높이 1,200mm	• 시각적 개방 : 주변공간에 시각적 연속성을 부여 한다.
높이 1,500mm	• 공간의 분할 시작 : 인체 기준으로 보았을 때 눈높이 정도를 의미한다.
높이 1,800mm 이상	• 시각적 차단 : 공간의 영역이 완전히 차단되는 높이로 프라이버시를 유지할 수 있다.

[상징적 경계의 벽]

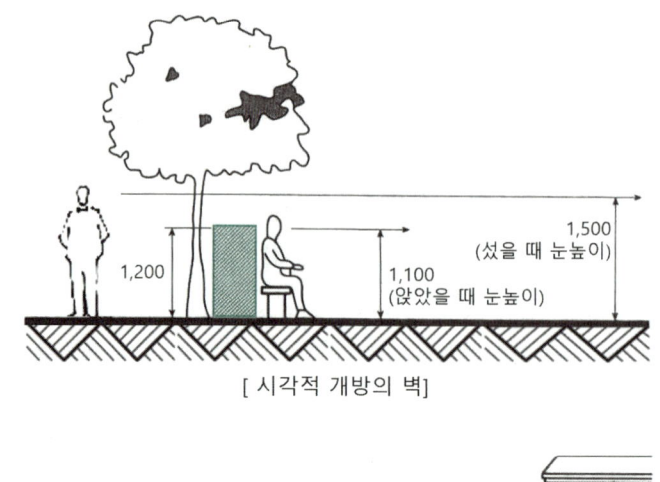

[시각적 개방의 벽]

[시각적 차단의 벽]

> **예제 02** 공간을 에워싸는 수직적 요소로 수평 방향을 차단하여 공간을 형성하는 기능을 하는 실내 공간의 구성요소는? [22]
>
> ① 벽 ② 바닥 ③ 천장 ④ 기둥
>
> 정답 ①

3) 천장

바닥과 함께 실내공간을 형성하는 수평적 요소로서 다양한 형태나 패턴의 처리가 가능하면서 바닥과는 달리 하중을 싣지 않으므로 형태에 있어 자유롭다.

① **바닥과 함께 실내공간을 형성하는 수평적 요소**로서 바닥과 천장 사이에 있는 내부공간을 규정한다.
② 천장의 형태를 강조하여 **요철**을 주거나 **경사지게** 처리하면 공간을 활기 있게 하고 공간의 실제 용적을 증가시키므로 **확장감과 방향성**을 줄 수 있다.
③ 시각적 흐름이 최종적으로 멈추는 곳으로 지각의 느낌에 영향을 준다. **낮은 천장은 아늑한 느낌, 높은 천장은 확장감을 준다.**
④ 수평 천장은 가장 일반적인 것으로 단순하여 시선을 거의 끌지 않으며, 경사진 천장은 활기찬 느낌을 준다.
⑤ 낮은 천장을 높게 보이게 하려면 천장의 색을 벽보다 밝은 색으로 사용한다.

예제 03 창의 종류 중 천창(天窓)에 대한 설명으로 옳지 않은 것은? [22]
① 벽면을 개구부에 상관없이 다양하게 활용할 수 있다.
② 측창에 비해 채광량은 적으나 반사로 인한 눈부심이 없다.
③ 밀집된 건물에 둘러싸여 있어도 일정량의 채광을 확보할 수 있다.
④ 국부조명처럼 실내의 어느 한 지점을 밝게 비추어 강조할 수 있다.

정답 ②

4) 기둥 및 보

기둥의 특징	① 선형의 **수직** 요소로 크기, 형상을 가지고 있다. ② 구조적 요소로 하중을 떠받들기도 하고 또는 하중에 관계없이 강조적, 상징적 요소로도 사용된다. ③ 건축물의 구성요소로서 보나 도리, 바닥판과 같은 가로재의 하중을 받아 기초에 전달한다.
보의 특징	① 바닥에 작용하는 하중을 기둥이나 벽에 전달하는 수평적 요소이다. ② 천장과 조명계획에 있어서 보는 제한적 요소지만 그대로 노출시켜 실내공간의 패턴을 주는 개성을 강조 할 수 있다.

5) 통로

① 건물의 외부와 내부를 연결하거나 내부와 내부를 연결하는 공간을 의미한다.
② 직선통로는 연속공간을 위한 최우선의 구성 형태이다.
③ 통로의 넓이와 높이는 통행량과 통로의 사용목적에 따라 달라질 수 있다.
④ 통로의 종류

통로의 종류	내 용
복도	• 공간을 연결시켜주는 연결공간이면서 독립성을 준다.
홀	• 동선이 집중되었다가 분산되는 곳으로 홀을 중심으로 통로를 구성한다.
출입구	• 건축물의 주 출입을 위한 개구부이며, 파사드 역할을 한다.
계단	• 수직방향으로 공간을 연결하는 상하 통행 공간이다. • 통행자의 밀도, 빈도, 연령 등을 고려하여 설계한다. • 계단의 재료나 구조방법에 따라 실내에 도입하여 시각적, 공간적 흐름을 연속시키는 효과를 얻을 수 있다. • 주택의 경우 단 너비(발판)은 150mm 이상, 단 높이(쳇판)는 230mm 이하로 한다. • 계단의 각도는 일반적으로 30~35도를 사용한다. • 계단 난간의 높이는 800~900mm 정도가 적당하다.

 예제 04 다음 중 가장 최소의 공간을 차지하는 계단 형식은? [15]
① 나선계단   ② 직선계단
③ U형 꺾인계단   ④ L형 꺾인계단

정답 ①

6) 개구부

① 개구부는 출입구와 창문을 말한다.
② **동선과 가구배치에 영향**을 준다.
③ 개구부의 기능은 공간과 인접된 공간을 연결시킨다.
④ 채광, 통풍이 가능하게 한다.
⑤ 전망과 프라이버시를 확보한다.

7) 문(door)

(1) 문의 기능

① 출입구는 사람이나 물건이 드나드는 곳을 말한다.
② 공간과 다른 공간을 연결시킨다.
③ 출입문의 위치를 결정할 때 출입 동선, 가구를 배치할 공간, 통행을 위한 공간을 고려해야 한다.

(2) 문의 종류

여닫이 문	창, 문의 한쪽에 경첩 또는 피벗 힌지를 달아서 여닫을 수 있게 하는 창호이다. ㉠ 문 너비가 1m까지는 외여닫이로 하고 그 이상일 때 쌍여닫이로 하며, 개폐 시 실내 유효면적을 차지하여 집기류를 놓을 수 없다. ㉡ 문의 너비 100%만큼 개폐가 가능하며 외기를 차단하고 방음에 효과적이다.
미서기문	**문틀의 홈으로 2~4개의 문이 미끄러져 닫히는 문으로 문짝이 서로 겹치는 것이 특징이다.** ㉠ 시공이 간편하고 가격이 저렴하여 가장 널리 사용된다. ㉡ 밑틀의 홈을 파지 않을 때는 레일을 깔기도 하며, 문의 50% 정도만 개폐가 된다.
미닫이문	위, 아래 홈을 파서 창호를 끼워 넣어 옆 벽이나 벽 속에 미닫는 형식이다. ㉠ 밑틀의 홈을 파지 않을 때는 레일을 깔기도 하며, 방음과 기밀이 좋지 않고 시공이 불편하다. ㉡ 문 전체를 열 수 있으며 여닫을 때 실내 유효면적이 필요 없다.
회전문	회전문의 너비는 0.8~1m 가 적당하며 문짝을 +자로 만들어 회전하는 문이다. ㉠ 출입 인원 조절이 가능하며 **많은 사람이 출입하는 곳에는 적당**하지 않으며, **외풍과 먼지, 기류 등을 막는 데 유리**하다. ㉡ 호텔이나 은행 등 사람의 출입이 많은 장소에 설치된다.
자재문	자유 경첩을 달아서 안쪽과 바깥쪽으로 자유로이 열 수 있으며, 여닫기는 편리하나 문이 기밀하지 못하고 문단속이 불안전하다.
접이문	간이 문이나 칸막이의 용도로 사용한다.

예제 05 은행, 호텔 등의 출입구에 통풍, 기류를 방지하고 출입인원을 조절할 목적으로 사용되는 문의 종류는? [21]

① 미닫이문   ② 미서기문   ③ 회전문   ④ 여닫이문

정답 ③

8) 창문(window)

(1) 창문의 기능
① 채광, 통풍, 조망, 환기의 역할을 한다.
② 사용목적이나 의장에 따라 모양과 크기를 정한다.
③ 실내공간과 실외공간을 시각적으로 연결한다.
④ 창은 실내의 조명계획과 밀접한 관련성이 있다.
⑤ 전망과 프라이버시를 고려해야 한다.

(2) 창문의 개폐방식에 의한 분류
① **고정창** : 열리지 않고 빛만 유입되는 기능으로 크기와 형태에 제약 없이 자유롭게 디자인 할 수 있다.

픽처 윈도우	바닥부터 천장까지 닿은 커다란 창문으로 베란다 창이 있다.
베이 윈도우	평면이 돌출된 형태의 창으로 장식품을 두거나 간이 휴식 공간을 마련 할 수 있는 창
보우 윈도우	돌출 창(활 모양의 창)
윈도우 월	벽면 전체를 창으로 처리해 개방감이 아주 좋다.
고창	천장 가까이 있는 벽에 위치하며, 좁고 긴 창문으로 지하실의 창 또는 미술관에 설치한다.

[픽쳐 윈도우]

[베이 윈도우]

[보우 윈도우]

② 이동창
  ㉠ **미서기창** : 2짝 이상의 창문이 좌우로 개폐되며, 개폐에 있어 실내공간을 고려할 필요가 없다.
  ㉡ 미닫이창 : 창문을 옆으로 밀어 열고 닫는 창문이다.
  ㉢ 여닫이창 : 열리는 범위를 조절할 수 있고, 전체를 모두 열 수도 있어 관리가 용이하며, 환기가 유리하다.
  ㉣ 들창 : 밖으로 밀어 경사지게 열리는 창으로 건물의 외부창문에 많이 사용된다.
  ㉤ 오르내리기창 : 2짝 미서기 창을 위, 아래로 오르내릴 수 있게 한 것이다.

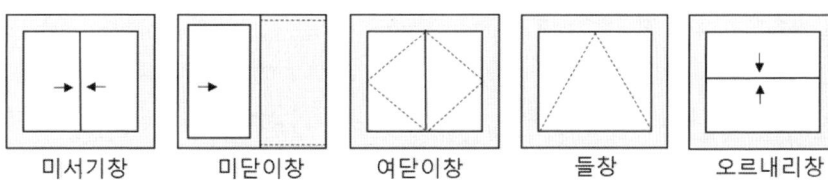

예제 06 실내디자인 요소에 관한 설명 중 옳지 않은 것은? [22]
① 베이윈도우(bay window)는 바닥부터 천장까지 닿는 커다란 창들을 통칭하는 것이다.
② 브라인드(blind)는 일조, 조망과 시가차단을 조정하는 기계적인 창가리개이다.
③ 드레이퍼리(drapery)는 창문에 느슨하게 걸려 있는 무거운 커튼으로 장식적인 목적으로 이용된다.
④ 플러쉬도어(flush door)는 일반적으로 사용되는 목재문을 말한다.

정답 ①

(3) 창문의 위치에 의한 분류

분 류	특 성
천창	• 지붕면에 있는 수평 또는 수평에 가까운 창을 말한다. • 인접 건물에 대한 프라이버시 침해가 적고, 채광 량이 많고, 조도 분포가 균일하다. • 통풍과 열 조절이 불리하다. • 건축계획의 자유도가 증가하나, 시공, 관리가 어렵고, 빗물이 새기 쉽다. • 벽면 이용을 개구부에 상관없이 다양하게 활용할 수 있으며, 시야가 차단되므로 폐쇄된 분위기가 되기 쉽다.
측창	• 창의 면이 수직 벽면에 설치되는 창으로 일반 주택이나 소규모 건물에 적합하다. • 구조적, 시공이 용이하고 바람과 비에 강하며, 청소, 관리가 쉬우며, 통풍과 실내 온도 조절에 유리하고 개폐와 조작이 쉽다. • 측면에서 빛이 들어오기 때문에 천창에 비해 눈부심이 적고 개방감과 전망이 좋다. • 편측채광의 경우 실내의 조도분포가 불균일하고 실 깊이에 제한을 받아서 넓은 실내에 불리하다. • 양측창은 실의 분위기가 둘로 나누어질 수 있다.
고측창	• 천장 면 가까이에 높게 위치한 창으로 주로 환기를 목적으로 설치된다.
정측창	• 지붕 면 가까이 위치한 수직 창으로 개폐, 청소, 수리, 관리가 어렵다 • 창턱의 높이가 눈높이보다 높게 설치되어 있어 미술관, 박물관 등에 이용된다.

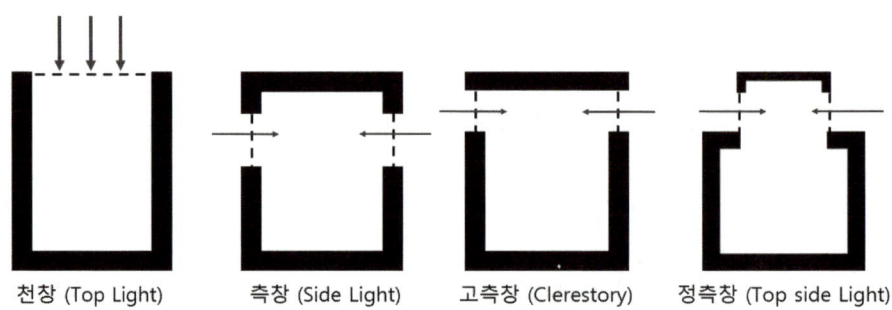

천창 (Top Light)   측창 (Side Light)   고측창 (Clerestory)   정측창 (Top side Light)

예제 07 창의 종류 중 천창(天窓)에 대한 설명으로 옳지 않은 것은? [22]
① 벽면을 개구부에 상관없이 다양하게 활용할 수 있다.
② 측창에 비해 채광량은 적으나 반사로 인한 눈부심이 없다.
③ 밀집된 건물에 둘러싸여 있어도 일정량의 채광을 확보할 수 있다.
④ 국부조명처럼 실내의 어느 한 지점을 밝게 비추어 강조할 수 있다.

정답 ②

 예제 08 문과 창에 관한 설명으로 옳지 않은 것은? [25,24,20,17]
① 문은 공간과 인접공간을 연결시켜 준다.
② 문의 위치는 가구배치와 동선에 영향을 준다
③ 이동창은 크기와 형태에 제약없이 자유로이 디자인할 수 있다.
④ 창은 시야, 조망을 위해서는 크게 하는 것이 좋으나 보온과 개폐의 문제를 고려하여야 한다.

정답 ③

2. 가동적 요소(2차적 요소)

1) 커튼

① **글라스 커튼** : 유리 바로 앞에 치는 투명한 얇은 천으로 실내에 들어오는 빛을 부드럽게 하며 프라이버시를 제공한다.
② **새시 커튼** : 창문 전체를 커튼으로 처리하지 않고 반 정도만 친 형태를 갖는 커튼을 말한다.
③ **드로우 커튼** : 반투명하거나 불투명한 직물로 창문위에 설치하는 일반적인 형태를 말한다.
④ **드레퍼리 커튼** : 창문에 느슨하게 걸려 있는 중량감 있는 무거운 커튼을 말한다.

[크로스 커튼]

[새시 커튼]
[커튼의 유형]

[글라스 커튼]

2) 블라인드

① **베니션 블라인드**(venetian blind) : 수평 블라인드
② **버티컬 블라인드**(vertical blind) : 수직 블라인드
③ **롤 블라인드**(roll blind) : 천을 감아올리는 블라인드

④ 로만 블라인드(roman blind) : 상부의 줄을 당기면 단이 생기면서 접히는 형식의 블라인드.

[베니션 블라인드]

[버티컬 블라인드]

[롤 블라인드]

[로만 블라인드]

예제 09
다음 설명에 알맞은 커튼의 종류는? [20]

- 유리 바로 앞에 치는 커튼으로 일반적으로 투명하고 막과 같은 직물을 사용한다.
- 실내로 들어오는 빛을 부드럽게 하며 약간의 프라이버시를 제공한다.

① 새시 커튼　　　　　　　② 글라스 커튼
③ 드로우 커튼　　　　　　④ 드레이퍼리 커튼

정답 ②

예제 10
날개의 각도를 조절하여 일광, 조망, 시각의 차단정도를 조정하는 것은? [20.19.14]

① 드레이퍼리　　　　　　② 롤 블라인드
③ 로만 블라인드　　　　　④ 베네시안 블라인드

정답 ④

예제 11
다음 설명에 알맞은 블라인드의 종류는? [18.14]

- 쉐이드(Shade) 블라인드라고도 한다.
- 천을 감아 올려 높이 조절이 가능하며 칸막이나 스크린의 효과도 얻을 수 있다.

① 롤 블라인드　　　　　　② 로만 블라인드
③ 베니션 블라인드　　　　④ 버티컬 블라인드

정답 ①

3) 루버

고정식과 개폐식이 있으며 평평한 부재를 전면에 설치하여 일조를 차단하는 것으로 수평형, 수직형, 격자형 루버가 있다.

4) 장식물(액세서리, accessory)

장식물이란 실내를 구성요소 가운데 시각적인 효과를 강조하는 장식적 요소로 일반적으로 비교적 작고 움직이기 쉬운 오브제(object)를 말한다.

① 실내디자인을 완성하게 하는 보조적인 역할을 한다.
② 실내 공간의 성격, 크기, 마감재료, 색채 등을 고려하여 그 종류를 선정한다.
③ 디자인의 의도에 따라 실의 분위기나 시각적 효과를 좌우하는 요소가 될 수 있다.
④ 기능적 장식품 : 생활에 있어 실질적인 기능을 담당하고 장식 효과까지 발휘하는 물품(조명 기기, 가전제품, 화초, 병풍, 시계)
⑤ 장식적 장식품 : 실생활의 사용보다는 실내 분위기를 더욱 북돋아 주는 감상 위주의 물품(그림, 조각, 사진, 수석, 어항)

예제 12 **식물의 선정과 배치상의 주의사항으로 옳지 않은 것은?** [17]
① 좋고 귀한 것은 돋보일 수 있도록 많이 진열한다.
② 여러 장식품들이 서로 조화를 이루도록 배치한다.
③ 계절에 따른 변화를 시도할 수 있는 여지를 남긴다.
④ 형태, 스타일, 색상 등이 실내공간과 어울리도록 한다.

정답 ①

핵심 기출문제

03 실내디자인 요소

1 가동적 요소(1차적 요소)

01 ▶ 18

실내공간을 형성하는 기본 요소 중 바닥에 관한 설명으로 옳지 않은 것은?

① 바닥은 모든 공간의 기초가 되므로 항상 수평면이어야 한다.
② 하강된 바닥면은 내향적이며 주변의 공간에 대해 아늑한 은신처로 인식된다.
③ 다른 요소들이 시대와 양식에 의한 변화가 현저한 데 비해 바닥은 매우 고정적이다.
④ 상승된 바닥면은 공간의 흐름이나 동선을 차단하지만 주변의 공간과는 다른 중요한 공간으로 인식된다.

해설 | 바닥의 고저차로 바닥 패턴을 두어 영역의 분리처리가 가능하고 스케일감의 변화를 줄 수 있다.

02 ▶ 13

실내를 구성하는 기본요소 중 바닥에 관한 설명으로 옳지 않은 것은?

① 외부로부터 추위와 습기를 차단한다.
② 수평방향을 차단하여 공간을 형성한다.
③ 고저차에 의해 공간의 영역을 조정할 수 있다.
④ 인간의 감각 중 촉각적 요소와 관계가 밀접하다.

해설 | 벽은 공간을 둘러싸는 수직적 요소로, 자연 재해 및 외부로부터의 방어 기능과 수평 방향을 차단하고 공간을 형성하는 2차적 기능을 가진다.

03 ▶ 17, 14

실내공간을 형성하는 주요 기본요소로서, 다른 요소들이 시대와 양식에 의한 변화가 현저한 데 비해 매우 고정적인 것은?

① 벽   ② 천장
③ 바닥   ④ 기둥

해설 | 바닥은 다른 요소들이 시대와 양식에 의한 변화가 현저한 데 비해 매우 고정적이다.

04 ▶ 15

실내 공간을 구성하는 기본요소에 관한 설명으로 옳은 것은?

① 공간의 분할 요소로는 수직적 요소만이 사용된다.
② 바닥은 인체와 항상 접촉하므로 안정성이 고려되어야 한다.
③ 천장은 시각적인 효과보다 촉각적 효과를 더 크게 고려하여야 한다.
④ 공간의 영역을 상징적으로 분할하는 벽체의 최대 높이는 180cm이다.

해설 | ① 공간의 분할 요소로는 수직적 요소와 수평적 요소가 사용된다.
③ 천장은 시각적 흐름이 최종적으로 멈추는 곳이며 지각의 느낌에 영향을 미친다.
④ 공간의 영역을 상징적으로 분할하는 벽체의 최대 높이는 60cm이다. 시각적 차단 높이는 180cm이다

정답 | 01 ① 02 ② 03 ③ 04 ②

05
▶ 21

실내공간을 구성하는 기본 요소에 관한 설명으로 옳지 않은 것은?

① 벽은 다른 요소들에 비해 조형적으로 가장 자유롭다.
② 바닥은 고저차를 통해 공간의 영역을 조정할 수 있다.
③ 다른 요소들이 시대와 양식에 의한 변화가 현저한데 비해 바닥은 매우 고정적이다.
④ 천장은 시각적 흐름이 최종적으로 멈추는 곳이기에 지각의 느낌에 영향을 미친다.

해설 | 천장은 내부공간의 어느 요소보다도 조형적으로 제약을 적게 받는다.

06
▶ 20

실내공간의 구성요소인 벽에 관한 설명으로 옳지 않은 것은?

① 벽면의 형태는 동선을 유도하는 역할을 담당하기도 한다.
② 벽체는 공간의 폐쇄성과 개방성을 조절하여 공간감을 형성한다.
③ 비내력벽은 건물의 하중을 지지하며 공간과 공간을 분리하는 칸막이 역할을 한다.
④ 낮은 벽은 영역과 영역을 구분하고 높은 벽은 공간의 폐쇄성이 요구되는 곳에 사용된다.

해설 | 건물의 하중을 지지하는 것은 내력벽이다.

07
▶ 19,15

다음 중 상징적 경계에 관한 설명으로 가장 알맞은 것은?

① 슈퍼그래픽을 말한다.
② 경계를 만들지 않는 것이다.
③ 담을 쌓은 후 상징물을 설치하는 것이다.
④ 물리적 성격이 약화된 시각적 영역표시를 말한다.

해설 | 상징적 경계 : 통행과 시선이 자유롭다. 영역표시나 경계표시 등으로 사용한다.

08
▶ 18

공간을 에워싸는 수직적 요소로 수평방향을 차단하여 공간을 형성하는 기능을 하는 것은?

① 벽
② 보
③ 바닥
④ 천장

해설 | 벽의 개념 및 기능
㉠ 공간을 에워싸는 수직적 요소로 수평방향을 차단하여 공간을 형성한다.
㉡ 천장과 바닥에 대해 구조적인 지지역할을 하고 있다.
㉢ 시각적 대상물이 되거나 **공간에 초점적요소**가 된다.

09
▶ 17

실내공간을 구성하는 기본 요소 중 벽에 관한 설명으로 옳지 않은 것은?

① 외부로부터의 방어와 프라이버시의 확보 역할을 한다.
② 수직적 요소로서 수평방향을 차단하여 공간을 형성한다.
③ 다른 요소들이 시대와 양식에 의한 변화가 현저한데 비해 벽은 매우 고정적이다.
④ 인간의 시선이나 동선을 차단하고 공기의 움직임, 소리의 전파, 열의 이동을 제어한다.

해설 | 다른 요소들이 시대와 양식에 의한 변화가 현저한데 비해 바닥은 매우 고정적이다.

정답 | 05 ① 06 ③ 07 ④ 08 ① 09 ③

10

벽의 기능에 관한 설명으로 옳지 않은 것은?

① 인간의 시선이나 동선을 차단
② 외부로부터의 안전 및 프라이버시 확보
③ 공기와 빛을 통과시켜 통풍과 채광을 결정
④ 수직적 요소로서 수평방향을 차단하여 공간 형성

해설 | 벽은 공기의 움직임, 소리의 전파, 열의 이동을 제어한다.

11

실내공간의 구성요소 중 벽에 관한 설명으로 옳은 것은?

① 가구, 조명 등 실내에 놓이는 설치물에 대한 배경적 요소이다.
② 시각적 흐름이 최종적으로 멈추는 곳으로 지각의 느낌에 영향을 미친다.
③ 공간을 구성하는 수평적 요소로서 생활을 지탱하는 가장 기본적인 요소이다.
④ 다른 요소들이 시대와 양식에 의한 변화가 현저한데 비해 벽은 매우 고정적이다.

해설 | 벽은 공간에 에워싸는 수직적 요소로 수평방향을 차단하여 공간을 형성한다.

12

주변 공간과 시각적인 연속성은 유지된 상태에서 공간을 감싸는 분위기를 조성하는 벽의 높이는?

① 눈높이
② 가슴높이
③ 무릎높이
④ 키보다 큰 높이

해설 | ① 눈높이의 벽 : 시각적 차단의 기준이 된다.
④ 키보다 큰 높이 : 공간의 영역이 완전히 차단되어 분리된 공간을 연출할 수 있다.

13

실내공간을 구성하는 기본요소에 관한 설명으로 옳은 것은?

① 바닥은 공간의 영역 조정 기능이 없다.
② 천장을 낮추면 친근하고 아늑한 공간이 되고 높이면 확대감을 줄 수 있다.
③ 눈높이보다 낮은 벽은 공간을 차단하고 높은 벽은 상징적인 경계를 나타낸다.
④ 천장은 공간을 에워싸는 수직적 요소로 수평방향을 차단하여 공간을 형성하는 기능을 한다.

해설 | ① 바닥은 공간의 영역 조정 기능이 있다.
③ 눈높이보다 낮은 벽은 상징적 경계를 나타내며, 높은 벽은 공간을 차단한다.
④ 벽은 공간을 에워싸는 수직적 요소로 수평방향을 차단하여 공간을 형성하는 기능을 한다.

14

실내공간을 구성하는 기본요소에 관한 설명으로 옳지 않은 것은?

① 바닥은 고저차로 공간의 영역을 조정할 수 있다.
② 천장을 높이면 영역의 구분이 가능하며 친근하고 아늑한 공간이 된다.
③ 다른 요소들이 시대와 양식에 의한 변화가 현저한데 비해 바닥은 매우 고정적이다.
④ 벽은 공간을 에워싸는 수직적 요소로 수평 방향을 차단하여 공간을 형성하는 기능을 한다.

해설 | 천장을 낮추면 친근하고 아늑한 공간이 되고, 높이면 시원하고 확대감을 준다.

15

실내디자인의 요소 중 천장의 기능에 관한 설명으로 옳은 것은?

① 바닥에 비해 시대와 양식에 의한 변화가 거의 없다.
② 외부로부터 추위와 습기를 차단하고 사람과 물건을 지지한다.

정답 | 10 ③ 11 ① 12 ② 13 ② 14 ② 15 ④

③ 공간을 에워싸는 수직적 요소로 수평방향을 차단하여 공간을 형성한다.
④ 접촉빈도가 낮고 시각적 흐름이 최종적으로 멈추는 곳으로 다양한 느낌을 줄 수 있다.

해설 | 천장
  ㉠ 시각적 흐름이 최종적으로 멈추는 곳으로 지각의 느낌에 영향을 준다. 낮은 천장은 아늑한 느낌, 높은 천장은 확장감을 준다.
  ㉡ 수평 천장은 가장 일반적인 것으로 단순하여 시선을 거의 끌지 않으며, 경사진 천장은 활기찬 느낌을 준다.

16 ▶ 13
실내디자인의 요소 중 천장의 기능에 관한 설명으로 옳은 것은?

① 외부로부터 추위와 습기를 차단하고 사람과 물건을 지지한다.
② 공간을 에워싸는 수직적 요소로 수평방향을 차단하여 공간을 형성한다.
③ 인간의 시선이나 동선을 차단하고 공기의 움직임, 소리의 전파, 열의 이동을 제어한다.
④ 접촉빈도가 낮고 시각적 흐름이 최종적으로 멈추는 곳으로 지각의 느낌에 영향을 준다.

해설 | ①은 바닥의 기능, ②, ③은 벽의 기능이다.

17 ▶ 20
다음의 실내공간 구성요소 중 촉각적 요소보다 시각적 요소가 상대적으로 가장 많은 부분을 차지하는 것은?

① 벽   ② 바닥
③ 천장 ④ 기둥

해설 | 천장은 시각적 흐름이 최종적으로 멈추는 곳이기에 촉각적 요소보다 시각적 요소가 상대적으로 가장 많은 부분을 차지한다.

18 ▶ 19
실내공간을 구성하는 주요 기본구성요소에 관한 설명으로 옳지 않은 것은?

① 벽은 공간을 에워싸는 수직적 요소로 수평방향을 차단하여 공간을 형성한다.
② 바닥은 신체와 직접 접촉하기에 촉각적으로 만족할 수 있는 조건을 요구한다.
③ 천장은 외부로부터 추위와 습기를 차단하고 사람과 물건을 지지하여 생활장소를 지탱하게 해준다.
④ 기둥은 선형의 수직요소로 크기, 형상을 가지고 있으며, 구조적 요소로 사용하거나 또는 강조적·상징적 요소로 사용된다.

해설 | 바닥은 외부로부터 추위와 습기를 차단하고 사람과 물건을 지지하여 생활장소를 지탱하게 해준다.

19 ▶ 19, 15
다음과 같은 단면을 갖는 천장의 유형은?

① 나비형   ② 단저형
③ 경사형   ④ 꺾임형

해설 | 천장의 유형(단면)

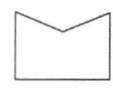 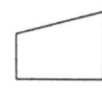

나비형   단저형   경사형

정답 | 16 ④ 17 ③ 18 ③ 19 ④

20 ▶ 19
실내공간을 형성하는 기본 요소 중 천장에 관한 설명으로 옳지 않은 것은?

① 공간을 형성하는 수평적 요소이다.
② 다른 요소에 비해 조형적으로 가장 자유롭다.
③ 천장을 낮추면 친근하고 아늑한 공간이 되고 높이면 확대감을 줄 수 있다.
④ 인간의 동선을 차단하고 공기의 움직임, 소리의 전파, 열의 이동을 제어한다.

해설 | ④는 벽에 대한 설명이다.

21 ▶ 17
천장에 관한 설명으로 옳지 않은 것은?

① 바닥면과 함께 공간을 형성하는 수평적 요소이다.
② 천장은 마감방식에 따라 마감천장과 노출천장으로 구분할 수 있다.
③ 시각적 흐름이 최종적으로 멈추는 곳이기에 지각의 느낌에 영향을 미친다.
④ 공간의 개방감과 확장성을 도모하기 위하여 입구는 높게 하고 내부공간은 낮게 처리한다.

해설 | 공간의 개방감과 확장성을 도모하기 위하여 입구는 낮게 하고 내부공간은 높게 처리한다.

22 ▶ 14
천장고와 층고에 관한 설명으로 옳은 것은?

① 천장고는 층고보다 작다.
② 천장고는 한 층의 높이를
③ 한 층의 천장고는 어디서나 동일하다.
④ 천장고와 층고는 항상 동일한 의미로 사용된다.

해설 | ㉠ 천장고는 해당 층에서 마감된 바닥에서 마감된 천장까지의 순수한 실내부 높이를 말한다.
㉡ 층고는 기준층 콘크리트바닥에서 기준층 바로위층의 콘크리트 바닥까지의 거리로 층고는 천장고에 층간 두께를 더한 값이다. 그러므로 천장고는 층고보다 작다.

23 ▶ 13
다음 설명에 알맞은 실내공간의 구성요소는?

> 공간을 형성하는 수평적 요소이다. 시각적 흐름이 최종적으로 멈추는 곳이기에 지각의 느낌에 영향을 미친다.

① 지붕   ② 바닥
③ 천장   ④ 개구부

해설 | 실내공간의 구성 요소
  ㉠ 바닥 : 실내공간의 가장 기초적인 요소로 수평적인 성격을 가지며 인간의 접촉 빈도가 가장 많은 요소이다.
  ㉡ 천장 : 시각적 흐름이 최종적으로 멈추는 곳으로 지각의 느낌에 영향을 준다. 낮은 천장은 아늑한 느낌, 높은 천장은 확장감을 준다.
  ㉢ 개구부 : 개구부는 벽의 일부를 뚫어 외부와 통하는 부분을 말한다. 대표적으로 문과 창문을 들수 있다. 문은 공간의 이동을 연결하며, 창문은 실내공간에 환기, 조명, 채광 효과를 줄 수 있다.

24 ▶ 15
단차에 의한 공간의 효과에 관한 설명으로 옳지 않은 것은?

① 단수가 적은 오르는 계단은 기대감을 줄 수 있다.
② 약간 내려가는 계단은 아늑한 곳으로 인도하는 느낌을 준다.
③ 계단 위를 볼 수 없을 정도가 되면 불안감을 줄 가능성이 있다.
④ 작은 방에서 큰 방으로의 연결은 내려오는 계단으로 되어야만 안정된 느낌을 준다.

해설 | 작은 방에서 큰 방으로의 연결은 공간의 효과는 증대된다. 그러므로 올라가는 계단으로 되어야 안정된 느낌을 줄 수 있다.

정답 | 20 ④ 21 ④ 22 ① 23 ③ 24 ④

25
문(門)에 관한 설명으로 옳지 않은 것은?
▶ 18

① 문의 위치는 가구배치에 영향을 준다.
② 문의 위치는 공간에서의 동선을 결정한다.
③ 회전문은 출입하는 사람이 충돌할 위험이 없다는 장점이 있다.
④ 미닫이문은 문틀에 경첩을 부착한 것으로 개폐를 위한 면적이 필요하다.

해설 | ④번은 여닫이문의 설명이다. 미닫이문은 문 전체를 열 수 있으며 여닫을 때 실내 유효면적이 필요 없다.

26
출입구에 통풍기류를 방지하고 출입 인원을 조절할 목적으로 설치하는 문은?
▶ 16

① 접이문 ② 회전문
③ 여닫이문 ④ 미닫이문

해설 | 회전문
㉠ 출입 인원 조절이 가능하며 많은 사람이 출입하는 곳에는 적당하지 않으며, 외풍과 먼지, 기류 등을 막는 데 유리하다.
㉡ 호텔이나 은행 등 사람의 출입이 많은 장소에 설치된다.

27
실내공간 구성요소에 관한 설명으로 옳지 않은 것은?
▶ 15

① 천장의 높이는 실내공간의 사용목적과 깊은 관계가 있다.
② 바닥을 높이거나 낮게 함으로서 공간영역을 구분, 분리할 수 있다.
③ 여닫이문은 밖으로 여닫는 것이 원칙이나 비상문의 경우 안여닫이로 한다.
④ 벽의 높이가 가슴 정도이면 주변공간에 시각적 연속성을 주면서도 특정 공간을 감싸주는 느낌을 준다.

해설 | 여닫이문은 안여닫이가 원칙이나 비상문의 경우 밖여닫이로 한다.

28
다음 중 창에 대한 설명으로 옳지 않은 것은?
▶ 21, 18

① 창은 채광, 조망, 환기, 통풍의 역할을 하며 벽과 천장에 위치할 수 있다.
② 창의 높낮이는 가구의 높이와 사람의 시선 높이로 결정된다.
③ 충분한 보온과 개폐의 용이를 위해 창은 가능한 한 크게 내는 것이 바람직하다.
④ 창이 공간을 둘러싸면 시각적으로 천장면은 벽면에서 띄워 들어 올린 것처럼 가벼운 느낌을 준다.

해설 | 충분한 보온과 개폐의 용이를 위해 창은 가능한 한 크게 내지 않는 것이 바람직하다.

29
평면이 돌출된 형태의 창으로 장식품을 두거나 간이휴식 공간을 마련할 수 있는 창을 무엇이라고 하는가?
▶ 21, 20

① 베이 윈도우(bay window)
② 픽쳐 윈도우(picture window)
③ 윈도우 월(window wall)
④ 고창(clerestory)

해설 | ㉠ 픽쳐 윈도우(picture window) : 바닥부터 천장까지 닿은 커다란 창문으로 베란다 창이 있다.
㉡ 윈도우 월(window wall) : 벽면 전체를 창으로 처리해 개방감이 아주 좋다.
㉢ 고창(clerestory) : 천장 가까이 있는 벽에 위치하며, 좁고 긴 창문으로 지하실의 창 또는 미술관에 설치한다.

정답 | 25 ④ 26 ② 27 ③ 28 ③ 29 ①

30

▶ 21

문과 창문에 관한 설명으로 옳지 않은 것은?

① 공기와 빛을 통과시켜 통풍과 채광을 가능하게 한다.
② 인접된 공간을 연결시킨다.
③ 동선에 영향을 주지 않는다.
④ 전망과 프라이버시의 확보가 가능하다.

해설 | 개구부(창과 문)의 기능
  ㉠ 인접된 공간을 연결시킨다.
  ㉡ 기와 빛을 통과시켜 통풍과 채광을 가능하게 한다.
  ㉢ 전망과 프라이버시의 확보가 가능하다.

31

▶ 18

창과 문에 관한 설명으로 옳지 않은 것은?

① 문은 인접된 공간을 연결시킨다.
② 창과 문의 위치는 동선에 영향을 주지 않는다.
③ 창은 공기와 빛을 통과시켜 통풍과 채광을 가능하게 한다.
④ 창의 크기와 위치, 형태는 창에서 보이는 시야의 특성을 결정한다.

해설 | 창과 문의 위치는 가구배치와 동선에 영향을 준다.

32

▶ 14

측창에 관한 설명으로 옳지 않은 것은?

① 투명 부분을 설치하면 해방감이 있다.
② 같은 면적의 천창보다 광량이 3배 정도 많다.
③ 근린의 상황에 의한 채광 방해가 발생할 수 있다.
④ 남측창일 경우 실 전체의 조도분포가 비교적 균일하지 않다.

해설 | 천창은 같은 면적의 측창 보다 광량이 3배 정도 많다.

2 가동적 요소(2차적 요소)

33

▶ 19

투시성이 있는 얇은 커튼의 총칭으로 창문의 유리면 바로 앞에 얇은 직물로 설치하기 때문에 실내에 유입되는 빛을 부드럽게 하는 것은?

① 새시 커튼
② 드로우 커튼
③ 글라스 커튼
④ 드레이퍼리 커튼

해설 | 커튼
  ㉠ 글라스 커튼 : 유리 바로 앞에 치는 투명한 얇은 천으로 실내에 들어오는 빛을 부드럽게 하며 프라이버시를 제공한다
  ㉡ 새시 커튼 : 창문 전체를 커튼으로 처리하지 않고 반 정도만 친 형태를 갖는 커튼을 말한다.
  ㉢ 드로우 커튼 : 반투명 하거나 불투명한 직물로 창문 위에 설치하는 일반적인 형태를 말한다.
  ㉣ 드레이퍼리 커튼 : 창문에 느슨하게 걸려 있는 중량감 있는 무거운 커튼을 말한다.

34

▶ 15

커튼(curtain)에 관한 설명으로 옳지 않은 것은?

① 드레퍼리 커튼은 일반적으로 투명하고 막과 같은 직물을 사용한다.
② 새시 커튼은 창문 전체를 커튼으로 처리하지 않고 반정도만 친 형태이다.
③ 글라스 커튼은 실내로 들어오는 빛을 부드럽게 하며 약간의 프라이버시를 제공한다.
④ 드로우 커튼은 창문 위의 수평 가로대에 설치하는 커튼으로 글라스 커튼보다 무거운 재질의 직물로 처리한다.

해설 | 드레퍼리 커튼은 창문에 느슨하게 걸려 있는 중량감 있는 무거운 커튼을 말한다.

정답 | 30 ③ 31 ② 32 ② 33 ③ 34 ①

35 ▶ 19,16
수평 블라인드로 날개의 각도, 승강으로 일광, 조망, 시각의 차단정도를 조절하는 것은?

① 롤 블라인드
② 로만 블라인드
③ 버티컬 블라인드
④ 베니션 블라인드

해설 | 블라인드
  ㉠ 베니션 블라인드(venetian blind) : 수평 블라인드
  ㉡ 버티컬 블라인드(vertical blind) : 수직 블라인드
  ㉢ 롤 블라인드(roll blind) : 천을 감아올리는 블라인드
  ㉣ 로만 블라인드(roman blind) : 상부의 줄을 당기면 단이 생기면서 접히는 형식의 블라인드

36 ▶ 17
베네시안 블라인드에 관한 설명으로 옳지 않은 것은?

① 수평형 블라인드이다.
② 날개 사이에 먼지가 쌓이기 쉽다는 단점이 있다.
③ 쉐이드라고도 하며 단순하고 깔끔한 느낌을 준다.
④ 날개의 각도를 조절하여 일광, 조망 및 시각의 차단정도를 조정하는 장치이다.

해설 | ③은 롤블라인드 설명이다.

37 ▶ 20
채광을 조절하는 일광 조절장치와 관련이 없는 것은?

① 루버(louver)
② 커튼(curtain)
③ 디퓨져(diffuser)
④ 베니션블라인드(venetian blind)

해설 | 디퓨져(diffuser)는 설비장치이다.

38 ▶ 18
일광 조절 장치에 속하지 않는 것은?

① 커튼   ② 루버
③ 코니스   ④ 블라인드

해설 | 코니스조명은 벽면의 상부에 위치하여 모든 빛이 아래로 직사하도록 하는 조명방식이다.

39 ▶ 15
실내디자인에서 장식물(accessories)에 관한 설명으로 옳지 않은 것은?

① 장식물에는 화분, 용기, 직물류, 예술품 등이 있다.
② 모든 장식물은 기능성이 부가되면 장식성이 반감된다.
③ 장식물은 실내공간의 분위기를 생기 있게 하는 역할을 한다.
④ 미적이나 기능적인 면에서는 필수적이지는 않지만 강조하고 싶은 요소를 보완해 주는 물건이다.

해설 | 기능적 장식품
생활에 있어 실질적인 기능을 담당하고 장식 효과까지 발휘하는 물품(조명 기기, 가전제품, 화초, 병풍, 시계)

40 ▶ 13
액세서리에 관한 설명으로 옳지 않은 것은?

① 강조하고 싶은 요소들을 보완해 주는 물건이다.
② 액세서리에는 장식물, 회화, 공예품 등이 있다.
③ 공간의 분위기를 생기있게 하는 실내디자인의 최종 작업이다.
④ 액세서리는 생활에 있어서의 실질적인 기능과는 전혀 무관하다.

해설 | 실용적 장식품(액세서리)은 생활에 있어 실질적인 기능을 담당하는 물품으로 장식적인 효과를 갖는다.

정답 | 35 ④ 36 ③ 37 ③ 38 ③ 39 ② 40 ④

04 공간 기본 구상

Pass Note

예상출제문항	키워드	
1~0	- 공간 레이아웃 - 동선 계획시 고려사항	- 주택의 동선계획 - 상점 공간 동선 계획

1. 조닝(zoning) 계획

1) 조닝(zoning)

조닝이란 단위 공간 사용자의 특성, 사용 목적, 사용 시간, 사용빈도, 행위의 연결 등을 고려하여 전체 공간을 몇 개의 행동권으로 구분하는 것을 말한다.

① 조닝은 사용자의 특성 등을 고려하여 행위가 유사한 것, 시간적 요소가 같은 요소는 인접하여 배치하는 것이 좋다.
② 상호간 요소가 다른 것, 수단이 유사하더라도 목적이 다른 것은 서로 격리 배치한다.

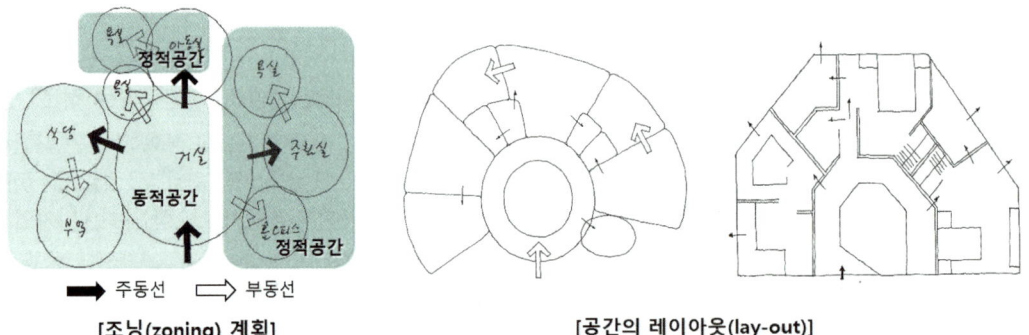

[조닝(zoning) 계획]   [공간의 레이아웃(lay-out)]

2) 공간의 레이아웃(lay-out)

평면상의 배치 계획으로서 기능적 공간의 배분계획을 통칭하여 공간의 레이아웃(lay-out)이라 한다.

① 실내공간의 구성 요소를 구분하면 공간을 형성하는 바닥, 벽, 천장 부분과 가구, 기구 등 설치되는 물체가 있는데 이것들의 위치를 정하는 단계이다.
② 공간을 구성하는 요소의 배치는 공간 상호간의 연계성, 출입형식 및 동선체계, 인체공학적 치수와 가구설치 등을 고려한다.

③ 실내공간의 레이아웃(lay-out)에서 가장 우선 고려해야 할 사항은 공간의 동선계획이다.
④ 동선계획의 원칙은 동선의 형은 가능한 한 단순하며 명쾌하게 한다. 동선이 짧으면 효율적이지만 공간의 성격에 따라 길게 처리하기도 한다.

예제 01 다음 중 죠닝 계획시 우선적으로 고려할 사항이 아닌 것은? [23,22]
① 사용빈도　　　　　　　② 사용목적
③ 색채선호도　　　　　　④ 단위공간 사용자의 특성

정답 ③

예제 02 공간의 레이아웃(lay-out)과 가장 밀접한 관계를 가지고 있는 것은? [18.14]
① 단면계획　② 동선계획　③ 입면계획　④ 색채계획

정답 ②

3) 디자인 이미지 구축
① 쾌적한 실내공간 창출은 기능의 해결로서 완결되는 것은 아니다. 즉 조형적 아름다움이 부가됨으로써 즐거움을 수반한 쾌적함이 확보되는 것이다.
② 공간의 목적에 부합되는 주제를 선정하여 개성 있고 독특한 디자인 이미지를 구축함으로써 정서적 기능(emotional function)과 심미성을 높여야 하는 것이다.
③ 능률적인 공간이 조성이 되도록 기능적, 정서적, 환경적 측면과 디자인의 기본원리 등을 고려하여 사용자에게 가장 바람직한 생활공간을 만드는 것이다.
④ 기능이나 용도, 목적에 맞는 그 공간 특유의 디자인 이미지를 구축하여야 하며 설계 의뢰자의 요구사항을 고려하여야 한다.
⑤ 실내디자인은 실용예술의 한 분야이기 때문에 실내디자이너 개인의 기호와 취향, 개성 등이 너무 강하게 표출되어 자기중심적인 이미지가 부각되거나 지나친 유행을 추종하지 않아야 한다.

2. 동선계획

1) 동선
사람이나 물건이 움직인 궤적을 선으로 나타낸 것을 동선이라 한다.

① **동선의 3요소는 속도, 빈도, 하중**이다.
② 평면계획에서 가장 우선 고려해야 할 사항은 공간의 동선계획이다.
③ 생산 현장의 작업동선, 주거공간의 가사노동 동선, 상업공간의 종업원 동선은 짧을수록 효율성과 쾌적성을 높일 수 있다.
④ 백화점과 같은 상업공간 경우는 예외적으로 고객의 동선을 길게 유도하여 매장의 진열효과를 높인다.
⑤ 동선의 흐름은 공간기능에 따라 연속되는 경우와 분리되는 경우가 있다.
　㉠ 미술관이나 박물관의 관람동선은 의식하지 않더라도 관람을 시작한 곳으로부터 마지막 공간까지 물 흐르듯 연속되어야 한다.

ⓒ 공간의 성격이나 사용자 구분이 뚜렷한 백화점의 물품동선과 고객동선, 은행의 종업원 동선과 고객 동선은 공간적으로 서로 분리해야 한다.

2) 동선 계획
① 동선은 **가능한 간단하고 직선** 처리한다.
② 동선은 가능한 **분리시키고 교차를 피한다.**
③ 동선이 짧으면 효과적이지만 공간의 성격에 따라 길게 처리하기도 한다.
④ **성격이 다른 동선은 서로 교차시키지 말아야 한다.**
⑤ 동선이 복잡해질 경우 별도의 통로 공간을 두어 동선을 독립시킨다.
⑥ 동선은 **통행량, 동선의 방향, 차 및 이동 시의 동작** 등을 고려하여 계획한다.

> **예제 03** 동선의 3요소에 해당하지 않는 것은? [13]
> ① 빈도　　② 속도　　③ 하중　　④ 방향성
> 정답 ④

> **예제 04** 다음 중 실내공간의 평면계획에서 가장 우선적으로 고려해야 할 것은? [21]
> ① 마감재료　　② 공간의 동선　　③ 공간의 색채　　④ 공간의 환기
> 정답 ②

3) 주택의 동선계획
① 단순, 명쾌하게 한다.(특히 **빈도가 높은 동선은 짧게** 한다.)
② 서로 다른 종류의 동선은 가능한 한 분리시키고 필요 이상의 교차는 피한다.
③ 낮 공간의 동선과 밤 공간의 동선은 분리시킨다.
④ **개인권, 사회권, 가사 노동권은 유기적으로 분산시키며 서로 독립성을 유지해야 한다.**
⑤ 동선에는 공간(space)이 필요하며 가구를 둘 수 없다.

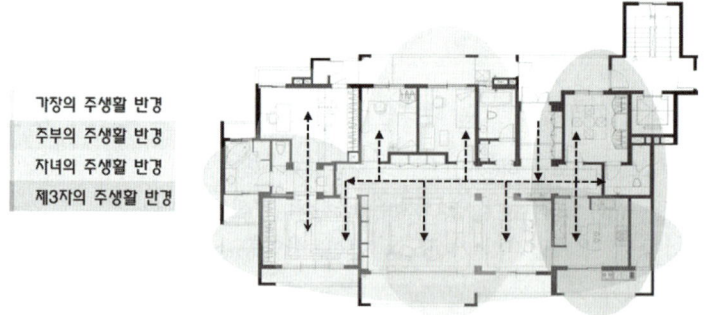

일반적으로 주거공간 계획에서 동선처리의 분기점이 되는 곳은? [15]
① 침실　　　② 거실　　　③ 식당　　　④ 다용도실

정답 ②

4) 상점의 동선계획
① 종업원의 동선은 짧게 하고 고객의 동선은 길게 하는 경우가 많다.
② **고객동선과 종업원 동선은 분리**한다.
③ 상품관리 동선은 상품의 반입, 보관, 포장, 발송 등의 작업을 위한 동선이므로 다른 공간과 최단거리로 연결하여 계획 한다.
④ 고객을 위한 통로 폭은 최소 900mm 이상으로 한다.
⑤ 상점의 동선은 통로 공간을 확보하는 것뿐만 아니라 매장 전체가 잘 보이도록 입체적으로 계획한다.

 상점의 동선계획에 대한 설명 중 옳지 않은 것은? [21]
① 동선의 흐름은 공간적, 물리적인 흐름뿐만 아니라 시각적인 흐름도 원활하도록 한다.
② 고객 동선은 흐름의 연속성이 상징적, 지각적으로 분할되지 않는 수평적 바닥이 되도록 한다.
③ 고객의 동선은 고객의 편의를 위해 가능한 한 짧게한다.
④ 고객을 위한 통로폭은 최소 900mm 이상으로 한다.

정답 ③

5) 전시공간의 동선계획
① 일반적으로 **전시공간에서의 동선은 관람객 동선, 사무 관리자 동선, 자료 동선**으로 이루어진다.
② 자료를 보고 해석을 읽으면서 다시 돌아오지 않도록 전시품을 레이아웃 하는 것이 중요하며, 지그재그식의 동선이 발생되지 않도록 한다.
③ 감상의 방향과 이동의 방향이 일치되도록 한다. 보통의 전시자료는 왼쪽에서 오른쪽으로 이동하면서 감상하도록 계획한다.
④ 관람객이 피로를 느끼지 않도록 해야 하며, 다음 전시영역의 관람 여부를 판단할 수 있도록 계획되는 것이 바람직하다.
⑤ 관람객이 피로하지 않게 동선을 조정하는 것이 좋다.
⑥ 전시공간 내에서 전후, 좌우를 다 볼 수 있게 하는 것이 좋다.

미술관 전시부분의 동선계획에 관한 설명으로 옳지 않은 것은?
① 관람객의 흐름에 막힘이 없도록 배려하는 것이 좋다
② 관람객이 피로하지 않게 동선을 조정하는 것이 좋다.
③ 전시 공간 내에서 전후, 좌우를 다볼 수 있게 하는 것이 좋다.
④ 내용이 다른 모든 전시실의 전시물을 선택 없이 연속적으로 볼 수 있도록 구성하는 것이 좋다.

정답 ④

핵심 기출문제

04 공간 기본 구상

01 ▶ 21
다음 중 스페이스 프로그램 단계에 해당되지 않는 것은?

① 조닝
② 각 실 세부계획
③ 소요실 판단
④ 공간별 규모산정

해설 | 프로그램 단계는 공간의 사용목적, 예산 등을 종합적으로 비교 검토하여 설계에 대한 희망사항, 요구 사항 등을 결정하는 작업과정이며, 각 실 세부계획은 설계 단계이다.

02 ▶ 21, 13
다음의 동선의 유형 중 최단거리의 연결로 통과 시간이 가장 짧은 것은?

① 직선형
② 방사형
③ 격자형
④ 종합형

해설 | 동선의 분류
- 직선형 : 경과시간이 짧은 단거리로 연결된다.
- 나선형 : 공간적 연속성으로 우아하면서도 경쾌한 느낌을 연출한다.
- 방사형 : 중심에서 바깥쪽으로 회전하면서 연결한다.
- 격자형 : 정방형 형태가 종합적으로 구성되며, 통로 간에 위계질서를 갖도록 계획한다.
- 혼합형 : 모든 형을 종합한 것으로 통로 간의 위계적 질서를 고려하며, 복잡하지 않게 동선을 처리한다.

03 ▶ 19
실내디자인 과정 중 공간의 레이아웃(lay out)단계에서 고려해야 할 사항으로 가장 알맞은 것은?

① 동선계획
② 설비계획
③ 입면계획
④ 색채계획

해설 | 실내공간의 레이아웃(lay-out)에서 가장 우선 고려해야 할 사항은 공간의 동선계획이다.

04 ▶ 17
다음 중 평면계획 시 고려해야 할 사항과 가장 거리가 먼 것은?

① 동선처리
② 조명분포
③ 가구배치
④ 출입구의 위치

해설 | 조명분포는 실시 설계 단계에서 고려한다.

05 ▶ 17
다음 중 조닝(zoning)계획 시 고려해야 할 사항과 가장 거리가 먼 것은?

① 행동반사
② 사용목적
③ 사용빈도
④ 지각심리

해설 | 조닝(zoning)
조닝이란 단위 공간 사용자의 특성, 사용 목적, 사용 시간, 사용빈도, 행위의 연결 등을 고려하여 전체 공간을 몇 개의 행동권으로 구분하는 것을 말한다.
㉠ 조닝은 사용자의 특성 등을 고려하여 행위가 유사한 것, 시간적 요소가 같은 요소는 인접하여 배치하는 것이 좋다.
㉡ 상호간 요소가 다른 것, 수단이 유사하더라도 목적이 다른 것은 서로 격리 배치한다.

정답 | 01 ② 02 ① 03 ① 04 ② 05 ④

06 ▶ 16

설계를 착수하기 전에 과제의 전모를 분석하고, 개념화하며, 목표를 명확히 하는 초기 단계의 작업인 프로그래밍에서 "공간 간의 기능적 구조 해석"과 가장 관계가 깊은 것은?

① 개념의 도출
② 환경적 분석
③ 사용주의 요구
④ 스페이스 프로그램

해설 | 스페이스 프로그램
공간을 분석하는 작업으로 프로젝트에 각 소요공간의 종류를 파악하고 각 공간의 사용자의 연령, 기호, 사용시간대, 기능 등을 분석하여 효율적인 공간 면적을 산정하는 작업을 말한다.

07 ▶ 13

단위공간 사용자의 특성, 사용목적, 사용시간, 사용빈도 등을 고려하여 전체 공간을 몇 개의 생활권으로 구분하는 실내디자인의 과정은?

① 치수계획
② 죠닝계획
③ 규모계획
④ 재료계획

해설 | 죠닝계획은 생활공간의 성격이 같은 것은 가까이 배치하여 같은 생활권으로 구분한다.

08 ▶ 18

상점 내 동선계획에 관한 설명으로 옳지 않은 것은?

① 고객 동선은 짧고 간단하게 하는 것이 좋다.
② 직원 동선은 되도록 짧게 하여 보행 및 서비스 거리를 최대한 줄이는 것이 좋다.
③ 고객 동선과 직원 동선이 만나는 곳에는 카운터 및 쇼케이스를 배치하는 것이 좋다.
④ 고객 동선은 흐름의 연속성이 상징적·지각적으로 분할되지 않는 수평적 바닥이 되도록 하는 것이 좋다.

해설 | 고객 동선은 가능한 길게 배치하는 것이 좋다.

09 ▶ 15

상점의 동선계획에 관한 설명으로 옳지 않은 것은?

① 종업원 동선은 작업의 효율성을 고려하여 계획한다.
② 고객 동선은 가능한 짧고 간단하게 하는 것이 이상적이다.
③ 상품 동선은 상품의 반·출입, 보관, 포장, 발송 등과 같은 상점 내에서 상품이 이동하는 동선이다.
④ 동선 계획은 평면 계획의 기본 요소로 기능적으로 역할이 서로 다른 동선은 교차되거나 혼용되지 않도록 한다.

해설 | 고객 동선은 가능한 길게 하는 것이 이상적이다.

정답 | 06 ④ 07 ② 08 ① 09 ②

05 공간 기본 계획

05-1 주거 공간 계획

Pass Note

예상출제문항	키워드	
1~2	- 거실 배치 유형, 크기 결정 요인 - 부엌 크기 결정 요인 - 공동주택 평면 형식	- 부엌의 계획, 부엌의 작업 삼각형의 작업대 - ㄷ자형 부엌 가구배치 특징

1. 주거공간의 개념과 기능

① 주거는 인간이 개인으로서의 생활, 가족의 일원으로서 가족생활 등을 영위하기 위한 가장 기본적인 안식처이다.
② 주거는 외부로부터의 방어, 노동력의 재생산, 자녀의 양육 등 가족 일상생활의 기능이 충실히 수행될 수 있어야 한다.
③ 휴식, 취침, 배설, 영양섭취 등 생리적 욕구와 가족의 단란, 유희, 독서 등 정신적 욕구를 만족시키는 것을 최우선으로 한다.
④ 개인의 프라이버시나, 개인생활이 존중되도록 계획한다.

2. 단독주택

1) 생활양식에 의한 분류

(1) 한식 주택과 양식 주택의 비교

분류	한식주택	양식주택
평면의 차이	㉠ 실의 조합(은폐적) ㉡ 위치별 분화(안방, 건넌방, 사랑방) ㉢ 실의 혼용도	㉠ 실의 분화(개방적) ㉡ 기능별 분화(거실, 식당, 침실) ㉢ 실의 단일 용도
구조의 차이	㉠ 목조 가구식 ㉡ 바닥이 높고 개구부가 크다.	㉠ 벽돌 조적식 ㉡ 바닥이 낮고 개구부가 작다.
습관의 차이	좌식 생활(온돌)	입식 생활(의자)
용도의 차이	방의 혼용 용도(사용 목적에 따라 달라진다.) 융통적	방의 단일용도(침실, 공부방)
가구의 차이	가구는 부차적 존재(가구에 관계없이 각 실의 크기, 설비가 결정되며 점유면적이 작다.)	가구는 중요한 내용물(가구의 종류와 형태에 따라 실의 크기와 폭이 결정)

| 예제 01 | 한식주택과 양식주택의 차이점에 대한 설명 중 옳지 않은 것은?
① 양식주택은 실의 위치별 분화이며, 한식주택은 실의 기능별 분화이다.
② 양식주택은 입식생활이며, 한식주택은 좌식생활이다.
③ 양식주택의 실은 단일용도이며, 한식주택의 실은 혼용도이다.
④ 양식주택의 가구는 주요한 내용물이며, 한식주택의 가구는 부차적 존재이다.

정답 ①

3. 주거 공간 계획

1) 공간의 조닝(zoning)

(1) 조닝 계획시 고려 사항
  ① 구성원 행위가 유사한 것은 서로 접근시킨다.
  ② 시간적 요소가 같은 것끼리 서로 접근시킨다.
  ③ 유사한 요소는 서로 공용시킨다.
  ④ 상호간의 요소가 다른 것은 서로 격리시킨다.

(2) 조닝 방법
  ① **생활공간 의한 분류(기능. 용도)**
    ㉠ 개인 공간 : 침실, 자녀실, 노인실, 서재
    ㉡ 가사, 노동 공간(작업 공간) : 주방, 가사실
    ㉢ 사회 공간 : 거실, 식당
    ㉣ 보건, 위생 공간 : 욕실, 화장실
  ② **주 행동에 의한 분류**
    ㉠ 주부의 생활 행동 : 요리, 세탁, 재봉, 유아 목욕 등
    ㉡ 주인의 생활 행동 : 생활, 휴식, 행동
    ㉢ 아동의 생활 행동 : 공부, 유희 등
  ③ 사용 시간별 분류
    ㉠ 낮에 사용되는 공간 : 거실, 식당, 부엌
    ㉡ 낮과 밤에 사용되는 공간 : 화장실, 욕실
    ㉢ 밤에 사용되는 공간 : 침실
  ④ 행동 반사에 의한 분류
    ㉠ 정적 공간 : 침실, 서재, 노인실
    ㉡ 동적 공간 : 거실, 식당, 부엌, 현관

| 예제 02 | 주택의 평면계획 시 공간의 조닝 방법에 속하지 않는 것은? [25,17]
① 사용빈도에 의한 조닝　　② 사용시간에 의한 조닝
③ 실의 크기에 의한 조닝　　④ 사용자 특성에 의한 조닝

정답 ③

예제 03 주거공간을 주 행동에 따라 개인공간, 사회공간, 노동공간 등으로 구분할 경우, 다음 중 사회 공간에 속하지 않는 것은? [20]

① 거실　　　　② 식당　　　　③ 서재　　　　④ 응접실

정답 ③

2) 동선(動線) 계획

(1) 동선의 3요소

　　① 속도 ② 빈도 ③ 하중

(2) 동선의 원칙

　　① 사용빈도가 높은 공간은 동선을 짧게 처리하는 것이 좋다.
　　② 단순, 명쾌하게 한다.
　　③ 다른 종류의 동선 가능한 한 분리시키고 필요 이상의 교차는 피한다.
　　④ 개인권, 사회권, 가사 노동권은 독립성을 유지 한다.
　　⑤ 동선이 교차하는 곳은 공간적 두께를 크게 하는 것이 좋다.
　　⑥ 가사노동의 동선은 가능한 남측에 위치시키도록 한다.

3) 각 실의 방위

　　① 동쪽 : 침실, 식당 – 오전에 햇빛이 실내에 깊이 들어오며 오후는 춥다.
　　② 서쪽 : 욕실, 건조실, 탈의실 – 오후에 햇빛 깊이 입사하므로 오후에는 무덥다.
　　③ 남쪽 : 노인실, 아동실, 거실 – 여름철은 햇빛이 실내까지 깊이 입사하지 않으며 겨울철은 깊이 입사
　　　　하여 따뜻하다.
　　④ 북쪽 : 화장실, 보일러실 – 실내의 빛이 거의 유입되지 않아 춥다.

4. 각실의 세부 공간 계획

1) 거실(living room)

(1) 기능

　　① 가족 생활의 중심이 되는 곳
　　② 가족의 단란, 휴식, 오락(TV 시청, 음악 감상, 게임 등), 어린이 놀이 공간
　　③ 주부의 가사 작업 공간
　　④ 손님의 접객 공간
　　⑤ 소주택일 경우 : 서재, 응접, 리빙 키친으로 이용한다.

(2) 크기

　　① 거실의 1인당 소요 바닥 면적 : 최소 4~6m² 정도
　　② 거실의 면적 구성비 : 건축 연면적의 30% 정도

(3) 위치
  ① 남향, 남동향, 남서향으로서 **일조, 통풍이 좋은** 곳
  ② 통로에 의해 **실이 분할되지 않는** 곳
  ③ 침실과 **대칭**되는 곳
  ④ 다른 방의 중심적 위치가 되는 곳
  ⑤ **다른 한쪽 방과 접속하게 되면 유리함**

(4) 가구
  ① 가구 배치 변화가 가장 심한 곳으로 가구를 배치할 때 가구들의 윗부분과 남아 있는 벽부분의 선이 지나치게 복잡한 형태가 되지 않도록 하는 것이 좋다.
  ② TV를 설치할 때에는 화면과의 각도가 60° 이내가 되도록 의자를 배치한다.
  ③ 가구배치 유형 [☞ 배치유형 그림은 chapter 3.3 가구계획 참조]
    ㉠ **ㄱ자형** : 시선이 마주치지 않아 안정감이 있다. 비교적 적은 면적을 차지하기 때문에 공간 활용이 높고 동선이 자연스럽게 이루어지는 장점이 있다.
    ㉡ **일자형** : 거실의 폭이 좁은 경우에 많이 이용된다.
    ㉢ **ㄷ자형** : 단란한 분위기를 주며 여러 사람과의 대화 시에 적합하다.
    ㉣ **대면형** : 좌석이 서로 마주보게 배치하는 형식. 일자형에 비해 가구 자체가 차지하는 면적이 넓다.
    ㉤ **코너형** : 소파를 서로 직각이 되도록 연결해서 배치하는 형식으로, 시선이 마주치지 않아 안정감이 있다.

예제 04 다음 중 주택 거실의 규모 결정 요소와 거리가 먼것은? [14]
① 가족수　　　　　　　　　② 가족구성
③ 가구 배치형식　　　　　　④ 전체 주택의 규모

정답 ③

예제 05 주택의 거실에 관한 설명으로 옳지 않은 것은? [24,13]
① 현관에서 가까운 곳에 위치하되 직접 면하는 것은 피하는 것이 좋다.
② 주택의 중심에 두어 공간과 공간을 연결하는 통로 기능을 갖도록 한다.
③ 거실의 규모는 가족수, 가족구성, 전체 주택의 규모, 접객 빈도 등에 따라 결정된다.
④ 평면의 동쪽 끝이나 서쪽 끝에 배치하면 정적인 공간과 동적인 공간의 분리가 비교적 정확히 이루어져 독립적 안정감 조성에 유리하다.

해설ㅣ 거실은 실내의 다른 공간과 유기적으로 연결될 수 있도록 하되 거실이 통로화 되지 않도록 주의해야 한다.

정답 ②

2) 식당(Dining room)

(1) 위치별 구분

① 분리형 : 거실이나 부엌과 완전히 분리된 형식

② 개방형

㉠ **다이닝 키친 DK형**(dining kitchen) : 부엌의 일부에 식탁을 놓은 것. 가사노동이 단축됨

㉡ 리빙 다이닝 LD형(living dining) : 거실 + 식당을 한 공간에 놓은 형태. 식사 중 거실의 고유 기능 분리 어려움

㉢ 리빙 다이닝 키친 LDK형(living dining kitchen) : 거실 + 식사실 + 부엌을 한 공간에 놓은 것 소규모, 핵가족 공간에 적합

(2) 식당의 크기

① 4 ~ 5인 가족의 경우 최소 크기 : 3m×3.6m 정도

② 1인당 필요한 식탁의 크기 : 길이 60 ~ 70cm, 폭 40 ~ 50cm 정도

주택에서 부엌과 식당을 겸용하는 다이닝 키친(DiningKitchen)의 가장 큰 장점은? [22]
① 평면계획이 자유롭다.
② 이상적인 식사 공간 분위기 조성이 용이하다.
③ 공사비가 절약된다.
④ 주부의 동선이 단축된다.

정답 ④

주택 식당의 조명계획에 관한 설명으로 옳지 않은 것은? [25,20]
① 전체조명과 국부조명을 병용한다.
② 한색계의 광원으로 깔끔한 분위기를 조성하는 것이 좋다.
③ 조리대 위에 국부조명을 설치하여 필요한 조도를 맞춘다.
④ 식탁에는 조사 방향에 주의하여 그림자가 지지 않게 한다.

정답 ②

3) 부엌(kitchen)

(1) 위치

① 남쪽 또는 동쪽 모퉁이 부분으로 외기에 접할 수 있도록 배치

② 일사가 긴 **서쪽은 음식물이 부패하기 쉬우므로 피해야 함**

(2) 크기

① 보통 건축 연면적의 8 ~ 12% 정도 필요함.

② 주택의 규모가 큰 경우(100m² 이상)는 7% 이하도 가능함

(3) 부엌의 크기 결정 요인
   ① **작업대의 면적**
   ② **작업인(주부)의 동작에 필요한 공간**
   ③ 수납공간(식기, 식품, 조리용 기구)
   ④ 연료의 종류와 공급 방법
   ⑤ **주택의 연면적**, 가족 수, 평균 작업인 수, 경제 수준

(4) 부엌의 유형
   ① **독립형** : 부엌이 일실로 독립된 형태로 다른 유형에 비해 부엌의 기능성과 청결함을 크게 할 수 있다. 음식을 식탁까지 운반해야 하는 불편이 있으며 주부가 작업 할 때 가족 간의 대화가 단절되기 쉽다.
   ② **반 독립형** : 부엌이 인접한 거실이나 식사공간과 겸하는 LK, DK 형식이 해당된다. 작업동선이 짧으며 좁은 공간에 효율적이다.
   ③ **오픈키친** : 칸막이 구획이 없이 완전히 개방된 형식이다. 여러 기능이 한곳에 모이므로 환기, 통풍, 난방, 부엌의 설비에 유의한다.
   ④ **아일랜드키친** : 취사용 작업대가 하나의 섬처럼 실내에 설치되는 형태
   ⑤ **키친네트** : 작업대 길이가 2m 정도인 소형 주방가구가 배치된 간이 부엌 형식이다. 사무실이나 독신자 아파트에 주로 설치된다.
   ⑥ 클로젯 키친 : 단일 가구 형태로 통합된 주방 시스템

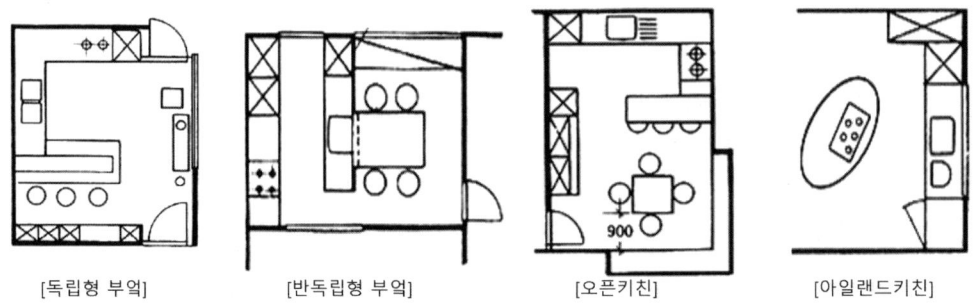

[독립형 부엌]   [반독립형 부엌]   [오픈키친]   [아일랜드키친]

(5) 부엌의 작업 순서
   ① 작업 순서 : 작업대는 능률적인 작업을 위해 **준비대 →개수대→조리대→가열대→배선대** 순서로 배치한다.
   ② **작업 삼각형(work triangle)** : **냉장고와 개수대** 그리고 **가열대**를 잇는 작업 삼각형의 길이는 3.6~6.6m로 하는 것이 능률적이며 개수대는 창에 면하는 것이 좋다.

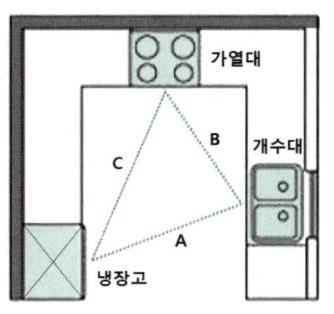 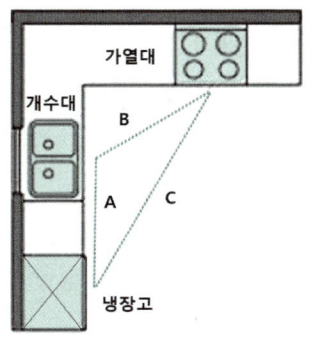 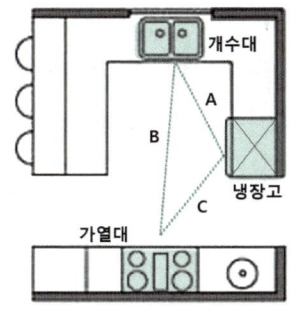

[작업 삼각형(work triangle) : A+B+C= 3.6 ~ 6.6m]

예제 08 작업대의 길이가 2m 정도인 간이부엌으로 사무실이나 독신자 아파트에 주로 설치되는 부엌의 유형은?
[17]

① 키친네트(kitchenett)   ② 오픈 키친(open kitchen)
③ 다용도 부엌(utility kitchen)   ④ 아일랜드 키친(island kitchen)

정답 ①

예제 09 다음 중 부엌의 능률적인 작업순서에 따른 작업대의 배열순서로 알맞은 것은?
[25,23,22,19,18,16,15,14]

① 준비대 → 개수대 → 가열대 → 조리대 → 배선대
② 준비대 → 조리대 → 가열대 → 개수대 → 배선대
③ 준비대 → 개수대 → 조리대 → 가열대 → 배선대
④ 준비대 → 조리대 → 개수대 → 가열대 → 배선대

정답 ③

(6) 부엌의 배치 유형
 ① 직선형(일자형) : 좁은 면적 이용에 효과적이므로 소규모 부엌에 주로 이용되는 형식이다. 동선의 혼란이 없는 반면 움직임이 많아 동선이 길어지는 경향이 있다.
 ② L자형(ㄱ자형) : 한 쪽 면에 싱크대를, 다른 면에 가스레인지를 설치하면 능률적이다. 작업을 위한 동작 범위가 일정한 범위에 놓이므로 편리하다. 부엌과 식당을 겸할 경우 많이 활용된다.
 ③ U 자형(ㄷ자형) : 인접한 세 벽면에 작업대를 붙여 배치한 형태이다. 작업 면이 넓어 작업 효율이 가장 좋다. ㄷ자형의 작업대의 통로 폭은 1200~1500mm가 적당하다. 평면계획상 부엌에서 외부로 통하는 출입구의 설치가 곤란하다.
 ④ 병렬형 : 직선형에 비해 작업 동선이 줄어들지만 작업 시 몸을 앞뒤로 바꿔야 하므로 불편하다. 식당과 부엌이 개방되지 않고 외부로 통하는 출입구가 필요한 경우에 많이 쓰인다.
 ⑤ 분리형(아일랜드형) : 부엌 내 다른 작업대와 독립된 형태의 작업대를 갖는 형태로서 모든 방향에서 접근할 수 있는 독립된 작업대에는 보통 레인지나 싱크대를 설치하며, 간단한 식사를 위한 카운터를 설치하기도 한다.

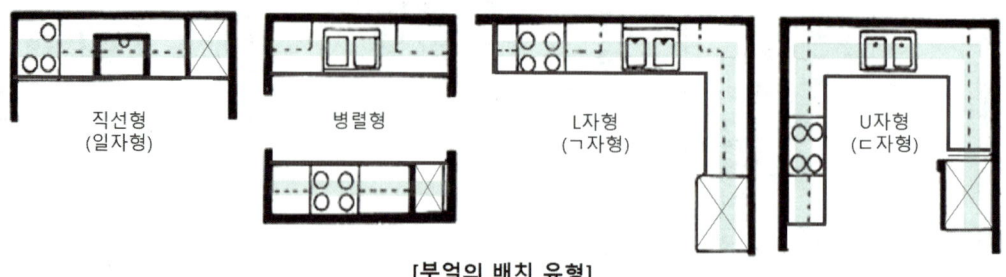

[부엌의 배치 유형]

(7) 작업대의 크기

일반적으로 작업대의 깊이는 500~600mm, 높이는 750~800mm가 적당하다.

> **예제 10** 부엌 작업대의 배치 유형 중 일렬형에 대한 설명으로 옳지 않은 것은? [24,21]
> ① 부엌의 폭이 좁거나 공간의 여유가 없는 소규모 주택에 적합하다.
> ② 작업대가 길어지면, 작업 동선이 길게 되어 비효율적이 된다.
> ③ 작업대 전체의 길이는 3,500~4,000mm 정도가 가장 적당하다.
> ④ 작업대를 벽면에 한 줄로 붙여 배치하는 유형이다.
>
> 정답 ③

> **예제 11** 아일랜드형 부엌에 관한 설명으로 옳지 않은 것은? [18.15]
> ① 부엌의 크기에 관계 없이 적용이 용이하다.
> ② 개방성이 큰 만큼 부엌의 청결과 유지관리가 중요하다.
> ③ 가족 구성원 모두가 부엌일에 참여하는 것을 유도할 수 있다.
> ④ 부엌의 작업대가 식당이나 거실 등으로 개방된 형태의 부엌이다.
>
> 정답 ①

4) 침실

(1) 기능상 분류

① 부부 침실 : 주침실(master bedroom) 또는 안방이라고 하며 취침과 의류 수납, 화장, 독서, 목욕 등을 고려하고 부부용 침실로서의 독립성이 확보되어야 한다.

② 노인 침실 : 건강 유지를 위해서 일조가 충분하고 조용한 곳으로, 가족 단란을 위한 공간들과 가깝게 배치하며 화장실로부터 가깝게 배치하거나 전용의 화장실을 설치한다.

③ 아동실 : 취침, 학습, 놀이, 휴식 등의 다목적 공간으로 성장 속도에 따른 대응과 융통성이 있도록 계획한다.

(2) 침실의 크기

① 사용 인원수에 의한 공간의 크기

② 가구의 점유 면적
③ 공간 형태에 의한 심리적 작용

(3) 침대의 배치 방법
　① 침대 **상부 머리 쪽은 외벽에 면하도록** 한다.
　② 침대 배치는 **실의 크기와 침대와의 균형, 통로 부분의 확보** 등을 고려한다.
　③ 주요 **통로 쪽 폭은 90cm 이상** 띄운다.
　④ 침대 양쪽에 통로를 두고 한쪽을 75cm 이상 되게 한다.
　⑤ 침대에 누운 채로 출입문이 보이도록 하는 것이 좋다.
　⑥ 침실의 **출입문은 안여닫이**로 하는 것이 좋다.
　⑦ 침대 하부(머리 부분의 반대편)는 통행에 불편하지 않도록 **90cm 이상의 여유 공간**을 둔다.
　⑧ 침대의 머리 부분(head)에 조명기구를 둘 경우 **빛이 눈에 직접 들어오지 않도록** 한다.

(4) 침대의 규격
　① 싱글 배드(single bed) : 1,000mm × 2,000mm
　② 더블 배드(double bed) : (1,350 ~1,400mm) × 2,000mm
　③ **퀸 배드**(queen bed) : 1,500mm × 2,000mm
　④ 킹 배드(king bed) : 2,000mm × 2,000mm

노인 침실 계획에 관한 설명으로 옳지 않은 것은? [23,15]
① 일조량이 충분하도록 남향에 배치한다.
② 식당이나 화장실, 욕실 등에 가깝게 배치한다.
③ 바닥에 단 차이를 두어 공간에 변화를 주는 것이 바람직하다.
④ 소외감을 갖지 않도록 가족공동공간과의 연결성에 주의한다.

정답 ③

5) 욕실(bath room)
　① 위치 : 북쪽에 면하게 하여 급배수 설비시설에 근접한 곳에 배치
　② 규모 : 욕조, 세면기, 변기를 한 공간에 둘 경우 4m² 정도, 세탁을 겸용한 경우 5m² 정도가 필요하다.
　③ 방수성, 방오성이 큰 마감 재료를 사용한다.
　④ 욕실의 조명은 방습 형 조명기구를 사용한다.
　⑤ 욕실은 침실전용으로 설치하는 것이 이상적이다.

 설비적 코어시스템(core system)
욕실과 화장실은 가능한 한 부엌과 식사실 등의 배관과 인접시켜 배관을 하나의 블록으로 형성 하도록 집중적으로 배치함으로써 설비비가 절약되며 이것은 큰 규모에 적합함

주거공간에 있어 욕실에 관한 설명으로 옳지 않은 것은? [19]
① 조명은 방습형 조명기구를 사용하도록 한다.
② 방수·방오성이 큰 마감재를 사용하는 것이 기본이다.
③ 변기 주위에는 냄새가 나므로 책, 화분 등을 놓지 않는다.
④ 욕실의 크기는 욕조, 세면기, 변기를 한 공간에 둘 경우 일반적으로 4m² 정도가 적당하다.

정답 ③

6) 현관 · 복도 · 계단

(1) 현관(entrance)
① **거실, 계단, 화장실과 가까이** 위치하는 것이 좋다.
② 거실의 일부를 현관으로 만드는 것은 지양하도록 한다.
③ 현관의 위치는 **도로의 위치와 대지의 형태 등에 의해 결정**된다.
④ 현관의 크기는 **주택의 규모와 가족의 수, 방문객의 예상 수 등을 고려한 출입량**에 중점을 두어 계획하는 것이 바람직하다.
⑤ 바닥 마감 재료는 내수성이 강한 석재, 타일, 인조석 등이 바람직하다.
⑥ 면적 구성비 : **연면적의 7% 정도**(최소 폭 : 1.2m, 깊이 : 0.9m)

(2) 복도(corridor)
① 소규모 주택에는 비경제적이다.
② 크기
 ㉠ 폭 : 최소 90cm 이상(일반적으로 110~120cm 정도가 적당하다.)
 ㉡ 면적 구성비 : 연면적의 10% 정도

(3) 계단(stair)
① 현관, 홀, 식당, 욕실, 화장실과 인접하게 배치
② 계단의 평면상 길이는 270cm 정도가 적당
③ 계단 높이 16~17cm, 단 너비 25~29cm 기울기는 29°~35°
④ 난간 높이 80~90cm

 주택의 현관에 관한 설명으로 옳지 않은 것은? [18]
① 거실의 일부를 현관으로 만들지 않는 것이 좋다.
② 현관에서 정면으로 화장실 문이 보이지 않도록 하는 것이 좋다.
③ 현관 홀의 내부에는 외기, 바람 등의 차단을 위해 방풍문을 설치할 필요가 있다.
④ 연면적 50m² 이하의 소규모 주택에서는 연면적의 10% 정도를 현관 면적으로 계획하는 것이 일반적이다.

정답 ④

5. 아파트

1) 아파트 평면 형식상의 분류

(1) 계단실(홀)형(direct access hall system)

계단실이나 엘리베이터홀로 부터 직접 각 주호에 들어가는 형식

① 동선이 짧으므로 출입이 편하다.
② 각 세대의 채광 및 통풍이 양호하다.
③ 각 세대의 **프라이버시 확보가 용이하다.**
④ 통행 부 면적이 작은 관계로 건축물의 이용도가 높다.
⑤ 고층 아파트일 경우 시설비가 많이 든다.

(2) 편복도(갓복도)형(side corridor system, balcony system)

일반적으로 동서를 축으로 한쪽 복도를 통해 각 주호로 들어가는 형식

① **거주성이 균일한 배치구성이 가능하다.**
② 복도 개방 시 채광 환기 유리
③ 고층·고밀도 아파트에 적합하다.
④ 복도 개방 시 외부에 노출(위험)
⑤ 복도 폐쇄 시 채광, 환기 불리
⑥ 고층 아파트의 경우 난간을 높게 해야 한다.

(3) 중복도(속복도)형(middle corridor system)

복도 양측에 각 주호를 배치된 형식

① 고층·고밀도 아파트에 가장 유리
② **엘리베이터 이용 효율이 높다.**
③ 도심지 내의 독신자용 공동주택에 주로 사용된다.
④ 부지의 이용률이 높다.
⑤ 프라이버시가 나쁘고 소음이 많다.
⑥ 통풍, 채광상 불리하다.
⑦ 복도의 면적이 넓어진다.
⑧ 건물 설계 시 남북으로 길게 하는 것이 좋다.

(4) 집중형

계단실과 엘리베이터를 중심으로 다수의 주호를 배치한 형식

① **부지의 이용률이 가장 높다.**
② 많은 주호를 집중시킬 수 있다.
③ 세대별 규모 변화가 가능
④ 프라이버시가 가장 나쁘다.
⑤ 통풍 채광상 극히 불리하다.
⑥ 복도 부분의 환기 등의 문제점 : 고도의 설비시설이 필요

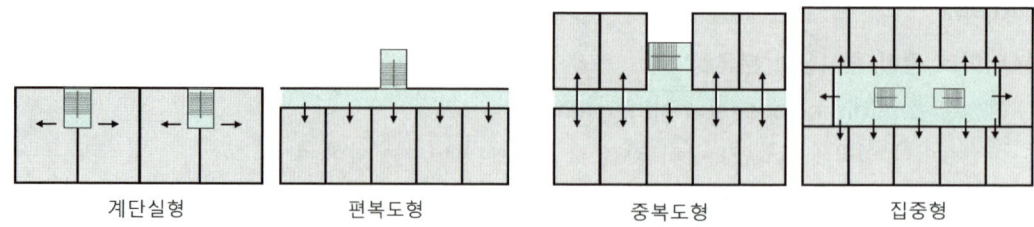

[아파트 평면형식]

구분	프라이버시	연면적에 대한 전용 면적비	환경 조건	대지 이용률
계단실형	가장 좋다	가장 높다	가장 좋다	가장 낮다
편복도형	별로 좋지 않다	조금 낮다	양호하다	낮다
중복도형	나쁘다	낮다	나쁘다	높다
집중형	가장 나쁘다	가장 낮다	가장 나쁘다	가장 높다

예제 15 다음의 아파트 평면형식 중 프라이버시가 가장 양호한 것은? [22]
① 홀형 ② 집중형 ③ 편복도형 ④ 중복도형

정답 ①

2) 입체 형식(단면형식)상의 분류

(1) 단층형(flat type, simplex type) : 각 주호가 한 개 층으로 구성되는 형식
   ① 평면 구성에 제약이 적다.
   ② 작은 면적에서도 설계가 가능하다.
   ③ 각 실에 인접하게 되어 프라이버시 유지가 어렵다.
   ④ 공용 부분에 면하는 부분이 많으므로 주호의 프라이버시 유지가 어렵다.
   ⑤ 주호 규모가 커지면 호당 공용 부분 면적이 커진다.

(2) 메조넷(복층)형(duplex, maisonnette) : 한 주호가 2개 층 이상에 걸쳐 구성되는 형식
   ① 엘리베이터의 정지 층수를 적게 할 수 있다.(**효율적이고 경제적**)
   ② **다양한 평면구성**이 가능하다.
   ③ **소규모 주택에서는 비경제적**이다.
   ④ 각 세대의 **프라이버시 확보가 용이**하다.
   ⑤ 통로면적이 감소되어 유효면적이 증가된다.
   ⑥ 복도가 없는 층은 남, 북면이 트여 **채광 유리**
   ⑦ 복도가 없는 층은 **피난 상 불리**
   ⑧ 스킵 플로어형 계획시 구조 및 설비 상 복잡하고, 설계가 어려움

(3) 스킵 플로어형(skip floor type) : 반 층 높이 차이
   ① 엘리베이터와 연결하는 복도가 2층 또는 3층마다 있고 2층에서 상하층에 계단으로 연결한다.
   ② 구조 및 설비 계획상 복잡하다.
   ③ 일반적으로 복층 형으로 보나 단층 형과 복층 형이 존재 한다.

 다음 중 주거공간의 효율을 높이고, 데드 스페이스(dead space)를 줄이는 방법과 가장 거리가 먼 것은? [24,22]

   ① 플랫폼 가구를 활용한다.
   ② 기능과 목적에 따라 독립된 실로 계획한다.
   ③ 침대, 계단 밑 등을 수납공간으로 활용한다.
   ④ 가구와 공간의 치수체계를 통합하여 계획한다.

   정답 ②

핵심 기출문제

05-1 주거 공간 계획

01 ▶ 21
주거공간의 개념 계획도에 대한 설명으로 옳지 않은 것은?
① 공간을 부엌, 식당, 연결 공간 등 다이어그램으로 표시한다.
② 동선을 선으로 연결하여 개념적인 공간을 보여준다.
③ 한번 계획된 개념도는 가능하면 수정하지 않는 것이 좋다.
④ 개념 계획도가 확정되면 평면도를 그린다.

해설 | 개념 계획도는 대략적인 개념도이기 때문에 확정될 때까지 여러 번 수정한다.

02 ▶ 19
주택의 거실에 관한 설명으로 옳지 않은 것은?
① 현관에서 가까운 곳에 위치하되, 직접 면하는 것은 피하는 것이 좋다.
② 주택의 중심에 두어 공간과 공간을 연결하는 통로 기능을 갖도록 한다.
③ 거실의 규모는 가족 수, 가족구성, 전체 주택의 규모, 접객 빈도 등에 따라 결정된다.
④ 평면의 동쪽 끝이나 서쪽 끝에 배치하면 정적인 공간과 동적인 공간의 분리가 비교적 정확히 이루어져 독립적 안정감 조성에 유리하다.

해설 | 거실 위치
㉠ 남향, 남동향, 남서향으로서 **일조, 통풍이 좋은 곳**
㉡ 통로에 의해 **실이 분할되지 않는 곳**
㉢ 침실과 대칭되는 곳
㉣ 다른 방의 중심적 위치가 되는 곳
㉤ 다른 한쪽 방과 접속하게 되면 유리함

03 ▶ 18
다음 중 단독주택에서 거실의 규모 결정 요소와 가장 거리가 먼 것은?
① 가족 수
② 가족구성
③ 가구 배치형식
④ 전체 주택의 규모

해설 | 거실의 규모는 가족 수, 가족구성, 전체 주택의 규모, 접객빈도 등에 따라 결정된다.

04 ▶ 18
주거공간의 주 행동에 따른 분류에 속하지 않는 것은?
① 개인공간
② 정적공간
③ 작업공간
④ 사회공간

해설 | 행동 반사에 의한 분류
㉠ 정적 공간 : 침실, 서재, 노인실
㉡ 동적 공간 : 거실, 식당, 부엌, 현관

05 ▶ 16
주거공간을 주 행동에 의해 구분할 경우, 다음 중 사회 공간에 속하지 않는 것은?
① 거실
② 식당
③ 서재
④ 응접실

해설 | 서재는 개인 공간이다.

정답 | 01 ③ 02 ② 03 ③ 04 ② 05 ③

06 ▶ 16
주거공간을 행동 반사에 따라 정적공간과 동적공간으로 구분할 수 있다. 다음 중 정적공간에 속하는 것은?

① 서재 ② 식당
③ 거실 ④ 부엌

해설 | 정적 공간 : 침실, 서재, 노인실

07 ▶ 15
주택의 거실에서 스크린(화면)을 중심으로 텔레비전을 시청하기에 적합한 최대 범위는?

① 45° 이내
② 50° 이내
③ 60° 이내
④ 70° 이내

해설 | TV를 설치할 때에는 화면과의 각도가 60° 이내가 되도록 의자를 배치한다.

08 ▶ 21
주택에서 거실, 식사실, 부엌을 겸용한 실의 명칭은?

① 리빙 다이닝 키친(living dining kitchen)
② 다이닝 키친(dining kitchen)
③ 다이닝 포치(dining porch)
④ 아일랜드 키친(island kitchen)

해설 | 리빙 다이닝 키친 LDK형(living dining kitchen) : 거실+식사실+부엌을 한 공간에 놓은 것
소규모, 핵가족 공간에 적합

09 ▶ 20,15
주택 계획에서 LDK(Living Dining Kitchen)형에 관한 설명으로 옳지 않은 것은?

① 동선을 최대한 단축시킬 수 있다.
② 소요면적이 많아 소규모 주택에서는 도입이 어렵다.
③ 거실, 식당, 부엌을 개방된 하나의 공간에 배치한 것이다.
④ 부엌에서 조리를 하면서 거실이나 식당의 가족과 대화할 수 있는 장점이 있다.

해설 | 문제 8번 해설참조

10 ▶ 19,13
소규모 주택에서 식당, 거실, 부엌을 하나의 공간에 배치한 형식은?

① 다이닝 키친
② 리빙 다이닝
③ 다이닝 테라스
④ 리빙 다이닝 키친

해설 | ① 다이닝 키친 : 식사실과 부엌이 합쳐진 형태
② 리빙 다이닝 : 식당겸용 거실
③ 다이닝 테라스 : 식당의 전면에 테라스를 두어 실외에서 식사를 할 수 있도록 한 것

11 ▶ 19
주택의 실구성 형식 중 LDK형에 관한 설명으로 옳은 것은?

① 식사실이 거실, 주방과 완전히 독립된 형식이다.
② 주부의 동선이 짧은 관계로 가사노동이 절감된다.
③ 대규모 주택에 적합하며 식사실 위치 선정이 자유롭다.
④ 식사공간에서 주방의 지저분한 싱크대, 조리중인 그릇, 음식들이 보이지 않는다.

해설 | 주택 계획에서 LDK(Living Dining Kitchen)형은 동선을 최대한 단축 시킬 수 있다.

정답 | 06 ① 07 ③ 08 ① 09 ② 10 ④ 11 ②

12 ▶ 18
주택의 실구성 형식 중 LD형에 관한 설명으로 옳은 것은?

① 식사공간이 부엌과 다소 떨어져 있다.
② 이상적인 식사공간 분위기 조성이 용이하다.
③ 식당 기능만으로 할애된 독립된 공간을 구비한 형식이다.
④ 거실, 식당, 부엌의 기능을 한 곳에서 수행할 수 있도록 계획된 형식이다.

해설 | 리빙 다이닝 LD형(living dining) : 거실+식당을 한 공간에 놓은 형태. 식사 중 거실의 고유 기능 분리 어려움. 식사공간이 부엌과 다소 떨어져 있다.

13 ▶ 15
주택의 실 구성 형식에 관한 설명으로 옳지 않은 것은?

① DK형은 이상적인 식사 공간 분위기 조성이 비교적 어렵다.
② LD형은 식사도중 거실의 고유 기능과의 분리가 어렵다.
③ LDK형은 거실, 식당, 부엌 각 실의 독립적인 안정성 확보에 유리하다.
④ LDK형은 공간을 효율적으로 활용할 수 있어서 소규모 주택에 주로 이용된다.

해설 | LDK형은 거실, 식당, 부엌 각 실의 독립적인 안정성 확보에 불리하다.

14 ▶ 15
규모가 큰 주택에서 부엌과 식당 사이에 식품, 식기 등을 저장하기 위해 설치한 실을 무엇이라 하는가?

① 배선실(pantry)
② 가사실(utility room)
③ 서비스 야드(service yard)
④ 다용도실(multipurpose room)

해설 | 배선실(pantry)은 부엌과 식당 사이에 식품, 식기 등을 저장하기 위해 설치한 실이다.

15 ▶ 21
주거공간의 부엌에 대한 설명 중 옳은 것은?

① 일반적으로 부엌의 크기는 주택 연면적의 3% 정도가 가장 적당하다.
② 작업대의 배치유형 중 일렬형은 대규모 부엌에 가장 적당하다.
③ 작업대는 일반적으로 준비대 -개수대 -조리대-가열대- 배선대 순으로 하는 배치가 이상적이다.
④ 일반적으로 작업대의 높이는 600mm~650mm, 깊이 750mm~800mm가 적당하다.

해설 | ① 일반적으로 부엌의 크기는 주택 연면적의 8~12% 정도가 가장 적당하다.
② 작업대의 배치유형 중 일렬형은 대규모 부엌에 부적당하다.
④ 일반적으로 작업대의 깊이는 500mm~600mm, 높이 750mm~800mm가 적당하다.

16 ▶ 20
단독주택의 부엌계획에 관한 설명으로 옳지 않은 것은?

① 가사 작업을 인체의 활동 범위를 고려하여야 한다.
② 부엌은 넓으면 넓을수록 동선이 길어지기 때문에 편리하다.
③ 부엌은 작업대를 중심으로 구성하되 충분한 작업대의 면적이 필요하다.
④ 부엌의 크기는 식생활 양식, 부엌 내에서의 가사 작업 내용, 작업대의 종류, 각종 수납 공간의 크기 등에 영향을 받는다.

해설 | 부엌은 가사노동공간으로 가사노동의 동선은 가능한 한 짧게 한다.

정답 | 12 ① 13 ③ 14 ① 15 ③ 16 ②

17

다음 중 주택의 실내공간 구성에 있어서 다용도실(utility area)과 가장 밀접한 관계가 있는 곳은?

① 현관 ② 부엌
③ 거실 ④ 침실

해설 | 부엌은 가사노동의 부속공간인 세탁실, 창고, 다용도실과 가까이 위치하는 것이 좋다.

18

다음 중 주거공간의 부엌을 계획할 경우 계획 초기에 가장 중점 적으로 고려해야 할 사항은?

① 위생적인 급배수 방법
② 실내 분위기를 위한 마감재료와 색채
③ 실내 조도 확보를 위한 조명기구의 위치
④ 조리순서에 따른 작업대의 배치 및 배열

해설 | 부엌은 가사노동이 집중되는 곳으로, 작업동선을 최소화하기 위하여 조리순서에 따른 작업대의 배치 및 배열이 중요하다.

19

주택의 부엌을 리노베이션 하고자 할 경우 가장 우선적으로 고려해야 할 사항은?

① 각 부위별 조명
② 조리용구의 수납공간
③ 위생적인 급배수 방법
④ 조리순서에 따른 작업대 배열

해설 | 부엌은 가사노동이 집중되는 곳으로, 작업동선을 최소화하기 위하여 조리순서에 따른 작업대의 배치 및 배열이 중요하다.

20

일반적인 부엌의 작업순서에 따른 작업대 배치 순서로 가장 알맞은 것은?

| ㉠ 개수대 ㉡ 조리대 ㉢ 준비대 ㉣ 배선대 ㉤ 가열대 |

① ㉠ → ㉡ → ㉢ → ㉣ → ㉤
② ㉡ → ㉣ → ㉢ → ㉤ → ㉠
③ ㉢ → ㉠ → ㉡ → ㉤ → ㉣
④ ㉣ → ㉤ → ㉡ → ㉠ → ㉢

해설 | 작업대 배치순서는 ㉢준비대 → ㉠개수대 → ㉡조리대 → ㉤가열대 → ㉣배선대

21

다음과 같은 특정을 갖는 부엌 작업대의 배치 유형은?

- 부엌의 폭이 좁은 경우나 규모가 작아 공간의 여유가 없을 경우에 적용한다.
- 작업대는 길이가 길면 작업동선이 길어지므로 총길이는 3000mm를 넘지 않도록 한다.

① 일렬형
② 병렬형
③ ㄱ자형
④ ㄷ자형

해설 | 직선형(일자형)
좁은 면적 이용에 효과적이므로 소규모 부엌에 주로 이용되는 형식이다. 동선의 혼란이 없는 반면 움직임이 많아 동선이 길어지는 경향이 있다.
작업대는 길이가 길면 작업동선이 길어지므로 총길이는 2.7~3m가 적당하다.

정답 | 17 ② 18 ④ 19 ④ 20 ③ 21 ①

22 ▶ 16

부엌 작업대의 배치유형 중 일렬형에 관한 설명으로 옳지 않은 것은?

① 작업대를 벽면에 한 줄로 붙여 배치하는 유형이다.
② 작업대 전체의 길이는 4000~5000mm 정도가 가장 적당하다.
③ 부엌의 폭이 좁거나 공간의 여유가 없는 소규모 주택에 적합하다.
④ 작업대가 길어지면, 작업 동선이 길게 되어 비효율적이 된다.

해설 | 일렬형 작업대는 길이가 길면 작업동선이 길어지므로 총길이는 2.7~3m가 적당하다.

23 ▶ 21

다음과 같은 특징을 갖는 부엌의 유형은?

- 다른 유형에 비해 부엌의 기능성과 청결감을 크게 할 수 있다.
- 음식을 식탁까지 운반해야 하는 불편이 있으며 주부가 작업할 때 가족 간의 대화가 단절되기 쉽다.

① 독립형 부엌   ② 반독립형 부엌
③ 다이닝 키친   ④ 오픈 키친

해설 | 부엌의 유형
 ㉠ **독립형** : 부엌이 일실로 독립된 형태로 다른 유형에 비해 부엌의 기능성과 청결함을 크게 할 수 있다. 음식을 식탁까지 운반해야 하는 불편이 있으며 주부가 작업 할 때 가족 간의 대화가 단절되기 쉽다.
 ㉡ **반 독립형** : 부엌이 인접한 거실이나 식사공간과 겸하는 LK, DK 형식이 해당된다. 작업동선이 짧으며 좁은 공간에 효율적이다.
 ㉢ **오픈키친** : 칸막이 구획이 없이 완전히 개방된 형식이다. 여러 기능이 한곳에 모이므로 환기, 통풍, 난방, 부엌의 설비에 유의한다.
 ㉣ **아일랜드키친** : 취사용 작업대가 하나의 섬처럼 실내에 설치되는 형태
 ㉤ **키친네트** : 작업대 길이가 2m 정도인 소형 주방가구가 배치된 간이 부엌 형식이다. 사무실이나 독신자 아파트에 주로 설치된다.
 ㉥ **클로젯 키친** : 단일 가구 형태로 통합된 주방 시스템

24 ▶ 20

주택의 부엌가구 배치 유형에 관한 설명으로 옳지 않은 것은?

① ㄷ자형은 작업면이 넓어 작업 효율이 좋다.
② 一자형은 좁은 면적 이용에 효과적이므로 소규모 부엌에 주로 이용되는 형식이다.
③ 병렬형은 작업대 사이에 식탁을 설치하여 부엌과 식당을 겸할 경우 많이 활용된다.
④ ㄴ자형은 두 벽면을 이용하여 작업대를 배치한 형태로 한쪽 면에 싱크대를, 다른 면에는 가스레인지를 설치하면 능률적이다.

해설 | 병렬형 : 직선형에 비해 작업 동선이 줄어들지만 작업 시 몸을 앞뒤로 바꿔야 하므로 불편하다. 식당과 부엌이 개방되지 않고 외부로 통하는 출입구가 필요한 경우에 많이 쓰인다.

25 ▶ 20, 16

다음 그림과 같은 주택 부엌가구의 배치 유형은?

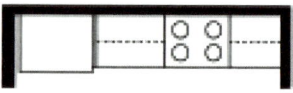

① 일렬형   ② ㄷ자형
③ 병렬형   ④ 아일랜드형

해설 | 병렬형 : 직선형에 비해 작업 동선이 줄어들지만 작업 시 몸을 앞뒤로 바꿔야 하므로 불편하다. 식당과 부엌이 개방되지 않고 외부로 통하는 출입구가 필요한 경우에 많이 쓰인다. 양쪽 작업대 사이는 1.2~1.5m가 이상적인 간격이다.

정답 | 22 ② 23 ① 24 ③ 25 ③

26 ▶ 19
부엌 작업대의 배치유형 중 작업대를 부엌의 중앙공간에 설치한 것으로 주로 개방된 공간의 오픈 시스템에서 사용되는 것은?

① 일렬형 ② 병렬형
③ ㄱ자형 ④ 아일랜드형

해설 | 분리형(아일랜드형) : 부엌 내 다른 작업대와 독립된 형태의 작업대를 갖는 형태로서 모든 방향에서 접근할 수 있는 독립된 작업대에는 보통 레인지나 싱크대를 설치하며, 간단한 식사를 위한 카운터를 설치하기도 한다.

27 ▶ 14
주택 부엌의 가구 배치 유형 중 부엌의 중앙에 별도로 분리, 독립된 작업대가 설치되어 주위를 돌아가며 작업할 수 있게 한 형식은?

① L자형 ② U자형
③ 병렬형 ④ 아일랜드형

해설 | 문제 26번 해설 참조

28 ▶ 18
부엌 가구의 배치 유형 중 L자형에 관한 설명으로 옳지 않은 것은?

① 부엌과 식당을 겸할 경우 많이 활용된다.
② 두 벽면을 이용하여 작업대를 배치한 형식이다.
③ 작업면이 가장 넓은 형식으로 작업 효율도 가장 좋다.
④ 한쪽 면에 싱크대를, 다른 면에 가열대를 설치하면 능률적이다.

해설 | ③은 작업면이 가장 넓은 형식은 U 자형(ㄷ자형)으로 작업 효율도 가장 좋다.

29 ▶ 13
주택에서 부엌의 작업대에 관한 설명으로 옳지 않은 것은?

① 작업 삼각형은 개수대, 가열대, 냉장고를 잇는 형태이다.
② 작업대의 배치유형 중 'ㄷ'자 형이 가장 효율적인 형태이다.
③ 작업대의 배치순서는 준비대-개수대-가열대-조리대-배선대이다.
④ 작업대의 높이를 결정하는 기본 치수는 작업하는 사람의 팔꿈치 높이이다.

해설 | 작업대는 부엌에서 취사가 이루어지는 곳으로 '준비대 → 개수대 → 조리대 → 가열대 → 배선대' 순으로 배치한다.

30 ▶ 20
다음 중 실내공간에 있어 각 부분의 치수계획이 가장 바람직하지 않은 것은?

① 주택의 복도폭 : 1500mm
② 주택의 침실문 폭 : 600mm
③ 주택 현관문의 폭 : 900mm
④ 주택 거실의 천장높이 : 2300mm

해설 | 주택의 침실문 폭 : 900mm

31 ▶ 19
실내 치수계획으로 가장 부적절한 것은?

① 주택 출입문의 폭 : 90cm
② 부엌 조리대의 높이 : 85cm
③ 주택 침실의 반자높이 : 2.3m
④ 상점 내의 계단 단높이 : 40cm

해설 | 계단 단 높이
건축 법규상 초등학교는 16cm, 중고등학교는 18cm, 그 외의 공간은 별다른 규정은 없으나 20cm를 넘지 않게 한다.

정답 | 26 ④ 27 ④ 28 ③ 29 ③ 30 ② 31 ④

Chapter 01 실내디자인 기본 계획

32
▶ 19, 17

다음 중 단독주택의 현관 위치 결정에 가장 주된 영향을 끼치는 것은?

① 가족 구성
② 도로의 위치
③ 주택의 층수
④ 주택의 건폐율

해설 | 현관의 위치는 도로와의 관계, 대지의 형태 등에 의해 결정된다.

33
▶ 18

단독주택의 현관에 관한 설명으로 옳은 것은?

① 거실의 일부를 현관으로 만드는 것이 좋다.
② 바닥은 저명도·저채도의 색으로 계획하는 것이 좋다.
③ 전실을 두지 않으며 현관문은 미닫이문을 사용하는 것이 좋다.
④ 현관문은 외기와의 환기를 위해 거실과 직접 연결되도록 하는 것이 좋다.

해설 | 현관 바닥은 저명도·저채도의 색으로 계획하는 것이 좋으며, 내수성이 강한 석재, 타일, 인조석 등이 바람직하다.

34
▶ 20

공동주택의 평면형식에 관한 설명으로 옳지 않은 것은?

① 계단실형은 거주의 프라이버시가 높다.
② 중복도형은 엘리베이터 이용 효율이 높다.
③ 편복도형은 거주성이 균일한 배치구성이 가능하다.
④ 집중형은 대지의 이용률은 낮으나 대규모세대의 집중적 배치가 가능하다.

해설 | 집중형
계단실과 엘리베이터를 중심으로 다수의 주호를 배치한 형식
㉠ 부지의 이용률이 가장 높다.
㉡ 많은 주호를 집중시킬 수 있다.
㉢ 세대별 규모 변화가 가능
㉣ 프라이버시가 가장 나쁘다.
㉤ 통풍 채광상 극히 불리하다.
㉥ 복도 부분의 환기 등의 문제점 : 고도의 설비 시설이 필요

35
▶ 18

공동주택의 평면형식 중 계단실형(홀형)에 관한 설명으로 옳은 것은?

① 통행부의 면적이 작아 건물의 이용도가 높다.
② 1대의 엘리베이터에 대한 이용 가능한 세대수가 가장 많다.
③ 각 층에 있는 공용 복도를 통해 각 세대로 출입하는 형식이다.
④ 대지의 이용률이 높아 도심지 내의 독신자용 공동주택에 주로 이용된다.

해설 | 계단실(홀)형(direct access hall system)
계단실이나 엘리베이터 홀로부터 직접 각 주호에 들어가는 형식
㉠ 동선이 짧으므로 출입이 편하다.
㉡ 각 세대의 채광 및 통풍이 양호하다.
㉢ 각 세대의 프라이버시 확보가 용이하다.
㉣ 통행 부 면적이 작은 관계로 건축물의 이용도가 높다.
㉤ 고층 아파트일 경우 시설비가 많이 든다.

36
▶ 18, 14

다음의 아파트 평면형식 중 프라이버시가 가장 양호한 것은?

① 홀형
② 집중형
③ 편복도형
④ 중복도형

해설 | 문제35번 해설 참조

정답 | 32 ② 33 ② 34 ④ 35 ① 36 ①

37
공동주택의 2세대 이상이 공동으로 사용하는 복도의 유효폭은 최소 얼마 이상이어야 하는가?(단, 갓복도인 경우)

① 90cm ② 120cm
③ 150cm ④ 180cm

해설 | 공동으로 사용하는 계단
- 유효폭 : 120cm 이상
- 단높이 : 18cm 이하
- 단너비 : 26cm 이상

38
호텔의 중심 기능으로 모든 동선체계의 시작이 되는 공간은?

① 객실 ② 로비
③ 클로크 ④ 린넨실

해설 |
- 클로크 : 호텔이나 극장 등에서 외투나 기타 휴대품을 맡겨두는 곳.
- 린넨실 : 호텔에서 침구류나 타월 등 모든 직물을 관리하는 곳.

39
시티 호텔(city hotel) 계획에서 크게 고려하지 않아도 되는 것은?

① 주차장 ② 발코니
③ 연회장 ④ 레스토랑

해설 | 시티호텔은 도심지의 호텔로 그 기능이나 부대시설면에서 휴양지에 입지한 호텔과는 다르며 비즈니스와 쇼핑 등이 원활히 이루어지는 도시의 중심가에 위치한 호텔이다. 주로 사업가나 常用(상용), 公(공용) 또는 도시를 방문하는 관광객들에게 많이 이용되고 있으며 또한 도시민의 사교의 장으로 공공장소로 사용되고 있다.

40
원룸 시스템(one room system)에 관한 설명으로 옳지 않은 것은?

① 제한된 공간에서 벗어나므로 공간의 활용이 자유롭다.
② 데드 스페이스를 만듦으로써 공간 사용의 극대화를 도모할 수 있다.
③ 원룸 시스템화된 공간은 크게 느껴지게 되므로 좁은 공간의 활용에 적합하다.
④ 간편하고 이동이 용이한 조립식 가구나 다양한 기능을 구사하는 다목적 가구의 사용이 효과적이다.

해설 | 공간 이용의 극대화를 위하여 데드 스페이스가 없도록 하고 공간의 활용이 자유로우며 공간 분할은 칸막이 또는 가구로 자연스럽게 한다.

41
원룸 시스템(one room system)에 관한 설명으로 옳은 것은?

① 좁은 공간의 활용에는 부적합하다.
② 소음조절이 어렵고 개인적 프라이버시가 결여된다.
③ 공간 활용이 자유로운 반면 가구배치가 고정적이다.
④ 실 내부에 통행에 필요한 공간을 따로 구획하여야 한다.

해설 | 원룸 시스템(one room system)의 장·단점
㉠ 장점
- 경제적 공간 활용이 가능
- 거주자의 이용비 부담의 감소
- 현대사회의 가족변화와 신세대들의 생활양식에 적합한 주거양식.
- 개성적이고 다양한 디자인 전개가 가능

㉡ 단점
- 개인적 프라이버시의 결여. 집들이 등과 같은 접객행위 수용의 어려움
- 개방된 공간으로 인한 소음조절 결여 및 취사 환기의 곤란
- 공간 전체가 하나로 연결되어 있기 때문에 냉난방으로 인한 에너지 손실
- 수납공간의 부족
- 공간적, 기능적 중복으로 인한 생활의 혼란

정답 | 37 ② 38 ② 39 ② 40 ② 41 ②

05-2 업무 공간 계획

> **Pass Note**

예상출제문항	키워드
1~2	- 코어의 역할, 종류와 특징 - 개실형, 개방형 오피스의 장단점 비교 - 사무 공간 책상 배치 유형	- 오피스 랜드스케이프의 특징과 장단점 - 아트리움

1. 업무공간의 특징적 요소

1) 코어(Core)

① 사무소 공간의 효율성, 유효면적을 높이기 위해 교통공간과 각 층의 서비스부분을 집약시킨 공간으로 오피스 빌딩의 핵이 되는 부분
② 공용 부분을 한 곳에 집약시킴으로 사무소의 유효 면적이 증대된다.
③ 주 내력적 구조체로 외곽이 내진 역할을 한다.
④ 설비 시설 등을 집약시킴으로써 설비 계통의 순환이 좋아지며, 각 층에서의 계통 거리가 최단이 되므로 설비비를 절약할 수 있다.
⑤ 코어에 해당되는 제실과 기능은 일반적으로 계단실, 엘리베이터, 화장실, 설비 관계(각종 덕트 및 샤프트)등이다.

2) 코어의 종류

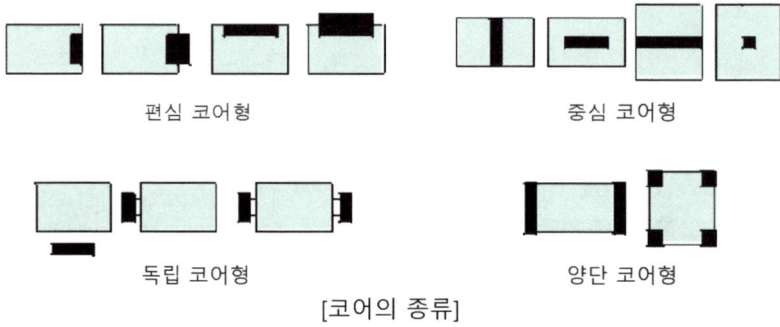

[코어의 종류]

(1) 편심 코어형(평단 코어)

① **코어의 위치를 사무소 평면상의 어느 한쪽에 편중하여 배치한 유형이다.**
② **기준층 바닥 면적이 적은 경우에 적합하다.**
③ 바닥 면적이 커지면 코어 이외에 피난 시설, 설비 샤프트 등이 필요해진다.
④ 너무 저층인 경우 구조상 좋지 않게 된다.

(2) 독립 코어형(외코어)

① 편심코어 형에서 발전된 형이며, 편심코어 형과 거의 같은 특징을 가진다.

② 설비 덕트나 배관을 코어로부터 사무실 공간으로 연결하는데 제약이 많다.
③ 자유로운 사무실 공간을 코어와 관계없이 마련할 수 있다.
④ 방재상 불리하고 바닥 면적이 커지면 피난 시설을 포함한 서브 코어가 필요해진다.
⑤ 코어의 접합부 변형이 과대해지지 않도록 계획할 필요가 있다.
⑥ 사무실 부분의 내진벽은 외주부에서만 하게 되는 경우가 많다.
⑦ 코어 부분은 그 형태에 맞는 구조 방식을 취할 수 있다.
⑧ 내진 구조에는 불리하다.

(3) 중심 코어형(중앙 코어)
① 유효율이 높은 계획이 가능한 형식이다.
② 내진 구조가 가능하므로 바닥 면적이 큰 고층, 초고층 사무소에 적합하다.

(4) 양단 코어형(분리 코어)
단일 용도의 큰 공간을 필요로 하는 전용 사무소에 적합하며, 2방향 피난에 이상적이며, 방재상 유리하다.

3) 코어 계획 시 고려 사항
① 계단과 엘리베이터 및 화장실은 가능한 한 접근시킨다.(단, 피난용 특별 계단은 법적 거리 한도 내에서 가급적 멀리 둔다.)
② 코어내의 공간과 임대 사무실 사이의 동선이 간단해야 한다.
③ 코어내 공간의 위치를 명확히 한다.
④ 엘리베이터 홀이 출입구면에 근접해 있지 않도록 한다.
⑤ 엘리베이터는 가급적 중앙에 집중시킨다.
⑥ 코어내 각 공간이 각 층마다 공통의 위치에 있어야 한다.
⑦ 잡용실, 급탕실, 더스트 슈트는 가급적 접근시킨다.

예제 01 사무소 건축의 코어 유형 중 코어 프레임(core frame)이 내력벽 및 내진구조의 역할을 하므로 구조적으로 가장 바람직한 것은? [20.17]

① 독립형　　② 중심형　　③ 편심형　　④ 분리형

정답 ②

예제 02 다음 설명에 알맞은 사무소 건축의 코어형식은? [19.14]

- 중·대규모 사무소 건축에 적합하다.
- 2방향 피난에 이상적인 형식이다.

① 외코어형　　② 중앙코어형　　③ 편심코어형　　④ 양단코어형

정답 ④

2. 업무공간의 구성

1) 업무공간의 유형

(1) 개실형(싱글 오피스)

복도에 의해 각 층의 여러 부분으로 들어가는 방식
① 독립성과 쾌적성 및 자연 **채광이 우수하다.**
② 개방식 배치에 비해 **공사비가 높다.**
③ **방 길이에 변화를 줄 수 있지만,** 연속된 복도 때문에 **방 깊이에는 변화를 줄 수 없다.**

(2) 개방형(오픈 오피스)

개방된 큰 방으로 설계하고 중역들을 위해 분리된 작은 방을 두는 방법
① 자연채광에 인공조명이 필요하다.
② **전면적을 유효하게 이용할 수 있다.**
③ 방의 길이나 깊이에 변화를 줄 수 있다.
④ 개인의 **프라이버시가 결여**되기 쉽다.
⑤ 칸막이벽이 없는 관계로 공사비가 낮다.

(3) 오피스 랜드스케이프(office landscape)

계급, 서열에 의한 획일적인 배치에 대한 반성으로서 사무의 흐름이나 작업의 성격을 중시하여 능률적으로 배치한 방법
① 소음이 발생하기 쉽다.
② 공간의 **독립성 확보가 어렵다.**
③ 고정된 칸막이를 사용하지 않고 이동식을 사용한다.
④ 변화하는 업무의 흐름이나 작업 패턴에 신속하게 대응할 수 있다.
⑤ 개방식에 속하며 공간의 절약, 공사비(칸막이 벽, 공조, 소화 설비, 조명 설비 등) 절약이 가능하다.

 사무공간의 아트리움(atrium)
㉠ 고대 로마 건축의 실내에 넓은 마당 또는 주위에 건물이 둘러 있는 안마당을 의미한다.
㉡ 실내 조경을 통해 자연 요소의 도입이 가능하다.
㉢ 빛 환경의 관점에서 전력 에너지의 절약이 이루어진다.
㉣ 내부공간의 긴장감을 이완시키는 지각적 카타르시스가 가능하다.
㉤ 아트리움은 개방형 업무공간이 아닌 휴식 공간으로 활용된다.

 개방식 배치의한 형식으로 업무와 환경을 경영관리및 환경적 측면에서 개선한 것으로 오피스 작업을 사람의 흐름과 정보의 흐름을 매체로 효율적인 네트워크가 되도록 배치하는 방법은? [22.20]

① 세포형 오피스(cellular type office)
② 집단형 오피스(group space office)
③ 싱글 오피스(single office)
④ 오피스 랜드스케이프(office landscape)

정답 ④

예제 04 사무소 건축의 실단위 계획 중 개방식 배치에 관한 설명으로 옳지 않은 것은? [24,22,20,16]
① 방의 길이나 깊이에 변화를 줄 수 있다.
② 프라이버시의 확보가 용이하다.
③ 모든 면적을 유용하게 이용할 수 있다.
④ 소음이 들리고 독립성이 떨어진다.

정답 ②

2) 복도형에 의한 분류

분류	특징
단일지역 배치 (single zone layout) 편복도식	• 복도의 한 쪽에만 사무실을 둔 형식(소규모)으로 자연 채광이 좋으며, 비교적 고가이다. • 통풍이 유리하고 경제성보다 건강, 분위기 등이 필요한 곳에 적용된다.
2중 지역 배치 (double zone layout) 중복도식	• 동서 방향으로 사무실을 둔 형식(중규모 사무소) • 주 계단, 부 계단을 두어 사용 할 수 있고, 유틸리티 코어의 설계에 주의를 요한다.
3중 지역배치 2중 복도식	• 방사선 형태의 평면 형식으로 **고층 전용 사무실에 주로 사용된다.** • 교통 시설, 위생 설비는 건물 내부의 제 3 또는 중심 지역에 위치하며 사무실은 외벽을 따라서 배치한다. • 사무소 내부지역에 인공조명, 기계 환기 설비가 필요하다. • 경제적이며 미적, 구조적 견지에서 많은 이점이 있다.

3. 업무 공간 세부 계획

1) 사무실 실내계획

(1) 실내계획의 고려조건

사무실의 사용 인원수, 업무의 성격과 작업의 흐름, 운영 방법 및 기능 등이 충분히 검토되어야 한다.

(2) 동선계획

① 동일한 층의 모든 사무영역은 코어에 기능적으로 집약되도록 한다.
② 동선은 원칙적으로 교차되지 않도록 하는 동시에 단위 그룹 사이에 순환 동선을 배치하도록 한다.
③ 주 통로의 폭은 2,000mm 이상, 일반 통로의 폭은 1,000mm 이상, 단위 그룹간의 통로는 700mm 이상이 되도록 한다.

(3) O.A(Office Automation)

O.A의 기본개념은 사무기능의 합리화, 정보의 효율화, 정보의 시스템화, 사무작업의 기계화로 요약될 수 있다.

(4) 책상배치 유형

① 동향형

책상을 같은 방향으로 배치하는 형태로 비교적 프라이버시의 침해가 적다.

② 대향형
책상을 마주 보도록 배치하는 형태로 **면적 효율이 좋고** 각종 배선의 처리가 용이하며, **커뮤니케이션 형성에 유리하여 공동작업의 형태로 업무가 이루어지는 영업 관리에 적합**하나 대면 시선에 의해 프라이버시를 침해할 우려가 있다.

③ 좌우 대향형(좌우대칭형)
조직의 화합을 도모하기 쉽고 정보처리나 집무동작에 효율이 높기 때문에 생산관리 업무, 독립성 있는 데이터 처리 업무에 적합하다.
비교적 면적 손실이 크며 커뮤니케이션 형성도 다소 힘들다.

④ 십자형
일반적으로 4개의 책상이 맞물려 십자를 이루도록 배치하는 형태
팀 작업이 요구되는 전문직 업무에 적용할 수 있다.

⑤ 자유형
개개인의 작업을 위하여 한 사람의 독립된 영역이 주어지는 형태로 독립성이 요구되는 전문 직종 혹은 중간 간부급에 많이 적용된다.

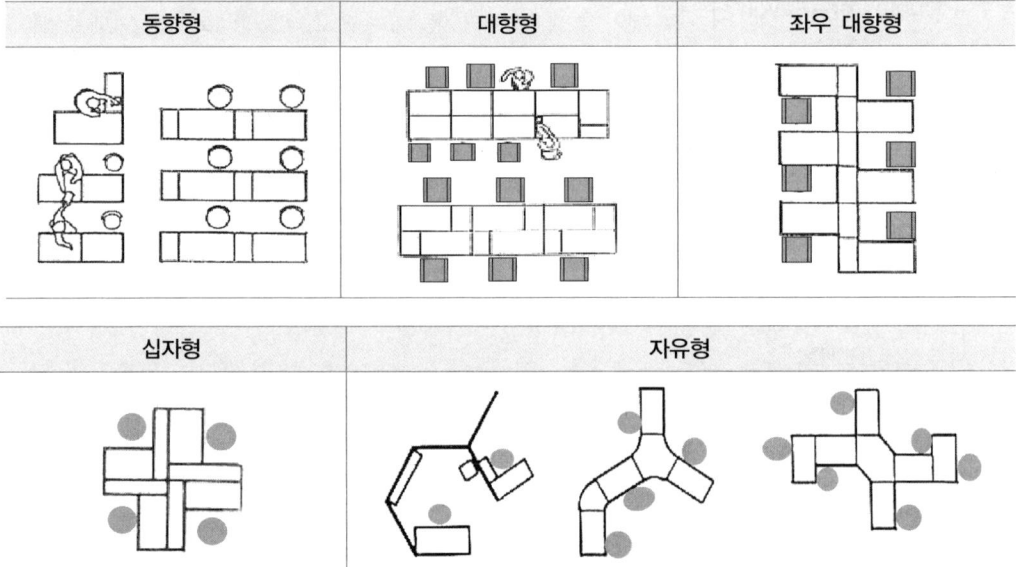

(5) 가구계획
① 높이는 단순히 바닥에서 책상 상판까지의 거리가 아니라 바닥에서 좌골 점까지와 좌골 점에서 책상의 상판까지의 거리를 합한 치수를 말한다.
② 일반적으로 사무용 책상의 높이는 남자의 경우 680 ~ 700mm, 여자의 경우 660 ~ 680mm로 산정한다.

예제 05 다음 설명에 알맞은 사무공간의 책상배치 유형은? [20.14]

- 대향형과 동향형의 양쪽 특성을 절충한 형태이다.
- 조직관리자 면에서 조직의 융합을 꾀하기 쉽고 정보처리나 집무동작의 효율이 좋다.
- 배치에 따른 면적 손실이 크며 커뮤니케이션의 형성에 불리하다.

① 십자형 ② 자유형 ③ 삼각형 ④ 좌우대향형

정답 ④

 예제 06 사무실의 책상배치 유형 중 대향형에 관한 설명으로 옳지 않은 것은? [24,16]

① 면적 효율이 좋다.
② 각종 배선의 처리가 용이하다.
③ 커뮤니케이션 형성에 유리하다.
④ 시선에 의해 프라이버시를 침해할 우려가 없다.

정답 ④

2) 각 공간별 실내계획

(1) 로비(Lobby)

① 로비는 근무자, 방문자 등을 처음 맞이하는 공간이며 내·외부를 유기적으로 연결시켜 주는 전이공간이다.
② 개방감, 기업의 이미지 표현이 중요한 부분이다.
③ 도로와의 관계, 건물의 평면, 코어의 위치 등을 고려하여 계획하여야 한다.

(2) 응접 공간(Reception Area)

① 응접공간은 일반적으로 안내원이 근무하는 데스크 부분과 손님이 대기하는 공간 두 부분으로 나뉜다.
② 회사의 이미지, 스타일을 시각적으로 적절히 표현하여야 한다.
③ 데스크 근무자가 방문객을 아래로 내려다보게 되는 식으로 바닥의 레벨 차를 두어서는 절대 안 된다.
④ 일반적으로 복잡한 업무공간으로부터 떨어져 있는 것이 좋으며 사무실 내부의 분위기, 마감 재료와 상이한 것이 좋다.

(3) 화장실

① 위치는 각 사무실에서 가능하면 동선이 간결해야 하며, 계단 및 엘리베이터 홀에 근접한 곳에 각 층의 공동 위치에 있어야 한다.
② 대변기의 문은 밖에서 안으로 여는 안여닫이로 한다.
③ 복도에서 변기가 보이지 않도록 한다.
④ 화장실은 복도를 사이에 두고 사무실과 서로 마주보고 있지 않도록 한다.
⑤ 바닥은 흡수성이 작은 자기질 타일, 모자이크 타일로 마감한다.

(4) 엘리베이터

① 교통동선의 중심에 설치하여 보행거리가 짧도록 배치한다.
② 대면배치 시 대면거리는 동일 군 관리의 경우는 3.5~4.5m로 한다.
③ 여러 대의 엘리베이터를 설치하는 경우, 그룹 별 배치와 군 관리 운전방식으로 한다.
④ **일렬 배치는 4대를 한도로 하고, 엘리베이터간 거리는 8m 이하가 되도록 한다.**
⑤ 엘리베이터 홀은 정원 합계의 50% 정도를 수용 할 수 있어야 한다.
⑥ 1인당 점유 면적은 0.5~0.8m²가 적당하다.
⑦ 승객의 층별 대기시간은 평균 운전간격 이하가 되게 한다.

사무실 유효율(rentable ratio)렌터블비
연면적에 대한 대실면적의 비율

$$유효율 = \frac{대실면적}{연면적} \times 100\%$$

예제 07 사무소의 로비에 설치하는 안내 데스크에 대한 설명으로 옳지 않은 것은? [19]
① 로비에서 시각적으로 찾기 쉬운 곳에 배치한다.
② 회사의 이미지, 스타일을 시각적으로 적절히 표현하는 것이 좋다.
③ 스툴 의자는 일반 의자에 비해 데스크 근무자의 피로도가 높다.
④ 바닥의 레벨을 높여 데스크 근무자가 방문객 및 로비의 상황을 내려 볼 수 있도록 한다.

정답 ④

예제 08 사무소 건축의 엘리베이터 계획에 관한 설명으로 옳지 않은 것은? [25,17]
① 출발 기준층은 2개 층 이상으로 한다.
② 승객의 층별 대기시간은 평균 운전간격 이하가 되게 한다.
③ 군 관리운전의 경우 동일 군내의 서비스 층은 같게 한다.
④ 초고층, 대규모 빌딩인 경우는 서비스 그룹을 분할(죠닝)하는 것을 검토한다.

정답 ①

4. 은행

1) 은행 실내디자인 방향

은행은 서비스가 영업의 근본이기 때문에 실내디자인은 **능률화, 쾌적성, 신뢰감, 친근감, 통일성 있게 계획** 한다.

2) 동선 계획시 고려사항

① 서비스의 흐름이 정체되지 않도록 하기 위하여 고객 부문과 내부 객실과의 긴밀한 관계가 요구 된다.
② 소요시간의 장단점에 의해 동선을 분류, 계획한다.

③ 고객의 동선은 창구 위치에 의해 유도된다.
④ 자동기기의 위치와 고객 동선이 고려되어야 한다.
⑤ **은행 측의 동선은 업무의 흐름을 고객이 알 수 없도록** 해야 한다.
⑥ **고객이 지나는 동선은 되도록 짧게** 한다.
⑦ 큰 건물의 경우 고객 출입구를 별도로 설치하며 현금 반송 통로는 신중하게 설계하여야 하고 감시가 쉬어야 한다.

3) 영업장

(1) 기본 계획

① 은행의 영업장은 점포 고유의 기능과 사무 고유의 기능을 동시에 갖는 은행 내에서 가장 중요한 부분으로 **실내 전체가 보이도록 하는 것이 이상적**이다.
② 작업의 흐름이 정체하지 않도록 하기 위해 고객 부문과 업무 부문과의 긴밀한 관계가 요구되나 내부업무는 되도록 고객에게 알기 어렵게 한다.

(2) 영업장의 배치

① 사무의 흐름을 고려하여 서로 상관관계가 깊은 부분은 가능한 접근 배치한다.
② 책임자석은 담당계가 보이는 위치에 배치한다.
③ 고객좌석과 관계가 깊은 담당자는 응접좌석에 위치한다.
④ 출입구와 통로에의 흐름을 구분하며, 공용공간은 가능한 중심에 배치한다.
⑤ 시선을 차단하는 구조 벽체나 기둥은 피하여 배치한다.

(3) 영업 카운터

① 영업 카운터는 업무부분과 고객부분의 경계를 우선 고려하고 이를 분리하여 범죄 방지, 작업 테이블로서의 기능을 가진다.
② 영업 카운터 높이는 고객의 방향에서는 100~105cm, 폭은 60~75cm, 길이는 150~180cm로 하며 카운터의 길이는 일반적으로 영업장 면적 1m^{2}당 대략 10cm 정도, 창구 하나에 대해서는 150~170cm로 산정한다.

4) 출입구

도난방지를 위해 이중문 가운데 바깥문은 외여닫이 또는 자재문 또는 회전문을 쓰며, 안쪽 문은 반드시 안여닫이로 한다.

5) 금고

① 금고의 구조는 벽, 천장은 모두 철근 콘크리트로 하고, 구조체의 두께는 30~45cm, 대규모 은행은 60cm 이상을 표준으로 한다.
② 금고의 배치는 도난 방지상, 방재상 안전하고 사용상 편리한 위치여야 한다.
③ 금고 실을 지하의 외부에 직접 접속하는 부분에 배치할 때는 외벽을 2중으로 하여 다습한 환경에 대처해야 한다.

은행의 실내계획에 관한 설명으로 옳지 않은 것은? [14,16]

① 은행의 고유의 색채, 심볼 마크 등을 실내에 도입하여 이미지를 부각시킨다.
② 객장은 대기공간으로 고객에게 안전하고 편리한 서비스를 제공하는 시설을 구비하도록 한다.
③ 영업장과 객장의 효율적 배치로 사무 동선을 단순화하여 업무가 신속히 처리되도록 한다.
④ 도난방지를 위해 고객에게 심리적 긴장감을 주도록 영업장과 객장은 시각적으로 차단시킨다.

정답 ④

핵심 기출문제

05-2 업무공간 계획

01 ▶ 19
사무소 건축에서 코어의 기능에 관한 설명으로 옳지 않은 것은?

① 내력적 구조체로서의 기능을 수행할 수 있다.
② 공용부분을 집약시켜 사무소의 유효면적이 증가된다.
③ 엘리베이터, 파이프 샤프트, 덕트 등의 설비요소를 집약시킬 수 있다.
④ 설비 및 교통 요소들이 존(zone)을 형성함으로서 업무공간의 융통성이 감소된다.

해설 | 설비 및 교통 요소들이 존(zone)을 형성함으로서 업무 공간의 유효면적이 증가하여 융통성 있는 공간계획을 할 수 있다.

02 ▶ 18, 15
다음 설명에 알맞은 사무소 코어의 유형은?

- 단일용도의 대규모 전용 사무실에 적합하다.
- 2방향 피난에 이상적이다.

① 편심코어형
② 중심코어형
③ 독립코어형
④ 양단코어형

해설 | 양단 코어형(분리 코어)
단일 용도의 큰 공간을 필요로 하는 전용 사무소에 적합하며, 2방향 피난에 이상적이며, 방재상 유리하다.

03 ▶ 17
다음과 같은 특징을 갖는 사무소 건축의 코어 형식은?

- 유효율이 높은 계획이 가능하다.
- 코어 프레임이 내력벽 및 내진 구조가 가능하므로 구조적으로 바람직한 유형이다.

① 중심코어
② 편심코어
③ 양단코어
④ 독립코어

해설 | 중심 코어형(중앙 코어)
㉠ 유효율이 높은 계획이 가능한 형식이다.
㉡ 내진 구조가 가능하므로 바닥 면적이 큰 고층, 초고층 사무소에 적합하다.

04 ▶ 13
사무소 건축의 코어 유형 중 코어 프레임(Core Frame)이 내력벽 및 내진구조의 역할을 하므로 구조적으로 가장 바람직한 것은?

① 독립형
② 중심형
③ 편심형
④ 분리형

해설 | ㉠ 중심형 : CORE와 일체로 한 내진구조가 가능한 유형으로 중·고층의 바닥 면적이 대규모인 경우에 적합하다.
㉡ 독립형 : 융통성이 높은 균일한 공간이 확보되나 양쪽에 코너가 배치되지 않으면 대피, 피난의 방재계획에 불리하다.
㉢ 편심형 : 바닥 면적이 일정한 규모 이상으로 증가하면 코어 이외로 피난 및 설비 샤프트 시설 등이 필요한 형식이다.
㉣ 분리형 : 단일용도의 대규모 전용 사무실에 적합한 유형이다.

정답 | 01 ④ 02 ④ 03 ① 04 ②

05 ▶ 13
사무소 건축의 실 단위 계획 중 개방식 배치에 관한 설명으로 옳지 않은 것은?

① 소음의 우려가 있다.
② 프라이버시의 확보가 용이하다.
③ 모든 면적을 유용하게 이용할 수 있다.
④ 방의 길이나 깊이에 변화를 줄 수 있다.

해설 | 개방식 배치
- 전 면적을 유용하게 이용할 수 있다.
- 방의 길이나 깊이 변화를 줄 수 있다.
- 소음이 들리고 프라이버시가 결핍된다.
- 칸막이가 없어서 공사비가 적게 든다.

06 ▶ 13
오피스 랜드스케이프에 관한 설명으로 옳지 않은 것은?

① 독립성과 쾌적감의 이점이 있다.
② 밀접한 팀워크가 필요할 때 유리하다.
③ 유효면적이 크므로 그만큼 경제적이다.
④ 작업패턴의 변화에 따른 조절이 가능하다.

해설 | 오피스 랜드스케이프 : 칸막이벽을 사용하지 않고 프라이버시의 확보와 커뮤니케이션의 용이성을 조화시킨 사무실 레이아웃의 수법
㉠ 장점
- 개방식 배치의 일종으로 공간이 절약된다. 적은 비용으로 변화가 가능하므로 경제적이다.
- 칸막이벽과 복도가 없고 사무실이 직접 연결되어 공간이 절약된다.
- 작업능률의 향상을 꾀할 수 있다.
- 작업 패턴의 변화에 따른 융통성과 신속한 변경이 가능하다
㉡ 단점
- 독립성이 결여될 수 있다.
- 소음이 발생하기 쉽다.

07 ▶ 21
실내계획에 관한 설명 중 옳지 않은 것은?

① 동선은 사람이나 물건이 움직이는 선을 연결한 것이다.
② 서비스코어 시스템(service core system)은 설비와 밀접한 관계가 있다.
③ 유니트배스(unit bath)는 조립식 욕실시스템이다.
④ 오피스랜드스케이프(office landscape)는 실내에 녹지를 도입한 실내조경 위주의 계획이다.

해설 | 문제 6번 해설 참조

08 ▶ 20
개방식 배치의 한 형식으로 업무와 환경을 경영관리 및 환경적 측면에서 개선한 것으로 오피스 작업을 사람의 흐름과 정보의 흐름을 매체로 효율적인 네트워크가 되도록 배치하는 배치방법은?

① O.A 시스템
② 워크 스테이션
③ One-Room 시스템
④ 오피스 랜드스케이프

해설 | 문제 6번 해설 참조

09 ▶ 18
오피스 랜드스케이프에 관한 설명으로 옳지 않은 것은?

① 독립성과 쾌적감의 이점이 있다.
② 밀접한 팀워크가 필요할 때 유리하다.
③ 유효면적이 크므로 그만큼 경제적이다.
④ 작업패턴의 변화에 따른 조절이 가능하다.

해설 | 문제 6번 해설 참조

정답 | 05 ② 06 ① 07 ④ 08 ④ 09 ①

10 ▶ 16
사무소 건축의 오피스 랜드스케이핑(Office Landscaping)에 관한 설명으로 옳지 않은 것은?

① 공간을 절약할 수 있다.
② 개방식 배치의 한 형식이다.
③ 조경 면적 확대를 목적으로 하는 친환경 디자인 기법이다.
④ 커뮤니케이션의 융통성이 있고, 장애요인이 거의 없다.

해설 | 문제 6번 해설참조

11 ▶ 15
오피스 랜드스케이프(office landscape)의 구성요소와 가장 관계가 먼 것은?

① 식물
② 가구
③ 낮은 파티션
④ 고정 칸막이

해설 | 오피스 랜드스케이프(office landscape)는 고정 칸막이를 설치하지 않고 업무의 흐름에 따라 조절가능한 낮은 이동식 칸막이와 화분이나 파티션으로 프라이버시를 확보하고 커뮤니케이션의 용이성을 조화시킨 사무실 배치 계획이다.

12 ▶ 18
개방형(open plan) 사무공간에 있어서 평면계획의 기준이 되는 것은?

① 책상배치
② 설비시스템
③ 조명의 분포
④ 출입구의 위치

해설 | 개방형(open plan) 사무공간에 있어서 책상의 배치는 의사전달과 작업흐름의 실제적 패턴에 기초하여 작업장의 집단을 자유롭게 그룹핑하는 불규칙한 책상 배치가 평면계획의 기준이 된다.

13 ▶ 17
사무소 건축의 실 단위 계획 중 개방식 배치에 관한 설명으로 옳지 않은 것은?

① 모든 면적을 유용하게 이용할 수 있다.
② 업무성격의 변화에 따른 적응성이 낮다.
③ 공간의 길이나 깊이에 변화를 줄 수 있다.
④ 소음이 많으며, 프라이버시의 확보가 어렵다.

해설 | 개방형(오픈 오피스)
개방된 큰 방으로 설계하고 중역들을 위해 분리된 작은 방을 두는 방법
㉠ 자연채광에 인공조명이 필요하다.
㉡ **전면적을 유효하게 이용할 수 있다.**
㉢ 방의 길이나 깊이에 변화를 줄 수 있다.
㉣ 개인의 **프라이버시가 결여**되기 쉽다.
㉤ 칸막이벽이 없는 관계로 공사비가 낮다.
㉥ 업무성격의 변화에 따른 적응성이 높다.

14 ▶ 17
개방형 사무실(open office)에 관한 설명으로 옳지 않은 것은?

① 소음이 적고, 독립성이 있다.
② 전체면적을 유용하게 사용할 수 있다.
③ 실의 길이나 깊이에 변화를 줄 수 있다.
④ 주변공간과 관련하여 깊은 구역의 활용이 용이하다.

해설 | 문제13번 해설 참조

15 ▶ 17
사무소 건축의 실단위 계획 중 개방식 배치에 관한 설명으로 옳지 않은 것은?

① 독립성 확보가 용이하다.
② 방의 길이나 깊이에 변화를 줄 수 있다.
③ 오피스 랜드스케이핑은 일종의 개방식 배치이다.
④ 전면적을 유효하게 이용할 수 있어 공간 절약상 유리하다.

해설 | 문제13번 해설 참조

정답 | 10 ③ 11 ④ 12 ① 13 ② 14 ① 15 ①

16

사무소 건축의 실단위 계획 중 개실시스템에 관한 설명으로 옳지 않은 것은?

① 독립성이 우수하다는 장점이 있다.
② 일반적으로 복도를 통해 각 실로 진입한다.
③ 실의 길이와 깊이에 변화를 주기 용이하다.
④ 프라이버시의 확보와 응접이 요구되는 최고 경영자나 전문직 개실에 사용된다.

해설 | 개실형(싱글 오피스)
복도에 의해 각 층의 여러 부분으로 들어가는 방식
㉠ 독립성과 쾌적성 및 자연 채광이 우수하다.
㉡ 개방식 배치에 비해 공사비가 높다.
㉢ 방 길이에 변화를 줄 수 있지만, 연속된 복도 때문에 방 깊이에는 변화를 줄 수 없다.

17

다음 설명에 알맞은 사무소 건축의 구성 요소는?

> 고대 로마 건축의 실내에 넓은 마당 또는 주위에 건물이 둘러 있는 안마당을 뜻하며 현대 건축에서는 이를 실내화시킨 것을 말한다.

① 몰(mall)
② 코어(core)
③ 아트리움(atrium)
④ 랜드스케이프(landscape)

해설 | 사무공간의 아트리움(atrium)
㉠ 고대 로마 건축의 실내에 넓은 마당 또는 주위에 건물이 둘러 있는 안마당을 의미한다.
㉡ 실내조경을 통해 자연 요소의 도입이 가능하다.
㉢ 빛 환경의 관점에서 전력 에너지의 절약이 이루어진다.
㉣ 내부 공간의 긴장감을 이완시키는 지각적 카타르시스가 가능하다.
㉤ 아트리움은 개방형 업무공간이 아닌 휴식 공간으로 활용 된다.

18

다음 중 오픈 오피스 플랜의 가장 큰 단점은?

① 고가의 공사비
② 청각적 프라이버시
③ 시각적 프라이버시
④ 부서간의 친밀감 감소

해설 | 개방식 배치(오픈 오피스)
• 전 면적을 유용하게 이용할 수 있다.
• 방의 길이나 깊이 변화를 줄 수 있다.
• 소음이 들리고 프라이버시가 결핍된다.
• 칸막이가 없어서 공사비가 적게 든다.

19

실내계획에 있어서 그리드 플래닝(grid planning)을 적용하는 전형적인 프로젝트는?

① 사무소   ② 미술관
③ 단독주택   ④ 레스토랑

해설 | 사무소 평면배치의 기본은 그리드 플래닝(grid planning)을, 즉 계획 모듈이나 기본적 치수단위에 기준을 정한다.

20

다음 중 대형 업무용 빌딩에서 공적인 문화공간의 역할을 담당하기에 가장 적절한 공간은?

① 로비 공간
② 회의실 공간
③ 직원 라운지
④ 비즈니스센터

해설 | 로비(Lobby)
㉠ 로비는 근무자, 방문자 등을 처음 맞이하는 공간이며 내·외부를 유기적으로 연결시켜 주는 전이공간이다.
㉡ 개방감, 기업의 이미지 표현이 중요한 부분이다.
㉢ 도로와의 관계, 건물의 평면, 코어의 위치 등을 고려하여 계획하여야 한다.

정답 | 16 ③ 17 ③ 18 ② 19 ① 20 ①

21 ▶ 19, 16
세포형 오피스(cellular type office)에 관한 설명으로 옳지 않은 것은?

① 연구원, 변호사 등 지식집약형 업종에 적합하다.
② 조직구성원간의 커뮤니케이션에 문제점이 있을 수 있다.
③ 개인별 공간을 확보하여 스스로 작업공간의 연출과 구성이 가능하다.
④ 하나의 평면에서 직제가 명확한 배치로 상하급의 상호감시가 용이하다.

해설 | 세포형 오피스(cellular type office):개실형 오피스
㉠ 연구원, 변호사 등 지식집약형 업종에 적합하다.
㉡ 조직구성원간의 커뮤니케이션에 문제점이 있을 수 있다.
㉢ 개인별 공간을 확보하여 스스로 작업공간의 연출과 구성이 가능하다.

22 ▶ 19
사무공간의 소음 방지 대책으로 옳지 않은 것은?

① 개인공간이나 회의실의 구역을 한정한다.
② 낮은 칸막이, 식물 등의 흡음재를 적당히 배치한다.
③ 바닥, 벽에는 흡음재를, 천장에는 음의 반사재를 사용한다.
④ 소음원을 일반 사무공간으로부터 가능한 멀리 떼어 놓는다.

해설 | 바닥 충격음, 개폐음, 설비음을 줄이고, 바닥, 벽, 천장에는 흡음재를 사용한다.

23 ▶ 19
사무실의 조명 방식 중 부분적으로 높은 조도를 얻고자 할 때 극히 제한적으로 사용하는 것은?

① 전반조명방식
② 간접조명방식
③ 국부조명방식
④ 건축화조명방식

해설 | 국부조명 방식
작업대, 실험대 등의 필요한 부분만을 높은 조도로 조명하는 방식으로 별도의 작업공간이나 전시장, 상점의 쇼윈도에 사용된다.

24 ▶ 16
사무소 건물의 엘리베이터 계획에 관한 설명으로 옳지 않은 것은?

① 조닝영역별 관리운전의 경우 동일 조닝 내의 서비스 층은 같게 한다.
② 서비스를 균일하게 할 수 있도록 건축물의 중심부에 설치한다.
③ 교통수요량이 많은 경우는 출발 기준층이 2개 층 이상이 되도록 계획한다.
④ 초고층, 대규모 빌딩인 경우는 서비스 그룹을 분할(조닝)하는 것을 검토한다.

해설 | 출발 기준층은 가능한 한 1개 층으로 한다. 단 초고층 빌딩의 경우 사용인원의 변화를 고려하여 2개 층으로 할 수 있다.

정답 | 21 ④ 22 ③ 23 ③ 24 ③

05-3 상업 공간 계획

> **Pass Note**

예상출제문항	키워드
2~1	- 소비자의 구매심리 5단계 - 고객동선과 판매원 동선 - 쇼 윈도우 현휘 방지법	- 상품의 유효 진열 골든 스페이스 - VMD의 구성 요소

1. 상업공간 개요

생산과 소비를 연결하는 공간으로 소규모인 소매점에서 대규모의 쇼핑센터, 백화점 등 상업공간의 영역에 해당 된다.

① 업태별 분류 : 백화점, 쇼핑센터, 슈퍼마켓, 편의점, 소매점, 재래시장
② 업종별 분류 : 음식점, 일반상점(의류점, 잡화점, 문화용품점, 식료품점, 스포츠용품점)

2. 상업공간의 실내계획

1) 일반 상점의 실내계획

(1) 소비자의 구매심리 5단계

> • A (주의, Attention) : 주목시킬 수 있는 배려
> • I (흥미, Interest) : 공감을 주는 호소력
> • D (욕망, Desire) : 욕구를 일으키는 연상
> • M (기억, Memory) : 인상적인 변화
> • A (행동, Action) : 구매동기, 행동을 불러일으키는 구성

① AIDMA 법칙

주의(Attention) → 흥미(Interest) → 욕망(Desire) → 기억(Memory) → 행동(Action)

② AIDCA 법칙

주의(Attention) → 흥미(Interest) → 욕망(Desire) → 확신(Conviction) → 행동(Action)

③ AIDCS 법칙

주의(Attention) → 흥미(Interest) → 욕망(Desire) → 확신(Conviction) → 만족(Satisfaction)

소비자의 구매심리 5단계의 순서를 바르게 나열한 것은? [24, 22]

① 욕망 - 주의 - 흥미 - 기억 - 행동
② 욕망 - 흥미 - 기억 - 주의 - 행동
③ 주의 - 흥미 - 욕망 - 기억 - 행동
④ 주의 - 욕망 - 흥미 - 기억 - 행동

정답 ③

(2) 상점의 공간 구성
　① 판매부분 : 도입 공간, 상품전시공간, 통로 공간, 서비스 공간
　　㉠ 도입 공간 : 외부에서 판매 공간까지 진입하는 부분으로서 공공 공간으로 개방시키며 상품전시나 서비스 공간으로도 사용될 수 있다.
　　㉡ 통로 공간 : 판매부분 가운데 고객 또는 종업원의 통행공간이다.
　　㉢ 상품 전시공간 : 상품이 전시되는 부분과 판매되는 부분으로 구성
　　㉣ 서비스 공간 : 안내 카운터, 고객 화장실, 포장대, 응접실 등 고객에게 서비스를 제공하는 부분
　② 부대부분
　　㉠ 부대부분은 영업 목적(판매)을 위한 관리 공간
　　㉡ 상품 관리 공간, 종업원 공간, 시설 관리 공간, 영업 관리 공간
　③ 파사드
　　㉠ 쇼윈도우, 출입구 및 홀의 입구부분을 포함한 평면적인 구성요소와 아케이드, 광고판, 사인, 외부장치를 포함한 입체적인 구성 요소의 총체이다.
　　㉡ 상점내의 내용과 결부된 개성적인 계획으로 **고객의 구매 욕구를 유도**하게 한다.
　　㉢ **개성적, 인상적으로 표현**하며 통행 객을 상점으로 유도하도록 하며, 상점의 취급 상품, 업종 등을 쉽게 인지하도록 표현한다.

예제 02 상점의 공간구성 중 판매부분에 속하지 않는 것은? [16,17]
① 통로 공간　　　　　　② 서비스 공간
③ 상품 관리공간　　　　④ 상품전시공간

정답 ③

예제 03 상점건축에서 쇼윈도우, 출입구 및 홀의 입구 부분을 포함한 평면적인 구성요소와 아케이드, 광고판, 사인, 외부장치를 포함한 입체적인 구성요소의 총체를 의미하는 것은? [25,19,16,13]
① 파사드(facade)　　　　② 스테이지(stage)
③ 쇼 케이스(show case)　④ P.O.P(point of purchase)

정답 ①

(3) 상점의 동선계획
　① 기능으로서의 동선

주동선	주 통로에서 이루어지며, 고객을 쉽게 유도할 수 있는 유도 동선의 역할을 한다.
부동선	보조통로에서 이루어지며, 부 동선은 체류를 목적으로 하는 체류동선의 역할을 한다.

② 형태로서의 동선

고객동선	• 입구에서 점내에 이르기까지 고객의 흐름을 말하며, 고객의 접근에 편리해야 하고 부담감이 없어야 하며 가능한 길게 배치하는 것이 좋다. • 자연스런 상품의 접근, 즉 고객의 움직임에 따른 상품의 유기적인 연관 진열이 될 수 있도록 하며 시선 계획을 함께 고려한다. • 주동선의 최소 폭은 시설의 규모에 따라 상이하지만 일반적으로 900mm 이상으로 한다.
판매원동선	• 종업원 동선과 고객 동선은 교차하지 않도록 하며 교차부에는 카운터, 쇼 케이스를 배치하는 것이 바람직하다. • 판매형식, 점의 특성에 따라 차이는 있으나 판매동선은 고객동선과는 반대로 종업원의 피로도, 능률을 고려하여 최대한 짧은 것이 효과적이다.
관리 동선 (상품동선)	• 상품동선은 관리 동선이라고도 하며 상품의 반입, 보관, 포장, 발송 등이 이루어지는 동선이다. • 판매관계 이외의 사람들의 동선을 의미하며, 사무실을 중심으로 매장, 창고, 작업장, 종업원실 등이 최단거리로 연결되어 있는 것이 이상적이다.

예제 04 상업공간의 동선계획에 대한 설명으로 옳지 않은 것은? [22.18.14]
① 고객동선은 가능한 길게 배치하는 것이 좋다.
② 판매동선은 고객동선과 일치해야 하며 길고 자연스러워야 한다.
③ 상업공간 계획시 가장 우선순위는 고객의 동선을 원활히 처리하는 것이다.
④ 관리동선은 사무실을 중심으로 매장, 창고, 작업장 등이 최단거리로 연결되는 것이 이상적이다.

정답 ②

(4) 판매형식

판매형식	특징	장점	단점
대면 판매	• 매장에서 판매원과 고객이 쇼케이스를 사이에 두고 1:1 상담 판매하는 형식 예 주로 고가품이나 상품의 설명이 필요한 시계, 카메라, 화장품, 귀금속 등이 속한다.	• 설명하기가 편리하다. • 종업원의 위치를 정하기가 용이하다. • 포장하기가 편리하다.	• 종업원에 의해 통로가 소요되므로 진열면적이 감소된다. • 진열장이 많아지면 상점의 분위기가 딱딱해진다.
측면 판매	• 고객이 상품을 직접 접촉하여 소비자의 충동구매를 유도하는 판매형식 예 서적, 의류, 문방구류, 침구 등이 속한다.	• 충동적 구매와 선택이 용이하다. • 진열면적이 커진다. • 상품에 대해 친근감이 있다.	• 종업원의 위치를 정하기가 어렵고 불안정하다. • 상품의 설명, 포장 등이 불편하다.

예제 05 상점계획에 관한 설명 중 옳지 않은 것은? [22]
① 매장바닥은 요철, 소음 등이 없도록 한다.
② 대면 판매형식은 판매원 위치가 안정된다.
③ 측면 판매형식은 진열면이 협소한 반면 친밀감을 줄 수 있다.
④ 레이아웃은 고객에게 심리적 부담감이나 저항감이 생기지 않도록 한다.

정답 ③

 예제 06 상품을 판매하는 매장을 계획할 경우 일반적으로 동선을 길게 구성하는 것은? [19]
① 고객 동선
② 관리 동선
③ 판매종업원 동선
④ 상품 반출입 동선

정답 ①

(5) 진열대의 평면 배치 형식

배치유형	특징	그림
굴절 배치형	• 진열대 등의 배치와 고객의 동선을 굴절 또는 곡선형으로 구성시킨 형식이다. • 대면 판매와 측면 판매의 조합에 의해서 이루어진다. • 양품점, 모자점, 안경점, 문방구	
직렬 배치형	• 진열대 등을 입구부터 안을 향해 직선적으로 구성하는 형식이다. • 통로가 직선으로 구성되므로 고객의 이동 흐름이 빠른 반면 고객의 통행량에 따라 부분적으로 통로 폭을 조절하기 어렵다. • 진열대의 설치가 간단하여 경제적이고 판매대의 매장면을 최대로 확보하여 이용할 수 있는 반면, 매장이 단조롭거나 국부적인 혼란을 일으킬 우려가 있다. • 침구점, 실용 의복점, 가전 제품점, 식기점, 서점	
환상 배열형	• 중앙에 진열대 등에 의한 직선 또는 곡선에 의한 고리모양 부분을 설치하고 이 안에 레지스터, 포장대 등을 놓는 형식이다. • 상점의 넓이에 따라 고리의 모양, 개수 등을 조절하며, 고리모양의 대면 판매 부분에서는 일반적으로 소형, 고가의 상품을 진열 판매한다. • 수예점, 민예품점	
복합형	• 직렬, 굴절, 환상, 사향 배치 형식을 적절히 조합시킨 형식 • 피혁 제품점, 서점 등	

(6) 쇼윈도우

① **쇼윈도우의 평면 형식**
  ㉠ 평면형 : 점두의 외면에 출입구를 낸 가장 일반적인 형으로 채광이 좋고 점내를 넓게 사용할 수 있어 유리하다.
  ㉡ 돌출형 : 점내의 일부를 돌출시킨 형으로 특수 도매상에 쓰인다.
  ㉢ **만입형** : 점두의 일부를 만입시킨 형으로 점두 진열 면이 크며, 점내 면적과 자연 채광이 감소된다.
  ㉣ 홀형 : 만입부를 넓게, 깊게 하여 홀을 만드는 형식으로 상점의 면적이 작아진다.

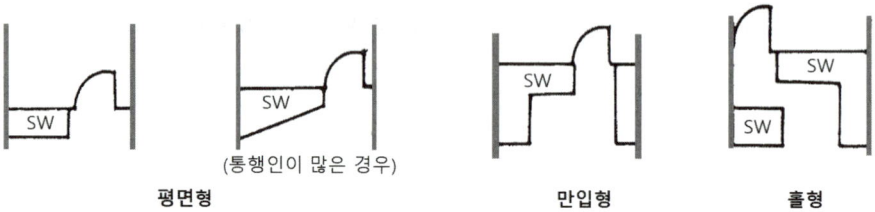

[쇼윈도우 평면 형식]

② 쇼윈도우 단면 형식 : 단층형, 다층형, 오픈스페이스형

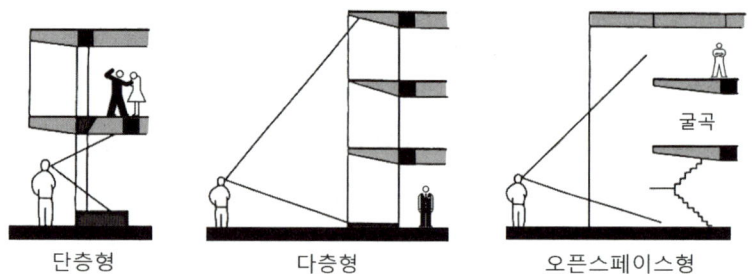

 다층형
  ㉠ 2층 또는 그 이상의 층을 연속되게 취급한 형으로 가구점, 의류점에 유리하다.
  ㉡ 다층 형은 넓은 도로 폭을 지닌 상점에 적용하는 것이 좋다.

③ 쇼윈도우의 배면처리 형식

배면처리 형식	특 징
개방형 (Open Type)	• 손님이 잠시 머무르는 곳이나 **손님이 많은 곳에 적합**하다. 　(서점, 제과점, 철물점, 지물포) • 일반적으로 쇼윈도우 배면을 모두 오픈시켜 쇼윈도우에 진열된 상품뿐만 아니라 매장 내부까지 볼 수 있는 형식이다. • 상점 내부의 디자인을 고려한 쇼윈도우 진열이 이루어져야 하며 실내디자인이 상점의 파사드로 투영되기 때문에 전달되는 정보의 양이 많다.
폐쇄형 (Close Type)	• 손님이 비교적 오래 머무르는 곳이나 손님이 적은 곳에 사용된다.(이발소, 미용실, 보석상, 카메라점, 귀금속상 등) • 쇼윈도우 배면을 모두 차단하여 상점의 내부가 보이지 않도록 한 형식이다. 쇼윈도우 진열 자체에 대한 **주목성이 강조**된다.
반개방형 (Semi-open Type)	• 개방형과 폐쇄형이 혼합된 형태로 쇼윈도우 배면을 부분적으로 폐쇄시키거나 반대로 부분적으로 오픈시킨 형식이다.

④ 쇼윈도우 조명
　㉠ 상품의 재질감, 입체감, 색채를 효과적으로 전달하기 위해 국부조명을 사용하여 주시성과 주목성을 높인다.
　㉡ 상점 내 조명보다 2 ~ 4배 높은 조도로 하며, 자연광에서 보는 것과 같은 연색성이 좋아야 한다.

> **Note** 쇼윈도우의 현휘 현상 방지책
> ㉠ **쇼윈도우의 내부 조도를 외부보다 더 밝게 한다.**
> ㉡ 차양을 설치하여 외부에 그늘을 만든다.
> ㉢ 유리면을 경사지게 하고 특수한 곡면 유리를 사용한다.
> ㉣ 가로수를 심어 건너편의 건물이 비치는 것을 방지한다.
> ㉤ 야간에는 광원을 감추고, 눈에 입사하는 광속을 적게 한다.

 상점의 숍 프런트(shop front) 구성 형식 중 출입구 이외에는 벽 등으로 외부와의 경계를 차단한 형식은? [19]

① 개방형　　　② 폐쇄형　　　③ 돌출형　　　④ 만입형

정답 ②

 상점 진열창(show window)의 눈부심을 방지하기 위한 방법으로 옳지 않은 것은? [25, 21, 15]

① 유리면을 경사지게 한다.
② 외부에 차양을 설치한다.
③ 특수한 곡면유리를 사용한다.
④ 진열창의 내부조도를 외부보다 낮게 한다.

정답 ④

(7) VMD(Visual MerchanDising)

① VMD의 개념
  ㉠ VMD는 V(Visual : 전달 기술로서의 시각화)와 MD(Merchandising : 상품 계획)의 조합
  ㉡ 상점 구성의 기본이 되는 **상품 계획을 시각적으로 구체화시켜 상점 이미지를 경영 전략적 차원에서 고객에게 인식시키는 표현전략**
  ㉢ 상점의 이미지 형성, 다른 상점과의 차별화, 당해 상점의 이미지 주장 과정으로 전개된다.

② VMD의 3요소

VP (Visual Presentation)	• 상품과 상품의 아이덴티티 확립을 위한 계획 • 매력적인 연출로 상점 점두, 쇼윈도우의 이미지 형성 전반에 대한 계획
PP (Point of sale Presentation)	• 매장의 상품 진열, 상품의 포인트 연출 • 매장내의 상품정보를 시각적으로 보여주며 관련 상품과의 자연스러운 코디네이트로 생활을 제안한다.
IP (Item Presentation)	• 상품을 분류, 정리하여 관리하며, 일관성 있는 연출법으로 고객이 쉽게 알아볼 수 있도록 진열하여 쾌적한 매장 구성을 한다. • 상품의 분류, 행거, 선반, 진열장

상업공간에서 비주얼 머천다이징(VMD) 전개 시스템에 관한 설명으로 옳은 것은? [25, 20]
① 아이템 프레젠테이션(IP)은 테이블, 벽면 상단이나 상판 등에서 기본 상품을 표현한다.
② 아이템 프레젠테이션(IP)은 블록별 상품의 포인트를 표현하며, 블록의 이미지를 높인다.
③ 비쥬얼 프레젠테이션(VP)은 고객의 시선이 처음 닿는 곳을 중심으로 상점 이미지를 표현한다.
④ 포인트 프레젠테이션(PP)은 쇼 윈도우, 층별 메인 스테이지 등에서 블록 이미지를 표현한다.

정답 ③

(8) 상품진열 유효 범위

① 눈높이 1,500mm기준으로 시야 범위는 상향 10°에서 하향 20° 사이가 가장 좋다.
② 상품의 진열 범위는 바닥에서 600~2,100mm이지만 **가장 편안한 높이는 850~1,250mm**이며 이 범위를 골든 스페이스(golden space)라고 한다.

상점 디스플레이에서 주력 상품의 진열과 관련된 골든 스페이스의 범위로 알맞은 것은? [22.18]
① 300~600mm   ② 650~900mm
③ 850~1,250mm   ④ 1,200~1,500mm

정답 ③

3. 백화점

1) 공간구성

(1) 고객부분

① 쇼윈도우, 고객용 출입구, 에스컬레이터, 통로, 계단, 휴게실, 식당 등의 서비스부분을 말한다.
② 대부분은 판매부분과 결합하며 그 종류에 따라 종업원부분과도 접하게 된다.

(2) 판매부분

① 백화점의 가장 중요한 부분인 매장, 즉 상품을 진열·판매하는 공간이다.
② 고객의 구매욕과 동시에 종업원의 영업 능률이 좋은 환경으로 계획한다.

(3) 상품부분

① 상품의 반입, 검수, 가격표시, 보관, 운반, 발송, 배달이 이루어지는 부분이다.
② 판매부분과 접하며 고객부분과는 반드시 분리시킨다.

(4) 종업원부분

① 종업원의 출입구, 출퇴근 관리 공간, 통로, 계단, 사무실, 화장실, 식당 및 휴식 공간 등이 이에 속한다.
② 고객부분과는 별개의 계통으로 독립되고 매장 내에 접하고 있어야 하며 상품부분과도 접하도록 한다.

2) 층별 구성 및 상품 배치 계획

(1) 층별 구성

수직 구분	특 성
지하층	• 목적성이 강하고 일반적으로 고객이 마지막에 구매하는 상품 • 식료품, 주방용품 등을 배치
1층	• 백화점 이미지를 좌우하는 전략 상품을 우선 배치 • 상품 선택에 시간이 많이 걸리지 않고 손쉽게 구매할 수 있는 상품 • 화장품, 구두, 핸드백, 액세서리, 잡화 등 배치
중층부	• 안정된 분위기로 비교적 선택에 시간이 걸리고 시대성이 높으며 매출면에서 최대 판매 군이 되는 상품 • 의류, 고급 잡화 등 배치
상층부	• 목적성이 강한 상품 • 카메라, 문구, 식기 및 도기류, 침구류, 장난감류, 등을 하부 배치 • 면적을 넓게 차지하는 상품인 가전제품, 악기류, 가구류 및 고가의 제품 등을 상부 배치
최상부층	• 식당가, 문화 공간, 이벤트 공간 배치

(2) 상품 배치

① **전략적 상품군은 일반적으로 에스컬레이터, 엘리베이터와 근접된 부분에 배치**하거나 주동선상에 위치 시킨다.
② 서로 관련된 상품 군을 그룹핑하여 매장 간의 연결이 자연스럽고 구매동선을 길게 유도하도록 한다.

③ 수직적으로 동선이 분기하는 부분이나 **출입구 부분에 인기품목을 배치할 경우 혼잡이 발생될 뿐만 아니라 구매 동선이 짧아질 우려가 있기 때문에** 이에 주의한다.
④ 충동구매가 이루어질 수 있는 상품군은 휴게 공간, 수직적 이동 공간 주변에 배치시킨다.

3) 동선계획 고려 사항
① 점내 체류시간 및 이동의 방향, 분포 특성 고려
② 정지 부분과 이동 부분, 주동선과 보조동선, 입장객 수에 의한 통로 너비 고려
③ 매장의 면적, 계단, 엘리베이터, 에스컬레이터 등 수직 이동 수단과의 연계성
④ 마케팅, MD와의 적합성
⑤ 화재 시 대피시간과의 관계성 등

4) 매장 배치 방법

배치방법	특징
직교(직각) 배치법	• 가구를 열을 지어 직각 배치함으로써 직교하는 통로가 나게 하는 가장 간단한 배치 방법 • 판매장의 면적을 최대한으로 이용할 수 있다. • 단조로운 배치로 통행량에 따른 폭을 조절하기 어려워 혼란을 일으키기 쉽다.
사행(사교) 배치법	• 주 통로를 직각 배치하고 부 통로를 45°경사지게 배치하는 방법 • 좌우 주 통로에 가까운 길을 택할 수 있다. • 주 통로에서 부 통로의 상품이 잘 보인다. • 판매대가 많이 필요하다.
방사 배치법	• 판매장의 통로를 방사형을 배치하는 방법으로 일반적으로 적용하기가 곤란한 방식이다.
자유 유동(유선) 배치법	• 통로를 고객의 유동 방향에 따라 자유로운 곡선으로 배치하는 방법 • 전시에 변화를 주고 판매장의 특수성을 살릴 수 있다. • 판매대나 유리 케이스가 특수한 형태가 필요 하므로 비용이 많이 든다.

5) 엘리베이터
① 최상층 급행용 이외에는 보조 수단으로 이용된다.
② 크기 : 연면적 2,000 ~ 3,000m²에 대해서 15 ~ 20인승 1대꼴 정도로 한다.
③ 가급적 집중 배치하며 6대 이상인 경우 분산 배치한다.
④ 고객용, 화물용, 사무용으로 구분 배치한다.

6) 에스컬레이터
백화점에 있어서 가장 적합한 수송 기관이며 엘리베이터에 비해 10배 이상의 용량을 보유하고 있으며, 고객을 기다리게 하지 않는다.

(1) 장점
① 수송량이 크며 수송량에 비해 점유 면적이 작다.
② 수송 설비의 종업원이 적다.
③ 고객이 매장을 여러 각도에서 보면서 오르내린다.

예제 11 백화점 실내계획에 대한 설명으로 옳은 것은? [22]
① 매장의 배치유형 중 직각배치형은 면적의 이용도가 높고 다른 배치 방법에 비해 배치가 비교적 간단하다.
② 고객의 주동선인 통로폭은 3인 이상이 자유롭게 통행할 수 있도록 1.8~2.5m 정도로 한다.
③ 동선의 혼잡도는 고객의 정지상태와 이동변수와 무관한 고정적, 절대적인 요소이다.
④ 고객동선과 종업원 동선은 자주 교차되도록 한다.

정답 ①

(2) 단점
① 점유 면적이 크고 설비비가 고가이다.
② 층고, 보의 간격(7~8m 이상) 등의 구조적 제약을 받는다.

(3) 위치
엘리베이터 군(群)과 주출입구의 중간에 위치하는 것이 좋으며 매장의 중앙에 가까운 곳에 설치하여 매장 전체를 쉽게 볼 수 있게 한다.

(4) 배치 형식

형식	특징
직렬 형	점유 면적이 크고 승객의 시야가 좋다. 승객의 시선이 한 방향으로 고정된다.
병렬 단속식	백화점 내를 내려다보기가 좋다.
병렬 연속식	많은 공간이 필요하다.
교차식	점유 면적이 적다. 매장의 전망이 나쁘다.

7) 색채 계획
① 색상은 조명효과와 고객의 시각 심리를 함께 고려하여 정한다.
② 밝은 색조를 사용하면 어두운 색보다 공간의 크기가 확장되어 보인다.
③ 다양한 상품색이 혼합되어 있는 곳에서는 중채도의 색을 위주로 한 배색을 한다.
④ 전체 색의 배분은 **주조색이 60%, 보조색이 30%, 구매 욕구를 북돋우기 위해 악센트 색을 10%**정도 적용한다.

예제 12 백화점의 엘리베이터 계획에 관한 설명으로 옳지 않은 것은? [24,21,16,13]
① 교통동선의 중심에 설치하여 보행거리가 짧도록 배치한다.
② 여러 대의 엘리베이터를 설치하는 경우, 그룹별 배치와 군 관리 운전방식으로 한다
③ 일렬 배치는 6대를 한도로 하고, 엘리베이터 중심간 거리는 8m 이하가 되도록 한다.
④ 엘리베이터 홀은 엘리베이터 정원 합계의 50% 정도를 수용할 수 있어야 하며, 1인당 점유면적은 0.5~0.8m²로 계산한다.

해설 | 일렬 배치는 4대를 한도로 하고, 엘리베이터간 거리는 8m 이하가 되도록 한다.

정답 ③

예제 13 백화점의 에스컬레이터에 관한 설명으로 옳지 않은 것은? [19]
① 건축적 점유면적이 가능한 한 작게 배치한다.
② 승객의 보행거리가 가능한 한 길게 되도록 한다.
③ 출발 기준층에서 쉽게 눈에 띄도록 하고 보행 동선 흐름의 중심에 설치한다.
④ 일반적으로 수직 이동 서비스 대상 인원의 70~80% 정도를 부담하도록 계획한다.

정답 ②

4. 음식점의 공간계획

1) 공간 구성
① 영업 부분 : 입구, 식당, 라운지, 화장실 등으로 구성되며 총 면적의 약 50 ~ 70%
② 조리 부분 : 주방, 배선실, 세척실, 창고 등으로 구성되며 총 면적의 약 20 ~ 40%
③ 관리 부분 : 접수, 사무실, 라커룸, 종업원 화장실 등으로 구성되며 총 면적의 약 10 ~ 20%

2) 평면 및 동선 계획
① 고객동선과 주방과 연관된 서비스 동선이 서로 접근, 교차되지 않도록 한다.
② 고객 동선은 주 통로의 경우 900 ~ 1,200mm, 부 통로는 600 ~ 900mm정도가 일반적이다.
③ 영업부분의 경우 음식 서비스에는 왜건(wagon)을 사용하는 경우도 있으므로 통로에는 바닥의 레벨차가 생기지 않도록 해야 한다.
④ 조리부분은 객석의 요리 서비스 흐름과 식사 후의 식기 반납 흐름을 분리하여 체증이 생기지 않도록 하며 종업원의 동선은 가능한 짧게 계획한다.
⑤ 출입구 주위에 카운터를 설치할 경우 출입 고객과 대금 지불 고객들로 혼잡이 일어나기 쉬우므로 공간 배분, 출입문의 개폐방법에 유의하여야 한다.

3) 가구의 계획 및 배치
① 4인용 테이블 : 정사각형인 경우 850 ~ 960mm 정도가 쓰이고 직사각형의 경우 1000 ~ 1200 × 700 ~ 800mm 정도
② 2인용 테이블 : 600~750mm 정도
③ 6인용 테이블 : 1350~1800×650~800mm 정도
④ 의자의 높이는 식탁에서 30cm, 바닥면에서 45cm의 높이

⑤ 테이블 배치유형

배치유형	특징	그림
가로 배치형	• 테이블과 의자를 병렬로 배치시키는 유형이다. • 일반적으로 다른 유형과 복합시켜 사용하며 병렬로 배치된 좌석들은 그 사이에 충분한 공간을 확보하거나 스크린, 칸막이를 이용하기도 한다.	
세로 배치형	• 근접된 각 좌석의 의자가 서로 배면으로 접하도록 배치시키는 유형이다. • 각 좌석들의 의자가 배면으로 접하는 부분은 그 사이에 충분한 공간을 확보하거나 스크린, 칸막이를 이용하기도 한다. • 이용객의 좌석 선택이 용이하고 시선의 흐름이 자유롭다.	
부스형	• 일반적으로 3면 정도를 긴 쇼파 형태의 의자로 구성하고 그 영역 내에 테이블과 의자를 배치시키는 유형이다. • 좌석 구성에 변화가 다양하고 칸막이를 조합하여 개성적인 공간을 연출할 수 있으며 차지하는 면적이 큰 단체 석에 접합한 배치 형이다.	
점재형	• 비교적 면적당 좌석수가 적으며 식사를 전문으로 하는 레스토랑에 많이 사용하는 배치 형으로 자유 배치형과 일정 간격으로 배치하는 방법이 있다.	

상업공간 중 음식점의 동선계획에 관한 설명으로 옳지 않은 것은? [24, 22, 13]

① 주방 및 팬트리의 문은 손님의 눈에 안 보이는 것이 좋다.
② 팬트리에서 일반석의 서비스의 동선과 연회실의 동선을 분리한다.
③ 출입구 홀에서 일반석으로의 진입과 연회석으로의 진입을 서로 구별한다.
④ 일반석의 서비스 동선은 가급적 막다른 통로 형태로 구성하는 것이 좋다.

정답 ④

핵심 기출문제

05-3 상업공간 계획

01 ▶ 20
상점의 광고 요소로써 AIDMA 법칙의 구성에 속하지 않는 것은?
① Attention
② Interest
③ Development
④ Memory

해설 | 소비자의 구매심리 5단계 AIDMA 법칙
주의(Attention) → 흥미(Interest) →
욕망(Desire) → 기억(Memory) → 행동(Action)

02 ▶ 13
소비자의 구매 심리 5단계의 순서를 옳게 나열한 것은?
① 욕망 - 주의 - 흥미 - 기억 - 행동
② 욕망 - 흥미 - 주의 - 기억 - 행동
③ 주의 - 흥미 - 욕망 - 기억 - 행동
④ 주의 - 욕망 - 흥미 - 기억 - 행동

해설 | 문제 1번 해설참조

03 ▶ 18
상점의 파사드(facade) 구성요소에 속하지 않는 것은?
① 광고판　② 출입구
③ 쇼케이스　④ 쇼윈도우

해설 | 파사드는 쇼윈도우, 출입구 및 홀의 입구부분을 포함한 평면적인 구성요소와 아케이드, 광고판, 사인, 외부 장치를 포함한 입체적인 구성 요소의 총체이다.

04 ▶ 17
상점에서 쇼윈도, 출입구 및 홀의 입구부분을 포함한 평면적인 구성요소와 아케이드, 광고판, 사인 및 외부 장치를 포함한 입면적인 구성요소의 총체를 뜻하는 용어는?
① VMD　② 파사드
③ AIDMA　④ 디스플레이

해설 | 문제 3번 해설참조

05 ▶ 15
상점의 출입구 및 홀의 입구부분을 포함한 평면적인 구성과 광고판, 사인(sign)의 외부 장치를 포함한 입체적인 구성요소의 총체를 의미하는 것은?
① 파사드
② 아케이드
③ 쇼윈도우
④ 디스플레이

해설 | 파사드
㉠ 쇼윈도우, 출입구 및 홀의 입구부분을 포함한 평면적인 구성요소와 아케이드, 광고판, 사인, 외부 장치를 포함한 입체적인 구성 요소의 총체이다.
㉡ 상점내의 내용과 결부된 개성적인 계획으로 고객의 구매 욕구를 유도하게 한다.
㉢ 개성적, 인상적으로 표현하며 통행 객을 상점으로 유도하도록 하며, 상점의 취급 상품, 업종 등을 쉽게 인지하도록 표현한다.

정답 | 01 ③　02 ③　03 ③　04 ②　05 ①

06 ▶ 14

상점의 공간은 판매공간, 부대공간, 파사드공간으로 구분할 수 있다. 다음 중 판매공간에 속하는 것은?

① 종업원의 후생복지를 목적으로 하는 부분
② 진열장, 판매대 등 상품이 전시되는 부분
③ 상품을 하역하거나 발송하며 보관하는데 필요한 부분
④ 사무실 등 영업에 관련된 업무를 일반적으로 취급하는 부분

해설 | 판매부분 : 도입 공간, 상품전시공간, 통로 공간, 서비스 공간
　㉠ 도입 공간 : 외부에서 판매공간까지 진입하는 부분으로서 공공 공간으로 개방시키며 상품전시나 서비스 공간으로도 사용 될 수 있다.
　㉡ 통로 공간 : 판매부분 가운데 고객 또는 종업원의 통행공간이다.
　㉢ 상품 전시 공간 : 상품이 전시되는 부분과 판매되는 부분으로 구성
　㉣ 서비스 공간 : 안내 카운터, 고객 화장실, 포장대, 응접실 등 고객에게 서비스를 제공하는 부분

07 ▶ 17

상점의 판매형식 중 측면판매에 관한 설명으로 옳지 않은 것은?

① 직원 동선의 이동성이 많다.
② 고객이 직접 진열된 상품을 접촉할 수 있다.
③ 대면판매에 비해 넓은 진열면적의 확보가 가능하다.
④ 시계, 귀금속점, 카메라점 등 전문성이 있는 판매에 주로 사용된다.

해설 | 측면판매 : 고객이 상품을 직접 접촉하여 소비자의 충동 구매를 유도하는 판매형식
　예 서적, 의류, 문방구류, 침구 등이 속한다.
　④번 시계, 귀금속점, 카메라점 등 전문성이 있는 판매에 주로 대면 판매이다.

08 ▶ 14

상점의 판매형식 중 측면판매에 관한 설명으로 옳지 않은 것은?

① 대면판매에 비해 넓은 진열면적의 확보가 가능하다.
② 판매원이 고정된 자리 및 위치를 설정하기가 어렵다.
③ 소형으로 고가품인 귀금속, 시계, 화장품 판매점 등에 적합하다.
④ 고객이 직접 진열된 상품을 접촉할 수 있는 관계로 상품의 선택이 용이하다.

해설 | ③ 소형으로 고가품인 귀금속, 시계, 화장품 판매점 등은 대면판매에 적합하다.

09 ▶ 16

상점의 매장계획에 관한 설명으로 옳지 않은 것은?

① 매장의 개성 표현을 위해 바닥에 고저차를 두는 것이 바람직하다.
② 진열대의 배치형식 중 굴절 배열형은 대면판매와 측면 판매방식이 조합된 형식이다.
③ 바닥, 벽, 천장은 상품에 대해 배경적 역할을 해야 하며 상품과 적절한 균형을 이루도록 한다.
④ 상품군의 배치에 있어 중점상품은 주 통로에 접하는 부분에 상호연관성을 고려한 상품을 연속시켜 배치한다.

해설 | ① 매장의 개성 표현을 위해 바닥에 고저차를 두는 것이 바람직하지 않다.
　매장 바닥의 고저 차는 고객 동선의 흐름을 끊기게 하며 안전상에도 좋지 않으므로 가급적 피하는 것이 좋다.

정답 | 06 ② 07 ④ 08 ③ 09 ①

10 ▶ 20
판매공간의 동선에 관한 설명으로 옳지 않은 것은?

① 판매원 동선은 고객동선과 교차하지 않도록 계획한다.
② 고객동선은 고객의 움직임이 자연스럽게 유도될 수 있도록 계획한다.
③ 판매원 동선은 가능한 한 짧게 만들어 일의 능률이 저하되지 않도록 한다.
④ 고객동선은 고객의 원하는 곳으로 바로 접근할 수 있도록 가능한 한 짧게 계획한다.

해설 | 고객동선
입구에서 점내에 이르기까지 고객의 흐름을 말하며, 고객의 접근에 편리해야 하고 부담감이 없어야 하며 가능한 길게 배치하는 것이 좋다.
자연스런 상품의 접근, 즉 고객의 움직임에 따른 상품의 유기적인 연관 진열이 될 수 있도록 하며 시선 계획을 함께 고려한다.
주동선의 최소 폭은 시설의 규모에 따라 상이 하지만 일반적으로 900mm 이상으로 한다.

11 ▶ 17
다음 중 상점 내에 진열케이스를 배치할 때 가장 우선적으로 고려해야 할 사항은?

① 고객의 동선
② 마감재의 종류
③ 실내의 색채계획
④ 진열케이스의 수량

해설 | 문제10번 해설 참조

12 ▶ 17
다음 중 상점에서 대면판매의 적용이 가장 곤란한 상품은?

① 화장품　　② 운동복
③ 귀금속　　④ 의약품

해설 | 대면 판매
매장에서 판매원과 고객이 쇼케이스를 사이에 두고 1:1 상담 판매하는 형식
예 주로 고가품이나 상품의 설명이 필요한 시계, 카메라, 화장품, 귀금속 등이 속한다.
②번 운동복은 측면 판매에 속한다.

13 ▶ 16
상점의 판매형식 중 대면판매에 관한 설명으로 옳지 않은 것은?

① 종업원의 정위치를 정하기 어렵다.
② 포장대나 캐시대를 별도로 둘 필요가 없다.
③ 고객과 마주 대하기 때문에 상품 설명이 용이하다.
④ 소형 고가품인 귀금속, 카메라 등의 판매에 적합하다.

해설 | 대면판매 장점
설명하기가 편리하다.
종업원의 위치를 정하기가 용이하다.
포장하기가 편리하다.

14 ▶ 21,19,18,15,14
상품의 유효진열범위에서 고객의 시선이 자연스럽게 머물고, 손으로 잡기에도 편한 높이인 골든 스페이스(Golden Space)의 범위는?

① 50~850mm
② 850~1250mm
③ 1250~1400mm
④ 1450~1600mm

해설 | 상품의 진열범위 중 골든 스페이스(Golden Space)는 850~1,250mm의 높이이다.

정답 | 10 ④　11 ①　12 ②　13 ①　14 ②

15
▶ 13

상품 진열 계획에서 골든 스페이스라고 불리우는 진열 높이는?

① 600~850mm
② 850~1,250mm
③ 1,250~1,500mm
④ 1,500~1,800mm

해설 | 가장 사용하기 쉬운 위치, 즉 골든 스페이스(Golden Space)는 850~1,250mm 범위이다.

16
▶ 20

상점의 실내디자인에서 진열장의 유효진열범위에 관한 설명으로 옳지 않은 것은?

① 고객의 흥미를 유지 시키면서 보기 쉽고 사기 쉽도록 진열하는 것이 중요하다.
② 신체조건과 시선을 고려하여 상품의 종류와 특성에 따라 합리적인 진열이 되도록 한다.
③ 사람의 시각적 특성은 우측에서 좌측으로, 큰 상품에서 작은 상품으로 이동 하므로 진열의 흐름도 이에 준하는 것이 필요하다.
④ 유효진열범위 내에서도 고객의 시선이 가장 편하게 머물고 손으로 잡기에도 가장 편안한 높이는 850~1250mm이며, 이 범위를 골든 스페이스(golden space)라 한다.

해설 | 사람의 시각적 특징에 따라 좌측에서 우측으로, 작은 상품에서 큰 상품으로 진열의 흐름도를 만드는 것이 효과적이다.

17
▶ 19,13

상점의 상품 진열에 관한 설명으로 옳지 않은 것은?

① 운동기구 등 무게가 무거운 물품은 바닥에 가깝게 배치하는 것이 좋다.
② 상품의 진열범위 중 골든 스페이스(golden space)는 600~900mm의 높이이다.
③ 눈높이 1500mm을 기준으로 상향 10°에서 하향 20° 사이가 고객이 시선을 두기 가장 편한 범위이다.
④ 사람의 시각적 특징에 따라 좌측에서 우측으로, 작은 상품에서 큰 상품으로 진열의 흐름도를 만드는 것이 효과적이다.

해설 | 상품의 진열범위 중 골든 스페이스(Golden Space)는 850~1250mm의 높이이다.

18
▶ 16

상점의 상품 진열 계획에 관한 설명으로 옳지 않은 것은?

① 골든 스페이스는 바닥에서 높이 850~1250mm의 범위이다.
② 운동기구 등 중량의 물품은 바닥에 가깝게 배치하는 것이 좋다.
③ 통로 측에 상품을 진열하는 경우, 높이 2m이하로 중점상품을 대량으로 진열한다.
④ 상품의 특징과 성격 등 전시효과를 극대화하여 구매 욕구를 자극하여 판매를 촉진시키는 계획이 되도록 한다.

해설 | 통로 측에 상품을 진열하는 경우, 높이 1.5m 이하로 중점상품을 소량으로 진열한다.

정답 | 15 ② 16 ③ 17 ② 18 ③

19 ▶21
주 쇼윈도우 조명계획에 대한 설명 중 가장 부적당한 것은?

① 근접한 타 상점의 조도, 통과하는 보행자의 속도에 상응하여 주목성 있는 조도를 결정한다.
② 상점 내부의 전체 조명보다 2~4배 정도 높은 조도로 한다.
③ 진열상품의 입체감은 밝은 하이라이트 부분과 그림자 부분이 명확히 구분되어 형상의 입체감이 강조되도록 한다.
④ 광원이 보는 사람의 눈에 직접 보이게 한다.

해설 | 쇼윈도우 조명
ㄱ. 상품의 재질감, 입체감, 색채를 효과적으로 전달하기 위해 국부조명을 사용하여 주시성과 주목성을 높인다.
ㄴ. 상점 내 조명보다 2~4배 높은 조도로 하며, 자연광에서 보는 것과 같은 연색성이 좋아야 한다.
ㄷ. 광원이 보는 사람의 눈에 직접 보이지 않게 한다.

20 ▶19
쇼윈도우의 반사에 따른 눈부심을 방지하기 위한 방법으로 옳지 않은 것은?

① 쇼 윈도우에 곡면유리를 사용한다.
② 쇼 윈도우의 유리가 수직이 되도록 한다.
③ 쇼 윈도우의 내부 조도를 외부보다 높게 처리한다.
④ 차양을 설치하여 쇼 윈도우 외부에 그늘을 조성한다.

해설 | 쇼윈도우의 현휘 현상 방지책
ㄱ. 쇼윈도우의 내부 조도를 외부보다 더 밝게 한다.
ㄴ. 차양을 설치하여 외부에 그늘을 만든다.
ㄷ. 유리면을 경사지게 하고 특수한 곡면 유리를 사용한다.
ㄹ. 가로수를 심어 건너편의 건물이 비치는 것을 방지한다.
ㅁ. 야간에는 광원을 감추고, 눈에 입사하는 광속을 적게 한다.

21 ▶15
판매 공간의 상품 강조조명에 관한 설명으로 옳지 않은 것은?

① 상품의 종류, 크기, 형태, 디스플레이 방법을 고려하여 설치한다.
② 판매대 안에 소형의 전구를 매입시키거나 스포트라이트를 설치한다.
③ 상품강조조명과 환경조명의 조도대비는 1.5배 정도로 할 때 가장 효과적이다.
④ 상품의 위치가 고정적이지 않을 경우에는 라이팅 트랙(lighting track)을 설치한다.

해설 | 상품 강조 조명과 환경 조명의 조도대비는 3~5배 정도로 할 때 가장 효과적이다.

22 ▶18,14
상점 구성의 기본이 되는 상품 계획을 시각적으로 구체화시켜 상점 이미지를 경영 전략적 차원에서 고객에게 인식시키는 표현 전략은?

① VMD
② 슈퍼그래픽
③ 토큰 디스플레이
④ 스테이지 디스플레이

해설 | VMD의 개념
ㄱ. VMD는 V(Visual : 전달 기술로서의 시각화)와 MD(Merchandising : 상품 계획)의 조합
ㄴ. 상점 구성의 기본이 되는 **상품 계획을 시각적으로 구체화시켜 상점 이미지를 경영 전략적 차원에서 고객에게 인식시키는** 표현전략
ㄷ. 상점의 이미지 형성, 다른 상점과의 차별화, 당해 상점의 이미지 주장 과정으로 전개된다.

정답 | 19 ④ 20 ② 21 ③ 22 ①

23
▶ 16,13

비주얼 머천다이징(VMD)에 관한 설명으로 옳지 않은 것은?

① VMD의 구성은 IP, PP, VP 등이 포함된다.
② VMD의 구성 중 IP는 상점의 이미지와 패션테마의 종합적인 표현을 일컫는다.
③ 상품계획, 상점계획, 판촉 등을 시각화시켜 상점 이미지를 고객에게 인식시키는 판매 전략을 말한다.
④ VMD란 상품과 고객 사이에서 치밀하게 계획된 정보전달 수단으로서 디스플레이의 기법 중 하나이다.

해설 | VMD의 구성요소
- IP(Item Presentation):개개의 상품을 분류, 정리, 고르기 쉽고 사기 쉬운 매장연출
- PP(Point of sale Presentation) : 분류된 상품의 점두 표현 역할
- VP(Visual Presentation) : 매장의 이미지와 패션 테마의 종합적인 표현

24
▶ 17

VMD(visual merchandising)의 구성에 속하지 않는 것은?

① VP ② PP
③ IP ④ POP

해설 | VMD의 구성은 IP, PP, VP 등이 포함된다.

25
▶ 20

상업공간 진열장의 종류 중에서 시선 아래의 낮은 진열대를 말하며 의류를 펼쳐 놓거나 작은 가구를 이용하여 디스플레이 할 때 주로 이용되는 것은?

① 쇼 케이스(show case)
② 하이 케이스(high case)
③ 샘플 케이스(sample case)
④ 디스플레이 테이블(display table)

해설 | 디스플레이 가구의 종류
- ⊙ 디스플레이 스테이지(display stage) : 높이가 400mm 이하의 낮은 단상
- ⓒ 디스플레이 테이블(display table) : 높이 600~1,100mm의 테이블
- ⓒ 디스플레이 선반(display shelf)

26
▶ 17

백화점의 에스컬레이터에 관한 설명으로 옳지 않은 것은?

① 수송능력이 엘리베이터에 비해 크다.
② 대기시간이 없고 연속적인 수송설비이다.
③ 승강 중 주위가 오픈되므로 주변 광고효과가 크다.
④ 서비스 대상 인원의 10~20% 정도를 에스컬레이터가 부담하도록 한다.

해설 | 서비스 대상 인원의 70~80% 정도를 에스컬레이터가 부담하도록 한다.

27
▶ 14

백화점의 에스컬레이터에 관한 설명으로 옳지 않은 것은?

① 건축적 점유면적이 가능한 한 작게 배치한다.
② 복렬형 배열방법은 주로 대규모 백화점에사용된다.
③ 출발 기준층에서 쉽게 눈에 띄도록 하고 보행동선 흐름의 중심에 설치한다.
④ 일반적으로 서비스 대상 인원의 70~80% 정도를 에스컬레이터가 부담토록 한다.

해설 | 복렬형은 승강과 하강이 분리되어 순서대로 갈아타면서 승,하강 할 수 있다. 중소규모의 백화점에 많이 사용된다.

정답 | 23 ② 24 ④ 25 ④ 26 ④ 27 ②

05-4 전시공간 계획

Pass Note

예상출제문항		키워드
1~2	- 전시공간의 동선 계획 - 전시공간의 순회유형	- 쇼 윈도우 - 쇼룸 - 특수 전시 기법

1. 전시공간의 유형

전시는 영리적인 측면에서 보면 비영리적인 전시와 영리적 전시와 구분된다. 영리적 전시는 전시자의 명성과 상품의 선전 효과를 이용하여 판매를 촉진하기 위한 것이나 비영리적인 전시는 예술 작품의 발표나 일반 대중의 문화적 사고 개발, 교육을 목적으로 열리는 것이다.

① 미술관 : 조각, 공예, 회화와 같이 미를 표현하여 시각화한 창작예술작품을 전시하는 공간
② 박물관 : 예술, 역사, 미술, 과학, 기술 등에 관한 수집품 및 식물원, 동물원 등 문화적 가치가 있는 자료, 표본 등을 표현, 전시하는 공간
③ 박람회 : 대규모 전시로 공공의 이익 증진을 목적으로 하여 인류의 문명, 문화를 총결산하는 전시회
④ 전람회 : 일정기간을 통해 전시하고 관객에게 이해시켜주는 시설로 박람회보다 소규모 성격의 전시
⑤ 쇼룸 : 기업의 홍보, 판매를 위한 상업적 목적의 성격을 갖고 상설 전시공간

2. 전시공간의 동선 계획

① 전시공간에서의 동선은 관람객 동선, 사무. 관리자 동선, 자료동선으로 구성
② 자료를 보고 해석을 읽으면서 다시 돌아오지 않도록 전시품도 레이아웃 하는 것이 중요하며, 지그재그의 동선이 발생되지 않도록 한다.
③ 감상의 방향과 이동의 방향이 일치되도록 한다.
④ **관람객의 동선은 좌에서 우로, 우회전을 원칙**으로 한다.
⑤ 관람객이 피로를 느끼지 않도록 해야 하며, 다음 전시영역의 관람 여부를 판단할 수 있도록 계획하는 것이 바람직하다.
⑥ 관람객의 동선은 일반적으로 접근→입구→전시실→출구→야외전시의 순으로 진행된다.

> **예제 01** 전시공간에 관한 설명으로 옳지 않은 것은? [21]
> ① 전시의 성격은 영리적 전시와 비영리적 전시로 나눌 수 있다.
> ② 공간의 형태와 규모에 관련된 물리적 요건들이 전시공간 특성을 좌우한다.
> ③ 전체 동선체계는 이용자 동선과 관리자 동선으로 대별되며 서로 통합되도록 계획한다.
> ④ 전시실 순회 유형에 따라 전시실 상호간 결합 형식이 결정되며 전체의 전시 계획에 영향을 미친다.
>
> 정답 ③

3. 전시공간의 순회 유형

1) 연속순회 형식
① 긴 직사각형 또는 다각형 평면의 전시실이 연속적으로 연결된 형식
② 전시 벽면이 최대화되고 **공간 절약 효과**가 있다.
③ 관람객은 **연속적으로 이어진 동선을 따라 관람**하게 된다.
④ 비교적 **동선이 단순**하며 다소 지루하고 피곤한 느낌을 줄 수 있다.

2) 갤러리 및 복도형
① 연속된 전시실의 한쪽 복도에 의해서 각 실을 배치한 형식
② 관람자가 각 전시실을 자유로이 선택하여 직접 들어가고 필요에 따라 독립적으로 폐쇄시킬 수 있는 장점이 있다.

3) 중앙홀 형
① 중심부에 하나의 큰 홀을 두고 그 주위에 각 전시실을 배치하여 자유로이 출입하는 형식
② 중앙홀이 크면 동선의 혼란은 없으나 장래의 확장에 무리가 있는 것이 단점
③ 프랭크로이드 라이트의 구겐하임미술관에 이 형식을 기본으로 발전시켜 나선램프로 입체화 하여 채광, 인공조명, 동선 등을 명쾌히 해결, 오늘날까지 획기적인 미술관 계획으로 평가

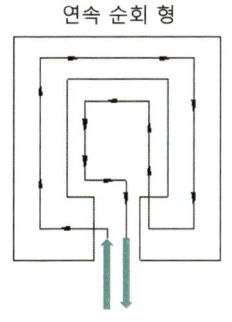
연속 순회 형

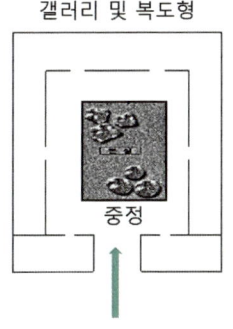
갤러리 및 복도형
중정

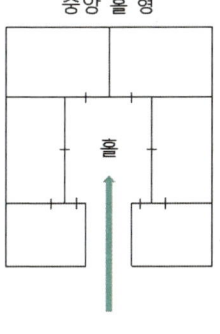
중앙 홀 형
홀

[전시 공간 순회 유형]

예제 02 전시공간의 순회 유형 중 연속순회 형식에 관한 설명이다. 옳지 않은 것은? [24,22.13]

① 관람객은 연속적으로 이어진 동선을 따라 관람하게 된다.
② 동선에 따른 공간이 요구되므로 소규모 전시실에는 적용이 곤란하다.
③ 한 실을 폐쇄하면 다음 공간으로의 이동이 불가능한 단점이 있다.
④ 비교적 동선이 단순하나 다소 지루하고 피곤한 느낌을 줄 수도 있다.

정답 ②

4. 전시공간의 평면 형태

1) 부채꼴형
① 형태가 복잡하여 한눈에 전체를 파악하는 것이 어려우며 일반적으로 전체적인 조망이 가능한 규모에 적합하다.
② 많은 관람객이 밀집할 경우 입구에서 병목 현상이 발생할 수 있다.

2) 사각형
일반적인 형태로 공간형태가 단순하고 분명한 성격을 지니고 있기 때문에 지각이 쉽고 명쾌하여 변화 있는 전시계획이 시도될 수 있다.

3) 원형
① 고정된 축이 없이 안정된 상태에서 지각하기 어려움
② 방향감각을 잃어버리기 쉬움
③ 중앙에 핵이 되는 전시물을 중심으로 주변에 그와 관련되거나 유사한 성격의 전시물 전시로 극복

4) 자유형
① 형태가 복잡하여 한눈에 전체를 파악하기 어려워 큰 규모의 전시공간에는 부적합
② 전체적인 조망이 가능한 한정된 공간에 적합, 예각이 생기는 것을 피함

5) 작은 실의 조합형
관람자가 자유롭게 관람 할 수 있도록 공간의 형태에 의한 동선의 유도가 요구된다.

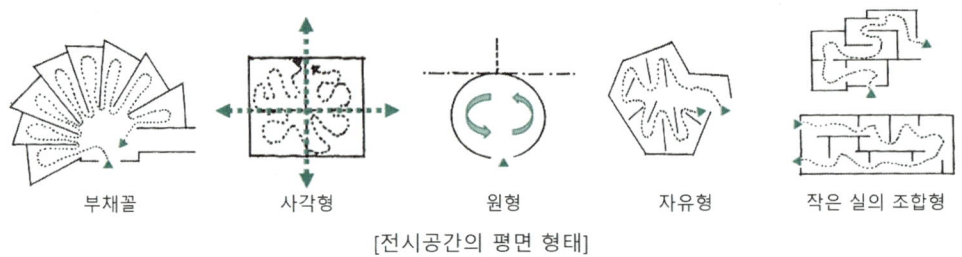

[전시공간의 평면 형태]

예제 03 다음 설명에 알맞은 전시공간의 평면형태는? [22.14]

- 관람자는 다양한 전시공간의 선택을 자유롭게 할 수 있다.
- 관람자에게 과중한 심리적 부담을 주지 않는 소규모 전시장에 사용한다.

① 원형　　② 선형　　③ 부채꼴형　　④ 직사각형

정답 ③

5. 전시 공간의 조명 계획

① 조명은 눈부심이 없어야 한다.
② 전시물은 항시 적당한 조도로 균등하게 조명하되 전시물이 입체물인 경우 입체감이 있도록 조명해야 한다.
③ 실내의 조도 및 휘도 분포가 적당해야 한다.
④ 관람자의 그림자가 전시물에 떨어지지 않도록 한다.
⑤ 화면 또는 쇼케이스, 진열장의 유리에 다른 영상이 나타나지 않도록 한다.
⑥ 국부조명의 경우 전시물에 따라 적절한 광원, 방향성, 투사 각도를 고려한다.
⑦ 연색성이 좋아야 하며 빛의 변화가 없어야 한다.
⑧ 조명으로 인한 방사열은 전시물의 손상을 가져올 수 있으므로 전시물의 보존관계에 유의 한다.
⑨ 전시물 고유의 성격 즉 형상, 재질감, 색 등을 강조할 수 있는 조명이어야 한다.

6. 전시방법

1) 개별전시

① 벽면전시
가장 보편적인 방법으로 벽면 뿐 만 아니라 진열장, 진열대와 결합하여 다양한 방법으로 전시
벽면전시판, 알코브 벽 전시, 벽면진열장 전시, 알코브 진열장전시, 돌출진열대 전시, 돌출 진열장 전시

② 바닥 전시
바닥면을 이용하거나 바닥면의 요철을 이용하여 전시하는 방법으로 바닥면 전시, 선큰 된 바닥면 전시, 경사 바닥면 전시, 바닥면과 입체복합 전시

③ 천장전시
천장을 이용하여 천장 면을 그대로 전시 면으로 사용하거나 전시물을 붙이기도 하여 천장 면에 전시물을 달아매기도 하는 전시방법으로 달아매기 전시, 천장 면 전시, 동적 전시

2) 입체 전시

벽체와 독립되어 전시하는 방법. 진열장, 전시대, 전시 스크린 등

3) 특수 전시

디오라마전시	• 하나의 사실 도는 주제의 시간 상황을 고정시켜 연출시키는 형식 • **가장 현장감 있게 입체적으로 공간속에 전시** • 사실을 모형으로 연출, 관람시키는 방법 • 현장 모형으로 재현하되 보조매체로 게시판 설명 부착시키는 방법
파노라마전시	• 벽면전시와 입체물을 병행하여 실감을 보는듯한 감각을 주는 기법 • 단일 정황을 파노라마로 연출 • **시간의 연속성을 가지고 선형으로 중심주제 연출** • 사건 인물의 맥락전시 연출

아일랜드전시	• 사방에서 감상할 필요가 있는 조각물이나 모형을 전시하기 위해 벽면에서 띄워서 전시하는 기법 • 관람동선이 전시물 사이를 지나갈 수 있도록 한다. • 동선은 계획된 회로로서 전시 내용의 순서와 맥락을 유도 한다. • 보존은 쇼 케이스화 하거나 노출 • 전시물 그룹 핑 맥락은 밀도에 따라 배치
하모니카전시	• 통일된 주제의 전시 내용이 규칙적 혹은 반복적으로 배치되는 기법 • 경량 파티션으로 벽 구획 • 공간의 한계성에 따라 개방, 반개방, 폐쇄방법
영상전시	• 현물을 직접 전시 할 수 없는 경우에 영상 매체를 사용하는 전시방법

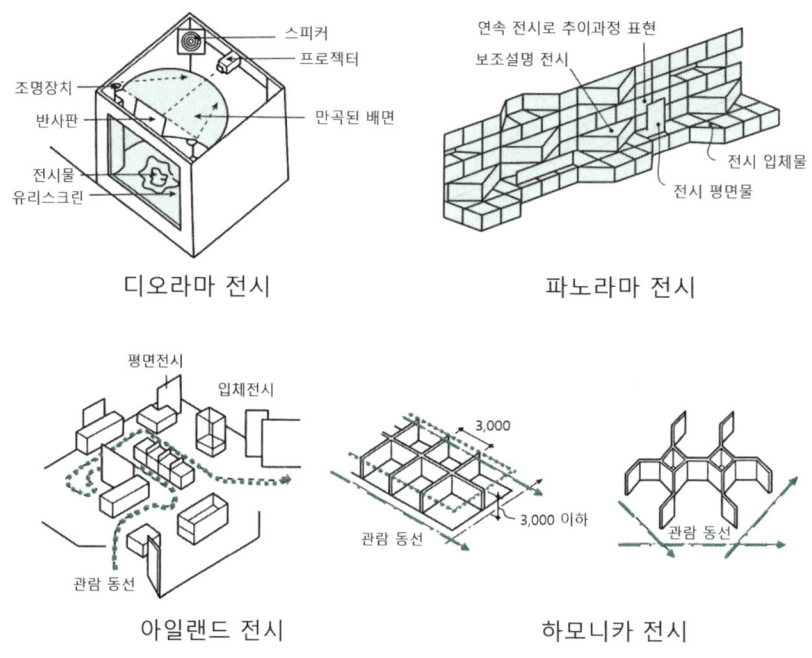

[특수전시 기법]

예제 04 연속적인 주제를 시간적인 연속성을 가지고 선형으로 연출하는 특수전시기법은? [22.20]
① 알코브 벽면 전시 ② 아일랜드 전시
③ 하모니카 전시 ④ 파노라마 전시

정답 ④

7. 쇼룸(show room)

① 기업체가 자사제품의 홍보, 판매 촉진 등을 위해 제품 및 기업에 관한 자료를 소비자들에게 직접 호소하여 제품의 우위성을 인식시키는 전시공간이다.

② 기업과 소비자의 교류의 장이며 개개의 상품 또는 서비스에 관한 정보전달과 함께 기업의 사회적 공헌이나 명성에 대해 소비자뿐 만아니라 기업과 관계되는 모든 집단으로 하여금 호의적인 감정을 갖도록 하여 기업과 상품에 대한 신뢰감을 형성시키는 전시유형의 하나이다.

1) 쇼룸의 공간구성

(1) 상품진열 공간

전시상품을 디스플레이하기 위한 공간으로 진열장(쇼 케이스), 진열대, 연출 기구 등이 필요하다.

(2) 어트랙션 공간

① **입구에서 관람객의 시선을 집중시켜 쇼룸의 내부로 관람객을 유인하는 역할을 한다.**

② 입구부분과 전시 공간 내에서 비중이 크므로 중심이 되는 곳에 배치하는 것이 일반적이다.

(3) 서비스 공간

① 전시장의 전시 상품에 대한 정보를 알리거나 고객에게 서비스를 제공하는 장소

② 진열대, 안내 카운터, 테이블 등이 배치되는 공간

(4) 상담 공간

관람객에게 상품에 대한 지식, 효용성 등의 정보를 설명하거나 구매 상담을 하기 위한 공간

(5) 파사드

쇼윈도우, 출입구, 홀의 입구뿐만 아니라 광고판, 광고탑, 사인 등으로 기업 및 상품에 대한 첫인상을 주는 곳이며 강한 이미지를 줄 수 있도록 한다.

예제 05 | 쇼룸의 공간구성은 상품전시공간, 상담공간, 어트랙션(attraction)공간, 서비스공간, 통로공간, 출입구를 포함한 파사드로 구성되어진다. 다음 중 어트랙션(attraction)공간에 관한 설명으로 가장 알맞은 것은? [25,20]

① 구매상담을 도와주고 관람자를 통제하는 공간이다.
② 전시상품에 대한 정보를 알리거나 관람자를 안내하기 위한 공간이다.
③ 입구에서 관람객의 시선을 집중시켜 쇼룸의 내부로 관람객을 유인하는 역할을 한다.
④ 진열되는 상품을 디스플레이하기 위한 공간으로 진열대와 진열기구, 연출기구 등이 필요하다.

정답 ③

8. 극장

1) 극장의 평면형

(1) 프로세니움(Proscenium Stage)형

① 프로세니움(Proscenium) 벽이 연기공간과 관객공간을 분리하여 프로세니움 아치의 개구부를 통해 무대를 보는 가장 일반적인 형식으로 픽쳐 프레임 스테이지(Picture frame stage)라고도 한다.
② 투시도법을 무대 공간에 응용함으로써 발생한 것으로 연극의 내용을 한정된 고정액자 속에서 보는 듯한 하나의 구성화(構成畵)와 같은 느낌이 들게 한다.
③ 배경은 한 폭의 그림과 같은 느낌을 주게 되어 전체적인 통일의 효과를 얻는데 가장 좋은 형태이다.
④ 연기자와 관객의 접촉면이 한정되어 있으므로 많은 관람석을 두려면 거리가 멀어져 객석 수용 능력에 있어서 제한을 받는다.
⑤ **강연, 콘서트, 독주, 연극 등에 가장 많이 사용된다.**

(2) 애리나형(Arena Stage)

① **중앙무대(센트럴 스테이지 : central stage)형**이라고도 하며 관객이 연기자를 360° 둘러싸고 관람하는 형식이다.
② **무대의 배경을 만들지 않으므로 경제적이지만 무대장치의 설치에 어려움이 따른다.**
③ 무대와 가까운 거리에서 관람할 수 있으며, 가장 많은 관객을 수용할 수 있다.

(3) 오픈 스테이지(Open Stage)

① 프로세니움 형보다 관객이 연기자에게 가까이할 수 있다.
② 애리나 형과 마찬가지로 무대장치의 설치에 어려움이 따른다.
③ 무대의 배경을 만들지 않으므로 경제적이지만 무대장치의 설치에 어려움이 따른다. 평면의 특성상 무대 장치나 소품은 주로 낮은 것으로 구성한다.
④ 관객이 무대 주위를 둘러싸기 때문에 연기자를 가리게 되는 단점이 있다.

프로세니움 형

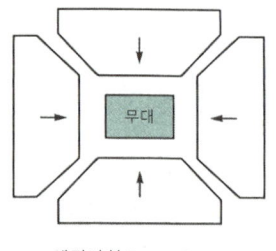
애리나형(Arena Stage)

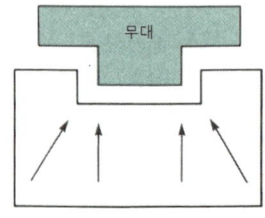
오픈 스테이지(Open Stage)

[극장 평면 유형]

(4) 가변형(Adaptable Stage)

공연 작품의 성격에 따라 무대와 관람석의 크기, 모양, 배열 등을 필요에 따라 변경할 수 있다.

2) 객석의 설계기준

(1) 가시거리의 한계

① 생리적 한계 : 연기자의 세밀한 표정, 동작을 자세히 감상, 15m 정도(인형극, 아동극)
② 제1차 허용한도 : 많은 관객을 수용. 22m까지를 허용한도(국악, 실내악, 소규모 오페라)
③ 제2차 허용한도 : 일반적 동작만 보이는 거리. 최대 35m의 범위(오페라, 발레, 뮤지컬, 대규모 국악)

(2) 시각의 평면계획

극장 관람석에서 무대 중심 허용한계는 중심선에서 60° 이내 범위이다.

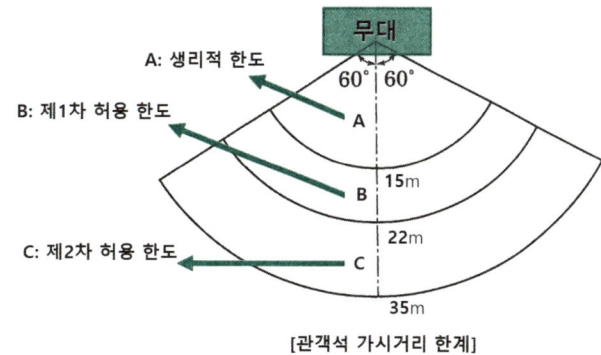

[관객석 가시거리 한계]

예제 06 다음 설명에 알맞은 극장의 평면형식은? [20]

- 무대와 관람석의 크기, 모양, 배열 등을 필요에 따라 변경할 수 있다.
- 동연작품의 성격에 따라 적합한 공간을 만들어 낼 수 있다.

① 가변형　　　　　　　② 애리나형
③ 프로세니움형　　　　④ 오픈 스테이지

정답 ①

핵심 기출문제

05-4 전시 공간 계획

01 ▶ 19
전시공간의 순회유형에 관한 설명으로 옳지 않은 것은?

① 연속순회형식에서 관람객은 연속적으로 이어진 동선을 따라 관람하게 된다.
② 갤러리 및 복도형은 각 실을 독립적으로 폐쇄 시킬 수 있다는 장점이 있다.
③ 연속순회형식은 한 실을 폐쇄하면 다음 실로의 이동이 불가능한 단점이 있다.
④ 중앙홀형은 대지 이용률은 낮으나, 중앙홀이 작아도 동선의 혼란이 없다는 장점이 있다.

해설 | 중앙홀 형
㉠ 중심부에 하나의 큰 홀을 두고 그 주위에 각 전시실을 배치하여 자유로이 출입하는 형식
㉡ 중앙홀이 크면 동선의 혼란은 없으나 장래의 확장에 무리가 있는 것이 단점

02 ▶ 20, 16
다음 중 전시공간의 규모 설정에 영향을 주는 요인과 가장 거리가 먼 것은?

① 전시방법
② 전시의 목적
③ 전시공간의 장비
④ 전시자료의 크기와 수량

해설 | 전시공간의 규모 설정에 영향을 미치는 요인은 전시의 성격 및 목적, 전시자료의 크기와 수량, 전시방법 등이 있다.

03 ▶ 16
전시실의 순회유형 중 연속순회형식에 관한 설명으로 옳은 것은?

① 동선이 단순하고 공간을 절약할 수 있는 장점이 있다.
② 뉴욕의 근대미술관, 뉴욕의 구겐하임 미술관이 대표적이다.
③ 중심부에 하나의 큰 홀을 두고 그 주위에 각 전시실을 배치한 형식으로 장래의 확장에 유리하다.
④ 각 실에 직접 들어갈 수 있는 점이 유리하며, 필요시에는 자유로이 독립적으로 폐쇄할 수 있다.

해설 | 연속순회 형식
㉠ 긴 직사각형 또는 다각형 평면의 전시실이 연속적으로 연결된 형식
㉡ 전시 벽면이 최대화되고 **공간 절약 효과**가 있다.
㉢ 관람객은 **연속적으로 이어진 동선을 따라 관람하게** 된다.
㉣ 비교적 **동선이** 단순하며 다소 지루하고 피곤한 느낌을 줄 수 있다.

04 ▶ 15
전시실의 순회형식 중 연속순회형식에 관한 설명으로 옳은 것은?

① 연속된 전시실의 한쪽 복도에 의해서 각 실을 배치한 형식이다.
② 각 실에 직접 들어갈 수 있으며 필요시에는 자유로이 독립적으로 폐쇄할 수 있다.
③ 1실을 폐쇄할 경우 전체 동선이 막히게 되므로 비교적 소규모의 전시실에 적합하다.
④ 중심부에 하나의 큰 홀을 두고 그 주위에 각 전시실을 배치하여 자유로이 출입하는 형식이다.

정답 | 01 ④ 02 ③ 03 ① 04 ③

해설 | 연속순회형식
동선이 단순하고 공간을 절약할 수 있는 장점이 있다. 연속순회형식은 긴 직사각형 또는 다각형 평면의 전시실이 연속적으로 연결된 형식으로 관람자는 연속적으로 이어지는 동선을 따라 관람하게 된다.

05 ▶ 19,15
다음 그림이 나타내는 특수전시기법은?

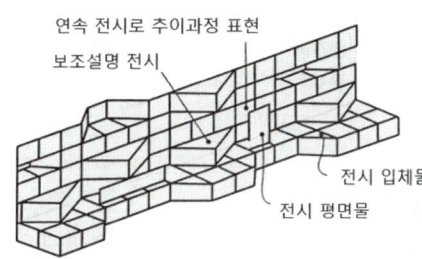

① 디오라마 전시
② 아일랜드 전시
③ 파노라마 전시
④ 하모니카 전시

해설 | 파노라마 전시
주제를 연속적으로 연관성 깊게 표현하기 위해 선형으로 연출되는 전시 기법

06 ▶ 18
다음 설명에 알맞은 전시공간의 특수전시기법은?

- 연속적인 주제를 시간적인 연속성을 가지고 선형으로 연출하는 전시기법이다.
- 벽면전시와 입체물이 병행되는 것이 일반적인 유형으로 넓은 시야의 실경을 보는 듯한 감각을 준다.

① 디오라마 전시
② 파노라마 전시
③ 아일랜드 전시
④ 하모니카 전시

해설 | 파노라마 전시
주제를 연속적으로 연관성 깊게 표현하기 위해 선형으로 연출되는 전시 기법

07 ▶ 17,15
사방에서 감상해야 할 필요가 있는 조각물이나 모형을 전시하기 위해 벽면에서 띄어놓아 전시하는 방법은?

① 아일랜드 전시
② 하모니카 전시
③ 파노라마 전시
④ 디오라마 전시

해설 | ㉠ 디오라마 전시 : 하나의 사실 또는 주제의 시간 상황을 고정시켜 연출하는 것으로 현장에 임한 느낌을 주는 기법
㉡ 파노라마 전시 : 주제를 연속적으로 연관성 깊게 표현하기 위해 선형으로 연출되는 전시기법
㉢ 하모니카 전시 : 전시공간을 격자화하여 규칙적으로 배치하는 것으로 전시 내용이 통일된 형식이 규칙적으로 나타남

08 ▶ 17
다음 설명에 알맞은 전시공간의 특수전시방법은?

사방에서 감상해야 할 필요가 있는 조각물이나 모형을 전시하기 위해 벽면에서 뛰어 놓아 전시하는 방법

① 디오라마 전시
② 파노라마 전시
③ 아일랜드 전시
④ 하모니카 전시

해설 | 아일랜드 전시
사방에서 감상할 필요가 있는 조각물이나 모형을 전시하기 위해 벽면에서 띄워서 전시하는 기법
관람동선이 전시물 사이를 지나갈 수 있도록 한다.
동선은 계획된 회로로서 전시 내용의 순서와 맥락을 유도 한다.
보존은 쇼케이스화 하거나 노출
전시물 그룹핑 맥락은 밀도에 따라 배치

정답 | 05 ③ 06 ② 07 ① 08 ③

09 ▸ 16
다음 설명에 알맞은 특수전시방법은?

- 일정한 형태의 평면을 반복시켜 전시공간을 구획하는 방식이다.
- 동일 종류의 전시물을 반복하며 전시할 경우에 유리하다.

① 디오라마 전시
② 파노라마 전시
③ 아일랜드 전시
④ 하모니카 전시

해설 | 하모니카 전시
통일된 주제의 전시 내용이 규칙적 혹은 반복적으로 배치되는 기법
경량 파티션으로 벽 구획
공간의 한계성에 따라 개방, 반개방, 폐쇄방법

10 ▸ 16
다음 설명에 알맞은 특수전시기법은?

- 하나의 사실 또는 주제의 시간 상황을 고정시켜 연출하는 것으로 현장에 임한 느낌을 주는 기법이다.
- 어떤 상황을 배경과 실물 또는 모형으로 재현하여 현장감, 공간감을 표현하고 배경에 맞는 투사적 효과와 상황을 만든다.

① 디오라마전시
② 파노라마전시
③ 아일랜드전시
④ 하모니카전시

해설 | 디오라마전시
하나의 사실 도는 주제의 시간 상황을 고정시켜 연출시키는 형식
가장 현장감 있게 입체적으로 공간속에 전시
사실을 모형으로 연출, 관람시키는 방법
현장 모형으로 재현하되 보조 매체로 게시판 설명 부착시키는 방법

11 ▸ 15
전시공간에서 천장의 처리에 관한 설명으로 옳지 않은 것은?

① 천장 마감재는 흡음 성능이 높은 것이 요구된다.
② 시선을 집중시키기 위해 강한 색채를 사용한다.
③ 조명기구, 공조설비, 화재경보기 등 제반 설비를 설치한다.
④ 이동스크린이나 전시물을 매달 수 있는 시설을 설치한다.

해설 | 전시공간에서는 전시물을 강조하기 위하여 천장의 간한 색채는 부적합하다.

12 ▸ 14
쇼룸(show room)에 관한 설명으로 옳지 않은 것은?

① 일반적으로 PR보다는 판매를 위주로 한다.
② 일반 매장과는 다르게 공간적으로 여유가 있다.
③ 쇼룸의 연출은 되도록 개념, 대상물, 효과라는 3단계가 종합적으로 디자인되어야 한다.
④ 상업적 쇼룸에는 필요한 경우 사용이나 작동을 위한 테스팅 룸(testing room)을 배치한다.

해설 | 쇼룸(show room)
㉠ 기업체가 자사제품의 홍보, 판매 촉진 등을 위해 제품 및 기업에 관한 자료를 소비자들에게 직접 호소하여 제품의 우위성을 인식시키는 전시공간이다.
㉡ 기업과 소비자의 교류의 장이며 개개의 상품 또는 서비스에 관한 정보전달과 함께 기업의 사회적 공헌이나 명성에 대해 소비자뿐 만아니라 기업과 관계되는 모든 집단으로 하여금 호의적인 감정을 갖도록 하여 기업과 상품에 대한 신뢰감을 형성시키는 전시 유형의 하나이다.

정답 | 09 ④ 10 ① 11 ② 12 ①

Chapter 02

실내디자인 색채 계획

최근 10개년 출제문항수 **269**개

New_ 2022년 이후 평균 출제비중 **43%**

Chapter 출제경향분석

Section		출제비율
01	색채 구상	3%
02	색채 적용 검토	
02-1	색채 지각	12%
02-2	색채 분류 및 표시	6%
02-3	색채 조화	3%
02-4	색채 심리	12%
02-5	색채 관리	2%
03	색채 계획	6%

01 색채 구상

Pass Note

예상출제문항	키워드	
1~0	– 색채디자인 프로세스 – 색채 심리분석 – 색채 계획시 필요 능력사항	– 서양 시대별 색책 특징 – 한국전통 색채 특징 – 오방색

1. 부위 및 공간별 색채 구상

색채 계획은 디자인의 대상이나 용도에 적합한 배색을 적용하고 기능적으로나 심미적으로 효과적인 배색효과를 얻을 수 있도록 미리 설계하는 것이다.

1) 색채 디자인의 목적

① 상품의 이미지를 보다 효과적으로 만들어 낸다.
② 사용자의 감성적 요구를 반영하여 상품 구매율을 높인다.
③ 색채의 체계적인 사용을 통하여 상품의 부가가치를 높인다.

2) 색채 디자인 프로세스

색채환경분석 → 색채심리분석 → 색채전달계획 → 디자인 적용

(1) 색채 환경 분석
   ① 대상공간의 입지 분석
   ② 건축적 환경
   ③ 빛 환경
   ④ 실내 구성 요소 분석
   ⑤ 색채 판별 능력, 색채 조절 능력 요구 된다.

(2) 색채심리 분석
   ① 공간의 특성과 사용 목적에 따라 요구되는 색채의 기능적, 심리적 효과에 대해 조사·분석한다.
   ② 사용자의 사회적 특성(성별, 나이, 교육 수준 등)과 라이프스타일을 분석 하고 이를 토대로 **색채 이미지를 추출**한다.
   ③ 사용자의 행태분석을 통하여 심리적·물리적 색채 기능 데이터의 상관성을 조사, 분석한다.

④ 기업, 상품, 유행 이미지를 측정한다.
⑤ 심리조사 능력, 색채구성 능력 요구 됨

> **예제 01**
> 색채계획에 있어 효과적인 색 지정을 하기 위하여 디자이너가 갖추어야 할 능력으로 거리가 먼 것은? [20]
> ① 색채변별능력   ② 색채조색능력
> ③ 색채구성능력   ④ 심리조사능력
>
> 정답 ④

(3) 색채 전달 계획
   ① 공간을 어떠한 이미지로 표현할 것인가를 결정한다.
   ② 대상공간과 연계되는 전통, 관습, 스타일, 지역이나 기업의 이미지, 색채, 상품색, 광고색 등을 분석하고 색채 계획을 한다.
   ③ 주조색과 보조색, 강조색의 색채 범위를 계획한다.
   ④ 사용될 실내의 조형적 특성, 인접한 색과의 대비, 면적 관계, 색채 대상의 시각거리, 광원의 특성 및 조명 환경 등을 고려한다.
   ⑤ 차별화된 마케팅 능력과 색채 구성 능력이 요구 된다.

(4) 디자인 적용
   ① 제일 먼저 **이미지를 계획**하고 색채 팔레트에 근거하여 **색채조닝과 색채블록 플랜**을 세운다.
   ② 전체의 방향을 결정한 뒤 각 **부분별 디자인**을 전개해 나간다.
   ③ 색채디자인의 전개를 수시로 점검할 수 있도록 **체크리스크를 만드는 것이 중요**하다.
   ④ 색채의 규격과 **시방서의 작성 및 컬러 매뉴얼 작성**을 한다.
   ⑤ 컬러 매뉴얼을 작성 하는 데는 **아트 디렉션의 능력**이 요구 된다.

> **예제 02**
> 색채계획 과정의 올바른 순서는? [19]
> ① 색채계획 및 설계 → 조사 및 기획 → 색채관리 → 디자인에 적용
> ② 색채심리분석 → 색채환경분석 → 색채전달계획 → 디자인에 적용
> ③ 색채환경분석 → 색채심리분석 → 색채전달계획 → 디자인에 적용
> ④ 색채심리분석 → 색채상황분석 → 색채전달계획 → 디자인에 적용
>
> 정답 ③

> **예제 03**
> 다음 중 기업색채(Corporate Color)선택에 있어서 거리가 먼 것은? [21]
> ① 보편적으로 모든 사람들이 좋아할 수 있으며 명도, 채도가 높은 색채
> ② 사람에게 불쾌감을 주지 않고 주위경관을 손상 시키지 않고 조화되는 색채
> ③ 여러 가지 소재로 응용할 수 있으며 관리하기 쉬운 색채
> ④ 눈에 띄기 쉽고 타사(다른 회사)와의 차별성이 뛰어난 색채
>
> 정답 ①

Chapter 02 실내디자인 색채 계획 | 145

3) 부위 및 공간별 색채 구상

(1) 공간에서 색 표면의 위치
① 색 표면의 위치에 따라 색채는 다르게 작용하므로 색채 위치는 매우 중요하다.
② 벽, 바닥, 천장, 창문, 기둥 등의 실내구성 요소들을 고려하여 주조색, 보조색, 강조색으로 계획한다.
③ 건축의 조형적 특성, 마감의 선, 시각적 거리 등을 고려한다.
④ 색채 지각 속성을 고려하여 색채의 위치를 정하고 명도와 채도의 색채관계를 조절 한다.

(2) 형태의 표면적 특성
① 색채 구성은 표면과 색의 관계, 형태와 색의 관계를 동시에 고려한다.
② 공간의 건축적 디테일과 재료의 특성을 잘 인식하여 색채를 선택한다.
③ 재료의 재질감, 빛과 함께 시각의 위치를 고려하여 색채 표현을 한다.
④ 표면적이 넓고 형태가 다양할수록 이미지가 강한 색은 사용하지 않는 것이 좋다.

(3) 색채비례
공간에서 주조색, 보조색, 강조색의 적절한 배분을 의미한다.
① 주조색은 공간의 가장 넓은 면적을 차지하며, 주된 분위기를 유도하며 강렬한 유채색 사용은 부적당하다. 적절한 배경이 되도록 해야 한다.
② 보조색은 주조색과 조화되는 것으로 차별화를 주되 너무 강조되지 않으며, 통일성과 다양성의 개념으로 사용한다.
③ 강조색은 주조색과 보조색에서 구분되며, 강조와 활기를 주는 요소로서 최소 비율로 사용하는 것이 효과적이다.

(4) 공간기능과 색채
① 공간에서 색채는 공간의 기능을 상징화하고, 모든 용도의 공간에 적합한 분위기를 연출한다.
② 색에 의해 기능성과 정체성을 갖는 공간은 분명한 이미지를 갖는다.
③ 오랜 시간 체류하는 공간의 색채 구성은 자극적이지 않으면서도 풍부한 표현력을 가져야 한다.
④ 색채는 공간 기능의 영역을 구별하고 동선을 유도하는 역할을 한다.

(5) 색채와 공간요소
① 색채는 건축적 요소와 실내 공간의 요소들을 시각적으로 구별하거나 조절하는 기능을 한다.
② 색은 질서 요소가 되고, 공간을 쉽게 인지 할 수 있게 해주며, 시각적 우위성을 갖는다.
③ 색채는 집중과 강조의 요소를 조화롭게 조절하는 능력이 있다.
④ 색채는 공간 요소들에 대한 디자인 효과를 최대한 쉽게 끌어들일 수 있다.

(6) 색채의 다양성과 색채대비 효과
① 인간에게 어느 정도의 색자극과 변화는 중요하다.
② 단조로움과 자극의 결여는 지나친 자극과 마찬가지로 인간에게 부정적 영향을 준다.
③ 의미 있는 색채 구성은 통일된 질서 속에서 변화와 자극의 정도를 적절히 조절한다.
④ 대비현상은 색상대비, 명도대비, 채도대비, 동시대비, 면적대비 등에서 표현되며, 공간 조형에 있어서의 색채결합에는 여러 가지 대비효과를 활용하여 조화를 이룬다.

(7) 조명(照明)과 색채
① 광택이나 반사에 의한 간접 눈부심과 빛에 의한 직접 눈부심으로부터 보호한다.
② 공간과 물체색 표현에 적합한 밝기를 한다.
③ 적절한 휘도(輝度)의 분배에 의한 음영대비 효과를 연출한다.
④ 공간의 기능과 분위기에 적합한 조명의 색을 선택한다.
⑤ 색 표현을 위한 광원의 연색성 고려한다.

(8) 색채의 심미적 효과
① 공간 구성의 모든 요소는 심미적 조화의 결과로 색채 각 요소들과 중요한 의미를 갖는다.
② 주조색 선택의 방향, 배색 조화의 방향, 재료와 촉감에 대한 방향, 색의 절제, 다양성, 통일감 등을 고려한다.
③ 의미 있는 색채디자인은 유행과 시대를 초월하여 아이덴티티 요소로서 공간의 생명력을 가진다.

요하네스 이텐(Johannes Itten)의 색채미학
요하네스 이텐의 색채미학은 화가의 경험과 직관에 바탕을 둔 미학적 색채이론으로 색채미학은 인상(시각적), 표현(감정적), 구성(상징적)의 3가지 방향에서 접근할 수 있다.
* 색채 미학의 3가지 사고방식
  ㉠ 인상 – 시각적으로 ㉡ 표현 – 감정적으로 ㉢ 구성 – 상징적으로

상품의 색채기획단계에서 고려해야 할 사항으로 옳은 것은? [20,16]
① 가공, 재료 특성보다는 시장성과 심미성을 고려해야 한다.
② 재현성에 얽매이지 말고 색상관리를 해야 한다.
③ 유사제품과 연계제품의 색채와의 관계성은 기획단계에서 고려되지 않는다.
④ 색료를 선택할 때 내광, 내후성을 고려해야 한다.

정답 ④

2. 색채 트랜드

1) 색채 서양사

(1) 이집트(Egyptian Style)
① 이집트 시대의 색채와 장식은 상징적인 의미가 강했다. 이집트의 생활은 강하고 다양한 색이 규범처럼 사용
② 금빛은 햇빛과 창조의 색이며, 색은 여러 신들을 상징
③ 사원의 천장은 하늘을 상징하는 파란색으로, 바닥은 초원과 유사한 초록색으로 자주색은 땅을 상징 색으로 사용되었고 특히 빨강의 사용이 특징적이다.

(2) 그리스(Greek Style)
① 그리스 색채는 디자인의 통일성을 나타내기 위해 사용
② 강한 색이 널리 사용된 것으로 크레타 섬의 궁전벽화에서는 검정색 주두와 몰딩, 강한 빨강색 기둥을 사용하였다.

③ 벽은 짙은 빨간색, 흰색, 파란색, 녹색 톤으로 장식적 채색이 대리석으로 이루어짐
④ 건축에서는 균형, 비례, 조화, 색채 등이 섬세하고 발달된 아름다움을 보여줌

(3) 로마(Rome Style)
① 로마신화를 바탕으로 하는 벽화에서 회백색 배경에 검정, 갈색, 빨강, 황금색이 사용
② 대리석, 설화석고, 반암, 벽옥과 같은 재료가 재료 자체의 질감과 색채로서 그대로 사용

(4) 중세(Middle Age)
① 대성당의 실내는 주로 회색의 석재가 사용
② 스테인 글라스의 밝은 빨간색과 파란색의 총천연색의 유리조각들은 교회에 강한 색채감이 특징적
③ 주택 실내는 중세 회화에서 채도가 높은 빨강, 녹색, 파란색과 같은 강한 색이 널리 사용
④ 나무와 돌의 자연적인 색채는 선명한 색의 배경으로 사용

(5) 르네상스(Renaissance)
① 초기 이탈리아에서는 직물의 선명한 색에 대한 배경으로 갈색과 회색 톤의 천연나무와 돌을 사용하는 중세전통이 이어졌다.
② 벽은 황갈색 회반죽이나 모래의 황토색을 썼다.
③ 금박은 부와 지위를 나타내는 장식으로 사용
④ 채색된 벽은 짙은 녹색이나 어두운 빨간색을 사용

(6) 바로크(Baroque Style)
① 엄격성에 대한 반발로 생겨난 바로크는 정열적인 분위기를 지닌다.
② **왕의 위엄과 장려한 남성적인 분위기를 지니며 짙은 붉은 색과 녹색 등 강렬한 색을 사용했고 굵은 선을 사용**
③ 색채는 선명한 회색과 강한 색조가 사용되고 주로 금색, 회초록색, 회파란색, 베이지 등의 밝은 톤이 사용되었다.

(7) 로코코(Rococo Style)
① 루이 15세 때 마담 퐁파도르의 영향이 실내와 여러 장식품에 나타나 여성적인 성향을 강하게 나타낸다.
② 현대적 기호에 보다 가까운 것으로 색채는 파스텔의 연한 색조가 주로 사용
③ 색채는 장밋빛 베이지, 담녹색 등의 중성색이 주로 사용
④ 가구의 표면은 크림색, 하늘색, 진홍색, 살구색 등의 밝은 색조로 채색되었다.

(8) 엠파이어 양식(Empire Style)
① 프랑스 혁명 후 파리를 중심으로 전개된 양식
② 나폴레옹의 영광을 위하여 그의 퐁텐블로 궁전에서는 '앙피르 양식'으로 고대 로마의 양식에 호화로운 양식을 더 함
③ 빨간색, 검정과 금색은 엠파이어 양식을 상징하는 색채가 되었다.
④ 비로드 빨간 융단, 마호가니에 금의 브론즈 표장을 한 왕좌로 장식되었다.
⑤ 장식품에도 짙고 풍부한 색채가 사용

(9) 빅토리안(Victorian Style)
① 영국 빅토리아 여왕의 통치기간에 나타난 양식
② 고대, 중세, 근세를 모방하고, 혼란의 시기이다.
③ 색채는 억제되고 벽과 천장의 황갈색 톤으로 그림 액자와 거울의 금박이 강조
④ 바닥은 다소 짙은 천연나무로 벽까지 이어지고 꽃무늬 및 다양한 기하학적 문양의 카펫을 사용
⑤ 짙은 색은 어두운 톤과 낮은 명도의 짙은 빨간색, 녹색을 선호

(10) 미술공예운동(Arts and Craft Movement)
① 빅토리아 시대 후기에 윌리엄 모리스가 모방을 버리고 실용적 디자인 창조를 주장
② 가구형태의 단순화와 기능적인 아름다움을 추구
③ 골든 오크(Golden Oak) 디자인이라는 자연색채에 새로운 관심을 가지며 유럽의 디자인 운동에 영향을 줌

(11) 식민지양식(Colonial Style)
① 18세기말부터 19세기 후반까지 유행한 아메리카의 인테리어나 가구의 양식을 총칭하는 양식
② 천장과 대부분의 벽 패턴을 이루는 자연적인 나무의 색이 지배적
③ 자연벽돌은 벽난로에 사용되고 베이지 및 황갈색의 회반죽이 사용
④ 유채색은 직물에 나타나고 은은한 올리브 그린, 회색, 연한 청색이나 녹색, 적갈색 톤이 사용
⑤ 성조기의 선명한 색채들 사용

(12) 아르누보(Art Nouveau), 아르데코(Art Deco)
① 과거의 양식과 결별하고 식물이 갖는 단순한 곡선형태를 인테리어 및 가구 디자인에 이용
② 고유의 형태를 강조하는 단색을 사용
③ 복숭아 빛과 엷은 녹색과 같은 파스텔 색조와 바닥의 검정과 백색 타일의 강한 대비 사용
④ 시각적으로 현대성을 강조하는 극장, 호텔, 초고층 빌딩, 전시 건물 등에 선호됨

(13) 바우하우스(Bauhaus Style)
① 디자인에 합리적인 사고방식을 도입하여 형태의 기능성, 구조의 단순성, 작품의 양산성 과제를 가지고 독일공작연맹에서 진행되었다.
② 색채는 흰색, 검정색, 회색, 중성색으로 실내 기초를 이루고 자연적인 색채와 강한 유사색이 제한된 강조와 함께 사용
③ 금속성, 크롬과 스테인리스스틸, 갈색의 불투명 유리, 파랑과 주황색의 옅은 색의 거울, 녹색과 어두운 회색의 강한 톤의 대리석 등이 사용되고 기하학적 문양으로 사용

(14) 모더니즘(Modernism)
① 예술가의 추상적인 색채가 실내디자인에 적용
② 빨간색, 노란색, 파란색의 순수원색으로 된 작은 부분의 디테일들이 흰색, 검정, 회색의 무채색들과 함께 사용
③ '흰색벽'은 근대 건축의 트레이드마크가 되었다.
④ 대리석과 유리 등의 자연색채를 이용하여 간결한 선과 과감한 높은 채도의 사용은 흰색의 엄격한

사용과 함께 합리적 이미지를 표현

(15) 포스트모더니즘(Post Modernism)
① 모더니즘의 질서와 논리에 대항
② 다양한 형식의 더 자유로운 수용, 역사적 디자인에 대한 선호를 드러내며 포괄적인 색채 사용을 시도
③ 모더니스트들이 천박하다고 여겨왔던 2차색 파스텔과 다양한 색조가 사용
④ 1980년 이탈리아의 멤피스는 충격적이고 비속한 방식으로 선명한 색과 강한 문양을 대담하게 사용하여 자유롭고 다양한 방식의 색채 사용이 특징
⑤ 마이클 그레이브스(Michael Graves, 1934 ~)는 '나의 작품은 색채의 훈련이다.'라고 말하며 그의 2중성 개념(내부와 외부, 현실과 이상 등)을 도입하여 파스텔과 2차색의 톤으로 실험하였다.

(16) 하이테크(Hi-Tech : High Art + Technology)
① 1970년대 후반의 과학과 공학기술이 요구하는 기계미학의 이미지를 대변함.
② 디자인의 특징을 과장된 구조적 소재와 노출된 첨단 공학적 장비의 장식적 효과이다.
③ 퐁피두센터의 회색, 검정 엘리베이터, 녹색, 파랑의 덕트, 주황의 금속 캐비닛 등은 그 대표적인 예이다.
④ 알루미늄 패널, 유리, 스틸, 파이프 등의 산업적 이미지의 재료 사용
⑤ 강렬한 원색의 인공적 색채 사용

(17) 해체주의(Deconstruction)
① 1980년대를 전후로 건축과 전통적 미학을 부정하고, 과거 모든 형태, 질서의 기본원리를 해체하려는 새로운 디자인 방향을 모색
② 완벽성, 일관성, 획일성에 새로운 긴장감을 주는 파괴적, 미완성 성향을 나타냄
③ 해체, 분리, 중첩, 삽입의 형태를 띠며 금속, 플라스틱, 유리, 와이어, 섬유질 등 이질적 재료를 혼합 사용하여 일상 개념에서 벗어난 새로운 공간을 지향
④ 색채는 분리. 해체되어가는 형태를 강조하기 위하여, 분리 채색하거나 강렬한 색채를 주제로 사용함
⑤ 자하 하디드(Zaha Hadid 1950 ~ 2016)는 매우 강렬한 에너지를 느낄 수 있도록 검정 배경 위에 빨강, 노랑, 파랑 등의 강렬한 색 등을 사용

> **Note** 현대 예술 사조
> ① 아방가르드(avant-garde) : 20세기 초 유럽에서 일어난 다다이즘이나 초현실주의의, 기성 예술의 관념이나 형식을 부정한 혁신적인 예술 운동을 통틀어 이르는 말이다.
> ② 다다이즘(dadaism) : 기존의 모든 가치나 질서를 철저히 부정하고 야유하면서, 비이성적, 비심미적, 비도덕적인 것을 지향하는 예술 사조이다.
> ③ 팝아트(pop art) : 현대 미술에 나타난 양식의 하나. 1950년대 중후반에 주로 미국과 영국을 중심으로 전개되었다. 전통적인 예술 개념의 타파를 시도하는 전위적 미술 운동으로 광고 디자인, 만화, 사진, 텔레비전 영상을 그대로 그림의 주제로 삼는 것이 특징이다. 주요 예술가로는 리히텐슈타인(Lichtenstein, R.), 올덴버그(Oldenburg, E.), 엔디워홀(Warhol, A.) 등이 있다.
> ④ 미니멀리즘(minimalism) : 디자인에서 미니멀은 '최소한의, 최소의, 극미의' 뜻으로서 일반적인 '최소한 주의'를 말한다. 즉, 심플의 극치로 직선적인 라인이나 필요한 것만을 사용하여 표현한 단순미를 지향한다.

예제 05 디자인 사조에서의 양식과 색채의 관계를 묶은 것이다. 잘못된 조합은?
① 미니멀리즘 - 단순한 기하학적 형태를 사용하지만 색채는 다양하게 사용
② 팝아트 - 전체적으로 어두운 색조를 사용하고 그 위에 혼란한 강조색 사용
③ 데스틸 - 검정, 흰색과 빨강, 노랑, 파랑의 순수한 원색
④ 아르누보 - 연한 파스텔 계통의 부드러운 색조

정답 ①

2) 한국 전통 색채 특징

(1) 특성
① 자연환경에 순응하는 배색을 선호
② 음양오행사상에 기인한 색채에 대한 개념이 뚜렷하였다.
③ 소재 색에 기인한 무채색의 명도 대비 조화가 우수
④ 배색의 효과 중시 : 다양한 색채의 효과는 색채의 혼합이 아닌 배색으로 효과
⑤ 제한된 색채 사용 : 오방색과 몇 개의 중간색에 국한된 색을 사용
⑥ 백색의 효과적 사용으로 색채의 표현성을 높이며 전체적으로 맑고 산뜻한 느낌
⑦ 내부는 저채도, 고명도의 색조가 지배적
⑧ 외부는 저채도, 중명도의 색조가 지배적

(2) 자연과의 조화
① 한국 전통의 주요 특성 중 하나로 공간의 위치 선정, 구조, 의장, 조경 등에서 나타남.
② 단청을 제외하면 인위적으로 색채를 사용하지 않고 소재가 가지고 있는 자연색을 이용
③ 실내공간에서는 목재의 무늬와 형태를 활용
④ 주택 내부의 연등천장에서는 목재의 색과 백색의 회벽이 명쾌한 대비조화

(3) 한국인의 생활에 나타난 색채의식
① 색채 생활화의 기본 - 오방색(伍方色)
② 계급표현 수단으로서의 색채
③ 의식주 생활에 나타난 색채의식
④ 금기(禁忌), 주술(呪術), 의식(儀式)에 나타난 색채의식
⑤ 의미(意味) 중심의 색채의식
⑥ 청색지향(靑色志向) 및 백색지향(白色志向)의 색채의식

(4) 한국 전통 오방색
오방 정색이라 하며 오방색 사이의 중간색이 오방간색이다.
① 황(黃) : 토(土)로 우주 중심에 해당하고 오방색의 중심. 가장 고귀한 색으로 임금만이 황색 옷을 입을 수가 있었다.
② 청(靑) : 목(木)으로써 동쪽에 해당하고 만물이 생성하는 봄의 색으로 창조, 생명, 신생을 상징
③ 백(白) : 금(金)으로 서쪽에 해당되고 결백과 진실, 삶, 순결 등을 뜻하며, 우리 민족이 흰 옷을 즐겨

입으며 백의민족이라고 함.
④ 적(赤) : 화(火)를 상징하며 만물이 무성한 남쪽을 뜻하며, 태양, 불, 피 등과 같이 생성과 창조, 정열과 애정, 적극성을 뜻한다.
⑤ 흑(黑) : 수(水)를 상징하고, 북쪽이며 인간의 지혜를 관장

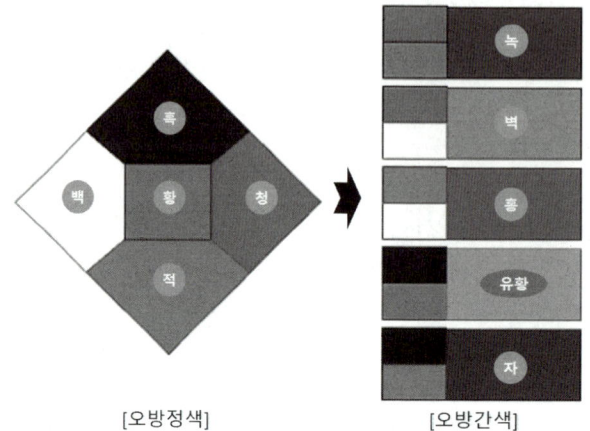

[오방정색]   [오방간색]

예제 06 한국의 전통색의 상징에 대한 설명으로 옳은 것은? [23,21,16]
① 적색 – 남쪽   ② 백색 – 중앙   ③ 황색 – 동쪽   ④ 청색 – 북쪽

정답 ①

핵심 기출문제

01 색채 구상

01 ▶ 18
제품색채 설계 시 고려해야 할 사항으로 옳은 것은?

① 내용물의 특성을 고려하여 정확하고 효과적인 제품색채 설계를 해야 한다.
② 전달되는 표면색채의 질감 및 마감처리에 의한 색채 정보는 고려하지 않아도 된다.
③ 상징적 심벌은 동양이나 서양이나 반드시 유사하므로 단일 색채를 설계해도 무방하다.
④ 스포츠팀의 색채는 지역과 기업을 상징하기에 보다 배타적으로 설계를 고려하여야 한다.

해설 | 제품색채 설계 시 고려해야 할 사항
  ㉠ 제품의 용도에 맞는 색
  ㉡ 소비자 기호에 맞는 색
  ㉢ 제품 환경에 맞는 색

02 ▶ 16
색채 계획에 관한 내용으로 적합한 것은?

① 사용 대상자의 유형은 고려하지 않는다.
② 색채 정보 분석 과정에서는 시장 정보, 소비자 정보 등을 고려한다.
③ 색채계획에서는 경제적 환경 변화는 고려하지 않는다.
④ 재료나 기능보다는 심미성이 중요하다

해설 | 색채 정보 분석 과정에서는 시장 정보, 소비자 정보, 유행정보 등을 고려하여 색채계획을 한다.

03 ▶ 16
다음 기업색채 계획의 순서 중 ( )안에 알맞은 내용은?

> 색채환경분석 → ( ) → 색채전달계획 → 디자인에 적용

① 소비계층 선택
② 색채심리 분석
③ 생산심리 분석
④ 디자인 활동 개시

해설 | 색채계획 과정
  색채환경분석 → 색채심리 분석 → 색채전달계획 → 디자인에 적용

04 ▶ 13
다음 기업이나 단체에서 색채계획(Color policy)을 하는 과정으로 그 순서가 옳은 것은?

① 색채심리분석 → 색채환경분석 → 색채전달 계획 → 디자인의 적용
② 색채환경분석 → 색채심리분석 → 색채전달 계획 → 디자인의 적용
③ 색채전달계획 → 색채심리분석 → 색채환경 → 디자인의 적용
④ 색채환경분석 → 색채전달계획 → 색채심리분석 → 디자인의 적용

해설 | 색채계획(color policy) 과정
  ㉠ 색채환경분석→색채심리분석→색채전달계획→디자인의 적용
  ㉡ 목적에 맞는 정확한 기술과 방법을 검토한다.
  ㉢ 계획의 지시, 제시 등 최종효과에 대한 관리방법까지 고려한 통합적인 계획이어야 한다.
  ㉣ 시각적인 표현의 과정인 인쇄, 염색, 시공, 제조, 판매 등의 종사자들에게 구체화시켜 전달한다.

정답 | 01 ① 02 ② 03 ② 04 ②

02 색채 적용 검토

02-1 색채 지각

Pass Note

예상출제문항		키워드
2~3	- 빛의 성질 - 물체색 - 연색성 - 조건등색(메타메리즘)	- 푸르킨예 현상 - 색채 지각설 원리 - 색순응 - 눈의 구조와 기능

1. 색채지각의 기본 원리

1) 빛

① 가시광선

  인간의 눈으로 지각되는 빨강에서 보라까지 범위를 말한다.

  파장 범위 : 380nm ~ 780nm

② 적외선

  780nm 이상 긴 파장인 빨강 계열의 열선인 적외선, 라디오에 사용되는 전파

③ 자외선

  380nm 이하 짧은 파장, 보라 계열의 의료에 사용되는 자외선(살균, 퇴색), X선 등, 보건 위생적 효과, 광합성효과, 화학적 작용

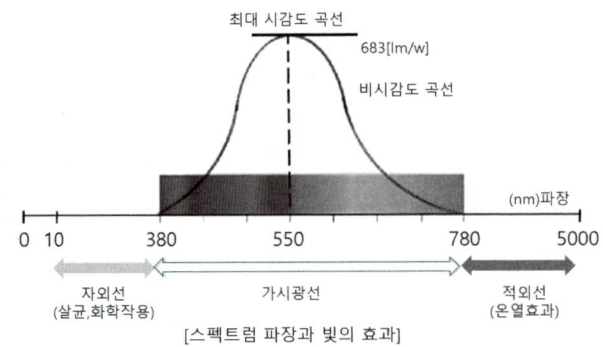

[스펙트럼 파장과 빛의 효과]

2) 빛의 성질
   ① 인간의 눈은 빛이 물체에 산란, 반사, 투과할 때 물체를 지각하며, 물체에 흡수 될 때는 빛을 지각하지 못한다.
   ② **장파장일수록 굴절률이 작고 산란하기 어렵다. 단파장은 굴절률이 크고 산란하기 쉽다.**
   ③ 빛의 산란은 거친 표면에 빛이 입사하였을 때 여러 방향으로 빛이 분산되어 퍼져 나가는 것을 말한다.
   ④ 빛의 반사는 산란의 한 형태로 매끈한 표면에 빛이 입사하였을 때 빛이 방향을 바꾸어 되돌아가는 것을 말한다.
   ⑤ 특정 파장은 반사하고 그 밖의 빛은 흡수하는데, 우리는 반사되는 색을 인지하게 된다.
   ⑥ 인간의 눈은 물체에 흡수될 때는 빛을 지각하지 못하기 때문에 **바나나 색이 노랗게 보이는 이유는 다른 색은 흡수하고, 노란 색광만 반사하기 때문**이다.

3) 스펙트럼 현상
   ① 스펙트럼은 1666년 Newton이 프리즘으로 실험하여 광학적으로 증명하였다.
   ② 스펙트럼이란 무지개의 색과 같이 연속된 색의 띠를 말한다.
   ③ 모든 발광체의 스펙트럼은 모두 같지 않으며, 그 빛의 성질에 따라 파장의 범위를 지닌다.
   ④ 파장이 길면 굴절률은 작고 파장이 짧을수록 굴절률은 크다.
   ⑤ 장파장이 적색광이고 단파장이 자색광이다.

예제 01 화장한 여성의 얼굴이 형광등 아래에서 보면 칙칙하고 안색이 나쁘게 보이는 이유는? [22]
① 형광등은 단파장계열의 빛을 방출하기 때문
② 형광등에서는 장파장이 강하게 나오기 때문
③ 형광등에서는 붉은빛이 강하게 나오기 때문
④ 형광등 아래서는 얼굴에 붉은 색조가 강조되어 보이기 때문

정답 ①

예제 02 빛이 프리즘을 통과할 때 나타나는 분광현상 중 굴절현상이 제일 큰 색은? [21]
① 보라   ② 초록   ③ 빨강   ④ 노랑

정답 ①

예제 03 단색광과 파장의 범위가 틀리게 짝지어진 것은? [20]
① 파랑 : 약 450~500nm   ② 빨강 : 약 360~450nm
③ 초록 : 약 500~570nm   ④ 노랑 : 약 570~590nm

정답 ②

4) 물체의 색
① 빛을 대부분 반사시키면 흰색이 된다.
② 빛을 완전히 흡수하면 이상적인 검정색이 된다.
③ 빛의 일부는 반사하고 일부는 흡수하면 회색이 된다.
④ 빛에너지가 사물에 부딪쳐 일어나는 표현색이다.

물체색에 대한 설명 중 틀린 것은? [20]
① 빛을 대부분 반사시키면 흰색이 된다.
② 빛을 완전히 흡수하면 이상적인 검정색이 된다.
③ 빛의 일부는 반사하고 일부는 흡수하면 회색이 된다.
④ 빛의 반사율은 0% ~ 100%가 현실적으로 존재한다.

정답 ④

인간은 색의 3속성에 의해 색을 여러 가지로 지각하게 된다. 다음 중 색의 속성에 대한 설명 중 올바른 것은? [21]
① 색의 속성은 빛의 물리적 3요소인 주 파장, 분광률, 불포화도에 의해 결정된다.
② 인간이 물체에 대한 색을 느낄 때는 색상이 먼저 지각되고 다음으로 명도, 채도 순이다.
③ 명도는 빛의 분광률에 의해 다르게 나타나며, 완전한 흰색과 검정색은 존재하지 않는다.
④ 채도는 색의 선명도를 나타내는데, 순색일수록 채도가 낮다.

정답 ③

표면색	㉠ 물체 표면의 색으로, 물체의 표면이 빛을 받아 반사되는 색이다. ㉡ 거울 같은 표면에 비쳐 나타나는 표면색과 금속의 표면에 나타나는 금속색 등이 있다.
투명색	㉠ 물체를 투과하여 색 자체만을 느끼는 색으로, 공간색과 간섭색이 있다. ㉡ 공간색 : 3차원 공간에 투명한 물질로 차 있는 듯이 부피감을 느끼게 하는 색 ㉢ 간섭색 : 빛이 확산 및 반사되어 무지개 같은 빛이 나타나는 것
광원색	㉠ 광원으로부터 방출되는 빛의 색(조명 색) ㉡ 태양의 빛이나 형광등, 백열전구, 수은등
투과색	색유리와 같이 빛을 투과함으로써 나타나는 색
면색	㉠ 맑고 푸른 하늘과 같이 순수하게 색만이 보이는 상태 ㉡ 표면지각이나 용적지각이 없는 색(개구색, 평면색) ㉢ 넓이의 느낌은 있으나 거리감이 불확실하고 물체감 없이 색채만을 느끼게 하는 색
경영색 (mirrored color)	거울과 같이 불투명한 물질의 광택 면에 비친 대상물의 색이다.(거울색)
공간색	㉠ 유리컵 속의 물처럼 용적지각을 수반하는 색(용적색) ㉡ 부피감으로 느껴지는 색

예제 06 하늘의 색은 넓이의 느낌은 있으나 거리감이 없고 물체감 없이 순수한 색 자체만을 느끼게 한다. 이러한 색이 나타나는 양상을 무엇이라고 하는가? [21]

① 광원색　　　② 면색　　　③ 공간색　　　④ 표면색

정답 ②

2. 시각의 특성

1) 인간의 시 감각

(1) 빛의 감각 순서

결막 → 각막(홍채) → 동공(광선량 조절) → 렌즈(수정체) → 초자체 → 망막(시세포) → 시신경 → 대뇌

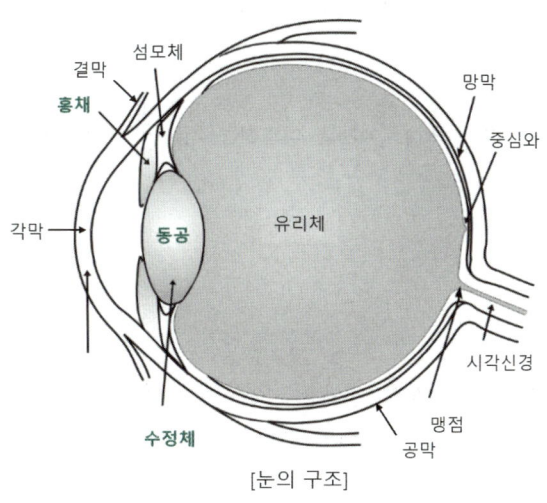

[눈의 구조]

(2) 눈의 구조와 기능

눈의 구조	기능	카메라의 비교
각막	• 빛을 받아들이는 부분이다.	
홍채	• 동공을 통해 눈으로 들어오는 빛의 양을 조절, 카메라의 조리개와 같은 역할을 한다.	조리개
망막	• 안구 벽 가장 안쪽에 위치한 얇고 투명한 막으로, 추상체, 간상체와 같은 시세포가 빛에너지를 흡수할 때 카메라의 필름 역할을 한다.	필름
수정체 (유리체)	• 빛을 굴절시키는 역할을 하며, 망막에 상이 잘 맺히도록 한다. 카메라의 렌즈와 같은 역할을 한다. • 눈의 초점은 수정체의 두께가 조절되어 맞춰진다. • 수정체의 조절작용은 망막 위에 물체의 초점을 맞추는 과정으로 물체가 가까우면 수정체에 붙어있는 근육(모양체)이 수축하여 수정체가 볼록해지고, 물체가 멀면 모양체가 이완되어 수정체가 평평해져 초점을 맞춘다.	렌즈

원추체 (추상체)	• 망막의 감각세포에서 모양과 색을 인식하며, 노란색에 가장 예민하다.
초자체	• 수정체와 망막 사이의 공간에 있는 무색의 투명한 젤리 모양의 조직으로 안구의 형태를 구형으로 유지하고 내압을 일정하게 하여 수정체에서 망막에 이르는 광선의 통로가 된다.
간상체	• 전 색맹으로서 흑색, 백색, 회색만을 감지한다. 명암 정보를 처리하며 초록색에 가장 예민하다.

예제 07 사람의 눈의 기관 중 망막에 대한 설명으로 옳은 것은? [23,22,20]
① 색을 지각하게 하는 간상체, 명암을 지각하는 추상체가 있다.
② 추상체에는 RED, YELLOW, BLUE를 지각하는 3가지 세포가 있다.
③ 시신경으로 통하는 수정체 부분에는 시세포가 존재한다.
④ 망막의 중심와 부분에는 추상체가 밀집하여 분포되어 있다.

정답 ④

예제 08 망막을 구성하고 있는 세포 중 색채를 식별하는 기능을 가진 세포는? [25,20,14]
① 공막 ② 원추체 ③ 간상체 ④ 모양체

정답 ②

2) 시감도
① 똑같은 에너지를 가진 각 파장의 단색광에 의하여 생기는 밝기의 감각
② 가시광선이 주는 밝기의 감각이 파장에 따라서 달라지는 정도를 나타내는 것

3) 색순응
① 자극의 정도에 따라 감각 기관이 변화되는 상태를 순응이라고 한다.
② 색순응 : 눈이 조명에 대해 익숙해가면서 순응해지는 상태

Note
• 명순응 : 밝은 장소에서 강한 빛에 반응하여 정상적인 감각을 가지는 것
• 암순응 : 어두운 곳에서 시각적으로 사물을 관찰할 수 있도록 빛을 감지하는 능력

예제 09 어두운 영화관에 들어갔을 때 한참 후에야 주위 환경을 지각하게 되는 시지각 현상은? [21.15]
① 명순응 ② 색순응 ③ 암순응 ④ 시순응

정답 ③

4) 푸르킨예(Purkinje) 현상

① 눈의 추상체가 낮에만 반응하기 때문에 생기는 현상이다.
② 밝은 곳에서 어두운 곳으로 갈수록 단파장의 감도가 높아진다.
③ **'명소시에서 암소시'로 옮겨갈 때 붉은색은 어둡게 보이고, 녹색과 황색은 상대적으로 밝게 변화되는 현상**이다.
④ 조명이 어두워지면 청색보다 적색이 먼저 사라지므로 비상구 표시 등은 파란색 계통이 붉은색 계통보다 식별이 용이하다.
⑤ 빨강→주황→노랑→초록→파랑→청색 순으로 사라진다.

> **Note**
> • 명소시 : 밝은 장소에서 눈의 보통 상태
> • 암소시 : 어두운 곳에서 우리의 눈이 암순응 하는 시각의 상태

 예제 10 푸르킨예 현상에 대한 설명으로 옳은 것은? [20]
① 어떤 조명 아래에서 물체색을 오랫동안 보면 그 색의 감각이 약해지는 현상
② 수면에 뜬 기름이나, 전복껍질에서 나타나는 색의 현상
③ 어두워질 때 단파장의 색이 잘 보이는 현상
④ 노랑, 빨강, 초록 등 유채색을 느끼는 세포의 지각 현상

정답 ③

5) 박명시(薄明視 : mesopic vision)

① 망막 상에 추상체와 간상체가 모두 활동하므로 시각적인 정확성을 기대하기 어려운 상태
② 어둠이 깔리기 시작하면 추상체와 간상체가 작용하여 상이 흐릿하게 보이는 상태

6) 광원의 연색성과 조건등색

(1) 연색성(color rendering)

① **조명에 의하여 물체의 색을 결정하는 광원의 성질**
② 물체를 조명하는 광원색의 성질(분광분포)에 따라서 같은 물체라도 색이 달라져 보이게 되는 것이다.
③ 연색성은 상품을 돋보이게 할 때 많이 이용된다.
④ 백열전구의 빛에는 주황색이 많아 난색계 물체를 조명하면 선명하게 보이고, 형광등의 빛은 청색이 많아 흰색·한색계의 물체가 선명하게 보인다.
⑤ 정육점에서 싱싱해 보이던 고기가 집에서는 그 색이 다르게 보이는 이유

 예제 11 다음의 색의 어떤 성질에 대한 설명인가? [19]

> • 흔히 태양광선 아래에서 본 물체와 형광등 아래에서 본 물체는 색이 다르게 보일 수 있는데 이는 광원에 따라 다른 성질을 보인 것이다.

① 조건등색   ② 색각이상   ③ 베졸드효과   ④ 연색성

정답 ④

(2) 조건등색(metamerism)
① 서로 다른 두 가지 색이 하나의 광원 아래서 같은 색으로 보이는 현상으로, 메타메리즘 이라고 한다.
② 분광반사율의 분포가 서로 다른 두 개의 색자극이 광원의 종류와 관찰자 등의 관찰조건을 일정하게 할 때만 같은 색으로 보이는 경우

7) 항상성(Color constancy)
① 조명이나 관측 조건이 달라도 주관적 색채지각으로는 물체색의 변화를 느끼지 못하는 현상으로 항상성 혹은 색각항상 이라고 한다.
② 조명 색(태양광선, 형광등, 백열등)이 다르더라도 물체의 색은 항상 일정하게 보이는 현상이다.

> **Note** 항상성 예시
> - 밝은 태양 아래에 있는 석탄은 어두운 곳에 있는 백지보다 빛을 많이 반사하고 있는데도 불구하고 석탄은 검게, 백지는 희게 보이는 현상
> - 밝은 곳에 있는 백지와 어두운 곳에 있는 백지를 비교해 볼 때 분명히 후자의 것이 어둡게 보이는데도 불구하고 우리는 둘 다 백지로 받아들이는 현상

예제 12 조명이나 색을 보는 객관적 조건이 달라져도 주관적으로는 물체색이 달라져 보이지 않는 특성을 가리키는 것은? [23, 22, 18]
① 동화 현상　　② 푸르킨예 현상
③ 색채 항상성　④ 연색성

정답 ③

> **Note** 색음현상
> - 주위색의 보색이 중심에 있는 색에 겹쳐져 보이는 현상을 말한다.
> - 작은 면적의 회색이 채도가 높은 유채색으로 둘러싸일 때 회색이 유채색의 보색의 색조를 띠는 현상을 말한다.
> - 색을 띤 그림자는 '**괴테 현상**'이라고도 한다.
>
> 색맹
> - 망막의 결함에 의해 색을 지각하는데 정상적으로 색을 느끼지 못하는 경우
> - 제3색맹은 청색, 황색을 느끼지 못하는 경우로 청황색맹이라고 한다.

3. 색채 지각설

1) 영·헬름홀츠의 3원색설
① 색각의 기본이 되는 색은 3종류라 하고, 눈의 구조 중 망막 조직에는 **빨강, 녹색, 파랑**의 색각 세포와 색광을 감지하는 시신경 섬유가 있다는 가설
② **혼색과 색각이상을 잘 설명하는 이론이다.**
③ 빨강과 초록의 수용기가 동등하게 자극되었을 때 노란색이 지각되고, 빨강과 파랑색 일 때는 자주색이 감지되며, 파랑과 초록일 때는 청록색이 지각된다.

④ 빛이 망막에 이르면 각각의 특성을 지닌 세 종류의 빛이 모두 반응하면 백색이 되며, 모두 반응하지 않으면 검은색이 된다.
⑤ 추상체의 기능이 없고, 간상체의 기능만 있는 상태를 전색맹이라 한다.

예제 13 색각에 대한 학설 중 3원색설을 주장한 사람은? [24,18,15]
① 헤링　　　② 영·헬름홀츠　　　③ 맥니콜　　　④ 먼셀

정답 ②

2) 헤링의 4원색설(반대색설)
① 빨강 – 초록, 노랑 – 파랑, 하양 – 검정의 세 개의 짝을 이루는 방식이다.
② 빛은 두 짝을 이루는 세 종류의 시세포질에서 여섯 종류의 빛으로 수용한 뒤에 망막의 신경 과정에서 합성된다고 주장하였다.
③ 각각의 물질은 빛에 따라 동화(합성), 이화(분해)라고 하는 대립 되는 화학적 변화를 일으킨다고 주장함
④ 보색이나 대비의 현상을 설명 하는 데는 부합되지만 혼색이나 색맹을 설명 하는 데는 부적당하다.

> **Note**
> 동화작용(합성) : 녹, 청, 흑의 감각
> 이화작용(분해) : 적. 황. 백의 감각

예제 14 헤링(E. Hering)의 반대색설에 관한 설명 중 잘못된 것은? [21]
① 혼색과 색각 이상을 잘 설명할 수 있다.
② 4원색과 무채색광을 가정하고 있다.
③ 이화작용, 동화작용으로 설명할 수 있다.
④ 분해, 합성이 동시에 일어날 때 회색의 감각이 생긴다.

정답 ①

예제 15 헤링(E.Hering)의 색각이론 중 이화작용(dissimilation)과 관계가 있는 색은? [22.15]
① 백색(white)　　② 녹색(green)　　③ 청색(blue)　　④ 흑색(black)

정답 ①

핵심 기출문제

02 색채 적용 검토

2-1 색채 지각

01 ▶ 21

표면색을 백색광으로 비쳤을 때 각 파장별로 빛이 반사되는 정도를 나타내는 용어는?

① 분광분포 ② 분광특성
③ 분광반사율 ④ 분광분포곡선

해설 | 분광 반사율
㉠ 물체 표면이 스펙트럼 효과에 의해 빛을 반사하는 각 파장별 단색광의 세기를 말한다.
㉡ 물체의 색은 표면에서 반사되는 빛의 각 파장별 분광 반사율에 따라 특정 색으로 정의된다.
㉢ 분광 반사율의 척도는 가시광선의 전체 파장대역에 대해 반사율 100%가 되는 완전(이상) 확산 반사면을 기준으로 한다.

02 ▶ 16

우리 눈으로 지각하는 가시광선의 파장 범위는?

① 약 280~680nm
② 약 380~780nm
③ 약 480~880nm
④ 약 580~980nm

해설 | 가시광선은 파장 380-780nm의 전자파를 말한다.

03

가시광선은 파장 380-780 nm의 전자파를 말하는데 380nm 이하의 파장을 갖고 있으면서 화학작용 및 살균작용을 하는 전자파는?

① 적외선 ② 자외선
③ 휘선 ④ 흑선

해설 | 자외선
380nm 이하 짧은 파장, 보라 계열의 의료에 사용되는 자외선(살균, 퇴색), X선 등, 보건 위생적 효과, 광합성 효과, 화학적 작용

04 ▶ 15

우리 눈으로 지각할 수 있는 빛을 호칭하는 가장 적당한 말은?

① 가시광선 ② 적외선
③ X선 ④ 자외선

해설 | 우리 눈으로 지각하는 가시광선은 파장 380~780nm의 전자파를 말한다.

05 ▶ 14

한 번 분광된 빛은 다시 프리즘을 통과시켜도 그 이상 분광 되지 않는다. 이와 같은 광은?

① 반사광 ② 복합광
③ 투명광 ④ 단색광

해설 | ㉠ 반사광 : 광원에서 나온 직사광선이 다른 물체에 닿았다가 반사된 빛
㉡ 복합광 : 단색광이 혼합된 보통 빛

06 ▶ 14

파장과 색명의 관계에서 보라 파장의 범위는?

① 380~450nm ② 480~500nm
③ 530~570nm ④ 640~780nm

정답 | 01 ③ 02 ② 03 ② 04 ① 05 ④ 06 ①

해설 | 스펙트럼 색깔
   ㉠ 보라 : 380~450nm(보통 410nm 영역에서 보라색으로 인식)
   ㉡ 파랑 : 450~495nm(보통 454nm 영역에서 파랑으로 인식)
   ㉢ 녹색 : 495~570nm(보통 555nm 영역에서 녹색으로 인식)
   ㉣ 노랑 : 570~590nm(보통 587nm 영역에서 노랑으로 인식)
   ㉤ 주황색 : 590~620nm(보통 600nm 영역에서 주황색으로 인식)
   ㉥ 빨강 : 620~780nm(보통 656nm 영역에서 빨강으로 인식)

07 ▶ 14
광원에 관한 설명 중 틀린 것은?
① 광(光)의 굴절 정도는 파장이 짧은 쪽이 작고, 긴 쪽이 크다.
② 스펙트럼은 적색에서 자색에 이르는 색 띠를 나타낸다.
③ 색으로 느끼지 못하는 광의 감각을 심리학상의 감각이라 한다.
④ 같은 물체라도 발광체의 종류에 따라 색이 틀리다.

해설 | 광(光)의 굴절 정도는 파장이 짧은 쪽이 크고, 긴 쪽이 작다.

08 ▶ 17,14
빛이 프리즘을 통과할 때 나타나는 분광현상 중 굴절현상이 제일 큰 색은?
① 보라   ② 초록
③ 빨강   ④ 노랑

해설 | 파장이 긴 빨강이 굴절이 작고, 파장이 짧은 보라는 굴절률이 크다.

09 ▶ 14,22
화장한 여성의 얼굴이 형광등 아래에서 보면 칙칙하고 안색이 나쁘게 보이는 이유는?
① 형광등은 단파장계열의 빛을 방출하기 때문
② 형광등에서는 장파장이 강하게 나오기 때문
③ 형광등에서는 붉은빛이 강하게 나오기 때문
④ 형광등 아래서는 얼굴에 붉은 색조가 강조되어 보이기 때문

해설 | 형광등은 단파장계열의 빛을 방출하기 때문에 화장한 여성의 얼굴이 형광등 아래에서 보면 칙칙하고 안색이 나쁘게 보인다.

10 ▶ 13
물체에 투사되는 빛이 90% 이상 흡수 되었을 때 나타나는 색은?
① 청색   ② 흰색
③ 황색   ④ 검정색

해설 | 흰색, 회색, 검정의 지각
빛이 물체를 완전히 반사하면 흰색이 되고, 완전히 투과(흡수하면 검은색(90%이상 흡수)이 된다. 흡수반사를 적당히 할 때의 물체의 표면색은 회색이 된다.

11 ▶ 19
인간의 색채지각 현상에 관한 설명으로 맞는 것은?
① 빨간색에 흰색이 섞이는 비율에 따라 진분홍, 분홍, 연분홍이 되는 것은 명도가 떨어지는 것이다.
② 인간은 약 채도는 200단계, 명도는 500단계, 색상은 200단계 구분할 수 있다.
③ 빨간색에 흰색이 섞이는 비율에 따라 진분홍, 분홍, 연분홍이 되는 것은 채도가 떨어지는 것이다.
④ 인간은 색의 강도의 변화에 따라 200단계, 색상 500단계, 채도 100단계 구분할 수 있다.

해설 | ㉠ 색은 섞일수록 채도가 떨어진다.
㉡ 인간은 색의 강도 변화에 따라 색상은 200단계, 명도는 500단계, 채도는 20~30단계 정도 구분할 수 있다.

정답 | 07 ① 08 ① 09 ① 10 ④ 11 ③

12 ▶ 18

나뭇잎이 녹색으로 보이는 이유를 색채 지각적 원리로 옳게 설명한 것은?

① 녹색의 빛은 투과하고 그 밖의 빛은 흡수하기 때문이다.
② 녹색의 빛은 산란하고 그 밖의 빛은 반사하기 때문이다.
③ 녹색의 빛은 반사하고 그 밖의 빛은 흡수하기 때문이다.
④ 녹색의 빛은 흡수하고 그 밖의 빛은 반사하기 때문이다.

해설 | 물체의 표면색은 빛을 받아 반사되는 색이다. 그러므로 나뭇잎이 녹색으로 보이는 이유는 녹색의 빛은 반사하고 그 밖의 빛은 흡수하기 때문이다.

13 ▶ 13

다음 중 파장이 가장 짧은 색은?

① 빨강
② 보라
③ 초록
④ 노랑

해설 | 파장이 짧은 보라는 굴절률이 크고, 파장이 긴 빨강이 굴절률이 작다.

14 ▶ 15

빛의 성질에 대한 설명 중 틀린 것은?

① 빛은 전자파의 일종이다.
② 빛은 파장에 따라 서로 다른 색감을 일으킨다.
③ 장파장은 굴절률이 크며 산란하기 쉽다.
④ 빛은 간섭, 회절 현상 등을 보인다.

해설 | 빛의 성질
장파장인 빨간색에서 굴절률이 더 작고, 단파장인 파란색의 굴절률이 더 크다.

15 ▶ 15

서로 다른 색을 구분 할 수 있는 것은 빛의 무슨 성질 때문인가?

① 파장
② 자외선
③ 적외선
④ 전파

해설 | 빛은 파장에 따라 서로 다른 색감을 일으킨다.

16 ▶ 20

표면색(surface color)에 대한 용어의 정의는?

① 광원에서 나오는 빛의 색
② 빛의 투과에 의해 나타나는 색
③ 물체에 빛이 반사하여 나타나는 색
④ 빛의 회절현상에 의해 나타나는 색

해설 | 표면색(surface color)
㉠ 물체 표면의 색으로, 물체의 표면이 빛을 받아 반사되는 색이다.
㉡ 거울 같은 표면에 비쳐 나타나는 표면색과 금속의 표면에 나타나는 금속색 등이 있다.

17 ▶ 19

인간의 눈의 구조에서 색을 구별하는 기능을 가진 것은?

① 각막
② 간상세포
③ 수정체
④ 원추세포

해설 | 원추세포
망막의 감각세포에서 모양과 색을 인식하며, 노란색에 가장 예민하다.

정답 | 12 ③ 13 ② 14 ③ 15 ① 16 ③ 17 ④

18 ▶ 16, 13

간상체는 전혀 없고 색상을 감지하는 세포인 추상체만이 분포하여 망막과 뇌로 연결된 시신경이 접하는 곳으로 안구로 들어온 빛이 상으로 맺히는 지점은?

① 맹점 ② 중심와
③ 수정체 ④ 각막

해설 | 망막의 중심와 부분에는 추상체가 밀집하여 분포되어 있다.

19 ▶ 15

머리와 안구를 고정하여 한 점을 주시했을 때 동시에 보이는 외계의 범위를 시야라 하는데 다음 중 시야가 가장 넓어지는 색은?

① 백색 ② 녹색
③ 적색 ④ 청색

해설 | 시야는 백색, 청색, 황색, 적색, 녹색 순으로 넓어진다.

20 ▶ 15

우리 눈의 시각세포에 대한 설명 중 옳은 것은?

① 간상세포는 밝은 곳에서만 반응한다.
② 추상세포가 비정상이면 색맹 또는 색약이 된다.
③ 간상세포는 색상을 느끼는 기능이 있다.
④ 추상세포는 어두운 곳에서의 시각을 주로 담당한다.

해설 | ㉠ 간상세포
- 망막의 주변부에서 많이 분포되어 있으며 빛을 감지한다.
- 명암과 물체의 형태는 감각 하지만 색깔은 구별하지 못한다.

㉡ 추상세포(원추세포=원뿔세포)
- 망막의 중앙부에 많이 분포하고, 색상을 감지한다.
- 밝은 빛에 민감하며 물체의 형태, 명암, 색깔을 모두 감각 할 수 있다.

21 ▶ 13

우리 눈의 구조 중 카메라의 렌즈와 같은 역할을 하는 부분은?

① 망막
② 글라스체
③ 수정체
④ 눈꺼풀

해설 | 수정체는 빛을 굴절시켜 망막에 상이 잘 맺히게 한다.

22 ▶ 18

색의 요소 중 시각적인 감각이 가장 예민한 것은?

① 색상 ② 명도
③ 채도 ④ 순도

해설 | 인간의 눈은 명도에 가장 민감하다.

23 ▶ 17

밝은 곳에서 어두운 곳으로 이동하면 주위의 물체가 잘 보이지 않다가 어두움 속에서 시간이 지나면 식별할 수 있는 현상과 관련 있는 인체의 반응은?

① 항상성
② 색순응
③ 암순응
④ 고유성

해설 | ㉠ 명순응 : 밝은 장소에서 강한 빛에 반응하여 정상적인 감각을 가지는 것
㉡ 암순응 : 어두운 곳에서 시각적으로 사물을 관찰할 수 있도록 빛을 감지하는 능력

정답 | 18 ② 19 ② 20 ② 21 ③ 22 ② 23 ③

24
▶ 15

다음 중 푸르킨예(Purkinje effect) 현상이 적용되는 것은?

① 명도대비
② 착시현상
③ 암순응
④ 시선의 이동

해설 | 푸르킨예(Purkinje) 현상
  ㉠ 눈의 추상체가 낮에만 반응하기 때문에 생기는 현상이다.
  ㉡ 밝은 곳에서 어두운 곳으로 갈수록 단파장의 감도가 높아진다.
  ㉢ '명소시에서 암소시'로 옮겨갈 때 붉은색은 어둡게 보이고, 녹색과 황색은 상대적으로 밝게 변화되는 현상이다.
  ㉣ 조명이 어두워지면 청색보다 적색이 먼저 사라지므로 비상구 표시 등은 파란색 계통이 붉은색 계통보다 식별이 용이하다.
  ㉤ 빨강→주황→노랑→초록→파랑→청색 순으로 사라진다.

25
▶ 16

다음 중 ( )의 내용으로 옳은 것은?

> 우리가 백열전구에서 느끼는 색감과 형광등에서 느끼는 색감이 차이가 나는 이유는 색의 ( ) 때문이다.

① 순응성
② 연색성
③ 항상성
④ 고유성

해설 | 연색성(color rendering)
  ㉠ 조명에 의하여 물체의 색을 결정하는 광원의 성질
  ㉡ 물체를 조명하는 광원색의 성질(분광분포)에 따라서 같은 물체라도 색이 달라져 보이게 되는 것이다.
  ㉢ 연색성은 상품을 돋보이게 할 때 많이 이용된다.
  ㉣ 백열전구의 빛에는 주황색이 많아 난색계 물체를 조명하면 선명하게 보이고, 형광등의 빛은 청색이 많아 흰색·한색계의 물체가 선명하게 보인다.
  ㉤ 정육점에서 싱싱해 보이던 고기가 집에서는 그 색이 다르게 보이는 이유

26
▶ 19,15

빨간 사과를 태양광선 아래에서 보았을 때와 백열등 아래에서 보았을 때 빨간색이 동일하게 지각되는데 이 현상을 무엇이라고 하는가?

① 명순응
② 대비현상
③ 항상성
④ 연색성

해설 | 항상성(Color constancy)
  ㉠ 조명이나 관측 조건이 달라도 주관적 색채 지각으로는 물체색의 변화를 느끼지 못하는 현상으로 항상성 혹은 색각항상 이라고 한다.
  ㉡ 조명 색(태양광선, 형광등, 백열등)이 다르더라도 물체의 색은 항상 일정하게 보이는 현상이다.

27
▶ 19,13

색의 항상성(Color Constancy)을 바르게 설명한 것은?

① 배경색에 따라 색채가 변하여 인지된다.
② 조명에 따라 색체가 다르게 인지된다.
③ 빛의 양과 거리에 따라 색채가 다르게 인지된다.
④ 배경색과 조명이 변해도 색체는 그대로 인지된다.

해설 | 색의 항상성은 일종의 색순응 현상으로서 주변의 광원이나 조명이 되는 빛의 강도와 조건이 달라져도 색을 본래의 모습 그대로 느끼는 현상을 말한다.

28
▶ 13

다음 색 중 헤링의 4원색에 속하지 않는 것은?

① 파랑
② 노랑
③ 녹색
④ 보라

해설 | 헤링의 4원색 : 노랑, 빨강, 파랑, 녹색

정답 | 24 ③ 25 ② 26 ③ 27 ④ 28 ④

02-2 색채분류 및 표시

Pass Note

예상출제문항		키워드
2~1	- 색의 분류 - 색의 속성 - 색의 혼합 종류	- 먼셀 표색계 - 오스트발트 표색계 - CIE 표색계

1. 색의 분류

1) 무채색(achromatic color)
① 흰색, 회색 및 검정색을 통틀어 무채색이라 한다.
② 흰색, 회색, 검정 등 **색상이나 채도가 없고 명도만 있는 색**이다.
③ 반사율이 약 85%인 경우 흰색이고, 약 30% 정도면 회색, 약 3% 정도는 검정색이다.

2) 유채색(chromatic color)
① 순수한 무채색을 제외한, 색감을 가지고 있는 모든 색을 말한다.
② 빨강, 주황, 노랑, 녹색, 파랑, 보라색 등과 그 중간색은 물론, 이러한 색들의 색감을 조금이라도 가지고 있으면 모두 유채색이라 한다.
③ 색상, 명도, 채도의 속성을 가지고 있는 색을 말한다.

> **예제 01** 색을 일반적으로 크게 구분하면 다음 중 어느 것인가? [16]
> ① 무채색과 톤 ② 유채색과 명도
> ③ 무채색과 유채색 ④ 색상과 채도
>
> 정답 ③

2. 색의 3속성

1) 색상(Hue)
① 색명으로 구별되며 색명은 색채를 구별하기 위해 필요한 색채의 명칭이다.
② 유사색, 반대색, 보색 등이 있다.
③ **보색인 두 색을 혼합하면 무채색**이 된다.
④ 색상의 성질이 유사한 것끼리 둥글게 배열한 것을 색상환이라고 한다.

2) 명도(Value, lightness)
① 명도란 **색상 간의 명암 상태와 색채의 밝기를 나타내는 성질**이다.
② 인간의 눈은 명도에 가장 민감하며 그다음으로 색상, 채도 순으로 민감하다.

③ 수직선 방향으로 위로 올라갈수록 명도가 높고, 아래로 갈수록 명도가 낮아진다.
④ 검정은 0, 백색은 10을 가리킨다.

>
> - 고명도 : 10 ~ 7도(4단계) – tint
> - 중명도 : 6 ~ 4도(3단계) – pure
> - 저명도 : 3 ~ 0도(4단계) – shade

3) 채도(Chroma, saturation)
① 색의 탁하고 선명한 강약의 정도를 나타내는 척도이다.
② 채도 단계는 1~14단계로 되어 있다.
③ 순색으로 반사율이 높은 색이 채도가 높다.
④ 색의 강약에 따라 순색, 청색, 탁색으로 분류된다.
⑤ 순색에 무채색이 많을수록 채도는 낮아지고, 무채색이 적을수록 채도는 높아진다.
⑥ 색의 채도가 높으면 명도는 낮게, 채도가 낮으면 명도를 높게 하는 것이 좋다.

>
> 순색에 가까울수록 채도는 높아지고, 색이 혼합되면 채도는 낮아진다.
> 예 순색에 백색, 검정을 섞으면 채도가 낮아진다. 순색에 회색을 섞으면 탁색이 된다.

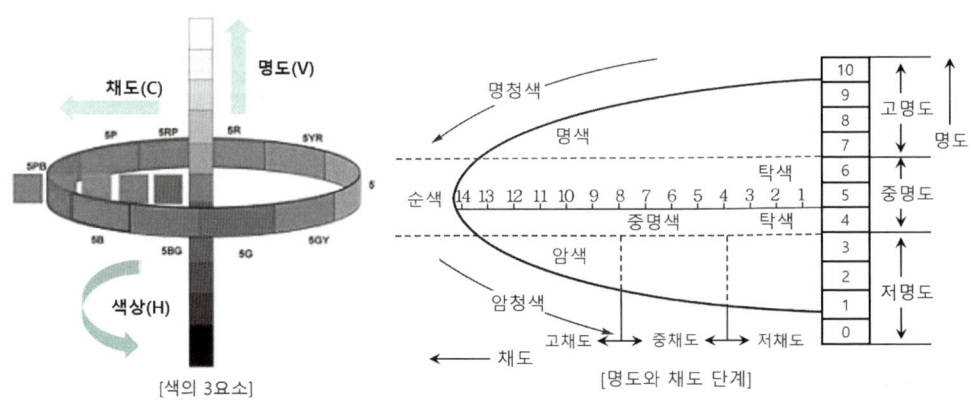

[색의 3요소]   [명도와 채도 단계]

예제 02 색의 3속성을 인간의 눈이 가장 예민하게 감각 하는 것부터 순서대로 나열한 것은? [22]
① 명도 – 색상 – 채도
② 명도 – 채도 – 색상
③ 색상 – 명도 – 채도
④ 색상 – 채도 – 명도

정답 ①

예제 03 빨강, 파랑, 노랑과 같이 색 지각 또는 색 감각의 성질을 갖는 색의 속성은? [24,22,15]
① 색상   ② 명도   ③ 채도   ④ 색조

정답 ①

 예제 04 색의 3속성에 대한 설명으로 가장 관계가 적은 것은? [19]
① 색의 3속성이란 색자극 요소에 의해 일어나는 세 가지 지각성질을 말한다.
② 색의 3속성은 색상, 명도, 채도이다.
③ 색의 밝기에 대한 정도를 느끼는 것을 명도라 부른다.
④ 색의 3속성 중 채도만 있는 것을 유채색이라 한다.

정답 ④

3. 색의 혼합

① 2개 이상의 색광이나 색 필터 또는 색료를 서로 혼합하여 다른 색채 감각을 일으키는 것
② 혼합하여 밝아지는 혼색(가법혼색), 혼합하여 어두워지는 혼색(감법혼색), 혼합하여 중간 밝기를 나타내는 혼색(중간혼색)의 세 가지가 있다.

1) 가산혼합(가법혼색, 색광혼합)

① **빨강(R), 초록(G), 파랑(B)의 3원색으로 이루어진다.** 물감의 혼색과는 반대로 더욱 밝아지고 맑아지므로 가법혼색 또는 플러스 현상이라 한다.
② 빛의 색을 서로 더해서 빛이 점점 밝아지는 원리를 이용하는 것으로, 색을 더할수록 점점 밝아지는 방법으로 이들 **색을 모두 혼합하면 백색광**이 된다. 색광 혼합은 명도가 높아진다.
③ 무대조명처럼 빛으로 색을 표현하는 매체에 주로 해당하는 원리이다.
④ 혼합된 색(2차색)의 명도는 혼합하려는 색의 명도보다 높아진다.

 Note 가산혼합 2차색 - 노랑(Yellow), 시안(Cyan), 마젠타(Magenta)

가산혼합(가법혼색, 색광혼합)
[그림: 빨강(Red), 마젠타(Magenta), 노랑(Yellow), 백(White), 파랑(Blue), 시안(Cyan), 녹색(Green)] ※ 파랑(Blue) + 녹색(Green) = 시안(Cyan) 녹색(Green) + 빨강(Red) = 노랑(Yellow) 파랑(Blue) + 빨강(Red) = 마젠타(Magenta) 파랑(Blue) + 녹색(Green) + 빨강(Red) = 백색(White)
[가산혼합 (가법혼색, 색광혼합)]

예제 05 색광 혼합에 대한 설명으로 가장 적절하지 않은 것은? [22]
① 색광 혼합은 가법 혼색이라고도 한다.
② 색광 혼합의 3원색은 빨강, 녹색, 노랑이다.
③ 색광 혼합의 3원색을 합하면 백색이 된다.
④ 색광 혼합의 2차색은 색료 혼합의 원색이다.

정답 ②

 예제 06 가산혼합의 결과로 틀린 것은? [20]
① Red + Green = Yellow ② Red + Blue = Magenta
③ Green + Blue = Magenta ④ Red + Green + Blue = White

정답 ③

2) 감산혼합(감법혼색, 색료혼합)

① 색료 혼합, 감법 혼합, 마이너스 혼합이라고 한다.
② 색료 혼합의 3원색은 청색(Cyan), 자주(Magenta), 노랑(Yellow)이다.
③ 2차색의 명도와 채도는 원색보다 낮아진다.
④ 색료 혼합의 3원색은 시안(Cyan), 마젠타(Magenta), 노랑(Yellow)을 모두 혼합하면 흑색(Black)이 된다.
⑤ 근거리의 혼합은 중간색이 되고, 원거리 색이나 보색 혼합은 검정색에 가까운 어두운 회색이 된다.
⑥ 컬러사진, 옵셋 인쇄, 수채화 등에 이 원리가 사용된다.

> **Note** 옵셋(offset)
> 인쇄옵셋 인쇄방식은 컬러 편집물을 제작할 때 4가지색(C,M,Y,K)을 조합해 인쇄하는 평판 인쇄방식을 말한다.

[감산혼합 (감법혼색, 색료혼합)]

※ 마젠타(Magenta) + 노랑(Yellow) = 빨강(Red)
노랑(Yellow) + 시안(Cyan) = 녹색(Green)
시안(Cyan) + 마젠타(Magenta) = 파랑(Blue)
마젠타(Magenta) + 노랑(Yellow) + 시안(Cyan) = 검정(Black)

예제 07 색료 혼합에 대한 설명으로 틀린 것은? [22.17]
① Magenta와 Yellow를 혼합하면 Red가 된다.
② Red와 Cyan을 혼합하면 Blue가 된다.
③ Cyan과 Yellow를 혼합하면 Green이 된다.
④ 색료 혼합의 2차색은 Red, Green, Blue이다.

정답 ②

예제 08 감법혼색의 설명으로 틀린 것은? [21.20]
① 3원색은 cyan, magenta, yellow이다.
② 감법혼색은 감산혼합, 색료혼합이라고도 하며, 혼색 할수록 탁하고 어두워진다.
③ magenta와 yellow를 혼색하면 빛의 3원색인 red가 된다.
④ magenta와 cyan의 혼합은 green이다.

정답 ④

3) 중간혼합(중간혼색)

직접적인 혼합이 아니고 주위 조건에 따라 혼합효과가 나타나는 것으로 명도, 채도가 크게 달라지지 않아 중간혼합이라고 한다. 혼합하면 중간명도에 가까워지는 병치혼합과 회전혼합을 말한다. 두 색의 명도가 합쳐진 것의 평균 명도가 된다.

(1) 회전혼합
① 망막의 동일부에 2개 이상의 색자극이 매우 빠르게 번갈아 도달하면 각각의 색자극을 구별하지 못하고 혼색된 상태로 지각한다.
② 팽이에 절반은 빨간색, 절반은 파란색을 칠하여 회전시키면 보라색으로 보인다.
③ 혼색 결과는 칠해진 색의 면적대비에 의한 평균값으로 나타난다.
④ 회전원판을 이용한 맥스웰(Maxwell)의 혼색법이 가장 대표적이다.

(2) 병치혼합
① 작은 색 점을 섬세하게 병치시키는 방법으로 적(Red), 청(Blue), 녹(Green) 3색의 작은 점들을 멀리 떨어져서 보면 혼색되어 보이는 현상
② 화면에 빨간 점과 파란 점을 무수히 많이 찍으면 멀리서 보라색으로 보인다.
③ **신인상파 화가인 쇠라와 시냑이 점묘화를 통해 표현한 방식**이다.
④ 빛의 혼색 : 컬러 TV혼색
⑤ 색료의 혼색 : 직물의 컬러 인쇄
⑥ 하나의 색만을 변화시키거나 더함으로서 디자인 전체의 배색을 변화시킬 수 있다는 '**베졸드 (Willhelm Von Bezold)의 효과**'는 병치 혼합 원리를 이용한 것이다.

[쇠라의 ' 드랑드자트섬의 일요일 오후']

예제 09 작은 점들이 무수히 많이 있는 그림을 멀리서 보면 색이 혼색되어 보이는 현상은? [19]
① 마이너스 혼색　　② 감법 혼색
③ 병치 혼색　　　　④ 계시 혼색

정답 ③

예제 10 맥스웰 디스크(Maxwell's Disk)와 관계가 있는 것은? [21,19,15]
① 병치혼합　② 회전혼합　③ 감산혼합　④ 색료혼합

정답 ②

- 맥스웰 디스크(Maxwell's disk) : 맥스웰의 원판, 색의 혼합을 시험하는 장치

4. 색의 표시

1) 색채 표준 체계

(1) 현색계
　① 색채를 표시하는 표색계이다.
　② 일정한 번호나 기호를 붙여서 색채를 표시한다.
　③ 색채지각의 심리적인 속성인 색상, 명도, 채도에 따라 이루어진다.
　④ 먼셀 표색계, 오스트발트 표색계가 해당된다.
　⑤ 색편의 배열 및 색채 수를 용도에 맞게 조정할 수 있다.
　※ 오스트 발트 표색계는 현색계로 분류되지만 혼색계의 특징도 가지고 있다.

(2) 혼색계
　① 색광을 표시하는 표색계이다.
　② 물리적인 변색이 일어나지 않는다.
　③ 색표계로 변환이 가능하며 오차를 적용할 수 있다.
　④ 광원의 영향을 받지 않고 심리적·물리적인 빛의 혼색실험에 기초를 두고 있다.

⑤ 측색기로 측색하여 출력된 데이터의 수치나 좌표로 표현한다.
⑥ CIE 표색계가 해당된다.

혼색계에 대한 설명 중 올바른 것은? [15]
① 심리, 물리적인 빛의 혼색 실험에 기초를 둠
② 오스트발트 표색계
③ 먼셀표색계
④ 물체색을 표시하는 표색계

정답 ①

색채를 표시하는 방법 중 인간의 색 지각을 기초로 지각적으로 등보성에 근거한 것은? [20]
① 현색계   ② 혼색계   ③ 혼합계   ④ 표준계

정답 ①

2) 먼셀 표색계

(1) 개요

미국의 화가 먼셀(Munsell)에 의해 1905년에 창안되었다.
우리나라는 한국산업규격(KS)에서 색채표기법으로 채택하고 있다.
물체 표면의 색 지각을 기초로 심리적인 색의 속성을 **색상(H), 명도(V), 채도(C)**의 세 가지 속성으로 나누고, HV/C로 표기한다.

(2) 먼셀 색상환

① 적(Red), 황(Yellow), 녹(Green), 청(Blue), 자(Purple)가 기본 5색이다.
② 기본색에 5가지 중간색인 YR(주황), BG(청록), PB(청자), RP(적자)를 더하여 10가지 색상으로 하였다.
③ 각 색상마다 5를 중심 색으로 0 ~ 10까지 등 간격으로 표시하여 100 색상으로 분할하였다.
④ 색상은 원으로, 명도는 직선으로, 채도는 방사선으로 배열한다.
⑤ 보색(色)은 색상환에서 180도 반대편에 있는 색으로 자주(magenta)의 보색은 초록(green)이다.
⑥ 명도 단계는 N0(검정), N1, N2……N9.5(흰색)까지 11단계로 되어 있다.
⑦ 무채색의 경우 N4와 같이 명도만을 나타내고 앞에 N을 표기하여 무채색임을 명시한다.
⑧ 채도 단위는 2단위를 기본으로 하였으나 저채도 부분에서는 실용적으로 1과 3을 추가하였다.

먼셀 표색계 표시 예
5GY 6/4는 색상이 연두색의 5GY에 명도가 6이며 채도가 4인 색채로 표시한다.

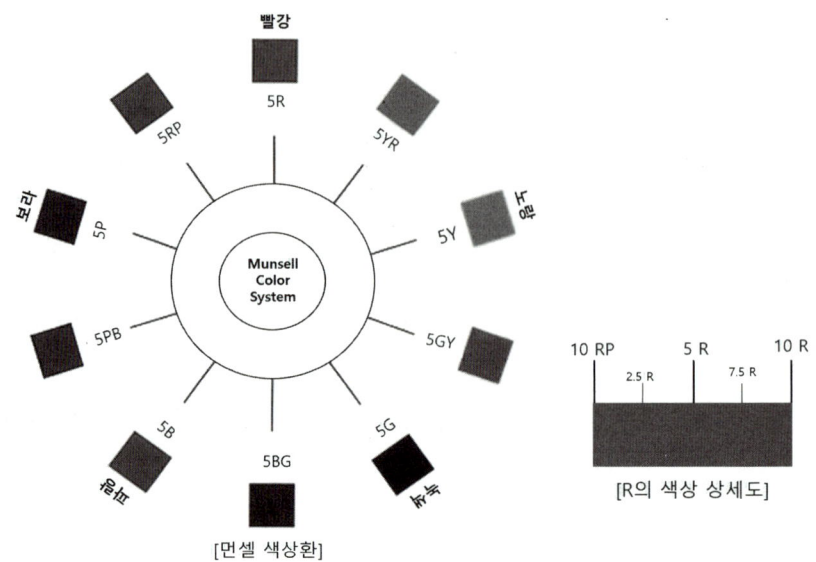

[먼셀 색상환]

[R의 색상 상세도]

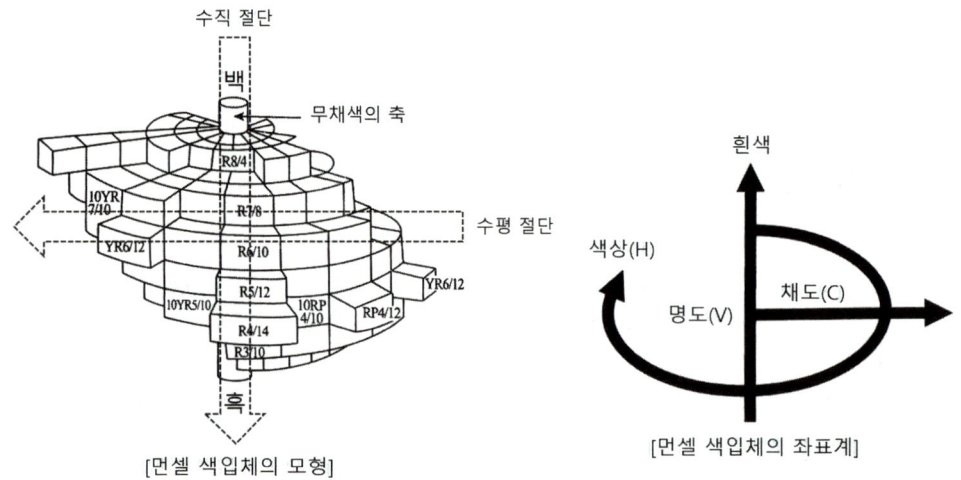

[먼셀 색입체의 모형]

[먼셀 색입체의 좌표계]

> **먼셀 색입체**
> 색을 색상, 명도, 채도의 3가지 속성 또는 기본 차원에 따라 공간적으로 배열하고 기호 또는 번호로 표시한 입체도라 한다.
> ㉠ 색입체를 무채색 축을 중심으로 수직으로 자르면 무채색 축 좌우에 보색 관계를 가진 2가지 동일한 색상 면이 보인다.(등색 단면)
> ㉡ 채도는 무채색에 축에 들어가면 저채도, 바깥 둘레로 나오면 고채도가 되도록 배열한 것을 말한다. (중심부로 갈수록 채도가 낮아진다.)
> ㉢ 빨강(5R 4/14)을 기준으로 세로로 자르면 반대편은 청록(5BG 5/10)이 된다.
> ㉣ 동일 색상의 명도, 채도의 변화를 한눈에 볼 수 있는 장점이 있다.
> ㉤ 각 색상 중 가장 바깥의 색은 순색이다.

예제 13 먼셀 색체계의 설명으로 옳은 것은? [22,18]
① 먼셀 색상환의 중심색은 빨강(R), 노랑(Y), 녹색(G), 파랑(B), 자주(P)이다.
② 먼셀의 명도는 1~10까지 모두 10단계로 되어 있다.
③ 먼셀의 채도는 처음의 회색을 1로 하고 점차 높아지도록 하였다.
④ 각각의 색상은 채도 단계가 다르게 만들어지는데 빨강은 14개, 녹색과 청록은 8개이다.

정답 ④

예제 14 먼셀 색상환에서 GY는 어느 색인가? [21]
① 초록　　② 연두　　③ 노랑　　④ 하늘색

정답 ②

예제 15 먼셀기호 5B 8/4, N4에 관한 다음 설명 중 맞는 것은? [18]
① 유채색의 명도는 5이다.
② 무채색의 명도는 8이다.
③ 유채색의 채도는 4이다.
④ 무채색의 채도는 N4이다.

정답 ③

예제 16 먼셀의 색입체 수직 단면도에서 중심축 양쪽에 있는 두 색상의 관계는? [24,17]
① 인접색　　② 보색
③ 유사색　　④ 약보색

정답 ②

3) 오스트발트 표색계

1909년 노벨 화학상을 수상한 독일의 화학자 오스트발트가 창안한 색체계이다.
오스트발트의 색체계는 E.헤링의 4원색 이론을 기초로 한다.

(1) 오스트발트 색상환

① 황(Yellow), 적(Red), 녹(Sea Green), 청(Ultramarine Blue)의 헤링 색상을 기초로 하여 중간색은 주황(Orange), 연두(Leaf Green), 청록(Turquoise), 보라(Purple)를 배치하였다.
② 8가지 주요 색상이 3분할되어 24색상환이 된다.
③ 24색상환의 보색은 반드시 12번째 색이다.

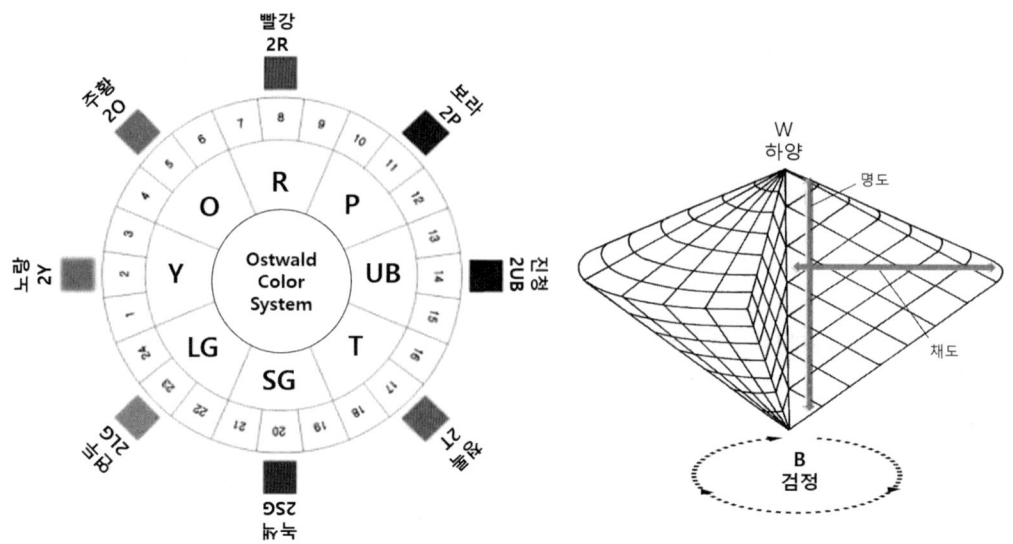

(2) 기본 색채

① 기본이 되는 색채는 B(Black), W(White), C(Full Color)이다.
  B : 빛을 완전히 100% 흡수하는 이상적인 흑색
  W : 빛을 완전히 100% 반사하는 이상적인 백색
  C : 특정 파장 영역의 빛만을 완전하게 100% 반사하고 나머지 파장 영역을 완전하게 흡수하는 이상적인 순색

② 순색량이 있는 유채색은 B + W + C=100%로 표시되고, 완전 무채색은 B + W=100%로 구성된다.

(3) 등 색상 삼각형

① W, B, C가 정점이 되어 각 변이 8단계로 나눈 삼각형이다.
② 등 색상 삼각형의 무채색 혹은 W와 B 사이에 a-c-e-g-i-l-n-p의 8단계로 구분된다.
   등 백색 계열 : 앞 글자가 같은 색 배열(pn-pl-pg)
   등 흑색 계열 : 뒷 글자가 같은 색 배열(la - na - pa)
   등 순색 계열 : 무채색 축에 평행하는 수직배열(ga-ic-le)
③ a는 가장 밝은 백색이며, p는 가장 어두운 회색(흑) 이다.
④ 오스트발트 색 기호

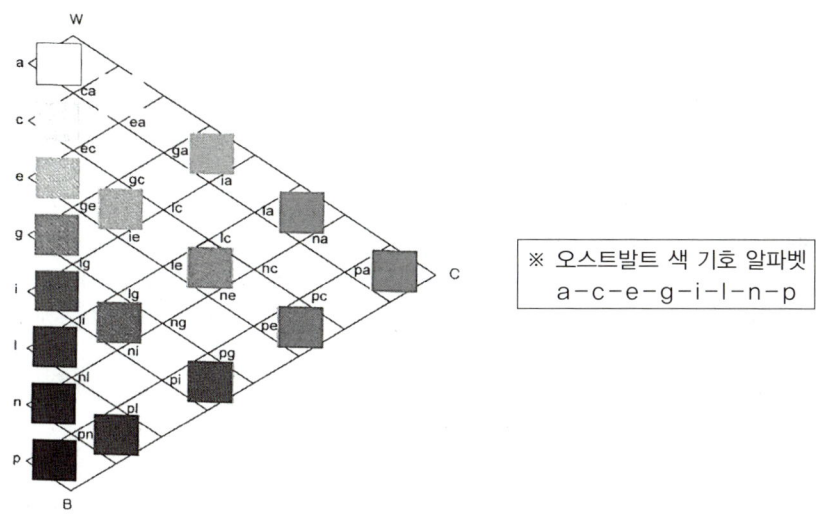

※ 오스트발트 색 기호 알파벳
a - c - e - g - i - l - n - p

[백색량, 흑색량의 함량 비율]

기호	a	c	e	g	i	l	n	p
백색량(W)	89	56	35	22	14	8.9	5.6	3.5
흑색량(B)	11	44	65	78	86	91.1	94.4	96.5

Note 오스트발트 표색계 표시 예
- 색상번호-백색량-흑색량 순으로 표기 한다.
  17lc 는 색상번호가 17이고, **백색량은 8.9%, 흑색량은 44%**로 순색량 C는 100-(W+B)이므로 100-(8.9+44)=47.1%의 회색빛이 도는 청록색이다.

(4) 오스트발트 표색계의 특징
  ① 정성적 취급 방법으로 '조화는 질서와 같다'라는 생각에서 시작된다.
  ② 예술과 디자인에 많은 영향을 미쳐 왔는데, 이들 단위는 색의 조화를 표현하기 위해 이용되었다.
  ③ 먼셀 표색계에 비해 직관적이지 못하고, 이해하기 어려운 단점이 있다.
  ④ 혼합하는 색량의 비율에 의해 만들어진 체계이다.
  ⑤ 논리적인 색의 혼합, 배열, 배색이 완전한 조화를 이룬다. 혼합하는 색량의 비율에 의해 만들어진 체계이다.

오스트발트 색체계에 관한 설명 중 틀린 것은? [17.14]
① 색상은 yellow, ultramarine, blue, red, sea green을 기본으로 하였다.
② 색상환은 4원색의 중간색 4색을 합한 8색을 각각 3등분하여 24색상으로 한다.
③ 무채색은 백색량 + 흑색량 = 100%가 되게 하였다.
④ 색표시는 색상기호, 흑색량, 백색량의 순으로 한다.

정답 ④

> **예제 18** 오스트발트 색상환에서 보색관계가 잘못된 것은? [22]
> ① Y - UB   ② R - SG   ③ O - T   ④ P - GY
>
> 정답 ④

> **예제 19** 오스트발트 색채 체계와 관련이 없는 것은? [22]
> ① 헤링의 4원색설   ② C + W + B = 100%
> ③ 20색상환   ④ 등순계열
>
> 정답 ③

4) CIE 표색계

국제조명위원회(CIE)에서 개발한 색체계로, 색을 정량화하여 수치로 나타낸 것이다. 분광광도계를 이용하여 색편의 분광반사율을 측정했을 때 가장 정확하게 색 좌표가 계산되는 색체계이다.

(1) 기본 색채

- 적, 녹, 청의 3색광을 혼합하여 3개 자극치에 따른 표색방법 이다.
- 색채를 XYZ 좌표계를 사용한다.
- 색채를 X·Y·Z 세 가지 자극 값으로 나타내어 입체적인 색채공간을 형성하였는데, X는 빨강의 자극값을 나타내고, Y는 초록의 자극 값, Z는 파랑의 자극 값을 나타낸다.

(2) CIE 색도도

① 빛의 혼색실험에 기초한 것이다.
② 백색광은 색도도 중앙에 위치한다.
③ 순수파장의 색은 바깥 둘레에 위치한다.
④ W점은 백색점을 나타낸다.
⑤ 실존하는 모든 색을 나타낸다.
⑥ 색도도 안에 있는 점은 혼합 색을 나타내며, 말발굽형의 바깥 둘레는 순수 파장의 색을 나타낸다.

(3) CIE L*a*b* 색공간

① 1976년 CIE가 추천하여 지각적으로 거의 균등한 간격을 가진 색공간이다.
② CIE LAB 색공간(L*a*b* 색공간)은 인간이 색채를 감지하는 노랑-파랑, 초록-빨강의 반대색설에 기초하여 CIE에서 정의한 색공간이다.

- L은 명도, a와 b는 색도 좌표를 나타낸다.
- $+a^*$는 적색 방향, $-a^*$는 녹색 방향, $+b^*$는 황색방향, $-b^*$는 청색 방향을 나타낸다. 중앙은 무색이다.

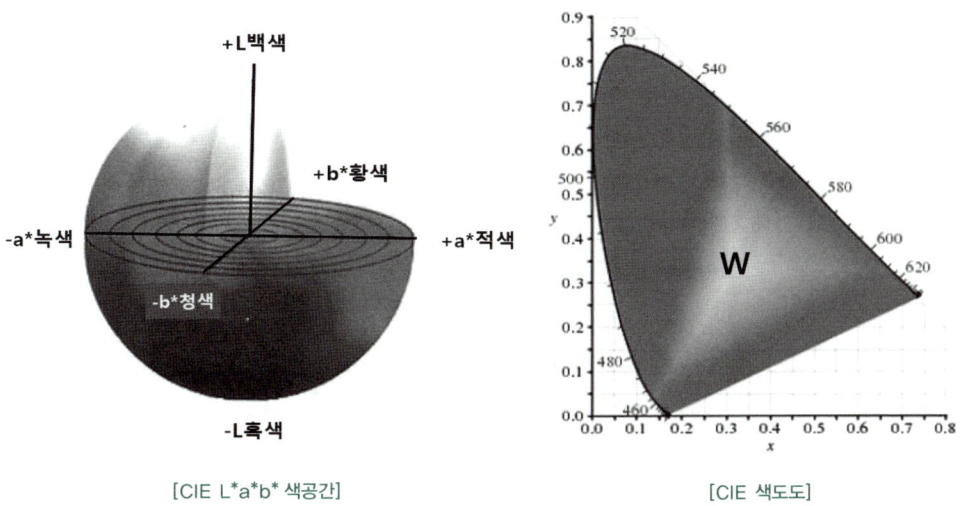

[CIE L*a*b* 색공간]   [CIE 색도도]

> **예제 20** CIE LAB 모형에서 L이 의미하는 것은? [20]
> ① 명도　② 채도　③ 색상　④ 순도
>
> 정답 ①

5) NCS(Natural Color System) 표색계

① 스웨덴의 색채 표준으로 채용된 색체계로 헤링의 심리 4원색이론을 바탕으로 한다.
② 다른 색체계가 빛의 강도를 토대로 색을 표기하는 데 반하여 심리적인 비율척도를 사용해 색 지각량을 표로 나타낸 것이다.
③ 백색(W), 검정(B), 노랑(Y), 빨강(R), 파랑(B), 초록(G)을 기준으로 6가지 색을 원색으로 구성한다.
④ NCS 표기는 뉘앙스와 색상으로 표시한다.

> **Note** NCS 표기법
> 예 S2030-Y90R에 대한 표기 설명
> • NCS색 견본 두 번째 판(second edition)을 뜻한다.
> • 20%의 검정색도와 30%의 유채색도이다.
> • YR의 혼합비율로 90%의 빨강 색도를 띤 노란색이다.

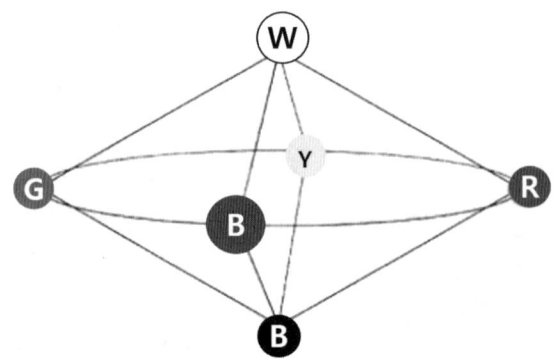

[NCS(Natural Color System) 표색계]

5. 색명

1) 색명의 개요

① 색명이란 색에 이름을 붙여서 색을 표시하는 것이며, 크게 기본색명, 관용색명(고유색명), 계통색명(일반색명)으로 나뉜다.
② 숫자나 기호보다 색을 연상하기 쉽고 부르기 쉬우며 기억하기 쉬워서 많이 사용한다.
③ 현색계인 먼셀 표색계, 오스트발트 표색계나 혼색계인 CIE 표색계처럼 정량적이고 정확하지 않으며 감성적이고 부정확한 성질을 가지고 있다.

2) 색명의 분류

(1) 기본색명

① 한국산업규격(KS)에서 사용되는 기본색명은 먼셀의 10가지 색상환을 바탕으로 유채색과 무채색을 서술하는 총 15색이다.
② 기본색명은 색상을 중심으로 구분하여 현재는 국내에서 12개의 색명을 기본색으로 정하고 있다. 12개의 색명은 빨강(적), 주황, 노랑(황), 연두, 초록(녹), 청록, 파랑(청), 남색, 보라, 자주(자), 분홍, 갈색이다.

(2) 관용색명(고유색명)

① 기원을 알 수 없는 고유색명 : 순수한 우리말로 된 하양, 빨강, 노랑, 보라 등과 흑, 백, 적
② 동물과 관련 있는 고유색명 : 살색, 쥐색, buff, salmon, peacock
③ 식물과 관련 있는 고유색명 : 귤색, 밤색, 가지색, 살구색, 복숭아색, 팥색
④ 광물 또는 보석과 관련 있는 고유색명 : 금색, 은색, 호박색, 고동색
⑤ 고유명사와 관련 있는 고유색명 : 담배색, 포도주색, magenta
⑥ 자연 대상에서 따온 고유색명 : 하늘색, 바다색, 땅색, 황토색, 무지개색

(3) 계통색명(일반색명)

색의 3속성에 따라 색채를 분류한 유채색, 무채색의 기본 색명이다.

① 유채색의 기본색 이름(10개)

기본 색이름	영어 표기	기본 색이름	영어 표기
빨강(적)	red	청록	blue green
주황	orange	파랑(청)	blue
노랑(황)	yellow	남색	violet, purple blue
연두	yellow green	보라(자)	purple
녹색	green	자주(적자)	red purple, magenta

② 무채색의 기본색 이름(5개)

기본 색이름	영어 표기	기본 색이름	영어 표기
흰색	white	어두운 회색	dark gray
밝은 회색	light gray	검은색	black
회색	gray		

③ 색 이름에 사용하는 수식형용사

기본 색이름	영어 표기	기본 색이름	영어 표기
선명한	vivid	연(한)	pale
흐린	soft	흰	whitish
탁한	dull	검은	blackish
밝은	light	밝은 회	light grayish
어두운	dark	회	grayish
진(한)	deep	어두운 회	dark grayish

(4) ISCC-NBS 색명법
① 미국 ISCC(색채협의회)와 NBS(미국립표준국)이 공동으로 제정한 계통색 이름법이다.
② 먼셀의 색 입체를 267개단위로 나눈 색 이름이다.
③ 색 이름을 계통적으로 체계화 시켜서 실제 생활에 쓰고 있는 이름과 일치하도록 만들어 세계 여러 나라의 색 이름 기준으로 사용된다.
④ KS A 0011(한국산업규격 규정 색명)에는 일반 생명에 대하여 자세히 규정하고 있으며 미국의 ISCC-NBS 색명 법에 근거를 두고 있다.

예제 21 한국산업표준 KS에 의한 관용색명과 색계열의 연결이 틀린 것은? [20]
① 벽돌색(copper brown) - R 계열
② 올리브그린(olive green) - GY 계열
③ 라벤더(Lavender) - RP 계열
④ 크림색(cream) - Y 계열

정답 ③

예제 22 KS(한국산업표준)의 색명에 대한 설명이 틀린 것은? [18]
① KS A 0011에 명시되어 있다.
② 색명은 계통색명만 사용한다.
③ 유채색의 기본색이름은 빨강, 주황, 노랑, 연두, 초록, 청록, 파랑, 남색, 보라, 자주, 분홍, 갈색이다.
④ 계통색명은 무채색과 유채색 이름으로 구분한다.

정답 ②

예제 23 색명기호에서 gB는? [20]
① blue green   ② bluish green   ③ greenish blue   ④ blue

정답 ③

예제 24 ISCC-NBS 색명법 색상 수식어에서 채도, 명도의 가장 선명한 톤을 지칭하는 수식어는? [20]
① pale   ② brilliant   ③ vivid   ④ strong

정답 ③

핵심 기출문제

02-2 색채 분류 및 표시

01 ▶ 16
다음 색상 중 무채색이 아닌 것은?
① 연두색　　② 흰색
③ 회색　　　④ 검정색

해설 | 무채색(achromatic color)
　㉠ 흰색, 회색 및 검정색을 통틀어 무채색이라 한다.
　㉡ 흰색, 회색, 검정 등 **색상이나 채도가 없고 명도만 있는 색**이다.
　㉢ 반사율이 약 85%인 경우 흰색이고, 약 30% 정도면 회색, 약 3% 정도는 검정색이다.

02 ▶ 21, 18
다음 중 ( )에 들어갈 말로 옳은 것은?

> 빨강 물감에 흰색 물감을 섞으면 두 개 물감의 비율에 따라 진분홍, 분홍, 연분홍 등으로 변화한다. 이런 경우에 혼합으로 만든 색채들의( )는 혼합할수록 낮아진다.

① 명도　　② 채도
③ 밀도　　④ 명시도

해설 | 채도(Chroma, saturation)
　㉠ 색의 탁하고 선명한 강약의 정도를 나타내는 척도이다.
　㉡ 채도 단계는 1~14단계로 되어 있다.
　㉢ 순색으로 반사율이 높은 색이 채도가 높다.
　㉣ 색의 강약에 따라 순색, 청색, 탁색으로 분류된다.
　㉤ 순색에 무채색이 많을수록 채도는 낮아지고, 무채색이 적을수록 채도는 높아진다.
　㉥ 색의 채도가 높으면 명도는 낮게, 채도가 낮으면 명도를 높게 하는 것이 좋다.

03 ▶ 17
명도와 채도에 관한 설명으로 틀린 것은?
① 순색에 검정을 혼합하면 명도와 채도가 낮아진다.
② 순색에 흰색을 혼합하면 명도와 채도가 높아진다.
③ 모든 순색의 명도는 같지 않다.
④ 무채색의 명도 단계도(Value Scale)는 명도 판단의 기준이 된다.

해설 | 순색에 흰색을 혼합하면 명도는 높아지고 채도는 낮아진다.

04 ▶ 15
색의 3속성에 관한 설명으로 옳은 것은?
① 명도는 빨강, 노랑, 파랑 등과 같은 색감을 말한다.
② 채도는 색의 강도를 나타내는 것으로 순색의 정도를 의미한다.
③ 채도는 빨강, 노랑, 파랑 등과 같은 색상의 밝기를 말한다.
④ 명도는 빨강, 노랑, 파랑 등과 같은 색상의 선명함을 말한다.

해설 | ㉠ 색상(Hue)
　・색명으로 구별되며 색명은 색채를 구별하기 위해 필요한 색채의 명칭이다.
　・유사색, 반대색, 보색 등이 있다.
　・**보색인 두 색을 혼합하면 무채색**이 된다.
　・색상의 성질이 유사한 것끼리 둥글게 배열한 것을 색상환이라고 한다.
㉡ 명도(Value, lightness)
　・**명도란 색상 간의 명암 상태와 색채의 밝기를 나타내는 성질**이다.
　・인간의 눈은 명도에 가장 민감하며 그다음으로 색상, 채도 순으로 민감하다.
　・수직선 방향으로 위로 올라갈수록 명도가 높고, 아래로 갈수록 명도가 낮아진다.
　・검정은 0, 백색은 10을 가리킨다.

정답 | 01 ① 02 ② 03 ② 04 ②

05 ▶ 13
무지개의 색을 빨강, 주황, 노랑, 녹색, 파랑, 보라로 구분하는 것은 색의 어떤 속성에 의한 분류인가?

① 채도
② 색조
③ 명도
④ 색상

해설 | 색상은 물체의 표면에서 선택적으로 반사되는 색 파장의 종류에 의해 결정되며 빨강, 주황, 노랑, 녹색, 파랑, 보라 등으로 구분된다.

06 ▶ 14
색의 속성이란?

① 빨강, 파랑, 노랑
② 빨강, 초록, 파랑
③ 색상, 명도, 채도
④ 무채색, 유채색, 순색

해설 | 색의 3속성 : 색상, 명도, 채도

07 ▶ 13
색의 3속성이 아닌 것은?

① 색상
② 명도
③ 채도
④ 대비

해설 | 색의 3속성 : 색상, 명도, 채도

08 ▶ 13
채도는 색의 강약의 정도를 말하며 3종류로 구분할 수 있다. 다음 중 알맞은 것은?

① 암색, 순색, 청색
② 순색, 청색, 탁색
③ 순색, 보색, 탁색
④ 암색, 청색, 보색

해설 | 채도는 색의 탁하고 선명한 강약의 정도를 나타내는 척도이다.
㉠ 순색 : 색상 중 채도가 가장 높은 색
㉡ 청색 : 순색+검정(=암청색), 순색+흰색(=청색)
㉢ 탁색 : 순색이나 청색에 회색을 섞은 것

09 ▶ 21
색의 혼합에 관한 내용으로 틀린 것은?

① 색료 혼합의 3원색은 자주(magenta), 노랑(yellow), 파랑(cyan)이다.
② 색광 혼합의 2차색은 색료 혼합의 3원색이 된다.
③ 색료 혼합은 혼합하면 할수록 명도와 채도가 낮아진다.
④ 색광 혼합은 혼합하면 할수록 명도와 채도가 높아진다.

해설 | 색광 혼합은 혼합하면 할수록 명도가 높아진다.

10 ▶ 19
다음 (   )에 들어갈 용어를 순서대로 짝지은 것은?

> 일반적으로 모니터 상에서 (   )형식으로 색채를 구현하고, (   )에 의해 색채를 혼합한다.

① RGB-가법혼색
② CMY-가법혼색
③ Lab-감법가법혼색
④ CMY-감법혼색

해설 | RGB
빛의 삼원색을 이용하여 색을 표현하는 방식이다.
㉠ 색광 혼합(가법 혼색, 가산 혼합, 가색 혼합)이다.
㉡ 색 공간에서 각 색의 값은 0~255이다.
㉢ 색 공간에서 모든 원색을 혼합할수록 명도가 높아져 백색광에 가까워진다. 즉, 빨강(R) + 녹색(G) + 파랑(B) = 흰색(W : White)
㉣ 컴퓨터 모니터와 스크린 같은 빛의 원리로 컬러를 구현하는 장치에서 사용된다.

정답 | 05 ④ 06 ③ 07 ④ 08 ② 09 ④ 10 ①

11 ▸ 21
다음 중 색료 혼합에서 같은 양의 3원색을 혼합한 결과와 가장 가까운 색은?

① 흰색
② 어두운 회색
③ 보라색
④ 자주색

해설 | 색료 혼합의 3원색은 시안(Cyan), 마젠타(Magenta), 노랑(Yellow)을 모두 혼합하면 흑색(Black)이 된다.

12 ▸ 17
감법혼색에서 모든 파장이 제거될 경우 나타날 수 있는 색은?

① 흰색
② 검정
③ 마젠타
④ 노랑

해설 | 감법혼색은 색을 더할수록 밝기가 감소하는 색 혼합이다.

13 ▸ 21, 16
다음 중 감법혼색을 사용하지 않은 것은?

① 컬러 슬라이드
② 컬러 영화필름
③ 컬러 인화사진
④ 컬러 텔레비전

해설 | 컬러 텔레비전은 중간 혼색이다.

14 ▸ 15
컬러 TV의 화면이나 인상파 화가의 점묘법, 직물 등에서 발견되는 색의 혼색방법은?

① 동시감법혼색
② 계시가법혼색
③ 병치가법혼색
④ 감법혼색

해설 | 병치혼합

㉠ 작은 색 점을 섬세하게 병치시키는 방법으로 적(Red), 청(Blue), 녹(Green) 3색의 작은 점들을 멀리 떨어져서 보면 혼색되어 보이는 현상
㉡ 화면에 빨간 점과 파란 점을 무수히 많이 찍으면 멀리서 보라색으로 보인다.
㉢ 신인상파 화가인 쇠라와 시냑이 점묘화를 통해 표현한 방식이다.
㉣ 빛의 혼색 : 컬러 TV혼색
㉤ 색료의 혼색 : 직물의 컬러 인쇄

15 ▸ 15
가산혼합에 대한 설명으로 틀린 것은?

① 가산혼합의 1차색은 감산혼합의 2차색이다.
② 보색을 섞으면 어두운 회색이 된다.
③ 색은 섞을수록 맑아진다.
④ 기본색은 빨강, 녹색, 파랑이다.

해설 | 가산 혼합에서 빨강과 초록인 보색을 섞으면 노랑이 된다.

16 ▸ 14
가법혼색의 3원색은?

① RED, YELLOW, CYAN
② MAGENTA, YELLOW, BLUE
③ RED, GREEN, BLUE
④ RED, YELLOW, GREEN

해설 | 가법혼색의 3원색
파랑(Blue) + 녹색(Green) + 빨강(Red)

정답 | 11 ② 12 ② 13 ④ 14 ③ 15 ② 16 ③

17
▶ 20

감법혼색의 3원색이 아닌 것은?

① Blue
② Cyan
③ Yellow
④ Magenta

해설 | 감법혼색의 3원색은 청색(Cyan), 자주(Magenta), 노랑(Yellow)이다.

18
▶ 19

다음 중 감산혼합을 바르게 설명한 것은?

① 2개 이상의 색을 혼합하면 혼합한 색의 명도는 낮아진다.
② 가법혼색, 색광혼합이라고도 한다.
③ 2개 이상의 색을 혼합하면 색의 수에 관계 없이 명도는 혼합하는 색의 평균 명도가 된다.
④ 2개 이상의 색을 혼합하면 색의 수에 관계 없이 무채색이 된다.

해설 | 감산혼합(감법혼색, 색료혼합)
- ㉠ 색료 혼합, 감법 혼합, 마이너스 혼합이라고 한다.
- ㉡ 색료 혼합의 3원색은 청색(Cyan), 자주(Magenta), 노랑(Yellow)이다.
- ㉢ 2차색의 명도와 채도는 원색보다 낮아진다.
- **㉣ 색료 혼합의 3원색은 시안(Cyan), 마젠타(Magenta), 노랑(Yellow)을 모두 혼합하면 흑색(Black)이 된다.**
- ㉤ 근거리의 혼합은 중간색이 되고, 원거리 색이나 보색 혼합은 검정색에 가까운 어두운 회색이 된다.
- ㉥ 컬러사진, 옵셋 인쇄, 수채화 등에 이 원리가 사용된다.

19
▶ 20

컬러 인화 사진은 대부분 어떤 혼색방법을 이용한 것인가?

① 가법혼색
② 평균혼색
③ 감법혼색
④ 색광혼색

해설 | 문제 18번 해설 참조

20
▶ 20

인쇄의 혼색과정과 동일한 의미의 혼색을 설명하고 있는 것은?

① 컴퓨터 모니터, TV 브라운관에서 보여 지는 혼색
② 팽이를 돌렸을 때 보여 지는 혼색
③ 투명한 색유리를 겹쳐 놓았을 때 보여 지는 혼색
④ 채도 높은 빨강의 물체를 응시한 후 녹색의 잔상이 보이는 혼색

해설 | 감법혼색은 컬러사진, 옵셋 인쇄, 수채화 등에 이 원리가 사용된다. 따라서 투명한 색유리를 겹쳐 놓았을 때 보여 지는 혼색은 감법혼색이다.

21
▶ 17

만화영화는 시간의 차이를 두고 여러 가지 그림이 전개되면서 사람들이 색채를 인식하게 되는데, 이와 같은 원리로 나타나는 혼색은?

① 팽이를 돌렸을 때 나타나는 혼색
② 컬러슬라이드 필름의 혼색
③ 물감을 섞었을 때 나타나는 혼색
④ 6가지 빛의 원색이 혼합되어 흰빛으로 보여 지는 혼색

해설 | 중간혼색으로 회전혼색에 해당된다.
- 회전혼합
  - ㉠ 망막의 동일부에 2개 이상의 색자극이 매우 빠르게 번갈아 도달하면 각각의 색자극을 구별하지 못하고 혼색된 상태로 지각한다.
  - ㉡ 팽이에 절반은 빨간색, 절반은 파란색을 칠하여 회전시키면 보라색으로 보인다.
  - ㉢ 혼색 결과는 칠해진 색의 면적대비에 의한 평균값으로 나타난다.
  - ㉣ 회전원판을 이용한 맥스웰(Maxwell)의 혼색법이 가장 대표적이다.

정답 | 17 ① 18 ① 19 ③ 20 ③ 21 ①

22
오렌지색과 검정색의 색료혼합 결과, 혼합 전의 오렌지색과 비교하였을 때 채도의 변화는?

① 낮아진다.
② 혼합하기 전과 같다.
③ 높아진다.
④ 검정색의 혼합량에 따라 높거나 낮아진다.

해설 | 암청색
순색에 검정을 섞은 색으로 명도와 채도가 모두 낮아진다.

23
다음 색료를 혼색한 결과 중 틀린 것은?

① 마젠타(Magenta) + 시안(Cyan) = 파랑(Blue)
② 빨강(Red) + 파랑(Blue) + 녹(Green) = 흑(Black)
③ 녹(Green) + 마젠타(Magenta) = 노랑(Yellow)
④ 노랑(Yellow) + 마젠타(Magenta) = 빨강(Red)

해설 | 녹(Green) + 마젠타(Magenta) = 회색(Grey)

24
다음 중 중간혼합에 해당하지 않는 것은?

① 회전혼색
② 병치혼색
③ 감법혼색
④ 점묘화

해설 | 중간혼합(중간혼색)
직접적인 혼합이 아니고 주위 조건에 따라 혼합효과가 나타나는 것으로 명도, 채도가 크게 달라지지 않아 중간혼합이라고 한다. 혼합하면 중간명도에 가까워지는 병치혼합과 회전혼합을 말한다. 두 색의 명도가 합쳐진 것의 평균 명도가 된다.

25
다음 중 현색계에 속하지 않는 것은?

① Munsell 색체계
② CIE 색체계
③ NCS 색체계
④ DIN 색체계

해설 | 현색계
㉠ 색채를 표시하는 표색계이다.
㉡ 일정한 번호나 기호를 붙여서 색채를 표시한다.
㉢ 색채 지각의 심리적인 속성인 색상, 명도, 채도에 따라 이루어진다.
㉣ 먼셀 표색계, 오스트발트 표색계가 해당된다.
㉤ 색편의 배열 및 색채 수를 용도에 맞게 조정할 수 있다.
※ 오스트발트 표색계는 현색계로 분류되지만 혼색계의 특징도 가지고 있다.

26
다음 색체계 중 혼색계를 나타내는 것은?

① 먼셀 체계
② NCS 체계
③ CIE 체계
④ DIN 체계

해설 | 혼색계
㉠ 색광을 표시하는 표색계이다.
㉡ 물리적인 변색이 일어나지 않는다.
㉢ 색표계로 변환이 가능하며 오차를 적용할 수 있다.
㉣ 광원의 영향을 받지 않고 심리적·물리적인 빛의 혼색실험에 기초를 두고 있다.
㉤ 측색기로 측색하여 출력된 데이터의 수치나 좌표로 표현한다.
㉥ CIE 표색계가 해당된다.

27
먼셀의 20색상환에서 보색대비의 연결은?

① 노랑 – 남색
② 파랑 – 초록
③ 보라 – 노랑
④ 빨강 – 초록

해설 | ② 파랑 – 주황, ③ 보라 – 연두, ④ 빨강 – 청록

정답 | 22 ① 23 ③ 24 ③ 25 ② 26 ③ 27 ①

28 ▶13
색을 전달하기 위한 색의 표시방법과 관련 있는 것은?

① 먼셀 표기법
② 메타메리즘
③ 유도법
④ 베버와 페히너의 법칙

해설 | ② 메타메리즘 : 광원에 따라 물체의 색이 달라져 보이는 것과는 달리 두 가지의 색이 어떤 광원 아래서는 같은 색으로 보이는 현상
④ 베버와 페히너의 법칙 : 자극의 세기를 높여가면 감각의 세기는 처음에는 급격히 변화하지만, 점차 증가율이 완만해진다는 것

29 ▶21,18
1905년에 색상, 명도, 채도의 3속성에 기반한 색채분류 척도를 고안한 미국의 화가이자 미술 교사였던 사람은?

① 오스트발트
② 헤링
③ 먼셀
④ 저드

해설 | 먼셀 표색계
미국의 화가 먼셀(Munsell)에 의해 1905년에 창안되었다.
우리나라는 한국산업규격(KS)에서 색채 표기법으로 채택하고 있다.
물체 표면의 색 지각을 기초로 심리적인 색의 속성을 색상(H), 명도(V), 채도(C)의 세 가지 속성으로 나누고, HV/C로 표기한다.

30 ▶20
먼셀기호의 표기 방법이 옳은 것은?

① 명도 축은 1단계로 나뉘어져 있다.
② 표기 방법은 HV/C이다.
③ 평행선상에 있는 색은 순색이다.
④ 무채색축의 스케일을 S로 표시한다.

해설 | 먼셀기호는 물체 표면의 색 지각을 기초로 심리적인 색의 속성을 색상(H), 명도(V), 채도(C)의 세 가지 속성으로 나누고, HV/C로 표기한다.

31 ▶19
다음 색 중 명도가 가장 낮은 색은?

① 2R 8/4
② 5Y 6/6
③ 7.8G 4/2
④ 10B 2/2

해설 | 색의 속성을 색상(H), 명도(V), 채도(C)의 세 가지 속성으로 나누고, HV/C로 표기한다. 그러므로 ④번 2가 명도가 가장 낮다.

32 ▶19
다음은 먼셀의 표색계이다. (A)에 맞는 요소는?

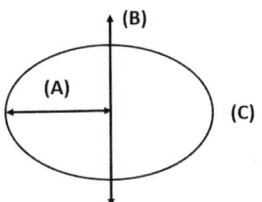

① White
② Hue
③ Chroma
④ Value

해설 | (A)채도 Chroma (B)명도 Value (C)색상 Hue

33
먼셀 색체계의 기본 5색상이 아닌 것은?

① 빨강
② 보라
③ 녹색
④ 자주

해설 | 먼셀 색체계의 적(Red), 황(Yellow), 녹(Green), 청(Blue), 자(Purple)가 기본 5색이다.

34
먼셀 표색계에서 정의한 5개의 기본 색상 중에 해당되지 않는 것은?

① 빨강
② 보라
③ 파랑
④ 주황

해설 | 먼셀 색체계의 적(Red), 황(Yellow), 녹(Green), 청(Blue), 자(Purple)가 기본 5색이다.

35
현재 우리나라 KS규격 색표집 이며 색채 교육용으로 채택된 표색계는?

① 먼셀 표색계
② 오스트발트 표색계
③ 문·스펜서 표색계
④ 져드 표색계

해설 | 먼셀 표색계
미국의 화가 먼셀(Munsell)에 의해 1905년에 창안되었다. 우리나라는 한국산업규격(KS)에서 색채 표기법으로 채택하고 있다.

36
먼셀(Munsell) 색상환에서 GY는 어느 색인가?

① 자주
② 연두
③ 노랑
④ 하늘색

해설 | 먼셀 표색계 표시 예
5GY 6/4는 색상이 연두색의 5GY에 명도가 6이며 채도가 4인 색채로 표시한다.

37
먼셀 표색계의 특징에 관한 설명 중 틀린 것은?

① 명도 5를 중간 명도로 한다.
② 실제 색입체에서 N9.5는 흰색이다.
③ R과 Y의 중간색상은 O로 표시한다.
④ 노랑의 순색은 5Y 8/14이다.

해설 | R과 Y의 중간색상은 YR로 표시한다.

38
먼셀의 색상환에서 PB는 무슨 색인가?

① 주황
② 청록
③ 자주
④ 남색

해설 | PB는 남색이며, 주황은 YR, 청록은 BG, 자주는 RP로 표시한다.

39
먼셀의 20색상환에서 노랑과 거리가 가장 먼 위치의 색상명은?

① 보라
② 남색
③ 파랑
④ 청록

해설 | 노랑과 반대편에 있는 보색인 남색이 거리가 가장 멀다.

정답 | 33 ④ 34 ④ 35 ① 36 ② 37 ③ 38 ④ 39 ②

40
다음 그림과 같은 색입체는?

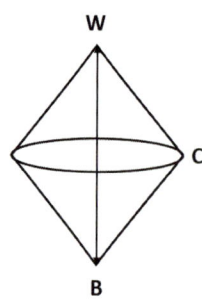

① 오스트발트
② 먼셀
③ L*a*b*
④ 괴테

해설 | 오스트발트 색입체는 정 삼각형 구도의 사선배치로 이루어져 전체적으로 복원추체의 마름모 형태로 구성되어 있다.

41
오스트발트의 색상환을 구성하는 4가지 기본색은 무엇을 근거로 한 것인가?

① 헤링(Hering)의 반대색설
② 뉴턴(Newton)의 광학이론
③ 영·헬름홀츠(Young-Hellnholtz)의 색각이론
④ 맥스웰(Maxwell)의 회전색 원판 혼합이론

해설 | 오스트발트의 색상환은 헤링(Hering)의 4원색 반대색설 이론을 근거로 하고 있다.

42
오스트발트 색상환은 무채색 축을 중심으로 몇 색상이 배열되어 있는가?

① 9
② 10
③ 24
④ 35

해설 | 오스트발트 색상환은 무채색 축을 중심으로 24 색상으로 구성된다.

43
오스트발트 색체계의 설명이 아닌 것은?

① '조화는 질서와 같다.'는 오스트발트의 생각대로 대칭으로 구성되어 있다.
② 색의 3속성을 시각적으로 고른 색채단계가 되도록 구성하였다.
③ 등색상 삼각형 W, B와 평행 선상에 있는 색으로 순색의 혼량이 같은 계열을 등순색 계열이라고 한다.
④ 현실에 존재하지 않는 이상적인 3가지 요소(B, W, C)를 가정하여 물체의 색을 체계화하였다.

해설 | ② 색의 3속성을 시각적으로 고른 색채단계가 되도록 구성하는 것은 먼셀 색체계이다.

44
L*a*b*색 체계에 대한 설명으로 틀린 것은?

① a^*와 b^*는 모두 +값과 -값을 가질 수 있다.
② a^*가 -값이면 빨간색 계열이다.
③ b^*가 +값이면 노란색 계열이다.
④ L이 100이면 흰색이다.

해설 | a^*가 -값이면 초록색 계열이다.

45
CIELAB 모형에서 L이 의미하는 것은?

① 명도
② 채도
③ 색상
④ 순도

해설 | CIE L*a*b* 색공간
㉠ 1976년 CIE가 추천하여 지각적으로 거의 균등한 간격을 가진 색공간이다.
㉡ CIE LAB 색공간(L*a*b* 색공간)은 인간이 색채를 감지하는 노랑-파랑, 초록-빨강의 반대색설에 기초하여 CIE에서 정의한 색공간이다.
㉢ L은 명도, a와 b는 색도 좌표를 나타낸다.
㉣ $+a^*$는 적색 방향, $-a^*$는 녹색 방향, $+b^*$는 황색방향, $-b^*$는 청색 방향을 나타낸다. 중앙은 무색이다.

정답 | 40 ① 41 ① 42 ③ 43 ② 44 ② 45 ①

46 ▶ 18
색명을 분류하는 방법으로 톤(tone)에 대한 설명 중 옳은 것은?

① 명도만을 포함하는 개념이다.
② 채도만을 포함하는 개념이다.
③ 명도와 채도를 포함하는 복합 개념이다.
④ 명도와 색상을 포함하는 복합 개념이다.

해설 | 톤(tone)
　　　색의 명암, 강약, 농담 등 색조를 말한다.

47 ▶ 21
명도와 채도에 관한 유채색의 수식 형용사 중 가장 고채도를 나타내는 것은?

① light
② pale
③ vivid
④ deep

해설 | 톤(tone)
　　　색의 명암, 강약, 농담 등 색조를 말한다.
　　　※ 명도 및 채도에 관한 수식어
　　　　㉠ Vivid : 선명하다/고채도/중명도/순색
　　　　㉡ Light : 연하다/중채도/고명도/순색+회색량
　　　　㉢ Deep : 진하다/고채도/저명도/순색+흑색량
　　　　㉣ Pale : 없다/저채도/고명도/순색+백색량

48 ▶ 16
다음 색 중 관용색명과 계통색명의 연결이 틀린 것은? (단, 한국산업표준 KS 기준)

① 커피색-탁한 갈색
② 개나리색-선명한 연두
③ 딸기색-선명한 빨강
④ 밤색-진한 갈색

해설 | 개나리색은 노랑과 관계가 있다.

49 ▶ 17
식물의 이름에서 유래된 관용색명은?

① 피콕 블루(peacock blue)
② 세피아(sepia)
③ 에메랄드 그린(emerald green)
④ 올리브(olive)

해설 | 식물과 관련 있는 관용색명(고유색명) : 귤색, 밤색, 가지색, 살구색, 복숭아색, 팥색, 올리브(olive)

50 ▶ 17
기본색명(basic color names)에 대한 설명 중 틀린 것은?

① 기본적인 색의 구별을 나타내기 위한 전문 용어이다.
② 국가와 문화에 따라 약간씩 차이가 있다.
③ 한국산업표준(KS) A0011에서는 무채색 기본색명으로 하양, 회색, 검정의 3개를 규정하고 있다.
④ 기본색명에는 스칼렛, 보랏빛 빨강, 금색 등이 있다.

해설 | 기본색명은 색상을 중심으로 구분하여 현재는 국내에서 12개의 색명을 기본색으로 정하고 있다. 12개의 색명은 빨강(적), 주황, 노랑(황), 연두, 초록(녹), 청록, 파랑(청), 남색, 보라, 자주(자), 분홍, 갈색이다.

51 ▶ 16
한국산업표준(KS)의 색이름에 대한 수식어 사용방법을 따르지 않은 색이름은?

① 어두운 보라
② 연두 느낌의 노랑
③ 어두운 적회색
④ 밝은 보랏빛 회색

해설 | 색이름을 나타내는 수식 형용사 : 해맑은, 밝은, 어두운, 짙은, 연한, 칙칙한, 아주 연한, 선명한, 탁한 등이 있다.

정답 | 46 ③ 47 ③ 48 ② 49 ④ 50 ④ 51 ②

52 ▶13
다음 관용색명 중 파랑 계통에 속하는 색은?

① 풀색
② 물색
③ 라벤더색
④ 옥색

해설 | ㉠ 관용색명은 옛날부터 관습상 사용되어온 색명으로 사회적으로 사용되는 색을 말한다.
㉡ 계통색명은 진한 연두, 연한 파랑, 연한 보라, 흐린 초록이다.
㉢ 파랑 계통의 관용색명은 물색이다.

53 ▶14
다음 관용색명 중 유래와 명칭이 잘 찍어진 것은?

① 인명 : 살색(肉)
② 동물 : 살구색
③ 우리말 : 하양
④ 동물 : 고동색

해설 | 관용색명
㉠ 관용색명은 옛날부터 관습상 사용되어온 색명으로 사회적으로 사용되는 색을 말한다.
㉡ 식물, 동물, 광물 등의 이름에서 붙여진 것과 시대, 장소 등이 있다. 자연현상 등에서 이름을 딴 것이 있다.
ⓐ 동물 : 살색(肉)
ⓑ 식물 : 살구색
ⓒ 광물 : 고동색

정답 | 52 ② 53 ③

02-3 색채 조화

> **Pass Note**

예상출제문항	키워드
1~0	- 색채 조화의 공통원리 - 색채 조화론의 종류와 특성 - 문·스펜서의 조화론 - 저드의 색채 조화론	- 배색 방법 - 미도 - 배색 응용 방법

1. 색채 조화의 공통원리

구분	내용
질서의 원리 (principle of Order)	색채조화는 의식할 수 있고 효과적인 반응을 일으키는 질서 있는 계획에 따라 선택된 색채들에서 생긴다.
비모호성의 원리 (principle of Unambiguity)	색채조화는 두 색 이상의 배색에 있어서 석연한 점이 없는 명료한 배색에서만 얻어진다.
동류의 원리 (principle of familiarity)	가장 가까운 색채끼리의 배색은 보는 사람에게 친근감을 주며 조화를 느끼게 된다.
유사의 원리 (principle of similarity)	배색된 색채들이 서로 공통되는 상태와 속성을 가질 때 그 색채군은 조화된다.
대비의 원리 (principle of contrast)	배색된 색채들의 상태와 속성이 서로 반대되면서도 모호한 점이 없을 때 조화를 느낀다.

예제 01 색채조화의 원리 중에서 가장 보편적이며 공통적으로 적용할 수 있는 원리의 조합은? [22]
① 질서성 - 친근성 - 동류성 - 명료성   ② 동류성 - 비모호성 - 친근성 - 합리성
③ 질서성 - 친근성 - 상대성 - 전통성   ④ 상대성 - 합리성 - 예술성 - 객관성

정답 ①

2. 조화의 원리와 배색의 효과

원리	내용
동일, 유사색상의 조화	무난하기는 하나 변화가 작으므로 명도차, 채도차를 둠으로써 대비효과를 준다.
반대색의 조화	대비조화에 있어서 순색끼리의 배색은 너무 강렬하므로 명도를 높이거나 채도를 낮추어 조화시킨다.
무채색의 조화	무채색은 거의 모든 색과 조화되므로 그것을 유사색과 적당히 배색하여 조화효과를 높일 수 있다.

예제 02 다음 중 유사색상 배색의 특징은? [18]
① 동적이다.
② 자극적인 효과를 준다.
③ 부드럽고 온화하다.
④ 대비가 강하다.

정답 ③

3. 오스트발트의 색채조화론

1) 특징
① 정성적 취급방법을 연구하였다.
② 오스트발트의 색 입체에 의하여 공간속에 정연하게 배열한 것을 조화의 조건이라 생각하고 대표색을 24 주요색으로 선택하였다.
③ "채도가 높을수록 면적을 좁게 해야 한다."라는 이론을 내세웠다.

2) 색채 조화의 법칙

(1) 무채색의 조화
① a, c, e, g, i, l, n, p의 무채색 단계 속에서 같은 간격으로 선택된 배색은 조화롭다.
② 간격을 바꾸어 보면 조화의 효과도 변하고 대비의 효과도 달라진다.

> **Note** 무채색의 조화 예시
> 명도 단계 축 a, c, e, g, i, l, n, p의 같은 간격 배색
> a, c, e / e, g, l / a-e-l / e-l-n / a-g-n / c-l-p

(2) 등색상 3각형에 있어서의 조화
① 등백색(Isotint) 계열의 조화
 등색상 3각형 속에서 등백 계열 선상의 색은 조화 한다.
 백색량이 같다고 하는 공통점으로 질서가 생긴다. **앞의 문자가 같은 기호 색 선택**
 예 i - ie - ia, ni - ne - na

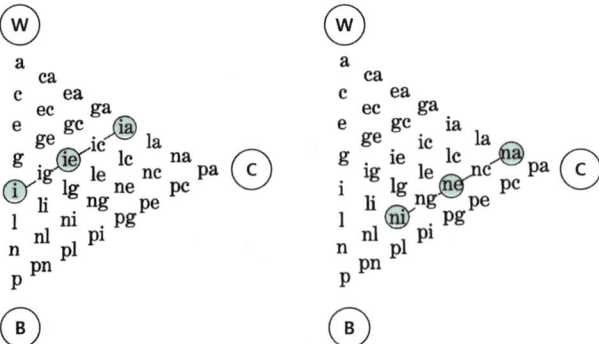

② 등흑색(Isotone) 계열의 조화
  등색상 3각형 속에서 등흑 계열 선상의 색은 조화
  흑색량이 같다고 하는 점에서 **뒤의 문자가 같은 기호 색 선택**
  예 c - gc -lc, ec - ic - nc

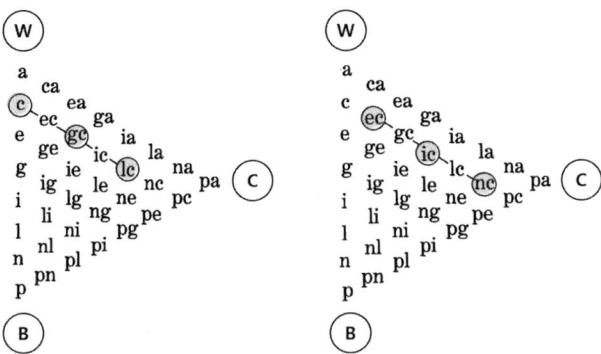

③ 등순색(Isochrome) 계열의 조화
  등색상 3각형의 수직 방향의 등순 계열 선상의 색은 조화(**무채색 축의 수직배열**)
  순색이 같다고 하는 공통성에 의하여 조화
  예 ia - ne - pg, ca - ge - li - pn, gc - lg - pl

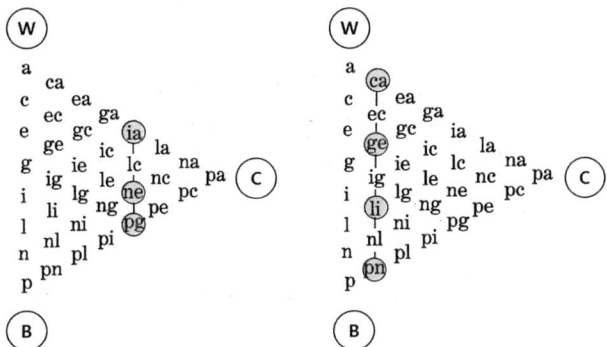

④ 등색상의 조화
  등백, 등흑, 등순계열을 모두 조합시키면 그림과 같은 선택법이 된다.
  등순 계열 속에서 2색(gc,lg)을 선택하고, 이들의 등백 1계열, 등흑 계열의 교차점에 해당하는 색 (lc)을 선택하면 된다.
  예 gc-lg-lc, ie-ni-i

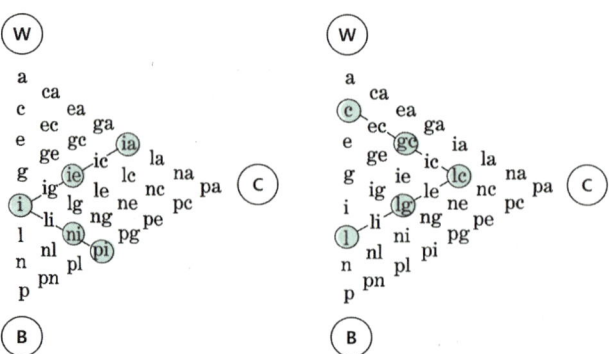

> **Note** 등가치색 계열의 조화
> - 색상기호의 두 글자는 같고 색상번호만 다른 색들의 조화
> - 유사색 조화 : 색상차가 4이하인 경우 약한 대비 조화(예 2ic-4ic, 6ni-10ni)
> - 이색조화 : 색상차가 6~8일 경우의 중간 대조의 배색(예 4pg-12pg)
> - 보색조화 : 오스트 발트의 색환은 24색상이기 때문에 색상차가 12가 되며 보색조화가 된다.
>   (예 2Pa-14Pa)

(3) 윤성 조화(다색 조화)

① 색입체의 3각형속의 하나의 색(ic)을 지나는 수직선의 등순 계열, 위 사변에 평행하는 선 등흑계열, 아래 사변에 평행하는 선 등백 계열 및 수평으로 자른 원 등가 색상환에 놓인 색은 모두 조화롭다.

② 윤성(Ring Star)에 의하여 등백, 흑백, 등순 계열 어디에서도 새로운 등가 색상환을 그을 수 있으므로 조화색은 37색의 다색조화를 이룬다.

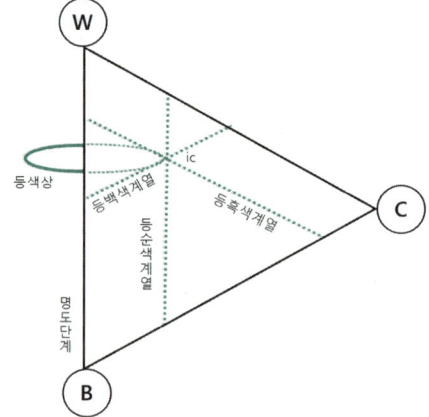

[다색 조화(윤성조화) 선택의 예]

예제 03 오스트발트의 색채 조화론에 관한 다음 설명 중 틀린 것은? [24,21]
① 무채색 단계에서 같은 간격으로 선택한 배색은 조화된다.
② 등색상 3각형의 아래쪽 사변에 평행한 선상의 색들은 조화된다.
③ 등색상 3각형의 위쪽 사변에 평행한 선상의 색들은 조화된다.
④ 색상 일련번호의 차가 6~8일 때 반대색 조화가 생긴다.

정답 ④

 예제 04 오스트발트의 등색상 삼각형에서 등백계열의 조화에 해당하는 것은? [20]
① pn - pi - pe   ② ec - ic - nc
③ ia - lc - nc   ④ gc - lc - lg

정답 ①

 예제 05 오스트발트(W. Ostwald)의 등색상 삼각형의 흰색(W)에서 순색(C) 방향과 평행한 색상의 계열은? [20.16]
① 등순계열   ② 등흑계열
③ 등백계열   ④ 등가색환계열

정답 ②

3) 오스트발트 조화론의 단점

① 색채의 면적 관계를 고려하지 않았으며, 명도에 따른 배색을 고려하지 않은 단점이 있다.
② 고명도의 어두운색과 저명도의 중간색의 혼합이 어렵다.
③ 조화의 기호가 알파벳이므로 숫자로 기억하기 어렵다.

4. 문 · 스펜서(Moon · Spencer)의 조화론

미국의 건축학자인 문과 스펜서는 종래의 감성적이던 색채이론을 보다 **과학적인** 입장에서 설명 정량적 색좌표(Methc color space)상에서 색채조화의 방법을 수학적 공식에 따라 구한다. 먼셀의 색 입체와 흡사한 개념으로 설명되어 **동색상의 것이 가장 무난한 조화**를 이룬다.

1) 색채조화(조화와 부조화)

(1) 색채조화의 원칙

① 두 색의 간격이 애매하지 않는 배색
② 색 입체에 있어서 간단한 기하학적 관계에 있도록 선택된 배색은 서로 조화된다.
③ **균형 있게 선택된 무채색의 배색은 아름다움을 나타낸다.**

(2) 조화

동등조화(Identity)	같은 배색은 조화된다.
유사조화(similarity)	유사한 배색은 조화된다.
대비조화(Contrast)	대비 관계에 있는 배색은 조화된다.

(3) 부조화

제1부조화(First Ambiguity)	• 아주 유사한 배색(서로 판단하기 어려운 배색)은 부조화 된다. • 채도 1~3 차이는 자극을 못 느끼는 제1부조화에 해당한다.
제2부조화(Second Ambiguity)	약간 다른 색의 배색은 부조화 된다.
눈부심(Glare)	극단적인 반대색의 배색은 부조화 된다.

예제 06 문스펜서의 색채 조화론에 대한 설명이 아닌 것은? [22.18]
① 먼셀 표색계에 의해 설명된다.
② 색채 조화론을 보다 과학적으로 설명하도록 정량적으로 취급한다.
③ 색의 3속성에 대하여 시각적으로 고른 색채단계를 가지는 독자적인 색입체로 오메가 공간을 설정하였다.
④ 상호간에 어떤 공통된 속성을 가진 배색으로 등가색조화가 좋은 예이다.

정답 ④

예제 07 문·스펜서(P.Moon and D.E. Spencer)의 색채조화론 중 거리가 먼 것은? [24,18]
① 동일의 조화(identity) ② 유사의 조화(similarity)
③ 대비의 조화(contrast) ④ 통일의 조화(unity)

정답 ④

2) 문 · 스펜서의 면적 효과
① 작은 면적의 강한 색과 큰 면적의 약한 색은 잘 어울린다.
② 무채색의 중간 지점이 되는 N5를 순응점으로 한다.
③ 색의 균형점으로 배색의 심미적 효과를 결정한다.
④ 순응점으로 부터 지정된 색까지의 입체적 거리는 스칼라 모멘트이다.

3) 미도(美度)
① 버크호프(G. D. Birkhoff)의 (미감의 척도)에서 보여준 공식을 사용하여 수량적으로 취급한 것이다.
② 색채 조화론에서는 배색의 아름다움을 계산적으로 구하는 것이 가능
→ 그 수치에 의해서 조화의 정도를 비교하는 정량적 처리 가능

③ 미도공식

$$M = \frac{O}{C}$$ (M : 미도, O : 질서의 요소, C : 복잡성의 요소)

- 미감의 척도
- **복잡성의 요소가 최소일 때 미도는 최대**
- 아름다움은 복잡한 것을 피하고 질서를 확립해 나갈 때 얻어 진다는 것을 의미
- M의 값이 클수록 조화는 잘된다.

> **Note** 미도에 의한 조화론
> - 균형 있게 잘 선택된 무채색의 배색은 유채색의 배색에 비해 뒤떨어지지 않는 미도의 값을 나타낸다.
> - 등색상의 조화는 매우 쾌적한 경향이 있다.
> - **등명도의 배색은 미도가 낮다.**
> - 등색상 및 등채도의 단순한 디자인은 색상을 많이 사용한 복잡한 디자인보다 더 아름답다.
> - 대비 관계도 중요한 요소가 된다.

4) 문·스펜서 색채 조화론의 단점

① **표면색**에 대해서만 거론되고 있다.
② 면적 효과를 **색의 3속성 관계**에 의해서만 결정하는 것은 부적합하다.
③ 대비가 **질서의 요소**라고 보는 논리는 무의미하다.
④ 색의 연상, 기호, 상징성은 고려하지 않았다.

"M = O/C"는 문·스펜서의 미도를 나타내는 공식이다. "O"는 무엇을 나타내는가? [24,17]
① 환경의 요소　　　　　② 복잡성의 요소
③ 구성의 요소　　　　　④ 질서성의 요소

정답 ④

5. 저드의 조화론

원리	내용
질서의 원리	• 질서가 있는 계획에 의해서 선택될 때 색채는 조화롭다.
친근성(숙지)의 원리	• 관찰자에게 잘 알려져 있는 배색이 조화를 이룬다. • 자연계의 색으로 쉽게 접하는 색은 조화된다.
동류(유사)의 원리	• 두 색이 부조화한 색일 경우, 공통의 양상과 성질을 가진 것으로 배색하면 조화롭다. • 색상이 같으면 공통성이 가장 뚜렷해진다. • 공통성은 실용상 네 가지 원리 가운데 가장 기본적인 것
명백성의 원리 (비모호성의 원리)	• 색채조화는 두색 이상의 배색에 있어서 애매하지 않은 명료한 배색에서만 조화롭다.

저드(D.B. Judd)의 색채 조화의 4원리가 아닌 것은? [20.16]
① 대비의 원리 ② 질서의 원리
③ 친근감의 원리 ④ 명료성의 원리

정답 ①

6. 슈브뢸(M·E. Chevereul)의 조화론

원리	내용
인접색의 조화	가까운 관계에 있거나 유사할 때 또는 보색 관계에 있거나 강한 대비 상태일 때 조화롭다.
반대색의 조화	보색이나 반대하는 색의 관계를 통한 대비는 조화롭다.
근접 보색의 조화	근접 보색 관계를 통한 대조는 조화롭다.
등간격 3색의 조화	색상환에서 등 간격 3색의 배열에 있는 3색의 배합을 가리키는 말이다.
주조색의 조화	지배적인 한 가지색이 전체에 부드럽게 깔리면 여러 색들을 효과적으로 종합 유도해 낼 수 있다.

 슈브뢸(M·E. Chevreul)의 색채조화 원리가 아닌 것은? [19]
① 분리효과 ② 도미넌트컬러
③ 등간격 2색의 조화 ④ 보색배색의 조화

정답 ③

7. 비렌(F. birren)의 색채조화론

① 오스트발트 조화론의 복잡한 기호 표시법에 의한 이론을 색 이름의 톤 분류법 등에 의해 단순화시켰다.
② 오스트발트 조화론을 실용화시키는데 공헌하였다.
③ 색 3각형을 작도하고, 순색, 흰색, 검정색을 꼭지점에 위치시킨 뒤 각 연장선상에 색상의 변화를 주었다.
④ 장파장의 색상은 시간의 경과를 길게 느끼고 단파장의 색상은 시간의 경과를 짧게 느낀다는 색채의 기능주의적 사용법을 역설하였다.
⑤ 비렌은 흰색, 검정색, 순색(빨강)을 꼭지점으로 하는 색삼각형은 Color(순색), White(흰색), Black(검정색), Gray(회색), Tint(밝은 색조), Shade(어두운 색조), Tone(톤)의 7가지 색조군으로 분류하였다.
⑥ 비렌의 색삼각형은 검정색과 흰색를 각각 100으로 놓고 이 두 색의 값을 뺀 나머지가 순색의 값이 된다.

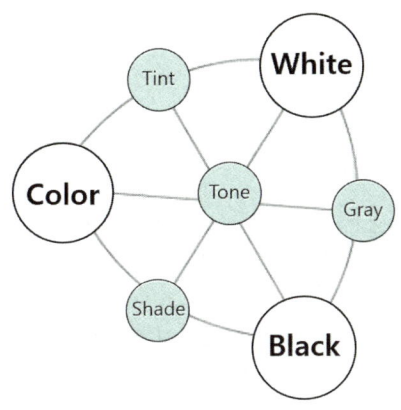

[비렌의 색 삼각형]

※ 비렌의 색조군
- 순색 + 흰색 = 명색조(Tint)
- 흰색 + 검정색 = 회색(Gray)
- 검정색 + 순색 = 암색조(Shade)
- 순색 + 흰색 + 검정색 = 톤(tone)

예제 11 비렌의 색채조화 원리에서 가장 단순한 조화이면서 일반으로 깨끗하고 신선해 보이는 조화는? [20.16]
① COLOR-SHADE-BLACK
② TINT-TONE-SHADE
③ COLOR-TINT-WHITE
④ WHITE-GRAY-BLACY

정답 ③

8. 색채의 배색

1) 배색의 고려사항

① 심리적 작용 및 인간의 행동, 작업능률을 고려한다.
② 사용하는 목적과 환경에 적합하도록 할 것
③ 색료의 광학성, 조명에 의한 영향을 고려해야 한다.
④ 색의 배치나 면적을 고려하여 목적하는 효과를 얻도록 할 것
⑤ 사용되는 재질과 형체를 고려하여 조화되도록 할 것
⑥ 밝은 배색인지 어두운 배색인지를 미리 계획할 것
⑦ 유행에 맞는 배색을 고려해야 한다.

2) 배색방법

차이	배색	특징
색상 차이	동일색상의 배색	• 서로 인접한 색에 의한 배색 • 따뜻함, 차가움, 부드러움, 딱딱함 등 일관된 통일감을 형성한다. • 적색과 주황색, 황색과 적자색 등
	유사색상(인근색)의 배색	• 색상 차가 유사한 배색방법이며 명도 차, 채도 차를 크게 하면 조화된 배색이 된다. • 적색·주황색·황색·자주색의 유사는 즐거운 느낌을 주고, 녹색·청색·남색은 쓸쓸한 느낌을 준다.
	반대색상의 배색	• 서로 대비가 되는 색상 차가 큰 배색방법으로서 화려하고 강한 느낌을 준다. • 따뜻함과 차가움, 부드러움과 딱딱함 등 상대적인 이미지를 가지는 색상끼리의 배색이다. • 분명하고 동적인 화려함의 이미지를 느끼게 한다.
명도 차이	명도 차가 작은 배색	• 고명도 + 고명도 : 밝고 경쾌한 느낌 • 중명도 + 중명도 : 변화가 적고 단조로운 느낌 • 저명도 + 저명도 : 무겁고 어두운 느낌
	명도 차가 중간인 배색	• 고명도 + 중명도 : 경쾌하고 온건하며 비교적 밝은 느낌 • 중명도 + 저명도 : 다소 어두우나 안정된 느낌
	명도 차가 큰 배색	• 고명도 + 저명도 : 명확하고 명쾌한 느낌
채도 차이	채도 차가 작은 배색	• 고채도 + 고채도 : 자극적이며 강하고 화려한 느낌 • 중채도 + 중채도 : 안정감이 있고 점잖은 느낌 • 저채도 + 저채도 점잖고 약한 느낌
	채도 차가 중간인 배색	• 고채도 + 중채도, 중채도 + 저채도 : 점잖고 안정된 느낌
	채도 차가 큰 배색	• 고채도 + 저채도 화려하지만 안정된 느낌

예제 12 다음 중 가장 부드러운 느낌을 주는 색은? [22]
① 저명도, 고채도의 색　　② 저명도, 저채도의 색
③ 고명도, 저채도의 색　　④ 고명도, 고채도의 색

정답 ③

배색에 관한 일반적인 설명으로 옳은 것은? [19]

① 가장 넓은 면적의 부분에 주로 적용되는 색체를 보조색이라고 한다.
② 통일감 있는 색채 계획을 위해 보조색은 전체 색체의 50% 이상을 동일한 색채로 사용하여야 한다.
③ 보조색은 항상 무채색을 적용해야 한다.
④ 강조색은 주로 작은 면적에 사용되면서 시선을 집중시키는 효과를 나타낸다.

정답 ④

3) 배색의 응용

배색	내용
도미넌트 (dominant)	• 색이나 형태, 질감 등에 공통조건을 만들어 전체에 통일감을 주는 배색기법이다. 색상, 채도, 명도, 톤 도미넌트 배색의 4종류가 있다. • 공통적, 통일감이 느껴지는 배색
톤 온 톤 (tone on tone)	• 동일 색상 내에서 '톤을 겹친다.' 라는 의미로 두 가지 색의 명도 차를 비교적 크게 두어 배색하는 방법 • 화합적, 평화적, 안정적, 차분한 느낌의 배색
톤 인 톤 (tone in tone)	• 비슷한 톤의 조합에 의한 배색으로, 색상은 동일한 톤을 원칙으로 하여 인접 또는 유사색상의 범위 내에서 선택한다.
까마이외 (Camaieu)	• 거의 동일한 색상에 미세한 명도차를 주는 배색 • 온화한 이미지 배색
포 까마이외 (Faux camaieu)	• 까마이외(Camaieu) 배색과 거의 동일하나 주위의 톤으로 배색하는 차이점이 있다. • 통일감있는 조화로운 배색
분리 (separation)	• 색상과 톤이 비슷할 때나 전체 배색에서 희미하고 애매한 인상이 들 때 접합된 색과 색 사이에 분리 색 한 가지를 삽입함으로써 조화시키는 기법이다. • 분리색으로 주로 무채색 사용 예 흰색, 검정의 무채색에 금색 은색 등의 메탈릭 색을 삽입하여 배색의 미적 효과를 높일 수 있다.
토널 (tonal)	• 톤 인 톤 배색과 비슷하며 중명도·중채도의 중간색의 덜(dull) 톤을 사용하는 배색기법이다. • 소극적, 안정, 편안함이 느껴지는 배색
연속 (gradation)	• 점점 명도가 낮아지거나 순차적으로 색상이 변하는 등 연속적인 변화의 방법이 점이적인 배색이다. • 색채의 조화로운 배열에 의해 시각적인 유목감(사람의 시선을 끄는)을 준다.
반복 (repetition)	• 두 색의 배색을 하나의 유닛 단위로 하여 그것을 되풀이하면서 조화의 효과를 내는 배색기법이다. • 리듬감이 느껴지는 배색
강조 (accent)	• 단조로운 배색에 대조적인 색을 소량 삽입하여 전체의 상태를 돋보이게 하는 방법이다. • 주조색을 돋보이게 하기 위한 보조색으로 주로 무채색을 사용한다. • 강조색은 주조색과 대조적인 색상이나 톤을 사용 • 시선 집중 효과

예제 14 연기 속으로 사라진다는 뜻으로 색을 미묘하게 연속 변화시켜 형태의 윤곽이 엷은 안개에 쌓인 것처럼 차차 사라지게 하는 기법은? [19]

① 그라데이션(gradation) ② 데칼코마니(decalcomanie)
③ 스푸마토(sfumato) ④ 메조틴트(mezzotint)

정답 ③

 예제 15 분리배색효과에 대한 설명이 틀린 것은? [14]

① 색상과 톤이 유사한 배색일 경우 세퍼레이션 컬러를 선택하여 명쾌한 느낌을 줄 수 있다.
② 스테인드글라스는 세퍼레이션 색채로 무채색을 이용한 금속색을 적용한 대표적인 예이다.
③ 색상과 톤의 차이가 큰 콘트라스트 배색인 빨강과 청록사이에 검은색을 넣어 온화한 이미지를 연출한다.
④ 슈브럴의 조화이론을 기본으로 한 배색방법이다.

정답 ③

핵심 기출문제

02-3 색채 조화

01 ▶ 19
색의 조화에 관한 설명 중 옳은 것은?

① 색채의 조화, 부조화는 주관적인 것이기 때문에 인간 공통의 어떠한 법칙을 찾아내는 것은 불가능하다.
② 일반적으로 조화는 질서 있는 배색에서 생긴다.
③ 문·스펜서 조화론은 오스트발트 표색계를 사용한 것이다.
④ 오스트발트 조화론은 먼셀 표색계를 사용한 것이다.

해설 | ① 색채의 조화, 부조화는 인간 공통의 어떠한 법칙을 찾아내는 것이 가능하다.
③ 문·스펜서 조화론은 먼셀 표색계를 사용한 것이다.
④ 오스트발트 조화론은 오스트발트 표색계를 사용한 것이다.

02 ▶ 14
색채계에서 "규칙적으로 선택된 색은 조화된다."라는 원리는?

① 동류성의 원리
② 질서의 원리
③ 친근성의 원리
④ 명료성의 원리

해설 | 질서의원리(principle of Order)
색채조화는 의식할 수 있고 효과적인 반응을 일으키는 질서 있는 계획에 따라 규칙적으로 선택된 색채들에서 생긴다.

03 ▶ 16
오스트발트 색체계에서 등순계열의 조화에 해당하는 것은?

① ca - ea - ga - ia
② pa - pc - pe - pg
③ ig - le - ne - pa
④ gc - ie - lg - ni

해설 | 등순색(Isochrome) 계열의 조화
등색상 3각형의 수직 방향의 등순 계열 선상의 색은 조화(무채색 축의 수직배열)
순색이 같다고 하는 공통성에 의하여 조화
gc – ie – lg – ni

04 ▶ 19
오스트발트의 색채조화론에 관한 내용으로 틀린 것은?

① 무채색 조화
② 등색상 삼각형에서의 조화
③ 등가 색환에서의 조화
④ 대비 조화

해설 | 대비 조화는 문·스펜서의 조화론이다.

05 ▶ 17
오스트발트의 조화론과 관계가 없는 것은?

① 다색조화
② 등가색환에서의 조화
③ 무채색의 조화
④ 제 1 부조화

해설 | 오스트발트의 조화론
㉠ 무채색의 조화
㉡ 등색상 삼각형에서의 조화
㉢ 윤성조화(다색조화)
㉣ 2색상 조화

정답 | 01 ② 02 ② 03 ④ 04 ④ 05 ④

06 ▶14
오스트발트의 등가색환에서 조화에 대한 설명 중 올바른 것은?(24색상 기준)

① 색상차가 4 이하일 때 보색 조화라 부른다.
② 색상차가 6~8일 때 유사색 조화라 부른다.
③ 색상차가 12일 때 이색조화라 부른다.
④ 2간격 3색상 조화는 매우 약한 대비의 조화가 된다.

해설 | ① 색상차가 12간격대일 때 보색조화라 부른다.
② 색상차가 2, 3, 4 간격대일 때 유사색조화라 부른다.
③ 색상차가 6, 7, 8 간격대일 때 이색조화라 부른다.

07 ▶13
오스트발트 색채조화론에 관한 설명으로 틀린 것은?

① 무채색 단계에서 같은 간격으로 선택한 배색은 조화된다.
② 등색상 3각형의 아래쪽 사변에 평행한 선상의 색들을 조화된다.
③ 등색상 3각형의 위쪽 사변에 평행한 선상의 색들은 조화된다.
④ 색상 일련번호의 차가 8~9일 때 유사색 조화가 생긴다.

해설 | 색상차가 4 이하일 때는 유사색의 조화, 6~8일 경우는 이색조화가 된다.

08 ▶13
오스트발트의 색채조화론에서 무채색 축의 기호가 아닌 것은?

① a ② c ③ e ④ k

해설 | 오스트발트는 헤링의 4원색 이론을 기본으로 24색상을 기본색으로 구성하였으며, 백색량과 흑색량의 함량 비율을 a, c, e, g, i, l, n, p(8단계)의 기호로 나타내었다.

09 ▶21
다음 문·스펜서의 색채조화론 중 맞지 않는 것은?

① 동일의 조화(identity)
② 유사의 조화(similarity)
③ 대비의 조화(contrast)
④ 통일의 조화(unity)

해설 | 문·스펜서의 색채 조화론
㉠ 동등조화(Identity) – 같은 배색은 조화된다.
㉡ 유사조화(similarity) – 유사한 배색은 조화된다.
㉢ 대비조화(Contrast) – 대비 관계에 있는 배색은 조화된다.

10 ▶20
복잡한 가운데 질서의 요소를 미(美)의 기준으로 보고, 색의 속성을 고려한 독자적인 색공간을 가정하여 조화 관계를 주장한 사람은?

① W. Ostwald
② Munsell
③ P. Moon & E. Spencer
④ Faber Birren

해설 | 복잡한 가운데 질서의 요소를 미(美)의 기준으로 보고, 색의 속성을 고려한 독자적인 색공간을 가정하여 조화 관계를 주장한 사람은 문·스펜서이다.

11 ▶20,18
문·스펜서(P.Moon &D. E. Spencer)의 색채조화론에 대한 설명 중 틀린 것은?

① 먼셀 색체계로 설명이 가능하다.
② 정량적으로 표현이 가능하다.
③ 오메가 공간으로 설정되어 있다.
④ 색채의 면적관계를 고려하지 않는다.

해설 | 문·스펜서의 면적 효과
㉠ 작은 면적의 강한 색과 큰 면적의 약한 색은 잘 어울린다.
㉡ 무채색의 중간 지점이 되는 N5를 순응점으로 한다.
㉢ 색의 균형점으로 배색의 심미적 효과를 결정한다.
㉣ 순응점으로 부터 지정된 색까지의 입체적 거리는 스칼라 모멘트이다.

정답 | 06 ④ 07 ④ 08 ④ 09 ④ 10 ③ 11 ④

12
문·스펜서의 색상에 대한 균형점(balance point)에서 채도의 경우 자극을 못 느끼는 수치는?

① 3 이하 ② 3 이상
③ 7 이하 ④ 7 이상

해설 | 제1부조화(First Ambiguity)
㉠ 아주 유사한 배색(서로 판단하기 어려운 배색)은 부조화 된다.
㉡ 채도 1～3 차이는 자극을 못 느끼는 제1부조화에 해당한다.

13
문·스펜서의 조화론에서 색의 중심이 되는 순응점은?

① N5 ② N7 ③ N9 ④ N10

해설 | 문·스펜서의 조화론에서 색의 중심이 되는 순응점은 무채색의 중간지점이 되는 N5이다.

14
문·스펜서의 색채조화론 중 조화의 영역이 아닌 것은?

① 동일 조화 ② 유사 조화
③ 대비 조화 ④ 눈부심

해설 | 문·스펜서의 색채 조화론
㉠ 동등조화(Identity) – 같은 배색은 조화된다.
㉡ 유사조화(similarity) – 유사한 배색은 조화된다.
㉢ 대비조화(Contrast) – 대비 관계에 있는 배색은 조화된다.

15
문·스펜서의 색채조화 이론에서 조화의 내용이 아닌 것은?

① 입체 조화 ② 동일 조화
③ 유사 조화 ④ 대비 조화

해설 | 문제 14 해설 참조

16
색을 지각적으로 고른 감도의 오메가 공간을 만들어 조화시킨 색채 학자는?

① 오스트발트 ② 먼셀
③ 문·스펜서 ④ 비렌

해설 | 문제 14번 해설 참조

17
문·스펜서의 조화론 중 유사조화에 해당되는 색상은? (단, 기본색이 R인 경우)

① YR ② P
③ B   ④ G

해설 | 유사조화:색상이 같은 성격이나 비슷한 성격으로 서로 잘 어울리는 것을 말한다.

18
문·스펜서의 색채조화론에 대한 설명 중 틀린 것은?

① 조화는 동등조화, 유사조화, 대비조화가 있다.
② 부조화는 제1부조화, 제2부조화, 눈부심이 있다.
③ 미도가 0.5 이상으로 높아질수록 점점 부조화가 된다.
④ 작은 면적의 강한 색과 큰 면적의 약한 색과는 어울린다.

해설 | 미도가 0.5 이상이면 아름다운 배색 즉 조화로운 배색이라고 한다.
미도 = 질서의 요소 / 복잡함의 요소 = (0.5 < 좋은 배색)

정답 | 12 ① 13 ① 14 ④ 15 ① 16 ③ 17 ① 18 ③

19 ▶ 13
다음 중 문·스펜서(P.Moon and D.E.Spencer)의 색채조화론에 대한 설명으로 옳은 것은?

① 색의 면적 효과에서 작은 면적의 강한 색과 큰 면적의 약한 색과는 잘 조화된다.
② 색상환을 24등분하고 명도단계를 8등분하여 등색상 삼각형을 만들고 이것을 28등분하였다.
③ 미국의 CCA(Container Corporation of America)에서 컬러 하모니 매뉴얼(Color Harmony Manual)을 간행하면서 실제 면에 이용되었다.
④ 질서의 원리, 숙지의 원리, 동류의 원리, 비모호성의 원리 등이 있다.

해설 | 문·스펜서(P.Moon and D.E.Spencer)의 색채 조화론은 작은 면적의 강한 색과 큰 면적의 약한 색은 어울린다는 면적 효과와 조화와 부조화의 관계를 미도계산으로 산출하여 '오메가 공간'에서 정량적인 색좌표에 의해서 과학적으로 설명하였다.
②와 ③은 오스트발트 색채
④는 저드의 색채조화론

20 ▶ 13
문·스펜서의 색채 조화론에 관한 설명 중 틀린 것은?

① 배색 조화의 법칙에 분명한 체계성을 부여하려 했다.
② 이 이론은 실용적인 가치가 크다.
③ 배색의 쾌적도를 실험적으로 증명하려고 하였다.
④ 컴퓨터그래픽 분야에서 정량적인 분석에 의한 색채 조명을 가능하게 할 수 있다

해설 | 배색의 아름다움을 오메가 공간을 이용하여 정량적인 수치 구하고 했다. 이와 같은 계산을 통해 배색을 결정하는 디자이너는 한 사람도 없을 것이다. 이 점에서 실용적인 가치는 없을지 모른다.

21 ▶ 17
'가을의 붉은 단풍잎, 붉은 저녁 노을, 겨울 풍경색 등과 같이 친숙한 것들을 아름답게 생각하는 것'을 저드의 색채 조화이론으로 설명한다면 어느 원리인가?

① 질서의 원리   ② 비모호성의 원리
③ 친근감의 원리 ④ 동류성의 원리

해설 | 친근감의 원리
㉠ 관찰자에게 잘 알려져 있는 배색이 조화를 이룬다.
㉡ 자연계의 색으로 쉽게 접하는 색은 조화된다.

22 ▶ 18
색채조화 이론에서 보색조화와 유사색조화 이론과 관계있는 사람은?

① 슈브뢸(M.E.Chevreul)
② 베졸드(Bezold)
③ 브뤼케(Brucke)
④ 럼포드(Rumford)

해설 | 색채조화 이론에서 보색조화와 유사색조화 이론과 관계있는 사람은 슈브뢸(M.E.Chevreul)이다.

23 ▶ 20
순색의 채도가 높은 것끼리 짝지어진 것은?

① 노랑, 주황
② 회색, 초록
③ 연두, 청록
④ 초록, 파랑

해설 | 노랑 5Y 8.5/14, 주황 2.5YR8/14로 가장 높다. 채도 값은 초록10, 연두10, 청록8, 파랑10 이다.

정답 | 19 ① 20 ② 21 ③ 22 ① 23 ①

24 ▶ 20

파버 비렌(faber birren)의 색채와 형태 연결이 맞는 것은?

① 빨강 : 정사각형
② 주황 : 삼각형
③ 노랑 : 직사각형
④ 파랑 : 육각형

해설 | ① 빨강 : 정사각형
② 주황 : 직사각형
③ 노랑 : 삼각형 또는 삼각추
④ 파랑 : 원, 공 모양

25 ▶ 17

먼셀의 색채조화이론 핵심인 균형원리에서 각 색들이 가장 조화로운 배색을 이루는 평균 명도는?

① N4
② N3
③ N5
④ N2

해설 | 먼셀의 색채조화이론
㉠ 평균명도가 N5가 되는 색들은 조화된다.
㉡ 중간 정도 채도의 보색은 동일 면적으로 배색할 때 조화를 이룬다.
㉢ 명도는 같으나 채도가 다른 색들은 조화를 이룬다.

26 ▶ 15

먼셀의 색채조화 원리에 대한 설명으로 틀린 것은?

① 평균명도가 N5가 되는 색들은 조화된다.
② 중간 정도 채도의 보색은 동일 면적으로 배색할 때 조화를 이룬다.
③ 명도는 같으나 채도가 다른 색들은 조화를 이룬다.
④ 색상이 다른 여러 색을 배색할 경우 동일한 명도와 채도를 적용하면 조화를 이루지 못한다.

해설 | 색상이 다른 여러 색을 배색할 경우 명도와 채도를 같게 하면 조화롭다.

27 ▶ 16

두 가지 이상의 색을 목적에 알맞게 조화되도록 만드는 것은?

① 배색
② 대비조화
③ 유사조화
④ 대응색

해설 | 두 가지 이상의 색을 목적에 알맞게 조화되도록 만드는 것은 배색이다.

28 ▶ 20

다음 배색 중 가장 차분한 느낌을 주는 것은?

① 빨강 - 흰색 - 검정
② 하늘색 - 흰색 - 회색
③ 주황 - 초록 - 보라
④ 빨강 - 흰색 - 분홍

해설 | 톤 인 톤(tone in tone) 배색
비슷한 톤의 조합에 의한 배색으로, 색상은 동일한 톤을 원칙으로 하여 인접 또는 유사색상의 범위 내에서 선택한다.
온화하고 부드러운 효과를 준다.

29 ▶ 18

다음 중 유사색상의 배색은?

① 빨강 - 노랑
② 연두 - 녹색
③ 흰색 - 흑색
④ 검정 - 파랑

해설 | 유사색상(인근색)의 배색
색상 차가 유사한 배색방법이며 명도 차, 채도 차를 크게 하면 조화된 배색이 된다.
적색·주황색·황색·자주색의 유사는 즐거운 느낌을 주고, 녹색·청색·남색은 쓸쓸한 느낌을 준다.

정답 | 24 ① 25 ③ 26 ④ 27 ① 28 ② 29 ②

30

▶ 16, 14

배색방법 중 하나로 단계적으로 명도, 채도, 색상, 톤의 배열에 따라서 시각적인 자연스러움을 주는 것으로 3색 이상의 다색배색에서 이와 같은 효과를 낼 수 있는 배색방법은?

① 반복배색
② 강조배색
③ 연속배색
④ 트리콜로 배색

해설 | ① 반복배색 : 2색 이상을 반복 사용하여 일정한 질서를 유도하여 조화를 이루는 배색
② 강조배색 : 단조로운 배색에 대조 색을 소량 덧붙임으로서 전체를 돋보이게 하는 배색
④ 트리콜로 배색 : 하나의 면을 세 가지로 나누는 배색으로 강렬하고 대비가 강하며 안정감이 높은 배색

31

▶ 14

다음에 제시된 A, B 두 배색의 공통점은?

A : 분홍, 선명한 빨강, 연한분홍, 어두운 빨강, 탁한 빨강
B : 명도5 회색, 파랑, 어두운 파랑, 연한 하늘색, 회색 띤 파랑

① 다색배색으로 색상차이가 동일한 유사색 배색이다.
② 동일한 색상에 톤의 변화를 준 톤온톤 배색이다.
③ 빨간색의 동일 채도 배색이다.
④ 파란색과 무채색을 이용한 강조 배색이다.

해설 | 톤 온 톤(tone on tone)배색
㉠ 동일 색상 내에서 '톤을 겹친다.'라는 의미로 두 가지 색의 명도 차를 비교적 크게 두어 배색하는 방법
㉡ 화합적, 평화적, 안정적, 차분한 느낌의 배색

02-4 색채 심리

> **Pass Note**

예상출제문항	키워드
3~2	– 색채 대비 종류와 특징 – 잔상	– 색의 감정적인 효과와 특성 – 동화 현상(베졸드 효과)

1. 색의 지각적 효과

1) 색의 감각

(1) 동시대비

두 색 이상을 볼 때 나타나는 현상

어떤 색이 다른 색의 영향으로 실제와 다른 색으로 변해 보이는 현상

종류	내용
색상대비	• 두 가지 이상의 색을 동시에 볼 때 각 색상의 차이가 실제의 색과는 달라 보이는 현상 • 배경이 되는 색이나 근접색의 보색 잔상의 영향으로 색상이 몇 단계 이동된 느낌을 받는다. • 빨간 바탕위의 주황색은 노란색의 느낌이, 노란색 바탕 위의 주황색은 빨간색의 느낌이 난다. • 무채색의 대비, 유채색의 대비, 무채색과 유채색의 대비가 일어나지 않는다.
명도대비	• 명도가 다른 색을 조합했을 때 밝은 색은 보다 밝게 어두운 색은 보다 어둡게 보이는 현상
채도대비	• 어떤 색의 주위에 그것보다 선명한 색이 있으면 그 색의 채도가 원래 가지고 있는 채도보다 낮게 보이는 현상 • 배경색의 채도가 낮으면 도형의 색이 더욱 선명해 보인다.
보색대비	• 색상차가 가장 큰 보색끼리 조합 했을 때 서로 다른 색의 채도를 강조하기 위해 더 선명하게 보이는 현상

 예제 01
어느 중간색을 그 색과 같은 색상의 밝은 색 위에 위치하면 원래의 색보다 훨씬 탁한 색으로 보이고 무채색 위에 위치하면 원래의 색보다 맑은 색으로 보인다. 이러한 대비는? [21]

① 색상대비　　② 명도대비　　③ 채도대비　　④ 보색대비

정답 ③

예제 02
다음 ( )의 내용으로 옳은 것은? [18]

• 서로 다른 두 색이 인접했을 때 서로의 영향으로 밝은 색은 더욱 밝아 보이고, 어두운 색은 더욱 어두워 보이는 현상을 (　)대비라고 한다.

① 색상　　② 채도　　③ 명도　　④ 동시

정답 ③

(2) 동시대비의 변화
   ① 색상 대비 : 무채색의 대비, 유채색의 대비, 무채색과 유채색의 대비가 일어나지 않는다.
   ② 명도 대비 : 무채색의 대비, 유채색의 대비, 무채색과 유채색의 대비가 일어난다.
   ③ 채도 대비 : 유채색의 대비, 무채색과 유채색의 대비가 일어난다.
   ④ 보색 대비 : 유채색의 대비, 무채색과 유채색의 대비가 일어난다.

(3) 계시대비(successive contrast)
   ① 어떤 색을 본 후에 다른 색을 보면 단독으로 볼 때와는 다르게 보이는 현상
   ② 보색잔상의 영향으로 먼저 본 색의 보색이 나중에 보는 색에 혼합되어 보이는 것과 관련된 대비이며, 계속대비 또는 연속대비라고도 한다.
   ③ 예를 들면 빨간색을 본 후 흰색을 보면 순간적으로 청록색으로 보이는 현상

예제 03 빨강색을 30초 이상 응시하다 흰색 화면을 보면 나타나는 색은? [21]
① 주황　　　② 청록　　　③ 검정　　　④ 파랑

정답 ②

(4) 연변대비
   ① 이웃한 색이 서로 인접한 부근에서 더 강한 대비가 느껴지는 현상
   ② 무채색은 명도 단계 배열시, 유채색은 색상별로 배열 시 나타난다.
   ③ 두 색의 경계부분에서 색의 3속성별로 대비현상이 더욱 강하게 나타나는 현상

(5) 면적대비(Area Contrast)
   ① 면적의 크고 작음에 의해서 색이 다르게 보이는 현상이다.
   ② 큰 면적의 색은 실제보다 명도와 채도가 높아 보이며 밝고 선명하게 보이나, 작은 면적의 색은 실제보다 명도와 채도가 낮아 보인다.
   ③ 매스 효과 : 동일 색상의 경우, 큰 면적의 색은 작은 면적의 색 견본을 보는 것보다 화려하고 박력이 가해진 인상으로 보이는 것

(6) 한난대비
   차고 따뜻한 색을 서로 같이 놓았을 때를 말한다. 한난대비는 고도의 회화적인 효과를 생성시키는데 이용된다. 풍경화의 경우 멀리 있는 물체일수록 한색을 사용하고 가까이 있는 물체일 때는 난색을 많이 사용한다. 이것은 표현적인 효과나 원근의 효과를 내는데 중요한 표현수단이 된다. 계절색도 한난대비로 나타난다.

예제 04 옷감을 고를 때 작은 견본을 보고 고른 후 옷이 완성된 후에는 예상과 달리 색상이 뚜렷한 경우가 있다. 이것은 다음 중 어느 것과 관련이 있는가? [19.14]
① 보색대비　　② 연변대비　　③ 색상대비　　④ 면적대비

정답 ④

허먼(헤르만) 그리드 현상(Hermann Grid Illusion)
근접해 있는 색을 망막 세포가 지각할 때 두 색의 차이가 원래보다 강조된 상태로 지각되는 경우가 있는데, 이는 교차되는 지점에 잔상이 생겨 대비 효과를 보이기 때문이다. 이를 허먼 그리드 현상이라 하며 일종의 연변대비라 할 수 있다. 그림처럼 백색 띠가 교차하는 곳에 그림자가 보이는데, 이는 백색교차 부분이 다른 곳에 비해 검은색으로부터 멀어지므로 대비가 약해져 거무스름하게 보이는 것이다.

(7) 동화 현상(베졸드 효과)
① 옆에 있는 색이나 주위의 색과 닮아 보이는 현상
② 전파효과 : 하나의 색이 다른 색 위에서 넓혀 가려는 것처럼 보이는 효과
③ 혼색효과 : 혼색되려는 효과
   예 검정에 싸인 흰색은 주위의 흰색보다 어둡게 보인다. 가는 줄무늬 패턴의 면은 배경색이 줄무늬 색 기미를 띠어 보인다.

 동일한 회색바탕의 하양줄무늬와 검정줄무늬의 경우, 바탕의 회색이 하양줄무늬의 영향으로 더 밝아 보이고, 바탕의 회색이 검정줄무늬의 영향으로 더욱 어둡게 보이는 현상은? [22]
① 맥컬로 효과　　　　② 베졸드 효과
③ 명도대비 효과　　　④ 애브니 효과

정답 ②

 베졸드 효과(Bezold effect)의 설명으로 틀린 것은? [25,22]
① 빛이 눈의 망막 위에서 해석되는 과정에서 혼색효과를 가져다주는 일종의 가법혼색이다.
② 색점을 섞어 배열한 후 거리를 두고 관찰할 때 생기는 일종의 눈의 착각현상이다.
③ 여러 색으로 직조된 직물에서 하나의 색만을 변화시키거나 더할 때 생기는 전체 색조의 변화이다.
④ 밝기와 강도에서는 혼합된 색의 면적비율에 상관없이 강한 색에 가깝게 지각된다.

정답 ④

 색의 동화작용에 관한 설명 중 옳은 것은? [22.17]
① 잔상 효과로서 나중에 본 색이 먼저 본 색과 섞여 보이는 현상
② 난색 계열의 색이 더 커 보이는 현상
③ 색들끼리 영향을 주어서 옆의 색과 닮은 색으로 보이는 현상
④ 색점을 섬세하게 나열 배치해 두고 어느 정도 떨어진 거리에서 보면 쉽게 혼색되어 보이는 현상

정답 ③

2) 색의 효과

(1) 잔상

잔상이란 자극을 주어 색각이 생긴 후, 자극을 제거하면 제거한 후에도 그 흥분이 남아서 원자극과 동질, 또는 이질의 감각 경험을 일으키는 것을 말한다.

색의 대비 중 계시대비와 밀접한 관련이 있는 것으로 잔상의 현상이 있다.

종류	내용
부의 잔상 (음성잔상)	잔상이 원자극의 형상과 닮았지만 밝기는 원자극의 반대이다. (예 검정 원을 한참 보다가 벽을 보면 흰 원이 나타나 보이고, 흰 원을 한참 보다가 벽을 보면 검정 원이 나타나 보인다.)
정의 잔상 (양성잔상)	망막의 흥분상태의 지속성에 의한 것으로 이는 자극 후에도 그 충동이 시신경에 계속되고 있기 때문에 앞서 지각된 이미지가 계속되는 현상 (예 영화, 팽이 등)
보색 잔상	원 자극상의 보색으로 잔상이 나타나는 잔상으로 부의 잔상에 속한다. (예 적색자극의 잔상은 보색인 청록색으로, 청색 자극의 잔상은 보색인 주황색으로 나타난다.)

적색의 육류나 과일이 황색 접시 위에 놓여 있을 때 육류와 과일의 적색이 자색으로 보여 신선도가 낮아지고 미각이 떨어진다. 이것을 무엇 때문에 일어나는 현상인가? [19]
① 항상성   ② 잔상   ③ 기억색   ④ 연색성

정답 ②

다음 중 보색관계가 아닌 것은? [15]
① 빨강 – 청록   ② 노랑 – 남색   ③ 파랑 – 주황   ④ 보라 – 초록

정답 ④

(2) 항상성

밝기나 조명등의 물리적 변화에 망막의 자극 변화가 비례하지 않는 현상
예 백지는 어두워져도 백지로 기억된다.

(3) 색의 면적효과

① 색의 시각반응은 색의 면적에 따라 다르게 느껴진다. 색의 면적이 크면 더욱 밝고 강하게 느껴지고, 색의 면적이 작으면 분별력이 떨어진다.
② 윤곽이 뚜렷하면 채도는 높고 명도는 낮게 보인다.
③ 윤곽이 희미하면 채도는 낮고 명도는 높게 보인다.

(4) 색의 명시도(시인성)

① 시인성이란 대상의 존재나 형상이 보이기 쉬운 정도를 뜻한다.
② 시인성에 가장 영향력을 미치는 것은 그 배경과의 명도의 차를 크게 하는 것이다.

③ 교통표지판, 안전사고 방지시설은 명시성을 이용한 것이다.

> **Note** 명시성이 높은 배경색과 주조색
> - 검정색 배경 : 노랑, 주황이 명시도가 높고, 자주, 파랑 등은 낮다.
> - 흰색 배경 : 노랑, 주황이 명시도가 낮고, 자주, 파랑 등은 높다.
> - 유채색끼리일 때는 노랑, 주황과 파랑, 자주와의 보색관계가 명시도가 높다.

(5) 주목성(유목성)
① 특별히 주의를 갖지 않아도 색이 눈에 잘 띄는 성질을 뜻한다.
② 시인성이 높은 색은 대체로 유목성도 높아진다.
③ 난색 계통이 주목성이 높다.
④ 고명도, 고채도의 색이 유목성이 높으며, 시인성에 비해 주관적인 경험 등이 작용한다.

 다음 중 주목성이 가장 높은 색은? [22]
① 적색   ② 회색   ③ 녹색   ④ 청색

정답 ①

 다음 중 명시도의 가장 중요시 하는 분야는? [22]
① 안전사고 방지표시   ② 실내장식
③ 포장디자인   ④ 마크디자인

정답 ①

(6) 색의 진출, 후퇴
① 난색계는 한색계보다 진출성이 있다.
② 배경색의 채도보다 높을 경우 색은 진출성이 있다.
③ 배경색보다 명도차를 크게 한 밝은 색은 진출성이 있다
④ 순색 중에서도 **황색이 진출색**이며 주황 〉 녹색 〉 적색 〉 자색의 순이다.

> **Note**
> - 진출색 : 고명도, 고채도, 따뜻한 느낌의 색
> - 후퇴색 : 저명도, 저채도, 차가운 느낌의 색

(7) 팽창, 수축
① 같은 형태, 같은 면적이라도 색채에 따라 크기가 다르게 보인다.
② **순색에서는 파랑 < 보라 < 빨강 < 녹색 < 주황 < 노랑**으로, 대체로 명도의 순서와 같다.
③ **따뜻한 색 쪽이 차가운 색보다 크게 보인다.** (어두운색 < 밝은색)
④ 배경색이 밝으면 그림은 작아 보인다.
⑤ 홀쭉한 사람은 팽창색의 옷을 입고, 뚱뚱한 사람은 수축색의 옷을 입어야 효과적이다.

> **Note**
> • 팽창색 : 고명도, 고채도, 따뜻한 느낌의 색
> • 수축색 : 저명도, 저채도, 차가운 느낌의 색

예제 12 다음 중 가장 큰 팽창색은? [25, 22]
① 고명도, 저채도, 한색계의 색
② 저명도, 고채도, 난색계의 색
③ 고명도, 고채도, 난색계의 색
④ 저명도, 고채도, 한색계의 색

정답 ③

예제 13 다음 중 색채에 대한 설명이 틀린 것은? [21]
① 저채도의 색은 부드러운 느낌을 준다.
② 고채도의 난색 계열은 화려해 보인다.
③ 저명도의 색은 무거워 보인다.
④ 고명도의 색은 후퇴해 보인다.

정답 ④

2. 색의 감정적 효과

1) 색채와 감정

(1) 온도감

난색(따뜻한 느낌)	• 빨강, 주황, 노랑 등의 장파장 색상 • 무채색 중 저명도색 • 팽창성, 진출성, 느슨함, 여유
한색(차가운 느낌)	• 파랑, 청록, 남색 등의 단파장 색상 • 무채색 중 고명도색 • 수축성, 후퇴성, 긴장감
중성색	• 초록과 보라. 무채색 중 중명도인 회색

예제 14 색의 온도감에 대한 설명 중 틀린 것은? [18]
① 색의 온도감은 대상에 대한 연상 작용과 관계가 있다.
② 난색은 일반적으로 포근, 유쾌, 만족감을 느끼게 하는 색채이다.
③ 녹색, 자색, 적자색, 청자색 등은 중성색이다.
④ 한색은 일반적으로 수축, 후퇴의 성질을 가지고 있다.

정답 ③

(2) 중량감
① 무게감은 색의 명도에 의해 좌우된다.
② 고명도일수록 가볍게, 저명도일수록 무겁게 느껴진다.

③ 색상, 채도의 영향은 작은 편이나, 난색은 비교적 가볍고 한색은 비교적 무겁게 느껴진다.
④ 밝은색의 팽창색은 가벼운 느낌의 색이고, 어두운색의 수축색은 무거운 느낌의 색이다. 흑, 청, 적, 자, 주황, 녹색, 황, 백의 순으로 가볍게 느껴진다.

 예제 15 색의 중량감에 관한 설명 중 잘못된 것은? [21]
① 명도가 낮은 것은 무거움을 느낀다.
② 명도 보다는 색상의 차이가 크게 좌우된다.
③ 채도 보다는 명도의 차이가 크게 좌우된다.
④ 명도가 높은 것은 가벼움을 느낀다.

정답 ②

(3) 강약감
① 색의 강약감은 색에 의해서 강한 느낌이나 약한 느낌을 주는 것으로, 주로 채도의 높낮이에 의해 결정된다.
② 채도가 높을수록 자극적이며 강한 느낌을 준다.
③ 단색의 강약감에는 배경색도 영향을 준다.

(4) 경연감
① 딱딱하고 부드러운 느낌은 채도 및 명도의 영향을 받는다.
② 고명도 저채도 색은 부드러운 느낌을 준다.
③ 저명도 고채도의 색은 딱딱한 느낌을 준다. [예] 황색을 띤 채도가 낮은 색]
④ 색상에서는 난색이 한색보다 부드러운 느낌을 준다.
⑤ 대비가 강한 배색 일수록 딱딱한 느낌을 준다.

(5) 색채의 흥분과 진정
① 난색계의 고채도는 흥분을 일으킨다.
② 한색계의 저채도는 마음을 진정시켜 주는 색이다.

예제 16 색의 경연감과 흥분 진정에 관한 설명으로 틀린 것은? [16]
① 고명도, 저채도 색이 부드러운 느낌을 준다.
② 난색계, 고채도 색은 흥분색이다.
③ 라이트(light) 색조는 부드러운 느낌을 준다.
④ 한색보다 난색이 딱딱한 느낌을 준다.

정답 ④

예제 17 다음 중 색채의 감정적 효과로서 가장 흥분을 유발시키는 색은? [21]
① 난색계의 높은 채도 ② 한색계의 높은 채도
③ 난색계의 높은 명도 ④ 한색계의 높은 명도

정답 ①

(6) 시간의 장단(파버 비렌의 이론)
   ① 장파장 계통(적색 계통) : 시간의 경과가 길게 느껴진다.
   ② 단파장 계통(청색 계통) : 시간이 경과하는 느낌이 짧게 느껴진다.
   ③ 빠른 속도감 : 고명도, 고채도, 난색, 장파장 색
   ④ 느린 속도감 : 저명도, 저채도, 한색, 단파장 색

> **Note** 색채의 공감각
> ① 색채의 공감각은 시각적 자극과 함께 맛, 냄새, 소리, 질감을 연상하게 하는 작용이다.
>   예 황색이나 레몬 색에서 과일냄새를 느끼는 것과 같은 감각
> ② 색과 맛의 연상
>
> | 단맛 | 짠맛 | 신맛 | 쓴맛 |
> | --- | --- | --- | --- |
> | 빨강, 분홍 | 청록, 회색, 흰색 | 노랑, 연두 | 밤색, 올리브 그린 |

 예제 18 색채의 공감각 중에서 쓴맛이 나는 배색은? [20]
① red, pink ② brown-maroon, olive green
③ green, grey ④ yellow, yellow green

정답 ②

2) 색채와 이미지

색채가 여러 가지 연상을 일으키고 상징적인 의미와 내용을 가지고 있다는 것은 오래전부터 지적되어 온 사실이다. 수반감정은 색채가 인간에게 미치는 기본적인 효과이기 때문에 개인차가 별로 없지만 이 연상이나 상징은 생활양식이나 문화적 배경, 지역과 풍토에 따라 개인차가 심하다.

색채	이미지	연상
빨강	불, 열, 위험, 혁명, 분노 등 감정을 고조시키는 색	태양, 피, 불, 장미
주황	원기, 만족, 풍부, 건강 등 따뜻하고 활기찬 느낌	노을, 석양, 오렌지
노랑	희망, 광명, 유쾌 등 명랑하고 힘찬 느낌	개나리, 봄
초록	안식, 안정, 평화, 이상 등 자연스러운 색	풀, 에메랄드, 풋과일
청록	이지적, 냉철, 바다, 질투 등 이성적인 색	호수, 바다
파랑	청결, 냉혹, 젊음, 차가움, 신비, 지혜, 이성	하늘, 물, 남성

보라	우아함, 예술, 고귀함, 신비, 독창성, 판타지, 영웅	나팔꽃, 가지
자주	사랑, 화려함, 불안, 슬픔, 흥분	자두, 팥
흰색	청결, 순수, 순결, 결백, 정직, 거룩함, 가벼움	병원, 겨울, 눈
검은색	암흑, 엄중함, 진지함, 무게감, 단순함, 죽음, 비밀	어두운 밤, 가톨릭

Note 올림픽 마크의 5 대양주 상징 이미지 색
청-유럽, 황-아시아, 흑-아프리카, 녹-오세아니아, 적-아메리카

예제 19 올림픽 마크의 오륜이 상징하는 색과 대륙의 연결이 바른 것은? [22]
① 청색은 아메리카　　② 적색은 오스트레일리아
③ 녹색은 유럽　　④ 황색은 아시아

정답 ④

예제 20 건강, 산, 자연, 산뜻함 등을 상징하는 색상은? [20]
① 보라　　② 파랑　　③ 초록　　④ 흰색

정답 ③

예제 21 식욕을 감퇴시키는 효과가 가장 큰 색은? [20]
① 빨강색　　② 노란색　　③ 갈색　　④ 파란색

정답 ④

예제 22 색채의 상징에서 빨강과 관련이 없는 것은? [18]
① 정열　　② 희망　　③ 위험　　④ 흥분

정답 ②

3) 언어척도법(SD법 : Sematic Differential Method)

① 형용사를 사용하면서 반대어에 대한 것을 스케일로서 측정하여 색채의 감정적인 면을 다룬다.
② 오스굿의 언어 척도법은 서로 상반되는 형용사군을 이용하여 그 사이를 5 ~ 7단계로 척도화 한다.
③ 부드럽다 - 딱딱하다, 따뜻하다 - 차갑다, 동적이다 - 정적이다, 화려하다 - 수수하다.

핵심 기출문제

02-4 색채 심리

01 ▶ 17
동일한 색상이라도 주변색의 영향으로 실제와 다르게 느껴지는 현상은?

① 보색 ② 대비
③ 혼합 ④ 잔상

해설 | 색의 대비
우리가 일상생활에서 경험하는 색의 제계는 항상 상대적이다. 이렇게 인접색이나 배경색의 영향으로 원래 색과 다르게 보이는 현상을 색의 대비라고 한다.

02 ▶ 14
인접한 색이나 혹은 배경색의 영향으로 먼저 본 색이 원래의 색과 다르게 보이는 현상은?

① 연상작용 ② 동화현상
③ 대비현상 ④ 색순응

해설 | 대비현상은 동화현상과는 반대의 현상이다.

03 ▶ 15
검정바탕 위의 회색이 흰 바탕 위의 같은 회색보다 밝게 보이는 현상은?

① 명도대비 ② 채도대비
③ 색상대비 ④ 보색대비

해설 | 명도대비
명도가 다른 색을 조합했을 때 밝은 색은 보다 밝게, 어두운 색은 보다 어둡게 보이는 현상

04 ▶ [20,17]
유채색의 경우 보색잔상의 영향으로 먼저 본 색의 보색이 나중에 보는 색에 혼합되어 보이는 현상은?

① 계시대비
② 명도대비
③ 색상대비
④ 면적대비

해설 | 계시대비(successive contrast)
㉠ 어떤 색을 본 후에 다른 색을 보면 단독으로 볼 때와는 다르게 보이는 현상
㉡ 보색잔상의 영향으로 먼저 본 색의 보색이 나중에 보는 색에 혼합되어 보이는 것과 관련된 대비이며, 계속대비 또는 연속대비라고도 한다.
㉢ 예를 들면 빨간색을 본 후 흰색을 보면 순간적으로 청록색으로 보이는 현상

05 ▶ 13
계시대비 실험에서 청록색 종이를 보다가 흰색 종이를 보면 어떻게 느껴지는가?

① 보라 기미가 느껴진다.
② 노랑 기미가 느껴진다.
③ 연두 기미가 느껴진다.
④ 빨강 기미가 느껴진다.

해설 | 계시대비
유채색의 경우 보색잔상의 영향으로 먼저 본 색의 보색이 나중에 보는 색에 혼합되어 보이는 현상

정답 | 01 ② 02 ③ 03 ① 04 ① 05 ④

06 ▶ 21

동일색상의 경우, 큰 면적의 색은 작은 면적의 색 견본을 보는 것보다 화려하고 박력이 가해진 인상으로 보이는 것을 무엇이라고 하는가?

① 색각 이상 ② 게슈탈트의 해석
③ 매스 효과 ④ 연변 대비

해설 | 매스 효과
동일 색상의 경우, 큰 면적의 색은 작은 면적의 색 견본을 보는 것보다 화려하고 박력이 가해진 인상으로 보이는 것

07 ▶ 16

3색 이상 다른 밝기를 가진 회색을 단계적으로 배열했을 때 명도가 높은 회색과 접하고 있는 부분은 어둡게 보이고 반대로 명도가 낮은 회색과 접하고 있는 부분은 밝게 보인다. 이들 경계에서 보이는 대비 현상은?

① 보색대비
② 채도대비
③ 연변대비
④ 계시대비

해설 | 연변대비
㉠ 이웃한 색이 서로 인접한 부근에서 더 강한 대비가 느껴지는 현상
㉡ 무채색은 명도 단계 배열시, 유채색은 색상별로 배열 시 나타난다.
㉢ 두 색의 경계부분에서 색의 3속성별로 대비현상이 더욱 강하게 나타나는 현상

08 ▶ 21

다음 중 명시도가 가장 높은 경우는?

① 흰 배경의 파란색
② 검정 배경의 파란색
③ 흰 배경의 주황색
④ 검정 배경의 주황색

해설 | 색의 명시도(시인성)
㉠ 시인성이란 대상의 존재나 형상이 보이기 쉬운 정도를 뜻한다.
㉡ 시인성에 가장 영향력을 미치는 것은 그 배경과의 명도의 차를 크게 하는 것이다.
㉢ 교통표지판, 안전사고 방지시설은 명시성을 이용한 것이다.
㉣ 명시성이 높은 배경색과 주조색
 - 검정색 배경 : 노랑, 주황이 명시도가 높고, 자주, 파랑 등은 낮다.
 - 흰색 배경 : 노랑, 주황이 명시도가 낮고, 자주, 파랑 등은 높다.
 - 유채색끼리일 때는 노랑, 주황과 파랑, 자주와의 보색관계가 명시도가 높다.

09 ▶ 14

색채의 시인성에 가장 영향력을 미치는 것은?

① 배경색과 대상색의 색상차가 중요하다.
② 배경색과 대상색의 명도차가 중요하다.
③ 노란색에 흰색을 배합하면 명도차가 커서 시인성이 높아진다.
④ 배경색과 대상색의 색상차이는 크게 하고, 명도차는 두지 않아도 된다.

해설 | 문제8번 해설 참조

10 ▶ 13

교통표지판의 색채계획에서 가장 우선적으로 고려해야 하는 것은?

① 색의 조화
② 색의 대비
③ 시인성
④ 향상성

해설 | 시인성은 일정거리에서 명백하게 인식할 수 있는 정도이다.

정답 | 06 ③ 07 ③ 08 ① 09 ② 10 ③

11 ▶ 15
다음 중 한색과 난색에 대한 설명이 잘못된 것은?

① 노랑 계통은 난색이고 진출색, 팽창색이다.
② 파랑 계통은 한색이고 후퇴색, 수축색이다.
③ 보라 계통은 한색이고 후퇴색, 수축색이다.
④ 빨강 계통은 난색이고 진출색, 팽창색이다.

해설 | 보라 계통은 중성색이다.
- 한색(차가운 느낌)
  ㉠ 파랑, 청록, 남색 등의 단파장 색상
  ㉡ 무채색 중 고명도색
  ㉢ 수축성, 후퇴성, 긴장감

12 ▶ 15
다음 중 가장 큰 팽창색은?

① 고명도, 저채도, 한색계의 색
② 저명도, 고채도, 난색계의 색
③ 고명도, 고채도, 난색계의 색
④ 저명도, 고채도, 한색계의 색

해설 | 팽창, 수축
- ㉠ 같은 형태, 같은 면적이라도 색채에 따라 크기가 다르게 보인다.
- ㉡ 순색에서는 파랑 < 보라 < 빨강 < 녹색 < 주황 < 노랑으로, 대체로 명도의 순서와 같다.
- ㉢ 따뜻한 색 쪽이 차가운 색보다 크게 보인다. (어두운색 < 밝은색)
- ㉣ 배경색이 밝으면 그림은 작아 보인다.
- ㉤ 홀쭉한 사람은 팽창색의 옷을 입고, 뚱뚱한 사람은 수축색의 옷을 입어야 효과적이다.
- **팽창색**: 고명도, 고채도, 따뜻한 느낌의 색
- **수축색**: 저명도, 저채도, 차가운 느낌의 색

13 ▶ 21
색의 연상 중 '기쁨'이나 '고독'과 같은 심리적, 정서적 반응은?

① 구체적 연상   ② 추상적 연상
③ 객관적 연상   ④ 표면적 연상

해설 | 색채의 연상
- ㉠ 추상적 연상 : 색의 상징적 의미로 청색을 보고 청결, 적색을 보고 정열이나 애정, 밝은색을 보고 희망이나 명랑을 느끼는 심리적 반응이다.
- ㉡ 구체적 연상 : 일반적 사물이나 구체적 사물과 연관지어서 떠올리게 되는 연상으로 청색을 보고 바다를 적색을 보고 불을 연상하듯 구체적인 대상을 연상하는 반응이다.

14 ▶ 17
희망, 명랑함, 유쾌함과 같이 색에서 느껴지는 심리적 정서적 반응은?

① 구체적 연상   ② 추상적 연상
③ 의미적 연상   ④ 감성적 연상

해설 | 문제13번 해설 참조

15 ▶ 21
색채의 온도감은 색상에 의한 효과가 강하지만 무채색 계통의 온도감은 무엇에 요인이 되는가?

① 색상   ② 채도
③ 명도   ④ 순도

해설 | 색채의 온도감
- ㉠ 명도에 의해서도 느낄 수 있는데 일반적으로 무채색에서는 저명도가 난색에 속하고 고명도인 흰색 등은 차갑게 느껴진다(흰색보다는 검정색이 따뜻하게 느껴진다).
- ㉡ 유채색에서는 장파장 계통의 빨강, 주황, 노랑 등이 난색에 속하며 진출, 팽창성이 있고 심리적으로 느슨함과 여유를 느낄 수 있다.
- ㉢ 유채색에서는 단파장 계통의 청록, 파랑, 청자 등이 한색에 속하며 파란색 계통은 물, 바다 등을 연상하게 되므로 차갑게 느껴진다.

정답 | 11 ③ 12 ③ 13 ② 14 ② 15 ③

16
색의 온도감을 좌우하는 가장 큰 요소는? ▶ 16

① 색상
② 명도
③ 채도
④ 면적

해설 | 문제15번 해설 참조

17
다음 중 가장 무거운 느낌의 색은? ▶ 21

① 명도가 높은 적색
② 명도가 높은 황색
③ 명도의 자색
④ 명도가 낮은 청색

해설 | 중량감
  ㉠ 무게감은 색의 명도에 의해 좌우된다.
  ㉡ 고명도일수록 가볍게, 저명도일수록 무겁게 느껴진다.
  ㉢ 색상, 채도의 영향은 작은 편이나, 난색은 비교적 가볍고 한색은 비교적 무겁게 느껴진다.
  ㉣ 밝은색의 팽창색은 가벼운 느낌의 색이고, 어두운색의 수축색은 무거운 느낌의 색이다. 흑, 청, 적, 자, 주황, 녹색, 황, 백의 순으로 가볍게 느껴진다.

18
다음 보기 중에서 주로 명도와 가장 상관관계가 높은 것은? ▶ 18

① 온도감
② 중량감
③ 강약감
④ 경연감

해설 | 문제17번 해설 참조

19
중량감에 관한 색의 심리적인 효과에 가장 영향이 큰 것은? ▶ 16

① 명도
② 순도
③ 색상
④ 채도

해설 | 문제17번 해설 참조

20
다음 중 색채에 대한 설명이 틀린 것은? ▶ 18

① 난색계의 빨강은 진출, 팽창되어 보인다.
② 노란색은 확대되어 보이는 색이다.
③ 일정한 거리에서 보면 노란색이 파란색보다 가깝게 느껴진다.
④ 같은 크기일 때 파랑, 청록 계통이 노랑, 빨강계열보다 크게 보인다.

해설 | 팽창, 수축
  ㉠ 같은 형태, 같은 면적이라도 색채에 따라 크기가 다르게 보인다.
  ㉡ 순색에서는 파랑 < 보라 < 빨강 < 녹색 < 주황 < 노랑으로, 대체로 명도의 순서와 같다.
  ㉢ 따뜻한 색 쪽이 차가운 색보다 크게 보인다. (어두운색 < 밝은색)
  ㉣ 배경색이 밝으면 그림은 작아 보인다.
  ㉤ 홀쭉한 사람은 팽창색의 옷을 입고, 뚱뚱한 사람은 수축색의 옷을 입어야 효과적이다.
  • 팽창색 : 고명도, 고채도, 따뜻한 느낌의 색
  • 수축색 : 저명도, 저채도, 차가운 느낌의 색

정답 | 16 ① 17 ④ 18 ② 19 ① 20 ④

21
보색에 대한 설명으로 틀린 것은?

① 보색인 2색은 색상환상에서 90° 위치에 있는 색이다.
② 두 가지 색광을 섞어 백색광이 될 때 이 두 가지 색광을 서로 상대 색에 대한 보색이라고 한다.
③ 두 가지 색의 물감을 섞어 회색이 되는 경우, 그 두색은 보색관계이다.
④ 물감에서 보색의 조합은 빨강-청록, 초록-자주이다.

해설 | 보색인 2색은 색상환상에서 180° 위치에 있는 색이다.

22
베졸드 효과와 관련이 있는 것은?

① 색의 대비　　② 동화현상
③ 연상과 상징　④ 계시대비

해설 | 동화 현상
　ㄱ. 옆에 있는 색이나 주위의 색과 닮아 보이는 현상
　ㄴ. 전파효과 : 하나의 색이 다른 색 위에서 넓혀 가려는 것처럼 보이는 효과
　ㄷ. 혼색효과 : 혼색되려는 효과
　예) 검정에 싸인 흰색은 주위의 흰색보다 어둡게 보인다. 가는 줄무늬 패턴의 면은 배경색이 줄무늬 색 기미를 띠어 보인다.(베졸트 효과)

23
베졸드 효과(Bezold effect)의 설명으로 틀린 것은?

① 빛이 눈의 망막 위에서 해석되는 과정에서 혼색효과를 가져다주는 일종의 가법혼색이다.
② 색점을 섞어 배열한 후 거리를 두고 관찰할 때 생기는 일종의 눈의 착각현상이다.
③ 여러 색으로 직조된 직물에서 하나의 색만을 변화시키거나 더할 때 생기는 전체 색조의 변화이다.
④ 밝기와 강도에서는 혼합된 색의 면적비율에 상관없이 강한 색에 가깝게 지각된다.

해설 | 베졸드 효과(Bezold effect)
　색들끼리 영향을 주어서 옆의 색과 닮은 색으로 보이는 현상

24
동일한 회색바탕의 하양줄무늬와 검정줄무늬의 경우, 바탕의 회색이 하양줄무늬의 영향으로 더 밝아 보이고, 바탕의 회색이 검정줄무늬의 영향으로 더욱 어둡게 보이는 현상은?

① 애브니 효과
② 베졸드 효과
③ 명도대비 효과
④ 맥컬로 효과

해설 | ① 애브니 효과 : 색의 채도와 관계되는 것으로 순도(채도가 높아짐에 따라 색상도 함께 변화하는 현상
　③ 명도대비 효과 : 명도가 서로 다른 색들끼리의 영향으로 인하여 밝은 색은 더 밝게, 어두운 색은 더 어둡게 보이는 색의 대비로서 명도 차이가 클수록 대비가 강해지는 현상
　④ 맥컬로 효과 : 맥컬로에 의해 발견된 효과로 대상의 위치에 따라 눈을 움직이면 잔상이 이동하여 나타나는 현상

25
인접한 색들끼리 서로의 영향을 받아 인접한색에 가깝게 보이는 것은?

① 동화현상　　② 동시대비
③ 계시대비　　④ 잔상

해설 | ② 동시대비 : 서로 인접해 있는 두 색(지각색)을 동시에 볼 때
　③ 계시대비(연속대비) : 먼저 본 색의 영향으로 나중에 본 색에 영향을 끼치는 현상
　④ 잔상 : 원자극이 제거된 후에는 원자극과 비슷한 감각이 일어나는 현상

정답 | 21 ① 22 ② 23 ④ 24 ② 25 ①

26 ▸ 20
색채의 감정에 대한 설명으로 옳은 것은?

① 주황색, 황색 등의 색상은 수축감을 느끼게 하며 생리적, 심리적으로 긴장감을 준다.
② 붉은색 계통의 색은 시간의 경과가 짧게 느껴지고, 푸른색 계통은 시간의 경과가 길게 느껴진다.
③ 난색계통의 고명도, 고채도를 사용하면 흥분감을 준다.
④ 색의 중량감은 주로 채도에 의하여 좌우된다.

해설 | 색채의 흥분과 진정
   ㉠ 난색계의 고채도는 흥분을 일으킨다.
   ㉡ 한색계의 저채도는 마음을 진정시켜 주는 색이다.

27 ▸ 19
다음 중 뚱뚱한 체격의 사람이 피해야 할 의복의 색은 무엇인가?

① 청색
② 초록색
③ 노란색
④ 바다색

해설 | 팽창, 수축
   ㉠ 같은 형태, 같은 면적이라도 색채에 따라 크기가 다르게 보인다.
   ㉡ 순색에서는 파랑 < 보라 < 빨강 < 녹색 < 주황 < 노랑으로, 대체로 명도의 순서와 같다.
   ㉢ 따뜻한 색 쪽이 차가운 색보다 크게 보인다. (어두운색 < 밝은색)
   ㉣ 배경색이 밝으면 그림은 작아 보인다.
   ㉤ 홀쭉한 사람은 팽창색의 옷을 입고, 뚱뚱한 사람은 수축색의 옷을 입어야 효과적이다.

28 ▸ 19
색의 지각과 감정효과에 관한 설명으로 틀린 것은?

① 색의 온도감은 빨강, 주황, 노랑, 연두, 녹색, 파랑, 하양 순으로 파장이 긴 쪽이 따뜻하게 지각된다.
② 색의 온도감은 색의 3속성 중 명도의 영향을 많이 받는다.
③ 난색계열의 고채도는 심리적 흥분을 유도하나 한색계열의 저채도는 심리적으로 침정된다.
④ 연두, 녹색, 보라 등은 때로는 차갑게 때로는 따뜻하게 느껴질 수도 있는 중성색이다.

해설 | 온도감
   ㉠ 색상에 따라서 따뜻하고 차갑게 느껴지는 감정효과를 말한다.
   ㉡ 온도감은 색상에 의한 효과가 가장 강한데 저채도, 저명도는 찬 느낌이 강하고, 무채색의 경우 저명도는 따뜻한 느낌을 주며, 고명도는 차가운 느낌을 준다.

29 ▸ 19
일반적으로 떠오르는 빨간색의 추상적 연상과 관계있는 내용으로 맞는 것은?

① 피, 정열, 흥분
② 시원함, 냉정함, 청순
③ 팽창, 희망, 광명
④ 죽음, 공포, 악마

해설 | 빨간색
   • 이미지 : 불, 열, 위험, 혁명, 분노 등 감정을 고조시키는 색
   • 연상 : 태양, 피, 불, 장미

정답 | 26 ③ 27 ③ 28 ② 29 ①

30 ▶ 18
다음 중 색채의 감정적 효과로서 가장 흥분을 유발시키는 색은?

① 한색계의 높은 채도
② 난색계의 높은 채도
③ 난색계의 낮은 명도
④ 한색계의 높은 명도

해설 | 색채의 흥분과 진정
ⓐ 난색계의 고채도는 흥분을 일으킨다.
ⓑ 한색계의 저채도는 마음을 진정시켜 주는 색이다.

31 ▶ 19
외과병원 수술실 벽면의 색을 밝은 청록색으로 처리한 것은 어떤 현상을 막기 위한 것인가?

① 푸르킨예 현상
② 연상작용
③ 동화현상
④ 잔상현상

해설 | 잔상
ⓐ 잔상이란 자극을 주어 색각이 생긴 후, 자극을 제거하면 제거한 후에도 그 흥분이 남아서 원자극과 동질, 또는 이질의 감각 경험을 일으키는 것을 말한다.
ⓑ 색의 대비 중 계시대비와 밀접한 관련이 있는 것으로 잔상의 현상이 있다.
ⓒ 수술실의 경우 장시간 수술로 빨간색의 피를 오랫동안 보기 때문에 눈의 피로를 감소하기 위해 보색이 되는 청록색 계통의 색으로 칠하는 것이다.

32 ▶ 17
식품에 대한 기호를 조사한 결과 단맛과 관계가 깊은 색은?

① 빨강   ② 노랑
③ 파랑   ④ 자주

해설 | 적색에 주황색이나 붉은 기미의 황색 배색은 단맛과 관계가 있다.

33 ▶ 17
다음 중 가장 짠맛을 느끼게 하는 색은?

① 회색
② 올리브그린
③ 빨강색
④ 갈색

해설 | 색채의 공감각
ⓐ 색채의 공감각은 시각적 자극과 함께 맛, 냄새, 소리, 질감을 연상하게 하는 작용이다.
예 황색이나 레몬 색에서 과일냄새를 느끼는 것과 같은 감각
ⓑ 색과 맛의 연상 : 짠맛은 청록, 회색, 흰색이다.

34 ▶ 17,15
방화, 금지, 정지, 고도위험 등의 의미를 전달하기 위해 주로 사용되는 색은?

① 노랑
② 녹색
③ 파랑
④ 빨강

해설 | 빨강 : 방화, 금지, 정지, 고도위험, 분노 등의 의미

35 ▶ 16
다음 중 나팔꽃, 신비, 우아함을 연상시키는 색은?

① 청록   ② 노랑
③ 보라   ④ 회색

해설 | 보라
ⓐ 이미지 : 우아함, 예술, 고귀함, 신비, 독창성, 판타지, 영웅
ⓑ 연상 : 나팔꽃, 가지

정답 | 30 ② 31 ④ 32 ① 33 ① 34 ④ 35 ③

36
다음 중 이성적이며 날카로운 사고나 냉정함을 표현할 수 있는 색은?

① 연두 ② 파랑
③ 자주 ④ 주황

해설 | 파랑
　㉠ 이미지 : 청결, 냉혹, 젊음, 차가움, 신비, 지혜, 이성
　㉡ 연상 : 하늘, 물, 남성

37
노랑색 무늬를 어떤 바탕색 위에 놓으면 가장 채도가 높아 보이는가?

① 황토색 ② 흰색
③ 회색 ④ 검정색

해설 | 검정색 바탕에는 노란색〉백색〉주황색〉적색 순으로 명시도가 높다.

38
보기의 (　)에 들어갈 적합한 색으로 옳은 것은?

> 색채와 인간은 서로 영향을 주고 받는다. 색채는 마음을 흥분시키기도 하고 진정시키기도 한다. 이러한 색채 효과는 심리치료에 응용되는데, 주로 흥분하기 쉬운 환자는 (A)공간에서, 우울증 환자는 (B)공간에서 색채치료요법을 쓴다.

① A : 빨간색, B : 파란색
② A : 파란색, B : 빨간색
③ A : 노란색, B : 연두색
④ A : 연두색, B : 노란색

해설 | 색채치료는 색채가 지닌 각각의 고유한 파장과 에너지를 활용해서 신체와 마음을 치료하는 것이다.
　㉠ 빨간색 : 에너지, 활기, 힘의 색으로 우울증의 치료를 도와준다.
　㉡ 파란색 : 정신의 긴장 완화를 돕는 색이며, 지나친 사용은 우울과 슬픈 감정을 유발한다.

39
다음 중 진출색이 지니는 조건이 아닌 것은?

① 따뜻한 색이 차가운 색보다 더 진출하는 느낌을 준다.
② 어두운 색이 밝은 색보다 더 진출하는 느낌을 준다.
③ 채도가 높은 색이 낮은 색보다 더 진출하는 느낌을 준다.
④ 유채색이 무채색보다 더 진출하는 느낌을 준다.

해설 | 색의 진출, 후퇴
　㉠ 난색계는 한색계보다 진출성이 있다.
　㉡ 배경색의 채도보다 높을 경우 색은 진출성이 있다.
　㉢ 배경색보다 명도차를 크게 한 밝은 색은 진출성이 있다.
　㉣ 순색 중에서도 황색이 진출색이며 주황 〉 녹색 〉 적색 〉 자색의 순이다.
　㉤ 진출색 : 고명도, 고채도, 따뜻한 느낌의 색
　㉥ 후퇴색 : 저명도, 저채도, 차가운 느낌의 색

40
다음 설명에 해당하는 감정의 색은?

> 이 색은 신비로운 환상, 성스러움 등을 상징한다. 여성스러운 부드러움을 강조하는 역할을 하기도 하지만 반면 비애감과 고독감을 느끼게 하기도 한다.

① 빨강 ② 주황
③ 파랑 ④ 보라

해설 | • 보라
　㉠ 이미지 : 우아함, 예술, 고귀함, 신비, 독창성, 판타지, 영웅
　㉡ 연상 : 나팔꽃, 가지
• 주황 : 원기, 만족, 풍부, 건강 등 따뜻하고 활기찬 느낌, 노을, 석양, 오렌지

정답 | 36 ② 37 ④ 38 ② 39 ② 40 ④

41 ▶ 14
다음 중 색의 추상적 연상이 잘못 연결된 것은?

① 노랑 – 광명
② 백색 – 순수
③ 녹색 – 평화
④ 적색 – 젊음

해설 | ㉠ 파랑색 : 젊음
      ㉡ 빨강 : 정열

42 ▶ 14
색채심리에 관한 설명 중 틀린 것은?

① 색채의 중량감은 주로 채도에 의해 좌우된다.
② 난색은 흥분색, 한색은 진정색이다.
③ 대체로 난색계는 친근감을, 한색계는 소원(疎遠)감을 준다.
④ 두 가지 색이 인접하여 있을 때, 서로 영향을 주어 그 차이가 강조되어 보이는 것이 색채대비 효과이다.

해설 | 색채의 중량감은 주로 명도에 의해 좌우된다.

43 ▶ 13
수술도중 의사가 시선을 벽면으로 옮겼을 때 생기는 잔상을 막기 위한 방법으로 선택한 수술실 벽면의 색은?

① 밝은 보라
② 밝은 청록
③ 밝은 노랑
④ 밝은 회색

해설 | 빨강색 자극의 잔상은 보색인 청록색으로 나타난다. (보색 잔상)

44 ▶ 13
색이 인간의 감정에 직접적으로 작용하는 특성 중 추상적 연상이라고 할 수 있는 것은?

① 빨강 – 태양
② 초록 – 나뭇잎
③ 빨강 – 정열
④ 노랑 – 은행잎

해설 | 추상적 연상
- 빨강 : 기쁨, 강렬, 정열, 활동, 흥분, 위험, 혁명, 에너지
- 초록 : 생명, 평화, 안전, 휴식, 평정, 희망
- 노랑 : 황제, 환희, 발전, 경박, 도전, 희망, 질투, 광명, 명랑

45 ▶ 13
색채의 온도감에 대한 설명 중 옳은 것은?

① 색채의 온도감은 색상에 의한 효과가 가장 크다.
② 파장이 짧은 쪽이 따뜻하게 느껴진다.
③ 보라색, 녹색 등은 한색계의 색이다.
④ 검정색보다 백색이 따뜻하게 느껴진다.

해설 | ② 파장이 짧은 쪽이 차갑게 느껴진다.
      ③ 보라색, 녹색 등은 중성색계의 색이다.
      ④ 검정색이 백색보다 따뜻하게 느껴진다.

46 ▶ 13
다음 채도대비(彩度對比)에 관한 설명 중 옳은 것은?

① 어떤 중간색을 무채색 위에 위치시키면 채도가 낮아 보이고, 같은 색상의 밝은 색 위에 위치시키면 원래보다 채도가 높아 보인다.
② 어떤 중간색을 무채색 위에 위치시키면 원래의 색보다 채도가 높아 보인다.
③ 어떤 중간색을 같은 색상의 밝은 색 위에위치 시키면 원래의 색보다 채도가 높아 보인다.
④ 어떤 중간색을 같은 색상의 밝은 색 위에위치 시키면 채도가 낮아 보이고, 무채색 위에 위치시키면 원래의 채도와 같아 보인다.

해설 | 채도대비
　㉠ 어떤 색의 주위에 그것보다 선명한 색이 있으면 그 색의 채도가 원래 가지고 있는 채도보다 낮게 보이는 현상
　㉡ 배경색의 채도가 낮으면 도형의 색이 더욱 선명해 보인다.

47　▶ 13
다음 중 가장 진출, 팽창되어 보이는 것은?

① 채도가 높은 한색계열
② 명도가 낮은 난색계열
③ 채도가 높은 난색계열
④ 명도가 높은 한색계열

해설 | 진출 후퇴색
　㉠ 진출색 : 난색계의 색, 유채색, 높은 채도, 밝은색
　㉡ 후퇴색 : 한색계의 색, 무채색, 낮은 채도, 어두운색
　　배경이 밝을 때는 어두운색이 진출, 배경이 어두울 때는 밝은 색일수록 진출

48　▶ 18
좁은 공간을 시각적으로 넓게 보이게 하는 방법에 관한 설명으로 옳지 않은 것은?

① 한쪽 벽면 전체에 거울을 부착시키면 공간이 넓게 보인다.
② 가구의 높이를 일정 높이 이하로 낮추면 공간이 넓게 보인다.
③ 어둡고 따뜻한 색으로 공간을 구성하면 공간이 넓게 보인다.
④ 한정되고 좁은 공간에 소규모의 가구를 놓으면 시각적으로 넓게 보인다.

해설 | 밝고 따뜻한 색은 공간을 넓어 보이게 하고, 어둡고 차가운 색은 공간을 좁아 보이게 한다.

정답 | 47 ③　48 ③

02-5 색채 관리

Pass Note

예상출제문항	키워드	
1~0	- 색채관리 순서 - 색채조절의 개념	- 색채 조절시 고려사항 - 안전 색채

1. 색채 관리

1) 색채 관리 개념
① 색채관리는 색채 계획의 실행 문제로서 재료의 특성 및 시공과의 연계성, 현장에서의 배색 효과 등 현장감리에 대한 것이다.
② 색채의 심리적, 물리적 효과를 이용하여 각 공간을 쾌적하고 능률적인 환경을 만들고, 작업 환경을 개선하는 통합적인 활용 방법이다.

2) 색채 관리의 진행순서
색채 관리의 진행순서는 다음과 같다.
① 색의 설정(디자인)
② 시색(발색 및 착색)
③ 검사(시감측색, 계기측색)
④ 판매(광고 및 세일즈)

> **예제 01** 색채관리에 대한 설명으로 거리가 먼 것은? [24,15]
> ① 기업운영의 중요한 기술이라 할 수 있다.
> ② 디자인과 색채를 통일하여 좋은 기업상을 만들 수 있다.
> ③ 제품의 생산단계에서부터 도입하여 색채관리를 한다.
> ④ 소비자가 구매충동을 일으킬 수 있는 색채관리가 필요하다.
>
> 정답 ③

2. 색채 조절
색채가 가지고 있는 심리적, 생리적 또는 물리적 성질을 이용하여 인간의 생활이나 작업의 분위기 또는 환경을 쾌적하게, 보다 능률적으로 만들기 위한 색의 배색 기술을 색채조절(color conditioning)이라고 한다.

1) 색채 조절의 효과
    ① **마음의 안정**을 찾는다.
    ② 일의 **능률을 향상**시킨다.
    ③ 눈과 정신의 피로를 완화시킨다.
    ④ 보다 빠른 판단을 할 수 있다.
    ⑤ 사고나 재해를 감소시킨다.
    ⑥ 능률이 향상되어 생산력이 높아진다.
    ⑦ 정리, 정돈 및 청결을 유지하도록 한다.
    ⑧ 유지, 관리가 경제적이며 쉽다.

2) 색채 조절의 계획 방법
    ① 건축이나 그 밖에 필요한 장소에 따른 기능을 철저히 추구
    ② 공간 기능을 만족시키는 데 필요한 시각상의 모든 요구를 확실히 파악
    ③ 기능을 추구하는 데는 그 장소에서 어떤 사람이, 어떤 행위를, 무엇에 대하여 하는 것인가를 알아야 하는 것이 중요하다.

> **예제 02** 인류생활, 작업상의 분위기, 환경 등을 상쾌하고 능률적으로 꾸미기 위한 것과 관련된 용어는? [20.17]
> ① 색의 조화 및 배색(Color harmony and combination)
> ② 색채조절(Color conditioning)
> ③ 색의대비(Color contrast)
> ④ 컬러 하모니 메뉴얼(Color harmony manual)
>
> 정답 ②

3) 색채 조절 시 고려해야 할 점
    ① 눈부심과 피로를 감소시켜야 한다.
    ② 작업자의 활동적인 의욕을 높일 수 있도록 계획해야 한다.
    ③ 각종 사고나 재해의 위험에 대해 이를 방지하고, 안전하며, 주변 환경과의 관계를 잘 고려하여 능률성을 높이는 색채를 선택해야 한다.
    ④ 심리적 특성을 고려하여 쾌적한 실내 이미지를 만들어야 한다.
    ⑤ 공간 사용 목적에 맞는 기능을 고려하여 시각전달의 목적에 부합되는 감각성과 명시성이 이루어져야 한다.

> **예제 03** 색채조절 시 고려할 사항으로 관계가 적은 것은? [19]
> ① 개인의 기호   ② 색의 심리적 성질
> ③ 사용 공간의 기능   ④ 색의 물리적 성질
>
> 정답 ①

4) 안전색채의 조건
① 제품안전 라벨에 안전색을 사용하여 주목성을 높인다.
② 초록은 안전의 의미를 가지며 의무실, 비상구, 대피소 등에 사용된다.
③ 안전색채는 다른 물체의 색과 쉽게 식별되어야 한다.
④ 노랑과 검정 대비 색 조합 안전표지는 잠재적 위험을 경고하는 의미를 가진다.

안전색채 중 교통 환경에서 사용하는 노란색은 무엇을 의미하는가? [25,23,14]
① 정지, 고도위험　　　　② 주의, 경고
③ 소화, 금지　　　　　　④ 안전, 진행

정답 ②

핵심 기출문제

02-5 색채 관리

01 ▶ 16
색채 조절을 실시할 때 나타나는 효과와 가장 관계가 먼 것은?

① 눈의 긴장과 피로가 감소된다.
② 보다 빨리 판단할 수 있다.
③ 색채에 대한 지식이 높아진다.
④ 사고나 재해를 감소시킨다.

해설 | 색채 조절의 효과
　㉠ 마음의 안정을 찾는다.
　㉡ 일의 **능률**을 향상시킨다.
　㉢ 눈과 정신의 피로를 완화시킨다.
　㉣ 보다 빠른 판단을 할 수 있다.
　㉤ 사고나 재해를 감소시킨다.
　㉥ 능률이 향상되어 생산력이 높아진다.
　㉦ 정리, 정돈 및 청결을 유지하도록 한다.
　㉧ 유지, 관리가 경제적이며 쉽다.

02 ▶ 14
색채조절을 위해 만족시켜야 할 요인이 아닌 것은?

① 유행성을 높인다.
② 능률성을 높인다.
③ 안전성을 높인다.
④ 감각을 높인다.

해설 | 색채조절의 4가지 요건
　　쾌적성, 능률성, 안전성, 고감각성

03 ▶ 13
다음 안전색채나 안전색광을 선택하는데 고려하여야 할 내용 중 가장 잘못된 것은?

① 색채로서 직감적 연상을 일으켜야 한다.
② 박명효과(푸르킨예 현상)를 고려해야 한다.
③ 색의 쓰이는 의미가 적절해야 한다.
④ 색채를 사용해 왔던 관습은 무시해야 한다.

해설 | 색채를 사용해왔던 관습을 고려해야 한다.

정답 | 01 ③ 02 ① 03 ④

03 색채 계획

Pass Note

예상출제문항		키워드
1~2	- 색채 디자인 프로세스	- 공간별 색채 계획 - 디지털 색채 시스템

1. 부위 및 공간별 색채 계획

1) 색채 디자인 전개

> 색채 환경 분석 → 사용자 특성 분석 → 개념설정 → 색채의 위치 선정 →
> 색채 조화의 방향 선택 → 색채 선택 → 각 영역별 색채의 샘플 선택 → 검토와 조정

(1) 색채 환경 분석 – 대상공간의 여건 분석
  ① 건축적 요소 : 공간의 크기, 형태, 위치, 용도, 방향, 지형, 도로와의 관계, 주변 환경과의 관계, 창과 전망의 여건, 채광 및 조명의 조건 등의 실내디자인 이전의 모든 여건
  ② 실내의 공간적 요소 : 이미 소장한 가구, 구입 예정인 가구, 전자기기, 조명, 커튼, 그림, 조각 등의 요소이다.

(2) 사용자 특성 분석 – 형태와 심리 분석
  대상 공간의 사용자 특성이 요구하는 색채의 심리적, 기능적 효과에 대해 조사한다.
  사용자의 성별, 나이, 교육수준, 기호, 라이프스타일을 조사하고 사용자의 공간형태 분석과 심리적 요구를 통하여 필요한 색채들을 추출한다.

(3) 개념설정 – 이미지 설정
  어떠한 분위기, 이미지, 스타일로 할 것인가에 대한 개념 설정으로부터 색채계획은 시작한다. 공간의 사용자와 대상 공간의 사용목적 또는 추구하는 효과를 철저히 분석하여 그 기능에 적합한 색채 이미지를 설정한다. 밝다, 따뜻하다 또는 모던인가 클래식인가 등의 개념을 바탕으로 색채 자체가 지니고 있는 특성을 고려하여 색채 선택의 방향을 설정해야 된다.
  이를 위하여 각 공간별 체크 리스트(Check list)를 작성한다. 항목은 시각적 개념과 이미지적 개념으로 설정하여 각 공간별, 요소별로 체크하도록 한다.

(4) 색채의 위치 선정
  색채가 사용되어야 할 공간의 각 요소에 대해 리스트를 작성한다.

건축적 디테일 분석으로부터 천장, 벽, 바닥, 기둥, 가구의 종류, 장식, 창문, 문, 문틀, 몰딩, 그 밖에 액세서리 등에 이르기까지 공간의 특성과 시각적 환경의 관계를 고려하여 주조색, 보조색, 강조색 등의 위치에 대한 항목을 만든다.

(5) 색채 조화의 방향 선택

색채의 기능적, 심리적인 이미지에 대한 개념이 설정되고 공간의 특성에 따른 색채 위치를 선택하고 색채 배분을 한다.

이것은 각 면적과 시각적 위치에 따라 주조색과 보조색을 중심으로 조화의 개념이 적용 된다. 색상환을 기본으로 단색조화인가, 유사색 계열의 조화, 보색조화의 색채대비에 대한 결정을 하며 실내계획을 전개한다.

(6) 색채 선택

색채선택은 색채가 갖는 시지각성 특성, 감정, 연상, 이미지에 대한 총괄적인 속성을 바탕으로 목적에 맞게 이루어져야 한다.

조화를 기초로 하여 주조색, 보조색, 강조색을 결정한다. 색채 선택은 논리적 근거 하에 주조색 선택으로부터 출발한다.

① 주조색의 선택

넓은 면적으로 지배적 영향을 주므로 다음의 이유가 고려된다.
㉠ 공간의 이미지, 스타일, 분위기를 결정할 색채의 심리적, 생리적 특성을 고려한다.
㉡ 주어진 색채(실행된 마감재료, 바꿀 수 없는 건축색, 고객의 선호), 계획 중인 공간의 기후, 방향 등을 고려하여 배경의 조화를 이룰 수 있는 선택이 필요하다.
㉢ 조명과의 관계, 재료와 빛의 반사율을 고려한다.
㉣ 기업의 아이덴티티 프로그램, 전통적, 문화적 여건 등이 고려될 수 있다.

② 보조색과 악센트 색의 조화

보조색은 색 전체에 통일감을 주면서 변화를 주는 요소로 바닥, 벽, 천장과 같은 넓은 면적의 일부분이 되는 커튼, 블라인드, 징두리벽, 가구 세트 등에 사용한다.

실내에 생기를 불어 넣을 수 있는 액세서리 요소에는 선명한 악센트 색을 사용한다.

또 색채가 차지하는 공간상의 면적이 작을 때 악센트 색으로 변화를 줄 수 있으며, 공간의 건축적 특성과 시지각적 거리를 고려해서 강조색을 선택할 수 있다.

(7) 각 영역별 색채의 샘플 선택

샘플의 중요성은 아무리 강조해도 지나치지 않는다.

선택된 색상에 적합한 재료의 샘플을 수집하고 재료에서 표현되는 실제적인 색채를 질감과 함께 검토한다. 조명될 실내의 환경과 함께 실행될 재료의 적절한 명도·채도·색채 간의 대비 관계 등을 민감하고 세심한 배려와 함께 결정하여야 한다.

작은 샘플의 경우 넓은 면적의 실행과의 오차도 염두에 두어야 한다. 색채의 시지각적 대비 속성에 대한 지식이 가장 필요한 때이다.

(8) 검토와 조정

주조색, 보조색, 악센트 색으로 배색 유형을 설정한 후 도면상에 스케치한 투시도 혹은 모형을 통하여 사용하고자 하는 색채의 조화를 테스트한다든지 컴퓨터를 활용한 시뮬레이션 방법을 이용, 또 현장에서 직접 자재를 붙여 보면서 조정하고 결정한다.

 환경 색채 디자인 프로세스
입지 조건 조사 분석 → 환경 색채 조사 분석 → 색채 설계 → 색채결정 및 시공

 컬러 매니지먼트
① 화상이나 그래픽의 컬러를 정확하게 재현하게끔 데이터를 변환하기 위해서 그와 관련되는 모든 주변기기의 컬러 공간을 조정하는 것이다.
② 컬러로 된 그래픽의 작성이나 화상의 준비에 각종 프로그램과의 호환성을 필요로 한다.
③ 하나의 출력 프로세스를 다른 출력 장치 상에서 볼 수 있게끔 하는 것이다.
④ 컬러 매니지먼트 시스템에 의해서 컬러 재현의 반복 및 예측이 가능하다.
⑤ 컬러 매니지먼트 시스템은 초심자라도 쉽게 이용할 수 있도록 간단해야 한다.

2) 부위 및 공간별 색채 계획

(1) 주거공간의 색채계획

주거공간은 거주자의 취향이 반영되는 곳이므로 다양한 색채 선택과 표현으로 계획된다.
거주자의 특성, 공간의 기능, 용도 및 건축적 특성 들을 파악하고 색채 설정의 방향이나 색채계획이 이루어져야 한다.

① 거실은 편안하고 따뜻하고 부드러운 분위기를 주는 주조색 선택과 가족의 품위를 주는 유사색의 보조색과 보색의 악센트 Color로서 흥미와 활기를 준다.
② 식당은 밝은 배경에 식욕을 돋우는 난색계의 색상이 좋으며, 유사색의 선택이 좋다.
③ 침실은 남향의 방에서는 한색계열의 안정된 색채의 선택이 좋으며, 북향이나 어두운 방의 경우 따뜻하고 밝은 색채계획이 바람직하다. 거주자의 선호에 맞게 일반적인 개념에서 벗어나는 색채계획도 가능한 공간이다.
④ **부엌은 청결한 이미지의 색채 계획을 하며, 작업대 상판의 색은 밝은 톤이나 자연소재의 색이 좋다. 가구의 스테인리스 사용이 많거나 무채색이 많을 경우 고채도의 단순한 색채 계획도 효과적이다.**
⑤ **욕실**은 깨끗하고 위생적인 느낌을 기본으로 단순한 색채 계획이 좋으며, 위생기기는 청결한 느낌의 고명도 색채 선택이 좋다. 주변 액세서리 등은 공간의 악센트로서 고채도의 색채를 선택하여 효과를 준다.
⑥ **어린이방**은 채도가 높은 강렬한 색의 과다 사용은 정서적 안정감을 주지 못하므로, 조용한 배경 속에서 색상을 즐기기에 알맞은 장난감, 그림 등의 사용이 바람직하다. 주기적으로 색상변화를 줄 수 있도록 색상 교체가 용이한 융통성 있는 색상계획이 바람직하다.

예제 01 다음 중 부엌을 칠할 때 요리대 앞면의 벽색으로 가장 적합한 것은? [22.18]
① 명도 2정도, 채도 9
② 명도 4정도, 채도 7
③ 명도 6정도, 채도 5
④ 명도 8정도, 채도 2 이하

정답 ④

(2) 업무공간의 색채계획

사무를 담당하는 업무공간은 능률적이고, 쾌적한 업무환경을 제공하는데 그 목적이 있다.
색채구성은 일반적으로 자연색의 유사색 구성을 들 수 있고, 현대적인 이미지를 위하여 무채색 구성과 함께 채도가 높은 색채를 그래픽과 함께 활용하면 좋은 결과를 얻을 수 있다.

① 벽면의 색은 반사로 인한 눈부심과 눈의 피로가 발생하지 않아야 하고, 무광택의 색채 계획이 바람직하다.
② 주조색은 안정적 이면서도 작업의 능률을 높이는 중·고명도의 그레이나 중성색 계통을 사용한다.
③ 작업 표면은 사용자의 시각에서 표면 밝기가 중간 명도로 하는 것이 좋다.
④ 가구, 비품, 설비는 중명도 또는 약간 높은 명도의 색이 무난하다.
⑤ 시각적으로 정리감이 있는 효과와 생동감을 위해 부분적인 악센트가 바람직하다.
⑥ 기업 색채를 악센트 또는 보조색으로 도입하여 정체성을 높인다.
⑦ 리셉션, 회의실 등과 같은 대외적 공간은 회사의 이미지를 높이는 색채계획획이 좋다.
⑧ 로비와 복도, 출입구는 강한 색채를 도입하여 이미지 연출과 함께 동선을 유도한다.

 예제 02 일반적으로 사무실의 색체 설계에서 가장 높은 명도가 요구되는 것은? [16]
① 바닥　　② 가구　　③ 벽　　④ 천장

정답 ④

(3) 교육공간의 색채계획

교육공간의 색채 환경은 성장기 학생들의 학습 의욕을 높이고 지적발달, 정서적 안정, 바른 인격형성에 도움을 줄 수 있는 기능성과 다양성에 중점을 두는 계획으로 이루어져야 한다.

① 일반교실은 실내 어느 곳이나 충분한 조도가 있게 한다. 안정된 분위기를 위해 색상의 종류를 제한한다.
② 미술실은 정확한 색 분별을 위해 벽면과 바닥을 무채색으로 하는 것이 좋다.
③ **음악실은 즐거운 분위기를 위해 난색계통의 다양한 색채들을 사용하여 따뜻하고 밝은 이미지가 효과적이다.**
④ 교무실 : 안정감 있는 색채계획과 함께 부분적 보색 악센트 색채 도입이 효과적이다.
⑤ 강당 : 넓은 공간의 안정감 있는 주조 색과 함께 채도가 높은 부분적 악센트 색상 도입은 공간의 심미성을 높여준다. 색채가 다른 요소들과 공통성을 가지고 반복되는 것이 좋으며, 의자는 채도가 있는 것으로 선택하여 공간에 활기를 준다.
⑥ 식당 : 따뜻하고 편안한 색으로 식욕을 돋우고 즐거운 느낌의 주황계열이 효과적이다.

⑦ 통로부분 : 자유롭고 대담한 색채계획을 시도하여 긴 공간에 즐거움을 줄 수 있는 쾌적한 공간이 되도록 한다.

(4) 의료공간의 색채계획

병원의 색채계획은 환자와 근무자에 대한 기능과 심리적 영향에 관련된다. 의료적 치료 환경과 함께 정신적, 감정적인 영향에 특히 유의하여 이루어져야 한다.

공간	색채 계획
병실	환자가 머무는 시간이 많은 병실은 낙천적이고 친숙한 인상을 주며 쾌적해야 한다. 지나치게 강렬한 천장색이나 악센트 색상은 피하도록 한다. 명도를 조금 낮추고 낮은 채도의 유사색 배색이 효과적이다.
수술실	의사의 시각적 긴장을 고려하여 청록색 계열로 벽면(30~35% 반사율이 적합)과 가운, 덮개(반사율 8~10%), 기기 등에서 적절한 명도, 채도의 색채 조절이 이루어져야 한다.
접수, 대기실	신뢰감을 주는 단파장 계열의 색의 고명도, 저채도 배색을 한다.

(5) 산업시설의 색채 계획

작업환경의 색채는 근로자들의 안전성과 정서적 분위기를 주기 위한 색채 계획을 한다.

① **공장에서 안전이 요구되는 부위에는 안전색채를 배색**하는 것이 좋다.
② 명쾌한 색상은 작업의 기분을 즐겁게 하지만 고채도의 색은 시각작업에 방해요소가 크므로 유의해야 한다.
③ 파이프는 다양한 기능을 구별하기 위해 선명한 색채가 기호에 따라 칠해지며 수리 및 변형에 참고한다.
④ 산업시설 사용 색채

색채	특징
빨강색	색맹인 사람이 식별할 수 없기 때문에 절박한 위험에는 사용할 수 없고, 화재의 안전장비, 멈춤, 위험, 긴급, 금지, 위험한 재료의 수송기, 기계의 스위치 등에 사용
노랑과 검정 띠	절박한 위험을 알리는 표지에 사용한다. 노랑은 높이변화, 장애물 위험 가능성, 움직이는 장비의 가시성을 높이기 위한 주의 표시로 사용
녹색	바른 길을 알리는 표지로 비상구, 대피소, 응급실에 사용
파란색	경계, 조심, 주의표시의 기준색이다. 전기의 조작 위험을 경고하는 표지로 사용
검정색 바탕 위의 흰색	고속도로의 장애물이나 디딤판, 불규칙한 상태를 표시
흰색	폐품 수송기, 음료수원, 음식 서비스 영역을 나타낸다.

 수송 기관의 대표적인 시내버스, 지하철, 기차 등의 색채 계획
- 도장 공정이 간단할수록 좋다.
- 조색이 용이할수록 좋다.
- 변색, 퇴색하지 않는 도료가 좋다.

예제 03 공공성을 가진 차량을 도장할 때 주의해야 할 사항으로 틀린 것은? [20]
① 도장 공정이 간단할수록 좋다.
② 보수도장을 위해 조색이 용이 할수록 좋다.
③ 일반인들이 사용하지 못하게 특수 색료를 사용한다.
④ 변색, 퇴색하지 않는 색료가 좋다.

정답 ③

(6) 판매 공간의 색채계획

판매의 효율 증대를 위해 경영학적 분석과 시각요소의 적절한 기준 설정을 토대로 색채 계획을 한다.

① 매장의 배경색은 상품보다 명도와 채도가 낮은 색을 택하여 상품을 돋보이게 하지만 특정상품의 경우 배경색을 상품보다 강하게 사용함으로써 효과를 드러낼 수도 있다.
② 밝은 색 계통의 의류는 검정과 회색, 그리고 어두운 계통의 의류는 흰색, 밝은 색 등과 조화시킨다.
③ 흰색, 검정, 크롬 등의 무채색으로 이루어진 하이테크한 분위기의 색채는 전자제품 등 기술적 제품을 판매하는 상점에 적합하다.
④ 밝은 강조색은 슈퍼마켓이나 기타 체인점을 알리는데 효과적이다.
⑤ 청록색이 의류매장의 배경색으로 자주 쓰이는 것은 사람의 안색을 자연스럽고 좋게 보이게 하기 때문이다.

(7) 음식점 공간의 색채계획

음식점에서의 색채는 감각적이고 분위기에 강한 영향을 갖는 색채계획을 요구하는 곳이다. 일반적으로 따뜻한 색채나 빨강계열의 복숭아색, 호박색, 핑크색 등이 식욕을 자극하며 쾌적한 분위기를 만든다. 채도가 높은 색은 절제하여 사용하고 주조 색에 대해 유사한 명도, 채도로 조절하여 보색관계의 강조색을 사용하는 것이 좋다.

① 이탈리아식 레스토랑이면 국가를 상징하는 빨강, 흰색, 초록의 사용으로 이미지를 높이고 스웨덴이라면 파랑과 노란색을 사용해 본다.
② 패스트푸드점 등과 같이 음식 서비스가 빠른 식당은 강렬한 색채와 패턴 대비가 잘 어울린다.
③ 질 좋은 서비스를 제공하는 전통 음식점은 부드럽고 따뜻한 톤으로 계획하는 것이 좋다.

2. 도료 색채 계획

1) 도료 색채 계획 기준

(1) 실내 색채 계획 기준

① 실별 기능에 따라 색채를 선택한다.
② 실별 상호간의 조화를 고려한다.
③ 실내조명을 고려한다.
④ 자연적인 색조를 고려한다.
⑤ 마감 재료의 질감에 따른 색채를 고려한다.

⑥ 계절에 따른 색채 조절을 한다.
⑦ 주조 색과 보조 색을 제한한다.

(2) 실내 공간상의 색채 균형

명도	• 방 전체를 안정감 있게 하기위해 위에서부터 아래로 명도를 낮추는 것이 좋다. • 색을 가진 상품은 무채색을 배경으로 진열하거나 대비 효과를 이용한다. • 어두운 품목은 부드럽고 밝은 곳에, 밝은 것은 어두운 배경에 진열한다. • 같은 밝기의 회색은 흰색 배경에서 더 어둡고 검정 배경에서 더 밝게 나타난다.
채도	• 넓은 공간은 전체적으로 저채도, 좁은 공간은 고채도가 효과적이다. • 흰색 배경 위에서 밝은 색의 밝기는 감소하고 채도는 증가하여 색조가 강해진다. • 검정 바탕 위에서 밝은 색은 채도가 증가하고, 어두운 색은 채도가 감소되지만 명도는 증가한다. • 중간 채도의 동일 색상은 고채도의 동일 색 배경에서 채도가 더 낮게 보인다.
색상	• 밝은 한색(후퇴 색)으로 칠한 방은 더 넓어 보인다. • 난색(진출 색)으로 칠한 큰 방은 작아 보인다. • 단색으로 마감한 경우 동일하게 보이므로 효과가 크지만 무미건조해지기 쉽다.

(3) 기능과 환경에 의한 색채 기준
① 우리가 색으로부터 받는 자극은 명도와 채도가 강한 편이며, 색상은 특유의 감정을 가지고 있다.
② 그늘진 북향이나 한랭한 기후 조건에는 난색이 좋으며 한색은 태양광선을 받는 밝은 장소에 좋다.
③ 일반적으로 명도가 높은 색이 어두운 색보다 넓어 보인다.
④ 색상 중에서는 난색보다 한색이 심리적으로 자극이 약하고 진정감을 준다.
⑤ 현관, 복도, 로비 등과 같이 사람이 움직이는 장소는 비교적 강한 색을 사용해도 좋다.
⑥ 사무실, 교실, 병실 등과 같이 활동이 적고 오랜 시간 머무는 공간은 저 자극의 색을 사용한다.

(4) 방의 크기와 형에 의한 색채 기준
① 목욕실, 화장실, 세면실 등의 좁은 실내는 저 채도를 사용하면 넓어 보이는 효과가 있다.
② 천장이 높은 공간이나 큰 실내 공간은 연한 난색으로 하면 좋다.
③ 공간이 넓을수록 더 밝거나 중성색을 사용 한다.

(5) 면 기능에 의한 색채 기준
① 창이 있는 면은 휘도(밝기)가 높기 때문에 명도를 높게 하여 휘도를 제어한다.
② 그림이나 꽃 등을 배치하거나 벽걸이는 그 자체를 악센트 색으로 사용한다.
③ 문이나 가리개 등 움직이는 면은 다른 벽면에 비해 눈에 잘 띄는 색이 좋다.

2) 디지털 색채

(1) 디지털 색채 시스템

컴퓨터그래픽에서 표현할 수 있는 색 체계는 크게 HSB(HSV), RGB, Lab, CMYK 등이 있다.

구분	내용
HSB 시스템	• 먼셀의 색채개념인 색상, 명도, 채도를 중심으로 선택하도록 되어 있다. • 프로그램 상에서는 H모드, S모드, B모드를 볼 수 있다. • H모드는 색상을 선택하는 방법이다. 0~360°로 표시 • S모드 : 채도 즉, 색채의 포화도를 선택하는 방법 • B모드 : 명도를 선택하는 방법
RGB는 시스템	• 컴퓨터 모니터와 스크린 같은 빛의 원리로 컬러를 구현하는 장치에서 사용된다. • 16진수 표기법은 각각 두 자리씩 RGB(Red, Green, Blue)값을 나타낸다. • 컴퓨터 화면의 스크린은 24비트 색 배열 조정 장치를 사용할 경우 최대 약 1677만 가지의 색을 만들어낼 수 있다.
L*a*b*시스템	• CIE가 1976년에 추천하여 지각적으로 거의 균등한 간격을 가진 색 공간에 의한 색상모형이다. • 국제 색상체계 표준화인 CIE에서 발표한 색체계로 서로 다른 환경에서도 이미지의 색상을 최대한 유지시켜 주기 위한 컬러모드이다. • L*a*b* 색공간에서 L*은 명도를, a*는 빨강과 초록을, b*는 노랑과 파랑을 나타낸다.
CMYK 시스템	• CMYK(감산 혼합)는 인쇄와 사진에서의 색 재현에 사용된다. 주로 옵셋 인쇄에 쓰이는 4가지 색을 이용한 잉크체계를 뜻하며, 각각 시안(Cyan), 마젠타(Magenta), 옐로(Yellow), 블랙(Black)을 나타낸다. RGB나 HSB(HSV)보다 표현 가능한 색이 적다.

(2) 디바이스 색 체계

① 디바이스 종속 색 체계 : 인간의 시 감각이 아니라 특정 전자장비에 필요한 디지털 색 데이터의 수치화에 사용하는 색 체계를 말한다. RGB, HSV, CMY 등이 해당된다.

② 디바이스 독립 색 체계 : 인간의 시 감각으로 감지할 수 있는 모든 색의 영역을 100% 사용하여 정의할 수 있는 색채공간을 말한다. CIE XYZ 색체계가 해당된다.

예제 04

( )에 들어갈 내용을 순서대로 맞게 짝지은 것은? [23,22]

• 컴퓨터 그래픽 소프트웨어를 활용하여 인쇄물을 제작할 경우 모니터 화면에 보이는 색채와 프린터를 통해 만들어진 인쇄물의 색채는 차이가 난다. 이런 색채 차이가 생기는 이유는 모니터는 ( )색채 형식을 이용하고 프린터는 ( )색채 형식을 이용하기 때문이다.

① HVC RGB
② RGB - CMYK
③ CMYK - Lab
④ XYZ - Lab

정답 ②

예제 05

디지털 색채 시스템 중 HSB시스템에 대한 설명으로 틀린 것은? [24,23,20]

① 먼셀의 색채개념인 색상, 명도, 채도를 중심으로 선택하도록 되어 있다.
② 프로그램 상에서는 H모드, S모드, B모드를 볼 수 있다.
③ H모드는 색상을 선택하는 방법이다.
④ B모드는 채도, 즉, 색채의 포화도를 선택하는 방법이다.

정답 ④

(3) 비트
　① 디지털 색채는 아날로그와 달리 일정한 단위의 비트(bit)로 구성되어 있다.
　② 컴퓨터 데이터의 가장 단위로 하나의 2진수 값을 가진다.
　③ 픽셀 1개당 2진수 값을 표현 할 수 있다.
　④ 색채 단위 수가 24비트 이상이면 풀 컬러(full color)를 구현한다.

예제 06 디지털 이미지에서 색채 단위 수가 몇 이상이면 풀컬러(Full Color)를 구현한다고 할 수 있는가? [17]
　① 4비트 컬러　　　　　② 8비트 컬러
　③ 16비트 컬러　　　　 ④ 24비트 컬러

정답 ④

(4) 해상도
　① 컴퓨터, TV, 화상기 등에서 사용하는 화상 표현 능력의 척도이다.
　② 해상도는 데이터의 전체 용량과 직접 관계되며 원고의 정밀도를 결정한다.
　③ 하나의 이미지 안에 몇 개의 픽셀을 포함하는가에 대한 척도 단위로는 dpi를 사용한다.
　④ 모니터 해상도는 한 화면에 픽셀이 몇 개나 포함되어 있는지를 말하는 것으로, 대개 가로의 픽셀 수와 세로의 픽셀 수를 곱하기 형태로 나타낸다.
　⑤ 같은 해상도라도 크기가 작은 모니터에서 더 선명하고, 큰 모니터로 갈수록 면적이 넓어지므로 선명도는 떨어진다.

예제 07 해상도에 대한 설명으로 틀린 것은? [17.14]
　① 한 화면을 구성하고 있는 화소의 수를 해상도라고 한다.
　② 화면에 디스플레이 된 색채 영상의 선명도는 해상도와 모니터의 크기에 좌우된다.
　③ 해상도의 표현방법은 가로 화소 수와 세로 화소 수로 나타낸다.
　④ 동일한 해상도에서 모니터가 커질수록 해상도는 높아져 더 선명해진다.

정답 ④

(5) 픽셀(pixel)
　① 픽셀이란 용어는 그림(Picture)과 요소(Element)의 합성어이다. 우리말로는 '화소'라고 번역한다.
　② 모니터 등에 나타나는 디지털 이미지의 경우 마치 수많은 타일로 구성된 모자이크 그림과 같이 사각형 픽셀의 집합으로 구성된 것이다.
　③ 픽셀은 디지털 이미지의 최소 단위이다.
　④ 화소의 수가 많을수록 해상도가 높은 영상을 얻을 수가 있다. 같은 면적 안에 픽셀, 즉 화소가 더 조밀하게 많이 들어 있을수록 그림이 더 선명하고 정교하기 때문이다.

3) 디지털 색체계 변환 목적
① 색채를 취급하는 다양한 장비들은 색 공간 변환시 색신호를 통합·표준화해서 정확한원본의 색을 구현해내는 작업 수행을 정확하고 용이하게 할 수 있게 한다.
② 영상처리 과정에서 영상의 분할, 특징추출, 복원, 향상 등을 정확하게 수행하기 위함
③ 영상물 제작 과정에서 영상의 합성, 수정, 보완 등을 정확하고 용이하게 수행하기 위함
④ 컴퓨터 그래픽스에서 렌더링, 특수효과 처리, 실사 영상과 CG영상의 합성, 수정, 보완 등을 정확하고 용이하게 수행하기 위함

4) 파일 포맷과 저장

구분	내용
JPEG	• 파일 용량이 작고 풍부한 색감의 표현이 가능하여 웹 디자인 시 많이 사용된다. • 압축률을 높일수록 이미지의 손상이 커지므로 사용 시 압축정도를 조절해야 한다. • JPEG는 1,600만 색상을 표시 할 수 있어 고해상도 표시장치에 적합하다. • 호환성이 우수하며, 압축률이 가장 뛰어나다.
PNG	• JPEG와 GIF의 장점만을 가진 포맷으로, 트루컬러를 지원하고 비손실 압축을 사용한다. • 이미지의 변형이 없이 원래 이미지를 웹상에 그대로 표현할 수 있는 포맷 형식이다.
TIFF	• TIFF 포맷은 컬러 및 회색 음영의 이미지를 페이지 조판 프로그램으로 보내기 위해 사용할 수 있는 유용한 포맷이다. • RGB 및 CMYK 이미지를 24비트까지 지원한다. • LZW 압축은 이미지의 질을 손상시키지 않는 가장 좋은 압축률을 보인다.
GIF	• 이미지의 전송을 빠르게 하기 위하여 압축, 저장하는 방식 중 하나다. • JPEG 파일에 비해 압축률은 떨어지지만, 전송속도가 빠르고 이미지의 손상을 적게 한다.
EPS	• EPS 포맷은 대표적인 Postscript 그래픽의 포맷이다. • 인쇄를 목적으로 하는 파일을 작업할 때 많이 사용된다. • 일러스트레이터로 작업하면서 가장 많이 접하게 되는 파일의 포맷 방식이다.
DCS	• DCS 포맷은 네 개의 분리된 CMYK의 Postscript 파일들과 문서에서 위치 지정을 위한 추가적인 다섯 번째의 EPS 마스터로 구성된 포맷이다.

포맷형식에 대한 내용으로 틀린 것은? [20]

① EPS 포맷은 대표적인 PostScript 그래픽의 포맷이다.
② DCS 포맷은 파일을 비트맵 모드에서 사용할 경우 이미지의 흰색부분을 투명하게 지원하는 유일한 포맷이다.
③ DCS 포맷은 네 개의 분리된 CMYK의 PostScript 파일들과 문서에서 위치 지정을 위한 추가적인 다섯 번째의 EPS 마스터로 구성된 포맷이다.
④ TIFF 포맷은 컬러 및 회색 음영의 이미지를 페이지 조판 프로그램으로 보내기 위해 사용할 수 있는 유용한 포맷이다.

정답 ②

컴퓨터 그래픽에서의 디자인이미지 작업의 순서는? [25,22]

① 페인팅 작업 → 이미지 구상 → 드로잉 작업 → 이미지 작업
② 이미지 구상 → 드로잉 작업→ 페인팅 작업 → 이미지 표현
③ 드로잉 작업 → 페인팅 작업→ 이미지 구상 → 이미지 표현
④ 이미지 구상 → 이미지 표현→ 드로잉작업 → 페인팅 작업

정답 ②

 스캐너를 이용하여 컬러 이미지를 컴퓨터에 입력할 경우 발생하는 현상에 대한 설명 중 틀린 것은?
[22]

① 스캐너의 해상도에 따라 입력할 수 있는 색채 단계가 달라진다.
② 동일한 이미지라도 스캐너의 감마값을 높이면 입력되는 색채 단계가 줄어든다.
③ 스캐너에서 만든 색채 데이터는 소프트웨어에 따라 달라진다.
④ 이미지의 크기를 확대하여 스캔하면 파일의 용량은 늘어난다.

정답 ②

5) 이미지 파일 형식

(1) 벡터(vector) 방식

수학적으로 이루어진 점·직선·곡선 등으로 이미지를 구성하는 방식으로, 일러스트레이터, 플래시, 폰트랩 등의 프로그램에서 사용된다.

(2) 래스터(raster) 방식(비트맵방식)

이미지의 모양과 색을 색상 정보가 담긴 픽셀(pixel)로 표현하는 방식으로, 포토샵, 페인터 등의 프로그램에서 사용되며, 벡터 방식에 비해 파일 용량이 크다. JPEG, GIF, PNG 등이 있다.

 CCM(Computer Color Matching)에 의한 색채관리
색의 비율을 계산해서 엑셀로 자동 계산하고 그 값을 색의 코드로 변환하는 방법
• 색채관리에 있어 사람의 눈이나 광원에 의한 오차들을 배제
• 컴퓨터 외에 분광 측색기, 소프트웨어 등이 구성이 필요
• 염료와 조제의 정리 및 표준화가 가능

색차(color difference)
• 색차(color difference)란 동일한 조건 하에서 계산하거나 측정한 두 색들 간의 차이를 말한다.
• 색차에서 동일한 조건이란 동일한 종류의 조명, 동일한 크기의 시료(샘플), 동일한 주변색, 동일한 관측시간, 동일한 측색 장비, 동일한 관측자 등을 말한다.
• 색차의 계산 및 색차의 측정은 색채 관련 학계 및 산업계에서 필수적인 요소이다.
• 색차의 계산 및 색차의 측정은 컴퓨터를 활용한 원색재현 과정의 핵심적인 부분이다.

색영역 맵핑(color gamut mapping)
색영역을 달리하는 장치들의 색영역을 조정하여 재현 가능한 색으로 변환시켜주는 작업

맵핑의 방향에 따른 분류 방법
- 명도 불변 클립핑 방법
- 명도의 중심 점 클립핑 방법
- 돌출 점 클립핑 방법

감마(Gamma)
- 컴퓨터 모니터 또는 이미지 전체의 기준 어둡기(밝기)를 말한다.
- 모니터 성능에 따라 RGB 각각의 감마를 결정할 수 있다.
- 기본 감마값에서 모니터의 상태에 따라 캘리브레이션을 할 수 있다.
- 가장 일반적으로 통용되는 감마를 사용하는 것이 좋다.

벡터 방식(Vector)에 대한 설명으로 옳지 않은 것은? [18]
① 일러스트레이터, 플래쉬와 같은 프로그램 사용방식이다.
② 사진 이미지 변형, 합성 등에 적절하다.
③ 비트맵 방식보다 이미지의 용량이 적다.
④ 확대 축소 등에도 이미지 손상이 없다.

정답 ②

포토샵에서 주로 하는 작업이 아닌 것은? [22]
① 이미지 리터칭
② 다양하고 정교한 캐릭터 드로잉
③ 사진의 효과 변환
④ 컬러의 변환

정답 ②

핵심 기출문제

03 색채 계획

01 ▶ 17
시내버스, 지하철, 기차 등의 색채계획 시 고려할 사항으로 거리가 먼 것은?
① 도장 공정이 간단해야 한다.
② 조색이 용이해야 한다.
③ 쉽게 변색, 퇴색되지 않아야 한다.
④ 프로세스 잉크를 사용한다.

해설 | 수송기관의 색채디자인 고려사항
  ㉠ 도장 공정이 간단해야 한다.
  ㉡ 조색이 용이해야 한다.
  ㉢ 쉽게 변색, 퇴색되지 않아야 한다.
  ㉣ 환경과의 조화
  ㉤ 쾌적과 안전감
  ㉥ 재질의 조화

02 ▶ 15
교통기관의 색채계획에 관한 일반적인 기준 중 가장 타당성이 낮은 것은?
① 내부는 밝게 처리하여 승객에게 쾌적한 분위기를 만들어준다.
② 출입이 잦은 부분에는 더러움이 크게 부각되지 않도록 색을 사용한다.
③ 차량이 클수록 쉬운 인지를 위하여 수축 색을 사용하여야 한다.
④ 운전실 주위에는 반사량이 많은 색의 사용을 피한다.

해설 | 차량이 클수록 쉬운 인지를 위하여 팽창색을 사용하여야 한다.

03 ▶ 20
디지털 컬러모드인 HSB모델의 H에 대한 설명이 옳은 것은?
① 색상을 의미, 0~100%로 표시
② 명도를 의미, 0~255°로 표시
③ 색상을 의미, 0~360°로 표시
④ 명도를 의미, 0~100%로 표시

해설 | HSB모델
  ㉠ 먼셀의 색채 개념인 색상, 명도, 채도를 중심으로 선택한다.
  ㉡ H는 색상을 의미, 0~360°로 표시
  ㉢ S는 채도를 의미하며, 0~100%로 표시
  ㉣ B는 명도를 의미, 0~100%로 표시

04 ▶ 19
24비트 컬러 중에서 정해진 256 컬러표를 사용하는 단일 채널 이미지는?
① 256 vector colors
② gray scale
③ bitmap color
④ indexed color

해설 | 인덱스드 컬러 모드(indexed color mode)
  gray scale과 같은 6bit 컬러 정보를 가진 픽셀들로 이루어진 256단계의 컬러를 적용한 모드이다. 현재는 웹페이지 상에 올리는 파일의 용량을 최소화 시키는 용도로 사용한다.

정답 | 01 ④ 02 ③ 03 ③ 04 ④

05 ▶ 18
디지털색채시스템에서 CMYK 형식에 대한 설명으로 옳은 것은?

① CMYK 4가지 컬러를 혼합하면 검정이 된다.
② 가법혼합방식에 기초한 원리를 사용한다.
③ RGB 형식에서 CMYK 형식으로 변환되었을 경우 컬러가 더욱 선명해 보인다.
④ 표현할 수 있는 컬러의 범위가 RGB 형식보다 넓다.

해설 | CMYK 형식
CMYK(감산 혼합)는 인쇄와 사진에서의 색 재현에 사용된다. 주로 옵셋 인쇄에 쓰이는 4가지 색을 이용한 잉크 체계를 뜻하며, 각각 시안(Cyan), 마젠타(Magenta), 옐로(Yellow), 블랙(Black)을 나타낸다. RGB나 HSB(HSV)보다 표현 가능한 색이 적다.

06 ▶ 17,13
컴퓨터 화면상의 이미지와 출력된 인쇄물의 색채가 다르게 나타나는 원인으로 거리가 먼 것은?

① 컴퓨터상에서 RGB로 작업했을 경우 CMYK방식의 잉크로는 표현될 수 없는 색채범위가 발생한다.
② RGB의 색역이 CMYK의 색역 보다 좁기 때문이다.
③ 모니터의 캘리브레이션 상태와 인쇄기, 출력용지에 따라서도 변수가 발생한다.
④ RGB 데이터를 CMYK 데이터로 변환하면 색상 손상현상이 나타난다.

해설 | CMYK의 색역이 RGB의 색역보다 좁기 때문이다.
Lab 컬러 색역
RGB 컬러 색역
CMYK 컬러 색역

07 ▶ 15
디지털 색채시스템에서 RGB형식으로 검정을 표현하기에 적절한 수치는?

① R=255, G=255, B=255
② R=0, G=0, B=255
③ R=0, G=0, B=0
④ R=255, G=255, B=0

해설 | ①백색, ③검정, ④노랑

08 ▶ 15
색채 측정 및 색채 관리에 가장 널리 활용되고 있는 것은 어느 것인가?

① Lab 형식   ② RGB 형식
③ HSB 형식   ④ CMY 형식

해설 | Lab 형식
CIE가 1976년에 추천하여 지각적으로 거의 균등한 간격을 가진 색 공간에 의한 색상모형이다.
국제 색상체계 표준화인 CIE에서 발표한 색체계로 서로 다른 환경에서도 이미지의 색상을 최대한 유지시켜 주기 위한 컬러모드이다.
L*a*b* 색공간에서 L*은 명도를, a*는 빨강과 초록을, b*는 노랑과 파랑을 나타낸다.

09 ▶ 14
디지털 이미지에서 색채 단위 수가 몇 이상이면 풀컬러(Full Color)를 구현한다고 할 수 있는가?

① 4비트 컬러   ② 8비트 컬러
③ 16비트 컬러   ④ 24비트 컬러

해설 | 비트
㉠ 디지털 색채는 아날로그와 달리 일정한 단위의 비트(bit)로 구성되어 있다.
㉡ 컴퓨터 데이터의 가장 단위로 하나의 2진수 값을 가진다.
㉢ 픽셀 1개당 2진수 값을 표현 할 수 있다.
㉣ 색채 단위 수가 24비트 이상이면 풀 컬러(full color)를 구현한다.

정답 | 05 ① 06 ② 07 ③ 08 ① 09 ④

10
GIF 포맷에서 제한되어지는 색상의 수는?

① 256 ② 216
③ 236 ④ 255

해설 | GIF 포맷은 256컬러만을 사용해서 이미지를 표현한다.

11
색채 표준화의 기본요건으로 거리가 먼 것은?

① 국제적으로 호환되는 기록방법
② 체계적이고 일관된 질서
③ 특수집단을 위한 범용적이고 실용적인 목적
④ 모호성을 배제한 정량적 표기

해설 | 색채 표준화의 조건
㉠ 국제적으로 호환되는 기록방법
㉡ 체계적이고 일관된 질서
㉢ 특수집단을 위한 것이 아닌 범용적이고 실용적인 목적
㉣ 모호성을 배제한 정량적 표기
㉤ 관련된 규격과의 관계 명기로 호환성 극대화
㉥ 이론이 아닌 산업품질, 생산 효율, 기술 발전을 위한 것
㉦ 공정의 단순화, 공정화, 수비의 합리화를 위한 것

12
흰색 종이의 반사율이 80%, 인쇄된 검정색 글자의 반사율이 15%라 할 때 대비는 얼마인가?

① 61% ② 70%
③ 81% ④ 88%

해설 | 대비 $= \dfrac{\text{배경의 반사율} - \text{표적의 반사율}}{\text{배경의 반사율}} \times 100$
$= \dfrac{80-15}{80} \times 100 = 81\%$

Chapter 03

실내디자인 가구 계획

최근 10개년 출제문항수 **45개**

New_ 2022년 이후 평균 출제비중 **10%**

Chapter 출제경향분석

Section	출제비율
01 가구 자료 조사	4%
02 가구 적용 검토	3%
03 가구 계획	3%

01 가구 자료 조사

> Pass Note

예상출제문항	키워드
1~0	– 유명건축가 가구 – 마르셀 브로이어 가구 – 미스 반 데 로에 가구	– 한국 전통 사랑방 가구 – 전통 주거 가구, 반닫이, 농

1. 가구의 정의 및 역할

1) 가구의 개요
① 가구는 인간의 삶을 편리하게 하기 위한 도구의 하나로 주거 환경을 구성하는 중요한 요소 가운데 하나이다.
② 가구의 기본 조건으로 기능성, 안정성, 내구성, 경제성, 심미성을 들 수 있으며, 용도와 사용 재료, 시스템 등에 따라 다양하게 분류한다.
③ 가구란 실내에 놓이는 모든 도구류를 지칭하는 용어이다.
④ 가구는 기능적으로 인간의 몸을 편안하게 생활할 수 있도록 도와주는 역할을 한다.
⑤ 공간을 나누기도하고 수납하기도 하고 쉴 수 있게 해주는 단순기능에서 시작하여 공간의 영역성을 부여하고 심미적으로 주변 환경과 어울려 미를 느낄 수 있게 해주는 역할을 한다.

2) 가구의 기능

기능	내용
대공간적 기능	공간을 구성하는 디자인 요소로서, 수납공간을 형성하거나 각 공간을 분할한다. 배치방법에 따라 동선을 결정하고, 대화 공간 등을 결정한다.
대인적 기능	인간의 공간사용 행위의 척도와 관련되는 것으로 작업, 휴식, 수납의 기능이 충족될 수 있는 인간행위 척도에 맞는 가구를 말한다.
대환경적 기능	생활환경의 질을 높이기 위한 기능을 말하는 것으로 통일성 있는 디자인과 크기로 미적 효과를 높인다.
대사회적 기능	재료 면에서 자원의 재순환, 대체 자원의 연구가 이루어져야 하며, 친환경적인 면에서도 대처할 수 있는 기능을 가져야 한다.

2. 서양 가구 디자인 역사

1) 고대 가구

이집트
투탕카멘 의자

그리스
클리스모스

로마
대리석 옥좌

(1) 이집트
① 이집트의 가구는 사회적 지위에 따라 상징적 의미를 갖고 표현되었다.
② 상아나 흑단이 상감재료로 사용되었고 황금장식이 사용되어 강한 패턴을 형성하였다.
③ 상류층에서는 의자, 스툴, 테이블과 같은 가구로 많이 장식하였으나 하류층에는 가구가 거의 없거나 단순하게 만든 가구가 전부였다.
④ 사자, 백조, 물오리의 머리를 장식으로 사용했다.
⑤ 아름다운 비례, 절제된 부조 장식과 때때로 화려하게 채색된 세부장식으로 우아 미를 강조했다.

(2) 그리스
① 그리스의 의자는 두 가지 기본적인 형태로 이루어지고 있다. 하나는 장중한 왕좌 또는 고관들이 사용한 의자이며, 또 다른 하나는 X 자형 의자이다.
② 그리스 의자 중에서 가장 전형적인 것은 클리스모스(Klismos)이며, 훌륭한 비율과 선으로 그 아름다움의 극치를 이루고 있다. 후에 클리스모스는 프랑스, 영국의 의자에도 큰 영향을 주었다.

(3) 로마
① 로마의 가구는 그리스를 모방하면서도 그리스 예술의 완전성이나 형태의 순수성보다는 화려함과 지나친 정교함이 성행하였다.
② 제정기에 들어와 다시 가구는 지배자의 권위를 나타내는 장식성이 짙어졌다.
③ 대리석, 청동제 가구가 있고 목재의 것은 회화나 벽화의 부조에 의해 알 수 있다.
④ 그리스의 영향을 받아 동물의 발과 다리의 형태로 연결되게 디자인 하였고, 의자는 그 형이 화려하고 사자, 그리핀(griffin) 등의 조각과 받침대에 적용하였다.

 그리핀(griffin)
머리, 앞발, 날개는 독수리이고 몸통, 뒷발은 사자인 상상의 동물

2) 중세 가구

| 초기기독교 | 비잔틴 | 로마네스크 | 고딕 |

초기기독교
맥시미아리우스
의 옥좌

비잔틴
다고베르의 청동옥좌

로마네스크
Ecclesiastic 체어

고딕
실버 체어

(1) 초기기독교
   ① 교회 내부, 제단, 교단, 장로의 의자, 기타 테이블, 침대 등이 있다.
   ② 재료나 형식이 그리스·로마 조각의 공간의 깊숙함이나 당당한 규모가 없어지고 소규모의 형태와 레이스 같은 장식으로 나타남.

(2) 비잔틴
   ① 고전주의 가구에서 나타나는 우아하고 정교한 곡선 형태는 비잔틴 왕궁과 주택의 장엄하고 형식적인 특성에 어울리는 묵직한 정적인 형태로 교체되었다.
   ② 왕궁의 가구는 특히 화려하여 연회용 테이블을 상아와 금으로 만들었다.
   ③ 재료는 목재, 금속, 상아 바탕에 금은, 보석을 장식재로 썼다.
   ④ 기법은 상감, 엷은 부조기법을 사용하였고 종류로는 의자, 침대, 탁자 등을 들 수 있는데 유물로는 다고베르(Dagobert) 의자, 성 페트루스(St. pietro) 의자, 상아의자 등이 있다.

(3) 로마네스크
   ① 로마네스크는 로마풍의 중후한 양식을 해석해서 사용하면서 생긴 용어이다.
   ② 옷이나 중요한 물건들을 보관하는 함과 같은 역할을 하는 체스트(Chest)가 많이 발달 하였고, 체스트를 응용한 의자가 디자인되던 시기로 지역에서 나오는 천연자원을 활용하여 가구를 만들었다.
   ③ 로마네스크 시기에는 이탈리아, 스페인, 프랑스의 아름다운 세공가구들이 나올 수 있었던 것은 호두나무라는 목재 때문인데 호두나무는 조각을 하거나 세공을 하기에 가장 좋은 목재이다. X-자형 스툴이 가구로 일반화 되었다.

(4) 고딕
   ① 고딕시대의 가구들은 매우 무겁게 보이고 장방형으로 되어 있다.
   ② 의자는 권위를 상징하기 위해 높은 등받이를 가지고 있으나 정교하지 못하였다.
   ③ 고딕 시대는 14 ~ 15세기에 특히 발달하였고 오크(oak, 떡갈 나무)가 주재료였다.
   ④ 특징은 틀 짜임과 경판에 의한 구조법, 띠쇠, 금속장식, 경첩 등을 사용했다.
   ⑤ 프랑스의 고딕시대는 수 공예품이 석재에서 목재로 대치되기 시작하여 목재 공예가 급속도 발전하였다.

3) 근세 가구

르네상스 → 바로크 → 로코코 → 미국 식민지 시대 → 신고전주의

(1) 르네상스(Renaissance)

르네상스 시대는 인간의 재발견과 생의 기쁨을 노래한 인간성 회복의 시대이며, 그리스와 로마정신의 재생을 꾀한 시대이다.

이탈리아	• 르네상스 초기의 가구는 선이 순수하고 고전적인 비율로 검소하면서도 우아하고 정교한 조각장식이 사용되었다. • 중기 및 후기의 가구는 천연 목재에 깊은 양각 세공으로 화려하게 조각하여 장식했으며, 때로 금을 사용하여 화려한 특성을 더해주었다.
프랑스	• 초기 가구는 대부분이 프랑스에 있는 이태리 가구 제작자에 의해 만들어져 형태와 재료 면에서 이태리 특징을 가지고 있었고, 주로 참나무와 호두나무로 만들어졌다. • 16세기 중엽에 프랑스 가구 제작자들은 르네상스 건축 원리와 모티브, 세부장식을 이해하여 가구 디자인에 응용하였으며, 르네상스 장식과 고딕 장식이 혼합되었다.
영국	• 영국 르네상스 초기 가구 디자인은 고딕과 이태리 르네상스 형태의 혼합형으로 고딕시대의 참나무가 사용되었다. • 엘리자베스 시대의 가구는 육중하고 중후했으며, 직선이 강조된 상자형태의 구조였다.

(2) 바로크(Baroque)

17 ~ 18세기의 유럽 양식으로 불규칙한 형의 진주를 의미하는 말로서 명확하고 단정한 윤곽을 가진 형태가 곡선의 연속을 가지는 유동적 분위기로 변하여 간 양식으로 규모가 크고 전체와 부분의 취급이 양감적이며 감각적이다.

이탈리아	• 가구는 주로 호두나무로 만들어졌고, 크고 무거웠으며 지나친 선이 강조되었다. 정교한 도금과 곡선이 강조된 화려한 조각장식이 사용되었다. • 가구의 패널 면에는 값비싼 돌과 보석 등을 사용하여 상감장식을 함으로써 풍부한 장식효과를 극대화하였다.
프랑스	• 큰 규모의 실내와 조화를 이루기 위해 가구의 비율과 구조 또한 거대했고 위엄 있으며 웅장하다. • 가구장식에서는 도금된 청동 모티브와 몰딩이 가구접합 및 보강에 사용되었다. • 거북이 조개껍질과 은, 놋쇠, 납으로 만든 상감 패턴은 바로크 가구를 대표하는 장식으로, 사치스러운 실내에 잘 어울린다.
영국	• 왕정복고시대의 가구는 형태와 장식이 화려했고, 안락함을 고려하기 시작했다. • 나선형 돌려 깎기(spiral turning)가 많이 사용되었다. • 윌리암과 메리 시대는 가구 표면 장식으로 얇은 무늬목을 만들어 목판에 나뭇결을 살린 비니어링과 중국과 일본의 옻칠 방법을 이용한 마케트리(marquetry), 그리고 래커링을 들 수 있다. 가구는 일반적으로 직사각형의 형태였으나 이전 시대보다는 곡선적인 요소가 나타났고, 조각은 덜 사용되었다.
미국	• 17세기 전체를 통해 미국 가구에는 자코비안과 왕정복고형의 영국디자인과 특성들이 반영되었다. • 일반가정에서 가구는 필수적인 것만 사용되었다. 체스트, 찬장, 스툴, 세티, 게이트 레그 테이블 등 공간절약형의 가구가 부엌과 식당, 거실에서 사용되었다. • 수납 목적의 체스트와 네 기둥 침대, 바퀴 달린 침대 등이 침실의 기본 가구였다.

(3) 로코코(Rococo)

18세기 프랑스를 중심으로 개인의 독립성을 위주로 한 양식으로 장대한 것과 규칙성을 배제하고 소규모적이며 우아하고 섬세하며 개인적인 공간을 형성하였다. 수평선과 직각을 피하고 곡선으로 공간성을 창조한 경쾌한 장식을 사용하였다.

이탈리아	• 이태리 로코코 실내는 여전히 바로크 시대의 규범에 따라 장식되었고, 가구 또한 바로크 양식의 육중한 조각 형 가구가 계속 선호되었다. • 프랑스의 영향으로 점차 곡선과 비대칭이 반영되었으며, 풍부하게 조각되고 금도금된 콘솔 테이블(console table)과 완고한 옥좌 등의 의자 디자인에서 자유로운 움직임을 나타내면서 외형이 경쾌해졌다. • 곡선과 소용돌이, 암석세공 장식 등이 패널 주변과 코모드와 컵보드에 사용되기 시작하였다.
프랑스	• 프랑스 로코코 가구는 기술적인 면과 안락성에서 완전한 극치를 이루었다. • 대부분 과하지 않고 크기가 작고 가벼워졌으며, 가늘고 연속적인 우아한 곡선이 사용되었다.
영국	• 퀸 앤 및 초기 조지안 양식의 가구는 매혹적인 간결성과 세련된 비례, 우아한 곡선과 조각, 화려한 무늬의 비니어 표면, 그리고 꽃병 형태의 스플렛(splat)과 케브리올 레그가 주된 특징이다.

 케브리올 레그는 밑 부분이 둥근 클럽 풋(club foot)이나 동양에서 유래된 것으로 진주를 잡고 있는 용의 발톱 모양의 클로우 앤 볼 풋(Claw and Ball foot)으로 끝처리가 되었으며, 조개 모티브의 장식이 사용되었다.

(4) 미국 식민지 시대 : 콜로니얼 양식(colonial style)

① 아메리카 대륙 발견 후, 영국 및 네덜란드의 이주자는 영국 본국에서 수입한 자코비안, 퀸 앤, 치펜데일의 각 양식의 가구를 주로 이용하였다.
② 풍토조건, 경제적 제약의 결과 식민지적 특질을 가하여 일종의 특징 있는 양식을 형성하였다.
③ 간소하고 견고, 실용을 주안점으로 삼아 벤치, 스툴, 카프 보드 등이 만들어졌다.
④ 주재료는 소나무, 자작나무, 단풍, 월넛 등이며, 17~18세기에 성행했던 미국 동부지방의 양식이다.

(5) 신고전주의

① 프랑스

프랑스 신 고전 양식의 가구는 밝고 우아한 루이 16세 양식으로 훌륭한 비율과 균형을 이루었다. 직선과 원형, 팔각형, 타원형의 곡선이 사용되었다.

가구 장식으로는 단순한 조각, 고전적 모티브가 선호되어 로마 예술과 프랑스 꽃에서 유래된 문양들이 기본적으로 적용되었다.

연속적인 모티브는 고대 건축에서 유래된 것이 많았으며, 건축적 요소도 가구디자인에 사용되었다.

② 영국

영국 신고전 양식은 후기 조오지안 시대(1770~1810)로, 사회는 예술과 주택장식에 관심을 가지고 있었다. 영국 신고전은 건축가이며 디자이너인 로버트 아담(Robert Adam)에 의해 발전되었으며, 가구디자이너인 조오지 헤플화이트(George Hepplewhite), 토마스 쉐라톤(Thomas Sheraton)으로 이어졌다.

아담 양식 (1760~1793)	• 차분하고 정식적이며 우아한 분위기로, 간단한 곡선 특히 타원형을 사용하였다. • 대칭적 균형과 파스텔 톤의 색이 사용되었다. • 아담의 가구는 고전적인 단순함과 비례 감 및 우아함을 가지고 있다.
헤플화이트 양식 (1780~1795)	• 아담과 프랑스 루이 16세 디자인의 영향을 받았으며, 명쾌하고 우수한 단순성과 뛰어난 비례감이 특징이다. • 가구의 비례는 가늘고 날씬한 편이었고, 재료는 마호가니와 새틴우드가 사용되었다. • 비니어링(veneering)이 보편적으로 사용되었으며, 장이나 책장 등의 문에는 상감 장식되기도 하였다.
쉐라톤 양식 (1790~1805)	• 아담, 헤플화이트, 치펜데일, 루이 16세의 영향을 받아 이들과 유사한 점을 찾아볼 수 있다. • 세련된 우아함과 훌륭한 비율, 경쾌하고 우아한 형태, 섬세한 장식이 특징 • 장식 형태와 그 분배에 있어서 헤플화이트보다 더 훌륭한 비율 및 균형감이 있다.

4) 근대 가구

미술공예운동 ▶ 아르누보

(1) 미술공예운동 : 아트앤 크래프트(Arts and Crafts)

윌리암 모리스는 19세기 후반 ~ 20세기 초 대량생산과 기계에 의한 저급제품 생산에 반기를 든 영국인으로 장식이 과다한 빅토리아 시대의 제품을 지양하고, 수공예에 의한 예술의 복귀, 민중을 위한 예술 등을 주장하고 간결한 선과 비례를 중요시 했다.

(2) 아르누보(Art Nourveau) : 1890 ~ 1910년

- 영국의 수공예운동과 상징주의의 영향에 의해 벨기에의 브뤼셀에서 일어나 전 유럽에 확산된 낭만주의적 예술운동으로서 곡선 적 형태로서 철의 조형적 가능성과 예술의 종합 및 과거 양식에서의 탈피를 모색하였다.
- "예술에는 일정한 형식이 없다."라고 주장하면서 예술가의 주관성과 창작력에 의한 새로운 예술 양식의 창조를 주장하였다.
- 창시자는 시카고의 루이스 설리반과 브뤼셀의 빅토르 오르타이다.
- 설리반의 장식 수법은 넓고 당당한 선으로 구성된 구조된 구조에 알맞은 유기적인 장식이나, 오르타는 철을 사용하므로 근대적 성격을 띤 운동으로 높이 평가되고 있다.

5) 모더니즘 가구

데스틸 ▶ 아르데코 ▶ 세제션(Sezession) ▶ 바우하우스 ▶ 포스트 모더니즘

(1) 데스틸

데스틸(De Stijl)은 양식(the style)이라는 뜻으로 잡지의 이름으로 사용되었으며 1917년 파리에서 시작 되었다. 데 스틸 그룹은 신 조형주의를 표방하였는데, 입체파의 영향을 받아 서로 교차하는 직선과 완벽한 표면의 조합으로 이루어지는 추상적 형태, 백색, 흑색, 회색과 대비를 이루는 적색, 청색, 황색을 사용한 순수한 형태언어를 추구하였다.

- 게리트 리트벨트(1888~1964)의 '적·청 의자(red & blue chair)'는 데 스틸의 조형이론을 가장 잘 표현한 작품으로서 1918년에 제작되었다. 적·청 의자는 앉는다는 의자 본래의 기능성보다는 의자라는 대상 그 자체가 지니는 조형성을 중요시 한 것이 특징이다. 리트벨트는 몬드리안의 회화에서 영향을 받았으며, 부분적으로는 반 되스부르크의 영향을 받았다. 적청 의자의 순박한 공간구성 개념은 슈뢰더 주택(Schroder House)의 디자인으로 계승되고 있다.

(2) 아르데코

아르데코는 1925년 파리 장식예술박람회에서 유래된 1930년대의 양식적 발전을 말하는 유행어이다. 이 예술은 루이 16세 시대의 가구에서 순수한 형태를 계승하였고, 아프리카 예술의 영향을 받은 검정, 적색등을 사용하였다.

엘렌 그레이(1878~1976)
- 아일랜드 태생의 여성건축가 겸 디자이너이다. 그녀는 아르데코의 대표적 디자이너로서 칠기기법으로 개발한 독특한 작품을 창작하였다.
- 실내디자인에 있어서 그녀는 건물을 지워서 생기는 우연한 결과물이 아니라 우리의 생활을 완전하고, 조화롭고, 논리적이 되도록 추구하였다. 현대운동의 기능적인 건축과 가구 기하학적인 형태, 우아하고 단순한 작품들이 특징이다.
- 초기에는 각종 가구, 스크린, 벽걸이, 램프, 거울 등을 주로 디자인하였고 후기에는 건축, 가구, 관형의자, 미닫이문이 달린 컵보드 등을 디자인하였다.

(3) 세제션(Secession)

① 1897년 오스트리아 빈에서 오토바그너의 영향으로 조셉 호프만이 시작한 운동으로 과거양식에서 분리와 해방을 지향하는 건축운동
② 빈 공방(1903년) : 직선을 주조로 수평과 수직에 의한 단순한 기하학적 구성의 인테리어와 가구의 디자인을 제작 생산하였다.

- 대표적 작가 : 요셉 호프만, 오토바그너
- 오토 바그너 : '모든 새 양식은 새로운 재료, 새로운 과제 및 생각이 기존 형식의 변경 또는 신형식을 요구하는데서 성립 한다.'라는 새로운 정신으로 건축, 공예에 혁신 운동을 일으킨 사람이다.

(4) 바우하우스

① 1919년 월터 그로피우스(W. Gropius)를 중심으로 독일의 바이마르(Weimar)에 창설된 조형학교이다.
② 수공예 방식 보다는 공업과의 협력을 통하여 조형 예술을 종합화하려고함.
③ 예술적 창작과 공학적 기술을 통합하려는 목표로서 새로운 조형이념에 근거한 교육기관
④ 건축, 조각, 회화뿐만 아니라 현대 디자인의 발전에 결정적인 영향을 주었다.
⑤ 대표적 작가 : 월터 그로피우스, 미스 반 데어 로에

(5) 포스트 모더니즘

① 포스트모더니즘은 의미의 다양성, 상징성, 장식성, 회화성, 암시, 역사주의, 이미지 등의 개념을 적극적으로 도입하였다.
② 모더니즘의 배타적인 디자인에 반대하고 포용력 있는 디자인을 강조하여 디자인의 언어를 풍부하

게 하고자 하였다.
③ 대표적 작가 : 로버트 벤츄리, 마이클그레이브스, 멤피스

6) 유명 건축가, 디자이너 가구

① 미스 반 데 로에(Mies Van der Rohe) : 바르셀로나 의자(Barcelona chair)
② 마르셀 브로이어(Marcel Breuer) : 체스카 의자
   바실리 의자 - 스틸파이프를 휘어서 골조를 만들고 좌판, 등받이, 팔걸이는 가죽으로 만들었다.
③ 르 꼬르뷔제(Le Corbusier) : 곡목, 강철관, 경금속 이용
④ 게리트 리트벨트(Gerrit Rietveld)) : 적청 의자(red & blue chair)
⑤ 찰스 레니 매킨토시(Charles Rennie Mackintosh) : 힐 하우스 레더백 의자
⑥ 알바 알토(Alvar Aalto) : 합판의 휘는 기술을 사용 함. 파이미오 의자
⑦ 미하엘 토넷(Michale Thonet) : 성형 합판가구로 유명함. 토넷 의자.

미스반데로에   마르셀 브로이어   마르셀 브로이어   르 꼬르뷔제
바로셀로나 의자   체스카 의자   바실리 의자   르 꼬르뷔제 의자

게리트리트벨트   찰스 레니 메킨토시   알바알토   미하엘 토넷
레드블루 의자   힐 하우스 레더백 의자   파이미오 의자   토넷 의자

예제 01 미스반데어로에가 디자인한 바로셀로나 의자에 관한 설명 중 옳지 않은 것은? [24,23,21]
① 크롬으로 도금된 철재의 완전한 곡선으로 인하여 이 의자는 모던운동 전체를 대표하는 상징물이 되었다.
② 현대에도 계속 생산되며 공공건물의 로비 등에 많이 쓰인다.
③ 의자의 덮개는 폴리에스테르 화이버 위에 가죽을 씌워 만들었다.
④ 값이 저렴하며 대량생산에 적합하다.

정답 ④

3. 한국 가구 디자인

1) 조형적 특징
① 가구의 크기는 좌식생활에 영향을 받음
② 무늬목을 활용하여 가구의 미를 더함
③ 나무의 수축과 팽창을 막기 위해 가구의 전면을 여러 개로 분할
④ 꾸밈과 기교가 적으며, 은은한 정감이 있으며, 소박하고 간결한 기능미

2) 재료의 특징
① 가구의 기능과 특색에 따라 재료를 달리 사용
② 목재는 느티나무, 물푸레나무, 오동나무, 먹감나무, 피나무, 단풍나무 등 목리(木理)가 아름다워 판재로 사용
③ 은행나무, 호두나무, 감나무는 비교적 넓고 탄력성이 있어 소반과 장·농의 판재로 사용
④ 배나무·소나무·느티나무·벗나무 등은 단단하여 골재(骨材)로 사용

3) 한국 전통 가구

(1) 장
① 단층장은 머릿장이라고도 함
② 이층장이나 삼층장은 보통 안방에서 사용
③ 이불장은 금침과 베개를 겹겹이 쌓아두는 장으로 보통 2층으로 된 것이 많다.
④ 의걸이장은 외관의장에 따라 만살의걸이, 평의걸이, 지장의걸이로 구분

(2) 농
① 조선시대 가구 중 장과 더불어 가장 일반적으로 쓰이던 수납용 가구
② 외관상 장과 비슷하나 같은 모양의 상자를 2개 또는 3개의 상자를 쌓아 놓은 형태로 몸통이 따로 분리되는 가구

(3) 반닫이
한국 전통주거의 가구에서 문갑, 농, 궤, 반닫이는 수납계 가구로 분류된다.
① 반닫이는 우리나라 전역에 걸쳐서 사용되었다.
② 전면 상반부를 문짝으로 만들어 상하로 여는 가구이다.
③ **반닫이는 주로 서민층에서 장이나 농 대신에 사용하던 가구이다.**
④ 반닫이 안에는 의복, 책, 제기 등을 보관하였고, 위에는 이불을 얹거나 항아리, 소품 등을 얹어 두었다.

[장]

[농]

[반닫이]

(4) 사랑방에서 쓰이던 가구

가구	특징	그림
사방탁자	• 책이나 관상 품을 진열할 수 있도록 여러 층의 층널이 있다. • 사랑방에서 쓰인 문방가구로 선반이 정방형에 가깝다.	
서안 (書案)	• 글을 읽고 쓰거나 간단한 편지를 작성하는 데 사용하는 가구이다. 손님을 맞을 때 주인의 위치를 지켜주는 역할도 겸한다.	
연상 (硯床)	• 문방사우인 벼루, 먹, 붓, 종이 등을 한데 모아 정리하는 문방가구로 서안 옆에 위치한다.	
경상 (經床)	• 원래 절에서 불경을 읽을 때 사용하던 것을 일반가정에서 받아들인 것으로 기본형은 서안과 유사하나 다소 장식적이고 세부적인 면에서 차이가 있다.	
경축장	• 단층장 혹은 머릿장이라고도 불리 운다. 개판(板) 양끝에 두루마리형의 장식이 있어 사랑방용 단층장으로서의 독특함을 나타낸다. 서책이나 문서 수납용으로도 사용되며 장식이 없어 검소함을 표현한다.	

예제 02 한국의 전통가구에 대한 설명 중 옳지 않은 것은? [24,23,22]
① 사방탁자는 다과, 책, 가벼운 화병 등을 올려놓는 네모반듯한 탁자이다.
② 서안과 경상은 안방 가구의 하나로 각종 문방용품과 문서 등을 보관하기 위한 가구이다.
③ 함은 뚜껑에 경첩을 달아 여닫도록 만든 상자이다.
④ 머릿장은 머리맡에 두고 손쉽게 사용하는 소품 등을 넣어두는 장이다.

정답 ②

예제 03 한국 전통 가구 중 수납계 가구에 속하지 않는 것은? [19.16]
① 농　　② 궤　　③ 소반　　④ 반닫이

정답 ③

4. 가구 구성 재료

가구는 주재료에 따라 목재, 가구, 금속재 가구, 플라스틱 가구, 직물 씌운 가구, 유리가구, 종이 가구로 분류된다.

1) 목재 가구
① 목재 가구는 가장 오래 전부터 사용되었고, 촉감이 부드러우며 가볍고 친근감이 있다.
② 나무의 천연 무늬가 아름다워 어느 곳에나 잘 어울린다.
③ 특히 일반 가정용 가구로 가장 많이 쓰이고 있다.

2) 금속재 가구
① 금속재 가구는 일반적으로 목재 가구보다 강도가 강하나, 무겁고 촉감이 차가우며 종류와 특성에 따라 작업방법이 다양하다.
② 금속재 가구는 가정용보다는 사무용 가구로 많이 쓰인다.
③ 종류로는 철재, 구리합금, 알루미늄 가구가 있으며 특히 알루미늄 가구는 가볍고 녹슬지 않아 옥외용 가구나 장식용 가구로 쓰인다.

3) 플라스틱 가구
① 플라스틱 가구는 무게가 가장 가볍고 형태와 색채를 다양하게 할 수 있다.
② 녹슬지 않고 값이 싼 편이므로 실내용 가구뿐만 아니라, 옥외용 가구로도 많이 쓰인다.

4) 직물 씌운 가구
① 직물 씌운 가구는 주로 직물과 가죽 등의 표면재와 내부의 탄력재로 이루어졌다.
② 내부의 탄력재로는 기본 뼈대를 감싸는 기초 탄력재와 속 재료 패딩과 쿠션이 있다.
③ 이러한 재료들로 만들어지는 가구는 시대와 제작 기술 등에 따라 제작방법이 변화하여 최근에는 강철 파이프 골조에 형틀을 씌우고 발포 우레탄폼을 사출하여 성형하는 방법 등 다양한 방법으로 가구가 생산되고 있다.

5) 유리 가구
① 유리 가구는 디자인과 용도에 따라 두께, 농담과 색상 그리고 마감처리를 다양하게 할 수 있다.
② 보통 2 ~ 50mm 두께의 평 유리나 곡 유리가 가구에 사용
③ 투명 유리, 젖빛 유리, 색유리 등이 목적에 따라 가구에 응용된다.
④ 표면이 마치 조각된 것처럼 보이도록 하거나 회화적 효과를 내고 싶을 때에는 유리 표면에 모래를 분사 시키거나 산화 처리를 하며, 유리판의 모서리를 특정 각도로 깎거나 둥글게 마무리하고자 할 때에는 가공 후 광택을 낸다.

6) 종이 가구
① 종이 가구는 주로 두꺼운 판지로 제작된다. 이러한 가구는 마름질, 자르기, 접기, 끼우기 등의 단순한 과정을 거쳐 만든다.
② 질감과 색채 등이 자연스러워 표면 마감이 필요 없으며, 접착제나 연결철물이 없어도 되므로 제작방법이 매우 간단하다.

③ 한지는 풀죽을 만들어 성형하거나 한장 한장의 한지를 판지나 틀에 붙여 성형하는데, 하중을 이겨야 하는 인체계 가구보다는 작은 문갑이나 소품류의 가구에 이용되고 있다.

핵심 기출문제

01 가구 자료 조사

01 ▶ 17
다음 중 마르셀 브로이어(Marcel Breuer)가 디자인한 의자는?

① 바실리 의자
② 파이미오 의자
③ 레드블루 의자
④ 바르셀로나 의자

해설 | 마르셀 브로이어(Marcel Breuer) :
㉠ 체스카 의자
㉡ 바실리 의자 - 스틸파이프를 휘어서 골조를 만들고 좌판, 등받이, 팔걸이는 가죽으로 만들었다.

02 ▶ 16
알바 알토가 디자인한 의자로 자작나무 합판을 성형하여 만들었으며, 목재가 지닌 재료의 단순성을 최대한 살린 것은?

① 바실리 의자
② 파이미오 의자
③ 레드 블루 의자
④ 바르셀로나 의자

해설 | 알바 알토(Alvar Aalto) : 합판의 휘는 기술을 사용 함. 파이미오 의자

03 ▶ 15
미스 반 데어 로에에 의하여 디자인된 의자로, X자로 된 강철 파이프 다리 및 가죽으로 된 등받이와 좌석으로 구성되어 있는 것은?

① 바실리 의자   ② 체스카 의자
③ 파이미오 의자   ④ 바르셀로나 의자

해설 | 미스 반 데 로에(Mies Van der Rohe) 바르셀로나 의자(Barcelona chair):X자로 된 강철 파이프 다리 및 가죽으로 된 등받이와 좌석으로 구성

04 ▶ 21, 17
다음 설명에 알맞은 한국 전통 가구는?

> 책이나 완상품을 진열할 수 있도록 여러 층의 층널이 있고 네 면이 모두 트여 있으며 선반이 정방형에 가까운 사랑방에서 쓰인 문방가구

① 문갑   ② 고비
③ 사방탁자   ④ 반닫이장

해설 | 사방탁자
㉠ 책이나 관상 품을 진열할 수 있도록 여러 층의 층널이 있다.
㉡ 사랑방에서 쓰인 문방가구로 선반이 정방형에 가깝다.

05 ▶ 13
한국 전통 가구 중 수납계 가구가 아닌 것은?

① 농   ② 궤
③ 소반   ④ 반닫이

해설 | 작업형 가구 : 경상(經), 서안(案), 소반(小盤)

정답 | 01 ① 02 ② 03 ④ 04 ③ 05 ③

02 가구 적용 검토

> Pass Note

예상출제문항	키워드	
1~0	- 시스템 가구 - 유닛 가구 - 붙박이 가구	- 소파의 종류 특징 - 의자의 종류 특징

1. 사용자의 행태적·심리적 특성에 따른 분류

1) 인체공학적 특성에 따른 분류

기능별 분류 체계	가구 품목
인체 지지용 가구 (인체계 가구)	• 인체계를 지지하는데 직접적으로 사용되는 방식의 가구 • 침대, 의자, 소파, 스툴, 좌식의자, 벤치, 셰이지 롱 의자, 암체어 등
작업용 가구 (준 인체계 가구)	• 인간의 행동을 직접적으로 도와주는 가구의 보조가 되는 가구로 동작을 할 때 필요한 가구 • 책상, 작업대, 사이드 테이블, 카운터 등
수납용 가구 (건축계 가구)	• 공간의 영역을 나눌 때에도 사용되고 수납을 목적으로 쓰이는 가구 • 책장, 캐비닛, 파티션, 붙박이가구 등

2) 가구의 이동에 따른 분류

이동에 따른 분류	특 징
가동(이동) 가구	• 자유로이 움직일 수 있는 단일가구로 현대 가구의 주종을 이룬다. • 유닛 가구(unit furniture) : 조립, 분해가 가능하며, 필요에 따라 가구의 형태를 고정, 이동으로 변경이 가능한 가구이다. • 시스템 가구(system furniture) : 서로 다른 기능을 단일 가구에 결합시킨 가구이다.
붙박이 가구 (built-in furniture)	건물에 짜 맞추어 건물과 일체화하여 만든 가구로 가구배치의 혼란을 없애고 공간을 최대한 활용할 수 있다.
모듈러 가구 (modular furniture)	이동식이면서 시스템화 되어 공간의 낭비 없이 더 크게 더 작게도 조립할 수 있다. 붙박이가구 + 가동가구로서 가동성, 적응성의 편리한 점이 있다.

> **Note** 시스템 가구(system furniture)
> 모듈러 계획의 일종으로 대량생산이 용이하고 시공기간을 단축하고 공사비 절감의 효과를 가진 가구이다.
> ㉠ 규격화된 단위 구성재의 결합으로 가구의 통일과 조화를 도모할 수 있다.
> ㉡ 기능에 따라 여러 가지 형태로 조립, 해체가 가능하여 배치의 합리성과 공간의 융통성을 가진다.
> ㉢ 모듈계획을 근간으로 규격화된 부품을 구성하여 시공기간 단축 등의 효과를 가져올 수 있다.
> ㉣ 안정성 있고 가벼워 이동에 편리하도록 한다.
> ㉤ 부엌가구, 사무용가구, 수납가구들에 적용된다.

예제 01 다음 중 가구류의 분류가 옳지 않은 것은? [24,22]
① 작업용 가구 - 테이블, 책상
② 인체지지용 가구 - 휴식의자, 침대
③ 정리수납용 가구 - 벽장, 선반, 서랍
④ 작업용 가구 - 부엌작업대, 작업의자

정답 ④

예제 02 유닛 가구(unit furniture)에 관한 설명으로 옳지 않은 것은? [22.21.18]
① 고정적이면서 이동적인 성격을 갖는다.
② 필요에 따라 가구의 형태를 변화시킬 수 있다.
③ 규격화된 단일가구를 원하는 형태로 조합하여 사용할 수 있다.
④ 특정한 사용목적이나 많은 물품을 수납하기 위해 건축화된 가구이다.

정답 ④

2. 가구의 종류 및 특성

1) 의자

종류	특징	그림
라운지 체어 (Lonuge chair)	안락의자로서 기대기, 흔들거리기, 회전등의 여러 가지 행위에 사용될 수 있다.	
이지 체어 (Easy chair)	라운지 체어와 비슷하거나 크기가 작으며 기계장치가 없다.	
윙 체어 (Wing chair)	17C 말엽에 도입된 이래 계속 다양한 형태로 변화 화였으며, 특수한 형태의 안락의자로 널리 이용되고 있습니다. 높은 등받이와 여기 붙는 날개에 의해 머리와 어깨 부분이 받쳐지고 보호된다.	

풀업 체어 (pull-up chair)	필요에 따라 이동시켜 사용할 수 있는 간이 의자로서 일반적으로 벤치라 하며 그리 크지도 않으며 가벼운 느낌을 주는 형태를 갖습니다. 이 의자는 잡기 편해야 하고 들어 올리기에 편해야 하며, 이리저리 옮기므로 튼튼해야 합니다.	
오토만 (Ottoman)	등받이나 팔걸이가 없이 천으로 씌운 낮은 의자로 발을 올리는 데 사용되는 의자로서 18C 터키 오토만 왕조에서 유래되었다.	
스툴 (stool)	등받이가 없고 좌판과 다리만 있는 형태로 가벼운 작업이나 잠시 휴식을 취할 때 편리하다.	

예제 03 다음의 가구에 관한 설명 중 ( ) 안에 알맞은 용어는? [22.16]

- (㉠)은 등받이와 팔걸이가 없는 형태의 보조의자로 가벼운 작업이나 잠시 걸터앉아 휴식을 취할 때 사용된다. 더 편안한 휴식을 위해 발 올려놓는데도 사용되는 (㉠)을 (㉡)이라 한다.

① ㉠ 스툴 ㉡ 오토만 ② ㉠ 스툴 ㉡ 카우치
③ ㉠ 오토만 ㉡ 스툴 ④ ㉠ 오토만 ㉡ 카우치

정답 ①

예제 04 각종 의자에 관한 설명으로 옳지 않은 것은? [25,20,14]

① 풀업체어는 필요에 따라 이동시켜 사용할 수 있는 간의의자이다.
② 오토만은 스툴의 일종으로 편안한 휴식을 위해 발을 올려놓는 데도 사용된다.
③ 세티는 고대 로마시대 음식물을 먹거나 잠을 자기 위해 사용했던 긴 의자이다.
④ 라운지 체어는 비교적 큰 크기의 의자로 편하게 휴식을 취할 수 있는 안락의자이다.

정답 ③

예제 05 스툴(stool)의 종류 중 편안한 휴식을 위해 발을 올려놓는 데도 사용되는 것은? [20.18]

① 세티   ② 오토만   ③ 카우치   ④ 체스터필드

정답 ②

2) 소파

종류	특징	그림
체스터필드 (chesterfield)	소파의 골격에 쿠션성이 좋도록 솜, 스펀지 등의 속을 많이 채워 넣고 천으로 감싼 소파로, 구조, 형태 및 사용상 안락성이 매우 크다.	
카우치 (couch)	고대 로마시대에 음식을 먹거나 취침을 위해 사용한 긴 의자에서 유래된 것으로, 한쪽만 팔걸이가 있고 등받이가 낮은 소파 또는 좌판 한쪽을 올려 몸을 기대거나 침대로 겸용할 수 있도록 한 형태를 갖는다.	
라운지 (lounge)	편히 누울 수 있도록 쿠션이 좋으며 머리와 어깨를 받칠 수 있도록 한쪽 부분이 경사져 있다.	
세티 (settee)	동일한 두 개의 의자를 나란히 합해 2인이 앉을 수 있도록 한 의자이다.	
다이밴 (Divan)	등받이와 팔걸이 부분이 없지만 기댈 수 있을 정도로 큰 소파	

예제 06 고대 로마시대 음식물을 먹거나 잠을 자기 위해 사용했던 긴 의자로 몸을 기댈 수 있도록 좌판의 한쪽 끝이 올라간 형태를 갖는 것은? [24, 22]

① 체스터필드(Chesterfield) ② 스툴(Stool)
③ 세티(Settee) ④ 카우치(Couch)

정답 ④

예제 07 의자 및 소파에 관한 설명으로 옳지 않은 것은? [17]

① 소파가 침대를 겸용할 수 있는 것을 소파베드라 한다.
② 세티는 동일한 두 개의 의자를 나란히 합해 2인이 앉을 수 있도록 한 것이다.
③ 라운지 소파는 편히 누울 수 있도록 쿠션이 좋으며 머리와 어깨부분을 받칠 수 있도록 한쪽 부분이 경사져 있다.
④ 체스터필드는 고대 로마시대 음식물을 먹거나 잠을 자기 위해 사용했던 긴 의자로 좌판의 한쪽 끝이 올라간 형태이다.

정답 ④

예제 08 소파의 골격에 쿠션성이 좋도록 솜, 스펀지 등의 속을 많이 채워 넣고 천으로 감싼 소파로, 구조, 형태 및 사용상 안락성이 매우 큰 것은? [16,22]

① 스툴　　　② 카우치　　　③ 풀업 체어　　　④ 체스터필드

정답 ④

3) 테이블

① 테이블은 식사, 작업, 전시 및 회의, 스포츠 등 다양한 기능에 따라 식탁, 차 테이블, 작업대, 회의용 테이블, 탁구대 등 다양한 유형이 있다.
② 테이블은 가로 50~150cm, 세로 45~75cm, 높이는 38~65cm 정도의 크기가 일반적이며, 목재, 유리, 대리석 등의 재료가 사용된다.
③ 테이블 상판 구조와 마감재는 습기, 열, 마찰, 충격에 견딜 수 있도록 내구성과 수평이 맞아야 한다.

 예제 09 소파나 의자 옆에 위치하며 손이 쉽게 닿는 범위 내에 전화기, 문구 등 필요한 물품을 올려놓거나 수납하며 찻잔, 컵 등을 올려놓기도 하여 차 탁자의 보조용으로도 사용되는 테이블은? [25,22,18,13]

① 티 테이블(tea table)　　　② 엔드 테이블(end table)
③ 나이트 테이블(night table)　　　④ 익스텐션 테이블(extension table)

해설 | ① 티 테이블(Tea Table) : 객실 내에 있는 가구로서 의자 중간에 놓는 간단한 테이블
③ 나이트 테이블(Night Table) : 침대 머리 양쪽 옆에 놓는 테이블
④ 익스텐션 테이블(Extension Table) : 다기능테이블의 일종

정답 ②

4) 침대

① 침대는 매트리스에 따라 싱글, 더블, 퀸, 킹사이즈로 규격화되어 있다.
② 구성은 프레임과 매트리스로 구성되며 프레임은 헤드보드(Head Board), 풋보드(Foot Board), 사이드보드(Side Board), 깔판으로 이루어져 있다.
③ 침대는 인체와 직접 접하는 가구로 수면에 따른 인체공학적인 설계가 중요하다.

> **Note** 침대의 크기
> ㉠ 싱글 베드(single bed) : 900~1000mm×1900~2000mm
> ㉡ 더블 베드(double bed) : 1350~1400mm×2000mm
> ㉢ 퀸 베드(queen bed) : 1500mm×2000mm
> ㉣ 킹 베드(king bed) : 2000mm×2000mm

예제 10 다음 중 2인용 침대인 더블베드(double bed)의 크기로 가장 적당한 것은? [21,17,16]

① 1000mm×2100mm　　　② 1150mm×1800mm
③ 1350mm×2000mm　　　④ 1600mm×2400mm

정답 ③

핵심 기출문제

02 가구 적용 검토

01 ▶ 20
시스템 가구에 관한 설명으로 옳지 않은 것은?

① 건물, 가구, 인간과의 상호관계를 고려하여 치수를 산출한다.
② 건물의 구조부재, 공간구성 요소들과 함께 표준화되어 가변성이 적다.
③ 한 가구는 여러 유니트로 구성되어 모든 치수가 규격화, 모듈화 된다.
④ 단일 가구에 서로 다른 기능을 결합시켜 수납기능을 향상 시킬 수 있다.

해설 | 시스템 가구(system furniture)모듈러 계획의 일종으로 대량생산이 용이하고 시공기간을 단축하고 공사비 절감의 효과를 가진 가구이다.
  ㉠ 규격화된 단위 구성재의 결합으로 가구의 통일과 조화를 도모할 수 있다.
  ㉡ 기능에 따라 여러 가지 형태로 조립, 해체가 가능하여 배치의 합리성과 공간의 융통성을 가진다.
  ㉢ 모듈계획을 근간으로 규격화된 부품을 구성하여 시공기간 단축 등의 효과를 가져 올 수 있다.
  ㉣ 안정성 있고 가벼워 이동에 편리하도록 한다.
  ㉤ 부엌가구, 사무용가구, 수납가구들에 적용된다.

02 ▶ 19
건축계획 시 함께 계획하여 건축물과 일체화하여 설치되는 가구는?

① 유닛 가구
② 붙박이 가구
③ 인체계 가구
④ 시스템 가구

해설 | 붙박이 가구(built-in furniture)
건물에 짜 맞추어 건물과 일체화하여 만든 가구로 가구 배치의 혼란을 없애고 공간을 최대한 활용할 수 있다.

03 ▶ 19
필요에 따라 가구의 형태를 변화시킬 수 있어 고정적이면서 이동적인 성격을 갖는 기구로, 규격화된 단일가구를 원하는 형태로 조합하여 사용할 수 있으므로 다목적으로 사용이 가능한 것은?

① 유닛가구
② 가동가구
③ 원목가구
④ 붙박이가구

해설 | 유닛가구
  ㉠ 고정적이면서 이동적인 성격을 갖는다.
  ㉡ 필요에 따라 가구의 형태를 변화시킬 수 있다.
  ㉢ 규격화된 단일가구를 원하는 형태로 조합하여 사용할 수 있다.

04 ▶ 16,13
다음 중 인체지지용 가구가 아닌 것은?

① 소파
② 침대
③ 책상
④ 작업의자

해설 | 가구기능에 따른 분류
  ㉠ 작업용 가구 : 작업대, 싱크대, 책상 등
  ㉡ 인체 지지용 가구 : 소파, 침대, 의자 등
  ㉢ 정리 수납용 가구 : 장롱, 캐비닛, 책장 등

정답 | 01 ② 02 ② 03 ① 04 ③

05 ▶ 16
붙박이 가구에 관한 설명으로 옳지 않은 것은?

① 공간의 효율성을 높일 수 있다.
② 건축물과 일체화하여 설치하는 가구이다.
③ 실내 마감재와의 조화 등을 고려해야 한다.
④ 필요에 따라 그 설치 장소를 자유롭게 움직일 수 있다.

해설 | 붙박이 가구(built-in furniture)
건물에 짜 맞추어 건물과 일체화하여 만든 가구로 가구 배치의 혼란을 없애고 공간을 최대한 활용할 수 있다.
④ 필요에 따라 그 설치 장소를 자유롭게 움직일 수 없다.

06 ▶ 21
의자 중에서도 가장 간단한 형식으로, 화장이나 작업 보조용 등의 용도로 사용되고 있지만 등받이가 없기 때문에 장시간의 작업이나 휴식에 적합하지 않은 것은?

① 라운지 체어(lounge chair)
② 이지 체어(easy chair)
③ 스툴(stool)
④ 카우치(couch)

해설 | 스툴(stool)
등받이가 없고 좌판과 다리만 있는 형태로 가벼운 작업이나 잠시 휴식을 취할 때 편리하다.

07 ▶ 19
각종 의자에 관한 설명으로 옳지 않은 것은?

① 스툴은 등받이와 팔걸이가 없는 형태의 보조의자이다.
② 풀업 체어는 필요에 따라 이동시켜 사용할 수 있는 간이 의자이다.
③ 이지 체어는 편안한 휴식을 위해 발을 올려놓는데 사용되는 스툴의 종류이다.
④ 라운지 체어는 비교적 큰 크기의 의자로 편하게 휴식을 취할 수 있도록 구성되어 있다.

해설 | 이지 체어(easy chair)
라운지 체어와 비슷하거나 크기가 작으며 기계장치가 없다.

08 ▶ 15
필요에 따라 이동시켜 사용할 수 있는 간이의자로 크지 않으며 가벼운 느낌의 형태를 갖는 것은?

① 세티
② 카우치
③ 풀업체어
④ 라운지체어

해설 | 풀업체어
필요에 따라 이동시켜 사용할 수 있는 간이 의자로서 일반적으로 벤치라 하며 그리 크지도 않으며 가벼운 느낌을 주는 형태를 보인다. 이 의자는 잡기 편해야 하고 들어 올리기에 편해야 하며, 이리저리 옮기므로 튼튼해야 합니다.

09 ▶ 14
등받이와 팔걸이가 없는 형태의 보조의자로 가벼운 작업이나 잠시 걸터앉아 휴식을 취하는데 사용되는 것은?

① 스툴
② 이지 체어
③ 라운지 체어
④ 체스터필드

해설 | ② 이지 체어 : 푹신하게 만든 편안한 팔걸이 안락의자
③ 라운지 체어 : 안락의자의 하나로 누워서 쉴 수 있는 긴 의자
④ 체스터필드 : 솜, 스펀지 등을 채워서 쿠션이 좋게 만든 의자

정답 | 05 ④ 06 ③ 07 ③ 08 ③ 09 ①

10
▶ 18

등받이와 팔걸이 부분은 없지만 기댈 수 있을 정도로 큰 소파의 명칭은?

① 세티
② 다이밴
③ 체스터필드
④ 턱시도 소파

해설 | 다이밴
등받이와 팔걸이 부분은 없지만 기댈 수 있을 정도로 큰 소파

11
▶ 15

소파 및 의자에 관한 설명으로 옳지 않은 것은?

① 스툴은 등받이와 팔걸이가 없는 형태의 보조 의자이다.
② 2인용 소파는 암체어라고 하며 3인용 이상은 미팅시트라 한다.
③ 세티는 동일한 두 개의 의자를 나란히 합해 2인이 앉을 수 있도록 한 것이다.
④ 카우치는 고대 로마시대 음식물을 먹거나 잠을 자기위해 사용했던 긴 의자이다.

해설 | 팔걸이가 있는 1인용 소파는 암체어, 2인용은 러브시트라고 한다.

12
▶ 17

침대 옆에 위치하는 소형 테이블로 베드 사이드 테이블이라고도 하는 것은?

① 티 테이블
② 엔드 테이블
③ 나이트 테이블
④ 다이닝 테이블

해설 | ① 티 테이블 : 객실 내에 있는 가구로서 의자 중간에 놓는 간단한 테이블
② 엔드 테이블 : 소파나 의자 옆에 위치하며 손이 쉽게 닿는 범위 내에 전화기, 문구 등 필요한 물품을 올려놓거나 수납하며 찻잔, 컵 등을 올려놓아 차 탁자의 보조용으로도 사용되는 테이블

13
▶ 14

다음 중 퀸베드의 치수로 가장 적절한 것은?

① 1,000×2,000mm
② 1,350×2,000mm
③ 1,500×2,000mm
④ 2,000×2,000mm

해설 | 침대의 크기
㉠ 싱글 베드(single bed) : 900 ~ 1000mm × 1900 ~ 2000mm
㉡ 더블 베드(double bed) : 1350 ~ 1400mm×2000mm
㉢ 퀸 베드(queen bed) : 1500mm × 2000mm
㉣ 킹 베드(king bed) : 2000mm × 2000mm

정답 | 10 ② 11 ② 12 ③ 13 ③

03 가구 계획

> Pass Note

예상출제문항		키워드
1~0	- 가구 배치 시 고려사항 - 거실 가구 배치 유형	- 가구배치 방법

1. 가구 디자인 프로세스

전반적인 디자인 작업에 따른 진행과정의 각 단계는 작업의 효율성과 목적에 부합된 발전 순서로 이루어지게 된다. 가구는 기능성과 장식성이 포함된 제품으로 디자인 기획을 시작으로 구체적인 설계 적용과 기술적인 제작 단계로 진행된다.

우선 일반적인 가구 디자인의 구성단계를 크게 보면 준비단계부터 완성단계까지 가구 기획을 시작으로 디자인 작업을 거쳐 최종 결과물이 완성되는 프로세스로 진행된다.

단 계	진행 과정	내용
기획	계획단계	가장 기초적인 준비단계로 작업 준비를 한다.
	개념발전단계	아이디어 제시 및 정리
	정보수집 및 분석	필요한 관련정보 수집과 사례검토, 조사내용 분석
디자인	개념 및 방향설정	아이디어 발상 및 전개
	시스템디자인	기능에 따른 기술적인 작업-시각적 표현, 형태요소 분석
	세부디자인	디자인 설계도 및 구체적인 디자인 작업
제작 및 평가	실험과 개선	견본제작을 통해 점검
	가구생산	완제품 생산 및 평가

가구 디자인 프로세스를 도식화한 전개과정이 옳은 것은?
① 아이디어 전개-디자인 도면 작성-아이디어 평가-제작, 설계 이관
② 아이디어 전개-아이디어 평가-디자인 도면 작성-프로토타입 작성-제작, 설계 이관
③ 아이디어 전개-프로토타입 작성-아이디어 평가-디자인 도면 작성-제작, 설계 이관
④ 아이디어 전개-아이디어 평가-프로토타입 작성-디자인 도면 작성-제작, 설계 이관

정답 ②

2. 가구 계획

가구 계획은 가구의 선택과 가구 디자인, 가구 배치로 구분 된다.

1) 가구의 선택

① 기능(Function) : 가구는 사용하기에 편안하고 편리하여야 한다.
② 재료(Material) : 가구의 형태는 노출된 그대로 재질감이 된다. 재질감은 사용되는 재료에 의하여 결정된다. 따라서 가장 적합한 재료를 선택하여 사용하는 것이 중요하다.
③ 형태(Form) : 형태는 디자인 외에 재료, 기능, 구조에 의하여 결정된다. 따라서 훌륭한 형태는 재료, 구조, 기능에 알맞은 디자인이 조화롭게 이루어져야 한다.
④ 경제(Economy) : 가구는 인간의 생활필수품으로 가격이 적합한 것이어야 한다.

2) 가구 배치

가구는 그 가구가 놓일 공간의 용도, 거주자의 생활습관과 취향에 따라 배치되어야 하며, 그 공간의 기능과 사용 목적을 최대한으로 살릴 수 있도록 고려되어야 한다. 환경 심리학자들의 연구에 의하면, 직사각형의 테이블에서 회의할 때보다 원탁에서 회의할 때 원만하고 민주적인 분위기를 자아내며, 그 결과도 좋다고 한다. 또한 이야기를 나눌 때 의자를 마주 보게 놓는 경우와 직각으로 놓는 경우, 또는 일렬로 놓는 경우에 따라서도 상대방과의 친근감의 정도가 다르게 느껴진다고 한다. 이러한 것들은 가구배치의 중요성을 강조하는 좋은 예라 할 수 있다.

(1) 가구 배치 시 유의 사항

① 가족의 생활 태도를 고려한다. 공간 사용자의 생활습관, 주 행위에 맞아야 한다.
② 동선을 짧게 배치한다.
③ 전체 공간의 스케일과 시각적, 심리적 균형을 이루도록 한다.
④ 문이나 창문이 있을 경우 높이를 고려한다.
⑤ 실내공간에 맞는 크기를 선택한다.
⑥ 공간의 기능에 맞아야 한다.

> **예제 02** 가구배치계획에 관한 설명으로 옳지 않은 것은? [25,16,13]
> ① 평면도에 계획되며 입면계획을 고려하지 않는다.
> ② 실의 사용목적과 행위에 적합한 가구배치를 한다.
> ③ 가구 사용시 불편하지 않도록 충분한 여유 공간을 두도록 한다.
> ④ 가구의 크기 및 형상은 전체공간의 스케일과 시각적, 심리적 균형을 이루도록 한다.
>
> **해설** | 가구배치는 평면도에 계획되나 문, 창 등의 개구부의 위치와 크기는 가구배치에 영향을 미치므로 입면계획을 고려해야 한다.
>
> **정답 ①**

(2) 가구배치 방법
  ① 집중적 배치
  집중적 배치는 비교적 장소를 적게 차지하고 정돈된 느낌과 형식적인 느낌을 주는 것이 특징이다. 따라서 행동이나 목적이 분명하고, 집중적인 작업을 하는 공간, 즉 서재, 식당, 침실 등의 가구 배치에 적당하다.

  ② 분산적 배치
  분산적 배치는 흩어진 느낌을 주어 장소를 보다 많이 차지하고 덜 정돈된 느낌을 주나, 공간의 목적이나 행위가 비교적 자유로운 장소에 배치를 하는 가구 방식이다. 따라서 휴식을 위한 공간, 즉 거실, 오락실 등에는 분산적 배치방법을 사용하는 예가 많다. 그러나 이러한 가구 배치방법은 공간의 넓이, 개인의 취향에 따라 달라질 수 있다. 그리고 같은 공간에 같은 가구를 배치할 때에도 배치방법에 따라서 그 공간의 분위기가 크게 달라지는 점을 감안하여, 한 가지 배치방법을 계속 유지하는 것보다는 가끔 위치를 바꾸어 새로운 분위기를 연출해 보는 것도 좋다.

3. 공간별 가구 계획

1) 거실 가구
① 거실은 가족의 휴식과 단란 기능을 가진 공간으로 접객, 독서, 물건 수납 등의 역할을 한다.
② 거실에 놓이는 가구로는 소파, 안락의자, 스툴, 의자, 티 테이블, 사이드 테이블, 음향기기, TV세트, 게임용 테이블, 책장, 장식장, 장식용 가구 등이 있다.
③ 거실은 가족 공용 공간으로 손님들에게도 가족들의 취향을 가장 잘 나타내 주는 공간이며, 놓이는 가구의 수도 많은 곳이므로 너무 자극적이거나 어느 한 사람의 취향을 강조하기보다는 전체적으로 통일성을 주는 가구를 선택하는 것이 좋다.
④ 가구의 형태가 고전적, 현대적 유형인가, 또는 색채배합이 단색배색인가, 인근색, 보색배색인가, 가구의 재료가 목재인가, 천 또는 가죽인가에 따라 통일성은 크게 달라진다.
⑤ 거실의 크기가 좁을수록 가구의 형태, 색채, 재료 등을 단순화시키고 지나친 장식은 절제하는 것이 바람직하다.
⑥ 거실 가구 배치 유형

유형	특징	배치도
대면형	테이블을 두고 마주 앉는 형, 시선이 마주치므로 느낌이 딱딱하고 어색한 분위기가 되기 쉽고, 형식적인 느낌이 강하다.	
ㄱ자형	단란한 분위기를 준다. 비교적 면적을 적게 차지한다.	

형태	설명	
ㄷ 자형	단란한 분위기를 주며, TV 시청이나 여러 사람과의 대화 시에 적합하다.	
ㅇ 자형	테이블을 중심으로 둘러앉는 형태로, 분위기가 부드럽고 평등한 느낌을 주어 대화 장소에 적합하다.	
ㅡ 자형	가장 면적을 적게 차지하여 좁은 공간에 사용된다. 그러나 3인 이상인 경우에 대화에 무리가 있다.	
복합형	비교적 넓은 장소에서 여러 가지 형을 복합하여 혼합 배치한다. 가구 군을 1개 이상 두어 소그룹으로 나누어 준다.	

예제 03 다음 설명에 알맞은 거실의 가구배치 유형은? [23,17,13]

- 가구를 두 벽면에 연결시켜 배치하는 형식으로 시선이 마주치지 않아 안정감이 있다.
- 비교적 적은 면적을 차지하기 때문에 공간
- 활용이 높고 동선이 자연스럽게 이루어지는 장점이 있다.

① 대면형   ② 코너형   ③ U자형   ④ 복합형

정답 ②

2) 식당 가구
① 식당은 식사, 식기 수납, 간단한 접객, 가사 처리 등의 기능을 가진 공간이다.
② 식당에는 식탁, 식탁 의자, 왜건(wagon), 식기장, 선반 등의 가구들이 필요하다.

3) 부엌 가구
① 부엌은 조리, 식기의 세정, 식품과 식기 수납 등의 기능을 가진 공간으로 이를 위해 부엌 작업대와 선반, 식기장 등이 필요하다.
② 기능성을 위주로 하여 선택하되, 다른 방의 가구디자인도 고려하는 것이 좋다.
③ 식당과 부엌이 하나의 공간으로 개방되어 있는 경우가 많으므로 부엌과 식당의 가구는 서로 연관성이 있는 가구를 선택하는 것이 조화를 얻기 쉽다.
④ 거실과 개방된 LDK 공간의 경우에는 거실 가구까지도 하나의 개념으로 선택하는 것이 좋다.

4) 침실 가구
① 침실은 수면과 휴식, 몸치장, 화장, 탈의, 의류와 침구의 수납을 위한 공간으로 침대, 옷장, 이불장, 서랍장, 화장대, 나이트 테이블, 스툴 등이 필요하고, 공간의 여유가 있으면 휴식을 위한 안락의자와 티 테이블 등을 함께 두어도 좋다.
② 침실 가구는 침착하고 안정성 있는 분위기로 휴식에 방해가 되지 않도록 배려한다.
③ 의류와 침구의 수납을 위해서는 수납장 내부의 선반 높이가 수납용품의 종류에 맞도록 합리적이고 융통성 있게 설치된 것을 선택한다.

5) 어린이방 가구
① 어린이의 놀이, 공부, 수면, 장난감, 소지품 수납 등의 기능을 가진 공간으로 침대, 책상, 의자, 책장, 수납장, 옷장 등이 필요하다.
② 장난감이나 소지품을 보관할 수 있는 수납장이나 선반도 함께 갖추도록 하고, 가구의 높이는 어린이의 키에 맞아야 한다.
③ 가구를 선택할 때 가장 중요한 점은 안전성과 내구성에 대한 고려이다.
④ 복잡한 디자인보다는 단순한 것이 좋고, 가구의 모서리는 둥글리는 것이 부딪칠 위험이 적으며, 함부로 다루어도 쉽게 망가지지 않도록 튼튼한 것이 좋다.
⑤ 필요에 따라서 해체, 조립이 가능한 조립식 가구가 더욱 바람직하다.
⑥ 두 사람이 공동 사용하는 아동실의 경우에는 두 개의 침대를 따로 배치하면 바닥 면적이 많이 필요하므로 공간 절약을 위한 2단 침대, 접이식 침대, 서랍식 침대 등을 활용하는 것이 좋다.

6) 사무 공간 가구
(1) 사무 가구의 분류

사무 가구는 책상, 패널 시스템, 수납 가구(Cabinet), 의자, 회의 테이블, 임원용 가구 등으로 분류된다. 특히 사무 가구는 업무 공간의 능률적 작업 환경과 경제성을 동시에 고려해야 하는 가구이다.

(2) 사무 가구의 특징

① 모듈성
  ㉠ 사무 가구의 모듈화는 사람, 일, 공간에 대한 분석을 토대로 이뤄진다.
  ㉡ 기본 유닛을 바탕으로 직급별, 업무 유형별로 확장한다.
  ㉢ 인원 변동에도 레이아웃 변경이 쉽다는 것이 모듈화 사무 가구 장점이다.
② 시스템 간의 일체감
  ㉠ 소재와 컬러, 형태면에서 서로 다른 유닛 간의 조화를 이루는 등 일정한 규칙에 따라 어느 정도의 다양성을 인정하는 범위 내에서 시스템 간의 일체감을 준다.
  ㉡ 책상, 패널 프레임(Panel Frame) 컬러, 의자 하부 베이스를 유사한 컬러 군으로 구성
  ㉢ 책상과 캐비닛에 동일한 컬러와 마감 공법을 적용하는 등의 방법으로 시스템 사무 가구의 일체감을 살릴 수 있다.
③ 기능성과 내구성 강조
  ㉠ 사무 가구는 인체공학적 디자인을 설계의 기본으로 한다.
  ㉡ 초기 디자인부터 제품 생산에 이르기까지 고도의 기술과 노하우가 필요하다.

ⓒ 사용상의 안정성과 제품 내구성을 사전에 검증해 소비자에게 안전하고 기능적으로 우수한 제품을 공급한다.

④ 사무 가구의 규격
ⓐ 책상의 높이, 의자의 좌판 높이와 너비, 패널 시스템 높이, 캐비닛 손잡이 위치 등 사무 가구의 규격은 국가표준규격(KS)을 기본으로 신체 사이즈, 활동 반경, 사용 환경을 고려해 결정한다.
ⓑ 공간에 설치되는 패널 시스템과 책상, 캐비닛의 너비 모듈을 일치시키는 등 모듈 규칙을 함께 적용하는 것도 효과적인 방법이다.

⑤ 사무용 가구 디자인에 있어서 기본적으로 고려해야 할 사항은 인체 규격, 작업 환경, 작업 특성 등이 있다.

예제 04 사무용 가구디자인에 있어서 기본적으로 고려하여야 할 요소 중 가장 거리가 먼 것은?
① 인체 규격　② 작업 환경　③ 작업 특성　④ 개인의 취향

정답 ④

핵심 기출문제

03 가구 계획

01
다음과 같은 거실의 가구배치의 유형은? ▶ 17

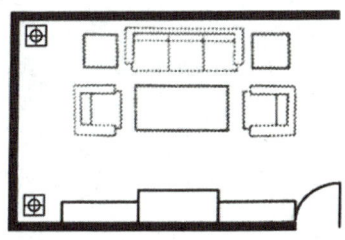

① ㄱ자형 ② ㄷ자형
③ 대면형 ④ 직선형

해설 | ㄷ자형
단란한 분위기를 주며, TV 시청이나 여러 사람과의 대화 시에 적합하다.

02
가구의 배치 결정 시 먼저 고려되어야 할 사항은?

① 질감 ② 색채
③ 기능 ④ 스타일

해설 | 가구는 인간의 행위를 보다 편안하고 능률적으로 향상시키기 위한 도구로 사용되며 보관, 정리, 진열 등 수납의 기능과 장식적 요소로 사용된다.

03
공간의 목적이나 행위가 비교적 자유로운 장소에 배치하는 가구 방식은?

① 분산적 가구 배치
② 집중적 가구 배치
③ 붙박이 가구 배치
④ 부분적 가구 배치

해설 | 가구배치 방법
㉠ 집중적 배치
집중적 배치는 비교적 장소를 적게 차지하고 정돈된 느낌과 형식적인 느낌을 주는 것이 특징이다. 따라서 행동이나 목적이 분명하고, 집중적인 작업을 하는 공간, 즉 서재, 식당, 침실 등의 가구 배치에 적당하다.
㉡ 분산적 배치
분산적 배치는 흩어진 느낌을 주어 장소를 보다 많이 차지하고 덜 정돈된 느낌을 주나, 공간의 목적이나 행위가 비교적 자유로운 장소에 배치하는 가구 방식이다.

정답 | 01 ② 02 ③ 03 ①

Chapter 04

실내건축설계 시각화 작업

최근 10개년 출제문항수 **0개**

New_ 2022년 이후 평균 출제비중 **3%**

Chapter 출제경향분석

Section	출제비율
01 2D 표현	2%
02 3D 표현	1%
03 모형 제작	0%

01 2D 표현

Pass Note

예상출제문항	키워드	
1~0	– 설계 도면의 종류 – 설계 도면 조건	– 전개도

1. 2D 설계도면의 종류 및 이해

1) 계획 설계도
① 구상도 : 설계에 대한 최초의 생각을 자유롭게 표현하는 스케치 작업을 한다.
② 동선도 : 사람이나 화물, 또는 차량의 흐름을 도식화하는 작업을 말한다.
③ 조직도 : 설계초기에 평면의 공간구성 단계에서 각 실의 목적에 맞게 용도나 내용의 관련성을 정리하여 조직화 한다.
④ 면적도표 : 각 소요실의 면적 비율을 산출하여 각 실의 관련성을 검토한다.

예제 01 설계도면의 종류 중 계획 설계도에 해당되지 않는 것은?
① 구상도　　　② 조직도　　　③ 전개도　　　④ 동선도

정답 ③

2) 기본 설계도
건축주에게 설계 계획의 내용을 전달하기 위한 도면으로 계획 설계도를 바탕으로 작성한 평면도, 입면도, 배치도, 투시도 등이 이에 속한다.

Note 설계도면이 갖추어야 할 조건
① 정확하고 명료하고 합리적으로 표현해야 한다.
② 일정한 규칙과 도법에 따라야 한다.
③ 객관적으로 쉽게 이해되어야 한다.
④ 모든 도면의 축척은 용도에 맞게 사용한다.

3) 실시 설계도

(1) 일반도

① 배치도 : 대지 안에서 건물이나 부대시설의 배치를 나타낸 도면
② 평면도 : 각 실의 배치 및 크기를 나타낸 도면
③ 입면도 : 건물 외부나 내부를 수직적으로 절단하여 투상화시켜 나타낸 도면
④ 단면도 : 건물을 수직으로 절단한 모양을 나타낸 도면
⑤ 부분 상세도 : 부재의 형상, 치수 등 주요 구조 부분을 상세히 나타낸다.
⑥ 전개도 : 각 실내의 입면을 전개하여 그리며 벽의 형상, 치수, 마감 상태를 나타낸 도면
⑦ 창호도 : 창호의 개폐방법, 재료, 마감, 창호철물, 유리 등을 나타낸 도면

예제 02 | 설계도면의 종류 중 실시 설계도에 해당되는 것은?
① 구상도　　　② 조직도　　　③ 전개도　　　④ 동선도

정답 ③

(2) 구조설계도

① 기초, 기둥, 벽, 보, 바닥 평면도
② 기초, 기둥, 벽, 보, 바닥판 일람표

(3) 골조도

(4) 각 부 상세도

(5) 설비 설계도

① 전기 설비도
② 위생 설비도
③ 환기 설비도
④ 냉·난방설비도
⑤ 승강기 설비도

4) 시공도

시공자가 작성하며 시공 상세도, 시공계획도, 시방서 등 공사를 진행하는데 필요한 도면으로 설계도에 나타내기 어려운 시공 내용을 표현한 것이다.

> **Note** 설계도서의 종류
> ① 계획설계도
>   ㉠ 구상도, 조직도, 동선도, 면적도표 등
>   ㉡ 기본설계도, 계획도, 스케치도
> ② 실시설계도
>   ㉠ 일반도 : 배치도, 평면도, 입면도, 단면도, 전개도, 창호도, 현치도, 투시도
>   ㉡ 구조도 : 기초평면도, 바닥틀 평면도, 지붕틀 평면도, 골조도, 기초, 기둥, 보, 바닥판 일람표, 배근도, 각부상세 등
>   ㉢ 설비도 : 전기, 위생, 냉·난방, 환기, 승강기, 소화설비도 등
> ③ 시공도
>   시공상세도, 시공계획도서, 시방서 등
>   ※ 시방서 : 설계자의 의도를 시공자에게 전달을 목적으로 설계도에 기재할 수 없는 사항을 기재하는 문서

 각종 도면에 대한 설명 중 옳지 않은 것은?
① 배치도는 전체를 파악하는 중요한 도면으로 대지인의 건물의 위치 등을 표현한다.
② 전개도는 건물 내부의 입면을 정면에서 바라보고 그리는 내부 입면도이다.
③ 평면도는 건축물을 건축물의 바닥면으로부터 2m 이상의 높이에서 수평으로 절단하여 그린 것이다.
④ 단면도는 건축물을 수직으로 절단하여 수평방향에서 바라보고 그린 것이다.

정답 ③

 설계도에 나타내기 어려운 시공내용을 문장으로 표현한 것은?
① 시방서   ② 견적서   ③ 설명서   ④ 계획서

정답 ①

2. 2D 설계도면 작성 기준

1) 배치도
① 전체를 파악하는데 중요한 도면으로 대지 안에서 건물의 위치와 부대시설 등을 나타낸다.
② 대지와 도로와의 관계, 도로의 넓이, 고저 차, 등고선 등을 기입한다.
③ 축척은 1/100~1/600 정도로 한다.
④ 대지의 경계선과 건물과의 거리를 표시하고 부대설비를 표시한다.
⑤ 인접대지의 경계와 주변의 담장, 대문 등의 위치를 표시한다.
⑥ 대지 내 건물의 위치와 방위를 표시한다.(위쪽을 북쪽으로)
⑦ 정화조, 맨홀, 배수구 등 설비의 위치나 크기를 그린다.

다음 중 배치도에 명시되어야 하는 것은?
① 대지 내 건물의 위치와 방위　　② 기둥, 벽, 창문 등의 위치
③ 건물의 높이　　　　　　　　　④ 승강기의 위치

해설 | 대지와 도로와의 관계, 도로의 넓이, 고저차, 등고선, 방위, 위치, 정화조, 배수구 등을 기입한다.

정답 ①

2) 평면도

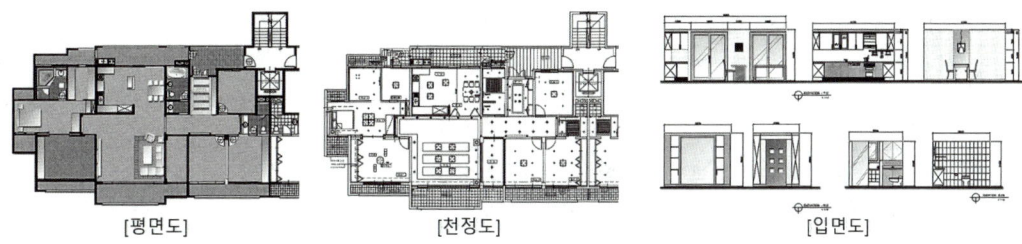

[평면도]　　　　　　　　[천정도]　　　　　　　　[입면도]

① 바닥면(기준층)으로부터 1.2m~1.5m 높이에서 수평으로 절단하여 내려다본 도면
② 설계, 시공 기본이 되는 도면으로 1/50~300의 축척을 사용
③ 각 층마다 별개의 평면도를 작도하고 북쪽을 위로 하여 작도함을 원칙으로 한다.
④ 실의 배치와 면적, 창문과 출입구의 위치 및 구분 등이 표현된다.
⑤ 평면도에는 기둥과 벽체의 두께, 개구부의 위치와 크기, 실의 면적, 바닥의 높낮이, 위생기구배치, 가구배치, 바닥패턴표시, 도면 명 및 축척, 방위표시, 공간의 용도, 치수, 재료표시, 창문과 출입구의 구별을 표시한다.

> **Note** 평면도에 기입해야 할 사항
> ㉠ 실 배치와 넓이
> ㉡ 개구부의 위치나 크기
> ㉢ 창문과 출입구의 구별
> ㉣ 기둥, 벽, 바닥, 계단 이외의 부대설비 및 마무리 등을 표시

 다음 중 설계 진행상 기본이 되는 것은?
① 배치도　　② 평면도　　③ 단면도　　④ 상세도

정답 ②

예제 07 건축물을 각 층마다 창틀 위에서 수평으로 자른 수평 투상도로서 실의 배치 및 크기를 나타내는 도면은?
① 입면도　　② 평면도　　③ 단면도　　④ 전개도

정답 ②

3) 입면도
① 건물 외형의 동서남북 각 면에 대하여 직각으로 투시한 도면이다.
② 벽, 기둥 등 수직부재의 두께를 표시한다.
③ 창과 문(개구부)의 위치와 크기를 표시 한다.
④ 실의 면적, 가구 및 집기의 위치와 모양 크기를 표현한다.
⑤ 축척 : 1/50, 1/100, 1/200 등이 있으며 되도록 같은 축척으로 그린다.

입면도에 사용되는 축척이 아닌 것은?
① 1/50 ② 1/100 ③ 1/200 ④ 1/600

정답 ④

내부 입면도 작도에 관한 설명으로 옳지 않은 것은?
① 집기와 가구의 높이를 정확하게 표현한다.
② 벽면의 마감 재료를 표현한다.
③ 몰딩이 있으면 정확하게 작도한다.
④ 기둥과 창호의 위치가 가장 중요한 표현요소이므로 진하게 표시한다.

정답 ④

4) 단면도
① **건물을 수직으로 절단하여 수평방향으로 바라본 도면**이다.
② 축척 : 1/30, 1/50, 1/100, 1/200 등이 있으며, 입면도와 같은 축척으로 하는 것이 편리하다.
③ 단면도에 표시해야 할 사항
 ㉠ 건물의 높이, 층 높이, 처마 높이, 창 높이
 ㉡ 지반에서 바닥까지의 높이
 ㉢ 계단의 치수(계단의 디딤판, 철판의 치수)
 ㉣ 지붕의 물매

• 단면도의 축척은 일반적으로 1/100, 1/200 축척이 사용된다.
• 단면도에 표시하여야 할 사항
 ㉠ 건물의 높이 ㉡ 층높이 ㉢ 처마높이 ㉣ 창턱높이, 창높이 ㉤ 지반에서 1층바닥 까지의 높이
 ㉥ 계단치수 ㉦ 지붕물매

단면도에 표기하여야 할 사항에 해당되지 않는 것은?
① 처마 높이 ② 창대 높이 ③ 지붕 물매 ④ 도로 길이

정답 ④

5) 전개도
① 각 실의 내부 의장을 나타내기 위한 도면이다.
② 축척은 1/20~1/50 정도로 한다.
③ 내부 벽면의 형상, 길이, 높이 등을 표시한다.
④ 내부 벽면에 설치된 집기, 가구, 설비를 표시한다.
⑤ 내부 벽면과 걸레받이, 각종 몰딩의 형태와 재료를 표시한다.

예제 11 각 실의 내부의장을 나타내기 위한 도면은?
① 단면도 ② 기초평면도
③ 전개도 ④ 지붕틀 평면도

정답 ③

예제 12 건축설계도면에서 전개도에 관한 설명 중 옳지 않은 것은?
① 각 실 내부의 의장을 명시하기 위해 작성하는 도면이다.
② 각 실에 대하여 벽체 및 문의 모양을 그려야 한다.
③ 축척은 1/200 정도로 한다.
④ 벽면의 마감재료 및 치수를 기입하고, 창호의 종류와 치수를 기입한다.

정답 ③

6) 천정도
① 천장 면을 천장 위에서 투영해 내려다본 도면이다.
② 축척은 1/20~1/100 정도로 하고 방위는 평면도와 같게 배치한다.
③ 천정의 마감재를 표시하고, 환기구, 조명기구의 위치를 표시한다.
④ 마감재의 명칭과 재료, 치수, 규격을 기입한다.

예제 13 바닥에서 천정을 올려다 본 그림을 무엇이라 하는가?
① 전개도 ② 지붕틀 평면도
③ 천정 평면도 ④ 창호도

정답 ③

핵심 기출문제

01 2D 표현

01
설계도면이 갖추어야 할 요건에 대한 설명 중 옳지 않은 것은?

① 객관적으로 이해되어야 한다.
② 일정한 규칙과 도법에 따라야 한다.
③ 정확하고 명료하게 합리적으로 표현되어야 한다.
④ 모든 도면의 축척은 하나로 통일되어야 한다.

해설 | 설계도면이 갖추어야 할 조건
　㉠ 정확하고 명료하고 합리적으로 표현해야 한다.
　㉡ 일정한 규칙과 도법에 따라야 한다.
　㉢ 객관적으로 쉽게 이해되어야 한다.
　㉣ 모든 도면의 축척은 용도에 맞게 사용한다.

02
건축물의 설계도면 중 사람이나 차, 물건 등이 움직이는 흐름을 도식화한 도면은?

① 구상도　　② 조직도
③ 평면도　　④ 동선도

해설 | 동선도는 사람, 차량, 화물 등의 움직이는 흐름을 도식화한 작업을 말한다.

03
설계 도면의 종류 중 계획 설계도에 해당되지 않는 것은?

① 구상도　　② 조직도
③ 전개도　　④ 동선도

해설 | 전개도는 일반도로 실시설계도에 포함된다.

04
동선계획을 가장 잘 나타낼 수 있는 실내계획은?

① 천장계획
② 입면계획
③ 평면계획
④ 구조계획

해설 | 평면계획에서 동선의 흐름을 알 수 있다.

05
실시 설계도에서 일반도에 속하지 않는 것은?

① 기초 평면도　　② 전개도
③ 부분 상세도　　④ 배치도

해설 | 일반도
　㉠ 배치도 : 대지 안에서 건물이나 부대시설의 배치를 나타낸 도면
　㉡ 평면도 : 각 실의 배치 및 크기를 나타낸 도면
　㉢ 입면도 : 건물 외부나 내부를 수직적으로 절단하여 투상화시켜 나타낸 도면
　㉣ 단면도 : 건물을 수직으로 절단한 모양을 나타낸 도면
　㉤ 부분 상세도 : 부재의 형상, 치수 등 주요 구조 부분을 상세히 나타낸다.
　㉥ 전개도 : 각 실내의 입면을 전개하여 그리며 벽의 형상, 치수, 마감 상태를 나타낸 도면
　㉦ 창호도 : 창호의 개폐방법, 재료, 마감, 창호철물, 유리 등을 나타낸 도면

정답 | 01 ④　02 ④　03 ③　04 ③　05 ①

06

다음의 각종 설계도면에 대한 설명 중 옳지 않은 것은?

① 계획 설계도에는 구상도, 조직도, 동선도 등이 있다.
② 기초 평면도의 축척은 평면도와 같게 한다.
③ 단면도는 건축물을 각 층마다 창틀 위에서 수평으로 자른 수평 투상도로서, 실의 배치 및 크기를 나타낸다.
④ 전개도는 건물 내부의 입면을 정면에서 바라보고 그리는 내부 입면도이다.

해설 | 단면도
  ㉠ 건물을 수직으로 절단하여 수평방향으로 바라본 도면이다.
  ㉡ 축척 : 1/30, 1/50, 1/100, 1/200 등이 있으며, 입면도와 같은 축척으로 하는 것이 편리하다.
  ㉢ 단면도에 표시해야 할 사항
    ⓐ 건물의 높이, 층 높이, 처마 높이, 창 높이
    ⓑ 지반에서 바닥까지의 높이
    ⓒ 계단의 치수(계단의 디딤판, 철판의 치수)
    ⓓ 지붕의 물매

07

다음 각 도면에 관한 설명으로 틀린 것은?

① 평면도에서는 실의 배치와 넓이, 개구부의 위치나 크기를 표시한다.
② 천장 평면도는 절단하지 않고 단순히 건물을 위에서 내려다 본 도면이다.
③ 단면도는 건물을 수직으로 절단한 후, 그 앞면을 제거하고 건물을 수평방향으로 본 도면이다.
④ 입면도는 건물의 외형을 각 면에 대하여 직각으로 투사한 도면이다.

해설 | 천정평면도
  ㉠ 천장면을 천장 위에서 투영해 내려다본 도면이다.
  ㉡ 축척은 1/20~1/100 정도로 하고 방위는 평면도와 같게 배치한다.
  ㉢ 천정의 마감재를 표시하고, 환기구, 조명기구의 위치를 표시한다.
  ㉣ 마감재의 명칭과 재료, 치수, 규격을 기입한다.

08

다음 중 배치도에 특히 명시되어야 하는 것은?

① 방위
② 층고
③ 대지의 높이
④ 각부 형상 및 치수

해설 | 배치도에는 위치, 축척, 방위, 간격, 인지경계선, 지반의 기준 위치, 부지의 고저, 정원 계획, 지붕 윤곽, 장래 증축부분 표시 등을 나타낸다.
  ※ 기본 설계도 : 계획 설계를 바탕으로 어느 정도 상세하게 그린 도면
  ㉠ 배치도 : 방위 및 경계선, 인접도로의 너비, 부지의 고저, 건축물의 위치 등을 나타낸다.
  ㉡ 평면도 : 가장 기본이 되는 도면으로 공간과 공간과의 관계, 실의 배치 및 크기, 개구부의 위치 및 크기, 창문과 출입구의 구별, 동선, 가구배치 등을 알 수 있는 도면이다.
  ㉢ 입면도 : 건물의 외부와 내부를 수직적으로 절단하여 투상화 시켜 나타낸 도면으로 정면도, 측면도, 배면도로 나누어진다.
  ㉣ 단면도 : 건물을 수직으로 절단한 모양을 나타낸 도면으로 천장의 반자부분과 바닥, 벽의 단면상태를 나타내어 건물의 내부구조를 보여 주는 도면이다.

09

배치도에 포함되어야 할 사항과 관계가 먼 것은?

① 정원계획
② 인지 경계선
③ 창문 및 출입문 위치
④ 장래 증축부분 표시

해설 | 배치도에는 위치, 축척, 방위, 간격, 인지경계선, 지반의 기준 위치, 부지의 고저, 정원 계획, 지붕 윤곽, 장래 증축부분 표시 등을 나타낸다.

정답 | 06 ③ 07 ② 08 ④ 09 ③

10
건축물을 각 층마다 창틀 위에서 수평으로 자른 수평투상도로서 실의 배치 및 크기를 나타내는 도면은?

① 평면도
② 입면도
③ 단면도
④ 전개도

해설 | 평면도
가장 기본이 되는 도면으로 공간과 공간과의 관계, 실의 배치 및 크기, 개구부의 위치 및 크기, 창문과 출입구의 구별, 동선, 가구배치 등을 알 수 있는 도면이다.

11
평면도는 도면의 가장 기본이 되는 도면으로 보통 바닥 면으로부터 몇 m 높이에서 수평으로 절단한 것인가?

① 0.5m　② 1.2m
③ 2.0m　④ 2.2m

해설 | 평면도는 기준 층의 바닥 면에서 1.2~1.5m 높이에서 수평 절단하여 내려다 본 도면이다.

12
평면도에서 절단하는 높이는 바닥에서 1.2~1.5m 정도로 가정한다. 그 이유로 가장 거리가 먼 것은?

① 벽체 두께를 잘 나타낼 수 있다.
② 각종 개구부의 위치나 형태를 잘 나타낼 수 있다.
③ 인간의 생활공간 중에서 실생활과 가장관련이 높다.
④ 건물의 외부를 잘 표현할 수 있다.

해설 | 건물의 외부는 배치도에서 표현한다.

13
다음 중 평면도에 나타내야 할 사항이 아닌 것은?

① 벽 중심선
② 출입구 및 창호의 위치
③ 벽두께
④ 층고

해설 | 층고는 단면도에서 나타낸다.
• 단면도 : 기초 지반, 바닥, 처마, 층높이와 지붕의 물매, 처마의 나온 길이 등 주요 부분의 단면을 나타낸다.

14
실내디자인의 도면 중 벽을 바라본 수직적 실내의 그림은?

① 평면도
② 투시도
③ 입면도
④ 배치도

해설 | 입면도는 건물 외부나 내부를 수직적으로 절단하여 투상화 시켜 나타낸 도면이다.

15
다음 중 건축물의 입면도를 작도할 때 표시하지 않는 것은?

① 방위표시
② 건물의 전체높이
③ 벽 및 기타 마감재료
④ 처마높이

해설 | 방위표시는 배치도에 표시된다.

정답 | 10 ① 11 ② 12 ④ 13 ④ 14 ③ 15 ①

16
단면도에 대한 설명으로 옳은 것은?

① 건축물을 수평으로 절단하였을 때의 수평 투상도이다.
② 건축물의 외형을 각 면에 대해 직각으로 투사한 도면이다.
③ 건축물을 수직으로 절단하여 수평방향에서 본 도면이다.
④ 실의 넓이, 기초 판의 크기, 벽체의 하부 구조를 표현한 도면이다.

해설 | 단면도는 건물을 수직으로 절단한 모양을 나타낸 도면으로 천장의 반자부분과 바닥, 벽의 단면상태를 나타내 주므로 내부구조를 보여주는 도면이다.

17
단면도를 그려야 하는 경우가 아닌 것은?

① 평면상으로 이해하기 힘든 곳
② 전체 구조의 이해를 돕는 부분
③ 설계자의 강조 부분
④ 지붕 경사를 나타내고자 할 때

해설 | 지붕 경사를 나타내고자 할 때는 부분 상세도를 그린다.

18
다음 중 특히 부분 상세도에서 상세하게 나타내어야 할 것은?

① 각 부의 높이
② 지붕의 물매
③ 각 부재의 형상치수
④ 추녀의 내민 길이

해설 | 부분 상세도
부재의 형상, 치수 등 주요 구조 부분을 상세하게 나타낸다.

19
건축도면 중 전개도에 대한 설명으로 알맞은 것은?

① 부대시설의 배치를 나타낸 도면
② 각 실 내부의 의장을 명시하기 위해 작성하는 도면
③ 지반, 바닥, 처마 등의 높이를 나타낸 도면
④ 실의 배치 및 크기를 나타낸 도면

해설 | 전개도
　㉠ 각 실의 내부 의장을 나타내기 위한 도면이다.
　㉡ 축척은 1/20~1/50 정도로 한다.
　㉢ 내부 벽면의 형상, 길이, 높이 등을 표시한다.
　㉣ 내부 벽면에 설치된 집기, 가구, 설비를 표시한다.
　㉤ 내부 벽면과 걸레받이, 각종 몰딩의 형태와 재료를 표시 한다.

20
각 실내의 입면을 그려 벽면의 형상, 치수, 끝마감 등을 나타내는 도면은?

① 평면도　② 투시도
③ 단면도　④ 전개도

해설 | 문제 15번 해설참조

21
천장고와 층고에 관한 설명으로 옳은 것은?

① 천장고는 한 층의 높이를 말한다.
② 일반적으로 천장고는 층고보다 작다.
③ 한 층의 천장고는 어디서나 동일하다.
④ 천장고와 층고는 항상 동일한 의미로 사용된다.

해설 | ㉠ 천장고 : 해당 층에서 마감된 바닥에서 마감된 천장까지의 순수한 실내부 높이
　　㉡ 층고 : 기준층 콘크리트 바닥에서 기준 층 바로 위층의 콘크리트 바닥까지의 거리로 천장고에 층간 두께를 더한 값

02 3D 표현

> **Pass Note**

예상출제문항		키워드
0~1	- 투시도 - 조감도	- 와이어 프레임 모델링

1. 3D 설계도면의 종류 및 이해

1) 투시도(Perspective)
① 표현하고자 하는 대상을 사람의 눈높이에서 카메라로 찍은 것처럼 그린 도면을 뜻한다.
② 건축물의 실내와 실외를 사실적으로 그려내는 그림이다.
③ 대상물의 각도에 따라 1소점, 2소점, 3소점 투시도로 분류한다.

(1) 1소점 투시도(평행 투시)
　㉠ 평행투시도법으로 소점이 1개 생기며, 실내투시도를 표현하고자 할 때 사용된다.
　㉡ 실내 투시도 또는 기념 건축물과 같은 정적인 건물의 표현에 효과적이다.
　㉢ 수평과 수직은 평행으로 보이며, 깊이는 눈높이를 따라 소점으로 진행된다.

(2) 2소점 투시도(유각 투시)
　㉠ 유각투시도법으로 소점이 2개 이다.
　㉡ 건물의 외관 등을 표현할 때 사용된다.
　㉢ 안정감을 줄 수 있어 가장 많이 사용되는 방법이다.

(3) 3소점 투시도
　㉠ **건물 위에서 내려다보는 조감도를 표현할 때 사용**된다.
　㉡ 어떤 사물을 위에서 올려다보거나 내려다보는 면을 강조하기에 좋은 투시도이다.
　㉢ 물체와 화면 모두 각도를 갖고 있다.
　㉣ 최대의 입체감을 표현할 수 있고 건물 투시 표현에 적합하다.

2) 조감도
① 새가 하늘에서 내려다보는 모습과 같다고 하여 조감도라 한다.
② **건축물이나 물체 등을 위쪽에서 내려다보고 작도한 그림이다.**
③ 건축물 옥상 또는 지붕을 표현하게 된다.

3) 3D 모델링

토목, 건축 분야부터 단순히 도면 작성의 한계를 넘어 계획 단계에서부터 3차원 개념을 적용하여 계획성 향상, 통합 협업 업체의 구축, 시공성 향상, 경제성 향상을 목적으로 3D 작업을 적용해 이해를 돕는다.

[러프 스케치 + 컬러링]

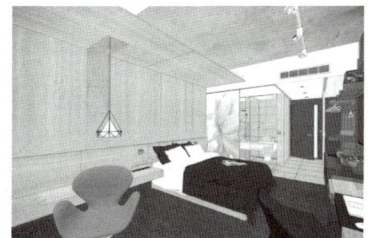

[스케치업(Sketch Up)]

[3D 모델링]

렌더링(rendering)
㉠ 표현, 묘사, 연출이라는 뜻으로 디자인한 대상물의 완성을 예측하여 실물처럼 충실히 표현한 것으로 2차원의 화상을 3차원의 화상으로 만드는 과정이다.
㉡ 렌더링은 정확한 투시도로서 디자이너의 구체적 언어와 마찬가지이다.
㉢ 완성 예상도로 쓰이는 렌더링은 최종 결정단계에서 스타일을 확인하고 설명하기 위한 것이다.

2. 3차원 모델링의 특징

① 은선 제거 및 실물 같은 음영처리와 렌더링을 할 수 있다.
② 3차원 모델로부터 도면을 작성했을 때 설계변경에 신속하게 대응이 가능하다.
③ 관측하기 유리한 임의의 시점으로부터 모델 뷰를 표현할 수 있다.
④ 자동 가공 작업을 위한 데이터 추출이 가능하다.
⑤ 2차원 단면 및 도면을 편리하게 작성할 수 있다.

3차원 모델링의 특징이 아닌 것은? [25]
① 은선 제거 및 실물 같은 음영처리와 렌더링을 할 수 있다.
② 3차원 모델로부터 도면을 작성했을 때 설계변경에 신속하게 대응이 가능하다.
③ 관측하기 유리한 임의의 시점으로부터 모델 뷰를 표현할 수 있다.
④ 자동 가공 작업을 위한 데이터 추출이 불가능하다.

정답 ④

3. 3D 설계도면 작성 기준

1) 와이어 프레임 모델링(Wire-frame modelling, 선처리 방식)
   ① 작업 초기에 진행되며, 가장 기본적인 모델링이다.
   ② 면과 면이 만나는 선만으로 입체를 생성한다.
   ③ 처리 속도가 빠르다.
   ④ 모델이 간단하고, 조작이 간편하다.
   ⑤ 정밀도가 떨어지고 곡면이나 입체 내부의 식별이 불가능하다.

2) 서피스 모델링(Surface modelling, 면처리 방식)
   ① 선을 연결하여 면으로 표현하는 방식
   ② 벽 구조물이나 지붕 구조물도 표현이 가능하다.
   ③ 건축 디자인에서 가장 많이 사용하는 방식이다.

3) 솔리드 모델링(Soild modelling, 구체처리 방식)
   ① 컴퓨터 이용 설계(CAD)에 있어서 셀(cell) 또는 기본 도형으로 불리는 구, 원주, 삼각추 등의 입체 요소들을 결합하여 3차원 도형의 모델을 구성하는 방식이다.
   ② 형태, 속성에 대한 분석이 가능하다.
   ③ 실물과 가장 근접하는 컴퓨터 모델 구축이 가능하다.

예제 02 와이어 프레임 모델(Wire-frame model)의 설명이 아닌 것은? [23,22]
① 면과 면이 만나는 선만으로 입체를 생성한다.
② 처리 속도가 빠르다.
③ 입체물의 무게감, 부피, 실체감 등을 표현한다.
④ 작업 초기에 진행되며, 가장 기본적인 모델링이다.

정답 ③

핵심 기출문제

02 3D 표현

01
컴퓨터 이용 설계(CAD)에 있어서 셀(cell) 또는 기본 도형으로 불리는 구, 원주, 삼각추 등의 입체 요소들을 결합하여 3차원 도형의 모델을 구성하는 방식은 다음 중 어느 것인가?

① 와이어 프레임 모델링(Wire-frame modelling)
② 서피스 모델링(Surface modelling)
③ 솔리드 모델링(Soild modelling)
④ 그리드 모델링(Grid modelling)

해설 | 솔리드 모델링(Soild modelling)
면을 연결하는 구체로 표현하는 방식이며, 형태, 속성에 대한 분석이 가능하다. 부피, 질량, 무게중심, 관성 모멘트 등의 정보를 갖는다.

02
3D 그래픽 프로그램의 장점으로 볼 수 없는 것은?

① 수작업에 의한 순수한 느낌을 만들 수 있다.
② 빛에 의한 다양한 컬러를 낼 수 있다.
③ 사실적인 느낌을 표현할 수 있다.
④ 평면을 입체로 생성할 수 있다.

해설 | 3D(3차원)는 2D(2차원) 좌표 Z축 좌표값을 사용한 3차원 좌표가 존재하는 공간 상태로 어려운 입체적 형상이나 이미지를 만들어 낼 수 있다.

03
컴퓨터 그래픽스(computer graphics)의 개념이 틀린 것은?

① 수작업으로 불가능한 표현이나 효과가 가능
② 정확성과 정밀도를 높이고, 일정 기간만 보존이 가능
③ 시간과 비용을 줄이고 대량생산이 가능
④ 빛에 의한 컬러로 다양한 색을 재현

해설 | 컴퓨터 그래픽스(computer graphics)
입력된 형상 데이터와 광학적 데이터로부터 도형·영상을 만들어내는 표현방법.
㉠ 수작업으로 불가능한 표현이나 효과가 가능
㉡ 시간과 비용을 줄이고 대량생산이 가능
㉢ 빛에 의한 컬러로 다양한 색을 재현

04
컴퓨터 그래픽에서의 디자인 이미지 작업의 순서는?

① 페인팅 작업 → 이미지 구상 → 드로잉 작업 → 이미지 작업
② 이미지 구상 → 드로잉 작업 → 페인팅작업 → 이미지 표현
③ 드로잉 작업 → 페인팅 작업 → 이미지 구상 → 이미지 표현
④ 이미지 구상 → 이미지 표현 → 드로잉 작업 → 페인팅 작업

해설 | 디자인이미지 작업은 툴을 이용해 드로잉 작업을 하고 컬러를 적용해 페인트 작업을 하여 최종 이미지를 표현하는 것으로 디자인 이미지 작업 순서는 이미지 구상 → 드로잉 작업 → 페인팅 작업 → 이미지 표현 순이다.

정답 | 01 ③ 02 ① 03 ② 04 ②

05

실내디자인 설계 초기 단계에서 실내디자인 CAD시스템이 가질 수 있는 특징으로 가장 거리가 먼 것은 다음 중 어느 것인가?

① 정보의 입력 및 규모검토 결과의 출력을 위한 그래픽 처리
② 관련 건축법의 검색을 위한 전문가 시스템 (expert system)
③ 개략 공사비 등의 산정을 위한 데이터 베이스 (data base)
④ 컴퓨터가 가지고 있는 다양한 채색 기능을 이용한 색채계획

해설 | 컴퓨터가 가지고 있는 다양한 채색 기능을 이용한 색채계획은 실시계획 설계에 해당되며 초기단계와는 거리가 멀다.

06

다음 중 자유로운 드로잉 작업이 가능하며 심벌마크, 패턴, 캐릭터 작업이 가능한 프로그램은?

① 페인터
② 포토샵
③ 일러스트레이터
④ Auto CAD

해설 | 일러스트레이터(Illustrator)
  ㉠ 탁월한 이미지 드로잉으로 삼각자나 제도용구를 이용한 것처럼 컴퓨터에서도 정확한 도형을 제작할 수 있으며 곡선의 조작성이 뛰어나다.
  ㉡ 자유로운 드로잉 작업이 가능하며 심벌마크, 패턴, 캐릭터 작업이 가능한 프로그램이다.

07

와이어 프레임 모델(Wire-frame model)의 설명이 아닌 것은?

① 면과 면이 만나는 선만으로 입체를 생성한다.
② 처리 속도가 빠르다.
③ 입체물의 무게감, 부피, 실체감 등을 표현한다.
④ 작업 초기에 진행되며, 가장 기본적인 모델링이다.

해설 | 와이어 프레임 모델링(Wire-frame modelling, 선처리 방식)
  ㉠ 작업 초기에 진행되며, 가장 기본적인 모델링이다.
  ㉡ 면과 면이 만나는 선만으로 입체를 생성한다.
  ㉢ 처리 속도가 빠르다.
  ㉣ 모델이 간단하고, 조작이 간편하다.
  ㉤ 정밀도가 떨어지고 곡면이나 입체 내부의 식별이 불가능하다.

정답 | 05 ④ 06 ③ 07 ③

03 모형제작

> **Pass Note**

예상출제문항	키워드
0~1	– 모형의 유형 – 모형 제작 기술

1. 모형제작 계획

모형 제작은 디자인 형태, 공간의 흐름, 스케일 등의 이해를 가능하게 하며, 설계자의 의도를 고객에게 전달하여 시각적 체험을 제공하게 한다.

1) 모형의 유형

(1) 지형 모형

① 대지 모형 : 대지의 특성과 제안된 디자인을 보여주는 지형적 조망을 표시한다.
② 조경 모형 : 대지 모형 주변의 조경을 표현한다.
③ 가든 모형 : 조경모형의 한 구역에 부여되는 모형

(2) 건물 모형

① 도시 모형 : 지형 모형을 기초로 하여 만들어진다.
② 건물 모형 : 필요에 따라 도시모형이나 지형모형을 더하기도 한다.
③ 구조 모형 : 전체적인 외부 형태를 드러내지 않고 건물의 구조적 디자인을 보여 준다.
④ 내부공간 모형 : 각각의 내부 공간 또는 동시에 여러 실들을 보여준다. 실내 요소들은 공간, 기능들을 시각화하는 기능을 가지고 있다.
⑤ 세부 모형 : 형태, 재료, 표면, 색채 등의 요소들을 표현한다.

(3) 특수모형

① 디자인 모형
② 가구, 오브제 모형

> **예제 01** 모형의 유형 중 건물 모형에 해당되지 않는 것은?
> ① 세부모형 ② 조경 모형
> ③ 도시 모형 ④ 내부공간 모형
>
> 해설 | 건물 모형
> 도시 모형, 건물 모형, 구조 모형, 내부 공간 모형, 세부 모형 조경 모형은 지형 모형에 해당된다.
>
> 정답 ②

2) 모형의 구분

(1) 스터디 모형

　① 설계자의 디자인 발상을 간략하게 만들어서 확인 및 변경을 할 수 있는 모형이다.
　② 스터디 모형의 단계
　　• 1단계 : 초기의 형태를 정하는 이미지 모형
　　• 2단계 : 입면 등의 건축적 표정을 스터디하는 전체 모형
　　• 3단계 : 실내 및 다른 건축 부문의 디자인을 스터디하는 부분별 모형

(2) 전시용 모델(Presentation Model)

　고객에게 보이기 위한 세부 모형이자 최종 모델이며, 스터디 모형을 통해 디자인 수정과정을 통해 변경된 디자인을 디테일한 모형으로 완성시킨다.

2. 모형 제작

1) 모형 재료

　① 목재류 : 발사, 베이스 우드, 각종 목재류
　② 아크릴, 우드락, 폼보드, 하드 보드지
　③ 접착제

2) 모형 제작 순서

　① CAD나 3D 프로그램을 이용하여 파일을 출력
　② 3D 모델링으로 전개도를 제작
　③ 출력된 도면을 모형 재료에 붙인다.
　④ 모형 칼, 열선 커팅기, CNC 밀링 등을 이용하여 모형 재료를 자른다.

3. 모형 제작 기술

1) 3D 프린팅(3D Printing)

　① 가산적 기술로 물리적 개체를 3차원 CAD 모델로부터 바로 제조하는 방식의 기술이다.
　② 원하는 제품이나 모형을 쉽게 제작하고 출력할 수 있으며, 인테리어나 건축분야에서는 주로 모형제작에 활용된다.

2) CNC 밀링(CNC Milling)
① 다양한 재료를 사용하여 기하학적으로 복잡하고 유기적인 양각요소를 제작하는 데 아주 좋은 기술이다.
② 구조체나 대지 지형모형을 제작하는데 사용 가능하다.

3) 스테레오리소그래피(Stereolithography)
① 동일한 부품을 여러 개 제작하고 다른 재료로 주조할 부품의 마스터 금형을 제작하는데 효과적이다.
② 인쇄시 자동적으로 형성되는 지지 구조물의 사용을 필요로 하지만 인쇄가 완료되면 수동으로 제거하여야 한다.
③ 가산적 제조기술로 물리적 개체를 3차원 CAD 모델로부터 바로 제조하는 방식의 기술이다.
④ 복잡하고 유기적 형태와 정교한 내부 공간을 모델링하는데 가장 유용하다.

4) 레이저(Laser)
① 프로토타이핑 도구로써 다양한 평면재료를 정확히 절단하고 스코어링하는 방식이다.
② 매우 정확한 절단을 필요할 경우에 가장 유용하다. 복잡하고 정교한 모형을 제작할 때 효과적인 도구이다.

다음과 같은 특징을 갖는 모형제작 적용기술은?

- 가산적 기술로 물리적 개체를 3차원 CAD 모델로부터 바로 제조하는 방식의 기술이다.
- 원하는 제품이나 모형을 쉽게 제작하고 출력할 수 있으며, 인테리어나 건축분야에서는 주로 모형제작에 활용된다.

① 레이저(Laser)
② 스테레오리소그래피(Stereolithography)
③ 3D 프린팅(3D Printing)
④ CNC 밀링(CNC Milling)

해설 | 3D 프린팅(3D Printing)
　㉠ 가산적 기술로 물리적 개체를 3차원 CAD 모델로부터 바로 제조하는 방식의 기술이다.
　㉡ 3D 프린팅한 개체는 복잡한 형태를 시각화하는데 사용할 수 있으며, 공간적 관계를 탐구하고 동일한 개체를 여러 개 제작하는 데에도 사용할 수 있다.
　㉢ 원하는 제품이나 모형을 쉽게 제작하고 출력할 수 있으며, 인테리어나 건축분야에서는 주로 모형제작에 활용된다.

정답 ③

핵심 기출문제

03 모형제작

01
원하는 제품이나 모형을 쉽게 제작하고 출력할 수 있으며, 인테리어나 건축분야에서는 주로 모형제작에 활용되는 기술은?

① CNC밀링(CNC Milling)
② 레이저(Laser)
③ 3D 프린팅(3D Printing)
④ 산성 에칭(Acid Etching)

해설 | 3D 프린팅(3D Printing)
　㉠ 가산적 기술로 물리적 개체를 3차원 CAD 모델로부터 바로 제조하는 방식의 기술이다.
　㉡ 원하는 제품이나 모형을 쉽게 제작하고 출력할 수 있으며, 인테리어나 건축분야에서는 주로 모형제작에 활용된다.

02
모형의 유형에 대한 설명이 옳지 않은 것은?

① 대지 모형은 대지의 특성과 새로운 디자인에 의해 제안된 변화들을 보여주는 지형적 조망을 표시한다.
② 건물 모형은 1:500, 1:200 사이의 스케일을 가지며 필요에 따라 도시모형이나 지형모형이 덧붙여진다.
③ 조경 모형은 대지 모형의 주변의 조경을 표현하는 것으로 보통 1:500, 1:1000, 1:2500의 축척을 사용하며, 예외적으로 1:10000의 스케일을 사용하는 경우도 있다.
④ 가든 모형은 조경모형의 한 구역에 부여되는 1:500, 1:200, 1:100 등의 큰 스케일이 사용되며, 예외적으로 1:50의 스케일을 사용하는 경우도 있다.

해설 | 조경 모형은 대지 모형의 주변의 조경을 표현하는 것으로 보통 1:500, 1:1000, 1:2500의 축척을 사용하며, 예외적으로 1:5000의 스케일을 사용하는 경우도 있다.

03
3D 프린팅(3D Printing) 모형제작기술에 대한 설명이 옳지 않은 것은?

① 가산적 기술로 물리적 개체를 3차원 CAD 모델로부터 바로 제조하는 방식의 기술이다.
② 일반적으로 대중화된 3D 프린터 방식은 SLS 방식이다.
③ 3D 프린팅한 개체는 복잡한 형태를 시각화하는 데 사용할 수 있으며, 공간적 관계를 탐구하고 동일한 개체를 여러 개 제작하는 데에도 사용할 수 있다.
④ 원하는 제품이나 모형을 쉽게 제작하고 출력할 수 있으며, 인테리어나 건축분야에서는 주로 모형제작에 활용된다.

해설 | 일반적으로 대중화된 3D 프린터 방식은 FDM 방식이다.

04

다음과 같은 특징을 갖는 모형제작 적용기술은?

- 다양한 재료를 사용하여 기하학적으로 복잡하고 유기적인 양각요소를 제작하는 데 아주 좋은 기술이다.
- 구조체나 대지 지형모형을 제작하는데 사용 가능하다.

① 3D 프린팅(3D Printing)
② CNC 밀링(CNC Milling)
③ 스테레오리소그래피(Stereolithography)
④ 레이저(Laser)

해설 | CNC(CNC Milling)
㉠ 다양한 재료를 사용하여 기하학적으로 복잡하고 유기적인 양각요소를 제작하는 데 아주 좋은 기술이다.
㉡ 구조체나 대지 지형모형을 제작하는데 사용 가능하다.

정답 | 04 ②

PART 02

실내디자인
시공 및 재료

Chapter 01　실내디자인 마감계획 및 협력공사　　91%
Chapter 02　실내디자인 시공관리　　7%
Chapter 03　실내디자인 사후관리　　2%

Chapter 01

실내디자인 마감계획 및 협력공사

최근 10개년 출제문항수 **421**개

New_ 2022년 이후 평균 출제비중 **91**%

Chapter 출제경향분석

Section		출제비율
01	목공사	12%
02	석공사	5%
03	조적공사	12%
04	타일공사	5%
05	금속공사	10%
06	창호 및 유리공사	5%
07	도장공사	7%
08	미장 및 수장공사	7%
09	실내디자인 협력공사	
09-1	가설공사	3%
09-2	콘크리트공사	13%
09-3	방수 및 방습공사	3%
09-4	단열 및 음향공사	2%
09-5	합성수지 공사	10%

01 목공사

> **Pass Note**

예상출제문항	키워드	
2~3	- 목재의 제품별 특성 - 목재의 일반적 & 역학적 성질 - 방부제, 건조방법	- 부재의 이음, 맞춤, 쪽매 - 방화, 보강 철물

1. 목재의 특성

1) 장단점

목재의 장점	목재의 단점
① 가볍고 가공이 용이하며, 감촉이 좋다. ② 비중에 비하여 강도, 인성 및 탄성이 크다.(**비강도가 큰 편이다**) ③ 종류에 다양하고 각각의 외관이 다르며 우아하다. ④ 산성, 약품 및 염분에 대한 저항성이 크다. ⑤ 목재는 다공질(多孔質)이므로 **열전도율이 낮다**.	① 착화점이 낮아 내화성이 작다.(착화점 온도 250℃) ② 흡수성이 크며, 신축변형이 심하다. ③ 습기가 많은 곳에서는 부식하기 쉽다. ④ 충해나 풍화로 내구성이 저하된다.

2) 목재의 분류

침엽수	활엽수
소나무(적송, 흑송, 회송), 전나무, 잣나무, 은행나무	단풍나무, 오동나무, 참나무, 느티나무, 박달나무, 떡갈나무
연재(Soft) / 구조용재	경재(Hard) / 가구 및 장식용재

> **Note**
> - 수분함유량 : 침엽수 < 활엽수
> - 수축율 : 침엽수 < 활엽수

목재의 일반적인 성질에 대한 설명으로 옳지 않은 것은? [24,22,16,13]
① 석재나 금속에 비하여 가공하기가 쉽다.
② 건조한 것은 타기 쉽고 건조가 불충분한 것은 썩기 쉽다.
③ 열전도율이 커서 보온재료로 사용이 곤란하다.
④ 아름다운 색채와 무늬로 장식효과가 우수하다.

해설 | 목재는 다공질(多孔質)이므로 열전도율이 낮다. 정답 ③

 침엽수에 관한 설명으로 옳은 것은? [23,18,15]
① 대표적인 수종은 소나무와 느티나무, 박달나무 등이다.
② 재질에 따라 경재(hard wood)로 분류된다.
③ 일반적으로 활엽수에 비하여 직통대재가 많고 가공이 용이하다.
④ 수선세포는 뚜렷하게 아름다운 무늬로 나타난다.

해설 | 침엽수-직통대재가 많고 가공이 용이하다 정답 ③

2. 목재의 조직

1) 나이테(연륜)

① 나이테는 수목의 성장 연수를 나타내는 동시에 강도의 표준이 된다.
② 춘재(봄, 여름에 자란 세포)는 크며 세포막은 얇고 유연하다.
③ 추재(가을, 겨울에 자란 세포)는 작으며 세포막은 두껍고 견고하다.
④ 춘재와 추재의 1쌍의 나비를 합친 것을 한 나이테(annual ring)라 한다.

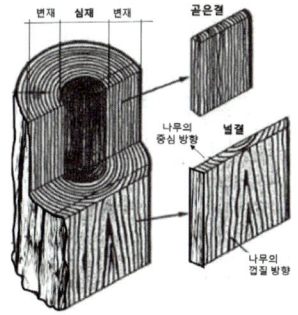

2) 심재와 변재

구분	심재	변재
특성	• 변재보다 다량의 수액을 포함하고 비중이 크다. • 변재보다 신축이 적다. • 변재보다 내후성, 내구성이 크다 • 일반적으로 변재보다 **강도가 크다**. • 변재보다 **짙은색(암색)**을 띤다.	• 심재보다 비중이 적으나 건조하면 변하지 않는다. • 심재보다 신축이 크다. • 심재보다 내후성, 내구성이 약하다. • 일반적으로 심재보다 강도가 약하다.
비중	크다	작다
강도	크다	작다
수축률	작다	크다
역할	수심에 위치하여 견고성을 높인다.	겉껍질 위치 / **수액의 유통과 저장**

3) 나뭇결
   ① 곧은결 : 연륜에 직각 방향으로 켠 목재 면에 나타나는 평행선상의 나뭇결
   ② 널결 : 연륜에 평행방향으로 켠 목재 면에 나타난 곡선모양(물결모양)의 나뭇결
   ③ 엇결 : 나무섬유가 꼬여서 나무결이 심하게 경사진 결
   ④ 무늬결 : 여러 원인으로 불규칙하게 아름다운 무늬를 나타내는 결

예제 03
목재의 심재와 변재에 관한 설명으로 틀린 것은? [24,실건,15,12]
① 변재는 심재 외측과 수피 내측 사이에 있는 생활세포의 집합이다.
② 심재는 수액의 통로이며 양분의 저장소이다.
③ 심재는 변재보다 단단하여 강도가 크고 신축 등 변형이 적다.
④ 심재의 색깔은 짙으며 변재의 색깔은 비교적 엷다.

해설 | 변재는 수액의 통로이며 양분의 저장소이다.

정답 ②

예제 04
목재에 관한 설명으로 옳지 않은 것은? [25,19]
① 춘재부는 세포막이 얇고 연하나 추재부는 세포막이 두껍고 치밀하다.
② 심재는 목질부 중 수심 부근에 위치하고 일반적으로 변재보다 강도가 크다.
③ 널결은 곧은결에 비해 일반적으로 외관이 아름답고 수축변형이 적다.
④ 4계절 중 벌목의 가장 적당한 시기는 겨울이다.

해설 | 널결은 연륜에 평행방향으로 켠 목재면에 나타난 곡선모양(물결모양)의 나뭇결로 아름답고 수축변형이 많다.

정답 ③

3. 목재의 성질

1) 비중 및 공극률(Porosity)
① 목재의 강도는 일반적으로 비중에 정비례하며 비중이 클수록 강도도 크다.
② 목재의 비중은 실용적으로는 기건재의 단위 용적 무게(g/㎤)에 상당하는 값으로 나타낸다.
③ 세포 자체의 비중은 나무의 종류에 관계없이 1.54이고, 따라서 톱밥은 물에 침하된다.
④ 목재의 비중은 대체로 0.3~1.0이고 실용상으로는 큰 차이가 없으나 비중의 대소는 강도 등 기타 성질과 관계가 깊다.
⑤ 비중이 크면 공극률은 작아진다.
⑥ **목재의 강도는 전건상태를 기준**으로 하므로 다음 식에 의하여 목재 내부에 있는 공간 상태를 표시하는 공극률을 산출할 수 있다.

$$\text{공극률}(V) = (1 - \frac{W}{1.54}) \times 100$$

W : 절건상태의 비중, 1.54 : 목재의 비중

예제 05 절대건조비중(r)이 0.75인 목재의 공극률은? [24,21,21,16,13]

① 약 25.0% ② 약 38.6%
③ 약 51.3% ④ 약 75.0%

해설 | 공극률(v) = $(1 - \frac{W}{1.54}) \times 100 = (1 - \frac{0.75}{1.54}) \times 100(\%) = 51.3\%$

정답 ③

2) 함수율(moisture content)

목재의 함수율은 목재에 포함되어 있는 수분을 완전히 건조한 목재 무게에 대한 백분율로 나타낸다.

$$함수율(U) = (\frac{건조전중량 - 절대건조시중량}{절대건조시중량}) \times 100\%$$

구분	내용
섬유포화점	세포내의 빈 부분 또는 세포 사이의 공간 부분이 증발하고 세포막에 흡수되어 있는 수분의 상태를 말하며, 생나무가 건조하여 **함수율이 30%**가 된 상태이다. ※ **섬유포화점 이하에서는?** 　목재의 수축과 팽창이 일어나고 함수율이 감소하면 강도는 증가하고 탄성은 감소한다. ※ **섬유포화점 이상에서는?** 　**수축, 팽창, 강도 변화가 없다.**
기건재	대기중의 습도와 균형 상태로 함수율이 15%가 된 상태이다.
전건재	기건재가 더욱 건조하여 함수율이 0%가 된 상태이다.

예제 06 건조 전 중량 5kg인 목재를 건조시켜 전건중량이 4kg이 되었다면 이 목재의 함수율은 몇 %인가? [23,실건,19.18.17]

① 8% ② 20% ③ 25% ④ 40%

해설 | 함수율= $(\frac{건조전중량 - 절대건조시중량}{절대건조시중량}) \times 100\% = \frac{5kg - 4kg}{4kg} \times 100(\%) = 25\%$

정답 ③

3) 수축률

목재 내부의 수분 증감에 따라 세포수의 증감으로 수축 및 팽창 현상이 일어난다.

① 변재 〉 심재, 추재 〉 춘재, 활엽수 〉 침엽수
② 촉 방향(14%) 〉 지름 방향(8%) 〉 축 방향(0.35%)
③ 무늬결(널결) 방향 〉 곧은결(직각) 방향 〉 길이(섬유) 방향
④ 함수율 30%(섬유포화점) 이하에서는 함수율에 비례하여 수축·팽창 발생

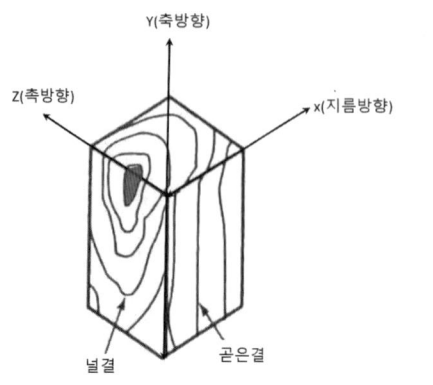
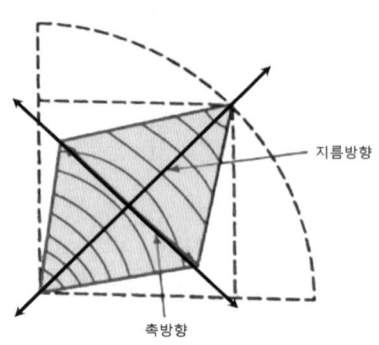

촉 방향 > 지름 방향 > 축 방향
(14%) > (8%) > (0.35%)

지름 방향 < 촉 방향
심재 < 변재

4) **수축 및 팽창을 최소로 줄이는 방법**

　수축팽창현상을 전혀 없게 하지는 못하나 대기중의 습도의 변화에서 오는 변형이나 균열(crack)은 다음과 같은 방법으로 어느 정도 줄일 수 있다.

　① 기건상태로 건조한 목재를 사용한다.(급속 건조를 피할 것)
　② 곧은결 목재를 사용한다.(무늬결이 곧은결보다 수축이 큼)
　③ 외력에 저항할 수 있는 한 가급적 가벼운 목재를 쓴다.(비중이 크면 용적변화가 크다.)
　④ 널결 판은 뒤(심재쪽)를 미리 홈을 파둔다.
　⑤ **고온도로 건조한** 목재를 사용한다.
　⑥ 겉면을 도장하거나 기름 등을 주입한다.
　⑦ 저장 창고의 공기습도를 일정하게 유지한다.

5) **역학적 성질(강도)**

　① 목재의 **기건비중**을 측정하면 목재의 강도 상태를 추정할 수 있다.
　② 목재의 역학적 강도 순서 : **인장강도** 〉 휨강도 〉 압축강도 〉 전단강도
　③ 섬유의 **평행 방향** 〉 섬유의 직각 방향
　④ 최대강도의 1/7~1/8 정도 : 허용강도
　⑤ 섬유포화점(30%)이상의 함수율 상태에서는 **강도가 일정**하나 그 이하에서는 비례하여 증가

구분	섬유의 평행	섬유의 직각
인장강도	200	7~20
휨강도	150	10~20
압축강도	100	10~20
전단강도	침엽수 16 ~ 활엽수 19	

※ 섬유방향의 압축강도를 100으로 보았을 때 크기임

⑥ 침엽수(소나무, 잣나무, 전나무 등) 강도
휨강도 〉 인장강도 〉 압축강도 〉 전단강도

목재 강도에 관한 설명으로 옳지 않은 것은? [25,22,15]
① 목재의 뒤틀림은 목재의 형태는 변형될지라도 강도는 바뀌지 않는다.
② 섬유에 평행한 방향측에서 일반적으로 강도는 인장〉압축〉전단 순이다.
③ 섬유포화점의 함수율은 30% 정도이며, 이 이하에서는 함수율이 저하됨에 따라 강도는 커진다.
④ 심재는 변재보다 단단하여 강도가 크고 신축 등의 변형이 적다.

해설 | 목재의 뒤틀림은 목재의 형태는 변형되고 강도 또한 감소한다.

정답 ①

목재에 관한 설명 중 틀린 것은? [24,22]
① 구조재로서 비강도가 크고 가공성이 좋다는 장점이 있다.
② 목재의 함유수분은 그 존재 상태에 따라 자유수와 결합수로 대별된다.
③ 섬유포화점 이상의 함수 상태에서는 함수율의 증감에도 불구하고 신축을 일으키지 않는다.
④ 응력의 방향이 섬유에 평행할 경우 목재의 압축강도가 인장강도보다 크다.

해설 | 섬유에 평행한 방향측에서 일반적으로 강도는 인장〉압축〉전단 순이다.

정답 ④

6) 연소(燃燒)(내화성)

100℃	180℃ (가스발생)	260~270℃ (화재위험 온도)	400~450℃ (자연발화)	1000~1200℃
수분 증발	인화점	착 화 점	자 연 발 화 점	최고온도

4. 건조

1) 건조의 필요성

일반적으로 생나무 무게의 1/3 이상이 경감될 때까지 건조 시키나 구조 용재는 15%, 수장재 및 가구용재는 10%까지 건조 시키는 것이 바람직하다.

① 수축이나 균열, 변형이 일어나지 않는다.
② 부패 및 해충이 생기는 것을 방지할 수 있다.
③ 강도가 커지고 비중을 가볍게 하며 가공하기도 쉽다.
④ 도장 및 약품처리 작업을 용이하게 한다.

2) 건조법

(1) 자연건조법(자연적 건조 방법 → 넓은 잔적(piling)장소가 필요)

대기건조법	실외에 방치하여 기간 상태까지 건조 (건조시간이 길다.)
침수건조법	생목을 수중에 약 3~4주 정도 침수시켜 수액을 뺀 후 대기에서 건조시키는 방법 (건조기간이 짧다.)

(2) 인공건조법(기계장치를 이용하여 단시간 내 건조 → **비용**이 많이 든다.)

증기법	건조실의 증기로 가열하여 건조 (가장 많이 사용)
훈연법	짚이나 톱밥 등을 태운 연기를 건조실에 도입하여 건조
열기법	건조실 내 공기를 가열하거나 가열공기를 넣어 건조
진공법	원통형 탱크 속에 목재를 넣고 밀폐하여 고온, 저압 상태에서 수분 제거하는 방법

※ 목재 건조 시 급히 건조시키면 균열, 반곡 등이 생기기 쉬우므로 주의해야 한다.

 예제 09

목재의 자연건조 시 유의할 점으로 옳지 않은 것은? [25,22,16]

① 지면에서 20cm 이상 높이의 굄목을 놓고 쌓는다.
② 잔적(piling) 내 공기순환 통로를 확보해야 한다.
③ 외기의 온·습도의 영향을 많이 받을 수 있으므로 세심한 주의가 필요하다.
④ 건조기간의 단축을 위하여 마구리 부분을 일광에 노출시킨다.

해설 | 자연건조 시 마구리 부분의 급격한 건조는 갈라짐이 생길 수 있으므로 방지 목적으로 마구리에 페인트 등으로 도장한다.

정답 ④

---

5. 목재의 보존법

1) 방부법

(1) 방부제의 종류

목재 방부제의 필요 성질 3요소
① 균류에 대한 저항성이 클 것
② 화학적으로 안정될 것
③ 침투성이 클 것

구분	품명	특성
수성방부제	황산동 1% 용액	방부성 우수, 철재 부식, 인체 유해
	염화아연 4% 용액	방부성 우수, 비내구적, **목질부 약화**
	염화제2수은 1% 용액	방부성 우수, 철재 부식, 인체 유해
	불화소다 2% 용액	철재 및 인체 무해, 내구성 저하, 고가

유성방부제	크레오소트유(creosoto oil)	석탄을 235~315°C에서 고온건조하여 얻은 타르제품으로서 방부성 및 침투력 우수, 흑갈색용액, 악취, 외부용
	콜타르(coal tar)	상온에서 침투 불가, 흑갈색, 도포용
	아스팔트(asphalt)	가열 도포, 흑색 도료칠 불가
	유성페인트(oil paint)	유성페인트 도포 피막, 착색자유, 도료칠 가능
유용성방부제	펜타클로로페놀 (PCP; Penta Chloro Phenol)	방부성 가장 우수, 고가, 수용성 겸용, 무색, 악취 ※ 자극적인 냄새로 인체에 피해를 줄 수 있어 사용 규제되고 있다.

예제 10 목재의 방부제가 갖추어야 할 성질로 옳지 않은 것은? [24,21,18,14]
① 균류에 대한 저항성이 클 것
② 화학적으로 안정할 것
③ 휘발성이 있을 것
④ 침투성이 클 것

정답 ③

예제 11 목재의 유용성 방부제로 사용되는 것은? [23,17,12]
① PCP
② 콜타르
③ 불화소다 2% 용액
④ 크레오소트유

정답 ①

(2) 방부처리법

목재는 균류에 의하여 부패되어 변색, 변질되고 또 곤충류의 피해를 받아 구조물에 손상을 주게 되므로 미리 방부, 방충 처리를 해야 한다.

일광 직사	목재를 30시간 이상 햇빛에 직접 쬐면 자외선의 살균력에 의해서 균류가 죽는다.
침지법	방부액(크레오소트유액)이나 물에 담가 산소 공급 차단하여 부패균 소멸
표면 탄화법	목재의 표면을 2~10mm 연소시켜 수분이 없어져 부패, 충해 등을 방지
도포법	방부제칠, 유성페인트, 니스, 아스팔트, 코올타르칠 등을 바르는 방법
상압 주입법	80~120°C 크레오소트유액 중에 3~6시간 침지하는 방법
가압 주입법 (가장 우수효과)	원통안에 방부제(PCP, 크레오소트유액)를 넣고 가열하여 목재 내부에 압력을 가하여 주입시키는 방법
생리적 주입법	벌목 전에 나무뿌리에 약액을 주입하는 방법

2) 목재의 방화처리법

목재를 완전히 타지 않게 할 수는 없으나, 다음과 같은 방법으로 타기 어렵게 만들어 연소 시간을 지연시킬 수 있다.

① 목재의 표면에 불연성 도료를 칠하여 방화막을 만들어 불꽃의 접촉을 막는 동시에, 가연성 가스의 발산을 막거나 방화제를 목재에 주입하여 발열성을 적게 하여 인화점을 높인다. 그러나 방화제는 흡수성이 크고, 철을 부식시키는 것이 많으므로 주의해야 한다.

② 방화처리법

종류	특성
불연성 도료(도포법)	방화 페인트, **규산나트륨(물유리)**, 시멘트모르타르 등으로 표면 피복
방화제(주입법)	불연성 방화제(**제2 인산암모늄**, 황산암모늄, 붕산, 탄산칼륨, 탄산나트륨 등)를 단독 또는 혼합하여 주입

6. 목재 제품

[합판]　　[집성목재]　　[파티클보드]　　[MDF]　　[코펜하겐 리브]

1) 합판(Plywood)

① 1매의 박판을 단판(單板 : veneer)이라 하고 단판을 **섬유방향과 직교되게 홀수겹(3, 5, 7매)**으로 겹쳐 접착제로 압착하여 만들어진 것을 합판이라 한다.
② 일반 판재에 비하여 균질이며 단판은 얇아서 건조가 빠르다.
③ 합판은 함수율 변화에 따른 **뒤틀림이 없고 수축 및 팽창의 방향성이 없다.**
④ 폭이 넓은 판을 얻을 수 있고 곡면판을 얻을 수 있다.
⑤ 특수 합판에는 내수합판, 1류 합판, 방부합판, 방화합판, 멜라민 화장합판, 폴리에스테르 화장합판, 프린트 합판, 염화비닐 화장합판 등이 있다.
⑥ 표면가공 방법에 따라 흡음효과를 낼 수 있으며, 내장용재·거푸집재·창호재로 사용된다.
⑦ 값이 싸며 무늬가 좋은 판을 얻을 수 있고, 규격화되어 사용이 간편 편리하다.
⑧ 단판 제조법
　㉠ 로터리 베니어(Rotary Veneer) : 단판이 널결만으로 표면이 거친 결점이 있다
　㉡ 슬라이드 베니어(Sliced Veneer) : 합판 표면에 곧은결 등의 아름다운 결을 장식적으로 이용한다.
　㉢ 소오드 베니어(Sawed Veneer) : 결의 무늬를 좌우 대칭의 위치로 배열한 합판을 만들때에 효과적이며 아름다운 결을 얻을 수 있다.

KS F 3113(구조용 합판)품질기준
접착성, 함수율, 휨강도

 목재의 단판(veneer)제법 중 원목을 회전시키면서 연속적으로 얇게 벗기는 것으로 넓은 단판을 얻을 수 있고 원목의 낭비가 적은 것은? [23,16,15]
① 로터리 베니어　　　　　　② 슬라이스드 베니어
③ 소오드 베니어　　　　　　④ 반 소오드 베니어

정답 ①

2) 집성목재(glued laminated timber)
① 두께 15~50mm의 단판을 몇 장 또는 몇 겹으로 접착한 것으로서 합판과 다른 점은 판의 **섬유방향을 평행**으로 붙인 점, 홀수가 아니라도 되는 점, 또한 합판과 같은 박판이 아닌 점
② 목재의 강도를 인위적으로 자유롭게 제작하여 구조재로 사용 가능하다.
③ 접착제로서는 요소 수지가 많이 쓰이고 외부 수분, 습기를 받는 부분에는 페놀 수지를 쓴다.
④ 아치와 같은 곡면재를 제작할 수도 있으며, 충분히 건조된 건조재를 사용하므로 비틀림 변형 등이 생기지 않는다.
⑤ 응력에 따라 필요한 단면을 만들 수 있으며, 보나 기둥에 사용할 수 있다.
⑥ 여러 인공목재 제조가 가능하다. (방화성, 방충성, 방부성 높은 집성목재)

3) 마루판재
① 바닥용 마루판(flooring)을 말하며 공장에서 만든 제품이다.
② 뒷면에 홈이 없는 것을 파키트리(parquetry)라 하고, 폭의 정수배이고 30cm 이상인 것을 패널(panel)이라 한다.
③ 마루판(flooring)의 종류로는 플로어링 보드(flooring board), 플로어링 블록(flooring block), 파키트리 보드(parquetry board), 파키트리 패널(parquetry panel), 파키트리 블록(parquetry block) 등이 있다.

4) 파티클보드(Particle board)
칩 보드라고도 하며, **톱밥, 나무부스러기** 등의 목재 소편(Particle)을 합성수지계 접착제를 섞어서 고열, 고압으로 성형, 제판한 것으로 비중은 0.4 이상이다.
① **방향성이 없고 변형이 극히 적다.**
② 방부제, 방화제를 첨가함에 따라 방부성, 방화성을 높일 수 있다.
③ 흡음성, 열차단성이 좋다.
④ **강도가 크다.**(선반, 마룻널, 칸막이 가구 등에 쓰임)
⑤ 경량으로 가공이 용이하나 합판에 비해 강도 및 내수성이 약하다.
⑥ 보드 사이즈를 자유로이 만들 수 있으며, 상판, 칸막이벽, 가구 등에 주로 사용된다.

예제 13 목재 및 기타 식물의 섬유질 소편에 합성수지 접착제를 도포하여 가열압착 성형한 판상제품의 명칭은?

[24,17,16,15]

① 플로어링블록 ② 코르크판
③ 파티클보드 ④ 연질섬유판

정답 ③

5) 코펜하겐리브(Copenhagen rib)

코펜하겐리브는 보통 두께 30mm, 너비 100mm 정도의 긴 판에 표면을 리브 가공한 것으로, 강당·집회장 등의 **음향 조절** 및 일반 건물의 벽 수장재로 사용

보통 두께 3cm, 넓이 10cm 정도의 긴 판, 자유곡선으로 깎아 수직 평행선이 되게 리브(rib)를 만든 것으로 면적이 넓은 강당, 극장 안벽과 천정에 음향 조절 및 건물의 벽 장식재로 사용

6) 코르크보드(cork board)

알갱이 모양으로 만들어 도료에 섞어서 콘크리트 천장, 벽면 마무리용으로 사용되며 가볍고 탄성, 단열성, 흡음성이 있어 음악감상실, 방송실 등의 안벽 흡음판이나 단열판으로 쓰인다.

7) 섬유판재(hard fiber board)

① 강도가 크고 가로, 세로의 강도차는 10% 이하여서 방향성을 고려하지 않아도 되며, 넓은 면적의 판을 만들 수 있다.
② 표면은 평활하고 경도가 크며, 내마멸성이 크다.
③ 가로, 세로의 신축이 거의 같으므로 비틀림이 작다.
④ 외부 장식용으로 쓸 때에는 평활도와 광택이 줄어들고, 강도도 줄어든다. 강도의 저하는 1년에 15~20%, 5년에 25~30% 정도이다.
⑤ 섬유판 종류

저밀도 섬유판	흡음재, 단열재, 하부 마감재
중밀도 섬유판	밀도가 균일하기 때문에 측면의 가공성이 매우 좋고, 표면에 무늬 인쇄가 가능하여 내장재 및 가구재로 많이 사용
고밀도 섬유판	바탕 및 치장용 마감재

8) MDF(Medium Density Fiberboard)

MDF는 중밀도섬유판으로 목질 섬유(wood fiber)를 펄프로 만들어 얻은 목섬유를 액상의 합성수지 접착제를 투입하여 층을 쌓은 후 성형하고 열압하여 만든 제품이다.
① **무게가 무겁고 습기에 약하다.**
② 재질이 균일하고 조직이 치밀하다.
③ 도장성과 접착성이 우수 실내 수장공사에 많이 사용
④ 면이 평활하고 견고하나, 한 번 고정철물을 사용한 곳에는 재시공이 어렵다.

목재용 접착제 성능
에폭시수지 > 요소수지 > 멜라민수지 > 페놀수지 > 아교 > 카세인

7. 목재의 흠

목재의 흠에는 옹이, 갈라짐, 입피 등이 있으며 이들은 결점이라고 할 수 있는 것으로서 제재할 때 제거하는 것이 좋으나, 옹이 등을 전부 제거하기는 어렵다.

1) 흠의 종류

종류	특성
옹이(knot)	줄기세포와 가지세포가 교차되는 곳에서 발생
갈라짐(crack)	건조나 수축에 의해 생기며 주로 노목에서 발생
입피(껍질박이)	외상(外傷)으로 인해 수피가 말려들어간 것으로 활엽수에 많다.
부패(썩음)	주로 균에 의해 국부 또는 전체가 부패되며 강도 저하의 원인이 된다.

2) 흠과 강도

① 목재에 옹이, 갈라짐, 썩정이 등의 흠이 있으면 강도가 떨어진다. 이 중에서 옹이, 썩정이의 영향이 크다.
② 섬유방향으로 압축력을 가할 때에는 그 옹이의 영향이 작으나, 인장강도인 경우에는 옹이의 종류에 관계없이 빠진 옹이로 볼 수 있으므로, 전체적으로 강도가 많이 떨어진다.

8. 이음과 맞춤

1) 목재의 접합

(1) 일반적인 원칙

① 응력이 균등하게 전달되게 한다.
② **이음과 맞춤은 응력이 작은 곳에서 실시하고, 응력 방향은 직각**으로 한다.
③ 접합면은 단순한 모양으로 틈 없이 완전 밀착시킨다.
④ 이음과 맞춤 부재는 **가급적 적게 깎아내어** 약하게 되지 않도록 한다.
⑤ 트러스, 평보는 왕대공 가까이에서 이음한다.
⑥ 큰 응력을 받을 경우 이음, 맞춤 시 보강철물을 사용한다.
⑦ 모양에 치중하지 않으며, 공작이 간단한 것이 좋다.

예제 14 목재 접합 시 주의사항이 아닌 것은? [24, 22]
① 접합은 응력이 적은 곳에서 만들 것
② 목재는 될 수 있는 한 적게 깎아내어 약하게 되지 않게 할 것
③ 접합의 단면은 응력 방향과 평행으로 할 것
④ 공작이 간단한 것을 쓰고 모양에 치중하지 말 것

해설 | 이음과 맞춤은 응력이 작은 곳에서 실시하고, 응력 방향은 직각으로 한다.

정답 ③

2) 이음

2개 이상의 부재를 **길이 방향**으로 **수평결합**으로 잇는 접합

종류	내용
맞댄이음	• 두 부재가 동일면 내에서 접합하는 이음 • 나무 또는 철판을 덧판으로 대고 큰못이나 볼트를 사용하여 조인다. • 인장력을 받는 **평보**에 사용
겹침이음	• 2개의 부재를 겹쳐 볼트, 못으로 보강 후 듀벨과 볼트 겸용 • 트러스 접합 용도
따낸이음	• 두 부재가 물리도록 따내고 맞추어 이음 • 안전한 이음을 위해 볼트, 산지, 못 조임으로 보강 • **빗이음** : **장선, 띠장, 서까래**에 사용 볼트, 못보다 뒤틀림에 강하다. • 주먹장이음 : 토대, 중도리, 멍에 등에 사용. 강한 힘에는 사용불가 • **엇걸이이음** : 평보, 기둥, 토대, 처마도리, 중도리에 사용. **구부림(휨)이음** • 빗턱이음 : 보이음에 사용

3) 맞춤

목재의 섬유 방향을 서로 직각 또는 경사지게 하여 수직결합으로 맞추는 접합

종류	용도	종류	용도
빗덕통맞춤	왕대공 + ㅅ자보	**안장맞춤**	**평보 + ㅅ자보**
가름장맞춤	왕대공 + 마룻대	주먹장맞춤	토대 + 토대
짧은장부맞춤	왕대공 + 평보	연귀맞춤	가구, 창문의 모서리 맞춤
걸침턱맞춤	평보 + 깔도리 멍에 + 장선		

> **예제 15** 아래 그림과 같은 목재의 이음의 종류는? [21, 20, 15]

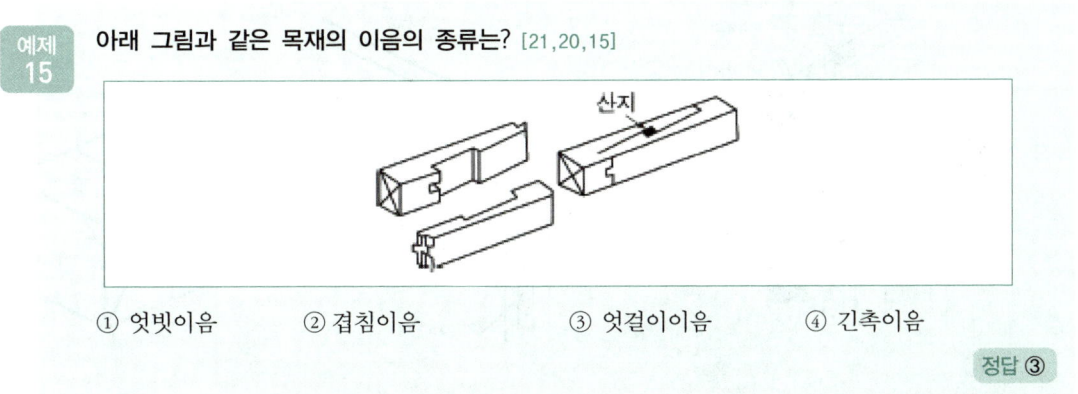

① 엇빗이음　② 겹침이음　③ 엇걸이이음　④ 긴촉이음

정답 ③

4) 쪽매

부재를 **섬유 방향과 평행**하게 옆으로 대어 붙이는 것

종류	용도	형태
제혀쪽매	널 한쪽에 흠을 파고 한 쪽에 혀를 내어 서로 물리게 하는 방법으로 못이 빠져나올 우려가 없어 마루널 쪽매에 사용	
딴혀쪽매	마루널 깔기에 사용	
맞댄쪽매	일반적인 경미한 구조	
반턱쪽매	두께 15mm 미만의 널깔기에 사용	
빗쪽매	간단한 지붕, 반자널 쪽매 등에 사용	
오니쪽매	흙막이 널 말뚝에 사용	
틈막이쪽매	징두리 판벽에 사용	

9. 목공사 주요사항

1) 세우기 순서

① 목조 세우기 : 토대 → 1층 벽체 뼈대 → 2층 마루틀 → 2층 벽체 뼈대 → 지붕틀
② 벽체 뼈대 세우기 : 기둥 → 인방보 → 층도리 → 큰보

2) 기둥(Colum)

① **통재기둥** : 아래층에서 위층까지 **1개의 부재**로 된 기둥
② 평기둥 : 1층 높이로 세워지는 기둥으로 약 2m 간격으로 배치한다.
③ 샛기둥 : 본기둥 사이 450mm 내외 간격으로 설치하며 가새의 옆 힘을 막는다.

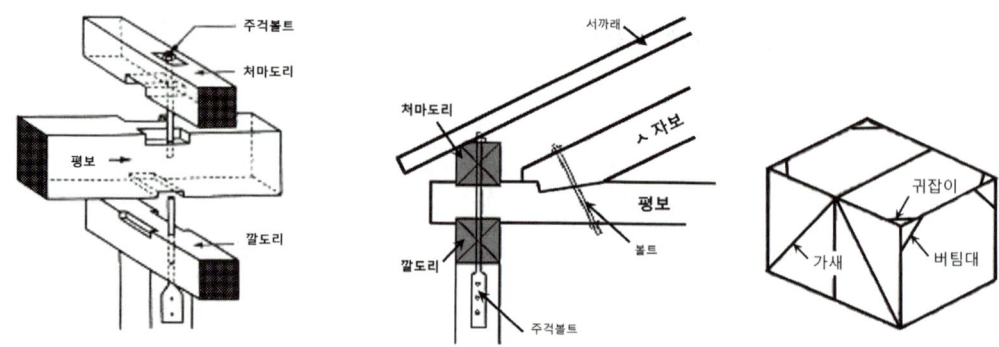

3) 도리(Girder)
    ① 층도리 : 2층 마룻바닥이 있는 부분에 수평으로 대는 가로재
    ② 깔도리 : 기둥 또는 벽 위에 놓아 지붕보 또는 평보를 받는 도리(절충식에서는 생략)
    ③ 처마도리 : 테두리벽 위에 건너 대어 서까래를 받는 도리로 깔도리와 같은 방향으로 댄다.

4) 가새, 버팀대, 귀잡이
    횡력(수평력)에 대한 보강재

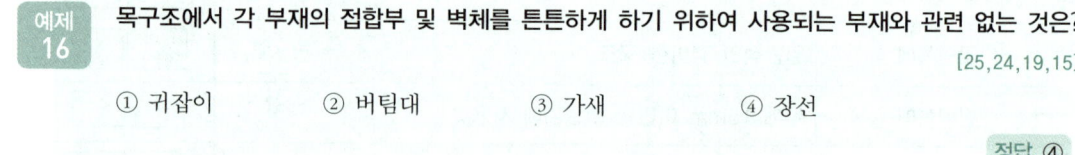

예제 16 목구조에서 각 부재의 접합부 및 벽체를 튼튼하게 하기 위하여 사용되는 부재와 관련 없는 것은?
[25, 24, 19, 15]
① 귀잡이   ② 버팀대   ③ 가새   ④ 장선

정답 ④

5) 마루
(1) 1층 마루
    ① 동바리마루 : 동바리돌(주춧돌) → 동바리 → 멍에 → 장선 → 마루널
    ② 납작 마루 : 동바리돌 → 멍에 → 장선 → 마루널

(2) 2층 마루

구분	시공 순서	간사이(Span)
홀마루	장선 → 마루널	2.4m 미만
보마루	보 → 장선 → 마루널	2.4 ~ 6.4m
짠마루	큰보 → 작은보 → 장선 → 마루널	6.4m 초과

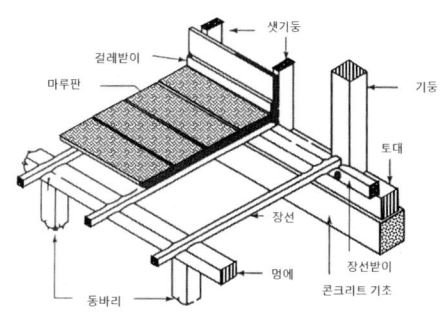 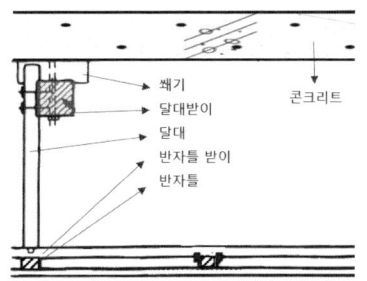

6) 반자
① 종류 : 바름반자, 널반자, 넓은 반자, 구성반자
② 반자틀 설치 순서 : 달대받이 → 달대 → 반자틀받이 → 반자틀

7) 왕대공 지붕틀

(1) 응력 부재
① 왕대공, 평보, 달대공 : 인장재
② ㅅ자보 : **압축재**

(2) 이음과 맞춤
① 왕대공과 평보 – 짧은장부맞춤
② 평보와 ㅅ자보 – 안장 맞춤
③ 왕대공과 마룻대 – 가름장 장부맞춤
④ 멍에와 장선 – 걸침턱 맞춤
⑤ **ㅅ자보와 달대공, ㅅ자보와 평보 – 볼트**

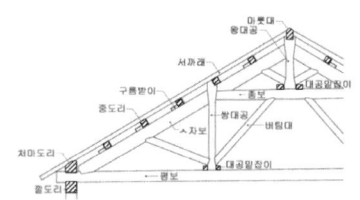 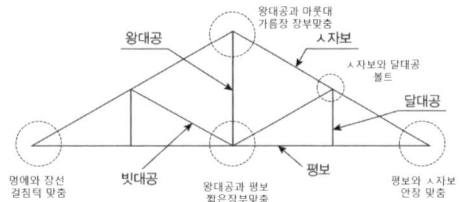

10. 목재의 보강철물

못	꺾쇠	볼트	듀벨	띠쇠	감잡이쇠

1) 맞춤에 사용되는 보강철물

종류	용도	종류	용도
띠쇠	ㅅ자보와 왕대공, 기둥과 층도리	안장쇠	큰 보와 작은 보
감잡이쇠	평보와 왕대공	볼트	ㅅ자보와 평보
ㄱ자쇠	모서리 기둥과 층도리	양나사 볼트	차마도리와 깔도리
듀벨	2개의 목재를 접합 할때 두 부재 사이에 끼워 **볼트**와 **병용**하여 전단력에 저항하도록 한 철물(볼트는 인장력)	주걱볼트	보와 처마도리

 2개의 목재를 접합할 때 두 부재 사이에 끼워 볼트와 병용하여 전단력에 저항하도록 한 철물을 의미하는 것은? [23,10,13]

① 듀벨　　② 꺾쇠　　③ 띠쇠　　④ 감잡이쇠

정답 ①

 목공사의 맞춤에 사용하는 보강철물로서 왕대공과 평보와의 연결부에 사용하는 것은? [24,22,18]

① 감잡이쇠　　② 띠쇠　　③ 듀벨　　④ 양면 꺾쇠

정답 ①

핵심 기출문제

01 목공사

1 목재의 특성 및 성질

01 ▶ 21
다음 중 목재의 결점이 아닌 것은?
① 가연성이다.
② 진동 감속성이 작다.
③ 함수율에 따라 변형이 크다.
④ 내구성이 약하다.

해설 | 비중에 비하여 강도, 인성 및 탄성이 크다.(비강도가 큰 편이다. → 내구성이 강하다.)

02 ▶ 15,13
구조용 목재의 종류와 각각의 특성에 대한 설명으로 옳은 것은?
① 낙엽송 – 활엽수로서 강도가 크고 곧은 목재를 얻기 쉽다.
② 느티나무 – 활엽수로서 강도가 크고 내부식성이 크므로 기둥, 벽판, 계단판 등의 구조체에 국부적으로 쓰인다.
③ 흑송 – 재질이 무르고 가공이 용이하며 수축이 적어 주택의 내장재로 주로 사용된다.
④ 떡갈나무 – 곧은 대재(大材)이며, 미려하여 수장 겸용 구조재로 쓰인다.

해설 | • 침엽수(연재 / 구조재) : 소나무(적송, 흑송, 회송), 전나무, 잣나무, 은행나무 등
• 활엽수(경재 / 장식재, 치장재) : 단풍나무, 오동나무, 참나무, 느티나무, 박달나무, 떡갈나무 등

03 ▶ 13,14
다음 국내산 침엽수 중 치장재·창호재·수장재로 쓰이지 않는 것은?
① 전나무
② 가문비나무
③ 소나무
④ 잣나무

해설 | 소나무는 강도가 높아 주로 토목·건축용 구조재, 비계, 파일에 쓰인다.

04 ▶ 18
침엽수에 관한 설명으로 옳지 않은 것은?
① 수고가 높으며 통직형이 많다.
② 비교적 경량이며 가공이 용이하다.
③ 건조가 어려우며 결함발생 확률이 높다.
④ 병충해에 약한 편이다.

해설 | 침엽수는 활엽수에 비해 수분함유량이 적어 수축은 적고, 건조가 빠르다.

05 ▶ 14
목재 중에서 압축강도가 가장 큰 것은?
① 참나무   ② 라왕
③ 소나무   ④ 밤나무

해설 | 압축강도(MPa)
참나무(64.1) 〉 소나무(48) 〉 밤나무(39) 〉 라왕(37.8)

정답 | 01 ④ 02 ② 03 ③ 04 ③ 05 ①

06 ▶ 14
목재의 일반적인 성질에 대한 설명 중 틀린 것은?

① 비중이 작다.
② 가공성이 좋다.
③ 건조한 것은 불에 타기 쉽다.
④ 열전도율이 크다.

해설 | 목재는 다공질(多孔質)이므로 열전도율이 낮다.

07 ▶ 13
목재의 각종 성질에 대한 설명으로 옳지 않은 것은?

① 목재는 내부에 치밀한 섬유조직으로 구성되어 있어 금속이나 콘크리트에 비해 열전도율이 크다.
② 목재의 전기저항은 함수율에 따라 다르다.
③ 흡음률은 일반적으로 비중이 작은 것이 크다.
④ 일반적으로 단면에서는 곧은결면, 널결면 순서로 광택도가 크다.

해설 | 목재의 열전도율은 콘크리트의 열전도율보다 작다.

08 ▶ 14
목재가 건축재료로서 갖는 장점에 해당되지 않는 것은?

① 비강도가 커 기둥·보 등에 적합하다.
② 건습에 의한 신축변형이 작아 시간 경과에 따른 부작용이 없다.
③ 종류가 많고 각각 다른 미려한 외관을 갖고 있어 선택의 폭이 넓다.
④ 열전도율이 적으므로 보온·방한·방서성이 뛰어나다.

해설 | • 흡수성이 크며, 신축변형이 심하다.
• 습기가 많은 곳에서는 부식하기 쉽다.
• 충해나 풍화로 내구성이 저하된다.

09 ▶ 20
목재의 성질에 관한 설명으로 옳지 않은 것은?

① 변재부는 심재부보다 신축 변형이 크다.
② 비중이 큰 목재일수록 신축 변형이 작다.
③ 섬유포화점이란 함수율이 30% 정도인 상태를 말한다.
④ 목재의 널결면은 수축팽창의 변형이 크다.

해설 | 비중이 큰 목재일수록 신축 변형이 크다.

10 ▶ 21
목재의 열적 성질에 관한 설명 중 옳지 않은 것은?

① 겉보기 비중이 작은 목재일수록 열전도율은 작다.
② 목재는 불에 타는 단점이 있으나 열전도율이 낮아 여러 가지 용도로 사용되고 있다.
③ 가벼운 목재일수록 착화되기 쉽다.
④ 열전도율은 섬유방향이 이것에 직각인 방향보다 작다.

해설 | 섬유방향이 직각방향보다 비중이 크므로(조직이 치밀) 열전도율은 크다.

11 ▶ 21,14
목재의 강도 중 큰 순서대로 열거한 것 중 옳은 것은? (단, 섬유에 평행한 가력방향임)

| ① 인장강도 | ② 압축강도 |
| ③ 전단강도 | ④ 휨강도 |

① ① 〉 ④ 〉 ② 〉 ③
② ④ 〉 ① 〉 ② 〉 ③
③ ② 〉 ① 〉 ④ 〉 ③
④ ① 〉 ③ 〉 ② 〉 ④

해설 | 섬유에 평행한 방향측에서 일반적으로 강도는 인장강도 〉 휨강도 〉 압축강도 〉 전단강도

정답 | 06 ④ 07 ① 08 ② 09 ② 10 ④ 11 ①

12

다음과 같은 목재의 3종의 강도에 대하여 크기의 순서를 옳게 나타낸 것은?

> A : 섬유 평행방향의 압축강도
> B : 섬유 평행방향의 인장강도
> C : 섬유 평행방향의 전단강도

① A > C > B
② B > C > A
③ A > B > C
④ B > A > C

해설 | 문제 11번 해설참조

13

목재에 관한 설명 중 옳지 않은 것은?

① 활엽수는 일반적으로 침엽수에 비해 단단한것이 많아 경재(硬材)라 부른다.
② 인장강도는 응력방향이 섬유방향에 수직인경우에 최대가 된다.
③ 불에 타는 단점이 있으나 열전도도가 매우 낮아 여러 가지 보온재료로 사용된다.
④ 섬유포화점 이상의 함수상태에서는 함수율의 증감에도 불구하고 신축을 거의 일으키지 않는다.

해설 | 가력방향이 섬유방향에 평행할 경우가 직각방향일 경우보다 목재의 인장강도가 더 크다.

14

목재에 관한 설명 중 옳은 것은?

① 인장강도와 압축강도는 섬유방향에 대한 강도가 가장 크다.
② 탄성계수는 축방향, 반지름방향, 함수율과 관련이 없다.
③ 전단강도는 직각방향이 평행방향보다 작다.
④ 휨강도는 옹이의 크기와 위치에 상관없이 동일하다.

해설 |
- 목재의 역학적 강도 순서 : 인장강도 > 휨강도 > 압축강도 > 전단강도
- 섬유의 평행 방향 > 섬유의 직각 방향

15

목재에 관한 설명 중 틀린 것은?

① 구조재로서 비강도가 크고 가공성이 좋다는 장점이 있다.
② 목재의 함유수분은 그 존재 상태에 따라 자유수와 결합수로 대별된다.
③ 섬유포화점 이상의 함수 상태에서는 함수율의 증감에도 불구하고 신축을 일으키지 않는다.
④ 응력의 방향이 섬유에 평행할 경우 목재의 압축강도가 인장강도보다 크다.

해설 | 문제 14번 해설참조

16

목재의 성질에 관한 설명으로 옳은 것은?

① 목재의 진비중은 수종, 수령에 따라 현저하게 다르다.
② 목재의 강도는 함수율이 증가하면 할수록 증대된다.
③ 일반적으로 인장강도는 응력의 방향이 섬유방향에 평행한 경우가 수직인 경우보다 크다.
④ 목재의 인화점은 400~490℃ 정도이다.

해설 | 문제 14번 해설참조

정답 | 12 ④ 13 ② 14 ① 15 ④ 16 ③

17 ▶ 21
목재에 관한 설명으로 옳지 않은 것은?

① 타 재료에 비해 비강도가 큰 편이다.
② 섬유 직각방향에 비해 섬유 평행방향의 강도가 크다.
③ 섬유포화점 이상의 상태에서는 함수율의 증감에 따라 수축 및 팽창이 발생하지 않는다.
④ 인장강도에 비해 압축강도가 크고 산성, 약품 및 염분등에 대한 저항력이 크다.

해설 | 문제 14번 해설참조

18 ▶ 15
목재의 역학적 성질에 대한 설명 중 옳지 않은 것은?

① 섬유포화점 이상에서는 함수율 변화에 따른 강도가 일정하나 섬유포화점 이하에서는 함수율이 감소할수록 강도는 증대한다.
② 비중이 증가할수록 외력에 대한 저항이 증가한다.
③ 목재의 강도나 탄성은 가력방향과 섬유방향과의 관계에 따라 현저한 차이가 있다.
④ 압축강도는 옹이가 있으면 감소하나 인장강도는 영향을 받지 않는다.

해설 | 목재의 흠에는 옹이, 갈라짐, 입피 등이 있으며 섬유방향으로 압축력을 가할 때에는 그 옹이의 영향이 작으나, 인장강도인 경우에는 옹이의 종류에 관계없이 빠진 옹이로 볼 수 있으므로, 전체적으로 강도가 많이 떨어진다.

19 ▶ 17
목재의 강도에 영향을 주는 요소와 가장 거리가 먼 것은?

① 수종   ② 색깔
③ 비중   ④ 함수율

해설 | 목재의 강도에 영향을 주는 요소는 수종, 비중, 함수율

20 ▶ 18, 15
목재의 강도에 관한 설명으로 옳지 않은 것은?

① 심재의 강도가 변재보다 크다.
② 함수율이 높을수록 강도가 크다.
③ 추재의 강도가 춘재보다 크다.
④ 절건비중이 클수록 강도가 크다.

해설 | • 섬유포화점 이하에서는?
　　　목재의 수축과 팽창이 일어나고 함수율이 감소하면 강도는 증가하고 탄성은 감소한다.
　　• 섬유포화점 이상에서는?
　　　수축, 팽창, 강도 변화가 없다.

21 ▶ 16, 14
목재의 함수율에 관한 설명으로 옳지 않은 것은?

① 함수율이 30% 이상에서는 함수율의 증감에 따라 강도의 변화가 거의 없다.
② 기건목재의 함수율은 15% 정도이다.
③ 목재의 진비중은 일반적으로 2.54 정도이다.
④ 목재의 함수율 30% 정도를 섬유포화점이라 한다.

해설 | 목재의 비중은 대체로 0.3~1.0이고 실용상으로는 큰 차이가 없으나 비중의 대소는 강도, 공극률 등 기타 성질과 관계가 깊다.

22 ▶ 18
목재 섬유포화점에서의 함수율은 약 몇 %인가?

① 20%   ② 30%
③ 40%   ④ 50%

해설 | • 섬유포화점 : 목재의 함수율 30% 정도
　　• 기건재 : 함수율은 15% 정도
　　• 전건재 : 함수율은 0% 정도

정답 | 17 ④ 18 ④ 19 ② 20 ② 21 ③ 22 ②

23 ▸ 15, 03
기건상태에서 목재의 평균 함수율로 옳은 것은?

① 15% 내외　② 20% 내외
③ 25% 내외　④ 30% 내외

해설 | 문제 22번 해설참조

24 ▸ 13
괄호 안에 들어갈 내용을 순서대로 옳게 나열한 것은?

> 목재는 사용 전에 건조하여 사용하는데 구조용재는 함수율 ( ) 이하로, 마감 및 가구재는 ( ) 이하로 하는 것이 좋다.

① 20%, 15%　② 15%, 15%
③ 15%, 10%　④ 15%, 5%

해설 | 구조용재는 함수율 15% 이하, 수장재 및 가구용재는 10%까지 건조시키는 것이 바람직하다.

25 ▸ 20
목재의 수분·습기의 변화에 따른 팽창수축을 감소시키는 방법으로 옳지 않은 것은?

① 사용하기 전에 충분히 건조시켜 균일한 함수율이 된 것을 사용할 것
② 가능한 곧은결 목재를 사용할 것
③ 가능한 저온 처리된 목재를 사용할 것
④ 파라핀·크레오소트 등을 침투시켜 사용할 것

해설 | • 기건상태로 건조한 목재를 사용한다.(급속 건조를 피할 것)
• 곧은결 목재를 사용한다.(무늬결이 곧은결보다 수축이 큼)
• 외력에 저항할 수 있는 한 가급적 가벼운 목재를 쓴다.(비중이 크면 용적변화가 크다.)
• 널결 판은 뒤(심재쪽)를 미리 홈을 파둔다.
• 고온도로 건조한 목재를 사용한다.

26 ▸ 20
목재의 절대건조비중이 0.45 일 때 목재내부의 공극율은 대략 얼마인가?

① 10%　② 30%
③ 50%　④ 70%

해설 | 공극률(v) = $(1 - \frac{W}{1.54}) \times 100$

　　　　= $(1 - \frac{0.45}{1.54}) \times 100(\%) = 70\%$

27 ▸ 18
전건(全乾)목재의 비중이 0.4일 때, 이 전건(全乾)목재의 공극율은?

① 26%　② 36%
③ 64%　④ 74%

해설 | 공극률(v) = $(1 - \frac{W}{1.54}) \times 100$

　　　　= $(1 - \frac{0.4}{1.54}) \times 100(\%) = 74\%$

28 ▸ 18
목재의 구성요소 중 세포 내의 세포내강이나 세포간극과 같은 빈 공간에 목재조직과 결합되지 않은 상태로 존재하는 수분을 무엇이라 하는가?

① 세포수
② 혼합수
③ 결합수
④ 자유수

해설 | 목재의 수분에는 자유수, 결합수, 구조수 등으로 구성되며 수분은 목재의 강도적, 전기적 성질에 많은 영향을 준다.

정답 | 23 ① 24 ③ 25 ③ 26 ④ 27 ④ 28 ④

29 ▶ 16
목재의 화재위험온도(인화점)는 평균 얼마 정도인가?
① 160°C
② 240°C
③ 330°C
④ 450°C

해설 | 화재위험온도(인화점) 260~270℃

30 ▶ 20
목재의 인화에 있어 불꽃이 없어도 자체 발화하는 온도는 대략 몇 ℃ 이상인가?
① 100℃
② 150℃
③ 250℃
④ 450℃

해설 | 자체 발화점 400~450℃

2 목재의 건조 및 보존법

31 ▶ 20, 18
목재건조의 목적 및 효과가 아닌 것은?
① 중량의 경감
② 강도의 증진
③ 가공성 증진
④ 균류 발생의 방지

해설 | 건조의 목적
- 수축이나 균열, 변형이 일어나지 않는다.
- 부패 및 해충이 생기는 것을 방지할 수 있다.
- 강도가 커지고 비중을 가볍게 하며 가공하기도 쉽다.
- 도장 및 약품처리 작업을 용이하게 한다.

32 ▶ 20
다음 중 목재의 건조 목적이 아닌 것은?
① 전기절연성의 감소
② 목재수축에 의한 손상 방지
③ 목재강도의 증가
④ 균류에 의한 부식 방지

해설 | 문제 31번 해설참조

33 ▶ 15
목재의 건조 목적과 거리가 먼 것은?
① 목재의 강도 증진
② 도료, 주입제 및 접착제의 효과 증대
③ 균류 발생의 방지
④ 수지낭(resin pocket)과 연륜의 제거

해설 | 문제 31번 해설참조

34 ▶ 17
목재 건조방법 중 자연건조법에 해당되는 것은?
① 훈연건조
② 수침법
③ 진공건조
④ 증기건조

해설 | 자연 건조법 : 대기법, 침수법
인공건조법 : 증기법, 훈연법, 열기법, 진공법

35 ▶ 20, 14
목재의 부패에 관한 설명으로 옳지 않은 것은?
① 부패균(腐敗菌)은 유섬질을 분해·감소시킨다.
② 부패균이 번식하기 위한 적당한 온도는 20~35℃ 정도이다.
③ 부패균은 산소가 없어도 번식할 수 있다.
④ 부패균은 습기가 없으면 번식할 수 없다.

해설 | 부패균은 산소가 없으면 생육이 불가능하다.

정답 | 29 ② 30 ④ 31 ③ 32 ① 33 ④ 34 ② 35 ③

36
▶ 19, 16

목재의 부패조건에 관한 설명으로 옳은 것은?

① 목재에 부패균이 번식하기에 가장 최적의 온도조건은 35~45℃로서 부패균은 70℃까지 대다수 생존한다.
② 부패균류가 발육가능한 최저습도는 65% 정도이다.
③ 하등생물인 부패균은 산소가 없으면 생육이 불가능하므로, 지하수면 아래에 박힌 나무말뚝은 부식되지 않는다.
④ 변재는 심재에 비해 고무, 수지, 휘발성 유지 등의 성분을 포함하고 있어 내식성이 크고, 부패되기 어렵다.

해설 | 문제 35번 해설참조

37
▶ 19

목재 방부제에 요구되는 성질에 관한 설명으로 옳지 않은 것은?

① 목재의 인화성, 흡수성 증가가 없을 것
② 방부처리 후 표면에 페인트칠을 할 수 있을 것
③ 목재에 접촉되는 금속이나 인체에 피해가 없을 것
④ 목재에 침투가 되지 않고 전기전도율을 감소시킬 것

해설 | 목재 방부제의 필요 성질 3요소
① 균류에 대한 저항성이 클 것
② 화학적으로 안정될 것
③ 침투성이 클 것

38
▶ 15

목재의 유성 방부제로서 방부성은 우수하나 악취가 나고 흑갈색으로 외관이 불미하여 눈에 보이지 않는 토대, 기둥, 도리 등에 사용되는 것은?

① 크레오소트유   ② PF방부제
③ CCA 방부제   ④ P.C.P 방부제

해설 | 크레오소트유
목재의 유성 방부제로 방부성 및 침투력 우수, 흑갈색용액, 악취, 외부용

39
▶ 21, 16

목재는 화재가 발생하면 순간적으로 불이 확산하여 큰 피해를 주는데 이를 억제하는 방법으로 옳지 않은 것은?

① 목재의 표면에 플라스터로 피복한다.
② 염화비닐수지로 도포한다.
③ 방화페인트로 도포한다.
④ 인산암모늄 약제로 도포한다.

해설 | 목재의 방화제
- 불연성 도료(도포법) : 방화 페인트, 규산나트륨(물유리), 시멘트모르타르 등으로 표면 피복
- 방화제(주입법) : 불연성 방화제(제2 인산암모늄, 황산암모늄, 붕산, 탄산칼륨, 탄산나트륨 등) 를 단독 또는 혼합하여 주입

40
▶ 17

목재의 난연성을 높이는 방화제의 종류가 아닌 것은?

① 제2인산암모늄   ② 황산암모늄
③ 붕산   ④ 황산동 1% 용액

해설 | 문제 39번 해설참조

41
▶ 16

방화(防火)도료의 원료와 가장 거리가 먼 것은?

① 아연화
② 물유리
③ 제2인산 암모늄
④ 염소 화합물

해설 | 문제 39번 해설참조

정답 | 36 ③ 37 ④ 38 ① 39 ② 40 ④ 41 ①

42 ▶ 19
목재의 흠의 종류 중 가지가 줄기의 조직에 말려 들어가 나이테가 밀집되고 수지가 많아 단단하게 된 것은?

① 옹이
② 지선
③ 할렬
④ 잔적

해설 | 목재의 흠
  ㉠ 옹이(knot) : 줄기세포와 가지세포가 교차되는 곳에서 발생
  ㉡ 갈라짐(crack) : 건조나 수축에 의해 생기며 주로 노목에서 발생
  ㉢ 입피(껍질박이) : 외상(外傷)으로 인해 수피가 말려 들어간 것으로 활엽수에 많다.
  ㉣ 부패(썩음) : 주로 균에 의해 국부 또는 전체가 부패되며 강도 저하의 원인이 된다.

43 ▶ 17,09
목재의 결점에 해당되지 않는 것은?

① 옹이
② 지선
③ 입피
④ 수선

해설 | 문제 42번 해설참조

44 ▶ 17,09
목재의 외관을 손상시키며 강도와 내구성을 저하시키는 목재의 흠에 해당하지 않는 것은?

① 갈라짐(crack)
② 옹이(knot)
③ 지선(脂線)
④ 수피(樹皮)

해설 | 문제 42번 해설참조

3 목재 제품

45 ▶ 13
목재 가공제품에 관한 설명 중 옳은 것은?

① 베니어판은 함수율 변화에 따라 신축변형이크다.
② 집성목재란 구조재료보다 주로 장식재로 사용되는 인공 목재이다.
③ 코펜하겐리브는 내장 및 보온 목적으로 사용한다.
④ 파티클 보드는 음 및 열의 차단성이 우수하고 강도가 크다.

해설 | ① 베니어판은 함수율 변화에 따라 신축변형이 작다.
   ② 집성목재란 장식재보다 주로 구조재로 사용되는 인공 목재이다.
   ③ 코펜하겐리브는 음향조절 효과와 장식효과가있다.

46 ▶ 15
합판에 대한 설명으로 옳은 것은?

① 얇은 판을 섬유방향이 서로 평행하도록 짝수로 적층하면서 접착시킨 판을 말한다.
② 함수율 변화에 의한 신축변형이 크며 방향성이 있다.
③ 곡면가공을 하면 균열이 쉽게 발생한다.
④ 표면가공법으로 흡음효과를 낼 수가 있고 의장적 효과도 높일 수 있다.

해설 | 합판은 함수율 변화에 따른 뒤틀림이 없고 수축 및 팽창의 방향성이 없다.

47 ▶ 16
합판(plywood)의 특성이 아닌 것은?

① 순수 목재에 비하여 수축·팽창율이 크다.
② 비교적 좋은 무늬를 얻을 수 있다.
③ 필요한 소정의 두께를 얻을 수 있다.
④ 목재의 결점을 배제한 양질의 재를 얻을 수 있다.

해설 | 문제 46번 해설참조

정답 | 42 ① 43 ④ 44 ④ 45 ④ 46 ④ 47 ①

48 ▶ 20
원목을 적당한 각재로 만들어 칼로 얇게 절단하여 만든 베니어는?

① 로터리 베니어(rotary veneer)
② 슬라이스드 베니어(sliced veneer)
③ 라프 라운드 베이너(half round veneer)
④ 소드 베니어(sawed veneer)

해설 | • 로터리 베니어(Rotary Veneer) : 단판이 널결만으로 표면이 거친 결점이 있다
• 슬라이드 베니어(Sliced Veneer) : 합판 표면에 곧은결 등의 아름다운결을 장식적으로 이용한다.
• 소오드 베니어(Sawed Veneer) : 결의 무늬를 좌우 대칭의 위치로 배열한 합판을 만들때에 효과적이며 아름다운 결을 얻을 수 있다.

49 ▶ 13
생산능률이 가장 높고 목재의 낭비가 적으며 작은 나무로 넓은 단판(Veneer)을 만들 수 있는 방식은?

① 로터리 베니어(Rotary Veneer)
② 슬라이스드 베니어(Sliced Veneer)
③ 소드 베니어(Sawed Veneer)
④ 반(半)로타리 베니어(SemiRotary Veneer)해설

해설 | 문제 48번 해설참조

50 ▶ 21, 17
목재를 소편(小片. chip)으로 만들어 유기질 접착제를 첨가시켜 열압 제판한 판(板)제품은?

① 파이버 보오드(fiber board)
② 파티클 보오드(particle board)
③ 플로링 보오드(flooring board)
④ 파키트리 보오드(parquetry board)

해설 | 파티클보드
칩 보드라고도 하며, 톱밥, 나무부스러기 등의 목재 소편(Particle)을 합성수지계 접착제를 섞어서 만든다.
㉠ 방향성이 없고 변형이 극히 적다.

㉡ 방부제, 방화제를 첨가함에 따라 방부성, 방화성을 높일 수 있다.
㉢ 흡음성, 열차단성이 좋다.
㉣ 강도가 크다(선반, 마룻널, 칸막이 가구 등에 쓰임).
㉤ 경량으로 가공이 용이하나 합판에 비해 강도 및 내수성이 약하다.
㉥ 보드 사이즈를 자유로이 만들 수 있으며, 상판, 칸막이벽, 가구 등에 주로 사용된다.

51 ▶ 20
목재의 작은 조각을 합성수지 접착제와 같은 유기질의 접착제를 사용하여 가열 압축해 만든 목재 제품을 무엇이라고 하는가?

① 집성목재   ② 파티클보드
③ 섬유판   ④ 합판

해설 | 문제 50번 해설참조

52 ▶ 15
파티클 보드에 관한 설명 중 틀린 것은?

① 강도에 방향성이 없다.
② 두께는 비교적 자유로이 선택할 수 있다.
③ 방충, 방부성이 크다.
④ 못이나 나사못의 지지력이 일반목재에 비해 매우 작다.

해설 | 문제 50번 해설참조

53 ▶ 17
목재 또는 기타 식물질을 절삭 또는 파쇄하여 소편으로 하여 충분히 건조시킨 후 합성수지 접착제와 같은 유기질의 접착제를 첨가하여 열압제판한 것은?

① 연질 섬유판   ② 단판 적층재
③ 플로어링 보드   ④ 파티클 보드

해설 | 문제 50번 해설참조

정답 | 48 ② 49 ① 50 ② 51 ② 52 ③ 53 ④

54 ▶ 14

긴 판을 가공하여 강당 등의 음향조절용으로 이용되며, 의장 효과도 겸할 수 있는 목재 제품은?

① 코펜하겐 리브   ② 파키트리 보드
③ 플로링 패널   ④ 파키트리 블록

해설 | 코펜하겐리브
보통 두께 30mm, 너비 100mm 정도의 긴 판에 표면을 리브 가공한 것으로, 강당, 집회장 등의 음향 조절 및 일반 건물의 벽 수장재로 사용한다.

55 ▶ 14

마루판으로 활용하기에 부적합한 것은?

① 코르크 보드   ② 플로어링 보드
③ 파키트리 보드   ④ 파키트리 블록

해설 | 코르크 보드(cork board)
알갱이 모양으로 만들어 도료에 섞어서 콘크리트 천장, 벽면 마무리용으로 사용되며 가볍고 탄성, 단열성, 흡음성이 있어 음악감상실, 방송실 등의 안벽 흡음판이나 단열판으로 쓰인다.

56 ▶ 18

중밀도 섬유판을 의미하는 것으로 목섬유(wood fiber)에 액상의 합성수지 접착제, 방부제 등을 첨가 결합시켜 성형 열압하여 만든 것은?

① 파티클보드   ② M.D.F
③ 플로어링보드   ④ 집성목재

해설 | MDF
MDF는 중밀도섬유판으로 목질 섬유를 펄프로 만들어 얻은 목섬유를 액상의 합성수지 접착제를 투입하여 층을 쌓은 후 성형하고 열압하여 만든 제품이다.
㉠ 무게가 무겁고 습기에 약하다.
㉡ 재질이 균일하고 조직이 치밀하다.
㉢ 도장성과 접착성이 우수 실내 수장공사에 많이 사용
㉣ 면이 평활하고 견고하나, 한 번 고정철물을 사용한 곳에는 재시공이 어렵다.

57 ▶ 14

중밀도 섬유판(MDF)의 특징이 아닌 것은?

① 흡음, 단열성능이 우수하다.
② 천연원목에 비하여 가격이 저렴하다.
③ 갈라짐 등의 외관상 결점이 없다.
④ 내수성이 뛰어나다.

해설 | 문제 56번 해설참조

---

4 이음과 맞춤

58 ▶ 20

목재 접합 시 주의사항이 아닌 것은?

① 접합은 응력이 적은 곳에서 만들 것
② 목재는 될 수 있는 한 적게 깎아내어 약하게 되지 않게 할 것
③ 접합의 단면은 응력 방향과 평행으로 할 것
④ 공작이 간단한 것을 쓰고 모양에 치중하지 말 것

해설 | 이음과 맞춤은 응력이 작은 곳에서 실시하고, 응력 방향은 직각으로 한다.

59 ▶ 19

목재의 이음에 관한 설명으로 옳지 않은 것은?

① 엇걸이 산지이음은 옆에서 산지치기로 하고, 중간은 빗물리게 한다.
② 턱솔이음은 서로 경사지게 잘라 이은 것으로 못질 또는 볼트 조임으로 한다.
③ 빗이음은 띠장, 장선이음 등에 사용한다.
④ 겹친이음은 2개의 부재를 단순히 겹쳐대고 큰 못 · 볼트 등으로 보강한다.

해설 | • 빗이음 : 서까래, 장선, 띠장
• 턱솔이음 : 걸레받이
• 엇빗이음 : 반자틀
• 은장이음 : 난간두겁대

60 ▶16
목재의 이음 중 따낸이음에 속하지 않는 것은?

① 주먹장이음 ② 엇걸이이음
③ 덧판이음 ④ 메뚜기장이음

해설 | 따낸이음 : 빗이음, 주먹장이음, 엇걸이이음, 빗턱이음

61 ▶16
다음 중 평보에 가장 적합한 이음은?

① 맞댄이음 ② 겹친이음
③ 홈이음 ④ 빗걸이 이음

해설 | 맞댄이음
 • 두 부재가 동일면 내에서 접합하는 이음
 • 나무 또는 철판을 덧판으로 대고 큰못이나 볼트를 사용하여 조인다.
 • 인장력을 받는 평보에 사용

62 ▶21,17,18,15,13 실전
널 한쪽에 홈을 파고 한 쪽에 혀를 내어 서로 물리게 하는 방법으로 못이 빠져나올 우려가 없어 마루널쪽매에 이상적인 것은?

① 맞댄쪽매 ② 빗댄쪽매
③ 제혀쪽매 ④ 딴혀쪽매

해설 | 제혀쪽매
 널 한쪽에 홈을 파고 한 쪽에 혀를 내어 서로 물리게 하는 방법으로 못이 빠져나올 우려가 없어 마루널 쪽매에 사용

63 ▶14
마루널 등 목재널판 설치 시 널판 간의 쪽매 방법과 가장 거리가 먼 것은?

① 제혀쪽매 ② 반턱쪽매
③ 딴혀쪽매 ④ 평쪽매

해설 | 문제 62번 해설참조

5 목공사 주요사항

64 ▶18
목구조의 장점에 해당되지 않는 것은?

① 재료의 강도, 강성에 대한 편차가 작고 균일하기 때문에 안전율을 매우 작게 설정할 수 있다.
② 경량이며, 중량에 비해 강도가 일반적으로 큰 편이다.
③ 외관이 미려하고 감촉이 좋다.
④ 증·개축이 용이하다.

해설 | 목재는 재료의 강도, 강성에 대한 편차가 크고 균일하기 못하므로 안전율을 매우 크게 설정해야 한다.

65 ▶19
왕대공 지붕틀을 구성하는 부재가 아닌 것은?

① 평보 ② ㅅ자보
③ 빗대공 ④ 반자틀

해설 | 왕대공 지붕틀

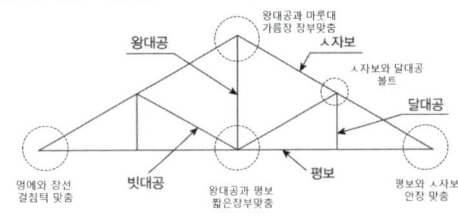

㉠ 왕대공과 평보 – 짧은장부맞춤
㉡ 평보와 ㅅ자보 – 안장 맞춤
㉢ 왕대공과 마룻대 – 가름장 장부맞춤
㉣ 멍에와 장선 – 걸침턱 맞춤
㉤ ㅅ자보와 달대공, ㅅ자보와 평보 – 볼트

정답 | 60 ③ 61 ① 62 ③ 63 ④ 64 ① 65 ④

66 ▸ 18
목구조의 왕대공 지붕틀에서 휨과 인장력이 동시에 발생 가능한 부재는?

① 평보 ② 빗대공
③ ㅅ자보 ④ 왕대공

해설 | 왕대공 지붕틀
· 왕대공, 평보, 달대공 : 인장재
· ㅅ자보 : 압축재

67 ▸ 15
왕대공 지붕틀에서 압축력과 휨모멘트를 동시에 받는 부재는?

① 왕대공 ② ㅅ자보
③ 빗대공 ④ 중도리

해설 | 문제 65번 해설참조

68 ▸ 20
다음 중 목구조의 수평력을 보강하기 위한 부재가 아닌 것은?

① 깔도리 ② 가새
③ 버팀대 ④ 귀잡이

해설 | 횡력(수평력)에 대한 보강재
가새, 버팀대, 귀잡이

6 목재의 보강철물

69 ▸ 19,13
목재의 이음에 사용되는 듀벨(Dubel)이 저항하는 힘의 종류는?

① 인장력
② 전단력
③ 압축력
④ 수평력

해설 | 듀벨
볼트와 같이 사용하며 2개의 목재를 접합할때 두 부재 사이에 끼워 볼트와 병용하여 전단력에 저항하도록 한 철물(볼트는 인장력)

정답 | 66 ① 67 ② 68 ① 69 ②

02 석공사

> **Pass Note**

예상출제문항	키워드
1	- 석재의 성질 - 성인에 의한 분류	- 화강암 - 변성암(대리석, 트레버틴)

1. 석재의 특성

장점	단점
• **압축강도**가 크고, 내마모성이 우수 • 내화성, 내구성, 내마모성, 내수성 우수 • 외관이 웅장하고 미려하고 갈면 광택이 난다. • 방한 · 방서적	• 불에 노출 되면 균열이 생기고 강도가 떨어진다. • 인장강도가 약하다. (압축강도의 1/20~1/40) • 중량이 크고 가공이 어렵다. • 장대재를 얻기 어렵다. • 벽체가 두꺼워 실내공간이 줄어든다.

2. 석재의 분류

1) 성인에 의한 분류

① **화성암** : 화강암, 안산암, 경석, 현무암 등
② **수성암** : 점판암, 응회암, 석회석, 사암 등
③ **변성암** : 대리석, 사문암, 트래버틴, 석면 등

2) 석재의 종류

(1) 화성암 계열

지구 내부에서 유래하는 고온의 마그마가 고결하여 형성된 암석

종류	특성
화강암	• 주성분은 **석영, 장석, 운모** 등이다. • 압축강도가 높아서(1,600kg/cm²), 석질이 견고하여 구조재로도 쓰이며 대형 구조재로 사용할 수 있다. • 내마모성·내구성이 우수하고, 흡수성은 낮다. • **내화도가 낮아서** 고열을 받는 곳에는 부적당하다. • 가공성이 용이하여 구조용이나 장식재료로 사용되나 **세밀한 가공(조각)**이 어려운 단점이다.

안산암	• 가공성이 좋고 내화성도 높은 무광택의 석재 • 경도·비중·강도가 크고 내화성은 높으나, 내구성 및 색채 등이 떨어진다. • 큰 재료를 얻기가 어렵다. • 콘크리트용 쇄석의 주원료로 기초석이나 석축 등에 쓰인다.

(2) 수성암 계열

암석의 조각, 물 속의 광물질, 동식물의 유해 등이 침전되어 형성되는 석재

종류	특성
사암	• 모래입자와 교착제 같이 경화된 것으로 흡수율이 높고 내화성이 크며 가공에 편리하다. • 경질사암은 외벽재, 경구조재로, 연질사암은 장식재로 쓰인다.
점판암	• 이판암(점토분)이 지열, 지압으로 변질, 응고되어 형성된 석재 • 석질이 치밀하고 판재로 만들 수 있어 천연슬레이트 지붕재, 외벽재, 숫돌, 비석으로 사용된다.
응회암	• 연질 다공질 암석으로 내화도가 높은 석재, 경량골재, 내화재, 장식재료로 쓰인다. • 암석 분쇄물과 혼합, 퇴적·응고된 것이다. • **흡수율이 가장 높다.** • **건축 구조재로 부적당**
석회암	• 석회질이 용해, 침전 및 퇴적되어 응고된 것이다. • 시멘트, 석회의 주원료

(3) 변성암 계열

종류	특성
대리석	• 석회암이 변성되어 결정화된 암석으로 주성분은 **탄산석회**이다. • **산과 열에 약하여 풍화하기 쉽다.** • 강도는 크나 내구성이 작아서 외장재로는 부적합하다. • 색채와 재질이 아름다워 갈면 고운 광택이 나며 실내장식재, 조각용으로 많이 사용된다. • 품질의 변화가 심하고 균열이 많아서 통행이나 마모가 많은 장소에는 부적합하다.
트래버틴	• 용천의 침전물이나 종유굴 속의 석순, 종유석 등으로 생겨난 황갈색의 다공질의 대리석의 일종 • 석질이 불균일하며 특수 실내용 장식재로 사용
사문암	• 암녹색 바탕에 흑백색의 미려한 무늬가 있다. • 강도가 약하고 풍화성이 있어 실내장식용으로 사용

다음은 건축용으로 많이 사용되는 석재에 대한 설명이다. 옳지 않은 것은? [25, 22, 13]

① 현무암은 석질이 견고하므로 토대, 석축 등에 쓰인다.
② 응회암은 특수 장식재, 경량골재 및 내화재 등으로 사용된다.
③ 화강암은 내구성 및 강도가 크다.
④ 대리석은 산과 풍화에 강하여 외장재로 많이 사용된다.

해설 | 대리석은 풍화되기 쉬워 실외용으로 적합하지 않으나, 석질이 치밀하고 견고할 뿐만 아니라 연마하면 아름다운 광택을 내므로 실내장식용으로 적합한 석재이다.

정답 ④

예제 02 감람석이 변질된 것으로 암녹색 바탕에 흑백색의 무늬가 있고, 경질이나 풍화성으로 인하여 실내장식용으로서 대리석 대용으로 사용되는 암석은? [23,19,16]

① 사문암　　② 응회암　　③ 안산암　　④ 점판암

정답 ①

3) 석재제품

(1) 암면
① 안산암, 사문암을 고열로 녹여 이를 고압공기로 세게 불어서 만든 면상제품이다.
② 흡음성·내화성·단열성·보온성 등이 우수하고, 절연재 및 음이나 열의 차단재로 쓰인다.

(2) 질석
① 운모계 광석을 800~1000℃정도로 **가열 팽창시켜 체적이 5~6배로 된 다공질 경석**으로 시멘트와 배합하여 콘크리트블록, 벽돌 등을 제조하는데 사용된다.
② 방음, 보온, 경량, 결로 방지 목적으로 콘크리트블록을 만들어 주로 벽체에 사용된다.

(3) 테라죠판(Terrazzo)
① **대리석을 종석으로 고가인 천연석을 대체**할 목적으로 생산되었으며 인조석 자체의 특성을 그대로 갖춘 대표적인 인조대리석으로 건축물의 바닥재로 쓰인다.
② 대리석, 화강암 등의 분수골재, 안료, 시멘트 등을 혼합한 콘크리트로 성형하고, 경화한 후 표면을 연마 광택을 내어 마무리한 석재제품이다.

(4) 인조석판
① 화강암을 종석으로 대리석, 사문암 등의 쇄석을 백색 포틀랜드시멘트에 안료를 섞어 바른 후에 성형한 모조품으로, 내·외장용으로 마루, 벽 등에 쓰인다.
② 천연석의 단점을 보완하여 원가 절감이나 가공을 용이하게 하기 위해 만든 제품으로, 착색제 혼입품, 천연 석분 혼입품, 테라죠 등이 있다.

 예제 03 인공석재에 대한 설명으로 옳지 않은 것은? [21,13]

① 인조석은 점토와 슬래그 미분말을 1,450℃에서 고온소성하여 급랭하여 만든 것이다.
② 펄라이트는 진주암을 분쇄하여 1,000℃정도로 가열 팽창시킨 경량골재이다.
③ 질석은 운모계 광석을 1,000℃정도로 가열 팽창시킨 다공질 경석
④ 암면은 현무암·안산암·사문암 등을 용융시켜 세공으로 분출시키면서 고압공기로 불어 날려 섬유화시킨 다음 냉각시켜 면상으로 만든 것이다.

해설 | 화강암을 종석으로 대리석, 사문암 등의 쇄석을 백색 포틀랜드시멘트에 안료를 섞어 바른 후에 성형한 모조품으로, 내·외장용으로 마루, 벽 등에 쓰인다.

정답 ①

3. 석재의 일반적 성질

구분	내용
강도	• **압축강도**가 매우 크며 인장강도는 압축강도의 1/10~1/40 정도 • 화강암 > 대리석 > 안산암 > 사암 > 응회암 > 부석 • 압축강도는 **단위용적질량**이 높을수록 크다. • 압축강도는 **공극률**이 작을수록 크다. • 압축강도는 **함수율**이 작을수록 크다.
내화도	• 1,000℃ : 화산암, 안산암, 사암, 응회암 • 800℃ : 화강암 • 700~800℃ : 대리석
흡수율	• 압축강도가 클수록 흡수율이 적다. • 예외적으로 대리석이 화강암 보다 흡수율이 적다. • **응회암** > 사암 > 안산암 > 화강암 • 점판암 > 대리석
내구성	• 흡수율이 큰 다공질일수록 동해를 받기 쉽다. • 조암광물이 미립자일수록 내구성이 크다. • 조암광물 중에 황화물, 철분함유광물, 탄산마그네시아, 탄산칼슘 등은 **풍화되기 쉽다.**
비중	• 조암광물의 비율, 특성, 공극률에 따라 달라진다. • 비중은 강도에 비례 • 대리석 > 화강암 > 안산암 > 사암 > 응회암 > 부석

※ 조암광물 : 암석을 구성하는 석영, 운모, 장석, 사문석, 방해석 등을 조암광물이라 한다.

다음 석재 중 내화도가 가장 큰 것은? [25,22,16]

① 사문암   ② 대리석   ③ 석회석   ④ 응회암

해설 | 1,000℃ : 화산암, 안산암, 사암, 응회암

정답 ④

건축용으로 많이 사용되는 석재의 역학적 성질 중 압축강도에 대한 설명으로 틀린 것은? [24,20,15]

① 중량이 클수록 강도가 크다.
② 결정도와 결합상태가 좋을수록 강도가 크다.
③ 공극률과 구성입자가 클수록 강도가 크다.
④ 함수율이 높을수록 강도는 저하된다.

해설 | • 압축강도는 단위용적질량이 높을수록 크다.
　　　• 압축강도는 공극률이 작을수록 크다.
　　　• 압축강도는 함수율이 작을수록 크다.

정답 ③

4. 석재의 가공

공정	가공법	공구
혹두기(메다듬)	마름돌 표면의 거친 돌출부를 쳐서 다듬는 작업	쇠메, 망치
정다듬	정으로 쪼아 거친 면을 평평하게 다듬는 작업	정
도드락다듬	정다듬한 면을 더욱 평탄하게 다듬는 작업	도드락망치
잔다듬	도드락 다듬면 위를 곱게 쪼아 평탄하게 다듬는 작업	양날망치
물갈기	돌면에 물을 뿌려 갈고 표면광택을 내는 작업	금강사, 숫돌, 모래

| 쇠메 | 정 | 도드락 망치 | 날망치 | 금강사, 숫돌 카보렌덤 |

 Note
- 석재의 가공 순서 : 혹두기 → **정다듬** → 잔다듬 → 물갈기 → **정갈기(광내기)**
- 석재 가공 후 검사내용 : 다듬기 정도, 마무리 및 치수의 정도, 면의 평활도, 모서리 각 여부

예제 06 날망치로 일정방향으로 다듬기를 하는 석재의 가공법은? [23, 22]

① 혹두기　　② 정다듬　　③ 도드락다듬　　④ 잔다듬

해설 | 잔다듬
　　도드락 다듬면 위를 곱게 쪼아 평탄하게 다듬는 작업으로 양날망치를 사용한다.

정답 ④

핵심 기출문제

02 석공사

1 석재의 분류 및 종류

01 ▶ 19

석재의 장점으로 옳지 않은 것은?

① 외관이 장중하고, 치밀하다.
② 장대재를 얻기 쉬워 구조용으로 적합하다
③ 내수성, 내구성, 내화학성이 풍부하다.
④ 다양한 외관과 색조의 표현이 가능하다.

해설 | 석재의 단점
- 불에 노출되면 균열이 생기고 강도가 떨어진다.
- 인장강도가 약하다. (압축강도의 1/20 ~ 1/40)
- 중량이 크고 가공이 어렵다.
- 장대재를 얻기 어렵다.
- 벽체가 두꺼워 실내공간이 줄어든다.

02 ▶ 14

석재의 특성에 대한 설명으로 옳은 것은?

① 비중이 작고 운반이 편리하다.
② 큰 판재를 얻기 쉽다.
③ 석재 상호간의 접합이나 바탕의 설치가 쉽다.
④ 경질이어서 가공하기가 곤란하다.

해설 | 문제 1번 해설참조

03 ▶ 15

석재의 재료적 특징에 대한 설명으로 틀린 것은?

① 외관이 장중하고 석질이 치밀한 것을 갈면 미려한 광택이 난다.
② 압축강도는 인장강도에 비해 매우 작아 장대재(長大材)를 얻기 어렵다.
③ 화열에 닿으면 화강암은 균열이 발생하여 파괴된다.
④ 비중이 크고 가공이 불편하다.

해설 | 문제 1번 해설참조

04 ▶ 18

석재의 일반적인 특징에 관한 설명으로 옳지 않은 것은?

① 내구성, 내화학성, 내마모성이 우수하다.
② 외관이 장중하고, 석질이 치밀한 것을 갈면 미려한 광택이 난다.
③ 압축강도에 비해 인장강도가 작다.
④ 가공성이 좋으며 장대재를 얻기 용이하다.

해설 | 문제 1번 해설참조

05 ▶ 19

석재의 특징에 관한 설명으로 옳지 않은 것은?

① 압축강도가 큰 편이다.
② 불연성이다.
③ 비중이 작은 편이다.
④ 가공성이 불량하다.

해설 | 문제 1번 해설참조

정답 | 01 ② 02 ④ 03 ② 04 ④ 05 ③

06 ▶ 21
다음의 석재의 용도가 옳지 않은 것은?

① 화강암 - 외장재
② 점판암 - 지붕재
③ 대리석 - 조각재
④ 응회암 - 구조재

해설 | 응회암
- 연질 다공질 암석으로 내화도가 높은 석재, 경량골재, 내화재, 장식 재료로 쓰인다.
- 암석 분쇄물과 혼합, 퇴적·응고된 것이다.
- 흡수율이 가장 높다.
- 건축 구조재로 부적당

07 ▶ 16
건축용 구조재로 사용하기에 가장 부적당한 것은?

① 경질사암
② 응회암
③ 휘석안산암
④ 화강암

해설 | 문제 6번 해설참조

08 ▶ 20
다음 석재 중 박판으로 채취할 수 있어 슬레이트 등에 사용되는 것은?

① 응회암
② 점판암
③ 사문암
④ 트래버틴

해설 | 점판암
- 이판암(점토분)이 지열, 지압으로 변질, 응고되어 형성된 석재
- 석질이 치밀하고 판재로 만들 수 있어 천연슬레이트 지붕재, 외벽재, 숫돌, 비석으로 사용된다.

09 ▶ 14
흑색 또는 회색 등이 있으며 얇은 판으로 뜰 수도 있어 천연슬레이트라 하며 치밀한 방수성이 있어 지붕, 벽, 재료로 쓰이는 것은?

① 감람석
② 응회석
③ 점판암
④ 안산암

해설 | 문제 8번 해설참조

10 ▶ 13
다음 중 외장용으로 부적합한 석재는?

① 화강암
② 안산암
③ 대리석
④ 점판암

해설 | 대리석
- 석회암이 변화되어 결정화된 암석으로 주성분은 탄산석회이다.
- 산과 열에 약하다.
- 강도는 크나 내구성이 작아서 외장재로는 부적합하다.
- 색채와 재질이 아름다워 갈면 고운 광택이 나며 실내장식재, 조각용으로 많이 사용된다.
- 품질의 변화가 심하고 균열이 많아서 통행이나 마모가 많은 장소에는 부적합하다.

11 ▶ 13
석재 중 석영 30%, 장석 65% 등이 포함되어있고 견고하고 대형재가 생산되어 구조재로 많이 사용되는 것은?

① 화강암
② 감람석
③ 트래버틴
④ 응회암

해설 | 화강암
- 주성분은 석영(30%), 장석(65%) 등이다.
- 압축강도가 높아서(1,600kg/cm²)로, 석질이 견고하여 구조재로도 쓰이며 대형 구조재로 사용할 수 있다.
- 내마모성·내구성이 우수하고, 흡수성은 낮다.
- 내화도가 낮아서 고열을 받는 곳에는 부적당하다.
- 가공성이 용이하여 구조용이나 장식재료로 사용되나 세밀한 가공(조각)이 어려운 단점이다.

정답 | 06 ④ 07 ② 08 ② 09 ③ 10 ③ 11 ①

12 ▶ 13

테라조판(Terrazzo Tile)의 종석으로 주로 활용되는 것은?

① 화강암
② 대리석
③ 수성암
④ 안산암

해설 | 테라죠판(Terrazzo)
㉠ 대리석을 종석으로 고가인 천연석을 대체할 목적으로 생산되었으며 인조석 자체의 특성을 그대로 갖춘 대표적인 인조대리석으로 건축물의 바닥재로 쓰인다.
㉡ 대리석, 화강암 등의 분수골재, 안료, 시멘트 등을 혼합한 콘크리트로 성형하고, 경화한 후 표면을 연마 광택을 내어 마무리한 석재제품이다.

13 ▶ 14

시멘트콘크리트 제품 중 대리석의 쇄석을 종석으로 하여 대리석과 같이 미려한 광택을 갖도록 마감한 것은?

① 석면   ② 테라조
③ 질석   ④ 고압벽돌

해설 | 문제 12번 해설참조

14 ▶ 20

이면층(보강용 모르타르층)의 상부에 대리석, 화강암 등의 부순골재, 안료, 시멘트 등을 혼합한 콘크리트로 성형하고, 경화한 후 표면을 연마 광택을 내어 마무리한 판은?

① 펄라이트   ② 기성 테라조
③ 수지계 인조석 ④ 트래버틴

해설 | 문제 12번 해설참조

15 ▶ 19

인조석이나 테라조 바름에 쓰이는 종석이 아닌 것은?

① 화강석   ② 사문암
③ 대리석   ④ 샤모트

해설 | 인조석판
화강암을 종석으로 대리석, 사문암 등의 쇄석을 백색 포틀랜드시멘트에 안료를 섞어 바른 후에 성형한 모조품으로, 내·외장용으로 마루, 벽 등에 쓰인다.

16 ▶ 15

한수석(寒水石, 백회석)의 주 용도는?

① 테라코타 제조용
② 콘크리트 골재용
③ 인조석 바름의 종석용
④ 내화벽돌 제조용

해설 | 문제 15번 해설참조

17 ▶ 15

각종 석재에 관한 설명 중 옳지 않은 것은?

① 화강암은 내구성 및 강도는 크지만, 내화성이 약하다.
② 대리석은 석회석이 변화되어 결정화한 것으로 내화성이 크고 연질이다.
③ 석회석은 석질은 치밀하고 강도가 크나 화학적으로 산에 약하다.
④ 안산암은 강도, 경도, 비중이 크고 내화성도 우수하다.

해설 | 대리석
• 석회암이 변화되어 결정화된 암석으로 주성분은 탄산석회이다.
• 산과 열에 약하다.
• 품질의 변화가 심하고 균열이 많아서 통행이나 마모가 많은 장소에는 부적합하다.

정답 | 12 ② 13 ② 14 ② 15 ④ 16 ③ 17 ②

18 ▶ 16
다음 중 외장용으로 가장 부적합한 석재는?

① 화강암　　② 안산암
③ 대리석　　④ 점판암

해설 | 문제 17번 해설참조

19 ▶ 17
다음 암석 중 화성암에 속하지 않는 것은?

① 화강암　　② 안산암
③ 섬록암　　④ 석회암

해설 | ㉠ 화성암 : 화강암, 안산암, 경석, 현무암 등
㉡ 수성암 : 점판암, 응회암, 석회석, 사암 등
㉢ 변성암 : 대리석, 사문암, 트래버틴, 석면 등

20 ▶ 17
석회암이 변화되어 결정화한 것으로 실내장식재, 조각재로 사용되는 것은?

① 화강암　　② 대리석
③ 응회암　　④ 안산암

해설 | 문제 17번 해설참조

21 ▶ 17
각 석재에 관한 설명으로 옳지 않은 것은?

① 대리석은 강도는 높지만 내화성이 낮고 풍화되기 쉽다.
② 현무암은 내화성은 좋으나 가공이 어려우므로 부순돌로 많이 사용된다.
③ 트래버틴은 화성암의 일종으로 실내장식에 쓰인다.
④ 점판암은 얇은 판 채취가 용이하여 지붕재료로 사용된다.

해설 | 문제 19번 해설참조

22 ▶ 18
강도, 경도, 비중이 크며 내화적이고 석질이 극히 치밀하여 구조용 석재 또는 장식재로 널리 쓰이는 것은?

① 화강암　　② 응회암
③ 캐스트스톤　　④ 안산암

해설 | 안산암
- 가공성이 좋고 내화성도 높은 무광택의 석재
- 경도·비중·강도가 크고 내화성은 높으나, 내구성 및 색채 등이 떨어진다.
- 큰 재료를 얻기가 어렵다.
- 콘크리트용 쇄석의 주원료로 기초석이나 석축 등에 쓰인다.

2 석재의 일반적 성질 및 가공

23 ▶ 21
다음 석재 중 평균 내구연한이 가장 작은 것은?

① 화강석　　② 석회암
③ 백운석　　④ 사암조립

해설 | 내구성
- 화강석 > 백운석 > 석회암 > 사암조립

24 ▶ 19,15
다음 석재 중 압축강도가 일반적으로 가장 큰 것은?

① 화강암　　② 사문암
③ 사암　　④ 응회암

해설 | 석재의 강도 순위
- 화강암 > 대리석 > 안산암 > 사암 > 응회암 > 부석

정답 | 18 ③　19 ④　20 ②　21 ③　22 ④　23 ④　24 ①

25 ▶ 18
석재의 성질에 관한 설명으로 옳지 않은 것은?

① 화강암은 온도상승에 의한 강도 저하가 심하다.
② 대리석은 산성비에 약해 광택이 쉽게 없어진다.
③ 부석은 비중이 커서 물에 쉽게 가라앉는다.
④ 사암은 함유광물의 성분에 따라 암석의 질, 내구성, 강도에 현저한 차이가 있다.

해설 | 석재의 비중 순위
　　　대리석 〉 화강암 〉 안산암 〉 사암 〉 응회암 〉 부석

26 ▶ 16
마름돌이 두드러진 부분을 쇠메로 쳐서 대강 다듬는 정도의 돌 표면 마무리 기법을 무엇이라 하는가?

① 혹두기
② 도드락다듬
③ 잔다듬
④ 버너구이 마감

해설 | 혹두기(메다듬)
　　　마름돌 표면의 거친 돌출부를 쳐서 다듬는 작업으로 쇠메와 망치를 사용한다.

정답 | 25 ③　26 ①

03 조적공사

Pass Note

예상출제문항	키워드	
2~3	- 벽돌 종류별 특성 - 점토벽돌 소성온도	- 벽돌 쌓기법 - 벽량 산출

1. 벽돌공사

1) 벽돌의 규격

(단위 : mm)

구분	길이	너비	두께	허용값
표준형	190	90	57	±3
내화벽돌	230	114	65	±2

> **Note** 벽돌의 품질 기준(KSL 4201)
> - 1종 벽돌 : 압축강도 24.5 N/mm² 이상, 흡수율 10% 이하
> - 2종 벽돌 : 압축강도 14.79 N/mm² 이상, 흡수율 15% 이하

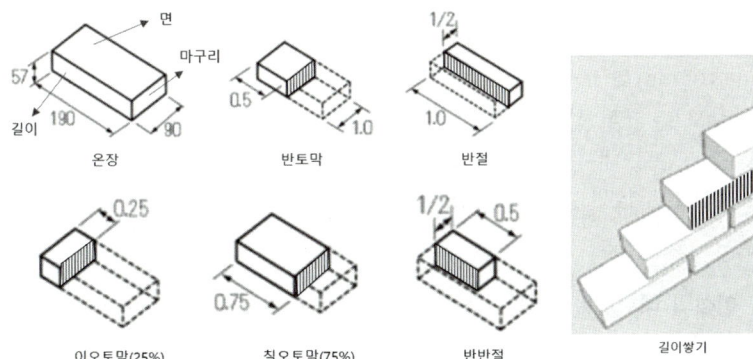
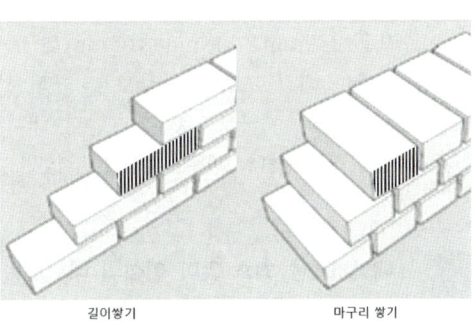

예제 01 1종 점토벽돌의 압축강도는 최소 얼마 이상인가? [25,20,17,14]
① 8.87MPa ② 10.78MPa ③ 20.59MPa ④ 24.50MPa

정답 ④

 예제 02 KS L 4201에 따른 점토벽돌의 치수로 옳은 것은?(단, 단위는 mm) [24,21,17]
① 190×90×57 ② 190×90×60
③ 210×90×5   ④ 210×90×60

정답 ①

2) 벽돌의 종류

(1) 점토벽돌(붉은벽돌)
① 진흙을 빚어 소성한 적색 또는 적갈색의 벽돌이다. 붉은색을 결정하는 가장 중요한 원료는 점토 중에 포함되어 있는 **산화철** 때문이다.
② 소성온도가 높을수록 흡수율이 적다.
③ **지나치게 소성**하면 벽돌 표면에 **그라우트**가 생성되어 은회색이 되기도 한다.
④ 과소품(過燒品)은 질이 견고하고, 흡수율이 낮으나 형상이 일그러져 부정형이다.
⑤ 포장도로용 벽돌이나 타일은 내마모성의 보유가 매우 중요하다.

(2) 시멘트벽돌
① 시멘트와 골재를 배합하여 성형 제작한 것이다.
② 압축강도는 5.88N/㎟ 이상, 골재의 최대크기 10mm 이하

(3) 내화벽돌
① 내화점토를 S.K(내화도) 26~42(1,580~2,000℃)로 소성한 벽돌(주원료 광물 : **납석**)
② 규격은 230mm×114mm×65mm로 보통벽돌보다 약간 크다.
③ 줄눈에는 내화 모르타르(샤모트·규석 분말 + 내화점토)를 사용한다.
④ 고온에 견디는 굴뚝, 보일러, 난로 내부 안쌓기용으로 사용
※ 물축임을 하지 않는다. (이유는 접합에 기경성인 내화점토를 사용하기 때문)

예제 03 내화벽돌은 최소 얼마 이상의 내화도를 가져야 하는가? [24,23,22,19,16]
① SK 10 이상 ② SK 15 이상
③ SK 21 이상 ④ SK 26 이상

정답 ④

(4) 경량벽돌

가벼운 골재를 사용하여 만든 벽돌로 **방음성과와 단열이 우수**하고 흡수율이 크다.
저급점토, 목탄가루, 톱밥 등을 혼합하여 성형 후 소성한 것으로 속이 비어있는 중공 벽돌과 무수한 공간이 있는 다공질 벽돌로 구분한다.

명칭	개요
중공 벽돌	• 벽돌에 구멍을 뚫은 것으로 단열벽, 방음벽 등으로 사용된다. • 건물의 경량화를 위한 비내력벽, 칸막이벽 등에 사용
다공질 벽돌	• 점토에 톱밥, 겨, 탄가루 등을 30~50% 정도 혼합, 소성한 것으로 비중 1.2~1.5 정도로 가볍다. • 방음, 흡음성이 좋으나 강도가 약해 구조용으로는 사용이 불가능하다. • 절단, 못치기 등의 가공성이 우수하다.

(5) 특수벽돌

명칭	개요
이형벽돌	특수한 형상으로 만든 벽돌로 출입구, 창문 아치쌓기 등에 사용된다.
검정벽돌	불완전 연소로 소성된 벽돌로 주로 치장용으로 사용된다.
포도벽돌	경질벽돌로 마멸이나 충격에 강하고, 흡수율이 작아 **도로의 포장이나 바닥용**으로 사용된다.
오지벽돌	오짓물(유약 종류)을 칠하여 소성한 치장벽돌로 표면이 매끄럽고 깨끗하여 건물의 외벽, 내부 치장을 목적으로 사용된다.
날벽돌	점토류를 성형하여 자연 건조한 벽돌
광재벽돌	광재(슬래그를 분쇄한 것에 소석회를 가하여 성형)를 주원료로 만든 벽돌

3) 모르타르 및 줄눈

(1) 모르타르(Mortar)

시멘트 + 석회 + 모래 + 물을 혼합하여 비빔을 한 것으로,

① 시멘트 응결은 가수 후 1시간부터 시작되므로 배합 후 1시간 이내에 사용해야 한다. (응결시간 : 1~10시간)
② 모르타르 강도는 벽돌 강도 이상인 것으로 사용한다.
③ 줄눈 두께는 표준 10mm(단 내화벽돌은 6mm)
④ 시멘트와 모래의 용적 배합비

구분	조적용(쌓기용)	아치 쌓기용	치장 줄눈용
시멘트 : 모래	1:3 ~ 1:5	1:2	1:1

예 시멘트 : 석회 : 모래 = 1 : 1 : 3

(2) 줄눈(Joint)

벽돌 상호간을 접착시키는 모르타르 부분을 줄눈이라 한다. 줄눈에는 가로줄눈과 세로줄눈이 있고, 세로줄눈에는 막힌줄눈과 통줄눈이 있다. 줄눈의 두께는 가로, 세로 각각 10mm(내화벽돌 6mm)를

표준으로 한다.

① **막힌줄눈**
세로줄눈의 상하가 막힌 것으로 **상부하중을 하부로 고르게 분포**시켜 구조내력상 유리하므로 내력벽에 사용한다.

② 통줄눈 : 세로줄눈의 상하가 연결되어 있어 상부하중이 집중되므로 구조내력상 불리하고, 균열이 잘 발생하므로 보강콘크리트블록구조를 제외한 모든 내력벽은 반드시 막힌 줄눈으로 시공한다.

③ 치장줄눈

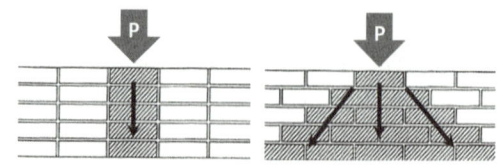

　㉠ 벽돌 벽면의 의장적 효과를 위한 줄눈으로 벽돌쌓기 후 줄눈모르타르가 굳기 전에 깊이 8~10mm 정도로 줄눈파기를 하고 1:1~1:2의 배합모르타르를 줄눈흙손으로 수밀하게 처리한다.

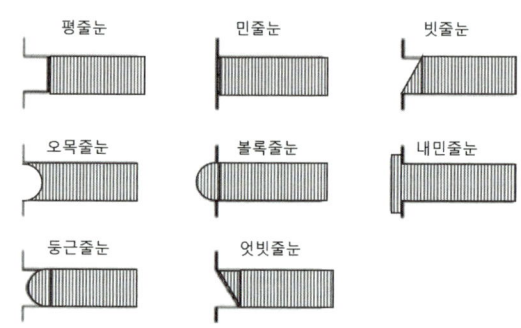

　㉡ 치장줄눈 모르타르에는 방수제를 넣어 사용하기도 하고 백시멘트, 색소 등을 첨가하는 경우도 있다.

　㉢ 치장줄눈은 백화현상을 방지할 수 있도록 될 수 있는 대로 빠른 시기에 작업을 한다.

　㉣ 시공은 벽면 상부에서부터 하부로 한다. (벽돌은 아래에서 위로)

예제 04 시멘트 벽돌공사에 관한 주의사항으로 옳지 않은 것은? [24, 22]

① 벽돌은 품질, 등급별로 정리하여 사용하는 순서별로 쌓아 둔다.
② 수직하중을 벽면 전체로 분산시키기 위해 통줄눈으로 쌓는다.
③ 모르타르는 정확한 배합으로 시멘트와 모래만을 잘 섞고, 사용 시 물을 부어 반죽하여 쓴다.
④ 벽돌쌓기 시 잔토막 또는 부스러기 벽돌을 쓰지 않는다.

해설 | 막힌줄눈
세로줄눈의 상하가 막힌 것으로 상부하중을 하부로 고르게 분포시켜 구조내력상 유리하므로 내력벽에 사용한다.

정답 ②

4) 벽돌 쌓기

(1) 국가별 벽돌쌓기법

종류	특징	비고
영식 쌓기 (영국)	한 켜는 길이쌓기, 다음 켜는 마구리쌓기로 하며, 벽의 끝이나 모서리에 반절 또는 이오토막 사용	**가장 튼튼**한 형식
화란식 쌓기 (네덜란드)	영식쌓기와 같으나 벽의 끝이나 모서리에 **칠오토막** 사용	한국에서 가장 많이 사용
불식 쌓기 (프랑스)	**한 켜에 길이쌓기, 마구리쌓기로 번갈아** 쌓는 방식으로 외관이 아름다운 쌓기 방식	비내력벽, 치장용
미식 쌓기 (미국)	**5켜는 길이쌓기**를 하고 한 켜는 마구리쌓기로 하며, 뒷면은 영식 쌓기 방식	치장용

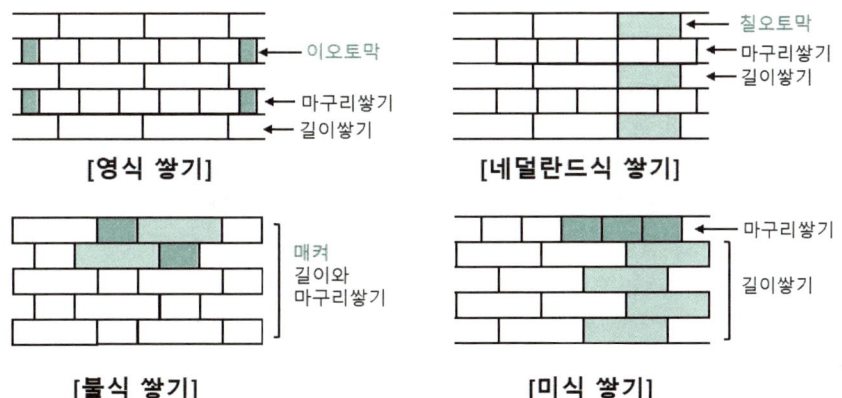

[영식 쌓기] [네덜란드식 쌓기]
[불식 쌓기] [미식 쌓기]

예제 05 벽돌 쌓기법 중 프랑스식 쌓기에 대한 설명으로 옳은 것은? [25, 22, 16]
① 한 켜에서 길이쌓기와 마구리쌓기가 번갈아 나타난다.
② 한 켜는 길이쌓기, 다음 켜는 마구리쌓기가 반복된다.
③ 5켜는 길이쌓기, 다음 1켜는 마구리쌓기로 반복된다.
④ 반장 두께로 장식적으로 구멍을 내어가며 쌓는다.

정답 ①

(2) 공간(중공벽) 쌓기

① 벽체 방습, 방음, 단열을 목적으로 공간을 두고 벽을 쌓는 방식
② 공간 너비는 0.5B 이내(50~90mm)로 하며 50mm를 표준으로 한다.
③ 도면 및 시방서에 정한 바가 없으면 바깥벽을 주벽체로 한다.

(3) 내쌓기
  ① 벽면에서 부분적으로 길게 내밀어 박공벽, 수평띠 등의 모양을 내기 위해 벽면에서 벽돌을 쌓는 방식
  ② 내쌓기는 **한 켜당** $\frac{1}{8}$B 또는 두 켜당 내밀 때는 $\frac{1}{4}$B로 하고, 최대 내미는 길이는 2.0B 이내로 한다.
  ③ 내쌓기는 마구리 쌓기로 하는 것이 강도상 유리하다.

(4) 아치쌓기
  ① 아치는 상부에서 오는 수직 하중이 아치 축선에 따라 옆으로 분산시키기 위한 쌓기법으로 부재의 하부에 인장력이 생기지 않도록 한다.
  ② 아치줄눈의 방향은 모두 중심에 모이게 한다.

(5) 벽돌쌓기 시공 주의 사항
  ① 불량벽돌은 반출하고 사용하지 않는다.
  ② 굳기 시작한 모르타르는 사용하지 않는다. (가수 후 1시간 이내)
  ③ 벽돌쌓기 전 충분히 물축임을 하여 쌓는다.
  ④ 하루쌓기 높이는 1.2m~1.5m(18~22켜)로 한다.
  ⑤ 내화벽돌은 물을 사용하지 않고 내화 모르타르로 쌓아야 한다.
  ⑥ 모르타르 강도는 벽돌강도보다 커야 한다.
  ⑦ 가로, 세로줄눈의 두께는 10mm가 표준이며, 보강블록조를 제외하고 통줄눈이 생기지 않도록 한다.
  ⑧ 도면 또는 공사시방서에 정하는 바가 없을 때는 영식 또는 화란식 쌓기법으로 한다.

5) 벽돌벽의 균열과 백화현상

(1) 벽돌벽의 균열

계획, 설계상의 미비	시공상의 결함
① 기초의 부동침하 ② 건물의 평면, 입면의 불균형 배치 ③ 불균형 하중, 큰 집중하중 등 ④ 벽돌 벽체의 강도 부족 ⑤ 개구부 크기의 불합리 및 불균형 배치	① 벽돌 및 모르타르의 강도 부족 ② **재료의 신축성**(흡수 및 온도에 의한) ③ 이질재와의 접합부 ④ 콘크리트보 밑의 모르타르 다져 넣기의 부족 ⑤ 모르타르 바름의 신축 및 들뜨기

(2) 백화 현상(白花, Efflorescence)

  벽돌벽에 물이 스며들어 벽체 표면에 흰색가루가 나타나는 현상으로, 벽의 표면에 침투하는 빗물로 인해 줄눈 모르타르 중의 **석회분이 표면에 유출**될 때 공기 중의 탄산가스와 결합하여 **석회성분($CaCO_3$)**으로 되어 벽의 표면에 생기는 현상이다.
  ① 방지법
    ㉠ 잘 구워진(소성이 잘된) 양질의 벽돌을 사용할 것
    ㉡ 줄눈 모르타르에 방수제를 혼합하여 밀실 하게 시공
    ㉢ 빗물이 침입을 최소화하기 위해 벽면에 비막이 설치

ⓔ 벽돌 표면에 파라핀 도료를 발라 염류의 유출을 막는다.
ⓜ 물이 증발되는 시간이 길어지는 경우에 더 많이 발생하므로 여름철보다 **겨울철에 발생하는 빈도가 높다.**
ⓑ 백화현상이 심할때는 물(5)+염산(1)을 혼합하여 벽면 부위를 세척하면 백화 제거에 효과가 있다.

예제 06 실외 조적공사 시 조적조의 백화현상 방지법으로 옳지 않은 것은? [24,22,18]
① 우천시에는 조적을 금지한다.
② 가용성 염류가 포함되어 있는 해사를 사용한다.
③ 줄눈용 모르타르에 방수제를 섞어서 사용하거나, 흡수율이 적은 벽돌을 선택한다.
④ 내벽과 외벽사이 조절하단부와 상단부에 통풍구를 만들어 통풍을 통한 건조상태를 유지한다.

정답 ②

예제 07 모르타르 배합수중의 미응결수나 빗물 등에 의해 시멘트 중의 가용성 성분이 용해되어 그 용액이 조적조 표면에 백색 물질로 석출되는 현상은? [25,22,17]
① 백화현상   ② 침하현상   ③ 크리프변형   ④ 체적변형

정답 ①

6) 조적식 구조

(1) 조적식 구조의 장단점

장점	단점
① 내화 · 내구적 ② 방한 · 방서적 ③ 외관이 장중하고 미려 ④ 구조 및 시공법이 간단	① **횡력(지진, 바람 등)에 약하고 벽체에 균열이 발생되기 쉽다.** ② 벽체에 습기가 차기 쉽다. ③ 벽체 두께가 두꺼워져서 실내공간이 줄어든다.

(2) 내력벽의 높이와 길이

조적조 내력벽은 평면상 균형 있게 배치하고, 상·하층의 내력벽과 개구부 등은 수직선상에 있게 배치한다.
① 내력벽으로 둘러싸인 실의 면적은 **80m²**를 초과하지 않도록 한다.
② 내력벽의 길이는 10m 이하로 하고, 10m 이상일 경우에는 부축벽으로 보강하거나 벽붙임 두께를 증가시킨다.
③ 2층 건축물에서 2층 내력벽의 높이는 **4m**를 넘을 수 없다.
④ 각 층의 내력벽은 평면상으로 동일한 위치에 오도록 배치한다.
⑤ 내력벽이 이중벽인 경우에는 이중벽 중 하나의 벽만 내력벽으로 인정한다.

(3) 개구부의 설치

① 개구부 폭의 합계는 그 벽 길이의 **1/2 이하**로 한다.
② 개구부와 개구부와의 수직거리는 60cm 이상으로 한다.
③ 개구부 상호간, 개구부와 대린벽의 중심과의 수평거리는 그 벽 두께의 2배 이상으로 한다.
④ 창문을 위한 개구부는 상하 수직·수평으로 설치하는 것이 유리하다.

7) 벽돌 소요량

① 벽돌 정미량 = 벽돌쌓기 면적 × 단위 면적당 장수
② 벽돌 구매량 = 정미량 × (1 + 할증률)
   ※ 할증률 : 시멘트 벽돌 5%, 붉은 벽돌과 내화 벽돌 3%
③ 단위 수량

(단위 : 장/㎡)

종류		0.5B	1.0B	1.5B	2.0B	줄눈
표준형	190×90×57	75	149	224	298	10
일반형(기존형)	210×100×60	65	130	195	260	10
내화벽돌	230×114×65	59	118	177	236	6

예제 08 벽돌벽 두께 1.5B, 벽면적 40㎡ 쌓기에 소요되는 점토벽돌(190×90×57mm)의 소요량은? (단, 할증률은 3%로 계산) [25,22,17]

① 8850장　② 8960장　③ 9229장　④ 9408장

해설 | 벽돌량 산출
1.5B = 40×224×1.03(할증률)=9,228.8장≒9,229장

정답 ③

2. 블록공사

1) 블록의 규격

구분	길이	높이	두께	허용값	이미지
기본형 블록	390mm	190mm	100mm 150mm 190mm	±2~3	
이형 블록	길이, 높이, 두께의 최소를 90mm 이상으로 한다.				

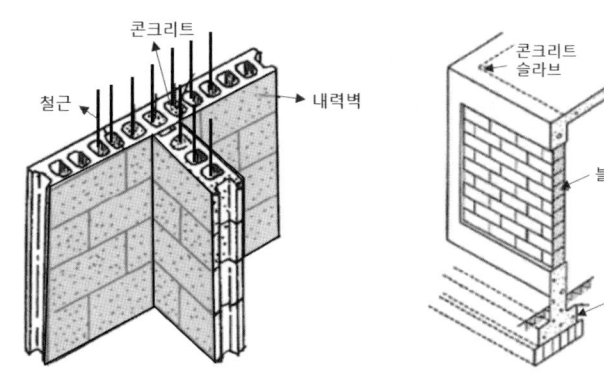

2) 블록쌓기

① 블록은 모르타르 접합 부분만 물축임을 한다.
② 일반 블록쌓기는 막힌 줄눈, 보강 블록조는 통줄눈으로 한다.
③ 하루 쌓는 높이는 1.2m(6켜)~1.5m(7켜) 정도로 한다.
④ 블록 **살(shell)두께가 두꺼운 쪽이 위로** 가게 쌓는다.(하중 분산 효과)
⑤ 쌓기용 모르타르 배합비는 1:3 ~ 1:5(시멘트:모래), 모르타르 강도는 블록강도의 1.3 ~ 1.5배 정도를 사용한다.

3) 인방보 및 테두리보

(1) 인방보(Lintel)

개구부 위에 수평으로 상부 하중을 좌우 벽으로 전달시키는 보.
인방블록은 좌우 벽면에 20cm 이상 걸치고 철근은 40d 이상 정착 시킨다.

(2) 테두리보(Wall Girder)

각 층의 벽체 상부에 철근 콘크리트보를 둘러 내력벽과 일체로 연결한 보.

① 설치 목적
  ㉠ **벽체를 일체로 연결**하여 하중을 균등하게 분산시킨다.
  ㉡ 보강블록조에서 **세로 철근을 정착**하기 위하여 사용한다.
  ㉢ 횡력에 의한 수직 균열을 방지한다.
  ㉣ 집중하중을 받는 부분의 보강재 역할을 한다.

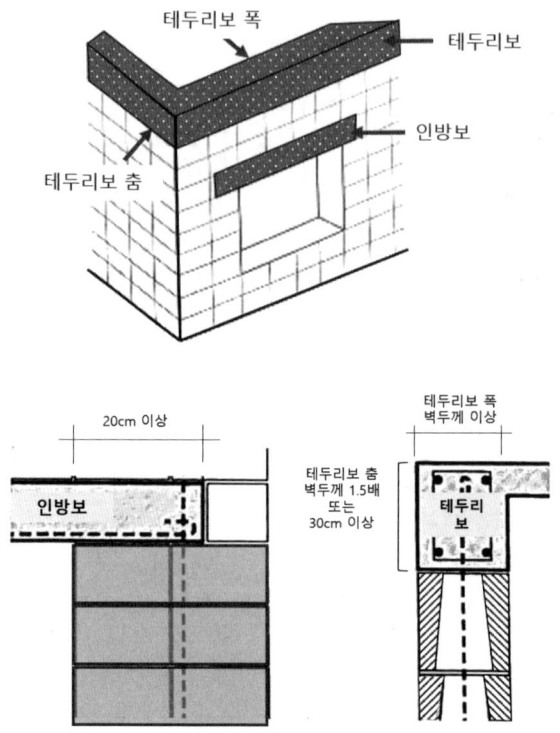

② 테두리보 치수
  ㉠ 춤 : 벽 두께의 1.5배 이상 또는 30cm 이상
  ㉡ 나비 : 벽 두께 이상
  ㉢ 철근 정착 : 40d 이상

4) 보강 블록조(보강 콘크리트 블록조)

블록의 빈공간에 철근을 넣고 철근을 넣고 콘크리트를 채워 보강한 것으로 이상적인 구조이다. 철근을 넣기 위해 통줄눈 쌓기를 하며, 블록조에서 **가장 튼튼한 구조**이다.
① 세로근은 잇지 않고 기초보 하단에서 테두리보 상단까지 40d 이상 정착시킨다.
② 철근 굵기는 D10 이상으로 하고, 내력벽 끝부분, 모서리, 개구부 주변은 D13을 사용한다.
③ 가로근, 세로근의 간격은 80cm 이내로 한다.
④ 가로근의 이음은 25d 이상으로 하고 정착길이는 40d 이상으로 한다.
⑤ 철근의 피복두께는 2cm 이상으로 한다.
⑥ 철근은 굵은 것보다 가는 철근을 많이 사용하는 것이 강도에 유리하다.

예제 09 블록조 벽체에 와이어 메시를 가로줄눈에 묻어 쌓기도 하는데 이에 관한 기술 중 거리가 먼 것은?

[23, 22]

① 전단작용에 대한 보강이다.
② 수직하중을 분산 시키는데 유리하다.
③ 블록과 모르타르의 부착을 좋게 한다.
④ 교차부의 균열을 방지하는데 유리하다.

해설 | 와이어메시(wire mesh)
연강철선을 격자 모양으로 짜고 전기용접한 것으로 용접철망이라고도 한다. 벽체, 바닥 등의 보강재로 철근 대용으로 쓰이며, 콘크리트 다짐 바닥 및 콘크리트 도로포장의 전열 방지를 위해서도 사용되며 블록을 쌓을 때나 보호 콘크리트를 타설할 때 균열을 방지 및 교차 부분을 보강하기 위해 사용된다.

정답 ③

5) **경량기포 콘크리트 블록 : ALC(Autoclaved Lightweight Concrete) Block**

경량기포 콘크리트의 일종으로 생석회, 규사, 시멘트, 플라이애시 등을 원료로 하여 고압·증기양생한 블록을 말한다.

(1) 장점
① 불연재료로 경량이며 취급이 쉬운 편이라 현장에서 절단 및 가공하기 용이하다.
② 흡음성과 차음성이 우수하고 단열성이 좋다.
③ 건조 수축률이 작아 균열의 발생이 적다.

(2) 단점
① 경량 다공성 제품으로 흡수성이 커 방수, 방습 처리가 필요하다.
② 강도가 비교적 약하다.

6) **블록 소요량**
① 계산식은 벽돌 소요량 공식과 동일
② 단위 수량

(단위 : 장/㎡)

종류	블록매수
장려형(표준형) 290 × 190 × 100, 150, 190	17
기본형(기존형) 390 × 190 × 100, 150, 190	13

예제 10 콘크리트 블록 벽체 3×5m의 크기가 있다. 블록의 소요 매수는 다음 중 어느 것인가? (단, 기본형임)

[23, 건16]

① 145 매 ② 150매 ③ 195 매 ④ 225 매

해설 | 블록량
3×5×13장=195매 (기본형은 1㎡당 13장이 소요됨)
13장 안에 할증률이 포함되어 있으므로 할증 4%를 별도로 가산하지 않는다.

정답 ③

7) 벽량 산출

단위 면적당 내력벽의 전체 길이(cm) 합계를 그 층의 바닥면적(m²)으로 나눈값을 말한다.

$$블록량(벽량 : cm/m^2) = \frac{내력벽의 길이(cm)}{바닥면적(m^2)}$$

※ 보통 내력벽의 벽량은 15cm/㎡

  보강블록조에서의 벽량은 내력벽 길이의 총합계를 그 층의 무엇으로 나눈 값인가? [24,22,16]

① 적재하중 ② 벽면적 ③ 개구부면적 ④ 바닥면적

정답 ④

핵심 기출문제

03 조적공사

1 벽돌공사

01 ▶ 19

표준형 점토벽돌의 치수로 옳은 것은?

① 210 × 90 × 57 mm
② 210 × 110 × 60 mm
③ 190 × 100 × 60 mm
④ 190 × 90 × 57 mm

해설 | 표준형 점토 벽돌의 크기
190(길이) × 90(너비) × 57(두께)mm

02 ▶ 16

그림과 같이 마름질된 벽돌의 명칭은?

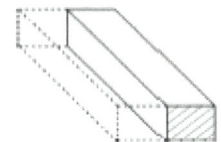

① 이오토막 ② 칠오토막
③ 반토막   ④ 반절

해설 |

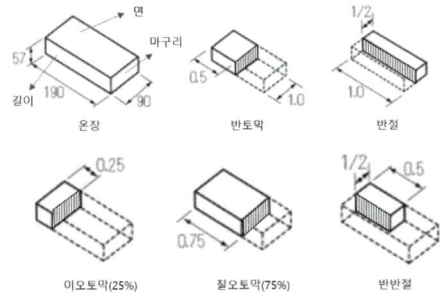

03 ▶ 14

붉은벽돌의 칠오토막의 크기는?

① 온장의 1/4
② 온장의 1/2
③ 온장의 2/3
④ 온장의 3/4

해설 | 문제 2번 해설참조

04 ▶ 15

기본벽돌(190×90×57)을 사용하여 1.5B로 벽을 쌓을 때 벽두께는? (단, 공간쌓기 아님)

① 260mm   ② 290mm
③ 310mm   ④ 320mm

해설 | 벽돌의 크기 : 표준형 190 × 90 × 57
총 벽두께는 190+10+90=290mm

05 ▶ 16,13

기본벽돌(190×90×57) 2.0B 벽두께 치수로 옳은 것은? (단, 공간쌓기 아님)

① 390mm   ② 420mm
③ 430mm   ④ 450mm

해설 | 벽돌의 크기 - 표준형 190 × 90 × 57
총 벽두께는 190 + 10 + 190 = 390mm

정답 | 01 ④ 02 ④ 03 ④ 04 ② 05 ①

06 ▶ 19,14,13
표준형 벽돌로 구성한 벽체를 내력벽 2.5B로 할 때 벽두께로 옳은 것은?

① 290 mm ② 390 mm
③ 490 mm ④ 580 mm

해설 | 벽돌의 크기 – 표준형 190 × 90 × 57
　　　　총 벽두께는 190 + 10 + 190 + 10 + 90 = 490mm

07 ▶ 20
점토벽돌에 관한 설명으로 옳지 않은 것은?

① 적색 또는 적갈색을 띠고 있는 것은 점토 내에 포함되어 있는 산화철분에 의한 것이다.
② 1종 점토벽돌의 압축강도 기준은 14.70 MPa이상이다.
③ KS표준에 의한 점토벽돌의 모양에 따른 구분은 일반형과 유공형으로 나뉜다.
④ 2종 점토벽돌의 흡수율 기준은 15.0% 이하이다.

해설 | 벽돌의 품질 기준(KSL 4201)
　　　• 1종벽돌:압축강도 24.5 N/㎟ 이상, 흡수율 10%이하
　　　• 2종벽돌:압축강도 14.79 N/㎟ 이상, 흡수율 15%이하

08 ▶ 19
점토 벽돌(KS L 4201)의 시험방법과 관련된 항목이 아닌 것은?

① 겉모양
② 압축강도
③ 내충격성
④ 흡수율

해설 | 점토 벽돌(KS L 4201)의 시험방법
　　　　겉모양, 압축강도, 흡수율

09 ▶ 20,14
조적조에서 벽체의 두께를 결정하는 요소와 가장 거리가 먼 것은?

① 벽체의 길이 ② 벽체의 높이
③ 벽돌의 제조법 ④ 건축물의 높이

해설 | 벽체의 두께를 결정하는 요소
　　　㉠ 벽체의 길이　㉡ 벽체의 높이
　　　㉢ 건축물의 높이　㉣ 건축물의 층수

10 ▶ 17,15,14
한 켜에서 마구리와 길이를 번갈아 놓아 쌓고, 다음 켜는 마구리가 길이의 중심부에 놓이게 쌓는 것으로, 통줄눈이 생겨서 덜 튼튼하지만 외관이 좋아 강도보다는 미관을 위주로 하는 벽체 또는 벽돌담 등에 사용되는 벽돌 쌓기법은?

① 불식쌓기 ② 화란식쌓기
③ 영식쌓기 ④ 미식쌓기

해설 | 불식쌓기
　　　　한 켜에 길이쌓기, 마구리쌓기로 번갈아 쌓는 방식으로 외관이 아름다운 쌓기 방식

11 ▶ 21
벽돌쌓기 방식 중 불식쌓기에 관한 설명으로 옳지 않은 것은?

① 통줄눈이 생겨서 영식쌓기에 비하여 튼튼하지 않은 편이다.
② 미관을 위주로 하는 벽체 또는 벽돌담 등에 쓰인다.
③ 벽의 모서리나 끝에는 반절 또는 이오토막을 쓰지 않고 칠오토막을 사용한다.
④ 한 켜에서 마구리와 길이를 번갈아 놓아 쌓고, 다음 켜는 마구리가 길이의 중심부에 놓이게 쌓는다.

해설 | 화란식(네덜란드)쌓기
　　　　영식쌓기와 같으나 벽의 끝이나 모서리에 칠오토막 사용

정답 | 06 ③ 07 ② 08 ③ 09 ③ 10 ① 11 ③

12 ▶ 18,17
벽돌벽을 여러 모양으로 구멍을 내어 장식적으로 쌓는 방법은?

① 공간쌓기 ② 엇모쌓기
③ 무늬쌓기 ④ 영롱쌓기

해설 | 영롱쌓기
　　　벽돌벽에 장식적으로 여러 모양으로 구멍을 내어 장식적으로 쌓는 방법

15 ▶ 13
그림과 같은 벽돌벽 치장 줄눈의 명칭은?

① 민줄눈
② 빗줄눈
③ 평줄눈
④ 오목줄눈

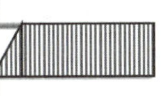

해설 | 빗줄눈
　　　빗줄눈은 방수상 가장 유리한 형태

13 ▶ 18
내력벽 벽돌쌓기에 있어서 영식쌓기가 활용되는 가장 큰 이유는?

① 토막벽돌을 이용할 수 있어 경제적이기 때문에
② 시공의 용이함으로 공사진행이 빠르기 때문에
③ 통줄눈이 생기지 않아 구조적으로 유리하기 때문에
④ 일반적으로 외관이 뛰어나기 때문에

해설 | 영식쌓기
　　　한 켜는 길이쌓기, 다음 켜는 마구리쌓기로 하며, 벽의 끝이나 모서리에 반절 또는 이오토막 사용.
　　　통줄눈이 생기지 않아 가장 튼튼한 형식

16 ▶ 13
벽돌구조에서 벽돌의 형태가 고르지 않을 때 거친 질감 효과를 내기에 가장 적당한 줄눈의 형태는 어느 것인가?

① 평줄눈
② 블록줄눈
③ 오목줄눈
④ 민줄눈

해설 | 평줄눈
　　　②·③·④는 형태가 고르고 면이 깨끗한 벽돌면에 사용

14 ▶ 16,03
벽돌구조에서 벽면이 고르지 않을 때 사용하고 평줄눈, 빗줄눈에 대해 대조적인 형태로 비슷한 질감을 연출하는 효과를 주는 줄눈의 형태는?

① 오목줄눈 ② 볼록줄눈
③ 내민줄눈 ④ 민줄눈

해설 | 내민줄눈은 벽면이 고르지 않을 때 사용하며 줄눈의 효과가 확실하다.

17 ▶ 16
각 벽돌에 관한 설명 중 옳은 것은?

① 과소벽돌은 질이 견고하고 흡수율이 낮아 구조용으로 적당하다.
② 건축용 내화벽돌의 내화도는 500~600℃의 범위이다.
③ 중공벽돌은 방음벽, 단열벽 등에 사용된다.
④ 포도벽돌은 주로 건물 외벽의 치장용으로 사용된다.

해설 | • 과소벽돌 : 질이 견고하고, 흡수율이 낮으나 형상이 일그러져 부정형이다.
　　　• 내화벽돌 : S.K(내화도) 26~42(1,580 ~2,000℃)로 소성한 벽돌
　　　• 포도벽돌 : 경질벽돌로 마멸이나 충격에 강하고, 흡수율이 작아 도로의 포장이나 바닥용으로 사용된다.

정답 | 12 ④ 13 ③ 14 ③ 15 ② 16 ① 17 ③

18 ▶ 17

점토에 톱밥, 겨, 탄가루 등을 30~50% 정도 혼합, 소성한 것으로 비중은 1.2~1.5정도이며 절단, 못치기 등의 가공성이 우수한 벽돌은?

① 포도벽돌 ② 과소벽돌
③ 내화벽돌 ④ 다공벽돌

해설 | 다공질 벽돌
- 점토에 톱밥, 겨, 탄가루 등을 30~50% 정도 혼합, 소성한 것으로 비중 1.2~1.5 정도로 가볍다.
- 방음, 흡음성이 좋으나 강도가 약해 구조용으로는 사용이 불가능하다.
- 절단, 못치기 등의 가공성이 우수하다.

19 ▶ 20

다공질 벽돌에 관한 설명으로 옳지 않은 것은?

① 살 두께가 매우 얇고 벽돌 속이 비어 있는구조로 중공벽돌이라고도 한다.
② 점토에 톱밥, 겨, 탄가루 등을 30~50% 정도 혼합, 소성하여 제조된다.
③ 방음, 흡음성이 좋으나 강도가 약해 구조용으로는 사용이 불가능하다.
④ 절단, 못치기 등의 가공성이 우수하다.

해설 | 문제 18번 해설참조

20 ▶ 19

도로나 바닥에 깔기 위해 만든 두꺼운 벽돌로서 원료로 연화토, 도토 등을 사용하여 만들며 경질이고 흡습성이 적은 특징이 있는 것은?

① 이형벽돌 ② 포도벽돌
③ 치장벽돌 ④ 내화벽돌

해설 | 문제 17번 해설참조

21 ▶ 15,13

조적조에서 내력벽을 막힌줄눈으로 하는 주된 이유는?

① 상부하중을 벽면 전체에 골고루 분산시키기 위해서
② 부착강도를 높이기 위해서
③ 인장력에 대한 강도를 증가시키기 위해서
④ 벽돌 벽면의 의장 효과를 내기 위해서

해설 | 막힌줄눈쌓기는 상부의 응력을 하부로 분산시켜주므로 내력벽쌓기에 주로 이용된다.

22 ▶ 15

조적식 구조의 벽에 설치하는 창, 출입구 등의 개구부 설치기준으로 틀린 것은?

① 각 층의 대린벽으로 구획된 각 벽에 있어서 개구부의 폭의 합계는 그 벽의 길이의 1/2 이하로 하여야 한다.
② 하나의 층에 있어서의 개구부와 그 바로 윗층에 있는 개구부와의 수직거리는 최소 900mm 이상으로 하여야한다.
③ 폭이 1.8m를 넘는 개구부의 상부에는 철근콘크리트구조의 윗 인방을 설치하여야 한다.
④ 조적식 구조인 내어민창 또는 내어쌓기창은 철골 또는 철근콘크리트로 보강하여야 한다.

해설 | 개구부와 개구부와의 수직거리는 60cm 이상으로 한다.

23 ▶ 14

벽돌 내쌓기에 있어 한켜씩 내쌓을 경우 그 내미는 길이는?

① $\frac{1}{2}B$ ② $\frac{1}{3}B$
③ $\frac{1}{4}B$ ④ $\frac{1}{8}B$

정답 | 18 ④ 19 ① 20 ② 21 ① 22 ② 23 ④

해설 | 내쌓기
- 벽면에서 부분적으로 길게 내밀어 박공벽, 수평띠 등의 모양을 내기 위해 벽면에서 벽돌을 쌓는 방식
- 내쌓기는 한 켜당 $\frac{1}{8}$B 또는 두 켜당 내밀 때는 $\frac{1}{4}$B로 하고, 최대 내미는 길이는 2.0B 이내로 한다.

24 ▶ 15
조적조에서 내력벽으로 둘러싸인 부분의 바닥면적은 최대 몇 ㎡ 이하로 하는가?

① 50㎡ ② 60㎡
③ 70㎡ ④ 80㎡

해설 |
- 내력벽으로 둘러싸인 실의 면적은 80㎡를 초과하지 않도록 한다.
- 내력벽의 길이는 10m 이하로 하고, 10m 이상일 경우에는 부축벽으로 보강하거나 벽붙임두께를 증가시킨다.
- 2층 건축물에서 2층 내력벽의 높이는 4m를 넘을 수 없다.

25 ▶ 20
조적식구조의 설계에 적용되는 기준으로 옳지 않은 것은?

① 조적식구조인 각층의 벽은 편심하중이 작용하지 아니하도록 설계하여야 한다.
② 조적식구조인 건축물 중 2층 건축물에 있어서 2층 내력벽의 높이는 4m를 넘을 수 없다.
③ 조적식구조인 내력벽으로 둘러쌓인 부분의 바닥면적은 80㎡를 넘을 수 없다.
④ 조적식구조인 내력벽의 길이는 8m를 넘을 수 없다.

해설 | 문제 24번 해설참조

26 ▶ 17
조적식구조 벽체의 길이가 12m일 때 이 벽체에 설치할 수 있는 최대 개구부 폭의 합계는? (단, 각층의 대린벽으로 구획된 벽체의 경우)

① 2m ② 3m
③ 4m ④ 6m

해설 | 각 층의 대린벽으로 구획된 각 벽에 있어서 개구부의 폭의 합계는 그 벽의 길이의 1/2 이하로 하여야 한다.

27 ▶ 16
그림과 같은 벽 A의 대린벽으로 옳은 것은?

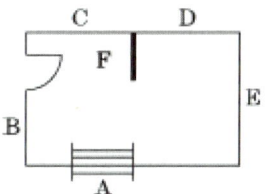

① B와 E ② C와 D
③ E와 D ④ B와 C

해설 | 대린벽
인근 건물에 면하고 있는 벽. 하나의 벽에 대하여 직각으로 설치한 여러 개의 내력벽 중 서로 인접하여 있는 벽

28 ▶ 19
벽돌구조의 특징으로 옳지 않은 것은?

① 풍하중, 지진하중 등 수평력에 약하다.
② 목구조에 비해 벽체의 두께가 두꺼우므로 실내면적이 감소한다.
③ 고층 건물에는 적용이 어렵다.
④ 시공법이 복잡하고 공사비가 고가인 편이다.

해설 | 조적식 구조의 장점
- 내화·내구적
- 방한·방서적
- 외관이 장중하고 미려
- 구조 및 시공법이 간단

정답 | 24 ④ 25 ④ 26 ④ 27 ① 28 ④

29 ▶ 14
벽돌 구조의 아치에 관한 설명 중 옳지 않은 것은?

① 아치는 부재의 하부에 인장력이 발생한다.
② 창문 너비가 1.0m 정도일 때는 수평으로 아치를 틀은 평아치로 할 수도 있다.
③ 아치벽돌을 특별히 주문 제작하여 쓴 것을 본 아치라 한다.
④ 문꼴너비가 2m 이상으로 집중하중이 올 때에는 인방보 등을 써서 보강해야 한다.

해설 | 아치쌓기
- 아치는 상부에서 오는 수직 하중이 아치 축선에 따라 옆으로 분산시키기 위한 쌓기법으로 부재의 하부에 인장력이 생기지 않도록 한다.
- 아치줄눈의 방향은 모두 중심에 모이게 한다.

2 블록공사

30 ▶ 16
보강블록조에 테두리보(Wall Girder)를 설치하는 이유와 가장 관계가 먼 것은?

① 가로철근의 정착을 위해서
② 분산된 벽체를 일체화시키기 위해서
③ 횡력에 의한 벽체의 수직균열을 막기 위해서
④ 집중하중을 직접 받는 블록을 보강하기 위해서

해설 | 테두리보(Wall Girder)
각 층의 벽체 상부에 철근 콘크리트보를 둘러 내력벽과 일체로 연결한 보.
- 벽체를 일체로 연결하여 하중을 균등하게 분산시킨다.
- 보강블록조에서 세로 철근을 정착하기 위하여 사용한다.
- 횡력에 의한 수직 균열을 방지한다.
- 집중하중을 받는 부분의 보강재 역할을 한다.

정답 | 29 ① 30 ①

04 타일공사

> **Pass Note**

예상출제문항	키워드	
1~2	- 점토 특성 - 점토재의 소성온도, 흡수성 - 점토제품의 특성	- 백화방지법 - 타일 시공법

1. 점토 특성
1) 물리적 성질

주원료	• 실리카(규산, SiO_2), 알루미나(Al_2O_3), 산화철(Fe_2O_2)
성분	• **카올린**(Kaolin) : 화학적으로 순수한 점토성분 • **산화철**(점토의 **붉은색**을 내는 것), 산화마그네슘, 산화칼슘 등을 포함하고 있다.
비중	• 비중 2.5~2.6(양질의 점토는 3.0 내외), 불순점토일수록 비중이 작다.
강도	• 인장강도 0.3~1MPa, **압축강도는 인장강도의 약 5배** • 인장강도는 점토의 조직에 관계하며, 입자 크기가 큰 영향을 준다.
입도	• 입자 크기 0.01~0.02mm
공극률	• 30~90% 내외로 점토 전용적의 백분율로 표시하며 입자의 형상, 크기에 관계한다.
함수율	• (기건 시) 작은 것 7~10%, 큰 것 40~50%
가소성	• **점토입자가 미세하고, 양질의 점토일수록 가소성이 좋고**, 가소성이 너무 클 때는 모래 또는 **샤모테**(**구운 점토분말**)를 섞어서 조절한다.
색상	• 철산화물이 많으면 적색을, 석회물질이 많으면 황색을 띠게 된다.
기타 참고	• 제조공정 　원료조합 → 반죽 → 숙성 → 성형 → 건조 → 소성 → 시유 ① **건식제법** : 단순타일에 적합, 제조능률 우수 ② **습식제법** : 복잡한 형상 타일에 적합

점토 및 점토제품에 대한 설명 중 옳지 않은 것은? [25, 22, 14]
① 과소벽돌은 견고하기 때문에 일반 구조용 재료로 적당하다.
② 화학성분 중 규산의 비율이 높은 경우 산에 대한 저항성이 증가한다.
③ 건축용 점토제품의 소성색은 철화합물, 망간화합물, 소결상황, 소결온도에 따라 달라진다.
④ 3% 이상의 흡수율을 갖는 석기질과 도기질은 동해를 일으키기 쉬우므로 외부에는 사용하지 않는 것이 좋다.

해설 | 과소벽돌은 흑갈색의 반점과 혹이 있어 구조용으로는 부적당하고 특수 장소의 장식용 혹은 기초쌓기 등으로 쓰인다.

정답 ①

종류	SK-소성온도[℃]	흡수율	색	투명도	용도
토기	700~900	20% 이상	유색	불투명	기와, 벽돌, 토관
도기	1,000~1,300	15~20%	백색, 유색	불투명	내장타일, 테라코타 타일
석기	1,300~1,450	8% 이하	유색	불투명	**바닥타일, 클링커 타일**
자기	1,300~1,450	1% 이하	백색	반투명	외장타일, **위생도기**, 모자이크 타일

※ SK – 제게르 콘(Seger Cone)법
※ 흡수성 크기 : 토기 〉 도기 〉 석기 〉 자기
※ 소성온도 및 강도 크기 : **자기** 〉 석기 〉 도기 〉 **토기**

2) 점토재의 분류

 다음 점토제품 중 소성온도가 높은 것에서 낮은 순서로 옳게 배열된 것은? [23, 21, 실건18]
① 자기-석기-도기-토기   ② 자기-도기-석기-토기
③ 도기-자기-석기-토기   ④ 도기-석기-자기-토기

정답 ①

 다음의 타일 중 흡수율이 가장 적은 것은? [24, 21]
① 석기질타일   ② 자기질타일   ③ 토기질타일   ④ 도기질타일

정답 ②

2. 점토 제품

1) 타일

종류	특성
폴리싱타일	표면을 연마하여 **고광택**을 유지하도록 만든 시유타일로 **대형타일**에 많이 사용되며, 천연화강석의 색깔과 무늬가 표면에 나타나게 만든 타일이다.
모자이크타일	**자기질계의 소형 타일**로 다양하게 많이 사용되며 아트 모자이크, 라스 모자이크 등이 있다.
스크래치타일	표면이 긁힌 모양인 외장용 타일로 미끄럼 방지 목적으로 사용되는 타일이다.
논슬립타일	계단 디딤판 끝에 붙여 미끄럼막이 역할을 하는 타일이다.
클링커타일	석기질계의 표면이 거친 타일로 주로 외부 바닥이나 옥상에 사용되며, 장식효과와 미끄럼막이로도 유효한 타일이다.

2) 테라코타(terra-cotta)

① 점토를 반죽하여 조각 형틀로 가압성형하여 만든 점토제품이다.
② 구조용 테라코타 : 가벽이나 장식벽에 사용되는 속이 빈 제품
③ 장식용 테라코타 : 돌림대, **기둥, 파라펫, 주두** 등 내·외장 장식용 제품
④ 화강암보다 **내화력이 강하고**, 대리석보다 **풍화에 강해** 외장에 적당하다.
⑤ 일반 석재보다 가볍고, 압축강도는 800~900kg/cm²로 화강암의 1/2 정도이다.

3) 기타 점토제품

종류	특성
세라믹 제품	• **내열성, 내후성, 화학저항성이 우수**하다. • 내마모성은 좋고 가공이 용이하나 충격에 약하다. • 내구적으로 단단하고, 압축강도가 높다. • 전기절연성이 있다.
위생도기	• 세면기, 변기, 싱크, 욕조 등에 사용 • 내산성·내알칼리성으로 표면이 평활하고 색감이 좋으며 작은 구멍 등의 결점이 없으며 오염이 되어도 청소기 용이하다.
연질타일 바닥재	• **리놀륨계 타일 : 내유성은 우수**, 내알칼리성, 내마모성, 내수성이 약하다. • 고무계 타일 : 내마모성 우수, 내수성은 보통이다. • 아스팔트타일 : 내유성, 내산성은 우수 하나 내알칼리성이 약하다. • 전도성타일 : 정전기 발생이 일어나는 장소에 사용한다.

예제 04 타일에 관한 설명으로 옳지 않은 것은? [23,22,18]
① 일반적으로 모자이크타일 및 내장타일은 건식법, 외장타일은 습식법에 의해 제조된다.
② 바닥타일, 외부타일로는 주로 도기질 타일이 사용된다.
③ 내부벽용 타일은 흡수성과 마모저항성이 조금 떨어지더라도 미려하고 위생적인 것을 선택한다.
④ 타일은 일반적으로 내화적이며, 형상과 색조의 표현이 자유로운 특성이 있다.

해설 | • 석기 : 바닥타일, 클링커 타일, • 자기 : 외장타일, 위생도기, 모자이크 타일

정답 ②

예제 05 점토소성제품에 대한 설명으로 옳은 것은? [24,21,16]
① 내부용 타일은 흡수성이 적고 외기에 대한 저항력이 큰 것을 사용한다.
② 오지벽돌은 도로나 마룻바닥에 까는 두꺼운 벽돌을 지칭한다.
③ 장식용 테라코타는 난간벽, 주두, 창대 등에 많이 사용된다.
④ 경량벽돌은 굴뚝, 난로 등의 내부 쌓기용으로 주로 사용된다.

정답 ③

3. 타일 시공

1) 타일 시공시 일반사항

(1) 타일 붙이기순서

바탕처리 → 타일나누기 → 타일 붙이기 → 치장줄눈 → 보양

(2) 타일 붙이기

① 바탕의 청소와 **물축임은 타일 붙이기 직전**에 실시한다.
② 모르타르 배합비는 경질타일 1:2, 연질타일 1:3로 한다.
③ 내벽 타일은 아래에서 위로 붙인다.
④ 하루 붙임 높이는 1.2~1.5m 정도로 한다.(대형은 0.7~0.9m)
⑤ 모르타르는 건비빔 후 3시간 이내, 물부어 반죽한 후 1시간 이내에 사용한다.
⑥ 벽타일 붙이기는 밑에서 위로 줄눈파기는 세로에서 가로방향으로 한다.

(3) 동해(凍害) 방지법

① 겨울철 온도가 낮아 박리, 균열, 백화, 동해 등 동결현상이 발생한다.
② 소성온도가 높은 타일을 사용한다.
③ 흡수성이 낮은 타일을 사용한다.
④ 줄눈 누름을 충분히 하여 빗물의 침투를 방지한다.
⑤ 붙임용 모르타르 단위수량을 적게 하고, 배합비를 정확히 한다.
⑥ 바탕면과 접착 모르타르의 접착성을 좋게 한다.

(4) 백화현상(白花, Efflorescence) 방지법

벽에 물이 스며들어 벽체 표면에 흰색가루가 나타나는 현상으로, 벽의 표면에 침투하는 빗물로 인해 점토재 및 줄눈 모르타르 중의 **석회분이 표면에 유출**될 때 공기 중의 탄산가스와 결합하여 **석회성분($CaCO_3$)** 으로 되어 벽의 표면에 생기는 현상이다.

① 잘 구워진(소성이 잘된) 양질의 벽돌을 사용할 것
② 줄눈 모르타르에 **방수제**를 혼합하여 밀실 하게 시공
③ 빗물이 침입을 최소화 하기 위해 벽면에 비막이 설치
④ 벽돌 표면에 파라핀 도료를 발라 염류의 유출을 막는다.

2) 치장줄눈

① 타일을 붙인 후 3시간이 경과한 후 줄눈파기 하고 24시간 경과 후 치장줄눈을 한다.
② 치장줄눈 직전에 물을 뿌려 습윤상태를 유지한다.
③ 치장줄눈 배합비는 1:1로 한다.
④ 치장줄눈 나비가 5mm 이상일 때는 2회 나누어 흙손으로 빈틈없이 누른다.

 타일 줄눈 크기
- 대형(외부)타일 : 10 ~ 9mm
- 대형(내부)타일 : 6mm
- 소형 타일 : 3mm
- 모자이크 타일 : 2mm

3) 보양 및 청소

① 바닥 타일을 붙인 후 보양재로 보양하고 3일간은 진동이나 보행을 금한다.
② 외부타일 붙임인 경우에는 태양의 직사광선 및 풍우 등으로 손상받을 우려가 있는 곳은 시트 등으로 보양한다.(**직사광선 피한다.**)
③ 한중공사 시 시공면 보호를 위해 외기의 기온이 2℃ 이하일 때 시공 부분을 보온하여야 한다.
④ 치장줄눈 완료 후 헝겊, 스폰지 등으로 청소한다.
⑤ 줄눈을 넣은 후 경화 불량의 우려가 있거나 24시간 이내에 비가 올 우려가 있는 경우에는 폴리에틸렌 필름 등으로 차단 및 보양을 한다.

예제 06 타일공사에 관한 설명 중 옳은 것은? [25,22]

① 모자이크 타일의 줄눈너비의 표준은 5mm 이다.
② 벽체타일이 시공되는 경우 바닥타일은 벽체타일을 붙이기 전에 시공한다.
③ 타일을 붙이는 모르타르에 시멘트 가루를 뿌리면 백화가 방지된다.
④ 바탕 모르타르를 바른 후 타일을 붙일 때까지는 여름철(외기온도 25℃ 이상)은 3~4일 이상의 기간을 두어야 한다.

정답 ④

예제 07 타일공사에서 시공 후 타일접착력 시험에 관한 설명으로 옳지 않은 것은? [24, 22]

① 타일의 접착력 시험은 600m²당 한 장씩 시험한다.
② 시험할 타일은 먼저 줄눈 부분을 콘크리트면까지 절단하여 주위의 타일과 분리시킨다.
③ 시험은 타일 시공 후 4주 이상일 때 시행한다.
④ 시험결과의 판정은 타일 인장 부착강도가 10MPa 이상이어야 한다.

해설 | 타일접착력 시험결과의 판정은 타일 인장 부착강도가 0.4MPa 이상이어야 한다.

정답 ④

핵심 기출문제

04 타일공사

01 ▶ 21
점토 재료에 관한 설명 중 옳지 않은 것은?

① 점토의 주성분은 실리카(SiO_2), 알루미나(Al_2O_3) 등이다.
② 점토의 가소성이 너무 큰 경우에는 모래나 샤모트 등을 혼합하여 조절한다.
③ 보통벽돌, 기와, 토관의 원료로는 주로 석회질 점토가 사용된다.
④ 점토의 소성온도 측정법으로 제게르 콘(Seger Cone)법이 있다.

해설 | 보통벽돌, 기와, 토관의 원료로는 주로 사질 점토가 사용된다.

02 ▶ 13
점토에 대한 설명 중 옳지 않은 것은?

① 양질의 점토일수록 가소성이 좋다.
② 점토를 소성하면 강도가 현저히 증대된다.
③ 가소성이 너무 클 때는 모래 또는 샤모테 등의 제점제를 섞어서 조절한다.
④ 불순물이 많은 점토일수록 비중이 크다.

해설 | 비중은 불순 점토일수록 작다.

03 ▶ 18
점토의 물리적 성질에 관한 설명으로 옳지 않은 것은?

① 비중은 불순한 점토 일수록 낮다.
② 점토입자가 미세할수록 가소성은 좋아진다.
③ 인장강도는 압축강도의 약 10배이다.
④ 비중은 약 2.5~2.6 정도이다.

해설 | 인장강도 0.3~1MPa, 압축강도는 인장강도의 약 5배

04 ▶ 13
점토의 물리적 성질에 대한 설명 중 옳지 않은 것은?

① 점토의 가소성은 점토 입자가 미세할수록 좋다.
② 점토의 인장강도는 입자 크기에 큰 영향을 받는다.
③ 점토의 수축은 건조 및 소성 시 주로 발생한다.
④ 점토 색상은 석고 물질이 많으면 적색을 띤다.

해설 | 점토 색상은 산화철이 많으면 적색을 띤다.

05 ▶ 14
점토의 성질에 관한 설명으로 틀린 것은?

① 알루미나가 많은 점토는 가소성이 좋다.
② 양질의 점토는 건조상태에서 현저한 가소성을 나타내며 가소성이 너무 작은 경우에는 모래 등을 첨가하여 조절한다.
③ 점토의 비중은 일반적으로 2.5~2.6의 범위이나 Al_2O_3가 많은 점토는 3.0에 이른다.
④ 강도는 점토의 종류에 따라 광범위하며, 압축강도는 인장강도의 약 5배 정도이다.

해설 | 가소성이 너무 클 때는 모래 또는 샤모테등의 제점제를 섞어서 조절한다.

06 ▶ 18
건축용 점토제품에 관한 설명으로 옳은 것은?

① 저온 소성제품이 화학저항성이 크다.
② 흡수율이 큰 제품이 백화의 가능성이 크다.
③ 제품의 소성온도는 동해저항성과 무관하다.
④ 규산이 많은 점토는 가소성이 나쁘다.

정답 | 01 ③ 02 ④ 03 ③ 04 ④ 05 ② 06 ②

07 ▶ 14
점토 재료에서 SK 번호는 무엇을 의미하는가?

① 소성하는 가마의 종류를 표시
② 소성온도를 표시
③ 제품의 종류를 표시
④ 점토의 성분을 표시

해설 | 점토의 소성온도 측정법으로 SK[제게르 콘(Seger Cone)]법이 있다.

08 ▶ 18
점토제품 중에서 흡수성이 가장 큰 것은?

① 토기　　② 도기
③ 석기　　④ 자기

해설 | 흡수성 크기 : 토기 〉 도기 〉 석기 〉 자기

09 ▶ 17
각 점토제품에 관한 설명으로 옳은 것은?

① 자기질 타일은 흡수율이 매우 낮다.
② 테라코타는 주로 구조재로 사용된다.
③ 내화벽돌은 돌을 분쇄하여 소성한 것으로 점토제품에 속하지 않는다.
④ 소성벽돌이 붉은색을 띠는 것은 안료를 넣었기 때문이다.

해설 | 문제 8번 해설참조

10 ▶ 18,13
점토제품 중 소성온도가 가장 높고 흡수성이 작으며 타일이나 위생도기 등에 쓰이는 것은?

① 토기　　② 도기
③ 석기　　④ 자기

해설 | 소성온도 및 강도 크기 : 자기 〉 석기 〉도기 〉 토기

11 ▶ 13
점토재료 중 자기에 대한 설명으로 옳은 것은?

① 자기는 적색이며, 다공질로서 두드리면 탁음이 난다.
② 흡수율이 5% 이상이다.
③ 1,000℃ 이하에서 소성된다.
④ 위생도기 및 모자이크 타일 등으로 사용된다.

해설 | ① 자기는 백색이며, 유리질로써 두드리면 금속성을 낸다.
② 흡수성이 거의 없다.
③ 1,300℃~1,500℃의 높은 온도로 소성된다.

12 ▶ 21
자기질 점토소성제품에 대한 설명으로 옳지 않은 것은?

① 조직이 치밀하고, 도기나 석기에 비하여 강도가 높다
② 도기질보다 낮은 1,100℃ 내외의 고온으로 소성한다.
③ 흡수성이 낮으며, 반투명한 백색을 띈다.
④ 주로 타일 및 위생도기 등에 사용된다.

해설 | 문제 11번 해설참조

13 ▶ 14
점토제품인 위생도기의 구비조건으로 옳지 않은 것은?

① 외관이 아름답고 청결할 것
② 내산성 및 내알카리성이 클 것
③ 수세나 청소에 적합할 것
④ 탄력성이 있어 파손이 쉽게 되지 않을 것

해설 | 위생도기제는 탄성, 열팽창계수, 열전도율이 매우 작고 깨지기 쉽고 충격에 약하다.

정답 | 07 ② 08 ① 09 ① 10 ④ 11 ④ 12 ② 13 ④

14
▶ 15

점토제품의 흡수성과 관계된 현상으로 가장 거리가 먼 것은?

① 녹물 오염
② 백화(白華)
③ 균열
④ 동해(凍害)

15
▶ 20, 13

타일의 제조공정에서 건식제법에 관한 설명으로 옳지 않은 것은?

① 내장타일은 주로 건식제법으로 제조된다.
② 제조능률이 높다.
③ 치수 정도(精度)가 좋다.
④ 복잡한 형상의 것에 적당하다.

해설 | 건식제법은 단순타일에 적합하고, 습식제법은 복잡한 형상 타일에 적합하다.

16
▶ 20

타일의 제조공법에 관한 설명으로 옳지 않은 것은?

① 건식제법에는 가압성형과정이 포함된다.
② 건식제법이라 하더라고 제작과정 중에 함수하는 과정이 있다.
③ 습식제법은 건식제법에 비해 제조능률과 치수·정밀도가 우수하다.
④ 습식제법은 복잡한 형상의 제품제작이 가능하다.

해설 | 건식제법은 제조능률과 치수·정밀도가 우수하며, 습식제법은 정밀도가 낮다.

17
▶ 19

모자이크 타일의 점토재로 가장 알맞은 것은?

① 토기질
② 도기질
③ 석기질
④ 자기질

해설 | 자기 : 외장타일, 위생도기, 모자이크 타일

18
▶ 19

클링커타일(Clinker tile)이 주로 사용되는 장소에 해당하는 곳은?

① 침실의 내벽
② 화장실의 내벽
③ 테라스의 바닥
④ 화학실험실의 바닥

해설 | 클링커 타일
석기질계의 표면이 거친 타일로 주로 외부 바닥이나 옥상에 사용되며, 장식효과와 미끄럼막이로도 유효한 타일이다.

19
▶ 13

비교적 두꺼운 외부바닥용 타일로 시유 또는 무유의 석기질 타일의 명칭은?

① 모자이크 타일
② 논슬립 타일
③ 클링커 타일
④ 내장 타일

해설 | 문제 18번 해설참조

정답 | 14 ① 15 ④ 16 ③ 17 ④ 18 ③ 19 ③

20 ▶ 15
다음 중 점토 제품이 아닌 것은?

① 테라죠 ② 테라코타
③ 타일 ④ 내화벽돌

해설 | 테라죠판(Terrazzo)
  ㉠ 대리석을 종석으로 고가인 천연석을 대체할 목적으로 생산되었으며 인조석 자체의 특성을 그대로 갖춘 대표적인 인조대리석으로 건축물의 바닥재로 쓰인다.
  ㉡ 대리석, 화강암 등의 분수골재, 안료, 시멘트 등을 혼합한 콘크리트로 성형하고, 경화한 후 표면을 연마 광택을 내어 마무리한 석재제품이다.

정답 | 20 ①

05 금속공사

Pass Note

예상출제문항	키워드	
2	- 강의 물리적 성질 - 강의 응력-변형률곡선 - 비철금속 종류	- 부식방지 - 금속제품 종류

1. 철강

철강은 철(Fe)을 주로 하여 탄소(C)와 규소(Si), 황(S), 인(P), 망간(Mn) 등을 함유하고 있으며 탄소의 함유량 및 가공온도에 따라 철강의 물리적 성질이 달라진다.

1) 강의 물리적 성질

종류	비중	탄소함유량[%]	융점[°C]	성질
연철 (순철)	7.87	0.04 이하	1,480°C 이상	• 연성과 전성이 크며 가단성이 좋다. • 극연강으로 취급하기 힘드나 알칼리에 강하다.
강 (탄소)	7.85	0.04~1.7	1,450°C 이상	• 구조용 금속재로서 강도가 크고 가단성과 주조성이 있으며 열처리가 가능하다. • 연강 : 철골철근, 리벳 등에 사용 • 경강 : 기계, 공구 등에 사용
주철	7.05	1.7~4.5	1,100~1,250°C	• 경질이며 주조성은 좋으나 용접이 불가능하다. • 철광석에서 뽑아낸 것으로 Fe(철) 이외에 불순물이 많이 포함되어 있다. • 내식성이 우수하여 창호철물, 장식철물, 맨홀 뚜껑 등에 사용

① 탄소의 양이 증가하면 비중, 열전도율, 열팽창계수는 감소하고 비열과 전기 저항은 증가한다.
② 강은 탄소함유량이 적을수록 연질이고, 강도는 작아지나 신장률은 커진다.
③ 강의 열팽창계수는 콘크리트와 비슷하여 철근콘크리트 구조로 많이 사용됨.

 Note 내식성
금속 부식에 대한 저항력으로, 내식성이 매우 높다는 것은 부식에 강하다는 의미이며 내식성이 매우 높은 금속으로 **티타늄**이 있다.

2) 강의 강도(기계적 성질)
   ① 온도에 따라 강도가 변화하는데 100℃ 이상이 되면 인장강도가 증가하며 250℃에서 최대가 되며 그 이상부터는 감소한다.
      ㉠ 500℃에서는 0℃일 때의 1/2로 감소
      ㉡ 600℃에서는 0℃일 때의 1/3로 감소
      ㉢ 900℃에서는 0℃일 때의 1/10로 감소
   ② **항복점과 탄성한계는 온도가 상승함에 따라 감소한다.**
   ③ 연신율(인장시험 때 재료가 늘어나는 비율)은 200~300℃에서 최소가 된다.
   ④ 휨강도는 180℃이다.

> **Note** 강의 성질적 특성
> - 강은 일반적으로 **탄소함유량이 증가할수록 비열, 전기저항, 항복강도, 인장강도, 경도 등은 증가**하고, 비중, 열전도율, 열팽창계수, 연신율, 단면 수축률, 신도, 내식성 등은 감소한다.
> - 강의 강도는 탄소량이 증가함에 따라 상승하며 약 0.85%에서 최대이고, 그 이상이 되면 다시 내려간다.
> - 탄소함유량이 0.9~1%일 때 인장강도는 최대이고, 그 이상일 때 경도는 일정하다.
> - 건설용 강재의 재료시험 항목
>   ㉠ **인장강도** 시험 ㉡ **연신율** 시험 ㉢ **굽힘** 시험

예제 01 강의 일반적 성질에 관한 설명으로 옳지 않은 것은? [23, 21, 16]
① 탄소함유량이 증가할수록 강도는 증가한다.
② 탄소함유량이 증가할수록 비열·전기저항이 커진다.
③ 탄소함유량이 증가할수록 비중·열전도율이 올라간다.
④ 탄소함유량이 증가할수록 연신율·열팽창계수가 떨어진다.

해설 | 강은 일반적으로 탄소함유량이 증가할수록 비열, 전기저항, 항복강도, 인장강도, 경도 등은 증가하고, 비중, 열전도율, 열팽창계수, 연신율, 단면 수축률, 신도, 내식성 등은 감소한다.

정답 ③

3) 강(탄소강)의 응력-변형률곡선

A : 비례한도	비례한도 외력을 가하면 응력은 어느 일정한 값에 도달하기까지는 정비례하여 커지는데, 이때 응력과 비례하여 성립되는 최대한도
B : 탄성한도	외력의 제거 시 **응력과 변형이 0으로 돌아가는** 최대한도
C : 상위 항복점 D : 하위 항복점	외력의 작용 시 상위 항복점이 변형되면 응력은 별로 증가하지 않으나 변형은 증가하여 하위 항복점에 도달
E : 최대응력	응력과 변형이 비례하지 않는 상태
F : 파괴점	응력이 증가하지 않아도 스스로 변형이 커져서 파괴되는 상태

※ 항복비 : 항복점과 인장강도의 비

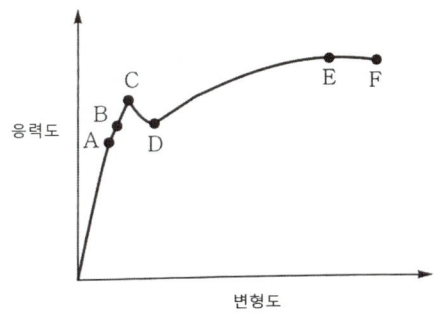

예제 02	강의 기계적 성질 중 항복비를 옳게 나타낸 것은? [24,22,17]
	① 인장강도 / 항복강도　　② 항복강도 / 인장강도
	③ 변형률 / 인장강도　　　④ 인장강도 / 변형률

해설 | 항복비 : 항복점과 인장강도의 비

정답 ②

4) 강의 성형방법

단조	가열된 강을 해머나 프레스로 두드려 성형
주조	가열된 강을 거푸집(주형)에 부어 냉각하여 성형
압연	가열된 강을 롤러 사이로 관통시켜 강판, 형강을 성형
인발(견인)	가열된 강을 작은 형틀의 좁은 구멍을 관통시켜 철선, 못 등을 성형

5) 강의 열처리

구분	방법	특성
풀림(소준)	800~1,000℃로 가열 후 노(爐) 속에서 천천히 냉각	강의 **연화 및 내부응력** 제거
불림(소둔)	800~1,000℃로 가열 후 대기(공기) 중에서 천천히 냉각	강의 결정이 **미세화 및 조직개선**, 강도가 증대
담금질(소입)	가열된 강을 물이나 기름 속에서 급속히 냉각	강도, 경도, 내마모성 증대
뜨임질(소려)	담금질한 강을 다시 200~600℃ 정도로 다시 가열한 다음 공기 중에서 천천히 냉각	**인성, 강성이 증대**되며, 강인한 강이 되어 변형이 없어진다.

예제 03	담금질을 한 강에 인성을 주기 위하여 변태점 이하의 적당한 온도에서 가열한 다음 냉각시키는 조작을 의미하는 것은? [21,16,15]
	① 풀림　　② 불림　　③ 뜨임질　　④ 사출

정답 ③

6) 강의 종류

(1) 주철
① 주철의 탄소함유량은 2.5~4.5% 범위의 철
② 내식성 및 주조성이 우수하나, **압연·단조 등의 기계적 가공은 할 수 없다.**
③ 보통 주철은 선철로 만든 주철로서 방열기, 주철관, 맨홀커버, 계단 등으로 사용된다.

(2) 합금강
① 강의 성질을 향상시킬 목적으로 탄소강에 다른 원소를 한 가지 이상 혼합한 것을 합금강이라 하며 대표적인 특수 합금강이 녹방지와 경량화를 위해 개량한 스테인리스강이다.
② 합금강은 PC 강선, PC 강봉, 교량 강재 등에 사용된다.
③ **스테인리스강**(stainless steel) : **크롬 또는 니켈** 등을 강에 첨가하여 철의 최대 단점인 내식성의 부족을 개선할 목적으로 만들어진 녹슬지 않도록 한 금속재료이다. 가벼우며 광택이 좋고 납땜도 가능하다.

예제 04 스텐인리스강(Stainless Steel)은 탄소강에 어떤 주요 금속을 첨가한 합금강인가? [23,21,20,16]
① 알루미늄(Al) ② 구리(Cu) ③ 망간(Mn) ④ 크롬(Cr)

정답 ④

2. 비철금속

종류	특성
구리 (銅:동)	① 열전도율과 전기전도율, 인성과 가공성이 우수하다. ② 내식성은 크나 **산·알칼리에 약하여** 암모니아에 침식된다. ③ 아름다운 색과 광택을 지닌다. ④ 용도 : **지붕재료**, 전기재료, 철사, 못, 홈통 등
황동 (놋쇠)	① 구리 + **아연**(10~40%)을 첨가하여 만든 합금 ② 외관이 미려하며 주조와 가공이 구리에 비해 쉽다. ③ 내식성이 크고 내구성이 좋아 창호철물로 사용된다. ④ 용도 : 다양한 장식품, 창호철물 등에 사용된다.
청동	① 구리 + **주석**(4~12%)을 첨가하여 만든 합금 ② 아름다운 **청록색의 광택**이 + 나며 내식성이 크고 주조하기 쉽다. ③ 용도 : **장식, 공예·미술재료** 등에 사용된다.
알루미늄	① 보크사이트 알루미나(Al_2O_3)로 제조한 대표적인 경금속으로 철강 다음으로 많이 사용된다. ② 비중이 2.7(철의 1/3)로 경량이나 강도가 커서 구조재로 용이하다. ③ **열팽창이 철의 약 2배**로 크고, 공기중에 산화피막이 생겨 **내식성이 크다.** ④ **산과 알칼리, 해수에 약하므로** 접촉면은 반드시 방식처리를 해야 한다. ⑤ 용도 : 마감재, 창호재, 실내장식, 가구, 커튼레일 등
납	① 비중이 11.4로 높으며, 인장강도가 1.4~8.4로 극히 작다. ② X선의 차단효과가 콘크리트의 100배 정도로 크나, 알칼리에 약하다. ③ 용도 : 내약품성 기구, 급수배관, 트랩 체임버, 스프링클러, 배전반 퓨즈 등에 사용된다.

주석	① 비중이 7.3 정도로 큰 금속으로 전성·연성과 내식성이 우수하다. ② 용융점은 낮고, 알칼리에 천천히 침식된다. ③ 산소나 이산화탄소의 작용을 받지 않아 대기 중이나 수중에서 녹슬지 않는다. ④ 단독으로 사용하는 경우는 드물고, 철판에 도금할 때 사용된다. ⑤ 용도 : 난로의 연통, 방식 피복재료 등
아연	① 청백색의 금속으로, 강도가 크고 연성 및 **내식성이 우수**하여 부식을 방지하는 도금재료 및 합금재료로 사용된다. ② 건조 공기 중에서는 거의 산화되지 않으며, 습기나 탄산가스가 있으면 염기성 탄산아연 보호막이 생성되어 내부 산화를 막는다. ③ 용도 : 아연도금 강판, 지붕재료, 피복재 등
함석	① 표면에 **아연을 도금**한 강철판이다. ② 용도 : 지붕재, 홈통재료 등
니켈	① 주로 합금용으로 청백색을 띤다. ② 전성과 연성이 크고 풍부하고 내식성이 크다.

예제 05 건축용 각종 금속재료 및 제품에 관한 설명 중 틀린 것은? [25,22,19,15]

① 구리는 화장실 주위와 같이 암모니아가 있는 장소나, 시멘트, 콘크리트 등 알칼리에 접하는 경우에는 빨리 부식하기 때문에 주의해야 한다.
② 납은 방사선의 투과도가 낮아 건축에서 방사선 차폐 재료로 사용된다.
③ 알루미늄은 대기 중에서는 부식이 쉽게 일어나지만 알칼리나 해수에는 강하다.
④ 니켈은 전연성이 풍부하고 내식성이 크며 아름다운 청백색 광택이 있어 공기 중 또는 수중에서 색이 거의 변하지 않는다.

해설 | 알루미늄은 공기 중에 산화피막이 생겨 내식성이 크나, 산과 알칼리, 해수에 약하므로 접촉면은 반드시 방식처리를 해야 한다.

정답 ③

예제 06 알루미늄에 관한 설명으로 옳지 않은 것은? [24,21,20]

① 250~300℃에서 풀림한 것은 콘크리트 등의 알칼리에 침식되지 않는다.
② 비중은 철의 1/3 정도이다.
③ 전연성이 좋고 내식성이 우수하다.
④ 온도가 상승함에 따라 인장강도가 급격히 감소하고 600℃에 거의 0이 된다.

정답 ①

3. 금속의 부식방지법

금속은 공기, 물, 흙, 전기작용에 의해 부식이 발생된다.

1) 금속의 부식예방법

① 가능한 이종 금속을 인접 또는 접촉사용을 금지

② 표면이 균질하고 청결한것을 사용하며 사용 시 큰 변형금지
③ 표면이 평활하고 가능한 한 **건조한 상태**를 유지할것
④ 가공 중 변형이 생긴 것은 **열처리방법(풀림, 뜨임질)**으로 제거하고 사용
⑤ 내식성이 큰 도료를 피복하여 표면을 보호한다.

 예제 07 금속재료의 부식을 방지하는 방법이 아닌 것은? [25, 22, 14]
① 이종 금속을 인접 또는 접촉시켜 사용하지 말 것
② 균질한 것을 선택하고 사용 시 큰 변형을 주지 말 것
③ 큰 변형을 준 것은 풀림(Annealing)하지 않고 사용할 것
④ 표면을 평활하고 깨끗이 하며, 가능한 건조 상태로 유지할 것

정답 ③

2) 금속의 이온화 경향

서로 다른 금속이 접촉할 때 그 부분에 수분이 있을 경우에는 전기분해가 일어나 이온화 경향이 큰 금속이 음극으로 되어 전기적 부식현상을 일으키게 된다.

K 〉 Ca 〉 Na 〉 Mg 〉 Al 〉 Zn 〉 Fe 〉 Ni 〉 Sn 〉 H

 Note 녹막이 도료(방청 페인트)
표면에 도포하여 부식 방지 및 내구성 등을 향상 시키기 위한 목적의 도장이다.

구분		종류
금속	녹막이칠 (방청페인트)	① 광명단(철제) ② 징크크로메이트(알루미늄) ③ 역청질 도료 ④ 알루미늄 도료 ⑤ 아연분말 도료 ⑥ 산화철 녹막이 도료
목재	방부도장	① 크레오소트 ② 콜타르 ③ 아스팔트 페인트 ④ 유성페인트

4. 금속제품

1) 긴결용 금속제품

① 듀벨(dubel)
목구조에 사용하는 보강철물로 인장력에 저항하는 볼트와 함께 사용한다. (듀벨은 전단력에 저항)
② 인서트(insert)
콘크리트에 구조물을 달아 매기 위해 콘크리트 타설 전 미리 묻어 넣는 고정철물로 **주철재**를 재질로 사용한다.
③ 익스팬션 볼트(expansion bolt)
콘크리트에 다른 부재를 고정하기 위하여 묻어 두는 특수형의 볼트로, 벽체 등에 박으면 끝이 벌어져(확장됨)구멍 내부에 고정이 된다.
④ 드라이브핀(drive pin)
못박기총(타카)으로 콘크리트벽이나 강재 등에 박는 특수 못

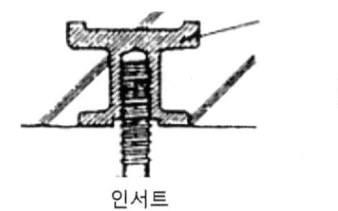 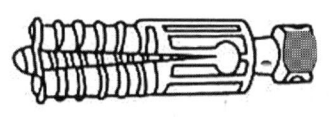 

인서트　　　　　　　익스텐션 볼트　　　　　드라이브핀

2) 수장·장식용 금속제품

① 펀칭메탈(punching metal)
　두께 1.2mm 이하의 박판에 **여러 가지 모양의 구멍**을 뚫은 가공판으로 환기구멍, 라지에이터, 장식용 판넬 등으로 사용된다.

② 조이너(joiner)
　천장, 벽 등에 보드류를 붙일 때 그 **이음새를 감추거나 이질재와의 조인트 접합부**에 사용하는 가는 막대 모양의 줄눈재 철물로, 알루미늄이나 플라스틱으로 만든다.

③ 논슬립(non slip)
　계단의 디딤판 끝에 부착하여 미끄러짐 방지하는 철물로, 스테인리스강제, 놋쇠, 고무제, 황동제 등이 사용된다.

④ 코너비드(corner bead)
　미장바름 시 **기둥·벽 모서리**를 상하지 않도록 보호하기 위한 철물

⑤ 줄눈대(metallic joiner)
　인조석 등의 바름에 신축·균열 방지 및 장식효과를 위해 사용되는 줄눈

⑥ 스팬드럴 패널(spandrel panel)
　스테인리스강판, 알루미늄판으로 제작되며 스팬드럴(경량천정 덮개) 패널이다.

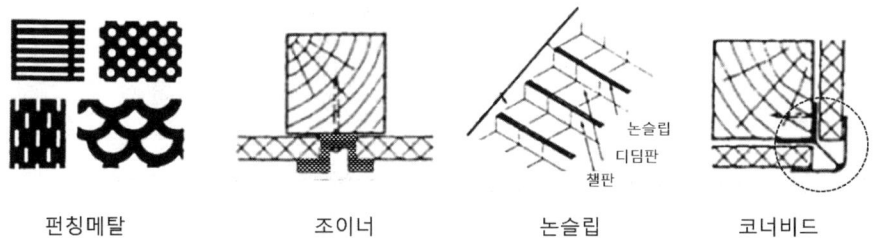

펀칭메탈　　　　　조이너　　　　　논슬립　　　　　코너비드

3) 미장용 금속제품

① 메탈라스(metal lath)
　0.4~0.8mm의 연강판에 **그물코 모양**을 내어 옆으로 길게 늘려서 만든 것이다. 천장, 벽 등의 모르타르 바름 바탕시 **부착을 좋게** 하기 위하여 사용된다.

② 익스팬디드메탈(expanded metal)
　6~13mm의 얇은 강판을 메탈라스와 같은 방식으로 그물코를 크게 만든 제품으로 콘크리트 보강용

으로 사용된다.
③ 와이어라스(wire lath)
보통 철선 또는 아연도금 철선을 엮어서 그물같이 만든 것으로 **미장 바탕용**으로 사용된다.
④ 와이어메시(wire mesh)
연강철선을 격자 모양으로 짜고 전기용접한 것으로 **용접철망**이라고도 한다. 벽체, 바닥 등의 보강재로 **철근 대용**으로 쓰이며, 콘크리트 다짐 바닥 및 콘크리트 도로포장의 전열 방지를 위해서도 사용된다.
⑤ 데크 플레이트(deck plate)
얇은 강판을 골 모양의 파형(波形)으로 성형된 강판으로, 콘크리트 슬래브의 거푸집 패널 또는 **바닥판 및 지붕판**으로 사용된다.
⑥ 키스톤 플레이트(keystone plate)
얇은 강판을 골 모양의 파형(波形)으로 성형된 강판으로 일반적인 데크 플레이트보다 **요철이 작고** 지붕 외벽에 사용된다.
⑦ 메탈폼(Metal Form)
콘크리트용 거푸집으로 노출제물치장 콘크리트용

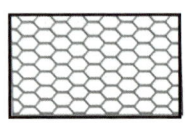 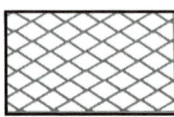 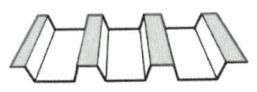 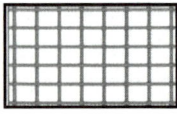

메탈라스   와이어라스   데크플레이트   와이어메시

예제 08 보통 철선 또는 아연도금철선으로 마름모형, 갑옷형으로 만들며 시멘트 모르타르 바름 바탕에 사용되는 금속제품은? [24, 22, 20, 15]
① 와이어 라스(wire lath) ② 와이어 메시(wire mesh)
③ 메탈 라스(metal lath) ④ 익스팬디드 메탈(expanded metal)

정답 ①

예제 09 벽·기둥 등의 모서리를 보호하기 위하여 미장바름질을 할 때 붙이는 보호용 철물은? [25, 20]
① 논슬립 ② 인서트 ③ 코너비드 ④ 크레센트

정답 ③

핵심 기출문제

05 금속공사

1 철강

01 ▶ 19
강재의 탄소량과 강도와의 관계에서 강재의 인장강도 및 경도가 최대에 도달하게 되는 강의 탄소함유량은 약 얼마인가?

① 0.15%　　② 0.35%
③ 0.55%　　④ 0.85%

해설 | 강의 강도는 탄소량이 증가함에 따라 상승하며 약 0.85%에서 최대이고, 그 이상이 되면 다시 내려간다.

02 ▶ 15
탄소강의 성질에 대한 설명으로 옳은 것은?

① 합금강에 비해 강도와 경도가 크다.
② 보통 저탄소강은 철근이나 강판을 만드는데 쓰인다.
③ 열처리를 해도 성질의 변화가 없다.
④ 탄소함유량이 많을수록 강도는 지속적으로 커진다.

해설 | 강은 일반적으로 탄소함유량이 증가할수록 비열, 전기저항, 항복강도, 인장강도, 경도 등은 증가하고, 비중, 열전도율, 열팽창계수, 연신율, 단면 수축률, 신도, 내식성 등은 감소한다.

03 ▶ 18
온도에 따른 탄소강의 기계적 성질에 관한 설명으로 옳지 않은 것은?

① 연신율은 200~300℃에서 최소로 된다.
② 인장강도는 500℃ 정도에서 상온 강도의 약 1/2로 된다.
③ 인장강도는 100℃ 정도에서 최대로 된다.
④ 항복점과 탄성한계는 온도가 상승함에 따라 감소한다.

해설 | 강은 온도에 따라 인장강도가 변화하는데 100℃ 이상 되면 강도가 증가하여 250℃에서 최대가 된다. (250℃ 이상 되면 인장강도는 감소한다.)
① 500℃에서는 0℃일 때의 1/2로 감소한다.
② 600℃에서는 0℃일 때의 1/3로 감소한다.
③ 900℃에서는 0℃일 때의 1/10'로 감소한다.
※ 인장강도는 250~300℃ 정도에서 최대로 되며, 이 이상으로 온도가 상승하게 되면 급격히 감소한다.

04 ▶ 15
주철관이 오수관(汚水管)으로 사용되는 가장 큰 이유는?

① 인장강도가 크기 때문이다.
② 압축강도가 크기 때문이다.
③ 내식성이 뛰어나기 때문이다.
④ 가공성이 좋기 때문이다.

해설 | 내식성이 우수하여 창호철물, 장식철물, 맨홀 뚜껑 등에 사용

정답 | 01 ④　02 ④　03 ③　04 ③

05 ▶ 21, 19
강재의 인장시험 시 탄성에서 소성으로 변하는 경계는?

① 비례한계점 ② 변형경화점
③ 항복점   ④ 인장강도점

해설 | 탄성에서 소성으로 변하는 경계를 항복점이라 한다.

06 ▶ 20
강의 역학적 성질에서 재료에 가해진 외력을 제거한 후에도 영구변형하지 않고 원형으로 되돌아 올 수 있는 한계를 의미하는 것은?

① 탄성한계점 ② 상위항복점
③ 하위항복점 ④ 인장강도점

해설 | 외력의 제거 시 응력과 변형이 0으로 돌아가는 최대한도 탄성한도이다.

07 ▶ 15
구조용 강재에 반복하중이 작용하면 항복점 이하의 강도에서도 파괴될 수 있다. 이와 같은 현상을 무엇이라 하는가?

① 피로 파괴 ② 인성 파괴
③ 연성 파괴 ④ 취성 파괴

해설 | 파괴점(피로파괴)
응력이 증가하지 않아도 스스로 변형이 커져서 파괴되는 상태

08 ▶ 15
불림하거나 담금질한 강을 다시 200~600℃로 가열한 후 공기 중에서 냉각하는 처리를 말하며, 내부응력을 제거하며 연성과 인성을 크게 하기 위해 실시하는 것은?

① 뜨임질 ② 압출
③ 중합   ④ 단조

해설 | 뜨임질은 인성, 강성이 증대되며, 강인한 강이 되어 변형이 없어진다.

09 ▶ 16
강의 기계적 가공법 중 회전하는 롤러에 가열상태의 강을 끼워 성형해 가는 방법은?

① 압출 ② 압연
③ 사출 ④ 단조

10 ▶ 19
철강제품 중에서 내식성, 내마모성이 우수하고 강도가 높으며, 장식적으로도 광택이 미려한 Cr-Ni 합금의 비자성 강(鋼)은?

① 스테인리스강 ② 탄소강
③ 주철   ④ 주강

해설 | 스테인리스강(stainless steel)
크롬 또는 니켈 등을 강에 첨가하여 철의 최대 단점인 내식성의 부족을 개선할 목적으로 만들어진 녹슬지 않도록 한 금속재료이다. 가벼우며 광택이 좋고 납땜도 가능하다.

11 ▶ 13
경량 형강에 관한 설명 중 옳지 않은 것은?

① 단면적에 비해 단면의 성능계수를 크게 한것이다.
② 처짐과 국부좌굴에 유리하다.
③ 경미한 구조물, 실내 구조물 및 보조재로 사용한다.
④ 부식에 약하며 외부 사용이 어렵다.

해설 | 경량형강
- 판두께가 얇아서 국부좌굴이 생기며 비틀림에 약하다.
- 국부변형, 처짐에 약하다.
- 부식에 약해 방청도료를 사용한다.
- 외부사용이 어렵고 접합이 어렵다.

정답 | 05 ③ 06 ① 07 ① 08 ① 09 ② 10 ① 11 ②

2 비철금속

12 ▶ 21

금속의 성질에 관한 설명 중 옳은 것은?

① 강의 담금질은 강을 연화하거나 내부응력을 제거할 목적으로 실시한다.
② 동은 건조한 공기 중에서 산화되어 염기성 탄산동이 되나, 알칼리에 대한 저항성은 크다.
③ 알루미늄은 산이나 해수에 침식되므로 해안이나 콘크리트에 접하는 장소에서는 사용하지 않는다.
④ 납은 융점이 높아 가공은 어려우나 내식성이 우수하고 방사선의 투과도가 낮아 건축에서 방사선 차폐용 벽체에 이용된다.

해설 | ① 풀림 : 강의 연화 및 내부응력 제거
② 구리(동) : 내식성은 크나 산·알칼리에 약하여 암모니아에 침식된다.
③ 알루미늄 : 산과 알칼리, 해수에 약하므로 접촉면은 반드시 방식처리를 해야 한다.

13 ▶ 21, 15

비철금속에 관한 설명으로 옳은 것은?

① 이온화 경향이 높을수록 부식되기 어렵다.
② 동의 전기전도율, 열전도율은 은 다음으로 높다.
③ 알루미늄은 산에는 침식되지만 내해수성은 우수하다.
④ 아연은 내산, 내알칼리성이 우수하여 도금제로 사용된다.

해설 | 열전도율 크기
 은 〉 동 〉 알루미늄 〉 아연 〉 니켈 〉 철

14 ▶ 21

다음 비철금속재료의 특성에 관한 설명 중 옳지 않은 것은?

① 납은 비중이 크고 연질이며 전성, 연성이 풍부하다.
② 알루미늄은 비중이 비교적 작고 연질이며 강도도 낮다.
③ 동은 상온의 건조공기 중에서 변화하지 않으나 습기가 있으면 광택을 소실하고 녹청색으로 된다.
④ 아연은 산 및 알칼리에 강하나 공기 중 및 수중에서는 내식성이 작다.

해설 | 알루미늄
 비중이 2.7(철의 1/3)로 경량이나 강도가 커서 구조재로 용이하다.

15 ▶ 19

금속재에 관한 설명으로 옳지 않은 것은?

① 알루미늄은 경량이지만 강도가 커서 구조재료로도 이용된다.
② 두랄루민은 알루미늄 합금의 일종으로 구리, 마그네슘, 망간, 아연 등을 혼합한다.
③ 납은 내식성이 우수하나 방사선 차단 효과가 적다.
④ 주석은 단독으로 사용하는 경우는 드물고, 철판에 도금을 할 때 사용된다.

해설 | 납
 납은 융점이 높아 가공은 어려우나 내식성이 우수하고 방사선의 투과도가 낮아 건축에서 방사선 차폐용 벽체에 이용된다.

정답 | 12 ④ 13 ② 14 ② 15 ③

16 ▶ 17

구리와 주석의 합금으로 내식성이 크며 주조하기 쉽고 표면에 특유의 아름다운 청록색을 가지고 있어 건축장식철물 또는 미술공예 재료에 사용되는 것은?

① 황동 ② 청동
③ 양은 ④ 적동

해설 | 청동
- 구리 + 주석(4~12%)을 첨가하여 만든 합금
- 아름다운 청록색의 광택이 나며 내식성이 크고 주조하기 쉽다.
- 용도 : 장식, 공예·미술재료 등에 사용된다.

17 ▶ 17

가공이 용이하고 내식성이 커 논슬립, 난간, 코너비드 등의 부속철물로 이용되는 금속은?

① 니켈 ② 아연
③ 황동 ④ 주석

해설 | 황동
- 구리 + 아연(10~40%)을 첨가하여 만든 합금
- 외관이 미려하며 주조와 가공이 구리에 비해 쉽다.
- 내식성이 크고 내구성이 좋아 창호철물로 사용된다.
- 용도 : 다양한 장식품, 창호철물 등에 사용된다.

18 ▶ 16

다음 금속재료에 대한 설명 중 옳지 않은 것은?

① 청동은 황동과 비교하여 주조성이 우수하다.
② 아연함유량 50% 이상의 황동은 구조용으로 적합하다.
③ 알루미늄은 상온에서 판, 선으로 압연가공하면 경도와 인장강도가 증가하고 연신율이 감소한다.
④ 아연은 청색을 띤 백색 금속이며, 비점이 비교적 낮다.

해설 | 황동은 주로 다양한 장식품, 창호철물 등에 사용된다.

19 ▶ 15

황동의 주성분으로 옳은 것은?

① 구리와 아연 ② 구리와 니켈
③ 구리와 알루미늄 ④ 구리와 철

해설 | 문제 17번 해설참조

20 ▶ 17

각종 금속의 성질에 관한 설명으로 옳지 않은 것은?

① 알루미늄은 콘크리트와 접촉하면 침식된다.
② 동은 대기 중에서는 내구성이 있으나 암모니아에는 침식되기 쉽다.
③ 동은 주물로 하기 어려우나 청동이나 황동은 쉽다.
④ 납은 산이나 알칼리에 강하므로 콘크리트에 매설해도 침식되지 않는다.

해설 | 납은 X선의 차단효과가 콘크리트의 100배 정도로 크나, 알칼리에 약하다.

21 ▶ 14

방사선 차단성이 가장 큰 금속은?

① 납 ② 알루미늄
③ 동 ④ 주철

해설 | 문제 20번 해설참조

22 ▶ 13

동에 관한 설명 중 옳지 않은 것은?

① 전연성이 풍부하다.
② 열과 전기에 대한 전도율이 매우 우수하다.
③ 맑은 물에는 침식되나 해수에는 침식되지 않는다.
④ 암모니아 등의 알칼리성 용액에 침식된다.

해설 | 맑은 물에는 거의 침식되지 않으나 소금물에는 빨리 부식되어 염기성 산화물이 생기며, 묽은 황산이나 염산에는 서서히 용해된다.

정답 | 16 ② 17 ③ 18 ② 19 ① 20 ④ 21 ① 22 ③

23 ▶ 18
알루미늄과 철재의 접촉면 사이에 수분이 있을 때 알루미늄이 부식되는 현상은 어떠한 작용에 기인한 것인가?

① 열분해 작용
② 전기분해 작용
③ 산화 작용
④ 기상 작용

해설 | 서로 다른 금속이 접촉할 때 그 부분에 수분이 있을 경우에는 전기분해가 일어나 이온화 경향이 큰 금속이 음극으로 되어 전기적 부식현상을 일으키게 된다.

24 ▶ 18,13
알루미늄의 성질에 관한 설명으로 옳지 않은 것은?

① 융점이 낮기 때문에 용해주조도는 좋으나 내화성이 부족하다.
② 열·전기 전도성이 크고 반사율이 높다.
③ 알칼리나 해수에는 부식이 쉽게 일어나지 않지만 대기 중에서는 쉽게 침식된다.
④ 비중이 철의 1/3 정도로 경량이다.

해설 | 알루미늄은 대기 중에서 쉽게 부식되지 않으나 산, 알칼리 및 해수에 약하다.

25 ▶ 15
알루미늄(aluminium)의 일반적 성질에 대한 설명으로 틀린 것은?

① 광선 및 열반사율이 높다.
② 해수 및 알칼리에 강하다.
③ 독성이 없고 내구성이 좋다.
④ 압연, 인발 등의 가공성이 좋다.

해설 | 문제 24번 해설참조

26 ▶ 14
알루미늄에 관한 설명으로 틀린 것은?

① 용해주조도는 좋으나 내화성이 부족하다.
② 알칼리나 해수에 약하다.
③ 내식도료로 광명단을 사용한다.
④ 열·전기전도성이 크고 반사율이 높다.

해설 | 내식(방청)도료
   알루미늄 – 징크크로메이트
   광명단 – 철제

27 ▶ 14
알루미늄의 특성에 대한 설명으로 옳지 않은 것은?

① 독특한 흰 광택을 지닌 경금속으로 광선 및 열의 반사율이 크다.
② 타 금속에 비하여 열전도율이 낮은 편이다.
③ 열팽창계수는 강보다 약 2배 크다.
④ 전도성이 좋아서 판, 선, 봉으로 제공하기 쉽다.

해설 | 열전도율 크기
   은 〉 동 〉 알루미늄 〉 아연 〉 니켈 〉 철

정답 | 23 ② 24 ③ 25 ② 26 ③ 27 ②

3 금속의 부식방지법

28 ▶ 20
금속의 부식방지를 위한 관리대책으로 옳지 않은 것은?

① 가능한 한 이종금속을 인접 또는 접촉시켜 사용할 것
② 큰 변형을 준 것은 가능한 한 풀림하여 사용할 것
③ 표면을 평활하고 깨끗이 하며, 가능한 한 건조상태를 유지할 것
④ 부분적으로 녹이 발생하면 즉시 제거할 것

해설 | 가능한 이종 금속을 인접 또는 접촉사용을 금지

29 ▶ 15
철강의 부식 및 방식에 대한 설명 중 틀린 것은?

① 철강의 표면은 대기 중의 습기나 탄산가스와 반응하여 녹을 발생시킨다.
② 철강은 물과 공기에 번갈아 접촉되면 부식되기 쉽다.
③ 방식법에는 철강의 표면을 Zn, Sn, Ni 등과 같은 내식성이 강한 금속으로 도금하는 방법이 있다.
④ 일반적으로 산에는 부식되지 않으나 알칼리에는 부식된다.

해설 | 철은 일반적으로 산에는 부식되나 알칼리에는 부식 되지 않는다.

4 금속제품

30 ▶ 21
연강철선을 가로 세로로 대어 전기용접하여 정방형 또는 장방형으로 만들어 콘크리트 도로 바탕용 등에 처짐 및 균열에 대응하도록 만든 철물은?

① 와이어라스   ② 메탈라스
③ 와이어메시   ④ 코너비드

해설 | 와이어메시(wire mesh)
연강철선을 격자 모양으로 짜고 전기용접한 것으로 용접철망이라고도 한다. 벽체, 바닥 등의 보강재로 철근 대용으로 쓰이며, 콘크리트 다짐 바닥 및 콘크리트 도로 포장의 전열 방지를 위해서도 사용된다.

31 ▶ 18
금속 가공제품에 관한 설명으로 옳은 것은?

① 조이너는 얇은 판에 여러 가지 모양으로 도려낸 철물로서 환기구·라디에이터 커버 등에 이용된다.
② 펀칭메탈은 계단의 디딤판 끝에 대어 오르내릴 때 미끄러지지 않게 하는 철물이다.
③ 코너비드는 벽·기둥 등의 모서리부분의 미장바름을 보호하기 위하여 사용한다.
④ 논슬립은 천장·벽 등에 보드류를 붙이고 그 이음새를 감추고 누르는 데 쓰이는 것이다.

해설 | ① 펀칭메탈 ② 논슬립 ④ 조이너

32 ▶ 14
미장작업 시 코너비드(corner bead)는 주로 어디에 사용되는가?

① 천장   ② 거푸집
③ 계단 디딤판   ④ 기둥의 모서리

해설 | 코너비드(corner bead)
미장바름 시 기둥·벽 모서리를 상하지 않도록 보호하기 위한 철물

33 ▶ 13

천장에 달대를 고정시키기 위하여 사전에 매설하는 철물에 해당하는 것은?

① 인서트(Insert)
② 드라이브 핀(Drive Pin)
③ 익스팬션 볼트(Expansion Bolt)
④ 스크류 앵커(Screw Anchor)

해설 | 인서트(insert)
콘크리트에 구조물을 달아 매기 위해 콘크리트 타설 전 미리 묻어 넣는 고정철물로 주철재를 재질로 사용한다.

34 ▶ 16

철근 콘크리트 바닥판 밑에 반자틀이 계획되어 있음에도 불구하고 실수로 인하여 인서트(insert)를 설치하지 않았다고 할 때 인서트의 효과를 낼 수 있는 철물의 설치방법으로 옳지 않은 것은?

① 익스팬션 볼트(expansion bolt) 설치
② 스크루 앵커(screw anchor) 설치
③ 드라이브 핀(drive pin) 설치
④ 개스킷(gasket) 설치

정답 | 33 ① 34 ④

06 유리 및 창호공사

> Pass Note

예상출제문항	키워드	
1	- 유리의 일반적 성질 - 유리제품 특성	- 복층 · 접합 · 에칭유리 - 창호용철물

1. 유리 공사

1) 유리

(1) 유리의 일반적 성질

주 성분	• 유리의 주성분은 규산($SiO2$) • 성분량 : SiO_2(규산) 〉 Na_2O(소다) 〉 CaO(석회) 〉 MgO 〉 Al_2O_3
비중	• 보통 유리의 비중은 2.5 내외
강도	• 유리의 강도는 보통 풍압에 의한 **휨강도**를 말하며 두께 및 열처리에 따라 차이가 난다.
열전도율	• 보통 유리의 **열전도율은 낮다**.(콘크리트의 1/2)
열팽창률	• 보통 유리는 **열팽창률이 낮고** 비열이 크기 때문에 부분적으로 **급히 가열하거나 냉각하면 파괴되기 쉽다.**
내열성	• 유리는 열에 약하며, 두꺼운 유리가 얇은 유리보다 열에 의해 쉽게 파괴된다. • 두께 1.9mm는 105℃, 두께 3mm는 80~100℃, 두께 5mm는 60℃ 이상의 부분적인 온도차가 발생 시 파괴된다.
내화학성	• 약한 산에는 침식되지 않지만 **염산, 황산, 질산** 등에는 서서히 **침식**된다.
연화점	• 보통유리는 740℃ 내외, 컬러유리는 1,000℃ 내외

예제 01 유리의 주성분 중 가장 많이 함유되어 있는 것은? [24,15,13]
① 석회 ② 소다 ③ 규산 ④ 붕산

정답 ③

2) 유리 제품

(1) 보통 판유리(Sheet Glass)
① 두께 6mm 미만의 박판유리와 6mm 이상의 후판유리로 분류한다.
② 기포, 규사 함유량에 따라 등급 판정하며, 비중은 2.5정도이다.
③ 휨강도 43~63MPa, 연화점은 720~750℃ 정도이다.
④ 빛과 열을 잘 투과하나 충격에 약하고, 차음성능이 다소 떨어진다.
⑤ 용도 : 실내차단용, 칸막이벽, 스크린, 통유리문, 가구 및 고급창문 등

(2) 소다석회 유리(소다 유리, 크라운 유리)
① 용융하기 쉽고 산에는 강하나 알칼리에 약하다.
② 비교적 팽창률이 크고 강도가 높으나 풍화의 우려가 있다.
③ 용도 : 건축 일반용 창유리, 일반 병유리 등

>
> **예제 02** 용융하기 쉽고, 산에는 강하나 알칼리에 약하며 창유리, 유리블록 등에 사용하는 유리는? [23,19,18]
> ① 물유리 ② 유리섬유 ③ 소다석회유리 ④ 칼륨납유리
> 정답 ③

(3) 칼리석회유리
① 용융점이 높고 내약품성이 강하다.
② 일반적으로 투명도가 크다.
③ 용도 : 고급장식품, 공예품, 이화학용 기기 등

(4) 유리블록
① 속이 빈 유리상자 2장을 합쳐서 600℃에서 용착 후 건조공기를 봉입한 중공유리 블록
② 내부는 무늬를 넣고 투시는 불가하나 **채광, 단열, 방음**이 가능하다.
③ 열전도율이 벽돌의 1/4배 정도이고 실내 냉·난방에 효과가 있다.
④ 용도 : 내부 장식용, 방음용, 단열용 등

(5) 망입유리(wire glass)
① 유리액을 로울러로 제판하며 그 내부에 **금속망(철, 황동, 알루미늄** 등)을 삽입 성형하여 롤 아웃 방식으로 제조한다.
② 유리의 파손방지, 파편 비산방지, 도난, 화재방지, 진동에 의하여 파손의 우려가 많은 곳에 사용하여 안전유리의 일종으로 균열만 생기고 파편이 튀지 않는다.
③ 용도 : 도난 및 화재 확산 방지용, 엘리베이터 문 등

예제 03 파손방지, 도난방지 또는 진동이 심한 장소에 적합한 망입(網入)유리의 제조 시 사용되지 않는 금속선은? [24,22,실건19]
① 철선   ② 황동선   ③ 청동선   ④ 알루미늄선

해설 | 청동(금속공사 참조)
  ㉠ 구리+주석(4~12%)을 첨가하여 만든 합금
  ㉡ 아름다운 청록색의 광택이 나며 내식성이 크고 주조하기 쉽다.
  ㉢ 용도 : 장식, 공예·미술재료 등에 사용된다.

정답 ③

(6) 강화유리(Tempered glass)
  ① 판유리를 600℃ 이상의 특수 열처리 후 급냉하여 강도를 최고로 높인 안전유리의 일종
  ② 보통 유리보다 **강도가 3~5배 강하다.**
  ③ 급격한 온도 변화에도 강하며 파손률이 적다.
  ④ **현장에서의 가공, 절단이 불가능하다.**
  ⑤ 파손 시 파편이 콩알모양으로 깨지고 예리하지 않은 파편으로 부서져 **위험성이 적다.**
  ⑥ 용도 : 외부 창유리, 무테문, 바닥용 전망 유리, 커튼월 등

> **Note** 배강도 유리(반강화유리)
> 연화점 이하의 온도에서 가열하고 서냉, 내풍압강도가 우수하여 건축물의 외벽, 개구부 등에 사용된다.

 예제 04 강화유리에 관한 설명으로 옳지 않은 것은? [25,22,18]
① 판유리를 600℃ 이상의 연화점까지 가열한 후 급랭시켜 만든다.
② 파괴 시 파편이 예리하여 위험하다.
③ 강도는 보통 유리의 3~5배 정도이다.
④ 제조 후 현장가공이 불가하다.

정답 ②

(7) 접합유리(laminate glass)
  ① 안전유리의 일종으로 2장 이상의 판유리 사이에 폴리비닐을 넣고 고열로 접합하여 파손 시 파편이 튀지 않고 붙어 있는 특성이 있다.
  ② 삽입한 필름의 인장력으로 인한 충격흡수력이 높으며, **방탄유리 제조와 유사점**이 있다.
  ③ 용도 : 자동차, 선박, 기차 등

(8) 복층유리(Pair Glass)
  ① 2장 또는 3장의 유리를 일정한 간격을 두고 그 틈새에 대기압에 가까운 건조한 공기를 채우고 그 주변을 밀봉한 유리로 이중유리, 겹유리라고도 한다.
  ② 단열, 방음, 방서 효과가 크고, 유리창 **결로 방지용**으로 우수하다.

③ 용도 : 단열창

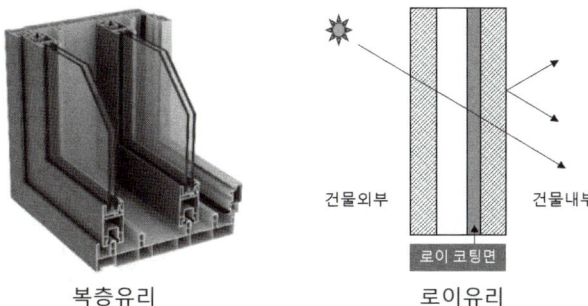

복층유리   로이유리

> **예제 05** 복층유리의 사용효과로서 옳지 않은 것은? [24,22]
> ① 전기전도성 향상 ② 결로의 방지
> ③ 방음성능 향상 ④ 단열효과에 따른 냉·난방부하 경감
>
> 정답 ①

(9) 로이유리(Low-E glass : low-emissivity – 낮은 방사율)
① 유리 표면에 열적외선을 반사하는 은(銀)소재 도막으로 코팅하여 방사율과 열관류율을 낮추고 가시 광선 투과율을 높인 유리
② 열의 이동을 최소화 시켜 냉·난방비를 절감할 수 있는 에너지 절약형 유리
③ 복층유리로 가공하며, 은 코팅면이 실내유리의 바깥쪽으로 오도록 만든다.
④ 용도 : 단열창

> **예제 06** 유리 내부에 특수금속막 코팅으로 적외선을 반사 시켜 열의 이동을 극소화 시킨 고기능성 유리로 창을 통해 흡수 손실되는 에너지 흐름을 제한하여 단열성을 향상 시킨 유리는? [23,22,16]
> ① 로이유리 ② 접합유리
> ③ 열선반사유리 ④ 스팬드럴유리
>
> 정답 ①

(10) 열선반사유리(solar reflective glass)
① 빛을 쾌적하게 느낌 정도로만 받아들이고 외부에서는 실내가 안보이고 거울처럼 보여 시선을 막아 주는 효율적인 기능을 가진 유리
② 표면에 금속피막을 코팅하여 태양열의 차단효과가(가시광선은 40%, 태양열선은 30% 반사) 우수 하여 냉난방비 절감 효과
③ 용도 : 고층 빌딩의 창, 프라이버시 공간

(11) 열선흡수유리(Heat absorbing glass)
① 판유리에 소량의 니켈, 코발트, 세렌 등을 함유시켜 열선의 흡수율을 높인 유리이다.
② 태양광선 중 **열선(적외선)**을 **흡수**하므로 **단열**에 사용된다.
③ 용도 : 자외선의 화학작용을 피해야 하는 장소, 식품, 약품창고, 의류 진열장

(12) 프리즘 유리(prism glass)
① 천창(天窓)을 통하여 실내에 균일한 채광효과를 얻고자 할 때 가장 적당한 유리이다.
② 단면이 3각형으로 된 유리블록이며 입사광이 굴절 분산되어 프리즘의 역할로 만든 유리로 Deck Glass, Top Light, 포도유리라고도 한다.
③ 용도 : 지하실 또는 옥상 채광용 천창 등

(13) 스테인드 글라스(stained glass)
① 착색유리로 **무늬나 그림을 그려** 모양을 낸 유리이다.
② 접합부에는 납으로 끼워 맞춰 모양을 낸다.
③ 용도 : 성당의 창, 장식용 창 등

(14) 에칭 유리(etching glass)
① 유리가 **불화수소에 부식**되는 성질을 이용하여 유리면에 그림이나 무늬, 모양, 문자 등을 새긴 유리로 조각유리라고도 하며 5mm 이상의 판유리를 사용한다.
② 용도 : 장식용 창 등

(15) 스팬드럴 유리(spandrel glass)
① 판유리 **한쪽 면에 세라믹질의 도료를 도장**한 후 고온에서 융착, 반강화한 것으로 내구성이 뛰어나며 일반유리보다 2~3배의 강도를 가진다.
② 색상이 다양하고 중후한 질감을 갖고 있으며 건축물의 모양에 따라 선택의 폭이 넓다.
③ 용도 : 건축물의 외벽 층간이나 내·외부 장식용 유리로 사용

(16) 형판 유리(patterned glass)_무늬 유리
① 한쪽 면 또는 양쪽 면에 여러 가지 모양의 **작은 요철 무늬**를 낸 롤 아웃 방식으로 제조한 판유리로 빛은 통과시키면서 적당히 확산시켜 투시를 방지한다.
② 용도 : 욕실, 화장실, 현관문 등

- **자외선** : 생물의 생육, 살균, 퇴색, 광합성 효과로 인해 "**화학선**"이라고도 하며, 일광의 보건, 위생적인 효과가 있다.
- **자외선 차단 유리** : **의류점의 진열창**, 식품이나 약품의 창고 등
- **자외선 투과 유리** : **병원**이나 **온실** 등

예제 07 유리의 표면을 초고성능 조각기로 특수가공 처리하여 만든 유리로서 5mm 이상의 후판유리에 그림이나 글 등을 새겨 넣은 유리는? [24,20,17]

① 에칭유리　　② 강화유리　　③ 망입유리　　④ 로이유리

해설 | 에칭 유리(etching glass)
　　유리가 불화수소에 부식되는 성질을 이용하여 유리면에 그림이나 무늬, 모양, 문자 등을 새긴 유리로 조각유리라고도 하며 5mm 이상의 판유리를 사용한다

정답 ①

2. 창호공사

창호는 벽체의 개구부에 설치되는 각종 창이나 문을 말한다. 문은 출입에 쓰이고, 창은 채광·환기 등의 목적으로 사용된다.

1) 일반적 창호의 특성

구분	목재창호	알루미늄 창호
장점	• 가볍고 가공이 쉽다. • 비교적 가격이 저렴하다. • 무늬가 아름답고 촉감이 좋다.	• 모르타르, 콘크리트, 회반죽 등의 알칼리성에 약하다. • 철재창호에 비하여 강도가 약하다. • 철재창호에 비하여 내화성이 약하다. • 시멘트물이 묻으면 닦아도 얼룩이 남는다.
단점	• 불에 약하며 부패하기 쉽다. • 내구성이 작다.	• 비중은 철의 1/3 정도이다. • 녹슬지 않고 사용연한이 길다. • 공작이 자유롭고 기밀성이 좋다. • 여닫음이 경쾌하다.

2) 창호의 기능상 분류

분류	내용
여닫이문(창)	문지도리(경첩, 돌쩌귀)를 문틀에 달고 여닫는 문
미닫이문(창)	문짝을 상하 문틀에 홈을 파서 끼우고 벽에 밀어 넣는 문
미서기문(창)	미닫이문과 비슷한 구조이며 문 한 짝을 다른 한 짝에 밀어붙이는 문
회전문(창)	출입구의 통풍기류를 차단하고 출입인원을 제한하기 위하여 사용
접문·주름문	칸막이용으로 실을 구분하기 위하여 사용하는 문
자재문	자유경첩을 달아 문을 안팎으로 자유로이 열며 저절로 닫히는 문
기타 문(창)	오르내리창, 붙박이창 등이 있다.

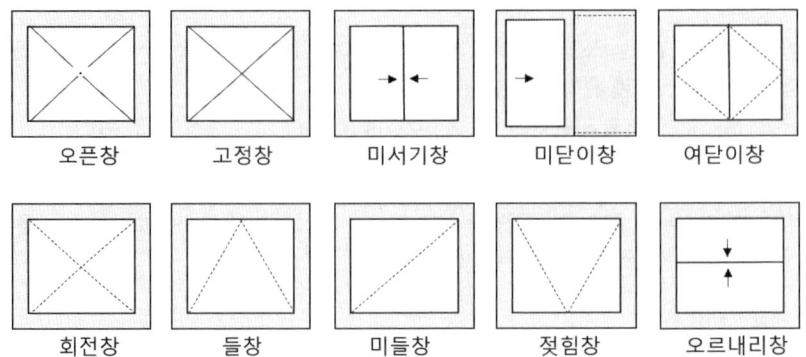

3) 창호용 철물

(1) 경첩

① 경첩(hinge) : 여닫이문을 다는 데 사용하는 철물로 힌지라고도 한다.
② 자유경첩(spring hinge) : 안팎으로 개폐할 수 있으며, 자재문에 사용한다.

(2) 피벗 힌지(pivot hinge)

경첩 대신 **용수철이 없는** 힌지를 사용하여 무거운 여닫이문을 회전시키는 장치이다.

(3) 플로어힌지(floor hinge)

금속제 **용수철**과 완충유리와의 조합작용으로 열린문이 자동으로 닫혀지게 하는 것으로 바닥에 설치되며, 사람의 출입이 많은 **중량의 자재문**에 사용되며, 촉과 소켓을 붙이고 중심축의 작용을 하게 한 장치이다.

(4) 레버토리 힌지(lavatory hinge)

문을 약 10cm 정도 열린 상태로 유지하는 것으로, **공중전화부스나 화장실**에 사용한다.

(5) 도어클로저(door closer)

여닫이문이 자동적으로 닫히게 하는 장치이며, **도어체크**(door check)라고도 한다.

(6) 도어스토퍼(door stop)

문을 90° 또는 180° 개방상태에서 정지하게 하는 장치로서 문과 벽의 충돌을 방지한다.

(7) 도어홀더(door holder)

문 하부에 부착하여 열린 문이 닫히지 않도록 지지하는 철물이다.

(8) 나이트래치(night latch)

외부에서는 열쇠로 열고, 내부에서는 작은 손잡이를 돌려서 여는 자물쇠이다.

(9) 크리센트(crescent)

오르내리창이나 미서기창의 잠금장치

(10) 멀리온(mullion)

창 면적이 클 때 창의 보강 및 미관을 위하여 **중공형(속이 빈)**의 강판을 **가로·세로로 프레임**으로 설치하는 것

> **Note**
> - **여닫이 창호용 철물** : 경첩, 도어체크, 도어 스톱, 피벗·플로어 힌지, 도어 클로저, 실린더 등
> - **미서기·미닫이 창호용 철물** : 레일, 도어 행거, 크레센트, 호차 등

예제 08 여닫이 창호용 철물이 아닌 것은? [21, 17]
① 경첩　　② 도어체크　　③ 도어스톱　　④ 레일

정답 ④

핵심 기출문제

06 유리 및 창호공사

1 유리의 일반적 성질

01 ▶19
유리의 일반적인 성질에 관한 설명으로 옳지 않은 것은?

① 철분이 많을수록 자외선 투과율이 높아진다.
② 깨끗한 창유리의 흡수율은 2~6% 정도이다.
③ 투과율은 유리의 맑은 정도, 착색, 표면상태에 따라 달라진다.
④ 열전도율은 대리석, 타일보다 작은편이다.

해설 | 산화제2철(Fe_2O_3)은 자외선을 차단하고 적외선은 통과시키는 성질이 있다.

02 ▶17, 14
건축공사의 일반창유리로 사용되는 것은?

① 석영유리   ② 붕규산유리
③ 칼라석회유리   ④ 소다석회유리

해설 | 소다석회 유리(소다 유리, 크라운 유리)
- 용융하기 쉽고 산에는 강하나 알칼리에 약하다.
- 비교적 팽창률이 크고 강도가 높으나 풍화의 우려가 있다.
- 용도 : 건축 일반용 창유리, 일반 병유리 등

03 ▶17
보통 판유리의 연화온도의 범위로 가장 적당한 것은?

① 1400~1500℃   ② 1000~1200℃
③ 700~750℃   ④ 500~550℃

해설 | 유리의 연화점
보통유리는 740℃ 내외, 컬러유리는 1,000 ℃ 내외

04 ▶17
보통유리에 관한 설명으로 옳지 않은 것은?

① 건조상태에서 전도체이다.
② 급히 가열하거나 냉각시키면 파괴되기 쉽다.
③ 불연재료이지만 방화용으로서는 적당하지 않다.
④ 창유리의 강도는 보통 휨강도를 말한다.

해설 | 유리는 건조상태에서 비전도체이다.

2 유리 제품

05 ▶19
강화유리에 관한 설명으로 옳지 않은 것은?

① 보통 판유리를 600℃ 정도 가열했다가 급랭시켜 만든 것이다.
② 강도는 보통 판유리의 3~5배 정도이고 파괴 시 둔각 파편으로 파괴되어 위험이 방지된다.
③ 온도에 대한 저항성이 매우 약하므로 적당한 완충제를 사용하여 튼튼한 상자에 포장한다.
④ 가공 후 절단이 불가하므로 소요치수대로 주문 제작한다.

해설 | 강화유리(Tempered glass)
① 판유리를 600℃ 이상의 특수 열처리 후 급냉하여 강도를 최고로 높인 안전유리의 일종
② 보통 유리보다 강도가 3~5배 강하다.
③ 급격한 온도 변화에도 강하며 파손률이 적다.
④ 현장에서의 가공, 절단이 불가능하다.
⑤ 파손시 파편이 콩알모양으로 깨지고 예리하지 않은 파편으로 부서져 위험성이 적다.
⑥ 용도 : 외부 창유리, 무테문, 바닥용 전망 유리, 커튼월 등

정답 | 01 ① 02 ④ 03 ③ 04 ① 05 ③

06 ▶ 13
강화 유리에 대한 설명으로 옳지 않은 것은?

① 보통 판유리를 2장 이상으로 접합한 것이다.
② 강화열처리 후 가공, 절단이 불가능하다.
③ 보통 유리에 비해 3~5배 정도 강하다.
④ 내열성이 커서 200℃ 이상에서도 견딘다.

해설 | 문제 5번 해설참조

07 ▶ 14
유리 중 현장에서 절단 가공할 수 없는 것은?

① 망입 유리
② 강화 유리
③ 소다석회 유리
④ 무늬 유리

해설 | 문제 5번 해설참조.

08 ▶ 21
좁은 천창(窓)을 통하여 실내에 균일한 채광효과를 얻고자 할 때 가장 적당한 유리제품은?

① 기포 유리(foam glass)
② 스테인드 유리(stained glass)
③ 유리 블록(grass block)
④ 프리즘 유리(prism glass)

해설 | 프리즘 유리(prism glass)
① 천창(天窓)을 통하여 실내에 균일한 채광효과를 얻고자 할 때 가장 적당한 유리이다.
② 단면이 3각형으로 된 유리블록이며 입사광이 굴절분산되어 프리즘의 역할로 만든 유리로 Deck Glass, Top Light, 포도 유리라고도 한다.
③ 용도 : 지하실 또는 옥상 채광용 천창 등

09 ▶ 15
건축용 유리 중 데크 유리라고도 하며, 지하실 또는 지붕의 채광용으로 이용되는 것은?

① 강화유리
② 열반사유리
③ 기포유리
④ 프리즘유리

해설 | 문제 8번 해설참조.

10 ▶ 21
다음 중 유리와 유리 사이에 유연성 있는 강하고 투명한 플라스틱 필름을 넣고 고열로 접착시킨 유리는?

① 복층유리
② 강화유리
③ 스팬드럴유리
④ 접합유리

해설 | 접합유리(laminate glass)
① 안전유리의 일종으로 2장 이상의 판유리 사이에 폴리비닐을 넣고 고열로 접합하여 파손시 파편이 튀지 않고 붙어 있는 특성이 있다.
② 삽입한 필름의 인장력으로 인한 충격흡수력이 높으며, 방탄유리 제조와 유사점이 있다.
③ 용도 : 자동차, 선박, 기차 등

11 ▶ 20, 18
아래 설명에 해당하는 유리를 무엇이라고 하는가?

> 2장 또는 그 이상의 판유리 사이에 유연성 있는 강하고 투명한 플라스틱필름을 넣고 판유리 사이에 있는 공기를 완전히 제거한 진공상태에서 고열로 강하게 접착하여 파손되더라도 그 파면이 접착제로부터 떨어지지 않도록 만든 유리이다.

① 연마판유리
② 복층유리
③ 강화유리
④ 접합유리

해설 | 문제 10번 해설참조.

정답 | 06 ② 07 ② 08 ④ 09 ④ 10 ④ 11 ④

12 ▶20
한 면 또는 양면에 각종 무늬를 돋운 것으로 만든 반투명판유리로서 모양에 따라 줄무늬형, 바둑판 무늬형, 다이아몬드형 등으로 구분하는 것은?

① 망입유리 ② 접합유리
③ 형판유리 ④ 강화유리

해설 | 형판 유리(patterened glass)_무늬 유리
① 한쪽 면 또는 양쪽 면에 여러 가지 모양의 작은 요철 무늬를 낸 롤 아웃 방식으로 제조한 판유리로 빛은 통과시키면서 적당히 확산시켜 투시를 방지한다.
② 용도 : 욕실, 화장실, 현관문 등

13 ▶20
유리의 종류에 따른 용도를 표기한 것으로 옳지 않은 것은?

① 강화유리 : 테두리 없는 유리문, 엘리베이터의 창
② 복층유리 : 외부 창, 일반주택 및 고층빌딩 등
③ 망입유리 : 방화 및 방범용 창
④ 자외선투과유리 : 의류의 진열창, 식품·약품창고의 창유리용

해설 | • 자외선 차단 유리 : 의류점의 진열창, 식품이나 약품의 창고 등
• 자외선 투과 유리 : 병원이나 온실 등

14 ▶20
보통 판유리의 조성에 산화철, 니켈, 코발트 등의 금속산화물을 미량 첨가하고 착색이 되게 한 유리로서, 단열 유리라고도 불리는 것은?

① 망입유리 ② 열선흡수유리
③ 스팬드럴유리 ④ 강화유리

해설 | 열선흡수유리(Heat absorbing glass)
• 판유리에 소량의 니켈, 코발트, 세렌 등을 함유시켜 열선의 흡수율을 높인 유리이다.
• 태양광선 중 열선(적외선)을 흡수하므로 단열에 사용된다.
• 용도 : 자외선의 화학작용을 피해야 하는 장소, 식품, 약품창고, 의류 진열장

15 ▶20
색을 칠하여 무늬나 그림을 나타낸 판 유리로서 교회의 창, 천장 등에 많이 쓰이는 유리는?

① 스테인드글라스(stained glass)
② 강화유리(tempered glass)
③ 유리블록(glass block)
④ 복층유리(pair glass)

해설 | 스테인드 글라스(stained glass)
① 착색유리로 무늬나 그림을 그려 모양을 낸 유리이다.
② 접합부에는 납으로 끼워 맞춰 모양을 낸다.
③ 용도 : 성당의 창, 장식용 창 등

16 ▶19
각종 색유리의 작은 조각을 도안에 맞추어 절단하여 조합해서 만든 것으로 성당의 창 등에 사용되는 유리제품은?

① 내열유리
② 유리타일
③ 샌드블라스트유리
④ 스테인드글라스

해설 | 문제 15번 해설참조

17 ▶19
각종 유리의 성질에 관한 설명으로 옳지 않은 것은?

① 유리 블록은 실내의 냉·난방에 효과가 있으며 보통 유리창보다 균일한 확산광을 얻을 수 있다.
② 열선반사 유리는 단열 유리라고도 불리우며 태양광선 중·장파부분을 흡수한다.
③ 자외선차단 유리는 자외선의 화학작용을 방지할 목적으로 의류품의 진열창, 식품이나 약품의 창고 등에 쓴다.
④ 내열유리는 규산분이 많은 유리로서 성분은 석영유리에 가깝다.

정답 | 12 ③ 13 ④ 14 ② 15 ① 16 ④ 17 ②

해설 | 열선반사유리(solar reflective glass)
① 빛을 쾌적하게 느낌정도로만 받아들이고 외부에서는 실내가 안보이고 거울처럼 보여 시선을 막아주는 효율적인 기능을 가진 유리
② 표면에 금속피막을 코팅하여 태양열의 차단효과가 (가시광선은 40%, 태양열선은 30% 반사) 우수하여 냉난방비 절감 효과
③ 용도 : 고층 빌딩의 창, 프라이버시 공간

18 ▶ 18
다음 판유리제품 중 경도(硬度)가 가장 작은 것은?

① 플린트 유리
② 보헤미아 유리
③ 강화유리
④ 연(鉛)유리

해설 | 경도는 강화유리가 크고 연(鉛)유리가 가장 작다.

19 ▶ 18
페어 글라스라고도 불리우며 단열성, 차음성이 좋고 결로방지에 효과적인 유리는?

① 복층유리
② 강화유리
③ 자외선차단유리
④ 망입유리

해설 | 복층유리(Pair Glass)
① 2장 또는 3장의 유리를 일정한 간격을 두고 그 틈새에 대기압에 가까운 건조한 공기를 채우고 그 주변을 밀봉한 유리로 이중유리, 겹유리라고도 한다.
② 단열, 방음, 방서 효과가 크고, 유리창 결로 방지용으로 우수하다.
③ 용도 : 단열창

20 ▶ 17
복층유리의 사용효과로서 옳지 않은 것은?

① 전기전도성 향상
② 결로의 방지
③ 방음성능 향상
④ 단열효과에 따른 냉·난방부하 경감

해설 | 문제 19번 해설참조

21 ▶ 18
유리에 관한 설명으로 옳지 않은 것은?

① 강화유리는 보통유리보다 3~5배정도 내충격 강도가 크다.
② 망입유리는 도난 및 화재 확산방지 등에 사용된다.
③ 복층유리는 방음, 방서, 단열효과가 크고 결로 방지용으로도 우수하다.
④ 판유리 중 두께 6mm 이하의 얇은 판유리를 후판유리라고 한다.

해설 | 보통 판유리(Sheet Glass)는 두께 6mm 미만의 박판유리와 6mm 이상의 후판유리로 분류한다.

22 ▶ 14
유리에 관한 설명으로 옳지 않은 것은?

① 강화유리의 강도는 플로트 판유리에 비해 3~5배이다.
② 복층유리는 2장 이상의 판유리 틈새에 압력공기를 채운 것이다.
③ 접합유리는 2장 이상의 판유리를 합성수지로 전면 접착한 것이다.
④ 스팬드럴유리는 규산분이 많은 유리로서 그 성분은 석영유리와 유사하다.

해설 | 스팬드럴 유리(spandrel glass)
① 판유리 한쪽 면에 세라믹질의 도료를 도장한 후 고온에서 융착, 반강화한 것으로 내구성이 뛰어나며 일반유리보다 2~3배의 강도를 가진다.
② 색상이 다양하고 중후한 질감을 갖고 있으며 건축물의 모양에 따라 선택의 폭이 넓다.
③ 용도 : 건축물의 외벽 층간이나 내·외부 장식용 유리로 사용

정답 | 18 ④ 19 ① 20 ① 21 ④ 22 ④

23
화재 시 개구부에서의 연소(延燒)를 방지하는 효과가 있는 유리는?

① 망입판유리 ② 자외선투과유리
③ 열선흡수유리 ④ 열선반사유리

해설 | 망입유리(wire glass)
① 유리액을 로울러로 제판하며 그 내부에 금속망(철, 황동, 알루미늄 등)을 삽입 성형하여 롤 아웃 방식으로 제조한다.
② 유리의 파손방지, 파편 비산방지, 도난, 화재방지, 진동에 의하여 파손의 우려가 많은 곳에 사용하여 안전유리의 일종으로 균열만 생기고 파편이 튀지 않는다.
③ 용도 : 도난 및 화재 확산 방지용, 엘리베이터 문 등

3 창호공사

24
다음 철물 중 창호용이 아닌 것은?

① 안장쇠 ② 크레센트
③ 도어체인 ④ 플로어힌지

해설 | 안장쇠
큰 보와 작은 보의 맞춤에 사용하는 보강철물

25
열린 여닫이문이 저절로 닫히게 하는 철물로서 여닫이문의 윗막이대와 문틀 상부에 설치하는 창호철물은?

① 크레센트 ② 도어클로저
③ 도어스톱 ④ 도어홀더

해설 | 도어클로저(door closer)
여닫이문이 자동적으로 닫히게 하는 장치이며, 도어체크(door check)라고도 한다.

26
창호철물로서 도어체크를 달 수 있는 문은?

① 미닫이문 ② 여닫이문
③ 접이문 ④ 미서기문

해설 | 문제 25번 해설참조

27
다음 중 창호 철물이 아닌 것은?

① 경첩
② 플로어 한지
③ 지도리
④ 익스팬션 볼트

해설 | 익스팬션 볼트
콘크리트, 벽돌 등의 면에 띠장, 문틀 등의 다른 부재를 고정하기 위하여 묻어두는 특수 볼트

28
다음 창호 중 경첩을 사용하지 않은 것은?

① 미닫이창 ② 여닫이창
③ 여닫이문 ④ 자재문

해설 | 여닫이 창호용 철물
경첩, 도어체크, 도어 스톱, 피벗·플로어 힌지, 도어 클로저, 실린더 등

정답 | 23 ① 24 ① 25 ② 26 ② 27 ④ 28 ①

07 도장공사

Pass Note

예상출제문항		키워드
1~2	- 도료의 원료 - 페인트 종류별 특성	- 클리어래커, 에멀젼, 바니시 페인트 - 방청도료

1. 도장(Paint) 재료

1) 도장의 일반사항

(1) 도장의 목적
  ① 방습, 방청 등으로 내구성 향상으로 건물 보호 효과
  ② 다양한 색채, 착색, 무늬, 광택 등의 미적 효과
  ③ 내마모성, 내화학성, 전기절연성, 방사선 차단 등의 특별한 효과

(2) 도장 선택 시 주의사항
  ① 내후성 : 외장용으로 수용성 페인트나 바니시는 부적합하다.
  ② 성   질 : 모르타르 및 콘크리트와 같은 알칼리성 재료에는 유성페인트를 사용할 수 없다.
  ③ 내열성 : 고온을 받는 경우 유성페인트나 비닐페인트 등은 사용하면 안된다.
  ④ 물체의 사용 목적, 표면의 재료, 도장 시 기후조건, 경제성을 고려하여 도장을 선택한다.

(3) 보관상 주의사항
  ① 직사광선이 들지 않게 보관
  ② 환기가 잘되는 곳에 보관
  ③ 화기로 부터 먼 곳에 보관
  ④ 밀폐된 용기에 보관

2) 도료의 종류

종류		분류
유성페인트 (oil paint)	유용성	• 바니시류에 안료를 첨가한 것
바니시 (vanish)		• 천연수지, 합성수지를 건성유와 같이 열 반응 시켜 건조제를 넣고 용제에 녹인 것 • 안료가 첨가 되지 않은 것
수성페인트 (water paint)	수용성	• 바니시류에 안료를 첨가한 것 • 유기질 수성페인트, 무기질 수성페인트
에멀션페인트 (emulsion paint)		• 수성페인트에 합성수지와 유화제를 섞어 제조 • 초산비닐계 에멀션페인트, 아크릴계 에멀션페인트
천연수지	수지계	• 래커(lacquer), 셸락 바니시(shellac vanish)
합성수지		• 페놀수지, 멜라민수지, 요소수지, 비닐계 수지 등
섬유계 도료		• 래커, 셀룰로오스(cellulose)
고무계 도료		• 염화고무 도료, 라텍스 도료

3) 도료의 원료

원료	내용	성분
용제 (solvent)	• 도막 구성 용질을 녹여서 **유동성을 증가** • 광택과 내구성 증가	건성유, 반건성유
안료 (pigment)	• 도료의 색을 발현시키는 색소 • 착색성, 내후성, 은폐성, 내광성 증대	아연화(백색), 연단, 산화제이철(적색), 아연황(황색), 코발트청(청색)
희석제 신전제 (thinner)	• 도료를 희석하여 솔질을 좋게 **시공성을 증대** 시키며 적당한 휘발, 건조속도 유지	**테레빈유**, 휘발유, 석유, 벤젠, 솔벤트, 메틸알코올, 아세톤 등
수지 (resin)	• 천연수지, 합성수지로 구분 • 도료의 점도 증진	• 천연수지(레진, 셸락, 코팔 등) • 합성수지(멜라민, 페놀 등)
착색제 (stain)	• 가구나 금속 표면을 착색 및 보호 • 내구성 증대, 작업 용이, 색상 선명 유지됨	수성 스테인, 바니시 스테인, 알코올스테인, 유성 스테인
첨가제 (additive)	• 도료의 특별히 필요한 기능 부여	가소제, 건조제, 분산제, 색분리 방지제
가소제 (plasticizer)	• 도료의 영구적 탄성 및 가소성 부여	프탈산, 에스테르

※ **건성유** : 전조성이 있는 기능의 총칭으로 도료의 점도, 건조성, 색채 등을 좋게하는 역할을 한다. 종류로는 아마인유, 오동유, 들기름, 삼씨기름, 대마유, 콩유, 어유

예제 01 칠공사에 관한 설명으로 옳지 않은 것은? [24,22]
① 한랭시나 습기를 가진 면은 작업을 하지 않는다.
② 초벌부터 정벌까지 같은 색으로 도장해야 한다.
③ 강한 바람이 불 때는 먼지가 묻게 되므로 외부 공사를 하지 않는다.
④ 야간은 색을 잘못 칠할 염려가 있으므로 작업을 하지 않는 것이 좋다.

해설 | 초벌부터 정벌까지 다른 색으로 도장이 가능하며 초벌 시 가급적 정벌보다 밝은 색으로 하는 것이 좋다.

정답 ②

예제 02 다음 도장재료 중 도포한 후 도막으로 남는 도막형성 요소와 가장 거리가 먼 것은? [23,21,20]
① 안료   ② 유지   ③ 희석제   ④ 수지

해설 | 희석제는 도료를 희석하여 솔질을 좋게 시공성을 증대 시키며 적당한 휘발, 건조속도 유지

정답 ③

2. 페인트의 종류

1) 수성페인트(water paint)
① 성분 : 안료 + 교착제(아교, 전분, 카세인, 아라비아고무) + 물
② 물을 용제로 하여 경제적이고 저공해, 무공해 도료이다.
③ 건조가 비교적 빠르다.
④ 내알칼리성으로 시멘트계통에 바르기 적합하나 광택은 없다.
⑤ 취급이 간단하고 작업성이 좋으며 경제적이다.
⑥ **내수성 및 내구성이 약해서 실내용**으로 사용
⑦ 종류 : 유기질 수성페인트, 무기질 수성페인트

2) 유성페인트(oil paint)
① 성분 : 안료 + 보일드유 + 희석제
② 두꺼운 도막을 형성하여 내후성 및 내마모성이 우수하다.
③ 가격은 경제적이나 건조시간이 길다.
④ 내장 및 외장에 시공이 용이하다.
⑤ **알칼리에 약하므로 콘크리트, 모르타르 면에 시공 부적합**
⑥ 종류 : 조합페인트, 된반죽페인트(견련페인트), 중반죽페인트(중련페인트)

3) 에멀션페인트(emulsion paint)
① 성분 : **수성페인트 + 유화제 + 합성수지**
② 수성페인트와 유성페인트의 중간적 특성
③ 수성페인트의 일종으로 발수성이 있다.
④ 내·외부 도장에 널리 이용된다.

예제 03 유성 페인트에 대한 설명 중 옳지 않은 것은? [24,22,16]
① 내알칼리성이 우수하다.
② 건조시간이 길다.
③ 붓바름 작업성이 뛰어나다.
④ 보일유와 안료를 혼합한 것을 말한다.

해설 | 유성 페인트는 알칼리에 약하므로 콘크리트, 모르타르 면에 시공 부적합

정답 ①

4) 에나멜페인트(enamel paint)
   ① 성분 : 유성바니시 + 안료 or 유성바니시 + 건조제
   ② 유성페인트와 유성 바니시의 중간적 특성
   ③ 내후성, 내수성이 특히 우수하여 주로 외장용으로 사용됨
   ④ 도막이 견고하고 탄성 및 광택이 우수하여 금속표면에 사용
   ⑤ 내열성 및 내약품성은 우수하나 **내알칼리성이 약하다.**(콘크리트면에 사용 안됨)
   ⑥ 유성페인트보다는 건조 시간이 단축된다.

   Note 건조시간 비교
   유성페인트 > 에나멜페인트 > 래커 > 수성페인트

5) 바니시(varnish)
   천연수지, 합성수지 등을 건성유(휘발성 용제)로 용해한 것으로, 유성(기름) 바니시, 휘발성 바니시, 래커 바니시로 구분한다.

(1) 유성 바니시(oil varnish)
   ① 성분 : **유용성 수지 + 건성유(용제)** + 희석제 + 착색제
   ② 무색 투명도료로 보통 니스로 통용된다.
   ③ 건조가 빠르고, 광택, 투명도가 좋고 도막이 단단하다.
   ④ 내화학성이 나빠서 시간이 지나면 누렇게 변색이 생긴다.
   ⑤ 종류 : 스파 바니시(spa), 코팔 바니시(copal), 골드사이즈 바니시(gold size)

(2) 휘발성 바니시(volatile vanish)
   ① 성분 : 수지류 + 휘발성 용제(희석제)
   ② 천연수지 : 목재 등 내부용, 가구용에 사용
   ③ 합성수지 : 목재·금속면 등 외부용에 사용, 내후성 우수

(3) 래커 바니시(lacquer vanish)
   ① 성분 : 질산섬유소 + 수지 + 휘발성 용제(희석제)

클리어 래커(clear Lacquer)	에나멜 래커(enamel Lacquer)
• 도막이 얇고 견고하며 우아한 광택이 난다. • 내수성, 내후성이 부족하여 실내용으로 적합하다. • 목재 무늬를 살리기 위해 목재용 마감재료로 적당하다. • 건조시간이 빨라 스프레이건(spray gun) 시공이 효과적이다.	• 뉴트로셀룰로오스 등의 천연수지를 이용 • **도막이 얇고 견고하며**, 기계적 성질도 우수하다. • 닦으면 광택이 나는 불투명 도료이다.
안료 첨가 ×	클리어래커 + 안료 첨가

예제 04 수지를 지방유와 가열융합하고, 건조제를 첨가한 다음 용제를 사용하여 희석하여 만든 도료는?
[25,20,17]

① 래커　　② 유성바니시　　③ 유성페인트　　④ 내열도료

해설 | 유성 바니시 : 유용성 수지 + 건성유(용제) + 희석제 + 착색제

정답 ②

6) 합성수지 페인트(synthetic resins paint)
① 성분 : 안료 + 합성수지 + 중화제(or 용제)
② 내산성, 내알칼리성이 우수해 콘크리트면에 도장이 가능하다.
③ **건조가 빠르며** 도막이 얇고 단단하며 **방화성이 우수하다.**
④ 색이 선명하고 내수성, 투광성이 좋으나 **가격이 비싼편이다.**
⑤ **에폭시 수지도료** : 내산, 내알칼리성이 우수하고 내마모성이 좋아 **콘크리트 및 모르타르 바탕면** 등에 사용되며 내수, 내해수를 목적으로 사용할 때 **2액형 타르 에폭시 도료**를 사용한다.
⑥ **워시 프라이머** : 합성수지를 전색제로 쓰고 소량의 안료와 인산을 첨가한 도료

예제 05 합성수지도료에 관한 설명으로 옳지 않은 것은? [24,21,18]
① 일반적으로 유성페인트보다 가격이 매우 저렴하여 널리 사용된다.
② 유성페인트보다 건조시간이 빠르고 도막이 단단하다.
③ 유성페인트보다 내산, 내알칼리성이 우수하다.
④ 유성페인트보다 방화성이 우수하다.

정답 ①

7) 방청 페인트
표면에 도포하여 부식 방지 및 내구성 등을 향상 시키기 위한 목적의 도장이다.

구분		종류
금속	녹막이칠 (방청페인트)	① 광명단(철제) ② 징크크로메이트(알루미늄) ③ 역청질 도료 ④ 연단 ⑤ 산화철 녹막이 도료 ⑥ 아연분말 도료 ⑦ 알루미늄 도료 ⑧ **연백**
목재	방부도장	① 크레오소트 ② 콜타르 ③ 아스팔트 페인트 ④ 유성페인트

> **Note** 금속의 부식 방지법
> ㉠ 상이한 금속은 인접, 접촉 시키지 않는다.
> ㉡ 표면을 평활하고 깨끗한 건조 상태로 유지한다.
> ㉢ 도료나 내식성이 큰 재료나 방청제로 보호피막을 입힌다.

예제 06 다음 중 방청도료에 해당되지 않는 것은? [23,14,13]
① 광명단 도료 ② 규산염 도료
③ 오일 서페이서 ④ 징크로메이트 도료

해설 | 오일 서페이서는 래커 에나멜이나 프탈산 수지에나멜 등을 도장할 때에 중도하기에 적합한 액상으로 불투명 산화 건조성의 도료이다.

정답 ③

8) 특수 페인트

(1) 본타일
   ① 합성수지와 체질안료를 혼합한 **입체무늬 모양**을 내는 뿜칠용 도료
   ② 콘크리트 및 모르타르 바탕에 공용 벽용으로 사용

(2) 다채무늬도료
   ① 2가지 이상의 다패로운 무늬를 표현하는 뿜칠용 도료
   ② 미장효과를 좋게 하기 위해 내부 벽면에 주로 사용

(3) 스테인(stain : 착색제)
   ① 가구나 목재 표면을 착색 및 보호하는 목적으로 사용
   ② 내구성 증대, 작업 용이, 색상 선명 유지된다.
   ③ 색올림이 표면으로 올라오지 않도록 도장 시 주의한다.
   ④ 종류

수성 스테인	색상이 선명하고 작업성이 좋지만 건조가 늦다.
유성 스테인	작업성이 좋고 건조가 빠르지만 얼룩이 발생될 수 있어 전문성 필요
알코올 스테인	색상이 선명하고 퍼짐이 우수하며 건조 또한 빠르다.

3. 도장 공사

1) 도장 시공순서

(1) 수성페인트 시공 순서
   바탕 처리 → 초벌 → 연마지 닦기 → 정벌칠

(2) 유성페인트 시공 순서
   ① 목재부 바탕 : 바탕 처리 → 연마지 닦기 → 초벌칠 → 퍼티 먹임 → 연마지 닦기 → 재벌 1회 → 연마

지 닦기 → 재벌 2회 → 연마지 닦기 → 정벌칠
② 철재부 바탕 : 바탕 처리 → 녹막이칠 → 연마지 닦기 → 구멍땜, 퍼티 먹임 → 재벌칠 → 정벌칠

2) 도장공사의 결함

결함 종류	내용
주름 발생	• 도포 후 즉시 직사광선을 쬐였을 때나 급격한 가열 • 너무 두껍게 도포하거나 겹칠을 하였을 때 • 바탕면과 도료가 적당하지 않을 때 • 너무 두껍게 도포하지 않는다. • 도료에 맞는 용제를 사용한다. • 산성가스와 도막과의 접촉을 방지한다.
도막이 흘러내리는 현상	• 지나친 희석으로 점도가 낮을 때 • 도료를 한 번에 너무 두껍게 도장하였을 때 • 저온으로 건조시간이 길 때 • 도료가 오래되어 되었을 때
피막 발생 (skinning현상)	• 도료 보관 용기 크기가 커서 산소의 양이 많을 경우 • 도료 사용 후 잔량을 뚜껑을 열어둔 채 방치하였을 경우 • 피막방지제의 부족이나 건조제가 과잉일 경우
시드닝 (seeding : 결정화)	• 도료의 저장 중 온도의 상승 과 저하가 반복적으로 작용해 도료 내에 작은 결정이 무수히 발생하여 도장 시 도막에 좁쌀모양이 생기는 현상

예제 07 도장공사 시 건조제를 많이 넣었을 때 나타나는 현상으로 옳은 것은? [25,22]
① 도막에 균열이 생긴다.   ② 광택이 생긴다.
③ 내구력이 증가한다.   ④ 접착력이 증가한다.

해설 | 빠른 건조는 도막 균열의 원인이 된다.   정답 ①

예제 08 도장결함 중 주름발생 현상의 방지대책으로 가장 적합한 것은? [24,22]
① 도료의 점도를 낮춘다.
② 교반을 충분하게 하고 겹칠을 한다.
③ 바탕과 도료와의 심한 온도차를 피한다.
④ 도포 후 즉시 직사광선을 쬐이지 않는다.

해설 | 도포 후 즉시 직사광선을 쬐였을 때나 급격한 가열시 주름 발생   정답 ④

3) 도장공사 시 주의사항 및 요령
① 바람이 강하게 부는 날에는 도장 작업을 중지한다.
② 습도가 85% 이상이면 작업을 중지한다.
③ 기온이 5℃ 이하인 경우에는 작업을 중지한다.

④ 하도 → 중도 → 상도 3공정으로 작업을 진행한다.
⑤ 연한 색으로 칠해서 점차 진한 색으로 시공한다.
⑥ 칠막의 각 층은 얇게 하고, 충분히 건조시킨다.
⑦ 도장 후 서서히 건조시킨다.
⑧ 건조제를 많이 첨가하면 도막에 균열이 발생한다.
⑨ 솔질은 위에서 아래로, 왼쪽에서 오른쪽으로 한다.
⑩ 롤러칠은 평활하고 큰 면을 칠할 때 적당하지만 두께가 일정하지 않다.

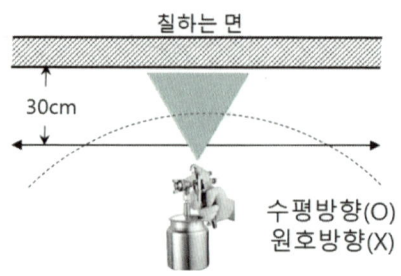

 뿜칠(Spray) 공법- 에어리스 스프레이(Airless sparay)
㉠ 뿜칠은 **벽에서 30cm 거리를 두고 건을 직선으로 움직여야 한다.**
 (원호로 움직이면 균일하지 않다.)
㉡ 뿜칠은 도막두께를 일정하기 유지하기 위해 **1/3 정도 겹치도록** 순차적으로 이행한다.
※ 스프레이건 노즐구경 1~1.5mm
※ 칠막 형성 및 건조조건 : 온도 20℃, 습도 70%
※ 뿜칠 표준공기압 : 2~4kg/cm²

 도장공사에서의 뿜칠에 관한 설명으로 옳지 않은 것은? [23, 22]
① 큰 면적을 균등하게 도장할 수 있다.
② 스프레이건과 뿜칠면 사이의 거리는 30cm를 표준으로 한다.
③ 뿜칠은 도막두께를 일정하게 유지하기 위해 겹치지 않게 순차적으로 이행한다.
④ 뿜칠 공기압은 2~4kg/cm²를 표준으로 한다.

정답 ③

핵심 기출문제

07 도장공사

1 도장의 일반사항 및 종류

01 ▶ 20

도료의 도막을 형성하는데 필요한 유동성을 얻기 위하여 첨가하는 것은?

① 안료　　② 가소제
③ 수지　　④ 용제

해설 | 용제(solvent)
• 도막 구성 용질을 녹여서 유동성을 증가
• 광택과 내구성 증가

02 ▶ 19

도장공사 시 작업성을 개선하기 위한 보조첨가제(도막형성 부요소)로 볼 수 없는 것은?

① 산화촉진제　　② 침전방지제
③ 전색제　　　　④ 가소제

해설 | 전색제
도료에 있어서 안료 이외의 액상의 성분을 말한다.

03 ▶ 18

도료의 전색제 중 천연수지로 볼 수 없는 것은?

① 로진(Rosin)
② 댐머(Dammer)
③ 멜라민(Melamine)
④ 셸락(Shellac)

해설 | 멜라민 수지
• 요소수지보다 성능이 높다.
• 표면경도가 크고 아름다운 광택을 지니면서 착색이 자유롭고 내열성이 우수한 것으로 마감재, 전기부품 등에 활용된다.

04 ▶ 19

도장재료인 안료에 관한 설명으로 옳지 않은 것은?

① 안료는 유색의 불투명한 도막을 만듦과 동시에 도막의 기계적 성질을 보완한다.
② 무기안료는 내광성·내열성이 크다.
③ 유기안료는 레이크(lake)라고도 한다.
④ 무기안료는 유기용제에 잘 녹고 색의 선명도에서 유기안료보다 양호하다.

해설 | 안료(pigment)
• 도료의 색을 발현시키는 색소
• 착색성, 내후성, 은폐성, 내광성 증대
• 유기안료는 무기안료에 비해 색이 선명하고 비중이 작으며 투명성이 양호하다.

05 ▶ 19

도장재료에 관한 설명으로 옳지 않은 것은?

① 바니시는 천연수지, 합성수지 또는 역청질 등을 건성유와 같이 가열·융합시켜 건조제를 넣고 용제로 녹인 것을 말한다.
② 유성조합페인트는 붓바름 작업성 및 내후성이 뛰어나다.
③ 유성페인트는 보일유와 안료를 혼합한 것을 말한다.
④ 수성페인트는 광택이 매우 뛰어나고, 마감면의 마모가 거의 없다.

해설 | 수성페인트는 내수성 및 내구성이 약해서 실내용으로 사용

정답 | 01 ④　02 ③　03 ③　04 ④　05 ④

06 ▶ 19
유성페인트에 관한 설명으로 옳은 것은?

① 보일유에 안료를 혼합시킨 도료이다.
② 안료를 적은 양의 물로 용해하여 수용성 교착제와 혼합한 분말상태의 도료이다.
③ 천연수지 또는 합성수지 등을 건성유와 같이 가열·융합시켜 건조제를 넣고 용제로 녹인 도료이다.
④ 니트로셀룰로오스와 같은 용제에 용해시킨 섬유계 유도체를 주성분으로 하여 여기에 합성수지, 가소제와 안료를 첨가한 도료이다.

해설 | 유성페인트(oil paint)
① 성분 : 안료 + 보일드유 + 희석제
② 두꺼운 도막을 형성하여 내후성 및 내마모성이 우수하다.
③ 가격은 경제적이나 건조시간이 길다.
④ 내장 및 외장에 시공이 용이하다.
⑤ 알칼리에 약하므로 콘크리트, 모르타르 면에 시공 부적합

07 ▶ 13
유성페인트에 관한 설명 중 옳지 않은 것은?

① 저온다습할 경우 특히 건조시간이 길다.
② 붓바름 작업성 및 내후성이 뛰어나다.
③ 보일유와 안료를 혼합한 것을 말한다.
④ 내알칼리성이 우수하다.

해설 | 문제 6번 해설참조

08 ▶ 20
수성페인트에 합성수지와 유화제를 섞은 페인트는?

① 에멀션 페인트   ② 조합 페인트
③ 견련 페인트   ④ 방청 페인트

해설 | 에멀션페인트(emulsion paint)
① 성분 : 수성페인트 + 유화제 + 합성수지
② 수성페인트와 유성페인트의 중간적 특성

09 ▶ 17
보통 페인트용 안료를 바니쉬로 용해한 것은?

① 클리어 래커
② 에멀션 페인트
③ 에나멜 페인트
④ 생옻칠

해설 | 에나멜페인트(enamel paint)
① 성분 : 유성바니시 + 안료 or 유성바니시 + 건조제
② 유성페인트와 유성 바니시의 중간적 특성

10 ▶ 17
상온에서 건조되지 않기 때문에 도포 후 도막 형성을 위해 가열공정을 거치는 도장재료는?

① 소부 도료
② 에나멜 페인트
③ 아연 분말 도료
④ 락카샌딩실러

해설 | 소부도장
공기대류, 적외선 조사등을 이용하여 도료층을 가열, 경화시키는 공정을 말한다. 가열 건조 도막은 일반적으로 단단하고 성능이 양호하며, 통상 60℃이상에서 가열한다.

11 ▶ 17
다음 도료 중 내마모성, 내수성, 내후성이 우수하나 도막이 얇고 부착력이 약한 도료는?

① 수성 페인트
② 유성 페인트
③ 유성 바니쉬
④ 래커

해설 | 래커 바니시(lacquer vanish)
• 성분 : 질산섬유소 + 수지 + 휘발성 용제(희석제)
• 내마모성, 내수성, 내후성이 우수하나 도막이 얇고 부착력이 약하다.

정답 | 06 ① 07 ④ 08 ① 09 ③ 10 ① 11 ④

12
목재의 무늬를 그대로 살릴 수 있는 도료는? ▶ 14

① 유성페인트
② 생옻칠
③ 바니시
④ 에나멜페인트

해설 | 유성 바니시(oil varnish)
- 성분 : 유용성 수지 + 건성유(용제) + 희석제 + 착색제
- 무색 투명도료로 보통 니스로 통용된다.
- 건조가 빠르고, 광택, 투명도가 좋고 도막이 단단하다.

13
다음 건축용 도료 중 내수성, 내산성, 내알카리성, 내열성이 가장 우수한 것은? ▶ 14

① 유성 페인트(Oil Paint)
② 에나멜 페인트(Enamel Paint)
③ 래커(Lacquer)
④ 합성수지 페인트

해설 | 합성수지 페인트(synthetic resins paint)
① 성분 : 안료 + 합성수지 + 중화제(or 용제)
② 내산성, 내알칼리성이 우수해 콘크리트 면에 도장이 가능하다.
③ 건조가 빠르며 도막이 얇고 단단하며 방화성이 우수하다.
④ 색이 선명하고 내수성, 투광성이 좋으나 가격이 비싼 편이다.

14
바탕과 칠과의 관계 중 연결이 옳지 않은 것은? ▶ 13

① 목재 – 수성페인트
② 회반죽 – 유성페인트
③ 라디에이터 은색 – 에나멜 페인트
④ 콘크리트 – 에멀션 페인트

해설 | 회반죽 – 수성페인트
유성페인트는 알칼리에 약하므로 콘크리트, 모르타르면에 시공 부적합

15
한 번에 두꺼운 도막을 얻을 수 있으며 넓은 면적의 평판도장에 최적인 도장 방법은? ▶ 19,15

① 브러시칠
② 롤러칠
③ 에어스프레이
④ 에어리스 스프레이

해설 | 에어리스 스프레이
높은 압력을 가하여 작은 노즐의 구멍으로 분출 시키는 구조로 압축공기의 힘에 의해 도료를 미립화 시키는 것이 아니고 도료 자체가 분출력을 갖고 있기 때문에 종래의 분무기를 사용할 수 없다.

2 부식·방청·결함

16
페인트에서 연단(丹), 연백(鉛白) 등을 포함시킨 도료의 용도는? ▶ 21

① 방수
② 방청
③ 내열
④ 방화

해설 | 녹막이칠(방청페인트)
① 광명단(철제)
② 징크크로메이트(알루미늄)
③ 역청질 도료
④ 연단
⑤ 산화철 녹막이 도료
⑥ 아연분말 도료
⑦ 알루미늄 도료
⑧ 연백

17
특수도료 중 방청도료의 종류와 가장 거리가 먼 것은? ▶ 19

① 인광도료
② 알루미늄 도료
③ 역청질 도료
④ 징크크로메이트 도료

해설 | 문제 16번 해설참조

18

▶ 18

금속면의 보호와 금속의 부식방지를 목적으로 사용되는 도료는?

① 방화도료　② 발광도료
③ 방청도료　④ 내화도료

해설 | 문제 16번 해설참조

19

▶ 16

다음 중 방청도료에 해당되지 않는 것은?

① 광명단　② 알루미늄도료
③ 징크로메이트　④ 오일스테인

해설 | 문제 16번 해설참조

20

▶ 15, 13

방청도료에 해당되지 않는 것은?

① 광명단　② 에칭 프라이머
③ 래커　④ 크롬산 아연도료

해설 | 래커는 바니시계열 도료

21

▶ 18

금속면의 화학적 표면처리재용 도장재로 가장 적합한 것은?

① 셀락니스　② 에칭프라이머
③ 크레오소트유　④ 캐슈

해설 | 에칭프라이머
부틸수지, 알코올, 인산, 방청안료 등을 주원료로 하는 금속표면 처리용 도료

22

▶ 21

수직면에 도장하였을 경우 흘러내림을 방지하기 위한 방법이 아닌 것은?

① 규정 도막을 유지한다.
② 희석량을 늘여 점도를 낮게 한다.
③ 사전에 시험도장을 하여 확인 후 도장한다.
④ airless 도장 시 팁 사이즈를 줄여 도료 토출량을 적게 하고 2차압을 높인다.

해설 | 도막이 흘러내리는 현상
 • 지나친 희석으로 점도가 낮을 때
 • 도료를 한 번에 너무 두껍게 도장하였을 때
 • 저온으로 건조시간이 길 때
 • 도료가 오래되어 되었을 때

정답 | 18 ③　19 ④　20 ③　21 ②　22 ②

08 미장 및 수장공사

Pass Note

예상출제문항	키워드	
1~2	- 기경성 vs 수경성 - 회반죽 - 경석고플라스터(킨즈시멘트)	- 돌로마이트 플라스터 - 석고플라스터, 석고보드 - 시멘트모르타르

미장공사(plaster work)는 건축물의 내외벽, 바닥, 천장 등에 장식, 보온, 보호 등을 목적으로 회반죽, 진흙, 모르타르 등을 일정 두께로 흙손 또는 스프레이 등을 이용하여 바르는 점성재료를 말한다. 규모가 크고 넓은 표면을 이음매 없이 마무리할 수 있으며 숙련공의 기능이 요구되고 습식 공사로 공기가 길어진다.

1. 미장재료의 구성 및 분류

1) 미장재료의 구성

구성	특징
결합재	• 경화되어 바름벽에 필요한 **강도를 발현**시키기 위한 재료로서, 바름벽의 기본 소재이다. • 시멘트, 석회, 석고, 점토, 돌로마이트석회 등이 있다.
부착재	• 못, 스테플, 커터침 등 바름벽 마감과 바탕재료를 붙이는 역할을 하는 재료이다.
골재	• 수축 및 균열, 점성 및 보수성 보완, 경화시간 조절 및 치장 목적으로 사용되며 모래, 종석, 돌가루 등이 있다.
보강재	• 균열방지를 위하여 부분적으로 사용되는 선상 또는 메쉬상의 재료로 바름재료의 **시공성, 균열, 탈락방지**를 개선하기 위해 재료. 여물, 풀, 수염 등을 사용한다.
혼화재료	• 결합재의 방수, 작업성 증대, 착색, 내화, 단열, 차음, 응결시간 단축과 연장 등의 효과를 위해 사용되며 방수제, 촉진제, 지연제, 급결제 등이 있다.

Note 미장재료의 촉진제
응결시간을 단축시킬 목적으로 첨가하는 촉진제로 염화석회, 물유리 등이 있으며 응결시간을 신속히 단축시키는 혼화재료인 급결제에는 **염화칼슘**, 규산소다 등이 있다.

2) 미장재료의 분류

(1) 기경성 재료(석회질)

① 개요 : 공기 중 **이산화탄소(탄산가스)와 반응**하여 굳어지는 미장재료(수축성)이며 종류에는 **진흙, 회반죽, 회사벽, 돌로마이트플라스터** 등이 있다.

② 특징
- ㉠ 경화가 느리다.
- ㉡ 강도가 작다.
- ㉢ 시공이 용이하다.

(2) 수경성 재료(석고질)

① 개요 : **물과 반응**하여 굳어지는 미장재료(팽창성)이며 종류에는 **시멘트 모르타르, 석고플라스터, 무수석고(경석고 플라스터, 킨즈시멘트), 인조석 바름**, 테라조 현장 바름 등이 있다.

② 특징
- ㉠ 경화가 빠르다.
- ㉡ 강도가 크다.
- ㉢ 시공이 어렵다.

구분			종류	구성재료 및 특성
기경성	석회질	알칼리성	진흙	• 진흙, 모래, 짚여물의 물반죽 흙벽 시공
			회반죽	• 소석회 + 모래 + 여물 + 해초풀
			회사벽	• 석회죽 + 모래, 흙벽의 정벌바름, 회반죽 고름
			돌로마이트 플라스터	• 돌로마이트 석회 + 모래 + 여물 • 건조수축이 커서 균열발생 우려 • 물에 약하다
수경성	석고질	중성	순석고 플라스터	• 순석고 + 모래 + 물 • 경화속도가 빠르다.
		알칼리성	혼합석고 플라스터	• 혼합석고 + 모래 + 여물 + 물 • 약한 알칼리성이며 경화속도는 보통
		산성	**경석고 플라스터** (킨즈시멘트)	• 무수석고 + 모래 + 물 • 표면의 강도가 크고 광택이 있다. • 수축균열이 작고 산성으로 철을 녹슬게 한다.
용액성	고토질	산성	마그네시아 시멘트	• 주원료가 리그노이드이며 주로 바닥마감재로 사용 • 물 대신 간수(염화마그네슘:$MgCl_2$)와 혼합하여 응결 경화시킨다. • 착색이 용이하고 물을 가해도 굳어지지 않는다. • 산성으로 철을 녹슬게 한다.

㉠ 여물 : 균열방지　㉡ 해초풀 : 접착력 증대　㉢ 모래 : 점도조절

미장재료 중 수축률이 큰 순으로 옳게 나열한 것은? [25,22,21,14]

① 순수석고 플라스터 〉 돌로마이터 플라스터 〉 소석회
② 소석회 〉 순수석고 플라스터 〉 돌로마이터 플라스터
③ 돌로마이터 플라스터 〉 소석회 〉 순수석고 플라스터
④ 소석회 〉 돌로마이터 플라스터 〉 순수석고 플라스터

정답 ③

 회반죽에 여물을 넣는 이유 중 옳은 것은? [24,21,20]

① 균열을 방지하기 위함　　② 강도를 높이기 위함
③ 경화속도를 높이기 위함　　④ 경도를 높이기 위함

정답 ①

2. 미장재료의 종류

1) 회반죽 및 회사벽

(1) 회반죽
① 원료 : **소석회 + 모래 + 해초풀 + 여물**
② 접착력 증대(점성 향상)를 위해 풀을 사용한다.
③ 경화시간이 오래 걸리며, 경도가 낮고 내수성이 약해서 실내 위주로 사용되며
④ 시공정도에 따라 균열 및 박락의 우려가 적고 저렴한 편이다.
⑤ 회반죽과 회사벽은 공기 중의 **탄산가스(CO_2)**와 반응하여 **단단한 석회**가 된다.

(2) 회사벽
① 원료 : 석회죽 + 모래 + (시멘트 or 물)
② 재래식 흙벽의 정벌바름에 쓰인다.

예제 03 **회반죽의 주요 배합재료로 옳은 것은?** [23,22,21,18]

① 생석회, 해초풀, 여물, 수염
② 소석회, 모래, 해초풀, 여물
③ 소석회, 돌가루, 해초풀, 생석회
④ 돌가루, 모래, 해초풀, 여물

해설 | 회반죽 원료 : 소석회 + 모래 + 해초풀 + 여물

정답 ②

2) 돌로마이트 플라스터

① 원료 : 돌로마이트 석회 + 모래 + 여물
② 기경성이며 풀을 사용하지 않고 물로 연화하여 사용하는 것으로 공기 중의 탄산가스와 결합하여 경화하는 미장재료
③ 건조, 경화 시 **수축률이 매우 커서 균열 방지를 위해 여물**을 섞는다.
④ 소석회에 비해 자체점성(가소성)이 높고 작업성이 용이
⑤ 풀을 쓰지 않아 변색, 냄새, 곰팡이가 없으며 보수성이 좋아 주로 실내 바름벽에서 사용
⑥ 돌로마이트 플라스터 바름
  ㉠ 실내온도가 5℃ 이하일 때는 공사를 중단하거나 난방하여 5℃ 이상으로 유지한다.
  ㉡ 정벌바름용 반죽은 물과 혼합한 후 12시간 정도 지난 다음 사용하는 것이 바람직하다.
  ㉢ 초벌바름에 균열이 없을 때에는 고름질한 후 7일 이상 두어 고름질면의 건조를 기다린 후 균열이 발생하지 아니함을 확인한 다음 재벌바름을 실시한다.
  ㉣ 재벌바름이 지나치게 건조한 때는 적당히 물을 뿌리고 정벌바름한다.

3) 석고 플라스터(gypsum plaster)

(1) 제법
조립식 및 건식공법공사에서 건물 내외부 벽면에 가장 많이 사용되는 마감재로
① 석고를 100℃ 이상 가열 → 소석고
② 석고를 230℃ 이상 가열 → 무수석고
③ 골재, 보강재, 혼화재 등을 혼합하여 반죽한 수경성 미장재료

(2) 성질
① 순백색이며 미려하고 석회보다 변색이 적다.
② 다른 미장재료에 비해 **응고가 빠르고 점성 및 내수성이 크다**.
③ 수경성으로 경화강도가 높고 수축 및 균열이 적다.
④ 무수축으로 경화되며 화재발생 시 결합수가 분해되어 열을 흡수하기 때문에 **내화성**을 갖는다.

(3) 종류
① 순석고 플라스터
  ㉠ 소석고 + 석회죽으로 만들며 중성이다.
  ㉡ 경화속도가 매우 빨라 석회죽이 응결 지연 및 작업성 증진 역할을 한다.
② 경석고 플라스터(킨즈 시멘트, keen's cement)
  ㉠ 고온소성의 **무수석고**를 특별한 화학처리하여 제조
  ㉡ 응결과 **경화의 속도**가 소석고에 비하여 **매우 늦어** 경화 촉진제로 화학처리하여 사용
  ㉢ 경화 후 강도와 경도가 높고 수축균열이 작다.
  ㉣ **산성으로 철제를 녹슬게** 하는 단점이 있다.
  ㉤ 은은한 붉은빛을 띠는 **흰색의 마감 광택**을 갖는다.
  ㉥ **벽 및 바닥** 바름에도 쓰이며 킨즈 시멘트라고도 부른다.

③ 혼합석고 플라스터
　㉠ 소석고 + 회반죽(대리석 등을 공장에서 미리 혼합하여 제조)
　㉡ 현장에서 물만 혼합허여 즉시 사용할 수 있어서 기배합 석고 플라스터라고도 한다.
　㉢ 석고의 팽창성과 석회의 수축성을 상호 보완한 것이다.
　㉣ 약한 알칼리성이며 경화속도는 보통이다.
　㉤ 석고 플라스터 중 가장 많이 사용하는 제품이다.
④ 보드용 석고 플라스터
　㉠ 소석고의 함유량을 많게 하여 강도와 접착성을 크게 한 제품이다.
　㉡ 주로 석고보드 붙임용, 콘크리트 바탕의 초벌 바름용으로 많이 사용된다.

석고보드(plaster board)

1902년 미국에서 처음 발명된 석고보드는 소석고(두툼한 종이 사이 석고를 넣고 고온에 가열하여 얻은 결정수를 탈수한 것)와 톱밥, 섬유 등을 혼합하여 만든 벽체입니다.
석고보드는 내부 마감을 위한 틀이 되어주는 것 외에도 흡음, 방화, 방수 등의 용도별 성능을 갖도록 제작할 수 있다, 다양한 건축물의 벽, 천장, 칸막이 등에 합판대용으로 주로 사용된다.

1) 장점
　① 내화성 · 단열성이 높고 경량이다.
　② 저렴하고 가공이 용이하다.(공기 단축)
　③ 방화성, 차음성, 보온성이 우수하다.
　④ 설치 후 도료로 도포할 수 있다.
　⑤ 부식이 안되고 충해를 받지 않는다.
　⑥ 수축 · 팽창 · 변형이 적다.
2) 단점
　① 충격에 약하다.
　② 흡수로 인해 강도가 현저하게 저하된다.
　　(습기가 많은 장소 사용 시 특수 방수처리된 방수보드 사용)
3) 규격
　두께 9.5/12.5/15mm, 900*1800/2,700/3000, 1200*2400

석고계 플라스틱 중 가장 경질이며 벽 바름 재료뿐만 아니라 바닥 바름 재료로도 사용되는 것은?

[24,20,17]

① 킨스시멘트　　　　　　② 혼합석고 플라스틱
③ 회반죽　　　　　　　　④ 돌로마이트 플라스틱

정답 ①

4) 시멘트 모르타르

종류		용도
보통 모르타르	보통 시멘트 모르타르	구조용, 일반 수장용
	백 시멘트 모르타르	치장, 착색용
특수 모르타르	질석 모르타르	경량 구조용
	석면 모르타르	균열, 단열용
	합성수지 모르타르	광택용
	아스팔트 모르타르	내산성 바닥용
	방수 모르타르	방수용
	바라이트 모르타르	**방사선 차단용**

3. 미장공사

1) 기본 사항

(1) 미장공사 시 주의사항
   ① 바탕면은 적당한 물축임을 하고 면을 거칠게 한다.
   ② 바름면은 거친면이 없이 면을 평활하게 하는 것이 좋다.
   ③ 바름 두께는 균일하게 한다.
   ④ 초벌바름 후 충분한 시간을 두어 균열이 최대한 발생 후 재벌을 한다.
   ⑤ **급격한 건조를 피하고** 시공 및 경화 중에는 진동을 피한다.
   ⑥ 미장공사는 위에서 아래로 한다.
   ⑦ 1회 바름 두께는 6mm 이하로 한다.
   ⑧ 시공시 온도는 5℃ 이상에서 하는 것이 좋다.

(2) 미장 바름층 바탕의 일반적인 조건
   ① 바름층과 유해한 화학반응을 하지 않을 것
   ② 바름층을 지지하는데 필요한 접착강도를 얻을 수 있을 것
   ③ 바름층보다 **강도, 강성이 클 것**
   ④ 바름층의 경화, 건조를 방해하지 않을 것
   ⑤ 미장층의 시공에 적합한 흡수성을 가질 것

2) 바름의 공정 순서

바탕처리 → 초벌바름 → 고름질 → 재벌바름 → 정벌바름 → 마감처리

3) 미장바름공사 종류

(1) 시멘트 모르타르 바름
   ① 초벌 → 재벌 → 정벌 순으로 하고, 1회의 바름 두께는 6mm를 표준으로 한다.

② 부위별 두께 : 외벽 및 바닥 24mm, 내벽 18mm, 천장 15mm
③ 바르기 순서
  ㉠ 일반적 순서는 위 → 아래(밑)
  ㉡ 실내는 천장 → 벽 → 바닥
  ㉢ 외벽은 옥상난간 → 지층
  ㉣ 수평과 수직이 만나는 곳은 수평면을 먼저 바른다.

> **예제 05** 미장공사 시 사용되는 시멘트 모르타르 바름에 관한 설명으로 옳지 않은 것은? [23,실건22]
> ① 시멘트와 모래를 혼합하고, 물을 부어서 잘 섞도록 하며, 비빔은 기계로 하는 것을 원칙으로 한다.
> ② 1회 비빔량은 2시간 이내 사용할 수 있는 양으로 한다.
> ③ 초벌바름 또는 라스먹임은 2주일 이상 방치하여 바름면 또는 라스의 겹침 부분에서 생길 수 있는 균열이나 처짐 등 홈을 충분히 발생시킨다.
> ④ 바름두께가 너무 얇을 경우에는 고름질을 하고 고름질 후에는 전면에서 거친면이 생기지 않도록 한다.
>
> 해설 | 전면에서 거친면이 생기지 않도록 하는 공정은 정벌바름이며 한 번에 두껍게 바르는 것보다 얇게 여러번 바르는 것이 좋다.
>
> 정답 ④

(2) 인조석 · 테라조 바름
  ① 재료 : **백시멘트 + 종석 + 안료 + 석분 + 물**
  ② 수축 균열 방지하기 위하여 황동제 줄눈대를 60~120cm 간격으로 설치
  ③ 줄눈대는 바름 구획 구분 및 보수의 용이성을 목적으로도 사용된다.

(3) 셀프 레벨링재(self leveling) 바름
  ① 석고계 셀프레벨링재는 석고 + 모래, 경화지연제 및 유동화제로 구성
  ② 시멘트계 셀프레벨링재는 포틀랜드시멘트 + 모래, 분산제 및 유동화제로 혼합한 것으로, 필요에 따라 팽창성 혼화재료를 사용
  ③ 석고계 셀프 레벨링재 석고에 모래, 경화 지연제, 유동화제 등을 혼합한 것으로, **물이 닿지 않는 실내에서만 사용**한다.
  ④ 셀프레벨링재 시공 후, 요철부는 연마기로 다듬고 기포는 된비빔 석고로 보수한다.
  ⑤ 경화 시 표면에 잔무늬가 생기지 않도록 개구부 등을 밀폐하여 통풍과 기류를 차단한다.

예제 06 인조석바름의 반죽에 필요한 재료를 가장 옳게 나열한 것은? [23,19]
① 백색포틀랜드시멘트, 종석, 강모래, 해초풀, 물
② 백색포틀랜드시멘트, 종석, 안료, 돌가루, 물
③ 백색포틀랜드시멘트, 강자갈, 강모래, 안료, 물
④ 백색포틀랜드시멘트, 강자갈, 해초풀, 안료, 물

정답 ②

4) 특수 미장바름

(1) 합성 고분자 바름
① 합성고분자계 재료 + 촉진제, 경화제, 골재 등을 배합
② 에폭시, 폴리우레탄, 폴리에스테르 바름이 가장 많이 사용
③ 특수 용도에 따라 방수, 방진, 고탄성, 내수성, 내약품성 등이 필요한 장소에 사용

(2) 리신바름(lithin coat)
돌로마이트에 화강암을 부슨 파편, 색모래, 안료 등을 섞어 바른 후 굳기 전에 거친 솔 등으로 표면을 긁어 거칠게 마무리한 인조석 미장바름의 일종

(3) 러프코트(rough coat)
시멘트, 모래, 잔자갈, 안료 등을 섞고 비빔 한 것을 바탕바름이 마르기 전에 뿌려 붙이거나 바르는 것으로 거친바름이며 인조석 미장 바름의 일종

(4) 리그노이드 바름
마그네시아 시멘트에 톱밥, 코르크 가루, 안료 등을 섞어 모르타르와 함께 반죽한 제품으로 탄성이 우수하여 건물, 차량, 선박 등에 사용된다.

예제 07 돌로마이트에 화강석 부스러기, 색모래, 안료 등을 섞어 정벌 바름하고 충분히 굳지 않은 때에 표면에 거친솔, 얼레빗 같은 것으로 긁어 거친 면으로 마무리한 것은? [24,21]
① 리신바름　　　　② 라프코트
③ 섬유벽바름　　　④ 회반죽바름

정답 ①

4. 수장공사

> **Pass Note**

예상출제문항	키워드	
0~1	- 벽 및 천장 마감재 특성	- 커튼 종류별 특성

건물 내부의 벽, 천장, 바닥의 설치와 치장을 위주로 한 실내마감공사
- 수장공사 : 건축물 내부의 **전체적인 치장**을 하는 마무리에 관한 공사
- 내장공사 : 건물 내부(**벽, 바닥, 천장** 등)의 **치장**과 설치를 위주로 한 마무리공사

1) 벽 및 천장마감 공사

(1) 마감재료의 종류

종류	특성
석고보드 (plaster board)	석고보드는 소석고(두툼한 종이 사이 석고를 넣고 고온에 가열하여 얻은 결정수를 탈수한 것)와 톱밥, 섬유 등을 혼합하여 만든 벽체입니다. 석고보드는 내부 마감을 위한 틀이 되어주는 것 외에도 흡음, 방화, 방수 등의 용도별 성능을 갖도록 제작할 수 있다. 다양한 건축물의 벽, 천장, 칸막이 등에 합판대용으로 주로 사용된다.
목모시멘트판 (cemented excelsior boards)	좁고 길게 리본상으로 오린(木毛) 대패밥을 시멘트로 교착하여 가압성형한 넓은 판의 제품으로 주로 천정, 벽의 바탕 및 치장용으로 사용된다.
텍스 (tex)	목재 소편, 석고, 시멘트 등을 부수어 섞은 뒤 압착하여 만든 섬유판으로 보온, 방음, 방화 효과가 좋고 무게도 가벼우며, 수명도 길기 때문에 가장 많이 사용하는 천장 자재 중 하나이다.

(2) 시공 순서

① 마감 시공 순서
  ㉠ 상부 → 하부 : 도배공사, 도장공사, 미장공사, 타일공사(외부)
  ㉡ 하부 → 상부 : 도배공사(재벌 정바름), 타일공사(내부),
② 내부마감순서 : 천장 → 벽 → 바닥

2) 석고보드 공사

(1) 장단점 및 종류

장점	단점
① 내화성·단열성이 높고 경량이다. ② 저렴하고 가공이 용이하다.(공기 단축) ③ 방화성, 차음성, 보온성이 우수하다. ④ 설치 후 도료로 도포할 수 있다. ⑤ 부식이 안되고 충해를 받지 않는다. ⑥ 수축·팽창·변형이 적다.	① 충격에 약하다. ② 흡수로 인해 강도가 현저하게 저하된다. 　(습기가 많은 장소 사용 시 특수 방수처리된 방수보드 사용)

- 종류 : 일반 석고보드, 방화 석고보드, 방수 석고보드, 치장 석고보드

(2) 형상에 따른 종류

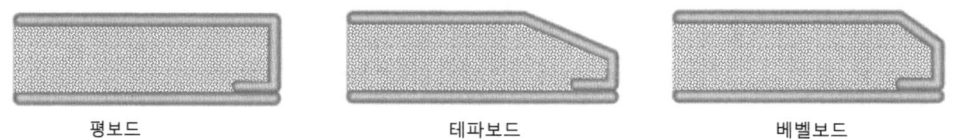

평보드　　　　테파보드　　　　베벨보드

3) 도배공사

(1) 사전준비작업

① 도배지 보관 장소 온도는 5℃ 이상 유지
② 도배지는 직사광선은 피하고, 바탕면 건조상태 확인
③ 실내온도나 습기가 높으면 통풍이나 환기를 시켜준다.

(2) 도배지 풀칠방법

① 온통 바름 : 도배지 전부에 풀칠하며 순서는 중간부터 갓 둘레로 칠해 나간다
② 봉투 바름(갓둘레 바름) : 도배지 주위에 풀칠하여 붙이고 물기가 마르면 주름이 펴진다.
③ 비늘 바름 : 종이의 한쪽에만 풀칠하여 비늘처럼 붙여 나간다.

(3) 도배지의 종류

종류	특성
종이벽지	• 종이 위에 무늬와 색채를 프린트한 벽지 • 종이가 얇아 찢어지기 쉬우며 가격이 저렴하여 많이 사용됨.
비닐벽지	• 무늬와 패턴이 다양하고 **방수성이 좋고 청소가 용이함**. • 내후성은 우수하나 통기성이 부족하다.
지사벽지	• 종이를 여러 가닥 실처럼 꼬아서 만든 벽지
섬유벽지	• 벽지의 색채, 무늬, 촉감, 흡음성 등이 좋다. • 내구성과 광택이 좋아 실내장식용으로 사용
발포벽지	• 종이벽지 위에 플라스틱 기포를 뿜어서 만든다. • 탄력성이 있어 흡음성과 질감이 좋고 물세척이 가능하다.

| 갈포벽지 | • 종이벽지 위에 **칡넝쿨** 섬유의 줄기를 붙여 만든다.
• 자연적인 거친 질감으로 흡음성이 좋고 아늑한 느낌을 준다. |

(4) 시공 순서
　① 3단계 시공 : 바탕처리 → 풀칠 → 붙이기
　② 4단계 시공 : 바탕처리 → 초배지 → 재배지 → 정배지
　③ 5단계 시공 : 바탕처리 → 초배지 → 재배지 → 정배지 → 굽도리(걸레받이)

> **예제 08** 도배지를 붙이는 바탕을 조정하기 위하여 사용하는 바탕 조정제 중 석고나 탄산칼슘을 주원료로 하고, 바탕의 요철이나 줄눈, 균열이나 구멍 보수에 사용하는 것은? [24,22,17]
> ① 수용성 실러(sealer)　　② 용제형 실러(sealer)
> ③ 퍼티(putty)　　　　　　④ 코킹(cocking)
>
> **해설** | 탄산칼슘분말, 돌가루, 산화아연 등을 보일유, 유성니스, 래커와 같은 전색제(展色劑)로 개어서 만든, 페이스트상(狀)의 접합제이다. 물이나 가스의 누설을 방지하는 철관의 이음매 고정 등에 사용한다.
>
> **정답** ③

4) 카펫 공사

(1) 카펫의 특징

장점	단점
• 탄력성, 흡음성, 내구성이 있다.	• 유지관리 및 보수가 번거롭다. • 습기와 오염에 약하고 패턴이 단조롭다.

(2) 카펫파일(pile)의 종류

 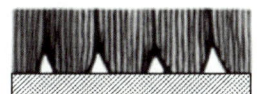 

루프파일(loop pile)　　　컷 파일(cut pile)　　　루프 & 컷파일

(3) 카펫깔기 공법

공법	특성
그리퍼공법	가장 일반적인 공법으로 주변 바닥에 그리퍼 설치 후 카펫 고정하는 방식
못박기공법	벽 주변을 따라 카펫을 30mm 정도 꺾어 넣고 롤러로 끌어 당기면서 못을 50mm 정도 간격으로 고정하는 방식
직접 붙이기 공법	바닥에 직접 접착제 도포 후 카펫을 눌러 붙이는 공법으로 중보행 공간에 사용된다.
필업공법	쿠션재를 대지 않는 카펫 타일 붙임에 쓰이며 교체가 쉽다.

(4) 카펫 시공 시 유의사항
① 시공 전 바닥에 먼지, 오물 등 이물질과 요철, 굴곡이 없는 평활 상태로 정리한다.
② 바닥 중심에서 4등분 후 L자 형태로 부착한다.
③ 접착제는 작업속도를 고려하여 적당량 도포 후 시공하며 이 과정을 반복한다.

5) 커튼공사
(1) 커튼 선택 시 주의사항
① 천의 색깔, 재질, 패턴 등 시각적 효과를 고려한다.
② 세탁 후 형태, 치수변화가 가급적 적어야 한다.
③ 화재 방지를 위해 불연재로 선택해야 한다.
④ 햇빛에 탈색이 되지 않는 재료를 선택한다.

(2) 블라인드
① 유리창 등에 직사광선과 시선 차단을 위해 설치하는 커튼 대용의 수장재
② 종류 : 수직블라인드, 수평블라인드, 롤블라인드, 로만쉐이드

수평블라인드　　　수직(버티칼)블라인드　　　롤블라인드　　　로만쉐이드

핵심 기출문제

08 미장 및 수장공사

1 미장재료의 구성 및 분류

01 ▶ 16

미장재료에 여물을 사용하는 가장 주된 이유는?

① 유성페인트로 착색하기 위해서
② 균열을 방지하기 위해서
③ 점성을 높여주기 위해서
④ 표면의 경도를 높여주기 위해서

해설 | ㉠ 여물 : 균열방지
　　　 ㉡ 해초풀 : 접착력 증대
　　　 ㉢ 모래 : 점도조절

02 ▶ 20, 13, 13

석회석[석회암($CaCO_3$)]을 900~1200℃로 소성하면 생성되는 것은?

① 돌로마이트 석회　② 생석회
③ 회반죽　　　　　④ 소석회

해설 | 석회석(주원료)+열=생석회
　　　 생석회+물=소석회(회반죽의 주원료)

03 ▶ 16

다음 중 수경성 미장재료가 아닌 것은?

① 시멘트모르타르
② 돌로마이트 플라스터
③ 인조석 바름
④ 석고 플라스터

해설 | • 수경성 재료(석고질)
　　　　시멘트 모르타르, 석고플라스터, 무수석고(경석고 플라스터, 킨즈시멘트), 인조석 바름, 테라조 현장 바름

• 수경성 재료(석고질)
　시멘트 모르타르, 석고플라스터, 무수석고(경석고 플라스터, 킨즈시멘트), 인조석 바름, 테라조 현장 바름

04 ▶ 20

다음 미장재료 중 수경성에 해당되지 않는 것은?

① 보드용 석고 플라스틱
② 돌로마이트 플라스틱
③ 인조석 바름
④ 시멘트 모르타르

해설 | 문제 3번 해설참조

05 ▶ 18

수경성 미장재료로 경화·건조시 치수 안정성이 우수한 것은?

① 회사벽　　　　　　② 회반죽
③ 돌로마이트 플라스터　④ 석고 플라스터

해설 | 석고 플라스터
　① 순백색이며 미려하고 석회보다 변색이 적다.
　② 다른 미장재료에 비해 응고가 빠르고 점성 및 내수성이 크다.
　③ 수경성으로 경화강도가 높고 수축 및 균열이 적다.
　④ 무수축으로 경화되며 화재발생 시 결합수가 분해되어 열을 흡수하기 때문에 내화성을 갖는다.

06 ▶ 17

수경성 미장재료에 해당되는 것은?

① 회반죽　　　　　② 돌로마이트 플라스터
③ 석고 플라스터　　④ 회사벽

해설 | 문제 3번 해설참조

정답 | 01 ② 02 ② 03 ② 04 ② 05 ④ 06 ③

Chapter 01 실내디자인 마감계획 및 협력공사 | 425

2 미장재료의 종류

07 ▶ 21
미장재료 중 건조 수축율이 가장 큰 것은?

① 소석회
② 돌로마이트 플라스터
③ 시멘트
④ 소석고

해설 | 기경성(수축성), 수경성(팽창성)
　　　• 수축률 순위
　　　　돌로마이터 플라스터 > 소석회 > 순수석고 플라스터

08 ▶ 21,13
미장재료에 관한 설명 중 옳지 않은 것은?

① 회반죽에 석고를 약간 혼합하면 수축균열을 방지할 수 있는 효과가 있다.
② 회반죽은 소석회에 모래, 해초풀, 여물 등을 혼합하여 바르는 미장재료로서 목조바탕, 콘크리트블록 및 벽돌바탕 등에 바른다.
③ 돌로마이트 플라스터는 소석회에 비해 점성이 높고 작업성이 좋다.
④ 무수석고는 가수 후 급속경화하지만, 반수석고는 경화가 늦기 때문에 경화촉진제를 필요로 한다.

해설 | 반수석고는 가수 후 급속경화하지만, 무수석고는 경화가 늦기 때문에 경화촉진제를 필요로 한다.

09 ▶ 21
미장재료 중 돌로마이트 플라스터에 관한 설명으로 옳지 않은 것은?

① 공기 중의 탄산가스와 결합하여 경화한다.
② 미장 후 6~12개월은 알칼리성으로 유성페인트 마감을 할 수 없다.
③ 원칙적으로 풀 또는 여물을 사용하지 않고 물로 연화하여 사용한다.
④ 분말도가 미세한 것이 시공이 어렵고 균열의 발생도 크다.

해설 | 알카리성으로 유성페인트 도장이 불가능하다.
　　　(수성페인트 도장은 가능)
　　　유성페인트는 알칼리에 약하므로 콘크리트, 모르타르면에 시공 부적합

10 ▶ 14
돌로마이트 플라스터(Dolomite Plaster)에 대한 설명으로 옳지 않은 것은?

① 점성이 커서 풀이 필요 없다.
② 수경성 미장재료에 해당된다.
③ 다른 미장재료에 비해 비중이 큰 편이다.
④ 냄새, 곰팡이가 없어 변색될 염려가 없다.

해설 | 수중에서는 경화하지 않는 기경성 재료이다.

11 ▶ 13
돌로마이트 플라스터에 대한 설명으로 옳은 것은?

① 소석회에 비해 점성이 낮고, 작업성이 좋지 않다.
② 여물을 혼합하여도 건조수축이 크기 때문에 수축균열을 발생하는 결점이 있다.
③ 회반죽에 비해 조기강도 및 최종강도가 작다.
④ 물과 반응하여 경화하는 수경성 재료이다.

해설 | 건조, 경화 시 수축률이 매우 커서 균열 방지를 위해 여물을 섞는다.
　　　① 소석회에 비해 점성이 높고, 작업성이 좋다.
　　　③ 회반죽에 비하여 조기강도 및 최종강도가 크고 착색이 쉽다.
　　　④ 수중에서는 경화하지 않는 기경성 재료이다.

정답 | 07 ② 08 ④ 09 ② 10 ② 11 ②

12

미장재료 중 돌로마이트 플라스터에 대한 설명으로 옳지 않은 것은?

① 돌로마이트에 모래, 여물을 섞어 반죽한 것이다.
② 소석회보다 점성이 크다.
③ 회반죽에 비하여 최종강도는 작지만 착색이 쉽다.
④ 건조수축이 커서 균열이 생기기 쉽다.

해설 | 회반죽에 비하여 조기강도 및 최종강도가 크고, 착색이 쉽다.

13

고온소성의 무수석고를 특별한 화학처리를 한것으로 경화 후 아주 단단하며, 킨즈시멘트라고도 불리우는 것은?

① 돌로마이터 플라스터
② 스타코
③ 순석고 플라스터
④ 경석고 플라스터

해설 | ① 돌로마이트 : 돌로마이트석회+모래+여물
② 스타코 : 석회 + 모래
③ 순석고 플라스터 : 순석고 + 모래 + 물

14

미장재료의 종류와 특성에 관한 설명으로 옳지 않은 것은?

① 시멘트모르타르는 시멘트 결합재로 하고 모래를 골재로 하여 이를 물과 혼합하여 사용하는 수경성 미장재료이다.
② 테라조현장바름은 주로 바닥에 쓰이고 벽에는 공장제품 테라조판을 붙인다.
③ 소석회는 돌로마이트 플라스터에 비해 점성이 높고, 작업성이 좋기 때문에 풀을 필요로 하지 않는다.
④ 석고플라스터는 경화·건조 시 치수 안정성이 우수하며 내화성이 높다.

해설 | 소석회는 돌로마이트 플라스터에 비해 점성이 낮고, 작업성이 안좋기 때문에 풀을 필요로 한다.

3 미장공사

15

다음 중 미장공사에서 바탕청소를 하는 가장 주된 목적은?

① 바름층의 경화 및 건조촉진
② 바탕층의 강도증진
③ 바름층과의 접착력 향상
④ 바름층의 강도증진

16

인조석바름 재료에 관한 설명으로 옳지 않은 것은?

① 주재료는 시멘트, 종석, 돌가루, 안료 등이다.
② 돌가루는 부배합의 시멘트가 건조수축할 때 생기는 균열을 방지하기 위해 혼입한다.
③ 안료는 물에 녹지 않고 내알칼리성이 있는 것을 사용한다.
④ 종석의 알의 크기는 2.5mm 체에 100% 통과하는 것으로 한다.

해설 | 종석의 알의 크기는 5.0mm 체에 100% 통과하는 것, 2.5mm 체에 50% 통과하는 것으로 한다.

17
회반죽바름 시 사용하는 해초풀은 채취 후 1~2년 경과된 것이 좋은데 그 이유는 무엇인가?

① 염분제거가 쉽기 때문이다.
② 점도가 높기 때문이다.
③ 알칼리도가 높기 때문이다.
④ 색상이 우수하기 때문이다.

해설 | 해초풀에 함유되어 있는 염분은 회반죽 박락에 영향을 준다.

18
미장바름에 쓰이는 착색재에 요구되는 성질로 옳지 않은 것은?

① 물에 녹지 않아야 한다.
② 입자가 굵어야 한다.
③ 내알칼리성이어야 한다.
④ 미장재료에 나쁜 영향을 주지 않는 것이어야 한다.

해설 | 착색재에는 합성산화철, 카본블랙, 이산화망간, 산화크롬 등이 있으며, 가급적 입자가 가늘어야 한다.

19
바름벽이 바탕에서 떨어지는 것을 방지하는 역할을 하는 것으로서 충분히 건조되고 질긴 삼, 어저귀, 종려털 또는 마닐라 삼을 사용하는 재료는?

① 라프코트(rough coat)
② 수염
③ 리신바름(lithin coat)
④ 테라조바름

해설 | 수염 : 삼, 어저귀, 종려털 또는 마닐라 삼

4 수장공사

20
석고보드에 관한 설명으로 옳지 않은 것은?

① 소석고와 혼화제를 반죽하여 2장의 강인한 보드용 원지 사이에 채워 만든다.
② 내화성 및 차음성은 낮으나 외부충격에 매우 강하다.
③ 벽, 천장, 칸막이 벽 등에 주로 사용된다.
④ 성능에 따라 방수석고보드, 미장석고보드, 방균석고보드 등으로 나뉠 수 있다.

해설 | 석고보드 단점
  충격에 약하며 흡수로 인해 강도가 현저하게 저하된다.

21
석고보드에 관한 설명으로 옳지 않은 것은?

① 방수, 방화 등 용도별 성능을 갖도록 제작할 수 있다.
② 벽, 천장, 칸막이 등에 합판 대용으로 주로 사용된다.
③ 내수성, 내충격성은 매우 강하나 단열성, 차음성이 부족하다.
④ 주원료인 소석고에 혼화제를 넣고 물로 반죽한 후 2장의 강인한 보드용 원지 사이에 채워 넣어 만든다.

해설 | 석고보드 장점
  • 내화성·단열성이 높고 경량이다.
  • 저렴하고 가공이 용이하다.(공기 단축)
  • 방화성, 차음성, 보온성이 우수하다.

22 ▶ 16
면의 날실에 천연칡잎을 씨실로 하여 짠 것으로 우아하지만 충격에 약한 벽지는?

① 실크벽지   ② 비닐벽지
③ 무기질벽지   ④ 갈포벽지

해설 | 갈포벽지
- 종이벽지 위에 칡넝쿨 섬유의 줄기를 붙여 만든다.
- 자연적인 거친 질감으로 흡음성이 좋고 아늑한 느낌을 준다.

23 ▶ 15
벽지에 관한 설명 중 옳지 않은 것은?

① 비닐벽지 - 플라스틱으로 코팅한 벽지와 순수한 비닐로만 이루어진 벽지로 구분되며 불에 강하지만 오염이 되었을 시 제거가 어렵다.
② 종이벽지 - 가격이 상대적으로 저렴하며 색상, 무늬 등이 다양하고 질감도 부드럽다.
③ 직물벽지 - 질감이 부드럽고 자연미가 있어 온화하고 고급스러운 분위기를 자아내므로 벽지 중 가장 고급품에 속한다.
④ 무기질벽지 - 질석벽지, 금속박 벽지 등이 있다.

해설 | 비닐벽지
- 무늬와 패턴이 다양하고 방수성이 좋고 청소가 용이함
- 내후성은 우수하나 통기성이 부족하다.

24 ▶ 20
건물 바닥용 제품에 해당되지 않는 것은?

① 염화비닐 타일
② 아스팔트 타일
③ 시멘트 사이딩 보드
④ 리놀륨

해설 | 시멘트 사이딩 보드 : 벽 마감용 제품

25 ▶ 15
섬유벽 바름에 대한 설명으로 틀린 것은?

① 주원료는 섬유상 또는 입상물질과 이들의 혼합재이다.
② 균열발생은 크나, 내구성이 우수하다.
③ 목질섬유, 합성수지 섬유, 암면 등이 쓰인다.
④ 시공이 용이하기 때문에 기존벽에 덧칠하기도 한다.

해설 | 섬유벽 바름은 균열의 염려가 적고, 방음, 단열성이 크다.

정답 | 22 ④ 23 ① 24 ③ 25 ②

09 실내디자인 협력 공사

09-1 가설공사

> Pass Note

예상출제문항		키워드
0~1	- 가설건물 - 기준점과 규준틀	- 비계

가설공사는 실내건축공사 기간 중 임시로 설치하는 제반시설 및 수단의 총칭이며, 공사가 완료되면 해체, 철거, 정리되는 임시적인 공사를 말한다.

1. 가설공사의 종류

구분	공통(간접)가설공사	직접가설공사
공사내용	공사 전반에 간접적으로 사용되는 운영 및 관리에 필요한 가설시설	건물 축조에 직접적인 수행을 위해 필요한 시설
공사종류	가설건물, 가설울타리, 가설운반로, 공사용수, 공사용동력, 시험조사, 기계기구, 현장 사무실 등	규준틀, 비계, 건축물 보양, 보호막 설치, 낙하물 방지망 등

2. 가설건물

1) **시멘트 창고**
   ① 쌓기 포대 수는 **13포대 이하**로 한다. (장기 시 7포대 이하)
   ② 방습상 지면에서 30cm 이상 띄우고 저장한다.
   ③ 출입구 이외의 **개구부는 설치하지 않으며** 반입·반출구를 구분해 반입 순서대로 반출시킨다.
   ④ 창고 주위에 배수도랑을 두어 누수를 방지하며 방습적인 창고로 설치한다.

2) **변전소**
   ① 바닥, 벽, 지붕 등에 물이 새지 않도록 시공한다.
   ② 울타리를 둘러치고 위험 표시를 한다.
   ③ 주변에는 조명설비를 하고 야간에는 불을 켜둔다.
   ④ 비상시를 대비하여 **사무실 근처**에 설치한다.

3. 기준점(Bench Mark) 및 규준틀

1) 기준점(벤치마크, Bench Mark)
① 공사 중 높이 및 기준이 되는 기준점표식으로 건축물 인근에 설치
② 이동에 염려가 없는 곳에 설치
③ 현장 모든 곳에서 바라보기 좋고 공사의 지장이 없는 곳에 설치
④ 건물 부근에 최소 **2개소** 이상, 지반면(G.L)에서 0.5~1m 정도의 위치에 설치

2) 규준틀(batter board)
① 수평규준틀 : 건축물의 터파기 공사 시 건물 각부의 **위치, 높이, 길이를 결정**하기 위해 견고하게 설치
② 세로규준틀 : 조적공사에서 **고저 및 수직면의 기준**으로 사용하기 위해 설치하며 줄눈, 쌓기높이, 문틀위치 등이 표시 된다.

4. 비계(scaffold)

1) 비계의 종류

재료별	통나무 비계, 강관 파이프 비계, 강관 틀비계	
구조,형태별	외줄비계, 쌍줄비계, 말비계, 달비계, 겹비계	
위치별	외부비계	외줄비계, 쌍줄비계, 겹비계
	내부비계	말비계, 달비계

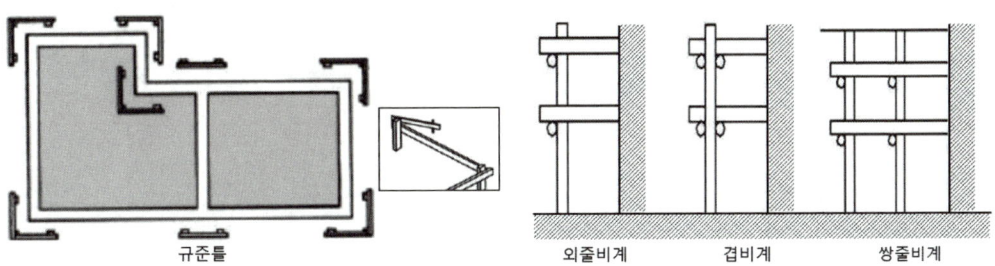

규준틀   외줄비계   겹비계   쌍줄비계

2) 비계다리
① 설치기준 : 건물면적 1,600m²마다 1개소로 한다.
② 경사 : 경사 보통 17° ~ 30° 이하
③ 너비 : 나비는 90cm 이상으로 하며
④ 다리참 : 각층마다 또는 층의 구분이 없으면 높이 7m 이내 마다 설치한다.
⑤ 발판의 미끄럼막이 : 30cm 내외 간격으로 고정
⑥ 난간 : 90cm 이상으로 설치하며 45cm에 중간대를 설치한다.
⑦ 비계발판 : 장선에 20cm 이하로 걸치며, 상호 겹침은 30cm 이상으로 한다.

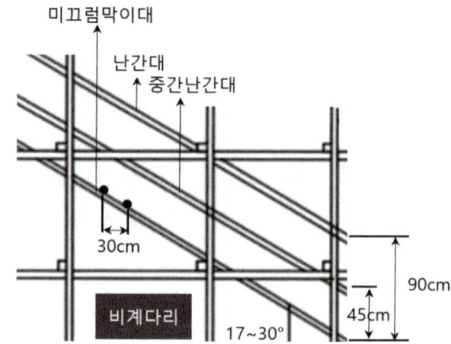

3) 안전설비(수평 낙하물방지망)
   ① 설치높이 : 낙하물 방지망은 10m 이내 또는 3개층 마다 설치
   ② 그물망 : 그물코 크기가 **20mm 이하**의 추락 방호망 설치
   ③ 경사 : 수평면과 경사각도는 20~30° 정도
   ④ 내민길이 : 비계 외측에서 **2m** 이상
   ⑤ 버팀대 : 가로방향 1m 이내, 세로방향 1.8m 이내의 간격으로 강관 등으로 설치

  물체가 떨어지거나 날아올 위험을 방지하기 위한 낙하물 방지망 또는 방호선반을 설치할 때 수평면과의 적정한 각도는? [25,22]
① 10°~20°   ② 20°~30°   ③ 30°~40°   ④ 40°~45°

정답 ②

핵심 기출문제

09-1 가설공사

01 ▶ 16건
공사현장의 가설건축물에 대한 설명으로 옳지 않은 것은?
① 하도급자 사무실은 후속공정에 지장이 없는 현장 사무실과 가까운 곳에 둔다.
② 시멘트 창고는 통풍이 되지 않도록 출입구 외에는 개구부 설치를 금하고, 벽, 천장, 바닥에는 방수, 방습처리 한다.
③ 변전소는 안전상 현장사무실 가능한 멀리 위치시킨다.
④ 인화성 재료 저장소는 벽, 지붕, 천장의 재료를 방화구조 또는 불연구조로 하고 소화설비를 갖춘다.

해설 | 변전소
　　　비상시에 대비하여 사무실 근처에 설치한다.

02 ▶ 17,18건
시멘트 보관창고에 대한 설명으로 옳지 않은 것은?
① 주위에 배수도랑을 두고 우수의 침투를 방지한다.
② 바닥높이는 지면으로부터 30cm 이상으로 한다.
③ 공기의 유통을 원활히 하기 위해 개구부를 크게 하는 것이 좋다.
④ 시멘트의 높이 쌓기는 13포대를 한도로 한다.

해설 | 출입구 이외의 개구부는 설치하지 않으며 반입·반출구를 구분해 반입순서대로 반출시킨다.

03 ▶ 18
시멘트를 저장할 때의 주의사항으로 옳지 않은 것은?
① 장기간 저장 시에는 7포 이상 쌓지 않는다.
② 통풍이 원활하도록 한다.
③ 저장소는 방습처리에 유의한다.
④ 3개월 이상 된 것은 재시험하여 사용한다.

해설 | 출입구 이외의 개구부는 설치하지 않으며 반입·반출구를 구분해 반입순서대로 반출시킨다.

04 ▶ 19건
가설공사에서 건물의 각 부 위치, 기초의 너비 또는 길이 등을 정확히 결정하기 위한 것은?
① 벤치마크
② 수평 규준틀
③ 세로 규준틀
④ 현상측량

해설 | 수평규준틀
　　　건축물의 터파기 공사 시 건물 각부의 위치, 높이, 길이를 결정하기 위해 견고하게 설치

정답 | 01 ③ 02 ③ 03 ② 04 ②

05 ▶ 20, 19 건

다음 중 기준점(bench mark)에 관한 설명으로 옳지 않은 것은?

① 신축할 건축물의 높이의 기준을 삼고자 설정하는 것으로 대개 발주자, 설계자 입회 하에 결정된다.
② 바라보기 좋고 공사에 지장이 없는 1개소에 설치한다.
③ 부동의 인접 도로 경계석이나 인근 건물의 벽또는 담장을 이용한다.
④ 공사가 완료된 뒤라도 건축물의 침하, 경사 등을 확인하기 위해 사용되는 경우가 있다.

해설 | 기준점(bench mark)
현장 모든 곳에서 바라보기 좋고 공사의 지장이 없는 곳에 건물 부근에 최소 2개소 이상, 지반면(G.L)에서 0.5~1m 정도의 위치에 설치

06 ▶ 14 건

건축물 높낮이의 기준이 되는 벤치마크(Bench Mark)에 관한 설명으로 옳지 않은 것은?

① 이동 또는 소멸우려가 없는 장소에 설치한다.
② 수직규준틀이라고도 한다.
③ 이동 등 훼손될 것을 고려하여 2개소 이상 설치한다.
④ 공사가 완료된 뒤라도 건축물의 침하, 검사 등의 확인을 위해 사용되기도 한다.

해설 | 수직(세로)규준틀
조적공사에서 고저 및 수직면의 기준으로 사용하기 위해 설치하며 줄눈, 쌓기높이, 문틀위치 등이 표시 된다.

07 ▶ 21 건

낙하물방지망에 관한 기술 중 틀린 것은?

① 낙하물방지망에는 수직형과 수평형이 있다.
② 수평 낙하물방지망을 지상 2층 바닥 부분에 설치한다.
③ 공사기간과 공사내용에 따라 방지망은 아연 도금 철망(크기 6~30mm), 합판 등을 쓰고 비계에 견고히 맨다.
④ 낙하물방지망은 눈, 바람 등에 유지되어야 하며 미관과는 무관하다.

해설 | 낙하물 방지망
낙하물방지망은 미관도 고려하여 설치하는 것이 좋다.

정답 | 05 ② 06 ② 07 ④

09-2 콘크리트 공사

Pass Note

예상출제문항	키워드	
2~3	- 시멘트 성질 - 시멘트 종류별 특성 - 함수율	- 혼화재료 - 콘크리트 성질 - 특수 콘크리트

콘크리트(concrete)는 시멘트(cement), 배합수, 잔골재 및 굵은 골재 그리고 필요에 따라 성능 개선에 필요한 혼화재료를 적정하게 섞어서 만든 혼합물이다.

1. 시멘트

1824년 영국의 벽돌공장 직공이 석회와 점토를 원료로 하여 물에 굳는 성질이 매우 강한 포틀랜드 시멘트를 최초로 발명하였다.

$$\underset{\text{석회석 + 점토 + 산화철}}{\text{주 원료}} \xrightarrow{1400 \sim 1500°C \text{ 소성}} \text{클링커(Clinker)} + \underset{\text{응결 지연 조절용}}{\text{석고 3\%}} = \text{시멘트}$$

1) 시멘트의 종류

(1) 포틀랜드 시멘트

① 보통 포틀랜드 시멘트
  ㉠ 품질이 우수하여 가장 보편적으로 사용되는 시멘트
  ㉡ 주성분 : CaO(생석회 65%), SiO_2(실리카 22%), Al_2O_3(산화알루미늄 5.5%), Fe_2O_3(산화철 3%), MgO(마그네시아 2.5%), SO_3(아황산 2%)

② 중용열 포틀랜드시멘트
  ㉠ 시멘트의 **발열량을 저감**시킬 목적으로 제조한 시멘트
  ㉡ 보통 포틀랜드시멘트에 비해 **수화열이 작고** 조기강도는 낮으나 **장기강도가 높다.**
  ㉢ 건조수축이 작고, 화학저항성이 일반적으로 크다.
  ㉣ 내침식성 및 내구성이 좋으며 내산성이 우수하다.
  ㉤ 주로 **댐 공사, 방사능 차폐용, 매스콘크리트용**으로 사용된다.

③ 조강 포틀랜드 시멘트
  ㉠ **조기강도**가 크고 경화가 빨라 공기단축에 효과적이다.
    (보통 포틀랜드 시멘트 28일 강도를 7일에 발현)
  ㉡ 수화속도가 빠르고 수화열이 크다
  ㉢ 저온에서도 강도 발현이 크므로 동절기공사, 긴급공사, 수중공사에 사용 어려운 시공 내용을 표현한 것이다.

- **알루민산3석회(C_3A)** : 시멘트 조성광물 중 **수축률이 가장 크고** 재령 1일 이내의 **초기강도**를 발현한다. 수화열량이 매우 높다.
- **석고 3%** : 응결 지연 조절용
- **규산이석회($2CaO \cdot SiO_2$)** : 시멘트의 조성화합물 중 수화반응이 늦고 **장기강도를 증진**시키며 수화열 저감에 따른 건조수축 감소 및 **28일 이후의 강도지배**

예제 01 시멘트의 조성 화합물 중에서 수화작용을 빠르게 하여 1주 이내의 강도 발생에 결정적인 역할을 하는 것은? [23,18,15]

① 규산 3석회
② 규산 2석회
③ 알루민산 3석회
④ 알루민산철 4석회

해설 | 알루민산3석회 : 시멘트 조성광물 중 수축률이 가장 크고 재령 1일 이내의 초기강도를 발현한다.

정답 ③

예제 02 보통포틀랜드시멘트 제조시 석고를 넣는 이유로 알맞은 것은? [24,21,19]

① 강도를 높이기 위하여
② 균열을 줄이기 위하여
③ 응결시간 조절을 위하여
④ 수축팽창을 줄이기 위하여

정답 ③

예제 03 중용열 포틀랜드시멘트에 관한 설명으로 옳지 않은 것은? [25,22,17]

① 수화열량이 적어 한중공사에 적합하다.
② 단기강도는 조강 포틀랜드시멘트보다 작다.
③ 내구성이 크며 장기강도가 크다.
④ 방사선 차단용 콘크리트에 적합하다.

해설 | 보통 포틀랜드시멘트에 비해 수화열이 작고 조기강도는 낮으나 장기강도가 높다. 주로 댐 공사, 방사능 차폐용, 매스콘크리트용으로 사용된다. 수화열량이 적어 한중공사에 부적합하다.

정답 ①

(2) 혼합 시멘트
① 고로 시멘트
㉠ 고로슬래그(slag)를 분쇄한 것과 포틀랜드시멘트와의 혼합시멘트
(슬래그의 배합량은 30% 내외)
㉡ 내열성이 크고, 수밀성이 양호하다.
㉢ 건조수축이 크며, 응결시간이 느린 편이다.
㉣ **발열량이 적어 해수, 지하수중** 공사, 댐공사, 항만공사 등의 매스콘크리트 공사에 사용

② 플라이애시(Fly-Ash) 시멘트
  ㉠ 포틀랜드시멘트 + 플라이애시 + 생석회를 혼합하여 만든 시멘트
  ㉡ 수화열과 건조수축이 낮으나 **장기강도**는 크다.
  ㉢ 수밀성이 커 해수공사, 해안공사, 하천공사 등의 매스콘크리트 공사에 사용된다.
③ 포졸란(실리카) 시멘트
  ㉠ 포틀랜드시멘트 클링커에 화산회, 규산백터와 같은 **실리카질 혼화재**를 30% 이하로 첨가하여 미분쇄한 시멘트
  ㉡ **해수** 등에 대한 화학 저항성이 향상되며, 시공연도가 좋아진다.
  ㉢ 수밀성이 크고 발열량은 작으며, **고로시멘트**와 비슷한 성질을 같는다.

> **예제 04** 시멘트와 그 용도와의 관계를 나타낸 것으로 옳지 않은 것은? [24,22,16,14]
> ① 조강포틀랜드시멘트 – 한중공사
> ② 중용열포틀랜드시멘트 – 댐공사
> ③ 백색포틀랜드시멘트 – 타일 줄눈공사
> ④ 고로슬래그시멘트 – 마감용 착색공사
>
> 해설 | 고로슬래그시멘트 – 발열량이 적어 해수, 지하수중 공사, 댐공사, 항만공사 등의 매스콘크리트 공사에 사용
>
> 정답 ④

(3) 특수 시멘트
① 알루미나 시멘트
  ㉠ 알루미나 + 생석회 + 무수규산 등을 혼합하여 전기로 등으로 용융, 소성하여 급랭시켜 분쇄한 시멘트
  ㉡ **초기강성**(1일에 28일강도 발현)을 가지며 내화성이 우수하다. 화학작용에 대한 저항성은 크나, 알칼리에 강하고 산성에 약하다.
  ㉢ 빠른 경화와 조기강도 실현으로 **수화열이 커서 냉한지 및 긴급공사, 해수공사**에 사용한다.
② 팽창시멘트(무수시멘트)
  ㉠ 석회 + 보크사이트 + 석고(칼슘클링커)를 혼합 소성 후 광재와 포틀랜드 클링커의 혼합물을 넣어 제조한다.
  ㉡ 팽창성이 좋아 **무수 시멘트(킨즈 시멘트)**라고도 한다.
  ㉢ 수축률이 20~30% 감소하여 콘크리트의 수축과 균열이 발생방지를 위해 사용된다.
  ㉣ **바닥 슬래브의 균열제거용, 역타설 콘크리트의 이어치기 개선용, 수조 등 콘크리트구조물의 케미컬 스트레스 도입용**
③ 폴리머 시멘트
  ㉠ **시멘트와 폴리머(고분자 재료)**를 결합재로 골재를 혼합하여 만든 시멘트로 폴리머 시멘트 콘크리트, 폴리머 콘크리트, 폴리모 침투 콘크리트를 만든다.
  ㉡ 압축강도, 방수성, 수밀성, 내약품성이 우수하고, 알칼리, 산, 염류에 강하다.
  ㉢ **내화·내열성이 약하나, 내마모성이 강하여 바닥재, 포장재**로 사용한다.

※ 시멘트의 압축강도 : 1일 - 3일 - 7일 - 28일
※ 시멘트의 조기강도(응결 빠른 순서)
알루미나 시멘트 〉 조강 포틀랜드 시멘트 〉 보통 포틀랜드 시멘트 〉 고로 시멘트 〉 중용열 포틀랜드 시멘트

2) 시멘트의 성질

구분	성질
비중	• 포틀랜드시멘트의 비중은 3.05~3.15 정도 • 클링커의 소성이 불충분 시, 혼합물 첨가 시, 저장시간이 길수록 비중 감소
분말도	• 입자의 굵고 가는 정도(가루입자의 고운 정도) ※ **분말도가 크다.**(= 입자가 미세하다, **비표면적 크다.**) • 수화작용 및 풍화작용이 촉진된다. • 초기강도가 크고 장기강도가 저하된다. • 발열량이 커지고 **균열 발생이 크다.** • 응결, 경화가 빠르다. • 시공연도가 좋아진다.
강도	• 시멘트가 경화하는 힘의 대소로 품질의 대표적 성질 • 시멘트의 강도는 대략 250~350kg/cm² 정도이다. • 성분, 수량, 분말도, 양생조건, 풍화정도, 재령 등에 좌우된다. • 분말도가 크면 조기강도가 증가하며, 온도가 낮으면 조기강도가 저하된다. • 건조수축을 감소시키기 위해 $2CaO$, SiO_2를 사용한다.
안정성	• 안정성이란 이상 팽창을 일으키지 않는 성질 • 시멘트의 안정성 시험은 시멘트 팽창성의 크랙 및 휨, 팽창 등을 조사하는 시험
풍화	• 시멘트가 저장 중 공기와 접촉하여 공기 중의 수분 및 이산화탄소를 흡수하면서 나타나는 수화반응이다. • 시멘트가 풍화하면 밀도가 떨어지고 **강열감량이 증가**한다. • **강도 저하, 응결지연**, 비중 감소, 내구성 저하한다. • 고온 다습한 경우 급속도로 진행된다.
수화작용	• 시멘트와 물이 접촉하면 수화작용에 의해 수화열이 발생하여 응결과 경화가 진행되는 현상 • 시멘트 수화열의 발열량은 시멘트의 종류, 화학조성, 물시멘트비, 분말도 등에 의해서 달라진다. • 수화작용은 온도가 높을수록, 시멘트 분말도가 높을수록 빨리 진행된다. ※ 수화작용에 관계있는 혼합물 알루민산삼석회(화학식 : $3CaO \cdot Al_2O_3$, 약호 : CA) ㉠ 수화작용이 대단히 빨라 재령 1주 이내에 초기강도를 발현한다. ㉡ 화학저항성이 약하고, 건조수축이 크다.
응결시간	※ **응결시간의 단축에 영향을 주는 요소** <table><tr><td>수치가 높을 수록</td><td>수치가 낮을 수록</td></tr><tr><td>㉠ 분말도가 클 경우 ㉡ 온도가 높을 경우 ㉢ **알루민산3석회**($3CaO \cdot Al_2O_3$)를 많이 함유할 경우</td><td>㉠ **수량이 적을 경우** ㉡ 물-시멘트비가 작을 경우 ㉢ **습도가 낮은 경우** ㉣ 풍화가 적게 될 경우</td></tr></table>

※ 응결시간 기준 : 1시간 이후(초결) ~ 10시간 이내(종결)를 표준으로 한다.
※ 응결시간이 빠른 순서(큰 것 → 작은 것) : 발열량이 크다.
 C_3A(알루민산삼석회) 〉 C_3S(규산삼석회) 〉 C_4AF(알루민산철사석회)〉 C_2S(규산이석회)

Note 시멘트의 수경률
- 포틀랜드시멘트의 화학 조성과 성질을 관련시키기 위해 산출하는 계수
 $CaO(\%) / SiO_2 + Al_2O_3 + Fe_2O_3(\%)$로 나타낸다

시멘트의 분말도가 클수록 나타나는 콘크리트의 성질에 해당되지 않는 것은? [23,21,18]
① 수화작용이 촉진된다. ② 초기강도가 증진된다.
③ 풍화작용이 억제된다. ④ 응결속도가 빨라진다.

해설 | 분말도가 클수록(= 입자가 미세하다, 비표면적 크다) 수화작용 및 풍화작용이 촉진된다.

정답 ③

2. 골재

1) 골재의 분류
① 잔골재 : 5mm 체에 85% 이상 통과하는 골재(모래)-**흡수율 3.5** 이하
② 굵은골재 : 5mm 체에 85% 이상 남는 골재(자갈)-**흡수율 3.0** 이하

2) 골재의 품질
① 골재의 형태는 **표면이 거칠고 구형에 가깝고** 유기 불순물이 포함되지 않도록 한다.
② 적당한 비율로 모래와 자갈이 혼합 되어야 한다.
③ 55% 이상으로 실적률이 크고, 입도가 좋을것
④ 견고하고 내마모성이 강한 것을 사용하며 내화성 및 내구성을 갖게 한다.

Note 입도
골재의 대 · 소립이 혼합되어 있는 정도(입도가 좋으면 실적률↑ 공극률↓ 콘크리트강도↑)

콘크리트용 골재의 품질조건으로 옳지 않은 것은? [24,19]
① 유해량의 먼지, 유기불순물 등을 포함하지 않은 것
② 표면이 매끈한 것
③ 구형에 가까운 것
④ 청정한 것

정답 ②

3) 골재의 함수량

절건상태 (노건조상태)	기건상태	표면건조 내부포수상태	습윤상태
대기 중에서 골재의 표면과 내부가 완전히 건조된 상태, ※ 골재(굵은 골재 제외)의 단위용적 중량 계산의 기준	공기 중 건조상태 ※ 물·시멘트비 결정시 기준	외부표면은 건조하고 내부는 수분흡수 상태 ※ 콘크리트 배합설계의 기준, 세골재	내, 외부 포수상태이고 외부는 수분흡수 상태

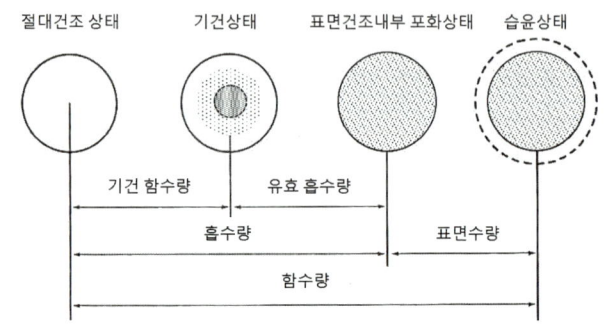

① 흡수량 : 표면건조 내부 포수 상태의 골재중에 포함되는 물의 양
② 흡수율 : 전건상태의 골재 중량에 대한 흡수량의 백분율
③ 유효 흡수량 : 흡수량과 기건상태의 골재 내에 함유된 수량과의 차
④ 기건함수량 : 기건상태 함수량의 골재내부 수량
⑤ 함수량 : 습윤상태의 골재의 내외에 함유하는 전체 수량
⑥ 표면수량 = 함수량 - 흡수량
⑦ 표면수율 : 표면수량이 표면건조 내부 포수상태의 골재중량에 대한 백분율

- 흡수율 = $\dfrac{\text{표면건조상태} - \text{절대건조상태}}{\text{절대건조상태}} \times 100(\%)$
- 표면수율 = $\dfrac{\text{습윤상태} - \text{표면건조상태}}{\text{표면건조상태}} \times 100(\%)$

예제 07 잔골재를 각 상태에서 계량한 결과 그 무게가 다음과 같을 때 이 골재의 유효흡수율은? [25,22,16]

- 절건상태 : 2,000g
- 기건상태 : 2,066g
- 표면건조 내부 포화상태 : 2,124g
- 습윤상태 : 2,152g

① 1.32%   ② 2.81%   ③ 6.20%   ④ 7.60%

해설 | 골재의 유효흡수율 = $\dfrac{\text{표면건조상태} - \text{기건상태}}{\text{기건상태}} \times 100 = \dfrac{2,124 - 2,066}{2,066} \times 100 = 2.81\%$

정답 ②

4) 실적률과 공극률

(1) 실적률

① 전체 부피 중 골재 입자가 차지하는 실제 용적의 백분율로 나타낸 값
② 실적률 = 1 - 공극률
③ 실적률이 클수록(공극률이 작다) 건조수축 및 수화열이 적으며, 강도 발현, 수밀성, 내구성, 내마모성이 증대된다.

(2) 공극률

전체 부피 중 공극 부분이 차지하는 백분율로 나타낸 값

① 공극률 = $1 - \dfrac{\text{단위용적중량}}{\text{비중}} \times 100(\%)$

② 실적률 + 공극률 = 1(100%)
③ 공극률이 클수록 시멘트량이 많이 사용되고, 콘크리트의 팽창, 수축이 크다.

예제 08 콘크리트용 잔골재의 단위용적질량이 1.5kg/ℓ 이고 절건밀도가 2.7g/㎤일 때 잔골재의 공극률은 약 얼마인가? [20 실건]

① 24% ② 34% ③ 44% ④ 54%

해설 | 공극률 = $(1 - \dfrac{\text{단위용적중량}}{\text{비중}}) \times 100 = (1 - \dfrac{1.5}{2.7}) \times 100 = 0.44 \times 100 = 44\%$

정답 ③

Note 실적률
- 실적률은 골재 입형의 양부를 평가하는 지표이다.
- 부순 자갈의 실적률은 그 입형 때문에 강자갈의 실적률보다 적다.
- 실적률 산정 시 골재의 밀도는 절대건조 상태의 밀도를 말한다.
- 골재의 단위용적질량이 동일하면 **골재의 밀도가 클수록 실적률도 작다.**

3. 혼화재료(admixture)

혼화재료는 콘크리트의 성질(내구성, 강도, 수밀성, 시공성)개선, 단위 시멘트량 감소, 단위수량 감소를 목적으로 사용되는 첨부재료로, 혼화재(材)와 혼화제(濟)로 구분된다.

1) 혼화재(混和材)

① 콘크리트 속 시멘트 중량의 5% 이상을 사용하고, 콘크리트 배합계산에 포함된다.
② 콘크리트의 성질을 개선하기 위한 목적으로 콘크리트 첨가하여 사용한다.

종류	특징
포졸란	• 실리카질 물질을 주성분으로 하며, 시멘트의 수화에 의해 생기는 수산화칼슘과 상온에서 서서히 반응하여 불용성의 화합물을 만드는 재료 • 수밀성 크고 해수 등에 대한 화학 저항성이 크다. • **발열량이 작고**, 블리딩 및 재료의 분리가 적으며 워커빌리티가 우수하다. • 강도의 증진이 느리나 **장기강도**는 크다.
플라이애시	• 워커빌리티(시공연도)가 좋아져 치밀한 콘크리트를 만들 수 있다. • **수화열이 작으며, 장기강도**가 매우 우수하다. • 수량 증가에 대한 강도 저하가 발생할 수 있다. • 댐이나 프리팩트콘크리트 등의 중량재로 사용된다.
고로슬래그	• 용광로에서 생긴 불순물과 혼합하여 생긴 슬래그 미분말 • 초기강도가 낮고 **장기강도** 향상 • 블리딩이 적고, 유동성이 향상되나 **건조수축이 크다**. • **다공질**이기 때문에 흡수율이 크므로 충분히 살수하여 사용하는 것이 좋다.
실리카흄	• 실리콘 등의 규소합금을 제조시에 배출가스에서 발생하는 초미립자 부산물이며, **초강도 콘크리트 제조**에 사용된다.
제올라이트	• 미세 다공성 알루미늄 규산염 광물로, 주로 흡착제나 촉매로 활용된다. • 모르타르에 혼합하여 성형판 또는 미장재로 사용하는 다공질재료이다.

 다음 중 플라이 애시(fly-ash)를 시멘트에 혼합하였을 때의 효과로 옳지 않은 것은? [21, 13]

① 수화열과 건조수축이 작아진다.
② 수밀성이 증대된다.
③ 워커빌리티가 좋아진다.
④ 초기강도는 증가하지만 장기강도는 감소된다.

해설 | 수화열이 작으며, 장기강도가 매우 우수하다.

정답 ④

2) 혼화제(混和濟)

① 콘크리트 속 시멘트 중량의 5% 이하(보통 1% 내외)로 적은 양을 사용하고, 부피가 작아 콘크리트 배합계산에 제외한다.
② 방수제나 안료 등의 굳는 속도의 조절 목적으로 사용하는 화학약품을 말한다.

종류	특징
AE제 (Air Entraining) (공기연행제)	• 콘크리트속의 미세한 기포를 발생시켜 단위수량을 적게 하고, 콘크리트 **시공연도, 내구성, 수밀성**을 향상시킨다. • 동결융해에 대한 저항성을 증가시킨다.(**내동해성**) • 건조수축 및 블리딩현상이 감소한다. • AE제만 사용하는 것보다 감수제를 병용하면 시공연도 개선에 더욱 효과가 크다.
감수제 AE감수제	• 시멘트 분말을 분산시켜 단위수량이나 단위시멘트량을 감소시키고, 시공연도를 좋게 한다. • 재료 분리의 저항성, 블리딩 현상 감소한다. • 시멘트 수화열의 감소로 균열을 감소시켜 철근의 부식을 방지한다. • **내구성, 수밀성이 개선되고 투수성이 감소한다.** ※ 고성능 AE감수제 • 유동화 콘크리트 제조에 사용된다. • 기존 감수제에 비해 더 많은 감수가 가능하고 **슬럼프의 손실이 적다.** • 기존 감수제에 비해 콘크리트 운반거리 및 시간에 상대적으로 유리하여 고내구성 콘크리트 제조에 사용된다.
응결·경화촉진제	• 응결, 경화를 지연 또는 촉진 시키며, 종류에는 염화칼슘, 염화마그네슘, 규산소다 등이 있다. • 시멘트 사용량의 1~2% 정도 혼합하여 사용
방청제	• 철근이 염화물에 의하여 부식되는 것을 억제한다.

예제 10

혼화제 중 A.E제의 특징으로 옳지 않은 것은? [22, 20]

① 굳지 않은 콘크리트의 워커빌리티를 개선시킨다.
② 블리딩을 감소시킨다.
③ 동결융해작용에 의한 파괴나 마모에 대한 저항성을 증대시킨다.
④ 콘크리트의 압축강도는 감소하나, 휨강도와 탄성계수는 증가한다.

정답 ④

4. 콘크리트 공사

1) 콘크리트의 일반적 성질

(1) 생콘크리트(경화 전 콘크리트)의 성질 / 용어 설명

용어	내용
시공연도 (workability) 워커빌리티	• 반죽 질기 여하에 따른 작업의 난이도 및 재료의 분리에 저항하는 정도를 나타내는 경화 전 콘크리트 성질 • 시공 용이성을 의미하며 슬럼프 시험(slump test)을 통해 측정 • **단위수량, 단위 시멘트, 시멘트의 성질, 골재의 입도 및 입형, 공기량, 혼화재, 온도, 비빔시간** 등의 요소들이 워커빌리티에 영향을 준다. ※ **슬럼프 시험(Slump test)** • 목적 : 시공연도 측정 • 슬럼프 콘의 치수 : 윗지름 10cm, 밑지름 20cm, 높이가 30cm • 수밀한 철판을 수평으로 놓고 슬럼프 콘을 놓는다. • 혼합한 콘크리트를 1/3씩 3층으로 나누어 채운다. • 매 회마다 표준철봉으로 25회 다진다.
반죽질기(consistency)	• 수량의 다소에 따른 반죽이 되고 진 정도(유동성의 정도)
마감성(finishability)	• 콘크리트의 마무리 정도
압송성(pumpability)	• 펌프 시공 콘크리트의 워커빌리티
성형성(plasticity)	• 거푸집에 쉽게 다져서 넣을 수 있는 정도

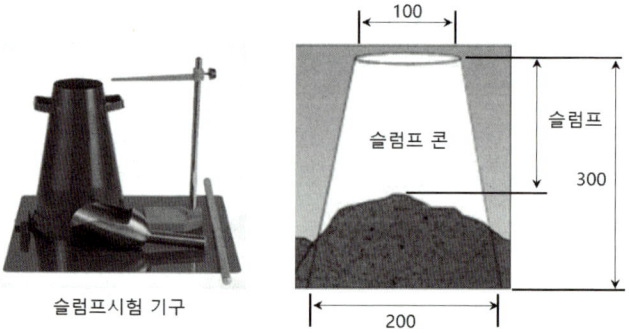

슬럼프시험 기구

열팽창계수
- 열팽창에 의한 물체의 팽창비율로, 보통 일정한 압력하에서 온도가 1℃ 올라갈 때마다의 <u>부피증가율</u>로 표시한다.
- 콘크리트의 열팽창계수 : $1 \times 10^{-5}/℃$ (10의 −5승으로 표시할 것)
- [비교] 선팽창계수 : 온도변화에 따라 열팽창에 의한 <u>길이의 증가 비율을 온도 차로 나눈 값.</u>

예제 11 콘크리트의 시공연도(Workability)를 측정하는 시험방법이 아닌 것은? [23,21,15,14]

① 슬럼프시험 ② 플로우시험
③ 체가름시험 ④ 리몰딩시험

해설 | 시공연도를 측정하는 방법
슬럼프시험, 낙하시험, 리몰딩 시험, 다짐계수 시험, 구 관입시험, 흐름시험, 비비시험 등이 있다.

정답 ③

(2) 경화된 콘크리트의 성질

구분	내용
강도에 영향을 주는 요인	• 물-시멘트비 • 골재의 혼합비, 골재의 성질 및 입도 • 시험체의 형상과 크기 • 양생방법, 시험방법

내화성	• 콘크리트는 가장 내화성이 우수한 재료이다.
	• 110℃에서 팽창하나 그 이상은 수축
	• 260℃ 이상이 되면 강도가 저하
	• 300~350℃ 이상이 되면 강도 현저하게 저하
	• 500℃ 이상이 사용을 피한다.
	• 내화성은 사용 골재의 성질에 크게 지배된다.
	  – 화산암질, 안삼암질 계통은 내화성이 좋다.
	  – 화강암, 석영질 계통은 내화성이 약하다.

탄성	• 응력이 작을 때에는 응력과 변형률이 비례하나, 응력이 커지면 응력에 비하여 변형이 더욱 커져서 파괴된다.
	• 탄성한계
	  – 압축강도 150~250kg/cm²(0.14~0.19%)
	  – 인장강도 12~20kg/cm²(0.01~0.012%)

용적률	• 모르타르의 양이 많을수록, 물-시멘트비가 클수록 크다. • 온도가 변화면 콘크리트 체적이 변화한다. • 골재는 온도 상승에 따라 계속 팽창한다.

2) 블리딩과 레이턴스 현상

(1) 블리딩(bleeding)

① 일종의 재료분리 현상으로 콘크리트 타설 후 시멘트, 골재입자 등의 침하에 따라 물이 분리, 상승되어 콘크리트 표면 위로 떠오르는 현상이다.

② 발생 원인
  ㉠ 물-시멘트비가 클수록
  ㉡ 단위수량이 많을수록
  ㉢ 분말도가 낮은 시멘트를 사용할수록
  ㉣ 부재의 단면치수가 클수록

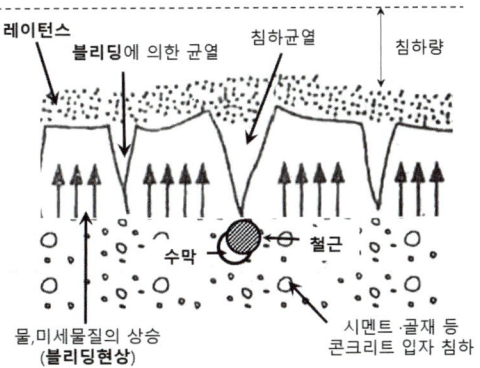

(2) 레이턴스(laitance)
① 블리딩현상에 의해 부상한 미립물이 콘크리트 표면에 얇은 피막으로 침적하는 백색의 미세한 물질이다.
② 레이턴스가 생긴 표면은 미세한 균열이 발생되고 콘크리트 부착성이 떨어지므로 제거해줘야 한다.

3) 크리프(creep)
콘크리트에 지속적으로 하중을 가하면 하중의 증가 없이 시간이 경과에 따라 변형이 증대 되는 현상

(1) 크리프 증가 원인
① 외부 습도가 낮고, 온도가 높을수록
② **단위수량이 많을수록**
③ 물-시멘트비가 클수록
④ **재령이 짧고, 재하시기가 빠를수록**
⑤ 양생(보양)이 나쁠수록
⑥ 재하응력이 클수록
⑦ 부재단면이 작을수록

(2) 크리프 방지 대책
① 압축철근을 증가 시킨다.

> **예제 12** 콘크리트에 일정한 하중이 지속적으로 작용하면 하중의 증가가 없어도 콘크리트의 변형이 시간에 따라 증가하는 현상은? [23,16,13]
> ① 크리프(creep) ② 폭렬(explosive fracture)
> ③ 좌굴(buckling) ④ 체적변화(cubic volume change)
>
> 정답 ①

4) 건조수축
수화된 시멘트에 흡착되었던 수분이 증발하여 콘크리트에 생기는 체적변형을 의미한다.

(1) 건조수축 방지대책(건조수축 적게 발생)
① 물-시멘트비가 작을수록
② 단위 시멘트량이 작을수록
③ **단위수량이 작을수록**
④ 공극률이 감소하면
⑤ 골재 중에 **점토분이 작을수록** (점판암, 사암을 골재로 이용한 콘크리트는 건조 수축량이 크고, 석영, 석회암, 화강암을 이용한 것은 적다.)
   ※ 골재 중에 포함된 **미립분이나 점토, 실트**는 일반적으로 **건조수축을** 증대시킨다.
⑥ 양생을 충분히 할수록
   (단 습윤상태에서 양생기간의 장단은 건조수축에 그다지 큰 영향을 주지 않는다.)

5) 재료분리(segregation materials)
콘크리트 혼합물인 시멘트, 물, 골재가 균일하게 섞여 분포되어 있지 않고 균질을 상실한 상태를 말한다.

(1) 재료 분리의 원인
① 굵은 골재의 최대치수가 지나치게 클 경우
② 입자가 거친 잔골재를 사용한 경우
③ 단위골재량이 너무 많은 경우
④ 단위수량이 너무 많은 경우
⑤ 배합이 적절하지 못한 경우

(2) 재료 분리 방지대책
① 물-시멘트비를 적게 한다.
② 양질의 혼화재를 사용한다.
③ 골재의 입도가 적당하고 입형이 둥근 것을 사용한다.
④ 잔골재 중의 0.15 ~ 0.3mm 정도의 세립분의 양을 많게 한다.
⑤ 콘크리트의 성형성(plasticity)을 증가 시킨다.

예제 13 콘크리트 타설 중 발생되는 재료분리에 대한 대책으로 가장 알맞은 것은? [25,21,16]
① 굵은골재의 최대치수를 크게 한다.
② 바이브레이터로 최대한 진동을 가한다.
③ 단위수량을 크게 한다.
④ AE제나 플라이애시 등을 사용한다.

정답 ④

6) 콘크리트의 중성화
콘크리트가 표면으로부터 공기 중의 탄산가스를 흡수하여 콘크리트 중의 수산화칼슘이 탄산칼슘으로 변하여 알칼리성을 상실하게 되어 중성화되는 현상.

(1) 중성화의 특징
① 철근 및 콘크리트의 강도 약화 및 구조물 노후로 인한 내구성의 저하
② 누수로 인한 습기 증가로 곰팡이 발생
③ 균열로 인한 공기 및 물 유입으로 철근의 부식 발생
④ **경량골재 사용 시 중성화 속도가 빠르다.**
⑤ 물-시멘트비가 클수록 중성화 속도가 빠르다.
⑥ 온도가 높고, 습도가 낮을수록 중성화 속도가 빠르다.
⑦ 실리카질의 혼화재를 사용한 시멘트는 중성화 속도가 빠르다.
⑧ 조강시멘트는 중성화 속도가 느리다.
⑨ 피복두께가 두꺼울수록 중성화 속도가 느리다.

(2) 중성화 검사 방법

중성화된 부분은 1% 페놀프탈레인액을 살포해도 착색되지 않는다.
(정상 시 자적색을 띤다.)

7) 콘크리트 강도

콘크리트 강도의 종류에는 압축강도, 인장강도, 휨강도 등이 있는데, 일반적으로 **재령 28일 강도에 해당하는 압축강도**를 의미한다. 콘크리트 강도는 여러 영향 중에 **시멘트 강도(클수록 커진다)**와 **물-시멘트비(작을수록 커진다)**가 가장 큰 영향을 준다.

(1) 콘크리트 강도의 특징

① 시멘트 강도가 클수록 커진다.
② 물-시멘트비가 작을수록 커진다.
③ 슬럼프값이 작을수록 커진다.
④ 입도가 좋을수록 커진다.
⑤ 분말도가 낮을수록 커진다.
⑥ 수화열이 작을수록 커진다.
⑦ 건조수축이 작을수록 커진다.

(2) 설계기준강도(소요강도)

콘크리트의 재령 28일 압축강도를 원칙으로 하며 보통 15MPa ~30MPa로 한다.

(3) 고강도 콘크리트 설계강도

① 보통콘크리트 : 40MPa 이상
② 경량콘크리트 : 27MPa 이상

예제 14 속빈 콘크리트 블록(KS F 4002)의 성능을 평가하는 시험항목과 거리가 먼 것은? [23,22,18]

① 기건 비중 시험
② 전 단면적에 대한 압축강도 시험
③ 내충격성 시험
④ 흡수율 시험

정답 ③

---

8) 물-시멘트비(W/C)

시멘트 중량에 대한 물의 중량비를 백분율로 표시한 것이다.

$$물-시멘트비(W/C) = \frac{물의 중량}{시멘트 중량} \times 100(\%)$$

(보통 콘크리트 물시멘트비는 50~70%)

예제 15 물시멘트비가 50%일 때 시멘트 10포를 쓴 콘크리트에 필요한 물의 양을 계산하면? (단, 시멘트 1포 중량은 40kg으로 한다.) [24,22,21,15]

① 150L ② 200L ③ 250L ④ 300L

해설 | 물-시멘트비(W/C) = $\frac{물의 중량}{시멘트 중량}$ × 100(%)

시멘트중량 = 10포 × 40kg = 400kg
물의 중량 = 시멘트 중량 × 물 - 시멘트비(W/C)
= 400kg × 0.5 = 200kg = 0.2㎥ = 200L
※ 물 1㎥ = 1,000kg = 1,000L

정답 ②

(1) 물-시멘트비(W/C)가 큰 경우
   ① 재료분리 증가
   ② 블리딩, 레이턴스 증가
   ③ 크리프현상 증가
   ④ 건조수축, 균열 발생 증가
   ⑤ 부착력 저하
   ⑥ 시공연도 저하
   ⑦ 동결융해 저항성 저하
   ⑧ 수밀성, 내마모성, 내구성 저하

9) 공기량

생콘크리트 타설 후 콘크리트 내부에 포함되는 공기의 양으로, 적정량 이상의 공기량 시공 시 시공연도가 향상되나 콘크리트의 강도 저하 등 품질에 악영향을 줄 수 있다.

(1) 공기량의 효과
   ① 시공연도가 향상된다
   ② 단위수량이 감소한다.
   ③ 동결융해 저항성이 증대한다.
   ④ 내구성 수밀성이 증대된다.

(2) 공기량의 특징
   ① AE제의 혼입량이 많아지면 공기량이 증가한다.
   ② 공기량이 증가하면 슬럼프값이 증가한다.
   ③ 컨시스턴시 증가한다.
   ④ **시멘트 분말도, 단위시멘트량이 증가하면 공기량이 감소한다.**
   ⑤ 콘크리트의 온도가 증가하면 공기량이 감소한다.
   ⑥ 진동시간이 과다하면 공기량이 감소한다.
   ⑦ 비빔시간에 따라 처음 1~2분간은 공기량이 증가한다.

5. 특수 콘크리트

1) 한중 콘크리트
하루 평균 기온이 4℃ 이하인 경우에 사용하는 콘크리트이다.

(1) 시공 시 주의사항
① 물-시멘트비는 60% 이하로 하며, 단위수량은 가급적 적게 사용한다.
② 재료가열 시 물을 가열하고, **시멘트는 절대 가열금지**
③ 초기동해 방지에 필요한 콘크리트의 압축강도는 **5MPa(50kg/cm²) 이상**까지 유지
④ 압축강도를 조속히 확보 목적으로 혼화재료인 **내한촉진제**를 사용 및 단열보온 양생 등을 실시한다.
⑤ 보통 또는 조강포틀랜드시멘트와 함께 감수제를 사용한다.
⑥ 타설 시 콘크리트 온도는 10℃ 이상 20℃ 이하의 범위로 한다.

2) 서중 콘크리트
① 하루 평균기온이 25℃를 초과하는 것이 예상되는 경우 사용되며, 초기강도의 발현이 빠르다.
② 증발이 많고 응결이 빨라 슬럼프 저하, 연행공기량 감소, 건조수축, 수화열에 의한 균열이 우려된다.
③ 단위수량을 적게 하고 단위 시멘트량이 많아지지 않도록 적절한 조치를 취하여야 한다.
④ 일반적으로는 기온 10℃의 상승하면 단위수량은 2~5% 증가하므로 소요의 압축강도 확보를 위해 단위수량에 비례하여 단위 시멘트량의 증가를 고려해야 한다.
⑤ 콘크리트를 타설 시 콘크리트의 온도는 **35℃ 이하**로 한다.

3) AE 콘크리트
① 콘크리트에 AE(air entrained)제를 혼합하여 연행 공기가 볼베어링 역할을 하여 시공연도를 크게 개선하고 내구성 향상을 위해 공기를 연행한 콘크리트이다.
② 시공연도 좋아지고 블리딩이 감소한다.
③ 단위수량 및 재료분리 감소한다.
④ 수밀성 및 화학작용에 대한 저항성이 크다.
⑤ 동결융해 작용에 대한 내동해성이 증가한다.
⑥ 동결융해저항성의 향상을 위한 AE콘크리트의 최적 공기량은 3~5% 정도이다.

4) 수밀 콘크리트
① 물 침입을 방지(**방수**)하기 위하여 콘크리트 자체를 수밀(水密)하게 만든 콘크리트이다.
② 물-결합재비가 50% 이하, 공기량은 4% 이하로 콘크리트의 자체 밀도가 높고 내구적, 방수적이어서 물의 침투 방지 및 지하 방수에 사용된다.
③ 단위수량 및 물-결합재비는 되도록 작게 하고, 단위 굵은 골재량은 되도록 크게 한다.

5) 매스 콘크리트
① **댐이나 교각 등 단면치수가 커서 수화열에 따른 온도 변화에 따라 콘크리트의 과한 팽창과 수축이 발생되지 않도록 고려한 콘크리트이다.**
② 부재단면의 치수가 80cm 이상, 하부가 구속된 50cm 이상의 벽체등과 내부 최고온도와 외기 온도의 차이가 25℃ 이상으로 예상되는 콘크리트로 정의한다.

수화열이 작은 포틀랜드시멘트, 중정석, 자철광 등과 같은 골재를 사용한다.

③ **균열방지대책**
  ㉠ 단위 시멘트량을 적게 하여 포졸란계 혼화제를 사용한다.
  ㉡ **저발열성** 시멘트를 사용한다. (장기강도가 높은 중용열 포틀랜드 시멘트 사용)
  ㉢ 파이프쿨링(파이프를 미리 묻어두고 냉각수로 콘크리트 냉각)을 한다.
  ㉣ 골재치수를 크게 한다.
  ㉤ 물-시멘트비를 낮춘다.

6) **ALC(Autoclaved Lightweight Concrete : 경량기포 콘크리트)**
  ① Autoclave(가압처리기)에서 고온, 고압으로 양생하여 만든 **다공질의 경량기포 콘크리트**이다.
  ② 생석회와 규사 주원료로 하며, 경량화한 제품으로 주로 **단열 및 방음재**로 쓰인다.
  ③ 다공질로 인하여 **습기에 약하고 강도가 낮아 구조재로 사용은 부적합**하다.
  ④ 경량이므로 시공이 용이하고 내화성이 양호한 편이다.
  ⑤ 우수한 차음성 및 단열적 특성이 있고, 사용 후 변형이나 균열이 적다.

> **예제 16** ALC 제품에 관한 설명으로 옳지 않은 것은? [25,22,16]
> ① 압축강도에 비해서 휨. 인장강도는 상당히 약한 편이다.
> ② 열전도율이 보통콘크리트의 1/10 정도로서 단열성이 유리하다.
> ③ 내화성능을 보유하고 있다.
> ④ 흡수율이 낮아 물에 노출된 곳에서도 사용이 가능하다.
>
> 정답 ④

7) **경량 콘크리트**
  ① 비중이 2.0 이하로 중량 경감이 주목적이며 **단열 및 방음, 흡음** 용도로 사용된다.
  ② 내화성 및 방음효과가 우수하고, 열전도율이 낮아 냉난방의 열손실을 방지한다.
  ③ 강도가 작고 건조수축이 커서 철근과 콘크리트와의 부착력이 감소된다.
  ④ 주로 다공질의 경량골재를 사용하며, 철골과 철근의 피복용·열차단용 등으로 쓰인다.

8) **프리스트레스트 콘크리트(Pre-stressed concrete, PS concrete)**
  ① 철근 대신 인장강도가 높은 PC강재(강선, 강연선, 강봉)를 사용하여 콘크리트에 미리 압축응력을 가해 줌으로써 하중으로 인한 인장응력을 일부 상쇄시켜서 더 큰 외부 하중을 받을 수 있게 만든 콘크리트이다.
  ② 철근콘크리트에 비해 내화성이 떨어지고 단가가 비싸다.
  ③ 제작방법에 따라 프리텐션법(공장제작)과 포스트텐션법(현장제작)이 있다.

9) **프리팩트 콘크리트(Prepact concrete)**
  ① 미리 채운 굵은 골재에 파이프를 통하여 모르타르나 시멘트 페이스트를 주입(Grouting) 하여 만드는 콘크리트

② 입자가 밀실하고 내수성·내구성이 우수하여 구조체 보수공사, 수중공사, 기초파일 등에 사용된다.

10) 고로슬래그(쇄석, 깬 자갈) 콘크리트
① 보통 강자갈 대신에 인공적으로 쇄석(깬자갈)을 사용한 콘크리트이다.
② 강도는 보통 콘크리트보다 10~20% 증가한다.
③ **시공연도 불량**, 개선을 위해 AE제를 사용한다.
④ 쇄석은 주로 안산암이 많이 사용한다.

핵심 기출문제

09-2 콘크리트공사

1 시멘트

01 ▶ 15

시멘트 제조시 클링커(clinker)에 석고를 첨가하는 주된 이유는?

① 조기강도의 증진 ② 응결속도의 조절
③ 시멘트 색의 조절 ④ 내약품성의 증대

해설 | 클링커(Clinker) + 석고 3%
석고는 응결 지연 조절용

02 ▶ 16

시멘트의 주요 조성화합물 중에서 재령 28일 이후 시멘트 수화물의 강도를 지배하는 것은?

① 규산제3칼슘
② 규산제2칼슘
③ 알루민산제3칼슘
④ 알루민산철제4칼슘

해설 | 규산이석회($2CaO \cdot SiO_2$) : 시멘트의 조성화합물 중 수화반응이 늦고 장기강도를 증진 시키며 수화열 저감에 따른 건조수축 감소 및 28일 이후의 강도지배

03 ▶ 19

보통포틀랜드 시멘트의 품질규정(KS L 5201)에서 비카시험의 초결시간과 종결시간으로 옳은 것은?

① 30분 이상 – 6시간 이하
② 60분 이상 – 6시간 이하
③ 30분 이상 – 10시간 이하
④ 60분 이상 – 10시간 이하

해설 | 응결시간 기준
1시간 이후(초결)~10시간 이내(종결)를 표준으로 한다.

04 ▶ 18

인조석 등 2차 제품의 제작이나 타일의 줄눈 등에 사용하는 시멘트는?

① 백색 포틀랜드 시멘트
② 초조강 포틀랜드 시멘트
③ 중용열 포틀랜드 시멘트
④ 알루미나 시멘트

해설 | 백색포틀랜드 시멘트(white portland cement)
색깔이 순백의 하얀 시멘트로 제조 공정은 보통 시멘트와 같으나 성분 중에 산화철(Fe_2O_3)이 거의 포함되어 있지 않는 백색 점토와 석회석을 원료로 하여 액체 연료를 완전 연소시키므로 회분이 포함되지 않아서 백색으로 주로 인조석 등 2차 제품의 제작이나 타일의 줄눈 등에 사용된다.(＝백 시멘트)

05 ▶ 13

건축물 내외장면의 마감, 각종 인조석, 현장타설 착색콘크리트로 사용하는 시멘트는?

① 고로시멘트
② 실리카시멘트
③ 중용열포틀랜드시멘트
④ 백색포틀랜드시멘트

해설 | 문제 4번 해설참조

정답 | 01 ② 02 ② 03 ④ 04 ① 05 ④

06 ▶ 17
중용열 포틀랜드시멘트의 특징이나 용도에 해당 되지 않는 것은?

① 수화속도가 비교적 빠르다.
② 수화열이 적다.
③ 건조수축이 적다.
④ 댐공사 등에 사용된다.

해설 | 중용열 포틀랜드시멘트
　㉠ 시멘트의 발열량을 저감시킬 목적으로 제조한 시멘트
　㉡ 보통 포틀랜드시멘트에 비해 수화열이 작고 조기강도는 낮으나 장기강도가 높다.

07 ▶ 14
중용열 포틀랜드시멘트에 대한 설명으로 틀린 것은?

① 매스콘크리트용으로 사용된다.
② 조기강도는 보통포틀랜드시멘트보다 높으나 장기강도는 조금 낮다.
③ 건조수축이 작고 내황산염성이 크다.
④ 시멘트의 발열량이 작다.

해설 | 문제 6번 해설참조

08 ▶ 18
시멘트의 수화열을 저감시킬 목적으로 제조한 시멘트로 매스콘크리트용으로 사용되며, 건조수축이 적고 화학저항성이 일반적으로 큰 것은?

① 조강 포틀랜드시멘트
② 중용열 포틀랜드시멘트
③ 실리카 시멘트
④ 알루미나 시멘트

해설 | 문제 6번 해설참조

09 ▶ 20,13
시멘트와 그 용도와의 관계를 나타낸 것으로 옳지 않은 것은?

① 조강포틀랜드시멘트 - 한중공사
② 중용열포틀랜드시멘트 - 댐공사
③ 고로시멘트 - 타일 줄눈공사
④ 내황산염포틀랜드시멘트 - 온천지대나 하수도 공사

해설 | 고로시멘트
　발열량이 적어 해수, 지하수중 공사, 댐공사, 항만공사 등의 매스콘크리트 공사에 사용

10 ▶ 13
고로시멘트의 특징에 관한 설명 중 옳지 않은 것은?

① 도로, 철도, 교량 등 토목공사에 이용된다.
② 장기강도가 크다.
③ 매스콘크리트에 적용된다.
④ 초기 수화열이 크다.

해설 | 보통의 포틀랜드시멘트에 비하여 고로시멘트는, 시멘트의 경화과정에서 발생되는 열인 수화열이 낮고, 내구성이 높으며, 화학저항성이 큰 한편, 투수(水)가 적은 특징이 있다.

11 ▶ 21,16
각 시멘트의 성질에 관한 설명으로 옳지 않은 것은?

① 조강포틀랜드시멘트는 발열량이 높아 저온에서도 도발현이 가능하다.
② 플라이애쉬시멘트는 매스 콘크리트공사, 항만공사 등에 적용된다.
③ 실리카흄 시멘트를 사용한 콘크리트는 강도 및 내구성이 뛰어나다.
④ 고로시멘트를 사용한 콘크리트는 해수에 대한 내식성이 좋지 않다.

해설 | 문제 10번 해설참조

정답 | 06 ① 07 ② 08 ② 09 ③ 10 ④ 11 ④

12 ▶ 17
각종 시멘트에 관한 설명으로 옳지 않은 것은?

① 보통 포틀랜드 시멘트 - 석회석이 주원료이다.
② 알루미나 시멘트 - 보크사이트와 석회석을 원료로 한다.
③ 실리카 시멘트 - 수화열이 크고 내해수성이 작다.
④ 고로 시멘트 - 초기강도는 약간 낮지만 장기강도는 높다.

해설 | 포졸란(실리카) 시멘트
- 해수등에 대한 화학 저항성이 향상되며, 시공연도가 좋아진다.
- 수밀성이 크고 발열량은 작으며, 고로시멘트와 비슷한 성질을 갖는다.

13 ▶ 15
실리카시멘트의 특징이 아닌 것은?

① 블리딩 감소 및 워커빌리티를 증가시킬 수 있다.
② 건조수축은 감소하나, 화학저항성 및 내수성이 약하다.
③ 초기강도는 약간 적으나 장기강도는 크다.
④ 알칼리골재반응에 의한 팽창의 저지에 유효하다.

해설 | 문제 12번 해설참조

14 ▶ 17
다음 시멘트 중 조기강도가 가장 큰 것은?

① 중용열포틀랜드시멘트
② 고로시멘트
③ 알루미나시멘트
④ 실리카시멘트

해설 | 시멘트의 조기강도(응결 빠른 순서)
알루미나 시멘트 〉 조강 포틀랜드 시멘트 〉 보통 포틀랜드 시멘트 〉 고로 시멘트 〉 중용열 포틀랜드 시멘트

15 ▶ 16
보크사이트와 석회석을 원료로 하는 시멘트로 화학저항성 및 내수성이 우수하며 조기에 극히 치밀한 경화체를 형성할 수 있어 긴급공사 등에 이용되는 시멘트는?

① 고로시멘트
② 실리카시멘트
③ 중용열포틀랜드시멘트
④ 알루미나시멘트

해설 | 알루미나 시멘트
㉠ 알루미나 + 생석회 + 무수규산 등을 혼합하여 전기로등으로 용융, 소성하여 급랭시켜 분쇄한 시멘트
㉡ 초기강성(1일에 28일강도 발현)을 가지며 내화성이 우수하다.
화학작용에 대한 저항성은 크나, 알칼리에 강하고 산성에 약하다.
㉢ 빠른 경화와 조기강도 실현으로 수화열이 커서 냉지 및 긴급공사, 해수공사에 사용한다.

16 ▶ 16
콘크리트의 방수성, 내약품성, 변형성능의 향상을 목적으로 다량의 고분자재료를 혼입한 시멘트는?

① 내황산염포틀랜드시멘트
② 저열포틀랜드시멘트
③ 메이슨리시멘트
④ 폴리머시멘트

해설 | 폴리머 시멘트
㉠ 시멘트와 폴리머(고분자 재료)를 결합재로 골재를 혼합하여 만든 시멘트로 폴리머 시멘트 콘크리트, 폴리머 콘크리트, 폴리모 침투 콘크리트를 만든다.
㉡ 내화·내열성이 약하나, 내마모성이 강하여 바닥재, 포장재로 사용한다.

정답 | 12 ③ 13 ② 14 ③ 15 ④ 16 ④

17
시멘트에 관한 설명으로 옳지 않은 것은?

① 시멘트의 밀도는 3.15g/m^3 정도이다.
② 시멘트의 분말도는 비표면적으로 표시한다.
③ 강열감량은 시멘트의 소성반응의 완전 여부를 알아내는 척도가 된다.
④ 시멘트의 수화열은 균열발생의 원인이 된다.

해설 | 강열감량(ignition)
- 시멘트 또는 흙 등의 시료를 열을 가했을 때의 질량 손실량
- 시멘트 풍화작용으로 생기며 풍화의 척도가 된다.

18
시멘트를 대기 중에 저장하게 되면 공기 중의 습기와 탄산가스가 시멘트와 결합하여 그 품질상태가 변질되는데 이 현상을 무엇이라 하는가?

① 동상현상
② 알카리 골재반응
③ 풍화
④ 응결

해설 | 풍화
- 시멘트가 저장 중 공기와 접촉하여 공기 중의 수분 및 이산화탄소를 흡수하면서 나타나는 수화반응이다.
- 시멘트가 풍화하면 밀도가 떨어지고 강열감량이 증가한다.
- 강도 저하, 응결지연, 비중 감소, 내구성 저하한다.
- 고온 다습한 경우 급속도로 진행된다.

19
시멘트의 응결과 경화에 영향을 주는 요인에 관한 설명으로 옳지 않은 것은?

① 온, 습도가 높으면 응결, 경화가 빠르다.
② 혼합 용수가 많으면 응결, 경화가 늦다.
③ 풍화된 시멘트는 응결, 경화가 늦다.
④ 분말도가 낮으면 응결, 경화가 빠르다.

해설 | 분말도가 크다. (= 입자가 미세하다, 비표면적 크다)
- 수화작용 및 풍화작용이 촉진된다.

- 초기강도가 크고 장기강도가 저하된다.
- 발열량이 커지고 균열 발생이 크다.
- 응결, 경화가 빠르다.
- 시공연도가 좋아진다.

20
시멘트에 대한 일반적인 내용으로 옳지 않은 것은?

① 시멘트의 수화반응에서 경화 이후의 과정을 응결이라 한다.
② 시멘트의 분말도가 클수록 수화작용이 빠르다.
③ 시멘트가 풍화되면 수화열이 감소된다.
④ 시멘트는 풍화되면 비중이 작아진다.

해설 | 시멘트의 수화반응에서 응결 이후의 과정을 경화라 한다.

21
응결된 시멘트가 시간의 경과에 따라 조직이 굳어져 강도가 커지는 상태를 무엇이라고 하는가?

① 경화
② 수화
③ 풍화
④ 종결

해설 | 문제 20번 해설참조

22
단열모르타르에 관한 설명으로 옳지 않은 것은?

① 바닥, 벽, 천장 등의 열손실 방지를 목적으로 사용된다.
② 골재는 중량골재를 주재료로 사용한다.
③ 시멘트는 보통포틀랜드시멘트, 고로슬래그시멘트 등이 사용된다.
④ 구성재료를 공장에서 배합하여 만든 기배합 미장재료로서 적당량의 물을 더하여 반죽상태로 사용하는 것이 일반적이다.

해설 | 단열모르타르 골재는 경량골재를 주재료로 사용한다.

23 ▶18
다음 중 시멘트의 안정성 측정 시험법은?

① 오토클레이브 팽창도 시험
② 브레인법
③ 표준체법
④ 슬럼프 시험

해설 | • 시멘트 분말도 시험 – 브레인법, 표준체법
• 시멘트 시공연도 시험 – 슬럼프 시험

2 골재

24 ▶19,14
콘크리트용 골재에 요구되는 품질 또는 성질로 옳지 않은 것은?

① 골재의 입형은 가능한 한 편평하거나 세장하지 않을 것
② 골재의 강도는 콘크리트 중의 경화시멘트 페이스트의 강도보다 작을 것
③ 공극률이 작아 시멘트를 절약할 수 있는 것
④ 입도는 조립에서 세립까지 연속적으로 균등히 혼합되어 있을 것

해설 | 골재의 강도는 콘크리트 중의 경화시멘트 페이스트의 강도보다 클 것

25 ▶16
콘크리트용 골재에 관한 설명으로 옳지 않은 것은?

① 바다모래를 콘크리트에 사용하기 위해서는 세척을 하고 난 후 사용하여야 한다.
② 골재가 콘크리트에서 차지하는 체적은 약 70~80% 정도이다.
③ 쇄석골재는 보통 안산암을 파쇄하여 쓴다.
④ 강자갈과 쇄석을 쓴 콘크리트 중 물시멘트비 등의 제반 조건이 같으면 강자갈을 쓴 콘크리트의 강도가 크다.

해설 | 깬자갈은 강자갈에 비하여 표면이 거칠어 시멘트 페이스트와의 부착력이 크기 때문에 동일 물시멘트비에서는 보통콘크리트보다 강도가 크다.

26 ▶13
깬자갈(Crushed Stone)을 사용한 콘크리트가 강자갈을 사용한 콘크리트에 비해 우수한 점은?

① 시공연도가 좋다.
② 수밀성, 내구성이 높다.
③ 시멘트 페이스트와의 접착성이 높다.
④ 단위수량이 적다.

해설 | 문제 25번 해설참조

27 ▶14
콘크리트 골재의 요구 성능으로 옳지 않은 것은?

① 굳고 단단해서 내구성과 내화성이 클 것
② 대량공급이 가능하며, 흡수율이 높을 것
③ 입형은 구형이나 입방체에 가까운 것
④ 물리, 화학적으로 안정된 것

해설 | 골재의 형태는 표면이 거칠고 구형에 가깝고 유기 불순물이 포함되지 않도록 하며, 흡수율이 낮아야 한다.

28 ▶20
콘크리트의 배합설계 시 표준이 되는 골재의 상태는?

① 절대건조상태
② 기건상태
③ 표면건조 내부포화상태
④ 습윤상태

해설 |

절건상태	골재(굵은 골재 제외)의 단위용적 중량 계산의 기준
기건상태	물·시멘트비 결정시 기준
표면건조 내부포수상태	콘크리트 배합설계의 기준, 세골재

정답 | 23 ① 24 ② 25 ④ 26 ② 27 ② 28 ③

29 ▶ 18
골재의 함수상태에 관한 식으로 옳지 않은 것은?

① 흡수량=(표면건조상태의 중량)-(절대건조상태의 중량)
② 유효흡수량=(표면건조상태의중량)-(기건상태의 중량)
③ 표면수량=(습윤상태의 중량)-(표면건조상태의 중량)
④ 전체함수량=(습윤상태의 중량)-(기건상태의 중량)

해설 | 함수량
습윤상태 골재의 내외에 함유하는 전체 수량

30 ▶ 20
철근콘크리트에 상요하는 굵은 골재의 최대치수를 정하는 가장 중요한 이유는?

① 철근의 사용수량을 줄이기 위해서
② 타설된 콘크리트가 철근사이를 자유롭게 통과 가능하도록 하기 위해서
③ 콘크리트의 인장강도 증진을 위해서
④ 사용골재를 줄이기 위해서

해설 | 굵은 골재의 최대치수를 정하는 가장 중요한 이유는 타설된 콘크리트가 철근사이를 자유롭게 통과 가능하도록 하기 위함이다.

31 ▶ 15
골재의 함수상태에 관한 설명 중 옳지 않은 것은?

① 절대건조상태란 대기 중에서 완전히 건조한 상태이다.
② 기건상태란 골재 내부에 약간의 수분이 있으나 포화되지 않은 상태이다.
③ 표면건조상태란 골재 내부와 표면의 패인 곳이 물로 채워져 표면에 여분의 물을 갖고 있지 않을 때의 상태를 말한다.
④ 습윤상태란 골재의 내부가 포수상태이고 외부는 표면수에 의해 젖어있는 상태이다.

해설 | 절대건조상태란 110℃ 이내로 24시간 정도 완전히 건조한 상태이다.

32 ▶ 17,10
KS F 2527에 규정된 콘크리트용 부순 굵은 골재의 물리적 성질을 알기 위한 시험항목 중 흡수율의 기준으로 옳은 것은?

① 1% 이하
② 3% 이하
③ 5% 이하
④ 10% 이하

해설 |
- 잔 골재 : 5mm 체에 85% 이상 통과하는 골재(모래)-흡수율 3.5 이하
- 굵은골재 : 5mm 체에 85% 이상 남는 골재(자갈)-흡수율 3.0 이하

33 ▶ 16
KS F 2503(굵은 골재의 밀도 및 흡수율 시험방법)에 따른 흡수율 산정식은 다음과 같다. 여기서 A가 의미하는 것은?

$$Q = \frac{B-A}{A} \times 100(\%)$$

① 절대건조상태 시료의 질량(g)
② 표면건조포화상태 시료의 질량(g)
③ 시료의 수중질량(g)
④ 기건상태시료의 질량(g)

해설 | 흡수율 = $\frac{표면건조상태 - 절대건조상태}{절대건조상태} \times 100(\%)$

34 ▶ 20
골재의 선팽창계수에 의해 영향을 받을 수 있는 콘크리트의 성질은?

① 마모에 대한 저항성
② 습윤건조에 대한 저항성
③ 동결융해에 대한 저항성
④ 온도변화에 대한 저항성

해설 | 선팽창계수
온도변화에 따라 열팽창에 의한 길이의 증가 비율을 온도 차로 나눈 값.

35 ▶ 14
방사선 차폐용 콘크리트 제작에 사용되는 골재로서 적합하지 않은 것은?

① 흑요석   ② 적철광
③ 중정석   ④ 자철광

해설 | 방사선 차폐용 콘크리트 제작에 사용되는 골재는 적철광, 자철광, 중정석 등

3 혼화재료

36 ▶ 21
콘크리트 혼화제 중 AE제를 사용하는 목적과 가장 거리가 먼 것은?

① 동결 융해에 대한 저항성 개선
② 단위수량 감소
③ 워커빌리티 향상
④ 철근과의 부착강도 증대

해설 | AE제
- 콘크리트속의 미세한 기포를 발생시켜 단위수량을 적게 하고, 콘크리트 시공연도, 내구성, 수밀성을 향상 시킨다.
- 동결융해에 대한 저항성을 증가시킨다. (내동해성)
- 건조수축 및 블리딩현상이 감소한다.
- AE제만 사용하는 것보다 감수제를 병용하면 시공연도 개선에 더욱 효과가 크다.

37 ▶ 18
콘크리트용 혼화제에 관한 설명으로 옳은 것은?

① 지연제는 굳지 않은 콘크리트의 운송시간에 따른 콜드 조인트 발생을 억제하기 위하여 사용된다.
② AE제는 콘크리트의 워커빌리티를 개선하지만 동결융해에 대한 저항성을 저하시키는 단점이 있다.
③ 급결제는 초미립자로 구성되며 이를 사용한 콘크리트의 초기강도는 작으나, 장기강도는 일반적으로 높다.
④ 감수제는 계면활성제의 일종으로 굳지 않은 콘크리트의 단위수량을 감소시키는 효과가 있으나 골재분리 및 블리딩 현상을 유발하는 단점이 있다.

해설 | ② AE제는 콘크리트의 워커빌리티를 개선하지만 동결융해에 대한 저항성 증대(내동해성)
③ 급결제는 초미립자로 구성되며 이를 사용한 콘크리트의 초기강도는 발현에 사용됨
④ 감수제는 계면활성제의 일종으로 굳지 않은 콘크리트의 단위수량을 감소시키는 효과가 있으나 골재분리 및 블리딩 현상을 감소시킨다.

38 ▶ 14
고성능 AE 감수제 사용목적과 가장 거리가 먼 것은?

① 응결 촉진제 용도로 사용
② 유동화 콘크리트 제조에 사용
③ 고강도 콘크리트의 슬럼프 로스 방지
④ 단위수량 대폭 감소 및 고내구성 콘크리트 제조

해설 | 고성능 AE감수제
- 유동화 콘크리트 제조에 사용된다.
- 기존 감수제에 비해 더 많은 감수가 가능하고 슬럼프의 손실이 적다.
- 기존 감수제에 비해 콘크리트 운반거리 및 시간에 상대적으로 유리하여 고내구성 콘크리트 제조에 사용된다.

정답 | 34 ④ 35 ① 36 ④ 37 ② 38 ①

39 ▶ 21

표면활성제의 일종으로 기포작용은 하지 않고 분산 및 습윤작용에 의해 시멘트 입자를 분산시켜 시멘트 페이스트의 유동성을 증가시킴으로써 콘크리트의 워커빌리티를 개선하여 단위수량을 감소시키는 혼화제는?

① 경화 촉진제 ② 방수제
③ 감수제 ④ 방청제

해설 | 감수제
- 시멘트 분말을 분산시켜 단위수량이나 단위시멘트량을 감소시키고, 시공연도를 좋게 한다.
- 재료 분리의 저항성, 블리딩 현상 감소한다.
- 시멘트 수화열의 감소로 균열을 감소시켜 철근의 부식을 방지한다.
- 내구성, 수밀성이 개선되고 투수성이 감소한다.

40 ▶ 14

콘크리트의 응결경화 촉진제로 쓰이는 것은?

① 염화칼슘 ② 리그닌설폰산염
③ 인산염 ④ 산화아연

해설 | 응결경화 촉진제
- 응결, 경화를 지연 또는 촉진 시키며, 종류에는 염화칼슘, 염화마그네슘, 규산소다 등이 있다.
- 시멘트 사용량의 1~2% 정도 혼합하여 사용

4 콘크리트 공사

41 ▶ 14

콘크리트의 시공연도(Workability)를 측정하는 시험방법이 아닌 것은?

① 슬럼프시험 ② 낙하시험
③ 리몰딩시험 ④ 압축강도시험

해설 | 시공연도를 측정하는 방법
슬럼프시험, 낙하시험, 리몰딩 시험, 다짐계수 시험, 구 관입시험, 흐름시험, 비비시험 등이 있다

42 ▶ 20,13

주로 수량의 다소에 의해 좌우되는 굳지 않은 콘크리트의 변형 또는 유동에 대한 저항성을 무엇이라 하는가?

① 컨시스턴시 ② 피니셔빌리티
③ 워커빌리티 ④ 펌퍼빌리티

해설 | 반죽 질기(consistency)
수량의 다소에 따른 반죽이 되고 진 정도(유동성의 정도)

43 ▶ 17

굳지 않은 콘크리트의 성질로서 주로 물의 양이 많고 적음에 따른 반죽의 되고 진 정도를 나타내는 용어는?

① 컨시스턴시
② 플라스티시티
③ 피니셔빌리티
④ 펌퍼빌리티

해설 | 문제 42번 해설참조

44 ▶ 14

굳지 않은 콘크리트의 성질 중 플라스티시티(Plasticity)에 대한 설명으로 옳은 것은?

① 수량에 의해 변화하는 유동성의 정도
② 거푸집에 용이하게 충전할 수 있는 정도
③ 마감성의 난이를 표시하는 성질
④ 콘크리트의 작업성 난이 정도

해설 | ① 반죽 질기(consistency)
③ 마감성(finishability)
④ 시공연도(workability)

정답 | 39 ③ 40 ① 41 ④ 42 ① 43 ① 44 ②

45

콘크리트의 성질 중 용이하게 거푸집에 충전시킬 수 있으며 거푸집을 제거하면 서서히 형태가 변화하나 무너지거나 재료가 분질되지않는 굳지 않은 콘크리트의 성질은 무엇인가?

① 워커빌리티
② 컨시스턴시
③ 플라스티시티
④ 피니셔빌리티

해설 | 문제 44번 해설참조

46

콘크리트의 슬럼프치에 대한 설명으로 옳지 않은 것은?

① 슬럼프치가 높을수록 작업성은 일반적으로 좋아진다.
② 슬럼프치가 높을수록 재료분리가 발생하기 쉽다.
③ 슬럼프치가 낮을수록 진동기를 밀실하게 사용하여야 한다.
④ 슬럼프치가 낮을수록 가수를 하여 사용하는 것이 좋다.

해설 | 슬럼프치가 낮을수록 가수를 하여 사용하면 강도가 낮아지므로 혼화재와 같이 사용하여야 한다.

47

콘크리트 슬럼프용 시험기구에 해당되지 않는 것은?

① 수밀평판
② 압력계
③ 슬럼프콘
④ 다짐봉

해설 | 슬럼프용 시험기구
슬럼프, 수밀평판, 슬럼프콘, 다짐봉, 작은 삽

48

콘크리트 배합의 표시방법 중 1㎥의 콘크리트 제조에 소요되는 각 재료량을 그 재료가 공극이 전혀 없는 상태로 계산한 용적으로 표시하는 것은?

① 표준계량 용적배합
② 절대 용적배합
③ 현장계량 용적배합
④ 중량배합

해설 | 절대 용적배합
1㎥의 콘크리트 제조에 소요되는 각 재료량을 절대용적(L)으로 표시

49

콘크리트 1㎥를 제작하는데 소요되는 각 재료의 양을 질량(kg)으로 표시한 배합은?

① 질량배합
② 용적배합
③ 현장배합
④ 계획배합

해설 | 질량배합 : 각 재료의 양을 질량(kg)으로 표시한 배합

50

콘크리트의 배합설계에 관한 설명으로 옳지 않은 것은?

① 콘크리트의 배합강도는 설계기준강도와 양생온도나 강도편차를 고려하여 정한다.
② 용적배합의 표시방법으로는 절대 용적배합, 표준계량 용적배합, 현장계량 용적배합 등이 있다.
③ 콘크리트의 배합은 각 구성 재료의 단위용적의 합이 $1.8m^3$가 되는 것을 기준으로 한다.
④ 콘크리트의 배합은 시멘트, 물, 잔골재, 굵은골재의 혼합비율을 결정하는 것이다.

해설 | 콘크리트의 배합은 각 구성 재료의 단위용적의 합이 1㎥가 되는 것을 기준으로 한다.

정답 | 45 ③ 46 ④ 47 ② 48 ② 49 ① 50 ③

51 ▶ 15, 12
콘크리트의 배합설계 시 고려할 사항으로 가장 거리가 먼 것은?

① 잔골재율
② 양생
③ 혼화제량
④ 물-시멘트비

해설 | 양생(보양)
수화작용을 충분히 발휘시킴과 동시에 건조 및 외력에 의한 균열발생을 방지

52 ▶ 20
콘크리트의 건조수축에 관한 설명으로 옳은 것은?

① 골재가 경질이고 탄성계수가 클수록 건조수축은 커진다.
② 물-시멘트비가 작을수록 건조수축이 크다.
③ 골재의 크기가 일정할 때 슬럼프값이 클수록 건조수축은 작아진다.
④ 물-시멘트비가 같은 경우 건조수축은 단위시멘트량이 클수록 크다.

해설 | 건조수축 방지대책(건조수축 적게 발생)
① 물-시멘트비가 작을수록
② 단위 시멘트량이 작을수록
③ 단위수량이 작을수록
④ 공극률이 감소하면
⑤ 골재 중에 점토분이 작을수록
 (골재 중에 포함된 미립분이나 점토, 실트는 일반적으로 건조수축을 증대시킨다.)
⑥ 양생을 충분히 할수록

53 ▶ 14
콘크리트의 건조수축에 대한 설명으로 옳은 것은?

① 단위수량이 증가하면 건조수축량이 감소한다.
② 부재치수가 클수록 건조수축량이 적다.
③ 골재 중에 포함한 미립분이나 점토는 건조수축량을 감소시킨다.
④ 습윤양생기간은 길수록 건조수축량을 증가시킨다.

해설 | 문제 52번 해설참조

54 ▶ 16
콘크리트의 수밀성에 관한 설명으로 옳지 않은 것은?

① 물시멘트비가 작을수록 수밀성은 커진다.
② 다짐이 불충분할수록 수밀성은 작아진다.
③ 습윤양생이 충분할수록 수밀성은 작아진다.
④ 혼화재 중 플라이애쉬는 콘크리트의 수밀성을 향상시킨다.

해설 | 콘크리트의 수밀성 증대 방안
- 물-시멘트비를 50% 이하로 한다.
- 시멘트 사용량을 증가 시킨다.
- 습윤양생이 충분한다.

55 ▶ 13
콘크리트의 블리딩 현상에 대한 설명 중 옳지 않은 것은?

① 콘크리트의 컨시스턴시가 클수록 블리딩은 증대한다.
② AE콘크리트는 보통콘크리트에 비하여 블리딩 현상이 적다.
③ 블리딩 현상에 의해 떠오른 미립물은 상호간 접착력을 증대시킨다.
④ 블리딩에 의한 콘크리트의 침하는 콘크리트 타설 높이의 영향을 받는다.

해설 | 블리딩(bleeding)
일종의 재료분리 현상으로 콘크리트 타설 후 시멘트, 골재입자 등의 침하에 따라 물이 분리, 상승되어 콘크리트 표면 위로 떠오르는 현상으로 콘크리트의 품질을 저하시키는 원인이 된다.

정답 | 51 ② 52 ④ 53 ② 54 ③ 55 ③

56 ▶ 20
콘크리트 타설 후 양생 시 유의사항으로 옳지 않은 것은?

① 침강수축과 건조수축을 동시에 고려한다.
② 레이턴스의 경우 인장력 작용부위는 제거하되, 압축력 작용부위는 지장이 없으므로 제거하지 않는다.
③ 콘크리트 표면의 물 증발속도가 블리딩 속도보다 빠르지 않게 유지한다.
④ 굵은 골재나 수평철근 아래에는 수막이나 공극이 생기기 쉬우므로 유의하여야 한다.

해설 | 레이턴스가 생긴 표면은 미세한 균열이 발생되고 콘크리트 부착성이 떨어지므로 제거해줘야 한다.

57 ▶ 15
콘크리트의 강도를 결정하는 변수에 관한 설명으로 옳지 않은 것은?

① 물시멘트비가 일정한 콘크리트에서 공기량 증가에 따른 콘크리트 강도는 감소한다.
② 물시멘트비가 일정할 때 빈배합 콘크리트가 부배합의 경우보다 높은 강도를 낼 수 있다.
③ 콘크리트 비빔방법 중 손비빔으로 하는 것보다 기계비빔으로 하는 것이 강도가 커진다.
④ 물시멘트비가 일정할 때 굵은 골재의 최대 치수가 클수록 콘크리트의 강도는 커진다.

해설 | 골재는 입도가 좋을수록 분말도가 낮을수록 커지므로 굵은 골재와 잔 골재를 섞어 사용해야 한다.
따라서 굵은 골재의 최대치수가 클수록 콘크리트의 강도가 작아진다.

58 ▶ 18
콘크리트 내구성에 관한 설명으로 옳지 않은 것은?

① 콘크리트 동해에 의한 피해를 최소화하기 위해서는 흡수성이 큰 골재를 사용해야 한다.
② 콘크리트 중성화는 표면에서 내부로 진행하며 페놀프탈레인 용액을 분무하여 판단한다.
③ 콘크리트가 열을 받으면 골재는 팽창하므로 팽창균열이 생긴다.
④ 콘크리트에 포함되는 기준치 이상의 염화물은 철근부식을 촉진시킨다.

해설 | 콘크리트 동해에 의한 피해를 최소화하기 위해서는 흡수성이 작은 골재를 사용해야 한다.

59 ▶ 17
콘크리트의 재료적 특성에 관한 설명으로 옳지 않은 것은?

① 압축 및 인장강도가 높다.
② 내화, 내구적이다.
③ 철근 및 철골 등의 철재에 대한 방청력이 뛰어나다.
④ 수축 및 균열 발생의 우려가 크다.

해설 | 콘크리트는 압축강도는 높으나 인장강도는 낮다.

60 ▶ 21
콘크리트의 골재 분리현상에 대한 대책으로 옳지 않은 것은?

① 잔골재율을 증가시킨다.
② 물-시멘트비를 증가시킨다.
③ AE제나 양질의 포졸란을 사용한다.
④ 골재의 분리가 안정되면 균일하게 될 때까지 재비빔을 하여 타설하는 것이 좋다.

해설 | 재료 분리 방지대책
① 물-시멘트비를 적게 한다.
② 양질의 혼화재를 사용한다.
③ 골재의 입도가 적당하고 입형이 둥근 것을 사용한다.
④ 잔골재 중의 0.15 ~ 0.3mm 정도의 세립분의 양을 많게 한다.
⑤ 콘크리트의 성형성(plasticity)을 증가 시킨다.

정답 | 56 ② 57 ④ 58 ① 59 ① 60 ②

61 ▶ 13

콘크리트의 중성화에 관한 설명으로 옳지 않은 것은?

① pH가 5.0 정도의 알칼리성인 콘크리트가 pH 7.0 정도의 중성을 띠게 되는 현상을 말한다.
② 콘크리트의 중성화는 주로 공기 중의 이산화탄소 침투에 기인하는 것이다.
③ 중성화가 진행되어도 콘크리트의 강도는 거의 변화가 없으나, 중성화되면 철근이 부식하기 쉽게 된다.
④ 콘크리트의 중성화에 영향을 미치는 요인으로는 물시멘트비, 시멘트와 골재의 종류, 혼화재료의 사용유무 등이 있다.

해설 | 콘크리트의 중성화
- 콘크리트가 표면으로부터 공기 중의 탄산가스를 흡수하여 콘크리트 중의 수산화칼슘이 탄산칼슘으로 변하여 알칼리성을 상실하게 되어 중성화되는 현상.
- pH가 12.0 정도의 알카리성인 콘크리트가 pH 7.0정도의 중성을 띠게 되는 현상을 말한다.

62 ▶ 17,14

물시멘트비가 60%, 단위시멘트량이 300kg/㎥일 경우 필요한 단위수량은?

① 150 kg/㎥
② 180 kg/㎥
③ 210 kg/㎥
④ 340 kg/㎥

해설 | 물 − 시멘트비(W/C) = $\frac{물의 중량}{시멘트 중량}$ × 100(%)

물의 중량 = 시멘트 중량 × 물 − 시멘트비(W/C)
= 300kg/㎥ × 0.6 = 180kg/㎥

63 ▶ 13

물 시멘트 비 65%로 콘크리트 1㎥를 만드는데 필요한 물의 양으로 적당한 것은? (단, 콘크리트 1㎥당 시멘트 8포대이며, 1포대는 40kg임)

① 0.1㎥   ② 0.2㎥
③ 0.3㎥   ④ 0.4㎥

해설 | 물 − 시멘트비(W/C) = $\frac{물의 중량}{시멘트 중량}$ × 100(%)

시멘트중량 = 8포 × 40kg = 320kg
물의 중량 = 시멘트 중량 × 물 − 시멘트비(W/C)
= 320kg × 0.65 = 208kg = 0.208㎥

5 특수 콘크리트

64 ▶ 19

ALC(Autoclaved lightweight concrete) 제품에 관한 설명으로 옳지 않은 것은?

① 주원료는 백색포틀랜드 시멘트이다.
② 보통콘크리트에 비해 다공질이고 열전도율이 낮다.
③ 물에 노출되지 않는 곳에서 사용하도록 한다.
④ 경량재이므로 인력에 의한 취급이 가능하고 현장가공 등 시공성이 우수하다.

해설 | ALC(Autoclaved Lightweight Concrete : 경량기포 콘크리트)
① Autoclave(가압처리기)에서 고온, 고압으로 양생하여 만든 다공질의 경량기포 콘크리트이다.
② 생석회와 규사 주원료로 하며, 경량화한 제품으로 주로 단열 및 방음재로 쓰인다.
③ 다공질로 인하여 습기에 약하고 강도가 낮아 구조재로 사용은 부적합하다.
④ 경량이므로 시공이 용이하고 내화성이 양호한 편이다.
⑤ 우수한 차음성 및 단열적 특성이 있고, 사용 후 변형이나 균열이 적다.

정답 | 61 ① 62 ② 63 ② 64 ①

65 ▶ 15
ALC(Autoclaved lightweight concrete)의 특성에 관한 설명 중 옳지 않은 것은?

① 열전도율이 우수한 단열성을 갖고 있지만 단열성으로 인해 발생되는 결로에 유의해야 한다.
② 무기질의 불연성 재료로서 내화구조로 사용할 정도의 내화성을 갖고 있다.
③ 흡음률 및 차음성이 우수하여 높은 흡음성이 요구되는 곳에 특별한 마감 없이 사용할 수 있다.
④ 비중에 비하여 높은 압축강도를 갖고 있지만 구조재로서는 부적합하여 주로 비내력벽으로 사용된다.

해설 | 문제 64번 해설참조

66 ▶ 14
경량 기포 콘크리트(ALC)의 특징으로 틀린 것은?

① 흡수성이 낮아 동해에 대한 저항성이 강하다.
② 흡음률이 보통콘크리트에 비해 크다.
③ 다공질로서 강도가 작다.
④ 열전도율이 낮다.

해설 | 문제 64번 해설참조

67 ▶ 14
콘크리트 부재 또는 구조물의 치수가 커서 시멘트의 수화열에 의한 온도의 상승을 고려하여 시공해야 하는 콘크리트는?

① 매스콘크리트
② 고강도콘크리트
③ 섬유보강 콘크리트
④ 프리스트레스트 콘크리트

해설 | 매스 콘크리트
댐이나 교각 등 단면치수가 커서 수화열에 따른 온도변화에 따라 콘크리트의 과한 팽창과 수축이 발생되지 않도록 고려한 콘크리트이다.

68 ▶ 16
트럭믹서에 재료만 공급받아서 현장으로 가는 도중에 혼합하여 사용하는 콘크리트는?

① 센트럴 믹스트 콘크리트
② 슈링크 믹스트 콘크리트
③ 트랜싯 믹스트 콘크리트
④ 배쳐플랜트 콘크리트

해설 |
- 센트럴 믹스트(central mixed)
  공장에서 완전히 비빈 콘크리트를 교반트럭에서 현장까지 운반하여 타설하는 것으로 근거리 현장에서 사용
- 슈링크 믹스트(shrink mixed)
  공장에서 어느 정도 비빈 콘크리트를 믹서트럭에서 운반 도중 완전비빔하여 현장에서 타설하는 것으로 중거리 현장에서 사용
- 트랜싯 믹스트(transit mixed)
  교반트럭에 계량된 재료를 넣어 현장 도착까지 완전비빔하여 현장 타설하며, 장거리 현장에서 사용

69 ▶ 13
PC(프리캐스트 콘크리트) 구조의 특징이 아닌 것은?

① 골조를 구성하는 대개의 부재가 공장에서 제작되기 때문에 품질의 향상, 공기단축 등의 이점이 있다.
② 사전에 창호, 설비용 파이프 등의 설치가 가능하다.
③ 중층의 공동 주택에 많이 쓰인다.
④ PC부재의 접합부가 크면 클수록 내력상 유리하다.

해설 | PC(프리캐스트 콘크리트)
PC부재의 접합부가 크면 클수록 취약할 수 있다. 프리캐스트 콘크리트 공법은 기존의 철골콘크리트 공법의 단점을 보완하는데, 시공 시간을 단축시키고, 날씨의 영향이 적으며, 대량 생산이 가능하고, 현장 거푸집공사를 절감, 정밀도가 높고, 고강도 콘크리트 부재가 사용 가능하다는 장점이 있다.

정답 | 65 ③ 66 ① 67 ① 68 ③ 69 ④

09-3 방수 및 방습공사

> Pass Note

예상출제문항	키워드	
0~1	- 아스팔트 방수 재료별 특성 - 아스팔트 방수 종류별 특성	- 도막방수 - 시트방수

1. 아스팔트 방수

바탕 면에 아스팔트펠트, 아스팔트 루핑을 적층한 후 가열하여 녹인 아스팔트를 붙여 시공하는 방법이다.

① 방수중 가장 확실한 방수로 내구적으로 지하실, 옥상, 평지붕 등에 많이 사용된다.
② 결함부의 발견이 어렵고 수리범위도 광범위하며, 보호누름 까지 보호를 하여야 하는 단점이 있다.

1) 재료

① **천연 아스팔트** : 레이크 아스팔트, 로크 아스팔트, 아스팔타이트
② **석유 아스팔트** : 스트레이트 아스팔트, 블론 아스팔트, 아스팔트 콤파운드, 아스팔트 프라이머

2) 분류

(1) 재료별 분류

아스팔트 방수, 시멘트 액체방수, 합성고분자 방수

(2) 공법상 분류

① 멤브레인 방수 : 아스팔트 방수, 합성고분자 시트 방수, 도막 방수
② 합성고분자 방수 : 도막 방수, 합성고분자 시트 방수, 실(seal)재 방수

(3) 품질검사 항목

① **침입도** : 모체에 아스팔트가 침입해 들어가는 비율로서 25℃에서 100g추로 5초 동안 바늘을 누를 때 0.1mm 들어가는 것을 침입도 1이라 한다. (아스팔트의 **경도**를 나타냄)
② **연화점** : 아스팔트를 가열하여 부드럽고 무르게 되기 시작하는 온도
③ **인화점** : 아스팔트를 가열하여 불꽃을 발생하며 불이 붙을 때의 온도
④ **감온비** : 아스팔트의 **온도변화에** 따른 **침입도의 변화를** 나타내는 수치
⑤ **신도** : 아스팔트가 **늘어나는** 정도

> **예제 01**
> 방수공사에서 아스팔트 품질 결정요소와 가장 거리가 먼 것은? [23, 20]
> ① 침입도   ② 신도   ③ 연화점   ④ 마모도
>
> 정답 ④

3) 재료별 특성

(1) 아스팔트 프라이머(asphalt primer)

　① 아스팔트와 휘발성 용제를 혼합하여 만든 아스팔트.
　② 콘크리트 표면에 도포하여 **바탕면에 펠트가 잘 붙게** 하기 위해 사용

(2) 스트레이트 아스팔트(straight asphalt)

　① 신장성, 점착성, 방수성이 우수하다.
　② **신도가 높고** 연화점이 낮으며 외기온도에 영향을 받아 **지하실공사**에 사용한다.
　③ 아스팔트 루핑의 침투용 아스팔트로 사용한다.

(3) 블로운 아스팔트(blown asphalt)

　① 온도에 대한 감온성과 신도가 적고 연화점이 높아 **옥상지붕 방수**에 많이 사용된다.
　② 아스팔트 컴파운드 및 아스팔트 프라이머의 원료가 된다.

(4) 아스팔트 컴파운드(asphalt compound)

　① 블로운 아스팔트에 동식물성 기름이나 광물질 분말을 혼입하여 품질 개량을 한것이다.
　② 연화점이 높고 신축성이 가장 큰 최고 제품이다.

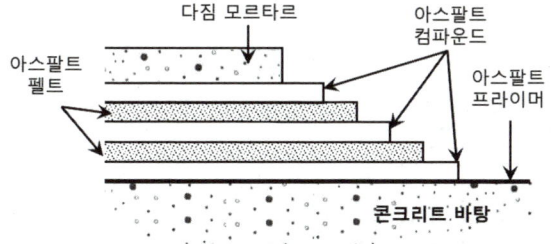

예제 02　아스팔트 방수공사에서 솔, 롤러 등으로 용이하게 도포할 수 있도록 아스팔트를 휘발성 용제에 용해한 비교적 저점도의 액체로서 방수시공의 첫 번째 공정에 사용되는 바탕처리재는? [24,22,18]

　① 아스팔트 컴파운드
　② 아스팔트 루핑
　③ 아스팔트 펠트
　④ 아스팔트 프라이머

해설 | 아스팔트 프라이머(asphalt primer)는 아스팔트와 휘발성 용제를 혼합하여 만든 아스팔트로 콘크리트 표면에 도포하여 바탕 면에 펠트가 잘 붙게 하기 위해 사용

정답 ④

4) 제품

(1) 아스팔트 펠트

목면, 마사, 양모, 펠트 등의 유기성 섬유를 만들고 **스트레이트 아스팔트**를 침투시켜 만든 것이다. 두루마리 형태로 방수 및 방습성이 넓은 면적을 덮을 수 있어 주로 **아스팔트방수의 중간층 재료**로 이용한다.

(2) 아스팔트 루핑

아스팔트 펠트의 양면에 **블로운 아스팔트**를 가열·용융시켜 피복한 것으로 평지부의 방수층, 슬레이트 평판, 금속판 등의 지붕깔기바탕 등에 사용된다.

(3) 아스팔트 싱글

주로 지붕재로 사용하기 위해 표면에 돌입자로 코팅한 것으로. 방수성과 내수성, 내변색성이 우수한 재료이다. 일반 아스팔트 싱글의 단위 중량은 10.3kg/m² 이상 12.5kg/m² 미만이다.

(4) 아스팔트 에멀젼

스트레이트 아스팔트를 가열하여 액상으로 만들고 유화제를 혼입한 것. 주로 도로포장에 사용된다.

5) 방수층 시공 순서 및 주의사항

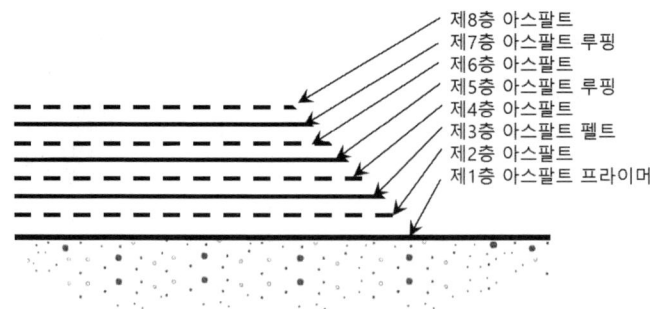

① 펠트의 겹침은 엇갈리게, 가로와 세로 90cm 이상으로 한다.
② 신축줄눈은 3~5m마다 설치한다.
③ 기온이 0℃ 이하가 되면 작업을 중지한다.

2. 시멘트 액체 방수

방수성이 높은 모르타르를 바탕 표면에 발라 방수층을 만드는 공법으로, 욕실, 지하실, 베란다, 발코니 등 비교적 경미한 방수공사에 활용하는 공법

1) 시공 순서

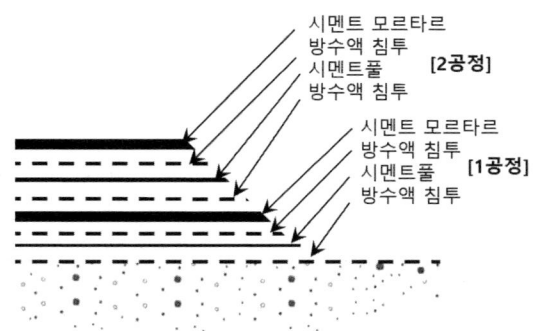

2) 아스팔트 방수 Vs 시멘트 액체방수 비교

구분	아스팔트 방수	시멘트 액체방수
바탕처리	완전건조, 바탕처리 필수	보통건조 바탕처리 불필요
외기온도에 영향	작다	크다
방수층의 신축성	크다	작다
균열 발생 정도	작다	크다
시공 용이성	복잡	간단
공사기간	길다	짧다
공사비 / 보수비	고가	저가
보호누름	필수	불필요
방수층 중량	무거움	가벼움
바탕 상태	나빠도 시공 가능	나쁘면 시공 어려움
보수부위	광범위 / 보호누름도 재시공	국부적 보수
결함부 발견	어렵다	쉽다

3. 기타 방수

1) 도막 방수

합성고분자 방수의 일종으로, 방수 바탕에 합성고무나 합성수지의 용제 또는 유제를 **여러 번 칠하여 얇은 수지피막**을 만들어 방수효과를 형성하는 공법이다.

① 액상의 재료로 복잡한 장소에 시공이 용이하다.
② 경량이며 내후성과 내약품성이 우수하다.
③ 에멀션형, 용제형, 에폭시계 형태로 사용됨

2) 시트 방수

내수성이 강한 시트를 접착제를 이용하여 바탕 면에 접착하는 방식이다. 아스팔트 방수는 여러겹을 접착하여 마감 하지만 시트방수는 시트 1장으로 방수 처리를 한다.
① 시공이 간단하며 공기단축 효과가 있고, 방수능력 또한 우수하다.
② 두께가 균일하여 마감 면이 미려하게 나올 수 있지만, 시공 후 누수 시 국부적인 보수가 어렵다.
③ 굴곡이 많은 시공부위, 시트와 시트 사이의 이음부 등은 하자결함이 높다.
④ 일반적 시공 순서
　　바탕처리 → 프라이머 칠 → 접착제 칠 → 시트붙이기 → 보호층 설치 및 마무리

> **예제 03** 도막 방수재료의 특징으로 옳지 않은 것은? [23,22,19]
> ① 복잡한 부위의 시공성이 좋다.
> ② 누수 시 결함 발견이 어렵고, 국부적으로 보수가 어렵다.
> ③ 신속한 작업 및 접착성이 좋다.
> ④ 바탕 면의 미세한 균열에 대한 저항성이 있다.
>
> 해설 | 도막방수는 누수 시 결함 발견이 용이하고, 국부적으로 보수가 가능하다.
>
> 정답 ②

4. 방습공사

방습공사는 지반선(G.L)에 접하는 벽체 또는 바닥판에 지면에서 올라오는 습기, 비와 이슬 등을 내부에 흡수되지 않게 내수성이 있는 마감재로 습기를 방지하는 공사이다.

1) 시공 시 일반사항
① 콘크리트, 블럭, 벽돌 등의 벽체가 지면에 접하는 곳은 지상 100~200mm 정도 위에 수평으로 방습층을 설치한다.
② 방수 모르타르의 바름 두께 및 횟수는 정한 바가 없을 때 두께 15mm 내외의 1회 바름으로 한다.
③ 방습도포는 첫 번째 도포층을 24시간 동안 양생한 후에 반복한다.
④ 아스팔트 펠트, 비닐지의 이음은 100mm 이상 겹치고 필요할 때는 접착제로 접착한다.
⑤ 방습공사 시공법에는 박판 시트계, 아스팔트계, 시멘트 모르타르계 또는 신축성 시트계 등이 있다.

2) 공사 종류

(1) 박판 시트계 방습공사

재료로 종이 적층 방습재료, 적층된 플라스틱 또는 종이 방습재료, 펠트, 아스팔트 필름 방습층, 플라스틱 금속박 방습재료 등을 사용하여 바닥판 상부, 콘크리트 바닥 슬래브 밑의 지면 상부, 내부벽체, 천장 마감 등에 방습시공한다.

(2) 아스팔트 방습공사

아스팔트, 아스팔트 제품을 이용하여 방습시공을 하며, 보통 지표면 아래 구조벽에 외벽 표면의 가열 아스팔트 방습을 하나, 바탕 면에 거품이 생길 경우에는 가열 아스팔트를 사용하지 않는다.

(3) 시멘트 모르타르계 방습공사

벽면, 바닥면의 방습을 위해 방수제를 혼합한 시멘트 모르타르로 바른다.

(4) 신축성 시트계 방습공사

가소성 폴리비닐 염화물의 비닐필름 방습지를 접착제를 이용해 바닥판에 밀착되도록 시공한다.

3) **방습층의 보호**

① 바닥에 설치된 방습층 상부가 보행 등의 통로가 되어서는 안된다.
② 방습층에 구멍이 생기거나 기타 하자가 생기지 않도록 한다.

핵심 기출문제

09-3 방수 및 방습공사

1 아스팔트방수

01 ▶ 18, 17
아스팔트 방수재료로서 천연 아스팔트가 아닌 것은?

① 아스팔타이트(asphaltite)
② 로크 아스팔트(rock asphalt)
③ 레이크 아스팔트(lake asphalt)
④ 블론 아스팔트(blown asphalt)

해설 | 천연 아스팔트
  레이크 아스팔트, 로크 아스팔트, 아스팔타이트

02 ▶ 21, 20
휘발유 등의 용제에 아스팔트를 희석시켜 만든 유액으로서 방수층에 이용되는 아스팔트 제품은?

① 아스팔트 루핑   ② 아스팔트 프라이머
③ 아스팔트 싱글   ④ 아스팔트 펠트

해설 | 아스팔트 프라이머(asphalt primer)
  • 아스팔트와 휘발성 용제를 혼합하여 만든 아스팔트.
  • 콘크리트 표면에 도포하여 바탕 면에 펠트가 잘 붙게 하기 위해 사용

03 ▶ 19
아스팔트와 피치(pitch)에 관한 설명으로 옳지 않은 것은?

① 아스팔트와 피치의 단면은 광택이 있고 흑색이다.
② 피치는 아스팔트보다 냄새가 강하다.
③ 아스팔트는 피치보다 내구성이 있다.
④ 아스팔트는 상온에서 유동성이 없지만 가열하면 피치보다 빨리 부드러워진다.

해설 | 아스팔트는 피치(콜타르 등 저급 아스팔트)에 비해 냄새는 약하고, 내구성이 있고, 상온에서 약간의 유동성이 있다.

04 ▶ 19
다음 중 지하방수나 아스팔트 펠트 삼투용(滲透用)으로 쓰이는 것은?

① 스트레이트 아스팔트
② 블로운 아스팔트
③ 아스팔트 컴파운드
④ 콜타르

해설 | 스트레이트 아스팔트(straight asphalt)
  ① 신장성, 점착성, 방수성이 우수하다.
  ② 신도가 높고 연화점이 낮으며 외기온도에 영향을 받아 지하실공사에 사용한다.
  ③ 아스팔트 루핑의 침투용 아스팔트로 사용한다.

05 ▶ 18
스트레이트 아스팔트(A)와 블로운 아스팔트(B)의 성질을 비교한 것으로 옳지 않은 것은?

① 신도는 A가 B보다 크다.
② 연화점은 B가 A보다 크다.
③ 감온성은 A가 B보다 크다.
④ 접착성은 B가 A보다 크다.

해설 | 문제 4번 해설참조

정답 | 01 ④ 02 ② 03 ④ 04 ① 05 ④

06 ▶ 16

KS F 4052에 따라 방수공사용 아스팔트는 사용용도에 따라 4종류로 분류된다. 이 중, 감온성이 낮은 것으로서 주로 일반지역의 노출지붕 또는 기온이 비교적 높은 지역의 지붕에 사용하는 것은?

① 1종(침입도 지수 3 이상)
② 2종(침입도 지수 4 이상)
③ 3종(침입도 지수 5 이상)
④ 4종(침입도 지수 6 이상)

해설 | KS F 4052 방수공사용 아스팔트는 사용용도
- 1종 : 보통의 감온성을 갖고 있으며 비교적 연질로써 실내, 지하 구조 부분에 사용하며 교면도막식방수공사 기간 중이나 그 후에도 알맞은 온도를 가져야 합니다.
- 2종 : 비교적 적은 감온성을 갖고 있으며 일반 지역의 경사가 완만한 옥내 구조부에 사용합니다.
- 3종 : 감온성이 적은 것으로 일반 지역의 노출 지붕, 기온이 비교적 높은 지역의 지붕에 사용합니다.
- 4종 : 감온성이 아주 적으며 비교적 연질의 것으로 일반 지역 외에 한행 지역의 지붕과 기타 부분에 사용합니다.

07 ▶ 15

블론 아스팔트의 성능을 개량하기 위해 동식물성 유지와 광물질 분말을 혼입하여 제작한 것은?

① 아스팔트 프라이머 ② 아스팔트 컴파운드
③ 아스팔트 코팅 ④ 아스팔트 에멀전

해설 | 아스팔트 컴파운드(asphalt compound)
① 블로운 아스팔트에 동식물성 기름이나 광물질 분말을 혼입하여 품질 개량을 한것이다.
② 연화점이 높고 신축성이 가장 큰 최고 제품이다.

08 ▶ 14

두꺼운 아스팔트 루핑을 4각형 또는 6각형 등으로 절단하여 경사 지붕재로 사용하는 역청제품의 명칭은?

① 아스팔트 싱글 ② 망상 루핑
③ 아스팔트 시트 ④ 석면 아스팔트 펠트

해설 | 아스팔트 싱글
주로 지붕재로 사용하기 위해 표면에 돌입자로 코팅한 것으로, 방수성과 내수성, 내변색성이 우수한 재료이다. 일반 아스팔트 싱글의 단위 중량은 10.3kg/㎡ 이상 12.5kg/㎡ 미만이다.

09 ▶ 14

아스팔트 에멀션(asphalt emulsion)이란 어떤 방법으로 만들어진 아스팔트 제품인가?

① 아스팔트를 휘발성 용제에 녹인 것
② 아스팔트를 적당한 온도로 가열하여 용융시킨 것
③ 아스팔트를 유화제에 의해 물에 미립자로 분산시킨 것
④ 아스팔트에 소량의 모래를 섞고 가열한 것

해설 | 아스팔트 에멀션는 아스팔트를 유화제에 의해 물에 1~3㎛ 미립자로 분산시킨 것으로 주로 도로포장용에 사용된다.

2 기타방수

10 ▶ 17

콘크리트 표면에 도포하면, 방수재료 성분이 침투하여 콘크리트 내부 공극의 물이나 습기 등과 화학작용이 일어나 공극내에 규산칼슘 수화물 등과 같은 불용성의 결정체를 만들어 조직을 치밀하게 하는 방수재는?

① 규산질계 도포 방수재
② 시멘트 액체 방수제
③ 실리콘계 유기질 용액 방수재
④ 비실리콘계 고분자 용액 방수재

해설 | 방수 모르타르
액체방수 모르타르, 방수제 모르타르, 규산질 모르타르

정답 | 06 ③ 07 ② 08 ① 09 ③ 10 ①

11

다음 중 도막 방수재를 사용한 방수공사 시공순서에 있어 가장 먼저 해야 할 공정은?

① 바탕정리
② 프라이머 도포
③ 담수시험
④ 보호재 시공

해설 | 일반적으로 바탕처리→ 프라이머 칠

12

용제 또는 유제상태의 방수제를 바탕면에 여러번 칠하여 방수막을 형성하는 방수법은?

① 아스팔트 루핑 방수
② 도막 방수
③ 시멘트 방수
④ 시트 방수

해설 | 도막 방수
합성고분자 방수의 일종으로, 방수 바탕에 합성고무나 합성수지의 용제 또는 유제를 여러 번 칠하여 얇은 수지 피막을 만들어 방수효과를 형성하는 공법이다.

13

다음 방수공법 중 멤브레인 방수공법이 아닌 것은?

① 아스팔트 방수
② 시트 방수
③ 도막 방수
④ 무기질계 침투방수

해설 | 멤브레인 방수공법
아스팔트 방수, 합성고분자 시트 방수, 도막 방수

14

도막 방수재를 사용한 방수공사에 있어서, 방수시공의 제1공정에 사용되는 것은?

① 접착제
② 프라이머
③ 희석제
④ 마감도료

해설 | 프라이머는 합성수지, 합성고무 및 고무아스팔트의 용제형 또는 에멀전형으로 솔, 롤러, 뿜칠기로 용이하게 도포할 수 있는 비교적 저점도의 액체로 방수시공의 제1공정에 사용하는 바탕 처리재이다.

15

지하 외벽에 방수하는 벤토나이트 방수재의 외관 형상이 아닌 것은?

① 벤토나이트 패널
② 벤토나이트 필름
③ 벤토나이트 시트
④ 벤토나이트 매트

해설 | 벤토나이트 방수재료는 패널(Panel), 시트(Sheet), 매트(Mat) 등이 있다.

16

겨울철 생활이 이루어지는 공간의 실내측 표면에 발생하는 결로를 억제하기 위한 효과적인 조치방법 중 가장 거리가 먼 것은?

① 환기
② 난방
③ 구조체 단열
④ 방습층 설치

해설 | 방습공사
방습공사는 지반선(G.L)에 접하는 벽체 또는 바닥판에 지면에서 올라오는 습기, 비와 이슬 등을 내부에 흡수되지 않게 내수성이 있는 마감재로 습기를 방지하는 공사이다.

정답 | 11 ① 12 ② 13 ④ 14 ② 15 ② 16 ④

09-4 단열 및 음향공사

Pass Note

예상출제문항	키워드	
0~1	- 단열재 요구성능 - 유기질 단열재	- 무기질 단열재 - 단열재료 종류

1. 단열공사

열 전도, 대류, 복사 현상을 통해 열은 온도가 높은 곳에서 낮은 곳으로 이동한다. 이러한 열의 이동을 막는 것이 단열공사이며 결로방지 및 냉난방비 절약하는 효과가 있다. 보통 다공질의 경량재료이며 열전도율이 낮아 단열효과가 우수하다.

1) 단열재의 요구성능

① **열전도율, 비중, 흡수율이 낮고 내화성이 좋을 것**
② 시공성, 내화성, 내부식성이 우수해야 한다.
③ 같은 두께인 경우 경량재료가 단열에 더 효과적이다.
④ 단열재료의 대부분은 흡음성도 우수하므로 흡음재료로도 이용된다.
⑤ 유독가스가 발생하지 않고, 사용연한에 따른 변질이 없어야 한다.
⑥ 품질이 균일하고 어느 정도의 기계적인 강도가 있어야 한다.
※ **구조재 사용 불가**(역학적인 강도가 약하다.)

예제 01 단열재가 갖추어야 할 조건으로 옳지 않은것은? [25,19,17,15]
① 열전도율이 낮을 것 ② 비중이 클 것
③ 흡수율이 낮을 것 ④ 내화성이 좋을 것

해설 | 열전도율, 비중, 흡수율이 낮고 내화성이 좋을 것

정답 ②

2) 단열재의 종류

구분	종류	특성
무기질 단열재	암면	암석(안산암, 현무암, 사문암)을 용융시켜 급랭한 후에 광물섬유를 이용하여 만든 단열재로 주로 **보온재, 절연재, 철골 내화피복재**와 같은 차단재로 사용된다.
	유리면	보통 **유리솜** 또는 **글라스울**이라고 하며 유리의 원료를 녹여서 가는 섬유 모양으로 만든 단열재로 주로 플라스틱제품의 보강용으로 쓰이고 단열재, 전기절연재, 보온재, 방음재 등에 사용된다.
	석면	천연 산출된 무기섬유로 만든 단열재로 내화성, 절연성, 보온성이 우수하고 인장강도가 크나, 습기에 약한 결점이 있다.
	세라믹파이버(섬유)	• 실리카 + 알루미나를 원료로 만든 단열재로 단열재 중에서 가장 높은 온도에서 사용이 가능하다. • 열전도율이 매우 낮아 내열성 보온재, 우주 항공기 등에 사용된다.
	규산칼슘판	규산질분말과 석회분말을 오토클레이브 처리하여 보강섬유를 첨가하여 만든 내화 단열판으로 단열재, 철골 내화피복재 등에 사용된다.
	펄라이트	화산석으로 된 진주석 펄라이트입자를 압축성형하여 만든 단열재로 수분 침투에 대한 저항성이 우수하여 배관용 단열재 등에 주로 사용된다.
유기질 단열재	폴리우레탄폼 (경질우레탄폼)	경질인 제품으로 현장에서 발포 시공이 가능하고 우수한 단열성 때문에 **냉동기기**에 많이 사용된다.
	연질섬유판	식물섬유를 물리적, 화학적 처리로 섬유화하여 성형하여 만든다.
	폴리스티렌폼	스티로폼이 하며, 폴리스티렌수지에 발포제를 넣은 다공질의 기포 플라스틱이다.
	셀롤로오스 섬유판	천연의 목질섬유를 가공하여 만들며, 단열성 및 보온성이 우수하다.

예제 02

단열재에 관한 설명으로 옳지 않은 것은? [24,22,18,13]

① 유리면-유리섬유를 이용하여 만든 제품으로서 유리솜 또는 글라스울이라고 한다.
② 암면-상온에서 열전도율이 낮은 장점을 가지고 있으며 철골 내화피복재로서 많이 이용된다.
③ 석면-불연성, 보온성이 우수하고 습기에도 강하여 사용이 적극 권장되고 있다.
④ 펄라이트 보온재-경량이며 수분침투에 대한 저항성이 있어 배관용의 단열재로 사용된다.

해설 | 석면
천연 산출된 무기섬유로 만든 단열재로 내화성, 절연성, 보온성이 우수하고 인장강도가 크나, 습기에 약한 결점이 있다.

정답 ③

2. 음향공사

음파는 실내 마감재에 부딪히면 반사, 흡음, 투과 현상이 이루어 진다. 흡음재는 마감재 표면에 입사하는 음에너지의 일부를 흡수하여 반사음을 감소시켜 방음효과를 주는 재료를 말한다.

1) 흡음재의 종류

(1) 다공질 흡음재

표면과 내부에 소기포 또는 세관상의 공극이 많은 조직으로 내부의 공기진동으로 고음역의 흡음효과가 우수하다. 방송국 스튜디오에 많이 사용되며 제품으로 연질 섬유판, 암면, 유공 텍스, 유공 석고보드 패널, 유공 알루미늄 패널 시멘트판 등이 있다.

(2) 판상 흡음재

적당한 크기나 모양의 구멍을 일정 간격으로 타공하여 제작하며, 특징으로는 저음부분에서는 흡음성능이 우수하나, 중·고음부분에서는 흡음성능이 많이 떨어진다. 제품으로 경질 섬유판, 합판, 석고판, 석고보드, 석면판 등이 있다.

(3) 중공형 흡음재

중간에 공기층을 둔 속이 비여 있는 구조로 사용목적에 따른 잔향시간의 조절로, 실의 총흡입량을 가변성 있게 만든 흡음재

(4) 차음재

음원을 격리하기 위해 **투과음이 적게 하여 차음성을 높인 재료**로, 차음 효과를 좋게 하기 위해 중간에 공기층을 둔 **이중벽**이나 서로 다른 재료를 겹친 **합성벽**이 유리하다.

※ 방음 제품 : 코펜하겐 리브, 어코스틱 타일, 구멍합판, 플라스틱 흡음판, 양탄자 등

코펜하겐 리브,

어코스틱 타일(폼)

흡음판

예제 03 차음재료의 요구성능에 관한 설명으로 옳은 것은? [23,19]
① 비중이 작을 것
② 음의 투과손실이 클 것
③ 밀도가 작을 것
④ 다공질 또는 섬유질이어야 할 것

정답 ②

핵심 기출문제

09-4 단열 및 음향공사

1 단열공사

01 ▶ 20
단열재가 구비해야 할 조건으로 옳지 않은 것은?

① 불연성이며, 유독가스가 발생하지 않을 것
② 열전도율 및 흡수율이 낮을 것
③ 비중이 높고 단단할 것
④ 내부식성과 내구성이 좋을 것

해설 | 단열재는 열전도율, 비중, 흡수율이 낮고 내화성이 좋을 것

02 ▶ 15
단열재의 선정조건 중 옳지 않은 것은?

① 비중이 작을 것
② 투기성이 클 것
③ 흡수율이 낮을 것
④ 열전도율이 낮을 것

해설 | 문제 1번 해설참조

03 ▶ 16
단열재에 관한 설명으로 옳지 않은 것은?

① 열전도율이 낮은 것일수록 단열효과가 좋다.
② 열관류율이 높은 재료는 단열성이 낮다.
③ 같은 두께인 경우 경량재료인 편이 단열효과가 나쁘다.
④ 단열재는 보통 다공질의 재료가 많다.

해설 | 같은 두께인 경우 경량재료가 단열에 더 효과적이다.

04 ▶ 13
재료나 구조 부위의 단열성에 영향을 미치는 요인이 아닌 것은?

① 재료의 두께
② 재료의 밀도
③ 재료의 강도
④ 재료의 표면상태

해설 | 단열성에 영향을 미치는 요인
재료의 두께, 재료의 밀도(비중), 표면상태, 함수율, 열전도율, 열관류율, 단열재 형상 등

05 ▶ 21,17
다음의 단열재에 대한 설명 중 옳지 않은 것은?

① 암면은 암석으로부터 인공적으로 만들어진 내열성이 높은 광물섬유를 이용하여 만드는 제품으로 단열성, 흡음성이 뛰어나다.
② 세라믹 파이버의 원료는 실리카와 알루미나이며, 알루미나의 함유량을 늘이면 내열성이 상승한다.
③ 경질 우레탄폼은 방수성, 내투습성이 뛰어나기 때문에 방습층을 겸한 단열재로 사용된다.
④ 펄라이트 판은 천연의 목질섬유를 원료로 하며, 단열성이 우수하여 주로 건축물의 외벽 단열재 바름에 사용된다.

해설 | 펄라이트
화산석으로 된 진주석 펄라이트입자를 압축성형하여 만든 단열재로 수분 침투에 대한 저항성이 우수하여 배관용 단열재 등에 주로 사용된다.

정답 | 01 ③ 02 ② 03 ③ 04 ③ 05 ④

06 ▶ 16

화산석으로 된 진주석을 900~1200℃의 고열로 팽창시켜 만들며, 주로 단열, 보온, 흡음 등의 목적으로 사용되는 재료는?

① 트래버틴(Travertine)
② 펄라이트(Pearlite)
③ 테라조(Terrazzo)
④ 석면(Asbestos)

해설 | 문제 5번 해설참조

07 ▶ 19

무기질 단열재료 중 규산질 분말과 석회분말을 오토클레이브 중에서 반응시켜 얻은 겔에 보강섬유를 첨가하여 프레스 성형하여 만드는 것은?

① 유리면
② 세라믹 섬유
③ 펄라이트 판
④ 규산 칼슘판

해설 | 규산 칼슘판
규산질분말과 석회분말을 오토클레이브 처리하여 보강섬유를 첨가하여 만든 내화 단열판으로 단열재, 철골 내화피복재 등에 사용된다.

08 ▶ 20

다음 중 무기질 단열재료가 아닌 것은?

① 암면
② 유리섬유
③ 펄라이트
④ 셀룰로오스

해설 | 유기질 단열재료
폴리우레탄폼(경질우레탄폼), 연질섬유판, 폴리스티렌폼 셀룰로오스 섬유판

09 ▶ 18,14

경질섬유판의 성질에 관한 설명으로 옳지 않은 것은?

① 가로·세로의 신축이 거의 같으므로 비틀림이 적다.
② 표면이 평활하고 비중이 0.5 이하이며 경도가 작다.
③ 구멍뚫기, 본뜨기, 구부림 등의 2차 가공이 가능하다.
④ 펄프를 접착제로 제판하여 양면을 열압건조 시킨 것이다.

해설 | 표면이 평활하고 비중이 0.9 이상이며 경도가 크다.

10 ▶ 16

다음 재료 중 단열재료에 해당하는 것은?

① 우레아 폼
② 아코스틱 텍스
③ 유공석고보드
④ 테라죠판

해설 |
- 무기질 단열재료
  암면, 유리면, 석면, 세라믹파이버(섬유), 규산칼슘판, 펄라이트
- 유기질 단열재료
  폴리우레탄폼(경질우레탄폼), 연질섬유판, 폴리스티렌폼, 셀로오스 섬유판

정답 | 06 ② 07 ④ 08 ④ 09 ② 10 ①

2 음향공사

11 ▶ 16
흡음재료의 특성에 대한 설명으로 옳은 것은?

① 유공판재료는 연질섬유판, 흡음텍스가 있다.
② 판상재료는 뒷면의 공기층에 강제진동으로 흡음효과를 발휘한다.
③ 유공판재료는 재료내부의 공기진동으로 고음역의 흡음효과를 발휘한다.
④ 다공질재료는 적당한 크기나 모양의 관통구멍을 일정 간격으로 설치하여 흡음효과를 발휘한다.

해설 | 판상 흡음재
적당한 크기나 모양의 구멍을 일정 간격으로 타공하여 제작하며, 특징으로는 저음부분에서는 흡음성능이 우수하나, 중·고음부분에서는 흡음성능이 많이 떨어진다. 제품으로 경질 섬유판, 합판, 석고판, 석고보드, 석면판 등이 있다.

12 ▶ 15
다음 흡음재료 중 고음역 흡음재료로 가장 적당한 것은?

① 파티클 보드
② 구멍 뚫린 석고보드
③ 구멍 뚫린 알루미늄판
④ 목모 시멘트판

해설 | 목모 시멘트판
좁고 길게 리본상으로 오린(木毛) 대패밥을 시멘트로 교착하여 가압성형한 넓은 판의 제품으로 주로 천정, 벽의 바탕 및 치장용 그리고 흡음재료로 사용된다.

13 ▶ 17
목재제품 중 강당, 집회장 등의 음향조절용 및 일반건물의 벽 수장재로 사용되는 대표적인 것은?

① 코르크판
② 코펜하겐 리브판
③ 경질섬유판
④ 샌드위치 판넬

해설 | 코펜하겐리브(Copenhagen rib)
코펜하겐리브는 보통 두께 30mm, 너비 100mm 정도의 긴 판에 표면을 리브 가공한 것으로, 강당·집회장 등의 음향 조절 및 일반 건물의 벽 수장재로 사용
보통 두께 3cm, 넓이 10cm 정도의 긴 판, 자유곡선으로 깎아 수직 평행선이 되게 리브(rib)를
만든 것으로 면적이 넓은 강당, 극장 안벽과 천정에 음향 조절 및 건물의 벽 장식재로 사용

14 ▶ 17
차음성이 높은 재료로 볼 수 없는 것은?

① 재질이 단단한 것
② 재질이 무거운 것
③ 재질이 치밀한 것
④ 재질이 다공질인 것

해설 | 차음재
음원을 격리하기 위해 투과음이 적게 하여 차음성을 높인 재료로, 차음 효과를 좋게 하기 위해 중간에 공기층을 둔 이중벽이나 서로 다른 재료를 겹친 합성벽이 유리하다.

정답 | 11 ② 12 ④ 13 ② 14 ④

09-5 합성수지공사

> Pass Note

예상출제문항		키워드
1 ~ 2	- 접착제별 특성 - 합성수지 특성	- 열가소성수지 - 실리콘, 아크릴, 멜라민 수지

1. 합성수지 특성 및 종류

1) 합성수지(Plastic)의 특성

장점	단점
• 가소성이 크고 성형가공성이 용이하다. • **전성, 연성이 크고 피막이 강하다.** • 접착성이 크고 기밀성, 안정성이 큰 것이 많다. • 내산성, 내알카리성 등의 내화학성 및 전기절연성이 우수하다. • 건조시간이 빠르고 도막이 단단하며 표면 광택이 우수하다. • 착색이 자유롭고 투수성이 없다.	• 탄성계수 및 강도가 강재보다 작다. • 내열성, 내화성이 작고 비교적 저온에서 연화된다. • **내마모성, 표면 강도가 약하다.** • 열에 의한 팽창과 수축이 크므로 열에 의한 신축을 고려 • **압축강도 이외의 강도가 작다.**

 합성수지의 일반적인 특성에 관한 설명으로 옳지 않은 것은? [25,22,21,19]
① 경량이면서 강도가 큰 편이다.
② 연성이 크고 광택이 있다.
③ 내열성이 우수하고, 화재 시 유독가스의 발생이 없다.
④ 탄력성이 크고 마모가 적다.

정답 ③

2) 합성수지의 종류

(1) 열가소성수지

가열하면 연화되어 변형되나 냉각시키면 그대로 굳어지며 연화점은 60~80℃로, 2차 성형이 가능하다.

종류	특성	용도
아크릴수지	• 투명도가 높으므로 유기유리라는 명칭이 있으며 착색이 자유롭고 **내충격강도가 유리의 약 10배** 이상이다.	채광판, 유리대용품, 도어판, 칸막이판, 도료
염화비닐수지 (PVC)	• 전기전열성, 내약품성이 우수하나 고온, 저온에 약하다.	**시트, 파이프, 튜브** 등의 성형품, 도료 및 접착제

종류	특성	용도
초산비닐수지	• 무색투명하며 접착성이 양호하나 내열성이 부족	접착제, 도료, 비닐론 도료
폴리스티렌수지 (PS)	• 무색 투명한 액체로 유기용제에 침해되기 쉽다. • 내수, 내화, 전기절연성, 내수성, 가공성이 좋다.	**스티로폼**, 벽타일, 천정재, 블라인드, **발포** 보온판
폴리에틸렌수지 (PE)	• 유백색의 불투명한 수지로 상온에서 유연성이 크고 내충격성도 일반 플라스틱의 약 6배 정도이다. • 내약품성, 전기절연성, 내수성이 매우 우수하다.	방수·방습시트, 포장필름, 전선피복, 도료, 접착제
메타크릴수지	• 투명도가 매우 높아 항공기의 방품유리 및 일반 **유리 대용품**으로 많이 사용됨 • 강인성, 내약품성, 내후성이 우수하다.	방풍유리, 조명기구, 선풍기 날개, 도료, 접착제
폴리아미드수지	• 엔지니어링 플라스틱 중의 하나로 **나일론** 수지라고 도 하며, 강인하고 내마모성도 우수하다.	**알루미늄 새시, 도어체크, 커튼롤러**, 건축물 장식용품
ABS 수지	• 충격성, 치수 정확성, 경도, 안전성 등 모두 우수하다.	파이프, 판재, 전기부품
불소수지	• 내열성, 내약품성이 우수하다.	파이프, 패킹류
셀룰로이드	• 투명도, 가소성, 가공성이 양호하나 내열성이 부족하다.	유리 대용품

열가소성 수지에 해당되지 않는 것은? [24,22,21,21,15]

① 염화비닐수지   ② 아크릴수지   ③ 실리콘수지   ④ 폴리에틸렌수지

정답 ③

투명도가 높아 유기유리라고도 불리우며 착색이 자유롭고 내충격강도가 크며 채광판, 도어판, 칸막이벽 제조에 적합한 합성수지는? [23,22,19,15]

① 불소수지   ② 아크릴수지   ③ 페놀수지   ④ 실리콘수지

정답 ②

(2) 열경화성수지

가열하면 굳어져서 다시 가열하여도 연화되거나 녹지 않는 수지로서 연화점은 130~200℃로, 2차 성형이 불가능하다.

종류	특성	용도
페놀수지 (베이클라이트)	• 매우 견고하고 전기절연성, 내산성, 내열성, 내수성 우수하나, 내알칼리성이 약하다.	전기제품, 덕트, 파이프, 배전판, 접착제
요소수지	• 무색으로 착색이 자유롭고, 내수성이 약하다.	일용잡화, 도료, 접착제
멜라민수지	• 요소수지보다 성능이 높다. • 표면경도가 크고 아름다운 광택을 지니면서 **착색이 자유롭고 내열성이 우수**한 것으로 마감재, 전기부품 등에 활용된다.	멜라민치장판, 마감재, 조작재, 가구재, 접착제
알키드수지	• 내후성은 우수하나 내수성, 내알탈리성은 약하다. • 전기적 성능이 우수하며 접착성이 좋다.	**도료**(래커, 바니시), 접착제

종류	특성	용도
폴리에스테르수지	• 내구성, 내후성, 가요성, 열절연성, 내열성, 내약품성이 우수하다. • 유리섬유로 보강하면 **강철과 유사한 강도**를 나타내며 구조재나 설비재로 이용된다.	아케이드창, 루버, 도료, 욕조, FRP, 접착제
실리콘수지	• −60 ~ 260℃의 범위에서 안정하고 탄성을 가지며 내화학성이 우수하여 접착제와 도료에 쓰이는 고가의 합성수지 • 내후성도 우수하고 발수성이 있기 때문에 건축물, 전기 절연물 등의 **방수용 코킹재**로 쓰인다. • 합성수지 중 **내열성이 가장 우수**하다.	방수제, 도료, 접착제
에폭시수지	• 접착력이 좋아 알루미늄 등 경금속의 접착에 쓰인다. • 내약품성, 내열성이 우수하고 다소 고가이다.	접착제, 금속도료, 보온·보냉제, 내수피막제
폴리우레탄수지	• 열절연성, 내열성, 내약품성, 내충격성이 우수하다.	단열재, 쿠션재

 예제 04 금속과의 접착성이 크고 내약품성과 내열성이 우수하여 금속 도료 및 접착제, 콘크리트 균열 보수제 등으로 사용되는 열경화성 수지는? [24, 22]

① 에폭시 수지　　　　　　　② 아크릴 수지
③ 염화비닐 수지　　　　　　④ 폴리에틸렌 수지

정답 ①

2. 합성수지 제품

1) 판상제품

종류	특성
폴리에스테르 강화판	유리섬유를 불규칙하게 상온가압하여 성형한 판으로 알칼리 이외의 화학약품에 대한 저항성이 있고 **내구성이 좋아 내·외장재로 사용**된다.
폴리에스테르 치장판	표면에 폴리에스테르 피막을 입힌 외관이 미려한 판상제품으로 내벽판, 천장판, 가구판 등에 사용된다.
아크릴판	아크릴 원료의 착색 투명판상, 반투명판상제품 등이 있다.
염화비닐판	수지 원료의 투명판, 불투명판, 무늬판 등이 있다.
멜라민수지판	경도가 크고 아름다운 광택을 지닌 치장판으로 내장재, 가구재로 사용되며, 내열·내수성이 부족하여 외장재로는 부적당하다.

2) 바닥판제품

① 비닐수지계 : 비닐타일, 비닐시트
② 유지계 : **리놀륨**, 리노타일
③ 고무계 : 고무타일, 고무시트
④ 아스팔트계 : 아스팔트 타일

3) 기타제품

① 도장재료 : 멜라민 페인트, 비닐 에나멜
② 방수제 : 실리콘 방수제
③ 기타 : 신축줄눈(실리콘 고무, 네오플랜), 계단논슬립(염화비닐), 조이너(경질 염화비닐계)

예제 05 리녹신에 수지, 고무물질, 코르크 분말, 안료 등을 섞어 마포(hemp cloth) 등에 발라 두꺼운 종이 모양으로 압연·성형한 제품은? [23,22,17]

① 염화비닐판　　② 비닐타일　　③ 리놀륨　　④ 무석면타일

해설 | 리노륨(Linoluem)
리녹신에 수지, 고무물질, 코르크 분말, 안료 등을 섞어 압연·성형한 제품으로 탄성력이 풍부하여 보행감이 좋고 소음이 적다.

정답 ③

3. 접착제

1) 합성수지계 접착제

종류	특성 및 용도
에폭시수지 접착제	• 점성이 매우 높아 접착력이 강하며 내수성, 내습성, 내약품성, 내산, 내알칼리성 등이 우수하나, 유연성 부족, 경화제를 병행 사용, 고가인 것이 단점이다. • **최고의 성능**으로 콘크리트, 항공기, 기계부품 등의 접착에 사용되는 **만능형 접착제**이다.
멜라민수지 접착제	• 특히 목재와의 접착성이 우수하고 내수성, 내열성이 좋다. • 고가이며 **목재 외 금속, 고무, 유리 접착은 부적당**하다.
실리콘수지 접착제	• 특히 **내열성과 내수성이 우수**하며 내연성, 전기적 절연성이 좋아 유리섬유판, 텍스, 피혁류 등 광범위한 용도의 접착제와 방수제로도 쓰인다.
페놀수지 접착제	• **주로 목재 제품**, 합판 등에 주로 사용되며, 접착력, 내열성, 내수성, 내구성이 우수하다.
비닐수지 접착제	• 가격이 저렴하여 일반적으로 많이 사용되나 **내열성과 내수성이 부족하여 실외 사용에 부적합**하다. • 도배, 목재 등의 접착에 사용한다.
요소수지 접착제	• 가격이 **가장 저렴**하여 목재 접합, 합판 제조 등에 많이 사용된다. • 내수성이 부족하나 노화성은 크다.
푸란수지 접착제	• 내산, 내알칼리, 접착력이 우수하다. • 도자기, 벽돌, 콘크리트, 유리, 금속, 화학공장 벽돌 및 타일 등에 사용된다. (내열성이 최고로 180℃까지 저항성이 있다.)
※ 접착력 크기 순서	**에폭시수지** 〉 요소수지 〉 멜라민수지 〉 페놀수지 〉 초산비닐수지
※ 내수성 크기 순서	**실리콘수지** 〉 에폭시수지 〉 페놀수지 〉 멜라민수지 〉 요소수지 〉 아교
※ 건축공사용 접착제	주로 에폭시수지 접착제와 비닐수지 접착제가 많이 사용된다.

급경성으로 내알칼리성 등의 내화학성 및 접착력, 내수성이 우수한 고가의 합성수지 접착제로 금속, 석재, 도자기, 유리, 콘크리트, 플라스틱재 등의 접착에 모두 사용되는 것은? [25,22,20,17]

① 페놀수지 접착제
② 요소수지 접착제
③ 멜라민수지 접착제
④ 에폭시수지 접착제

정답 ④

 각종 접착제에 대한 설명 중 옳지 않은 것은? [24,22]

① 요소수지 접착제는 요소와 포름알데히드를 사용하여 만들며 목공용에 적당하다.
② 멜라민수지 접착제는 내수성이 우수하여 금속, 고무, 유리 등에 사용한다.
③ 실리콘수지 접착제는 내수성이 대단히 크고 전기절연성도 우수하여 유리섬유판, 가죽 등의 접합에 사용된다.
④ 에폭시수지 접착제는 내수성, 내약품성, 전기절연성이 모두 우수한 만능형 접착제이다.

해설 | 멜라민수지 접착제는 고가이며 목재 외 금속, 고무, 유리 접착은 부적당하다.

정답 ②

2) 기타 접착제

(1) 단백질계 접착제

종류	특성 및 용도
동물성 단백질계	• 카세인, 아교, 알부민 등 • 동물질 아교는 비교적 접착력이 크고 취급하기 용이하나 내수성이 부족하다. • 주로 합판, 목재창호, 가구 접착용으로 사용된다. ※ **카세인**, 아교의 주성분은 **우유**
식물성 단백질계	대두교, 전분 등

(2) 고무계 접착제

종류	특성 및 용도
천연고무	천연라텍스를 정제한 것으로 광선을 흡수하면 점차 분해되어 접착성이 높아진다.
네오프랜	합성고무 접착제로서 내약품성, 내유성, 접착력이 우수하다.
치오콜	• 고무계로 내유성, 내약품성이 우수하여 줄눈재 또는 구멍을 메꾸는 **코킹재**로 사용 • 건조시간이 짧아 작업속도가 향상되며 내유성이 강해 1차 실링제를 보호한다.

핵심 기출문제

09-5 합성수지공사

1 합성수지 특성 및 종류

01 ▶ 15
건축재료로서 사용되는 합성수지의 일반적인 특성으로 옳은 것은?

① 흡수성과 투수성이 적다.
② 내열성, 내화성이 크다.
③ 강성이 크고 탄성계수가 강재보다 크다.
④ 마모가 크고 탄력성이 작다.

해설 | 합성수지의 단점
- 탄성계수 및 강도가 강재보다 작다.
- 내열성, 내화성이 작고 비교적 저온에서 연화된다.
- 내마모성, 표면 강도가 약하다.
- 열에 의한 팽창과 수축이 크므로 열에 의한 신축을 고려

02 ▶ 18
플라스틱 재료의 특징으로 옳지 않은 것은?

① 가소성과 가공성이 크다.
② 전성과 연성이 크다.
③ 내열성과 내화성이 작다.
④ 마모가 작으며 탄력성도 작다.

해설 | 문제 1번 해설참조

03 ▶ 21
플라스틱 재료에 대한 설명 중 옳지 않은 것은?

① 내수성 및 내 투습성은 폴리초산비닐 등 일부를 제외하고는 극히 양호하다.
② 일반적으로 전기절연성이 상당히 양호하다.
③ 열에 의한 팽창 및 수축이 크다.
④ 강도는 대략 목재와 비슷하며 인장강도가 압축강도보다 크다.

해설 | 압축강도가 인장강도보다 크다.

04 ▶ 19
플라스틱 재료의 일반적인 성질에 관한 설명으로 옳지 않은 것은?

① 플라스틱의 강도는 목재보다 크며 인장강도가 압축강도보다 매우 크다.
② 플라스틱은 상호간 접착이나 금속, 콘크리트, 목재, 유리 등 다른 재료에도 부착이 잘 되는 편이다.
③ 플라스틱은 일반적으로 전기절연성이 양호하다.
④ 플라스틱은 열에 의한 팽창 및 수축이 크다.

해설 | 문제 3번 해설참조

05 ▶ 19
열가소성 수지에 관한 설명으로 옳지 않은 것은?

① 축합반응으로부터 얻어진다.
② 유기용제로 녹일 수 있다.
③ 1차원적인 선상구조를 갖는다.
④ 가열하면 분자결합이 감소하며 부드러워지고 냉각하면 단단해진다.

해설 |
- 열가소성수지(중합반응)
  가열하면 연화되어 변형되나 냉각시키면 그대로 굳어지며 연화점은 60~80℃로, 2차 성형이 가능하다.
- 열경화성수지(축합반응)
  가열하면 굳어져서 다시 가열하여도 연화되거나 녹지 않는 수지로서 연화점은 130~200℃로, 2차 성형이 불가능하다.

정답 | 01 ① 02 ④ 03 ④ 04 ① 05 ①

06 ▶ 21
합성수지에 대한 다음 설명 중 틀린 것은?

① 요소수지 : 내수합판의 접착제로 널리 사용되며 도료, 마감재, 장식재로 쓰인다.
② 에폭시수지 : 내수성, 내약품성, 전기절연성이 우수하여 건축의 넓은 분야에 사용된다.
③ 실리콘 : 발수성은 좋지 않으며, 기포성 제품으로 가공하여 보온재나 쿠션재로 사용된다.
④ 아크릴수지 : 투명도가 높아 채광판, 도어판, 칸막이 벽 등에 쓰인다.

해설 | 실리콘 수지
- −60 ~ 260℃의 범위에서 안정하고 탄성을 가지며 내화학성이 우수하여 접착제와 도료에 쓰이는 고가의 합성수지
- 내후성도 우수하고 발수성이 있기 때문에 건축물, 전기 절연물 등의 방수용 코킹재로 쓰인다.
- 합성수지 중 내열성이 가장 우수하다.

07 ▶ 13
다음 각 합성수지에 대한 설명 중 옳지 않은 것은?

① 요소수지는 열경화성수지로 공업용보다는 일용품, 장식품 등에 많이 사용된다.
② 실리콘수지는 탄성을 가지며 내후성 및 내 화학성 등이 우수하기 때문에 접착제, 도료로서 주로 사용된다.
③ 페놀수지는 내알칼리성이 우수하며 성형품, 접착제보다는 도료로 많이 쓰인다.
④ 폴리스티렌수지는 성형하여 단열재로 널리 사용된다.

해설 | 페놀수지
매우 견고하고 전기절연성, 내산성, 내열성, 내수성 우수하나, 내알카리성이 약하다. 전기 관계 재료로 가장 많이 사용되며, 보드류·도료·접착제 등으로 쓰인다.

08 ▶ 18
석탄산과 포르말린의 축합반응에 의하여 얻어지는 합성수지로서 전기절연성, 내수성이 우수하며 덕트, 파이프, 접착제, 배전판 등에 사용되는 열경화성 합성수지는?

① 페놀수지   ② 염화비닐수지
③ 아크릴수지 ④ 불소수지

해설 | 문제 7번 해설참조

09 ▶ 14
플라스틱재료와 그 용도와의 관계로 옳은 것은?

① 염화비닐수지 - 조명기구, 천창
② 폴리에틸렌수지 - 실내바닥재, 천창
③ 아크릴 수지 - 파이프, 수도관
④ 폴리스틸렌수지 - 단열재, 방진포장재

해설 | 폴리스티렌수지(PS)
- 무색 투명한 액체로 유기용제에 침해되기 쉽다.
- 내수, 내화, 전기절연성, 내수성, 가공성이 좋다.
- 스티로폼, 벽타일, 천정재, 블라인드, 발포 보온판

10 ▶ 16
열가소성 수지가 아닌 것은?

① 염화비닐수지 ② 초산비닐수지
③ 요소수지   ④ 폴리스티렌수지

해설 | 요소수지-열경화성 합성수지

11 ▶ 20
다음 중 열경화성 합성수지에 속하지 않은 것은?

① 페놀수지   ② 요소수지
③ 초산비닐수지 ④ 멜라민수지

해설 | 초산비닐수지-열가소성 합성수지

정답 | 06 ③ 07 ③ 08 ① 09 ④ 10 ③ 11 ③

12 ▶ 19,17,14,13
FRP, 욕조, 물탱크 등에 사용되는 내후성과 내약품성이 뛰어난 열경화성 수지는?

① 불소수지
② 불포화 폴리에스테르 수지
③ 초산비닐수지
④ 폴리우레탄수지

해설 | 폴리에스테르 수지
- 내구성, 내후성, 가요성, 열절연성, 내열성, 내약품성이 우수하다.
- 유리섬유로 보강하면 강철과 유사한 강도를 나타내며 구조재나 설비재로 이용된다.
- 아케이드창, 루버, 도료, 욕조, FRP, 접착제

13 ▶ 15
유리섬유로 보강하여 FRP(Fiber Reinforced Plastics)를 만드는데 이용되는 수지는?

① 폴리염화비닐수지
② 폴리카보네이트
③ 폴리에틸렌수지
④ 불포화 폴리에스테르수지

해설 | 문제 12번 해설참조

14 ▶ 20
합성섬유 중 폴리에스테르섬유의 특징에 관한 설명으로 옳지 않은 것은?

① 강도와 신도를 제조공정상에서 조절할 수 있다.
② 영계수가 커서 주름이 생기지 않는다.
③ 다른 섬유와 혼방성이 풍부하다.
④ 유연하고 울에 가까운 감촉이다.

해설 | 문제 12번 해설참조

15 ▶ 18
각 합성수지와 이를 활용한 제품의 조합으로 옳지 않은 것은?

① 멜라민수지 - 천장판
② 아크릴수지 - 채광판
③ 폴리에스테르수지 - 유리
④ 폴리스티렌수지 - 발포보온판

해설 | 문제 12번 해설참조

16 ▶ 16
열가소성수지로서 평판성형되어 유리와 같이 이용되는 경우가 많고 유기유리라고도 불리우는 것은?

① 아크릴수지
② 멜라민수지
③ 폴리에틸렌수지
④ 폴리스티렌수지

해설 | 아크릴수지
투명도가 높으므로 유기유리라는 명칭이 있으며 착색이 자유롭고 내충격강도가 유리의 약 10배 이상이다.

17 ▶ 20
다음 합성수지 중 내열성이 가장 우수한 것은?

① 페놀수지
② 멜라민수지
③ 실리콘수지
④ 염화비닐수지

해설 | 실리콘수지
- −60 ~ 260℃의 범위에서 안정하고 탄성을 가지며 내화학성이 우수하여 접착제와 도료에 쓰이는 고가의 합성수지
- 내후성도 우수하고 발수성이 있기 때문에 건축물, 전기 절연물 등의 방수용 코킹재로 쓰인다.
- 합성수지 중 내열성이 가장 우수하다.

정답 | 12 ② 13 ④ 14 ④ 15 ③ 16 ① 17 ③

18 ▶13

내열성이 매우 우수하며 물을 튀기는 발수성을 가지고 있어서 방수재료는 물론 개스킷, 패킹, 전기절연재, 기타 성형품의 원료로 이용되는 합성수지는?

① 멜라민 수지 ② 페놀 수지
③ 실리콘 수지 ④ 폴리에틸렌 수지

해설 | 문제 17번 해설참조

19 ▶19,15

다음 중 방수성이 가장 우수한 수지는?

① 푸란수지 ② 실리콘수지
③ 멜라민수지 ④ 알키드수지

해설 | 문제 17번 해설참조

20 ▶17

합성수지별 주용도를 표기한 것으로 옳지 않은 것은?

① 실리콘수지 - 방수피막
② 에폭시수지 - 접착제
③ 멜라민수지 - 가구판재
④ 알키드수지 - 바닥판재

해설 | 알키드수지
- 내후성은 우수하나 내수성, 내알칼리성은 약하다.
- 전기적 성능이 우수하며 접착성이 좋다.
- 도료(래커, 바니시), 접착제

21 ▶16

프탈산과 글리세린수지를 변성시킨 포화폴리에스테르수지로 내후성, 접착성이 우수하며 도료나 접착제 등으로 사용되는 합성수지는?

① 알키드수지 ② A.B.S수지
③ 스티롤수지 ④ 에폭시수지

해설 | 문제 20번 해설참조

22 ▶14

주 용도가 도료로 사용되는 합성수지를 옳게 고른 것은?

① 셀룰로오스 수지, 요소수지
② 알키드수지, 요소수지
③ 알키드수지, 셀룰로오스수지
④ 셀룰로오스수지, 에틸섬유소수지

해설 | 문제 20번 해설참조

23 ▶18

멜라민수지에 관한 설명으로 옳지 않은 것은?

① 열가소성 수지이다.
② 내수성, 내약품성, 내용제성이 좋다.
③ 무색투명하며 착색이 자유롭다.
④ 내열성과 전기적 성질이 요소수지보다 우수하다.

해설 | 멜라민수지
- 요소수지보다 성능이 높다.
- 표면경도가 크고 아름다운 광택을 지니면서 착색이 자유롭고 내열성이 우수한 것으로 마감재, 전기부품 등에 활용된다.
- 멜라민치장판, 마감재, 조작재, 가구재, 접착제

24 ▶16

멜라민수지에 관한 설명 중 옳지 않은 것은?

① 무색투명하며 착색이 자유롭다.
② 내열성이 600℃ 정도로 높다.
③ 전기절연성이 우수하다.
④ 판재류, 식기류, 전화기 등에 쓰인다.

해설 | 문제 23번 해설참조

정답 | 18 ③ 19 ② 20 ④ 21 ① 22 ② 23 ① 24 ④

25 ▶ 17
내충격성, 내열성, 내후성, 투명성 등의 특징이 있고, 유연성 및 가공성이 우수하며 강화유리의 150배 이상의 충격도를 가진 재료는?

① 아크릴 시트 ② 고무타일
③ 폴리카보네이트 ④ 블라인드

해설 | 폴리카보네이트
> 열가소성 플라스틱으로 내충격성, 내열성, 내후성, 투명성 등의 특징이 있고, 유연성 및 가공성이 우수하며 강화유리의 150배 이상의 충격도를 가진 재료

26 ▶ 16
금속과의 접착성이 크고 내약품성과 내열성이 우수하여 금속 도료 및 접착제, 콘크리트 균열 보수제 등으로 사용되는 열경화성 수지는?

① 에폭시 수지 ② 아크릴 수지
③ 염화비닐 수지 ④ 폴리에틸렌 수지

해설 | 에폭시 수지
- 접착력이 좋아 알루미늄 등 경금속의 접착에 쓰인다.
- 내약품성, 내열성이 우수하고 다소 고가이다.
- 접착제, 금속도료, 보온·보냉제, 내수피막제

2 접착제

27 ▶ 19
주로 합판, 목재 제품 등에 사용되며, 접착력, 내열·내수성이 우수하나 유리나 금속의 접착에는 적당하지 않은 합성수지계 접착제는?

① 페놀 수지 접착제 ② 에폭시 수지 접착제
③ 치오콜 ④ 카세인

해설 | 페놀수지 접착제
- 주로 목재 제품, 합판 등에 주로 사용되며, 접착력, 내열성, 내수성, 내구성이 우수하다.

28 ▶ 17,13
기본 점성이 크며 내수성, 내약품성, 전기절연성이 모두 우수한 만능형 접착제로 금속, 플라스틱, 도자기, 유리, 콘크리트 등의 접합에 사용되며 내구력도 큰 합성수지계 접착제는?

① 에폭시수지 접착제
② 네오프렌 접착제
③ 요소수지 접착제
④ 페놀수지 접착제

해설 | 에폭시수지 접착제
- 점성이 매우 높아 접착력이 강하며 내수성, 내습성, 내약품성, 내산, 내알칼리성 등이 우수하나, 유연성 부족, 경화제를 병행 사용, 고가인 것이 단점이다.
- 최고의 성능으로 콘크리트, 항공기, 기계부품 등의 접착에 사용되는 만능형 접착제이다.

29 ▶ 15
접착제로서 알루미늄 접착에 가장 적합한 것은?

① 요소수지 ② 에폭시수지
③ 알키드수지 ④ 푸란수지

해설 | 문제 28번 해설참조

30 ▶ 21
합성수지계 접착제가 아닌 것은?

① 비닐수지 ② 에폭시
③ 요소수지 ④ 카세인

해설 | 동물성 단백질계
- 카세인, 아교, 알부민 등
- 동물질 아교는 비교적 접착력이 크고 취급하기 용이하나 내수성이 부족하다.
- 주로 합판, 목재창호, 가구 접착용으로 사용된다.

정답 | 25 ③ 26 ① 27 ① 28 ① 29 ② 30 ④

31 ▶ 20
접착제의 분류에 따른 그 예로 옳지 않은 것은?

① 식물성 접착제 - 아교, 알부민, 카세인
② 고무계 접착제 - 네오프랜, 치오콜
③ 광물질 접착제 - 규산소다, 아스팔트
④ 합성수지계 접착제 - 요소수지 접착제, 아크릴수지 접착제

해설 | 식물성 단백질계
　　　대두교, 전분 등

32 ▶ 19
다음 접착제 중 고무상의 고분자물질로서 내유성 및 내약품성이 우수하며 줄눈재, 구멍 메움재로 사용되는 것은?

① 천연고무　　② 치오콜
③ 네이프랜　　④ 아교

해설 | 치오콜
- 고무계로 내유성, 내약품성이 우수하여 줄눈재 또는 구멍을 메꾸는 코킹재로 사용
- 건조시간이 짧아 작업속도가 향상되며 내유성이 강해 1차 실링제를 보호한다.

33 ▶ 18
카세인 주원료에 해당하는 것은?

① 소, 돼지 등의 혈액
② 녹말
③ 우유
④ 소, 말 등의 가죽이나 뼈

해설 | 카세인, 아교의 주성분은 우유

34 ▶ 17, 13
커튼월이나 프리패브재의 접합부, 새시 부착등의 충전재로 가장 적당한 것은?

① 아교
② 알부민
③ 실링재
④ 아스팔트

해설 | 실링재
토목, 건축, 자동차, 항공기, 선박 따위에서 각종 부재(部材) 사이나 줄눈의 틈새에 채워 수밀성과 기밀성이 확보되도록 사용하는 액상(液狀) 재료

35 ▶ 15
실링재가 갖추어야 할 조건에 대한 설명으로 틀린 것은?

① 기밀성이 우수해야 한다.
② 부재와 밀착성이 양호해야 한다.
③ 줄눈의 여러 가지 움직임에 추종하지 않고 저항하는 고정성이 우수해야 한다.
④ 내구성이 우수해야 한다.

해설 | 문제 34번 해설참조

36 ▶ 14
퍼티, 코킹, 실런트 등의 총칭으로서, 건축물의 프리패브 공법, 커튼월 공법 등의 공장 생산화가 추진되면서 주목받기 시작한 재료는?

① 아스팔트재
② 실재
③ 셀프 레벨링재
④ FRP 보강재

해설 | 문제 34번 해설참조

정답 | 31 ① 32 ② 33 ③ 34 ③ 35 ③ 36 ②

핵심 기출문제

09-6 기타 (재료일반)

01 ▶ 21
재료가 외력을 받을 때 변형을 적게 하려는 성질을 무엇이라고 하는가?

① 가소성 ② 강성
③ 인성   ④ 좌굴

해설 | 강성(性)
구조물 또는 그것을 구성하는 부재는 하중을 받으면 변형하는데, 이 변형에 대한 저항의 정도를 말한다.

02 ▶ 20
재료가 외력을 받으면서 발생하는 변형에 저항하는 정도를 나타내는 것은?

① 가소성 ② 강성
③ 크리프 ④ 좌굴

해설 | 문제 1번 해설참조

03 ▶ 20
재료에 외력을 가했을 때 작은 변형에도 곧 파괴되는 성질은?

① 전성 ② 인성
③ 취성 ④ 탄성

해설 | 문제 1번 해설참조

04 ▶ 18
재료의 일반적 성질 중 재료에 외력을 제거하여도 재료가 원상으로 돌아가지 않고 변형된 대로의 상태로 남아 있는 성질을 무엇이라고 하는가?

① 탄성 ② 소성
③ 점성 ④ 인성

해설 | 소성(塑性)
물체에 작은 외력을 가하여도 변형하지 않고, 어느 정도(항복값) 이상의 외력을 가하면 변형하고 외력을 제거하여도 원래의 형상으로 되돌아가지 않는 성질을 말한다.

05 ▶ 19
다음 중 유기재료에 속하는 것은?

① 목재   ② 알루미늄
③ 석재   ④ 콘크리트

해설 | • 무기재료 : 금속, 비금속(석재, 시멘트) 등
• 유기재료 : 천연재료(목재, 아스팔트), 합성수지(플라스틱, 도료, 접착제) 등

06 ▶ 16
다음 재료 중 비강도(比强度)가 가장 큰 것은?

① 소나무   ② 탄소강
③ 콘크리트 ④ 화강암

해설 | 비강도는 비중에 비한 강도 크기로 목재는 비중에 비하여 강도, 인성 및 탄성이 크다.(비강도가 큰 편이다.)

정답 | 01 ② 02 ② 03 ③ 04 ② 05 ① 06 ①

07 ▶ 17, 14
다음 건축재료 중 열전도율이 가장 작은 것은?
① 시멘트 모르타르 ② 알루미늄
③ ALC ④ 유리섬유

해설 | 열전도율(W/m)
구리〉알루미늄〉철〉보통콘크리트〉벽돌〉물〉목재〉유리

08 ▶ 14
열전도율이 큰 순서에서 작은 순서로 옳게 나열한 것은?

A : 구리 B : 철 C : 보통콘크리트 D : 유리

① A-B-D-C
② A-B-C-D
③ B-A-D-C
④ A-C-B-C

해설 | 문제 7번 해설참조

09 ▶ 14
건축재료 중 압축강도가 일반적으로 가장 큰 것부터 작은 순서로 나열된 것은?
① 화강암 - 보통콘크리트 - 시멘트벽돌 - 참나무
② 보통콘크리트 - 화강암 - 참나무 - 시멘트 벽돌
③ 화강암 - 참나무 - 보통콘크리트 - 시멘트 벽돌
④ 보통콘크리트 - 참나무 - 화강암 - 시멘트벽돌

해설 | 압축강도(kg/cm²)
화강암(500~1,940)〉참나무(507)〉보통콘크리트(400)〉시멘트벽돌(40)

10 ▶ 17
건물의 바닥 충격음을 저감시키는 방법에 관한 설명으로 옳지 않은 것은?
① 완충재를 바닥공간 사이에 넣는다.
② 부드러운 표면마감재를 사용하여 충격력을 작게 한다.
③ 바닥을 띄우는 이중바닥으로 한다.
④ 바닥슬래브의 중량을 작게 한다.

해설 | 바닥슬래브의 중량을 크게 해야 충격음을 저감시킬 수 있다.

11 ▶ 16
특수모르타르의 일종으로서 주용도가 광택 및 특수치장용으로 사용되는 것은?
① 규산질모르타르
② 질석모르타르
③ 석면모르타르
④ 합성수지혼화모르타르

해설 | 합성수지혼화모르타르는 광택과 특수치장용으로 주로 사용된다.

12 ▶ 15
개구부재료에 요구되는 성능과 가장 거리가 먼 것은?
① 기밀성
② 내풍압성
③ 개폐성
④ 내동결융해성

해설 | 개구부재료에 요구되는 성능은 기밀성, 내풍압성, 개폐성이다.

정답 | 07 ④ 08 ② 09 ③ 10 ④ 11 ④ 12 ④

13
드라이비트 용 도료에 대한 설명으로 옳지 않은 것은?

① 수용성 아크릴 수지와 천연 골재가 주원료이다.
② 단열성이 우수하고, 부착성이 좋다.
③ 일반적으로 도료 경화 후 무광택 래커나 폴리우레탄래커 등으로 마감코팅한다.
④ 내수성, 내약품성, 내구성이 우수하다.

해설 | 드라이비트용 도료
내수성, 내약품성, 내구성이 우수하여 따로 마감코팅을 안 해도 된다.

14
바닥강화재의 사용목적과 가장 거리가 먼 것은?

① 내마모성 증진
② 내화학성 증진
③ 분진방지성 증진
④ 내수성 증진

해설 | 바닥 강화재의 사용목적
콘크리트 바닥의 내마모성, 내화학성, 분진방지성 증진

15
기존 건축마감재의 재료성능 한계를 극복하기 위하여 바이오기술, 환경기술 및 나노기술을 융합한 친환경 건축마감자재 개발이 활발하게 진행되고 있다. 이 중 기능성 마감소재인 광촉매의 기능과 가장 거리가 먼 것은?

① 원적외선 방출 기능
② 향균·살균 기능
③ 자정(self-cleaning) 기능
④ 유기오염물질 분해 기능

해설 | 광촉매
광(光) 에너지를 받았을 때 광에 의해 화학반응을 촉진할 수 있거나 촉매작용을 갖게 되는 물질을 말한다.

16
최근 에너지저감 및 자연친화적인 건축물의 확대정책에 따라 에너지저감, 유해물질저감, 자원의 재활용, 온실가스 감축 등을 유도하기 위한 건설자재 인증제도와 거리가 먼 것은?

① 환경표지 인증제도
② GR(Good Recycle) 인증제도
③ 탄소성적표지 인증제도
④ GD(Good Design)마크 인증제도

해설 | GD(Good Design)마크 인증제도
우수디자인마크. GD제도란 상품의 디자인, 기능, 안정성, 품질 등을 종합적으로 심사, 우수성이 인정된 상품에 우수상품 상표를 붙여 팔도록 하는 제도로서, KS표시 상품이 아니면 GD상품 선정대상에서 제외되기 때문에 품질, 성능면에서도 신용도가 높다.

17
재료의 열팽창계수에 관한 설명으로 옳지 않은 것은?

① 온도의 변화에 따라 물체가 팽창·수축하는 비율을 말한다.
② 길이에 관한 비율인 선팽창계수와 용적에 관한 체적팽창계수가 있다.
③ 일반적으로 체적팽창계수는 선팽창계수의 3배이다.
④ 체적팽창계수의 단위는 W/m·K이다.

해설 | 체적팽창계수의 단위는 W/m²·K이다.

정답 | 13 ③ 14 ④ 15 ① 16 ④ 17 ④

Chapter 02

실내디자인 시공관리

최근 10개년 출제문항수 **26**개

New_ 2022년 이후 평균 출제비중 **7**%

Chapter 출제경향분석

Section	출제비율
01 공정계획 관리	3%
02 안전 관리	2%
03 시공 관리	2%

01 공정계획 관리

> **Pass Note**

예상출제문항	키워드
0~1	– 공정표별 특성 – 네트워크공정표 용어	– 공기 단축 – 비용구배

1. 공정 관리

1) 공정관리
프로젝트를 지정된 공시기간 내에 예정된 예산에 맞추어 양질의 품질을 경제적으로 빠르게 안전하게 시공을 하기 위한 관리

2) 공정계획
프로젝트를 공사기간 내에 완성 시키기 위하여 공사내용 및 공사 관리의 목적을 명확히 제시하고 작업의 순서를 반영하여 실내공사의 **작업을 세분화 후 도표화(공정표)** 시킨다.
기술적인 순서와 상호관계를 정리하고 설계도서, 시방서, 물량산출서, 견적서를 기초로 작업에 투여되는 인력, 장비, 자재의 수량을 비교 검토한다.

예제 01 다음은 공사현장에서 이루어지는 업무에 관한 설명이다. 이 업무의 명칭으로 옳은 것은? [23, 실건22]

• 공사 내용을 분석하고 공사 관리의 목적을 명확히 제시하며 작업의 순서를 반영하며 실내 공사의 작업을 세분화하고 집약시킨다. 공사의 종류에 따라 기술적인 순서와 상호관계를 정리하고 설계도서, 시방서, 물량산출서, 견적서를 기초로 작업에 투여되는 인력, 장비, 자재의 수량을 비교 검토한다.

① 실행예산편성　② 공정계획
③ 작업일보작성　④ 입찰참가신청

정답 ②

---

2. 공정표

1) 횡선식 공정표(Bar chart)
가로(횡)축에 날짜를 표기, 세로(종)축에 공사종목별 각 공사명을 표시하여 각 공정을 가로 막대그래프로 나타내는 공정표

장점	단점
• 공정표가 단순하며 각 공정별 공사와 공정 시기 등이 일목요연하여 이해하기 쉽다. • 공정별 공사의 착수 및 완공일이 명시되어 판단이 용이하다.	• 작업 상호 간의 관계가 불분명하고, 주공정선을 파악할 수 없어서 관리통제가 어렵다. • 작업 공정간의 상호 관련성 및 미치는 영향을 파악하기 어렵고 작업상황이 변동되었을 때 탄력성이 없다.

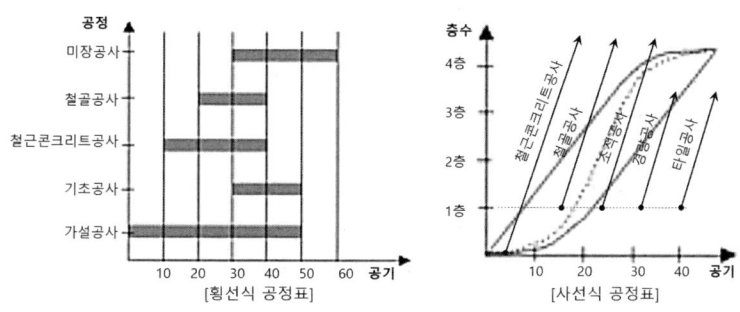

2) 사선식 공정표

가로축에 날짜를 표기, 세로축에 공사량, 총인부를 표시하여 일정한 사선절선을 가지고 공사의 진행상황을 사선 그래프로 표시한 공정표

장점	단점
• 전체 기성고를 표시하는데 편리하다. • 자재, 장비, 노무 수배에 유리하다. • 공사지연에 따른 조속한 대책수립 가능 • 네트워크 공정표의 보조수단으로 사용됨	• 각 단위작업의 조정이 불가능하다. • 주공정선 파악이 불가능하고 작업 상호간의 관계 파악이 어렵다.

3) 열기식 공정표

일반적인 표 형식으로 작업명, 작업일수, 재료, 노무, 장비 등을 표에 나열한 형태로 재료 및 노무 수배를 계획할 목적으로 작성하는 공정표

4) 네트워크 공정표(Net work)

각 작업의 상호관계를 네트워크(망형도)로 표시하는 기법으로 각 작업의 필요한 시간을 구하고 순서관계, 일정관계 관리를 진행하는 공정표로 PERT 방식과 CPM 방식이 있다.

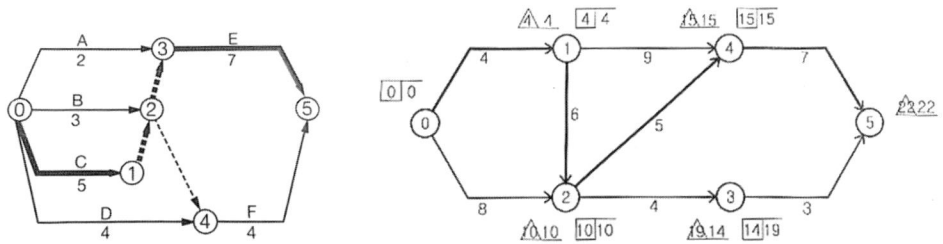

장점	단점
• 공사계획의 흐름과 공사 전체의 파악이 용이하다. • 각 작업별 네트워크를 분해하면 작업 상호관계가 명확하게 표시된다. • 계획단계에서 문제점이 파악되므로 작업 전에 수정이 용이하다. • 주공정선(C.P)이 명확하고, 공사의 진척상황을 쉽게 알 수 있다.	• 공정표 자체 작성시간이 오래 걸린다. • 작성 및 검사에 **특별한 지식**이 필요하다. • 기법의 표현상 세분화에 한계가 있다. • 공정표 수정이 어렵다.

(1) 네트워크 공정표의 주요 용어

용어	기호	내용
결합점 (event, node)	○	• 작업의 시작과 종료를 표시하는 개시점, 연결점, 종료점 • 작업의 진행방향으로 번호를 순차적으로 부여한다.
작업 (activity, job)	→	• 프로젝트를 구성하는 **작업단위**를 나타낸다. • → 위에 작업명, → 아래에 작업일수를 표시한다.
더미 (dummy)	⇢	• 정성적으로 표현할 수 없는 작업 상호관계를 연결시키는 점선 화살표, 명목상 작업으로 실제 작업이나 시간적 요소는 없다.
주공정선 (Critical Path)	CP	• 전체 공기를 지배하는, 소요일수가 가장 많은, 여유시간을 갖지 않는 작업경로로 굵은 실선으로 표시한다.
여유 (Float)	TF FF DF	• 공사가 종료되는 데 지장을 주지 않는 범위 내에서의 잔여시간

 공정계획에 관련된 용어에 관한 설명으로 옳지 않은 것은? [25,22]

① 작업(activity) - 프로젝트를 구성하는 작업단위
② 결합점(node) - 네트워크의 결합점 및 개시점, 종료점
③ 소요시간(duration) - 작업을 수행하는데 필요한 시간
④ 플로트(float) - 결합점이 가지는 여유시간

해설 | 플로트(float) - 작업의 여유시간(공기에 영향이 없다.)

정답 ④

다음 중 네트워크 공정표에 사용되는 용어의 설명으로 옳지 않은 것은? [25,22,17]

① Critical Path : 처음작업부터 마지막작업에 이르는 모든 경로 중에서 가장 긴 시간이 걸리는 경로
② Activity : 작업을 수행하는데 필요한 시간
③ Float : 각 작업에 허용되는 시간적인 여유
④ Event : 작업과 작업을 결합하는 점 및 프로젝트의 개시점 혹은 종료점

해설 | • 작업(activity) – 프로젝트를 구성하는 작업단위
• 소요시간(duration) – 작업을 수행하는데 필요한 시간

 정답 ②

3. 공기단축

1) MCX(Minimum Cost eXpending : 최소비용 일정단축기법)

① 최소 비용으로 최적의 공기를 찾아 공정을 수행하는 공기단축 기법
② 네트워크 공정표 작성 후 주공정선(CP)을 구하고 각 작업의 비용구배를 구한다.
③ **주공정선(CP)의 작업에서 비용구배가 최소한 작업부터** 단축 가능일수 범위 내에서 단축한다.
④ 주의한 점은 주공정선(CP)이 바뀌지 않도록 해야한다.

2) 비용구배(cost slope)

① 공기를 1일 단축시 증가하는 비용을 말한다.
② 시간 단축 시 증가하는 비용의 곡선을 직선으로 가정한 기울기의 값이다.

$$※ \text{비용구배} = \frac{\text{특급비} - \text{표준비}}{\text{표준공기} - \text{특급공기}}$$

③ 단위는 원/일이며 공기단축 가능일수는 표준공기에서 특급공기를 뺀 일수이다.
④ **특급점**이란 더 이상 단축할 수 없는 **절대공기(불가능한 시간)**를 말한다.

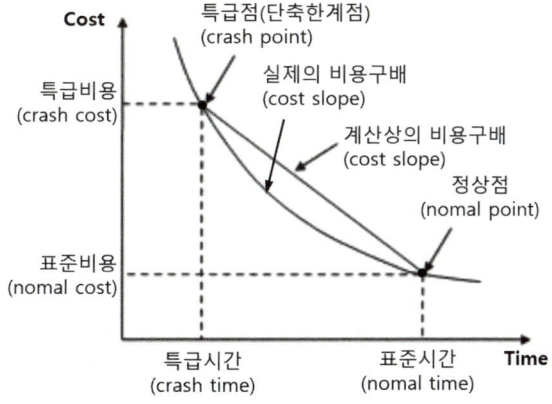

핵심 기출문제

01 공정계획 관리

01 ▶ 15건
공정표를 작성할 때의 주의사항 중 틀린 것은?

① 공정표에는 공사수량도 기입한다.
② 공정표에는 재료의 발주시기를 명기(明記)한다.
③ 한 공사가 완전히 끝난 며칠 후 다음 공사가 시작하도록 작성한다.
④ 기초공사는 공정의 변동가능성이 많으므로 충분한 여유를 둔다.

해설 | 임의의 한 공사가 완전히 끝난 뒤 다음 공사가 연속되도록 작성하는 것이 공정표의 원칙이다.

02 ▶ 19건
Net Work(네트웍) 공정표의 장점이라고 볼 수 없는 것은?

① 작업 상호간의 관련성 파악이 용이하다.
② 진도 관리를 명확하게 실시할 수 있으며 적절한 조치를 취할 수 있다.
③ 계획관리 면에서 신뢰도가 높고 전산기 이용이 가능하다.
④ 작성 및 검사에 특별한 기능이 필요 없고 경험이 없는 사람도 쉽게 작성할 수 있다.

해설 | 네트워크 공정표 단점
 • 공정표 자체 작성시간이 오래 걸린다.
 • 작성 및 검사에 특별한 지식이 필요하다.
 • 기법의 표현상 세분화에 한계가 있다.
 • 공정표 수정이 어렵다.

03 ▶ 13건
기본공정표와 상세공정표에 표시된 대로 공사를 진행시키기 위해 재료, 노력, 원척도 등이 필요한 기일까지 반입, 동원될 수 있도록 작성한 공정표는?

① 횡선식 공정표
② 열기식 공정표
③ 사선 그래프식 공정표
④ 일순식 공정표

해설 | 열기식 공정표
일반적인 표 형식으로 작업명, 작업일수, 재료, 노무, 장비 등을 표에 나열한 형태로 재료 및 노무 수배를 계획할 목적으로 작성하는 공정표

04 ▶ 19, 21건
그림과 같은 네트워크 공정표에서 주공정선(Critical path)은?

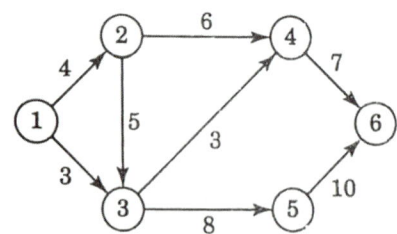

① ① → ③ → ⑤ → ⑥
② ① → ② → ④ → ⑥
③ ① → ② → ③ → ④ → ⑥
④ ① → ② → ③ → ⑤ → ⑥

해설 | 주공정선(CP)
= ① → ② → ③ → ⑤ → ⑥
= 4 + 5 + 8 + 10 = 27일(총공사일수)

정답 | 01 ③ 02 ④ 03 ② 04 ④

05
▶ 19건

다음 도면과 같은 화살표 다이어그램(arrow diagram)에서 크리티칼 패스(critical path)는?

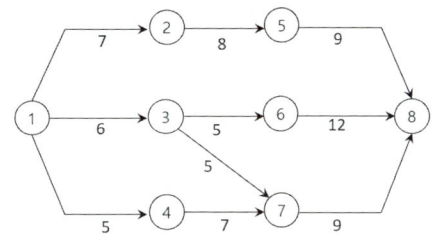

① ①-②-⑤-⑧
② ①-③-⑥-⑧
③ ①-③-⑦-⑧
④ ①-④-⑦-⑧

해설 | 주공정선(CP) = ①-②-⑤-⑧,
총공사일수 = 7 + 8 + 9 = 24일

06
▶ 15건

네트워크 공정표에서 작업의 상호관계만을 도시하기 위하여 사용하는 화살선을 무엇이라 하는가?

① Dummy
② Event
③ activity
④ critical path

해설 | 더미(dummy)
정성적으로 표현할 수 없는 작업 상호관계를 연결시키는 점선 화살표, 명목상 작업으로 실제 작업이나 시간적 요소는 없다.

07
▶ 18건

네트워크(Network)에 관한 용어로서 관계 없는 것은?

① 커넥터(connector)
② 크리티칼 패스(critical path)
③ 더미(dummy)
④ 플로우트(float)

해설 |
• 주공정선(critical path)
전체 공기를 지배하는, 소요일수가 가장 많은, 여유시간을 갖지 않는 작업경로로 굵은 실선으로 표시한다.
• 더미(dummy)
정성적으로 표현할 수 없는 작업 상호관계를 연결시키는 점선 화살표, 명목상 작업으로 실제 작업이나 시간적 요소는 없다.
• 플로우트(float)
공사가 종료되는 데 지장을 주지 않는 범위 내에서의 잔여시간

08
▶ 13,17건

MCX(Minimum Cost expending)기법에 의한 공기 단축방법에 관한 설명 중 옳지 않은 것은?

① 주공정선(Critical Path)이외의 작업을 단축한다.
② 비용구배가 최소인 작업부터 단축한다.
③ 단축 가능 한계까지 단축한다.
④ 보조 주공정선(Sub-Critical Path)의 발생을 확인한다.

해설 | MCX(Minimum Cost expending)기법
① 최소 비용으로 최적의 공기를 찾아 공정을 수행하는 공기단축 기법
② 네트워크 공정표 작성 후 주공정선(CP)을 구하고 각 작업의 비용구배를 구한다.
③ 주공정선(CP)의 작업에서 비용구배가 최소 작업부터 단축 가능일수 범위 내에서 단축한다.
④ 주의한 점은 주공정선(CP)이 바뀌지 않도록 해야한다.

09
▶ 16건

MCX(Minimum Cost expending) 기법에 의한 공사기간 단축방법에서 아무리 비용을 투자해도 그 이상 공기를 단축할 수 없는 한계점은?

① 특급점(crash point)
② 표준점(normal point)
③ 포화점
④ 경제 속도점

해설 | 특급점(crash point)
공사기간 단축방법에서 아무리 비용을 투자해도 그 이상 공기를 단축할 수 없는 절대공기(불가능한 시간) 한계점을 말한다.

02 안전 관리

Pass Note

예상출제문항		키워드
0~1	– 안전관리 목적 – 안전관리 이론	– 안전시설

1. 안전관리

1) 안전관리 정의
재해로부터 인간의 생명과 재산을 보호하기 위하여 계획적이고 체계적으로 생산성 향상, 손실방지, 재해 예방대책 등의 제반 활동을 관리하는 것이다. (안전은 **위험**을 제어하는 기술)

2) 안전관리 목적
인명 존중, 사회복지, 생산성 향상 및 품질향상, 기업의 경제성 손실예방

> **예제 01** 안전관리 총괄책임자의 직무에 해당하지 않는 것은? [24, 실건22]
> ① 작업 진행상황을 관찰하고 세부 기술에 관한 지도 및 조언을 한다.
> ② 안전관리계획서의 작성 제출 및 안전관리를 총괄한다.
> ③ 안전관리 관계자의 직무를 감독한다.
> ④ 안전관리비의 편성과 집행 내용을 확인한다.
>
> 해설 | 공사감리자는 작업 진행상황을 관찰하고 세부 기술에 관한 지도 및 조언을 한다.
>
> 정답 ①

2. 안전관리 이론

1) 사고통계 이론
(1) 하인리히(H.W. Heinrich)의 법칙 – 1 [중해] : 29 [경상해] : 300 [무상해사고]
사고 330건이 발생했을 때 1명의 중대사고, 29명의 경상자, 300명의 무상해 사고 발생

(2) 버드의 법칙(1 : 10 : 30 : 600)
하인리히 이론을 수정한 것으로 사고 641건이 발생했을 때 1명의 중상자, 10명의 경상자, 30번의 물적 손실사고, 600번의 무상해, 무사고, 고장 발생

2) 재해발생 모형

(1) 하인리히의 도미노 연쇄이론

단계		내용
1단계	간접원인	사회적 환경과 유전적 요소(선천적 결함)
2단계		개인적인 결함(인간의 결함)
3단계	**직접원인**	불안전 행동 및 불안전 상태
4단계	사고	사고
5단계	재해	상해

(2) 버드(Frank Bird)의 도미노 연쇄이론

단계		내용
1단계	관리	제어(통제) 부족
2단계	기원	기본원인
3단계	징후	**직접원인**(인적, 물적 원인)
4단계	접촉	사고
5단계	손실	상해

(3) 아담스(Adams)의 도미노 연쇄이론

단계		내용
1단계		관리구조
2단계	관리자 실수	작전적(전략적) 에러(경영자, 감독자 행동)
3단계	작업자 실수	전술적 에러(불안전한 행동, 조작)
4단계		사고
5단계		상해 또는 손실

3. 안전관리계획

건설업자와 주택건설등록업자는 안전점검 및 안전관리조직 등 건설공사의 안전관리계획을 수립하고, 착공 전에 이를 발주자에게 제출하여 승인을 받아야 한다. 이 경우 발주청이 아닌 발주자는 미리 안전관리계획의 사본을 인·허가기관의 장에게 제출하여 승인을 받아야 한다.
『건설기술 진흥법』 제62조

1) 안전관리계획의 수립 – 『건설기술 진흥법』 제98조

안전관리계획을 수립하여야 하는 건설공사는
① 1종 시설물 및 2종 시설물의 건설공사
② 지하 10m 이상을 굴착하는 건설공사

③ 폭발물을 사용하는 건설공사로서 20m 안에 시설물이 있거나 100m 안에 사육하는 가축이 있어 해당 건설공사로 인한 영향을 받을 것이 예상되는 건설공사
④ 10층 이상 16층 미만인 건축물의 건설공사
⑤ 10층 이상인 건축물의 리모델링 또는 해체공사
⑥ 「주택법」에 따른 수직증축형 리모델링
⑦ 다음 어느 하나에 해당하는 건설기계가 사용되는 건설공사
  ㉠ 천공기(높이가 10m 이상인 것만 해당한다.)
  ㉡ 타워크레인
⑧ 가설구조물을 사용하는 건설공사
⑨ 발주자가 안전관리가 특히 필요하다고 인정하는 건설공사
⑩ 해당 지방자치단체의 조례로 정하는 건설공사 중에서 인·허가기관의 장이 안전관리가 특히 필요하다고 인정하는 건설공사

2) 안전관리 조직

안전관리계획을 수립하는 건설업자 및 주택건설등록업자는 다음의 사람으로 구성된 안전관리조직을 두어야 한다.
① 해당 건설공사의 시공 및 안전에 관한 업무를 총괄하여 관리하는 안전총괄책임자
② 토목, 건축, 전기, 기계, 설비 등 건설공사의 각 분야별 시공 및 안전관리를 지휘하는 분야별 안전관리책임자
③ 건설공사 현장에서 직접 시공 및 안전관리를 담당하는 안전관리담당자
④ 수급인(受給人)과 하수급인(下受給人)으로 구성된 협의체의 구성원

3) 안전관리 총괄책임자 업무

① 안전관리계획서의 작성 제출 및 안전관리를 총괄한다.
② 안전관리 관계자의 직무를 감독한다.
③ 안전관리비의 편성과 집행 내용을 확인한다.
④ 위험성 평가의 실시에 관한 사항
⑤ 작업의 중지 및 재개
⑥ 안전관리비의 집행 감독 및 그 사용에 관한 관계자 간의 협의·조정

4. 안전시설

1) 추락 재해 방지 시설

(1) 추락방호망(사람 用)
① 작업면으로부터 가까운 지점에 수평으로 설치
② 그물코 크기는 10cm 이하가 추락 방호망에 적합하다.
③ 건축물 등의 바깥쪽으로 설치하는 경우 내민 길이는 벽면으로부터 3m 이상
④ 망의 처짐은 짧은 변 길이의 12% 이상이 되도록 할 것
⑤ 작업면으로부터 망의 설치 지점까지의 수직거리(H)는 10m를 초과 금지

예제 02 추락재해 방지를 위한 방망의 그물코 규격 기준으로 옳은 것은? [25,22]
① 사각 또는 마름모로서 크기가 5cm 이하
② 사각 또는 마름모로서 크기가 10cm 이하
③ 사각 또는 마름모로서 크기가 15cm 이하
④ 사각 또는 마름모로서 크기가 20cm 이하

해설 | • 추락방호망(사람)
그물코 크기는 10cm 이하가 추락 방호망에 적합하다.
• 낙하물 방지망(자재, 공구 등)
그물코 크기는 20mm 이하가 낙하물 방호망에 적합하다.

정답 ②

(2) 안전난간
① 비계기둥의 안쪽에 설치하는 것이 원칙이며 통로, 작업발판의 가장자리, 개구부 주변, 경사로 등에는 안전난간을 설치한다.
② 상부 난간대는 바닥면·발판 또는 경사로의 표면으로부터 90cm 이상 지점 설치할 것
③ 발끝막이판은 바닥면 등으로부터 10cm 이상의 높이를 유지할 것
④ 난간대는 지름 **2.7cm** 이상 금속제 파이프나 그 이상의 강도가 있는 재료일 것
⑤ 안전난간은 구조적으로 가장 취약한 지점에서 가장 취약한 방향으로 작용하는 100kg 이상의 하중에 견딜 수 있는 튼튼한 구조일 것
⑥ 난간기둥의 설치간격은 수평거리 1.8m를 초과하지 않는 범위

(3) 안전대 부착설비
① 높이 또는 깊이 **2m** 이상의 장소에서 근로자에게 안전대를 착용한 경우 안전대를 걸어 사용할 수 있는 부착설비를 설치하여야 한다.
② 높이 1.2m 이상, 수직방향 7m 이내의 간격으로 강관등의 재료로 안전대걸이를 설치하고, 안전대걸 이용 로프를 설치하여야 한다.
③ 높이가 낮은 장소에서 작업하는 경우 바닥면으로부터 안전대 로프 길이의 2배 이상의 높이에 있는 구조물에 부착설비를 설치하여야 한다.
④ 안전대의 로프를 지지하는 부착설비의 위치는 반드시 벨트의 위치보다 높아야 한다.
⑤ 줄의 지지로프를 이용하는 근로자의 수는 1인으로 제한한다.

2) 낙하물 재해 방지 시설

(1) 낙하물 방지망(자재, 공구 用)
① 낙하물방지망 설치높이는 10m 이내 또는 3개 층마다 설치한다.
② 그물코 크기는 **20mm** 이하가 낙하물 방호망에 적합하다.
③ 내민길이는 비계 또는 구조체의 외측에서 수평거리 **2m** 이상으로 설치한다.
④ 수평면과의 경사각도는 **20°~30°** 로 설치한다.
⑤ 낙하물방지망과 비계 또는 구조체와의 간격은 250mm 이하로 설치한다.
⑥ 낙하물방지망의 이음은 150mm 이상 겹쳐 이음을 한다.

예제 03 물체가 떨어지거나 날아올 위험을 방지하기 위한 낙하물 방지망 또는 방호선반을 설치할 때 수평면과의 적정한 각도는? [23,22]

① 10°~20° ② 20°~30° ③ 30°~40° ④ 40°~45°

해설 | 수평면과의 경사각도는 20°~30°로 설치한다.

정답 ②

(2) 방호선반
① 건축물의 주출입구 및 리프트 출입구 상부 등에는 방호선반 또는 15mm 이상의 판재 등의 자재를 이용하여 방호선반을 설치한다.
② 근로자, 보행자 및 차량 등의 통행이 빈번한 곳의 첫번째 단은 낙하물방지망 대신에 방호선반을 설치한다.
③ 설치높이는 지상으로부터 10m 이내로 한다.
④ 내민길이는 구조체의 외측에서 수평거리 2m 이상으로 한다.
⑤ 수평면과의 경사각도는 20°~30° 이하로 설치한다.
⑥ 방호선반 하부 및 양 옆에는 낙하물방지망을 설치한다.

5. 안전교육
① 건축 현장에서 안전관리담당자는 법률에서 정하는 안전교육을 공사작업자를 대상으로 매일 공사 시작 전에 실시하고 기록하여야 한다.
② 안전교육 내용은 당일 작업의 이해, 시공도면에 따른 세부 시공순서 및 시공 기술상의 주의사항 등을 포함해야 한다.
③ 준공 후 안전교육 내용을 기록, 관리한 서류는 발주청에 제출해야 한다.

 예제 04 물체를 투하하는 경우 위험 방지를 위하여 필요한 조치를 하여야 하는데 투하설비를 설치하여야 하는 물체 투하 장소의 최소 높이 기준으로 맞는 것은? [24,22]

① 5m 이상 ② 3m 이상 ③ 4m 이상 ④ 2m 이상

해설 | 높이가 3m 이상인 장소로부터 물체를 투하하는 경우 투하설비를 설치하거나 감시인을 배치하여야 한다.

정답 ②

핵심 기출문제

02 안전 관리

01 ▶ 18 안
안전관리를 "안전은 ( )을(를) 제어하는 기술"이라 정의할 때 다음 중 ( )에 들어갈 용어로 예방 관리적 차원과 가장 가까운 용어는?

① 위험   ② 사고
③ 재해   ④ 상해

해설 | 안전은 위험을 제어하는 기술

02 ▶ 21 안
어느 사업장에서 해당 연도에 600건의 무상해 사고가 발생하였다. 하인리히의 재해발생 비율 법칙에 의한다면 경상해의 발생건수는 몇 건이 되겠는가?

① 29건   ② 58건
③ 300건   ④ 330건

해설 | 하인리히의 재해법칙
  1 [중해] : 29 [경상해] : 300 [무상해사고]
  무상해사고 600건/300=2
  경상 재해 29×2배=58건

03 ▶ 18 건
하인리히의 재해발생(도미노) 5단계가 옳게 나열된 것은?

① 사회적 환경과 유전적 요인 → 개인적 결함 → 불안전한 행동, 상태 → 사고 → 재해
② 사회적 환경과 유전적 요인 → 불안전한 행동, 상태 → 개인적 결함 → 사고 → 재해
③ 개인적 결함 → 사회적 환경과 유전적 요인 불안전한 행동, 상태 → 재해 → 사고
④ 개인적 결함 → 불안전한 행동, 상태 환경과 유전적 요인 사고 → 재해사회적

해설 | 하인리히의 도미노 연쇄이론
  유전적, 사회적 환경과 유전적 요인(개인의 성격과 특성) → 개인적 결함(전문 지식 부족과 신체적, 정신적 결함) → 불안전행동, 상태(안전장치의 미흡과 안전수칙의 미준수) → 사고(인적 및 물적사고) → 재해(사망, 부상, 건강장애, 재산손실)의 순으로 이루어진다.

04 ▶ 21 안
다음 중 버드(Bird)의 사고 발생 도미노 이론에서 직접 원인은 무엇이라고 하는가?

① 통제   ② 징후
③ 손실   ④ 위험

해설 | 버드의 도미노이론
  ㉠ 제1단계(관리) : 제어(통제)의 부족
  ㉡ 제2단계(기원) : 기본원인
  ㉢ 제3단계(징후) : 직접원인
  ㉣ 제4단계(접촉) : 사고
  ㉤ 제5단계(손실) : 상해

05 ▶ 19 건
버드(Frank Bird)의 새로운 도미노 이론으로 연결이 옳은 것은?

① 제어의 부족 → 기본 원인직접 원인 → 사고 → 상해
② 관리구조 → 작전적 에러전술적 에러 → 사고 → 상해
③ 유전과 환경인간의 결함 → 불안전한 행동 및 상태 → 재해 → 상해
④ 유전적 요인 및 사회적 환경 개인적 결함 → 불안전한 행동 및 상태사고 → 상해

해설 | 문제 4번 해설참조

정답 | 01 ① 02 ② 03 ① 04 ② 05 ①

06 ▶19 안

추락에 의한 위험을 방지하기 위한 추락방호망의 설치 기준으로 옳지 않은 것은?

① 추락방호망의 설치위치는 가능하면 작업 면으로부터 가까운 지점에 설치할 것
② 건축물 등의 바깥쪽으로 설치하는 경우 망의 내민 길이는 벽면으로부터 2m 이상이 되도록 할 것
③ 추락방호망은 수평으로 설치하고, 망의 처짐은 짧은 변 길이의 12% 이상이 되도록 할 것
④ 작업 면으로부터 망의 설치지점까지의 수직거리는 10m를 초과하지 아니할 것

해설 | 추락방호망
① 작업 면으로부터 가까운 지점에 수평으로 설치
② 건축물 등의 바깥쪽으로 설치하는 경우 내민 길이는 벽면으로부터 3m 이상
③ 망의 처짐은 짧은 변 길이의 12% 이상이 되도록 할 것
④ 작업 면으로부터 망의 설치지점까지의 수직거리(H)는 10m를 초과 금지

07 ▶19 안

안전난간의 구조 및 설치요건에 대한 기준으로 옳지 않은 것은?

① 상부난간대는 바닥면·발판 또는 경사로의 표면으로 부터 90cm 이상 지점에 설치할 것
② 발끝막이판은 바닥면 등으로부터 10cm 이상의 높이를 유지할 것
③ 난간대는 지름 1.5cm 이상의 금속제파이프나 그 이상의 강도를 가진 재료일것
④ 안전난간은 구조적으로 가장 취약한 지점에서 가장 취약한 방향으로 작용하는 100kg 이상의 하중에 견딜 수 있는 튼튼한 구조일 것

해설 | 난간대는 지름 2.7cm 이상 금속제 파이프나 그 이상의 강도가 있는 재료일 것

08 ▶19 안

높이 또는 깊이 2m 이상의 추락할 위험이 있는 장소에서의 작업에 필수적으로 지급되어야 하는 보호구는?

① 안전대
② 보안경
③ 보안면
④ 방열복

해설 | 보호구의 지급
㉠ 높이 또는 깊이 2m 이상의 추락할 위험이 있는 장소에서 하는 작업 : 안전대
㉡ 물체가 떨어지거나 날아온 위험 또는 근로자가 추락할 위험이 있는 작업 : 안전모

정답 | 06 ② 07 ③ 08 ①

03 시공감리

> Pass Note

예상출제문항	키워드	
0~1	- 품질 관리 4단계	- TQC의 7가지 도구

1. 품질관리

1) 품질관리 정의

종류	관리 대상(4M)	목적
공정관리 품질관리 원가관리	인력(Man) 기계(Machine) 자금(Money) 재료(Material)	① 시공능률의 향상 ② 품질 및 신뢰성의 향상 ③ 설계의 합리화 ④ 작업의 표준화

2) 품질관리 순서 4단계(데밍의 cycle, PDCA cycle)

① Plan(계획) : 목표를 달성하기 위한 계획을 설정한다.
② Do(실시) : 설정된 계획에 따라 실시한다.
③ Check(검토) : 실시된 결과를 측정하여 계획과 비교하여 검토한다.
④ Action(시정) : 목표와 검토 결과가 차이가 있으면 시정한다.

3) 종합적 품질관리(Total Quality Control : T.Q.C)의 7가지 도구

종류	내용
히스토그램(Histogram)	분석한 데이터가 **어떤 분포**로 되어 있는지 막대그래프 형식으로 작성
파레토도(Pareto)	불량, 결점 등의 발생건수를 항목별로 나누어 **크기 순서대로 나열**한 그림
특성요인도	**결과에 원인**이 어떠한 관계를 갖는지 알기 쉽게 작성한 그림
체크 시트(Check Sheet)	계수치의 데이터가 **어디에 집중**되어 있는 가를 알기 쉽도록 한 그림이나 표
그래프	품질 관리에서 얻은 각종 데이터의 결과를 **알기 쉽게 그림**으로 정리한 것
산점도	서로 대응되는 두 개의 짝으로 된 자료를 그래프 위에 점으로 나타내어 **두 변수 간의 상관관계**를 짐작할 수 있다.
층별(層別)	집단을 구성하고 있는 데이터를 특징에 따라 **몇 개의 부분집단**으로 나눈 것

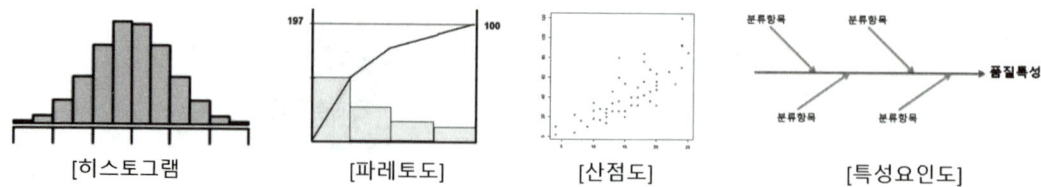

[히스토그램] [파레토도] [산점도] [특성요인도]

 발주자가 요구하는 설계시방서에 적합한 품질의 구조물을 경제적으로 축조하는 수단의 시스템을 품질관리의 4단계라 한다. 품질관리의 4단계의 순서로 올바른 것은? [25, 22]

① 계획 → 실시 → 검토 → 시정
② 계획 → 검토 → 실시 → 시정
③ 시정 → 계획 → 실시 → 검토
④ 시정 → 계획 → 검토 → 실시

해설 | PDCA cycle, 데밍의 cycle, Plan-Do-Check-Action

정답 ①

핵심 기출문제

03 시공 감리

01 ▶ 15건
관리 사이클의 단계를 바르게 나열한 것은?
① Plan-Check-Do-Action
② Plan-Do-Check-Action
③ Plan-Do-Action-Check
④ Plan-Action-Do-Check

해설 | 품질관리 순서 4단계
PDCA cycle, 데밍의 cycle,

02 ▶ 18건
품질관리(TQC)를 위한 7가지 도구 중에서 불량수, 결점수 등 셀 수 있는 데이터를 분류하여 항목별로 나누었을 때 어디에 집중되어 있는가를 알기 쉽도록 한 그림 또는 표를 무엇이라 하는가?

① 산포도   ② 히스토그램
③ 체크 시트   ④ 파레토도

해설 | 체크 시트
체크시트 제품의 불량수, 결점수와 같은 수치가 어디에 집중되어 있는가를 나타낸 그림이나 표
※ TQC 활동의 도구 : 히스토그램, 특성요인도, 파레토도, 체크 시이트, 각종 그래프 및 관리도, 산점도, 층별

03 ▶ 20건
TQC를 위한 7가지 도구 중 다음 설명이 의미하는 것은?

> 모 집단에 대한 품질특성을 알기 위하여 모 집단의 분포상태, 분포의 중심 위치, 분포의 산포 등을 쉽게 파악할 수 있도록 막대 그래프 형식으로 작성한 도수 분포도를 말한다.

① 히스토그램
② 특성요인도
③ 파레토도
④ 체크시트

해설 | 히스토그램(Histogram)
분석한 데이터가 어떤 분포로 되어 있는지 막대그래프 형식으로 작성

04 ▶ 21,19건
다음 통합품질관리 TQC(Total Quality Control)를 위한 도구의 설명으로 옳지 않은 것은?

① 파레토도란 층별 요인이나 특성에 대한 불량점유율을 나타낸 그림으로서 가로축에는 층별 요인이나 특성을, 세로축에는 불량건수나 불량손실금액 등을 표시하여 그 점유율을 나타낸 불량해석도이다.
② 특성요인도란 문제로 하고 있는 특성과 요인 간의 관계, 요인 간의 상호관계를 쉽게 이해할 수 있도록 화살표를 이용하여 나타낸 그림이다.
③ 히스토그램이란 모집단에 대한 품질특성을 알기 위하여 모집단의 분포상태. 분포의 중심위치, 분포의 산포 등을 쉽게 파악할 수 있도록 막대그래프 형식으로 작성한 도수분포도를 말한다.
④ 관리도란 통계적 요인이나 특성에 대한 두 변량 간의 상관관계를 파악하기 위한 그림으로서 두 변량을 각각 가로축과 세로축에 취하여 측정값을 타점하여 작성한다.

해설 | 산점도
서로 대응되는 두 개의 짝으로 된 자료를 그래프 위에 점으로 나타내어 두 변수 간의 상관관계를 짐작할 수 있다.

정답 | 01 ② 02 ③ 03 ① 04 ④

Chapter 03

실내디자인 사후관리

최근 10개년 출제문항수 **8개**

New_ 2022년 이후 평균 출제비중 **2%**

Chapter 출제경향분석

Section	출제비율
01 하자 및 대처방안	2%

01 하자 및 대처방안

Pass Note

예상출제문항	키워드	
0~1	– 하자담보책임기간	– 하자 및 대처방안

1. 하자요인 및 유지관리지침

1) 하자보수의 의의
하자보수란 해당 건축물을 건설한 사업주체 등이 일정기간 동안 그 공사상의 잘못이나 건축자재의 불량 등으로 인하여 건축물에 하자가 발생한 경우 이를 의무적으로 보수하는 것을 말한다.

2) 하자보수책임자(공동주택관리법 제36조)
① 주택법상 사업계획 승인을 받아 **30세대 이상**의 공동주택을 건설하는 사업주체
② 30세대 미만으로 시장·군수·구청장으로부터 건축허가를 받아 분양을 목적으로 연면적 200m² 이상이거나 **3층 이상**인 소규모 공동주택을 건축한 건축주
③ 공동주택을 신축·증축·개축·대수선 또는 리모델링을 수행한 시공자
④ 임대를 목적으로 건설된 공동주택의 경우 임대사업자

3) 하자보수대상 하자의 범위 및 시설공사별 하자담보책임기간
(공동주택관리법 시행령 제36조)

(1) 하자의 범위

내력구조부별 하자	• 공동주택 구조체의 일부 또는 전부가 붕괴된 경우 • 공동주택의 구조안전상 위험을 초래하거나 그 위험을 초래할 우려가 있는 정도의 균열·침하 등의 결함이 발생한 경우
시설공사별 하자	공사상의 잘못으로 인한 균열·처짐·비틀림·들뜸·침하·파손·붕괴·누수·누출·탈락, 작동 또는 기능불량 등이 발생하여 건축물 또는 시설물의 안전상·기능상 또는 미관상의 지장을 초래할 정도의 결함이 발생한 경우

> **Note** 내력구조부별 하자보수기간(공동주택관리법)
> ① 기둥, 내력벽 : 10년
> ② 보, 바닥, 지붕 : 5년

(2) 시설공사별 하자담보책임기간

하자담보책임기간	공사종류
2년	미장공사, 수장공사, 도장공사, 도배공사, 타일공사, 석공사(건물내부공사), 옥내가구공사, 주방기구공사 등
3년	옥외급수위생관련공사, 가스설비공사, **목공사**, **창호공사**, **조경공사**, 정보통신공사, 소방시설공사 등
5년	대지조성공사, 철근콘크리트공사, 철골공사, 조적공사, 지붕공사, 방수공사

예제 01 공동주택관리법상의 사업주체가 건설한 공동주택의 시설공사별 하자담보책임기간이 옳지 않은 것은?

[21 주]

① 소방시설공사 : 3년
② 창호공사 : 2년
③ 목공사 : 3년
④ 수장공사 : 2년

정답 ②

2. 하자 및 대처방안

1) 조적벽의 균열 및 백화현상

(1) 벽돌벽의 균열

계획, 설계상의 미비	시공상의 결함
① 기초의 부동침하 ② 건물의 평면, 입면의 불균형 배치 ③ 불균형 하중, 큰 집중하중 등 ④ 벽돌 벽체의 강도 부족 ⑤ 개구부 크기의 불합리 및 불균형 배치	① 벽돌 및 모르타르의 강도 부족 ② **재료의 신축성**(흡수 및 온도에 의한) ③ 이질재와의 접합부 ④ 콘크리트보 밑의 모르타르 다져 넣기의 부족 ⑤ 모르타르 바름의 신축 및 들뜨기

(2) 백화 현상(白花, Efflorescence)

벽돌벽에 물이 스며들어 벽체 표면에 흰색가루가 나타나는 현상으로, 벽의 표면에 침투하는 빗물로 인해 줄눈 모르타르 중의 **석회분이 표면에 유출**될 때 공기 중의 탄산가스와 결합하여 **석회성분($CaCO_3$)** 으로 되어 벽의 표면에 생기는 현상이다.

① 방지법
  ㉠ 잘 구워진(소성이 잘된) 양질의 벽돌을 사용할 것
  ㉡ 줄눈 모르타르에 방수제를 혼합하여 밀실 하게 시공
  ㉢ 빗물이 침입을 최소화하기 위해 벽면에 비막이 설치
  ㉣ 벽돌 표면에 파라핀 도료를 발라 염류의 유출을 막는다.
  ㉤ 물이 증발되는 시간이 길어지는 경우에 더 많이 발생하므로 여름철보다 **겨울철에 발생하는 빈도가 높다.**
  ㉥ 백화현상이 심할때는 물(5)+염산(1)을 혼합하여 벽면 부위를 세척하면 백화 제거에 효과가 있다.

실외 조적공사 시 조적조의 백화현상 방지법으로 옳지 않은 것은? [23,22,18]
① 우천시에는 조적을 금지한다.
② 가용성 염류가 포함되어 있는 해사를 사용한다.
③ 줄눈용 모르타르에 방수제를 섞어서 사용하거나, 흡수율이 적은 벽돌을 선택한다.
④ 내벽과 외벽사이 조절하단부와 상단부에 통풍구를 만들어 통풍을 통한 건조상태를 유지한다.

정답 ②

 모르타르 배합수중의 미응결수나 빗물 등에 의해 시멘트 중의 가용성 성분이 용해되어 그 용액이 조적조표면에 백색 물질로 석출되는 현상은? [25,22,17]
① 백화현상   ② 침하현상   ③ 크리프변형   ④ 체적변형

정답 ①

2) 결로

공기 중 수증기에 의해서 발생되는 일종의 습윤 상태로 습한 공기를 냉각시키면 노점(dew point)에 도달하여 수증기가 물방울로 변화하여 결로(結露:물건의 표면에 작은 물방울이 맺힘)가 발생된다. 내부결로가 발생할 경우 벽체 내의 **함수율은 증가하여 열전도율은 커진다.**

(1) 결로의 발생원인
　① 실내·외의 온도차
　② 실내의 습기 과다
　③ 환기부족, 단열재 및 시공불량, 시공 후 미 건조

(2) 결로의 종류
　① 표면결로 : 건물의 표면 온도가 접촉하는 공기의 노점온도보다 낮을 때 외벽 표면에 발생
　② 내부결로 : 외부보다 실내 습도가 높고 벽체에 투습력이 있으면 벽체내에 수증기압 기울기가 생겨 결로가 발생

(3) 결로 방지대책
　① **실내벽의 표면온도를 실내공기 노점온도보다 높게 유지**한다.
　② 벽에 방습층을 설치 한다.
　③ 난방으로 실내 수증기 발생을 억제한다.
　④ 환기를 주기적으로 자주 한다.
　⑤ 벽체의 열관류율을 작게 한다.
　⑥ 벽체의 열관류저항을 크게 한다.
　⑦ 접합 부위의 단열재가 연속되도록 시공한다.
　⑧ 열전도율이 큰 구조재일 경우 가급적 외단열 시공한다.
　⑨ 각 공간별 온도차를 작게 **일정하게 유지**해주어야 한다.
　⑩ 내부결로의 경우 벽체 내부온도를 그 부분의 노점온도보다 높게 하거나, 투습 저항력이 있는 **방습층**

을 내측(고온 측)에 설치한다.

 결로에 관한 설명으로 옳지 않은 것은? [24,22,19]
① 실내공기의 노점온도보다 벽체표면온도가 높을 경우 외부결로가 발생할 수 있다.
② 여름철의 결로는 단열성이 높은 건물에서 고온다습한 공기가 유입될 경우 많이 발생한다.
③ 일반적으로 외단열 시공이 내단열 시공에 비하여 결로 방지기능이 우수하다.
④ 결로방지를 위하여 환기를 통하여 실내의 절대습도를 낮게 한다.

해설 | 실내공기의 노점온도보다 벽체표면온도가 낮을 경우 외부결로가 발생할 수 있다.

정답 ①

3) 열교현상(heat bridge)

건축물 연결부위(단열구조의 지지부재, 중공벽의 연결철물 통과부위, 벽체와 바닥. 지붕과의 접합부, 창틀) 중에 단열이 연속되지 않아 열적 취약 부위가 생기면 열의 이동이 많아지며 이것을 열교(heat bridge)또는 냉교(cold bridge)라고 한다.

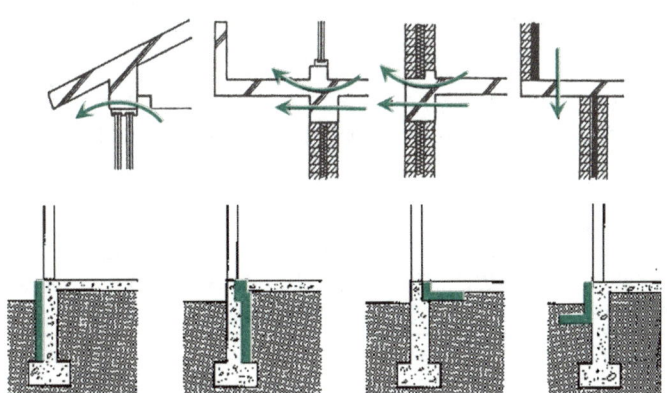

(1) 열교 현상이 발생되면 나타나는 현상
① 구조체의 전체 단열성이 저하된다.
② **표면 온도가 낮아지며 결로가 발생되기 쉽다.**
③ 벽이나 바닥, 지붕 등의 건물부위에 단열이 연속되지 않은 부분이 있을 때 발생한다.
④ 열교 현상을 방지하기 위해서는 접합 부위의 단열재가 연속적으로 철저한 단열 시공이 이루어져야 하며 조적조나 라멘조 건물의 경우 외단열이 내단열에 비해 열교현상 방지에 효과적이다.

 벽이나 바닥, 지붕 등 건축물의 특정부위에 단열이 연속되지 않은 부분이 있어 이 부위를 통한 열의 이동이 많아지는 현상을 무엇이라 하는가? [23,22,18]
① 결로현상   ② 열획득현상   ③ 대류현상   ④ 열교현상

정답 ④

4) 금속의 부식방지법
금속은 공기, 물, 흙, 전기작용에 의해 부식이 발생된다.

(1) 금속의 부식예방법
① 가능한 **이종 금속을 인접 또는 접촉사용을 금지**
② 표면이 균질하고 청결한것을 사용하며 사용 시 큰 변형금지
③ 표면이 평활하고 가능한 한 **건조한 상태**를 유지할것
④ 가공 중 변형이 생긴 것은 **열처리방법(풀림, 뜨임질)**으로 제거하고 사용
⑤ 내식성이 큰 도료를 피복하여 표면을 보호한다.

예제 06 금속재료의 부식을 방지하는 방법이 아닌 것은? [25, 22, 14]
① 이종 금속을 인접 또는 접촉시켜 사용하지 말 것
② 균질한 것을 선택하고 사용 시 큰 변형을 주지 말 것
③ 큰 변형을 준 것은 풀림(Annealing)하지 않고 사용할 것
④ 표면을 평활하고 깨끗이 하며, 가능한 건조 상태로 유지할 것

정답 ③

> **Note** 녹막이 도료(방청 페인트)
> 표면에 도포하여 부식 방지 및 내구성 등을 향상 시키기 위한 목적의 도장이다.

구분		종류
금속	녹막이칠 (방청페인트)	① 광명단(철제) ② 징크크로메이트(알루미늄) ③ 역청질 도료 ④ 알루미늄 도료 ⑤ 아연분말 도료 ⑥ 산화철 녹막이 도료
목재	방부도장	① 크레오소트 ② 콜타르 ③ 아스팔트 페인트 ④ 유성페인트

5) 도장결함
(1) 도장공사의 결함

결함 종류	내용
주름 발생	• **도포 후 즉시 직사광선을 쬐였을 때**나 급격한 가열 • 너무 두껍게 도포하거나 겹칠을 하였을 때 • 바탕면과 도료가 적당하지 않을 때 • 너무 두껍게 도포하지 않는다. • 도료에 맞는 용제를 사용한다. • 산성가스와 도막과의 접촉을 방지한다.
도막이 흘러내리는 현상	• 지나친 희석으로 점도가 낮을 때 • 도료를 한 번에 **너무 두껍게** 도장하였을 때 • 저온으로 건조시간이 길 때 • 도료가 오래되어 되었을 때

피막 발생 (skinning현상)	• 도료 보관 용기 크기가 커서 산소의 양이 많을 경우 • 도료 사용 후 잔량을 뚜껑을 열어둔 채 방치하였을 경우 • 피막방지제의 부족이나 건조제가 과잉일 경우
시드닝 (seeding : 결정화)	• 도료의 저장 중 온도의 상승 과 저하가 반복적으로 작용해 도료 내에 작은 결정이 무수히 발생하여 도장 시 도막에 좁쌀모양이 생기는 현상

도장공사 시 건조제를 많이 넣었을 때 나타나는 현상으로 옳은 것은? [24,22]

① 도막에 균열이 생긴다. ② 광택이 생긴다.
③ 내구력이 증가한다. ④ 접착력이 증가한다.

해설 | 빠른 건조는 도막 균열의 원인이 된다.

정답 ①

도장결함 중 주름발생 현상의 방지대책으로 가장 적합한 것은? [24,22]

① 도료의 점도를 낮춘다.
② 교반을 충분하게 하고 겹칠을 한다.
③ 바탕과 도료와의 심한 온도차를 피한다.
④ 도포 후 즉시 직사광선을 쬐이지 않는다.

해설 | 도포 후 즉시 직사광선을 쬐였을 때나 급격한 가열시 주름 발생

정답 ④

핵심 기출문제

01 하자 및 대처방안

1 하자요인 및 유지관리지침

01 ▶ 18 주

공동주택관리법상의 공동주택 내력구조부에 대한 하자보수책임기간으로서 가장 부적당한 것은?

① 기둥 : 10년   ② 내력벽 : 10년
③ 보 : 10년   ④ 바닥 : 5년

해설 | 내력구조부별 하자보수기간(공동주택관리법)
- 기둥, 내력벽 : 10년
- 보, 바닥, 지붕 : 5년

02 ▶ 20 주

공동주택관리법상의 사업주체가 건설한 공동주택 내력구조부에 대한 하자보수책임기간으로서 가장 부적당한 것은?

① 바닥 : 5년   ② 보 : 5년
③ 지붕 : 5년   ④ 내력벽 : 5년

해설 | 문제 1번 해설참조

03 ▶ 21 주

공동주택관리법상의 사업주체가 건설한 공동주택의 시설공사별 하자담보책임기간이 옳지 않은 것은?

① 창호공사 : 3년   ② 조경공사 : 2년
③ 조적공사 : 5년   ④ 미장공사 : 2년

해설 | 하자담보책임기간 3년
목공사, 창호공사, 조경공사, 정보통신공사, 소방시설공사 등

2 하자 및 대처방안

04 ▶ 19, 18 건

다음 중 벽돌벽의 균열 원인이 아닌 것은?

① 기초의 부동침하
② 건물 벽면의 불합리한 배치
③ 벽돌 강도보다 강한 모르타르 사용
④ 이질재와 접합

해설 | • 벽돌 벽체의 강도 부족
• 벽돌 및 모르타르의 강도 부족

05 ▶ 17

모르타르 배합수 중의 미응결수나 빗물 등에 의해 시멘트 중의 가용성 성분이 용해되어 그 용액이 조적조 표면에 백색 물질로 석출되는 현상은?

① 백화현상
③ 크리프변형
② 침하현상
④ 체적변형

06 ▶ 16 건

점토제품에 발생하는 백화방지 대책으로 옳지 않은 것은?

① 흡수율이 작은 벽돌이나 타일을 사용한다.
② 벽돌이나 줄눈에 빗물이 들어가지 않는 구조로 한다.
③ 줄눈 모르타르의 단위시멘트량을 높게 한다.
④ 수용성 염류가 적은 소재를 사용한다.

정답 | 01 ③ 02 ④ 03 ② 04 ③ 05 ① 06 ③

해설 | 단위시멘트량을 높으면 모르타르 중의 석회분이 표면에 더욱 유출될 수 있어 백화 발생의 원인이 된다.
※ 단위시멘트량을 높거나, 점토제품의 흡수율이 크거나, 물시멘트비가 크게 되면 백화현상이 더 많이 발생 된다.

07 ▶ 20 실전
점토제품 시공 후 발생하는 백화에 관한 설명으로 옳지 않은 것은?

① 타일 등의 시유소성한 제품은 시멘트 중의 경화체가 백화의 주된 요인이 된다.
② 작업성이 나쁠수록 모르타르의 수밀성이 저하되어 투수성이 커지게 되고, 투수성이 커지면 백화 발생이 커지게 된다.
③ 점토제품의 흡수율이 크면 모르타르 중의 함유수를 흡수하여 백화 발생을 억제한다.
④ 모르타르의 물시멘트비가 크게 되면 잉여수가 증대되고, 이 잉여수가 증발할 때 가용 성분의 용출을 발생시켜 백화 발생의 원인이 된다.

해설 | 점토제품의 흡수율이 크면 모르타르 중의 함유수를 흡수하여 백화 발생의 원인이 된다.

08 ▶ 19, 18 실전
조적조에 발생하는 백화현상을 방지하기 위하여 취하는 조치로서 효과가 없는 것은?

① 줄눈부분을 방수처리하여 빗물을 막는다.
② 잘 구워진 벽돌을 사용한다.
③ 줄눈 모르타르에 방수제를 넣는다.
④ 석회를 혼합하여 줄눈 모르타르를 바른다.

해설 | 백화 현상(白花, Efflorescence)
벽돌벽에 물이 스며들어 벽체 표면에 흰색가루가 나타나는 현상으로, 벽의 표면에 침투하는 빗물로 인해 줄눈 모르타르 중의 석회분이 표면에 유출될 때 공기 중의 탄산가스와 결합하여 석회성분($CaCO_3$)으로 되어 벽의 표면에 생기는 현상이다.

09 ▶ 20, 16 실전
백화 현상에 대한 설명으로 옳지 않은 것은?

① 시멘트는 수산화칼슘의 주성분인 생석회(CaO)의 다량 공급원으로서 백화의 주된 요인이다.
② 백화 현상은 사용하는 미장 표면뿐만 아니라 벽돌 벽체, 타일 및 착색 시멘트 제품 등의 표면에도 발생한다.
③ 배합수 중에 용해되는 가용 성분이 시멘트 경화체의 표면건조 후 나타나는 백화를 1차 백화라 한다.
④ 겨울철보다 여름철의 높은 온도에서 백화 발생 빈도가 높다.

해설 | 물이 증발되는 시간이 길어지는 경우에 더 많이 발생하므로 여름철보다 겨울철에 발생하는 빈도가 높다. 저온인 경우 수화반응 지연으로 백화발생 빈도가 높다.

10 ▶ 19 건
다음 중 결로 발생의 원인과 가장 거리가 먼 것은?

① 건물 지붕의 기울기 과다
② 실내에 습기의 과다 발생
③ 주거용 건물의 환기 부족
④ 건물 외피의 단열상태 미흡

해설 | 결로의 발생원인
• 실내·외의 온도차
• 실내의 습기 과다
• 환기부족, 단열재 및 시공불량, 시공 후 미 건조

11 ▶ 21
열교현상에 대한 설명으로 옳지 않은 것은?

① 구조체 전체의 단열성이 저하된다.
② 건물 부위에 단열의 불연속성에 의해 발생한다.
③ 천장에 얼룩무늬현상이 발생된다.
④ 열교방지를 위해 내단열이 권장된다.

해설 | 열교 현상이 발생되면 표면 온도가 낮아지며 결로가 발생되기 쉽다. 열교방지를 위해 외단열이 권장된다.

정답 | 07 ③ 08 ④ 09 ④ 10 ① 11 ④

12
▶ 20

금속의 부식방지를 위한 관리대책으로 옳지 않은 것은?

① 가능한 한 이종금속을 인접 또는 접촉시켜 사용할 것
② 큰 변형을 준 것은 가능한 한 풀림하여 사용할 것
③ 표면을 평활하고 깨끗이 하며, 가능한 한 건조상태를 유지할 것
④ 부분적으로 녹이 발생하면 즉시 제거할 것

해설 | 가능한 이종 금속을 인접 또는 접촉사용을 금지

13
▶ 15

철강의 부식 및 방식에 대한 설명 중 틀린 것은?

① 철강의 표면은 대기 중의 습기나 탄산가스와 반응하여 녹을 발생시킨다.
② 철강은 물과 공기에 번갈아 접촉되면 부식되기 쉽다.
③ 방식법에는 철강의 표면을 Zn, Sn, Ni 등과 같은 내식성이 강한 금속으로 도금하는 방법이 있다.
④ 일반적으로 산에는 부식되지 않으나 알칼리에는 부식된다.

해설 | 철은 일반적으로 산에는 부식되나 알칼리에는 부식 되지 않는다.

14
▶ 12,11,05 건

도료의 저장 중 온도의 상승 및 저하의 반복작용에 의해 도료 내에 작은 결정이 무수히 발생하며 도장시 도막에 좁쌀모양이 생기는 현상은?

① skinning
② seeding
③ bodying
④ sagging

해설 | 시드닝(seeding : 결정화)
도료의 저장 중 온도의 상승 과 저하가 반복적으로 작용해 도료 내에 작은 결정이 무수히 발생하여 도장 시 도막에 좁쌀모양이 생기는 현상

15
▶ 12

도장결함 중 광택불량의 원인으로 가장 거리가 먼 것은?

① 바탕재의 흡수가 큰 경우
② 너무 두껍게 바른 경우
③ 초벌바름면이 너무 평탄할 경우
④ 백화현상이 발생한 경우

해설 | 바탕의 평활도는 광택불량과 관계가 없으며 바탕의 평탄도가 크고, 얇은 바름이 가능한 경우에는 초벌바름이 생략 가능하다.

PART
03

실내디자인 환경

Chapter 01 실내환경 분석   20%
Chapter 02 건축관계 법령 분석   50%
Chapter 03 실내디자인 조명계획   8%
Chapter 04 실내디자인 설비계획   22%

Chapter 01

실내환경 분석

최근 10개년 출제문항수 **36**개

New_ 2022년 이후 평균 출제비중 **20**%

Chapter 출제경향분석

Section		출제비율
01	열 및 습기 환경	6%
02	공기 환경	4%
03	빛 환경	6%
04	음 환경	4%

01 열 및 습기 환경

> **Pass Note**

예상출제문항		키워드
1~2	- 온열환경의 물리적요소 - 전열 - 열관류율	- 단열계획 - 습공기선도 - 결로방지대책

1. 기후환경 요소

자연환경 중 기온, 습도, 바람, 강수량, 일조 및 일사 등의 기후환경 요소들은 건축 환경에 많은 영향을 줄 수 있으므로 이를 사전에 제어하여 안전하며 쾌적한 환경을 만들어야 한다.

1) 일조와 일사

일조는 태양으로부터 나오는 빛이 지상에 자외선, 가시광선, 적외선 등으로 직사하여 환경에 영향을 끼친다. 일사는 태양으로부터 받는 열의 강함을 말한다.

(1) 일조율

가조시간(일몰에서 일출까지의 시간수)에 대한 **일조시간**의 백분율

$$일조율 = \frac{일조시간}{가조시간} \times 100(\%)$$

(2) 태양광선의 위생적 효과

태양의 복사선은 파장의 길이에 따라 다음과 같이 구분된다.

종류	파장(nm)	효과
자외선	200~380	생물의 생육, 살균, 퇴색, 광합성 효과로 인해 화학선이라고도 하며, 일광의 보건, 위생적인 효과가 있다.
가시선	380~780	눈으로 보이는 빛으로 낮의 밝음을 지배하는 요소이다.
적외선	780~3,000	주로 열작용을 하며, 열선이라고도 한다.
도르노(Doron)선	320	부근의 파장, 자외선의 일종으로 건강선이라 부른다.

균시차(equation of time)
진태양시와 평균태양시의 차를 말한다. 평균태양시는 통상 사용하는 시계의 시각과 관련이 있으며, 진태양시는 태양의 움직임을 나타내는 지표 중 하나다.

균시차에 관한 설명으로 옳은 것은? [24, 실건, 20, 19]
① 균시차는 항상 일정하다.
② 진태양시와 평균태양시의 차를 말한다.
③ 중앙표준시와 평균태양시의 차를 말한다.
④ 진태양시의 10년간 평균값에서 중앙표준시를 뺀 값이다.

정답 ②

(3) 인동간격

생활에 필요한 일조를 얻기 위해 태양고도가 가장 낮은 **동지(겨울)의 일영(그림자)**을 사용하여 건물 상호간의 간격을 결정한다. (동지 기준 하루 4시간 이상의 일조가 되도록 간격배치)
특히 공동주택 단지일수록 일조를 방해 받지 않도록 남북방향의 인동간격을 두고 배치해야 한다.

(4) 일조 조절
① 건물의 형태는 정방형보다 동서로 긴 장방형 난향 배치가 좋다.
② 창의 크기는 채광, 조명, 환기 등을 고려하여 크기를 결정한다.
③ 지붕은 평지붕 보다 경사(박공)지붕이 일사면에 유리하다.
④ 차양장치는 내부차양 보다 외부차양이 직사광선 차단에 효과적이다.
⑤ 벽면의 **흡수율이 크면** 벽체 내부로 전달되는 **일사량은 커진다.**

2. 실내환경과 체적감

1) 온열 환경의 물리적 요소

열환경 4요소(물리적 요소) **기온, 습도, 기류, 복사열**로 인체의 열 쾌적에 영향을 미치는 요소를 말한다.

(1) 기온(DBT)
① 인체의 쾌적에 가장 큰 영향을 주며, 건구온도를 말한다.
② 건구온도의 쾌적범위 : 16~28℃

(2) 습도(RH)
① 쾌적온도에서 쾌적습도 범위는 40~70%이다.

(3) 기류(m/sec)
① 대류에 의한 인체에 열손실을 증가시키므로 인체의 열평형에 영향을 미친다.
② 실내의 기류는 0.25~0.5m/s에서 쾌적감을 느끼며 공기조화 시 0.5m/s 이하를 권장한다.

(4) 복사열(MRT)

① 기온 다음으로 인체의 온열감과 쾌적감에 영향이 크다.
② 차가운 유리창 부근에 있으면 찬바람이 들어오는 것으로 착각을 일으킨다.
③ 가장 쾌적한 상태는 MRT(복사열)가 보통 기온보다 2℃ 정도 높은 상태이다.

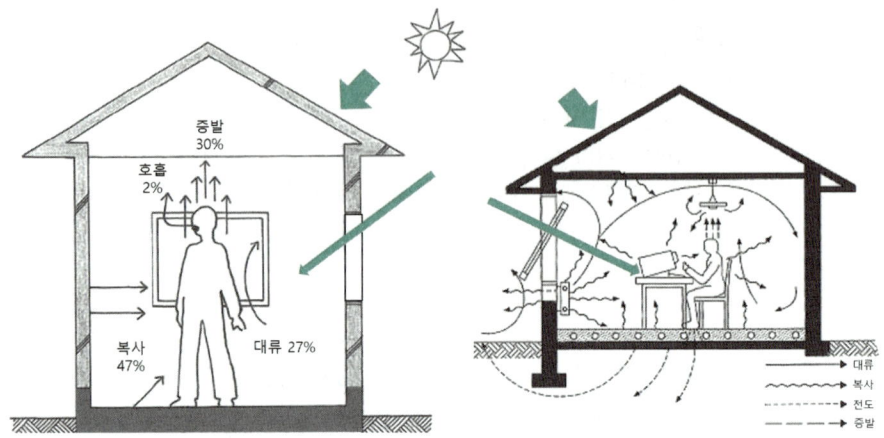

 예제 02 인체의 열쾌적에 영향을 미치는 물리적 온열 요소에 해당하지 않는 것은? [25,22,16]
① 기온   ② 습도   ③ 청정도   ④ 기류속도

정답 ③

2) 주관적 온열요소

(1) **착의 상태(Clothing)** → 측정단위 : **clo**(clothes)

착의상태의 단위 : 의복의 단열성능을 측정하는 무차원단위 clo(clothes)

 Note **1 clo란?**
기온 21℃, 상대습도 50%, 기류 0.1m/s의 실내에서 착석, 휴식 상태의 쾌적유지를 위한 의복의 열전도 저항을 뜻한다.

(2) **인체의 활동상태(Activity)** → 측정단위 : **Met**(metabolic rate)

인체의 물리적 활동, 연령과 성별, 피하 지방, 건강상태, 음식과 음료의 섭취 상태 등에 따라 쾌적 범위가 변동된다. (1.0met은 인체의 신진대사에서 휴식상태에 가장 근접한 Met수)
보통 나이가 많을수록 감소하며 성인 여성은 남성에 비해 약 85% 정도이다.

3) 온열환경지표(쾌적지표)

열환경 물리적 4요소 기온, 습도, 기류, 복사열 중 몇 가지를 조합하여 하나의 지표로 표시한 것을 쾌적지표라 한다.

(1) 유효온도(ET, 체감온도, 감각온도)
   ① 기온, 습도, 기류를 조합(복사열은 고려되지 않음)
   ② 실내 온열감각을 기온의 척도로 나타낸 지표
   ③ 다수의 피험자의 실제 체감에서 구한 지표다.

(2) 작용온도(OT)
   ① 기온, 기류, 복사열을 조합한 쾌적지표(습도의 영향은 제외)

(3) 수정 유효온도(CET)
   ① 기온, 습도, 기류, 복사열 모두 고려하였다.
   ② 습공기 선도를 이용하여 건구온도(DB)대신 글로브 온도(GT)를 사용하고, 습구온도 대신 상당 습구온도를 사용한 쾌적지표
   ※ 글로브 온도계 : 실내에 있어서 인체 표면과 벽, 천장, 바닥면 등 주벽 면과의 열복사가 재실자의 쾌적감에 미치는 영향을 측정하기 위하여 Vernon에 의해 고안된 온도계

(4) 표준유효온도(SET)
   상대습도 50%, 풍속 0.125m/s, 활동량 1met, 착의량 0.6 clo(가벼운 실내 평상복장)의 동일한 표준 환경에서 환경변수를 조합한 지표로서 활동량, 착의량 및 환경 조건에 따라 달라지는 온열감, 생리적 및 불쾌적 영향을 비교할 때 매우 유용하다.

> **불쾌지수(discomfort index)**
> 날씨(기온과 습도)에 따라 사람이 불쾌감을 느끼는 정도를 나타내는 수치로 불쾌지수가 70~75인 경우에는 약 10%, 75~80인 경우에는 약 50%, 80 이상인 경우에는 대부분의 사람이 불쾌감을 느낀다. (70 이하는 쾌적)

3. 인체의 열평형

1) 인체의 열생산(Body heat production)

(1) 인체의 대사작용(metabolism)

음식물 섭취를 통해 인체에 생성된 에너지는 80% 이상은 열로, 20% 미만은 인체 활동을 위한 에너지원으로 전환된다.

① 기초대사량
   공복 시 쾌적한 환경에서 편안한 자세로 누워 있을 때에 최저 에너지 대사량

② 에너지 대사율(relative metabolic rate, RMR)

$$에너지\ 대사율 = \frac{작업시간의\ 전체산소소비량 - 작업시간\ 중\ 안정\ 시\ 산소소비량}{작업시간의\ 기초대사량}$$

2) 인체의 열손실(Body heat production)

몸속에서 생성된 열은 피부 표면의 열복사, 인체 주변 공기의 대류, 호흡·땀 등의 수분 증발

등에 의해 주위로 열이 방출된다. 인체의 열손실 비율은 **복사 45~50%, 대류 25~30%, 증발 25%**로 복사가 가장 높은 비율을 차지한다.

3) 인체의 열평형

(1) P. O. Fanger의 열평형 방정식 8가지 요소

① 대사량 ② 피부온도 ③ 땀 분비량 ④ 착의 상태(옷의 단열치)
⑤ 평균복사온도 ⑥ 기온 ⑦ 수증기압 ⑧ 인체의 유효 표피 면적비

4. 전열(Heat Transmission)

1) 전열

열의 전달 또는 열 이동을 말하며 **복사, 전도, 대류현상** 등이 복합되어 일어난다.

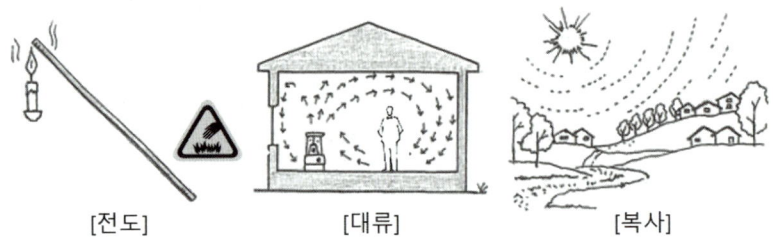

[전도]   [대류]   [복사]

> **예제 03** 실내공간에 서있는 사람의 경우 주변 환경과 지속적으로 열을 주고받는다. 인체와 주변 환경과의 열전달 현상중 그 영향이 가장 적은 것은? [23,22,19]
>
> ① 전도   ② 대류   ③ 복사   ④ 증발
>
> 정답 ④

(1) 건축물의 전열

① 열전도 : 벽체 내의 열흐름(고체 자체 내에서의 열이동)
　　　　　열이 고온 부분에서 저온 부분으로 열 이동
② 열전달 : 공기와 벽체 표면과의 전열(대류, 복사가 조합된 형태)
③ **열관류**(열통과) : **열전달과 열전도의 총합**

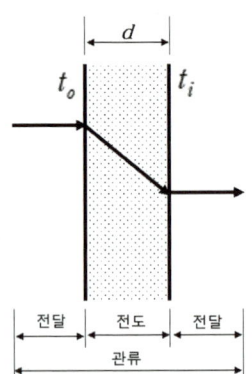

2) 열전달

고체인 건축물의 벽체 표면과 유체(공기)간의 열의 이동현상으로 풍속이 커지면 대류의 열전달률이 커진다.

① 열전달률의 단위 : $a[\text{W/m}^2\cdot\text{K}]$

벽 표면적 1m², 벽과 공기의 온도차 1℃일 때 단위시간 동안에 흐르는 열량이다.

② 열전달 열량(Q) 계산

계산식	비고
$Q_v = \alpha \cdot A \cdot \Delta t(w)$	α : 열전달률[W/m² · K], A : 벽체의 표면적[m²], Δt : 온도차[℃]

3) 열전도

고체 또는 정지한 유체에서 분자 또는 원자의 열에너지 확산에 의해 열이 전달되는 형태로 건물 외벽의 한 쪽 표면에서 다른 쪽 표면으로 열이 이동되는 현상, 즉 벽체 내부에서 열이 이동하는 현상이다.

① 열전도율의 단위 : λ[W/m · K]
  두께 1m의 재료 양쪽 온도차가 1℃일 때 단위시간 동안에 흐르는 열량이다.
② 공극이 많은 재료일수록 열전도율은 작고 비중과 열전도율 비례하다.
③ 기체 〈 액체 〈 고체 순으로 열전도율이 크다.
④ 열전도율이 크면 클수록 열전도저항은 작아진다.
⑤ 재료에 습기가 차면 열전도율이 커진다.

> **예제 04** 열전도율에 관한 설명으로 옳지 않은 것은? [25,22]
> ① 기체는 고체보다 열전도율이 작다.
> ② 액체는 고체보다 열전도율이 작다.
> ③ 철근콘크리트의 열전도율은 강재보다 작다.
> ④ 열전도율이 크면 클수록 열전도저항도 커진다.
>
> 해설 | 열전도율이 크면 클수록 열전도저항은 작아진다.
>
> 정답 ④

(1) 재료별 열전도율

벽돌	0.62~0.86	타일	1.3
콘크리트	1.4	대리석	2.8
모르타르	1.3~1.5	알루미늄	160

(2) 전도열량(Q) 계산

계산식	비고
$Q_c = \dfrac{\lambda}{d} \cdot A \cdot \Delta t(w)$	λ : 열전도율 [W/m · K], d : 재료의 두께[m] A : 벽체의 표면적[m²], Δt : 온도차[℃]

예제 05 크기가 2m×0.8m, 두께 40mm, 열전도율이 0.14W/m·K인 목재문의 내측 표면온도가 15℃, 외측 표면온도가 5℃일 때, 이 문을 통하여 1시간 동안에 흐르는 전도열량은? [23,실건 20,16]

① 0.056W   ② 0.56W   ③ 5.6W   ④ 56W

해설 | $Q = \frac{\lambda}{d} \cdot A \cdot \Delta t(w) = \frac{0.14}{0.04} \times (2 \times 0.8) \times (15-5) = 56W$

※ 열전도 열량 계산 공식은 벽두께만 반비례(분모)하며 나머지 변수는 비례(분자)함

정답 ④

3) 열관류

열은 고온측에서 저온측으로 흘러 두 유체 간의 전열이 진행되는데 벽과 같은 고체를 통하여 유체(공기)에서 유체(공기)로 열전달→열전도→열전달의 과정을 통해 열이 전해지는 현상을 말한다.

예 실내공간에서 난방을 통해 따뜻해진 실내의 온열이 벽체를 통해 외부로 빠져나가는 것(냉방은 반대).

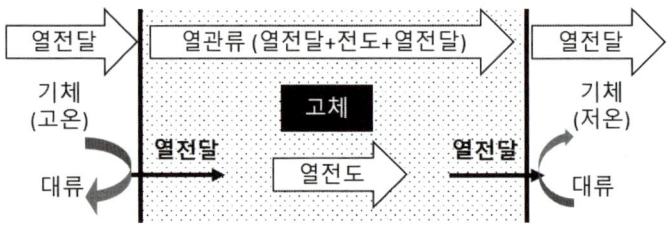

(1) 열관류율 계산

계산식		비고
$K = \dfrac{1}{\dfrac{1}{a_0} + \sum \dfrac{d}{\lambda} + \dfrac{1}{a_i}}$	K : 열관류율[W/m²·K] λ : 열전도율 [W/m·K] d : 재료의 두께[m]	A : 벽체의 표면적[m²] $\triangle t$: 온도차[℃] a_0, a_i : 실내외 표면의 열전달률[W/m·K]

 Note
- 열관류저항, 열전도저항, 열전달저항은 각각 열관류율, 열전도율, 열전달률의 역수이다.
- 열관류저항 : 1/k   열전도저항 : 1/λ   열전달저항 : 1/α

예제 06 다음과 같은 재료로 구성된 벽체의 열관류율은? (단, 실내표면 열전달률은 9W/m²·K, 실외표면 열전달률은 20W/m²·K 이다.) [실건 23,21,12]

재료	두께(mm)	열전도율(W/mK)
모르타르	20	1.3
콘크리트	180	1.1
석고보드	10	0.6

① 2.5W/m²·K ② 2.8W/m²·K
③ 3.1W/m²·K ④ 3.3W/m²·K

해설| 열관류율(K) = $\dfrac{1}{\dfrac{1}{a_0}+\Sigma\dfrac{d}{\lambda}+\dfrac{1}{a_i}}$ = $1 / \dfrac{1}{9} + (\dfrac{0.02}{1.3} + \dfrac{0.18}{1.1} + \dfrac{0.01}{0.6}) + \dfrac{1}{20}$ = 2.8m²·K/W

정답 ②

예제 07 그림과 같은 구조를 갖는 벽체의 열관류저항은? [실건 23,19,11]

- 실내측 표면열전달률 : 9.3 W/m²·K
- 실외측 표면열전달률 : 23.3 W/m²·K
- 콘크리트 열전도율 : 1.8 W/m·K
- 모르타르 열전도율 : 1.6 W/m·K

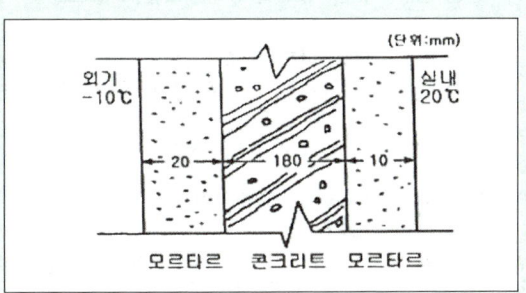

① 0.14 m²·K/W ② 0.27 m²·K/W
③ 0.42 m²·K/W ④ 0.56 m²·K/W

해설| 열관류율(K) = $\dfrac{1}{\dfrac{1}{a_0}+\Sigma\dfrac{d}{\lambda}+\dfrac{1}{a_i}}$ = $1 / \dfrac{1}{9.3} + \dfrac{0.02}{1.6} + \dfrac{0.18}{1.8} + \dfrac{0.01}{1.6} + \dfrac{1}{23.2}$ = 3.7m²·K/W

∴ 열관류 저항은 열관류율의 역수= $\dfrac{1}{3.7}$ = 0.27m²·K/W

정답 ②

4) 열복사

고온의 물체 표면에서 저온의 물체 표면을 공간을 통해 전자파에 의해 열이 전달되는 형태를 말한다.
① 복사열의 반사나 흡수하는 열은 물체 표면의 성질과 온도에 따라 달라진다. (단, **주변의 공기온도는 열복사에 영향을 주지 않는다.**)
② **거칠고 어두운 검은색 표면**은 복사열에 대해 최상의 흡수체이며 방사체이다.
③ 열 방사량은 물체의 온도가 올라가면 같이 증가 한다.
④ 완전흑체의 복사율은 1이다.
⑤ 복사에너지는 표면 절대온도의 **4승에 비례**한다. (Stefan-Boltzmann 법칙)

5. 단열

흐르는 열류를 차단하여 열손실을 최소화하고 실내를 쾌적하게 하는 것으로, 열전달 요소(대류, 전도, 복사)를 이용하여 열류를 차단하는 방법이다.

1) 단열 종류

(1) 단열형태별 종류

종류	특성
저항형 단열	다공질, 섬유질의 기포성 단열재는 많은 기포로 인하여 열도율이 낮아 단열재 내부에서 공기를 정지시켜 단열효과가 좋다.
반사형 단열	• 열방사율이 낮은 재료(**알루미늄 호일, 시트**)로 복사열 에너지를 반사하여 단열작용을 한다. • 반사하는 표면이 **다른 재료와 접촉될 때** 전도열로 인해 **단열효과가 감소한다.** • 반사형 단열은 복사의 형태로 열이동이 이루어지는 공기층에 유효하다. • 중공벽 내의 중앙에 알루미늄박을 이중으로 설치하면 단열효과가 좋아지며 고온측면에 복사율이 낮은 알루미늄박을 설치하면 표면 열전달저항이 증가한다.
용량형 단열	• 열용량이 큰 재료(벽돌, 콘크리트 등)로 구성되어 많은 양의 열을 흡수하므로 열전달 지연(타임랙)효과가 매우 크다. • 벽의 열용량은 단위 면적당 질량(kg/㎡)과 재료의 비열(J/kg℃)의 곱으로 표시한다.

> **Note** 타임 래그(Time-lag)
> 실내기온의 변화가 외기온의 변화보다 늦어지는 현상으로, **열용량(평가 척도)**이 0인 벽체 내에서 발생하는 열류의 피크에 대하여 주어진 구조체 내에서 일어나는 피크의 지연시간
> ① 건물 외피의 열용량이 클수록 타임랙은 길어진다.
> ② 건물 외피를 구성하는 재료의 밀도가 클수록 타임랙은 길어진다.
> ③ 실내외 온도차에 직접적인 영향을 받으며, **온도차가 클수록 타임랙은 짧아진다.**

예제 08 반사형 단열재에 관한 설명으로 옳지 않은 것은? [24,실건 21,13]
① 반사하는 표면이 다른 재료와 접촉될 때 단열효과가 증가한다.
② 반사형 단열은 복사의 형태로 열이동이 이루어지는 공기층에 유효하다.
③ 중공벽 내의 중앙에 알루미늄박을 이중으로 설치하면 큰 단열교화가 있다.
④ 중공벽 내의 고온측면에 복사율이 낮은 알루미늄박을 설치하면 표면 열전달저항이 증가한다.

해설 | 반사형 단열은 반사하는 표면이 다른 재료와 접촉될 때 전도열로 인해 단열효과가 감소한다.

정답 ①

(2) 단열공법별 종류

종류	특성
내단열	• 건물 내부 표면에 단열재를 설치하는 방식이다. • **실온변동이 크며**, 열교현상으로 국부적 열손실이 발생한다. • 표면결로는 발생하지 않으나 내부결로 발생의 우려가 크다. • 시공은 가장 간편하여 단시간내에 더워지므로 간헐난방을 하는 곳에 적합하다.
중단열	• 이중벽체의 중간에 단열재를 설치하는 공법이다. • 내부면에 결로 발생 우려가 있고 벽체 두께가 매우 두꺼워진다.
외단열	• **지속난방**에 유리하며 건물 외측 표면에 단열재를 설치하는 방식이다. • **실온 변동이 작고** 내부결로 위험이 적다. • 건물의 **열교현상을 방지할 수 있다**. • 시공비와 시공난이도가 높지만 단열 성능이 **가장 우수**하다.

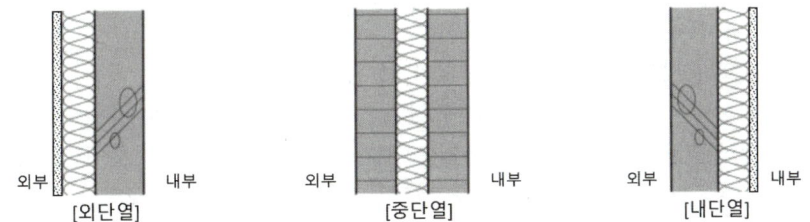

2) 단열계획

(1) 단열재의 특성

① 경제적이고 시공이 용이할 것
② 가벼우며 기계적 강도가 우수할 것
③ **열전도율, 흡수율, 수증기 투과율이 낮을 것**
④ 내구성, 내열성, 내식성이 우수하고 냄새가 없을 것

(2) 건축물의 단열계획

① 건물의 창호는 가능한 작게 설계하고, 특히 열손실이 많은 **북측의 창면적은 최소화**한다.
② 외피의 모서리 부분은 열교가 발생하지 않도록 단열재를 연속적으로 설치한다.
③ 창호면적이 큰 건물에는 단열성이 우수한 로이(Low-E) 복층유리나 삼중창 이상의 단열성능을 갖

는 창호를 설치한다.
④ 단열재에 수분이 침투하면 열전도율이 크게 증가하기 때문에 단열재는 되도록 건조한 상태로 유지하는 것이 좋다.

3) 열교현상(heat bridge)

건축물 연결부위(단열구조의 지지부재, 중공벽의 연결철물 통과부위, 벽체와 바닥, 지붕과의 접합부, 창틀) 중에 단열이 연속되지 않아 열적 취약 부위가 생기면 열의 이동이 많아지며 이것을 열교(heat bridge) 또는 냉교(cold bridge)라고 한다.

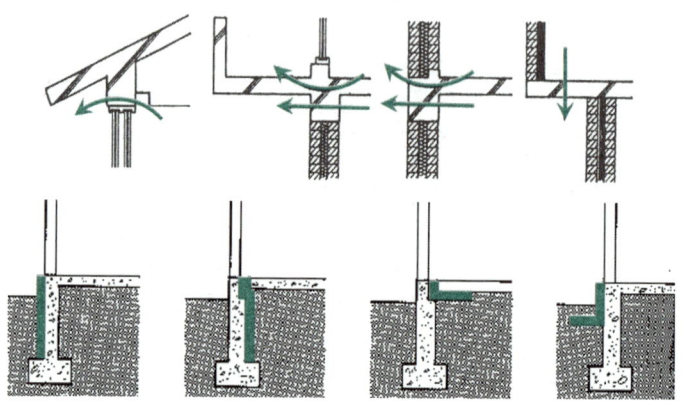

(1) 열교 현상이 발생되면 나타나는 현상
① 구조체의 전체 단열성이 저하된다.
② **표면 온도가 낮아지며 결로가 발생되기 쉽다.**
③ 벽이나 바닥, 지붕 등의 건물부위에 단열이 연속되지 않은 부분이 있을 때 발생한다.
④ 열교 현상을 방지하기 위해서는 접합 부위의 단열재가 연속적으로 철저한 단열 시공이 이루어져야 하며 조적조나 라멘조 건물의 경우 외단열이 내단열에 비해 열교현상 방지에 효과적이다.

>
> 벽이나 바닥, 지붕 등 건축물의 특정부위에 단열이 연속되지 않은 부분이 있어 이 부위를 통한 열의 이동이 많아지는 현상을 무엇이라 하는가? [25, 22, 18]
> ① 결로현상   ② 열획득현상   ③ 대류현상   ④ 열교현상
>
> 정답 ④

6. 습기와 결로

공기 중 수증기에 의해서 발생되는 일종의 습윤 상태로 습한 공기를 냉각시키면 노점(dew point)에 도달하여 수증기가 물방울로 변화하여 결로(結露:물건의 표면에 작은 물방울이 맺힘)가 발생된다.

1) 습기

공기 중이나 재료 속에 기체 또는 액체의 형태로 함유하는 수분을 습기라고 한다.

1㎥의 공기에 5~20g의 수증기를 함유한다.

종류	특성
건조공기	수증기를 전혀 포함 하지 않은 공기
습공기	수증기를 포함하는 통상의 공기
포화공기 (상대습도100%)	공기 속 수분이 수증기의 형태로만 존재할 수 없는 상태의 공기로서 냉각하면 수증기가 물방울로 변화된다. (주어진 온도에서 최대한의 수증기를 함유한 공기)

2) 습공기의 특성

종류	단위	내용
절대습도 (AH, Absolute Humidity)	Kg/kg[DA]	• 건조 공기 1kg중에 포함되어 있는 수증기의 양(kg) • 공기를 가열하거나 냉각하여도 절대습도는 변함이 없다.
상대습도 (RH, Relative Humidity)	φ(%)	• 공기의 습한 정도의 상태를 포화수증기에 대한 백분율로 나타낸다. • 공기를 가열하면 상대습도는 낮아지고 냉각하면 상대습도는 높아진다. • 상대습도는 기온의 변화에 반비례한다.
노점온도	℃	• 습공기가 냉각 될 때 어느 온도 시점이 되면 공기 속의 수분이 수증기로 존재할 수 없어 이슬로 맺히는 온도, 즉 습공기가 포화상태일 때의 온도이다. • 공기중 수증기량이 많을수록 노점온도는 높아지며 결로발생이 쉬워진다.
건구온도	℃	• 온도계의 감온부가 건조상태로 측정된 공기 온도
습구온도	℃	• 물에 젖은 천으로 감싼 온도계인 습구온도계로 측정한 기온을 말한다. • 습도가 100%인 경우에는 습구온도와 건구온도는 같고, 습도가 낮아질수록 습구온도 역시 낮아진다.
엔탈피 (enthalpy)	H[kJ/kgDA]	• 건조공기 1kg당 습공기 속에 현열 및 잠열의 형태로 포함되는 열량으로, 건공기의 엔탈피와 습공기의 엔탈피를 더한 것이다. • 습공기가 가열되거나 습도가 높아지면 엔탈피는 증가한다.
현열비 (SHF)	SHF(%)	• 습공기의 상태 변화 시 현열 변화량에 대한 엔탈피 변화량의 비율
열수분비	U(%)	• 습공기의 상태변화 성분을 절대습도 변화량에 대한 전열량의 변화량 비율로 나타낸다.

3) 습공기선도(Psychrometric chart)

대기중의 공기는 습공기로 건조공기와 수증기가 혼합된 상태이다. 습공기선도는 습공기의 여러 특성수치를 나타내는 챠트로서 인간의 쾌적범위 결정, 결로 판정, 공기조화 부하계산 등에 활용된다.

① **습공기선도의 구성요소** : 건구온도, 습구온도, 노점온도, 절대습도, 상대습도, 포화도, 수증기압, 엔탈피, 비용적(비체적), 현열비, 열수분비 등
② 습공기 요소중에 2가지만 알면 상태점이 정해지고 나머지 요소를 구할 수 있다.
  (단, 현열비와 열수분비는 계산에 의하여 구한다.)
③ 공기를 가열 또는 냉각하여도 절대습도는 변화가 없다.

④ 공기를 가열하면 상대습도는 낮아지고 냉각하면 상대습도는 높아진다.
⑤ **상대습도를 높였을 때** 노점온도와 절대습도는 높아진다. (단, 건구온도는 일정하다.)

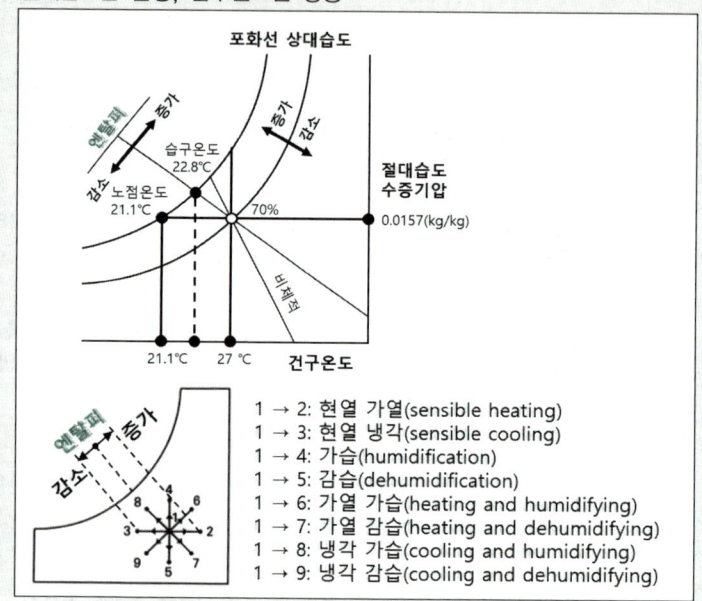

> **Note** 습공기를 가습하였을 때?
> 상대습도, 절대습도는 증가, 습구온도 상승, 노점온도와 엔탈피, 수증기분압, 비체적은 높아진다. (건구온도만 상태값이 증가하지 않는다.)
> 습공기를 가열하였을 때?
> 절대습도는 일정, 습구온도는 상승

⑥ 습공기선도 해석

그림과 같이 27℃ 공기 속 수증기량(절대습도)이 0.0157(kg/kg)일 때 상대습도는 약 70%이다. 이때 습공기를 냉각하여 포화선에 닿을 때(상대습도가 100%)의 온도인 21℃가 노점온도가 된다.

예제 10 다음 중 습공기선도에 표현되어 있지 않은 것은? [24, 실건 22]
① 비열 ② 엔탈피 ③ 절대습도 ④ 습구온도

해설 | 습공기선도 구성요소
건구온도, 습구온도, 노점온도, 절대습도, 상대습도, 포화도, 수증기압, 엔탈피, 비용적(비체적), 현열비, 열수분비 등

정답 ①

4) 결로

공기 중 수증기에 의해서 발생되는 일종의 습윤 상태로 습한 공기를 냉각시키면 노점(dew point)에 도달하여 수증기가 물방울로 변화하여 결로(結露:물건의 표면에 작은 물방울이 맺힘)가 발생된다. 내부결로가 발생할 경우 벽체 내의 **함수율은 증가하여 열전도율은 커진다.**

(1) 결로의 발생원인
   ① 실내·외의 온도차
   ② 실내의 습기 과다
   ③ 환기부족, 단열재 및 시공불량, 시공 후 미 건조

(2) 결로의 종류
   ① 표면결로 : 건물의 표면 온도가 접촉하는 공기의 노점온도보다 낮을 때 외벽 표면에 발생
   ② 내부결로 : 외부보다 실내 습도가 높고 벽체에 투습력이 있으면 벽체 내에 수증기압 기울기가 생겨 결로가 발생

(3) 결로 방지대책
   ① **실내벽의 표면온도를 실내공기 노점온도보다 높게 유지**한다.
   ② 벽에 방습층을 설치 한다.
   ③ 난방으로 실내 수증기 발생을 억제한다.
   ④ 환기를 주기적으로 자주 한다.
   ⑤ 벽체의 열관류율을 작게 한다.
   ⑥ 벽체의 열관류저항을 크게 한다.
   ⑦ 접합 부위의 단열재가 연속되도록 시공한다.
   ⑧ 열전도율이 큰 구조재일 경우 가급적 외단열 시공한다.
   ⑨ 각 공간별 온도차를 작게 **일정하게 유지**해주어야 한다.
   ⑩ 내부결로의 경우 벽체 내부온도를 그 부분의 노점온도보다 높게 하거나, 투습 저항력이 있는 **방습층을 내측(고온 측)**에 설치한다.

예제 11

결로에 관한 설명으로 옳지 않은 것은? [23,22,19]
① 실내공기의 노점온도보다 벽체표면온도가 높을 경우 외부결로가 발생할 수 있다.
② 여름철의 결로는 단열성이 높은 건물에서 고온다습한 공기가 유입될 경우 많이 발생한다.
③ 일반적으로 외단열 시공이 내단열 시공에 비하여 결로 방지기능이 우수하다.
④ 결로방지를 위하여 환기를 통하여 실내의 절대습도를 낮게 한다.

해설 | 실내공기의 노점온도보다 벽체표면온도가 낮을 경우 외부결로가 발생할 수 있다.

정답 ①

핵심 기출문제

01 열 및 습기 환경

1 기후환경 요소

01 ▶ 20 실건

일조의 확보와 관련하여 공동주택의 인동간격 결정과 가장 관계가 깊은 것은?

① 춘분 ② 하지
③ 추분 ④ 동지

해설 | 인동간격
생활에 필요한 일조를 얻기 위해 태양고도가 가장 낮은 동지(겨울)의 일영(그림자)을 사용하여 건물 상호간의 간격을 결정한다.

02 ▶ 20,17 실건

일조의 직접적 효과에 속하지 않는 것은?

① 광 효과 ② 열 효과
③ 환기 효과 ④ 보건·위생적 효과

해설 | 일조와 일사
일조는 태양으로부터 나오는 빛이 지상에 자외선, 가시광선, 적외선 등으로 직사하여 환경(광,열,보건·위생적 효과)에 영향을 끼친다. 일사는 태양으로부터 받는 열의 강함을 말한다.

03 ▶ 21 실건

일조율의 정의로 가장 알맞은 것은?

① 24시간에 대한 가조시간의 백분율
② 24시간에 대한 일조시간의 백분율
③ 가조시간에 대한 일조시간의 백분율
④ 일영시간에 대한 일조시간의 백분율

해설 | 일조율
가조시간(일몰에서 일출까지의 시간수)에 대한 일조시간의 백분율

$$일조율 = \frac{일조시간}{가조시간} \times 100 \ (\%)$$

04 ▶ 18,12 실건

일사에 관한 설명으로 옳지 않은 것은?

① 차폐계수가 낮은 유리일수록 차폐효과가 크다.
② 일사에 의한 벽면의 수열량은 방위에 따라 차이가 있다.
③ 창면에서의 일사조절 방법으로 추녀와 차양 등이 있다.
④ 벽면의 흡수율이 크면 벽체내부로 전달되는 일사량은 적어진다.

해설 | 일사량
일사는 태양으로부터 받는 열의 강함을 말한다. 벽면의 흡수율이 크면 벽체내부로 전달되는 일사량은 커진다.

2 실내환경과 체적감

05 ▶ 21 실건

인체의 열적 쾌적감에 영향을 미치는 물리적 온열 4요소에 속하는 것은?

① 관류열 ② 복사열
③ 열용량 ④ 대사량

해설 | 열환경 4요소(물리적 요소)
기온, 습도, 기류, 복사열로 인체의 열 쾌적에 영향을 미치는 요소를 말한다.

정답 | 01 ④ 02 ③ 03 ③ 04 ④ 05 ②

06
인체의 열쾌적에 직접적인 영향을 미치는 요소와 가장 거리가 먼 것은?

① 기류　　② 습도
③ 일조　　④ 기온

해설 | 문제 5번 해설참조

07
clo는 다음 중 어느 것을 나타내는 단위인가?

① 착의량　　② 대사량
③ 복사열량　　④ 수증기량

해설 | 착의 상태(Clothing) → clo(clothes)
착의상태의 단위 : 의복의 단열성능을 측정하는 무차원단위 clo(clothes)

08
인체의 신진대사에서 휴식상태에 가장 근접한 Met수는?

① 0.3 Met　　② 1.0 Met
③ 1.6 Met　　④ 2.0 Met

해설 | 인체의 활동상태(Activity) → Met
인체의 물리적 활동, 연령과 성별, 피하 지방, 건강상태, 음식과 음료의 섭취 상태 등에 따라 쾌적 범위가 변동된다. (1.0met은 인체의 신진대사에서 휴식상태에 가장 근접한 Met수) 보통 나이가 많을수록 감소하며 성인 여성은 남성에 비해 약 85% 정도이다.

09
기온, 습도, 기류의 3요소의 조합에 의한 실내 온열감각을 기온의 척도로 나타낸 것은?

① 등가온도　　② 작용온도
③ 유효온도　　④ 수정유효온도

해설 | 유효온도(ET, 체감온도, 감각온도)
㉠ 기온, 습도, 기류를 조합(복사열은 고려되지 않음)
㉡ 실내 온열감각을 기온의 척도로 나타낸 지표

10
유효온도에 고려되지 않는 요소는?

① 기온　　② 습도
③ 기류　　④ 복사열

해설 | 문제 9번 해설참조

11
다음 중 불쾌지수의 결정 요소로만 구성된 것은?

① 기온, 습도　　② 기온, 기류
③ 습도, 기류　　④ 기온, 복사열

해설 | 불쾌지수(discomfort index)
날씨(기온과 습도)에 따라 사람이 불쾌감을 느끼는 정도를 나타내는 수치로 불쾌지수가 70~75인 경우에는 약 10%, 75~80인 경우에는 약 50%, 80 이상인 경우에는 대부분의 사람이 불쾌감을 느낀다. (70 이하는 쾌적)

3 인체의 열평형

12
인체의 열방출 과정 중 일반적으로 가장 높은 비율을 차지하는 것은? (단, 전도에 의한 손실이 없는 경우)

① 관류　　② 복사
③ 대류　　④ 증발

해설 | 인체의 열손실(Body heat production)
인체의 열손실 비율은 복사 45~50%, 대류 25~30%, 증발 25%로 복사가 가장 높은 비율을 차지한다.

정답 | 06 ③　07 ①　08 ②　09 ③　10 ④　11 ①　12 ②

13 ▶ 15 실건
다음 중 인체에서 열의 손실이 이루어지는 요인으로 볼 수 없는 것은?

① 인체 표면의 열복사
② 인체 주변 공기의 대류
③ 호흡, 땀 등의 수분 증발
④ 인체 내 음식물의 산화작용

해설 | 몸속에서 생성된 열은 피부 표면의 열복사, 인체 주변 공기의 대류, 호흡, 땀 등의 수분 증발 등에 의해 주위로 열이 방출된다.

4 전열

14 ▶ 20
열 전달 방식에 포함되지 않는 것은?

① 복사   ② 대류
③ 관류   ④ 전도

해설 | 전열
열의 전달 또는 열 이동을 말하며, 복사, 전도, 대류현상 등이 복합되어 일어난다.

15 ▶ 18,13 실건
벽체의 전열에 관한 설명으로 옳은 것은?

① 열전도율은 기체가 가장 크며 고체가 가장 작다.
② 공기층의 단열효과는 그 기밀성과는 관계가 없다.
③ 단열재는 물에 젖어도 단열성능은 변하지 않는다.
④ 일반적으로 벽체에서의 열관류현상은 열전달-열전도-열전달의 과정을 거친다.

해설 | 열관류(열통과) : 열전달과 열전도의 총합

16 ▶ 21 실건
건물 외벽의 한 쪽 표면에서 다른 쪽 표면으로 열이 이동되는 현상, 즉 벽체 내부에서 열이 이동하는 현상은?

① 열전도   ② 열복사
③ 열관류   ④ 열전환

해설 | 열전도(벽체 내의 열의 흐름)
고체 자체 내에서의 열이동, 즉 벽체 내부에서 열이 이동하는 현상이다.

17 ▶ 21,18 실건
전열에 관한 설명으로 옳은 것은?

① 벽체에 열전달저항은 벽체에 닿는 풍속이 클수록 크다.
② 벽이 결로 등에 의해 습기를 포함하면 열관류 저항이 커진다.
③ 유리의 열관류저항은 그 양측 표면 열전달 저항의 합의 2배 값과 거의 같다.
④ 벽과 같은 고체를 통하여 유체(유기)에서 유체(공기)로 열이 전해지는 현상을 열관류라고 한다.

해설 | 열관류(열전달 + 열전도 + 열전달)
열은 고온측에서 저온측으로 흘러 두 유체 간의 전열이 진행되는데 벽과 같은 고체를 통하여 유체(공기)에서 유체(공기)로 열전달-열전도-열전달의 과정을 통해 열이 전해지는 현상을 말한다.

18 ▶ 21
유리창을 통과하는 전열량에 대한 설명 중 옳지 않은 것은?

① 일사취득열량은 유리창의 차폐계수에 반비례한다.
② 전열량은 유리의 열관류율이 클수록 크게 된다.
③ 일사에 의한 복사 열량과 관류열량의 합이다.
④ 반사율이 클수록 전열량은 작아진다.

해설 | 문제 17번 해설참조

정답 | 13 ④ 14 ③ 15 ④ 16 ① 17 ④ 18 ③

19 ▶ 20 실건

열의 이동(전열)에 관한 설명 중 옳지 않은 것은?

① 열은 온도가 높은 곳에서 낮은 곳으로 이동한다.
② 유체와 고체 사이의 열의 이동을 열전도라고 한다.
③ 일반적으로 액체는 고체보다 열전도율이 작다.
④ 열전도율은 물체의 고유성질로서 전도에 의한 열의 이동정도를 표시한다.

해설 | 열전도(벽체 내의 열의 흐름)
고체 자체 내에서의 열이동, 즉 벽체 내부에서 열이 이동하는 현상이다.
㉠ 열전도율의 단위 : λ[W/m·K]
㉡ 공극이 많은 재료일수록 열전도율은 작고 비중과 열전도율 비례하다.
㉢ 기체 〈 액체 〈 고체 순으로 열전도율이 크다.
㉣ 열전도율이 크면 클수록 열전도저항은 작아진다.

20 ▶ 18 실건

열전도율에 관한 설명으로 옳은 것은?

① 열전도율의 단위는 W/m²K이다.
② 열전도율의 역수를 열전도 비저항이라고 한다.
③ 액체는 고체보다 열전도율이 크고, 기체는 더욱 더 크다.
④ 열전도율이란 두께 1cm판의 양면에 1℃의 온도차가 있을때 1cm²의 표면적을 통해 흐르는 열량을 나타낸 것이다.

해설 | 열관류저항, 열전도저항, 열전달저항은 각각 열관류율, 열전도율, 열전달률의 역수이다.
열관류저항 : $1/k$, 열전도저항 : $1/\lambda$, 열전달저항 : 1α

21 ▶ 15 실건

열전도율에 관한 설명으로 옳지 않은 것은?

① 기체는 고체보다 열전도율이 작다.
② 액체는 고체보다 열전도율이 작다.
③ 철근콘크리트의 열전도율은 강재보다 작다.
④ 열전도율이 크면 클수록 열전도저항도 커진다.

해설 | 열전도율이 크면 클수록 열전도저항은 작아진다.

22 ▶ 16 실건

다음의 건축재료 중 열전도율이 가장 작은 것은?

① 타일   ② 합판
③ 강재   ④ 점토벽돌

해설 | 열전도율 크기
구리〉알루미늄〉철〉콘크리트〉벽돌〉물〉목재〉공기

23 ▶ 18 실건

다음과 같은 조건에 있는 벽체의 실내측 표면 온도는?

- 외기온도 : -10℃
- 실내공기온도 : 20℃
- 벽체의 열관류율 : 1.5 W/m²·K
- 벽체의 내표면 열전달률 : 9 W/m²·K

① 10℃   ② 15℃
③ 20℃   ④ 25℃

해설 | 벽체의 열관류열량과 실내측 표면 열전달량은 같다. 열통과량과 벽체 표면 열전달량은 같으므로 다음과 같은 평행식을 세울수 있다.
열관류량 $(Q) = k \cdot A \cdot \Delta t(W)$
$Q = 1.5 \times 1 \times (20-(-10)) = 45$
열전달량 $(Q_e) = a \cdot A \cdot \Delta t(w)$
$= 9 \times 1 \times (20-t)$
∴ $45 = 9 \times 1 \times (20-t)$, $t = 15℃$

24 ▶ 19,14 실건

겨울철 벽체를 통해 실내에서 실외로 빠져나가는 관류 열부하를 계산할 때 필요하지 않은 요소는?

① 실내온도   ② 실내습도
③ 벽체 두께   ④ 내표면열전달률

해설 | 열관류율$(k) = \dfrac{1}{\dfrac{1}{a_0} + \Sigma \dfrac{d}{\lambda} + \dfrac{1}{a_i}}$

a : 열전달률(W/m²·K), λ : 열전도율(W/m²·K), d : 두께(m)

정답 | 19 ② 20 ② 21 ④ 22 ② 23 ② 24 ②

25
▶ 20 실건

두께 10cm의 경량콘크리트벽체의 열관류율은? (단, 경량콘크리트벽체의 열전도율 0.17W/㎡·K, 실내측 표면 열전달률 9.28W/㎡·K, 실외측 표면 열전달률 23.2W/㎡·K 이다.)

① 0.85W/m²·K ② 1.35W/m²·K
③ 1.85W/m²·K ④ 2.15W/m²·K

해설 | 열관류율(K) = $\dfrac{1}{\dfrac{1}{a_0} + \Sigma \dfrac{d}{\lambda} + \dfrac{1}{a_i}}$

= $1 / \dfrac{1}{9.28} + \dfrac{0.1}{0.17} + \dfrac{1}{23.2}$

= 1.35㎡·K/W

26
▶ 15 실건

다음과 같은 재료로 구성된 벽체의 열관류율은? (단, 벽체의 내표면 열전달률은 8.3W/㎡·K, 외표면 열전달률은 16.6W/㎡·K이다.)

재료	두께(mm)	열전도율(W/m·K)
벽돌	190	0.84
석고보드	50	0.05

① 0.02W/m²·K ② 0.04W/m²·K
③ 0.52W/m²·K ④ 0.71W/m²·K

해설 | 열관류율(K) = $\dfrac{1}{\dfrac{1}{a_0} + \Sigma \dfrac{d}{\lambda} + \dfrac{1}{a_i}}$

= $1 / \dfrac{1}{8.3} + (\dfrac{0.19}{0.84} + \dfrac{0.05}{0.05}) + \dfrac{1}{16.6}$

= 0.71㎡·K/W

27
▶ 20 실건

건물 외벽의 열관류 저항값을 높이는 방법으로 옳지 않은 것은?

① 벽체 내에 공기층을 둔다.
② 벽체에 단열재를 사용한다.
③ 열전도율이 낮은 재료를 사용한다.
④ 외벽의 표면 열전달율을 크게 유지한다.

해설 | 외벽의 열관류 저항값을 높다는 것은 재료를 통과하는 열이 흐르지 못한다는 의미로 저항값이 크면 열 차단이 잘되고 단열성능이 우수하다.
외벽의 표면 열전달율을 크게하면 저항값이 낮아진다.

28
▶ 21 실건

복사에 관한 설명으로 옳지 않은 것은?

① 주위 공기온도의 영향을 받는다.
② 태양으로부터 지구로 전달되는 열은 복사열이다.
③ 열을 전달하는 매질이 없어도 발생하는 현상이다.
④ 물체에서 복사되는 열량은 그 표면의 절대온도의 4승에 비례한다.

해설 | 열복사
고온의 물체 표면에서 저온의 물체 표면을 공간을 통해 전자파에 의해 열이 전달되는 형태를 말한다.
주변의 공기온도는 열복사에 영향을 주지 않는다.
㉠ 복사열의 반사나 흡수하는 열은 물체 표면의 성질과 온도에 따라 달라진다.
㉡ 거칠고 어두운 검은색 표면은 복사열에 대해 최상의 흡수체이며 방사체이다.
㉢ 열 방사량은 물체의 온도가 올라가면 같이 증가 한다.
㉣ 완전흑체의 복사율은 1이다.
㉤ 복사에너지는 표면 절대온도의 4승에 비례한다. (Stefan-Boltzmann 법칙)

29
▶ 19, 14 실건

복사에 의한 전열에 관한 설명으로 옳은 것은?

① 고체 표면과 유체 사이의 열전달 현상이다.
② 일반적으로 흡수율이 작은 표면은 복사율이 크다.
③ 알루미늄과 같은 금속의 연마면은 복사율이 매우 작다.
④ 물체에서 복사되는 열량은 그 표면의 절대 온도의 2승에 비례한다.

해설 | 문제 28번 해설참조

30 ▶ 17,14 실건
열복사에 관한 설명으로 옳지 않은 것은?

① 완전흑체의 복사율은 1이다.
② Stefan-Boltzmann 법칙과 관계있다.
③ 복사에너지는 표면 절대온도의 4승에 비례한다.
④ 같은 재료는 표면마감 정도가 달라도 복사율은 동일하다.

해설 | 거칠고 어두운 검은색 표면은 복사열에 대해 최상의 흡수체이며 방사체이다.

31 ▶ 19
물체 표면간의 복사열전달량을 계산함에 있어 이와 가장 밀접한 재료의 성질은?

① 방사율   ② 신장률
③ 투과율   ④ 굴절율

해설 | 방사율
어떤 물체에 의하여 방사된 에너지와 같은 온도의 흑체에 의해 방사된 에너지비를 말한다.

5 단열

32 ▶ 19,16 실건
단열재가 갖추어야 할 요건으로 옳지 않은 것은?

① 경제적이고 시공이 용이할 것
② 가벼우며 기계적 강도가 우수할 것
③ 열전도율, 흡수율, 수증기 투과율이 높을 것
④ 내구성, 내열성, 내식성이 우수하고 냄새가 없을 것

해설 | 단열재 특성
㉠ 경제적이고 시공이 용이할 것
㉡ 가벼우며 기계적 강도가 우수할 것
㉢ 열전도율, 흡수율, 수증기 투과율이 낮을 것
㉣ 내구성, 내열성, 내식성이 우수하고 냄새가 없을 것

33 ▶ 18,13 실건
벽체의 열관류율을 작게 하여 단열효과를 얻고자 할 때, 그 방법으로 옳지 않은 것은?

① 흡수성이 큰 재료를 사용한다.
② 벽체 내부에 공기층을 구성한다.
③ 열전도율이 작은 재료를 선택한다.
④ 벽체 구성재료의 두께를 두껍게 한다.

해설 | 단열효과를 얻고자 할 때는 열전도율, 흡수율, 수증기 투과율이 낮을 것

34 ▶ 17,13 실건
건물의 단열재는 흡습성이 없는 것이 바람직한데, 다음 중 그 이유로 가장 알맞은 것은?

① 단열재에 수분이 침투하면 시공이 불편하기 때문에
② 단열재에 수분이 침투하면 단열재가 팽창하기 때문에
③ 단열재에 수분이 침투하면 열전도율이 크게 증가하기 때문에
④ 단열재에 수분이 침투하면 열교현상이 발생하지 않기 때문에

해설 | 단열재에 수분이 침투하면 열전도율이 크게 증가하기 때문에 단열재는 되도록 건조한 상태로 유지하는 것이 좋다.

35 ▶ 21,16 실건
다음 중 단열의 메카니즘에 속하지 않는 것은?

① 용량형 단열
② 반사형 단열
③ 저항형 단열
④ 투과형 단열

해설 | 단열형태별 종류
용량형 단열, 반사형 단열, 저항형 단열

정답 | 30 ④ 31 ① 32 ③ 33 ① 34 ③ 35 ④

36
▶ 17,13 실건

타임랙(time-lag)에 관한 설명으로 옳지 않은 것은?

① 건물 외피의 열용량이 클수록 타임랙은 길어진다.
② 실내기온의 변화가 외기온의 변화보다 늦어지는 현상이다.
③ 일반적으로 건물 외피를 구성하는 재료의 밀도가 클수록 타임랙은 길어진다.
④ 실내외 온도차에 직접적인 영향을 받으며, 온도차가 클수록 타임랙은 길어진다.

해설 | 타임 래그(Time-lag)
실내기온의 변화가 외기온의 변화보다 늦어지는 현상으로, 열용량(평가 척도)이 0인 벽체 내에서 발생하는 열류의 피크에 대하여 주어진 구조체 내에서 일어나는 피크의 지연시간
㉠ 건물 외피의 열용량이 클수록 타임랙은 길어진다.
㉡ 건물 외피를 구성하는 재료의 밀도가 클수록 타임랙은 길어진다.
㉢ 실내외 온도차에 직접적인 영향을 받으며, 온도차가 클수록 타임랙은 짧아진다.

37
▶ 18 실건

건축물의 에너지절약을 위한 단열계획으로 옳지 않은 것은?

① 외벽 부위는 외단열로 시공한다.
② 외피의 모서리 부분은 열교가 발생하지 않도록 단열재를 연속적으로 설치한다.
③ 건물의 창호는 가능한 작게 설계하되, 열손실이 적은 북측의 창면적은 가능한 크게 한다.
④ 창호면적이 큰 건물에는 단열성이 우수한 로이(Low-E) 복층창이나 삼중창 이상의 단열 성능을 갖는 창호를 설치한다.

해설 | 건물의 창호는 가능한 작게 설계하고, 특히 열손실이 많은 북측의 창면적은 최소화한다.

38
▶ 18

다음과 같은 조건에서 겨울철 벽체내부에 발생하는 결로 현상에 관한 설명으로 옳은 것은?

> (콘크리트+단열재)로 구성된 벽체로서 콘크리트 전체두께와 단열재 종류, 두께는 같고 단열재 위치만 다른 외벽체의 경우로 내단열, 외단열, 중단열구조를 가정한다.

① 내단열 구조의 경우가 내부결로의 발생우려가 가장 적다.
② 외단열구조의 경우가 내부결로의 발생우려가 가장 적다.
③ 중단열구조의 경우가 내부결로의 발생우려가 가장 적다.
④ 두께가 같으면 내부결로의 발생정도는 동일하다.

해설 | 외단열
지속난방에 유리하며 건물 외측 표면에 단열재를 설치하는 방식이다. 시공비와 시공난이도가 높지만 단열성능이 가장 우수하다.

39
▶ 21

열교현상에 대한 설명으로 옳지 않은 것은?

① 구조체 전체의 단열성이 저하된다.
② 건물 부위에 단열의 불연속성에 의해 발생한다.
③ 천장에 얼룩무늬현상이 발생된다.
④ 열교방지를 위해 내단열이 권장된다.

해설 | 열교 현상이 발생되면 표면 온도가 낮아지며 결로가 발생되기 쉽다. 열교방지를 위해 외단열이 권장된다.

40
▶ 20

겨울철 생활이 이루어지는 공간의 실내측 표면에 발생하는 결로를 억제하기 위한 효과적인 조치방법 중 가장 거리가 먼 것은?

① 환기
② 난방
③ 구조체 단열
④ 방습층 설치

정답 | 36 ④ 37 ③ 38 ② 39 ④ 40 ④

6 습기와 결로

41 ▶ 20, 17, 14 실건
다음 중 습공기선도에 표현되어 있지 않은 것은?

① 엔탈피   ② 습구온도
③ 노점온도   ④ 산소함유량

해설 | 습공기선도 구성요소
건구온도, 습구온도, 노점온도, 절대습도, 상대습도, 포화도, 수증기압, 엔탈피, 비용적(비체적), 현열비, 열수분비 등

42 ▶ 21, 16 실건
습공기를 가습하였을 때의 상태변화로 옳은 것은? (단, 건구온도는 일정하다.)

① 엔탈피가 커진다.
② 노점온도가 낮아진다.
③ 습구온도가 낮아진다.
④ 절대습도가 작아진다.

해설 | 습공기를 가습하였을 때
상대습도, 절대습도는 증가, 습구온도 상승, 노점온도와 엔탈피, 수증기분압, 비체적은 높아진다. (건구온도만 상태값이 증가하지 않는다.)

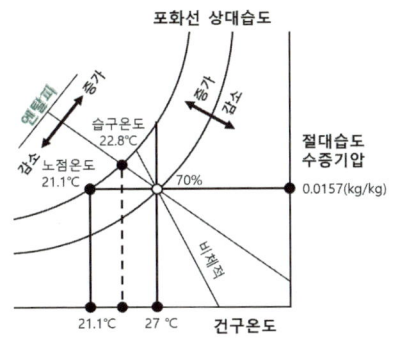

43 ▶ 20 실건
습공기를 가습하였을 경우 상태값이 증가하지 않는 것은?

① 건구온도   ② 절대습도
③ 상대습도   ④ 수증기분압

해설 | 습공기를 가습시 건구온도만 상태값이 증가하지 않는다.

44 ▶ 20, 17 실건
상대습도를 높였을 때 나타나는 습공기의 상태변화로 옳은 것은? (단, 건구온도는 일정하다.)

① 노점온도가 높아진다.
② 습구온도가 낮아진다.
③ 절대습도가 작아진다.
④ 비체적이 작아진다.

해설 | 상대습도를 높였을 때 노점온도와 절대습도는 높아진다 (단, 건구온도는 일정하다.)

45 ▶ 17, 13 실건
포화공기(saturated air)에 관한 설명으로 옳은 것은?

① 대기가 수증기를 포함하지 않은 공기
② 주어진 온도에서 최소한의 수증기를 함유한 공기
③ 주어진 온도에서 최대한의 수증기를 함유한 공기
④ 대기 중에 포함된 수증기의 양을 공기선도에 표기한 공기

해설 | 포화공기
공기 속 수분이 수증기의 형태로만 존재할 수 없는 상태의 공기로서 냉각하면 수증기가 물방울로 변화된다.

정답 | 41 ④ 42 ① 43 ① 44 ① 45 ③

46
▶ 17

결로의 발생원인과 가장 거리가 먼 것은?

① 실내 습기의 과다발생
② 잦은 환기
③ 시공불량
④ 시공직후 콘크리트, 모르타르 등의 미건조 상태

해설 | 결로의 발생원인
　　㉠ 실내·외의 온도차
　　㉡ 실내의 습기 과다
　　㉢ 환기부족, 단열재 및 시공불량, 시공 후 미 건조

47
▶ 21, 14 실건

건축물 외벽의 표면결로 방지 방법으로 옳지 않은 것은?

① 냉교현상을 없앤다.
② 실내에서 발생하는 수증기를 억제한다.
③ 환기에 의해 실내 절대습도를 저하한다.
④ 실내벽 표면온도를 실내공기의 노점온도보다 낮게 한다.

해설 | 내벽의 표면온도를 실내공기 노점온도보다 높게 유지한다.

48
▶ 21 실건

다음 중 표면결로의 방지 방법과 가장 관계가 먼 것은?

① 실내에서 수증기 발생을 억제한다.
② 방습층을 단열재의 실외측에 설치한다.
③ 환기에 의해 실내 절대습도를 저하한다.
④ 단열강화에 의해 실내측 표면온도를 상승시킨다.

해설 | 내부결로의 경우 벽체 내부온도를 그 부분의 노점온도보다 높게 하거나, 투습 저항력이 있는 방습층을 내측(고온 측)에 설치한다.

49
▶ 20, 12 실건

결로에 관한 설명으로 옳지 않은 것은?

① 외측단열공법으로 시공하는 경우 내부결로 방지에 효과가 있다.
② 겨울철 결로는 일반적으로 단열성 부족이 원인이 되어 발생한다.
③ 내부결로가 발생할 경우 벽체 내의 함수율은 낮아지며 열전도율은 커진다.
④ 실내에서 발생하는 수증기를 억제할 경우 표면결로 방지에 효과가 있다.

해설 | 내부결로가 발생할 경우 벽체 내의 함수율은 증가하여 열전도율은 커진다.

정답 | 46 ② 47 ④ 48 ② 49 ③

02 공기 환경

Pass Note

예상출제문항	키워드	
1	- 실내공기 오염지표 - 자연환기, 기계환기	- 환기 계획 - 환기량 산출

1. 실내공기의 환경기준

구성 요소	기준 범위
일산화탄소 함유량	10ppm 이하(0.001% 이하)
이산화탄소 함유량	1,000ppm 이하(0.1% 이하)
공기 중의 먼지량	$0.15mg/m^3$ 이하
기류의 속도	0.5m/sec 이하
상대 습도	40~70%

2. 실내공기의 오염

1) 실내공기의 오염원인

① 재실자의 호흡작용(신진대사), 신체 활동(냄새, 거동) 등에 의한 CO, CO_2 증가, O_2의 감소
② 냉난방, 화기사용, 실내마감재(석면, 라돈, 포름알데히드 등)

2) 실내공기의 오염지표

① 실내공기는 **이산화탄소(CO_2)농도**가 오염의 종합지표가 된다.
② 이산화탄소(CO_2)의 실내공기질 허용 유지기준은 **1,000ppm 이하(0.1% 이하)**이다.

> **Note** 다중이용시설 실내공기질관리법령
>
> | 공동주택(100세대 이상)의
실내공기질 측정항목 | 세세먼지, 이산화탄소, 포름알데히드, 일산화탄소, 이산화질소,
석면, 휘발성 유기화합물(**라돈, 벤젠, 자일렌,** 스틸렌, 톨루엔) |
> |---|---|

> **Note** 건물(새집)증후군(Sick Building Syndrome)
> 건축 마감재에서 발생되는 VOCS(Volatile Organic Compounds)가 원인으로 포름알데히드와 휘발성 유기화합 물질이다.

예제 01 실내공기오염의 종합적 지표로 사용되는 오염물질은? [24,20,16]
① CO　　② CO_2　　③ SO_2　　④ 부유분진

정답 ②

예제 02 다중이용시설 중 실내주차장의 경우, 이산화탄소의 실내공기질 유지기준으로 옳은 것은?
[23,22,실건22,19]
① 100ppm 이하　　② 500ppm 이하
③ 1000ppm 이하　　④ 2000ppm 이하

정답 ③

3. 실내 환기

1) 환기의 목적
① 인체의 호흡에 필요한 산소 공급 및 CO_2와 수증기 제거
② 건축물 내부에서 발생되는 오염물질을 배출 및 결로방지를 위한 열이나 수분 제거

2) 환기 방식

(1) 자연환기

중력환기	**온도차(공기 밀도차)에 의한 환기 방식** ① 실내외 공기 밀도차(상부는 밀도가 작고 하부는 밀도가 크다)에 의해 환기 발생 ② 실내외 온도차가 클수록 중력환기량은 증가한다. ③ 개구부의 중력환기량은 **개구부의 단면적에 비례**한다. ④ 일반적으로 공기 유입구와 유출구 높이의 **차가 클수록** 중력환기량은 많아진다. ⑤ 환기량은 일반적으로 공기유입구(하부)와 유출구(상부)의 높이 차이가 클수록 증가한다.
풍력환기	외기의 바람(풍력)에 의한 환기 방식 ① 풍력환기량은 벽면으로 불어오는 **바람의 속도에 비례**한다. 　(예) 풍속이 2배로 증가 시 환기량도 2배 증가

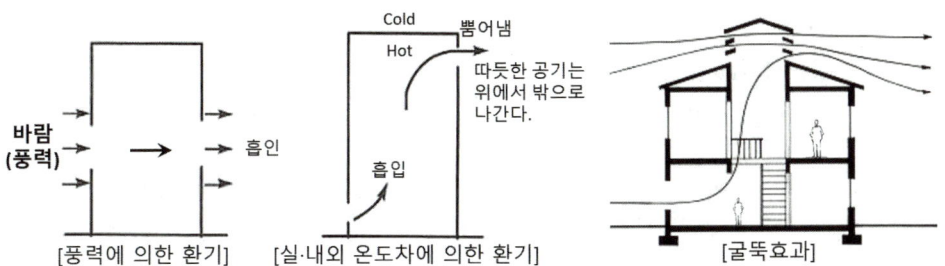

[풍력에 의한 환기]　　[실·내외 온도차에 의한 환기]　　[굴뚝효과]

 굴뚝효과(stack effect)
건축물 내외부의 **온도차**에 의해 공기가 움직이는 현상으로 **내부온도가 외부온도보다 높으면 아래쪽에서 위쪽으로 흐르고** 그와 반대가 되면 위쪽에서 아래쪽으로 흐른다.

 중성대(공기의 유출입이 없는 지점)
건물 내의 실내 공기는 밀도가 작고 부력으로 상승하므로 상층부는 실내의 공기압이 실외보다 크고 하층부는 그 반대이다. 그 중간지점이 '0'의 지대가 형성되는데 이를 중성대라 한다.

예제 03 굴뚝효과(stack effect)의 가장 주된 발생원인은? [24,실건21,18,15]
① 온도차　　② 유속차　　③ 습도차　　④ 풍향차

해설 | 굴뚝효과(stack effect)는 건축물 내외부의 온도차에 의해 공기가 움직이는 현상

정답 ①

(2) 기계(강제)환기

① 기계 사용방식에 따른 분류

방식	실내압	급기	배기	특성 및 사용장소
제1종 환기 (병용식)	실내압력조정	송풍기	배풍기	• 설비비, 운전비가 비싸다. • 가장 우수한 환기법 • 병원, 거실, 지하 공연장
제2종 환기 (압입식)	실내압력 **정압(+)**	송풍기	**자연배기**	• 가장 일반적으로 사용하며 다른실에서 공기 침입이 없다. • **수술실, 반도체 공장, 무균실**
제3종 환기 (흡출식)	실내압력 **부압(-)**	**자연급기**	배풍기	• 실내의 냄새난 유해물질을 다른 공간으로 흘려보내지 않는다. • **화장실, 욕실, 주방** 등 (수증기, 열기, 취기 등이 발생하는 장소)

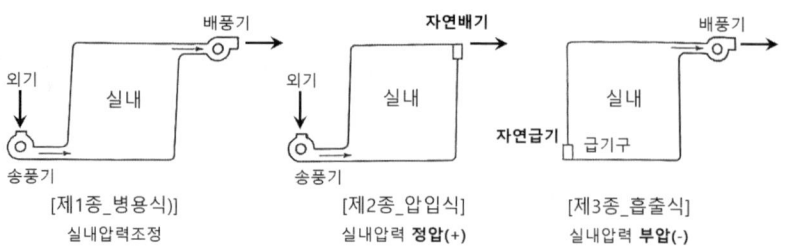

[제1종_병용식)]	[제2종_압입식]	[제3종_흡출식]
실내압력조정	실내압력 **정압**(+)	실내압력 **부압**(-)

② 환기 위치에 따른 분류

전체환기	열이나 유해물질이 실내에 널리 산재되어 있거나 이동되는 경우에 급기로 실내의 공기를 희석(유해물질 농도를 낮추어)하여 배출시키는 환기방식
국부환기	실험실과 같이 오염도가 심한구역 또는 오염물질이 국부적으로 발생하는 장소에 실 전체에 확산되기 전에 배기하는 환기방식

3) 환기 계획

① 바람이 있을 때에는 중력환기와 풍력환기가 경합하므로 양자가 서로 다른 것을 상쇄하지 않도록 개구부의 위치에 주의한다.
② 자연 환기시에는 풍력 환기와 중력 환기를 병행하여 계획한다.
③ 한 공간에 2개소 이상, 2개의 창은 같은 벽에 설치하기 보다는 **다른 벽으로 분리**하는 것이 더 효과적이다.
④ 개구부 환기는 병렬(평행) 조합보다 직렬(수직) 조합의 경우 더 효과가 좋다.
⑤ 유입구는 하부에, 유출구는 상부에 계획하는 것이 유리하다.
⑥ 유입구에 비해 유출구 크기를 증가 시키면 환기량이 증가한다.
⑦ 공기 유입구가 유출구보다 낮을 경우 가장 효율적이다.
⑧ 환기량은 개구부 면적과 풍속에 비례한다.

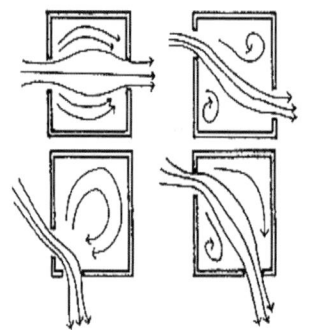

4. 환기량 산정방법

1) 환기량의 단위

① 1인당의 환기량(m³/h · 인)
② 단위 면적당의 환기량(m³/h · m²)

2) 환기횟수에 의한 산정방법

환기량은 실의 크기와 상관없이 절대량만을 사용하는 경우도 많으나, 실의 크기와 관련하여 표현하는 경우 환기횟수 n을 다음식으로 표현한다.

$$Q = n \cdot v \quad n = \frac{Q}{V} \text{ (회/h)} \quad v = \frac{Q}{n}$$

Q : 필요 환기량(m³/h), v : **실 용적**(m³), n : 환기횟수(회/h)

예제 04 1명당 필요한 신선공기량이 30㎥/h일 때 정원이 800명, 실용적이 6000㎥인 강당의 1시간당 필요 환기횟수는? [23,실건21]

① 1회　　　② 2회　　　③ 3회　　　④ 4회

해설 | 환기량 $Q = n \cdot v$

　　　Q : 환기량(m/h), n : 환기횟수(회/h), V : 실용적(㎥)

　　∴ 환기횟수 $n = \dfrac{Q}{V} = \dfrac{800명 \times 30m^3}{6,000m^3} = 4회$

정답 ④

3) 풍속에 의한 환기량

풍속에 의한 환기량은 벽면으로 불어오는 바람의 속도와 개구부의 단면적에 각각 비례한다.

> $Q = E \cdot A \cdot v$
> Q : 환기량(m/h), E : 개구부의 효율(0.5~0.6) v : 외부 풍속(m/sec)

4) 허용치에 의한 산정방법

실내 공기질 유지를 위해 환경요인의 허용치와 오염량이 제시된 경우, 그 허용치를 지키기 위하여 필요한 환기량을 다음의 공식으로 계산한다.

> $Q = \dfrac{k}{P_i - P_0}$ (㎥/h)
> Q : 필요 환기량(㎥/h), k : 유해가스 발생량(㎥/h),
> P_i : CO₂ 허용농도 (㎥/㎥), P_0 : 신선공기 CO2 농도(㎥/㎥)

예제 05 다음과 같은 조건에서 60명을 수용하는 강의실에 필요한 환기량은? [24,실건22,17]

- 대기 중의 탄산가스 농도 : 300ppm
- 실내의 탄산가스 허용농도 : 1000ppm
- 1인당 탄산가스 토출량 : 0.017m^3/h

① 약 665 m^3/h　　② 약 845 m^3/h　　③ 약 1085 m^3/h　　④ 약 1460 m^3/h

해설 | ※ ppm → 변환

　　1ppm = 10^{-6} ㎥ = 1/1,000,000㎥ = 0.000001㎥
　　10ppm = 0.00001㎥, 100ppm = 0.0001㎥, 1000ppm = 0.001㎥

　　$Q = \dfrac{k}{P_i - P_0} = \dfrac{0.017 \times 60명}{0.001 - 0.0003} = \dfrac{1.02}{0.0007} ≒ 1,460 ㎥/h$

　　Q : 필요 환기량(㎥/h), k : 유해가스 발생량(㎥/h),
　　P_i : 실내 CO₂ 허용농도 (㎥/㎥), P_0 : 외기 CO2농도(㎥/㎥)

정답 ④

핵심 기출문제

02 공기 환경

1 실내공기의 오염

01 ▶ 21, 16, 15 실건

실내공기질 관리법령에 따른 오염물질에 속하지 않는 것은?

① 석면 ② 라돈
③ 일산화탄소 ④ 이산화유황

해설 | 다중이용시설 실내공기질관리법령
미세먼지, 이산화탄소, 포름알데히드, 일산화탄소, 이산화질소, 석면, 휘발성 유기화합물(라돈, 벤젠, 자일렌, 스틸렌, 톨루엔)

02 ▶ 21, 18 실건

실내공기질 관리법령에 따른 신축 공동주택의 실내공기질 측정항목에 속하지 않는 것은?

① 벤젠 ② 라돈
③ 자일렌 ④ 에틸렌

해설 | 문제 1번 해설참조

2 실내 환기

03 ▶ 19

환기에 관한 설명으로 옳지 않은 것은?

① 실내환경의 쾌적성을 유지하기 위한 외기량을 필요환기량이라 한다.
② 1인당 차지하는 공간체적이 클수록 필요환기량은 증가한다.
③ 실내가 실외에 비해 온도가 높을 경우 실내의 공기밀도는 실외보다 낮다.
④ 중력환기는 실내외 온도차에 의한 공기의 밀도차에 의하여 발생한다.

해설 | 1인당 차지하는 공간체적이 클수록 필요환기량은 감소한다.

04 ▶ 20, 14 실건

실내외의 온도차에 의한 공기밀도의 차이가 원동력이 되는 환기 방식은?

① 중력환기 ② 풍력환기
③ 기계환기 ④ 국소환기

해설 | 중력환기는 실내외온도차(공기 밀도차)에 의한 환기 방식

05 ▶ 21, 18 실건

자연환기에 관한 설명으로 옳지 않은 것은?

① 개구부 면적이 클수록 환기량은 많아진다.
② 실내외의 온도차가 클수록 환기량은 많아진다.
③ 일반적으로 공기유입구와 유출구 높이 차이가 클수록 환기량은 많아진다.
④ 2개의 창을 한 쪽 벽면에 설치하는 것이 양쪽 벽에 대면하여 설치하는 것보다 환기에 효과적이다.

해설 | 자연환기
㉠ 중력환기량은 개구부 면적이 크면 클수록 증가한다.
㉡ 풍력환기량은 벽면으로 불어오는 바람의 속도에 비례한다.
㉢ 많은 환기량을 요하는 실에는 자연환기를 사용하지 않고 기계환기를 사용하여야 한다.
㉣ 한 공간에 2개소 이상, 2개의 창은 같은 벽에 설치하기보다는 다른 벽으로 분리시키는 것이 더 효과적이다.

정답 | 01 ④ 02 ④ 03 ② 04 ① 05 ④

06 ▶ 20, 16 실건
자연환기에 관한 설명으로 옳지 않은 것은?

① 풍력환기는 건물의 외벽면에 가해지는 풍압이 원동력이 된다.
② 일반적으로 공기 유입구와 유출구 높이의 차가 클수록 중력환기량은 많아진다.
③ 자연환기량은 개구부의 위치와 관련이 있으며, 개구부의 면적에는 영향을 받지 않는다.
④ 바람이 있을 때에는 중력환기와 풍력환기가 경합하므로 양자가 서로 다른 것을 상쇄하지 않도록 개구부의 위치에 주의한다.

해설 | 개구부의 중력환기량은 개구부의 단면적에 비례한다.

07 ▶ 19, 14 실건
자연환기량에 관한 설명으로 옳은 것은?

① 풍속이 높을수록 적어진다.
② 실내외의 압력차가 클수록 적어진다.
③ 실내외의 온도차가 작을수록 많아진다.
④ 공기유입구와 유출구의 높이의 차이가 클수록 많아진다.

해설 | 자연환기량
 ㉠ 풍속이 높을수록 많아진다.
 ㉡ 실내외의 압력차가 클수록 많아진다.
 ㉢ 실내외의 온도차가 작을수록 적어진다.

08 ▶ 21, 18, 13 실건
중력환기에 관한 설명으로 옳지 않은 것은?

① 환기량은 개구부 면적에 비례하여 증가한다.
② 실내외의 온도차에 의한 공기의 밀도차가 원동력이 된다.
③ 개구부의 전후에 압력차가 있으면 고압측에서 저압측으로 공기가 흐른다.
④ 어떤 경우에서도 중성대의 하부가 공기의 유입측, 상부가 공기의 유출측이 된다.

해설 | 중성대(공기의 유출입이 없는 지점)
건물 내의 실내 공기는 밀도가 작고 부력으로 상승하므로 상층부는 실내의 공기압이 실외보다 크고 하층부는 그 반대이다. 그 중간지점이 '0'의 지대가 형성되는데 이를 중성대라 한다.

09 ▶ 17 실건
다음 설명에 알맞은 환기방식은?

- 배기용 송풍기를 설치하여 실내 공기를 강제적으로 배출시키는 방법으로 실내는 부압이 된다.
- 화장실, 욕실 등의 환기에 적합하다.

① 제1종 환기 ② 제2종 환기
③ 제3종 환기 ④ 제4종 환기

해설 | 제3종 환기(흡출식)
 ㉠ 실내압력 부압(-) / 자연급기 / 배풍기
 ㉡ 실내의 냄새난 유해물질을 다른 공간으로 흘려보내지 않는다.
 ㉢ 화장실, 욕실, 주방 등 (수증기, 열기, 취기 등이 발생하는 장소)

10 ▶ 20 실건
다음 중 병원의 수술실, 클린룸에 가장 바람직한 환기방식은?

① 동일한 풍량의 송풍기와 배풍기를 동시에 강제적으로 가동하는 방식
② 송풍기 및 배풍기를 설치하지 않고 자연적으로 환기를 실시하는 방식
③ 송풍기로 실내에 급기를 실시하고 배기구를 통하여 자연적으로 유출시키는 방식
④ 배풍기로 실내로부터 배기를 실시하고 급기구를 통하여 자연적으로 유입하는 방식

해설 | 제2종 환기(압입식)
 ㉠ 실내압력 정압(+) / 송풍기(급기팬) / 자연배기
 ㉡ 가장 일반적으로 사용하며 다른실에서 공기 침입이 없다.
 ㉢ 수술실, 반도체 공장, 무균실

정답 | 06 ③ 07 ④ 08 ④ 09 ③ 10 ③

11 ▶ 20 실건
화장실, 주방, 욕실 등에 주로 사용되며 취기나 증기가 다른 실로 새어나감을 방지할 수 있는 환기방식은?

① 자연환기
② 급기팬과 배기팬의 조합
③ 자연급기와 배기팬의 조합
④ 급기팬과 자연배기의 조합

해설 | 제3종 환기(흡출식)
  ㉠ 실내압력 부압(-) / 자연급기 / 배풍기(배기팬)
  ㉡ 화장실, 욕실, 주방 등 (수증기, 열기, 취기 등이 발생하는 장소)

12 ▶ 19,16 실건
다음 중 욕실, 화장실 등에 자연급기와 배기팬이 조합된 환기방식을 적용하는 이유로 가장 알맞은 것은?

① 실내외의 온도차에 의한 환기가 이루어지도록 하기 위해
② 환기량을 정확하게 유지하고 확실한 환기가 되도록 하기 위해
③ 실내에서 발생되는 취기 등이 다른 공간으로 유출되지 않도록 하기 위해
④ 실내의 압력을 외부보다 높여 실외 공기가 실내로 유입되지 않도록 하기 위해

해설 | 제3종 환기(흡출식)
  실내의 냄새난 유해물질을 다른 공간으로 흘려보내지 않는다.

13 ▶ 16,13,11 실건
종합병원에서 공기압을 고려한 환기계획으로 옳지 않은것은?

① 주방은 음압을 유지한다.
② 제약실은 양압을 유지한다
③ 수술실은 음압을 유지한다.
④ 중환자실은 양압을 유지한다.

해설 | 종합병원 환기계획
  ㉠ 수술실 – 실내외 압력차가 없도록 정압(±0압)유지
  ㉡ 중환자실, 제약실 – 다른실에서의 공기 침입이 없도록 정압(+) 유지
  ㉢ 주방, 화장실 – 실내의 냄새를 다른실로 흘려보내지 않도록 부압(-) 유지

14 ▶ 18 실건
열이나 유해물질이 실내에 널리 산재되어 있거나 이동되는 경우에 급기로 실내의 공기를 희석하여 배출시키는 환기방법은?

① 상향환기
② 전체환기
③ 국소환기
④ 집중환기

해설 | 전체 환기
  열이나 유해물질이 실내에 널리 산재되어 있거나 이동되는 경우에 급기로 실내의 공기를 희석(유해물질 농도를 낮추어)하여 배출시키는 환기방식

15 ▶ 21 실건
다음 중 국소환기가 주로 사용되는 장소는?

① 실험실
② 주차장
③ 화장실
④ 공조기계실

해설 | 국부(국소)환기
  실험실과 같이 오염도가 심한구역 또는 오염물질이 국부적으로 발생하는 장소에 실 전체에 확산되기 전에 배기하는 환기방식

정답 | 11 ③ 12 ③ 13 ③ 14 ② 15 ①

16 ▶ 17,14 실건

환기에 관한 설명으로 옳지 않은 것은?

① 치환환기는 공기의 온도차에 따른 환기력을 이용한 자연환기와 함께 기계환기를 조합한 환기방식이다.
② 건물의 상부와 하부에 개구부가 있을 경우, 실내외 온도차에 의한 환기량은 두 개구부 수직거리의 제곱근에 비례한다.
③ 전반환기는 실 전체의 기류분포를 고려하면서, 실내에서 발생하는 오염공기의 희석, 확산, 배출이 이루어지도록 하는 환기방식이다.
④ 건물의 실내온도가 외기온도보다 높고, 실외에 바람이 없을 경우, 외기는 건물 상부의 개구부로 들어오고, 건물 하부의 개구부로 나가면서 환기가 이루어진다.

해설 | 굴뚝효과(stack effect)
건축물 내외부의 온도차에 의해 공기가 움직이는 현상으로 내부온도가 외부온도보다 높으면 아래쪽에서 위쪽으로 흐르고 그와 반대가 되면 위쪽에서 아래쪽으로 흐른다.

17 ▶ 15 실건

환기에 관한 설명으로 옳지 않은 것은?

① 자연환기량은 실내외의 온도차가 클수록 많아진다.
② 풍력환기는 건물의 외벽면에 가해지는 풍압이 원동력이 된다.
③ 개구부의 전후에 압력차가 있으면 고압측에서 저압측으로 공기가 흐른다.
④ 많은 환기량을 요구하는 실에는 반드시 자연환기와 기계환기를 병용하여야 한다.

해설 | 많은 환기량을 요구하는 실에는 가장 우수한 환기법인 기계환기 방식으로 한다.

18 ▶ 16 실건

풍력에 의한 환기량을 계산하려고 한다. 건물이 받고 있는 풍속만을 2배로 증가시켰을 경우 환기량의 변화는? (단, 기타 조건은 동일함)

① 1배 증가
② 2배 증가
③ 4배 증가
④ 8배 증가

해설 | 풍력환기
풍력환기량은 벽면으로 불어오는 바람의 속도에 비례한다. (예 풍속이 2배로 증가 시 환기량도 2배 증가)

19 ▶ 12 실건

풍력에 의한 환기량을 계산하려고 한다. 유입구 면적과 건물이 받고 있는 풍속을 각각 2배로 증가시켰을 경우 환기량의 변화는? (단, 기타 조건은 동일함)

① 2배 증가
② 4배 증가
③ 6배 증가
④ 8배 증가

해설 | 풍력환기량
벽면으로 불어오는 바람의 속도와 개구부의 단면적에 각각 비례한다.
∴ 유입구 면적과 건물이 받고 있는 풍속을 각각 2배로 증가 – 2배 × 2배 = 4배

정답 | 16 ④ 17 ④ 18 ② 19 ②

3 환기량 산정방법

20 ▶ 19 실건
자연환기에 관한 설명으로 옳지 않은 것은?

① 정확히 계획된 환기량을 유지하기가 곤란하다.
② 환기횟수란 실내면적을 소요공기량으로 나눈 값이다.
③ 실내에 바람이 없을 때 실내외의 온도차가 클수록 환기량은 많아진다.
④ 실내온도가 실외온도보다 낮으면 실의 상부에서는 실외공기가 유입되고 하부에서는 실내공기가 유출된다.

해설 | 환기횟수 $n = \dfrac{Q}{V}$

Q : 환기량(m/h), n : 환기횟수(회/h), V : 실용적(㎥)
환기횟수란 환기량을 실내용적으로 나눈 값이다.

21 ▶ 20 실건
실의 체적이 20㎥이고 환기량이 60㎥/h일 때 이 실의 환기횟수는?

① 1.2회/h ② 3회/h
③ 12회/h ④ 30회/h

해설 | 환기량 $Q = n \cdot v$

Q : 환기량(m/h), n : 환기횟수(회/h), V : 실용적(㎥)

환기횟수 $n = \dfrac{Q}{V} = \dfrac{60m^3}{20m^3} = 3회$

22 ▶ 21
실의 용적이 5,000㎥이고 필요 환기량이 10,000㎥/h일 때, 환기횟수는 시간당 몇 회인가?

① 0.5회 ② 1회
③ 2회   ④ 4회

해설 | 환기량 $Q = n \cdot v$

Q : 환기량(m/h), n : 환기횟수(회/h), V : 실용적(㎥)

환기횟수 $n = \dfrac{Q}{V} = \dfrac{10,000m^3}{5,000m^3} = 2회$

23 ▶ 18 실건
다음과 같은 [조건]에서 재실인원 40명인 강의실에 요구되는 필요환기량은?

- 실내 허용 CO_2 농도 : 0.001㎥/㎥
- 외기중의 CO_2 함유량 : 0.0003㎥/㎥
- 1인당 실내 CO_2 발생량 : 0.021㎥/h

① 900㎥/h   ② 1000㎥/h
③ 1100㎥/h   ④ 1200㎥/h

해설 | CO_2 허용치에 따른 필요환기량 $Q = \dfrac{k}{P_i - P_0}(m^3/h)$

$Q = \dfrac{0.021 \times 40명}{0.001 - 0.0003} = \dfrac{0.84}{0.0007} = 1,200㎥/h$

Q : 필요 환기량(㎥/h), k : 유해가스 발생량(㎥/h), P_i : 실내 CO_2 허용농도(㎥/㎥), P_0 : 외기 CO_2 농도(㎥/㎥)

24 ▶ 15 실건
실내 탄산가스 농도를 900ppm으로 유지하기 위한 필요환기량은? (단, 1인당 탄산가스 토출량이 0.013㎥/h·인, 외기 중의 탄산가스 농도는 400ppm이다.)

① 26㎥/h·인 ② 39㎥/h·인
③ 52㎥/h·인 ④ 65㎥/h·인

해설 | CO_2 허용치에 따른 필요환기량 $Q = \dfrac{k}{P_i - P_0}(m^3/h)$

$Q = \dfrac{0.013}{0.0009 - 0.0004} = \dfrac{0.013}{0.0005} ≒ 26m^3/h$

Q : 필요 환기량(㎥/h), k : 유해가스 발생량(㎥/h), P_i : 실내 CO_2 허용농도(㎥/㎥), P_0 : 외기 CO_2 농도(㎥/㎥)

※ ppm → 변환
1ppm = $10^{-6}m^3$ = 1/1,000,000㎥ = 0.000001㎥
10ppm = 0.00001㎥,
100ppm = 0.0001㎥,
1000ppm = 0.001㎥

정답 | 20 ② 21 ② 22 ③ 23 ④ 24 ①

03 빛 환경

> Pass Note

예상출제문항	키워드	
1	- 빛의 용어 및 정의 - 조도계산 - 눈부심(현휘, 글레어)	- 주광율 - 자연채광(천창, 측창)

1. 빛의 정의

1) 파장에 따른 빛의 구분

태양의 복사선은 파장의 길이에 따라 다음과 같이 구분된다.

종류	파장(nm)	효과
자외선	200~380	• 생물의 생육, 살균, 퇴색, 광합성 효과로 인해 "화학선"이라고도 하며, 일광의 보건, 위생적인 효과가 있다.
가시선	380~780	눈으로 보이는 빛으로 낮의 밝음을 지배하는 요소이다.
적외선	780~3,000	• 주로 열작용을 하며, 열선이라고도 한다. • 적색보다 조금 긴 파장이며 열발산을 탐지하여 어두운 곳에서 물체 식별이 가능하다.
도르노(Dorno)선	320	• 부근의 파장, 자외선의 일종으로 "건강선"이라 부른다. • 인체의 세포 발육 촉진, 비타민 D 생성, 백혈구, 혈색소, 칼슘, 인 철분을 증가시킨다.

2) 주광(자연광)의 구성

태양광에서 방사되는 광원을 자연광이라 하며 주광(晝光, day light : 맑은 날 한 낮의 햇빛을 말한다.)을 의미하며 연색성이 우수하다.

(1) 직사광(Direct Sunlight)

대기권에 입사한 태양광은 대기층에서 일부는 산란 또는 확산하지만, 대부분은 대기층을 정투과하여 지표면에 도달하는데, 이 빛을 직사광이라 한다.

(2) 천공광(Clear Sky Light)

① 대기층과 구름 사이에서 확산, 투과, 반사되어 지표면에 도달하는 빛을 말한다.
② 조명 설계 시 조도변화가 심하고 휘도가 높은 직사광보다는 천공광을 주로 활용한다.

(3) 반사광(Reflected Light)

지상에 도달한 자연광이 지표면이나 물체에서 반사되는 빛을 말한다.

3) 빛의 성질

(1) 투과
빛은 같은 동질의 매체 속에서 직진한다.

(2) 반사
빛의 방향을 변화시킨다.
① 경면 반사 : 빛의 방향을 한쪽 방향으로만 변화시킨다. (입사각=반사각)
② 확산 반사 : 빛의 방향을 여러 방향으로만 확산시킨다. (무광택면)

(3) 굴절
광선이 하나의 투명 매체에서 다른 매체로 들어가게 되면 그 방향이 바뀌는 것을 말한다.

4) 빛의 용어와 단위

종류	기호	단위	약호	특성
광속	F	lumen	lm	1초 동안 어떠 면을 통과하는 빛의 양 [**광의 양**]
조도	E	lux(lx)	lx	단위면적당 입사광속으로 점광원에서 어떤 물체나 표면 도달하는 광속의 밀도 [**장소의 명도**]
휘도	L	astilb, stilb(sb), nit(nt)	cd/㎡	물체 표면의 밝기로, 광원이 빛나고 있는 정도 [**반짝임**] 휘도의 분포도는 시작업상에 큰 영향을 준다.
광도	I	candela	cd	광원에서 나오는 빛의 세기로 단위면적당 표면에서 반사 또는 방출되는 광량 [**광의 강도, 밀도**] 1cd는 점광원을 중심으로 1㎡의 면적을 관통해 나오는 광속이 1lumen일 때 그 방향의 광도이다.
광속 발산도	R	rad-lux, Lambert	rlx	반사면 혹은 광원면의 단위 면적에서 발산하는 광속 [**물체의 명도**]
연색성				광원이 색을 어느 정도 충실하게 나타내고 있는가의 척도

예제 01

광원으로부터 발산되는 광속의 입체각 밀도를 뜻하는 것은? [23,20]
① 광도 ② 조도 ③ 광속발산도 ④ 휘도

정답 ①

2. 조도 계산

수조면의 단위면적에 입사하는 광속으로 표면에 도달하는 광의 밀도
($1m^2$ 당 $1lm$의 광속이 들어 있는 경우 1Lux)

1) 조도계산

조도의 단위	룩스(lux, lx)
빛이 수직으로 입사시 조도 계산	조도 $=\dfrac{광도}{거리^2}$ (m)
$\theta°$로 기울어진 조도 계산	조도 $=\dfrac{광도}{거리^2}$ (m) $\times \cos\theta$

2) 특성

① 조도는 광원의 광도에 비례한다.
② 조도는 **거리의 제곱**에 **반비례**한다.
③ 조도는 $\cos\theta$(입사각)에 비례한다.

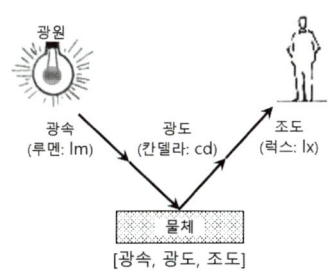
[광속, 광도, 조도]

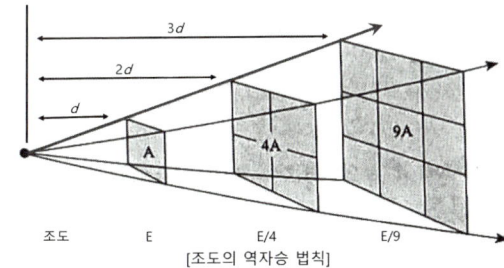
[조도의 역자승 법칙]

예제 02 점광원으로 부터 수조면의 거리가 4배로 증가할 경우 조도는 어떻게 변화하는가? [25,실건22,19]

① 2배로 증가한다.   ② 4배로 증가한다.
③ 1/4로 감소한다.   ④ 1/16로 감소한다.

해설 | 조도$=\dfrac{광도}{거리^2}$ (m), $4^2=16$배, 조도는 거리의 제곱에 반비례한다. ∴1/16배 감소한다.

정답 ④

예제 03 점광원으로부터 R[m] 떨어진 장소에서 빛의 방향과 수직인 면의 조도[x]는? (단, 광도는 I [cd]이다.) [23,21]

① RI　　　　② R²I R　　　　③ I/R　　　　④ I/R²

해설 | 조도 = $\dfrac{광도}{거리^2}$ (m)

정답 ④

3. 주광률(Daylight Factor)

1) 개념

실내 조도가 옥외 조도의 몇 %에 해당하는가를 나타내는 값으로 자연광의 밝기는 계절이나 날씨, 시각에 따라 달라지므로 이와 함께 실내의 밝기도 변화한다. 따라서 조도, 광속, 광도 등 밝기의 절대량을 나타내는 단위를 채광의 설계나 평가지표로 사용할 수는 없으므로 전천공조도에 대한 실내 한 지점의 작업면조도의 비율(%)로 주광률을 사용된다.

2) 산출식

$$DF = \dfrac{실내(작업)의\ 수평면조도}{실외(전천공)의\ 수평면조도} \times 100\%$$

예제 04 실내 조도가 옥외 조도의 몇 %에 해당하는가를 나타내는 값은? [24,실건22,21,16]

① 주광률　　② 보수율　　③ 반사율　　④ 조명률

정답 ①

예제 05 다음 중 주광률의 정의로 가장 알맞은 것은? [25,22]

① 창면적에 대한 실내바닥면적의 비율(%)
② 전천공조도에 대한 실내 한 지점의 작업면조도의 비율(%)
③ 한 실의 전체 조도에 대한 자연광에 의한 조도의 비율(%)
④ 인공광에 의한 조도에 대한 자연광에 의한 조도의 비율(%)

정답 ②

4. 균제도(uniformity factor)

실내 조명의 균일한 정도를 나타내기 위하여 조명이 닿는 면 위의 최소 조도와 최대 조도와의 비로 휘도나 조도, 주광률 등의 분포를 나타내는 지표

$$균제도 = \dfrac{수평면상의\ 최소\ 조도(가장\ 어두운\ 주광율)}{수평면상의\ 최대\ 조도(가장\ 밝은\ 주광율)}$$

5. 눈부심(현휘, 글레어, glare)

눈이 순응하고 있는 상태에서 **휘도가 높은** 부분 또는 휘도 대비가 현저하게 큰 부분이(고휘도대비) 있으면 잘 보이지 않게 되거나 불쾌감을 느끼게 되는데 이것을 눈부심(글레어)이라 한다.

1) 눈부심 종류

종류	특성
불능 글레어	잘 보이지 않게 되는 눈부심으로 시각 능력을 저하시킨다.
불쾌 글레어	잘 보이지 않을 정도는 아니지만 눈부심으로 인해 눈의 피로와 불쾌감 유발 불쾌 글레어의 원인은, ① 주위가 어둡고 눈이 암순응인 상태일 때 ② 휘도가 높은 광원 ③ 광원이 시선에 노출되거나 시선에 가까울수록 ④ 눈에 입사하는 광속의 과다
반사 글레어	광택이 나는 물체 표면에서 반사에 의해 일어나는 눈부심

2) 실내에서 눈부심(glare) 방지 대책

① 가급적 휘도가 낮은 광원을 사용한다.
② 고휘도의 물체가 시야 속에 직접적으로 들어오지 않게 한다.
③ 광원에 가리개, 갓, 플라스틱 커버가 되어 있는 조명기구를 선정한다.
④ 시선을 중심으로 **30° 범위 내의 글레어 존**에 광원을 설치하지 않는다.
⑤ 실내 마감재의 반사율을 감소시킨다.
⑥ 휘도 대비를 완화시켜 준다.
⑦ 시선에서 가능한 한 떨어뜨리는 것이 효과적이다.
⑧ 창문을 높게 설치하고 블라인드나 커튼을 설치한다.

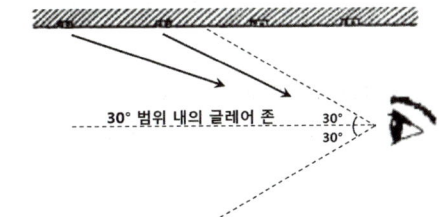

예제 06 조명의 눈부심에 관한 설명으로 옳지 않은 것은? [23,22]

① 광원이 시선에 멀수록 눈부심이 강하다.
② 광원의 휘도가 클수록 눈부심이 강하다.
③ 광원의 크기가 클수록 눈부심이 강하다.
④ 배경이 어둡고 눈이 암순응될수록 눈부심이 강하다.

정답 ①

6. 자연채광 방식

1) **천창채광(top light)**

지붕 또는 천장의 중앙에 천창을 통한 채광 방식

장점	단점
• 전시실 중앙을 밝게 하며 **조도 분포가 균일** • 동일 창면적일 때 **채광량이 측창의 3배**가 많다. • 공간이 넓어도 채광에 불리하지 않다. • 주변 상황에 따라 채광을 방해받는 경우가 적다.	• 구조 및 시공이 어렵고, 특히 **빗물처리가 어렵다** • 폐쇄된 분위기가 난다. • **통풍과 차열에 불리**하다. • 천정이 낮은 경우 눈부심이 발생할 수 있다.

2) **측창채광(side light)**

벽면에 측벽면(수직면)으로 낸 측창을 통한 채광 방식

장점	단점
• 시공이 용이하고, 비막이에 유리하다. • 개폐, 조작, 청소, 보수가 용이하다. • 조망 및 개방감이 우수하다. • **통풍, 차열, 일조 조정이 용이**하다.	• **조도가 불균일**하여 실 깊이에 제한을 받는다. • 주변 상황에 따라 **채광에 방해** 받을 수 있다.

3) **고측창채광(clerestory)**

지붕면에 있는 수직창에 의한 채광 방식이다.
① 중앙부는 어둡게, 전시실 벽면은 충분한 조도를 연출할 수 있으나 광량이 약할 우려가 있다.
② 미술관이나 공장에서 벽면 조도를 크게 할 경우 이용되는 방식이다.

4) **정측창채광(top side light monitor)**

지붕면에 있는 수직에 가까운 창에 의한 채광방식으로, 측창을 이용하기 어려운 미술관이나 공장 등 수평면보다 연직면의 조도면을 높이고자 할 때 사용한다.
① 천창보다 구조, 시공, 빗물처리, 개보수가 간단하다.
② 조망과 개방감이 좋다.

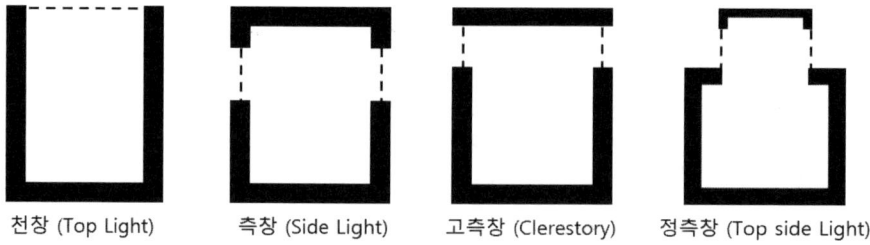

천창 (Top Light)   측창 (Side Light)   고측창 (Clerestory)   정측창 (Top side Light)

측창에 관한 설명으로 옳지 않은 것은? [24,22]

① 투명 부분을 설치하면 해방감이 있다.
② 같은 면적의 천창보다 광량이 3배 정도 많다.
③ 근린의 상황에 의한 채광 방해가 발생할 수 있다.
④ 남측창일 경우 실 전체의 조도분포가 비교적 균일하지 않다.

해설 | 같은 면적의 천창에 비해 채광량이 적다.

정답 ②

 천창(天窓)에 대한 설명으로 옳지 않은 것은? [25,22]

① 벽면을 다양하게 활용할 수 있다.
② 같은 면적의 측창보다 채광량이 많다.
③ 차열, 통풍에 불리하고 개방감도 적다.
④ 시공과 개폐 및 기타 보수관리가 용이하다.

해설 | 천창은 구조 및 시공이 어렵고, 특히 빗물처리가 어렵다.

정답 ④

핵심 기출문제

03 빛 환경

1 빛의 정의

01 ▶ 20 실건
다음 중 자외선의 주된 작용에 속하지 않는 것은?

① 살균작용
② 화학적 작용
③ 생물의 생육작용
④ 일사에 의한 난방작용

해설 | 자외선
생물의 생육, 살균, 퇴색, 광합성 효과로 인해 "화학선"이라고도 하며, 일광의 보건, 위생적인 효과가 있다. 난방작용을 하는 것은 적외선으로 주로 열작용을 하며, 열선이라고도 한다.

02 ▶ 18
다음 중 광속의 단위로 옳은 것은?

① cd
② lx
③ lm
④ cd/m²

해설 | 광속(F, lumen[lm])
1초 동안 어떠 면을 통과하는 빛의 양 [광의 양]

03 ▶ 19,13 실건
휘도의 단위로 옳은 것은?

① cd
② cd/m²
③ lm
④ lm/m²

해설 | 휘도(L, cd/㎡)
물체 표면의 밝기로, 광원이 빛나고 있는 정도 [반짝임] 휘도의 분포도는 시작업상에 큰 영향을 준다.

04 ▶ 20,16 실건
수조면의 단위면적에 입사하는 광속으로 정의되는 용어는?

① 조도
② 광도
③ 휘도
④ 광속발산도

해설 | 조도(E, lux)
단위면적당 입사광속으로 점광원에서 어떤 물체나 표면 도달하는 광속의 밀도 [장소의 명도]

2 조도 계산

05 ▶ 18,12 실건
점광원으로부터 일정 거리 떨어진 수평면이 조도에 관한 설명으로 옳지 않은 것은?

① 광원의 광도에 비례한다.
② $\cos\theta$ (입사각)에 비례한다.
③ 거리의 제곱에 반비례한다.
④ 측정점의 반사율에 비례한다.

해설 | 조도의 특성
㉠ 조도는 광원의 광도에 비례한다.
㉡ 조도는 거리의 제곱에 반비례한다.
㉢ 조도는 $\cos\theta$(입사각)에 비례한다.

정답 | 01 ④ 02 ③ 03 ② 04 ① 05 ④

06 ▶ 21, 14 실전

실내에 1000[cd]의 전등이 있을 때, 이 전등으로부터 4m 떨어진 곳의 직각면 조도는?

① 62.5[lx] ② 125[lx]
③ 250[lx]   ④ 500[lx]

해설 | 빛이 수직으로 입사 시 조도 계산

$$조도 = \frac{광도}{거리^2} (m)$$

여기서, 광도 = 1,000cd, 거리 = 4m

$$\therefore 조도 = \frac{1,000}{4^2} = 62.5 \text{ lx}$$

08 ▶ 13 실전

조명설비 관련 용어 중 다음 식과 같이 표현되는 것은?

$$\frac{수평면상의\ 최소\ 조도}{수평면상의\ 최대\ 조도}$$

① 균제도   ② 시강도
③ 조영률   ④ 색온도

해설 | 균제도
실내 조명의 균일한 정도를 나타내기 위하여 조명이 닿는 면 위의 최소 조도와 최대 조도와의 비로 휘도나 조도, 주광률 등의 분포를 나타내는 지표

3 주광률 & 균제도

07 ▶ 21, 20, 17, 13, 12 실전

주광률에 대한 용어 설명으로 옳은 것은?

① 조명기구에 의한 상하방향으로의 배광정도를 나타내는 값
② 실내의 조도가 옥외의 조도 몇 %에 해당하는가를 나타내는 값
③ 램프 광속 중 조명범위에 유효하게 이용되는 광속의 비율을 나타내는 값
④ 조명시설을 어느 기간 사용한 후의 작업면상의 평균 조도와 초기조도와의 비율을 나타내는 값

해설 | 주광률
실내 조도가 옥외 조도의 몇 %에 해당하는가를 나타내는 값으로 자연광의 밝기는 계절이나 날씨, 시각에 따라 달라지므로 이와 함께 실내의 밝기도 변화한다. 따라서 조도, 광속, 광도 등 밝기의 절대량을 나타내는 단위를 채광의 설계나 평가지표로 사용할 수는 없으므로 전천공조도에 대한 실내 한 지점의 작업면조도의 비율(%)로 주광률을 사용된다.

4 눈부심(글레어, glare)

09 ▶ 21, 16, 14 실전

조명에서 발생하는 눈부심에 관한 설명으로 옳지 않은 것은?

① 광원의 크기가 클수록 눈부심이 강하
② 광원의 휘도가 작을수록 눈부심이 강하다.
③ 광원이 시선에 가까울수록 눈부심이 강하다.
④ 배경이 어둡고 눈이 암순응 될수록 눈부심이 강하다.

해설 | 눈부심(글레어, glare)
눈이 순응하고 있는 상태에서 휘도가 높은 부분 또는 휘도 대비가 현저하게 큰 부분이 있으면 잘 보이지 않게 되거나 불쾌감을 느끼게 되는데 이것을 눈부심(글레어)이라 한다.

정답 | 06 ① 07 ② 08 ① 09 ②

10
▶ 18,17,15,13 실견

불쾌 글레어의 발생 원인과 가장 거리가 먼 것은?

① 휘도가 높은 광원
② 시선에 노출된 광원
③ 눈에 입사하는 광속의 과다
④ 물체와 그 주위 사이의 저휘도 대비

해설 | 문제 9번 해설참조

11
▶ 15 실견

조명의 눈부심에 관한 설명으로 옳지 않은 것은?

① 눈이 암순응 될수록 눈부심이 강하다.
② 광원의 휘도가 클수록 눈부심이 강하다.
③ 광원의 크기가 작을수록 눈부심이 강하다.
④ 광원이 시선에 가까울수록 눈부심이 강하다.

해설 | 광원의 크기가 작을수록 눈부심이 약하다.

12
▶ 20,17 실견

눈부심(glare)에 관한 설명으로 옳지 않은 것은?

① 광원의 휘도가 높을수록 눈부시다.
② 광원이 시선에 가까울수록 눈부시다.
③ 빛나는 면의 크기가 작을수록 눈부시다.
④ 눈에 입사하는 광속이 과다할수록 눈부시다.

해설 | 빛나는 면의 크기가 클수록 눈부심이 크다.

13
▶ 19 실견

다음 중 빛환경에 있어 현휘의 발생 원인과 가장 거리가 먼 것은?

① 광속 발산속도가 일정할 때
② 시야내의 휘도 차이가 큰 경우
③ 반사면으로부터 광원이 눈에 들어올 때
④ 작업대와 작업대 면의 휘도대비가 큰 경우

해설 | 광속 발산속도가 일정할 때는 눈부심(현휘) 발생이 줄어든다.

5 자연채광 방식

14
▶ 20 실견

건축적 채광방식 중 천창채광에 관한 설명으로 옳지 않은 것은?

① 비막이에 불리하다.
② 통풍 및 차열에 유리하다.
③ 조도 분포의 균일화에 유리하다.
④ 근린의 상황에 따라 채광을 방해받는 경우가 적다.

해설 | 천창채광(단점)

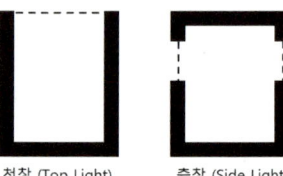

천창 (Top Light)　　측창 (Side Light)

㉠ 구조 및 시공이 어렵고, 특히 빗물처리가 어렵다
㉡ 폐쇄된 분위기가 난다.
㉢ 통풍과 차열에 불리하다.
㉣ 천정이 낮은 경우 눈부심이 발생할 수 있다.

15
▶ 15 실견

채광방식에 관한 설명으로 옳은 것은?

① 측광채광은 천창채광에 비해 채광량이 많다.
② 천창채광은 측창채광에 비해 조도 분포의 균일화에 유리하다.
③ 측창채광은 천창채광에 비해 시공이 어려우며, 비막이에 불리하다.
④ 천창채광은 측창채광에 비해 근린의 상황에 따라 채광을 방해받는 경우가 많다.

해설 | 천창채광(장점)
㉠ 전시실 중앙을 밝게 하며 조도 분포가 균일
㉡ 동일 창면적일 때 채광량이 측창의 3배가 많다.
㉢ 공간이 넓어도 채광에 불리하지 않다.

정답 | 10 ④　11 ③　12 ③　13 ①　14 ②　15 ②

16 ▶ 17 실건
천창채광에 관한 설명으로 옳지 않은 것은?
① 비막이에 불리하다.
② 조도 분포의 균일화에 유리하다.
③ 측창채광에 비해 채광량이 적다.
④ 근린의 상황에 따라 채광을 방해받는 경우가 적다.

해설 | 천창은 동일 창면적일 때 채광량이 측창의 3배가 많다.

17 ▶ 18 실건
천창채광에 관한 설명으로 옳은 것은?
① 측창채광에 비해 채광량이 적다.
② 시공이 용이하며 비막이에 유리하다.
③ 측창채광에 비해 조도분포가 불균일하다.
④ 근린의 상황에 따라 채광을 방해받는 경우가 적다.

해설 | 근린의 상황에 따라 채광을 방해받는 경우가 적다.

18 ▶ 16 실건
천창채광에 관한 설명으로 옳지 않은 것은?
① 통풍에 불리하다.
② 비막이에 불리하다.
③ 좁은 실에서 해방감 확보가 용이하다.
④ 근린의 상황에 의해 채광을 방해받는 경우가 적다.

해설 | 천창채광은 조망 및 개방감이 부족하며 폐쇄된 분위기가 난다.

19 ▶ 20, 09 실건
측창채광에 관한 설명으로 옳은 것은?
① 천창채광에 비해 채광량이 많다.
② 천창채광에 비해 비막이에 불리하다.
③ 편측채광의 경우 실내 조도분포가 균일하다.
④ 근린의 상황에 의해 채광을 방해받을 수 있다.

해설 | 측창채광
㉠ 조도가 불균일하여 실 깊이에 제한을 받는다.
㉡ 주변 상황에 따라 채광에 방해 받을 수 있다.

20 ▶ 19 실건
건축적 채광의 방법 중 측광(lateral lighting)에 관한 설명으로 옳은 것은?
① 통풍·차열에 불리하다.
② 편측채광의 경우 조도분리가 불균일하다.
③ 구조·시공이 어려우며 비막이 불리하다.
④ 근린의 상황에 따라 채광을 방해받는 경우가 없다.

해설 | 문제 19번 해설참조

21 ▶ 15 실건
채광방식 중 측창채광에 관한 설명으로 옳지 않은 것은?
① 천창채광에 비해 비막이에 유리하다.
② 근린의 상황에 의한 채광 방해의 우려가 있다.
③ 편측채광의 경우 실내 조도분포가 불균일하다.
④ 동일 면적의 천창채광에 비해 채광량이 3배 정도 많다.

해설 | 천창은 동일 창면적일 때 채광량이 측창의 3배가 많다.

정답 | 16 ③ 17 ④ 18 ③ 19 ④ 20 ② 21 ④

04 음 환경

> **Pass Note**

예상출제문항	키워드
1~2	- 음의 성질, 3요소, 특성 - 음의 장애현상 - 음의 단위와 음의 레벨 계산	- 잔향시간 및 잔향공식 - 소음방지 대책 - 흡음 및 차음 계획

1. 음의 성질

음이란 공기라는 탄생체 속에서 전해가는 파동으로 그 파동(음파)의 자극에 의해 음이 전달 된다.

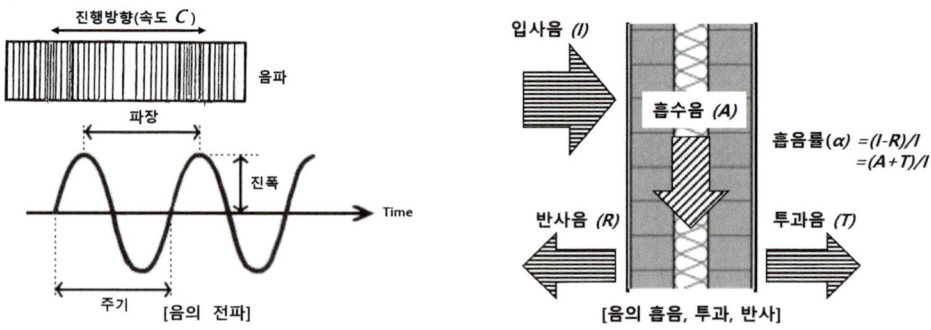

[음의 전파]   [음의 흡음, 투과, 반사]

1) 음의 정의

(1) 음파(sound wave)

공기 속을 전파하는 압력 변동으로서 매질입자가 전파방향과 같은 방향으로 운동하는 **종파(세로, 수직 방향)**이며, 음의 크기는 청각의 감각량으로 음 크기 레벨의 단위는 폰(phon)을 사용한다.

(2) 주파수(진동수)

음은 전파될 때 나타나는 파동현상으로 1초간의 왕복 진동횟수를 말한다.
음의 고저 감각과 직접적인 관계가 있다.
① 단위 : Hz(c/s)
② 가청 주파수 : 20~20,000Hz
③ 초음파
  ㉠ 초저 주파수 : 20Hz 미만의 음으로 인간에게 치명적인 해를 준다.
  ㉡ 초고 주파수 : 20,000Hz 이상의 음이다.

④ 표준음 : 63, 125, 250, 500, 1000, 2000, 4000, 8000Hz의 순음이다.

(3) 음속(음의 전파 속도)

소리가 1초 동안에 진행한 거리이며 온도에 가장 큰 영향을 받는다.

(4) 주기

같은 위상의 반복에 소요되는 시간이다.

(5) 파장

파동상의 두 반복점 간의 거리를 말한다.

2) 음의 3요소 : 음색, 음의 고저, 음의 크기

(1) 음의 크기(강도)

음압에 따라 크기가 결정, 음파의 진행 방향에 단위 시간당 운반되는 진동에너지의 양이다.

(2) 음의 고저(높이)

주파수에 따라 음의 고저가 결정, 주파수가 큰 음은 높고, 작은 음은 낮게 느껴진다.

(3) 음색(파형)

음의 파형(순음, 복합음)에 따라 결정, 음파를 구성하는 배열과 크기에 따라 소리가 다르게 느껴지는 것을 말한다.

3) 음의 특성

종류	특성
회절	• 음파는 파동의 하나이기 때문에 물체가 진행방향을 가로막고 있다고 해도 파동은 직진하지 않고 그 뒤쪽으로 돌아가 그 물체의 **후면에 전달**되는 것을 말한다. • 회절은 낮은 주파수의 음일수록 현저하게 나타나며 주파수가 높아질수록 회절을 일으키기 어렵게 된다.
간섭	• 서로 다른 음원에서의 **음이 중첩**되면 합성되어 음은 쌍방의 상황에 따라 강하게 하거나 약화 시키는 현상이다. • 같은 음을 2개의 스피커에서 발생하면 음이 크게 들리는 곳과 작게 들리는 곳이 생긴다.
잔향	실내에서 음원이 갑자기 사라져도 그 음이 일부 남아 있는 현상
굴절	매질 중의 음의 속도가 공간적으로 변동될 때 음이 **전파하는 방향이 바뀌는** 과정이며 주간에 들리지 않던 소리가 **야간에 들리는 현상**이 굴절 때문이다.
확산	음파가 불규칙적인 표면에 부딪쳐 여러 개의 작은 파형으로 나뉘는 것
반사	음파가 경계면에 부딪치면 그 중 일부 파동이 진행방향을 바꿔 되돌아오는 현상으로 표면의 재질 및 굴곡상태 따라 반사율이 다르다.

음파는 파동의 하나이기 때문에 물체가 진행방향을 가로막고 있다고 해도 그 물체의 후면에도 전달된다. 이러한 현상을 무엇이라 하는가? [25, 22]
① 잔향　　　② 굴절　　　③ 회절　　　④ 간섭

정답 ③

4) 음의 장애현상

(1) 공명현상

입사음의 진동수가 벽이나 천장 등의 **진동수와 일치되어 같이 소리를 내는 현상**으로 실내에서 공명이 발생하면 균등한 음의 분포를 얻기가 힘들다.
① 공명 방지 방안
　㉠ 실의 표면을 불규칙한 형태로 한다.
　㉡ 실의 평면 비율을 장방형으로 한다.
　㉢ 표면에 확산체를 설치 한다.
　㉣ **흡음재를 분산 배치** 시킨다.

(2) 에코(반향)현상

진동수가 조금 다른 두 음의 간섭에 의해 직접음이 들린 후에 뚜렷이 분리하여 반사음이 들리는 현상으로 음성의 명확성이나 음악의 연주에 많은 장애를 준다.

(3) 플러터 에코(flutter echo) 현상

박수나 발자국 소리가 천장과 바닥 또는 벽과벽 사이를 왕복 반사하여 독특한 음색이 울리는 현상이다.

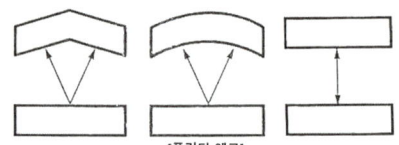

[플러터 에코]

(4) 마스킹 효과

어느 음을 듣고자 할 때, 다른 음의 방해로 인하여 **다른 음에 대한 가청 임계값이 증가**하는 현상. 즉 듣고자 하는 음이 작게 들리거나 아예 들리지 않는 현상으로 **음파의 간섭**에 의해 일어난다.

(5) 정재파 현상

같은 주파수 음의 간섭에 의해서 입사음파가 반사음파와 중첩되어 음압의 변동이 고정되어 **실내에 머물러** 있는 상태를 말한다.

(6) 피드백 현상

음의 증폭 과정에서 확성기에서 나온 소리가 다시 마이크로폰에 잡혀서 큰 소리로 울리게 되는 현상이다.

2. 음의 단위와 음의 레벨

1) 음의 크기와 음의 크기 레벨

종류	단위	특성
음의 크기	sone (손)	청각의 감각량으로 음의 대소를 나타내는 감각량을 음의 크기라고 한다. (sone값을 2배로 하면 음 크기는 2배가 된다.)
음의 크기 레벨	phone (폰)	귀의 감각적 변화를 고려한 주관적인 척도이다. 1sone = 40phone → 2sone = 50phone, 4sone = 60phone (sone값을 2배로 하면 10phone씩 증가한다.)

2) 음의 세기와 음의 세기 레벨

종류	단위	특성
음의 세기 (Sound Intensity)	I W/㎡	음파의 방향에 직각인 단위 면적을 1초간에 전파되는 음 에너지량으로 음의 강도라고도 한다.
음의 세기 레벨	IL W/㎡	음의 세기가 기준치에 몇배인가를 나타내는 척도 기준치 : $10^{-12} W/m^2$ 또는 $10^{-16} W/cm^2$ (건강한 귀로 들을 수 있는 1000Hz의 순음의 세기) $IL = 10\log(\frac{I_1}{I_0})$ (I_0=기준음의 세기, I_1=측정음의 세기)

Note 환산 간편법

음의 세기(W/m²)	10^{-12}	10^{-11}	10^{-10}	10^{-9}	10^{-8}	10^{-7}
음의 세기 레벨(dB)	0	10	20	30	40	50

예제 02 음의 세기 10^{-10} W/㎡을 음의 세기 레벨(dB)로 환산하면 얼마인가? [23,실건20,16,15]

① 10dB ② 20dB ③ 30dB ④ 40dB

해설 | $IL = 10\log(\frac{I_1}{I_0})$

$IL = 10\log(\frac{I_1}{I_0}) = 10\log(\frac{10^{-10}}{10^{-12}}) = 10\log 10^2 = 20 dB$

정답 ②

3) 음압(Sound Pressure)

음파에 의해 공기 진동으로 생기는 대기 중의 변동으로 단위 면적에 작용하는 힘의 단위 이다.
① 단위 : N/m²(PA)

② 음압레벨(SPL) = $20\log(\frac{P_1}{P_0})$ (dB)

(P_0 =기준음압, P_1 =주어진 비교음의 음압)

4) 데시벨(dB)

데시벨(dB)은 소리의 상대적인 크기를 나타내는 단위로 소리의 전파에 있어 매체 속을 진행하는 에너지는 음압의 제곱에 비례한다.

5) 음의 파장(λ), 음속(C), 주파수(f)의 관계

① $\lambda(m) = \dfrac{C(m/s)}{f(Hz)}$, 음의파장 = $\dfrac{음속}{주파수}$

② 가청음의 파장 : $\lambda = \dfrac{340}{20 \sim 20{,}000} = 0.017 \sim 17\,\text{m}$

 예제 03
공기 중의 음속이 344m/s, 주파수가 450Hz일 때 음의 파장(m)은? [23,실건21,19]
① 0.33   ② 0.76   ③ 1.31   ④ 6.25

해설 | $\lambda(m) = \dfrac{C(m/s)}{f(Hz)} = \dfrac{344}{450} = 0.764\,\text{m}$, [음의 파장(λ), 음속(C), 주파수(f)]

정답 ②

3. 잔향(reverberation)

음원이 정지된 후에도 음이 남아 있는 현상이다.

1) 잔향 시간

① 실내 음에너지가 60dB(음의 세기로는 $1/10^6$, 음압으로는 1/1000)까지 감소될 때까지 걸리는 시간이다.
② 흡음률과 잔향 시간은 반비례 관계이다.
③ 잔향시간은 **실용적에 비례**하며 **실의 표면적에는 반비례**한다.
④ 잔향 시간은 청중수와 밀접한 관계가 있다.
⑤ 잔향 시간은 각 실의 용도, 목적에 따라 다르다.

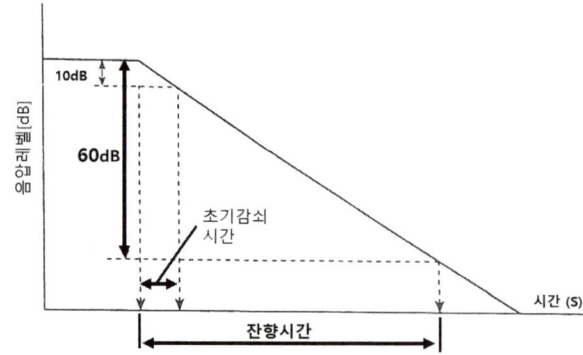

2) 잔향 공식

(1) Sabine의 잔향식

일반적으로 Sabine의 잔향식을 이용하며 **흡음력이 매우 적은 실**에 적합하다.

$$RT = K\frac{V}{A} = 0.16\frac{V}{A}$$

RT : 잔향시간(sec)
K : 비례 상수(0.162)
A : 실내의 흡음력(m²) = (평균 흡음률) × S(실내표면적)(m²)
V : 실의 용적(m³)

(2) Knudsen의 잔향식

잔향 시간이 짧을 때 또는 **실용적이 큰 실**에 적합하며 공기의 점성 저항에 의한 음의 감쇠를 고려

(3) Eyring 의 잔향식

잔향 시간이 짧을 때 또는 **흡음력이 클 때** 주로 사용된다.

3) 최적 잔향 시간

① 실용적이 클수록, 흡음력이 적을수록 잔향 시간을 길게 한다.
② 흡음재의 사용량을 증가시키면 잔향 시간을 줄일 수 있다.
③ 명료도가 요구되는 **강연, 연극** → 잔향 시간을 **짧게** (명료도가 높다.)
④ 풍부한 음량이 요구되는 **음악** → 잔향 시간을 **길게** (명료도가 낮다.)
⑤ 전기, 음향 설비를 주로 하는 경우는 최적치 보다 잔향 시간을 짧게 한다.
⑥ 실의 용도가 다목적인 경우 잔향시간의 가변 장치(가변 흡음 구조)를 설치한다.

> **Note 음의 명료도**
> 사람이 말을 할 때 어느 정도 정확하게 청취할 수 있는가를 표시하는 기준이다.
> ㉠ 명료도의 요소 : 음의 세기(스피커의 음성), 잔향 시간, 실내 소음 레벨, 방의 형태, 음의 분포 등이다.
> ㉡ 명료도 : 85% 이상 → 양호, 70% 이하 → 불량

예제 04 잔향시간에 관한 설명으로 옳지 않은 것은? [24,22,16]
① 잔향시간은 실용적에 영향을 받는다.
② 잔향시간이 실외 흡음력에 반비례한다.
③ 잔향시간이 길수록 명료도는 좋아진다.
④ 잔향시간이 짧을수록 음의 명료도는 좋아진다.

해설 | 잔향시간이 길수록 명료도는 불량하다.

정답 ③

예제 05 실내음향의 상태를 표현하는 요소와 가장 거리가 먼 것은? [25,22,18]
① 명료도　　② 잔향시간　　③ 음압분포　　④ 투과손실

해설 | • 실내음향의 상태를 표현하는 요소 : 명료도, 잔향시간, 음압분포, 소음레벨 등
　　　• 벽체의 차음 성능은 투과손실로 나타낸다.

정답 ④

4. 소음

1) 소음의 종류
① **정상소음** : 음압 레벨의 변동폭이 좁고, 측정자가 귀로 들었을 때 **음의 크기가 변동하고 있다고는 생각되지 않는** 종류의 소음
② **변동소음** : 레벨이 불규칙하고 연속적으로 상당한 범위에 걸쳐 변화하는 소음
③ **평가소음** : 측정소음도에 배경소음을 보정한 후 얻어진 소음
④ **배경소음** : 측정 대상음 이외의 주위 소음

2) 소음 방지 계획
① 벽체의 중량을 크게 하고 차음력이 큰 적층벽이나 중공벽의 구조로 한다.
② **실내의 흡음률을 좋게** 한다.
③ 창문 및 개구부는 밀폐도를 높인다.
④ 소음원의 음원세기를 줄인다.

예제 06 다음 중 건축물의 소음대책과 가장 거리가 먼 것은? (단, 소음원이 외부에 있는 경우) [23,실건22,16]
① 창문의 밀폐도를 높인다.　　② 실내의 흡음률을 줄인다.
③ 벽체의 중량을 크게 한다.　　④ 소음원의 음원세기를 줄인다.

해설 | 실내의 흡음률을 좋게 한다.

정답 ②

5. 흡음 및 차음

1) 흡음(Sound absorption)
음파가 재료에 부딪히면 입사음의 에너지 일부가 여러 흡음기구에 의해 다른 에너지로 변환되고 흡수되어 최대한 소멸시키는 작용을 흡음이라 한다.

종류	특성
다공성 흡음재	암면, 유리면, 목모시멘트판, 글라스울, 암면 등의 연속기포로 되어 있는 재료에 음이 입사하면 음파는 그 세공 속으로 전파하여 입사음의 에너지 일부가 주벽과의 마찰, 점성 저항 및 재료의 섬유 진동으로 열에너지로 소비된다. ① **중·고음역에서 높은 흡음률**을 나타낸다. ② 두께를 늘리면 저주파수의 흡음률이 높아진다. ③ 재료 표면의 공극을 막는 표면 처리(도장)를 할 경우 중·고주파수에서의 흡음률이 저하된다. ④ **주파수가 낮을수록 흡음률이 낮아진다.** ⑤ 강성벽 앞면의 공기층 두께를 증가시키면 저주파수의 흡음률이 높아진다.
판(막)진동 흡음재	합판, 섬유판, 석고보드 등의 얇은 판에 음이 입사되면 판진동에 의해 에너지의 일부가 내부마찰로 소비된다. ① **낮은 주파수** 대역에 유효하다.(저음역 흡음재) ② 흡음판이 막진동하기 쉬운 **얇은 것일수록 흡음률이 크다.** ③ 재료의 부착방법과 배후조건에 의해 특성이 달라진다. ④ 판이 두껍거나 배후 공기층이 클수록 공명주파수의 범위가 저음역으로 이동한다. ⑤ 강성벽의 표면에 밀실하게 부착하면 **흡음률이 떨어진다.**
공동 공명기	합판, 석고보드 등의 경질판에 다수의 구멍을 관통시킨 것으로 특정한 주파수 대역을 강하게 흡음할 필요가 있을 때 사용하나, 다양한 흡음 효과를 기대하기는 어렵다. ① 배후 공기층의 두께를 증가시키면 최대 흡음률의 위치가 고음역으로 이동하며 흡음재를 추가로 넣어 흡음률을 높일 수도 있다. ② 단일공동 공명 : 공명에 의하여 **특정 주파수**의 음만을 효과적으로 흡음한다. ③ 천공판 공명기 : 다공재를 넣으면 **고주파수의 흡음률이 증가**된다.

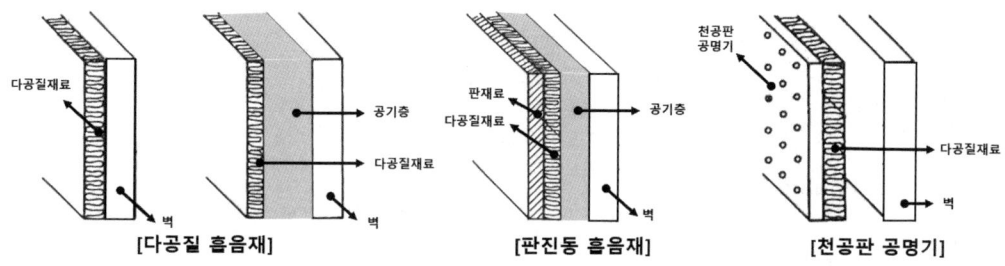

[다공질 흡음재]   [판진동 흡음재]   [천공판 공명기]

예제 07 다공질재 흡음재료에 관한 설명으로 옳지 않은 것은? [23,실건21,18,15]

① 주파수가 낮을수록 흡음률이 높아진다.
② 표면 마감처리방법에 의해 흡음 특성이 변한다.
③ 두께를 늘리면 저주파수의 흡음률이 높아진다.
④ 강성벽 앞면의 공기층 두께를 증가시키면 저주파수의 흡음률이 높아진다.

해설 | 다공질재 흡음재료
㉠ 암면, 유리면, 목모시멘트판, 글라스울, 암면 등의 연속기포로 된 재료
㉡ 중·고음역에서 높은 흡음률을 나타낸다.
㉢ 재료 표면의 공극을 막는 표면 처리(도장)를 할 경우 중·고주파수에서의 흡음률이 저하된다.
㉣ 주파수가 낮을수록 흡음률이 낮아진다.

정답 ①

2) 차음 및 대책

(1) 투과 손실

음원이 입사 후 마감재에 부딪치면 일부가 흡수되어 얼마나 감소하였는지의 정도를 투과손실이라 한다.
① **투과손실이 클수록 차음력은 커진다.**
② 음의 투과율이 작을수록 차음력은 커진다.
③ 벽체의 두께와 질량에 차음력은 비례한다.
④ 반사율이 높은 재료가 낮은 재료보다 차음력이 크다.

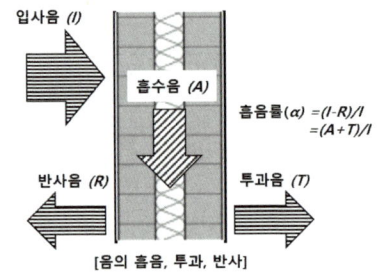
[음의 흡음, 투과, 반사]

(2) 차음 대책 / 성능 개선

재료적 측면	• 벽체의 기밀성을 높인다. • 투과손실이 높은 재료를 사용한다. • 음에 대한 반사율을 높인다. • 무겁고 두꺼운 기밀한 재료를 사용한다. • 쿠션성이 있는 바닥마감재를 사용한다.
건축구조적 측면	• 아래층의 충격을 저감하기 위해 슬래브를 두껍게 하고 뜬바닥 구조를 활용한다. • 천장반자 시공에 의한 이중천장으로 설치한다. • 배수관에 차음시트를 설치한다. • 복도와 베란다창, 작은 환기공도 차음에 영향을 받으므로 틈새 처리를 기밀하게 한다.

 예제 08 다음 중 벽체의 차음성능을 높이기 위한 방법과 가장 거리가 먼 것은? [24,실건21,16,13]

① 벽체의 기밀성을 높인다. ② 벽체의 투과손실을 낮춘다.
③ 음에 대한 반사율을 높인다. ④ 무겁고 두꺼운 재료를 사용한다.

해설 | 투과손실이 클수록 차음력은 커진다.

정답 ②

6. 실내 음향 계획

1) 요구조건
① 실내 전체에 적당한 음압 레벨을 유지 시킬 것
② 반사음은 충분히 확산 시킬 것
③ 잔향시간 및 주파수의 특성을 적당히 할 것
④ 에코(반향)와 같은 장애 현상이 생기지 않도록 할 것
⑤ 방해가 되는 진동, 소음이 없을 것
⑥ 명료도를 크게(잔향 시간을 짧게)하여 언어를 뚜렷하게 들을 수 있게 할 것

2) 특성
① 실내 전체에 일정한 음압 분포가 가장 중요하다.
② 음원과 수음점과의 거리가 멀어져도 음의 세기는 크게 감쇄하지 않는다.
③ 음원이 정지한 후에도 늦게 도달하는 반사음에 의해 잔향이 생긴다.
④ 실의 형이나 내장재료에 의해 반향, 울림, 기타 여러 특이 현상이 발생할 수 있다.

3) 실의 형태(공연장 기준)
실의 크기가 작으면(한변이 10m 이하) 고유 진동이 나타날 수 있어 파동 음향적으로 검토하여야 하며, 실이 크거나 불규칙할 경우에는 기하 음향학적으로 검토하여야 한다.

(1) 평면형
① 음향 분포에는 부채꼴형이 가장 좋다. 타원형, 원형은 음의 집점, 반향이 일어난다.
② 타원형, 원형의 평면은 장애현상을 발생되어 벽면을 볼록하게 처리한다.
③ 무대 부근 음원 발생지에는 반사재를, 실 후면에는 볼록형태 흡음재를 설치한다.
④ 오디토리움의 시야각(γ)은 8°, 극장의 시야각(γ)은 15° 정도가 가장 적당하다.
⑤ 객석은 실의 중심축에서 좌우로 각각 70° 이내로 계획한다.
⑥ 객석 레벨은 시각적인 이유와 만족할 만한 직접음을 받도록 경사지게 하는 것이 유리하다. (수평일 때는 무대 음원의 위치를 가급적 높인다.)

 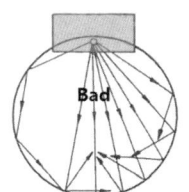 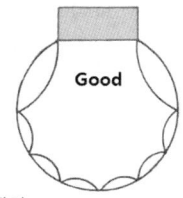

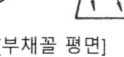
[부채꼴 평면]   [부채꼴 평면]

(2) 단면형
① 바닥 : 홀에서는 바닥은 가능한 한도에서 경사(구배)를 크게 둔다.
② 천장 : 천정의 전체를 곡면으로 하는 것은 음의 초점을 만들 염려가 있으므로 피하고 부득이한 경우에는 오목면을 평면이나 볼록면으로 한다.
③ 발코니 : 가급적 깊이를 작게 하며 발코니 하부 천장은 반사면이 되도록 반사재료를 사용한다.

핵심 기출문제

04 음 환경

1 음의 성질

01 ▶ 15 실건
다음 중 음의 3요소에 속하지 않는 것은?

① 음색 ② 음의 폭
③ 음의 고저 ④ 음의 크기

해설 | 음의 3요소
음색, 음의 고저, 음의 크기

02 ▶ 19, 17 실건
다음 중 음의 고저 감각에 가장 주된 영향을 주는 요소는?

① 음색 ② 음의 크기
③ 음의 주파수 ④ 음의 전파속도

해설 | 음의 고저(높이)
주파수에 따라 음의 고저가 결정, 주파수가 큰 음은 높고, 작은 음은 낮게 느껴진다.

03 ▶ 20
음의 물리적 특성에 대한 설명으로 옳지 않은 것은?

① 음이 1초 동안에 진동하는 횟수를 주파수라고 한다.
② 인간의 귀로 들을 수 있는 주파수 범위를 가청주파수라고 한다.
③ 기온이 높아지면 공기 중에 전파되는 음의 속도도 증가한다.
④ 공기 중으로 전달되는 음파의 전파속도는 주파수와 비례한다.

해설 | 공기 중으로 전달되는 음파의 전파속도는 주파수 영향을 받지 않고 통과하는 물질의 성질에 따라 영향을 받는다.

04 ▶ 15 실건
음의 성질에 관한 설명으로 옳지 않은 것은?

① 음의 파장은 음속과 주파수를 곱한 값이다.
② 인간의 가청주파수의 범위는 20~20000Hz이다.
③ 마스킹 효과(Masking effect)는 음파의 간섭에 의해 일어난다.
④ 음파가 한 매질에서 타 매질로 통과할 때 구부러지는 현상을 음의 굴절이라 한다.

해설 | 파장
파동상의 두 반복점 간의 거리를 말한다.

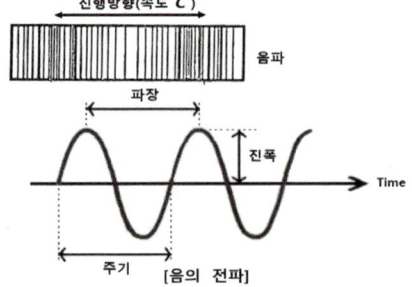

[음의 전파]

정답 | 01 ② 02 ③ 03 ④ 04 ①

05 ▶ 20,17,16 실전
다음 설명에 알맞은 음과 관련된 현상은?

- 서로 다른 음원에서의 음이 중첩되면 합성되어 음은 쌍방의 상황에 따라 강해진다든지, 약해진다든지 한다.
- 2개의 스피커에서 같은 음을 발생하면 음이 크게 들리는 곳과 작게 들리는 곳이 생긴다.

① 음의 간섭 ② 음의 굴절
③ 음의 반사 ④ 음의 회절

해설 | 음의 간섭
㉠ 서로 다른 음원에서의 음이 중첩되면 합성되어 음은 쌍방의 상황에 따라 강하게 하거나 약화 시키는 현상이다.
㉡ 같은 음을 2개의 스피커에서 발생하면 음이 크게 들리는 곳과 작게 들리는 곳이 생긴다.

06 ▶ 19,16,13 실전
다음 설명에 알맞은 음과 관련된 현상은?

- 매질 중의 음의 속도가 공간적으로 변동함으로써 음이 전파하는 방향이 바뀌어지는 과정이다.
- 주간에 들리지 않던 소리가 야간에 잘 들린다.

① 반사 ② 간섭
③ 회절 ④ 굴절

해설 | 음의 굴절
매질 중의 음의 속도가 공간적으로 변동될 때 음이 전파하는 방향이 바뀌는 과정이며 주간에 들리지 않던 소리가 야간에 들리는 현상이 굴절 때문이다.

07 ▶ 20,14 실전
같은 주파수 음의 간섭에 의해서 입사음파가 반사음파와 중첩되어 음압의 변동이 고정되는 현상은?

① 마스킹 현상
② 정재파 현상
③ 피드백 현상
④ 플러터 에코 현상

해설 | 정재파 현상
같은 주파수 음의 간섭에 의해서 입사음파가 반사음파와 중첩되어 음압의 변동이 고정되어 실내에 머물러 있는 상태를 말한다.

08 ▶ 15,13 실전
마스킹(masking) 효과에 관한 설명으로 옳은 것은?

① 초기 반사음보다 늦게 도래하는 반사음의 효과
② 입사음의 진동수가 벽의 진동수와 일치되어 같은 소리를 내는 현상
③ 어떤 음의 방해로 인하여 다른 음에 대한 가청 임계값이 증가하는 현상
④ 음파가 어떤 매질을 진행할 때 다른 매질의 경계면에 도달하여 진행방향이 변하는 현상

해설 | 마스킹 효과
어느 음을 듣고자 할 때, 다른 음에 의하여 듣고자 하는 음이 작게 들리거나 아예 들리지 않는 현상으로 음파의 간섭에 의해 일어난다.

09 ▶ 18,12 실전
다음 중 음향장해 현상의 하나인 공명을 피하기 위한 대책으로 가장 알맞은 것은?

① 흡음재를 분산 배치 시킨다.
② 실의 마감을 반사재 중심으로 구성한다.
③ 실의 표면을 매끄러운 재료로 구성한다.
④ 실의 평면 크기 비율(가로 : 세로)을 1 : 3 이상으로 한다.

해설 | 공명 방지 방안
㉠ 실의 표면을 불규칙한 형태로 한다.
㉡ 실의 평면 비율을 장방형으로 한다.
㉢ 표면에 확산체를 설치 한다.
㉣ 흡음재를 분산 배치 시킨다.

정답 | 05 ① 06 ④ 07 ② 08 ③ 09 ①

2 음의 단위와 음의 레벨

10 ▶ 18,15,12 실건
음의 대소를 나타내는 감각량을 음의 크기라고 한다. 음의 크기의 단위는?

① sone ② phon
③ dB   ④ Hz

해설 | 음의 크기
청각의 감각량으로 음의 대소를 나타내는 감각량을 음의 크기라고 한다. 단위는 sone이며 sone값을 2배로 하면 음 크기는 2배가 된다.

11 ▶ 14 실건
다음 중 음의 크기 레벨의 단위는?

① N/m² ② W/m²
③ Hz   ④ Phon

해설 | 음의 크기 레벨
단위는 phone(폰)으로 귀의 감각적 변화를 고려한 주관적인 척도이다.
1sone = 40phone, 2sone = 50phone,
4sone = 60phone
(sone값을 2배로 하면 10phone씩 증가한다.)

12 ▶ 22,14 실건 실건
음의 세기 레벨이 30dB인 음의 세기는? (단, 기준음의 세기는 10^{-12} W/㎡이다.)

① 10^{-12} W/m² ② 10^{-9} W/m²
③ 10^{-6} W/m²   ④ 10^{-3} W/m²

해설 | $IL = 10\log(\frac{I_1}{I_0}) = 10\log(\frac{x}{10^{-12}})$
$= 10\log 10^y = 30 dB$
∴ $\log 10^y = 3 \rightarrow y=3$,
$\log(\frac{10^{-9}}{10^{-12}}) = 3 \rightarrow x=10^{-9}$

13 ▶ 14 실건
주파수가 150Hz이고, 전파속도가 60m/s인 파동의 파장은?

① 0.25m ② 0.40m
③ 0.55m ④ 2.50m

해설 | $\lambda(m) = \frac{C(m/s)}{f(Hz)} = \frac{60}{150} = 0.4m$,
[음의 파장(λ), 음속(C), 주파수(f)]

3 잔향(reverberation)

14 ▶ 21
실내 음환경에서 잔향 시간에 관한 설명으로 옳은 것은?

① 음향 청취를 목적으로 하는 공간에서의 잔향 시간은 음성 전달을 목적으로 하는 공간에서의 잔향 시간보다 짧아야 한다.
② 음의 잔향 시간은 실의 용적에 비례하며 벽면의 흡음력에 따라 결정된다.
③ 실의 형태를 변경하면 잔향 시간은 조정이 가능하다.
④ 영화관은 전기 음향 설비가 주가 되므로 잔향 시간은 길수록 좋다.

해설 | 잔향 시간
㉠ 실내 음에너지가 60dB(음의 세기로는 $1/10^6$, 음압으로는 1/1000)까지 감소될 때까지 걸리는 시간이다.
㉡ 흡음률과 잔향 시간은 반비례 관계이다.
㉢ 잔향시간은 실용적에 비례하며 실의 표면적에는 반비례한다.
㉣ 잔향 시간은 청중수와 밀접한 관계가 있다.
㉤ 잔향 시간은 각 실의 용도, 목적에 따라 다르다.

정답 | 10 ① 11 ④ 12 ② 13 ② 14 ②

15

▶ 21,15 실건

음의 잔향시간에 관한 설명으로 옳지 않은 것은?

① 모든 실의 잔향시간은 짧을수록 좋다.
② 실내 벽면의 흡음율이 높으면 잔향시간은 짧아진다.
③ 음악당의 잔향시간은 강당의 잔향시간보다 긴 것이 좋다.
④ 음이 발생하여 음압 레벨이 60dB 낮아지는데 소요되는 시간을 말한다.

해설 | 문제 14번 해설참조

16

▶ 20,15

실내음향에 관한 설명으로 옳지 않은 것은?

① 잔향시간은 실내 용적이 클수록 길어진다.
② 잔향시간은 실내의 흡음력이 작을수록 길어진다.
③ 강당과 음악당의 최적 잔향시간을 비교하면 강당의 잔향시간이 더 길어야 한다.
④ 잔향시간이란 실내의 음압레벨이 초기값보다 60dB 감쇠할 때까지의 시간을 말한다.

해설 | 잔향시간이 짧을수록 음의 명료도가 향상된다. 따라서 언어를 전달하는 강당이 음악당보다 잔향시간이 짧아야 한다.

17

▶ 17 실건

다음 중 일반적으로 요구되는 최적잔향시간이 가장 짧은 곳은?

① 콘서트 홀
② 가톨릭 교회
③ TV 스튜디오
④ 오페라 하우스

해설 | 문제 16번 해설참조

18

▶ 14 실건

잔향식에 관한 설명으로 틀린 것은?

① Eyring식은 흡음력이 클 때 사용된다.
② 흡음력이 매우 적은 실에는 Sabine식이 적용된다.
③ Knudsen식은 공기의 점성저항에 의한 음의 감쇠를 무시한다.
④ 잔향시간이 짧은 실에는 Eyring 또는 Knudsen식이 사용된다.

해설 | ㉠ Sabine의 잔향식
일반적으로 Sabine의 잔향식을 이용하며 흡음력이 매우 적은 실에 적합하다.
㉡ Knudsen의 잔향식
잔향 시간이 짧을 때 또는 실용적이 큰 실에 적합하며 공기의 점성 저항에 의한 음의 감쇠를 고려
㉢ Eyring의 잔향식
잔향 시간이 짧을 때 또는 흡음력이 클 때 주로 사용된다.

19

▶ 16,13 실건

임의의 실내 공간이 사빈(Sabine)의 잔향이론에 따른다고 가정할 때, 실용적이 2배로 증가하면 잔향시간은?

① 1/2로 감소
② 1/4로 감소
③ 2배 증가
④ 4배 증가

해설 | Sabine의 잔향식
실용적과 잔향시간은 비례한다.
$$RT = K\frac{V}{A} = 0.16\frac{V}{A}$$
RT : 잔향시간(sec)
K : 비례 상수(0.162)
A : 실내의 흡음력(㎡)
V : 실의 용적(㎥)

정답 | 15 ① 16 ③ 17 ③ 18 ③ 19 ③

4 소음

20 ▶ 19, 17, 16 실건
다음과 같이 정의되는 소음의 종류는?

> 음압 레벨의 변동폭이 좁고, 측정자가 귀로 들었을 때 음의 크기가 변동하고 있다고 생각되지 않는 종류의 소음

① 확장소음
② 축소소음
③ 정상소음
④ 충격소음

해설 | 소음의 종류
  ㉠ 정상소음 : 음압 레벨의 변동폭이 좁고, 측정자가 귀로 들었을 때 음의 크기가 변동하고 있다고는 생각되지 않는 종류의 소음
  ㉡ 변동소음 : 레벨이 불규칙하고 연속적으로 상당한 범위에 걸쳐 변화하는 소음
  ㉢ 평가소음 : 측정소음도에 배경소음을 보정한 후 얻어진 소음
  ㉣ 배경소음 : 측정 대상음 이외의 주위 소음

21 ▶ 17 실건
배경소음에 관한 설명으로 옳은 것은?

① 저 주파수 영역에서의 소음
② 고 주파수 영역에서의 소음
③ 측정 대상음 이외의 주위 소음
④ 어느 장소에서나 일정한 소음

해설 | 문제 20번 해설참조

5 흡음

22 ▶ 18, 13 실건
연속기포 다공질 흡음재료에 속하지 않는 것은?

① 암면
② 유리면
③ 석고보드
④ 목모시멘트판

해설 | 다공질 흡음재료
  암면, 유리면, 목모시멘트판, 글라스울, 암면 등의 연속기포로 되어 있는 재료에 음이 입사하면 음파는 그 세공 속으로 전파하여 입사음의 에너지 일부가 주벽과의 마찰, 점성 저항 및 재료의 섬유 진동으로 열에너지로 소비된다.
  ㉠ 중·고음역에서 높은 흡음률을 나타낸다.
  ㉡ 두께를 늘리면 저주파수의 흡음률이 높아진다.
  ㉢ 재료 표면의 공극을 막는 표면 처리(도장)를 할 경우 중·고주파수에서의 흡음률이 저하된다.
  ㉣ 주파수가 낮을수록 흡음률이 낮아진다.
  ㉤ 강성벽 앞면의 공기층 두께를 증가시키면 저주파수의 흡음률이 높아진다.

23 ▶ 20 실건
흡음재료 중 연속기포 다공질재료에 관한 설명으로 옳지 않은 것은?

① 유리면, 암면 등이 사용된다.
② 중·고음역에서 높은 흡음률을 나타낸다.
③ 일반적으로 두께를 늘리면 흡음률이 커진다.
④ 재료 표면의 공극을 막는 표면 처리를 할 경우 흡음률이 커진다.

해설 | 재료 표면의 공극을 막는 표면 처리(도장)를 할 경우 중·고주파수에서의 흡음률이 저하된다.

정답 | 20 ③ 21 ③ 22 ③ 23 ④

24 ▶ 20,14 실건

각종 흡음재에 관한 설명으로 옳은 것은?

① 판진동 흡음재는 고음역의 흡음재로 유용하다.
② 다공성 흡음재는 재료의 두께를 감소시킴으로써 고주파수에서의 흡음률을 증가시킬 수 있다.
③ 판진동 흡음재는 강성벽의 표면에 밀실하게 부착하여 사용하는 것이 흡음률 향상에 효과적이다.
④ 다공성 흡음재의 표면을 다른 재료로 피복하여 통기성을 낮출 경우 중·고주파수에서의 흡음률이 저하된다.

해설 | 재료 표면의 공극을 막는 표면 처리(도장)를 할 경우 중·고주파수에서의 흡음률이 저하된다.

25 ▶ 21,17 실건

흡음재료의 특성에 관한 설명으로 옳은 것은?

① 다공성 흡음재는 저음역에서의 흡음률이 크다.
② 판진동 흡음재는 일반적으로 두꺼울수록 흡음률이 크다.
③ 다공성 흡음재의 흡음성능은 재료의 두께나 공기층 두께에 영향을 받지 않는다.
④ 판진동 흡음재의 경우, 흡음판을 기밀하게 접착하는 것보다 못으로 고정하여 진동하기 쉽게 하는 것이 흡음성능이 우수하다.

해설 | 판(막) 진동 흡음재
강성벽의 표면에 밀실하게 부착하면 흡음률이 떨어진다.

26 ▶ 19 실건

판 진동 흡음재에 관한 설명으로 옳지 않은 것은?

① 낮은 주파수 대역에 유효하다.
② 막 진동하기 쉬운 얇은 것일수록 흡음률이 작다.
③ 재료의 부착방법과 배후조건에 의해 특성이 달라진다.
④ 판이 두껍거나 배후공기층이 클수록 공명주파수의 범위가 저음역으로 이동한다.

해설 | 흡음판이 막진동하기 쉬운 얇은 것일수록 흡음률이 크다.

27 ▶ 15 실건

흡음재료에 관한 설명으로 옳지 않은 것은?

① 천공판 공명기에 다공재를 넣으면 고주파수의 흡음률이 감소된다.
② 판진동 흡음재는 흡음판이 막진동하기 쉬운 얇은 것 일수록 흡음률이 크다.
③ 다공성 흡음재는 재료의 두께를 증가시키면 저주파수의 흡음률이 증가된다.
④ 단일공동 공명기는 공명에 의하여 특정 주파수의 음만을 효과적으로 흡음한다.

해설 | 공동 공명기
㉠ 단일공동 공명 : 공명에 의하여 특정 주파수의 음만을 효과적으로 흡음한다.
㉡ 천공판 공명기 : 다공재를 넣으면 고주파수의 흡음률이 증가된다.

6 차음

28 ▶ 19,17 실건

차음성이 높은 재료로 볼 수 없는 것은?

① 재질이 단단한 것
② 재질이 무거운 것
③ 재질이 치밀한 것
④ 재질이 다공질인 것

정답 | 24 ④ 25 ④ 26 ② 27 ① 28 ④

29
▶ 21, 18 실건

벽의 차음력에 관한 설명으로 옳지 않은 것은?

① 투과율이 작을수록 차음력은 커진다.
② 투과손실(TL)이 작을수록 차음력은 커진다.
③ 일반적으로 벽의 두께가 두꺼울수록 차음력이 우수하다.
④ 흡음률이 동일할 경우 반사율이 높은 재료가 낮은 재료보다 차음력이 크다.

해설| 투과손실이 클수록 차음력은 커진다.

30
▶ 17, 14 실건

다음 중 차음재료에 요구되는 성질과 가장 거리가 먼 것은?

① 공기의 유통이 없이 비교적 밀실한 재질을 지니고 있다.
② 공기 중을 전파하는 음파의 차단에 관하여 특질을 갖추고 있다.
③ 연속기포 다공질 재료로서 공기 중을 전파하여 입사한 음파의 투과가 용이하다.
④ 실용적으로 사용하기 편리한 재료이고, 차음의 목적에 따라 천장, 벽, 바닥 등의 구성재료가 될 수 있다.

해설| 차음재료는 음의 투과율이 작을수록 차음력은 커진다.

31
▶ 14 실건

투과손실에 관한 설명으로 옳지 않은 것은?

① 간벽의 차음성능을 나타낸다.
② 공진이 발생되면 투과손실이 저하된다.
③ 일치효과가 발생할수록 투과손실은 증가한다.
④ 단일벽체의 질량이 클수록 투과손실은 증가한다.

해설| 일치효과(coincident effect)
음이 입사되는 입사파장(강제진동수)과 벽의 굴곡파(고유진동수)의 파장이 일치하여 공진하는 현상으로 차음성능이 현저히 저하된다.

7 실내 음향 계획

32
▶ 16 실건

실내음향계획에 관한 설명으로 옳지 않은 것은?

① 잔향시간은 실의 유형에 맞도록 한다.
② 배경소음 및 외부소음 등은 허용레벨 이하로 한다.
③ 실내에 적절한 레벨의 소리가 균일하게 분포되도록 한다.
④ 반향은 직접음의 크기를 증가시키므로 균일하게 발생 되도록 한다.

해설| 반향(echo, 소리가 어떤 장애물에 부딪혀서 반사하여 다시 들리는 현상) 같은 장애 현상이 생기지 않도록 할 것

33
▶ 14 실건

다음의 음향계획에 관한 설명 중 옳지 않은 것은?

① 음이 실내에 고루 분산되도록 한다.
② 반사음이 한 곳으로 집중되지 않도록 한다.
③ 실내에서 음이 명료하게 들리기 위해서는 충분한 반사음이 필요하다.
④ 실의 사용목적에 적합한 음의 울림을 확보하기 위해서는 적절한 실용적을 확보할 필요가 있다.

해설| 명료도를 크게 하여 언어를 뚜렷하게 들을 수 있게 하기 위해서는 잔향 시간을 짧게 해야 한다.
반사음을 적게 해야 잔향 시간이 짧아진다.

34 ▶ 19 실건

콘서트 홀의 실내음향설계에 관한 설명으로 옳지 않은 것은?

① 모든 관객석에서 직접음·초기반사음을 차단하여야 한다.
② 일반적으로 콘서트 홀은 회의실에 비해 긴 잔향시간이 요구된다.
③ 반향 등의 음향장애가 발생하지 않도록 실내 각 부재의 크기·형상·마감을 검토한다.
④ 기본설계 단계에서 실의 크기나 치수비 등의 결정 시 음향적으로 충분한 검토가 필요하다.

해설 | 콘서트 홀의 실내음향설계
　　㉠ 실내 전체에 적당한 음압 레벨을 유지 시킬 것
　　㉡ 반사음은 충분히 확산 시킬 것
　　㉢ 잔향시간 및 주파수의 특성을 적당히 할 것
　　㉣ 명료도를 작게(잔향 시간을 길게) 하여 풍부한 음량을 들을 수 있게 할 것

정답 | 34 ①

Chapter 02

건축관계법령 분석

최근 10개년 출제문항수 **359개**

New_ 2022년 이후 평균 출제비중 **50%**

Chapter 출제경향분석

Section		출제비율
01	건축법 총칙	12%
02	건축물 설비규정	12%
03	피난·방화규정	10%
04	장애인·노인·임산부 등의 편의증진 보장에 관한 법률	2%
05	화재예방, 소방시설 설치·유지 및 안전관리에 관한 법령 분석	15%

01 건축법 총칙

> **Pass Note**

예상출제문항	키워드	
2~3	- 건축물의 용도분류 - 구조안전 확인 대상 건측물 - 채광 및 환기를 위한 창문 규정	- 거실의 반자의 높이 - 거실의 조도 기준 - 내화, 방화, 경계벽 구조

1. 기본 개념

1) 건축법의 목적
건축물의 대지, 구조, 설비의 기준과 건축물의 용도 등에 관하여 건축물의 안전, 기능 및 미관을 향상시켜 공공복리의 증진에 이바지함을 목적으로 한다.

2) 건축물 용어 정의

구분	내용
대지	'공간정보의 구축 및 관리 등에 관한 법률'에 따라 각 필지로 구획된 토지
건축물	• 토지에 정착하는 공작물 중 지붕과 기둥 또는 벽이 있는 것 • 대문, 담장과 같이 건축물에 부수되는 시설물 • 지하나 고가의 공작물에 설치하는 사무소, 공연장, 점포, 창고 등
도로	• 보행 및 자동차 통행이 가능한 너비 4m 이상의 도로 • 특별자치시장, 특별자치도지사 또는 시장, 군수, 구청장이 지형적 조건에 의해서 차량통행이 곤란하다고 인정하여 그 위치를 지정, 공고하는 구간에서는 너비를 3m로 적용한다.
건축선	• 도로와 접한 부분에 있어서 건축물을 건축할 수 있는 선. 원칙적으로 대지와 도로의 경계선으로 한다.
지하층	• 건축물의 바닥이 지표면 아래에 있는 층으로서 해당 층의 바닥으로부터 지표면까지의 높이가 해당 층 높이의 1/2 이상인 층
건축법상의 거실	• 건축물 안에서 거주, 집무, 작업, 집회, 오락 등의 목적으로 사용되는 방 예 주거공간(거실, 침실, 부엌), 의료시설 병실, 숙박시설 객실
건축법규상의 주요 구조부	• 내력벽, 기둥, 바닥, 보, 지붕틀 및 주 계단 (최하층 바닥, 사이기둥, 작은보, 옥외계단 등은 주요구조부 아님)

3) 건축행위 용어 정의

구분	내용
신축	• 건축물이 없는 대지에 건축물을 축조 • 부속 건축물만 있는 대지에 주된 건축물을 축조행위 포함
증축	• 기존 건축물이 있는 대지 안에서 건축물의 규모 증가 (건축면적, 연면적, 층수, 높이 등)
개축	기존 건축물의 전부 또는 일부(내력벽, 기둥, 보, 지붕틀 중 **3개 이상** 이 포함되는 경우)를 해체하고 그 대지 안에 종전과 **동일한 규모의 범위** 안에서 건축물을 다시 축조
재축	건축물이 자연재해로 멸실된 경우에 그 대지 안에 종전과 동일한 규모의 범위 안에서 다시 축조하는 행위
이전	건축물을 그 주요구조부를 해체하지 아니하고 동일한 대지 내의 다른 위치로 옮기는 행위
리모델링	건축물의 노후화를 억제하고 기능향상을 위하여 대수선하거나 일부 증·개축 하는 행위

예제 01 건축법상 다음과 같이 정의되는 용어는? [24, 실건22]

> 건축물의 노후화를 억제하거나 기능 향상 등을 위하여 대수선하거나 건축물의 일부를 증축 또는 개축하는 행위

① 재축　　② 유지보수　　③ 리모델링　　④ 리노베이션

정답 ③

4) 대수선

(1) 대수선의 정의

건축물의 주요구조부에 대한 수선 또는 변경 및 외부 형태의 변경으로 증축, 개축 또는 재축에 해당하지 않는 행위

(2) 대수선의 범위

① 내력벽 : 증설, 해체하거나 벽면적을 30m² 이상 수선 또는 변경하는 것
② **기둥, 보, 지붕틀** : 증설, 해체하거나 각각 **3개 이상** 수선 또는 변경하는 것
③ 방화벽, 방화구획을 위한 바닥, 벽, 주 계단, 피난계단, 특별피난계단을 증설, 해체하거나 수선 또는 변경하는 것
④ 다가구주택의 가구 간 경계벽 또는 다세대주택의 세대 간 경계벽을 증설 또는 해체하거나 수선 또는 변경하는 것
⑤ 건축물의 외벽에 사용하는 마감재료를 증설 또는 해체하거나 벽면적 30m² 이상 수선 또는 변경하는 것

5) 기타 용어 정의

구분	내용
건축주	건축물 축조에 관한 공사를 발주하거나 현장 관리인을 두어 직접 공사를 하는자
공사감리자	자기 책임으로 법으로 정하는 바에 따라 건축물이 설계도서에 따라 시공되는지를 확인하고 품질관리, 안전관리, 공사관리 등에 대하여 지도, 감독하는 자
관계전문기술자	건축물과 관련된 전문기술자격을 보유하고 설계와 공사감리에 참여하여 설계자 및 공사감리자와 협력하는 자
내화구조	화재에 견딜 수 있는 구조로 국토교통부령이 정하는 기준에 적합한 재료
방화구조	화염의 확산을 막을 수 있는 구조로 국토교통부장관이 정하는 기준에 적합한 재료
내수재료	벽돌, 콘크리트, 인조석 등 내수성을 가진 재료
불연재료	불에 타지 아니하는 성질을 가진 재료
준불연재료	불연재료에 준하는 성질을 가진 재료
난연재료	불에 잘 타지 아니하는 성질을 가진 재료
부속 건축물	같은 대지 안에서 주된 건축물과 분리된 부속 용도의 건축물로서 주된 건축물의 이용 또는 관리에 필요한 건축물
부속 용도	건축물의 주된 용도의 기능을 하기 위해 다음의 어느 하나의 용도를 말한다. ① 건축물의 설비, 대피, 위생, 기타 이와 유사한 시설의 용도 ② 사무, 작업, 집회, 물품 저장, 주차, 기타 이와 유사한 시설의 용도 ③ 구내식당, 직장어린이집, 구내운동 시설 등 종업원의 후생복리시설 및 구내 소각시설, 기타 이와 유사한 시설의 용도 ④ 관계법령에서 주된 용도의 부수시설로 그 설치를 의무화하고 있는 시설의 용도

6) 면적 및 높이

(1) 면적

구분	내용
대지면적	대지의 수평투영면적으로 하며 건축선으로 둘러싸인 부분을 말한다.
건축면적	건축물의 외벽(외벽이 없는 경우에는 외곽부분의 기둥)의 중심선에 둘러싸인 부분의 수평 투영 면적을 말한다.
연면적	각 층의 **바닥면적**의 합계로 아래 사항은 연면적 산정에서 제외된다. ① 지하층 면적 및 지상층의 주차용 면적(건축물의 부속용도인 경우만 해당) ② 초고층 건축물과 준초고층 건축물에 설치하는 피난안전구역의 면적 ③ 건축물의 경사지붕 아래에 설치하는 대피공간의 면적

(2) 건폐율과 용적률

구분	내용	계산식
건폐율	대지면적에 대한 건축면적의 비율로 (대지 내 건축물이 차지하는 비율)	$\dfrac{건축면적}{대지면적} \times 100\%$
용적율	대지면적에 대한 전체건물 지상층의 면적을 합한 연면적이 차지하는 비율 (※**지하층 제외**)	$\dfrac{연면적}{대지면적} \times 100\%$

> **예제 02** 건축물의 면적, 높이 및 층수 산정의 기본 원칙으로 옳지 않은 것은? [25,22]
> ① 대지면적은 대지의 수평투영면적으로 한다.
> ② 연면적은 하나의 건축물 각 층의 거실면적의 합계로 한다.
> ③ 건축면적은 건축물의 외벽(외벽이 없는 경우에는 외곽부분의 기둥)의 중심선으로 둘러싸인 부분의 수평투영면적으로 한다.
> ④ 바닥면적은 건축물의 각 층 또는 그 일부로서 벽, 기둥, 그 밖에 이와 비슷한 구획의 중심선으로 둘러싸인 부분의 수평투영면적으로 한다.
>
> **해설** | 연면적은 하나의 건축물 각 층의 바닥면적의 합계로 한다.
>
> **정답 ②**

(3) 높이의 규제
  ① 건축물의 높이 : 지표면으로부터 당해 건축물의 상단까지의 높이로 함
  ② 처마높이 : 지표면으로부터 건축물의 지붕틀 또는 이와 유사한 수평재를 지지하는 벽, 깔도리 상단, 기둥 상단, 테두리보 아래까지의 높이로 한다.
  ③ 층고
    ㉠ 각 층의 슬래브 **윗면**부터 위층 슬래브의 **윗면**까지를 층고라 정의한다.
    ㉡ 동일한 방에서 높이가 다른 부분이 있는 경우에는 그 각 부분 높이에 따른 면적에 따라 가중 평균한 높이로 정한다.
  ④ 층수
    ㉠ 지하층은 층수에 산입하지 않는다.
    ㉡ 층의 구분이 명확하지 않을 때는 4m마다 하나의 층으로 산정한다.
    ㉢ 건축물의 부분에 따라 그 층수가 다를 경우 가장 많은 층수로 한다.
    ㉣ 승강기탑, 계단탑, 옥탑 건축물이 건축면적의 1/8 초과 시 층수에 가산한다.

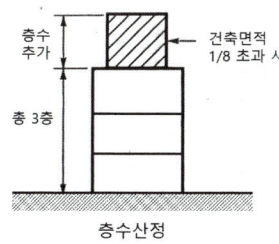
층수산정

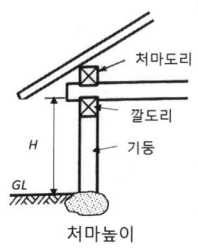
처마높이

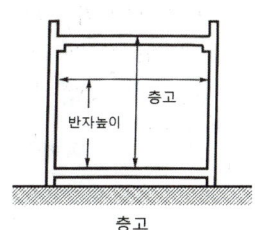
층고

건축물의 높이. 층수 등의 산정방법에 관한 기준 내용으로 옳지 않은 것은? [24,22]

① 난간벽(그 벽면적의 1/2 이상이 공간으로 되어 있는 것만 해당한다.)은 그 건축물의 높이에 산입되지 아니한다.
② 처마높이는 지표면으로부터 건축물의 지붕틀 또는 이와 유사한 수평재를 지지하는 벽, 깔도리 또는 기둥의 상단까지의 높이로 한다.
③ 층고는 방의 바닥구조체 중간으로부터 위층 바닥 구조체의 중간까지의 높이로 한다.
④ 층의 구분이 명확하지 아니한 건축물은 그 건축물의 높이 4m마다 하나의 층으로 산정한다.

해설 | 층고는 각 층의 슬래브 윗면부터 위층 슬래브의 윗면까지를 층고라 정의한다.

정답 ③

2. 건축물의 용도분류 [법 제2조 2항 요약]

1) 주택

분류	건축물의 종류

단독주택	① 단독주택
	② 다중주택(1개 동의 주택으로 쓰이는 바닥면적의 합계가 660㎡ 이하, 3층 이하)
	③ 다가구주택
	   - 주택으로 쓰이는 층수가 3개층 이하, 19세대 이하
	     [예외] 1층의 전부 또는 일부를 필로티 구조로 하여 주차장으로 사용하고 나머지 부분을 주택 외의 용도로 쓰는 경우에는 해당 층을 주택의 층수에서 제외함
	   - 1개 동의 주택으로 쓰이는 바닥면적의(부설주차장 면적 제외)합계가 660㎡ 이하
	④ 공관

	가정어린이집, 공동생활가정, 지역아동센터 및 노인복지시설 포함
공동주택	① 아파트 : 주택으로 쓰이는 층수가 5개 층 이상인 주택 ② 연립주택 : 주택으로 쓰이는 1개 동 바닥면적의 합계가 660㎡ 초과하고, 층수가 4개 층 이하인 주택 ③ 다세대주택 : 주택으로 쓰이는 1개 동 바닥면적의 합계가 660㎡ 이하이고, 층수가 4개 층 이하인 주택 ④ 기숙사 : 1개 동의 공동취사시설 이용세대수가 전체의 50% 이상인 것
	가정어린이집, 공동생활가정, 지역아동센터, 노인복지시설, 원룸형 주택 포함

2) 의료시설 분류

구분	내용
제1종 근린생활시설	**의원**, 치과의원, 한의원, 산후조리원, 침술원, 접골원, 조산원, 안마원, 보건소 등
제2종 근린생활시설	**동물병원**, 안마시술소 등
의료시설	종합병원, 일반병원, 치과병원, 정신병원, 한방병원, 요양병원 등

3) 학원시설 분류

구분	내용
교육연구시설	• **학원**(제2종 근린생활시설 해당 제외, 자동차학원 및 무도학원 제외) • **연수원**, 직업훈련소(운전 및 정비 훈련소 제외) • 교습소(자동차 및 무도 교습소 제외)
제2종 근린생활시설	• 바닥면적 500㎡ 미만의 학원(자동차학원 및 무도학원 제외)
자동차 관련시설	• **운전학원, 정비학원** • 주차장, 세차장, 검사장, 정비공장, 차고 등
위락시설	• **무도학원** • 단란주점, 유흥주점, 무도장, 카지노 영업소 등

4) 혼동하기 쉬운 시설 분류

시설	구분	혼동 주의
유스호스텔	수련시설	숙박시설(×)
극장, 음악당	문화 및 집회시설	관광휴게시설(×)
야외극장 야외음악당	**관광휴게시설**	문화 및 집회시설(×)
동물원 · 식물원	**문화 및 집회시설**	동물 및 식물 관련시설(×)
어린이회관	관광휴게시설	문화 및 집회시설(×)
물류터미널	창고시설	운수시설(×)
집배송시설	창고시설	운수시설(×)
주유소	위험물저장 및 처리시설	자동차관련시설(×)
장례식장	**장례시설**	묘지관련시설(×)

건축법령상 건축물의 용도와 건축물의 연결이 옳지 않은 것은? [23,22]

① 숙박시설 - 휴양 콘도미니엄
② 제1종 근린생활시설 - 치과의원
③ 동물 및 식물관련시설 - 동물원
④ 제2종 근린생활시설 - 노래연습장

해설 | 동물 및 식물관련시설 – 문화 및 집회시설

정답 ③

예제 05 특정소방대상물 중 교육연구시설에 해당하는 것은? [23,실건20,17,13]
① 무도학원　　　　　　② 자동차정비학원
③ 자동차운전학원　　　　④ 연수원

해설 | 교육연구시설
- 학원(제2종 근린생활시설 해당 제외, 자동차학원 및 무도학원 제외), 연수원
- 직업훈련소(운전 및 정비 훈련소 제외)
- 교습소(자동차 및 무도 교습소 제외)

정답 ④

3. 건축물의 구조와 재료

1) 건축 및 대수선 시 구조안전 확인 대상 건축물

① 건축물을 건축하거나 대수선하는 경우 해당 건축물의 설계자는 국토교통부령이 정하는 구조기준 등에 따라 그 구조의 안전을 확인하여야 한다.

② 건축물의 설계자로부터 구조안전의 확인서류를 받아 허가권자에게 제출하여야 하는 대상건축물의 기준은 아래와 같다.

구분	기준
층수	2층 이상 (기둥과 보가 목구조인 건축물은 3층 이상)
높이	13m 이상
처마높이	9m 이상
경간 (기둥 과 기둥사이 거리)	10m 이상
연면적	200㎡ 이상 (목구조 건축물의 경우 500㎡ 이상) [제외] 창고, 축사, 작물재배사 및 표준설계도에 따라 건축하는 건축물
용도 및 규모를 고려한 중요도 높은 건축물로서 국토교통부령으로 정하는 것	• 종합병원, 수술시설이나 응급시설이 있는 병원 • 연면적 1,000㎡ 이상인 의료시설 (수술시설과 응급시설 모두 없는 병원) • 연면적 5,000㎡ 이상인 공연장, 집회장, 관람장, 전시장, 운동시설, 판매시설, 운수시설(화물터미널, 집배송시설 제외) • 아동관련시설, 노인복지시설, 사회복지시설, 근로복지시설 • 5층 이상인 숙박시설, 오피스텔, 기숙사, 아파트 • 학교 • 위험물 저장 및 처리 시설 • 국가 또는 지방자치단체의 청사, 외국공관, 소방서, 발전소, 방송국, 전신전화국
박물관・기념관 (국가적 유산)	국가적 문화유산으로 보존할 가치가 있는 연면적 합계가 5,000㎡ 이상인 건축물
특수구조 건축물	3m 이상 돌출된 건축물과 특수한 설계, 시공 등이 필요한 건축물
주택	단독주택 및 공동주택

예제 06 건축물의 건축주가 해당 건축물의 설계자로부터 구조 안전의 확인 서류를 받아 착공신고를 하는 때에 그 확인 서류를 허가권자에게 제출하여야 하는 대상의 기준으로 옳지 않은 것은? [24,22,17]

① 층수가 2층(주요구조부인 기둥과 보를 설치하는 건축물로서 그 기둥과 보가 목재인 목구조 건축물의 경우에는 3층) 이상인 건축물
② 높이가 13m 이상인 건축물
③ 처마높이가 9m 이상인 건축물
④ 기둥과 기둥 사이의 거리가 9m 이상인 건축물

해설 | 경간(기둥과 기둥 사이) 거리가 10m 이상인 건축물

정답 ④

2) 계단의 설치 기준

(1) 계단참 난간의 설치기준

① 계단참의 높이 : 높이 3m가 넘는 경우 3m마다 너비 1.2m 이상의 계단참을 설치
② 난간의 높이 : 높이 1m가 넘는 계단 및 계단참의 양측에 난간 설치
③ 중간 난간의 높이 : 계단 폭이 3m가 넘는 경우 계단의 중간에 폭 3m 이내마다 난간 설치
  [예외] 계단의 단 높이가 15cm 이하이고, 단 너비가 30cm 이상인 것은 제외

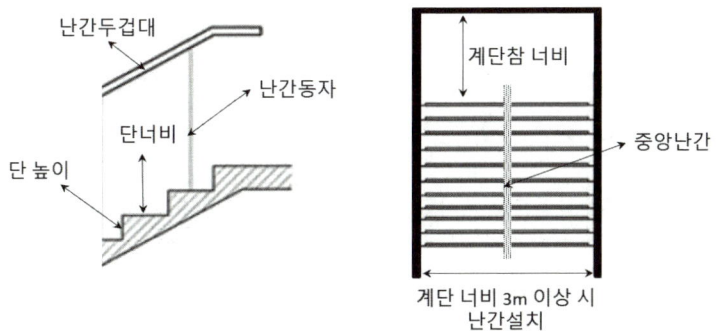

(2) 계단의 구조기준

구분	계단, 계단참의 폭	단 높이	단 너비
• 초등학교 학생용 계단	150cm 이상	16cm 이하	26cm 이상
• 중·고등학교 학생용 계단	150cm 이상	18cm 이하	26cm 이상
• 문화 및 집회 시설(공연장, 집회장, 관람장) • 판매시설(도매·소매시장, 상점에 한함) • 바로 위층부터 최상층까지의 거실의 바닥면적 합계가 200m² 이상인 계단 • 거실의 바닥면적 합계가 100m² 이상인 지하층계단	120cm 이상	-	-
• 기타 계단계단	60cm 이상	-	-

(3) 기타 설치기준
  ① 계단의 벽 손잡이 : 벽으로부터 5cm 이상 떨어져 설치하고 계단바닥으로부터 높이는 85cm의 위치에 설치한다.
  ② 계단을 대체하여 설치하는 경사로 : 경사도는 1:8 이하

예제 07 초등학교에 계단을 설치하는 경우 계단참의 유효너비는 최소 얼마 이상으로 하여야 하는가? [25,20,14]
① 120cm ② 150cm ③ 160cm ④ 170cm

정답 ②

3) 거실의 기준
(1) 거실의 반자 높이
  ① 반자 높이 : 방의 바닥면에서 반자까지의 높이
  ② 단, 반자 높이가 다른 부분이 있는 경우 각 부분의 반자 면적에 따라 가중평균한 높이로 하며, 반자가 없는 경우에는 보 또는 바로 위층 바닥판의 밑면을 말한다.

거실의 종류	반자높이	예외규정
• 일반 용도의 거실	2.1m 이상	• 공장, 창고시설 • 위험물저장 및 처리시설 • 동물 및 식물 관련시설 • 자원순환 관련시설 • 묘지관련시설
• 문화 및 집회 시설(전시장, 동·식물원 제외) • 종교시설 • 장례시설 또는 유흥주점의 용도로 쓰이는 건축물의 관람실 또는 집회실로서 바닥면적이 200㎡ 이상인 것	4.0m 이상 (노대 아랫부분은 2.7m 이상)	• 기계환기장치를 설치한 경우

예제 08 종교시설의 집회실 바닥면적이 200㎡ 이상인 경우의 최소 반자높이는? [24,16]
① 2.1m ② 2.3m ③ 3m ④ 4m

정답 ④

(2) 거실의 채광 및 환기
  ① 단독주택의 거실, 공동주택의 거실, 학교의 교실, 의료시설의 병실 및 숙박시설의 객실에는 국토교통부령으로 정하는 기준에 따라 채광 및 환기를 목적으로 한 창문이나 설비를 설치하여야 한다.
  ② **채광을 위한 창문면적** : 거실 바닥면적의 1/10 이상
  ③ **환기를 위한 창문면적** : 거실 바닥면적의 1/20 이상
  ④ 창문 관련 기타 사항
    ㉠ **차면시설** : 인접 대지 경계선으로부터 직선거리 2m 이내의 창문(이웃주택의 내부가 보이는 경

우)등을 설치하는 경우 차면시설을 설치하여야 한다.
ⓒ 추락방지용 안전시설 : 오피스텔에 거실 바닥으로부터 높이 1.2m 이하 부분에 여닫을 수 있는 창문을 설치하는 경우에는 국토교통부령으로 정하는 기준에 따라 높이 **1.2m 이상의 난간**을 설치하여야 한다.

예제 09 주택의 거실에 채광을 위하여 설치하는 창문 등의 면적은 거실 바닥면적의 얼마 이상이어야 하는가?
[23,22,16]

① 1/2 ② 1/5 ③ 1/10 ④ 1/20

해설 | • 채광을 위한 창문면적 : 거실 바닥면적의 1/10 이상
　　　• 환기를 위한 창문면적 : 거실 바닥면적의 1/20 이상

정답 ③

예제 10 다음은 사생활 보호차원에서 설치하는 차면시설에 대한 설치 기준이다. ( ) 안에 들어 갈 내용으로 옳은 것은? [24,18]

- 인접 대지경계선으로부터 직선거리 ( ) 이내에 이웃 주택의 내부가 보이는 창문 등을 설치하는 경우에는 차면시설(遮面施設)을 설치하여야 한다.

① 0.5m ② 1m ③ 1.5m ④ 2m

해설 | 차면시설은 인접 대지 경계선으로부터 직선거리 2m 이내의 창문 등을 설치하는 경우 설치

정답 ④

(3) 거실의 용도에 따른 조도 기준

거실의 용도구분		바닥에서 85cm의 높이에 있는 수평면의 조도(lx : 럭스)
① 거주	독서, 식사, 조리	150
	기타	70
② 집무	**설계, 제도, 계산**	700
	일반사무	300
	기타	150
③ 작업	검사, 시험, 정밀검사, 수술	700
	일반작업, 제조, 판매	300
	포장, 세척	150
	기타	70
④ 집회	회의	300
	집회	150
	공연, 관람	70

	오락 일반	150
⑤ 오락	기타	30
기타 명시되지 아니한 것		1~5항에 유사한 기준을 적용함

4) 거실의 방습 및 내수

① 방습조치 : 건축물 최하층에 있는 거실의 바닥은(목조인 경우) 그 바닥높이를 지표면으로부터 **45cm** 이상으로 하여야 한다.
② 내수재료의 마감 : 아래 사항에 해당하는 욕실 또는 조리장의 바닥과 그 바닥으로부터 높이 **1m까지**의 안벽은 내수재료로 마감하여야 한다.
　㉠ 제1종 근린생활시설 : 일반 목욕장의 욕실, 휴게음식점의 조리장
　㉡ 제2종 근린생활시설 : 일반음식점, 휴게음식점의 조리장, **숙박시설의 욕실**

5) 복도의 설치기준

(1) 복도의 너비 및 설치기준 Ⅰ

구분	양측에 거실이 있는 복도	기타의 복도
유치원, 초등학교, 중학교, 고등학교	2.4m 이상	1.8m 이상
공동주택, 오피스텔	1.8m 이상	1.2m 이상
거실의 바닥면적 합계가 200㎡ 이상인 층	1.5m 이상 (의료시설 복도는 1.8m 이상)	1.2m 이상

2) 복도의 너비 및 설치기준 Ⅱ

구분	당해 층의 바닥면적 합계	복도의 유효너비
• 문화 및 집회 시설(공연장, 집회장, 관람장, 전시장에 한함) • 노유자시설(아동·노인복지시설에 한함) • 수련시설(생활권 수련시설에 한함) • 위락시설 중 유흥주점 및 장례식장의 관람실 또는 집회실과 접하는 복도의 유효너비	500㎡ 미만	1.5m 이상
	500㎡ ~ 1,000㎡ 미만	1.8m 이상
	1,000㎡ 이상	2.4m 이상

3) 복도의 너비 및 설치기준 Ⅲ

구분	설치기준	바닥면적
문화 및 집회 시설 중 공연장의 복도	공연장의 개별 관람실의 바깥쪽에는 그 양쪽 및 뒤쪽에 각각 복도 설치	300㎡ 이상
	한 개의 층에 개별관람실을 2개소 이상 연속하여 설치하는 경우 관람실 바깥쪽의 앞쪽과 뒤쪽에 각각 복도를 설치	300㎡ 미만

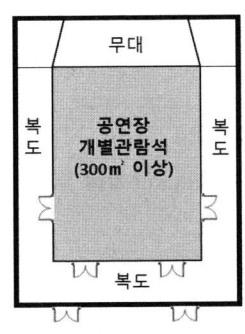
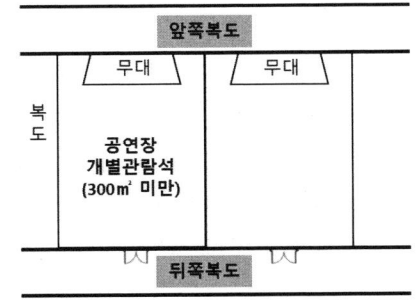

6) 내화구조

화재에 견딜 수 있는 성능을 가진 구조

(1) 내화구조의 구분

① 벽

구분	구조	기준두께
( )안은 외벽 중 비내력벽 기준임	철근콘크리트조 또는 철골철근콘크리트조	10cm(7cm) 이상
	골구를 철골조로 하고 그 양면을 철망모르타르 덮은 것	4cm(3cm) 이상
	골구를 철골조로 하고 그 양면을 콘크리트블록 벽돌 또는 석재로 덮은 것	5cm(4cm) 이상
	철재로 보강된 콘크리트블록조·벽돌조 또는 석조로서 철재에 덮은 콘크리트블록	5cm(4cm) 이상
	고온·고압의 증기로 양생된 경량기포 콘크리트패널 또는 경량기포 콘크리트블록조	10cm 이상
	벽돌조	19cm 이상
외벽 중 비내력벽	무근콘크리트조·콘크리트블록조 벽돌조 또는 석조	7cm 이상

② 기둥

구분	구조	기준두께
기둥의 작은 지름이 25cm 이상인 것	철근콘크리트조 또는 철골철근콘크리트조	두께 무관
	철골을 철망모르타르로 덮은 것	6cm 이상
	철골을 철망모르타르로 덮은 것(경량골재 사용 시)	5cm 이상
	철골을 콘크리트블록, 벽돌 또는 석재로 덮은 것	7cm 이상
	철골을 콘크리트로 덮은 것	5cm 이상

③ 바닥

구분	구조	기준두께
바닥	철근콘크리트조 또는 철골철근콘크리트조	10cm 이상
	철재로 보강된 콘크리트블록조, 벽돌조 또는 석조로서 철재에 덮은 콘크리트블록	5cm 이상
	철재의 양면을 철망모르타르 또는 콘크리트로 덮은 것	5cm 이상

④ 보

구분	구조	기준두께
보 (지붕틀 포함)	지붕계단철근콘크리트조 또는 철골철근콘크리트조	두께 무관
	철골을 철망모르타르로 덮은 것	6cm 이상
	철골을 철망모르타르로 덮은 것(경량골재 사용 시)	5cm 이상
	철골조의 지붕틀(바닥으로부터 그 아랫부분까지의 높이가 4cm 미터 이상인 것에 한함)로서 바로 아래에 반자가 없거나 불연재료로 된 반자가 있는 것	

⑤ 지붕, 계단, 기타

구분	구조	기준두께
지붕	철근콘크리트조 또는 철골철근콘크리트조	두께 무관
	철재로 보강된 콘크리트블록조, 벽돌조, 석조	
	철재로 보강된 유리블록 또는 망입유리로 된 것	
계단	철근콘크리트조 또는 철골철근콘크리트조	
	무근콘크리트조 · 콘크리트블록조 · 벽돌조 또는 석조	
	철재로 보강된 콘크리트블록조, 벽돌조, 석조	
	철골조	

예제 11

철골조 기둥(작은 지름 25cm 이상)이 내화구조 기준에 부합하기 위해서 두께를 최소 7cm 이상 보강해야 하는 재료에 해당되지 않는 것은? [25, 22, 20, 15]

① 콘크리트 블록　　② 철망 모르타르
③ 벽돌　　④ 석재

해설 | 철골을 콘크리트블록, 벽돌 또는 석재로 덮은 것 7cm 이상

정답 ②

예제 12 철근콘크리트 구조로서 내화구조가 아닌 것은? [23,19,14]
① 두께가 8cm인 바닥 ② 두께가 10cm인 벽
③ 보 ④ 지붕

해설 | 철근콘크리트 구조로서 두께가 10cm 이상 바닥

정답 ①

(2) 주요 내화구조의 기준

구분	구조	내용	
벽	벽돌조	내력벽	19cm 이상
		비내력벽	7cm 이상
	철근콘크리트조	내력벽	10cm 이상
		비내력벽	7cm 이상
계단	철골조	무조건 인정	
기둥	철근콘크리트조	작은 지름이 25cm 이상	

7) 방화구조

화염의 확산을 막을 수 있는 성능을 가진 구조

구조부분	방화구조의 기준
• 철망모르타르 바르기	바름두께가 2cm 이상
• 석고판 위에 시멘트모르타르 또는 회반죽을 바른 것 • 시멘트모르타르 위에 타일을 붙인 것	두께의 합계가 2.5cm 이상
• 심벽에 흙으로 맞벽치기 한 것	두께에 관계없이 인정
• 한국산업표준규격이 정하는 바에 따라 시험한 결과 방화 2급 이상에 해당하는 것	

 예제 13 다음 중 두께에 관계없이 방화구조에 해당하는 것은? [24,22,16]
① 시멘트 모르타르 위에 타일 붙임 ② 철망 모르타르
③ 심벽에 흙으로 맞벽치기 한 것 ④ 석고판 위에 회반죽을 바른 것

정답 ③

 예제 14 건축관계법규에서 규정하는 방화구조가 되기 위한 철망 모르타르의 최소 바름두께는? [23,19,16]
① 1.0 cm ② 2.0 cm
③ 2.7 cm ④ 3.0 cm

정답 ②

8) 경계벽 및 차음 구조

(1) 경계벽 구조

다음 건축물의 경계벽은 내화구조로 하고 지붕 밑 또는 바로 위층 바닥판까지 닿게 하여야 한다.

대상 건축물의 용도	구획 부분
단독주택 중 다가구주택 공동주택(기숙사 제외) 노유자시설 중 노인복지주택	각 세대 간의 경계벽(발코니 부분은 제외)
학교의 교실 의료시설의 병실 숙박시설의 객실 기숙사의 침실 산후조리원	각 실 간의 경계벽
제2종 근린생활시설 중 다중생활시설 노유자시설 중 노인요양시설	호실 간 경계벽

(2) 경계벽 차음구조의 기준

벽체의 구조	두께 기준
철근콘크리트조, 철골철근콘크리트조	10cm 이상
무근콘크리트조, 석조	10cm 이상 (시멘모르타르, 회반죽 또는 석고 플라스터의 바름두께 포함)
콘크리트 블록조, **벽돌조**	19cm 이상

예제 15
건축물의 구조기준 등에 관한 규칙에 따라 조적식구조인 경계벽의 두께는 최소 얼마 이상으로 해야 하는가? (단, 경계벽이란 내력벽이 아닌 그 밖의 벽을 포함한다.) [25,20,14]

① 9cm ② 12cm ③ 15cm ④ 20cm

해설 | 조적식구조인 경계벽(내력벽이 아닌 그 밖의 벽을 포함한다.)의 두께는 최소 90mm 이상으로 해야 한다.

정답 ①

핵심 기출문제

01 건축법 총칙

1 기본 개념

01 ▶ 18,14 실건

건축법령에서 정의하는 다음에 해당하는 용어는?

> 기존 건축물의 전부 또는 일부(내력벽·기둥·보·지붕틀 중 셋 이상이 포함되는 경우를 말한다.)를 철거하고 그 대지에 종점과 같은 규모의 범위에서 건축물을 다시 축조하는 것을 말한다.

① 신축　　② 개축
③ 증축　　④ 재축

해설 | 참고
- 증축 : 기존 건축물이 있는 대지 안에서 건축물의 규모 증가(건축면적, 연면적, 층수, 높이 등)
- 재축 : 건축물이 자연재해로 멸실된 경우에 그 대지 안에 종전과 동일한 규모의 범위 안에서 다시 축조하는 행위

02 ▶ 15 실건

건축법상의 '주요구조부'에 해당하지 않는 것은?

① 내력벽
② 기둥
③ 지붕틀
④ 최하층바닥

해설 | 주요구조부 : 내력벽, 기둥, 지붕틀

2 건축물의 용도분류

03 ▶ 21 건

다음 중 건축법상 건축물의 용도 구분에 속하지 않는 것은? (단, 대통령령으로 정하는 세부 용도는 제외)

① 공장
② 교육시설
③ 묘지 관련 시설
④ 자원순환 관련 시설

해설 | 구분을 교육시설이 아닌 교육연구시설로 한다.

04 ▶ 19 건

건축법령상 의료시설에 속하지 않는 것은?

① 치과병원
② 동물병원
③ 한방병원
④ 마약진료소

해설 | 동물병원은 제2종근린생활시설에 해당된다.

05 ▶ 20,21 건

건축물의 용도 분류상 자동차관련시설에 속하지 않는 것은?

① 주유소　　② 매매장
③ 세차장　　④ 정비학원

해설 | 주유소는 위험물저장 및 처리시설에 속한다.

정답 | 01 ② 02 ④ 03 ② 04 ② 05 ①

06
▶ 20, 19 건

건축법령상 건축물과 해당 건축물의 용도가 옳게 연결된 것은?

① 의원 : 의료시설
② 도매시장 : 판매시설
③ 유스호스텔 : 숙박시설
④ 장례식장 : 묘지관련시설

해설 | • 의원 : 제1종 근린생활시설
　　　• 유스호스텔 : 수련시설
　　　• 장례식장 : 장례시설

3 건축물의 구조와 재료

07
▶ 15, 14, 13

건축물을 건축하거나 대수선하는 경우 해당건축물의 설계자는 국토교통부령으로 정하는 구조기준 등에 따라 그 구조의 안전을 확인하여야 하는데 그 대상 건축물에 해당하지 않는 것은?

① 층수가 2층인 건축물
② 연면적이 800㎡인 건축물
③ 처마높이가 9m인 건축물
④ 기둥과 기둥 사이의 거리가 7m인 건축물

해설 |

구분	기준
층수	2층 이상 (기둥과 보가 목구조인 건축물은 3층 이상)
높이	13m 이상
처마높이	9m 이상
경간(기둥과 기둥사이거리)	10m 이상
연면적	200㎡ 이상 (목구조 건축물의 경우 500㎡ 이상) [제외] 창고, 축사, 작물재배사 및 표준설계도에 따라 건축하는 건축물

08
▶ 17

건축물을 건축하거나 대수선하고자 할 때 건축물의 건축주가 해당 건축물의 설계자로부터 구조 안전의 확인 서류를 받아 착공신고를 하는 때에 그 확인 서류를 허가권자에게 제출하여야 하는 경우에 해당되는 것은?

① 높이가 8m인 건축물
② 연면적이 300㎡인 건축물
③ 처마높이가 9m인 건축물
④ 기둥과 기둥사이의 거리가 7m인 건축물

해설 | 문제 7번 해설참조

09
▶ 16

건축물을 건축하거나 대수선하는 경우 건축물의 건축주는 건축물의 설계자로부터 구조안전의 확인 서류를 받아 착공신고를 하는 때에 그 확인 서류를 허가권자에게 제출하여야 하는데 이러한 규정에 해당되는 건축물의 기준으로 옳지 않은 것은?

① 처마높이가 7m 이상인 건축물
② 층수가 3층 이상인 건축물
③ 국토교통부령으로 정하는 지진구역 안의 건축물
④ 높이가 13m 이상인 건축물

해설 | 문제 7번 해설참조

10
▶ 21

연면적 200㎡를 초과하는 건축물에 설치하는 계단의 구조에 관한 기준 내용 중에서 옳지 않은 것은?

① 계단의 유효높이는 1.8m 이상으로 할 것
② 높이가 3m를 넘는 계단에는 높이 3m 이내마다 너비 1.2m 이상의 계단참을 설치할 것
③ 높이가 1m를 넘는 계단 및 계단참의 양옆에는 난간을 설치할 것
④ 초등학교의 계단인 경우에는 계단 및 계단참의 너비는 150cm 이상으로 할 것

해설 | 계단의 유효높이는 2.1m 이상으로 할 것. 〈피난규칙 제15조 제 1항 제4호〉

정답 | 06 ② 07 ④ 08 ③ 09 ① 10 ①

11 ▶ 18

건축물에 설치하는 계단 및 계단참의 유효너비 최소기준을 120cm 이상으로 적용하여야 하는 용도의 건축물이 아닌 것은?

① 문화 및 집회시설 중 공연장
② 고등학교
③ 판매시설
④ 문화 및 집회시설 중 집회장

해설 | 초등학교 학생용 계단, 중·고등학교 학생용 계단은 150cm 이상

12 ▶ 18,17

다음은 건축물의 피난·방화구조 등의 기준에 관한 규칙에 따른 계단의 설치기준이다. ( ) 안에 들어갈 내용으로 옳은 것은?

> 높이가 (   )를 넘는 계단 및 계단참의 양옆에는 난간(벽 또는 이에 대치되는 것을 포함한다.)을 설치할 것

① 1m
② 1.2m
③ 1.5m
④ 2m

해설 | 높이가 1m를 넘는 계단 및 계단참의 양옆에는 난간을 설치할 것

13 ▶ 13

건축물에서의 계단의 설치기준으로 옳지 않은 것은?

① 초등학교 계단인 경우 계단 및 계단참의 너비는 150cm 이상으로 한다.
② 중·고등학교 계단인 경우 단높이는 18cm 이하로 한다.
③ 바로 위층 거실바닥면적의 합계가 200m²이상인 지하층의 계단인 경우 계단의 너비는 120cm 이상으로 한다.
④ 문화 및 집회시설 중 공연장인 경우 계단 및 계단참의 너비는 100cm 이상으로 한다.

해설 | 문화 및 집회시설 중 공연장인 경우 계단 및 계단참의 너비는 120cm 이상으로 한다.

14 ▶ 14

건축법에 따라 계단에 대체하여 설치되는 경사로의 경사도는 최대 얼마를 넘지 않아야 하는가?

① 1:6
② 1:8
③ 1:10
④ 1:12

해설 | 계단을 대체하여 설치하는 경사로 경사도는 1:8 이하

15 ▶ 15

계단의 구성에서 보행에 피로가 생길 우려가 있어 도중에 3~4단을 하나의 넓은 단으로 하거나 꺾여 돌아가는 곳에 넓게 만든 것을 무엇이라 하는가?

① 계단실
② 디딤단
③ 계단중정
④ 계단참

해설 |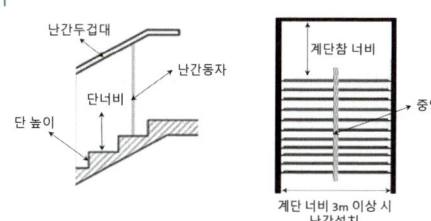

16 ▶ 19,18,14

단독주택의 거실에 있어 거실 바닥면적에 대한 채광면적(채광을 위하여 거실에 설치하는 창문등의 면적)의 비율로서 옳은 것은?

① 1/7 이상
② 1/10 이상
③ 1/15 이상
④ 1/20 이상

해설 | • 채광을 위한 창문면적 : 거실 바닥면적의 1/10 이상
• 환기를 위한 창문면적 : 거실 바닥면적의 1/20 이상

정답 | 11 ② 12 ① 13 ④ 14 ② 15 ④ 16 ②

17
바닥면적이 100㎡인 의료시설의 병실에서 채광을 위하여 설치하여야 하는 창문 등의 최소면적은?

① 5m² ② 10m²
③ 20m² ④ 30m²

해설 | 채광을 위한 창문면적은 거실 바닥면적의 1/10 이상
∴ 100㎡ ÷ 10 = 10㎡

18
교육연구시설 중 학교의 교실 바닥면적이 300㎡인 경우 환기를 위하여 설치하여야 하는 창문 등의 최소면적은?

① 5m² ② 10m²
③ 15m² ④ 30m²

해설 | 환기를 위한 창문면적은 거실 바닥면적의 1/20 이상
∴ 300㎡ ÷ 20 = 15㎡

19
환기 및 채광을 위하여 거실에 설치하는 창문등의 설비의 설치기준에 관한 설명으로 틀린 것은?

① 채광을 위하여 거실에 설치하는 창문등의면적은 그 거실의 바닥면적의 10분의 1 이상이어야 한다.
② 환기를 위하여 거실에 설치하는 창문등의면적은 그 거실의 바닥면적의 20분의 1 이상이어야 한다.
③ 거실의 용도에 따라 조도 기준 이상의 조명장치를 설치하는 경우, 채광을 위하여 거실에 설치하는 창문등의 설치 면적을 기준과달리할 수 있다.
④ 학교 교실의 채광을 위한 창문의 면적은그 교실의 바닥면적의 5분의 1 이상이어야한다.

해설 | 문제 16번 해설참조

20
건축관계법규에 따라 단독주택 및 공동주택의 거실 등에 적용하는 채광 및 환기에 관한 기준으로 옳지 않은 것은?

① 환기를 위하여 거실에 설치하는 창문 등의 최소면적 기준은 기계환기장치 및 중앙관리방식의 공기조화설비를 설치하는 경우에는 적용받지 않는다.
② 채광을 위한 창문 등의 면적은 그 거실 바닥면적의 1/10 이상이어야 한다.
③ 환기를 위하여 거실에 설치하는 창문 등의 면적은 그 거실 바닥면적의 1/10 이상이어야 한다.
④ 채광 및 환기 관련 기준을 적용함에 있어 수시로 개방할 수 있는 미닫이로 구획된 2개의 거실은 1개의 거실로 본다.

해설 | 문제 16번 해설참조

21
거실의 채광 및 환기를 위한 창문 등이나 설비에 관한 기준 내용으로 옳은 것은?

① 채광을 위하여 거실에 설치하는 창문등의 면적은 그 거실의 바닥면적의 20분의 1 이상이어야 한다.
② 환기를 위하여 거실에 설치하는 창문등의 면적은 그 거실의 바닥면적의 10분의 1 이상이어야 한다.
③ 오피스텔에 거실 바닥으로부터 높이 1.2m 이하 부분에 여닫을 수 있는 창문을 설치하는 경우에는 높이 1.0m 이상의 난간이나 이와 유사한 추락방지를 위한 안전 시설을 설치하여야 한다.
④ 수시로 개방할 수 있는 미닫이로 구획된 2개의 거실은 1개의 거실로 본다.

해설 | 추락방지용 안전시설
오피스텔에 거실 바닥으로부터 높이 1.2m 이하 부분에 여닫을 수 있는 창문을 설치하는 경우에는 국토교통부령으로 정하는 기준에 따라 높이 1.2m 이상의 난간을 설치하여야 한다.

정답 | 17 ② 18 ③ 19 ④ 20 ③ 21 ④

22 ▶ 18

채광을 위하여 거실에 설치하는 창문 등의 면적확보와 관련하여 이를 대체할 수 있는 조명 장치를 설치하고자 할 때 거실의 용도가 집회용도의 회의기능일 경우 조도 기준으로 옳은 것은? (단, 조도는 바닥에서 85cm의 높이에 있는 수평면의 조도임)

① 100 lux 이상
② 200 lux 이상
③ 300 lux 이상
④ 400 lux 이상

해설 | · 설계, 제도, 조리 : 700 lux 이상
· 일반사무, 일반작업, 판매, 회의 : 300 lux 이상
· 설계(700lx)＞일반사무(300lx)＞독서(150lx)＞관람(70lx)

23 ▶ 16

거실 용도에 따른 조도기준은 바닥에서 몇 cm의 수평면 조도를 말하는가?

① 50cm
② 65cm
③ 75cm
④ 85cm

해설 | 조도는 바닥에서 85cm의 높이에 있는 수평면의 조도임

24 ▶ 20

다음 중 거실·욕실 또는 조리장의 바닥 부분에 방습을 위한 조치를 하지 않아도 되는 경우는?

① 건축물의 최하층에 있는 목조 바닥의 거실
② 건축물의 최하층에 있는 석조 바닥의 거실
③ 제1종 근린생활시설 중 휴게음식점의 조리장
④ 제2종 근린생활시설 중 숙박시설의 욕실

해설 | 방습조치는 건축물 최하층에 있는 거실의 바닥은(목조인 경우) 그 바닥높이를 지표면으로부터 45cm 이상으로 하여야 한다.

25 ▶ 18

다음은 건축물의 최하층에 있는 거실(바닥이 목조인 경우)의 방습 조치에 관한 규정이다. ( )안에 들어갈 내용으로 옳은 것은?

> 건축물의 최하층에 있는 거실바닥의 높이는 지표면으로부터 ( ) 이상으로 하여야 한다.
> 다만, 지표면을 콘크리트 바닥으로 설치하는 등 방습을 위한 조치를 하는 경우에는 그러하지 아니한다.

① 30cm
② 45cm
③ 60cm
④ 75cm

해설 | 문제 24번 해설참조

26 ▶ 21

연면적이 200㎡를 초과하는 공동주택에 설치하는 복도의 유효너비는 최소 얼마 이상이어야 하는가?(단, 양옆에 거실이 있는 복도의 경우)

① 1.2m
② 1.8m
③ 2.4m
④ 3.0m

해설 |

구분	양측에 거실이 있는 복도	기타의 복도
유치원, 초등학교, 중학교, 고등학교	2.4m 이상	1.8m 이상
공동주택, 오피스텔	1.8m 이상	1.2m 이상
거실의 바닥면적 합계가 200㎡ 이상인 층	1.5m 이상 (의료시설 복도는 1.8m 이상)	1.2m 이상

정답 | 22 ③ 23 ④ 24 ② 25 ② 26 ②

27 ▶ 17
건축물 종류에 따른 복도의 유효너비 기준으로 옳지 않은 것은? (단, 양옆에 거실이 있는 복도)

① 공동주택 : 1.5m 이상
② 유치원 : 2.4m 이상
③ 초등학교 : 2.4m 이상
④ 오피스텔 : 1.8m 이상

해설 | 공동주택 : 1.8m 이상

28 ▶ 15
건축관계법령상 복도의 최소 유효너비 기준이 가장 작은 것은? (단, 양옆에 거실이 있는 복도)

① 오피스텔   ② 초등학교
③ 유치원   ④ 고등학교

해설 | 문제 26번 해설참조

29 ▶ 18, 15
건축물의 피난·방화구조 등의 기준에 관한 규칙에서 규정한 방화구조에 해당하지 않는 것은?

① 시멘트모르타르 위에 타일을 붙인 것으로서 그 두께의 합계가 2cm인 것
② 철망모르타르로서 그 바름두께가 2.5cm인 것
③ 석고판 위에 시멘트모르타르를 바른 것으로서 그 두께의 합계가 3cm인 것
④ 심벽에 흙으로 맞벽치기 한 것

해설 |
- 시멘트모르타르 위에 타일을 붙인 것으로서 그 두께의 합계가 2.5cm인 것
- 심벽에 흙으로 맞벽치기 한 것(두께에 관계없이 인정)

30 ▶ 17, 14
숙박시설의 객실 간 경계벽이 소리를 차단하는데 장애가 되는 부분이 없도록 하기 위해 갖춰야 할 구조기준에 미달된 것은?

① 철근콘크리트조로서 두께가 15cm인 것
② 철골철근콘크리트조로서 두께가 15cm인 것
③ 콘크리트블록조로서 두께가 15cm인 것
④ 무근콘크리트조로서 두께가 15cm인 것

해설 |

벽체의 구조	두께 기준
철근콘크리트조, 철골철근콘크리트조	10cm 이상
무근콘크리트조, 석조 (시멘모르타르, 회반죽 또는 석고 플라스터의 바름두께 포함)	10cm 이상
콘크리트 블록조, 벽돌조	19cm 이상

정답 | 27 ① 28 ① 29 ① 30 ③

02 건축물 설비규정

Pass Note

예상출제문항	키워드	
2	– 승강기, 비상 & 피난승강기 – 배연, 배관설비 구조	– 난방 설비 – 관계전문기술자의 협력

1. 건축설비기준

1) 개별난방설비(공동주택과 오피스텔)

구분	설치기준
보일러의 설치위치	• 거실 외의 곳에 설치 • 보일러실과 거실 사이의 **경계벽을 내화구조의 벽으로 구획(출입구는 제외)**
보일러실의 환기	• 윗부분에 면적 **0.5㎡ 이상**의 환기창을 설치 • 위, 아랫부분에 각각 지름 10cm 이상의 공기흡입구 및 배기구를 항상 열려 있는 상태로 바깥공기에 접하도록 설치 [예외] 전기보일러의 경우는 제외
보일러실과 거실 사이의 출입구	• 출입구가 닫힌 경우에는 보일러 가스가 거실에 들어갈 수 없는 구조로 할 것
기름저장소	• 기름보일러의 기름저장소는 보일러실 외의 다른 곳에 설치할 것
오피스텔의 난방구획	• 난방구획마다 **내화구조의 벽, 바닥**으로 구획할 것 • **갑종방화문**으로 된 출입문으로 구획할 것
보일러의 연도(굴뚝)	• 내화구조로서 공동연도로 설치할 것
중앙집중공급방식 가스보일러	• 가스관계법령이 정하는 기준에 의함 • 오피스텔은 난방구획마다 내화구조로 된 방, 바닥, 갑종방화문으로 된 출입문으로 구획할 것

예제 01 오피스텔과 공동주택의 난방설비를 개별난방방식으로 하는 경우의 기준으로 옳지 않은 것은?

[24, 22, 21, 18]

① 보일러는 거실 외의 곳에 설치하고 보일러를 설치하는 곳과 거실 사이의 경계벽은 출입구를 포함하여 불연재료로 마감한다.
② 보일러실의 윗부분에는 0.5㎡ 이상의 환기창을 설치한다.
③ 오피스텔의 경우에는 난방구획을 방화구획으로 구획한다.
④ 기름보일러를 설치하는 경우에는 기름저장소를 보일러실 외의 다른 곳에 설치한다.

해설 | 보일러실과 거실 사이의 경계벽을 내화구조의 벽으로 구획(출입구는 제외)

정답 ①

2) 배연설비

(1) 거실에 설치하는 배연설비

다음 어느 하나에 해당하는 건축물의 거실(피난층의 거실은 제외)에는 배연설비를 해야 한다.

기준	설치대상
6층 이상인 건축물로서 아래중 하나에 해당하는 용도로 쓰이는 건축물	• 문화 및 집회시설, 종교시설, 판매시설, 운수시설 • 의료시설(**요양병원 및 정신병원은 제외**) • 교육연구시설 중 연구소 • 노유자시설 중 아동 관련시설, 노인복지시설(**노인요양시설은 제외**) • 수련시설 중 유스호스텔 • 운동시설, 업무시설, 숙박시설, 위락시설, 관광휴게시설, 장례시설 • 제2종근린생활시설 중 바닥면적의 합계가 각각 300㎡ 이상인 공연장, 종교집회장, 인터넷컴퓨터게임시설제공업소 및 다중생활시설
예외	피난층의 거실은 제외

(2) 배연설비의 구조기준

구분	구조기준
배연창 개수	• 건축물이 방화구획으로 구획된 경우에는 그 구획마다 1개소 이상의 배연창을 설치하되, 배연창의 상변과 천장 또는 반자로부터 수직거리가 0.9m 이내일 것 [예외] 반자높이가 바닥으로부터 3m 이상인 경우에는 배연창의 하부가 바닥으로부터 2.1m 이상의 위치에 놓이도록 설치하여야 한다.
배연창 유효면적	• 면적이 1㎡ 이상으로서 그 면적의 합계가 당해 건축물의 **바닥면적의 1/100 이상**일 것 [예외] 바닥면적의 산정에 있어서 거실 바닥면적의 20분의 1 이상으로 환기창을 설치한 거실의 면적은 이에 산입하지 아니함
배연구의 구조	• 연기감지기, 열감지기에 의해 자동으로 열 수 있는 구조로 하되 **손으로 여닫을 수 있도록** 할 것 • 예비전원에 의해 열 수 있도록 할 것
기계식 배연설비	• 소방관계법령의 규정에 따를 것

배기구 높이
- 상업지역 및 주거지역에서 건축물에 설치하는 냉방시설 및 환기시설의 배기구는 **도로 면으로부터 2m 이상**의 높이에 설치해야 한다.

 건축물의 거실(피난층의 거실은 제외)에 국토교통부령으로 정하는 기준에 따라 배연설비를 하여야 하는 건축물의 용도가 아닌 것은? (단, 6층 이상인 건축물) [25,22,21,20,17]
① 문화 및 집회시설 ② 종교시설
③ 요양병원 ④ 숙박시설

해설 | 의료시설 중 요양병원 및 정신병원은 제외

 정답 ③

 특별피난계단 및 비상용승강기의 승강장에 설치하는 배연설비의 구조에 관한 기준으로 옳지 않은 것은? [23,22,18]
① 배연구 및 배연풍도는 불연재료로 하고, 화재가 발생한 경우 원활하게 배연 시킬 수 있는 규모로서 외기 또는 평상시에 사용하지 아니하는 굴뚝에 연결할 것
② 배연구에 설치하는 수동개방장치 또는 자동개방장치 (열감지기 또는 연기감지기에 의한 것을 말한다.)는 손으로도 열고 닫을 수 없도록 할 것
③ 배연구는 평상시에는 닫힌 상태를 유지하고, 연 경우에는 배연에 의한 기류로 인하여 닫히지 아니하도록 할 것
④ 배연구가 외기에 접하지 아니하는 경우에는 배연기를 설치할 것

해설 | 연기감지기, 열감지기에 의해 자동으로 열 수 있는 구조로 하되 손으로 여닫을 수 있도록 할 것

정답 ②

3) 배관설비

용도	설치기준
급·배수용 배관설비 설치 및 구조	• 건축물의 **주요 부분을 관통하여 배관**할 때는 건축물의 구조내력에 지장이 없도록 할 것 • 배관설비를 콘크리트에 묻을 때는 부식의 우려가 있는 재료는 부식방지조치를 할 것 • **승강기의 승강로 안**에는 승강기의 운행에 필요한 배관설비 이외에 **불필요한 배관설비는 설치하지 아니할 것** • 압력탱크, 급탕설비에는 폭발 등의 위험을 막을 수 있는 시설을 설치할 것
배수용 배관설비 설치 및 구조	• 배관설비의 오수에 접하는 부분은 내수재료를 사용 • 배관설비에는 위생에 지장이 없도록 배수트랩, 통기관을 설치 • 배출시키는 빗물 또는 오수의 양, 수질에 따라 적당한 용량을 사용, 경사지게 하거나 그에 적합한 재질을 사용 • 지하실 등 공공하수도로 자연배수를 할 수 없는 곳에는 배수 용량에 맞는 강제 배수시설을 설치할 것 • 우수관과 오수관을 분리하여 배관할 것

4) 환기설비

(1) 설치대상

설치 대상	건축물의 용도
공동주택 및 다중이용시설	100세대 이상 신축 또는 리모델링하는 공동주택은 **시간당 최소 0.5회 이상의 환기**가 이루어질 수 있도록 자연환기설비 또는 기계 환기설비를 설치해야 한다.
건축물의 객실, 조리장, 관람석, 집회장, 식당	• 바닥면적의 합계가 500㎡ 이상인 대중음식점 • 관광숙박시설, 위락시설, 관람·집회시설 • 이와 유사한 용도에 쓰이는 건축물

예제 04 신축 또는 리모델링하는 공동주택은 시간당 최소 몇 회 이상의 환기가 이루어질 수 있도록 자연환기설비 또는 기계환기설비를 설치해야 하는가? (단, 30세대 이상의 공동주택의 경우) [24,22,16,13]
① 0.3회　　② 0.5회　　③ 0.7회　　④ 1.0회

정답 ②

(2) 구조

구조	방법	구조기준
환기설비의 구조	자연환기	• 공기흡입구는 거실의 반자 높이의 1/2 이하의 높이에 설치하여 외기와 통하는 구조로 한다. • 공기흡입구, 배기구, 배기통의 맨 윗부분에는 빗물, 먼지를 방지할 수 있는 설비를 설치한다. • 환기에 적합한 공기흡입구, 배기통을 갖춘다. • 배기통의 상부는 직접 외기에 개방하며, 기류에 의한 지장이 없어야 한다. • 배기구는 거실의 반자 또는 반자 아래 80cm 이내의 높이에 설치하여 외기와 통하는 구조로 한다.
환기설비의 구조	기계환기	• 공기의 흡입, 배기는 기계식으로 한다. • 풍도는 공기를 오염시키지 않는 재료로 한다. • 공기흡입구, 배기구의 위치와 구조는 실내에 들어오는 공기의 분포를 균등하게 하고, 공기의 기류가 부분적으로 일어나지 않도록 한다. • 공기흡입구, 배기구의 배기통 맨 윗부분에는 빗물, 먼지를 방지할 수 있는 설비를 설치한다. • 공기흡입구, 배기구에 설치하는 환풍기는 외기의 기류로 인한 환기능력이 저하되지 않는 구조로 한다.

5) 피뢰설비

(1) 설치대상

낙뢰의 우려가 있는 건축물과 높이 20m 이상의 건축물 또는 높이 20m 이상인 공작물(건축물에 공작물을 설치하여 그 전체 높이가 20m 이상인 것을 포함)

(2) 설치기준

구분	설치기준
피뢰설비	• 한국산업표준이 정하는 피뢰레벨 등급에 적합하게 설치 (위험물저장 및 처리시설 : 피뢰시스템 레벨 Ⅱ 이상)
돌침	• 건축물의 맨 윗부분으로부터 25cm 이상 돌출시켜 설치 • 건축물의 구조기준 등에 따른 설계하중에 견딜 수 있는 구조일 것
피뢰설비의 재료	• 수뢰부, 인하도선 및 접지극은 50㎟ 이상인 것 (최소 단면적이 피복이 없는 동선(銅線) 기준)
인하도선	• 철골조, 철골·철근콘크리트조의 철근구조체 등을 사용 시 ㉠ 전기적 연속성이 보장될 것 ㉡ 금속 구조체의 최상단부와 지표레벨 사이의 전기저항이 0.2Ω 이하일 것
측면 낙뢰방지 (높이가 60m를 초과하는 건축물)	지면에서 건축물 높이의 4/5가 되는 지점부터 최상단 부분까지의 측면에 수뢰부를 설치하여야 하며, 지표 레벨에서 최상단부의 높이가 150m를 초과하는 건축물은 120m 지점부터 최상단 부분까지의 측면에 수뢰부를 설치할 것

6) 건축물에 설치하는 굴뚝

① 굴뚝의 옥상돌출부는 지붕 면으로부터의 수직거리를 1m 이상으로 할 것. 다만, 용마루·계단탑·옥탑 등이 있는 건축물에 있어서 굴뚝의 주위에 연기의 배출을 방해하는 장애물이 있는 경우에는 그 굴뚝의 상단을 용마루·계단탑·옥탑 등보다 높게 하여야 한다.
② 굴뚝의 상단으로부터 수평거리 1m 이내에 다른 건축물이 있는 경우에는 그 건축물의 처마보다 1m 이상 높게 할 것
③ 금속제 굴뚝으로서 건축물의 지붕 속, 반자 위 및 가장 아랫바닥 밑에 있는 굴뚝의 부분은 금속 외의 불연재료로 덮을 것
④ **금속제 굴뚝**은 목재, 기타 가연재료로부터 **15cm 이상** 떨어져서 설치할 것
[예외] 두께 10cm 이상인 금속 외의 불연재료로 덮은 경우에는 제외

> **예제 05** 건축물에 설치하는 굴뚝에 관한 기준 내용으로 옳지 않은 것은? [23,21,13]
> ① 금속제 굴뚝은 목재 기타 가연재료로부터 10cm 이상 떨어져서 설치할 것
> ② 굴뚝의 옥상돌출부는 지붕 면으로부터의 수직거리를 1m 이상으로 할 것
> ③ 금속제 굴뚝으로서 건축물의 지붕 속에 있는 굴뚝의 부분은 금속 외의 불연재료로 덮을 것
> ④ 굴뚝의 상단으로부터 수평거리 1m 이내에 다른 건축물이 있는 경우에는 그 건축물의 처마보다 1m 이상 높게 할 것
>
> 정답 ①

2. 관계전문기술자

1) 관계전문기술자의 협력을 받아야 하는 건축물

(1) 건축구조기술자의 협력을 받아야 하는 건축물

① 6층 이상인 건축물
② 특수구조 건축물
③ 다중이용 건축물
④ 준다중이용 건축물
⑤ 3층 이상의 필로티 형식 건축물

(2) 관계전문기술자의 협력을 받아야 하는 건축물

① 연면적 10,000㎡ 이상인 건축물(창고시설은 제외)
② 다음에 해당하는 에너지를 대량으로 소비하는 건축물

용도	바닥면적의 합계
아파트 및 연립주택	–
냉동냉장시설·항온항습시설 또는 특수청정시설	500㎡ 이상
목욕장, 물놀이형 시설(실내에 설치된 경우), 수영장(실내에 설치된 경우)	500㎡ 이상
기숙사, 의료시설, 유스호스텔, 숙박시설	2,000㎡ 이상
판매시설, 연구소, 업무시설	3,000㎡ 이상
문화 및 집회시설, 종교시설, 교육연구시설(연구소는 제외), 장례식장	10,000㎡ 이상

> **예제 06**
> 급수·배수·환기·난방 등의 건축설비를 건축물에 설치하는 경우 건축기계설비기술사 또는 공조냉동기계기술사의 협력을 받아야 하는 대상 건축물에 속하지 않는 것은? [25,22]
> ① 연립주택
> ② 판매시설로서 해당 용도에 사용되는 바닥 면적의 합계가 2000㎡인 건축물
> ③ 의료시설로서 해당 용도에 사용되는 바닥 면적의 합계가 2000㎡인 건축물
> ④ 숙박시설로서 해당 용도에 사용되는 바닥 면적의 합계가 2000㎡인 건축물
>
> 정답 ②

3. 승강설비

1) 승강기

(1) 설치대상

① 층수가 **6층 이상**으로서 **연면적(거실면적의 합계)이 2,000㎡ 이상**인 건축물을 건축하려면 승강기를 설치하여야 한다.
[예외] 층수가 6층인 건축물로서 각 층 거실의 바닥면적 300㎡ 이내마다 1개소 이상의 직통계단을 설치한 건축물

(2) 승용승강기의 설치기준

건축물의 용도	6층 이상 거실면적의 합계 (Am²)		
	3,000m² 이하	3,000m² 초과	공식

• 문화 및 집회시설
  – 공연장
  – 집회장
  – 관람장
• 판매시설, 의료시설
	2대	2대에 3,000m²를 초과하는 경우에는 그 초과하는 매 2,000m² 이내마다 1대를 더한 대수	$2+\dfrac{A-3,000m^2}{2,000m^2}$

• 문화 및 집회시설
  – 전시장
  – 동·식물원
• 업무시설, 숙박시설, 위락시설
	1대	1대에 3,000m²를 초과하는 경우에는 그 초과하는 매 2,000m² 이내마다 1대를 더한 대수	$1+\dfrac{A-3,000m^2}{2,000m^2}$

• 공동주택 • 교육연구시설 • 노유자시설	1대	1대에 3,000m²를 초과하는 경우에는 그 초과하는 매 3,000m² 이내마다 1대를 더한 대수	$1+\dfrac{A-3,000m^2}{3,000m^2}$

> **Note** 승강기의 대수 산정
> • 위의 표에 따라 승강기의 대수를 계산할 때 8인승 이상 15인승 이하의 승강기는 1대의 승강기로 보고, 16인승 이상의 승강기는 2대의 승강기로 산정한다.

예제 07 각 층별 바닥면적이 1,000m²이고, 각 층별 거실면적이 700m²인 15층 집회장에 설치하여야 하는 승용승강기의 최소 대수는? (단, 8인승 승강기) [24,22,14]

① 3대   ② 4대   ③ 5대   ④ 6대

해설 | $2+\dfrac{A-3,000m^2}{2,000m^2} = 2+\dfrac{(700\times10)-3,000}{2,000} = 2+2 = 4$대 (8인승)

정답 ②

2) 비상용승강기

(1) 설치대상

설치대상	설치 예외
높이 31m를 넘는 건축물 (승강기를 비상용승강기의 구조로 한 경우는 제외)	• 높이 31m를 넘는 각층을 거실 이외의 용도로 쓰는 건축물 • 높이 31m를 넘는 각층의 바닥면적의 합계가 500m² 이하인 건축 • 높이 31m를 넘는 층수가 4개층 이하로서 당해 각 층의 바닥면적의 합계가 200m²(벽 및 반자가 실내에 접하는 부분의 마감을 불연재료로 한 경우에는 500m²)이내마다 방화구획으로 구획한 건축물

(2) 설치기준

높이 31m를 넘는 각 층의 바닥면적 중 최대 바닥면적(Am²)	설치대수	공식
1,500㎡ 이하	1대 이상	
1,500㎡ 초과	1대 + 1,500㎡를 넘는 3,000㎡ 이내마다 1대씩 더한 대수 이상	$1+\dfrac{A-1,500m^2}{3,000m^2}$

예제 08 비상용승강기를 설치하지 아니할 수 있는 건축물의 기준으로 옳지 않은 것은? [25,22,17,16]

① 높이 31m를 넘는 각 층을 거실외의 용도로 쓰는 건축물
② 높이 31m를 넘는 각 층의 바닥면적의 합계가 500㎡ 이하인 건축물
③ 높이 31m를 넘는 층수가 4개층 이하로서 당해 각 층의 바닥면적의 합계 300㎡ 이내마다 방화구획으로 구획한 건축물
④ 높이 31m를 넘는 층수가 4개층 이하로서 당해 각 층의 바닥면적의 합계 500㎡(벽 및 반자가 실내에 접하는 부분의 마감을 불연재료로 한 경우) 이내마다 방화구획으로 구획한 건축물

해설 | 높이 31m를 넘는 층수가 4개층 이하로서 당해 각 층의 바닥면적의 합계가 200㎡

정답 ③

예제 09 높이 31m를 넘는 각 층의 바닥면적 중 최대 바닥면적이 6,000㎡인 건축물에 설치해야 하는 비상용승강기의 최소설치 대수는? (단, 8인승 승강기임) [23,18]

① 2대   ② 3대   ③ 4대   ④ 5대

해설 | $1+\dfrac{A-1,500m^2}{3,000m^2}$ = $1+\dfrac{6,000-1,500}{3,000}$ = 1+1.5 = 2.5대 ≒ 3대 (8인승)

정답 ②

(3) 비상용승강기의 승강장 및 승강로의 구조

구분	구조
승강장	• 승강장의 창문·출입구 기타 개구부를 제외한 부분은 당해 건축물의 다른 부분과 내화구조의 바닥 및 벽으로 구획할 것 • [예외] 공동주택의 경우에는 승강장과 특별피난계단의 부속실과의 겸용 부분을 계단실과 별도로 구획하는 때에는 승강장을 특별피난계단의 부속실과 겸용할 수 있다. • 승강장은 각층의 내부와 연결될 수 있도록 할 것 • 노대 또는 외부를 향하여 열 수 있는 창문이나 배연설비를 설치할 것 • 벽 및 반자가 실내에 접하는 부분의 마감재료(마감을 위한 **바탕을 포함**)는 불연재료로 할 것 • 채광이 되는 창문이 있거나 예비전원에 의한 조명설비를 할 것 • 승강장의 바닥면적은 비상용승강기 1대에 대하여 **6㎡ 이상**으로 할 것 • [예외] **옥외에 승강장을 설치하는 경우** • 피난층이 있는 승강장의 출입구(승강장이 없는 경우에는 승강로의 출입구)로부터 도로 또는 공지에 이르는 **거리가 30m 이하**일 것 • 승강장 출입구 부근의 잘 보이는 곳에 당해 승강기가 비상용승강기임을 알 수 있는 표지를 할 것
승강로	• 승강로는 당해 건축물의 다른 부분과 내화구조로 구획할 것 • 각 층으로부터 피난층까지 이르는 승강로를 단일구조로 연결하여 설치할 것

[비상용승강기 승강로 구조]

> **Note** 피난용승강기
> • 설치대상 : 고층건축물 [예외] 준초고층건축물 중 공동주택은 제외
> • 구조기준 : **갑종방화문, 내화구조, 불연재료**

핵심 기출문제

02 건축물 설비규정

1 건축설비기준

01 ▶ 18, 14
공동주택과 오피스텔의 난방설비를 개별난방방식으로 할 경우 설치기준으로 옳지 않은 것은?

① 보일러실과 거실 사이의 출입구는 그 출입구가 닫힌 경우에도 보일러 가스가 거실에 들어갈 수 없는 구조로 할 것
② 보일러실의 윗부분에는 그 면적이 0.5m² 이상인 환기창을 설치하고, 보일러실의 윗부분과 아랫부분에는 각각 지름 10cm 이상의 공기흡입구 및 배기구를 항상 열려 있는 상태로 바깥공기에 접하도록 설치할 것(단, 전기보일러실의 경우는 예외)
③ 보일러는 거실 외의 곳에 설치하며 보일러를 설치하는 곳과 거실 사이의 경계벽은 출입구를 포함하여 내화구조로 구획할 것
④ 기름보일러를 설치하는 경우에는 기름저장소를 보일러실 외의 다른 곳에 설치할 것

해설 | 보일러실과 거실 사이의 경계벽을 내화구조의 벽으로 구획(출입구는 제외)

02 ▶ 20
건축물에 설치하는 배연설비의 기준으로 옳지 않은 것은?

① 건축물이 방화구획으로 구획된 경우에는 그 구획마다 1개소 이상의 배연창을 설치한다.
② 배연창의 상변과 천장 또는 반자로부터 수직거리가 0.9m 이내로 한다.
③ 배연구는 연기감지기 또는 열감지기에 의하여 자동으로 열 수 있는 구조로 하고, 손으로는 열고 닫을 수 없도록 한다.
④ 배연구는 예비전원에 의하여 열 수 있도록 한다.

해설 | 연기감지기, 열감지기에 의해 자동으로 열 수 있는 구조로 하되 손으로 여닫을 수 있도록 할 것

03 ▶ 18
배연설비의 설치기준으로 옳지 않은 것은?

① 건축물이 방화구획으로 구획된 경우에는 그 구획마다 1개소 이상의 배연창을 설치하되, 배연창의 상변과 천장 또는 반자로부터 수직거리가 1.2m 이내일 것
② 배연구는 예비전원에 의하여 열 수 있도록 할 것
③ 배연창 설치에 있어 반자높이가 바닥으로부터 3m 이상인 경우에는 배연창의 하변이 바닥으로부터 2.1m 이상의 위치에 놓이도록 설치할 것
④ 배연구는 연기감지기 또는 열감지기에 의하여 자동으로 열 수 있는 구조로 하되, 손으로도 열고 닫을 수 있도록 할 것

해설 | 건축물이 방화구획으로 구획된 경우에는 그 구획마다 1개소 이상의 배연창을 설치하되, 배연창의 상변과 천장 또는 반자로부터 수직거리가 0.9m 이내일 것

정답 | 01 ③ 02 ③ 03 ①

04 ▶ 15

문화 및 집회시설에 쓰이는 건축물의 거실에 배연설비를 설치하여야 할 경우에 해당하는 최소 층수 기준은?

① 6층 ② 10층
③ 16층 ④ 20층

해설 | 6층 이상인 건축물
- 문화 및 집회시설, 종교시설, 판매시설, 운수시설
- 의료시설(요양병원 및 정신병원은 제외)
- 교육연구시설 중 연구소
- 노유자시설 중 아동 관련시설, 노인복지시설(노인요양시설은 제외)
- 수련시설 중 유스호스텔
- 운동시설, 업무시설, 숙박시설, 위락시설, 관광휴게시설, 장례시설

05 ▶ 14

배연설비에서의 배연창의 최소 유효면적과 그 유효면적의 합계 기준으로 옳게 짝지어진 것은?

① 1m² 이상, 당해 건축물 바닥면적의 1/50 이상
② 1m² 이상, 당해 건축물 바닥면적의 1/100 이상
③ 2m² 이상, 당해 건축물 바닥면적의 1/50 이상
④ 2m² 이상, 당해 건축물 바닥면적의 1/100 이상

해설 | 배연창 유효면적
면적이 1m² 이상으로서 그 면적의 합계가 당해 건축물의 바닥면적의 1/100 이상일 것

06 ▶ 21, 18

상업지역 및 주거지역에서 건축물에 설치하는 냉방시설 및 환기시설의 배기구는 도로 면으로부터 최소 얼마 이상의 높이에 설치하여야 하는가?

① 1m ② 1.5m
③ 1.8m ④ 2m

해설 | 배기구 높이는 도로 면으로부터 2m 이상의 높이에 설치해야 한다.

07 ▶ 19

건축물에 설치하는 급수·배수 등의 용도로 쓰는 배관설비의 설치 및 구조에 관한 기준으로 옳지 않은 것은?

① 배관설비를 콘크리트에 묻는 경우 부식의 우려가 있는 재료는 부식방지조치를 할 것
② 건축물의 주요부분을 관통하여 배관하는 경우에는 건축물의 구조내력에 지장이 없도록 할 것
③ 승강기의 승강로안에는 승강기의 운행에 필요한 배관설비외에도 건축물 유지에 필요한 배관설비를 모두 집약하여 설치하도록 할 것
④ 압력탱크 및 급탕설비에는 폭발등의 위험을 막을 수 있는 시설을 설치할 것

해설 | 승강기의 승강로 안에는 승강기의 운행에 필요한 배관설비 이외에 불필요한 배관설비는 설치하지 아니할 것

08 ▶ 19

급수·배수 등의 용도를 위하여 건축물에 설치하는 배관설비의 설치 및 구조에 관한 기준으로 옳지 않은 것은?

① 배관설비의 오수에 접하는 부분은 내수재료를 사용할 것
② 지하실 등 공공하수도로 자연배수를 할 수 없는 곳에는 배수용량에 맞는 강제배수시설을 설치할 것
③ 우수관과 오수관은 통합하여 배관할 것
④ 콘크리트구조체를 관통할 경우에는 구조체에 덧관을 미리 매설하는 등 배관의 부식을 방지하고 그 수선 및 교체가 용이하도록 할 것

해설 | 우수관과 오수관을 분리하여 배관할 것

정답 | 04 ① 05 ② 06 ④ 07 ③ 08 ③

09 ▶ 16, 13

신축 또는 리모델링하는 100세대 이상이 공동주택은 자연환기설비 또는 기계환기설비를 설치하여 최소 시간당 몇 회 이상의 환기가 이루어지도록 해야 하는가?

① 0.5회
② 0.6회
③ 0.8회
④ 1.0회

해설 | 100세대 이상 신축 또는 리모델링하는 공동주택은 시간당 최소 0.5회 이상의 환기가 이루어질 수 있도록 자연환기설비 또는 기계 환기설비를 설치해야 한다.

10 ▶ 20

건축물에 설치하는 금속제 굴뚝은 목재 기타 가연재료로부터 최소 얼마 이상 떨어져서 설치하여야 하는가?
(단, 두께 10cm 이상인 금속 외의 불연재료로 덮은 경우는 고려하지 않는다.)

① 10cm
② 15cm
③ 20cm
④ 25cm

해설 | 금속제 굴뚝은 목재, 기타 가연재료로부터 15cm 이상 떨어져서 설치할 것

11 ▶ 19

건축물에 설치하는 굴뚝에 관한 기준으로 옳지 않은 것은?

① 굴뚝의 옥상 돌출부는 지붕 면으로부터의 수직거리를 1m 이상으로 할 것
② 굴뚝의 상단으로부터 수평거리 1m 이내에 다른 건축물이 있는 경우에는 그 건축물의 처마보다 1.5m 이상 높게 할 것
③ 금속제 굴뚝으로서 건축물의 지붕 속, 반자 위 및 가장 아랫바닥 밑에 있는 굴뚝의 부분은 금속 외의 불연재료로 덮을 것
④ 금속제 굴뚝은 목재 기타 가연재료로부터 15cm 이상 떨어져서 설치할 것

해설 | 굴뚝의 상단으로부터 수평거리 1m 이내에 다른 건축물이 있는 경우에는 그 건축물의 처마보다 1m 이상 높게 할 것

2 관계전문기술자

12 ▶ 20

건축물의 설계자가 건축구조기술사의 협력을 받아 건축물에 대한 구조의 안전을 확인하여야 하는 대상 건축물 기준에 해당하지않는 것은?(단, 국토교통부령으로 따로 정하는 건축물의 경우는 고려하지 않는다.)

① 기둥과 기둥 사이의 거리가 10m인 건축물
② 지상층수가 20층인 건축물
③ 다중이용 건축물
④ 6층인 필로티형식 건축물

해설 | 건축구조기술자의 협력을 받아야 하는 건축물
① 6층 이상인 건축물
② 특수구조 건축물
③ 다중이용 건축물
④ 준다중이용 건축물
⑤ 3층 이상의 필로티 형식 건축물

13 ▶ 15

건축물의 설계자가 건축구조기술사의 협력을 받아 구조의 안전을 확인하여야 하는 건축물의 최소 층수 기준은?

① 3층 이상
② 4층 이상
③ 5층 이상
④ 6층 이상

해설 | 문제 12번 해설참조

정답 | 09 ① 10 ② 11 ② 12 ① 13 ④

14 ▶ 14

건축물의 설계자가 건축물에 대한 구조의 안전을 확인하는 경우에 건축구조기술사의 협력을 받아야 하는 건축물에 해당되지 않는 것은?

① 층수가 5층인 건축물
② 기둥과 기둥 사이가 30m인 건축물
③ 다중이용 건축물
④ 한쪽 끝은 고정되고 다른 끝은 지지되지 아니한 구조로 된 차양 등이 외벽의 중심선으로부터 3m 돌출된 건축물

해설 | 문제 12번 해설참조
[참고] 비교 대상건축물
건축 및 대수선 시 건축물의 설계자로부터 구조안전의 확인서류를 받아 허가권자에게 제출하여야 하는 대상 건축물
- 층수가 2층 이상인 건축물
- 기둥과 기둥 사이의 거리가 10m 이상인 건축물
- 높이 13m 이상
- 처마높이가 9m 이상인 건축물
- 국가적 문화유산으로 보존할 가치가 있는 건축물로서 국토교통부령으로 정하는 것

15 ▶ 14

건축물에 대한 구조안전을 확인하는 경우 건축구조기술사의 협력을 받아야 하는 건축물은?

① 층수가 2층인 건축물
② 기둥과 기둥 사이가 9m인 건축물
③ 한쪽 끝은 고정되고 다른 끝은 지지되지 아니한 구조로 된 차양 등이 외벽의 중심선으로부터 2m 돌출된 건축물
④ 다중이용 건축물

해설 | 문제 12번 해설참조

3 승강설비

16 ▶ 13

다음 중 승강기 설치 대상 건축물의 층수 및 연면적 기준으로 옳은 것은?

① 5층 이상으로서 연면적 2,000m² 이상
② 6층 이상으로서 연면적 2,000m² 이상
③ 5층 이상으로서 연면적 3,000m² 이상
④ 6층 이상으로서 연면적 3,000m² 이상

해설 | 층수가 6층 이상으로서 연면적(거실면적의 합계)이 2,000m² 이상인 건축물을 건축하려면 승강기를 설치하여야 한다.

17 ▶ 19

다음 중 승용승강기의 설치기준과 직접적으로 관련된 것은?

① 대지안의 공지
② 건축물의 용도
③ 6층 이하의 거실면적의 합계
④ 승강기의 속도

해설 | 6층 이상의 거실면적의 합계, 건축물의 용도에 따라 설치기준이 달라진다.

18 ▶ 15

건축물에 설치하는 승용승강기 설치대수 산정에 직접적으로 관련 있는 것끼리 묶여진 것은?

① 용도 - 층수 - 각 층의 거실면적
② 용도 - 층수 - 높이
③ 용도 - 높이 - 각 층의 거실면적
④ 층수 - 높이 - 각 층의 거실면적

정답 | 14 ① 15 ④ 16 ② 17 ② 18 ①

19

층수가 10층이고, 각 층의 거실면적이 1000㎡인 업무시설에 설치하여야 하는 승용승강기의 최소 대수는? (단, 16인승 승강기인 경우)

① 1대   ② 2대
③ 3대   ④ 4대

해설 | 업무시설, 숙박시설, 위락시설
1대에 3,000㎡를 초과하는 경우에는 그 초과하는 매 2,000㎡ 이내마다 1대를 더한 대수
6층 이상 – 6,7,8,9,10 총 5개층
1000㎡ × 5개층 = 5000㎡
$$1 + \frac{A - 3{,}000m^2}{2{,}000m^2} = 1 + \frac{5{,}000 - 3{,}000}{2{,}000}$$
= 2 ÷ 2 = 1대(16인승 이상)

20

25층 업무시설로서 6층 이상의 거실면적 합계가 36000㎡인 경우 승용 승강기의 최소 설치 대수는? (단, 16인승 이상의 승강기로 설치한다.)

① 7대   ② 8대
③ 9대   ④ 10대

해설 | 업무시설, 숙박시설, 위락시설
1대에 3,000㎡를 초과하는 경우에는 그 초과하는 매 2,000㎡ 이내마다 1대를 더한 대수
$$1 + \frac{A - 3{,}000m^2}{2{,}000m^2} = 1 + \frac{36{,}000 - 3{,}000}{2{,}000}$$
= 17.5대 ÷ 2 = 9대 (16인승 이상)

21

20층의 아파트를 건축하는 경우 6층 이상 거실 바닥면적의 합계가 12,000㎡일 경우에 승용승강기 최소 설치대수는? (단, 15인승 이하 승용승강기임)

① 2대   ② 3대
③ 4대   ④ 5대

해설 | 공동주택, 교육연구시설
1대에 3,000㎡를 초과하는 경우에는 그 초과하는 매 3,000㎡ 이내마다 1대를 더한 대수
$$1 + \frac{A - 3{,}000m^2}{3{,}000m^2} = 1 + \frac{12{,}000 - 3{,}000}{3{,}000}$$
= 4대 (15인승 이하)

22

41층의 업무시설을 건축하는 경우에 6층 이상의 거실 면적 합계가 30,000㎡이다. 15인승 승용승강기를 설치하는 경우에 최소 몇 대가 필요한가?

① 11대   ② 12대
③ 14대   ④ 15대

해설 | 업무시설, 숙박시설, 위락시설
1대에 3,000㎡를 초과하는 경우에는 그 초과하는 매 2,000㎡ 이내마다 1대를 더한 대수
$$1 + \frac{A - 3{,}000m^2}{2{,}000m^2} = 1 + \frac{30{,}000 - 3{,}000}{2{,}000}$$
= 14.5대 ≒ 15대 (15인승 이하)

23

6층 이상의 거실 면적의 합계가 18,000㎡ 이상인 문화 및 집회시설 중 전시장의 승용승강기 설치 대수로 옳은 것은? (단, 8인승 이상 15인승 이하의 승강기)

① 6대   ② 7대
③ 8대   ④ 9대

해설 | 문화 및 집회시설 중 전시장
1대에 3,000㎡를 초과하는 경우에는 그 초과하는 매 2,000㎡ 이내마다 1대를 더한 대수
$$1 + \frac{A - 3{,}000m^2}{2{,}000m^2} = 1 + \frac{18{,}000 - 3{,}000}{2{,}000}$$
= 8.5대 ≒ 9대 (15인승 이하)

정답 | 19 ① 20 ③ 21 ③ 22 ④ 23 ④

24 ▶ 14

각 층의 바닥면적이 1,000㎡로 동일한 업무시설인 14층 오피스텔을 건축하는 경우 승용승강기는 몇 대를 설치하여야 하는가? (단, 8인승 이상 15인승 이하의 승강기로 설치)

① 2대 ② 3대
③ 4대 ④ 5대

해설 | 업무시설, 숙박시설, 위락시설
1대에 3,000㎡를 초과하는 경우에는 그 초과하는 매 2,000㎡이내마다 1대를 더한 대수

$$1 + \frac{A - 3,000m^2}{2,000m^2} = 1 + \frac{9,000 - 3,000}{2,000}$$
= 4대 (15인승 이하)

25 ▶ 13

비상용승강기의 승강장에 설치하는 배연설비의 구조에 관한 기준으로 옳지 않은 것은?

① 배연구에 설치하는 자동개방장치는 손으로 열고 닫을 수 없도록 할 것
② 배연구는 평상시에는 닫힌 상태를 유지하고, 연 경우에는 배연에 의한 기류로 인하여 닫히지 아니하도록 할 것
③ 배연구가 외기에 접하지 아니하는 경우에는 배연기를 설치할 것
④ 배연기에는 예비전원을 설치할 것

해설 | 배연구에 설치하는 수동개방장치 또는 자동개방장치(열감지기 또는 연기감지기에 의한 것을 말한다.)는 손으로도 열고 닫을 수 있도록 해야 한다.

26 ▶ 21

비상용승강기 승강장의 구조에 관한 기준 내용으로 옳지 않은 것은?

① 채광이 되는 창문이 있거나 예비전원에 의한 조명설비를 할 것
② 벽 및 반자가 실내에 접하는 부분의 마감재료는 불연재료로 할 것
③ 승강장의 바닥면적은 비상용승강기 1대에 대하여 5㎡ 이상으로 할 것
④ 노대 또는 외부를 향하여 열 수 있는 창문이나 배연설비를 설치할 것

해설 | 승강장의 바닥면적은 비상용승강기 1대에 대하여 6㎡ 이상으로 할 것

27 ▶ 17

비상용승강기 승강장의 구조에 대한 기준으로 옳지 않은 것은?

① 승강장의 바닥면적은 비상용승강기 1대에 대하여 10㎡ 이상으로 할 것
② 벽 및 반자가 실내에 접하는 부분의 마감재료는 불연재료로 할 것
③ 채광이 되는 창문이 있거나 예비전원에 의한 조명설비를 할 것
④ 피난층이 있는 승강장의 출입구로부터 도로 또는 공지에 이르는 거리가 30m 이하일 것

해설 | 문제 26번 해설참조

정답 | 24 ③ 25 ① 26 ③ 27 ①

03 피난·방화규정

Pass Note

예상출제문항	키워드
2~3	- 직통계단 설치기준 - 피난계단설치 기준 - 관람실 등으로부터의 출구 설치기준	- 개방공간 설치 - 직통계단에 이르는 보행거리 - 옥상광장 설치

1. 피난규정

1) 직통계단의 설치기준

(1) 피난층에서의 보행거리

피난층의 계단 및 거실로부터 건축물 바깥쪽으로의 출구에 이르는 보행거리

구분	원칙	주요구조부가 내화구조, 불연재료일 경우
• 계단으로부터 옥외로의 출구까지 • 거실로부터 계단까지	30m 이하	50m 이하 (16층 이상 공동주택 : 40m)
거실로부터 옥외로의 출구까지 (피난에 지장이 없는 출입구가 있는 것은 제외)	60m 이하	100m 이하 (16층 이상 공동주택 : 80m)

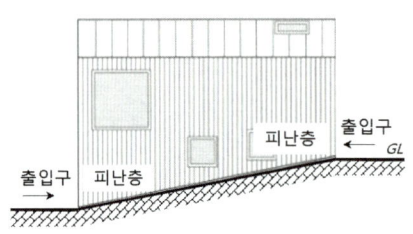

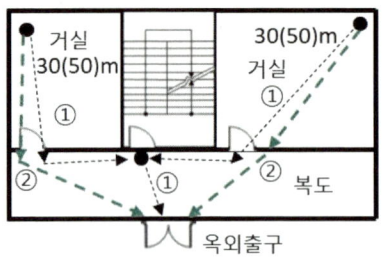

① 계단에서 옥외출구 : 30m(50m)
② 거실에서 옥외출구 : 60m(100m)

예제 01 건축물의 피난층 외의 층에서 피난층 또는 지상으로 통하는 직통계단을 설치할 때 거실의 각 부분으로부터 직통계단에 이르는 최대 보행거리 기준은? (단, 주요구조부가 내화구조 또는 불연재료로 구성, 16층 이상의 공동주택은 제외) [25,22,16,14,13]

① 30m 이하 ② 40m 이하 ③ 50m 이하 ④ 60m 이하

정답 ③

(2) 피난층이 아닌 층에서의 보행거리

피난층이 아닌 층에서 거실 각 부분으로부터 피난층(직접 지상으로 통하는 출입구가 있는 층) 또는 지상으로 통하는 직통계단(경사로 포함)에 이르는 보행거리

구분	보행거리
원칙	30m 이하
주요구조부가 내화구조, 불연재료로 된 건축물	50m 이하 (16층 이상 공동주택 : 40m 이하)

(3) 직통계단을 2개소 이상 설치하여야 하는 건축물

건축물의 피난층이 아닌 층에서는 피난층 또는 지상으로 통하는 직통계단(경사로 포함)을 2개소 이상 설치해야 하는 경우는 다음과 같다.

설치 대상	해당부분	면적
• 문화 및 집회 시설(전시장, 동식물원 제외) • 제2종 근린생활시설 중 공연장, 종교집회장(바닥면적 합계가 300㎡ 이상) • 장례시설, 종교시설 • 위락시설 중 유흥주점	그 층의 관람실, 집회실의 바닥면적 합계	
• 단독주택 중 다중주택, 다가구주택 • 제2종 근린생활시설 중 학원, 독서실 • 게임시설제공업소(바닥면적 합계가 300㎡ 이상) • 판매시설 • 운수시설(여객용 시설만 해당) • 의료시설(입원실이 없는 치과병원은 제외) • 교육연구시설 중 학원 • 노유자시설 중 아동 관련시설, 노인복지시설 • 수련시설 중 유스호스텔 또는 숙박시설 • 숙박시설	3층 이상의 층으로서 그 층의 해당 용도로 쓰이는 거실의 바닥면적 합계	200㎡ 이상
• 지하층	그 층 거실의 바닥면적의 합계	
• 공동주택(층당 4세대 이하는 제외) • 업무시설 중 오피스텔	그 층의 해당 용도에 쓰이는 거실의 바닥면적 합계	300㎡ 이상
• 위에 해당하지 않는 용도	3층 이상 층으로서 그 층 거실의 바닥면적 합계	400㎡ 이상

2) 피난계단의 설치 대상

(1) 피난 및 특별피난계단의 설치대상

구분	대상	예외
피난계단 또는 특별피난계단	• 5층 이상의 층으로부터 피난층 또는 지상으로 통하는 직통계단 • 지하 2층 이하의 층으로부터 피난층 또는 지상으로 통하는 직통계단 • 지하 1층인 건축물의 경우에는 5층 이상의 층으로부터 피난층 또는 지상으로 통하는 직통계단과 직접 연결된 지하 1층의 계단 ※ 판매시설(도매, 소매시장, 상점)의 용도에 쓰이는 층으로부터의 직통계단은 그 중 1개소 이상 특별피난계단으로 설치하여야 함.	건축물의 주요구조부가 **내화구조 또는 불연재료**로 되어 있는 다음의 경우 • 5층 이상의 바닥면적 합계가 200㎡ 이하인 경우 • 5층 이상의 바닥면적 200㎡ 이내마다 방화구획이 되어 있는 경우
특별피난계단	• **11층 이상(공동주택은 16층 이상)**의 층으로부터 피난층 또는 지상으로 통하는 직통계단 • 지하 3층 이하인 층으로부터 피난층 또는 지상으로 통하는 직통계단	• 갓복도식 공동주택 • 해당 층의 바닥면적이 400㎡ 미만인 층

(2) 직통계단 외에 별도의 피난계단, 특별피난계단 설치대상

대상 건축물	설치 기준
건축물의 5층 이상의 층으로서 다음에 해당하는 시설 • 문화 및 집회시설 중 전시장 또는 동·식물원 • 판매시설, 운수시설(여객용 시설만 해당) • 운동시설, 위락시설 • 관광휴게시설(다중이 이용하는 시설에 한함) • 수련시설 중 생활권 수련시설	• 그 층의 해당 용도로 쓰는 **바닥면적이 합계가 2,000㎡**를 넘는 경우에는 그 넘는 매 2,000㎡ 이내마다 1개소의 피난계단 또는 특별피난계단을 설치해야 함 (4층 이하의 층에 쓰이지 않는 피난계단 또는 특별피난계단에 한함)

(3) 옥외피난계단의 설치기준

대상 건축물	건축물의 용도	해당 용도에 쓰이는 층의 거실의 바닥면적 합계
3층 이상 (피난층 제외)	• 문화 및 집회시설(**공연장**에 한함) • 위락시설(**주점영업**에 한함)	300㎡ 이상
	• 문화 및 집회시설(집회장에 한함)	1,000㎡ 이상

(4) 지하층과 피난층 사이의 개방공간 설치

바닥면적의 합계가 3,000㎡ **이상**인 **공연장·집회장·관람장** 또는 **전시장**을 지하층에 설치하는 경우 각 실에 있는 자가 지하층 각 층에서 건축물 밖으로 피난하여 옥외 계단 또는 경사로 등을 이용하여 피난층으로 대피할 수 있도록 천장이 개방된 외부 공간을 설치해야 한다.

예제 02 다음은 지하층과 피난층 사이의 개방공간 설치에 대한 기준 내용이다. ( )안에 알맞은 것은?

[24,실건22,21,18,17,15,14]

- 바닥면적의 합계가 ( ) 이상인 공연장·집회장·관람장 또는 전시장을 지하층에 설치하는 경우에는 각 실에 있는 자가 지하층 각 층에서 건축물 밖으로 피난하여 옥외 계단 또는 경사로 등을 이용하여 피난층으로 대피할 수 있도록 천장이 개방된 외부 공간을 설치하여야 한다.

① 500㎡   ② 1000㎡   ③ 3000㎡   ④ 5000㎡

정답 ③

(5) 피난계단 및 특별피난계단의 구조

구분		구조기준
건축물의 내부에 설치하는 피난계단	출입구	• 유효너비는 0.9m 이상, 피난방향으로 열 수 있을 것 • 갑종방화문(60+방화문, 60분 방화문)을 설치할 것
	창문	• 계단실의 바깥쪽과 접하는 창문 등은 당해 건축물의 다른 부분에 설치하는 창문 등으로부터 2m 이상의 거리를 두고 설치할 것(망이 들어 있는 유리의 붙박이창으로서 그 면적이 각각 1㎡ 이하인 것은 제외) • 건축물의 내부와 접하는 계단실의 창문 등(출입구는 제외)은 망이 들어 있는 유리의 붙박이창으로서 그 면적을 각각 1㎡ 이하로 할 것
	계단실	• 다른 부분과 내화구조의 벽으로 구획(창문, 출입구, 기타 개구부는 제외) • 실내에 접하는 부분은 불연재료로 할 것. • 예비전원에 의한 조명설비를 할 것.
	계단	• 내화구조로 하고 피난층 또는 지상까지 직접 연결되도록 할 것
건축물의 바깥쪽에 설치하는 피난계단		• 계단의 유효너비는 0.9m 이상으로 할 것 • 계단은 내화구조로 하고 지상까지 직접 연결되도록 할 것 • 계단은 그 계단으로 통하는 출입구 외의 창문 등(망이 들어 있는 유리의 붙박이창으로서 그 면적이 각각 1㎡ 이하인 것은 제외)으로부터 2m 이상의 거리를 두고 설치할 것 • 건축물의 내부에서 계단으로 통하는 출입구에는 갑종방화문(60+방화문, 60분 방화문)을 설치할 것
특별 피난계단		• 출입구의 유효너비는 0.9m 이상으로 하고 피난의 방향으로 열 수 있을 것 • 계단실·노대 및 부속실은 창문 등을 제외하고는 내화구조의 벽으로 구획할 것 • 계단실 및 부속실의 실내에 접하는 부분은 불연재료로 할 것 • 계단은 내화구조로 하되, 피난층 또는 지상까지 직접 연결되도록 할 것 • 계단실에는 예비전원에 의한 조명설비를 할 것 • 계단실·노대 또는 부속실에 설치하는 건축물의 바깥쪽에 접하는 창문 등(망이 들어 있는 유리의 붙박이창으로서 그 면적이 각각 1㎡ 이하인 것은 제외)은 계단실·노대 또는 부속실 외의 당해 건축물의 다른 부분에 설치하는 창문 등으로부터 2m 이상의 거리를 두고 설치할 것 • 계단실의 노대 또는 부속실에 접하는 창문 등은 망이 들어 있는 유리의 붙박이창으로서 그 면적을 각각 1㎡ 이하로 할 것 • 건축물의 내부에서 노대 또는 부속실로 통하는 출입구에는 갑종방화문(60+방화문, 60분 방화문)을 설치하고, 노대 또는 부속실로부터 계단실로 통하는 출입구에는 60+방화문, 갑종방화문 또는 을종방화문(30분 방화문)을 설치할 것

• 방화문은 언제나 닫힌 상태를 유지하거나 화재로 인한 연기 또는 불꽃을 감지하여 자동적으로 닫히는 구조로 해야 하고, 연기 또는 불꽃으로 감지하여 자동적으로 닫히는 구조로 할 수 없는 경우에는 온도를 감지하여 자동적으로 닫히는 구조로 하여야한다.

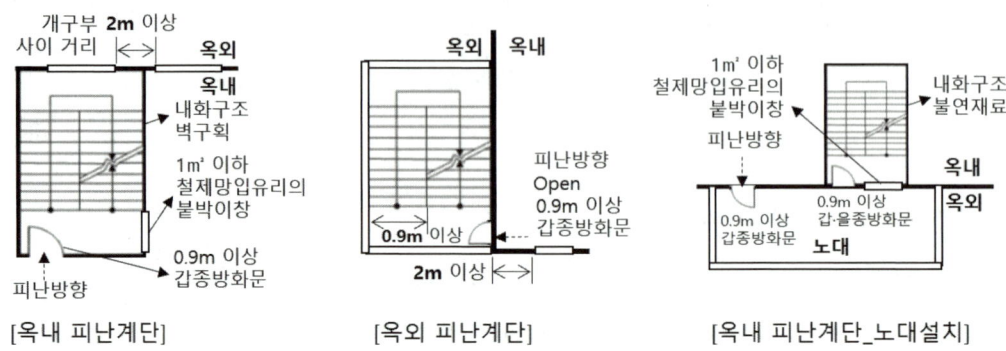

[옥내 피난계단]   [옥외 피난계단]   [옥내 피난계단_노대설치]

 예제 03 건축물의 바깥쪽에 설치하는 피난계단의 구조에 관한 기준으로 틀린 것은? [23,22,14]

① 계단은 그 계단으로 통하는 출입구 외의 창문 등으로부터 2m 이상의 거리를 두고 설치하여야 한다.
② 계단의 유효너비는 0.6m 이상으로 하여야 한다.
③ 건축물의 내부에서 계단으로 통하는 출입구에는 60+방화문 또는 60분 방화문을 설치하여야 한다.
④ 계단은 내화구조로 하고 지상까지 직접 연결되도록 한다.

해설 | 계단의 유효너비는 0.9m 이상으로 할 것

정답 ②

3) 관람실 등으로부터의 출구 설치기준

(1) 관람실 등으로부터의 출구의 설치기준

구분	설치기준	바닥면적
문화 및 집회 시설 중 **공연장의 개별관람실**	• 각 출구의 유효폭은 1.5m 이상 • 관람실별로 2개소 이상 설치 • 개별관람실 출구 유효너비의 합계는 **개별관람실의 바닥면적** 100㎡마다 0.6m의 비율로 산정한 너비 이상으로 할 것 $$\frac{개별 관람실의 바닥면적(m^2)}{100m^2} \times 0.6m$$ • 관람실 또는 집회실로부터 바깥쪽으로의 출구로 쓰이는 문은 **밖여닫이**로 해야한다. (안여닫이 ×)	300㎡ 이상

예제 04 문화 및 집회시설 중 공연장 개별관람실의 각 출구의 유효너비 최소 기준은? (단, 바닥면적이 300㎡ 이상인 경우) [24,20,16,13]

① 1.2m 이상 ② 1.5m 이상
③ 1.8m 이상 ④ 2.1m 이상

해설 | 개별관람실 각 출구의 유효폭 : 1.5m 이상
 [비교] 개별관람실 출구 유효너비의 합계
 개별관람실의 바닥면적 100㎡마다 0.6m의 비율로 산정한 너비 이상으로 할 것
 ∴ 바닥면적인 300㎡ = $\frac{300m^2}{100m^2}$ × 0.6 = 1.8m 이상

정답 ②

(2) 건축물의 바깥쪽으로의 출구의 설치기준

설치대상	설치기준	
· 문화 및 집회 시설(전시장, 동·식물원은 제외) · 판매시설, 종교시설, 의료시설 중 장례식장 · 업무시설 중 국가 또는 지방자치단체의 청사 · 위락시설 · 교육연구시설 중 학교 · 승강기를 설치하여야 하는 건축물 · **연면적 5,000㎡ 이상의 창고시설**	피난층의 계단으로부터 → 건축물 바깥쪽 출구까지 보행거리	
	계단에서부터 옥외 출구까지	30m 이하
	주요구조부가 내화구조, 불연재료	50m 이하
	16층 이상 공동주택	40m 이하
	피난층 외의 거실의 각 부분으로부터 → 건축물의 바깥쪽 출구까지의 보행거리	
	거실에서부터 옥외 출구까지	60m 이하
	주요구조부가 내화구조, 불연재료	100m 이하
	16층 이상 공동주택	80m 이하

 예제 05 건축물의 피난시설과 관련하여 건축물로부터 바깥쪽으로 나가는 출구를 설치하여야 하는 대상 건축물이 아닌 것은? [23,실건19,18,16]

① 장례시설 ② 위락시설
③ 문화 및 집회시설 중 전시장 ④ 승강기를 설치하여야 하는 건축물

해설 | 문화 및 집회 시설 중 전시장, 동·식물원은 제외

정답 ③

(3) 보조출구 또는 비상구설치

대상 건축물	설치기준
관람실의 바닥면적의 합계가 300㎡ 이상인 집회장 또는 공연장	주된 출구 외에 보조출구 또는 비상구를 2개소 이상 설치해야 함

(4) 판매시설의 피난층에 설치하는 출구의 유효너비

대상	설치기준
판매시설 (도매시장, 소매시장, 상점 등)	건축물의 바깥쪽으로의 출구의 유효너비의 합계는 해당 용도에 쓰이는 **바닥면적이 최대인 층의** 해당 용도의 바닥면적 100㎡마다 0.6m의 비율로 산정한 너비 이상으로 설치해야 함 출구유효폭 ≥ $\dfrac{당해용도최대인층의 바닥면적(m^2)}{100m^2}$ × 0.6m

예제 06 개별 관람석의 바닥면적이 600㎡인 공연장의 관람석 출구의 유효너비 합계는 최소 얼마 이상인가?

[25,16,13]

① 3m ② 3.6m ③ 4m ④ 4.6m

해설 | 개별관람석 출구의 유효너비의 합계는 개별관람석의 바닥면적 100㎡마다 0.6m의 비율로 산정한 너비 이상으로 할 것

∴ $\dfrac{600m^2}{100m^2}$ × 0.6m = 3.6m

정답 ②

(5) 피난층 또는 피난층의 승강장으로부터 건축물의 바깥쪽에 이르는 통로 경사로 설치대상

구분	설치기준
경사로 설치 대상	• 제1종 근린생활 시설 중 마을회관, 변전소, 양수장, 공중화장실 등 • 연면적 5,000㎡ 이상인 판매시설, 운수시설 • 학교 • 국가·지방자치단체의 청사와 외국공관의 건축물 • 승강기를 설치해야 하는 건축물

(6) 회전문의 설치기준
① 위치는 계단이나 에스컬레이터로부터 **2m 이상** 거리를 둘 것
② 회전속도는 분당 회전수가 8회를 넘지 아니하도록 할 것
③ 회전문과 문틀 사이는 5cm 이상 간격을 확보 할 것
④ 회전문과 바닥 사이는 3cm 이하 간격을 확보 할 것
⑤ 회전문의 틈 사이를 고무와 고무펠트의 조합체 등을 사용하여 신체나 물건 등에 손상이 없도록 할 것
⑥ 회전문은 사용에 편리하게 **일정한 방향**으로 회전할 수 있는 구조로 할 것

건축물의 출입구에 설치하는 회전문은 계단이나 에스컬레이터로부터 최소 얼마 이상의 거리를 두어야 하는가? [25,22,19,16]

① 2m 이상 ② 3m 이상 ③ 4m 이상 ④ 5m 이상

정답 ①

4) 옥상광장 등의 설치

(1) 난간 설치
① 옥상광장 또는 2층 이상인 층에 있는 노대 등의 주위에는 높이 **1.2m 이상의 난간**을 설치하여야 한다.
② 예외 : 해당 노대 등에 출입할 수 없는 구조인 경우

(2) 옥상광장 설치
5층 이상의 층이 다음 용도로 사용되는 경우 피난 용도로 광장을 옥상에 설치하여야 한다.
① 문화 및 집회시설(전시장 및 동·식물원은 제외)
② 바닥면적의 합계가 각각 300m² 이상인 공연장, 종교집회장
③ 종교시설, 판매시설
④ 위락시설 중 주점영업
⑤ 장례시설

 옥상광장 또는 2층 이상인 층에 있는 노대의 주위에 설치하여야 하는 난간의 최소 높이 기준은? [23,20,16]

① 1.0m 이상 ② 1.1m 이상 ③ 1.2m 이상 ④ 1.5m 이상

해설 | 옥상광장 또는 2층 이상인 층에 있는 노대 등의 주위에는 높이 1.2m 이상의 난간을 설치하여야 한다.

정답 ③

(3) 헬리포트 설치
① 설치대상
   층수가 **11층** 이상인 건축물로서 11층 이상인 층의 바닥면적의 합계가 10,000m² 이상인 건축물(평지붕만 해당)의 옥상
② 설치기준 및 예시

설치기준	예시
• 길이와 너비 : 각각 22m 이상(15m까지 감축 가능) • 헬리포트의 중심으로부터 반경 12m 이내에는 헬리콥터의 이 · 착륙에 장애가 되는 건축물, 공작물, 조경시설 또는 난간 등의 설치금지 • 착륙대 주위한계선의 너비 : 38cm (백색) • ⓗ 표지 : **지름 8m** (백색) • H 표시의 선의 너비 : 38cm (백색) • O 표지의 선의 너비 : 60cm (백색)	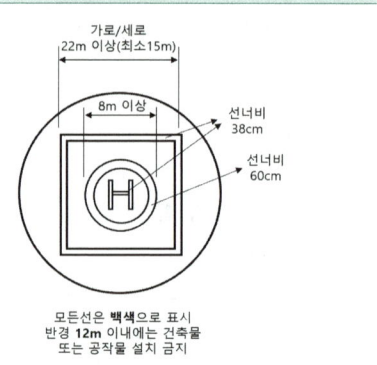

(4) 아파트 발코니의 대피공간 설치

공동주택 중 아파트로서 4층 이상인 층의 각 세대가 2개 이상의 직통계단을 사용할 수 없는 경우에는 발코니에 인접 세대와 공동으로 또는 각 세대별로 일정 요건을 모두 갖춘 대피 공간을 하나 이상 설치하여야 한다.
① 대피공간은 바깥의 공기와 접할 것
② 대피공간은 실내의 다른 부분과 방화구획으로 구획될 것
③ 대피공간의 바닥면적 기준
  ㉠ **인접 세대와 공동으로 설치하는 경우 : 3㎡ 이상**
  ㉡ 각 세대별로 설치하는 경우 : 2㎡ 이상

예제 09 공동주택 중 아파트로서 4층 이상인 층의 각 세대가 2개 이상의 직통계단을 사용할 수 없는 경우에는 발코니에 인접 세대와 공동으로 또는 각 세대별로 일정 요건을 모두 갖춘 대피 공간을 하나 이상 설치하여야 하는데, 대피공간이 갖추어야 할 일정 요건으로 옳지 않은 것은? [24,22,21]

① 대피공간은 바깥의 공기와 접할 것
② 대피공간은 실내의 다른 부분과 방화구획으로 구획될 것
③ 대피공간의 바닥면적은 각 세대별로 설치하는 경우에는 2㎡ 이상일 것
④ 대피공간의 바닥면적은 인접 세대와 공동으로 설치하는 경우에는 2.5㎡ 이상일 것

해설 | 인접 세대와 공동으로 설치하는 경우 : 3㎡ 이상

정답 ④

2. 방화규정

> Pass Note

예상출제문항	키워드	
1~2	- 방화구획 - 내화구조	- 비상탈출구 - 방화문

1) 방화구획

건축법령상 방화구획을 설치하는 목적은 동일 건축물 내에서의 **화재 확산방지**다.

(1) 방화구획의 기준

주요구조부가 내화구조 또는 불연재료로 된 건축물로 연면적이 1,000㎡를 넘는 것은 다음의 기준에 의하여 **내화구조의 바닥, 벽, 갑종방화문**(자동 방화셔터 포함)으로 구획한다.

건축물 규모	구획기준		비고
10층 이하의 층	바닥면적 1,000㎡(3,000㎡) 이내마다 구획		( )안의 면적은 **스프링클러** 등의 자동식 소화설비를 설치한 경우임
지상층, 지하층	매 층마다 구획 (면적에 무관) [제외] 지하 1층에서 지상으로 직접 연결하는 경사로 부위		
11층 이상의 층	실내마감이 불연재료인 경우	바닥면적 500㎡(1,500㎡) 이내마다 구획	
	실내마감이 불연재료가 아닌 경우	바닥면적 200㎡(600㎡) 이내마다 구획	

예제 01
벽 및 반자의 실내에 접하는 부분의 마감이 불연재료이고, 자동식 소화설비가 설치된 각 층 바닥면적이 1000㎡인 업무시설의 11층은 최소 몇 개의 영역으로 방화구획을 하여야 하는가? [23,실건19,18,16]

① 2개의 영역으로 구획 ② 3개의 영역으로 구획
③ 5개의 영역으로 구획 ④ 층간 방화구획

해설 | 각층 바닥면적이 1,000㎡인 업무시설 11층은 자동식 소화설비가 설치된 경우 1,500㎡ 이내마다 구획해야 하므로 층간 방화구역으로 한다.

정답 ④

(2) 방화구획 완화 대상 건축물

① 문화 및 집회시설(동·식물원은 제외), 종교시설, 운동시설 또는 장례시설의 용도로 쓰는 거실로서 시선 및 활동공간의 확보를 위하여 불가피한 부분
② 물품의 제조·가공·보관 및 운반 등에 필요한 고정식 대형기기 설비의 설치를 위하여 불가피한 부분
③ 계단실·복도 또는 승강기의 승강장 및 승강로로서 그 건축물의 다른 부분과 방화구획으로 구획된 부분

④ 건축물의 최상층 또는 피난층으로서 대규모 회의장·강당·스카이라운지 로비 또는 피난안전구역 등의 용도로 쓰는 부분으로서 그 용도로 사용하기 위하여 불가피한 부분
⑤ 복층형 공동주택의 세대별 층간 바닥 부분
⑥ 주요구조부가 내화구조 또는 불연재료로 된 주차장
⑦ 단독주택, 동물 및 식물 관련 시설 또는 **교정 및 군사시설 중 군사시설(집회, 체육, 창고 등의 용도로 사용되는 시설만 해당)**로 쓰는 건축물

2) 방화벽의 구조

(1) 설치대상 및 구획기준

연면적이 1,000㎡ 이상인 건축물은 각 구획의 바닥면적이 1,000㎡ 미만이 되도록 방화벽으로 구획하여야 한다.

[예외] • 주요조부가 내화구조이거나 불연재인 건축물
 • 단독주택, 동·식물 관련시설, 교정 및 군사시설 중 교도소 또는 감화원
 • 묘지관련시설(화장장 제외)
 • 창고(내부설비구조상 방화벽으로 구획할 수 없는 경우)

(2) 방화벽의 구조기준
① 내화구조로서 홀로 설 수 있는 구조일 것
② 방화벽의 양쪽 끝과 위쪽 끝을 건축물의 외벽 면 및 지붕 면으로부터 0.5m 이상 튀어나오게 할 것
③ 방화벽에 설치하는 **출입문의 너비 및 높이는 각각 2.5m 이하**로 할 것
④ 방화벽에 설치하는 출입문은 **갑종방화문**(60+방화문 또는 60분 방화문)을 설치할 것

> **예제 02** 건축물에 설치하는 방화벽의 구조에 관한 기준으로 옳지 않은 것은? [25,22,18]
> ① 방화벽에 설치하는 출입문의 너비 및 높이는 각각 2.5m 이하로 한다.
> ② 방화벽에 설치하는 출입문은 60+방화문, 60분방화문 또는 30분방화문으로 한다.
> ③ 내화구조로서 홀로 설 수 있는 구조로 한다.
> ④ 방화벽의 양쪽 끝과 윗쪽 끝을 건축물의 외벽 면 및 지붕 면으로부터 0.5m 이상 튀어나오게 한다.
>
> 정답 ②

(3) 연면적 1,000㎡ 이상인 목조건축물
① 외벽 및 처마 밑으로 연소할 우려가 있는 부분을 방화구조로 할 것
② 지붕은 불연재료로 할 것

(4) 연소할 우려가 있는 부분

구조부분	1층	2층 이상	비고
• 인접대지 경계선 • 도로 중심선 • 동일한 대지 안에 2동 이상의 건축물의 상호 외벽 간의 중심선 (연면적의 합계가 500㎡ 이하인 건축물은 하나의 건축물로 본다.)	3m 이내 부분	5m 이내 부분	[예외] 공원, 광장, 하천의 공지나 수면 또는 내화구조의 벽 등에 접하는 부분은 제외

(5) 연소할 우려가 있는 구조
 ① 건축물대장의 건축물 현황도에 표시된 대지경계선 안에 둘 이상의 건축물이 있는 경우
 ② 각각의 건축물이 다른 건축물의 외벽으로부터 수평거리가 1층의 경우에는 6m 이하, 2층 이상의 층의 경우에는 10m 이하인 경우
 ③ 개구부가 다른 건축물을 향하여 설치되어 있는 경우

3) 방화에 장애가 되는 용도의 제한

(1) 복합용도의 제한

같은 건축물안에서 "A" 용도의 시설과 "B" 용도의 시설은 함께 설치할 수 없다.

A	B
• 공동주택 • 의료시설 • 노유자시설(아동 관련 시설 및 노인복지시설만 해당) • 산후조리원 • 장례시설	• 위락시설 • 위험물 저장 및 처리시설 • 공장 • 자동차 관련 시설(정비공장만 해당)

(2) 같은 건축물 안에서 설치가 불가능한 시설물

A 용도시설	B 용도시설
노유자시설 중 아동 관련 시설 또는 노인복지시설	판매시설 중 도매시장 또는 소매시장
단독주택(다중주택, 다가구주택), **공동주택**, 제1종 근린생활시설 중 조산원 또는 산후조리원	제2종 근린생활시설 중 **다중생활시설**

예제 03 다음 중 방화에 장애가 되는 용도의 제한과 관련하여 같은 건축물에 함께 설치할 수 없는 것은?

[23, 21]

① 기숙사와 오피스텔
② 위락시설과 공연장
③ 아동관련시설과 노인복지시설
④ 공동주택과 제2종 근린생활시설 중 다중생활시설

정답 ④

(3) 복합용도의 제한의 완화_같은 건축물 안에서 <u>설치 가능한</u> 시설물

구분	내용
설치 가능한 시설물	• 공동주택(기숙사만 해당)과 공장이 같은 건축물에 있는 경우 • 중심상업지역 · 일반상업지역 또는 근린상업지역에서 재개발사업을 시행하는 경우 • 공동주택과 위락시설이 같은 초고층 건축물에 있는 경우 • 지식산업센터와 직장어린이집이 같은 건축물에 있는 경우

4) 방화지구 안의 건축물

(1) 방화지구 안의 건축물의 구조제한

방화지구 안의 건축물의 주요구조부 및 외벽을 내화구조로 해야 한다.

[예외] • 연면적이 30m² 미만인 단층 부속건물로서 외벽 및 처마 면이 내화구조 또는 불연재료로 된 것
       • 주요구조부가 불연재료로 된 도매시장의 용도로 쓰는 건축물

(2) 방화지구 안의 공작물의 구조제한

방화지구 안의 공작물로서 다음에 해당하는 경우에는 그 주요구조부를 불연재료로 해야 한다.
① 간판, 광고탑
② 대통령이 정하는 공작물 중 지붕 위에 설치하는 공작물
③ 높이 3m 이상의 공작물

(3) 방화지구 안의 지붕 · 방화문 · 인접대지 경계선에 접하는 외벽

구분	내용
지붕	• 내화구조가 아닌 것은 불연재료로 할 것
외벽에 설치하는 창문 등으로서 연소할 우려가 있는 부분	• 갑종방화문(60 + 방화문 또는 60분 방화문) • 소방법령이 정하는 기준에 적합하게 창문 등에 설치하는 드렌처(drencher) • 당해 창문과 연소할 우려가 있는 다른 건축물의 부분을 차단하는 내화구조나 불연재료로 된 벽 · 담장, 기타 이와 유사한 방화설비 • 환기구멍에 설치하는 불연재료로 된 방화커버 또는 그물눈이 2mm 이하인 금속망 (댐퍼의 재료로 철판을 사용할 경우 철판의 두께는 최소 1.5m 이상)

5) 방화문

(1) 방화문의 구분

구분	내용
60분 + 방화문	연기 및 불꽃을 차단할 수 있는 시간이 60분 이상이고, 열을 차단할 수 있는 시간이 30분 이상인 방화문
60분 방화문	연기 및 불꽃을 차단할 수 있는 시간이 60분 이상인 방화문
30분 방화문	연기 및 불꽃을 차단할 수 있는 시간이 30분 이상 60분 미만인 방화문
용어 정리	※ 건축법 시행령 : 60분 + 방화문 ※ 건축물방화구조규칙 : 60 + 방화문

(2) 방화문의 구조 및 성능

구분		갑종방화문	을종방화문
철제		골구를 철재로 하고 그 양면에 각각 두께 0.5mm 이상의 철판을 붙인 것	철제 및 망입유리로 된 것
		철판의 두께가 1.5mm 이상인 것	철판의 두께가 0.8mm 이상 1.5mm 미만인 것
방화목재		해당 안됨	옥내 면에 두께 1.2cm 이상의 석고판을 붙이고 옥외 면에 철판을 붙인 것
성능기준		• **비차열 1시간 이상** • **차열 30분 이상** 　(아파트 발코니에 설치하는 대피공간의 갑종방화문만 해당) • 60분 + 방화문, 60분 방화문	**비차열 30분 이상**

> **Note**
> ① 차열 : 화재로 인한 열도 견디는 것
> ② 비차열 : 화재로 인한 열은 막지 못하지만 화염을 막을 수 있는 것

6) 건축물의 내화구조

다음의 어느 하나에 해당하는 건축물(3층 이상의 건축물 및 지하층이 있는 건축물로서 2층 이하인 건축물의 경우에는 지하층 부분에 한함)의 주요구조부와 지붕은 내화구조로 해야 한다.

[예외] 연면적이 50m² 이하인 단층의 부속건축물로서 외벽 및 처마 밑면을 방화구조로 한 것과 무대의 바닥은 그렇지 않다.

건축물의 용도	바닥면적 합계	비고
• **문화 및 집회시설**(전시장, 동·식물원은 제외) • 종교시설 • 위락시설 중 주점영업 • 장례시설 • 관람실 또는 집회실	200㎡ 이상	옥외관람석의 경우는 1,000㎡ 이상
• 제2종 근린생활시설 중 공연장, 종교집회장	300㎡ 이상	
• **문화 및 집회시설** 중 전시장 또는 동·식물원 • **판매시설**, 운수시설 • 교육연구시설에 설치하는 체육관, 강당 • 수련시설 • 운동시설 중 체육관·운동장 • 위락시설(주점영업의 용도로 쓰는 것은 제외) • 창고시설 • 위험물저장 및 처리시설 • 자동차 관련 시설 • 방송통신시설 중 방송국, 전신전화국, 촬영소 • 묘지 관련 시설 중 화장시설·동물화장시설 • 관광휴게시설	500㎡ 이상	—
• 공장	2,000㎡ 이상	[예외] 화재의 위험이 적은 공장으로서 국토교통부령이 정하는 공장은 제외
건축물의 2층이 • 단독주택 중 다중주택 및 다가구주택 • 공동주택 • 제1종 근린생활시설(의료의 용도에 쓰이는 시설에 한함) • 제2종 근린생활시설 중 다중생활시설 • 의료시설 • 노유자시설 중 아동 관련 시설 및 **노인복지시설** • 수련시설 중 유스호스텔 • 업무시설 중 오피스텔 • 숙박시설 • 장례시설	400㎡ 이상	—
• 3층 이상인 건축물 • 지하층이 있는 건축물	모든 건축물	[예외] 단독주택 및 동물 및 식물 관련 시설, 발전시설, 교도소·소년원 또는 묘지 관련 시설 등은 제외함

예제 04 주요구조부를 내화구조로 하여야 하는 건축물에 해당되지 않는 것은? [24,22,17,13]

① 당해 용도의 바닥면적 합계가 500m²인 판매시설
② 당해 용도의 바닥면적 합계가 600m²인 문화 및 집회시설 중 전시장
③ 당해 용도의 바닥면적 합계가 2,000m²인 공장
④ 당해 용도의 바닥면적 합계가 300m²인 창고시설

해설 | 창고시설은 당해 용도의 바닥면적 합계가 500㎡ 이상
〈주의〉 문화 및 집회시설 중 전시장 당해 용도의 바닥면적 합계가 500㎡ 이상으로 ②번 바닥면적 합계가 600㎡은 맞는 건축물이다.

정답 ④

7) 건축물의 내부마감재료

건축물의 용도	마감재료	
	거실의 벽, 반자의 실내에 접하는 부분 (반자돌림대, 창대 등 제외)	복도, 계단, 통로의 벽, 반자의 실내에 접하는 부분 (반자돌림대, 창대 등 제외)
① 단독주택 중 다중주택, 다가구주택 ② 공동주택 ③ 제2종 근린생활시설 중 공연장, 종교집회장, 학원, 당구장, 독서실, 인터넷컴퓨터게임시설제공업소 ④ 위험물 저장 및 처리시설(자가난방·자가발전 등의 시설 포함) ⑤ 자동차 관련시설, 발전시설, 방송통신 중 방송국, 촬영소 ⑥ 5층 이상인 건축물(거실의 바닥면적의 합계 500m㎡ 이상) ⑦ 문화 및 집회시설, 종교시설, 판매시설, 운수시설, 의료시설 교육연구시설 중 학교(초등학교만 해당한다.), 학원, 노유자시설, 수련시설, 업무시설 중 오피스텔, 숙박시설, 위락시설(단란주점·유흥주점 제외), 장례시설	불연재료 준불연재료 난연재료	불연재료 준불연재료
① ~ ⑦ 항목의 용도에 쓰이는 거실 등을 지하층 또는 지하의 공작물에 설치하는 경우	불연재료 준불연재료	
⑦ 항목의 용도에 쓰이는 건축물의 거실		
⑧ **창고로 쓰이는 바닥면적 600㎡ 이상** (자동소화설비 설치 시 1,200㎡ 이상)		

[예외] 주요구조부가 내화구조 또는 불연재료로 된 건축물로서 그 거실의 바닥면적(스프링클러 등 자동식 소화설비를 설치한 면적 제외) 200㎡ 이내마다 방화구획이 되어 있는 경우는 제외한다.

8) 지하층

(1) 지하층의 구조

바닥면적의 규모	설치기준
거실의 바닥면적이 50㎡ 이상인 층	직통계단 외에 피난층 또는 지상으로 통하는 비상 탈출구 및 환기통 설치 [예외] 직통계단이 2개소 이상이 된 경우는 제외
바닥면적이 1,000㎡ 이상인 층	피난층 또는 지상으로 통하는 직통계단을 방화구획으로 구획되는 각 부분마다 1개소 이상의 피난계단 또는 특별피난계단 설치
거실의 바닥면적의 합계가 1,000㎡ 이상인 층	**환기설비를 설치**
지하층의 바닥면적이 300㎡ 이상인 층	식수공급을 위한 급수전을 1개소 이상 설치

(2) 지하층에 설치하는 비상탈출구의 구조

구분	설치기준
크기	**유효너비는 0.75m 이상, 유효높이는 1.5m 이상으로 할 것**
개폐 방향	피난방향으로 열리도록 하고, 실내에서 항상 열 수 있는 구조로 하며, 내부 및 외부에는 비상탈출구의 표시를 할 것
설치위치	출입구로부터 3m 이상 떨어진 곳에 설치
사다리	지하층의 바닥으로부터 비상탈출구의 아랫부분까지의 높이가 1.2m 이상이 되는 경우에는 벽체에 발판의 너비가 20cm 이상인 사다리를 설치
피난통로의 유효너비 및 재료	유효너비는 0.75m 이상으로 하고, 피난통로의 실내에 접하는 부분의 마감과 그 바탕은 불연재료로 할 것
진입부분 및 피난통로	통행에 지장이 있는 물건을 방치하거나 시설물을 설치하지 아니할 것
유도등과 피난통로의 비상조명등	소방법령의 정하는 바에 의할 것

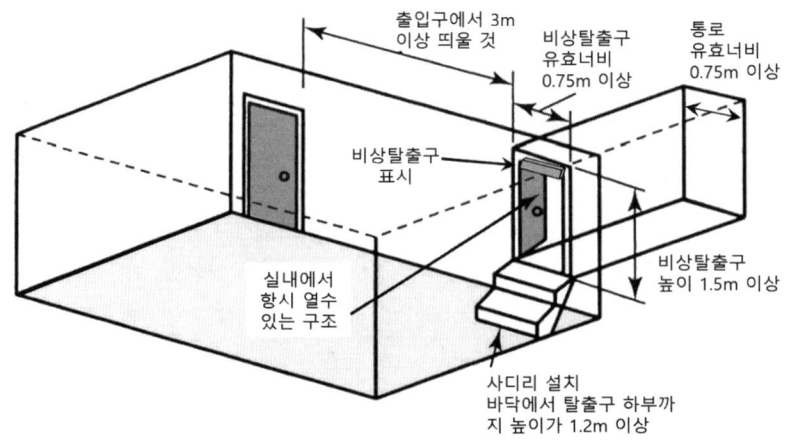

건축물에서 피난층 또는 지상으로 통하는 지하층 비상탈출구의 최소 유효너비 기준은? (단, 주택이 아님) [24,21,20]

① 0.6m 이상 ② 0.75m 이상 ③ 1.2m 이상 ④ 1m 이상

해설 | 유효너비는 0.75m 이상, 유효높이는 1.5m 이상으로 할 것

정답 ②

핵심 기출문제

03 피난·방화규정

1 피난규정

01 ▶ 17, 15
건물의 피난층 외의 층에서는 거실의 각 부분으로부터 피난층 또는 지상으로 통하는 직통계단까지의 보행거리를 최대 얼마 이하가 되도록 하여야 하는가? (단, 건축물의 주요구조부가 내화구조 또는 불연재료로 되어 있지 않은 경우)

① 10m
② 20m
③ 30m
④ 40m

해설 | 각 부분으로부터 계단까지 30m 이하이며 주요구조부가 내화구조 또는 불연재료일 경우 50m 이하

02 ▶ 19
피난층 또는 지상으로 통하는 직통계단을 2개소 이상 설치해야 하는 용도가 아닌 것은? (단, 피난층 외의 층으로써 해당 용도로 쓰는 바닥면적의 합계가 500㎡일 경우)

① 단독주택 중 다가구주택
② 문화 및 집회시설 중 전시장
③ 제2종 근린생활시설 중 공연장
④ 교육연구시설 중 학원

해설 | 문화 및 집회 시설(전시장, 동·식물원 제외)

03 ▶ 18
다음은 피난층 또는 지상으로 통하는 직통계단을 특별피난계단으로 설치하여야 하는 층에 관한 법령 사항이다. ( ) 안에 들어갈 내용으로 옳은 것은?

> 건축물(갓복도식 공동주택은 제외 한다.)의 (A) 이상 (공동주택의 경우에는 (B) 이상)인 층(바닥면적이 400㎡ 미만인 층은 제외한다.) 또는 지하 3층 이하인 층(바닥면적이 400㎡ 미만인 층은 제외한다.)으로부터 피난층 또는 지상으로 통하는 직통계단은 제1항에도 불구하고 특별피난계단으로 설치하여야 한다.

① A : 8층, B : 11층
② A : 8층, B : 16층
③ A : 11층, B : 12층
④ A : 11층, B : 16층

해설 | 피난층 또는 지상으로 통하는 직통계단을 특별피난계단은 11층 이상(공동주택은 16층 이상)의 층으로부터 피난층 또는 지상으로 통하는 직통계단을 설치한다.

04 ▶ 15
피난층 또는 지상으로 통하는 직통계단을 특별피난계단으로 설치하여야 하는 층에 해당하는 것은? (단, 당해 층의 바닥면적은 400㎡ 이상임)

① 건축물의 10층
② 지하 2층
③ 계단실형 공동주택의 16층
④ 갓복도식 공동주택의 11층

해설 | 문제 3번 해설참조

정답 | 01 ③ 02 ② 03 ④ 04 ③

05 ▶ 16,13

5층 이상 또는 지하 2층 이하인 층에 설치하는 직통계단은 국토교통부령으로 정하는 기준에 따라 피난계단 또는 특별피난계단으로 설치하여야 하는데, 이에 해당하는 경우가 아닌 것은? (단, 건축물의 주요구조부가 내화 구조 또는 불연재료로 되어 있는 경우)

① 5층 이상인 층의 바닥면적의 합계가 250m²인 경우
② 5층 이상인 층의 바닥면적의 합계가 300m²인 경우
③ 5층 이상인 층의 바닥면적 150m²마다 방화구획이 되어 있는 경우
④ 5층 이상인 층의 바닥면적 300m²마다 방화구획이 되어 있는 경우

해설 | 예외 대상
건축물의 주요구조부가 내화구조 또는 불연재료로 되어 있는 다음의 경우
• 5층 이상의 바닥면적 합계가 200m² 이하인 경우
• 5층 이상의 바닥면적 200m² 이내마다 방화구획이 되어 있는 경우

06 ▶ 15

다음은 건축물의 3층 이상인 층으로서 직통계단 외에 그 층으로부터 지상으로 통하는 옥외피난계단을 설치하여야 하는 대상에 관한 내용이다. 빈칸에 알맞은 것은?

> 문화 및 집회시설 중 집회장의 용도로 쓰는 층으로서 그 층 거실의 바닥면적의 합계가 (　) 이상인 것

① 500m²　　② 1000m²
③ 1500m²　　④ 2000m²

해설 |

건축물의 용도	해당 층의 거실의 바닥면적 합계
• 문화 및 집회시설 (공연장에 한함) • 위락시설 (주점영업에 한함)	300m² 이상
• 문화 및 집회시설 (집회장에 한함)	1,000m² 이상

07 ▶ 21

건축물의 내부에 설치하는 피난계단의 구조에 관한 기준으로 옳지 않은 것은?

① 계단실의 실내에 접하는 부분의 마감은 불연 재료로 할 것
② 계단은 내화구조로 하고 피난층 또는 지상까지 직접 연결되도록 할 것
③ 건축물의 내부에서 계단실로 통하는 출입구의 유효너비는 0.6m 이상으로 할 것
④ 계단실은 창문, 출입구 기타 개구부를 제외한 당해 건축물의 다른 부분과 내화구조의 벽으로 구획할 것

해설 | 건축물의 내부에서 계단실로 통하는 출입구의 유효너비는 0.9m 이상으로 할 것

08 ▶ 19,19,15,15

건축물 내부에 설치하는 피난계단의 구조기준으로 옳지 않은 것은?

① 계단은 내화구조로 하고 피난층 또는 지상까지 직접 연결되도록 한다.
② 계단실에는 예비전원에 의한 조명설비를 한다.
③ 계단실의 실내에 접하는 부분의 마감은 난연재료로 한다.
④ 건축물의 내부에서 계단실로 통하는 출입구의 유효너비는 0.9m 이상으로 한다.

해설 | 계단실의 실내에 접하는 부분의 마감은 불연재료로 할 것

정답 | 05 ③　06 ②　07 ③　08 ③

09 ▶19
건축물에 설치하는 특별피난계단의 구조에 관한 기준으로 옳지 않은 것은?

① 계단실에는 노대 또는 부속실에 접하는 부분 외에는 건축물의 내부와 접하는 창문 등을 설치하지 아니할 것
② 건축물의 내부에서 노대 또는 부속실로 통하는 출입구에는 을종방화문을 설치할 것
③ 계단은 내화구조로 하되, 피난층 또는 지상까지 직접 연결되도록 할 것
④ 출입구의 유효너비는 0.9m 이상으로 하고 피난의 방향으로 열 수 있을 것

해설 | 건축물의 내부에서 노대 또는 부속실로 통하는 출입구에는 갑종방화문(60 + 방화문, 60분 방화문)을 설치하고, 노대 또는 부속실로부터 계단실로 통하는 출입구에는 60 + 방화문, 갑종방화문 또는 을종방화문(30분 방화문)을 설치할 것

10 ▶21
피난안전구역의 구조 및 설비에 관한 기준 내용으로 옳지 않은 것은?

① 피난안전구역의 높이는 1.8m 이상일 것
② 피난안전구역의 내부마감재료는 불연재료로 설치할 것
③ 비상용 승강기는 피난안전구역에 승하차 할 수 있는 구조로 설치할 것
④ 건축물의 내부에서 피난안전구역으로 통하는 계단은 특별피난계단의 구조로 설치할 것

해설 | 피난안전구역의 높이는 2.1미터 이상일 것

11 ▶21
건축물의 피난시설 설치와 관련하여 국토교통부령이 정하는 기준에 따라 건축물로부터 바깥쪽으로 나가는 출구를 설치하여야 하는 대상이 아닌 것은?

① 위락시설
② 교육연구시설 중 학교
③ 연면적이 3,000m²인 창고시설
④ 업무시설 중 국가 또는 지방자치단체의 청사

해설 | 연면적 5,000㎡ 이상의 창고시설

12 ▶13
건축물의 피난시설과 관련하여 국토교통부령으로 정하는 기준에 따라 건축물로부터 바깥쪽으로 나가는 출구를 설치하여야 하는 대상건축물에 속하지 않는 것은?

① 전시장 및 동·식물원
② 종교시설
③ 장례식장
④ 국가 또는 지방자치단체의 청사

해설 | 문화 및 집회 시설(전시장, 동·식물원은 제외)

13 ▶19
문화 및 집회시설 중 공연장의 개별관람석 바닥면적이 550㎡인 경우 관람석의 최소 출구개수는? (단, 각 출구의 유효너비는 1.5m로 한다.)

① 2개소
② 3개소
③ 4개소
④ 5개소

해설 | $\frac{550m^2}{100m^2} \times 0.6m = 3.3m$
출구의 유효너비는 1.5m로
∴ 3.3÷1.5=2.2개소≒ 3개소

14 ▶ 19

건축물의 피난시설과 관련하여 건축물 바깥쪽으로 나가는 출구를 설치하는 경우 관람석의 바닥면적의 합계가 300㎡ 이상인 집회장 또는 공연장에 있어서는 주된 출구 외에 보조출구 또는 비상구를 몇 개소 이상 설치하여야 하는가?

① 1개소 이상
② 2개소 이상
③ 3개소 이상
④ 4개소 이상

해설 | • 각 출구의 유효폭은 1.5m 이상
• 관람실별로 2개소 이상 설치
• $\dfrac{300m^2}{100m^2} \times 0.6m = 1.8m$
출구의 유효너비는 1.5m로
∴ 1.8÷1.5=1.2개소≒2개소

15 ▶ 15

건축물의 바깥쪽으로 나가는 주된 출구 외에 보조출구 또는 비상구를 2개소 이상 설치하여야 하는 것은?

① 관람석의 바닥면적의 합계가 200㎡ 이상인 문화 및 집회시설 중 집회장
② 관람석의 바닥면적의 합계가 300㎡ 이상인 문화 및 집회시설 중 공연장
③ 거실의 바닥면적의 합계가 400㎡ 이상인 장례식장
④ 거실의 바닥면적의 합계가 500㎡ 이상인 위락시설

해설 | 관람석의 바닥면적의 합계가 300㎡ 이상인 문화 및 집회시설 중 공연장은 주된 출구 외에 보조출구 또는 비상구를 2개소 이상 설치해야 함.

16 ▶ 20

판매시설의 용도에 쓰이는 층의 최대 바닥면적이 500㎡일 때 피난층에 설치하는 건축물의 바깥쪽으로의 출구의 유효너비 합계는 최소 얼마 이상으로 하여야 하는가?

① 2.5m   ② 3m
③ 3.5m   ④ 5m

해설 | 축물의 바깥쪽으로의 출구의 유효너비의 합계는 해당 용도에 쓰이는 바닥면적이 최대인 층의 해당 용도의 바닥면적 100㎡마다 0.6m의 비율로 산정한 너비 이상으로 설치해야 함.
∴ $\dfrac{500m^2}{100m^2} \times 0.6m \leq 3m$

17 ▶ 14

판매시설의 용도에 쓰이는 피난층에 설치하는 건축물의 바깥쪽으로의 출구의 유효너비의 합계는 최소 얼마 이상으로 하여야 하는가? (단, 해당 용도에 쓰이는 바닥면적이 최대인 층에 있어서의 바닥면적이 600㎡인 경우)

① 3.0m   ② 3.6m
③ 4.2m   ④ 5.0m

해설 | $\dfrac{600m^2}{100m^2} \times 0.6m \leq 3.6m$

18 ▶ 20

건축물의 피난층 또는 피난층의 승강장으로부터 건축물의 바깥쪽에 이르는 통로에 경사로를 설치하여야 하는 판매시설의 연면적 기준은?

① 1000㎡ 미만   ② 2000㎡ 미만
③ 3000㎡ 이상   ④ 5000㎡ 이상

해설 | 경사로 설치 대상
연면적 5,000㎡ 이상인 판매시설, 운수시설

정답 | 14 ② 15 ② 16 ② 17 ② 18 ④

19 ▶ 13
건축물의 피난층 또는 피난층의 승강장으로부터 건축물의 바깥쪽에 이르는 통로에 경사로를 설치하지 않아도 되는 것은?

① 교육연구시설 중 학교
② 승강기를 설치하여야 하는 건축물
③ 연면적이 4,000m²인 판매시설
④ 제1종 근린생활시설 중 마을회관

해설 | 문제 18번 해설참조

20 ▶ 13
옥상광장 또는 2층 이상인 층에 있는 노대(露臺)나 그 밖에 이와 비슷한 것의 주위에는 최소얼마 높이 이상의 난간을 설치하여야 하는가?

① 0.7m   ② 0.9m
③ 1.0m   ④ 1.2m

해설 | 옥상광장 또는 2층 이상인 층에 있는 노대(露臺)나 그 밖에 이와 비슷한 것의 주위에는 높이 1.2m 이상의 난간을 설치하여야 한다.

21 ▶ 13
헬리포트를 설치하거나 헬리콥터를 통하여 인명 등을 구조할 수 있는 공간을 설치하기 위한건축물 기준으로 옳은 것은?(단, 건축물의 지붕을 평지붕으로 하는 경우)

① 층수가 9층 이상인 건축물로서 9층 이상인층의 바닥면 합계가 9,000m² 이상이 건축물
② 층수가 10층 이상인 건축물로서 10층 이상인 층의 바닥 면적의 합계가 9,000m² 이상인 건축물
③ 층수가 11층 이상인 건축물로서 11층 이상인층의 바닥 면적의 합계가 10,000m² 이상인 건축물
④ 층수가 12층 이상인 건축물로서 12층 이상인 층의 바닥 면적이 합계가 10,000m² 이상인 건물

해설 | 옥상광장 등의 설치(건축법시행령 제40조)
층수가 11층 이상인 건축물로서 11층 이상인 층의 바닥면적의 합계가 10,000m² 이상인 건축물의 옥상에는 다음 구분에 따른 공간을 확보하여야 한다.

2 방화규정

22 ▶ 19
방화구획의 설치기준으로 옳지 않은 것은?

① 10층 이하의 층은 바닥면적 1000m² 이내마다 구획할 것
② 10층 이하의 층은 스프링클러 기타 이와 유사한 자동식 소화설비를 설치한 경우에는 바닥면적 3000m² 이내마다 구획할 것
③ 지하층은 바닥면적 200m² 이내마다 구획할 것
④ 11층 이상의 층은 바닥면적 200m² 이내마다 구획할 것

해설 | 지하층은 매 층마다 구획 (면적에 무관)

23 ▶ 15
주요구조부가 내화구조인 건축물로서 내화구조로 된 바닥·벽 및 갑종방화문으로 방화구획하여야 하는 건축물의 연면적 기준은?

① 연면적이 300m²를 넘는 것
② 연면적이 500m²를 넘는 것
③ 연면적이 800m²를 넘는 것
④ 연면적이 1,000m²를 넘는 것

해설 | 방화구획의 기준
주요구조부가 내화구조 또는 불연재료로 된 건축물로 연면적이 1,000㎡를 넘는 것은 다음의 기준에 의하여 내화구조의 바닥, 벽, 갑종방화문(자동 방화셔터 포함)으로 구획한다.

정답 | 19 ③ 20 ④ 21 ③ 22 ③ 23 ④

24 ▶ 16

건축물의 방화구획 설치기준을 옳지 않은 것은?

① 5층 이하의 층은 층마다 구획할 것
② 10층 이하의 층은 바닥면적 1,000m² 이내마다 구획할 것 (단, 자동식 소화설비 미설치의 경우)
③ 지하층은 층마다 구획할 것
④ 11층 이상의 층은 바닥면적 200m² 이내마다 구획할 것 (단, 자동식 소화설비 미설치의 경우)

해설 | 10층 이하의 층
바닥면적 1,000m²(3,000m²) 이내마다 구획
( )안의 면적은 스프링클러 등의 자동식 소화설비를 설치한 경우임

25 ▶ 13

건축물의 방화구획 설치기준으로 옳지 않은 것은?

① 10층 이하의 층은 바닥면적 1,000m² 이내마다 구획한다.
② 3층 이상의 층과 지하층은 층마다 구획한다.
③ 11층 이상의 층은 바닥면적 200m² 이내마다 구획한다.
④ 10층 이하의 층에서 스프링클러를 하는 경우에는 바닥면적 5,000m² 이내마다 구획한다.

해설 | 문제 24번 해설참조

26 ▶ 15

12층의 바닥면적이 1500m²인 건축물로서 자동식 소화설비를 설치한 경우 방화구획으로 나누어지는 바닥은 몇 개소인가? (단, 디자인과 평면계획은 고려치 않음)

① 1개소 이상   ② 2개소 이상
③ 3개소 이상   ④ 4개소 이상

해설 | 11층 이상의 층은 바닥면적 200m²(600m²) 이내마다 구획한다.
∴ 1,500÷600=2.5≒3개소

27 ▶ 21,20

건축물에 설치하는 방화벽에 관한 기준 내용으로 옳지 않은 것은?

① 내화구조로서 홀로 설 수 있는 구조일 것
② 방화벽에 설치하는 출입문에 갑종방화문을 설치할 것
③ 방화벽에 설치하는 출입문의 너비 및 높이는 각각 3.0m 이하로 할 것
④ 방화벽의 양쪽 끝과 윗쪽 끝을 건축물의 외벽 면 및 지붕 면으로부터 0.5m 이상 튀어 나오게 할 것

해설 | 방화벽에 설치하는 출입문의 너비 및 높이는 각각 2.5m 이하로 할 것

28 ▶ 15

건축물에 설치하는 방화벽의 구조에 대한 기준으로 옳지 않은 것은?

① 내화구조로써 홀로 설 수 있는 구조라야 한다.
② 방화벽에 설치하는 출입문의 너비 및 높이는 각각 2.5m 이하로 한다.
③ 방화벽의 양쪽 끝과 위쪽 끝을 건축물의 외벽면 및 지붕 면으로부터 0.5m 이상 튀어 나오게 한다.
④ 방화벽에 설치하는 출입문에는 을종방화문을 설치하여야 한다.

해설 | 방화벽에 설치하는 출입문은 갑종방화문(60+방화문 또는 60분 방화문)을 설치할 것

정답 | 24 ① 25 ④ 26 ③ 27 ③ 28 ④

29

목조건축물의 경우에 그 구조를 방화구조로 하거나 불연재료로 하여야 하는 연면적 기준은?

① 연면적 200m² 이상
② 연면적 500m² 이상
③ 연면적 1,000m² 이상
④ 연면적 1,500m² 이상

해설 | 연면적 1,000m² 이상인 목조건축물
　　　· 외벽 및 처마 밑으로 연소할 우려가 있는 부분을 방화구조로 할 것
　　　· 지붕은 불연재료로 할 것

30

연면적 1,000m² 이상인 목조 건축물에서 외벽의 구조 및 지붕의 재료로 옳은 것은?

① 방화구조의 외벽, 불연재료의 지붕
② 내화구조의 외벽, 불연재료의 지붕
③ 방화구조의 외벽, 난연재료의 지붕
④ 내화구조의 외벽, 난연재료의 지붕

해설 | 문제 29번 해설참조

31

방화에 장애가 되어 같은 건축물 안에 함께 설치할수 없는 용도로 묶인 것은?

① 아동관련시설 - 의료시설
② 아동관련시설 - 노인복지시설
③ 기숙사 - 공장
④ 노인복지시설 - 소매시장

해설 | 노유자시설 중 아동 관련 시설 또는 노인복지시설과 판매시설 중 도매시장 또는 소매시장 같은 건축물 안에 함께 설치가 불가능 하다.

32

갑종방화문의 경우 일정시간 이상의 비차열 성능이 확보되어야 하는데 그 기준으로 옳은 것은?

① 30분 이상　　② 1시간 이상
③ 2시간 이상　　④ 3시간 이상

해설 | ㉠ 갑종 방화문 : 비차열 1시간 이상, 차열 30분 이상
　　　㉡ 을종 방화문 : 비차열 30분 이상

33

다음 중 주요구조부를 내화구조로 하여야 하는 대상건축물에 속하지 않는 것은?

① 종교시설의 용도로 쓰는 건축물로서 집회실의 바닥면적의 합계가 200m²인 건축물
② 장례식장의 용도로 쓰는 건축물로서 집회실의 바닥면적의 합계가 200m²인 건축물
③ 위락시설 중 주점영업의 용도로 쓰는 건축물로서 집회실의 바닥면적의 합계가 200m²인 건축물
④ 문화 및 집회시설 중 전시장의 용도로 쓰는 건축물로서 그 용도로 쓰는 바닥면적의 합계가 400m²인 건축물

해설 | 문화 및 집회시설 중 전시장의 용도로 쓰는 건축물로서 그 용도로 쓰는 바닥면적의 합계가 500㎡인 건축물

34

주요구조부를 내화구조로 하여야 하는 대상 건축물 기준으로 옳지 않은 것은?

① 종교시설의 용도로 쓰는 건축물로서 집회실의 바닥면적의 합계가 200m² 이상인 건축물
② 장례시설의 용도로 쓰는 건축물로서 집회실의 바닥면적의 합계가 200m² 이상인 건축물
③ 판매시설의 용도로 쓰는 건축물로서 그 용도로 쓰는 바닥면적의 합계가 500m² 이상인 건축물
④ 공장의 용도로 쓰는 건축물로서 그 용도로 쓰는 바닥 면적의 합계가 1000m² 이상인 건축물

정답 | 29 ③　30 ①　31 ④　32 ②　33 ④　34 ④

해설 | 공장의 용도로 쓰는 건축물로서 그 용도로 쓰는 바닥면적의 합계가 2000㎡ 이상인 건축물

35 ▶ 20

다음 중 주요구조부를 내화구조로 하여야 하는 건축물은?

① 주점영업의 용도로 쓰는 건축물로서 집회실의 바닥면적의 합계가 100㎡인 건축물
② 전시장의 용도로 쓰는 건축물로서 그 용도로 쓰는 바닥면적의 합계가 300㎡인 건축물
③ 판매시설의 용도로 쓰는 건축물로서 그 용도로 쓰는 바닥면적의 합계가 500㎡인 건축물
④ 공장의 용도로 쓰는 건축물로서 그 용도로 쓰는 바닥면적의 합계가 1000㎡인 건축물

해설 | ① 주점영업의 용도로 쓰는 건축물로서 집회실의 바닥면적의 합계가 200㎡인 건축물
② 전시장의 용도로 쓰는 건축물로서 그 용도로 쓰는 바닥면적의 합계가 500㎡인 건축물
④ 공장의 용도로 쓰는 건축물로서 그 용도로 쓰는 바닥면적의 합계가 2000㎡인 건축물

36 ▶ 20

공장의 용도로 쓰는 건축물로서 그 용도로 쓰는 바닥면적의 합계가 최소 얼마 이상인 경우 주요 구조부를 내화구조로 하여야 하는가? (단, 화재의 위험이 적은 공장으로서 국토교통부령으로 정하는 공장은 제외한다.)

① 200㎡
② 500㎡
③ 1000㎡
④ 2000㎡

해설 | 문제 35번 해설참조

37 ▶ 17

주요구조부를 내화구조로 처리하지 않아도 되는 시설은?

① 공장으로서 해당용도 바닥면적의 합계가 500㎡인 건축물
② 문화 및 집회시설 중 전시장으로서 해당용도 바닥면적의 합계가 500㎡인 건축물
③ 운동시설 중 체육관으로서 해당용도 바닥면적의 합계가 600㎡인 건축물
④ 수련시설 중 유스호스텔로서 해당용도 바닥면적의 합계가 500㎡인 건축물

해설 | 문제 35번 해설참조

38 ▶ 15

주요구조부를 내화구조로 하여야 하는 건축물의 기준으로 틀린 것은?

① 문화 및 집회시설 중 전시장으로서 그 용도로 쓰이는 바닥면적 합계가 500㎡ 이상인 건축물
② 판매시설로서 그 용도로 쓰이는 바닥면적 합계가 500㎡ 이상인 건축물
③ 창고시설로서 그 용도로 쓰이는 바닥면적 합계가 500㎡ 이상인 건축물
④ 공장의 용도로 쓰는 건축물로서 그 용도로 쓰이는 바닥면적 합계가 500㎡ 이상인 건축물

해설 | 문제 5번 해설참조

정답 | 35 ③ 36 ④ 37 ① 38 ④

39 ▶14

어느 건축물에서 해당 용도의 바닥면적의 합계가 500㎡라고 할 때 주요 구조부를 내화구조로 할 필요가 없는 것은?

① 문화 및 집회시설 중 전시장
② 운수시설
③ 운동시설 중 체육관
④ 공장의 용도로 쓰이는 건축물

해설 | 공장의 용도로 쓰는 건축물로서 그 용도로 쓰는 바닥면적의 합계가 2000㎡인 건축물에는 주요 구조부를 내화구조로 한다.

40 ▶19,14

건축물의 바닥면적 합계가 450㎡인 경우 주요구조부를 내화구조로 하여야 하는 건축물이 아닌 것은?

① 의료시설
② 노유자시설 중 노인복지시설
③ 업무시설 중 오피스텔
④ 창고시설

해설 | 창고시설로서 그 용도로 쓰이는 바닥면적 합계가 500㎡ 이상인 건축물

41 ▶19

건축물의 피난·방화구조 등의 기준에 관한 규칙에서 정의하고 있는 재료에 해당되지 않는 것은?

① 난연재료
② 불연재료
③ 준불연재료
④ 내화재료

해설 | [참고]

내화구조	화재에 견딜 수 있는 구조로 국토교통부령이 정하는 기준에 적합한 재료
방화구조	화염의 확산을 막을 수 있는 구조로 국토교통부장관이 정하는 기준에 적합한 재료
내수재료	벽돌, 콘크리트, 인조석 등 내수성을 가진 재료
불연재료	불에 타지 아니하는 성질을 가진 재료
준불연재료	불연재료에 준하는 성질을 가진 재료
난연재료	불에 잘 타지 아니하는 성질을 가진 재료

42 ▶18

지하층의 비상탈출구에 관한 기준으로 옳지 않은 것은?

① 비상탈출구의 유효너비는 0.75m 이상으로 하고, 유효높이는 1.5m 이상으로 할 것
② 비상탈출구의 진입부분 및 피난통로에는 통행에 지장이 있는 물건을 방치하거나 시설물을 설치하지 아니할 것
③ 비상탈출구의 문은 피난방향으로 열리도록 하고, 실내에서 항상 열 수 있는 구조로 하여야 하며, 내부 및 외부에는 비상탈출구의 표시를 할 것
④ 비상탈출구는 출입구로부터 3m 이내에 설치할 것

해설 | 출입구로부터 3m 이상 떨어진 곳에 설치

43 ▶ 15

건축물에 설치하는 지하층의 비상탈출구 설치기준으로 옳은 것은?

① 비상탈출구의 유효너비는 0.5m 이상으로 할 것
② 출입구로부터 3m 이상 떨어진 곳에 설치할 것
③ 비상탈출구의 문은 피난방향의 반대방향으로 열리도록 할 것
④ 지하층의 바닥으로부터 비상탈출구의 아랫부분까지의 높이가 1.2m 이상이 되는 경우에는 벽체에 발판의 너비가 18cm 이상인 사다리를 설치할 것

해설 | 문제 42번 해설참조

44 ▶ 16, 13

건축물의 지하층에 설치하는 비상탈출구의 유효너비 및 유효높이는 각각 최소 얼마 이상으로 하여야 하는가?

① 0.5m, 0.5m
② 0.5m, 0.75m
③ 0.75m, 0.75m
④ 0.75m, 1.5m

해설 | 비상탈출구의 유효너비는 0.75m 이상으로 하고, 유효높이는 1.5m 이상으로 할 것

정답 | 43 ② 44 ④

04 장애인·노인·임산부 등의 편의증진 보장에 관한 법률

Pass Note

예상출제문항	키워드
0~1	– 보장법률 용어 – 편의시설 설치대상	– 편의시설 설치기준 – 장애인용 화장실

1. 보장법률 용어 정의

용어	내용
장애인 등	장애인, 노인, 임산부 등 일상생활에서 이동과 시설이용 및 정보의 접근 등에 불편을 느끼는 자
편의시설	장애인 등이 일상생활에서 이동하거나 시설을 이용할 때 편리하고 정보에 쉽게 접근할 수 있도록 하기 위한 시설과 설비
시설주	대상시설 소유자 또는 관리자(해당시설에 대한 관리 의무자가 따로 있는 경우만 해당)
시설주관기관	편의시설의 설치와 운영에 관하여 지도하고 감독하는 **중앙행정기관의 장과 특별시장·광역시장·특별자치시장·도지사·특별자치도지사, 시장·군수·구청장(자치구의 구청장을 말함.) 및 교육감**
공원	아래 어느 하나에 해당하는 시설 ① A자연공원법 B에 따른 자연공원·공원시설 ② A도시공원 및 녹지 등에 관한 법률 B에 따른 도시공원·공원시설
공공건물 및 공중이용시설	불특정 다수가 이용하는 건축물, 시설 및 그 부대시설로서 다음의 건물과 시설, ① 제1종 근린생활시설 및 제2종 근린생활시설 ② 문화 및 집회시설　③ 판매시설　④ 의료시설 ⑤ 종교시설　⑥ 교육연구시설　⑦ 공장 ⑧ 수련시설　⑨ 운동시설　⑩ 업무시설 ⑪ 숙박시설　⑫ 노유자시설　⑬ 자동차관련시설 ⑭ 교정시설　⑮ 방송통신시설　⑯ 묘지관련시설 및 관광휴게시설
공동주택	「**주택법**」 제2조 제3호의 공동주택(아파트, 연립, 다세대)

2. 편의시설

1) 편의시설 설치의 기본원칙

장애인 등이 공공건물 및 공중이용시설을 이용함에 있어 가능한 최단거리로 이동할 수 있도록 시설주 및 대상시설에 대한 허가 등의 절차를 진행 중인 자는 편의시설을 설치하여야 한다.

2) 편의시설 설치대상

설치대상	세부사항
공공건물 및 공중이용시설	① 제1종 근린생활시설 　㉠ 수퍼마켓 : 300㎡ ~ 1,000㎡ 미만 　㉡ 의원 및 한의원 : 500㎡ 이상 　㉢ 지역아동센터 : 300㎡ 이상 ② 제2종 근린생활시설 　㉠ 음식점 : 300㎡ 이상 　㉡ 안마시술소 : 500㎡ 이상 ③ 종교시설 : 500㎡ 이상 ④ 숙박시설 　㉠ 일반숙박시설 : 객실수 30실 이상 　㉡ 관광숙박시설 ⑤ 문화 및 집회시설, 판매시설, 의료시설 등
공동주택	① 아파트 ② 연립주택 및 다세대주택 : 세대수 10세대 이상 ③ 기숙사 : 30인 이상
공원	-
통신시설	공중전화, 우체통

예제 01 장애인·노인·임산부 등의 편의증진 보장에 관한 법률에서 규정하고 있는 편의시설을 설치하여야 하는 대상시설물이 아닌 것은? [24, 22]

① 공원　　　　　　　　　　　② 공공건물 및 공중이용시설
③ 공중전화, 우체통　　　　　　④ 다중주택

해설 | 공동주택 중 아파트, 연립주택 및 다세대주택(세대수 10세대 이상), 기숙사(30인 이상)
〈참고〉 다중주택(1개 동의 주택으로 쓰이는 바닥면적의 합계가 660㎡ 이하, 3층 이하)

정답 ④

3) 편의시설 세부기준(핵심요약)

편의시설	세부기준
보도 및 접근로	① 유효폭 1.2m 이상 (휠체어 사용자 통행 가능 유효폭)
출입구(문)	① 출입구(문)은 통과 유효폭 0.9m 이상 ② 출·입구(문)의 전면 유효거리는 1.2m 이상
계단 및 참	① 유효폭 1.2m 이상 (옥외피난계단은 0.9m 이상)
장애인용 승강기	① 승강기 내부 유효바닥면적 : **1.1m 이상, 깊이 1.35m 이상** ② 출입문 유효폭 : **0.8m 이상** ③ 승강기의 전면 활동공간 : 1.4m × 1.4m 이상 ④ 승강장 바닥과 승강기 바닥의 틈은 3cm 이하 ※ 설치대상 **6층 이상**으로서 **연면적 2,000㎡ 이상**인 건축물(승용승강기 설치대상)에는 1대 또는 1곳 이상 설치
장애인용 에스컬레이터	① **유효폭 0.8m 이상** ② 속도는 분당 30m 이내
휠체어 리프트	① 승강장 : 1.4m×1.4m 이상, 계단 상, 하부에 각 1개소 설치 ② 고정형 휠체어 리프트 : 휠체어 받침판의 유효바닥면적을 폭 0.76m 이상, 깊이 1.05m 이상 ③ 수직형 휠체어 리프트 : 내부의 유효바닥면적을 폭 0.9m 이상, 깊이 1.2m 이상

4) 장애인용 화장실

구분	세부기준
대변기	① 출입문의 통과 유효폭은 0.9m 이상 ② 칸막이 유효바닥면적은 **폭 1.6m 이상, 깊이 2m 이상** ③ 대변기의 좌·우측 중에 휠체어의 측면접근을 위하여 유효폭 0.75m 이상의 활동공간을 확보할 것 ④ 대변기의 전면에는 휠체어가 회전할 수 있도록 1.4m×1.4m 이상의 활동공간을 확보할 것

소변기	① 바닥부착형 소변기를 권장
	② 손잡이
	  ㉠ 소변기의 양옆에는 수평 및 수직 손잡이를 설치
	  ㉡ 수평 손잡이의 높이는 바닥 면으로부터 0.8m ~ 0.9m 이하, 길이는 벽면으로부터 0.55m 내외, 좌우 손잡이의 간격을 0.6m 내외
	  ㉢ 수직 손잡이의 높이는 바닥 면으로부터 1.1m ~ 1.2m 이하, 돌출폭은 벽면으로부터 0.25m 내외

3. 보칙

1) **편의증진심의회**

(1) 구성원

위원장 1인과 부위원장 1인을 포함한 25인~35인 이하의 위원으로 구성하며, **위원장은 보건복지부 차관**이 한다.

(2) 심의사항

① 장애인 등에 대한 편의증진정책의 기본방향에 관한 사항
② 편의시설 설치에 관한 국가종합계획 수립에 관한 사항
③ 장애인 등의 편의증진보장을 위한 제도개선 등에 관한 사항
④ 그 밖에 장애인 등의 편의증진보장을 위하여 관계부처간에 협조가 필요한 사항

핵심 기출문제

04 장애인·노인·임산부 등의 편의증진 보장에 관한 법률

1 보장법률 용어 정의

01
장애인·노인·임산부 등의 편의증진보장에 관한 법률에 대한 설명 중 옳지 않은 것은?

① 편의시설이란 장애인 등이 생활을 영위함에 있어 이동과 시설 이용의 편리를 도모하고 정보에의 접근을 용이하게 하기 위한 시설과 설비를 말한다.
② 장애인 등이란 장애인·노인·임산부 등 생활을 영위함에 있어 이동과 시설 이용 및 정보에의 접근 등 불편을 느끼는 자를 말한다.
③ 시설주는 장애인 등이 공공건물 및 공중이용시설을 이용함에 있어 가능한 최단거리로 이동할 수 있도록 편의시설을 설치하여야 한다.
④ 시설주관기관이란 편의시설의 설치 및 운영을 담당하는 해당 시설주를 말한다.

해설 | 시설주관기관
편의시설의 설치와 운영에 관하여 지도하고 감독하는 중앙행정기관의 장과 특별시장·광역시장·특별자치시장·도지사·특별자치도지사, 시장·군수·구청장(자치구의 구청장을 말함.) 및 교육감

02
장애인·노인·임산부 등의 편의증진 보장에 관한 법률상 정의된 용어설명 중 옳지 않은 것은?

① 장애인 등이란 장애인·노인·임산부 등 생활을 영위함에 있어 이동과 시설 이용 및 정보에의 접근등 불편을 느끼는 자를 말한다.
② "공동주택"이라 함은 건축법에 따른 공동주택을 말한다.
③ "시설주관기관"이라 함은 편의시설의 설치 및 운영에 관하여 지도와 감독을 행하는 중앙행정기관의 장과 특별시장·광역시장·도지사 및 시장군수 구청장을 말한다.
④ "시설주"라 함은 이 법에서 정하는 대상 시설의 소유자 또는 관리자를 말한다.

해설 | 주택법 규정에 의한 공동주택을 말한다.

03
장애인·노인·임산부 등의 편의증진보장에 관한 법령상 용어 정의에서 시설주관기관에 포함되지 않는 것은?

① 광역시장·도지사   ② 시장·군수·구청장
③ 보건복지부장관   ④ 교육감

해설 | 문제 1번 해설참조

04
장애인·노인·임산부 등의 편의증진보장에 관한 법률상 불특정 다수인이 이용하는 공공 및 공중이용시설에 해당하지 않는 것은?

① 제2종 근린생활시설   ② 문화 및 집회시설
③ 공동주택   ④ 공장

해설 | 공공 및 공중이용시설
불특정 다수가 이용하는 건축물, 시설 및 그 부대시설로서 다음의 건물과 시설.
① 제1종 근린생활시설 및 제2종 근린생활시설
② 문화 및 집회시설 ③ 판매시설 ④ 의료시설
⑤ 종교시설 ⑥ 교육연구시설 ⑦ 공장
⑧ 수련시설 ⑨ 운동시설 ⑩ 업무시설
⑪ 숙박시설 ⑫ 노유자시설 ⑬ 자동차관련시설
⑭ 교정시설 ⑮ 방송통신시설
⑯ 묘지관련시설 및 관광휴게시설

정답 | 01 ④ 02 ② 03 ③ 04 ③

05

장애인·노인·임산부 등의 편의증진 보장에 관한 법률상 "공공건물 및 공중이용시설"에 해당되지 않는 것은?

① 문화 및 집회시설
② 제1종 근린생활시설
③ 묘지관련시설
④ 위락시설

해설 | 문제 4번 해설참조

---

2 편의시설

06

장애인·노인·임산부 등의 편의증진 보장에 관한 법률에서 규정하고 있는 편의시설을 설치하여야 하는 대상 시설물이 아닌 것은?

① 공공건물 및 공중이용시설
② 다중주택
③ 우체통
④ 공원

해설 | 편의시설 대상 시설물
공원, 공공건물 및 공중이용시설, 공동주택, 통신시설

07

장애인·노인·임산부 등의 편의증진보장에 관한 법령상 장애인 등의 접근권을 보장하기 위한 편의시설을 설치해야 하는 대상 시설물이 아닌 것은?

① 종교시설 ② 아파트
③ 통신시설 ④ 방송시설

해설 | 통신시설 중 공중전화, 우체통 대상이지만 방송시설은 대상이 아니다.

08

장애인·노인·임산부 등의 편의 증진보장에 관한 법률에서 규정하고 있는 편의시설을 설치하여야 하는 대상 시설이 아닌 것은?

① 300㎡ 이상인 수퍼마켓
② 500㎡ 이상인 한의원
③ 20객실수 이상인 일반숙박시설
④ 10세대 이상인 연립주택

해설 | 편의시설 설치대상
1. 제1종 근린생활시설
   ① 수퍼마켓 : 300㎡~1,000㎡ 미만
   ② 의원·한의원 : 500㎡ 이상
   ③ 지역아동센터 : 300㎡ 이상
2. 제2종 근린생활시설
   ① 음식점 : 300㎡ 이상
   ② 안마시술소 : 500㎡ 이상
3. 종교시설 : 500㎡ 이상
4. 숙박시설
   ① 일반숙박시설 : 객실수 30실 이상
   ② 관광숙박시설
5. 공동주택
   ① 아파트
   ② 연립주택·다세대주택:세대수 10세대 이상
   ③ 기숙사 : 30인 이상

09

장애인·노인·임산부 등의 편의증진보장에 관한 법령상 편의시설을 설치해야 하는 대상시설이 아닌 것은?

① 10세대 연립주택
② 20세대 다세대주택
③ 25인이 기숙하는 기숙사
④ 100세대 아파트

해설 | 문제 8번 해설참조

정답 | 05 ④ 06 ② 07 ④ 08 ③ 09 ③

10

장애인·노인·임산부 등의 편의증진 보장에 관한 법률에서 편의시설 설치대상이 아닌 것은?

① 제1종 근린생활의 의원 : 400㎡ 이상
② 제2종 근린생활의 음식점 : 500㎡ 이상
③ 일반숙박시설 : 객실 수가 30실 이상
④ 기숙사 : 40인 이상

해설 | 의원·한의원 : 500㎡ 이상

11

장애인·노인·임산부 등의 편의증진보장에 관한 법령에서 규정하는 장애인을 위한 편의시설 세부기준으로 옳지 않은 것은?

① 장애인용 에스컬레이터의 유효폭은 1.2m 이상으로 하여야 한다.
② 수직형 휠체어리프트는 내부의 유효바닥면적을 폭 0.9m 이상, 깊이 1.2m 이상으로 하여야 한다.
③ 장애인 등의 통행이 가능한 계단 및 참의 유효폭은 1.2m 이상으로 하여야 한다.
④ 휠체어사용자가 통행할 수 있도록 접근로의 유효폭은 1.2m 이상으로 하여야 한다.

해설 | 장애인용 에스컬레이터 : 유효폭 0.8m 이상

12

장애인·노인·임산부 등의 편의증진보장에 관한 법률에 의한 장애인용 승강기 또는 장애인용 에스컬레이터 등을 설치하여야 대상 건축물로 옳은 것은?

① 3층 이상인 건축물
② 4층 이상으로서 연면적 2,000㎡ 이상인 건축물
③ 6층 이상으로서 연면적 2,000㎡ 이상인 건축물
④ 8층 이상으로서 연면적 2,000㎡ 이상인 건축물

해설 | 장애인용 승강기
6층 이상으로서 연면적 2,000㎡ 이상인 건축물(승용승강기 설치대상)에는 1대 또는 1곳 이상 설치

13

장애인용 화장실 시설 기준에 대한 설명 중 옳지 않은 것은?

① 출입문의 유효폭은 0.9m 이상으로 한다.
② 대변기 칸막이는 폭 1.2m 이상 깊이 2.1m 이상으로 한다.
③ 대변기의 좌측 또는 우측에는 0.75m 이상의 여유 공간을 확보하여야 한다.
④ 소변기의 수평 손잡이는 바닥 면으로부터 0.8m 이상 0.9m 이하로 한다.

해설 | 대변기 칸막이는 폭 1.6m 이상 깊이 2m 이상으로 한다.

14

장애인용 승강기의 크기로 옳은 것은?

① 폭 1m × 깊이 1.45m 이상
② 폭 1m × 깊이 1.35m 이상
③ 폭 1.1m × 깊이 1.35m 이상
④ 폭 1.1m × 깊이 1.45m 이상

해설 | 승강기 내부 유효바닥면적 : 1.1m 이상, 깊이 1.35m 이상

15

장애인·노인·임산부 등의 편의증진보장에 관한 법령에서 규정하는 장애인을 위한 편의시설 세부기준으로 옳지 않은 것은?

① 장애인 등의 통행이 가능한 계단 및 참의 유효폭은 1.2m 이상으로 하여야 한다. 다만, 옥외피난계단은 0.9m 이상으로 할 수 있다.
② 수직형 휠체어이프트는 내부의 유효바닥면적을 폭 0.9m 이상, 깊이 1.2m 이상으로 하여야 한다.
③ 장애인용 에스컬레이터의 유효폭은 1.9m 이상으로 하여야 한다.
④ 휠체어사용자가 통행할 수 있도록 접근로의 유효폭은 1.2m 이상으로 하여야 한다.

해설 | 장애인용 에스컬레이터의 유효폭은 0.8m 이상

정답 | 10 ① 11 ① 12 ③ 13 ② 14 ③ 15 ③

3 보칙

16
장애인·노인·임산부 등의 편의증진에 관한 법률에 의한 편의증진심의회의 위원장은?

① 광역시장·도지사
② 시장·군수·구청장
③ 보건복지부차관
④ 교육감

해설 | 구성원
위원장 1인과 부위원장 1인을 포함한 25인~35인 이하의 위원으로 구성하며, 위원장은 보건복지부차관이 한다.

17
장애인·노인·임산부 등의 편의증진에 관한 법률에 의한 편의증진심의회의 심의사항이 아닌 것은?

① 장애인 등에 대한 편의증진정책의 기본방향에 관한 사항
② 편의시설 설치에 관한 설치기준에 관한 홍보 관련한 사항
③ 장애인 등의 편의증진보장을 위한 제도개선 등에 관한 사항
④ 편의시설 설치에 관한 국가종합계획 수립과 관련한 사항

해설 | 편의시설 설치에 관한 설치기준에 관한 홍보 관련한 사항은 편의시설 설치계획의 내용

정답 | 16 ③ 17 ②

05 화재예방, 소방시설 설치·유지 및 안전관리에 관한 법령분석

Pass Note

예상출제문항	키워드	
3~4	- 소방시설 종류 - 방염 기준 - 건축허가 등의 동의	- 무창층 - 소방특별조사 - 소방시설 설치 및 유지

1. 총칙

1) 소방법의 목적

이 법은 화재를 예방, 경계하거나 진압하고 화재, 재난, 재해, 그 밖의 위급상황으로부터 국민의 생명, 신체 및 재산 보호하기 위해서 국가와 지방자치단체의 책무와 소방시설등의 설치, 유지 및 소방대상물의 안전관리에 관하여 필요한 사항을 정함으로써 공공의 안녕 및 질서 유지와 사회복지 증진을 목적으로 한다.

2) 소방법의 용어 정의

(1) 소방시설

소화설비, 경보설비, 피난설비, 소화용수설비, 그 밖에 소화활동설비로 대통령령이 정하는 시설

구분	소방시설 종류
소화설비	• 소화기구 : 소화기, 자동확산소화기, 간이 소화용구 • 옥내소화전설비 • 스프링클러설비, 간이스프링클러설비, 화재조기진압용 스프링클러설비 • 물분무소화설비, 미분무소화설비, 포소화설비 외 • 옥외소화전설비
경보설비	• 단독경보형 감지기 • 비상경보설비 : 비상벨, 자동식사이렌설비 • **비상방송설비** • 자동화재탐지설비, 시각경보기 • 자동화재속보설비 • 가스누설경보기 • 통합감시시설 • 누전경보기

구분	내용
피난설비	• 피난기구 : 완강기, 구조대, 피난사다리, 미끄럼대, 피난밧줄 외 피난기구 • 인명구조기구 : 방열복, 공기호흡기 • 유도등 : 유도표지 • **비상조명등**, 휴대용 비상조명등
소화용수설비	• 상수도소화용수설비 • 소화구조, 저수조, 그 밖의 소화용수설비
소화활동설비	• 제연설비　　　　　　　• 연결송수관설비 • **연결살수설비**　　　　• **비상콘센트설비** • **무선통신보조설비**　　• 연소방지설비

예제 01 소방시설의 종류 중 경보설비에 속하지 않는 것은? [25,22,20]
① 비상방송설비　　　　　② 비상벨설비
③ 가스누설경보기　　　　④ 무선통신보조설비

해설 | 무선통신보조설비 → 소화활동설비

정답 ④

예제 02 다음 소방시설 중 소화활동설비에 속하지 않는 것은? [23,21,20]
① 제연설비　　　　　　　② 상수도소화용수설비
③ 연결송수관설비　　　　④ 비상콘센트설비

해설 | 상수도소화용수설비 → 소화용수설비

정답 ②

(2) 기타 용어 정의

구분	내용
소방대상물	건축물, 차량, 선박(선박법에 따라 항구 안에 매어둔 선박에 한함), 선박건조구조물, 산림, 그 밖의 공작물 또는 물건
소방용품	소방시설등을 구성하거나 소방용으로 사용되는 **제품 또는 기기**로서 대통령령으로 정하는 것을 말한다.
특정소방대상물	소방시설을 설치하여야 하는 소방대상물로서 대통령령이 정하는 것
소방본부장	특별시, 광역시, 도(시·도'라 함)에서 화재의 예방, 경계, 진압, 조사 및 구조, 구급 등의 업무를 담당하는 부서의 장
소방대장	소방본부장 또는 소방서장 등 화재, 재난, 재해 그 밖의 위급한 상황이 발생한 현장에서 소방대를 지휘하는 자
관계인	소방대상물의 소유자, 관리자 또는 점유자
피난층	곧바로 지상으로 갈 수 있는 출입구가 있는 층
비상구	주된 출입구 외에 화재발생 등 비상시에 건축물 또는 공작물의 내부로부터 지상, 그 밖에 안전한 곳으로 피난할 수 있는 가로 75cm 이상, 세로 150cm 이상 크기의 출입구

(3) 무창층

지상층 개구부로 건축물의 채광, 환기, 통풍을 위하여 만든 창으로 **출입구 면적의 합계가 당해 층의 바닥면적의 1/30 이하**가 되는 층을 말한다.
① 개구부의 크기가 지름 50cm 이상의 원이 내접할 수 있을 것
② 해당 층의 바닥 면에서 개구부 밑부분까지의 높이가 1.2m 이내일 것
③ 개구부는 도로 또는 차량이 진입할 수 있는 빈터를 향할 것
④ 화재 시 건물에서 쉽게 피난하도록 개구부 창살, 그 밖의 장애물 설치가 없을 것
⑤ 내부 또는 외부에서 **쉽게 파괴, 개방이 가능**할 것

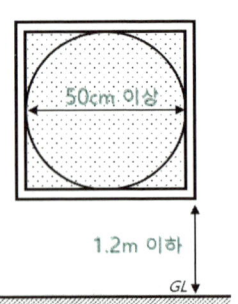

예제 03 소방시설법령에서 정의하는 무창층이 되기 위한 개구부 면적의 합계 기준은? (단, 개구부란 아래 요건을 충족) [24,19,18,15]

- 가. 크기가 지름 50cm 이상의 원이 내접할 수 있는 크기일 것
- 나. 해당 층의 바닥면에서 개구부 밑부분까지의 높이가 1.2m 이내일 것
- 다. 도로 또는 차량이 진입할 수 있는 빈터를 향할 것
- 라. 화재 시 건물에서 쉽게 피난할 수 있도록 창살이나 그 밖의 장애물이 설치되지 아니할 것
- 마. 내부 또는 외부에서 쉽게 부수거나 열 수 있을 것

① 해당 층의 바닥면적의 1/20 이하
② 해당 층의 바닥면적의 1/25 이하
③ 해당 층의 바닥면적의 1/30 이하
④ 해당 층의 바닥면적의 1/35 이하

정답 ③

(4) 실내장식물

건축물 내부의 천장 또는 벽에 설치하는 것으로 가구류(옷장, 식탁, 식탁의자, 찬장 외 이와 유사한 것을 말함), 집기류(사무용 책상, 사무의자, 계산대 외 이와 유사한 것을 말함)를 말한다. 단 너비 10cm 이하인 반자돌림대를 제외
① 종이류 : 두께가 2mm 이상, 합성수지류, 섬유류를 주원료로 한 물품
② 합판 또는 목재
③ 실 또는 공간을 구획하기 위하여 설치하는 칸막이, 간이 칸막이
④ 흡음재 방음재

2. 건축허가 등의 동의

1) 소방본부장 또는 소방서장의 건축허가 및 사용승인에 대한 동의 대상 건축물의 범위

소방법 제7조 제5항에 따라 건축허가 등을 할 때 미리 소방본부장 또는 소방서장의 동의를 받아야 하는 건축물 등의 범위

건축허가 등 동의 대상 건축물 (소방본부장 또는 소방서장의 동의)	
건축물	연면적 400㎡ 이상인 건축물
학교시설	연면적 100㎡ 이상인 건축물
노유자시설 및 수련시설	연면적 200㎡ 이상인 건축물
정신의료기관 (입원실이 없는 정신과의원은 제외)	연면적 300㎡ 이상인 건축물
장애인 의료재활시설	연면적 300㎡ 이상인 건축물
차고, 주차장 또는 주차용도로 사용되는 시설	① 차고, 주차장으로 사용되는 층 중 바닥면적이 200㎡ 이상인 층이 있는 시설 ② 승강기 등 기계장치에 의한 주차시설로서 **자동차 20대 이상**을 주차할 수 있는 시설
지하층 또는 **무창층**이 있는 건축물	① 바닥면적이 150㎡ 이상인 층 ② 공연장의 경우 바닥면적이 100㎡ 이상인 층
면적에 관계없이 동의 대상 건축물	① 층수가 **6층** 이상인 건축물 ② 항공기 격납고, 관망탑, 항공관제탑, 방송용 송수신탑 ③ 위험물 저장 및 처리 시설, 지하구 ④ 노인관련시설, 아동복지시설 ⑤ 장애인, 정신질환자 노숙인 등 거주시설 ⑥ 요양병원(정신병원, 의료재활시설 제외)

예제 04 건축허가 등을 할 때 미리 소방본부장 또는 소방서장의 동의를 받아야 하는 건축물 등의 범위에 대한 기준으로 옳지 않은 것은? [23,22,17,14]

① 연면적이 100㎡ 이상인 노유자 시설
② 차고 주차장으로 사용되는 바닥면적이 200㎡ 이상 시설
③ 승강기 등 기계장치에 의한 주차시설로서 자동차 20대 이상을 주차할 수 있는 시설
④ 지하층 또는 무창층이 있는 건축물로서 바닥면적이 150㎡ 이상인 층이 있는 것

해설 | 연면적이 200㎡ 이상인 노유자 시설 및 수련시설

정답 ①

예제 05 건축허가등을 할 때 미리 소방본부장 또는 소방서장의 동의를 받아야 하는 대상건축물의 최소 연면적 기준은? [25,21,20,19,18,17,14,13]

① 400㎡ 이상 ② 500㎡ 이상
③ 600㎡ 이상 ④ 1000㎡ 이상

해설 | 연면적 400㎡ 이상인 일반 건축물

정답 ①

2) 소방본부장 또는 소방서장의 건축허가 등의 동의 대상에서 제외되는 특정소방대상물

다음 어느 하나에 해당하는 특정소방대상물은 소방본부장 또는 소방서장의 건축허가 등의 동의 대상에서 제외된다.
① 〈별표 4〉의 규정에 의하여 특정소방대상물에 설치되는 소화기구, 누전경보기, 피난기구, 방열복, 공기호흡기 및 인공소생기, 유도등 또는 유도표지가 화재안전기준에 적합한 경우의 그 특정소방대상물
② 건축물의 증축 또는 용도변경으로 인하여 해당 특정소방대상물에 추가로 소방시설이 설치되지 아니하는 경우의 그 특정소방대상물

3) 건축물의 신축, 증축, 개축 동의여부 회신 및 허가 취소 통지
① **건축물의 신축, 증축, 개축** 등에 대한 행정기관의 동의 요구를 받은 소방본부장 또는 소방서장은 건축허가 등의 동의요구서류를 접수한 날로부터 **5일 이내에 동의 여부를 회신**해야 한다.
② 건축허가청이 건축허가의 동의를 받은 건축물에 대하여 건축허가 대상물의 허가를 취소한 때에는 취소한 날로부터 **7일 이내**에 그 사실을 소방서장에게 **통지**하여야 한다.

건축물의 신축·증축·개축 등에 대한 행정기관의 동의 요구를 받은 소방본부장 또는 소방서장은 건축허가 등의 동의요구서류를 접수한 날부터 얼마 이내에 동의여부를 회신하여야 하는가? (단, 특급 소방안전관리대상물이 아닌 경우) [23, 실건21, 18, 15, 13]

① 3일 이내   ② 4일 이내   ③ 5일 이내   ④ 6일 이내

정답 ③

건축물의 사용승인 시 소재지 관할 소방본부장 또는 소방서장이 사용승인에 동의를 한 것으로 갈음할 수 있는 방식은? [23, 20, 16, 13]

① 건축물 관리대장 확인
② 국토교통부에 사용승인 신청
③ 소방시설공사로의 완공검사 요청
④ 소방시설공사의 완공검사증명서 교부

해설 | 건축물 등의 신축·증축·개축·재축(再築)·이전·용도변경 또는 대수선의 허가·협의 및 사용승인의 권한이 있는 행정기관은 건축허가 등을 할 때 미리 그 건축물 등의 시공지(地) 또는 소재지를 관할하는 소방본부장이나 소방서장의 동의를 받아야 한다. 이 때 사용승인에 대한 동의를 할 때에는 「소방시설공사업법 제14조 제3항」에 따른 소방시설공사의 완공검사증명서를 교부하는 것으로 동의를 갈음할 수 있다. 건축허가 등의 권한이 있는 행정기관은 소방시설공사의 완공검사증명서를 확인하여야 한다.

정답 ④

3. 소방대상물의 안전관리

소방청장은 화재예방, 소방시설 설치·유지 및 안전관리에 관한 법령에 따라 원칙적으로 화재안전정책에 관한 기본계획을 계획 시행 전년도 8월 31일까지 관계 중앙행정기관의 장과 협의를 거쳐 계획 시행 전년도 9월 30일까지 수립하여야 한다.

1) 특정소방대상물의 안전 관리

(1) 소방안전관리자를 두어야 하는 특정소방대상물

구분	소방안전관리 대상 특정소방대상물
특급소방 안전관리대상물	① **50층 이상**(지하층은 제외)이거나 지상으로부터 **높이가 200m 이상인 아파트** ② 30층 이상(지하층을 포함)이거나 지상으로부터 높이가 120m 이상인 특정소방대상물 　(아파트는 제외함) ③ **연면적이 200,000㎡ 이상**인 특정소방대상물(아파트 제외)
1급소방 안전관리대상물	① 30층 이상(지하층은 제외)이거나 지상으로부터 **높이가 120m 이상인 아파트** ② 연면적 15,000㎡ 이상인 특정소방대상물(아파트 제외) ③ 층수가 11층 이상인 특정소방대상물(아파트 제외) ④ 가연성가스를 1,000톤 이상 저장, 취급하는 시설

(2) 제외대상_소방안전관리자를 두어야 하는 특정소방대상물

구분	특정소방대상물
특급소방 안전관리대상물 제외대상	① 동식물원, 철강 등 불연성 물품을 저장. 취급하는 창고 ② 위험물 저장 및 처리 시설 중 위험물제조소 등 지하구 ③ 스프링클러설비, 간이스프링클러설비 또는 물분무등소화설비를 설치하는 특정소방대상물
1급소방 안전관리대상물 제외대상	④ 가스 제조설비를 갖추고 도시가스사업의 허가를 받아야 하는 시설 또는 가연성가스를 100톤 이상 1,000톤 미만 저장. 취급하는 시설 ⑤ 지하구 ⑥ 문화재보호법 제23조에 따라 보물 또는 국보로 지정된 목조건축물

 성능위주설계
- 화재예방, 소방시설 설치·유지 및 안전관리에 관한 법령상 대통령령으로 정하는 특정소방대상물(신축하는 것만 해당)에 소방시설을 설치하려는 자는 그 용도, 위치, 구조, 수용 인원, 가연물(可燃物)의 종류 및 양 등을 고려하여 설계하여야 하는데 이와 같은 설계를 성능위주설계라 한다.

2) 공동소방 안전관리 선임대상 특정소방대상물

① **복합건축물**로서 **연면적이 5,000㎡ 이상**인 것 또는 **층수가 5층 이상** 대상물
② 고층 건축물(지하층을 제외한 층수가 11층 이상인 건축물만 해당)
③ 판매시설 중 도매시장 및 소매시장
④ 지하가
⑤ 특정소방대상물 중 소방본부장 또는 소방서장이 지정한 대상물

예제 08 공동 소방안전관리자 선임대상 특정소방 대상물의 층수 기준은?(단, 복합건축물의 경우)

[24,22,20,16,13]

① 3층 이상 ② 5층 이상 ③ 8층 이상 ④ 10층 이상

해설 | 복합건축물로서 연면적이 5,000㎡ 이상인 것 또는 층수가 5층 이상 대상물

정답 ②

예제 09 특정소방대상물이 복합건축물인 경우, 공동 소방안전관리자를 선임하여야 하는 연면적 기준은?

[23,21,19,14]

① 1000㎡ 이상 ② 2000㎡ 이상
③ 3000㎡ 이상 ④ 5000㎡ 이상

정답 ④

3) 특급 소방안전관리자 선임대상자 자격기준
① 소방기술사 또는 소방시설관리사의 자격이 있는 사람
② **소방공무원으로 20년 이상** 근무한 경력이 있는 사람
③ 소방설비기사의 자격을 취득 후 5년 이상 1급 소방안전관리대상물의 소방안전관리자로 근무한 실무경력이 있는 사람
④ 소방설비산업기사의 자격을 취득 후 7년 이상 1급 소방안전관리대상물의 소방안전관리자로 근무한 실무경력이 있는 사람
⑤ 5년(소방설비기사의 경우 2년, 소방설비산업기사의 경우 3년) 이상 1급 소방안전관리대상물의 소방안전관리자로 근무한 실무경력이 있고, 소방청장이 정하여 실시하는 특급 소방안전관리대상물의 소방안전관리에 관한 시험에 합격한 사람
⑥ 특급 소방안전관리대상물의 소방안전관리에 대한 강습교육을 수료하고 소방청장이 실시하는 특급 소방안전관리대상물의 소방안전관리에 관한 시험에 합격한 사람

예제 10 특급 소방안전관리대상물의 관계인이 소방안전관리자를 선임하는 기준으로 틀린 것은?

[25,실건20,20,18,17,14]

① 소방기술사의 자격이 있는 사람
② 소방청장이 실시하는 특급 소방안전관리 대상물의 소방안전관리에 관한 시험에 합격한 사람
③ 소방공무원으로 15년 이상 근무한 경력이 있는 사람
④ 소방설비기사의 자격을 취득한 후 5년 이상 1급 소방안전관리대상물의 소방안전관리자로 근무한 실무경력이 있는 사람

해설 | 소방공무원으로 20년 이상 근무한 경력이 있는 사람

정답 ③

4) 소방안전관리자 등의 업무

특정소방대상물의 관계인과 소방안전관리대상물에 대한 소방안전관리자의 업무는 다음과 같다. 단 ①, ② 및 ④의 업무는 소방안전관리대상물의 경우에만 해당한다.
① 소방계획서의 작성
② 자위소방대(自衛消防隊)의 조직
③ 피난시설, 방화구획 및 방화시설의 유지·관리
④ 소방훈련 및 교육
⑤ 소방시설이나 그 밖의 소방 관련 시설의 유지·관리
⑥ 화기(火氣)취급의 감독
⑦ 그 밖에 소방안전관리에 필요한 업무

소방안전관리 업무 대행
- 피난시설, 방화구획 및 방화시설의 유지, 관리 업무는 소방시설관리업의 등록을 한 자에게 그 일부의 업무를 대행할 수 있다.

5) 소방특별조사

소방청장, 소방본부장 또는 소방서장은 관할구역에 있는 소방대상물, 관계지역 또는 관계인에 대하여 소방안전관리에 관한 특별조사(소방특별조사)를 할 수 있다.

(1) 특별조사 관계인 서면통보

7일 전(통보내용 : 조사대상, 조사기간 및 조사사유)

(2) 소방특별조사의 연기사유
① 태풍, 홍수 등 **재난**이 발생하여 소방대상물을 관리하기가 매우 어려운 경우
② 관계인이 **질병, 장기출장** 등으로 소방특별조사에 참여할 수 없는 경우
③ 권한 있는 기관에 자체점검기록부, 교육·훈련일지 등 소방특별조사에 필요한 장부·서류 등이 **압수**되거나 영치되어 있는 경우

소방청장, 소방본부장 또는 소방서장이 소방 특별조사를 할 때 관계인에게 조사대상, 조사기간 및 조사사유 등을 서면으로 알려야 하는 기간 기준은? [24,23,실건20,19,17,15,15,12]
① 5일 전 ② 7일 전 ③ 10일 전 ④ 15일 전

해설 | 소방특별조사 관계인 서면통보 : 7일 전(통보내용 : 조사대상, 조사기간 및 조사사유)

정답 ②

소방특별조사를 실시하는 경우에 해당되지 않는 것은? [23,21,19,17]
① 관계인이 소방시설법 또는 다른 법령에 따라 실시하는 소방시설등, 방화시설, 피난시설 등에 대한 자체점검 등이 불성실하거나 불완전하다고 인정되는 경우
② 국가적 행사 등 주요 행사가 개최되는 장소 및 그 주변의 관계 지역에 대하여 소방안전관리 실태를 점검할 필요가 있는 경우
③ 화재가 발생되지 않아 일상적인 점검을 요하는 경우
④ 재난예측정보, 기상예보 등을 분석한 결과 소방대상물에 화재, 재난·재해의 발생 위험이 높다고 판단되는 경우

정답 ③

4. 특정소방대상물의 방염

1) 방염성능기준 이상의 실내장식물 등을 설치하여야 하는 특정소방대상물
① 근린생활시설 중 체력단련장, 의원, 숙박시설, 방송통신시설 중 방송국 및 촬영소
② 건축물의 옥내에 있는 문화 및 집회 시설, 종교시설, 운동시설(**수영장은 제외**)
③ 의료시설 중 종합병원, 요양병원 및 정신의료기관(입원실이 없는 정신건강의학의원은 제외)
④ 노유자시설 및 숙박이 가능한 수련시설
⑤ 다중이용업소
⑥ 교육연구시설 중 합숙소
⑦ 상기 ① ~ ⑥의 시설에 해당하지 아니하는 것으로서 층수(건축법 시행령에 따라 산정한 층수)가 **11층 이상**인 것(아파트는 제외)

 방염성능기준 이상의 실내장식물 등을 설치하여야 하는 특정소방대상물에 해당되지 않는 것은?
[24,21,20,19,15,14,13]
① 건축물의 옥내이 있는 운동시설 중 수영장
② 근린생활시설 중 체력단련장
③ 방송통신시설 중 방송국
④ 교육연구시설 중 합숙소

해설 | 운동시설 중 수영장 제외

정답 ①

예제 14 방염성능기준 이상의 실내장식물 등을 설치하여야 하는 특정소방대상물에 해당되지 않는 것은? [23,22]
① 층수가 11층 이상인 아파트 ② 교육연구시설 중 합숙소
③ 숙박이 가능한 수련시설 ④ 방송통신시설 중 방송국

해설 | 층수(건축법 시행령에 따라 산정한 층수)가 11층 이상인 것 중 아파트는 제외

정답 ①

2) 방염대상물품

제조 또는 가공 공정에서 방염처리를 한 물품(합판, 목재류의 경우에는 설치 현장에서 방염처리를 한 것 포함)으로서 다음의 어느 하나에 해당하는 것
① 창문에 설치하는 커튼류(블라인드 포함)
② 카펫, 두께가 2mm 미만인 벽지류(종이벽지 제외)
③ 전시용 합판 또는 섬유판, 무대용 합판 또는 섬유판
④ 암막, 무대막(영화 및 비디오물 상영관, 스크린골프연습장)

3) 소방본부장 또는 소방서장의 방염제품 사용 권장

소방본부장 또는 소방서장은 규정에 의한 물품 외에 다중이용업소·의료시설·숙박시설·장례식장에서 사용하는 침구류·소파·의자에 대하여 방염처리가 필요하다고 인정되는 경우, 방염처리된 제품사용을 권장할 수 있다.

4) 다중이용업소의 방염 대상 실내장식물

건축물 내부의 천장이나 벽에 부착하거나 설치하는 것으로서 다음중 어느 하나에 해당하는 것. 다만, 가구류(옷장, 찬장, 식탁 식탁용 의자, 사무용 책상, 사무용 의자 및 계산대, 그밖에 이와 비슷한 것)와 너비 10cm 이하인 반자돌림대 등의 내부마감재료는 제외한다.
① **종이류(두께 2mm 이상)**, 합성수지류 또는 섬유류를 주원료로 한 물품
② 공간을 구획하기 위하여 설치하는 간이 칸막이
③ 합판이나 목재
④ 흡음이나 방음을 위해 설치하는 흡음재(흡음용 커튼 포함) 또는 방음재(방음용 커튼 포함)

5) 방염성능의 기준

① 방염대상물품의 방염성능검사를 실시하는 자 : **소방청장**
② 버너의 불꽃 제거 후 불꽃을 올리며 연소하는 상태가 그칠 때까지 시간은 **20초 이내**
③ 버너의 불꽃 제거 후 불꽃을 올리지 아니하고 연소하는 상태가 그칠 때까지 시간은 **30초 이내**
④ 불꽃에 의하여 완전히 녹을 때까지 **불꽃의 접촉횟수는 3회 이상**
⑤ 탄화한 면적은 $50cm^2$ 이내, 탄화한 길이는 **20cm 이내**
⑥ 소방청장이 정하여 고시한 방법으로 발연량을 측정하는 경우 최대 연기밀도는 400 이하

예제 15 특정소방대상물에서 사용하는 방염대상물품에 해당되지 않는 것은? [25,22,19,16]

① 창문에 설치하는 커튼류
② 종이벽지
③ 전시용 섬유판
④ 섬유류 또는 합성수지류 등을 원료로 하여 제작된 소파

해설 | 카펫, 두께가 2mm 미만인 벽지류(종이벽지 제외)

정답 ②

예제 16 방염대상물품의 방염성능기준에서 버너의 불꽃을 제거한 때부터 불꽃을 울리며 연소 하는 상태가 그칠 때까지 시간은 몇 초 이내이어야 하는가? [23,20,18,15,14]

① 5초 이내   ② 10초 이내   ③ 20초 이내   ④ 30초 이내

해설 | • 버너의 불꽃 제거 후 불꽃을 올리며 연소하는 상태가 그칠 때까지 시간은 20초 이내
 • 버너의 불꽃 제거 후 불꽃을 올리지 아니하고 연소하는 상태가 그칠 때까지 시간은 30초 이내

정답 ③

5. 소방시설의 설치 및 유지

1) 소방시설의 종류 및 설치 대상물 I

종류		소방시설의 적용기준
소화기구	수동식 소화기, 간이소화용구	• 연면적 33㎡ 이상 • 지정 문화재 및 가연성가스 시설 • 터널
	자동식 소화기	• 주거용 주방자동소화장치를 설치 : **아파트, 30층 이상 오피스텔**의 전층 • 화재안전기준에서 정하는 장소
옥내 소화전설비	**소방대상물(지하가 중 터널 제외)**	연면적 3,000㎡ 이상
	지하층, 무창층, 층수가 4층 이상인 층	바닥면적이 600㎡ 이상인 전 층
	지하가 중 터널	길이 1,000m 이상
	• 근린생활시설, 위락시설, 판매시설 • 숙박시설, 노유자시설, 의료시설 • 업무시설, 방송통신시설, 공장, 창고시설 • 항공기 및 자동차 관련시설, 복합건축물	• 연면적 1,500㎡ 이상 • 지하층, 무창층 또는 층수가 4층 이상 층 중 바닥면적이 300㎡ 이상의 전 층
	공장 및 창고 시설로 소방기본법 시행령에서 정하는 특수가연물을 저장, 취급하는 것	수량의 750배 이상 특수가연물
	건축물의 옥상에 설치된 **차고, 주차장**으로서 차고 또는 주차의 용도로 사용되는 부분	바닥면적 200㎡ 이상
옥외	지상 1층, 2층의 동일구 내에 둘 이상의 특정소	바닥면적의 합계가 9,000㎡ 이상

소화전설비	방대상물이 행정안전부령으로 정하는 연소 우려가 있는 구조인 경우에는 이를 하나의 특정소방대상물로 본다.	
	문화재보호법에 따라 국보 또는 보물로 지정된 목조건축물	–
	공장 및 창고 시설로 소방기본법 시행령에서 정하는 특수가연물을 저장, 취급하는 것	수량의 750배 이상 특수가연물

예제 17 화재안전기준에 따라 소화기구를 설치하여야 하는 특정소방대상물의 최소 연면적 기준은? [24,17,15]
① 20㎡ 이상   ② 33㎡ 이상   ③ 42㎡ 이상   ④ 50㎡ 이상

정답 ②

2) 소방시설의 종류 및 설치 대상물 Ⅱ

종류	소방시설의 적용기준	
물분무 소화설비	건축물 내부에 설치된 차고로 주차용도로 사용되는 부분	바닥면적 200㎡ 이상
	승강기 등 기계장치에 의한 주차시설	20대 이상 주차
	항공기 및 항공기격납고	–
	차고, 주차용 건축물, 철골 조립식 주차시설	연면적 800㎡ 이상
	전기실, 발전실, 변전실(가연성 절연유를 사용하지 않는 변압기, 전류차단기 등의 전기기기와 가연성 피복을 사용하지 않는 전선 및 케이블만 설치한 전기실, 발전실, 변전실 제외), **축전지실, 통신기기실, 전산실** 등 단, 이 경우 동일한 방화구획 내 2개 이상의 실이 설치되어 있는 경우에는 이를 1개의 실로 보아 바닥면적에서 제외한다.	바닥면적 300㎡ 이상
비상경보설비	지하가 중 터널 또는 사람이 거주하지 아니하거나 벽이 없는 축사를 제외한 시설	연면적 400㎡ 이상
	지하층, 무창층	바닥면적이 150㎡ 이상 (공연장인 경우 100㎡ 이상)
	지하가 중 터널	길이가 500m 이상
	옥내작업장	50명 이상 근로자가 작업하는
비상조명등	지하층을 포함하는 층수가 5층 이상	연면적 3,000㎡ 이상
	지하층, 무창층	바닥면적이 450㎡ 이상
	지하가 중 터널	길이가 500m 이상
비상방송설비	① 연면적 3,500㎡ 이상	–

	② 지하층을 제외한 층수가 **11층** 이상 ③ 지하층의 층수가 **3개 층** 이상	
자동화재 탐지설비	**근린생활시설(목욕장은 제외)**, 의료시설, 숙박시설, 위락시설, 장례시설, 복합건축물	연면적 600㎡ 이상
	공동주택, 근린생활시설 중 목욕장, **문화 및 집회 시설**, 종교시설, 판매시설, 운수시설, 운동시설, 업무시설, 공장·창고시설, 위험물 저장·처리시설 항공기, 자동차 관련시설, 교정, 군사시설 중 국방, 군사시설, 발전시설, 관광휴게시설, 지하가(터널 제외)	연면적 1,000㎡ 이상
	교육연구시설(교육시설 내에 있는 기숙사·합숙소포함), 수련시설(수련시설 내에 있는 기숙사, 합숙소 포함, 숙박시설이 있는 수련시설은 제외), 동식물관련시설(기둥과 지붕만으로 구성되어 외부와 기류가 통하는 장소는 제외), 분뇨, 쓰레기처리시설, 묘지 관련시설 교정·군사시설(국방·군사시설 제외)	연면적 2,000㎡ 이상
	지하구	–
	지하가 중 터널	길이 1,000m 이상
	노유자시설	연면적 400㎡ 이상
	숙박시설이 있는 수련시설	수용인원 100명 이상
	공장, 창고시설로 소방기본법 시행령으로 정하는 특수 가연물을 저장, 취급하는 시설	수량의 500배 이상 특수가연물

예제 18 비상경보설비를 설치하여야 하는 특정소방 대상물의 기준으로 옳지 않은 것은? [23,22,18]

① 연면적 400㎡(지하가 중 터널 또는 사람이 거주하지 않거나 벽이 없는 축사 등 동·식물 관련시설은 제외한다.)이상인 것
② 지하가 중 터널로서 길이가 500m 이상인 것
③ 50명 이상의 근로자가 작업하는 옥내 작업장
④ 지하층 또는 무창층의 바닥면적이 400㎡(공연장의 경우 200㎡) 이상인 것

해설 | 지하층 또는 무창층의 바닥면적이 150㎡ 이상(공연장인 경우 100㎡ 이상)

정답 ④

| 예제 19 | 문화 및 집회시설, 운동시설, 관광 휴게시설로서 자동화재탐지설비를 설치하여야 할 특정소방대상물의 연면적 기준은? [25,22,19,16]

① 1,000m² 이상   ② 1,500m² 이상
③ 2,000m² 이상   ④ 2,300m² 이상

해설 | 문화 및 집회시설, 운동시설, 관광 휴게시설로서 자동화재탐지설비를 설치하여야 할 특정소방대상물의 연면적 기준은 1,000m² 이상

정답 ①

3) 소방시설의 종류 및 설치 대상물 Ⅲ

종류	소방시설의 적용기준	
자동화재속보설비	업무시설, 공장, 창고시설, 교정·군사시설 중 국방·군사시설, 발전시설(사람이 근무하지 않는 시간에는 무인경비시스템으로 관리하는 시설만 해당)	바닥면적이 1,500m² 이상인 층
	노유자시설	바닥면적이 500m² 이상인 층
제연설비	문화 및 집회 시설, 종교시설, 운동시설의 무대부	바닥면적 200m² 이상
	문화 및 집회 시설 중 영화상영관	수용인원 100명 이상
	근린생활시설, 판매시설, 운수시설, 숙박시설, 위락시설, 창고시설 중 물류터미널로서 지하층 또는 무창층	바닥면적이 1,000m² 이상인 전층
	지하가(터널 제외)	연면적 1,000m² 이상
	지하가 중 교통량, 경사도 등 터널의 특성을 고려하여 행정안전부령으로 정하는 위험등급 이상에 해당하는 터널	길이가 500m 이상
	특정소방대상물(갓복도형 아파트 제외)에 부설된 특별피난계단, 비상용승강기의 승강장	-
소화용수설비	위험물 저장 및 처리시설 중 가스시설, 지하가 중 터널 또는 지하구 제외한 시설	연면적 5,000m² 이상
	가스시설로 지상에 노출된 탱크	가스 저장용량의 합계가 100톤 이상

4) 소방시설의 종류 및 설치 대상물 Ⅳ

종류	소방시설의 적용기준	
연결송수관설비	층수가 5층 이상	연면적 6,000㎡ 이상
	특정소방대상물로 지하층을 포함하는 층수가 7층 이상	–
	특정소방대상물로 지하층의 층수가 3개 층 이상	지하층의 바닥면적 합계가 1,000㎡ 이상
	지하가 중 터널	길이가 1,000m 이상
단독경보형 감지기	① 연면적 1,000㎡ 미만의 아파트 ② 연면적 1,000㎡ 미만의 기숙사 ③ 연면적 2,000㎡ 미만의 교육연구시설 또는 수련시설 내에 있는 합숙소, 기숙사 ④ 연면적 600㎡ 미만의 숙박시설 ⑤ 연면적 400㎡ 미만의 유치원	
피난기구	특정소방대상물의 모든 층에 화재안전기준에 적합한 피난기구를 설치 ※ **피난기구 제외 해당시설** ① 피난층, **지상1층, 지상2층** 및 층수가 **11층 이상**인 층 ② 가스시설 및 지하구, 지하가 중 터널은 제외	
인명구조기구	① 7층 이상인 관광호텔에 설치 (지하층을 포함하는 층수) ② 5층 이상인 병원에 설치 (지하층을 포함하는 층수)	

5) 스프링클러 – 소방시설의 종류 및 설치 대상물

종류	소방시설의 적용기준	
스프링클러 설비	문화 및 집회 시설(동·식물원 제외) 종교시설(사찰, 제실, 사당 제외) 운동시설(물놀이형 시설 제외)로서 다음에 해당하는 모든 층	① 수용인원 100인 이상 ② **영화상영관의 용도**로 쓰이는 층의 바닥면적이 지하층 또는 무창층인 경우는 500㎡ 이상, 그 밖의 층의 경우는 1,000㎡ 이상 ③ **무대부가 지하층, 무창층** 또는 층수가 4층 이상인 층에 있는 경우는 300㎡ 이상 ④ 무대부가 ③외의 층에 있는 경우무대부의 바닥면적이 500㎡ 이상
	판매시설, 운수시설 및 창고시설 (물류터미널에 한정)로 다음에 해당하는 모든 층	바닥면적의 합계가 5,000㎡ 이상 수용인원 500인 이상
	층수가 6층 이상인 특정소방대상물의 전 층	전 층 : 주택법령에 따라 기존의 아파트를 연면적 및 층고의 변경이 없는 리모델링의 경우 사용검사 당시의 기준을 적용한다.
	① 의료시설 중 **정신의료기관, 종합병원, 병원, 치과병원, 한방병원, 요양병원**(정신병원 제외) ② 노유자시설 ③ 숙박이 가능한 수련시설	바닥면적이 600㎡ 이상의 전 층

천장 또는 반자(반자가 없는 경우에는 지붕의 옥내에 면하는 부분)의 높이가 10m를 넘는 랙식 창고(선반 또는 이와 비슷한 것을 설치하고 승강기에 의하여 수납을 운반하는 장치를 갖춘)	바닥면적의 합계가 1,500㎡ 이상
지하가(터널 제외)	연면적 1,000㎡ 이상
특정소방대상물의 지하층, 무창층(축사 제외) 또는 층수가 4층 이상인 층	바닥면적 1,000㎡ 이상인 층
교육연구시설, 수련시설 내에 있는 학생 수용 기숙사 또는 복합건축물	연면적 5,000㎡ 이상인 경우의 전층

예제 20 다음은 스프링클러설비를 설치하여야 하는 특정 소방대상물에 관한 기준 내용이다. ( )안에 알맞은 것은? [24, 21, 21]

- 판매시설로서 바닥면적의 합계가 (㉠) 이상이거나 수용인원이(㉡) 이상인 경우에는 모든 층

① ㉠ 5000㎡, ㉡ 300명　　② ㉠ 5000㎡, ㉡ 500명
③ ㉠ 10000㎡, ㉡ 300　　④ ㉠ 10000㎡, ㉡ 500명

해설 | 판매시설, 운수시설 및 창고시설 (물류터미널에 한정)로 다음에 해당하는 모든 층은 바닥면적의 합계가 5,000㎡ 이상 수용인원 500인 이상

정답 ②

6) 간이스프링클러 – 소방시설의 종류 및 설치 대상물

종류	소방시설의 적용기준
근린생활시설 중 다음 중 하나	근린생활시설로 바닥면적 합계가 1,000㎡ 이상인 모든 층
	의원, 치과의원 및 한의원으로서 입원실이 있는 시설
교육연구시설 내 합숙소	연면적 100㎡ 이상인 시설
의료시설 중 정신의료기관 또는 요양병원으로서 다음의 어느 하나에 해당하는 시설	요양병원(정신병원과 의료재활시설은 제외)으로 바닥면적의 합계가 600㎡ 미만인 시설
	정신의료기관 또는 의료재활시설로 바닥면적의 합계가 300㎡ 이상 600㎡ 미만인 시설
	정신의료기관 또는 의료재활시설로 바닥면적의 합계가 300㎡ 미만이고, 창살(철재·플라스틱 또는 목재 등으로 사람의 탈출 등을 막기 위하여 설치한 것을 말하며, 화재 시 자동으로 열리는 구조로 되어 있는 창살은 제외)이 설치된 시설
노유자시설로 다음의 어느 하나에 해당하는 시설	① 노유자 생활시설(단독주택 또는 공동주택에 설치되는 시설은 제외)
	② ①에 해당하지 않는 노유자시설로 해당시설로 사용되는 바닥면적의 합계가 300㎡ 이상 600㎡ 미만인 시설

	③ ②에 해당하지 않는 노유자시설로 해당시설로 사용되는 바닥면적의 합계가 300㎡ 미만이고, 창살(철재·플라스틱 또는 목재 등으로 사람의 탈출 등을 막기 위하여 설치한 것을 말하며, 화재 시 자동으로 열리는 구조로 되어 있는 창살은 제외한다.)이 설치된 시설
숙박시설	숙박시설 중 생활형 숙박시설로 해당 용도로 사용되는 바닥면적의 합계가 600㎡ 이상인 것
복합건축물	하나의 건축물이 근린생활시설, 판매시설, 업무시설, 숙박시설 또는 위락시설의 용도와 주택의 용도로 함께 사용되는 것으로서 연면적 1,000㎡ 이상인 것은 모든 층
기타	건물을 임차하여 출입국관리법에 따른 보호시설로 사용하는 부분

7) 특정소방대상물의 소방시설과 면제할 수 있는 유사 소방시설의 연결

소방본부장 또는 소방서장은 특정소방대상물에 설치하여야 하는 소방시설 가운데 기능과 성능이 유사한 소화설비 경우 다음 기준에 따라 그 설치를 면제할 수 있다.

면제 가능 소방시설	대체 유사소방시설
스프링클러설비	**물분무소화설비**
물분무소화설비	스프링클러설비
간이스프링클러설비	스프링클러설비, 물분무소화설비, 미분무소화설비
제연설비	공기조화설비
연소방지설비	**스프링클러설비, 물분무소화설비, 미분무소화설비**
연결송수관설비	옥내소화전 설비, 스프링클러설비, 간이 스프링클러설비 또는 연결살수설비
자동화재탐지설비	비상경보 설비, 준비작동식 스프링클러설비
비상조명등	피난구조유도등

내진설계 기준 설비
지진이 발생할 경우 소방시설이 정상적으로 작동될 수 있도록 **소방청장**이 정하는 내진설계기준에 맞게 설치하여야 하는 소방시설 (단, 내진설계기준의 설정 대상 시설에 소방시설을 설치하는 경우)
① 옥내소화전설비 ② 스프링클러설비 ③ 물분무등소화설비

예제 21 소방시설등의 자체점검 중 종합정밀점검 대상에 해당하지 않는 것은? [25,22,20,16]
① 스프링클러설비가 설치된 특정소방대상물
② 물분무등소화설비가 설치된 연면적 5,000m²의 위험물 제조소
③ 제연설비가 설치된 터널
④ 옥내소화전설비가 설치된 연면적 1,000m²의 국공립학교

해설 | 종합정밀점검 대상 특정소방대상물
- 스프링클러설비 또는 물분무등소화설비가 설치된 연면적 5,000㎡ 이상인 특정소방대상물(위험물 제조소등은 제외). 단, 아파트는 연면적 5,000㎡ 이상이고 11층 이상인 것만 해당
- 다중이용업의 영업장이 설치된 특정소방대상물로서 연면적이 2,000㎡ 이상인 것
- 제연설비가 설치된 터널
- 공공기관 중 연면적(터널·지하구의 경우 그 길이와 평균 폭을 곱하여 계산된 값을 말함) 1,000㎡ 이상인 것으로서 옥내소화전설비 또는 자동화재탐지설비가 설치된 것 단, 소방대가 근무하는 공공기관은 제외

정답 ②

예제 22 다음 ( )안에 적합한 것은? [24,22,19]

- 「지진·화산재해대책법」 제14조제1항 각 호의 시설 중 대통령령으로 정하는 특정소방대상물에 대통령령으로 정하는 소방시설을 설치하려는 자는 지진이 발생할 경우 소방시설이 정상적으로 작동될 수 있도록 ( )이 정하는 내진설계기준에 맞게 소방시설을 설치하여야 한다.

① 국토교통부장관　　　② 소방서장
③ 소방청장　　　　　　④ 행정안전부장관

정답 ③

핵심 기출문제

05 화재예방, 소방시설 설치·유지 및 안전관리에 관한 법령 분석

1 총칙

01 ▶ 19, 15
소방시설법령에 따른 소방시설의 분류명칭에 해당되지 않는 것은?

① 소화설비
② 급수설비
③ 소화활동설비
④ 소화용수설비

해설 | 소방시설
소화설비, 경보설비, 피난설비, 소화용수설비, 그 밖에 소화활동설비로 대통령령이 정하는 시설

02 ▶ 21
소방시설법령에서 규정한 소화활동설비에 속하지 않는 것은?

① 제연설비
② 연결송수관설비
③ 비상콘센트설비
④ 자동화재탐지설비

해설 | 자동화재탐지설비 – 경보설비

03 ▶ 21
다음의 소방시설 중 경보설비에 속하지 않는 것은?

① 비상방송설비
② 자동화재속보설비
③ 자동화재탐지설비
④ 무선통신보조설비

해설 | 비상방송설비 – 경보설비

04 ▶ 20
다음 중 소화설비에 해당되지 않는 것은?

① 자동소화장치
② 스프링클러설비
③ 물 분무 소화설비
④ 자동화재속보설비

해설 | 자동화재속보설비 – 경보설비

05 ▶ 20
소방시설의 종류가 잘못 짝지어진 것은?

① 소화활동설비 – 방열복
② 소화용수설비 – 소화수조
③ 소화설비 – 자동소화장치
④ 경보설비 – 비상방송설비

해설 | 방열복 – 피난설비

06 ▶ 19
다음 소방시설 중 소화설비가 아닌 것은?

① 누전경보기
② 옥내소화전설비
③ 간이스프링클러설비
④ 옥외소화전설비

해설 | 누전경보기 – 경보설비

정답 | 01 ② 02 ④ 03 ④ 04 ④ 05 ① 06 ①

07 ▶ 19,16,15
경보설비의 종류가 아닌 것은?

① 누전경보기
② 자동화재탐지설비
③ 비상방송설비
④ 무선통신보조설비

해설 | 무선통신보조설비 – 소화활동설비

08 ▶ 18
소화활동설비에 해당되는 것은?

① 스프링클러설비
② 자동화재탐지설비
③ 상수도소화용수설비
④ 연결송수관설비

해설 | 소화활동설비
제연설비, 연결송수관설비, 연결살수설비
비상콘센트설비, 무선통신보조설비, 연소방지설비

09 ▶ 18,13
다음 소방시설 중 소화설비에 해당되지 않는 것은?

① 연결살수설비 ② 스프링클러설비
③ 옥외소화전설비 ④ 소화기구

해설 | 문제 8번 해설참조

10 ▶ 14
소방시설 중 소화활동설비에 해당되는 것은?

① 비상 콘센트 설비 ② 피난사다리
③ 비상조명등 ④ 공기안전매트

해설 | 문제 8번 해설참조

11 ▶ 18,15
다음 소방시설 중 소화설비에 속하지 않는 것은?

① 상수도소화용수설비
② 소화기구
③ 옥내소화전설비
④ 스프링클러설비등

해설 | 상수도소화용수설비 – 소화용수설비

12 ▶ 17
다음 소방시설 중 소화설비에 속하지 않는 것은?

① 연결송수관설비
② 스프링클러설비등
③ 옥내소화전설비
④ 물분무등소화설비

해설 | 연결송수관설비 – 소화활동설비

13 ▶ 17,14
소방시설 중 소화설비가 아닌 것은?

① 자동화재탐지설비 ② 스프링클러설비
③ 옥외소화전설비 ④ 소화기구

해설 | 자동화재탐지설비 – 경보설비

14 ▶ 17,14
소방시설 중 소화설비에 해당되지 않는 것은?

① 옥내소화전설비 ② 스프링클러설비
③ 옥외소화전설비 ④ 연결송수관설비

해설 | 연결송수관설비 – 소화활동설비

정답 | 07 ④ 08 ④ 09 ① 10 ① 11 ① 12 ① 13 ① 14 ④

15
다음 소방시설 중 소화설비에 속하지 않는 것은?

① 소화기구
② 옥외소화전설비
③ 물분무소화설비
④ 제연설비

해설 | 제연설비 – 소화활동설비

16
다음 중 경보설비에 포함되지 않는 것은?

① 자동화재속보설비
② 비상조명등
③ 비상방송설비
④ 누전경보기

해설 | 비상조명등 – 피난설비

17
소방시설 중 피난설비에 해당되지 않는 것은?

① 유도등
② 비상방송설비
③ 비상조명등
④ 인명구조기구

해설 | 비상방송설비 – 경보설비

18
소방시설 중 경보설비에 해당하지 않는 것은?

① 자동화재탐지설비
② 자동화재속보설비
③ 무선통신보조설비
④ 누전경보기

해설 | 무선통신보조설비 – 소화활동설비

19
화재예방, 소방시설 설치·유지 및 안전관리에 관한 법률에 따른 용어의 정의 중 아래 설명에 해당하는 것은?

> 소방시설등을 구성하거나 소방용으로 사용되는 제품 또는 기기로서 대통령령으로 정하는 것을 말한다.

① 특정소방대상물
② 소방용품
③ 피난구조설비
④ 소화활동설비

20
무창층의 개구부가 갖추어야 할 요건으로 옳지 않은 것은?

① 크기는 지름 50cm 이상의 원이 내접할 수 있는 크기일 것
② 내부 또는 외부에서 쉽게 부수거나 열 수 있을 것
③ 도로 또는 차량이 진입할 수 있는 빈터를 향할 것
④ 해당 층의 바닥면으로부터 개구부 밑부분까지의 높이가 1.5m 이내일 것

해설 | 해당 층의 바닥 면에서 개구부 밑부분까지의 높이가 1.2m 이내일 것

21
소방시설법령에서 정의한 무창층에 해당하는 기준으로 옳은 것은?

> A : 무창층고 관련된 일정요건을 갖춘 개구부 면적의 합계
> B : 해당 층 바닥면적

① A/B ≤ 1/10
② A/B ≤ 1/20
③ A/B ≤ 1/30
④ A/B ≤ 1/40

정답 | 15 ④　16 ②　17 ②　18 ③　19 ②　20 ④　21 ③

해설 | 무창층
지상층 개구부로 건축물의 채광, 환기, 통풍을 위하여 만든 창으로 출입구 면적의 합계가 당해 층의 바닥면적의 1/30 이하가 되는 층을 말한다.

22 ▶ 17,13

무창층이 되기 위한 기준은 피난 소화 활동상 유효한 개구부 면적의 합계가 해당 층 바닥면적의 얼마 이하일 때인가?

① 1/10 ② 1/20
③ 1/30 ④ 1/50

해설 | 문제 21번 해설참조

2 건축허가 등의 동의

23 ▶ 18,16

건축허가등을 할 때 미리 소방본부장 또는 소방서장의 동의를 받아야 하는 건축물 등의 연면적 기준으로 옳은 것은? (단, 노유자시설 및 수련시설의 경우)

① 100m² 이상 ② 200m² 이상
③ 300m² 이상 ④ 400m² 이상

해설 | 노유자시설 및 수련시설 연면적 200㎡ 이상인 건축물

24 ▶ 21

건축허가등을 할 때 미리 소방본부장 또는 소방서장의 동의를 받아야 하는 대상 건축물의 층수 기준은?

① 3층 이상 ② 6층 이상
③ 10층 이상 ④ 12층 이상

해설 | 면적에 관계없이 동의 대상 건축물은 층수가 6층 이상인 건축물

25 ▶ 20

건축허가 등을 할 때 미리 소방본부장 또는 소장서장의 동의를 받아야 하는 건축물 등의 범위 기준에 해당하지 않는 것은?

① 연면적 200m²의 수련시설
② 연면적 200m²의 노유자시설
③ 연면적 300m²의 근린생활시설
④ 연면적 400m²의 의료시설

해설 | 근린생활시설은 해당 안됨

26 ▶ 19

다음은 건축허가 등을 할 때 미리 소방본부장 또는 소방서장의 동의를 받아야 하는 건축물 등의 범위에 관한 내용이다. 빈칸에 들어갈 내용을 순서대로 옳게 나열한 것은? (단, 차고·주차장 또는 주차용도로 사용되는 시설)

> 가. 차고, 주차장으로 사용되는 층 중 바닥면적이 (　　) 이상인 층이 있는 건축물이나 주차시설
> 나. 승강기 등 기계장치에 의한 주차시설로서 자동차 (　　) 이상을 주차할 수 있는 시설

① 100m², 20대
② 200m², 20대
③ 100m², 30대
④ 200m², 30대

해설 | 차고, 주차장 또는 주차용도로 사용되는 시설
① 차고, 주차장으로 사용되는 층 중 바닥면적이 200㎡ 이상인 층이 있는 시설
② 승강기 등 기계장치에 의한 주차시설로서 자동차 20대 이상을 주차할 수 있는 시설

정답 | 22 ③ 23 ② 24 ② 25 ③ 26 ②

27 ▶ 18
건축허가등을 할 때 미리 소방본부장 또는 소방서장의 동의를 받아야 하는 대상 건축물의 범위에 관한 기준으로 옳지 않은 것은?

① 연면적 400m² 이상인 건축물
② 항공기 격납고
③ 방송용 송수신탑
④ 승강기 등 기계장치에 의한 주차시설로서 자동차 10대 이상을 주차할 수 있는 시설

해설 | 승강기 등 기계장치에 의한 주차시설로서 자동차 20대 이상을 주차할 수 있는 시설

28 ▶ 15
건축허가 등을 할 때 미리 소방본부장 또는 소방서장의 동의를 받아야 하는 대상 건축물이 아닌 것은?

① 연면적 400m² 이상인 건축물
② 항공기 격납고
③ 위험물 저장 및 처리시설
④ 차고·주차장으로 사용되는 층 중 바닥면적이 150m² 인 층이 있는 시설

해설 | 차고, 주차장으로 사용되는 층 중 바닥면적이 200㎡ 이상인 층이 있는 시설

29 ▶ 17
건축물 증축 시 건축허가 권한이 있는 행정기관이 건축허가 등을 할 때 미리 동의를 받아야 하는 대상으로 옳은 것은?

① 국무총리
② 소방안전관리자
③ 국민안전처장관
④ 소방본부장이나 소방서장

해설 | 소방법 제7조 제5항에 따라 건축허가 등을 할 때 미리 소방본부장 또는 소방서장의 동의를 받아야 하는 건축물 등의 범위

30 ▶ 14
행정기관이 미리 소방본부장 등에게 건축허가에 대한 동의를 요구할 때 제출하는 서류가 아닌 것은?

① 건축허가신청서
② 창호도
③ 소방시설 설치계획표
④ 영업 허가서

3 소방대상물의 안전관리

31 ▶ 17
공동 소방안전관리자의 선임이 필요한 소방대상물 중 하나인 고층건축물은 지하층을 제외한 층수가 몇 층 이상인 건축물만을 대상으로 하는가?

① 6층   ② 11층
③ 16층   ④ 18층

해설 | 공동소방 안전관리 선임대상 특정소방대상물
- 복합건축물로서 연면적이 5,000㎡ 이상인 것 또는 층수가 5층 이상 대상물
- 고층 건축물(지하층을 제외한 층수가 11층 이상인 건축물만 해당)
- 판매시설 중 도매시장 및 소매시장
- 지하가
- 특정소방대상물 중 소방본부장 또는 소방서장이 지정한 대상물

32 ▶ 21
소방관리의 권원이 분리된 다음의 소방대상물 중 공동 소방안전관리자를 선임하여야 하는 특정소방대상물에 해당하지 않는 것은?

① 지하가
② 복합건축물로서 층수가 3층인 것
③ 판매시설 중 도매시장 및 소매시장
④ 지하층을 제외한 층수가 11층인 고층 건축물

해설 | 문제 31번 해설참조

정답 | 27 ④ 28 ④ 29 ④ 30 ④ 31 ② 32 ②

33 ▶ 19, 15
관계공무원의 의해 실시되는 소방안전관리에 관한 특별조사의 항목에 해당하지 않는 것은?

① 특정소방대상물의 소방안전관리 업무 수행에 관한 사항
② 특정소방대상물의 소방계획서 이행에 관한 사항
③ 특정소방대상물의 자체점검 및 정기적 점검 등에 관한 사항
④ 특정소방대상물의 소방안전관리자의 선임에 관한 사항

해설 | 소방안전관리에 관한 특별조사의 항목
- 소방안전관리 업무 수행에 관한 사항
- 소방계획서 이행에 관한 사항
- 자체점검 및 정기적 점검 등에 관한 사항
- 화재의 예방조치 등에 관한 사항

34 ▶ 20
소방청장, 소방본부장 또는 소방서장이 소방특별조사를 할 때 관계인에게 조사대상, 조사기간 및 조사사유 등을 서면으로 알려야 하는기간 기준은?

① 5일 전   ② 7일 전
③ 10일 전   ④ 15일 전

해설 | 특별조사 관계인 서면통보
7일 전 (통보내용 : 조사대상, 조사기간 및 조사사유)

35 ▶ 17
특정소방대상물의 관계인은 관계법령에 따라 소방안전관리자 선임 사유가 발생한 날로부터 며칠 이내에 선임하여야 하는가?

① 7일   ② 15일
③ 30일   ④ 45일

해설 | 특정소방대상물의 관계인은 관계법령에 따라 소방안전관리자 선임 사유가 발생한 날로부터 30일 이내에 선임하여야 한다.

36 ▶ 17
소방안전관리대상물의 소방계획서에 포함되어야 하는 사항이 아닌 것은?

① 화재 예방을 위한 자체점검계획 및 진압대책
② 증축·개축·재축·이전·대수선 중인 단독주택의 공사장 소방안전관리에 대한 사항
③ 소방시설·피난시설 및 방화시설의 점검·정비계획
④ 피난층 및 피난시설의 위치와 피난경로의 설정, 장애인 및 노약자와 피난계획 등을 포함한 피난계획

해설 | 증축·개축·재축·이전·대수선 중인 단독주택의 공사장 소방안전관리에 대한 사항은 공사 총괄 담당이 진행하여야 한다.

37 ▶ 16, 13
다음 (   )안에 적합한 것은?

> 특정소방대상물에 소방시설을 설치하려는 자는 지진이 발생할 경우 소방시설이 정상적으로 작동될 수 있도록 (   )이 정하는 내진설계기준에 맞게 소방시설을 설치하여야 한다.
> 여기서, 소방시설이란 소화설비(소화기구 제외), 소화용수설비, 소화활동설비를 말한다.

① 소방본부장
② 소방서장
③ 국민안전처장관
④ 안전행정부장관

정답 | 33 ④ 34 ② 35 ③ 36 ② 37 ②

38 ▶ 16

특정소방대상물의 관계인은 그 대상물에 설치되어 있는 소방시설 등에 대하여 정기적으로 자체점검을 하거나 관리업자 또는 총리령으로 정하는 기술자격자로 하여금 정기적으로 점검하게 하여야 하는데 이 기술자격자에 해당되는 자는?

① 소방안전관리자로 선임된 건축설비기사
② 소방안전관리자로 선임된 소방기술사
③ 소방안전관리자로 선임된 소방설비기사(기계 분야)
④ 소방안전관리자로 선임된 소방설비기사(전기 분야)

39 ▶ 18

소방안전관리보조사를 두어야 하는 특정소방대상물에 포함되는 아파트는 최소 몇 세대 이상의 조건을 갖추어야 하는가?

① 200세대 이상
② 300세대 이상
③ 400세대 이상
④ 500세대 이상

해설 | 소방안전관리보조사 선정 특정소방대상물
- 300세대 이상인 아파트
- 아파트를 제외한 연면적이 15,000㎡ 이상인 특정소방대상물

4 특정소방대상물의 방염

40 ▶ 21, 20

방염성능기준 이상의 실내장식물 등을 설치하여야 하는 특정소방대상물에 속하지 않는 것은?

① 수영장
② 숙박시설
③ 의료시설 중 종합병원
④ 방송통신시설 중 방송국

해설 | 방염성능기준 이상의 실내장식물 등을 설치하여야 하는 특정소방대상물
① 근린생활시설 중 체력단련장, 의원, 숙박시설, 방송통신시설 중 방송국 및 촬영소
② 건축물의 옥내에 있는 문화 및 집회 시설, 종교시설, 운동시설(수영장은 제외)
③ 의료시설 중 종합병원, 요양병원 및 정신의료기관(입원실이 없는 정신건강의학의원은 제외)
④ 노유자시설 및 숙박이 가능한 수련시설
⑤ 다중이용업소
⑥ 교육연구시설 중 합숙소
⑦ 상기 ① ~ ⑥의 시설에 해당하지 아니하는 것으로서 층수(건축법 시행령에 따라 산정한 층수)가 11층 이상인 것(아파트는 제외)

41 ▶ 20, 17, 17, 14, 14

방염성능기준 이상의 실내장식물 등을 설치하여야 하는 특정소방대상물에 해당하지 않는 것은?

① 교육연구시설 중 합숙소
② 방송통신시설 중 방송국
③ 건축물의 옥내에 있는 종교시설
④ 건축물의 옥내에 있는 수영장

해설 | 문제 40번 해설참조

42 ▶ 19, 17, 16 실건

방염성능기준 이상의 실내장식물 등을 설치하여야 하는 특정소방대상물에 해당되지 않는 것은?

① 근린생활시설 중 체력단련장
② 방송통신시설 중 방송국
③ 의료시설 중 종합병원
④ 층수가 11층인 아파트

해설 | 문제 40번 해설참조

정답 | 38 ② 39 ② 40 ① 41 ④ 42 ④

43 ▶ 21
방염성능기준 이상의 실내장식물 등을 설치하여야 하는 특정소방대상물에 속하는 것은? (단, 층수가 10층인 경우)
① 기숙사
② 판매시설
③ 숙박시설
④ 실내수영장

해설 | 문제 40번 해설참조

44 ▶ 18
방염성능기준 이상의 실내장식물 등을 설치하여야 하는 특정소방대상물에 해당하는 것은?
① 12층인 아파트
② 건축물의 옥내에 있는 운동시설 중 수영장
③ 옥외 운동시설
④ 방송통신시설 중 방송국

해설 | 문제 40번 해설참조

45 ▶ 14
방염성능기준 이상의 실내장식물을 설치하여야 하는 특정소방대상물에 해당되지 않는 곳은?
① 12층의 사무소
② 방송통신시설 중 방송국
③ 숙박시설
④ 15층의 아파트

해설 | 문제 40번 해설참조

46 ▶ 21, 21, 20, 17, 13
특정소방대상물에 사용하는 실내장식물 중 방염대상 물품에 속하지 않는 것은?
① 창문에 설치하는 커튼류
② 두께가 2mm 미만인 종이벽지
③ 전시용 섬유판
④ 전시용 합판

해설 | 두께가 2mm 미만인 벽지류(종이벽지 제외)

47 ▶ 20, 19, 18, 16
다음 중 방염대상물품에 해당하지 않는 것은?
① 종이벽지
② 전시용 합판
③ 카펫
④ 창문에 설치하는 블라인드

해설 | 문제 46번 해설참조

48 ▶ 18, 15
호텔 각 실의 재료 중 방염성능기준 이상의 물품으로 시공하지 않아도 되는 것은?
① 지하 1층 연회장의 무대용 합판
② 최상층 식당의 창문에 설치하는 커튼류
③ 지상 1층 라운지의 전시용 합판
④ 지상 3층 객실의 화장대

해설 | 가구류(옷장, 찬장, 식탁 식탁용 의자, 사무용 책상, 사무용 의자 및 계산대, 그밖에 이와 비슷한 것)와 너비 10cm 이하인 반자돌림대 등의 내부마감재료는 제외한다.

정답 | 43 ③ 44 ④ 45 ④ 46 ② 47 ① 48 ④

49 ▶14
대통령령으로 정하는 방염대상 물품이 아닌 것은?

① 무대막 ② 전시용 합판
③ 카펫   ④ 실내용 가구

해설 | 문제 48번 해설참조

50 ▶20,14
특정소방대상물에서 사용하는 방염대상물품의 방염성능검사를 실시하는 자는? (단, 대통령령으로 정하는 방염대상물품의 경우는 고려하지 않는다.)

① 행정안전부장관 ② 소방서장
③ 소방본부장   ④ 소방청장

해설 | 방염대상물품의 방염성능검사를 실시하는 자 : 소방청장

51 ▶17
소방시설법령에 따른 방염대상물품의 방염성능기준으로 옳지 않은 것은?

① 불꽃에 의하여 완전히 녹을 때까지 불꽃의 접촉횟수는 5회 이상일 것
② 탄화(炭化)한 면적은 50cm² 이내, 탄화한 길이는 20cm 이내일 것
③ 버너의 불꽃을 제거한 때부터 불꽃을 올리지 아니하고 연소하는 상태가 그칠 때까지 시간은 30초 이내일 것
④ 소방청장이 정하여 고시한 방법으로 발연량(發煙量)을 측정하는 경우 최대연기밀도는 400 이하일 것

해설 | 불꽃에 의하여 완전히 녹을 때까지 불꽃의 접촉횟수는 3회 이상

52 ▶19,14
방염대상물품의 방염성능기준으로 옳지 않은 것은?

① 버너의 불꽃을 제거한 때부터 불꽃을 올리며 연소하는 상태가 그칠 때까지 시간은 20초 이내일 것
② 버너의 불꽃을 제거한 때부터 불꽃을 올리지 아니하고 연소하는 상태가 그칠 때까지 시간은 20초 이내일 것
③ 탄화한 면적은 50cm² 이내, 탄화한 길이는 20cm 이내일 것
④ 불꽃에 의하여 완전히 녹을 때까지 불꽃의 접촉횟수는 3회 이상일 것

해설 |
• 버너의 불꽃 제거 후 불꽃을 올리며 연소하는 상태가 그칠 때까지 시간은 20초 이내
• 버너의 불꽃 제거 후 불꽃을 올리지 아니하고 연소하는 상태가 그칠 때까지 시간은 30초 이내

53 ▶17
방염대상물품에 대한 방염성능기준으로 옳지 않은 것은?

① 탄화한 면적 - 50cm² 이내
② 탄화한 길이 - 20cm 이내
③ 불꽃에 의해 완전히 녹을 때까지 불꽃의 접촉횟수 - 3회 이상
④ 소방청장이 정하여 고시한 방법으로 발연량을 측정하는 경우 최대연기밀도 - 300 이하

해설 | 소방청장이 정하여 고시한 방법으로 발연량(發煙量)을 측정하는 경우 최대연기밀도는 400 이하일 것

정답 | 49 ④ 50 ④ 51 ① 52 ② 53 ④

5 소방시설의 설치 및 유지

54 ▶ 21

자동식 소화기를 설치하여야 하는 특징소방대상물은?

① 가스시설 ② 터널
③ 지정문화재 ④ 아파트

해설 | 자동식 소화장치 설치 대상물
아파트, 30층 이상 오피스텔의 전층

55 ▶ 20

다음 중 주택의 소유자가 대통령령으로 정하는 소방시설을 설치하여야 하는 주택의 종류에 해당하지 않은 것은?

① 단독주택 ② 기숙사
③ 연립주택 ④ 다세대주택

해설 | 문제 54번 해설참조

56 ▶ 20

옥내소화전 설비를 설치해야 하는 특정소방 대상물의 종류 기준과 관련하여, 지하가 중 터널은 길이가 최소 얼마 인상인 것을 기준대상으로 하는가?

① 1000m 이상 ② 2000m 이상
③ 3000m 이상 ④ 4000m 이상

해설 | 지하가 중 터널은 길이가 최소 1000m 이상

57 ▶ 15

옥내소화전 설비를 설치하여야 하는 소방대상물의 연면적 기준은?

① 1000m² 이상 ② 2000m² 이상
③ 3000m² 이상 ④ 5000m² 이상

해설 | 소방대상물(지하가 중 터널 제외)은 연면적 3,000㎡ 이상

58 ▶ 21

비상경보설비를 설치하여야 할 특정소방대상물의 연면적 기준은? (단, 지하가 중 터널 또는 사람이 거주하지 않거나 벽이 없는 축사 등 동·식물 관련시설은 제외한다)

① 300m² 이상 ② 400m² 이상
③ 500m² 이상 ④ 600m² 이상

해설 | 연면적 400㎡(지하가 중 터널 또는 사람이 거주하지 않거나 벽이 없는 축사 등 동·식 물 관련시설은 제외한다.) 이상인 것

59 ▶ 20

비상경보설비를 설치하여야 할 특정소방대상물 기준으로 틀린 것은? (단, 지하층 및 무창층이 공연장인 경우는 고려하지 않는다.)

① 무창층 - 무창층의 바닥면적 150m² 이상
② 지하층 - 지하층의 바닥면적 150m² 이상
③ 옥내 작업장 작업 근로자수 50명 이상
④ 지하가 중 터널 길이 300m 이상

해설 | 지하가 중 터널 길이 500m 이상

60 ▶ 19,18

비상경보설비를 설치하여야 하는 특정소방대상물의 기준으로 옳지 않은 것은?

① 연면적 400m² 이상인 것
② 지하층 바닥면적이 150m² 이상인 것
③ 지하가 중 터널로서 길이가 500m 이상인 것
④ 30명 이상의 근로자가 작업하는 옥내작업장

해설 | 옥내 작업장 작업 근로자수 50명 이상

정답 | 54 ④ 55 ② 56 ① 57 ③ 58 ② 59 ④ 60 ④

61 ▸ 16, 15, 13

다음 중 비상방송설비를 설치하여야 하는 특정소방대상물이 아닌 것은? (단, 위험물 저장 및 처리시설 중 가스시설, 사람이 거주하지 않는 동물 및 식물관련시설, 지하가 중 터널, 축사 및 지하구는 제외)

① 50인 이상의 근로자가 작업하는 옥내작업장
② 연면적 3,500m² 이상인 것
③ 지하층의 층수가 3층 이상인 것
④ 지하층을 제외한 층수가 11층 이상인 것

해설 | 비상방송설비
- 연면적 3,500㎡ 이상
- 지하층을 제외한 층수가 11층 이상
- 지하층의 층수가 3개 층 이상

62 ▸ 19

소방시설법령에서 규정하고 있는 비상콘센트설비를 설치하여야 하는 특정소방대상물의 기준으로 옳은 것은?

① 층수가 7층 이상인 특정소방대상물의 경우에는 7층 이상의 층
② 층수가 8층 이상인 특정소방대상물의 경우에는 8층 이상의 층
③ 층수가 10층 이상인 특정소방대상물의 경우에는 10층 이상의 층
④ 층수가 11층 이상인 특정소방대상물의 경우에는 11층 이상의 층

해설 | 비상콘센트설비 설치 특정소방대상물
- 층수가 11층 이상인 특정소방대상물의 경우에는 11층 이상의 층
- 지하층의 층수가 3개층 이상이고 지하층의 바닥면적의 합계가 1,000㎡ 이상인 것은 지하층의 모든 층
- 지하가 중 터널로서 길이 500m 이상인 것

63 ▸ 17

비상콘센트설비를 설치하여야 하는 특정소방 대상물의 기준에 해당되지 않는 것은?

① 가스시설 중 지상에 노출된 탱크의 용량이 30톤 이상인 탱크시설
② 층수가 11층 이상인 특정소방대상물의 경우에는 11층 이상의 층
③ 지하층의 층수가 3층 이상이고 지하층의 바닥면적의 합계가 1천m² 이상인 것은 지하층의 모든 층
④ 지하가 중 터널로서 길이가 500m 이상인 것

해설 | 문제 8번 해설참조

64 ▸ 18

자동화재탐지설비를 설치하여야 특정소방대상물이 되기 위한 근린생활시설(목욕장은 제외)의 연면적 기준으로 옳은 것은?

① 600m² 이상인 것   ② 800m² 이상인 것
③ 1,000m² 이상인 것   ④ 1,200m² 이상인 것

해설 | 근린생활시설(목욕장은 제외), 의료시설, 숙박시설, 위락시설, 장례시설, 복합건축물은 연면적 600㎡ 이상인 것

65 ▸ 21

제연설비를 설치하여야 하는 특정소방대상물에 해당되지 않는 것은?

① 갓복도아파트에 부설된 특별피난계단
② 문화 및 집회시설로서 무대부의 바닥면적이 200m² 이상인 것
③ 문화 및 집회시설 중 영화상영관으로서 수용인원 100인 이상인 것
④ 지하층에 설치된 숙박시설로서 해당 용도에 사용되는 바닥면적의 합계가 1000m² 이상인 것

해설 | 특정소방대상물(갓복도형 아파트 제외)에 부설된 특별피난계단, 비상용승강기의 승강장

정답 | 61 ① 62 ④ 63 ② 64 ① 65 ①

66 ▶ 18, 14

제연설비를 설치해야 할 특정소방대상물이 아닌 것은?

① 특정소방대상물(갓복도형 아파트 등은 제외한다.)에 부설된 특별피난계단 또는 비상용승강기의 승강장
② 지하가(터널은 제외한다.)로서 연면적이 500m²인 것
③ 문화 및 집회시설로서 무대부의 바닥면적이 300m²인 것
④ 지하가 중 예상 교통량, 경사도 등 터널의 특성을 고려하여 행정안전부령으로 정하는 터널

해설 | 지하가(터널은 제외한다.)로서 연면적이 1,000m² 이상인 것

67 ▶ 17

연결송수관설비를 설치하여야 하는 특정소방 대상물의 기준 내용으로 옳지 않은 것은? (단, 가스시설 또는 지하구는 제외)

① 층수가 5층 이상으로서 연면적 6000m² 이상인 것
② 지하층을 포함하는 층수가 7층 이상인 것
③ 지하층의 층수가 3층 이상이고 지하층의 바닥면적의 합계가 1000m² 이상인 것
④ 지하가 중 터널로서 길이가 500m 이상인 것

해설 | 지하가 중 터널로서 길이가 1,000m 이상인 것

68 ▶ 19, 15

단독경보형감지기를 설치하여야 하는 특정소방대상물에 해당되지 않는 것은?

① 연면적 800m²인 아파트
② 연면적 600m²인 유치원
③ 수련시설 내에 있는 합숙소로서 연면적이 1500m²인 것
④ 연면적 500m²인 숙박시설

해설 | 단독경보형감지기 설치 특정소방대상물
① 연면적 1,000m² 미만의 아파트
② 연면적 1,000m² 미만의 기숙사
③ 연면적 2,000m² 미만의 교육연구시설 또는 수련시설 내에 있는 합숙소, 기숙사
④ 연면적 600m² 미만의 숙박시설
⑤ 연면적 400m² 미만의 유치원

69 ▶ 20

특정소방대상물에서 피난기구를 설치하여야 하는 층에 해당하는 것은?

① 층수가 11층 이상인 층
② 피난층
③ 지상 2층
④ 지상 3층

해설 | 피난기구 제외 해당시설
피난층, 지상 1층, 지상 2층 및 층수가 11층 이상인 층

70 ▶ 21

객석유도등을 설치하여야 하는 특정소방대상물에 속하는 것은?

① 학교
② 전시장
③ 종합병원
④ 도매시장

해설 | 객석유도등을 설치 특정소방대상물
· 문화 및 집회시설
· 종교시설
· 운동시설
· 유흥주점 영업시설(카바레, 나이트 클럽 등)

정답 | 66 ② 67 ④ 68 ② 69 ④ 70 ②

71 ▶ 18

피난설비 중 객석유도등을 설치하여야 할 특정소방대상물은?

① 숙박시설
② 종교시설
③ 창고시설
④ 방송통신시설

해설 | 문제 70번 해설참조

72 ▶ 21

판매시설로서 모든 층에 스프링클러설비를 설치하여야 하는 바닥면적 기준은?

① 바닥면적의 합계가 1000m² 이상인 경우
② 바닥면적의 합계가 2000m² 이상인 경우
③ 바닥면적의 합계가 5000m² 이상인 경우
④ 바닥면적의 합계가 10000m² 이상인 경우

해설 | 판매시설, 운수시설 및 창고시설 (물류터미널에 한정)로 다음에 해당하는 모든 층의 바닥면적 합계가 5000㎡ 이상인 경우

73 ▶ 19

문화 및 집회시설(동·식물원 제외)로서 지하층 무대부의 면적이 최소 몇 ㎡ 이상일 때 모든 층에 스프링클러설비를 설치해야 하는가?

① 100m²
② 200m²
③ 300m²
④ 500m²

해설 | 무대부가 지하층, 무창층 또는 층수가 4층 이상인 층에 있는 경우는 300㎡ 이상

74 ▶ 18, 14

스프링클러설비를 설치하여야 하는 특정소방대상물에 대한 기준으로 옳은 것은?

① 창고시설(물류터미널은 제외한다)로서 바닥면적 합계가 3000m² 이상인 경우에는 모든 층
② 판매시설, 운수시설 및 창고시설(물류터미널에 한정한다)로서 바닥면적의 합계가 3000m² 이상이거나 수용인원이 300명 이상인 경우에는 모든 층
③ 숙박이 가능한 수련시설로서 해당용도로 사용되는 바닥면적의 합계가 600m² 이상인 경우 모든 층
④ 종교시설(주요구조부가 목조인 것은 제외)의 경우 수용인원이 50명 이상인 경우 모든 층

해설 | ① 창고시설(물류터미널은 제외한다)로서 바닥면적 합계가 5000㎡ 이상인 경우에는 모든 층
② 판매시설, 운수시설 및 창고시설(물류터미널에 한정한다.)로서 바닥면적의 합계가 5000㎡ 이상이거나 수용인원이 500명 이상인 경우에는 모든 층
④ 종교시설(주요구조부가 목조인 것은 제외)의 경우 수용인원이 100명 이상인 경우 모든 층

75 ▶ 16, 13

문화 및 집회시설로서 스프링클러설비를 모든 층에 설치하여야 할 경우에 대한 기준으로 옳지 않은 것은?

① 수용인원이 100인 이상인 것
② 무대부가 4층 이상의 층에 있는 경우에는 무대부의 면적이 200m² 이상인 것
③ 무대부가 지하층·무창층에 있는 경우 무대부의 면적이 300m² 이상인 것
④ 영화상영관의 용도로 쓰이는 층의 바닥면적이 지하층 또는 무창층인 경우 500m² 이상인 것

해설 | 문제 73번 해설참조

정답 | 71 ② 72 ③ 73 ③ 74 ③ 75 ②

76 ▶17

스프링클러설비를 설치하여야 하는 특정소방대상물 중 문화 및 집회시설(동·식물원 제외)에서 모든 층에 스프링클러설비를 설치하여야 하는 경우에 해당하는 수용인원의 최소 기준으로 옳은 것은?

① 50명 이상   ② 100명 이상
③ 200명 이상   ④ 300명 이상

해설 | 문제 74번 해설참조

77 ▶19

간이 스프링클러설비를 설치하여야 하는 특정소방대상물이 다음과 같을 때 최소 연면적 기준으로 옳은 것은?

교육연구시설 내 합숙소

① 100m² 이상   ② 150m² 이상
③ 200m² 이상   ④ 300m² 이상

해설 | 간이 스프링클러설비 설치
  교육연구시설 내 합숙소 연면적 100㎡ 이상인 시설

78 ▶21

다음은 특정소방대상물의 소방시설 설치의 면제기준 내용이다. ( )안에 알맞은 것은?

물분무등소화설비를 설치하여야 하는 차고·주차장에 ( )를 화재안전기준에 적합하게 설치한 경우에는 그 설비의 유효범위에서 설치가 면제된다.

① 연결살수설비   ② 옥외소화전설비
③ 옥내소화전설비   ④ 스프링클러설비

해설 | 스프링클러설비 - 물분무등 소화설비

79 ▶20

특정소방대상물에 설치하여야 하는 소방시설과 이를 면제할 수 있는 유사소방시설의 연결이 틀린 것은?

① 연소방지설비 - 비상방송설비
② 비상조명등 - 피난구유도등
③ 비상경보설비 - 자동화재탐지설비
④ 스프링클러설비 - 물분무등 소화설비

해설 | 연소방지설비 - 스프링클러설비, 물분무소화설비, 미분무소화설비

80 ▶18

다음은 화재예방, 소방시설설치 유지 및 안전관리에 관한 법률 시행령에서 규정하고 있는 소방시설을 설치하지 아니할 수 있는 특정소방대상물 및 소방시설의 범위이다. 빈칸에 들어갈 소방시설로 옳은 것은?

구분	특정소방대상물	소방시설
화재 위험도가 낮은 특정 소방 대상물	석재, 불연성금속, 불연성 건축재료의 가공 공장·기계 조립공장·주물공장 또는 불연성물품을 저장하는 창고	

① 스프링클러 설비
② 옥외소화전 및 연결살수설비
③ 비상방송설비
④ 자동화재탐지설비

해설 | 스프링클러 설비, 비상방송설비, 자동화재탐지설비 등은 화재 위험도가 중급 이상인 시설에 설치 한다.

정답 | 76 ② 77 ① 78 ④ 79 ① 80 ②

Chapter 03

실내디자인 조명 계획

최근 10개년 출제문항수 **73개**

New_ 2022년 이후 평균 출제비중 **8%**

Chapter 출제경향분석

Section	출제비율
01 실내 조명 자료 조사	3%
02 실내조명 계획	5%

01 실내조명 자료 조사

Pass Note

예상출제문항	키워드	
1	- 인공광원별 특성 - 조명방식	- 건축화조명 - 조명계산

1. 빛의 용어와 단위

종류	기호	단위	약호	특성
광속	F	lumen	lm	1초 동안 어떠 면을 통과하는 빛의 양 [**광의 양**]
조도	E	lux(1x)	lx	단위면적당 입사광속으로 점광원에서 어떤 물체나 표면 도달하는 광속의 밀도 [**장소의 명도**]
휘도	L	astilb, stilb(sb), nit(nt)	cd/m^2	물체 표면의 밝기로, 광원이 빛나고 있는 정도 [**반짝임**] 휘도의 분포도는 시작업상에 큰 영향을 준다.
광도	I	candela	cd	광원에서 나오는 빛의 세기로 단위면적당 표면에서 반사 또는 방출되는 광량 [**광의 강도**] 1cd는 점광원을 중심으로 1㎡의 면적을 관통해 나오는 광속이 1lumen일 때 그 방향의 광도이다.
광속 발산도	R	rad-lux, Lambert	rlx	반사면 혹은 광원면의 단위 면적에서 발산하는 광속 [**물체의 명도**]
연색성	광원이 색을 어느 정도 충실하게 나타내고 있는가의 척도			
색온도	색온도란 빛을 발하는 어떤 발광체가 온도에 따라 밝기와 색이 달라지는 절대 온도의 개념을 말한다. 켈빈온도단위로 측정되는 색온도(K)는 수치가 낮을수록 따뜻한 느낌의 붉은색에서 주황 노랑 백색 청색 등의 순으로 색온도가 높아진다. 흔히 색온도에 따라 조명을 전구색, 주백색, 주광색 등으로 구분하여 사용한다.			

2. 인공광원의 종류와 특성

구분	백열등	형광등	할로겐등	수은등	나트륨등	메탈라이드등
효율	7~22	48~80	20~22	40~65	80~150	70~100
수명(h)	1,000~1,500	7,500	2,000~3,000	10,000	6,000	9,000
색온도(K)	2,850	3,500~5,600	4,300	4,100	2,100	5,000
휘도	높다	낮다	높다	높다	높다	높다
색상	적색 부분 많다	광색 조절이 용이	주광색에 가깝다.	청백색	황백색	자연색에 가깝다.
용도	전반조명, 포인트 조명	옥내/옥외 전반조명, 간접조명	경기장, 광장 영사기용	높은 천장광조명, 도로	도로, 터널	경기장, 은행, 백화점, 가구점
연색성 순위	**백열등** 〉 주광색형광등 ≥ **할로겐등** 〉 메탈라이드등 〉 형광등 〉 수은등 〉 **나트륨등** ※ 연색평가수(Ra) : 0에 가까울수록 연색성이 나쁘다.					
효율 순위	나트륨등 〉 메탈라이드등 〉 형광등 〉 수은등 〉 할로겐등 〉 백열등					
수명 순위	나트륨등 〉 수은등 〉 형광등 〉 메탈라이드등 〉 백열등					

1) 인공조명의 특성

(1) 백열등
① 필라멘트의 온도 방사에 의한 발광으로 조명기구로 과거에 가장 많이 사용되어 왔다.
② 고휘도이고 열방사 많으며 광색은 적색부분이 많다.
③ 연색성이 자연채광에 가까우며 빛의 컨트롤이 용이하다.
④ 효율이 낮고 발광온도가 높으며 광원의 수명도 짧다.
⑤ 점등 시간이 빠르다.

(2) 형광등
① 수은과 아르곤을 봉입한 유리관 내에 자외선을 발생하고 이것이 유리관내 형광물질을 유도방출하여 발광하는 조명기구이다.
② 저휘도이고 열방사가 적다.
③ 백열전구 대비 수명이 길고 같은 전력으로 백열등보다 3~4배의 조도를 얻을 수 있다.
④ 눈부심도 적으며 발광온도도 낮은 편이다.
⑤ 형광체의 색을 다양하게 하여 광색조절이 용이하나 자외선이 방출된다.
⑥ 점등 시간이 느리다.

(3) 할로겐등
① **고휘도**이고 **연색성이 좋으며** 단위광속이 크다.
② **초소형**, 경량의 전구(백열등 크기의 1/10)
③ 수명이 백열전구에 비해 2배 길다.
④ 광색은 적색부분이 비교적 많다.

⑤ 발광온도가 높다.
⑥ 흑화(黑化) 발생이 거의 없다.

(4) 수은등
① 고휘도이나 **연색성은 나쁘다.**
② 큰 광속을 얻을 수 있고, 수명이 가장 길다.
③ 효율이 높고 가격도 저렴한 편이다.
④ 초고압수은등은 영화촬영 등에 이용된다.
⑤ 완전점등까지 10분 소요된다.

(5) 나트륨등
① 수평 점등이 원칙이며, **연색성 불량**으로 일반실내조명으로는 부적합하다.
② 수명이 매우 길어 도로 가로등 및 체육관, 광장조명 등에 사용된다.

(6) 메탈할라이드등
① 연색성이 좋아 경기장 또는 은행, 백화점등 고연색성이 요구되는 곳에 적합
② 수명이 비교적 길지만 가격이 다소 높다.
③ 색온도가 높아 밝고 딱딱한 분위기를 연출한다.
④ 재점멸 시 5~10분정도 시간이 소요된다.

(7) LED(Light Emitting Diode)등
① 반도체인 LED에 전압이 흐르면 빛으로 전환되어 나오는 조명기구
② 전체 광효율이 높고 에너지 절감효과가 매우 크다.
③ 수명이(5~10만 시간) 길고, 소비전력이 백열등과 형광등에 비해 낮다.
④ 발열이 적어 내구성이 길며 낮은 전력으로 효율 높은 조명을 쓸 수 있다.
⑤ 눈의 피로도가 낮고 친환경적이나 빛의 확산성이 부족하다.

예제 01 할로겐 전구에 관한 설명으로 옳은 것은? [23,22]
① 백열전구보다 수명이 짧다.
② 흑화가 거의 일어나지 않는다.
③ 휘도가 낮아 현휘가 발생하지 않는다.
④ 소형, 경량화가 불가능하여 사용 개소에 제한을 받는다.

해설 | 할로겐등
• 고휘도이고 연색성이 좋으며 단위광속이 크다.
• 초소형, 경량의 전구(백열등 크기의 1/10)

정답 ②

3. 조명 방식

1) 조명기구의 배치에 의한 분류

(1) 전반조명
  ① **실내 전체**를 거의 같은 조도로 균일하게 하향 방사되도록 조명하는 배치하는 방식이다.
  ② 눈의 피로가 적으나 정밀작업을 하는 장소에는 곤란하다.
  ③ 명시조명을 요하는 사무실, 학교, 공장 등에 사용된다.

(2) 국부조명
  ① 실내 전체가 아닌 **어느 부분만(국부적)**을 강하게 하향 방사되도록 조명하는 배치하는 방식이다.
  ② 전반조명에 비해 약 10배의 명시효과가 있다.
  ③ 전반조명으로 휘도대비가 저하되어 잘 보이지 않을 때 이용한다.
  ④ 밝고 어두움의 차이가 크기 때문에 눈이 피로하기 쉬운 결점이 있다.
  ⑤ 주로 정밀한 작업을 하는 공간에 사용된다.

(3) 전반·국부 병용 조명
  ① 전반조명하에 특정한 장소에 국부조명을 병용 사용하는 방식이다.
  ② 조도의 변화를 적게 하여 명시효과를 높이기 위한 것이다.
  ③ 매우 경제적인 조명방식으로 정밀한 작업을 요하는 곳에 사용된다.

(4) 완화조명
  터널에서 입구 부근은 밝게 하고, 서서히 조도를 저하 시키는 조명 방법

(5) TAL 조명방식(Task & Ambient Lighting)
  ① 작업구역(Task)에는 전용의 **국부조명방식**으로 조명하고, 기타 주변(Ambient)환경에 대하여는 **간접조명**과 같은 낮은 조도레벨로 조명하는 방식
  ② 실내의 전체적인 밝기를 낮게 억제할 수 있기 때문에 에너지 소비적인 측면에서는 유리하지만 초기설치 비용이 증가하며, 필요한 장소만 밝히기 때문에 실내가 전체적으로 어두워지는 단점도 발생한다.

명시적 조명
밝기위주의 조명으로 교실, 서재, 집무실, 작업실 등에 적용된다.

2) 조명기구의 배광(光)에 의한 분류

구분	형태 및 배광분포	장점	단점
직접조명	% 10~0 90~100	• 조명률(효율)이 높다. • 실내면 반사율의 영향이 적다. • 국부적으로 고조도를 얻기 편리하다. • 설비비가 간접조명에 비해 적게 든다.	• 천장에 그림자가 강하게 생기는 단점이 있다. • 기구의 선택을 잘못하면 차이가 심하며 눈부심을 준다. • 분위기를 중시하는 조명에 부적합하다.
반직접조명	% 10~40 60~90		
전반확산조명	% 60~40 40~60	• 직접조명과 간접조명의 중간 • 빛이 상하좌우로 나가므로 부드러운 조명이 된다.	• 광손실이 50% 전후
반간접조명	% 60~90 10~40	• 조도가 균일하다. • 그림자가 거의 형성되지 않고 부드러운 빛으로 안정된 조명을 할 수 있다. • 경제성보다 분위기를 목표로 하는 장소에 적합하다.	• 조명률(효율)이 나쁘다. • 실내면 반사율의 영향이 크다. • 국부적으로 고조도를 얻기 어렵다. • 동일 조도를 얻기 위한 시설비는 직접조명에 비해 더 많이 든다.
간접조명	% 90~100 10~0		

Note 반사율(Reflectance)
- 빛을 받는 표면에서 반사되는 빛의 밝기이다. 반사율이 높으면 눈에 피로도가 높아질 수 있으므로 마감재별 반사율을 고려하여 마감재 계획을 하여야 한다.
- 실내마감재 중에 유리나 금속은 반사율이 높고 목재나 카펫은 반사율이 낮다.

3) 조명기구의 형태(Design)에 의한 분류

① 매입형 : 천장에 작은 구멍을 뚫어 그 사이 공간에 조명 기구를 매입시키는 방식
② 직부형 : 가장 일반적인 사용되며 조명 기구를 천장 면에 직접 부착시켜 하부로 조명하는 방식
③ 브라켓(bracket)형 : 벽부에 부착하여 상·하부로 조명하는 장식성이 우수한 벽부형 방식
④ 펜던트(pendant)형 : 와이어나 파이프를 이용하여 천장에 행잉(매단)하는 조명 방식

Note 가시성의 결정요소
가시성이란 대상물의 존재 혹은 형상을 알아보기 좋은 정도를 말한다.
① 대상물의 **크기**
② 대상물의 **밝기**
③ **주변과의 대비** 상태
④ 시각 속도
⑤ 주시 시간

예제 02 조명기구를 선택할 때 고려하여야 할 조명의 4요소가 올바르게 나열된 것은? [25,22]
① 명도, 대비, 조도, 광도
② 명도, 대비, 눈부심, 광도
③ 명도, 대비, 크기, 움직임
④ 명도, 광도, 조도, 연색성

해설 | 조명의 4요소
명도, 대비, 크기, 움직임(노출시간)

정답 ③

4. 건축화 조명

조명기구로 형태를 취하지 않고 천장, 벽, 기둥 등 실내건축 부분과 일체화하여 조명하는 방식이다. 건축화 조명은 눈부심이 적고 현대적인 감각을 느끼게 하나 조명 효율은 직접 조명에 비해 떨어지며 설치 비용도 많이 발생되어 **경제적 효율성은 떨어진다.**

1) 천장 건축화 조명

종류	광원형식	특성
광천장 조명	천장면 전체 **하향직접조명**	• 천장면 전체에서 발광되는 방식으로 조명 설치 후 반투명 아크릴이나 루버로 같은 확산성 재료를 이용해서 연출한다. • 그림자 없는 쾌적한 빛을 얻을 수 있다. • 설치 방법에 따라 다양한 실내 분위기를 연출할 수 있다.
루버천정조명	천장면 전체 **하향직접조명**	천장면에 루버를 설치하고 그 속에 광원을 배치하는 방법
코브조명	천장면 **상향간접조명**	• 천장, 벽의 구조체에 의해 광원의 빛이 천장 또는 벽면으로 **가려지게** 하여 반사광으로 간접조명하는 방식이다. • 천장고가 높거나 현장 높이가 변화하는 실내에 적합하다. • 높이에 대한 느낌을 표현할 수 있으며 빛이 부드럽고 균등하며 눈부심이 없어 보조조명으로 많이 사용된다.
다운라이트조명	천장 매입 **하향직접조명**	천장에 작은 구멍을 뚫어 그 속에 광원을 매입한 방법
라인라이트조명	천장 매입 **하향직접조명**	• 광원을 선형으로 배치하는 방법 • 형광등 조명으로 가장 높은 조도를 얻을 수 있다.
코퍼조명	천장 매입 **상향간접조명**	• 천장에 사각형 또는 원형의 구멍을 뚫어 단차를 두어 천장 내부에 조명을 설치하는 방식 • 천장면에 빛을 반사시켜 간접 조명하는 방법

2) 벽면 건축화 조명

종류	광원 형식	특성
코니스조명	벽면 하향간접조명	• 벽면으로 빛을 반사시켜 벽면 하부에 간접 조명하는 방법 • 벽면의 재질감을 강조해 주거나 재미있는 조명효과를 준다.
밸런스조명	벽면 상·하향 간접조명	코브와 코니스를 혼합한 형태로 목재, 금속판 및 투과율이 낮은 재료로 광원을 숨기며 천장 방향과 바닥 방향 양쪽으로 빛을 비추는 방식
광창조명	벽면 전체 벽 조명	• 광천장과 같은 방식으로 광원을 넓은 면적의 벽면에 매입 • 비스타(vista)적 효과 및 시선에 안락한 배경으로 작용한다. • 지하공간 벽면 및 지하철 광고판 등에서 사용한다.

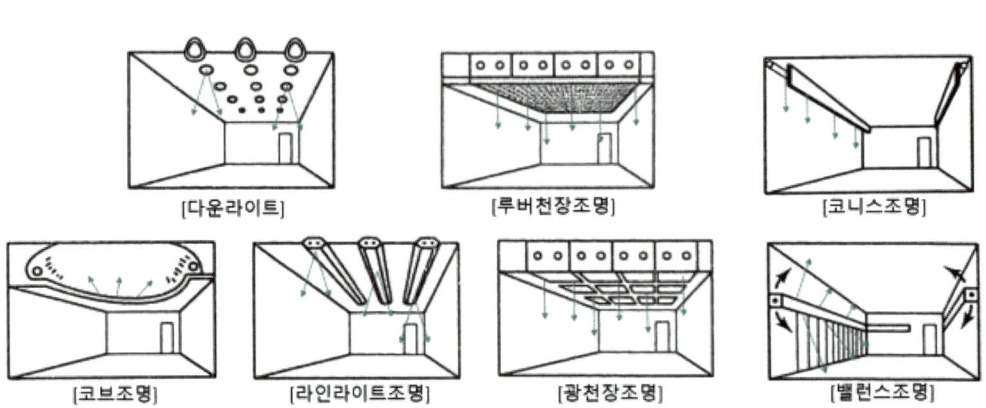

[다운라이트] [루버천장조명] [코니스조명]
[코브조명] [라인라이트조명] [광천장조명] [밸런스조명]

예제 03 천장 면을 사각이나 원형으로 오려내고 매입 기구를 취부하여 실내의 단조로움을 피하는 조명방식은? [24, 21]

① 코퍼 조명 ② 광천장 조명
③ 코니스 조명 ④ 밸런스 조명

정답 ①

예제 04 다음 설명에 알맞은 건축화조명방식은? [23, 실건22, 18, 16, 15, 14]

• 벽의 상부에 길게 설치된 반사상자 안에 광원을 설치하여 모든 빛이 하부로 향하도록 하는 조명방식

① 코퍼 조명 ② 광창 조명
③ 코니스 조명 ④ 광천장 조명

해설 | 코니스 조명 : 벽면으로 빛을 반사시켜 벽면 하부에 간접 조명하는 방식으로 벽면의 재질감을 강조해 주거나 재미있는 조명효과를 준다.

정답 ③

핵심 기출문제

01 실내조명 자료 조사

1 인공광원의 종류와 특성

01 ▶ 17 실건
조명용어와 사용단위의 연결이 옳은 것은?

① 광속 - 루멘[lm]
② 조도 - 칸델라[cd]
③ 휘도 - 럭스[lx]
④ 광도 - 데시벨[dB]

해설 | ㉠ 조도 – 럭스[lx] 칸델라[cd]
㉡ 휘도 – stilb[cd/m²]
㉢ 광도 – 칸델라[cd]

02 ▶ 18 실건
광원의 광색 및 색온도에 관한 설명으로 옳지 않은 것은?

① 색온도가 낮은 광색은 따뜻하게 느껴진다.
② 일반적으로 광색을 나타내는데 색온도를 사용한다.
③ 주광색 형광램프에 비해 할로겐전구의 색온도가 높다.
④ 일반적으로 조도가 낮은 곳에서는 색온도가 낮은 광색이 좋다.

해설 | 색온도
색온도란 빛을 발하는 어떤 발광체가 온도에 따라 밝기와 색이 달라지는 절대 온도의 개념을 말한다. 켈빈온도 단위로 측정되는 색온도(K)는 수치가 낮을수록 따뜻한 느낌의 붉은색에서 주황 노랑 백색 청색 등의 순으로 색온도가 높아진다. 흔히 색온도에 따라 조명을 전구색, 주백색, 주광색 등으로 구분하여 사용한다.
형광등 : 3,500~5,600, 할로겐전구 : 4,300

03 ▶ 16 실건
각종 광원에 관한 설명으로 옳지 않은 것은?

① 형광램프는 점등장치를 필요로 한다.
② 고압수은램프는 광속이 큰 것과 수명이 긴 것이 특징이다.
③ 할로겐전구는 소형화가 가능하나 연색성이 나쁘다는 단점이 있다.
④ LED램프는 긴 수명, 낮은 소비전력, 높은 신뢰성 등의 장점이 있다.

해설 | 할로겐전구는 소형화가 가능하며 연색성이 좋은 편이다.

04 ▶ 21,17 실건
조명설비의 광원에 관한 설명으로 옳지 않은 것은?

① 형광램프는 점등장치를 필요로 한다.
② 고압나트륨램프는 할로겐전구에 비해 연색성이 좋다.
③ LED램프는 수명이 길고 소비전력이 작다는 장점이 있다.
④ 고압수은램프는 광속이 큰 것과 수명이 긴 것이 특징이다.

해설 | 고압나트륨램프는 할로겐전구에 비해 연색성이 나쁘다.

정답 | 01 ① 02 ③ 03 ③ 04 ②

05 ▶ 15 실건
다음 설명에 알맞은 광원의 종류는?

> • 점등장치를 필요로 하며, 광질이 좋고 고효율로서 경제적이며 취급도 쉬워 현재 일반 조명광원의 주류를 이루고 있다.
> • 옥내외 전반조명, 국부조명에 적합하다.

① 형광램프 ② 할로겐전구
③ 고압나트륨램프 ④ 저압나트륨램프

해설 | 형광램프
고효율로 광색 조절이 용이하다.
옥내/옥외 전반조명, 간접조명 등에 사용

06 ▶ 21,18,14 실건
할로겐램프에 관한 설명으로 옳지 않은 것은?

① 휘도가 낮다.
② 형광램프에 비해 수명이 짧다.
③ 흑화가 거의 일어나지 않는다.
④ 광속이나 색온도의 저하가 적다.

해설 | 할로겐등
㉠ 고휘도이고 연색성이 좋으며 단위광속이 크다.
㉡ 초소형, 경량의 전구(백열등 크기의 1/10)
㉢ 수명이 백열전구에 비해 2배 길다.
㉣ 광색은 적색부분이 비교적 많다.
㉤ 발광온도가 높다
㉥ 흑화(黑化) 발생이 거의 없다.

07 ▶ 19,17 실건
다음 중 연색성이 가장 우수한 것은?

① 할로겐전구 ② 고압수은램프
③ 고압나트륨램프 ④ 메탈할라이드램프

해설 | 연색성 순위
백열등 〉 주광색형광등 ≥ 할로겐등 〉 메탈할라이드등 〉 형광등 〉 수은등 〉 나트륨등

08 ▶ 18 실건
광원의 연색성에 관한 설명으로 옳지 않은 것은?

① 연색성을 수치로 나타낸 것을 연색평가수라고 한다.
② 고압수은램프의 평균 연색평가수(Ra)는 100이다.
③ 평균 연색평가수(Ra)가 100에 가까울수록 연색성이 좋다.
④ 물체가 광원에 의하여 조명될 때, 그 물체의 색의 보임을 정하는 광원의 성질을 말한다.

해설 | 연색평가수(Ra)
0에 가까울수록 연색성이 나쁘다. 고압수은등은 연색성이 가장 나쁘기 때문에 연색성평가수는 0에 가깝다.

09 ▶ 15 실건
고압수은램프에 관한 설명으로 옳지 않은 것은?

① 휘도가 높다.
② 연색성이 우수하다.
③ 배광제어가 용이하다.
④ 도로조명, 고천장 공장조명 등에 이용된다.

해설 | 고압수은등
청백색으로 휘도가 높고 연색성이 나쁘다. 주로 높은 천장광조명, 도로조명에 사용된다.

2 조명 방식

10 ▶ 19 실건
조명에 관한 설명으로 옳지 않은 것은?

① 올바른 실내조명은 조명의 질, 색, 조도가 적절한 균형을 이루어야 한다.
② 장식조명은 조명기구 자체가 하나의 예술품과 같이 강조되거나 분위기를 살려주는 역할을 한다.
③ 국부 조명은 어떤 한 건축적인 요소에 초점을 집중시킬 때나, 하나의 실에서 영역을 구획 할 때도 사용된다.

정답 | 05 ① 06 ① 07 ① 08 ② 09 ② 10 ④

④ 전반, 국부 겸용 조명은 공간 자체에 변화와 생동감을 주지는 않지만 실 전체를 평균적으로 밝고 온화한 분위기로 만든다.

해설 | 전반·국부 병용 조명
㉠ 전반조명하에 특정한 장소에 국부조명을 병용 사용하는 방식이다.
㉡ 조도의 변화를 적게 하여 명시효과를 높이기 위한 것이다.
㉢ 매우 경제적인 조명방식으로 정밀한 작업을 요하는 곳에 사용된다.

11 ▶ 16,14,13 실건

다음의 조명에 관한 설명 중 ( )안에 알맞은 것은?

실내 전체를 거의 똑같이 조명하는 경우를 (①)이라 하고, 어느 부분만을 강하게 조명하는 방법을 (②)이라 한다.

① ① 전반조명, ② 간접조명
② ① 직접조명, ② 간접조명
③ ① 전반조명, ② 국부조명
④ ① 직접조명, ② 국부조명부조명

해설 | 실전체 - 전반조명, 어느부분 - 국부조명

12 ▶ 21 실건

비교적 면적이 작고 정해진 부분에 높은 조도로 집중적인 조명효과가 필요한 곳에 이용되는 조명방식은?

① 전반조명
② 국부조명
③ 장식조명
④ 기능조명

해설 | 국부조명
실내 전체가 아닌 어느 부분만(국부적)을 강하게 하향방사되도록 조명하는 배치하는 방식이다.

13 ▶ 21,17 실건

조명의 배광방식에 관한 설명으로 옳지 않은 것은?

① 반간접조명은 조도가 균일하고 은은하며 전반확산조명이라고도 한다.
② 직접조명은 경제적이지만 눈부심 현상과 강한 그림자가 생기는 단점이 있다.
③ 간접조명은 상향광속이 90~100%로, 반사광으로 조도를 구하는 조명방식이다.
④ 반직접조명은 마감재의 반사율에 의해 밝기의 정도가 영향을 받게 되므로 마감재의 질감과 색채 등을 고려한다.

해설 | 전반확산조명
㉠ 직접조명과 간접조명의 중간
㉡ 광손실이 50% 전후로 빛이 상하좌우로 나가므로 부드러운 조명이 된다.

14 ▶ 19,12 실건

간접조명에 관한 설명으로 옳지 않은 것은?

① 조명률이 낮다.
② 실내 반사율의 영향이 크다.
③ 높은 조도가 요구되는 전반조명에는 적합하지 않다.
④ 그림자가 거의 형성되지 않으며 국부조명에 적합하다.

해설 | 간접조명
㉠ 조도가 균일하다.
㉡ 그림자가 거의 형성되지 않고 부드러운 빛으로 안정된 조명을 할 수 있다.
㉢ 경제성보다 분위기를 목표로 하는 장소에 적합하다.

국부조명
실내 전체가 아닌 어느 부분만(국부적)을 강하게 하향방사되도록 조명하는 배치하는 방식이다.

정답 | 11 ③ 12 ② 13 ① 14 ④

15
▶ 17, 16 실건

작업구역에는 전용의 국부조명방식으로 조명하고, 기타 주변 환경에 대하여는 간접조명과 같은 낮은 조도 레벨로 조명하는 방식은?

① TAL조명방식　② LED조명방식
③ 전반조명방식　④ 건축화조명방식

해설 | TAL 조명방식(Task & Ambient Lighting)
　　㉠ 작업구역(Task)에는 전용의 국부조명방식으로 조명하고, 기타 주변(Ambient)환경에 대하여는 간접조명과 같은 낮은 조도레벨로 조명하는 방식
　　㉡ 실내의 전체적인 밝기를 낮게 억제할 수 있기 때문에 에너지 소비적인 측면에서는 유리하지만 초기설치 비용이 증가하며, 필요한 장소만 밝히기 때문에 실내가 전체적으로 어두워지는 단점도 발생한다.

16
▶ 16 실건

다음 중 명시적 조명의 적용이 가장 곤란한 곳은?

① 교실　② 서재
③ 집무실　④ 레스토랑

해설 | 명시적 조명
　　밝기 위주의 교실, 서재, 집무실, 작업실 등에 적용

17
▶ 20 실건

조명기구의 설치방법 중 벽부형에 관한 설명으로 옳지 않은 것은?

① 확산벽부형은 복도나 계단 등에 사용된다.
② 선벽부형은 거울이나 수납장에 설치하여 보조조명으로 사용한다.
③ 부착되는 위치가 시선 내에 있으므로 휘도가 높은 광원을 사용한다.
④ 조명기구를 벽체에 설치하는 것으로 브라켓(bracket)이라 통칭된다.

해설 | 눈부심(글레어, 현휘)
　　휘도가 높은 광원은 눈부심 발생 우려가 크다.

18
▶ 16 실건

물체가 잘 보이도록 하는 조명의 조건, 즉 가시성을 결정하는 요소와 가장 거리가 먼 것은?

① 주변과의 대비
② 대상물의 밝기
③ 대상물의 형태
④ 대상물의 크기

해설 | 가시성의 결정요소
　　가시성이란 대상물의 존재 혹은 형상을 알아보기 좋은 정도를 말한다.
　　대상물의 크기, 대상물의 밝기, 주변과의 대비 상태, 시각 속도, 주시 시간

3　건축화 조명

19
▶ 17

천장, 벽, 기둥 등의 건축부분에 광원을 만들어 계획한 건축화 조명의 장점으로 거리가 먼 것은?

① 명랑한 느낌을 준다.
② 구조상으로 비용이 저렴한 편이다.
③ 발광면이 넓고 눈부심이 적은 편이다.
④ 조명 기구가 보이지 않도록 할 수 있다.

해설 | 건축화 조명
　　조명기구로 형태를 취하지 않고 천장, 벽, 기둥 등 실내건축 부분과 일체화하여 조명하는 방식이다. 건축화 조명은 눈부심이 적고 현대적인 감각을 느끼게 하나 조명 효율은 직접 조명에 비해 떨어지며 설치 비용도 많이 발생되어 경제적 효율성은 떨어진다.

정답 | 15 ① 16 ④ 17 ③ 18 ③ 19 ②

20
▶ 21,13 실건

건축화 조명에 관한 설명으로 옳지 않은 것은?

① 별도의 조명기구를 사용하지 않는 에너지 절약형 조명이다.
② 간접조명방식으로는 코브(cove) 조명, 캐노피(canopy) 조명 등이 있다.
③ 건축 구조체의 일부분이나 구조적인 요소를 이용하여 조명하는 방식이다.
④ 코니스(cornice) 조명은 벽면의 상부에 위치하여 모든 빛이 아래로 직사하도록 하는 조명 방식이다.

해설 | 건축화 조명
조명기구로 형태를 취하지 않고 천장, 벽, 기둥 등 실내건축 부분과 일체화하여 조명하는 방식이다. 건축화 조명은 눈부심이 적고 현대적인 감각을 느끼게 하나 조명 효율은 직접 조명에 비해 떨어지며 설치 비용도 많이 발생되어 경제적 효율성은 떨어진다.

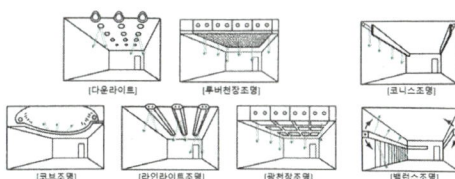

21
▶ 17

건축화 조명방식과 거리가 먼 것은?

① 정측광채광
② 다운라이트
③ 광천장조명
④ 코브라이트

해설 | 문제 20번 해설참조

22
▶ 16 실건

건축화조명을 직접조명방식과 간접조명방식으로 구분할 경우, 다음 중 직접조명방식에 속하는 것은?

① 코브 조명
② 코퍼 조명
③ 광천장 조명
④ 밸런스 조명(상향조명)

해설 | 광천장 조명
천장면 전체를 사용하여 하향직접조명 방식

23
▶ 21,19 실건

다음 설명에 알맞은 건축화조명의 종류는?

> 벽에 형광등기구를 설치해 목재, 금속판 및 투과율이 낮은 재료로 광원을 숨기며 직접광은 아래쪽 벽이나 커튼을, 위쪽은 천장을 비추는 분위기 조명

① 코브 조명
② 광창 조명
③ 광천장 조명
④ 밸런스 조명

해설 | 밸런스 조명(벽면, 상하향 간접조명)
코브와 코니스를 혼합한 형태로 목재, 금속판 및 투과율이 낮은 재료로 광원을 숨기며 천장 방향과 바닥 방향 양쪽으로 빛을 비추는 방식

24
▶ 17,14 실건

건축화 조명 중 밸런스(balance) 조명에 관한 설명으로 옳지 않은 것은?

① 창이나 벽의 커튼 상부에 부설된 조명이다.
② 하향조명일 경우 벽이나 커튼을 강조하는 역할을 한다.
③ 천장고가 높지 않을 경우 상향조명만 사용 하는 것이 좋다.
④ 상향조명일 경우 천장에 반사하는 간접조명으로 전체 조명 역할을 한다.

해설 | 천장고가 높지 않을 경우 하향조명만 사용 하는 것이 좋다.

정답 | 20 ① 21 ① 22 ③ 23 ④ 24 ③

25 ▶ 19 실건

천장을 확산투과 혹은 지향성 투과 패널로 덮고, 천장 내부에 광원을 일정한 간격으로 배치한 것으로, 천장면 전체가 발광면이 되고 균일한 조도의 부드러운 빛을 얻을 수 있는 건축화 조명은?

① 루버 조명 ② 광천장 조명
③ 코니스 조명 ④ 밸런스 조명

해설 | 광천장 조명
ⓐ 천장면 전체에서 발광되는 방식으로 조명 설치 후 반투명 아크릴이나 루버로 같은 확산성 재료를 이용해서 연출한다.
ⓑ 그림자 없는 쾌적한 빛을 얻을 수 있다.

26 ▶ 21,20,17 실건

다음 설명에 알맞은 건축화조명방식은?

- 벽면 전체 또는 일부분을 광원화하는 방식이다.
- 광원을 넓은 벽면에 매입함으로서 비스타(vista)적인 효과를 낼 수 있으며 시선의 배경으로 작용할 수 있다.

① 코브조명 ② 광창조명
③ 코퍼조명 ④ 코니스조명

해설 | 광창 조명
ⓐ 광천장과 같은 방식으로 광원을 넓은 면적의 벽면에 매입
ⓑ 비스타(vista)적 효과 및 시선에 안락한 배경으로 작용한다.
ⓒ 지하공간 벽면 및 지하철 광고판 등에서 사용한다.

27 ▶ 20,15,14,13 실건

건축화조명 중 코브(cove) 조명에 관한 설명으로 옳은 것은?

① 광원을 넓은 면적의 벽면에 매입하여 비스타(vista)적인 효과를 낼 수 있다.
② 벽면의 상부에 위치하여 모든 빛이 아래로 직사하도록 하는 직접조명방식이다.
③ 천장, 벽의 구조체에 의해 광원의 빛이 천장 또는 벽면으로 가려지게 하여 반사광으로 간접 조명하는 방식이다.
④ 건축구조체로 천장에 조명기구를 설치하고 그 밑에 루버나 유리, 플라스틱 같은 확산 투과판으로 천장을 마감처리하여 설치하는 조명방식이다.

해설 | 코브(cove) 조명(천장면 상향간접조명)
천장, 벽의 구조체에 의해 광원의 빛이 천장 또는 벽면으로 가려지게 하여 반사광으로 간접조명하는 방식이다.
ⓐ 천장고가 높거나 현장 높이가 변화하는 실내에 적합하다.
ⓑ 높이에 대한 느낌을 표현할 수 있으며 빛이 부드럽고 균등하며 눈부심이 없어 보조조명으로 많이 사용된다.

28 ▶ 16 실건

다음 설명에 알맞은 건축화조명은?

- 사용자의 얼굴에 적당한 조도를 분배하기 위해 벽면이나 천장면의 일부를 돌출시켜 조명을 설치한 것이다.
- 주로 카운터 상부, 욕실의 세면대 상부 등에 설치한다.

① 코브 조명 ② 광창 조명
③ 광천장 조명 ④ 캐노피 조명

해설 | 캐노피 조명
벽이나 천장 또는 구조물 일부를 밖으로 돌출시켜 광원으로 삼는다.

정답 | 25 ② 26 ② 27 ③ 28 ④

02 실내조명 계획

Pass Note

예상출제문항	키워드	
1	- 조명설계순서	- 공간별 조명 계획

1. 조명설계

1) 조명 설계 순서

> 소요조도의 결정 → 광원의 선정 → 조명방식의 선정 → 조명기구의 선정 → 광속계산(조명 계산에 의한 기구 수 산출) → 조명기구 배치

2) 조명설계 과정

① 프로젝트 분석
② 조명기법 구성 : 공간에 맞는 조명 연출 방법 스터디
③ 시공상 제약조건 검토
④ 조명기구 선택 : 매입형, 직부형, 브라켓형, 펜던트형 등 조명기구 선택
⑤ 설계도면 작성

3) 실내조명설계시 주요사항

① 빛의 방향성과 확산성이 적절해야 한다.
② 실의 용도에 따라 조도가 적절히 선정되어야 한다.
③ 특정한 장소의 조도나 휘도가 극단적으로 높고나 낮지 않아야 한다.
④ 가능한 한 광원으로부터 직접광을 이용하는 것을 공간별로 고려한다.(눈부심 발생)

예제 01 다음 중 옥내조명의 설계순서에서 가장 우선적으로 이루어져야 할 사항은? [24,실건21,19,17,15,15]

① 광원의 선정
② 조명방식의 결정
③ 소요조도의 결정
④ 조명기구의 결정

정답 ③

2. 조명계산

1) 광속법에 의한 조도 계산

(1) 광속 / 조도 / 광원수 계산

조도, 전등의 종류 및 조명기구의 형식이 결정된 후 그 실내에서 필요한 총광속을 광속법에 따라 결정한다.

기본공식	$A \cdot E \cdot D = F \cdot N \cdot U$, $D \times M = 1 \rightarrow D = \dfrac{1}{M}$
소요램프 수	$N = \dfrac{E \cdot A}{F \cdot U \cdot M}$ (개)
소요광속	$F = \dfrac{E \cdot A \cdot D}{N \cdot U} = \dfrac{E \cdot A}{N \cdot U \cdot M}$ (lm)
소요평균조도	$E = \dfrac{N \cdot F \cdot U \cdot M}{A}$ (lx)
비 고	N : 램프의 개수, F : 램프 1개당 광속(lm), E : 평균수평면조도(lx) A : 실면적(m²), D : 감광보상률, U : 조명률, M : 보수율(유지율) ※ 감광보상률과 보수율과의 관계

① 감광 보상율(D) : 광원을 교체하거나 기구를 청소할 때까지 필요한 조도를 유지할 수 있도록 여유를 두는 비율
② 조명율(U) : 램프에서 발광된 빛 가운데 작업면에 도달한 빛이 몇 %인가를 나타내는 비율
③ 보수율(유지율M) : 조명기구는 어느 기간 사용을 하면 램프 자체의 광속 저하, 노후화, 반사율 저하 등에 의해 기능이 내려간다.

예제 02 전등 1개의 광속이 1000[lm]인 전등 20개를 면적 100m²인 실에 점등했을 때 이 실의 평균 조도는? (단, 조명율은 0.5, 감광보상율은 1로 한다.) [23,실건21]

① 20[lx] ② 50[lx]
③ 100[lx] ④ 200[lx]

해설 | 소요평균조도, $E = \dfrac{N \cdot F \cdot U \cdot M}{A}$ (lx) - 보수율(M)이 없고 감광보상률(D)가 있으므로

$D \times M = 1$, $M = \dfrac{1}{D}$ → 공식에 대입하면, $E = \dfrac{N \cdot F \cdot U}{A \cdot D} = \dfrac{20개 \times 1000lm \times 0.5 \times 1}{100m^2} = 100[lx]$

N : 램프의 개수(20개), F : 램프 1개당 광속(1000lm), E : 평균수평면조도(lx)
A : 실면적(100m²), D : 감광보상률(1), U : 조명률, M : 보수율(유지율)

정답 ③

예제 03 가로 9[m], 세로 9[m], 높이가 3.3[m]인 교실이 있다. 여기에 광속이 3200[lm]인 형광등을 설치하여 평균조도 500[lx]를 얻고자 할 때 필요한 램프의 개수는? (단, 보수율은 0.8, 조명률은 0.6이다.)

[24, 실건18, 14]

① 20개　　② 27개　　③ 35개　　④ 42개

해설 | 소요램프 수, $N = \dfrac{E \cdot A}{F \cdot U \cdot M}$(개) $= \dfrac{500 \times (9 \times 9)}{3200 \times 0.6 \times 0.8} = \dfrac{40,500}{1,536} = 26.4EA$

N : 램프의 개수(?), F : 램프 1개당 광속(3200lm), E : 평균수평면조도(500lx)
A : 실면적(9 × 9m²), U : 조명률(0.6), M : 보수율(0.8)

정답 ②

(2) 실지수(K) 계산

광원에서 작업면에 직접 도달하는 빛은 실의 바닥면적에 대하여 천장의 높이가 낮을 때는 많아 효율이 좋고, 천장이 높을 때는 적어진다. 이와 같이 실의 형상(방의 크기, 모양, 광원의 위치)에 의하여 결정되는 계수를 실지수(방지수, Room Index)라 한다.

① 실지수가 크다는 것은 조명의 효율이 좋다는 것을 의미이다.
② 일반적으로 가로, 세로가 넓은 경우 실지수가 크다.
③ 일반적으로 **천장이 낮은 경우 실지수가 크다**.

$$K = \dfrac{X \cdot Y}{H(X+Y)}$$

K : 실지수, X : 방의 가로(m), Y : 방의 세로(m), H : 작업면에서 광원까지의 높이(m)

3. 조명 연출 기법

기법	연출 기법
월 워싱(wall washing)	벽면의 표면 연출을 극대화하기 위해 **수직벽면을 빛으로 쓸어 내리는** 듯한 효과를 주기 위해 비대칭 배광방식의 조명기구를 사용하여, 수직벽면에 균일한 조도의 빛을 비추는 기법
실루엣(silhouette)	**물체의 윤곽만을 강조**하는 기법으로 시각적인 눈부심이 없고 물체의 전면 디테일한 표현을 할 수 없다. ※ 밝은 창문을 배경으로 한 경우 물체 등이 잘 보이지 않는 현상을 실루엣 현상이라 한다.
글레이징(glazing)	**빛의 각도를 이용**하는 방법으로 수직면과 평행한 광선을 벽에 비추어 벽면 재질감을 강조하여 광선에 의해 **벽면에 무늬가 형성**되는 기법
스파클(sparkle)	광원 자체의 스파클(반짝임)을 이용하여 어두운 배경에서 연출하는 기법으로 주로 파티나 클럽 등에서 이용된다.
빔플레이(beam play)	광선(Beam)이 표면에 비추어 시각적인 특성을 지니게 하는 기법으로 컴퓨터 프로그램을 통하여 빔영상 효과를 다양하게 변화시킬 수 있는 2차원적 조명 기법.
후광조명(back lighting)	빛을 반투명 재료를 통과하게 하여 배면의 빛을 확산시키는 기법
상향조명(up lighting)	바닥에서 상부로 상향광을 이용하는 기법으로 분위기 있는 공간연출이 장점이다.

> **예제 04** 다음과 같은 특징을 갖는 조명의 연출기법은? [24,22]
>
> • 물체의 형상만을 강조하는 기법으로 시각적인 눈부심은 없으나 물체면의 세밀한 묘사는 할 수 없다.
>
> ① 스파클 기법 ② 실루엣 기법 ③ 월위싱 기법 ④ 그레이징 기법
>
> 정답 ②

> **예제 05** 다음 설명에 알맞은 조명의 연출기법은? [25,22]
>
> • 수직벽면을 빛으로 쓸어내리는 듯한 효과를 주기 위해 비대칭 배광방식의 조명기구를 사용하여 수직벽면에 균일한 조도의 빛을 비추는 기법
>
> ① 빔플레이 ② 월위싱 기법 ③ 실루엣 기법 ④ 스파클 기법
>
> 정답 ②

5. 공간별 조명계획

1) 전시공간의 조명계획
① 실내의 조도 및 휘도 분포가 적당해야 한다.
② 전체조명은 보행이나 메모하기에 적당한 범위로 한다.
③ **전체조명과 국부조명의 비율**은 1:10 이상이 되도록 한다.
④ 전시물의 대상에 따라 국부조명(spot light)의 방향성, 연색성 등을 고려한다.
⑤ 주광에 근접한 색채 감각을 재현한다.
⑥ 시야 내 고휘도 광원이나 주광창을 설치하지 않는다.
⑦ **자연광의 영향을 강하게 받는 곳은 색온도가 높은 광원을 사용**한다.
⑧ 전시물의 전반조도를 낮추고 균제도를 높여 부분적으로 고휘도가 되지 않도록 한다.

2) 호텔의 조명계획
① 객실의 욕실조명은 거울 위나 옆쪽에 설치한다.
② 복도에는 50~100Lux 정도로 균일한 조명을 설치한다.
③ 프런트데스크의 조명은 프런트 직원과 고객의 표정이 서로 확실히 보이도록 밝게 하는 것이 좋다.
④ 객실에서 **천장의 전체조명은 간접조명방식으로 하고, 탁상스탠드, 플로어스탠드, 벽부등과 같은 국부조명**을 사용한다.

3) 상점 쇼윈도 눈부심(glare) 방지계획
① 곡면유리를 사용한다.
② 쇼윈도 상부에 차양을 설치하여 햇빛을 차단한다.
③ **내부 조도를 외부 도로면의 조도보다 밝게** 처리한다.
④ 유리를 경사지게 처리하여 외부영상이 시야에 들어오지 않게 한다.

다음 전시공간의 조명계획에 관한 설명 중에서 옳지 않은 것은? [23, 22]
① 전체조명은 보행이나 메모하기에 적당한 범위로 한다.
② 실내의 조도 및 휘도 분포가 적당해야 한다.
③ 전체조명과 국부조명의 비율은 1:5 이상이 되도록 한다.
④ 전시물의 대상에 따라 국부조명(spot light)의 방향성, 연색성 등을 고려한다.

해설 | 전시공간의 조명계획은 전체조명과 국부조명의 비율은 1:10 이상이 되도록 한다.

정답 ③

핵심 기출문제

02 실내조명 계획

1 조명설계 및 조명계산

01 ▶ 17

조명설계의 순서 중 가장 우선인 것은?

① 조명기구의 배치
② 조명방식의 결정
③ 광원의 선택
④ 소요조도의 결정

해설 | 조명설계의 순서
소요조도의 결정 → 광원의 선정 → 조명방식의 선정 → 조명기구의 선정 → 광속계산 → 조명기구 배치

02 ▶ 20 실건

가로 9[m], 세로 9[m], 높이가 3.3[m]인 교실이 있다. 여기에 광속이 5000[lm]인 형광등을 설치하여 평균조도 500[lx]를 얻고자 할 때 필요한 램프의 개수는? (단, 보수율은 0.8, 조명률은 0.6이다.)

① 10개
② 17개
③ 25개
④ 32개

해설 | 소요램프 수, $N = \dfrac{E \cdot A}{F \cdot U \cdot M}$ (개)

$= \dfrac{500 \times (9 \times 9)}{5000 \times 0.6 \times 0.8} = \dfrac{40{,}500}{2{,}400} = 16.87 \text{EA}$

N : 램프의 개수(?), F : 램프 1개당 광속(5000lm),
E : 평균수평면조도(500lx), A : 실면적(9×9㎡),
U : 조명률(0.6), M : 보수율(0.8)

03 ▶ 20 실건

가로 9m, 세로 12m, 높이 2.7m인 강의실에 32W 형광램프(광속 2560[lm]) 30대가 설치되어 있다. 이 강의실 평균조도를 500[lx]로 하려고 할 때 추가해야 할 32W 형광램프 대수는? (단, 보수율 0.67, 조명률 0.6)

① 5대
② 11대
③ 17대
④ 23대

해설 | 소요램프 수, $N = \dfrac{E \cdot A}{F \cdot U \cdot M}$ (개)

$= \dfrac{500 \times (9 \times 12)}{2560 \times 0.6 \times 0.67} = \dfrac{54{,}000}{1{,}029} = 52.47 \text{EA}$

∴ 53개-30대(기존 설치대수)=23대
N : 램프의 개수(?), F : 램프 1개당 광속(2560lm),
E : 평균수평면조도(500lx), A : 실면적(9×12㎡),
U : 조명률(0.6), M : 보수율(0.67)

04 ▶ 21,14 실건

실지수(room index)에 관한 설명으로 옳지 않은 것은?

① 실의 형상을 나타내는 지수이다.
② 실지수는 큰 편이 조명의 효율이 좋다.
③ 일반적으로 가로, 세로가 넓은 경우 실지수가 크다.
④ 일반적으로 천장이 높은 경우가 낮은 경우보다 실지수가 크다.

해설 | 실지수(방지수, Room Index)
광원에서 작업면에 직접 도달하는 빛은 실의 바닥면적에 대하여 천장의 높이가 낮을 때는 많아 효율이 좋고, 천장이 높을 때는 적어진다. 일반적으로 천장이 낮은 경우 실지수가 크다.

정답 | 01 ④ 02 ② 03 ④ 04 ④

05 ▶ 19 실건

조명설계를 위해 실지수를 계산하고자 한다. 실의 폭 10m, 안 길이 5m, 작업면에서 광원까지의 높이가 2m 라면 실지수는 얼마인가?

① 1.10   ② 1.43
③ 1.67   ④ 2.33

해설 | 실지수(K) = $\dfrac{X \cdot Y}{H(X+Y)}$

K : 실지수, X : 방의 가로(m), Y : 방의 세로(m),
H : 작업면에서 광원까지의 높이(m)

= $\dfrac{10 \times 5}{2(10+5)}$ = 1.67

06 ▶ 14 실건

다음 중 일사차단을 위한 차양설계와 관계없는 요소는?

① 실 지수   ② 태양고도
③ 수직음영각 ④ 수평음영각

해설 | 실지수
실의 형상(방의 크기, 모양, 광원의 위치)에 의하여 결정되는 계수를 실지수(방지수, Room Index)라 한다.

2 조명 연출기법

07 ▶ 18 실건

조명의 연출기법에 속하지 않는 것은?

① 스파클(sparkle) 기법
② 글레이징(glazing) 기법
③ 월워싱(wall washing) 기법
④ 패키지 유닛(package unit) 기법

해설 | 패키지 유닛(package unit)–공조설비

08 ▶ 19,16 실건

조명의 연출기법 중 수직면과 평행한 광선을 벽에 비추어 벽면 재질감을 강조하며 광선에 의해 벽면에 조개무늬가 형성되는 것은?

① 스파클(sparkle) 기법
② 글레이징(glazing) 기법
③ 실루엣(silhouette) 기법
④ 빔 플레이(beam play) 기법

해설 | 글레이징(glazing)
빛의 각도를 이용하는 방법으로 수직면과 평행한 광선을 벽에 비추어 벽면 재질감을 강조하여 광선에 의해 벽면에 무늬가 형성되는 기법

09 ▶ 17,15 실건

조명 연출 기법 중 실루엣(silhouette) 기법에 관한 설명으로 옳은 것은?

① 물체의 형상만을 강조하는 기법으로 시각적인 눈부심이 없다.
② 빛의 각도를 이용하는 기법으로 벽면 마감재료의 재질감을 강조시킨다.
③ 물체를 강조하기 위해 사용되는 기법으로 하이라이팅(high lighting)이라고도 한다.
④ 강조하고자 하는 물체에 의도적인 광선으로 조사시킴으로써 광선 그 자체가 시각적인 특성을 지니게 하는 기법이다.

해설 | 실루엣(silhouette)
물체의 윤곽만을 강조하는 기법으로 시각적인 눈부심이 없고 물체의 전면 디테일한 표현을 할 수 없다.
※ 밝은 창문을 배경으로 한 경우 물체 등이 잘 보이지 않는 현상을 실루엣 현상이라 한다.

정답 | 05 ③ 06 ① 07 ④ 08 ② 09 ①

3 공간별 조명계획

10 ▶ 19 실건

호텔의 조명계획에 관한 설명으로 옳지 않은 것은?

① 객실의 욕실조명은 거울 위나 옆쪽에 설치한다.
② 복도에는 50~100Lux 정도로 균일한 조명을 설치한다.
③ 프런트데스크의 조명은 프런트 직원과 고객의 표정이 서로 확실히 보이도록 밝게 하는 것이 좋다.
④ 객실에서 천장의 전체조명은 직접조명방식으로 하고, 탁상스탠드, 플로어스탠드, 벽부등과 같은 국부조명을 사용한다.

해설 | 객실에서 천장의 전체조명은 간접조명방식으로 하고, 탁상스탠드, 플로어스탠드, 벽부등과 같은 국부조명을 사용한다.

11 ▶ 16 실건

상점 쇼윈도의 눈부심 방지 방법으로 옳지 않은 것은?

① 곡면유리를 사용한다.
② 쇼윈도 상부에 차양을 설치하여 햇빛을 차단한다.
③ 내부 조도를 외부 도로 면의 조도보다 어둡게 처리한다.
④ 유리를 경사지게 처리하여 외부영상이 시야에 들어오지 않게 한다.

해설 | 상점 쇼윈도 눈부심(glare) 방지계획
　㉠ 곡면유리를 사용한다.
　㉡ 쇼윈도 상부에 차양을 설치하여 햇빛을 차단한다.
　㉢ 내부 조도를 외부 도로 면의 조도보다 밝게 처리한다.
　㉣ 유리를 경사지게 처리하여 외부영상이 시야에 들어오지 않게 한다.

12 ▶ 13 실건

전시공간의 조명계획에 관한 설명으로 옳지 않은 것은?

① 실내의 조도 및 휘도 분포가 적당해야 한다.
② 전체조명은 보행이나 메모하기에 적당한 범위로 한다.
③ 전체조명과 국부조명의 비율은 1:5 이상이 되도록 한다.
④ 전시물의 대상에 따라 국부조명(spot light)의 방향성 연색성 등을 고려한다.

해설 | 전체조명과 국부조명의 비율은 1:10 이상이 되도록 한다.

13 ▶ 12 실건

박물관 및 미술관의 전시조명계획에 관한 설명으로 옳지 않은 것은?

① 주광에 근접한 색채 감각을 재현한다.
② 시야 내 고휘도 광원이나 주광창을 설치하지 않는다.
③ 자연광의 영향을 강하게 받는 곳은 색온도가 낮은 광원을 사용한다.
④ 전시물의 전반조도를 낮추고 균제도를 높여 부분적으로 고휘도가 되지 않도록 한다.

해설 | 자연광의 영향을 강하게 받는 곳은 색온도가 높은 광원을 사용한다.

정답 | 10 ④　11 ③　12 ③　13 ③

Chapter 04

실내디자인 설비계획

최근 10개년 출제문항수 **28**개

New_ 2022년 이후 평균 출제비중 **22**%

Chapter 출제경향분석

Section	출제비율
01 급수 및 급탕 설비	8%
02 공조 설비	7%
03 전기 설비	5%
04 소방 설비	2%

01 급수 및 급탕 설비

Pass Note

예상출제문항		키워드
1~2	– 급수방식 특성비교 – 위생기 세정급수장치 – 급탕방식 특성비교	– 트랩의 봉수 및 파괴원인 – 통기설비

1. 기본이론

1) 물의 경도(Hardness of water)

물속에 녹아 있는 칼슘(Ca), 마그네슘(Mg) 등의 염류의 양을 **탄산칼슘**($CaCO_3$)의 백만분율(ppm)과 도(度)를 사용하며 1L의 물속에 탄산칼슘이 10mg 포함되어 있을 때 1도라 한다.

① 극연수(0ppm) : 순수한 물(증류수, 멸균수)로서 연관이나 황동관을 부식시킨다.
② 연수(90ppm 이하) : 세탁, 염색, 보일러 용수에 적합
③ 적수(90~110ppm) : 음료용 물로 적합
④ 경수(110ppm 이상) : 광물질 함유량이 많은 천연수로 배관계통에 사용하면 석회질의 침전에 의한 스케일이 발생된다.

2) pH

수소 이온 농도로 수질 구분하며, 먹는 물은 pH 5.8 ~ pH 8.5 정도가 적당하다.
① 산성 : pH 〈 7 ② 중성 : pH = 7 ③ 알칼리성 : pH 〉 7

2. 급수설비

1) 급수방식

(1) 수도직결방식

도로에 매설된 수도본관에서 수도관을 연결하여 건물 내로 직접 직수하는 방식으로 일반적으로 **상향급수** 배관방식을 사용한다.
① 1~2층 정도 소규모 건물에 쓰인다.
② 물의 **오염 가능성이 가장 적다.**
③ 정전시일 때도 급수가 가능하다.
④ 단수시일 때는 급수가 불가능하다.
⑤ **일정한 수압 유지가 어렵다.**

⑥ 기계실이 필요없어 설비비 및 유지관리비용이 저렴하다.

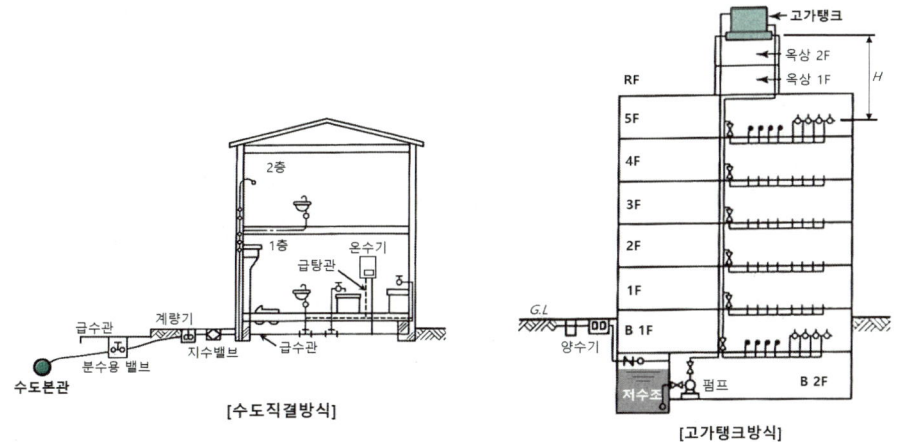

(2) 고가(옥상)수조방식(고가탱크방식)

물을 지하 저수조에 모은 후 양수펌프를 이용하여 건물옥상에 가설한 탱크(고가수조)로 양수한 후 그 수위를 이용하여 **하향급수관**을 통하여 급수하는 방식이다.

① 장단점

장점	단점
• 대규모 건물에 적합하다. • **급수공급 압력이 항상 일정**하다. • 단수 시에도 일정량의 급수가 가능하다. • 압력이 일정하여 부속품의 파손이 적다.	• 수질의 오염 가능성이 가장 크다. • 구조체의 보강이 필요하다. • 설비비가 고가이다.

예제 01 급수방식 중 고가수조방식에 관한 설명으로 옳지 않은 것은? [25, 22]
① 수질오염의 우려가 없다.
② 대규모 급수설비에 적합하다.
③ 일정한 수압으로 급수가 가능하다.
④ 수조 중량에 의한 구조적 보강이 필요하다.

정답 ①

(3) 압력탱크방식

수도본관에서 최초 수조까지 고가수조방식과 동일하지만 양수펌프 대신 압력탱크를 이용하며 압력탱크 내부 압축된 공기압력을 이용하여 급수가 필요한 장소에 물을 **상향급수**로 공급하는 방식이다.

① 장단점

장점	단점
• 부분적으로 고압이 필요한 곳에 적합하다. • 높은곳에 탱크를 설치할 필요가 없어 구조물 보강이 불필요하다. • 압력수조의 설치위치에 제한을 받지 않는다. • 탱크를 안보이게 설치할수 있어 건물의 미관이 양호하다.	• 급수압이 일정하지 않다. • 높은 압력에 견딜 수 있는 시설과 펌프의 양정이 길어 시설비, 설비비가 고가이다. • 에어컴프레서(공기압축기)를 설치하여 수시로 공기를 보급하여야 한다. • 단수 시에는 어느 정도 급수가 가능하나 고장이나 정전 시 즉시 급수가 중단된다.

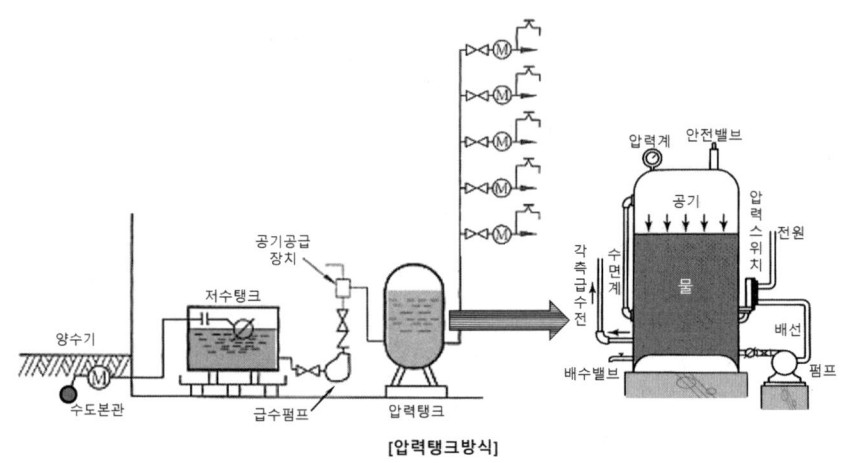

[압력탱크방식]

(4) 펌프직송방식(탱크없는 부스터 방식, Tankless booster system)

물을 지하실 등의 저수탱크에 물을 받은 후 급수펌프만으로 건물내에 **상향급수**하는 방식으로 배관 내 압력변동 등을 감지하여 펌프를 운전하는 방식이다.

① 장단점

장점	단점
• **옥상탱크나 압력탱크가 필요 없다** • 수질 오염 가능성이 적다. • 최상층의 수압을 크게 할 수 있다. • 건물의 외관 디자인이 용이해지고 구조적 부담이 경감된다.	• 정전시 급수가 불가능하다. • 설비비가 고가이고, 펌프의 단락이 잦다. • 자동제어 시스템이어서 에너지절약을 꾀할 수 있으나 고장 시 수리가 어렵다. • 전력소비가 많다. (20m 이상의 건물에는 전력소모가 커서 비효율적)

급수방식 특성 비교

구분	수도직결방식	고가수조방식	압력탱크방식	펌프직송방식
배관방식	상향급수	하향급수	상향급수	상향급수
용도	소규모 건물 (주택)	대규모 건물 (아파트)	경기장, 체육관	공장 단지
급수압 유지	어렵다	항상일정	어렵다	조정가능
수질오염도	가장 좋음	가장 나쁨	약간 나쁨	좋음
단수시 급수	불가능	탱크내 물이용 가능 (일시적)	탱크내 물이용 가능 (일시적)	탱크내 물이용 가능 (일시적)
정전시 급수	가능	탱크내 물이용 가능	불가능	불가능
고가탱크 면적	불필요	필요	불필요	불필요
설비비	저가	고가	고가	고가

 급수방식에 관한 설명으로 옳은 것은? [23, 22]

① 압력수조방식은 경제적이며 공급압력이 일정하다.
② 펌프직송방식은 정교한 제어가 필요하며 전력차단시 급수가 불가능하다.
③ 수도직결방식은 공급압력이 일정하여 고층 건물에 주로 사용된다.
④ 고가수조방식은 수질오염성이 가장 낮은 방식으로 단수시 일정 시간 동안 급수가 가능하다.

정답 ②

(5) 초고층 건물의 급수조닝(Zoning) 방식

초고층 건축물에서는 고층부와 저층부의 지나친 수압차가 일정하지 않아 수격작용, 소음, 진동 등이 발생 되는데 이를 해결하기 위하여 급수조닝 방식을 적용 한다.

① 급수조닝의 목적
  저층부의 적절한 수압 유지, 수격작용(water hammering) 방지, 부속품 파손 방지
② 해결책
  중간에 탱크를 설치하거나 감압밸브 등을 설치하여 급수압 조절해준다.
  층별 일정한 급수압력 유지를 위해 건물의 상·하층으로 구분하여 급수조닝을 해준다.

 고층 건물에서 급수설비를 조닝하는 가장 주된 이유는? [24, 23, 22]

① 급수압력의 균등화
② 급수 배관길이의 감소
③ 배관 내 스케일의 발생 방지
④ 급수펌프 운전의 편리성 향상

해설ㅣ급수조닝의 목적은 저층부의 적절한 수압 유지, 수격작용(water hammering) 방지, 부속품 파손 방지

정답 ①

(6) 배관의 구배
① 급수관은 수리를 위해 관속에 물을 완전히 빼낼 수 있고 또한 공기가 정체 하지 않도록 **구배를 주어 배관**한다.
② 최소 1/250 이상의 구배가 되도록하고, 관의 하단에는 배수밸브를 설치한다.
③ 급수관의 배관구배
    ㉠ 하향배관법의 수평(횡)주관은 선하향구배로 한다.
    ㉡ 각 층의 수평주관은 선상향구배로 한다.

> **Note**
> A. 수격 작용(water hammering)
> 급수관 내 유속이 빠르거나, 급정지 또는 정지된 물을 갑자기 흘려보낼 때 관내에 압력이 상승하면서 압력파가 생겨 수압이 상승하며 배관을 망치로 치는 듯한 소음이 발생되는 현상이다.
>   a) 원인
>   ① 밸브 수전을 급히 개폐할 때
>   ② 유속이 빠를수록 발생 되기 쉽다.
>   ③ 관경이 적을수록 발생 되기 쉽다.
>   ④ 배관에 굴곡부가 많을수록 발생 되기 쉽다.
>   b) 방지책
>   ① 수전류 개폐 시간을 가급적 느리게 한다.
>   ② 관경은 크게, 유속은 가급적 느리게 한다.
>   ③ 수전기구류 가까이에 공기실(air chamber)를 설치한다.
>   ④ 굴곡 배관을 가급적 적게 한다.
> B. 크로스커넥션(cross connection)
> ① 급수배관이나 기구구조의 불량으로 급수관 내에 오수가 역류하여 음료수를 오염시키는 상태를 말한다.
> ② 급수관과 다른 용도의 배관을 연결해서는 안된다.

2) 위생기 세정 급수장치(대변기)

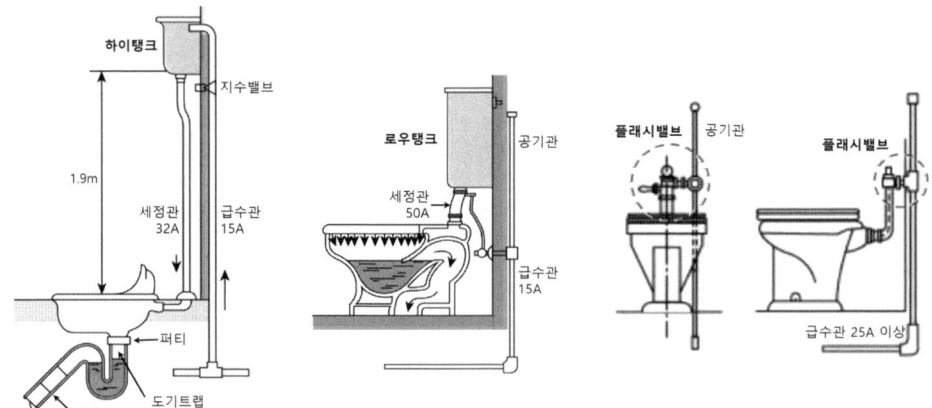

(1) 세정밸브식(플러시 밸브식 : Flush valve system)
백화점, 극장, 학교, 공장 등 **사용빈도가 많거나 일시적으로 많은 사람들이 연속하여 사용**하는 경우에 가장 적합한 방식으로, 세정밸브의 핸들을 작동하면 급수관에서 세정밸브를 거쳐 대변기 급수구에

일정량의 물이 분사되어 세정하는 방식이다.
① 세정밸브식의 접속 급수관경 : 최소 25mm 이상
② 세정밸브식의 최소 필요압력 : 0.07MPa 이상
③ **소음이 매우 크나**, 탱크가 필요 없어 화장실을 넓게 사용 가능
④ 크로스커넥션(오수역류) 방지를 위해 진공방지기(vaccum breaker)를 설치하여야 한다.

(2) 하이탱크식(High tank system)

높은 곳에 세정탱크를 설치하고 급수관을 통하여 공급된 일정량의 물을 저장하고 있다가 핸들 또는 레버의 조작에 의해 낙차에 의한 수압으로 대변기를 세정하는 방식이다.
① 탱크 높이 : 표준높이 1.9m(최소 1.6m)
② 탱크의 용량 : 15L
③ 급수관의 관경 : 15mm 이상
④ 세정관의 관경 : 32mm 이상
⑤ 설치면적은 작고 세정 시 소음이 크다.(사무실 및 공공 건축물에 이용)
⑥ 수리가 어렵고, 단수 시 일시적 사용만 가능하다.

(3) 로우탱크식(Low tank system)

공급수량이나 압력이 일정하며, 양호한 세정효과와 소음이 적어 **일반 주택**에서 주로 사용되며 세정수의 수압이 낮아 세정관을 굵게 하여 저항을 줄이고 단시간에 소요량의 물을 분사하여 세정하는 방식이다.
① 급수관의 최소관경 : 15mm 이상
② 세정관의 최소관경 : 50mm 이상
③ 세정 시 소음이 적어 주택, 아파트, 호텔 등에 적합하다.
④ 고장 시 수리보수가 비교적 용이하다.
⑤ 설치면적을 많이 차지하나, 세정 시 대변기로의 공급압력이 일정하다.

> **Note** 세정장치 특성 비교

구분	세정밸브식	하이탱크식	로우탱크식
용도	백화점, 극장, 학교, 공장	사무실 및 공공 건축물	주택, 호텔
소음	큼	매우 큼	작음
수압	0.07MPa 이상	없음	없음
급수관경	25mm 이상	15mm	15mm
연속사용	**가능**	불가능	불가능
구조	복잡	간단	간단
수리	어렵다	어렵다	쉽다

3) 펌프(pump)의 종류

구분	특성	종류
왕복(동)펌프	실린더 속 피스톤의 왕복운동으로 물을 송출하는 방식 ① 수압의 변동과 소음이 크다. ② 구조가 간단하고 취급이 용이 ③ 양수량이 적어 양수량 조절이 어렵다.	• 피스톤 펌프 • 플런저 펌프 • 워싱턴 펌프
원심펌프 (회전, 와권 펌프)	축에 날개차, 안내날개 등을 달아 원심력을 이용하여 물을 송출하는 방식으로 **급수, 급탕, 배수설비** 등 건축설비에서 주로 사용되는 펌프 ① 진동이 적고 고속도 운전에 적합 ② 양수량 조절이 용이 ③ 양수량이 많고 고양정에 적합	• 볼류트 펌프 • 터빈 펌프 • 보어홀 펌프 • 수중모터 펌프

3. 급탕방식

급탕 설비란 기름, 가스, 전기 등의 열원을 이용하여 물을 가열하여 온수를 만들고 온수를 필요로 하는 장소에 공급하는 설비 방식이다.

1) 국소식(개별식) 급탕방식

온수가 필요한 곳에 탕비기를 설치하여 온수를 공급하는 방법으로 소규모 급탕에 적합하다.

(1) 장단점

장점	단점
① **배관설비 거리가 짧아** 배관 중의 **열손실이 적다.** ② 수시로 간편하게 더운 물을 얻을 수 있다. ③ 급탕개소가 적을 경우 시설비가 싸게 든다. ④ **소규모** 급탕 개소가 적은 건축물에 적합하며 난방 겸용의 온수보일러를 이용할 수 있다.	① 급탕 개소마다 가열기의 설치공간이 필요하다. ② 급탕개소가 많을 경우 시설비가 비싸고 비효율적이다. ③ 급탕개소마다 탕비기를 설치하므로 설치공간이 필요하고 미관상 좋지 않다.

(2) 종류

순간온수기(즉시 탕비기), 저탕형 탕비기, 기수혼합식

국소식 급탕방식에 관한 설명으로 옳지 않은 것은? [23,실건20,17,16]
① 급탕개소마다 가열기의 설치 스페이스가 필요하다.
② 급탕개소가 적은 비교적 소규모의 건물에 채용된다.
③ 급탕배관의 길이가 길어 배관으로부터의 열손실이 크다.
④ 용도에 따라 필요한 개소에서 필요한 온도의 탕을 비교적 간단하게 얻을 수 있다.

해설 | 국소식(개별식) 급탕방식은 배관설비 거리가 짧아 배관 중의 열손실이 적다.

정답 ③

2) 중앙식 급탕방식

(1) 장단점

장점	단점
① 연료비가 싸다. (중유, 석탄, 가스 사용) ② 열효율이 좋고, 관리상 유리하다. ③ 기구의 동시 사용률을 고려하기 때문에 가열장치의 전체용량을 적게 할 수 있다. ④ 초기 설치비는 비싸지만 경상비가 적게 들어 대규모 급탕설비에는 경제적이다. ⑤ 배관에 의하여 어디든 난방 겸용의 온수보일러를 이용할 수 있다.	① 초기 투자비가 많이 든다. ② 배관 및 기기로부터의 열손실이 많다. ③ 전문 기술자가 필요하다. ④ 순환이 느리기 때문에 순환펌프를 사용해야 한다. ⑤ 시공 후 기구 증설에 따른 배관 변경공사가 어렵다.

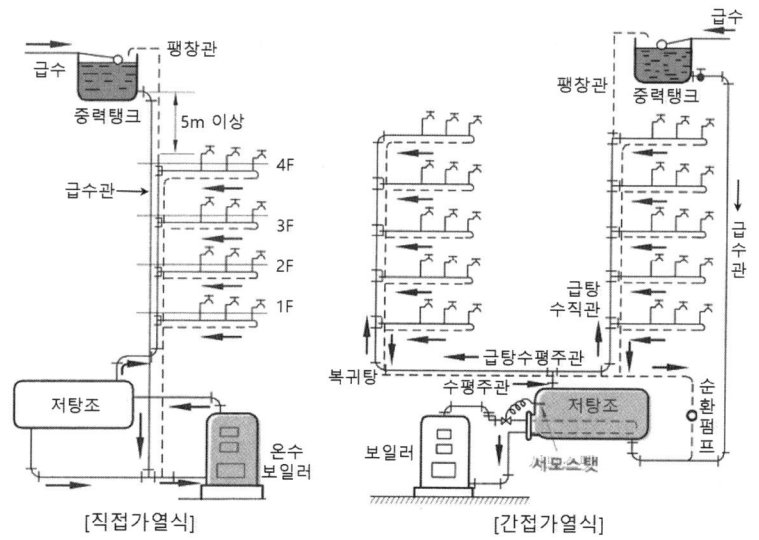

[직접가열식]   [간접가열식]

> **Note** 중앙식 급탕방식 비교(직접가열식 vs 간접가열식)

구분	직접가열식	간접가열식
열효율	높음	중간
보일러	**각각 설치**(급탕용, 난방용)	**겸용 사용**(급탕용, 난방용)
보일러 내의 스케일	많음	적음
보일러 내의 압력	고압	저압
규모	**중, 소규모 건물**	대규모 건물
가열장소	온수보일러	저탕조
저탕조 내의 가열 코일	불필요	필요

4. 급탕배관

1) 배관 방식

(1) 단관식(1관식 : one pipe system)

온수를 급탕전 까지 운반하는 배관을 1개의 관으로 설치한 것으로, 순환관(return pipe)이 없어서 순환되지 못하며 주로 **소규모** 건물에 많이 사용된다.

(2) 순환식(2관식, 복관식 : two pipe system)

공급관(급탕관)과 순환관(반탕관)을 배관하는 방식으로 **대규모** 건물에 주로 사용한다.
① **배관길이가 길어** 설비비가 비싸고 열손실이 크다.
② 온수의 분배이 균등하고 **즉시** 뜨거운 물이 나온다.

급탕배관의 설계 및 시공상의 주의점으로 옳지 않은 것은? [24, 실건22,12]
① 중앙식 급탕설비는 원칙적으로 강제순환방식으로 한다.
② 수시로 원하는 온도의 탕을 얻을 수 있도록 단관식으로 한다.
③ 관의 신축을 고려하여 건물의 벽관통부분의 배관에는 슬리브를 설치한다.
④ 순환식 배관에서 탕의 순환을 방해하는 공기가 정체하지 않도록 수평관에는 일정한 구배를 둔다.

정답 ②

2) 순환방식

(1) 중력식(소규모 건물) - 배관구배 1/150

물의 온도차에 의한 밀도 차이로 발생한 대류작용으로 자연 순환시키는 방식

(2) 강제식(중/대규모 건물) - 배관구배 1/200

급탕 순환펌프를 설치하여 강제적으로 온수를 순환시키는 방식

> **Note** **역환수 방식(reverse return)**
> 하향공급방식에서 **온수의 유량분배(온수의 순환)를 균일**하게 하기 위해 온수공급관과 반송관의 배관길이를 동일하게 하는 방식으로 급탕설비와 온수난방에서 사용된다.

온수난방 배관에서 역환수방식(Reverse Return System)을 채택하는 가장 주된 요인은? [23,22]
① 배관의 신축을 조정하기 위해
② 펌프의 양정을 작게 하기 위해
③ 배관의 길이를 짧게 하기 위해
④ 온수의 유량분배를 균일하게 하기 위해

정답 ④

3) 기타

(1) 급탕관의 관경
급탕관의 관경은 온도 상승으로 인한 물의 부피 증가 때문에 급수관과 반탕관보다 큰 치수(최소 : 25A 이상)로 한다.

(2) 밸브의 설치
굴곡배관을 하여야 할 경우에는 공기빼기밸브(air vent valve)를 설치함으로써 공기를 배제하여 온수의 흐름을 원활하게 한다.
① 배관 도중에는 슬루스밸브(게이트밸브)를 사용한다.

(3) 신축이음
배관의 팽창과 수축을 흡수처리하기 위하여 신축이음을 사용하며 관의 자유로운 신축으로 배관의 고장이나 건물의 손상을 방지한다.
① 스위블 이음(swivel joint) : 관의 신축을 고려하여 배관의 굽힘 부분 사용
② 슬리브형 이음(sleeve type) : 관의 신축을 고려하여 건물의 벽관통부분 사용
③ 벨로즈형 이음(bellows type) : 고압에 부적당하고 설치비가 비싸다.
④ 신축곡관(expansion loop) : 옥외 고압배관에 사용

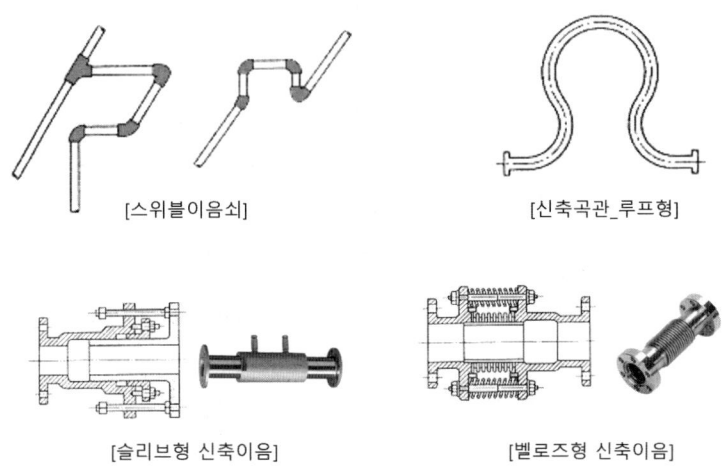

[스위블이음쇠]   [신축곡관_루프형]

[슬리브형 신축이음]   [벨로즈형 신축이음]

5. 배수설비

배수설비란 배수를 공공하수도로 유입시키기 위한 설비 총칭으로 높은 곳에서 낮은 곳으로 자연히 흘러내리게 하는 중력작용 이용하는 중력 배수식과 배수피트에 모아서 오수 펌프를 이용하여 배수하는 기계 배수식이 있다.

1) 직접배수와 간접배수
① **직접배수** : 위생기구와 배수관이 직접 연결된 일반 위생기구에서의 배수
② **간접배수** : 냉장고, 세탁기, 공기조화기, 수영장, 급수탱크 넘침관, 소독기 등에서의 배수방식으로 기구의 오염방지 목적으로 일반 배수관으로 직접 연결하지 않고, 기구로 부터의 배수관에 **물받이 공간(배수구 공간)** 두고 흘려보내는 방식이다.

2) 트랩(trap)

배수관 내에서 발생한 **악취, 유해가스 및 벌레 등이 실내에 침입**하는 것을 방지하기 위하여 배수계통 일부에 봉수를 고이게 하는 기구를 트랩이다.

(1) 배수용 트랩의 종류

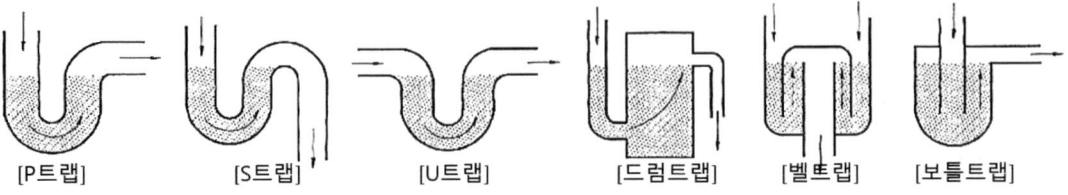

[P트랩]　[S트랩]　[U트랩]　[드럼트랩]　[벨트랩]　[보틀트랩]

종류		특성
사이펀식 트랩	P-트랩	• 일반적으로 세면기에 가장 많이 사용되는 트랩 • 통기관을 설치하면 봉수가 안정된다.
	S-트랩	• 대변기, 소변기(벽걸이형), 세면기 등에 사용 • 사이펀작용을 일으키기 쉬워 봉수가 빠질 염려가 있다.
	U-트랩	• 일명 가옥트랩, 메인트랩 • 배수 수평주관 도중에 설치하여 공공하수관에서의 하수가스의 역류방지용으로 사용되나 유속이 저하되는 단점도 있다.
비사이펀식 트랩	드럼트랩 (drum trap)	• 주방 싱크의 배수용으로 많은 물을 고이게 하므로 봉수가 잘 파괴 되지 않고 청소도 용이하다.
	벨트랩 (bell trap)	• 일명 플로어(floor)트랩으로 화장실, 샤워실 바닥배수용
저집기 (intercepter)	그리스 저집기	• 호텔 주방의 조리실 바닥, 기름기가 많은 배수용
	가솔린 저집기	• 주차장, 세차장, 차고
	플라스터 저집기	• 치과 기공실, 정형외과 기브스실
	헤어 저집기	• 이발소, 미용실
	샌드 저집기	• 모래나 진흙이 다량으로 포함되는 곳

(2) 트랩의 봉수

① 봉수깊이 : 50~100mm 정도이다.
② 봉수의 깊이가 낮으면(50mm 이하) 봉수를 손실하기 쉽고, 또 봉수 깊이를 너무 깊게(100mm 이상)하면 유수의 저항이 증대하여 통수 능력이 감소되므로 트랩 통수능력이 약해지고 자정작용이 없어져 트랩 밑에 침전물이 쌓여 트랩이 막히는 원인이 된다.

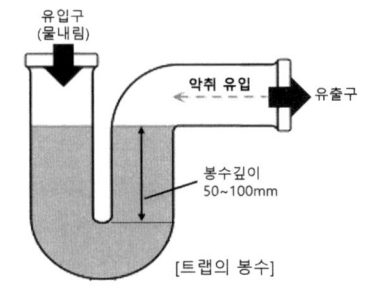

[트랩의 봉수]

(3) 트랩의 봉수파괴 원인
   ① **자기사이펀 작용** : 배수가 관속을 꽉찬(만수 상태) 물이 일시에 흐르게 되면 트랩 내의 물이 자기세정작용에 의하여 모두 배수관 쪽으로 흡인되어 봉수가 파괴된다. 주로 S트랩에서 발생
   ② **유인사이펀 작용** : 상층부의 배수입관에서 다량의 물이 일시에 낙하할 때 수직관과 수평관의 연결부분에 순간적으로 진공이 생겨 트랩내의 봉수가 흡인되는 작용
   ③ **분출 작용(토출작용)** : 대규모 배수설비에서 수직관 위로부터 일시에 많은 물이 흐르게 되면 일종의 피스톤 작용을 일으켜서 하층부 기구의 트랩 봉수를 공기의 압축에 의하여 실내 측으로 불어내는 작용이다.
   ④ **모세관 작용** : 트랩 내에 실이나 머리카락 등이 걸렸을 때 모세관현상에 의하여 봉수가 파괴 된다.
   ⑤ **증발** : 위생기구의 사용빈도가 적을 때 봉수가 자연히 증발된다.
   ⑥ **운동량에 의한 관성** : 강풍 또는 기타 원인으로 충격에 의해 사이펀작용이 일어난다.

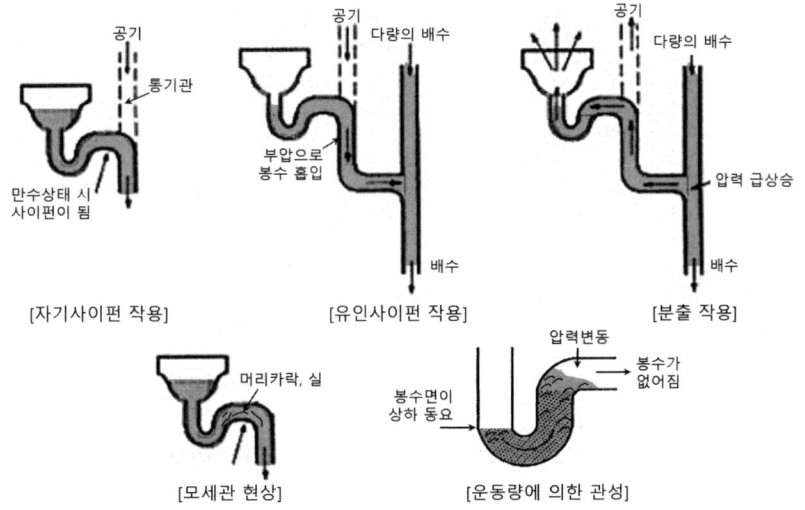

(4) 트랩 봉수파괴 방지대책

원인	방지대책
자기사이펀 작용, 유인사이펀작용, 분출 작용	**통기관 설치**
모세관 작용	머리카락·실·천 조각 제거
운동량에 의한 관성	격자쇠 설치
증발	기름을 몇 방울 떨어뜨린다.

6. 통기설비
   대기 중에 개방된 통기관을 배수관에 연결하여 배수관 내에 공기를 유입시키는 설비를 말한다.

1) **통기관의 설치 목적**
   ① 사이폰 작용에 의해 트랩 **봉수가 파괴되는 것을 방지**한다.

② 배수관 내의 배수 흐름 원활하게 한다.
③ 신선한 공기를 유통시켜 배수관 내의 환기를 도모하여 관내를 청결하게 유지한다.
④ 배수관 내의 기압을 일정하게 유지한다.

2) 통기관의 설치 위치
① 트랩 가까이에 설치한다.
② 통기관의 끝은 건물 외부에 개방한다.

3) 통기관의 종류

종류	특성
각개통기관	• 가장 이상적인 방법 • 관경 : 최소 32mm 이상 or 배수관경의 1/2 이상
루프통기관 (회로, 환상)	• 2개~8개 이내의 트랩을 보호하기 위하여 최상류에 있는 **기구배수관이 배수수평지관과 연결되는 바로 하류의 수평지관에 접속**시켜 통기수직관 또는 신정 통기관으로 연결하는 통기관 • 관경 : 최소 40mm 이상 or 접속하는 배수관경의 1/2이상
도피통기관	• 최하류 배수수직관과 배수수평관의 연결 • 관경 : 최소 32mm 이상 or 접속하는 배수관경의 1/2이상
결합 통기관	• 배수수직관 내의 **압력변화를 방지 또는 완화**하기 위해, 배수수직관으로부터 분기·입상하여 통기수직관에 접속하는 통기관 • 5개 층마다 설치하여 통기 촉진 • 관경 : 최소 50mm 이상
습식 통기관 (습윤)	• 최상류 기구의 루프(회로)통기관에 연결되어 배수 + 통기 역할 • 대기 중에 개구한다.
신정 통기관	• 관경을 줄이지 않고 배수수직관 끝을 옥상으로 연장하여 개구한 통기관으로 가장 단순하고 경제적이다. • 관경 : 최소 75mm 이상 (일반적으로 100mm 이상)

예제 07

통기배관에 관한 설명으로 옳지 않은 것은? [25,22]
① 오물정화조의 통기관은 단독으로 한다.
② 통기관과 실내환기덕트는 서로 연결해서는 안된다.
③ 통기수직관과 빗물수직관은 겸용으로 하는 것이 좋다.
④ 신정통기관은 배수수직관의 상단을 연장하여 대기 중에 개구한다.

해설 | 통기수직관과 빗물수직관은 분리 하는 것이 좋다.

정답 ③

핵심 기출문제

01 급수 및 급탕 설비

1 기본이론 및 급수설비

01 ▶ 17 실건

물의 경도는 물 속에 녹아 있는 칼슘, 마그네슘 등의 염류의 양을 무엇의 농도로 환산하여 나타낸 것인가?

① 탄산칼륨
② 탄산칼슘
③ 탄산나트륨
④ 탄산마그네슘

해설 | 물의 경도(Hardness of water)
물속에 녹아 있는 칼슘(Ca), 마그네슘(Mg) 등의 염류의 양을 탄산칼슘($CaCO_2$)의 백만분율(ppm)과 도(度)를 사용하며 1L의 물속에 탄산칼슘이 10mg 포함되어 있을 때 1도라 한다.

02 ▶ 19, 15, 14 실건

급수방식 중 고가수조방식에 관한 설명으로 옳지 않은 것은?

① 급수압력이 일정하다.
② 단수 시에도 일정량의 급수가 가능하다.
③ 대규모의 급수 수요에 쉽게 대응할 수 있다.
④ 위생성 및 유지·관리 측면에서 가장 바람직한 방식이다.

해설 | 고가수조방식(단점)
㉠ 수질의 오염 가능성이 가장 크다.
㉡ 구조체의 보강이 필요하다.
㉢ 설비비가 고가이다.

03 ▶ 21, 18 실건

다음의 급수방식 중 수질오염의 가능성이 가장 큰 것은?

① 수도직결방식
② 고가수조방식
③ 압력수조방식
④ 펌프직송방식

해설 | 문제 2번 해설참조

04 ▶ 20 실건

다음의 옥내 급수방식 중 위생성 및 유지·관리 측면에서 가장 바람직한 방식은?

① 수도직결방식
② 압력탱크방식
③ 고가탱크방식
④ 펌프직송방식

해설 | 수도직결방식
도로에 매설된 수도본관에서 수도관을 연결하여 건물 내로 직접 직수하는 방식으로 일반적으로 상향급수 배관방식을 사용한다.
㉠ 1~2층 정도 소규모 건물에 쓰인다.
㉡ 물의 오염 가능성이 가장 적다.
㉢ 정전시일 때도 급수가 가능하다.
㉣ 단수 시일 때는 급수가 불가능하다.
㉤ 일정한 수압 유지가 어렵다.
㉥ 기계실이 필요없어 설비비 및 유지관리비용이 저렴하다.

정답 | 01 ② 02 ④ 03 ② 04 ①

05 ▶ 19 실건
다음의 설명에 알맞은 급수방식은?

- 설치비가 저렴하다.
- 수질오염의 염려가 적다.
- 수도관 내의 수압을 이용하며 필요기기까지 급수하는 방식이다.

① 고가탱크방식
② 수도직결방식
③ 압력탱크방식
④ 펌프직송방식

해설 | 문제 4번 해설참조

06 ▶ 17 실건
급수방식에 관한 설명으로 옳지 않은 것은?

① 고가수조방식은 일반적으로 하향급수 배관 방식이 사용된다.
② 압력수조방식은 급수압력의 변화가 심하고 취급이 까다롭다.
③ 수도직결방식은 급수압력의 변동이 없어 일정한 수압으로 급수가 가능하다.
④ 펌프직송방식은 펌프운전방식에 따라 정속 방식과 변속방식으로 분류할 수 있다.

해설 | 수도직결방식은 일정한 수압 유지가 어렵다.

07 ▶ 13 실건
급수방식 중 압력탱크방식에 관한 설명으로 옳지 않은 것은?

① 급수 공급압력이 일정하다.
② 단수 시에 일정량의 급수가 가능하다.
③ 일반적으로 상향급수 배관방식을 사용한다.
④ 고가탱크 방식을 적용하기 어려운 경우에 사용된다.

해설 | 압력탱크방식(단점)
  ㉠ 급수압이 일정하지 않다.
  ㉡ 높은 압력에 견딜 수 있는 시설과 펌프의 양정이 길어 시설비, 설비비가 고가이다.
  ㉢ 에어컴프레서(공기압축기)를 설치하여 수시로 공기를 보급하여야 한다.
  ㉣ 단수 시에는 어느 정도 급수가 가능하나 고장이나 정전 시 즉시 급수가 중단된다.

08 ▶ 21 실건
건축물의 급수방식에 관한 설명으로 옳지 않은 것은?

① 수도직결방식은 급수오염의 가능성이 가장 작다.
② 펌프직송방식은 고가수조를 설치할 필요가 없다.
③ 고가수조방식은 일정 지점에서의 공급압력이 일정하다.
④ 압력수조방식은 고압의 급수압을 일정하게 유지할 수 있다.

해설 | 압력수조(탱크)방식은 고압이 필요한 곳에 적합하나 급수압을 일정하지 않다.

09 ▶ 20,15 실건
급수방식에 관한 설명으로 옳지 않은 것은?

① 고가수조방식은 급수압력이 일정하다.
② 수도직결방식은 위생성 측면에서 바람직한 방식이다.
③ 압력수조방식은 단수 시에 일정량의 급수가 가능하다.
④ 펌프직송방식은 일반적으로 하향급수 배관방식으로 배관이 구성된다.

해설 | 펌프직송방식(탱크없는 부스터 방식)
물을 지하실 등의 저수탱크에 물을 받은 후 급수펌프만으로 건물내에 급수하는 방식으로 배관 내 압력변동 등을 감지하여 펌프를 운전하는 상향급수방식이다.
※ 하향급수방식은 고가수조방식이 유일하다.

정답 | 05 ② 06 ③ 07 ① 08 ④ 09 ④

10
▶ 20, 18 실건

급수배관의 설계 및 시공상의 주의점에 관한 설명으로 옳지 않은 것은?

① 수평배관에는 공기나 오물이 정체하지 않도록 한다.
② 수평주관은 기울기를 주지 않고, 가능한 한 수평이 되도록 배관한다.
③ 주배관에는 적당한 위치에 플랜지 이음을 하여 보수점검을 용이하게 한다.
④ 음료용 급수관과 다른 용도의 배관이 크로스 커넥션(cross connection)되지 않도록 한다.

해설 | 배관의 구배
급수관은 수리를 위해 관속에 물을 완전히 빼낼수 있고 또한 공기가 정체 하지 않도록 구배를 주어 배관한다.

11
▶ 21, 17 실건

다음 설명에 알맞은 대변기의 세정방식은?

> 바닥으로부터 1.6m 이상 높은 위치에 탱크를 설치하고, 볼 탭을 통하여 공급된 일정량의 물을 저장하고 있다가 핸들 또는 레버의 조작에 의해 낙차에 의한 수압으로 대변기를 세정하는 방식

① 세출식
② 세락식
③ 로 탱크식
④ 하이 탱크식

해설 | 하이탱크식(High tank system)
높은 곳에 세정탱크를 설치하고 급수관을 통하여 공급된 일정량의 물을 저장하고 있다가 핸들 또는 레버의 조작에 의해 낙차에 의한 수압으로 대변기를 세정하는 방식이다.

12
▶ 21, 14 실건

대변기의 세정방식 중 플러시 밸브식에 관한 설명으로 옳은 것은?

① 대변기의 연속사용이 불가능하다.
② 급수관경과 필요 수압에 제한이 없어 급수압력이 낮은 곳에서도 사용이 용이하다.
③ 핸들 또는 레버의 조작에 의해 낙차에 의한 수압으로 대변기를 세정하는 방식이다.
④ 소음이 크고 단시간에 다량의 물이 필요하므로 가정용으로는 일반적으로 사용하지 않는다.

해설 | 세정밸브식(Flush valve system)
백화점, 극장, 학교, 공장 등 사용빈도가 많거나 일시적으로 많은 사람들이 연속하여 사용하는 경우에 가장 적합한 방식으로, 세정밸브의 핸들을 작동하면 급수관에서 세정밸브를 거쳐대변기 급수구에 일정량의 물이 분사되어 세정하는 방식이다.
가정용으로는 주로 로우탱크식이 사용된다.

13
▶ 21, 15 실건

플러시 밸브식 대변기에 관한 설명으로 옳지 않은 것은?

① 대변기의 연속사용이 가능하다.
② 일반 가정용으로 주로 사용된다.
③ 세정음은 유수음도 포함되기 때문에 소음이 크다.
④ 로 탱크식에 비해 화장실을 넓게 사용할 수 있다는 장점이 있다.

해설 | 문제 12번 해설참조

14
▶ 18, 16 실건

급수설비의 급수 및 양수펌프로 주로 사용되는 펌프의 종류는?

① 회전식 펌프
② 왕복식 펌프
③ 원심식 펌프
④ 사류식 펌프

해설 | 원심(회전, 와권)펌프
축에 날개차, 안내날개 등을 달아 원심력을 이용하여 물을 송출하는 방식으로 급수, 급탕, 배수설비 등 건축설비에서 주로 사용되는 펌프
㉠ 진동이 적고 고속도 운전에 적합
㉡ 양수량 조절이 용이하다.
㉢ 양수량이 많고 고양정에 적합하다.

정답 | 10 ② 11 ④ 12 ④ 13 ② 14 ③

2 급탕방식

15 ▶ 18 실건
개별급탕방식에 관한 설명으로 옳지 않은 것은?

① 배관의 열손실이 적다.
② 시설비가 비교적 싸다.
③ 규모가 큰 건축물에 유리하다.
④ 높은 온도의 물을 수시로 얻을 수 있다.

해설 | 국소식(개별식) 급탕방식
온수가 필요한 곳에 탕비기를 설치하여 온수를 공급하는 방법으로 소규모 급탕에 적합하다.

16 ▶ 20 실건
급탕설비에 관한 설명으로 옳은 것은?

① 중앙식 급탕방식은 소규모 건물에 유리하다.
② 개별식 급탕방식은 가열기의 설치공간이 필요없다.
③ 중앙식 급탕방식의 간접가열식은 소규모 건물에 주로 사용된다.
④ 중앙식 급탕방식의 직접가열식은 보일러 안에 스케일 부착의 우려가 있다.

해설 | ㉠ 중앙식 급탕방식은 대규모 건물에 유리하다.
㉡ 개별식 급탕방식은 가열기의 설치공간이 필요하다.
㉢ 중앙식 급탕방식의 간접가열식은 대규모 건물에 주로 사용된다.

17 ▶ 18 실건
중앙식 급탕방식에 관한 설명으로 옳지 않은 것은?

① 배관 및 기기로부터의 열손실이 많다.
② 급탕개소마다 가열기의 설치 스페이스가 필요하다.
③ 시공 후 기구 증설에 따른 배관변경 공사를 하기 어렵다.
④ 기구의 동시이용률을 고려하여 가열 장치의 총용량을 적게 할 수 있다.

해설 | 급탕개소마다 가열기의 설치 스페이스가 필요한 방식은 국소식(개별식) 급탕방식

18 ▶ 18 실건
간접가열식 급탕방법에 관한 설명으로 옳지 않은 것은?

① 열효율은 직접가열식에 비해 낮다.
② 가열 보일러로 저압 보일러의 사용이 가능하다.
③ 가열 보일러는 난방용 보일러와 겸용할 수 없다.
④ 저탕조는 가열코일을 내장하는 등 구조가 약간 복잡하다.

해설 | 간접가열식 급탕의 가열 보일러는 급탕용과 난방용 보일러와 겸용할 수 있다.

19 ▶ 19 실건
급탕량의 산정 방식에 속하지 않는 것은?

① 급탕단위에 의한 방법
② 사용 기구수로부터 산정하는 방법
③ 사용 인원수로부터 산정하는 방법
④ 저탕조의 용량으로부터 산정하는 방법

해설 | 급탕량의 산정 방식
인원에 의한 산정, 기구수에 의한 산정, 급탕 단위에 의한 산정이 있다. 일반적인 건물에서는, 인원에 의한 산정 방법으로 구하는 방법도 좋지만, 온수의 사용량이 일시적으로 집중되는 건물에서는, 기구 수에 의한 산정 방법이 바람직합니다.

정답 | 15 ③ 16 ④ 17 ② 18 ③ 19 ④

3 급탕배관 및 배수설비

20 ▶ 19 실건

급탕배관의 설계 및 시공상 주의사항으로 옳지 않은 것은?

① 중앙식 급탕설비는 원칙적으로 중력식 순환 방식으로 한다.
② 급탕밸브나 플랜지 등의 패킹은 내열성 재료를 선택하여 시공한다.
③ 관의 신축을 고려하여 건물의 벽관통부분의 배관에는 슬리브를 끼운다.
④ 관의 신축을 고려하여 배관의 굽힘 부분에는 스위블 이음으로 접합한다.

해설 | 중력식 순환방식(소규모 건물)
배관구배 1/150, 물의 온도차에 의한 밀도 차이로 발생한 대류작용으로 자연 순환시키는 방식

21 ▶ 20,16,14 실건

간접배수를 하여야 하는 기기 및 장치에 속하지 않는 것은?

① 제빙기　　② 세탁기
③ 세면기　　④ 식기세정기

해설 | 간접배수
냉장고, 세탁기, 공기조화기, 수영장, 급수탱크 넘침관, 소독기 등에서의 배수방식으로 기구의 오염방지 목적으로 일반 배수관으로 직접 연결하지 않고, 기구로 부터의 배수관에 물받이 공간(배수구 공간)을 두고 흘려보내는 방식이다

22 ▶ 17 실건

다음 중 간접배수를 하지 않아도 되는 것은?

① 소변기　　② 수음기
③ 세탁기　　④ 탈수기

해설 | 문제 21번 해설참조

23 ▶ 21,18 실건

배수트랩에 관한 설명으로 옳지 않은 것은?

① 트랩은 배수능력을 촉진시킨다.
② 관트랩에는 P트랩, S트랩, U트랩 등이 있다.
③ 트랩은 기구에 가능한 한 근접하여 설치하는 것이 좋다.
④ 트랩의 유효 봉수 깊이가 너무 낮으면 봉수가 손실되기 쉽다.

해설 | 트랩(trap)
배수관 내에서 발생한 악취, 유해가스 및 벌레 등이 실내에 침입하는 것을 방지하기 위하여 배수계통 일부에 봉수를 고이게 하는 기구를 트랩이다. 봉수의 깊이가 낮으면(50mm 이하) 봉수를 손실하기 쉽고, 또 봉수 깊이를 너무 깊게(100mm 이상)하면 유수의 저항이 증대하여 통수 능력이 감소하므로 트랩 통수능력이 약해지고 자정작용이 없어져 트랩 밑에 침전물이 쌓여 트랩이 막히는 원인이 된다.

24 ▶ 21,15 실건

트랩 봉수의 파괴원인에 속하지 않는 것은?

① 공동 현상
② 모세관 현상
③ 자기사이펀 작용
④ 운동량에 의한 관성

해설 | 트랩의 봉수파괴 원인
① 자기사이펀 작용
② 유인사이펀작용
③ 분출 작용(토출작용)
④ 모세관 작용
⑤ 증발
⑥ 운동량에 의한 관성

정답 | 20 ①　21 ③　22 ①　23 ①　24 ①

25 ▶ 19 실건
다음 중 배수트랩의 봉수파괴 원인과 가장 거리가 먼 것은?

① 수격 작용
② 증발 현상
③ 모세관 현상
④ 자기사이펀 작용

해설 | 문제 24번 해설참조

26 ▶ 21, 16 실건
다음 중 배수설비에서 트랩의 봉수가 자기 사이펀작용에 의해 파괴되는 것을 방지하기 위한 방법으로 가장 적절한 것은?

① S트랩을 사용한다.
② 각개통기관을 설치한다.
③ 트랩 출구의 모발 등을 제거한다.
④ 봉수의 깊이를 15cm 이상으로 깊게 유지한다.

해설 | 트랩 봉수파괴 방지대책

원인	방지대책
자기사이펀 작용, 유인 사이펀작용, 분출 작용	통기관 설치
모세관 작용	머리카락, 실, 천조각 제거
운동량에 의한 관성	격자쇠 설치
증발	기름을 몇방울 떨어뜨린다.

27 ▶ 19 실건
호텔의 주방이나 레스토랑의 주방에서 배출되는 배수 중의 유지분을 포집하기 위하여 사용되는 포집기는?

① 헤어 포집기
② 오일 포집기
③ 그리스 포집기
④ 플라스터 포집기

해설 | 저집기(intercepter)
  ㉠ 그리스 저집기 : 호텔 주방의 조리실 바닥, 기름기가 많은 배수용
  ㉡ 가솔린 저집기 : 주 차장, 세차장, 차고
  ㉢ 플라스터 저집기 : 치과 기공실, 정형외과 기브스실
  ㉣ 헤어 저집기 : 이발소, 미용실
  ㉤ 샌드 저집기 : 모래나 진흙이 다량으로 포함되는 곳

4 통기설비

28 ▶ 18 실건
다음 중 통기관의 설치목적과 가장 거리가 먼 것은?

① 배수계통 내의 배수 및 공기의 흐름을 원활히 한다.
② 모세관 현상에 의해 트랩 봉수가 파괴되는 것을 방지한다.
③ 사이폰 작용에 의해 트랩 봉수가 파괴되는 것을 방지한다.
④ 배수관 계통의 환기를 도모하여 관내를 청결하게 유지한다.

해설 | 모세관 현상에 의해 트랩 봉수가 파괴되는 것은 머리카락, 실, 천조각 제거로 방지한다.

29 ▶ 19 실건
다음 중 배수관에 통기관을 설치하는 목적과 가장 거리가 먼 것은?

① 트랩의 봉수를 보호한다.
② 배수관의 신축을 흡수한다.
③ 배수관 내 기압을 일정하게 유지한다.
④ 배수관 내의 배수흐름을 원활히 한다.

해설 | 통기관의 설치 목적
  ㉠ 사이폰 작용에 의해 트랩 봉수가 파괴되는 것을 방지한다.
  ㉡ 배수관 내의 배수 흐름 원활하게 한다.
  ㉢ 신선한 공기를 유통시켜 배수관 내의 환기를 도모하여 관내를 청결하게 유지한다.
  ㉣ 배수관 내의 기압을 일정하게 유지한다.

30

▶ 21, 16 실건

통기관의 설치 목적으로 옳지 않은 것은?

① 배수관 내의 물의 흐름을 원활히 한다.
② 은폐된 배수관의 수리를 용이하게 한다.
③ 사이폰 작용 및 배압으로부터 트랩의 봉수를 보호한다.
④ 배수관 내에 신선한 공기를 유통시켜 관내의 청결을 유지한다.

해설 | 문제 30번 해설참조

31

▶ 20 실건

배수설비의 통기관에 관한 설명으로 옳지 않은 것은?

① 배수계통 내의 배수 및 공기의 흐름을 원활히 한다.
② 배수관 계통의 환기를 도모하여 관내를 청결하게 유지한다.
③ 배수관을 막히게 하는 물질을 물리적으로 분리하여 수거한다.
④ 사이펀 작용 및 배압에 의해 트랩 봉수가 파괴되는 것을 방지한다.

해설 | 문제 30번 해설참조

32

▶ 19, 13 실건

배수수직관 내의 압력변화를 방지 또는 완화 하기 위해, 배수수직관으로부터 분기·입상하여 통기수직관에 접속하는 통기관은?

① 각개통기관
② 루프통기관
③ 결합통기관
④ 신정통기관

해설 | 결합 통기관
  ㉠ 배수수직관 내의 압력변화를 방지 또는 완화하기 위해, 배수수직관으로부터 분기·입상하여 통기수직관에 접속하는 통기관
  ㉡ 5개 층마다 설치하여 통기 촉진
  ㉢ 관경 : 최소 50mm 이상

02 공조 설비

Pass Note

예상출제문항	키워드	
1~2	- 현열과 잠열 - 공기조화 방식별 특성 - 송풍기 취출구	- 송풍량 계산 - 난방 방식별 비교

1. 기본이론

1) 물의 질량

물의 질량과 부피는 압력과 온도에 따라 변하며, 같은 질량일 때 1기압 4℃에서 가장 무겁고 부피가 최소이다.

① 물 $1cm^3$의 무게 : $1g(g/cm^3)$
② 물 $1l$의 무게 : $1kg(kg/l)$
③ 물 $1m^3$의 무게 : $1,000kg(kg/m^3)$ = $1ton/m^3$
 ※ $1m^3$ = 1,000kg(1ton) = 1,000ℓ

2) 물의 부피

① 순수한 물은 0℃에서 얼음이 되며 부피가 약 9% 커진다.
② 4℃의 물이 100℃의 물이 되면 부피가 약 4.3% 커진다.
③ 100℃의 물이 100℃의 증기로 변하면 부피가 약 1,700배 커진다.

3) 온도

① 섭씨온도(℃) = 5/9 × [화씨온도(°F) − 32]
② 화씨온도(°F) = 9/5 × [섭씨온도(℃) + 32]
③ 절대온도(K) = 273.15 + 섭씨온도(℃)
※ 0K는 −273.15℃에 해당되며, 절대온도 K = 273.15 + ℃이다.

4) 난방도일(HD; Heating Degree Day)

① 어느 지방의 추위 정도를 나타내는 지표로 연료소비량의 추정할 수 있다.
② 실내의 평균 온도와 실외의 평균기온과의 차(℃)에 일수(days)를 곱한 값이다.
③ 난방도일의 값이 클수록 연료의 소비량이 많아진다.
④ 각 지역마다 실외 평균 기온 차이로 값이 다르다.

⑤ 연료소비량을 추정하는 데 사용된다.

$$HD = \Sigma(t_i - t_o) \times days[℃ \cdot days]$$
t_i : 실내 평균기온(℃), t_o : 실외평균기온(℃)

5) 현열과 잠열

(1) **현열**(sensible heat) → **온수난방에 이용**

상태는 변하지 않고, **온도변화**에 따라 출입하는 열을 말한다. 온도 상승이나 강하의 요인이 되는 열량(현열량)

(2) **잠열**(latent heat) → **증기 난방에 이용**

온도는 변하지 않고, **상태변화**에 따라 출입하는 열을 말한다. 습도의 변화를 주는 열량(잠열량)

[물의 온도변화 및 상태변화]

6) 열용량과 열량

(1) **열량**(heat quantity)

물의 온도를 올리는데 필요한 열의 양으로, 표준기압하에서 순수한 물 1kg을 1℃ 올리는데 필요한 열량은 4.19kJ이다.

① 열량(Q) = 열용량(kJ/℃) × 온도차(℃)
② 열량(Q) = 질량(kg) × 비열(kcal/kg·℃) × 온도차(℃) = $m \cdot c \cdot \Delta t$ [kcal]
  = 질량(kg) × 비열(kJ/kg·K) × 온도차(K) = $m \cdot c \cdot \Delta t$ [kJ]
  Q : 열량(kJ) m : 질량(kg) c : 비열(kJ/kg℃) △t : 온도차(℃ 또는 K)

(2) **비열**(specific heat)

어떤 물질 1kg을 1K 올리는데 필요한 열량을 비열(kJ/kg·K)이라 한다.

(3) **열용량**(heat capacity)

열용량(kJ/k) = 질량(kg) × 비열(kJ/kg°C)

어떤 물질의 온도를 1K 변화시키기 위하여 필요한 열량을 말한다. 열용량이 큰 물체는 온도를 올리기 위해 보다 많은 열량을 필요로 하며 가열된 후 식는 데에도 상대적으로 시간이 많이 소요된다. (열용량 값은 질량과 비열에 비례한다.)

 물 0.5kg을 15℃에서 70℃로 가열하는 데 필요한 열량은 얼마인가? (단, 물의 비열은 4.2kJ/kg℃이다.) [23,22,19]

① 27.5kJ ② 57.75kJ ③ 115.5kJ ④ 231.5kJ

해설 | 열량(Q) = $m \cdot c \cdot \Delta t$ [kJ]= 질량(kg) × 비열(kJ/kg·K) × 온도차(K)
= 0.5kg × 4.2kJ/kg·℃ × (70-15)℃ = 115.5kJ

정답 ③

> **예제 02** 구조체의 열용량에 관한 설명으로 옳지 않은 것은? [25, 22, 18]
> ① 건물의 창면적비가 클수록 구조체의 열용량은 크다.
> ② 건물의 열용량이 클수록 외기의 영향이 작다.
> ③ 건물의 열용량이 클수록 실온의 상승 및 하강 폭이 작다.
> ④ 건물의 열용량이 클수록 외기온도에 대한 실내온도변화의 시간지연이 있다.
>
> 해설 | 건물의 창면적비가 클수록 구조체의 열용량은 작다.
>
> 정답 ①

2. 공기조화설비

실내공간의 온도, 습도, 기류 등 열적 환경과 먼지, 냄새, 유독가스, 박테리아 등의 질적 환경을 실의 사용 목적에 적합한 쾌적한 상태로 유지하는 설비를 의미한다.

1) 공조방식의 종류

구분	열원방식	종류
중앙방식	전공기 방식(공기)	• 단일덕트 방식(정풍량 : CAV) • 단일덕트 방식(변풍량 : VAV) • 이중덕트방식 • 멀티존유닛 방식
	수공기 방식(물 + 공기)	• 유인유닛 방식 • 복사냉난방 방식 • 각층유닛 방식
	전수 방식(물)	• 팬코일유닛 방식
개별방식	냉매방식	• 룸에어컨 • 패키지유닛 방식

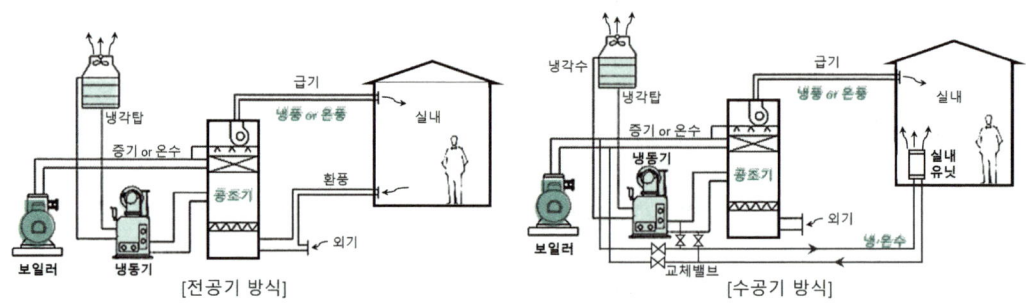

[전공기 방식]   [수공기 방식]

2) 전공기 방식(공기)

열원으로 공기를 사용하는 방식으로 공기 조화기로 냉·온풍을 만들어 덕트를 통해 송풍하는 방식이다.

장점	단점
① 실내공기 오염이 작다. ② **실내유효면적 증가** ③ 실내에 배관으로 인한 우수의 염려가 없다. ④ 중간기에 외기냉방이 가능하다.	① **큰 덕트 스페이스가 필요**하다. ② 공조실이 넓어야 한다. ③ 팬의 동력(반송동력)이 크다.

(1) 단일덕트식(single duct system)

가장 기본적이고 단순한 공조방식으로 냉난방 시 필요한 송풍량을 1개의 덕트로 분배한다.
① 각 실, 각 층의 **온도조절이 곤란**하다. (단, 변풍량 단일덕트방식은 각 실이나 존의 **부하변동에 대응이 용이**하다.)
② 설치비가 저렴하고 관리 및 보수가 용이하다.
③ 천장 속 덕트 **공간을 많이 차지**한다.
④ 이중덕트방식에 비해 **에너지 절약적**이다.
⑤ 극장, 강당, 공장 등의 대규모 건물에 적합하다.

종류	특성
정풍량 단일덕트방식 (CAV)	• 공기 조화기에서 만들어진 공기를 같은 양으로 분배하는 방식이다. • 설비비와 유지관리 비용이 적게 들지만 각 실별 **개별제어가 불가능** 하다.
변풍량 단일덕트방식 (VAV)	• 취출온도를 일정하게 하여 부하에 따라 **송풍량을 변화**시키는 방식이다. • 각 실, 각 존별 변풍량 유닛을 설치하여 부하변동에 따라 송풍량을 조절할 수 있어 **에너지 절약 효과**가 있다.

> **Note** 단일덕트 재열방식(single duct reheater system)
> 단일덕트 정풍량 방식의 단점을 보완하기 위하여 각 실 또는 존마다 **제열기(rehearter)**을 설치하고 실내의 서모스텟으로 **실온을 제어하는 방식**으로 부하특성이 다른 여러 개의 실이나 존이 있는 건물에 사용이 가능하다.

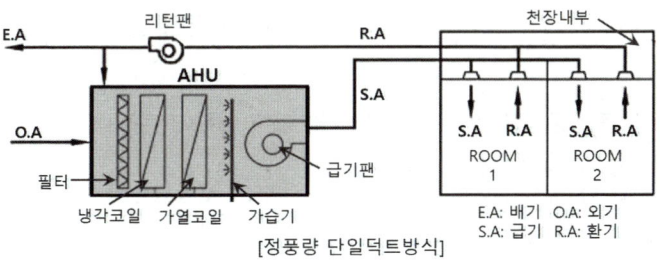

[정풍량 단일덕트방식]

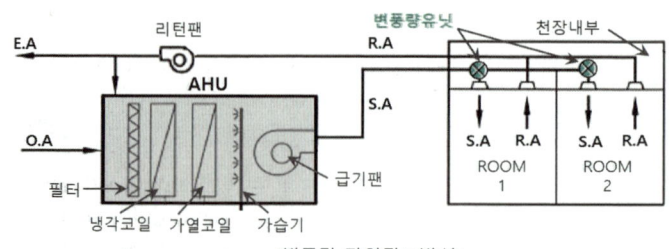

[변풍량 단일덕트방식]

(2) 이중덕트 방식

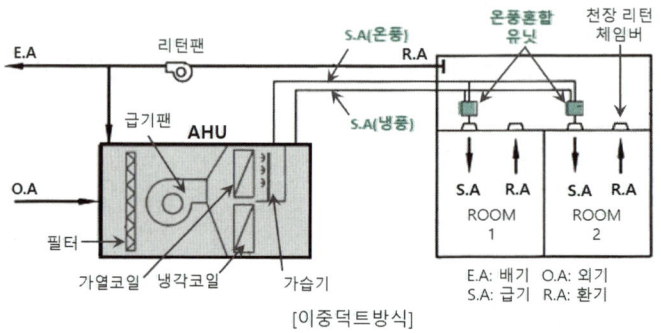

[이중덕트방식]

중앙 공조기(AHU : Air Handling Unit)에서 온·냉풍을 동시에 제조하여 덕트로 보내고 각 실마다의 부하에 따라 혼합유닛(혼합상자)에서 온·냉풍을 적절히 혼합하여 송풍온도를 조절하는 방식이다.
① 실별 **개별 조절이 가능**하다.
② 부하 특성이 다른 다수의 실이나 존에도 적용할 수 있다.
③ 온·냉풍의 혼합으로 인한 혼합손실로 인하여 **에너지 소비량이 많아** 최근에는 이용하는 건물이 매우 적다.
④ 혼합유닛에서 소음과 진동이 생긴다.
⑤ 단일덕트식보다 **공간을 더 많이 차지**한다.
⑥ 설비비, 운전비가 많이 든다.

(3) 멀티존 유닛 방식
각 존마다 독립된 덕트가 필요하여 공간을 많이 차지하고 부하변동에 따라 혼합손실이 많이 발생된다.

> **예제 03** 공기조화방식 중 전공기방식에 관한 설명으로 옳지 않은 것은? [24, 22]
> ① 덕트 스페이스가 필요 없다.
> ② 중간기에 외기냉방이 가능하다.
> ③ 실내의 배관으로 인한 누수의 우려가 없다.
> ④ 냉·온풍의 운반에 필요한 팬의 소요동력이 냉·온풍의 운반에 필요한 팬의 소요동력이 냉·온수를 운반하는 펌프동력보다 많이 든다.
>
> **해설|** 전공기방식은 큰 덕트 스페이스가 필요하다.
>
> 정답 ①

3) 수공기 방식(공기 & 물)

1차 공기조화기가 외기 및 환기를 처리한 다음 덕트로 방에 송풍하고, 실내의 2차 공기조화기에서는 냉·온수가 송입되어 실내공기를 재처리하는 방식이다.

(1) 각층유닛방식(zone unit 방식)
① 각 층 마다 조건이 다른 건물에 적합하며 각 실, 각 존, 각 층별 제어가능
② 공기 조화기 수가 많아 설치비, 유지 보수비가 많이 든다.

(2) 유인 유닛방식
1차 공조기에서 조화한 공기를 고속덕트를 통해 각 유닛에 송풍하면 1차 공기가 유인 유닛 속의 노즐을 통과할 때에 유인작용을 일으켜 실내공기를 2차 공기로 하여 유인하여 혼합 분출한다. 유인된 2차 공기는 유닛 속 코일에 의해 냉각 또는 가열하는 방식이다.
① 각 유닛마다 **개별 제어가 가능**하므로 개별실 제어가 가능하다.
② 고속덕트를 사용하므로 덕트 공간을 작게 할 수 있다.
③ 각 유닛마다 수배관을 설치해야해 누수의 우려가 있다.
④ 냉각 가열을 동시에 하는 경우 혼합손실이 발생한다.

(3) 복사냉난방 방식
천장 패널 및 바닥 등에 매설한 배관에 냉·온수를 보내어 냉난방하는 방식으로 동시에 외기를 포함한 공기를 냉각 감습하거나 가열 가습하여 송풍함으로써 잔여 실내 현열부하와 잠열부하를 처리한다.
① 복사를 이용하므로 **실내 쾌적도가 높다.**
② 설비비용이 높고 고장 시 수리가 어렵다.
③ 실내 바닥면적의 이용률을 높일 수 있다.
④ 천장고가 높은 공간 또는 외기침입이 있는 공간에서도 난방감을 얻을 수 있다.

4) 전수 방식(물)

중앙장치에서 처리한 냉·온수를 실내에 설치된 기기(팬코일유닛, 컨벡터)에 순환시켜 실의 공기를 처리하는 방식이다. 외기를 공급하지 못하여 공기의 정화 및 환기를 충분히 할 수 없다.

(1) 팬코일 유닛(FCU)
소형 송풍기와 냉·온수 코일 및 필터 등을 구비한 소형 공조기를 각 실에 설치하여 중앙기계실로부터 냉·온수를 공급하여 공기조화를 하는 방식이다. 외기의 공급 없이 실내공기가 반복적으로 팬코일 유닛에 순환되어 환기가 불가능하다.
① 각 실에 배관으로 인한 **누수의 우려**가 있다.
② 각 유닛마다 **개별조절이 가능**하다.
③ 덕트 방식에 비해 유닛의 위치 변경이 쉽다.
④ 덕트 샤프트나 스페이스가 필요 없거나 작아도 된다.
⑤ 유닛을 창문 밑에 설치하면 콜드 드래프트를 줄일 수 있다.
⑥ 팬코일 유닛 내에 있는 팬으로부터의 소음이 있다.
⑦ 다수 유닛의 분산으로 관리가 어렵다.

⑧ 실이 여러개로 나뉘어진 호텔 객실, 아파트에 적합하다.

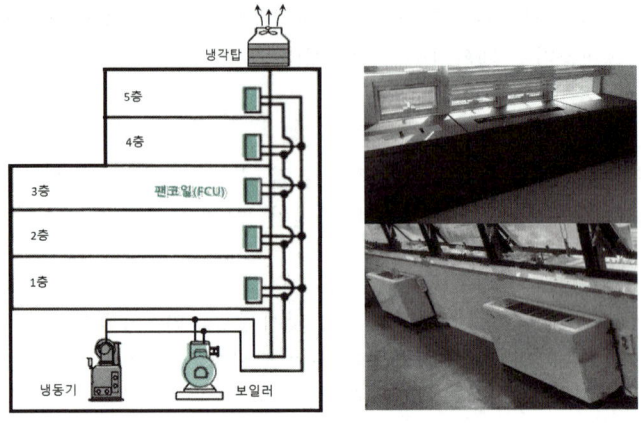

[팬코일유닛방식(FCU)]

5) 냉매 방식

(1) 패키지 유닛방식(냉매식)

냉동기를 내장한 공조기를 실내에 설치하는 방식으로 현장설치가 간단하고 공기가 짧아 설비비가 적게 드나 실내 소음이 크다.
① 소용량의 냉동기+송풍기+필터+가습기+자동제어기기를 일체화 시킨 기기이다.
② 가정용 에어컨, 대용량 시스템 에어컨 등이 있다.
③ 설치 위치는 바닥, 벽, 천장 등 선택 가능하다.

 예제 04 다음의 공기조화방식 중 전공기방식에 속하지 않는 것은? [24,실건22,21,17,15]
① 단일덕트방식　　　　　　② 2중덕트방식
③ 팬코일유닛방식　　　　　④ 멀티존유닛방식

해설 | 팬코일 유닛(FCU) – 전수방식(물)

 정답 ③

3. 공기조화기

냉동기, 보일러 등의 열원에서 냉수·온수·증기를 공급받아 냉풍·온풍을 생산하는 기기이다.
공조기는 냉풍, 온풍을 생산을 위하여 냉·온수코일, 송풍기, 필터 등이 내장되어 있으며 넓은 범위의 공조로 중앙식 공기조화기(AHU : Air Handling Unit)와 좁은 범위를 담당하는 팬코일유닛(FCU : Fan Coil Unit) 등이 있다.

1) 덕트(duct)

공조기에서 생산된 냉·온풍을 각 공조구역으로 이송시키는 역할을 하며, 목적에 따라 공조용 덕트, 환기용 덕트, 배연용 덕트 등이 있다.

(1) 덕트의 형상에 의한 분류

① 장방형 덕트 : 저속용
② 원 형 덕트 : 고속용

2) 덕트의 부속기기

(1) 송풍기(blower)

종류	특성
다익형(원심형) (sirrocco fan)	• 팬의 끝부분이 회전방향으로 **굽은 전곡형**이다. • 동일 용량에 대해서 송풍기 용량이 적다. • 다른 형식에 비해 회전수가 적어 주로 **저속 덕트용**으로 쓰인다.
후곡형	• 팬의 끝이 회전방향의 뒤쪽으로 굽은 후곡형이다 • 효율이 높고 고속에서도 비교적 정숙한 운전 가능하다. • 터보형 팬에 적용된다.
익형 (limit load fan)	• 다익형과 후곡형이 단점을 개량한 것으로 유선형의 날개를 형성한 에어포일과 날개를 S자 모양으로 구부린 리미트로드 팬이 있다. • 에어포일은 고속회전이 가능하며 소음이 작다.

[다익형)]   [후곡형]   [익형]

(2) 취출구(분출구)

공조기에서 생산된 냉·온풍을 각 공조구역으로 이송된 후 취출구를 통해 실내로 공기를 도달 시키는 기기이다.

① **아네모스탯형**(anemostat) : 확산형 취출구의 일종으로 몇 개의 콘(cone)이 있어서 1차 공기에 의한 2차 공기의 유인성능 및 환산성능이 좋아 **천장 취출구**로 가장 많이 사용된다.
② 노즐형(nozzle) : 극장, 로비, 공장 등에서 사용되며 구조가 간단하고 도달거리가 길고 소음발생이 적은 편이다.
③ 라인형(line) : 취출 부분이 가늘고 길기 때문에 디자인 계획상 천장 디자인이 선형일 경우 적용하기 좋다.
④ 베인(vane)격자형 : 천장이나 벽 그리고 패키지 에어컨에 설치되는 격자형 취출구로서 날개의 각도를 조정하여 기류의 방향 및 도달거리를 조정할 수 있다.

[아네모스텟형)]   [팬형]   [베인격자형]   [슬롯형]

예제 05 다음 설명에 알맞은 취출구의 종류는? [23,실건21,18,16,12]

- 확산형 취출구의 일종으로 몇 개의 콘(cone)이 있어서 1차 공기에 의한 2차 공기의 유인성능이 좋다.
- 확산반경이 크고 도달거리가 짧기 때문에 천장 취출구로 많이 사용된다.

① 팬형   ② 웨이형   ③ 노즐형   ④ 아네모스탯형

정답 ④

(3) 흡입구

① 베인(vane)격자형 : 천장 및 벽부용 흡입구
② 머쉬룸형(mushroom) : 천장이 높은 경우 **바닥에 설치**하는 흡입구

   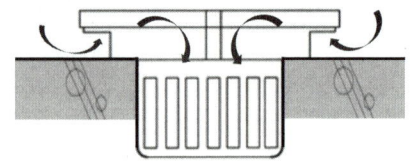

[베인(vane)격자형)]   [머쉬룸형(mushroom)]

Note 풍량제어 방식 비교

※ 축동력 소요가 많은 순서
토출댐퍼 제어 〉 흡입댐퍼 제어 〉 흡입베인 제어 〉 회전수 제어
① 토출댐퍼 제어 : 가장 일반적 방식이며 설치 비용은 적게 드나 축동력 소요가 많다.
② 회전수 제어 : 송풍기의 회전수를 조정하여 풍량을 변화시키는 방식으로 축동력이 대폭 감소되는 방식

4. 냉동설비

실의 냉방을 위해 냉수를 생산하는 것을 냉동기라 한다. 프레온가스 또는 물을 이용하여 어떤 물체가 증발할 때 그 주변으로부터 증발에 필요한 증발열을 빼앗는 잠열을 이용한 것이다.
냉동기에는 냉동방식에 따라 크게 압축식 냉동기와 흡수식 냉동기가 있다.

1) 압축식 냉동기
   ① 압축기 → 응축기 → 팽창밸브 → 증발기의 4가지 주요 요소로 구성
   ② **기계적 에너지**에 의해 냉동 효과를 얻는 냉동기
   ③ 압축식 냉동기 종류
      ㉠ **터보식(원심)냉동기** : 날개 형태의 기기(**임펠러**)의 원심력에 의해 냉매가스를 압축하는 것으로 중·대형 규모의 중앙식 공조에서 냉방용으로 사용
      ㉡ 왕복동식 냉동기 : 피스톤이 실린더 내에서 왕복운동을 하면서 냉매를 압축하는 방식
      ㉢ 스크류식(회전) 냉동기 : 기기의 회전운동에 의하여 냉매를 압축하는 방식

2) 흡수식 냉동기
   ① 증발기 → 흡수기 → 재생기 → 응축기 4가지 주요 요소로 구성
   ② 기계적 에너지가 아닌 **열에너지**에 의해 냉동 효과를 얻는 냉동기
   ③ 흡수식 냉동기의 장단점

장점	㉠ 진동, 소음, 전력 소비가 적다. ㉡ 10% 가까이 용량 제어가 가능하다.
단점	㉠ 설치 면적, 높이, 중량이 크다. ㉡ 예냉시간이 길다.

5. 난방설비

1) 증기난방(steam heating)
   수증기의 잠열로 난방하는 방식, 응축수는 환수관을 통하여 보일러에 환수된다.
   주로 학교, 사무실, 공장 등 대규모 공간에 사용한다.

(1) 장단점

장점	단점
① 증발잠열 이용으로 열의 운반능력이 크다. ② 예열시간이 짧고 방열면적이 작아도 된다. ③ 설비비가 저렴해서 경제적이다. ④ 한랭지에서 동결에 의한 파손위험이 적다.	① 먼지 등의 상승으로 실내 쾌적감이 낮다. ② **방열량 조절이 어렵다.** ③ 방열기 온도가 높아 화상 위험이 있다. ④ 스팀해머(steam hammering)가 발생될 우려가 있다. ⑤ 보일러 취급에 기술을 요한다.

2) 온수난방(hot water heating)
   현열을 이용한 난방으로 병원, 주택, 아파트 등에 이용되며, 100℃ 이하 보통 온수난방이 일반적이며 100℃ 이상인 경우 고온수 난방(강판식 보일러와 밀폐식 팽창탱크 사용이 필수적)으로 한다.

(1) 장단점

장점	단점
① 난방부하 변동에 따라 **온도와 온수량 조절이 용이하다.** ② **현열**을 이용하여 실내 쾌적감이 좋다. ③ 방열기 온도가 낮아 화상 위험이 없다. ④ 보일러 취급이 용이하고 안전한 편이다. ⑤ 난방을 정지하여도 어느 정도 난방효과 지속한다.	① 방열면적이 커서 설비비용이 크다. ② **예열시간이 길다.** ③ 겨울철 난방 정지 시 동결의 우려가 크다. ④ 온수 순환시간이 길다.

> **Note** 증기난방 vs 온수난방

특성	증기난방	온수난방
실내 쾌적감	다소 떨어짐	쾌적
열방식	잠열	현열
열용량	작다	**크다**
열운반능력	크다	작다
열매온도	높다	낮다
예열시간	빠르다	**느리다**
난방지속시간	짧다	길다
난방부하 제어성	**어렵다**	용이하다
수격작용(steam hammer)	발생	발생 안됨
소음	크다	작다
설치 적합 장소	학교, 사무실, 공장 등	병원, 주택, 아파트 등
보일러 취급	복잡	간단
설치유지비	적다	많다

 온수난방에 관한 설명으로 옳은 것은? [24, 실건22, 16]
① 추운 지방에서도 동결의 우려가 없다.
② 온수의 잠열을 이용하여 난방하는 방식이다.
③ 증기난방에 비하여 난방부하 변동에 따른 온도 조절이 어렵다.
④ 증기난방에 비하여 열용량이 커서 예열시간이 길다.

정답 ④

3) **복사난방**(panel heating)

바닥 또는 벽과 천장 등에 관을 매설하고 온수를 공급하여 그 복사열에 의하여 실내를 난방하는 방식으로 주택, 학교 등에 이용된다.

(1) 장단점

장점	단점
① 실내 온도분포가 균등하고 **쾌감도가 가장 높다**. ② 방열기가 필요 없고 바닥면의 이용도가 높다. ③ 방을 개방하여도 난방효과가 있다. ④ 대류현상이 적어 바닥 먼지 상승이 없다. ⑤ 천장이 높아도 난방이 가능하다.	① **열용량이 크므로 외기온도 급변에 따른 방열량 조절이 어렵다.** ② 표면 균열 및 매설배관 이상 시 수리 등의 변경이 어렵고, 비용이 많이 발생된다. ③ 열손실을 막기 위한 단열층이 필요하다.

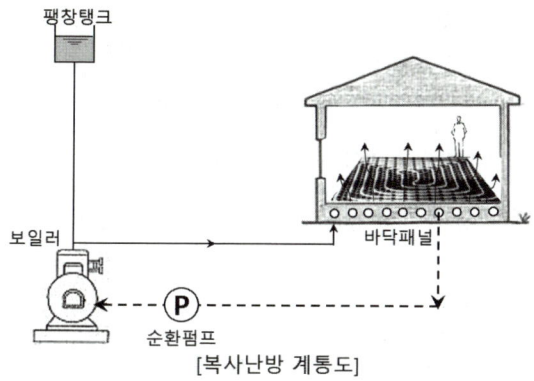

[복사난방 계통도]

 복사난방에 관한 설명으로 옳은 것은? [25,실건22,18]
① 천장이 높은 방의 난방은 불가능하다.
② 실내의 쾌감도가 다른 방식에 비하여 가장 낮다.
③ 열용량이 크기 때문에 방열량 조절에 시간이 걸린다.
④ 외기 침입이 있는 곳에서는 난방감을 얻을 수 없다.

정답 ③

4) 지역난방(district heating)

도시 또는 일정 광범위한 지역 내에 대규모 고효율 열원플랜트를 설치하여 여기에서 생산되는 열매(증기 또는 온수)를 지역 내에 나누어 공급하여 효율적으로 에너지를 사용하는 난방 방식이다.
① 건물 내 유효면적이 넓힐 수 있고 연료비 절감 효과가 있다.
② 도시의 대기오염을 줄일 수 있다.
③ 초기 투자비가 많이 들어간다.
④ 열원과의 거리가 길어 배관 도중에 **열손실이 크다**.
⑤ 열원기기의 용량제어가 어렵다.

 ※ 난방 방식 비교
① 쾌적감 : **복사난방 〉 온수난방 〉 증기난방 〉 온풍난방**
② 예열시간 : 복사난방 〉 온수난방 〉 **증기난방 〉 온풍난방**
③ 설치비 : 복사난방 〉 온수난방 〉 증기난방 〉 온풍난방

6. 보일러(boiler)

1) 보일러의 종류

종류	특성
주철제 보일러	① 주철제의 단위부재(section)를 니플 또는 볼트로 연결하며, 섹션수를 증가시키면 용량을 쉽게 증가시킬 수 있다. ② 취급이 간편하고, 분할 반입이 용이하다. ③ 내식성이 우수하며, 수명이 길다.
입형 보일러 (수직형 보일러)	① 수직으로 세운 드럼 내에 연관 또는 수관이 있는 **소규모의 패키지형** 보일러 ② 설치면적이 작고 취급이 간단하며 사용압력이 낮다.
노통연관식 보일러	① 강판제 보일러의 일종으로 강판으로 만든 노통(연소통)과 다수의 연관을 배치한 보일러 ② 보유수량 많아 부하변동에도 안전하다. ③ 예열시간이 길고 주철제에 비해 가격이 비싸다. ④ 설치는 간단하나 수명이 짧고 가격이 고가이다.
수관식 보일러	① 드럼에 여러 개의 수관을 연결 설치하여 복사열을 크게 전달되도록 하는 방식이다. ② 보유수량이 적어 증기 발생속도가 빠르다. ③ 예열시간이 짧고, 열효율이 좋다. ④ 고가이며 수처리가 복잡하다. ⑤ 기압력은 1.0MPa 이상 ⑥ 고압증기를 대량으로 사용하는 대규모 건축물에 적합하다.

2) 보일러의 용량 결정

(1) 보일러 부하

$$H = H_r + H_h + H_p + H_e$$

H : 보일러부하, H_r : 방열기부하(난방부하), H_h : 급탕부하,
H_p : 배관열손실부하, H_e : 예열부하

(2) 보일러 출력

종류	특성
정격출력	**난방부하 + 급탕부하 + 배관부하 + 예열부하**의 합으로 연속해서 운전할 수 있는 보일러의 능력으로서 **보통 보일러 선정시에는 정격출력에 기준**이 된다.
상용출력	**난방부하 + 급탕부하 + 배관부하**의 합으로 정격출력에서 예열부하를 뺀 값으로 정미출력에 5~10% 가산한다.
정미출력	난방부하 + 급탕부하의 합
과부하출력	운전 초기나 과부하가 발생했을 때 정격출력의 10~20% 정도 증가 시키는 출력

예제 08 보일러의 상용출력을 올바르게 나타낸 것은? [23, 22]
① 난방부하 + 급탕부하
② 난방부하 + 급탕부하 + 예열부하
③ 난방부하 + 급탕부하 + 배관손실
④ 난방부하 + 급탕부하 + 예열부하 + 배관손실

정답 ③

3) 난방용 부속품

① **방열기 밸브**(radiator valve)
방열기 입구를 개폐하여 방열량을 조절하기 위해 설치한다.

② **공기빼기밸브**(air vent valve)
방열기와 배관의 굴곡부에 설치하여 공기를 제거해 준다.

③ **감압밸브**(reducing valve)
고압증기를 저압증기로 감압시키기 위하여 설치한다.

④ **2중 서비스 밸브**
한랭지에서 응축수 동결을 막기 위하여 사용한다.

⑤ **리턴 콕**(return cock)
온수방열기의 환수밸브로 온수의 유량을 조절한다.

⑥ **인젝터**(injector)
증기보일러의 급수장치로 이용된다.

⑦ **증기 트랩**(stream trap)
증기관 내에 생긴 응축수만을 보일러에 환수 시키기 위해 방열기의 환수구나 배관의 가장 끝부분에 설치한다.

핵심 기출문제

02 공조 설비

1 기본이론

01 ▶ 15 실건

0.6L의 물을 5℃에서 55℃로 올리는데 필요한 열량은? (단, 물의 비열은 4.2kJ/kg · K, 물의 밀도는 1kg/L이다.)

① 63.0kJ ② 126kJ
③ 127.5kJ ④ 180.0kJ

해설 | 열량(Q) = $m \cdot c \cdot \Delta t$ [kJ]
  = 질량(kg) × 비열(kJ/kg·K) × 온도차(K)
  = 0.6kg/h × 4.2kJ/kg·K × (55−5)(K) = 126kJ
  ※ 1L = 1kg, 절대온도(K) = 273.15 + 섭씨온도(℃)

02 ▶ 21, 14 실건

열용량에 관한 설명으로 옳지 않은 것은?

① 열용량이 큰 물체는 일반적으로 비열이 작다.
② 열용량이 큰 물체로 둘러싸인 실은 시간지연 효과가 상대적으로 크다.
③ 열용량이 큰 물체는 온도를 올리기 위해 보다 많은 열량을 필요로 한다.
④ 열용량이 큰 물체는 가열된 후 식는 데에도 상대적으로 시간이 많이 소요된다.

해설 | 열용량(heat capacity)
  어떤 물질의 온도를 1K 변화시키기 위하여 필요한 열량을 말한다.
  열용량(kJ/k) = 질량(kg) × 비열(kJ/kg°C)
  ∴ 열용량값은 질량과 비열에 비례한다.

03 ▶ 18 실건

대기압 조건에서 현열과 잠열에 관한 설명으로 옳지 않은 것은?

① 0℃ 얼음을 100℃ 물로 만들기 위해서는 현열만 필요하다.
② -10℃ 얼음을 0℃ 얼음으로 만들기 위해서는 현열만 필요하다.
③ 100℃ 물을 100℃ 수증기로 만들기 위해서는 잠열만 필요하다.
④ 0℃ 물을 100℃ 수증기로 만들기 위해서는 현열과 잠열이 필요하다.

해설 | 0℃ 얼음을 100℃ 물로 만들기 위해서는 잠열과 현열이 필요하다.

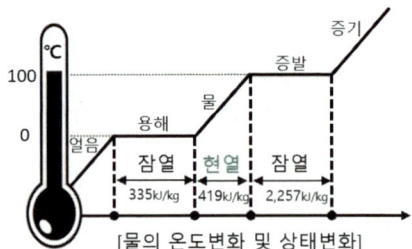

[물의 온도변화 및 상태변화]

정답 | 01 ② 02 ① 03 ①

2 공기조화설비

04 ▶ 19 실건
공기조화방식 중 전공기 방식에 관한 설명으로 옳지 않은 것은?

① 덕트 스페이스가 필요 없다.
② 중간기에 외기냉방이 가능하다.
③ 실내유효 스페이스를 넓힐 수 있다.
④ 실내에 배관으로 인한 누수의 염려가 없다.

해설 | 전공기 방식은 덕트 크기가 커지므로 설치공간이 많이 필요하다.

05 ▶ 14 실건
공기조화방식 중 단일덕트방식에 관한 설명으로 옳은 것은?

① 전수방식의 특성이 있다.
② 혼합상자에서 소음과 진동이 생긴다.
③ 각 실이나 존의 부하변동에 즉시 대응할 수 있다.
④ 냉·온풍의 혼합손실이 없으므로 이중덕트방식에 비해 에너지 절약적이다.

해설 | 단일덕트식(single duct system)
가장 기본적이고 단순한 공조방식으로 냉난방 시 필요한 송풍량을 1개의 덕트로 분배한다.
㉠ 설치비가 저렴하고 관리 및 보수가 용이하다.
㉡ 천장 속 덕트 공간이 많이 차지한다.
㉢ 각 실, 각 층의 온도조절이 곤란하다. → CAV
㉣ 이중덕트방식에 비해 에너지 절약적이다.
㉤ 극장, 강당, 공장 등의 대규모 건물에 적합하다.

06 ▶ 20 실건
공기조화방식에 관한 설명으로 옳지 않은 것은?

① 멀티존 유닛방식은 전공기방식에 속한다.
② 단일덕트방식은 각 실이나 존의 부하변동에 대응이 용이하다.
③ 팬코일유닛방식은 각 실에 수배관으로 인한 누수의 우려가 있다.
④ 이중덕트방식은 냉·온풍의 혼합으로 인한 혼합손실이 있어서 에너지 소비량이 많다.

해설 | 단일덕트방식은 각 실, 각 층의 온도조절이 곤란하다.

07 ▶ 21 실건
다음의 공기조화방식 중 부하특성이 다른 여러 개의 실이나 존이 있는 건물에 적용이 가장 곤란한 것은?

① 이중덕트 방식
② 팬코일 유닛방식
③ 단일덕트 정풍량 방식
④ 단일덕트 변풍량 방식

해설 | 단일덕트 정풍량 방식(CAV)
각 실, 각 층의 온도조절이 곤란하다.
단일덕트 변풍량 방식(VAV)
각 실이나 존의 부하변동에 대응이 용이하다.

08 ▶ 21,18 실건
공기조화방식 중 단일덕트 재열방식에 관한 설명으로 옳지 않은 것은?

① 전공기방식의 특성이 있다.
② 재열기의 설치공간이 필요하다.
③ 잠열부하가 많은 경우나 장마철 등의 공조에 적합하다.
④ 부하특성이 다른 여러 개의 실이나 존이 있는 건물에 사용이 불가능하다.

해설 | 단일덕트 재열방식
단일덕트 정풍량 방식의 단점을 보완하기 위하여 각 실 또는 존마다 제열기(rehearter)을 설치하고 실내의 서모스텟으로 실온을 제어하는 방식으로 부하특성이 다른 여러 개의 실이나 존이 있는 건물에 사용이 가능하다.

정답 | 04 ① 05 ④ 06 ② 07 ③ 08 ④

09 ▶ 19 실건

공기조화방식 중 2중덕트방식에 관한 설명으로 옳지 않은 것은?

① 전수방식의 특성이 있다.
② 냉·온풍의 혼합으로 인한 혼합손실이 있다.
③ 부하특성이 다른 다수의 실이나 존에 적용 할 수 있다.
④ 단일덕트방식에 비해 덕트 샤프트 및 덕트 스페이스를 크게 차지한다.

해설 | 이중덕트 방식
전공기식 방식으로 중앙 공조기에서 온·냉풍을 동시에 제조하여 덕트로 보내고 각 실마다의 부하에 따라 혼합유닛(혼합상자)에서 온·냉풍을 적절히 혼합하여 송풍온도를 조절하는 방식이다.
㉠ 실별 개별 조절이 가능하다.
㉡ 부하 특성이 다른 다수의 실이나 존에도 적용할 수 있다.
㉢ 온·냉풍의 혼합으로 인한 혼합손실로 인하여 에너지 소비량이 많다.
㉣ 혼합유닛에서 소음과 진동이 생긴다.
㉤ 단일덕트식보다 공간을 더 많이 차지한다.

10 ▶ 19,12,12 실건

공기조화방식 중 이중덕트방식에 관한 설명으로 옳지 않은 것은?

① 전공기방식이다.
② 부하특성이 다른 다수의 실이나 존에도 적용 할 수 있다.
③ 덕트 샤프트나 덕트 스페이스가 필요 없거나 작아도 된다.
④ 냉·온풍의 혼합으로 인한 혼합손실이 있어서 에너지 소비량이 많다.

해설 | 문제 9번 해설참조

11 ▶ 17 실건

공기조화방식 중 2중덕트 변풍량방식에 관한 설명으로 옳지 않은 것은?

① 변풍량 유닛의 설치공간이 필요하다.
② 2중덕트 정풍량방식보다 에너지 절감효과가 있다
③ 외기 풍량을 많이 필요로 하는 실에는 적용할 수 없다.
④ 최소풍량이 취출되어도 실내온도는 설정 온도 범위를 유지할 수 있다.

해설 | 변풍량(VAV)방식
각 실, 각 존별 변풍량 유닛을 설치하여 부하변동에 따라 송풍량을 조절할 수 있어 에너지 절약 효과가 있다. 외기 풍량을 많이 필요로 하는 실에는 적용이 가능하다.

12 ▶ 15 실건

공기조화방식 중 유인유닛방식에 관한 설명으로 옳은 것은?

① 유인 유닛에는 동력(전기) 배선을 하여야 한다.
② 각 유닛마다 제어가 가능하므로 개별실 제어가 가능하다.
③ 외기 냉방의 효과가 크나, 부하변동에 따른 적응성이 나쁘다.
④ 저속덕트만을 사용하므로, 마찰 손실이 적어 열매 운송동력이 적게 든다.

해설 | 유인 유닛방식
㉠ 각 유닛마다 개별 제어가 가능하다.
㉡ 고속덕트를 사용하므로 덕트 공간이 작다.
㉢ 각 유닛마다 수배관을 설치로 누수의 우려가 있다.
㉣ 냉각 가열을 동시에 하는 경우 혼합손실이 발생한다.

정답 | 09 ① 10 ③ 11 ③ 12 ②

13 ▶ 20,14,14 실전

공기조화방식 중 팬코일 유닛 방식에 관한 설명으로 옳지 않은 것은?

① 덕트 샤프트나 스페이스가 필요 없거나 작아도 된다.
② 전공기 방식이므로 수배관으로 인한 누수의 우려가 없다.
③ 유닛을 창문 밑에 설치하면 콜드 드래프트를 줄일 수 있다.
④ 각 실의 유닛은 수동으로도 제어할 수 있고, 개별 제어가 쉽다.

해설 | 팬코일 유닛(FCU) – 전수방식(물)
소형 송풍기와 냉·온수 코일 및 필터 등을 구비한 소형 공조기를 각 실에 설치하여 중앙기계실로부터 냉·온수를 공급하여 공기조화를 하는 방식이다. 외기의 공급 없이 실내공기가 반복적으로 팬코일 유닛에 순환되어 환기가 불가능하다.

3 공기조화기

14 ▶ 20,13 실전

다음 설명에 알맞은 공기조화용 송풍기의 종류는?

- 저속덕트용으로 사용된다.
- 동일 용량에 대하여 송풍기 용량이 적다.
- 날개의 끝부분이 회전방향으로 굽은 전곡형이다.

① 익형　　　　② 다익형
③ 관류형　　　④ 방사형

해설 | 다익형(원심형)(sirrocco fan)
㉠ 팬의 끝부분이 회전방향으로 굽은 전곡형이다.
㉡ 동일 용량에 대해서 송풍기 용량이 적다.
㉢ 다른 형식에 비해 회전수가 적어 주로 저속 덕트용으로 쓰인다.

15 ▶ 13 실전

아네모스텟형 취출구에 관한 설명으로 옳지 않은 것은?

① 확산형 취출구이다.
② 확산반경이 크고 도달거리가 짧다.
③ 1차 공기에 의한 2차 공기의 유인성능이 좋다.
④ 주로 벽면에 부착하여 사용되며 천장취출구로는 사용이 곤란하다.

해설 | 아네모스탯형(anemostat)
확신형 취출구의 일종으로 몇 개의 콘(cone)이 있어서 1차 공기에 의한 2차 공기의 유인성능 및 환산성능이 좋아 천장 취출구로 가장 많이 사용된다.

16 ▶ 20 실전

다음 중 축동력이 가장 적게 소요되는 송풍기 풍량제어 방법은?

① 회전수제어
② 토출댐퍼제어
③ 흡입댐퍼제어
④ 흡입베인제어

해설 | 축동력 소요가 많은 순서
토출댐퍼 제어 〉 흡입댐퍼 제어 〉 흡입베인 제어 〉 회전수 제어
㉠ 토출댐퍼 제어 : 가장 일반적 방식이며 설치 비용은 적게 드나 축동력 소요가 많다.
㉡ 회전수 제어 : 송풍기의 회전수를 조정하여 풍량을 변화시키는 방식으로 축동력이 대폭 감소되는 방식

17 ▶ 18,13 실전

다음 중 축동력이 가장 많이 소요되는 송풍기 풍량제어 방법은?

① 회전수 제어　　② 토출댐퍼 제어
③ 흡입베인 제어　④ 흡입댐퍼 제어

해설 | 문제 16번 해설참조

정답 | 13 ② 14 ② 15 ④ 16 ① 17 ②

18 ▶ 19 실건
다음 중 실내공기의 흡입구용으로만 사용되는 것은?

① 팬형
② 머시룸형
③ 브리즈 라인형
④ 아네모스탯형

해설 | 실내공기 흡입구용
㉠ 베인(vane)격자형 : 천장 및 벽부용 흡입구
㉡ 머시룸형(mushroom) : 천장이 높은 경우 바닥에 설치하는 흡입구

4 냉동설비 & 난방설비

19 ▶ 19 실건
기계적 에너지가 아닌 열에너지에 의해 냉동 효과를 얻는 냉동효과를 얻는 냉동기는?

① 터보식 냉동기
② 흡수식 냉동기
③ 스크류식 냉동기
④ 왕복동식 냉동기

해설 | 흡수식 냉동기
㉠ 증발기 → 흡수기 → 재생기 → 응축기 4가지 주요 요소로 구성
㉡ 기계적 에너지가 아닌 열에너지에 의해 냉동 효과를 얻는 냉동기

20 ▶ 18 실건
증기난방방식에 관한 설명으로 옳지 않은 것은?

① 한랭지에서 동결의 우려가 적다.
② 온수난방에 비하여 예열시간이 짧다.
③ 부하변동에 따른 실내방열량의 제어가 용이하다.
④ 열매온도가 높으므로 온수난방에 비하여 방열기의 방열면적이 작아진다.

해설 | 증기난방(steam heating)
수증기의 잠열로 난방하는 방식, 응축수는 환수관을 통하여 보일러에 환수방식으로 방열량 조절이 어렵다.

21 ▶ 20,16 실건
온수난방 방식에 관한 설명으로 옳지 않은 것은?

① 증기난방에 비해 예열시간이 짧다.
② 온수의 현열을 이용하여 난방하는 방식이다.
③ 한랭지에서는 운전정지 중에 동결의 위험이 있다.
④ 보일러 정지 후에는 여열이 남아 있어 실내 난방이 어느 정도 지속된다.

해설 | 온수난방은 증기난방에 비하여 열용량이 커서 예열시간이 길다.

22 ▶ 21 실건
복사난방에 관한 설명으로 옳지 않은 것은?

① 실내 바닥면적의 이용도가 높다.
② 열용량이 작아 방열량 조절이 용이하다.
③ 천장고가 높은 공간에서도 난방감을 얻을 수 있다.
④ 외기침입이 있는 공간에서도 난방감을 얻을 수 있다.

해설 | 복사난방(panel heating)
바닥 또는 벽과 천장 등에 관을 매설하고 온수를 공급하여 그 복사열에 의하여 실내를 난방하는 방식으로 주택, 학교 등에 이용된다. 열용량이 크므로 외기온도 급변에 따른 방열량 조절이 어렵다.

23 ▶ 20 실건
대류난방과 바닥복사난방의 비교 설명으로 옳지 않은 것은?

① 예열시간은 대류난방이 짧다.
② 실내 상하 온도 차는 바닥복사난방이 작다.
③ 거주자의 쾌적성은 대류난방이 우수하다.
④ 바닥복사난방은 난방코일의 고장 시 수리가 어렵다.

해설 | 대류난방
따뜻한 공기를 바람으로 내보내 주위를 난방하는 방식으로 온풍기 등이 있다.
※ 난방 방식 비교
쾌적감 : 복사난방 〉 온수난방 〉 증기난방 〉 온풍난방

정답 | 18 ② 19 ② 20 ③ 21 ① 22 ② 23 ③

5 보일러(boiler)

24 ▶ 19,12 실건
다음 설명에 알맞은 보일러의 종류는?

- 수직으로 세운 드럼 내의 연관 또는 수관이 있는 소규모의 패키지형으로 되어 있다.
- 설치 면적이 작고 취급이 용이하나 사용압력이 낮다.

① 입형보일러 ② 수관보일러
③ 관류보일러 ④ 주철제보일러

해설 | 입형 보일러(수직형 보일러)
　　㉠ 수직으로 세운 드럼 내에 연관 또는 수관이 있는
　　　소규모의 패키지형 보일러
　　㉡ 설치면적이 작고 취급이 간단하며 사용압력이 낮다.

25 ▶ 20,17 실건
다음 설명에 알맞은 보일러의 출력은?

연속해서 운전할 수 있는 보일러의 능력으로서 난방부하, 급탕부하, 배관부하, 예열부하의 합이며, 일반적으로 보일러 선정시에 기준이 된다.

① 상용출력 ② 정격출력
③ 정미출력 ④ 과부하출력

해설 | 정격출력
　　난방부하 + 급탕부하 + 배관부하 + 예열부하
　　연속해서 운전할 수 있는 보일러의 능력으로서 난방부하, 급탕부하, 배관부하, 예열부하의 합이며, 보통 보일러 선정시에는 정격출력에 기준을 된다.

정답 | 24 ① 25 ②

03 전기 설비

Pass Note

예상출제문항	키워드	
1	- 전압의 구성(직류, 교류) - 수변전설비 설계(수용률) - 변전실, 발전기실 위치 및 구조	- 분전반과 분기회로 - 배선공사 종류별 특성

1. 전기의 기초

1) 전류와 전압

(1) 전류(I)

전기의 흐름을 나타내는 것이며 전압에 의하여 회로에 흐르는 전하량(I)을 말한다.
전류의 대소를 나타내는 단위는 암페어(A, Ampare)이고, 기호는 I를 사용한다.

$$I = \frac{V}{R}$$

(2) 전압(V)

전압은 전기량이 이동하여 일을 할 수 있는 전위 에너지차로서 전류를 흐르게 하는 힘을 의미한다.
단위는 볼트(volt)이고, 기호는 V를 사용한다.

$$V = I \cdot R$$

(3) 저항(R)

도체의 전기 흐름을 방해하는 성질로 저항은 전선의 길이에 비례하고, 전선의 단면적에 반비례 한다.
단위는 옴(Ω)이며, 기호는 R을 사용한다.

$$R = \frac{V}{I}$$

2) 전압의 구성

구분	직류(DC)	교류(AC)
저압	1,500V 이하	1,000V 이하
고압	1,500V 초과 7,000V 이하	1,000V 초과 7,000V 이하
특별고압	7,000V 초과	7,000V 초과

전기사업법령에 따른 저압의 범위로 옳은 것은? (2021년 개정된 KEC 규정 적용됨) [24,실건18,16,12]
① 직류 500V 이하, 교류 1000V 이하
② 직류 1000V 이하, 교류 500V 이하
③ 직류 600V 이하, 교류 750V 이하
④ 교류 1000V 이하, 직류 1500V 이하

정답 ④

3) 직류와 교류

(1) 직류(DC : Direct Current)

시간에 관계없이 세기와 방향이 일정한 전기를 말하며, 주로 통신 설비, 엘리베이터등에 사용된다.

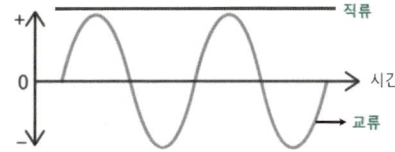

(2) 교류(AC : Alternating Current)

시간에 따라 세기와 방향이 주기적으로 변하는 전기를 말하며, 주로 일반 건물의 전등, 전열, 동력용으로 사용된다.

(3) 주파수(Frequency)

1초 동안에 전류의 같은 위상차가 반복되는 횟수를 말하며, 단위는 헤르쯔(HZ)이고 우리나라는 60HZ를 사용하고 있다.

4) 전력(P)

전기가 하는 일의 양을 의미한다.
단위는 와트(Watt/W 또는 kW)이며, 기호는 P를 사용한다.

2. 강전(强電) 설비

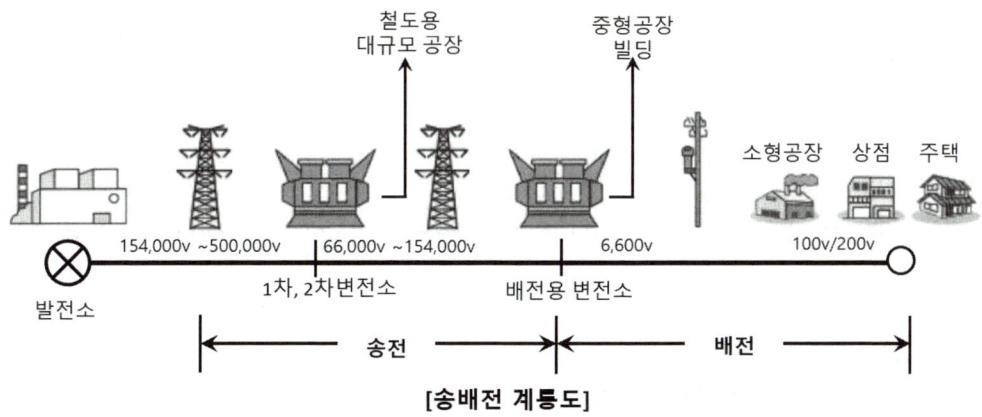

[송배전 계통도]

1) 수변전설비

발전소, 변전소, 송배전선로를 통하여 전기를 수요자에게 전력을 전달하고, 전압조절을 하기 위해 설치하는 설비를 말한다.

(1) 수변전설비 설계

① 수용률(demend factor)

최대수요전력을 구하기 위한 것으로 **최대수요전력의 총부하용량에 대한 비율**을 백분율로 표시한 것이다.

$$수용률 = \frac{최대수용전력}{부하설비용량} \times 100\%$$

② 부하율(load factor)

전기설비가 어느 정도 유효하게 사용되고 있는가를 나타내는 척도이다.

$$부하율 = \frac{부하의 평균전력}{최대수요전력} \times 100\%$$

③ 부등률(diversity factor)

수용가의 설비부하는 각 부하의 부하특성에 따라 최대수용전력 발생시각이 다르게 나타나므로 부등률을 고려하면, 변압 용량을 적정 용량으로 낮추는 효과를 가지게 된다.

$$부등률 = \frac{각 부하의 최대수요전력의 합}{최대수용전력} \times 100\%$$

 수용률, 부하율의 값은 1보다 작고 부등률 값은 1보다 크며, 대도시의 일반 건축물의 수용률은 0.6~0.7 정도이다.

예제 02 최대수요전력을 구하기 위한 것으로 총 부하설비용량에 대한 최대수요전력의 비율로 나타내는 것은? [25,22]

① 역률　　② 부하율　　③ 수용률　　④ 부등률

정답 ③

(2) 변전실의 위치 및 구조

전기 설비 용량이 어느 한도 이상이 되면 저압 인입으로는 전선이 매우 굵어지므로 고압 인입으로 하여 옥내에 설치되는 설비공간을 말한다.

① 위치
  ㉠ **부하의 중심**에 가까우며 배전에 편리한 곳
  ㉡ 전원 인입과 기기의 반출입이 용이할 것
  ㉢ 장래의 증설이나 크기의 확장성이 좋은 곳

② 구조
- ㉠ 벽은 내화 구조로 습기가 적고 누수가 없을 것
- ㉡ 환기 및 통풍 시설을 하고 채광 및 조명 시설을 할 것
- ㉢ 바닥의 하중을 고려할 것
- ㉣ 천장 높이 : 고압 → 3.0m 이상, 특별 고압 → 4.5m 이상

(3) 발전기실 위치 및 구조

① **변전실에 가까이** 위치해 있어야 한다.
② 바닥은 절연재료로 한다.
③ 벽은 내화구조, 방음과 방진구조로 한다.
④ 주위온도가 5℃ 이내로 내려가지 않아야 한다.
⑤ 발전기실의 유효높이는 발전장치 최고높이의 2배 정도로 한다.
⑥ 기타 상황은 변전실 환경과 유사함

(4) 예비 전원 설비

정전 및 돌발사태로 인하여 단전되었을 때 사용하는 전기설비이다.

① 축전지 설비 : 정전 후 충전하지 않고 30분 이상 방전할 수 있어야 한다. 병원의 수술실, 차단기 제어용, 화재 경보 장치 등에서 사용된다.
② 자가 발전 설비 : 정전 후 10초 이내에 가동되어 30분 이상 방전할 수 있어야 한다. 은행, 엘리베이터 등에서 사용된다.

> **예제 03** 전기설비용 시설공간(실)에 관한 설명으로 옳지 않은 것은? [23,실건22,18,15]
> ① 변전실은 부하의 중심에 설치한다.
> ② 발전기실은 변전실에서 멀리 떨어진 곳에 설치한다.
> ③ 중앙감시실은 일반적으로 방재센터와 겸하도록 한다.
> ④ 전기샤프트는 각 층에서 가능한 한 공급대상의 중심에 위치하도록 한다.
>
> 해설 | 발전기실은 변전실에 가까이 위치해 있어야 한다.
>
> 정답 ②

2) 배전설비

송전 되어온 전력을 사용자에게 분배하는 것을 배전이라 하며, 건물 규모에 따라(중소건물 : 저압, 대규모 건물 : 고압 또는 특고압) 전력을 인입하여 건물 내에게 간선, 분전반, 분전회로를 거쳐 배전하는 설비이다.

① 소규모 건물

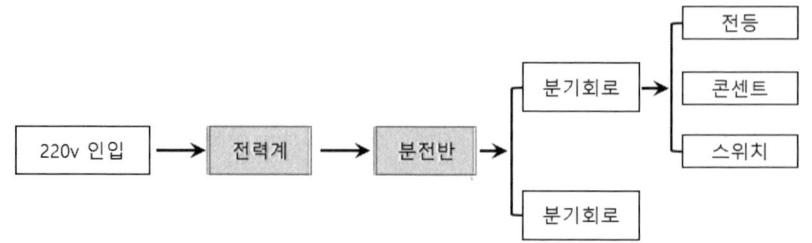

② 대규모 건물

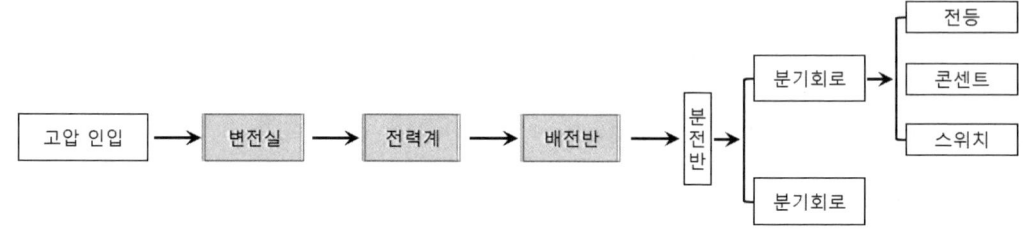

(1) 간선

건물 인입 개폐기(배선용 차단기)로 부터 각 층마다 설치된 분전반의 분기개폐기까지의 배선을 말한다.

(2) 간선 배선 설계 순서

간선 부하 용량의 산정 → 전기 방식 결정 → 배선 방식 결정 → 전선의 굵기 결정

(3) 배선공급방식(전기공급방식)

① 단상 2선식 : 보통 일반 주택 등의 소규모 건물에서 사용(110V와 220V)
② 단상 3선식 : 부하를 110V와 220V 동시 사용한다. 중, 대규모 건물 사용(110V와 220V)
③ 3상 3선식 : 공장 등의 **동력(전동기)용** 전원으로 사용(220V와 380V)
④ 3상 4선식 : **대규모 건물**이나 공장등의 전등과 동력용으로 사용(220V와 380V)

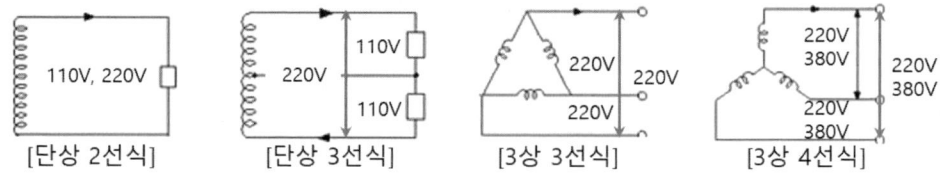

(4) 전선관의 굵기 산정 결정 3요소

전선의 허용전류(안전전류), 전압강하, 기계적 강도

예제 04 옥내 배선의 간선 굵기 결정 시 고려할 사항과 가장 거리가 먼 것은? [25,22]
① 전압강하   ② 배선방법   ③ 허용전류   ④ 기계적 강도

정답 ②

3) 분전반과 분기회로

(1) 분전반(pannel board)

분기 보안을 위해 퓨즈류를 모아 놓은 장치로서, 하나의 패널로 설계된 단위 패널의 **집합체**로 각 전선, 자동 과전류차단장치, 조명, 온도, 전력회로의 제어용 개폐기가 설치되어 있으며, **전면에서만 접근**할 수 있다. 분전반 종류로는 매입형, 반매입형, 노출벽부형과 전기 전용실에 설치 가능한 자립형이 있다.

① 설치장소
  ㉠ 각 층 **부하의 중심**에 가까울 것
  ㉡ 가급적 각 층에 설치하고 그 분기회로 수는 20회선 정도까지를 한도로 한다.
  ㉢ 고층 건물은 가능한 한 파이프 샤프트 부근에 설치할 것
  ㉣ 조작이 편리하고 안전한 곳에 설치할 것
  ㉤ 전화용 단자함이나 소화전 박스와 조화를 고려하여 배치한다.
  ㉥ 간선인입 및 분기회로의 조작에 지장이 없는 곳을 권장한다.
② 설치간격 : 분기회로의 길이가 **30m 이하**가 되도록 설치

(2) 분기회로

모든 전기기기를 안전하게 사용하기 위하여 설치하며, 건물 내의 저압 옥내 간선에서 분기하여 회로를 보호하는 최종과전류차단기와 부하 사이의 전로이다.

① 설치 시 고려사항
  ㉠ 같은 방 또는 같은 방향의 콘센트(아울렛)는 동일회로로 한다.
  ㉡ 복도, 계단 등은 가급적 동일회로로 한다.
  ㉢ 전등 및 콘센트 회로는 15A 분기회로 한다.
  ㉣ 습기가 있는 장소의 콘센트는 별도의 회로로 설치 한다.

4) 전기샤프트(ES : Electronic Shaft) 설치 시 유의사항

전기시설이 설치되고 유지, 관리를 위한 배관공간(샤프트)을 말한다.
① 각 층마다 같은 위치에 설치한다.
② 전기샤프트의 점검구 문의 폭은 900mm 이상으로 한다.
③ 전력용(EPS)과 정보통신용(TPS)은 용도별로 구분하여 설치하는 것이 원칙이다.
④ 전기샤프트의 **면적은 보, 기둥 부분을 제외**하고 산정하며, **건축적인 마감**을 시행한다.

5) 배선공사

구분	노출장소		은폐장소			
			점검 가능		점검 불가능	
	건조한 장소	습기나 물기가 있는 장소	건조한 장소	습기나 물기가 있는 장소	건조한 장소	습기나 물기가 있는 장소
애자 공사	O	O	O	O	×	×
합성수지관	O	O	O	O	O	O
금속관	O	O	O	O	O	O
가요전선관	O	O	O	O	O	O
금속몰드	O	×	O	×	×	×
플로어덕트	×	×	×	×	O	×
금속덕트	O	×	O	×	×	×
라이팅덕트	O	×	O	×	×	×

예제 05 합성수지관 배선공사에 관한 설명으로 옳지 않은 것은? [24,22]
① 화학공장, 연구실의 배선 등에 사용된다.
② 열적 영향을 받기 쉬운 곳에 주로 사용된다.
③ 관 자체가 절연체이므로 감전의 우려가 없다.
④ 기계적 외상을 받기 쉬운 곳에 사용이 곤란하다.

해설 | 합성수지관은 플라스틱재료로 열적 영향이나 기계적 외상을 받기 쉽다.

정답 ②

6) 접지공사

전기시설물의 **감전방지, 기기손상방지, 보호계전기의 동작확보**를 위해 실시하는 공사이다.
① 계통접지 : 전력계통의 이상현상을 대비하여 대지와 계통을 접속한다.
② 보호접지 : 감전보호 목적으로 기기의 한점 이상을 접지 한다.
③ 피뢰시스템 접지 : 뇌격전류를 안전하게 대지로 방류하기 위한 접지

예제 06 전기시설물의 감전방지, 기기손상방지, 보호계전기의 동작확보를 위해 실시하는 공사는? [23,실건22]
① 접지공사   ② 승압공사
③ 전압강하공사   ④ 트래킹(Tracking)공사

정답 ①

7) 배선기기

(1) 과전류 차단기

정상적인 회로 조건에서 과전류가 흐르면 **자동적으로 전로를 차단**하는 것으로 퓨즈브레이커, 서킷브레이커 등이 있다.

※ 누전차단기 : 전로(電路)에서 누전에 의한 지락전류 감전위험을 방지하기 위해 사용되는 기기로 이 장치는 전로의 정격에 적합하고, 감도(感度)가 양호하여 누전 시 전원을 자동으로 차단하는 장치이다.

(2) 스위치(개폐기)

① 나이프 스위치(knife switch) : 대리석, 사기 등의 절연대 위에 칼, 칼받이, 퓨즈 등으로 구성되어 있는 개폐기.
② 컷아웃 스위치(cut-out switch) : 소용량 보안개폐기로 안전기 또는 두꺼비집, 베이스 스위치라 한다.
③ 3로 스위치 : 3개의 단자를 구비하여 복도의 양끝, 계단의 상하 어느 곳에서도 점멸이 가능한 스위치
④ 플로트 스위치(float switch) : 옥상 물탱크의 수량을 조절하는 전동기 제어용 스위치(수위변화에 따라 부자 작동)
⑤ 기타 : 로터리 스위치, 텀블러 스위치, 푸시버튼 스위치, 풀 스위치, 코드 스위치 등

(3) 접속기

① 콘센트 : 옥내 배선과 전기 기구의 접속에 사용되며 설치 높이는 바닥 위 30cm 정도, 벽 길이는 5m마다 1개씩 설치한다.
② 로제트 : 옥내 배선과 코드를 접속할 때 사용한다.
③ 코드커넥터 : 코드와 코드를 연결할 때 사용한다.
④ 소켓 : 전구와 코드를 접속할 때 사용한다.

> **Note 배전반**
> 빌딩이나 공장에서는 송전선으로부터 고압의 전력을 받아 변압기로 저압으로 변환하여 각종 전기설비 계통으로 배전하는데, 배전을 하기 위한 장치가 배전반이다. 배전반에는 안전장치, 계기, 표시등, 계전기, 개폐기 따위를 배치하여 전로의 개폐나 기기의 제어와 감시를 쉽게 하는 것으로 스위치 보드라고도 한다.

3. 약전(弱電) 설비

1) 인터폰 설비

구내연락을 위한 구내 전용 전화로 전화기용과 확성형이 있다.

(1) 통화방식에 의한 분류

① **상호식** : 상호간에 상대를 호출, 통화하는 방식
② **모자식** : 1대의 모기에 여러 대의 자기를 접속하는 방식
③ **복합식** : 모자식과 상호식을 복합한 방식

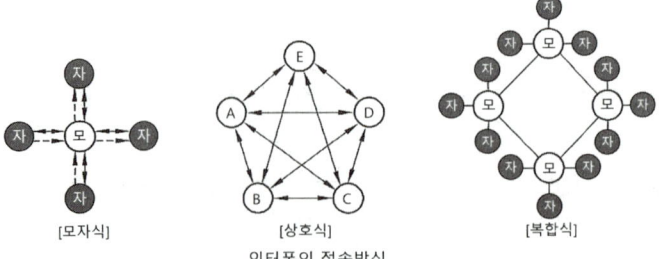

인터폰의 접속방식

 인터폰 설비의 통화망 구성방식에 따른 분류에 속하지 않는 것은? [24, 실건22]
① 모자식   ② 상호식   ③ 교차식   ④ 복합식

정답 ③

2) 안테나 설비

(1) 시공시 주의 사항
  ① 피뢰침은 보호각 내에 들어가도록 설치한다.
  ② 풍속 40m/s 정도에 견디도록 시공한다.
  ③ 강전류로부터 3m 이상 떼어서 설치한다.

(2) 구성
  정합기, 분배기, 증폭기

3) 피뢰침 설비

낙뢰에 대한 피해를 줄이고, 낙뢰 전류를 대지에 방류하는 설비
  ① 설치 대상물 : 높이 20m 이상의 건축물에 설치하도록 규정되어 있다.
  ② 보호각 : 일반 건축물은 60°, 위험물 관계 건축물은 45°로 한다.
  ③ 돌침부 : 첨단이 건축물의 맨 윗부분으로부터 25cm 이상 높아야 한다.

4) 항공장애등 설비

야간 비행하는 항공기에 대하여 항공에 장애가 되는 물건의 존재를 시각적으로 인식시키기 위한 설비이다.
  ① 지표면 또는 수면으로부터 60m 이상 높이의 건축물이나 공작물 등에 설치한다.
  ② 고광도(2,000cd), 중광도, 저광도(20cd) 항공장애등이 있다.

핵심 기출문제

03 전기 설비

1 전기 기초 및 강전(强電) 설비

01 ▶ 14 실건

전기설비의 설계도서 중 기기의 정격, 계통의 전기적 접속관계를 간단한 심볼과 약도(단선)로 나타낸 것은?

① 계통도
② 배선도
③ 배치도
④ 단선결선도

해설 | 단선결선도
전시설비 설계도서로 기기의 정격, 계통의 전기적 접속관계를 간단한 심볼과 약도(단선)로 나타낸다.

02 ▶ 19,15 실건

수용장소의 총전기설비 용량에 대한 최대수용전력의 비율을 백분율로 나타낸 것은?

① 부하율
② 부등율
③ 수용률
④ 감광보상률

해설 | 수용률(demend factor)
최대수요전력을 구하기 위한 것으로 최대수요전력의 총부하용량에 대한 비율을 백분율로 표시한 것이다.

$$수용률 = \frac{최대수용전력}{부하설비용량} \times 100\%$$

03 ▶ 19 실건

변전실의 위치 결정 시 고려할 사항으로 옳지 않은 것은?

① 부하의 중심위치에서 멀 것
② 외부로부터 전원의 인입이 편리할 것
③ 발전기실, 축전지실과 인접한 장소일 것
④ 기기를 반입, 반출하는데 지장이 없을 것

해설 | 변전실은 부하의 중심에 가까우며 배전에 편리한 곳에 설치한다.

04 ▶ 17 실건

전기설비용 시설공간(실)의 계획에 관한 설명으로 옳지 않은 것은?

① 변전실은 부하의 중심에 설치한다.
② 발전기실은 변전실에서 최소 15m 이상 떨어진 위치에 배치한다.
③ 변전실은 외부로부터 전력의 수전이 용이한 곳에 설치한다.
④ 전기샤프트는 간선의 배선과 점검 · 유지보수가 용이한 장소로 한다.

해설 | 발전기실은 변전실에서 가급적 가까이 위치에 배치한다.

05 ▶ 19,13 실건

전기설비에서 다음과 같이 정의되는 것은?

> 인입구 장치 등의 전원공급설비 혹은 비상용 발전기의 절환반과 최종 분기회로 과전류 차단장치 사이에 있는 모든 도체회로 전선

① 간선
② 나도체
③ 절연전선
④ 인입케이블

해설 | 간선
건물 인입개폐기(배선용 차단기)로 부터 각 층마다 설치된 분전반의 분기개폐기까지의 배선을 말한다.

정답 | 01 ④ 02 ③ 03 ① 04 ② 05 ①

06 ▶ 21, 14 실건

다음 설명에 알맞은 전시설비 관련 장치는?

> 하나의 패널로 조합하도록 설계된 단위 패널의 집합체로 모선이나 자동 과전류차단 장치, 조명, 온도, 전력회로의 제어용 개폐기가 설치되어 있으며, 전면에서만 접근할 수 있는

① 아웃렛 ② 분전반
③ 배전반 ④ 캐비닛

해설 | 분전반(pannel board)
분기 보안을 위해 퓨즈류를 모아 놓은 장치로서, 하나의 패널로 설계된 단위 패널의 집합체로 각 전선, 자동 과전류차단장치, 조명, 온도, 전력회로의 제어용 개폐기가 설치되어 있으며, 전면에서만 접근할 수 있다. 분전반 종류로는 매입형, 반매입형, 노출벽부형과 전기전용실에 설치 가능한 자립형이 있다.

07 ▶ 16 실건

분전반에 관한 설명으로 옳지 않은 것은?

① 분전반은 각 층마다 설치마다.
② 분전반은 분기회로의 길이가 30m 이상이 되도록 설계된다.
③ 분전반은 매입형, 반매입형, 노출벽부형과 전기전용실에 설치 가능한 자립형이 있다.
④ 분전반은 실내의 사용성을 고려하여 복도 또는 코어 부분에 설치하고 전기 배선용 샤프트(ES)가 설치된 경우 ES내에 수납한다.

해설 | 분전반은 분기회로의 길이가 30m 이하가 되도록 설계된다.

08 ▶ 14 실건

전기샤프트(ES)에 관한 설명으로 옳지 않은 것은?

① 각층마다 같은 위치에 설치한다.
② 전기샤프트의 점검구 문의 폭은 90cm 이상으로 한다.
③ 전력용과 정보통신용과 같이 용도별로 구분하여 설치하는 것이 원칙이다.
④ 전기샤프트의 면적은 보, 기둥을 포함하여 산정하고, 건축적인 마감은 하지 않는다.

해설 | 전기샤프트의 면적은 보, 기둥 부분을 제외하고 산정하며, 건축적인 마감을 시행한다.

09 ▶ 20, 13 실건

옥내의 은폐장소로서 건조한 콘크리트 바닥면에 매입하여 사용되는 것으로, 사무용 건물 등에 채용되는 배선방법은?

① 버스덕트배선 ② 금속몰드배선
③ 금속덕트배선 ④ 플로어덕트배선

해설 | 플로어덕트배선공사
은행, 회사 등의 사무실 콘크리트 바닥면에 매입하여 사용되며, 강전과 약전의 교차점에는 접속함을 사용하여 전선끼리 접촉하지 않도록 한다.

10 ▶ 19, 14 건

옥내의 습기가 많은 노출장소에 시설이 가능한 배선공사는?

① 금속관공사 ② 금속몰드공사
③ 금속덕트공사 ④ 플로어덕트공사

해설 | 금속관배선공사
㉠ 전선이 기계적으로 완전히 보호된다.
㉡ 시공이 어디나 가능하며 전선 교체가 용이하다.
㉢ 주로 콘크리트의 매입배선에 사용한다.
㉣ 전선은 접속점이 없는 절연전선을 사용한다.

정답 | 06 ② 07 ② 08 ④ 09 ④ 10 ①

11 ▶ 19,17,13 실건

전기설비에서 다음과 같이 정의되는 것은?

> 정상적인 회로조건에서 전류를 보내면서 차단할 수 있고, 또한 일정한 시간동안만 전류를 보낼 수도 있으며, 단락회로와 같은 비정상적인 특별회로조건에서 전류를 차단시키기 위한 장치

① 단로스위치 ② 절환스위치
③ 누전차단기 ④ 과전류차단기

해설 | 과전류 차단기
정상적인 회로 조건에서 과전류가 흐르면 자동적으로 전로를 차단하는 것으로 퓨즈브레이커, 서킷브레이커 등이 있다.

2 약전(弱電) 설비

12 ▶ 17 건

다음 중 약전설비에 속하는 것은?

① 변전설비 ② 전화교환설비
③ 축전지설비 ④ 자가발전설비

해설 | 약전설비
인터폰설비, 전화교환설비, 전기시계설비, 안테나 설비

13 ▶ 16 건

건축물 등에서 항공기의 추돌을 방지하기 위하여 설치하는 각종의 안전등화를 다음 중 무엇이라 하는가?

① 선회등 ② 유도로등
③ 항공등화 ④ 항공장애표시등

해설 | 항공장애등 설비
야간 비행하는 항공기에 대하여 항공에 장애가 되는 물건의 존재를 시각적으로 인식시키기 위한 설비이다.

정답 | 11 ④ 12 ② 13 ④

04 소방 설비

Pass Note

예상출제문항		키워드
0~1	– 화재의 구분 – 소화시설의 분류	– 스프링클러 설비 – 경보설비

1. 소화의 원리

1) 화재의 구분

① 일반화재(A급 화재 : 백색) : 연소 후 재를 남기는 화재. **나무, 섬유, 종이** 등
② 유류화재(B급 화재 : 황색) : 석유, 가스 등의 화재, 질식에 의한 소화가 효과적이다.
③ 전기화재(C급 화재 : 청색) : **전기**에 의한 화재. 질식에 의한 소화가 효과적이다.
　　　　　　　　　　(물에 의한 소화는 금해야 한다.)
④ 금속화재(D급 화재 : 무색) : 나트륨, 티타늄, 마그네슘 등 가연성 금속에 의한 화재

2) 소화 원리

연소는 '가연성, 산소, 열'의 3가지 조건이 만족될 때 일어나며, 소화는 이들 3가지 조건 중 하나 이상을 제거 또는 희석함으로써 연소를 정지 및 억제 시킬 수 있다.
① 냉각소화 : 액체 또는 고체를 사용하여 열을 내리는 방법(스프링클러, 물분무 등)
② 질식소화 : 가장 일반적인 방법으로 산소공급원을 차단하는 방법(이산화탄소 소화설비)
③ 제거소화 : 연소반응에 관계된 가연물을 제거하는 소화방법
④ 희석소화 : 가연물 조성 또는 산소농도를 연소 한계점 보다 묽게 희석하여 소화하는 방법

3) 소화시설의 분류

구분		종류
소방설비	소화설비	• 소화기 • 옥내소화전 • 스프링클러 • 물(포말, 이산화탄소, 할로겐)분무 • 옥외소화전
	경보설비	• 비상경보설비, 누전경보기, 자동화재탐지설비 • 자동화재속보설비, **비상방송설비**

	피난설비	• 피난기구 : 피난사다리, 공기안전매트, 완강기 • 인명구조기구 : 공기호흡기, 방열복 • 유도등, 비상조명등,
	소화용수설비	• 소화수조, 상수도 소화용수설비
	소화활동설비	• **제연설비** • **연결송수관설비** • 연결살수설비 • **무선통신보조설비** • 비상콘센트설비

> **예제 01** 소방시설은 소화설비, 경보설비, 피난설비, 소화활동설비 등으로 구분할 수 있다. 다음 중 소화활동설비에 속하지 않는 것은? [23,건20,19,18,13]
>
> ① 제연설비　　　　　　　② 연결살수설비
> ③ 비상방송설비　　　　　④ 연소방지설비
>
> **해설 |** 비상방송설비는 경보설비에 속한다.
>
> 정답 ③

2. 소화설비

소화설비는 화재 발생의 초기 진압을 목적으로 한다.

1) 소화기

① 방화대상물로부터 각 부분에서 보행거리 20m 이내(소형소화기)가 되도록 설치한다. (대형 소화기는 30m 이내)
② 바닥으로부터 1.5m 이내에 배치한다.
③ 화재안전기준에 따라 소화기구를 설치하여야 하는 특정소방물의 연면적은 바닥면적 33m² 이상이다.

2) 옥내소화전설비

건물 내에 설치하는 고정식 소화설비로 각 층 벽면에 호스, 노즐, 소화전 밸브를 내장한 소화점함을 설치하고, 화재 발생 시 물을 뿌려 소화시키는 설비이다.

(1) 설치 기준

① 방수압력 : 0.17MPa 이상
② 방수량 : 130 l /min(20분 정도 방수)
③ 설치간격 : 건물 각 층 각 부분에서 소화전까지 **수평거리는 25m 이내**
④ 소화전의 설치높이
　㉠ 송수구 : 지면으로부터 높이 0.5m 이상 1m 이하의 위치에 설치
　㉡ 방수구 : 바닥으로부터 높이 1.5m 이하

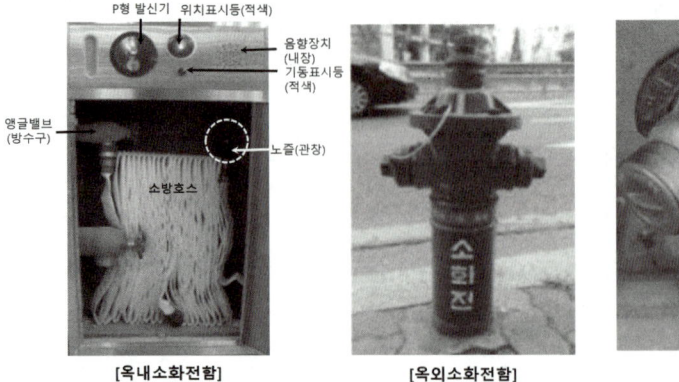

[옥내소화전함]　　[옥외소화전함]　　[연결송수구]

> **예제 02** 옥내소화전설비에 관한 설명으로 옳지 않은 것은? [25, 22]
> ① 가압송수장치의 주펌프는 전동기에 따른 펌프로 설치한다.
> ② 옥내소화전 방수구는 바닥으로부터의 높이가 1.5m 이하가 되도록 한다.
> ③ 수원의 유효저수량은 소화전의 설치개수가 가장 많은층의 소화전수에 2.3m^3를 곱한 값 이상이 되도록 한다.
> ④ 해당 특정소방대상물의 각 부분으로부터 하나의 옥내소화전 방수구까지의 수평거리가 25m 이하가 되도록 한다.
>
> **해설 |** 수원의 유효저수량은 소화전의 설치개수가 가장 많은층의 소화전수에 2.6m^3를 곱한 값 이상이 되도록 한다.
>
> 정답 ③

3) 옥외소화전설비

대규모 건물의 화재 시 건물 외부에서 물을 방사하여 소화하는 것으로, 주로 건물 1, 2층의 화재 진압을 목적으로 하는 설비이다.

(1) 설치 기준

① 방수압력 : 0.25MPa 이상
② 방수량 : 350 l /min
③ 설치간격 : 건물 각 부분에서 소화전까지 수평거리는 40m 이내
④ 설치의무 규정
　㉠ 1, 2층 바닥 면적의 합계가 9,000m^2 이상
　㉡ 옥외소화전함은 옥외소화전으로부터 5m 이내의 거리에 설치 한다.

4) 스프링클러(sprinkler)설비

화재시 열이 헤드에 전달되면 67~75℃ 정도에서 가용합금편이 녹으면서 자동적으로 물을 분사하는 자동소화설비이다.

(1) 장단점

구분	내용
장점	• 자동소화설비로 초기 화재에 절대적으로 중요 • 사람이 없을때에도 감지하여 소화 • 감지부 구조가 기계적이므로 오작동, 오보가 적다.
단점	• 초기 시공비가 많이 발생 • 물 분사로 인한 2차 피해 우려

(2) 종류

종류	특성
개방형 스프링클러헤드	• 헤드에 가용합급편이 없는 개방형 헤드를 사용하므로 화재감지기를 같이 설치하여야 하며 화재를 감지하면 일제개방밸브를 개방함과 동시에 경보를 울리고 헤드에서 일제 살수식으로 급수하게 된다. • 천장이 높은 무대 위나 공장, 창고 등에서 사용

폐쇄형
스프링클러헤드
	• 정상상태에서 방수구 **헤드 끝이 막혀** 있고 감열체가 일정 온도에서 자동적으로 파괴, 융해 또는 이탈됨으로써 방수구가 개방되는 방식
	• 습식 : ㉠ 배관 내 물이 차 있으며 가용편이 녹아 방수된다.
	        ㉡ 동파 및 누수의 우려가 있다.
	• 건식 : ㉠ 배관 내 공기가 차 있다. 누수나 동파의 우려가 있는 곳에 쓰인다.
	        ㉡ 동파 및 누수의 우려가 있다.

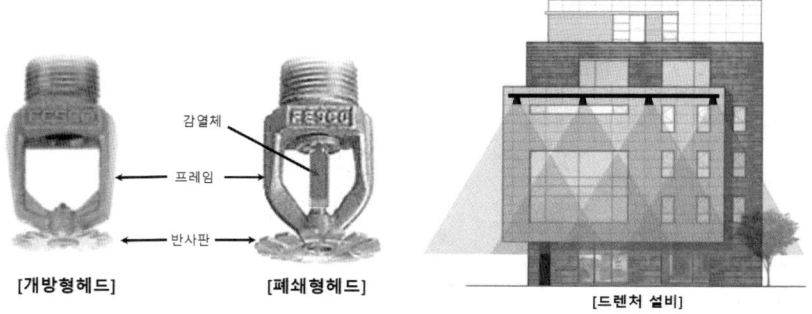

[개방형헤드]　　[폐쇄형헤드]　　[드렌처 설비]

5) 드렌처(drencher)설비

건축물의 외벽, 창, 지붕 등에 노즐을 설치하여 인접건물의 화재 시 **노즐에서의 방수로 인해 수막(water curtain)을 형성**하여 인접건물로 인한 화재의 확산을 방지하는 설비이며, 층간 방화구획을 관통하는 에스컬레이터 등의 주위로서 연소할 우려가 있는 개구부와 같이 방화구획이 되어 있지 않은 부분에 스프링클러 대신 설치하기도 한다.

3. 소화활동설비

소화활동 설비는 소방차 및 소방대원이 본격적으로 화재의 진압을 위해 필요한 소방설비이다.

1) 연결송수관설비(siamese connection)

(1) 목적

7층 이상 건축물이나 5층 이상의 연면적 6,000m² 이상의 건축물의 화재 시 소방차에 연결하여 소방차의 물을 건물 내로 공급하는 설비이다.

(2) 설치기준

① 방수구의 방수압력 : 0.35MPa 이상
② 방수량 : 2,400 l/min
③ 방수구 설치간격 : 건물 각 부분에서 방수구까지 수평거리는 50m 이내
④ 설치높이 : 바닥으로부터 높이 0.5m ~ 1m 이하

2) 연결살수설비

(1) 목적

화재 시 유독가스나 연기 때문에, 소방관 진입이 어려운 지하층 등에서 스프링클러와 유사한 개방형 헤드를 설치하고 소방대 전용 소화전인 송수구를 통하여 실내로 물을 공급하여 화재를 진압하는 설비이다.

(2) 설치대상 건축물

① 판매시설로 바닥면적 합계가 1,000m² 이상인 시설
② 지하층으로 바닥면적 합계가 150m² 이상인 시설

4. 경보설비

화재 발생 시 초기 단계에서 발생한 열 또는 연기를 자동으로 감지하여 벨, 사이렌 등의 음향장치로 신속하게 대피하도록 신호를 주는 설비이다.

1) 종류

종류			특성
감지기	열감지기	정온식 (금속팽창식)	• 주위 온도가 **일정 온도 이상**이 되면 작동 • 보일러실, 주방 등 다량의 열 발생 장소에 이용된다.
		차동식 (공기 팽창식)	• 주위 온도가 **일정 상승률 이상**이 되면 작동 • 사무실, 학교, 연구실과 같이 부착 높이 8m 미만인 장소에 이용된다.
		보상식	• 정온식 + 차동식 장점 결합
	연기감지기	광전식	• 연기 입자에 의한 광전소자의 입사광량 변화를 이용하는 방식(광량 변화 감지)
		이온화식	• 감지기에 연기가 들어가 이온 전류가 변화하는 현상을 이용하는 방식(이온 변화 감지)

 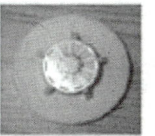   

[정온식 감지기]　　　　　[차동식 감지기]　　　　　[광전식 감지기]

예제 03 다음의 자동화재탐지설비의 감지기 중 연기감지기에 속하는 것은? [23, 건21, 15]
① 광전식　　　② 보상식　　　③ 차동식　　　④ 정온식

해설 | 연기감지기 : 광전식, 이온화식

정답 ①

핵심 기출문제

04 소방 설비

1 소화의 원리

01 ▶ 17건
다음 설명에 알맞은 화재의 종류는?

> 나무, 섬유, 종이, 고무, 플라스틱류와 같은 일반 가연물이 타고 나서 재가 남는 화재

① A급 화재 ② C급 화재
③ B급 화재 ④ K급 화재

해설 | 일반화재(A급 화재 : 백색)
연소 후 재를 남기는 화재. 나무, 섬유, 종이 등

02 ▶ 19건
다음의 보안상 비상전원이 필요한 소방용 설비 중 자가발전설비를 설치하지 않아도 되는 것은?

① 옥내소화전 설비   ② 스프링클러 설비
③ 비상콘센트 설비   ④ 무선통신보조설비

해설 | 옥내소화전 설비, 스프링클러 설비, 비상콘센트 설비는 중요소방시설로 비상전원이 필요하다.

03 ▶ 20,19,18건
소방시설은 소화설비, 경보설비, 피난구조설비, 소화용수설비, 소화활동설비로 구분할 수 있다. 다음 중 소화활동설비에 속하는 것은?

① 제연설비   ② 비상방송설비
③ 스프링클러설비 ④ 자동화재탐지설비

해설 | 소화활동설비
제연설비, 연결송수관설비, 연결살수설비, 무선통신보조설비, 비상콘센트설비

04 ▶ 18건
화재를 진압하거나 인명구조 활동을 위하여 사용하는 설비로서 제연설비, 연결송수관설비 등을 포함하는 것은?

① 소화설비
② 경보설비
③ 소화활동설비
④ 피난구조설비

해설 | 문제 3번 해설참조

05 ▶ 17건
소방시설에 속하지 않는 것은?

① 소화설비   ② 피난설비
③ 경보설비   ④ 방화설비

해설 | 소방시설
소화설비, 경보설비, 피난설비, 소용수설비, 소화활동설비로 분류된다.

06 ▶ 15건
다음의 소방시설 중 소화설비에 속하지 않는 것은?

① 옥내소화전설비
② 스프링클러설비
③ 연결송수관설비
④ 물분무등소화설비

해설 | 연결송수관설비 → 소화활동설비

정답 | 01 ① 02 ④ 03 ① 04 ③ 05 ④ 06 ③

07
▶ 13건

소방시설은 소화설비, 경보설비, 피난설비, 소화용수설비, 소화활동설비로 구분할 수 있다. 소화설비에 해당하지 않는 것은 다음 중 어느 것인가?

① 제연설비
② 포소화설비
③ 옥내소화전설비
④ 스프링클러설비

해설 | 제연설비 → 소화활동설비

2 소화·소화활동·경보설비

08
▶ 13건

정상상태에서 방수구를 막고 있는 감열체가 일정 온도에서 자동적으로 파괴·용해 또는 이탈됨으로써 방수구가 개방되는 스프링클러헤드는?

① 건식 스프링클러 헤드
② 개방형 스프링클러 헤드
③ 폐쇄형 스프링클러 헤드
④ 측벽형 스프링클러 헤드

해설 | 폐쇄형 스프링클러헤드
정상상태에서 방수구 헤드 끝이 막혀 있고 배관 내에는 항상 물이나 압축공기가 차 있어 용융편이 녹으면 곧바로 방사된다.

09
▶ 18,16건

다음의 옥내소화전설비에 관한 설명 중 ( )안에 알맞은 것은?

옥내소화전방수구는 특정소방대상물의 층마다 설치하되, 해당 특정소방대상물의 각 부분으로부터 하나의 옥내소화전방수구까지의 수평거리가 ( )m 이하가 되도록 할 것

① 25
② 30
③ 35
④ 40

해설 | 옥내소화전설비는 해당 건물 각 층 각 부분에서 옥내소화전방수구까지의 수평거리가 25m 이내로 한다.

10
▶ 17건

외부로부터의 화재에 의하여 탈 염려가 있는 건물의 외벽이나 지붕을 수막으로 덮어 연소를 방지하는 설비는?

① 드렌처설비
② 포소화설비
③ 옥외소화전설비
④ 옥내소화전설비

해설 | 드렌처(drencher)설비
건축물의 외벽, 창, 지붕 등에 노즐을 설치하여 인접건물의 화재 시 노즐에서의 방수로 인해 수막(water curtain)을 형성하여 인접건물로 인한 화재의 확산을 방지하는 설비이며, 층간 방화구획을 관통하는 에스컬레이터 등의 주위로서 연소할 우려가 있는 개구부와 같이 방화구획이 되어 있지 않은 부분에 스프링클러 대신 설치하기도 한다.

11
▶ 21,19,18,15건

자동화재탐지설비의 감지기 중 감지기 주위의 온도가 일정한 온도 이상이 되었을 때 작동하는 것은?

① 차동식감지기
② 정온식감지기
③ 광전식 감지기
④ 이온화식 감지기

해설 | 정온식(금속팽창식)
㉠ 주위 온도가 일정 온도 이상이 되면 작동
㉡ 보일러실, 주방 등 다량의 열 발생 장소에 이용된다.

정답 | 07 ① 08 ③ 09 ① 10 ① 11 ②

12 ▸ 21 건

설치된 감지기의 주변온도가 일정한 온도상승률 이상으로 되었을 경우에 작동하는 열감지기는?

① 이온화식 감지기
② 차동식 스폿형 감지기
③ 광전식 감지기
④ 정온식 스폿형 감지기

해설 | 차동식(공기 팽창식)
  ㉠ 주위 온도가 일정 상승률 이상이 되면 작동
  ㉡ 사무실, 학교, 연구실과 같이 부착 높이가 8m 미만인 장소에 이용된다.

PART 04

실내건축산업기사 과년도 기출문제
2023년~2025년

> ※ 2022년부터 시험방식이 CBT 방식으로 변경된 이후 과년도 기출문제는 유출이 어려워진 관계로 2022년 이후 과년도 문제들은 회원 수험생분들의 기억을 바탕으로 복원한 문제로 구성되어 있습니다. 일부 타 교재와 다른 문제가 있을 수 있는데 그 점은 수험생분들의 기억의 한계에서 오는 문제이니 오해 없으시길 바라며, 수험생의 기억과 과년도 문제를 종합적으로 분석하여 최대한 유사한 문제로 복원하여 구성하였으니, 교재를 믿고 공부해 주시면 좋은 성과 있을 거로 생각합니다.

과년도 기출문제
01 2023년 실내건축산업기사 1회
02 2023년 실내건축산업기사 2회
03 2023년 실내건축산업기사 3회
04 2024년 실내건축산업기사 1회
05 2024년 실내건축산업기사 2회
06 2024년 실내건축산업기사 3회
07 2025년 실내건축산업기사 1회
08 2025년 실내건축산업기사 2회
09 2025년 실내건축산업기사 3회

정답 및 해설
01 2023년 실내건축산업기사 1회
02 2023년 실내건축산업기사 2회
03 2023년 실내건축산업기사 3회
04 2024년 실내건축산업기사 1회
05 2024년 실내건축산업기사 2회
06 2024년 실내건축산업기사 3회
07 2025년 실내건축산업기사 1회
08 2025년 실내건축산업기사 2회
09 2025년 실내건축산업기사 3회

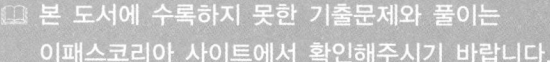
본 도서에 수록하지 못한 기출문제와 풀이는 이패스코리아 사이트에서 확인해주시기 바랍니다.

실내건축산업기사 수강신청

과년도 기출문제

04 | 실내건축산업기사 2023년 제1회

1과목　실내디자인계획

01 실내공간을 형성하는 기본 요소 중 바닥에 관한 설명으로 옳지 않은 것은?

① 바닥은 모든 공간의 기초가 되므로 항상 수평면이어야 한다.
② 하강된 바닥면은 내향적이며 주변의 공간에 대해 아늑한 은신처로 인식된다.
③ 다른 요소들이 시대와 양식에 의한 변화가 현저한데 비해 바닥은 매우 고정적이다.
④ 상승된 바닥면은 공간의 흐름이나 동선을 차단 하지만 주변의 공간과는 다른 중요한 공간으로 인식된다.

02 다음 중 부엌의 능률적인 작업순서에 따른 작업대의 배열순서로 알맞은 것은?

① 준비대 → 개수대 → 가열대 → 조리대 → 배선대
② 준비대 → 조리대 → 가열대 → 개수대 → 배선대
③ 준비대 → 개수대 → 조리대 → 가열대 → 배선대
④ 준비대 → 조리대 → 개수대 → 가열대 → 배선대

03 점과 선에 관한 설명으로 옳지 않은 것은?

① 선은 면의 한계, 면들의 교차에서 나타난다.
② 크기가 같은 두 개의 점에는 주의력이 균등하게 작용한다.
③ 곡선은 약동감, 생동감 넘치는 에너지와 속도감을 준다.
④ 배경의 중심에 있는 하나의 점은 시선을 집중시키는 효과가 있다.

04 디자인의 원리 중 대비에 관한 설명으로 가장 알맞은 것은?

① 제반요소를 단순화하여 실내를 조화롭게 하는 것이다.
② 저울의 원리와 같이 중심에서 양측에 물리적 법칙으로 힘의 안정을 구하는 현상이다.
③ 모든 시각적 요소에 대하여 극적 분위기를 주는 상반된 성격의 결합에서 이루어진다.
④ 디자인 대상의 전체에 미적 질서를 부여하는 것으로 모든 형식의 출발점이며 구심점이다.

05 다음 중 실내디자인의 레이아웃(Layout) 단계에서 고려해야 할 내용과 가장 거리가 먼 것은?

① 출입 형식 및 동선 체계
② 인체 공학적 치수와 가구의 크기
③ 바닥, 벽, 천장의 치수 및 색채 선정
④ 공간 간의 상호 연계성

06 다음과 같은 특징을 갖는 사무소 건축의 코어 형식은?

- 유효율이 높은 계획이 가능하다.
- 코어 프레임이 내력벽 및 내진 구조가 가능하므로 구조적으로 바람직한 유형이다.

① 중심 코어　　② 편심 코어
③ 양단 코어　　④ 독립 코어

07 다음 그림과 같이 '동일한 것이 군화(群化)한다.' 라는 지각 체제화의 원리와 가장 관련이 있는 것은?

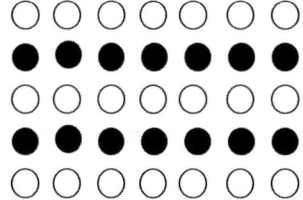

① 대칭성의 원리
② 유사성의 원리
③ 간소화의 원리
④ 폐쇄성의 원리

08 다음 중 전시공간의 규모 설정에 영향을 주는 요인과 가장 거리가 먼 것은?

① 전시방법
② 전시의 목적
③ 전시공간의 장비
④ 전시자료의 크기와 수량

09 다음 설명과 같은 전개의 목적을 가진 상점 디자인 기법은?

- 상점과 상품의 이미지를 높인다.
- 타 상점과의 차별화하기 위해 활용한다.
- 즐거운 쇼핑 분위기를 제공한다.
- 고객은 고르기 쉽고 사기 쉬우며, 판매자는 판매하기 쉽고 관리하기 쉬운 매장을 구성한다.

① 토큰 디스플레이
② 스테이지 디스플레이
③ 슈퍼 그래픽
④ VMD

10 건축물의 투시도에 관한 설명 중 옳지 않은 것은?

① 투시도의 회화적인 효과를 변화시키는 요소에는 건물 평면과 화면과의 각도, 시선의 각도, 시점의 거리 등이 있다.
② 수평선 위에 있는 수평면은 천장 부분이 보이게 되며, 수평선 아래의 수평면은 바닥이 보이게 된다.
③ 3소점 투시도는 실내투시도 또는 기념 건축물과 같은 정적인 건축물의 표현에 가장 효과적이다.
④ 물체의 크기는 화면 가까이 있는 것보다 먼 곳에 있는 것이 작아 보인다.

11 배색 방법의 하나로, 단계적으로 명도, 채도, 색상, 톤의 배열에 따라서 시각적인 자연스러움을 주는 것으로 3색 이상의 다색 배색에서 이와 같은 효과를 낼 수 있는 배색 방법은?

① 반복 배색
② 강조 배색
③ 연속 배색
④ 트리 콜로 배색

12 색채의 시인성에 가장 영향력을 미치는 것은?

① 배경색과 대상 색의 색상차가 중요하다.
② 배경색과 대상 색의 명도차가 중요하다.
③ 노란색에 흰색을 배합하면 명도차가 커서 시인성이 높아진다.
④ 배경색과 대상 색의 색상 차이는 크게 하고, 명도차는 두지 않아도 된다.

13 오스트발트의 등가색환에서의 조화에 대한 설명 중 올바른 것은? (24색상 기준)

① 색상차가 4이하 일 때 보색조화라 부른다.
② 색상차가 6~8일 때 유사색 조화라 부른다.
③ 색상차가 12일 때 이색조화라 부른다.
④ 2 간격 3 색상 조화는 매우 약한 대비의 조화가 된다.

14 컬러 TV의 화면이나 인상파 화가의 점묘법, 직물 등에서 발견되는 색의 혼색 방법은?

① 동시 감법 혼색
② 계시가법 혼색
③ 병치가법 혼색
④ 감법 혼색

15 광원에 관한 설명 중 틀린 것은?

① 광(光)의 굴절 정도는 파장이 짧은 쪽이 작고, 긴 쪽이 크다.
② 스펙트럼은 적색에서 자색에 이르는 색띠를 나타낸다.
③ 색으로 느끼지 못하는 광의 감각을 심리학상의 감각이라 한다.
④ 같은 물체라도 발광체의 종류에 따라 색이 틀리다.

16 다음 ( )안에 들어갈 내용을 순서대로 맞게 짝지은 것은?

> 컴퓨터 그래픽 소프트웨어를 활용하여 인쇄물을 제작할 경우 모니터 화면에 보이는 색채와 프린터를 통해 만들어진 인쇄물의 색채는 차이가 난다. 이런 색채 차이가 생기는 이유는 모니터는 ( ) 색채 형식을 이용하고 프린터는 ( ) 색채 형식을 이용하기 때문이다.

① HVC-RGB
② RGB-CMYK
③ CMYK-Lab
④ XYZ-Lab

17 안전색채 중 교통 환경에서 사용하는 노란색은 무엇을 의미하는가?

① 정지, 고도위험
② 주의, 경고
③ 소화, 금지
④ 안전, 진행

18 사람의 눈에 있는 망막에 대한 설명으로 옳은 것은?

① 시신경으로 통하는 수정체 부분에는 시세포가 분포되어 있다.
② 색을 구별하는 간상체와 명암을 구별하는 추상체가 있다.
③ 시세포 중 간상체는 유채색과 무채색을 모두 지각할 수 있다.
④ 망막의 중심와 부분에는 추상체가 밀집하여 분포되어 있다.

19 바르셀로나 체어를 디자인한 건축가는?

① 마르셀 브로이어(Marcel Breuer)
② 루이스 설리반(Louis Sullivan)
③ 미스 반 데어 로에(Mies Van der Rohe)
④ 프랑크 로이드 라이트(Frank Lloyd Wright)

20 한국의 전통가구에 대한 설명 중 옳은 것은?

① 한국의 전통가구로서 유물이 현존하는 것은 조선시대 초기 이후이다.
② 한국의 전통가구는 대부분 수납 가구가 주류를 이루고 있다.
③ 한국의 전통가구는 서양 가구와 같이 종류도 많고 그 크기나 모양, 장식 등이 매우 다양하다.
④ 한국의 전통가구는 현대에 와서 전혀 쓰이고 있지 못하다.

2과목 실내디자인 시공 및 재료

21 목재의 성질로 옳은 것은?
① 강도는 섬유포화점 이상에서는 함수율의 증감에 따라 변화하지 않는다.
② 기건상태의 함수율은 일반적으로 30% 정도이다.
③ 수축률은 수종에 관계없이 일정하다.
④ 심재는 변재보다 썩기 쉽다.

22 목재 가공제품에 관한 설명 중에서 옳은 것은?
① 집성목재란 구조재료보다 주로 장식재로 사용되는 인공 목재이다
② 베니어판은 함수율 변화에 따라 신축변형이 크다.
③ 코펜하겐리브는 내장 및 보온 목적으로 사용한다.
④ 파티클 보드는 음 및 열의 차단성이 우수하고 강도가 크다.

23 조적조 벽체에서 1.5B 쌓기의 두께로 옳은 것은? (단, 표준형 벽돌 사용하고 공간쌓기가 아님)
① 190mm
② 220mm
③ 280mm
④ 290mm

24 각 벽돌에 관한 설명 중 옳은 것은?
① 과소벽돌은 질이 견고하고 흡수율이 낮아 구조용으로 적당하다.
② 건축용 내화벽돌의 내화도는 500~600℃의 범위이다.
③ 중공벽돌은 방음벽, 단열벽 등에 사용된다.
④ 포도벽돌은 주로 건물 외벽의 치장용으로 사용된다.

25 석재의 성질에 관한 설명으로 옳지 않은 것은?
① 화강암은 온도상승에 의한 강도 저하가 심하다.
② 대리석은 산성비에 약해 광택이 쉽게 없어진다.
③ 부석은 비중이 커서 물에 쉽게 가라앉는다.
④ 사암은 함유광물의 성분에 따라 암석의 질, 내구성, 강도에 현저한 차이가 있다.

26 벽타일 붙이기에 대한 설명 중 옳지 않은 것은?
① 줄눈나누기 및 타일 마름질은 도면 또는 담당원의 지시에 따라 수준기, 레벨 및 다림추 등을 사용하여 기준선을 정하고 될 수 있는 대로 온장을 사용하도록 줄눈나누기한다.
② 창문선, 문선 등 개구부 둘레와 설비기구류와의 마무리 줄눈 너비는 10mm 정도로 한다.
③ 벽체 타일이 시공되는 경우 바닥 타일은 벽체 타일을 붙이기 전에 시공한다.
④ 도면에 명기된 치수에 상관없이 징두리벽은 온장타일이 되도록 나누어야 한다.

27 타일에 관한 설명으로 옳지 않은 것은?
① 일반적으로 모자이크타일 및 내장타일은 건식법, 외장타일은 습식법에 의해 제조된다.
② 바닥타일, 외부타일로는 주로 도기질 타일이 사용된다.
③ 내부벽용 타일은 흡수성과 마모저항성이 조금 떨어지더라도 미려하고 위생적인 것을 선택한다.
④ 타일은 일반적으로 내화적이며, 형상과 색조의 표현이 자유로운 특성이 있다.

28 다음 중 방청도료에 해당되지 않는 것은?
① 광명단 도료
② 규산염 도료
③ 오일 서페이서
④ 징크로메이트 도료

29 타일의 제조공정에서 건식제법에 관한 설명으로 옳지 않은 것은?

① 내장타일은 주로 건식제법으로 제조된다.
② 제조능률이 높다.
③ 치수 정도(精度)가 좋다.
④ 복잡한 형상의 것에 적당하다.

30 거푸집에 쉽게 다져 넣을 수 있고, 거푸집을 제거하면 천천히 변하는 굳지 않은 콘크리트의 성질은?

① 워커빌리티
② 피니셔빌리티
③ 컨시스턴시
④ 플라스티시티

31 미장재료 중 스스로 편평한 표면을 만드는 자체 유동성을 가진 재료로서 주로 바닥바름재로 사용하는 재료는?

① 셀프레벨링재
② 회반죽 바름
③ 시멘트 모르타르바름
④ 돌로마이트 플라스터

32 유성페인트에 관한 설명으로 옳은 것은?

① 보일유에 안료를 혼합시킨 도료이다.
② 안료를 적은 양의 물로 용해하여 수용성 교착제와 혼합한 분말상태의 도료이다.
③ 천연수지 또는 합성수지 등을 건성유와 같이 가열·융합시켜 건조제를 넣고 용제로 녹인 도료이다.
④ 니트로셀룰로오스와 같은 용제에 용해시킨 섬유계 유도체를 주성분으로 하여 여기에 합성수지, 가소제와 안료를 첨가한 도료이다.

33 창호와 창호철물과의 연결이 옳지 않은 것은?

① 회전창 - 스프링캐치
② 오르내리창 - 플로어 힌지
③ 미닫이문 - 창호바퀴와 창호레일
④ 외여닫이문 - 도어 클로저

34 다른 종류의 금속을 접촉시켰을 때 전기분해가 일어나서 이온화 경향이 큰 금속이 부식 된다. 다음 중 이온화 경향이 가장 큰 것은?

① Mg   ② Al
③ Fe   ④ Mn

35 건축용 각종 금속재료 및 제품에 관한 설명으로 옳지 않은 것은?

① 구리는 화장실 주위와 같이 암모니아가 있는 장소나 시멘트, 콘크리트 등 알칼리에 접하는 경우에는 빨리 부식하기 때문에 주의해야 한다.
② 납은 방사선의 투과도가 낮아 건축에서 방사선 차폐재료로 사용된다.
③ 알루미늄은 대기 중에서는 부식이 쉽게 일어나지만 알칼리나 해수에는 강하다.
④ 니켈은 전연성이 풍부하고 내식성이 크며 아름다운 청백색 광택이 있어 공기 중 또는 수중에서 색이 거의 변하지 않는다.

36 아래 설명에 해당하는 유리를 무엇이라고 하는가?

> 2장 또는 그 이상의 판유리사이에 유연성있는 강하고 투명한 플라스틱필름을 넣고 판유리 사이에 있는 공기를 완전히 제거한 진공상태에서 고열로 강하게 접착하여 파손되더라도 그 파편이 접착제로부터 떨어지지 않도록 만든 유리이다.

① 연마판유리   ② 복층유리
③ 강화유리   ④ 접합유리

37 수직면에 도장하였을 경우 흘러내림을 방지하기 위한 방법이 아닌 것은?

① 규정 도막을 유지한다.
② 희석량을 늘여 점도를 낮게 한다.
③ 사전에 시험도장을 하여 확인 후 도장한다.
④ airless 도장 시 팁 사이즈를 줄여 도료 토출량을 적게 하고 2차압을 높인다.

38 석탄산과 포르말린의 축합반응에 의하여 얻어지는 합성수지로서 전기절연성, 내수성이 우수하며 덕트, 파이프, 접착제, 배전판 등에 사용되는 열경화성 합성수지는?

① 페놀수지　② 염화비닐수지
③ 아크릴수지　④ 불소수지

39 다음 용어의 설명 중 옳지 않은 것은?

① 이벤트(event) - 작업과 작업을 결합하는 점 및 시점, 종료점
② 패스(path) - 네트워크 중 둘 이상의 작업이 이어짐
③ 플로우트(float) - 작업의 여유시간
④ 액티비티(activity) - 작업을 수행하는데 필요한 시간

40 속빈 콘크리트 블록(KS F 4002)의 성능을 평가하는 시험항목과 거리가 먼 것은?

① 기건 비중 시험
② 전 단면적에 대한 압축강도 시험
③ 내충격성 시험
④ 흡수율 시험

3과목 실내디자인 환경

41 건축물 외벽의 표면결로 방지 방법으로 옳지 않은 것은?

① 냉교현상을 없앤다.
② 실내에서 발생하는 수증기를 억제한다.
③ 환기에 의해 실내 절대습도를 저하한다.
④ 실내벽 표면온도를 실내공기의 노점온도보다 낮게 한다.

42 실내음향에 관한 설명으로 옳지 않은 것은?

① 잔향시간은 실내 용적이 클수록 길어진다.
② 잔향시간은 실내의 흡음력이 작을수록 길어진다.
③ 강당과 음악당의 최적 잔향시간을 비교하면 강당의 잔향시간이 더 길어야 한다.
④ 잔향시간이란 실내의 음압레벨이 초기값보다 60dB 감쇠할 때까지의 시간을 말한다.

43 실의 용적이 5,000㎥이고 필요 환기량이 10,000㎥/h일 때, 환기횟수는 시간당 몇 회인가?

① 0.5회　② 1회　③ 2회　④ 4회

44 조명의 4요소에 해당하지 않는 것은?

① 조도　② 명도
③ 대비　④ 움직임(노출시간)

45 천창채광에 관한 설명으로 옳지 않은 것은?

① 비막이에 불리하다.
② 조도 분포의 균일화에 유리하다.
③ 측창채광에 비해 채광량이 적다.
④ 근린의 상황에 따라 채광을 방해받는 경우가 적다.

46 급수방식 중 고가수조방식에 관한 설명으로 옳지 않은 것은?
① 급수압력이 일정하다.
② 단수 시에도 일정량의 급수가 가능하다.
③ 대규모의 급수 수요에 쉽게 대응할 수 있다.
④ 위생성 및 유지·관리 측면에서 가장 바람직한 방식이다.

47 가옥 트랩으로서 옥내 배수 수평 주관의 말단 등 가옥 내 배수 기구에 부착하여 공공 하수관으로부터 해로운 가스가 집 안으로 침입하는 것을 방지하고, 부엌용 개수기류에 사용하는 경우가 많은 트랩은?
① S트랩   ② P트랩
③ U트랩   ④ 드럼 트랩

48 음의 물리적 특성에 대한 설명으로 옳지 않은 것은?
① 음이 1초 동안에 진동하는 횟수를 주파수라고 한다.
② 인간의 귀로 들을 수 있는 주파수 범위를 가청주파수라고 한다.
③ 기온이 높아지면 공기 중에 전파되는 음의 속도도 증가한다.
④ 공기 중으로 전달되는 음파의 전파속도는 주파수와 비례한다.

49 옥내의 은폐장소로서 건조한 콘크리트 바닥면에 매입하여 사용되는 것으로, 사무용 건물 등에 채용되는 배선방법은?
① 버스덕트배선
② 금속몰드배선
③ 금속덕트배선
④ 플로어덕트배선

50 지하층의 비상탈출구에 관한 기준으로 옳지 않은 것은?
① 비상탈출구의 유효너비는 0.75m 이상으로 하고, 유효높이는 1.5m 이상으로 할 것
② 비상탈출구의 진입부분 및 피난통로에는 통행에 지장이 있는 물건을 방치하거나 시설물을 설치하지 아니할 것
③ 비상탈출구의 문은 피난방향으로 열리도록 하고, 실내에서 항상 열 수 있는 구조로 하여야 하며, 내부 및 외부에는 비상탈출구의 표시를 할 것
④ 비상탈출구는 출입구로부터 3m 이내에 설치할 것

51 비상용승강기 승강장의 구조에 관한 기준 내용으로 옳지 않은 것은?
① 채광이 되는 창문이 있거나 예비전원에 의한 조명설비를 할 것
② 벽 및 반자가 실내에 접하는 부분의 마감재료는 불연재료로 할 것
③ 승강장의 바닥면적은 비상용승강기 1대에 대하여 $5m^2$ 이상으로 할 것
④ 노대 또는 외부를 향하여 열 수 있는 창문이나 배연설비를 설치할 것

52 단독경보형감지기를 설치하여야 하는 특정소방대상물에 해당되지 않는 것은?
① 연면적 $800m^2$인 아파트
② 연면적 $600m^2$인 유치원
③ 수련시설 내에 있는 합숙소로서 연면적이 $1500m^2$인 것
④ 연면적 $500m^2$인 숙박시설

53 제연설비를 설치해야 할 특정소방대상물이 아닌 것은?
① 특정소방대상물(갓복도형 아파트 등은 제외한다)에 부설된 특별피난계단 또는 비상용 승강기의 승강장
② 지하가(터널은 제외한다)로서 연면적이 500㎡인 것
③ 문화 및 집회시설로서 무대부의 바닥면적이 300㎡인 것
④ 지하가 중 예상 교통량, 경사도 등 터널의 특성을 고려하여 행정안전부령으로 정하는 터널

54 연결송수관설비 방수구의 호스접결구의 설치위치로 옳은 것은?
① 바닥으로부터 높이 0.5m 이상 1m 이하의 위치
② 바닥으로부터 높이 0.5m 이상 1.5m 이하의 위치
③ 바닥으로부터 높이 1m 이상 1.5m 이하의 위치
④ 바닥으로부터 높이 1m 이상 2m 이하의 위치

55 자동화재탐지설비의 감지기 중 주위의 공기에 일정농도 이상의 연기가 포함되었을 때 동작하는 감지기는?
① 불꽃 감지기
② 이온화식 감지기
③ 차동식 감지기
④ 보상식 스포트형 감지기

56 욕실 또는 조리장의 바닥과 그 바닥으로부터 높이 1m까지의 안벽의 마감을 내수재료로 하여야 하는 대상에 속하지 않는 것은?
① 숙박시설의 욕실
② 공동주택의 욕실
③ 제1종 근린생활시설 중 목욕장의 욕실
④ 제1종 근린생활시설 중 휴게음식점의 조리장

57 장애인·노인·임산부 등의 편의증진 보장에 관한 법률상 정의된 용어설명 중 가장 부적당한 것은?
① "편의시설"이라 함은 장애인등이 생활을 영위함에 있어 이동과 시설이용의 편리를 도모하고 정보에의 접근을 용이하게 하기 위한 시설과 설비를 말한다.
② "시설주"라 함은 이 법에서 정하는 대상 시설의 소유자 또는 관리자를 말한다.
③ "시설주관기관"이라 함은 편의시설의 설치 및 운영에 관하여 지도와 감독을 행하는 중앙행정기관의 장과 특별시장·광역시장·도지사 및 시장·군수·구청장을 말한다.
④ "공동주택"이라 함은 건축법에 따른 공동주택을 말한다.

58 옥상광장 또는 2층 이상인 층에 있는 노대(露臺)나 그 밖에 이와 비슷한 것의 주위에는 최소얼마 높이 이상의 난간을 설치하여야 하는가?
① 0.7m
② 0.9m
③ 1.0m
④ 1.2m

59 환기구(건축물의 환기설비에 부속된 급기 및 배기를 위한 건축구조물의 개구부)는 보행자 및 건축물 이용자의 안전이 확보되도록 바닥으로부터 몇 m 이상의 높이에 설치하여야 하는가?
① 1m
② 1.5m
③ 2m
④ 2.5m

60 다음의 배연설비에 관한 기준내용 중 ( ) 안에 해당되지 않는 건축물의 용도는?

> 6층 이상인 건축물로서 (　　)의 거실에는 국토해양부령으로 정하는 기준에 따라 배연설비를 하여야 한다. 다만, 피난층인 경우에는 그러하지 아니하다.

① 공동주택　　② 종교시설
③ 의료시설　　④ 숙박시설

과년도 기출문제

05 실내건축산업기사 2023년 제2회

1과목 실내디자인계획

01 실내를 구성하는 기본 요소 중 바닥에 관한 설명으로 옳지 않은 것은?

① 외부로부터 추위와 습기를 차단한다.
② 수평 방향을 차단하여 공간을 형성한다.
③ 고저 차에 의해 공간의 영역을 조정할 수 있다.
④ 인간의 감각 중 촉각적 요소와 관계가 밀접하다.

02 단위 공간 사용자의 특성, 사용 목적, 사용 시간, 사용 빈도 등을 고려하여 전체 공간을 몇 개의 생활권으로 구분하는 실내디자인의 과정은?

① 치수 계획
② 조닝 계획
③ 규모 계획
④ 재료 계획

03 바탕과 도형의 관계에서 도형이 되기 쉬운 조건에 관한 설명으로 옳지 않은 것은?

① 규칙적인 것은 도형으로 되기 쉽다.
② 바탕 위에 무리로 된 것은 도형으로 되기 쉽다.
③ 명도가 높은 것보다 낮은 것이 도형으로 되기 쉽다.
④ 이미 도형으로서 체험한 것은 도형으로 되기 쉽다.

04 상품의 유효 진열 범위에서 고객의 시선이 자연스럽게 머물고, 손으로 잡기에 편한 높이인 골든 스페이스(Golden Space)의 범위는?

① 450~850mm
② 850~1,250mm
③ 1,300~1,500mm
④ 1,500~1,700mm

05 사방에서 감상해야 할 필요가 있는 조각물이나 모형을 전시하기 위해 벽면에서 띄어놓아 전시하는 방법은?

① 아일랜드 전시
② 하모니카 전시
③ 파노라마 전시
④ 디오라마 전시

06 상점 구성의 기본이 되는 상품 계획을 시각적으로 구체화함으로 상점 이미지를 경영 전략적 차원에서 고객에게 인식시키는 표현 전략은?

① VMD
② 슈퍼그래픽
③ 토큰 디스플레이
④ 스테이지 디스플레이

07 공동주택의 평면형식 중 계단실형(홀형)에 관한 설명으로 옳은 것은?

① 통행부의 면적이 작아 건물의 이용도가 높다.
② 1대의 엘리베이터에 대한 이용 가능한 세대 수가 가장 많다.
③ 각 층에 있는 공용 복도를 통해 각 세대로 출입하는 형식이다.
④ 대지의 이용률이 높아 도심지 내의 독신자용 공동주택에 주로 이용된다.

08 업무 공간 계획 중 오픈 오피스(open office)의 단점으로 옳은 것은?

① 공간을 절약할 수 있다.
② 밀접한 팀워크가 필요할 때 유리하다.
③ 청각에 대한 프라이버시의 확보가 어렵다.
④ 작업 패턴의 변화에 따른 조절이 가능하다.

09 와이어 프레임 모델(Wire-frame model)의 설명이 아닌 것은?

① 면과 면이 만나는 선만으로 입체를 생성한다.
② 처리 속도가 빠르다.
③ 입체물의 무게감, 부피, 실체감 등을 표현한다.
④ 작업 초기에 진행되며, 가장 기본적인 모델링이다.

10 다음 설명에 알맞은 실내공간의 구성요소는?

- 공간을 형성하는 수평적 요소이다.
- 시각적 흐름이 최종적으로 멈추는 곳이기에 지각의 느낌에 영향을 미친다.

① 지붕   ② 바닥
③ 천장   ④ 개구부

11 다음의 색광 중 파장이 가장 짧은 것은?

① 빨간색   ② 초록색
③ 파란색   ④ 노란색

12 다음 중 물체표면의 색과 관계있는 것은?

① 분광조성   ② 분광반사율
③ 스펙트럼   ④ 단색광

13 색채의 수반 감정에 대한 설명으로 잘못된 것은?

① 난색계통의 고명도 색상은 흥분감을 주며, 몸의 기능을 촉진시켜 내분비 작용을 활발하게 해 준다.
② 한색계통의 저명도 색상은 진정작용의 효과가 있다.
③ 동일한 색채의 큰 면적은 작은 면적보다 채도와 명도가 상승되어 보인다.
④ 한색계통의 색채가 난색계통의 색채보다 주목성이 높다.

14 디지털 색채 시스템 중 HSB 시스템에 대한설명으로 옳지 않은 것은?

① 먼셀의 색채 개념인 색상, 명도, 채도를 중심으로 선택하도록 되어 있다.
② 프로그램 상에서는 H모드, S모드, B모드를 볼 수 있다.
③ B모드는 색상을 선택하는 방법이다.
④ S모드는 채도, 즉 색채의 포화도를 선택하는 방법이다.

15 색에 관한 설명 중 잘못된 것은?

① 황색은 녹색보다 진출하여 보인다.
② 주황색은 녹색보다 따뜻하게 느껴진다.
③ 황색은 청색보다 커 보인다.
④ 황색은 녹색보다 무겁게 느껴진다.

16 색의 연상에 대한 설명으로 틀린 것은?

① 개인의 경험, 기억, 사상, 의견 등이 색의 이미지에 반영된다.
② 유채색은 연상이 강하며, 무채색은 추상적이다.
③ 빨강, 파랑, 노랑 등 원색과 같은 해맑은 톤 일수록 연상 언어가 많다.
④ 색을 보았을 때 시각적인 표면색을 의미한다.

17 하나의 색만을 변화시키거나 더함으로써 디자인 전체의 배색을 변화시킬 수 있다는 '베졸드(Willhelm Von Bezold)의 효과'는 다음 중 어떤 원리를 이용한 것인가?
① 회전혼합 ② 감산혼합
③ 병치혼합 ④ 가산혼합

18 먼셀의 색채조화 원리에 대한 설명으로 틀린 것은?
① 평균명도가 N5가 되는 색들은 조화된다.
② 중간 정도 채도의 보색은 동일 면적으로 배색할 때 조화를 이룬다.
③ 명도는 같으나 채도가 다른 색들은 조화를 이룬다.
④ 색상이 다른 여러 색을 배색할 경우 동일한 명도와 채도를 적용하면 조화를 이루지 못한다.

19 거실의 가구 배치에 관한 설명으로 옳지 않은 것은?
① ㄱ자형은 시선이 마주치지 않아 안정감이 있다.
② 일자형은 거실의 폭이 좁은 경우에 많이 이용된다.
③ 대면형은 일자형에 비해 가구 자체가 차지하는 면적이 작다.
④ ㄷ자형은 단란한 분위기를 주며 여러 사람과의 대화 시에 적합하다.

20 시스템 가구에 관한 설명으로 옳지 않은 것은?
① 단순미가 강조된 가구로 수납 기능은 떨어진다.
② 규격화된 단위 구성재의 결합으로 가구의 통일과 조화를 도모할 수 있다.
③ 기능에 따라 여러 가지 형태로 조립, 해체가 가능하여 배치의 합리성을 도모할 수 있다.
④ 모듈계획을 근간으로 규격화된 부품을 구성하여 시공 기간 단축 등의 효과를 가져올 수 있다.

2과목 실내디자인 시공 및 재료

21 목재의 일반적인 성질에 대한 설명으로 옳지 않은 것은?
① 석재나 금속에 비하여 가공하기가 쉽다.
② 건조한 것은 타기 쉽고 건조가 불충분한 것은 썩기쉽다.
③ 열전도율이 커서 보온재료로 사용이 곤란하다.
④ 아름다운 색채와 무늬로 장식효과가 우수하다.

22 건조 전 중량 5kg인 목재를 건조시켜 전건중량이 4kg이 되었다면 이 목재의 함수율은 몇 %인가?
① 18% ② 20%
③ 25% ④ 40%

23 1종 점토벽돌의 압축강도는 최소 얼마 이상인가?
① 8.87MPa ② 14.70MPa
③ 20.59MPa ④ 24.50MPa

24 조적식 구조의 벽에 설치하는 창, 출입구 등의 개구부 설치기준으로 틀린 것은?
① 각 층의 대린벽으로 구획된 각 벽에 있어서 개구부의 폭의 합계는 그 벽의 길이의 1/2 이하로 하여야 한다.
② 하나의 층에 있어서의 개구부와 그 바로 윗층에 있는 개구부와의 수직거리는 최소 900mm 이상으로 하여야 한다.
③ 폭이 1.8m를 넘는 개구부의 상부에는 철근 콘크리트구조의 윗 인방을 설치하여야 한다.
④ 조적식 구조인 내어민창 또는 내어쌓기창은 철골 또는 철근콘크리트로 보강하여야 한다.

25 건축재료 중 압축강도가 일반적으로 가장 큰 것부터 작은 순서로 나열된 것은?

① 화강암 - 보통콘크리트 - 시멘트벽돌 - 참나무
② 보통콘크리트 - 화강암 - 참나무 - 시멘트벽돌
③ 화강암 - 참나무 - 보통콘크리트 - 시멘트벽돌
④ 보통콘크리트 - 참나무 - 화강암 - 시멘트벽돌

26 비철금속에 관한 설명으로 옳은 것은?

① 이온화 경향이 높을수록 부식되기 어렵다.
② 동의 전기전도율, 열전도율은 은 다음으로 높다.
③ 알루미늄은 산에는 침식되지만 내해수성은 우수하다.
④ 아연은 내산, 내알칼리성이 우수하여 도금제로 사용된다.

27 마름돌이 두드러진 부분을 쇠메로 쳐서 대강 다듬는 정도의 돌 표면 마무리 기법을 무엇이라 하는가?

① 혹두기   ② 도드락다듬
③ 잔다듬   ④ 버너구이 마감

28 타일의 제조공정에서 건식제법에 관한 설명으로 옳지 않은 것은?

① 내장타일은 주로 건식제법으로 제조된다.
② 제조능률이 높다.
③ 치수 정도(精度)가 좋다.
④ 복잡한 형상의 것에 적당하다.

29 도막 방수재료의 특징으로 옳지 않은 것은?

① 복잡한 부위의 시공성이 좋다.
② 누수 시 결함 발견이 어렵고, 국부적으로 보수가 어렵다.
③ 신속한 작업 및 접착성이 좋다.
④ 바탕면의 미세한 균열에 대한 저항성이 있다.

30 수지를 지방유와 가열융합하고, 건조제를 첨가한 다음 용제를 사용하여 희석하여 만든 도료는?

① 유성바니시   ② 래커
③ 유성페인트   ④ 내열도료

31 각종 단열재에 관한 설명으로 옳지 않은 것은?

① 암면은 암석으로부터 인공적으로 만들어진 내열성이 높은 광물섬유를 이용하여 만드는 제품으로 단열성, 흡음성이 뛰어나다.
② 세라믹 파이버의 원료는 실리카와 알루미나이며, 알루미나의 함유량을 늘리면 내열성이 상승한다.
③ 경질 우레탄폼은 방수성, 내투습성이 뛰어나기 때문에 방습층을 겸한 단열재로 사용된다.
④ 펄라이트 판은 천연의 목질섬유를 원료로 하며, 단열성이 우수하여 주로 건축물의 외벽 단열재 바름에 사용된다.

32 다음 중 수경성 미장재료가 아닌 것은?

① 시멘트모르타르
② 돌로마이트 플라스터
③ 인조석 바름
④ 석고 플라스터

33 물시멘트비가 60%, 단위시멘트량이 300kg/m^3일 경우 필요한 단위수량은?

① 150 kg/m^3 ② 180 kg/m^3
③ 210 kg/m^3 ④ 340 kg/m^3

34 시멘트 종류에 따른 사용용도를 나타낸 것으로 옳지 않은 것은?

① 조강 포틀랜드시멘트 - 한중콘크리트 공사
② 중용열 포틀랜드시멘트 - 매스콘크리트 및 댐공사
③ 고로시멘트 - 타일 줄눈공사
④ 내황산염 포틀랜드시멘트 - 온천지대나 하수도공사

35 바람벽이 바탕에서 떨어지는 것을 방지하는 역할을 하는 것으로서 충분히 건조되고 질긴 삼, 어저귀, 종려털 또는 마닐라 삼을 사용하는 재료는?

① 라프코트(rough coat)
② 수염
③ 리신바름(lithin coat)
④ 테라조바름

36 그림과 같은 네트워크 공정표에서 주공정선(Critical path)은?

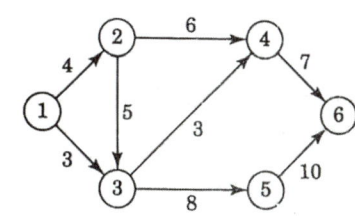

① ① → ③ → ⑤ → ⑥
② ① → ② → ④ → ⑥
③ ① → ② → ③ → ④ → ⑥
④ ① → ② → ③ → ⑤ → ⑥

37 투명도가 높으므로 유기 유리라는 명칭이 있고 착색이 자유로워 채광판, 도어판, 칸막이판 등에 이용되는 것은?

① 아크릴 수지   ② 알키드 수지
③ 멜라민 수지   ④ 폴리에스테르 수지

38 다음 중 천연 접착제에 속하지 않은 것은?

① 대두교   ② 카세인
③ 멜라민 수지   ④ 아교

39 각종 색유리의 작은 조각을 도안에 맞추어 절단하여 조합해서 만든 것으로 성당의 창 등에 사용되는 유리제품은?

① 내열유리
② 유리타일
③ 샌드블라스트유리
④ 스테인드글라스

40 다음 중 벽돌벽의 균열 원인이 아닌 것은?

① 기초의 부동침하
② 건물 벽면의 불합리한 배치
③ 벽돌 강도보다 강한 모르타르 사용
④ 이질재와 접합

3과목　실내디자인 환경

41 구조체의 열용량에 관한 설명으로 옳지 않은 것은?
① 건물의 창면적비가 클수록 구조체의 열용량은 크다.
② 건물의 열용량이 클수록 외기의 영향이 작다.
③ 건물의 열용량이 클수록 실온의 상승 및 하강 폭이 작다.
④ 건물의 열용량이 클수록 외기온도에 대한 실내온도 변화의 시간지연이 있다.

42 다음 설명에 알맞은 조명과 관련된 용어는?

> 태양광(주광)을 기준으로 하여 어느 정도 주광과 비슷한 색상을 연출할 수 있는지를 나타내는 지표

① 주광률　② 연색성
③ 색온도　④ 조명률

43 다음 설명에 알맞은 건축화 조명의 종류는?

> 사용자의 얼굴에 적당한 조도를 분배하기 위해 벽면이나 천장면의 일부를 돌출시켜 조명을 설치하고 아래로 비춘다. 주로 카운터 상부, 욕실의 세면대 상부 등에 설치된다.

① 광창 조명　② 코브 조명
③ 광천장 조명　④ 캐노피 조명

44 결로에 관한 설명으로 옳지 않은 것은?
① 실내공기의 노점온도보다 벽체표면온도가 높을 경우 외부결로가 발생할 수 있다.
② 여름철의 결로는 단열성이 높은 건물에서 고온다습한 공기가 유입될 경우 많이 발생한다.
③ 일반적으로 외단열 시공이 내단열 시공에 비하여 결로 방지기능이 우수하다.
④ 결로방지를 위하여 환기를 통하여 실내의 절대습도를 낮게 한다.

45 차음성이 높은 재료의 특징으로 볼 수 없는 것은?
① 재질이 단단한 것
② 재질이 무거운 것
③ 재질이 치밀한 것
④ 재질이 다공질인 것

46 물 0.5kg을 15℃에서 70℃로 가열하는 데 필요한 열량은 얼마인가? (단, 물의 비열은 4.2kJ/kg℃ 이다.)
① 27.5kJ　② 57.75kJ
③ 115.5kJ　④ 231.5kJ

47 공기의 성질에 관한 설명 중 옳지 않은 것은?
① 공기를 가열하면 상대습도는 낮아진다.
② 공기를 냉각하면 절대습도는 높아진다.
③ 건구온도와 습구온도가 동일하면 상대습도는 100% 이다.
④ 습구온도는 건구온도보다 높을 수 없다.

48 정전으로 인한 단수의 염려가 없고, 저수 탱크가 필요없으며, 위생성 및 유지, 관리 측면에서 가장 바람직한 급수 방식은?
① 고가탱크 방식
② 압력탱크 방식
③ 수도직결 방식
④ 탱크없는 부스터 방식

49 건물 내의 배수계통에 통기관을 설치하는 목적으로 옳지 않은 것은?
① 배수관 내의 환기를 위하여
② 배수관이 막혔을 때 예비로 사용하기 위하여
③ 트랩의 봉수를 보호하기 위하여
④ 배수관 내의 물의 흐름을 원활하게 하기 위하여

50 변전실의 위치에 대한 설명 중 옳지 않은 것은?

① 가능한 한 부하의 중심에서 먼 장소일 것
② 외부로부터 전선의 인입이 쉬운 곳일 것
③ 습기와 먼지가 적은 곳일 것
④ 전기 기기의 반출입이 용이할 것

51 건축물에 설치하는 굴뚝에 관한 기준으로 옳지 않은 것은?

① 굴뚝의 옥상 돌출부는 지붕 면으로부터의 수직거리를 1m 이상으로 할 것
② 굴뚝의 상단으로부터 수평거리 1m 이내에 다른 건축물이 있는 경우에는 그 건축물의 처마보다 1.5m 이상 높게 할 것
③ 금속제 굴뚝으로서 건축물의 지붕속, 반자 위 및 가장 아랫바닥 밑에 있는 굴뚝의 부분은 금속 외의 불연재료로 덮을 것
④ 금속제 굴뚝은 목재 기타 가연재료로부터 15cm 이상 떨어져서 설치할 것

52 비상용승강기 승강장의 구조에 대한 기준으로 옳지 않은 것은?

① 승강장의 바닥면적은 비상용승강기 1대에 대하여 10㎡ 이상으로 할 것
② 벽 및 반자가 실내에 접하는 부분의 마감재료는 불연재료로 할 것
③ 채광이 되는 창문이 있거나 예비전원에 의한 조명설비를 할 것
④ 피난층이 있는 승강장의 출입구로부터 도로 또는 공지에 이르는 거리가 30m 이하일 것

53 경보설비의 종류가 아닌 것은?

① 누전경보기   ② 자동화재탐지설비
③ 비상방송설비 ④ 무선통신보조설비

54 다음에서 설명하는 것으로 옳은 것은?

> 건축물의 노후화를 억제하거나 기능 향상 등을 위하여 대수선하거나 건축물의 일부를 증축 또는 개축하는 행위를 말한다.

① 리모델링   ② 리빌딩
③ 리노베이션 ④ 대수선

55 단독주택의 거실에 있어 거실 바닥면적에 대한 채광면적(채광을 위하여 거실에 설치하는 창문등의 면적)의 비율로서 옳은 것은?

① 1/7 이상   ② 1/10 이상
③ 1/15 이상   ④ 1/20 이상

56 문화 및 집회시설 중 공연장의 개별 관람실(바닥면적이 300㎡ 이상인 경웅)의 출구의 유효 너비로 옳은 것은?

① 1.2m   ② 1.5m
③ 1.8m   ④ 2.0m

57 건축물에 건축설비를 설치하는 경우 관계전문기술자의 협력을 받아야 하는 대상 건축물의 연면적 기준은? (단, 창고시설 제외)

① 1,000㎡ 이상   ② 2,000㎡ 이상
③ 5,000㎡ 이상   ④ 10,000㎡ 이상

58 20층의 아파트를 건축하는 경우 6층 이상 거실 바닥면적의 합계가 12,000㎡일 경우에 승용승강기 최소 설치대수는? (단, 15인승 이하 승용승강기임)

① 2대   ② 3대
③ 4대   ④ 5대

59 다음은 옥내소화전설비의 방수구에 관한 기준내용이다. ( )안에 알맞은 것은?

> 특정소방대상물의 층마다 설치하되, 해당 특정소방대상물의 각 부분으로부터 하나의 옥내소화전방수구까지의 수평거리가 ( ) 이하가 되도록 할 것. 다만, 복층형 구조의 공동주택의 경우에는 세개의 출입구가 설치된 층에만 설치할 수 있다.

① 10m ② 15m
③ 20m ④ 25m

60 스프링클러설비를 설치하여야 하는 특정소방대상물에 대한 기준으로 옳은 것은?

① 창고시설(물류터미널은 제외한다.)로서 바닥면적 합계가 3000㎡ 이상인 경우에는 모든 층
② 판매시설, 운수시설 및 창고시설(물류터미널에 한정한다.)로서 바닥면적의 합계가 3000㎡ 이상이거나 수용인원이 300명 이상인 경우에는 모든 층
③ 숙박이 가능한 수련시설로서 해당용도로 사용되는 바닥면적의 합계가 600㎡ 이상인 경우 모든 층
④ 종교시설(주요구조부가 목조인 것은 제외)의 경우 수용인원이 50명 이상인 경우 모든 층

과년도 기출문제

06 실내건축산업기사 2023년 제3회

1과목 실내디자인계획

01 디자인 요소 중 선에 관한 설명으로 옳지 않은 것은?

① 선은 면이 이동한 궤적이다.
② 선을 포개면 패턴을 얻을 수 있다.
③ 많은 선을 나란히 놓으면 면을 느낀다.
④ 선은 어떤 형상을 규정하거나 한정한다.

02 다음 중 질감(texture)에 관한 설명으로 옳은 것은?

① 스케일에 영향을 받지 않는다.
② 무게감은 전달할 수 있으나 온도감을 표현할 수 없다.
③ 촉각 또는 시각으로 지각할 수 있는 물체 표면상의 특징을 말한다.
④ 유리, 빛을 내는 금속류, 거울 같은 반사율이 낮아 차갑게 느껴진다.

03 노인 침실계획에 관한 설명으로 옳지 않은 것은?

① 일조량이 충분하도록 남향에 배치한다.
② 식당이나 화장실, 욕실 등에 가깝게 배치한다.
③ 바닥에 단 차이를 두어 공간에 변화를 주는 것이 바람직하다.
④ 소외감을 갖지 않도록 가족 공동 공간과의 연결성에 주의한다.

04 부엌 작업대의 배치 유형에 관한 설명 중 옳은 것은?

① 일렬형은 부엌의 폭이 넓은 경우에 주로 사용된다.
② 병렬형은 작업대가 마주 보고 있어 동선이 짧아 가사노동 경감에 효과적이다.
③ ㄱ자형은 인접한 세 벽면에 작업대를 붙여 배치한 형태로 비교적 규모가 큰 공간에 적합하다.
④ ㄷ자형은 식당과 부엌이 개방되지 않고 외부로 통하는 출입구가 필요한 경우에 적합하다.

05 자연 형태에 관한 설명으로 옳지 않은 것은?

① 현실적 형태이다.
② 조형의 원형으로서도 작용하며 기능과 구조의 모델이 되기도 한다.
③ 단순한 부정형의 형태를 취하기도 하지만 경우에 따라서는 체계적인 기하학적인 특징을 갖는다.
④ 디자인에 있어서 형태는 대부분이 자연 형태이므로 착시 현상으로 일어나는 형태의 오류를 수정하도록 해야 한다.

06 실내공간의 구성 요소인 벽에 관한 설명으로 옳지 않은 것은?
① 벽면의 형태는 동선을 유도하는 역할을 담당하기도 한다.
② 벽체는 공간의 폐쇄성과 개방성을 조절하여 공간감을 형성한다.
③ 비내력벽은 건물의 하중을 지지하며 공간과 공간을 분리하는 칸막이 역할을 한다.
④ 낮은 벽은 영역과 영역을 구분하고 높은 벽은 공간의 폐쇄성이 요구되는 곳에 사용된다.

07 동선 계획에 관한 설명으로 옳은 것은?
① 동선의 속도가 빠른 경우 단 차이를 두거나 계단을 만들어 준다.
② 동선의 빈도가 높은 경우 동선 거리를 연장하고 곡선으로 처리한다.
③ 동선의 하중이 큰 경우 통로의 폭을 좁게 하고 쉽게 식별할 수 있도록 한다.
④ 동선이 복잡해질 경우 별도의 통로 공간을 두어 동선을 독립시킨다.

08 개방형 사무실(open office)에 관한 설명으로 옳지 않은 것은?
① 소음이 적고, 독립성이 있다.
② 전체면적을 유용하게 사용할 수 있다.
③ 실의 길이나 깊이에 변화를 줄 수 있다.
④ 주변공간과 관련하여 깊은 구역의 활용이 용이하다.

09 VMD(visual merchandising)의 구성에 속하지 않는 것은?
① VP   ② PP
③ IP   ④ POP

10 오스트발트 표색계에 대한 설명으로 틀린 것은?
① B에서 W방향으로 a, c, e, g, i, l, n, p로 나누어 표기한다.
② 등색상 삼각형에서 BC와 평행선상에 있는 색들은 백색량이 같은 색계열이다.
③ 등색상 삼각형에서 WB와 평행선상에 있는 색들은 순색량이 같은 색계열이다.
④ WB측에서 백색의 혼량비는 베버와 페흐너의 법칙에 따라 등비급수적인 변화를 한다.

11 한국의 전통색 중 동쪽, 봄을 의미하는 오정색은?
① 녹색   ② 청색
③ 백색   ④ 홍색

12 스펙트럼은 빛의 어떠한 현상에 의한 것인가?
① 흡수   ② 굴절
③ 투과   ④ 직진

13 색의 대비현상에 관한 설명으로 틀린 것은?
① 명도대비 : 명도가 다른 두 색이 서로의 영향으로 명도차가 더 크게 나타나는 현상
② 연변대비 : 두 색의 경계부분에서 색의 3속성별로 대비현상이 더욱 강하게 나타나는 현상
③ 계시대비 : 어떤 색이 다른 색에 둘러싸여 일정한 거리 이상에서 주변 색과 같아 보이는 현상
④ 보색대비 : 보색관계인 두 색이 서로의 영향으로 각각의 채도가 더 높게 보이는 현상

14 주광 아래서나 어떤 색광 아래서 흰 종이를 같은 흰색으로 지각하는 현상은?
① 색각 항상   ② 베졸드 효과
③ 색순응   ④ 잔상

15 시내버스, 지하철, 기차 등의 색채계획 시 고려할 사항으로 거리가 먼 것은?
① 도장 공정이 간단해야 한다.
② 조색이 용이해야 한다.
③ 쉽게 변색, 퇴색되지 않아야 한다.
④ 프로세스 잉크를 사용한다.

16 우리나라의 한국산업표준(KS)으로 채택된 표색계는?
① 오스트발트
② 먼셀
③ 헬름홀츠
④ 헤링

17 다음 중 색채 측정 및 색채 관리에 가장 널리 활용되고 있는 것은 어느 것인가?
① Lab 형식
② RGB형식
③ HSB형식
④ CMY형식

18 인간의 색채지각 현상에 관한 설명으로 맞는 것은?
① 빨간색에 흰색이 섞이는 비율에 따라 진분홍, 분홍, 연분홍이 되는 것은 명도가 떨어지는 것 이다.
② 인간은 약 채도는 200단계, 명도는 500단계, 색상은 200단계 구분할 수 있다.
③ 빨간색에 흰색이 섞이는 비율에 따라 진분홍, 분홍, 연분홍이 되는 것은 채도가 떨어지는 것이다.
④ 인간은 색의 강도의 변화에 따라 200단계, 색상 500단계, 채도 100단계 구분할 수 있다.

19 한국의 전통가구에 대한 설명 중 옳지 않은 것은?
① 사방탁자는 다과, 책, 가벼운 화병 등을 올려 놓는 네모반듯한 탁자이다.
② 서안과 경상은 안방 가구의 하나로 각종 문방용품과 문서 등을 보관하기 위한 가구이다.
③ 함은 뚜껑에 경첩을 달아 여닫도록 만든 상자이다.
④ 머릿장은 머리맡에 두고 손쉽게 사용하는 소품 등을 넣어두는 장이다.

20 미스 반 데로에에 의하여 디자인된 의자로, X자로 된 강철 파이프 다리 및 가죽으로 된 등받이와 좌석으로 구성되어 있는 것은?
① 바실리 의자
② 체스카 의자
③ 파이미오 의자
④ 바르셀로나 의자

2과목 실내디자인 시공 및 재료

21 중밀도 섬유판을 의미하는 것으로 목섬유(wood fiber)에 액상의 합성수지 접착제, 방부제 등을 첨가·결합시켜 성형·열압하여 만든 것은?
① 파티클보드　② M.D.F
③ 플로어링보드　④ 집성목재

22 목재의 절대건조비중이 0.45 일 때 목재내부의 공극율은 대략 얼마인가?
① 10%　② 30%
③ 50 %　④ 70%

23 강도, 경도, 비중이 크며 내화적이고 석질이 극히 치밀하여 구조용 석재 또는 장식재로 널리 쓰이는 것은?
① 화강암　② 응회암
③ 캐스트스톤　④ 안산암

24 모자이크 타일의 점토재로 가장 알맞은 것은?
① 토기질　② 도기질
③ 석기질　④ 자기질

25 점토제품의 흡수성과 관계된 현상으로 가장 거리가 먼 것은?
① 녹물 오염　② 백화(白華)
③ 균열　④ 동해(凍害)

26 자기질 점토소성제품에 대한 설명으로 옳지 않은 것은?
① 조직이 치밀하고, 도기나 석기에 비하여 강도가 높다
② 도기질보다 낮은 1,100℃ 내외의 고온으로 소성한다.
③ 흡수성이 낮으며, 반투명한 백색을 띈다.
④ 주로 타일 및 위생도기 등에 사용된다.

27 보강블록조에 테두리보(Wall Girder)를 설치하는 이유와 가장 관계가 먼 것은?
① 가로철근의 정착을 위해서
② 분산된 벽체를 일체화시키기 위해서
③ 횡력에 의한 벽체의 수직균열을 막기 위해서
④ 집중하중을 직접 받는 블록을 보강하기 위해서

28 벽돌벽 두께 1.5B, 벽면적 40㎡ 쌓기에 소요되는 점토벽돌(190×90×57mm)의 소요량은? (단, 할증률은 3%로 계산)
① 8850장　② 8960장
③ 9229장　④ 9408장

29 가공이 용이하고 내식성이 커 논슬립, 난간, 코너비드 등의 부속철물로 이용되는 금속은?
① 니켈　② 아연
③ 황동　④ 주석

30 각종 유리의 성질에 관한 설명으로 옳지 않은 것은?
① 유리블록은 실내의 냉·난방에 효과가 있으며 보통 유리창보다 균일한 확산광을 얻을 수 있다.
② 열반사유리는 단열유리라고도 불리우며 태양광선 중 장파부분을 흡수한다.
③ 자외선차단유리는 자외선의 화학작용을 방지할 목적으로 의류품의 진열창, 식품이나 약품의 창고 등에 쓴다.
④ 내열유리는 규산분이 많은 유리로서 성분은 석영유리에 가깝다.

31 한 번에 두꺼운 도막을 얻을 수 있으며 넓은 면적의 평판도장에 최적인 도장 방법은?
① 브러시칠　② 롤러칠
③ 에어스프레이　④ 에어리스 스프레이

32 다음 중 열경화성 합성수지에 속하지 않는 것은?
① 페놀수지　② 요소수지
③ 초산비닐수지　④ 멜라민수지

33 ALC 제품에 관한 설명으로 옳지 않은 것은?
① 압축강도에 비해서 휨·인장강도는 상당히 약한 편이다.
② 열전도율이 보통콘크리트의 1/10 정도로서 단열성이 유리하다.
③ 내화성능을 보유하고 있다.
④ 흡수율이 낮아 물에 노출된 곳에서도 사용이 가능하다.

34 콘크리트의 강도를 결정하는 변수에 관한 설명으로 옳지 않은 것은?
① 물시멘트비가 일정한 콘크리트에서 공기량 증가에 따른 콘크리트 강도는 감소한다.
② 물시멘트비가 일정할 때 빈배합콘크리트가 부배합의 경우보다 높은 강도를 낼 수 있다.
③ 콘크리트 비빔방법 중 손비빔으로 하는 것보다 기계비빔으로 하는 것이 강도가 커진다.
④ 물시멘트비가 일정할 때 굵은 골재의 최대치수가 클수록 콘크리트의 강도는 커진다.

35 탄소강의 성질에 대한 설명으로 옳은 것은?
① 합금강에 비해 강도와 경도가 크다.
② 보통 저탄소강은 철근이나 강판을 만드는데 쓰인다.
③ 열처리를 해도 성질의 변화가 없다.
④ 탄소함유량이 많을수록 강도는 지속적으로 커진다.

36 무수 프탈산과 글리세린의 순수 수지를 각종의 지방산, 유지, 천연 수지로 변성한 것으로 상온에서 가용성과 접착성이 좋으나, 내수성 및 내알칼리성이 약하며, 단독 도료로 사용하거나, 합성수지 도료와 혼성하여 각종 도료의 원료가 되는 수지는?
① 실리콘 수지 ② 알키드 수지
③ 멜라민 수지 ④ 페놀 수지

37 미장 바탕의 일반적인 성능조건과 가장 관계가 먼 것은?
① 미장층보다 강도가 클 것
② 미장층의 경화, 건조에 지장을 주지 않을 것
③ 미장층보다 강성이 작을 것
④ 미장층과 유효한 접착 강도를 얻을 수 있을 것

38 공동주택관리법상의 공동주택 내력구조부에 대한 하자보수책임기간으로서 가장 부적당한 것은?
① 기둥 : 10년   ② 내력벽 : 10년
③ 보 : 10년   ④ 바닥 : 5년

39 단열재의 단열효과에 대한 설명으로 옳지 않은 것은?
① 공기층의 두께와는 무관하며, 단열재의 두께에 비례한다.
② 단열재의 열전도율, 열전달률이 작을수록 단열효과가 크다.
③ 열전도율이 같으면 밀도 및 흡수성이 작은 재료가 단열 효과가 더 작다.
④ 열관류율(K) 값이 클수록 열저항력이 작아지므로 단열 성능은 떨어진다.

40 MCX(Minimum Cost eXpending)기법에 의한 공기단축방법에 관한 설명 중 옳지 않은 것은?
① 주 공정선(Critical Path) 이외의 작업을 단축한다.
② 비용구배가 최소인 작업부터 단축한다.
③ 단축 가능 한계까지 단축한다.
④ 보조 주공정선(Sub-Critical Path)의 발생을 확인한다.

3과목 실내디자인 환경

41 인체의 열적 쾌적감에 영향을 미치는 물리적 온열 4요소에 속하는 것은?
① 관류열
② 복사열
③ 열용량
④ 대사량

42 자연환기에 관한 설명으로 옳지 않은 것은?
① 풍력환기는 건물의 외벽면에 가해지는 풍압이 원동력이 된다.
② 일반적으로 공기 유입구와 유출구 높이의 차가 클수록 중력환기량은 많아진다.
③ 자연환기량은 개구부의 위치와 관련이 있으며, 개구부의 면적에는 영향을 받지 않는다.
④ 바람이 있을 때에는 중력환기와 풍력환기가 경합하므로 양자가 서로 다른 것을 상쇄하지 않도록 개구부의 위치에 주의한다.

43 잔향시간에 관한 설명으로 옳지 않은 것은?
① 잔향시간은 실용적에 영향을 받는다.
② 잔향시간이 실의 흡음력에 반비례한다.
③ 잔향시간이 길수록 명료도는 좋아진다.
④ 잔향시간이 짧을수록 음의 명료도는 좋아진다.

44 조명의 연출기법 중 강조하고자 하는 물체에 의도적인 광선으로 조사시킴으로써 광선 그 자체가 시각적인 특성을 지니게 하는 기법은?
① 월워싱 기법
② 실루엣 기법
③ 빔플레이 기법
④ 글레이징 기법

45 다음의 조명에 관한 설명 중 ( )안에 알맞은 것은?

> 실내 전체를 거의 똑같이 조명하는 경우를 (①) 이라 하고, 어느 부분만을 강하게 조명하는 방법을 (②) 이라 한다.

① ① 전반조명, ② 간접조명
② ① 직접조명, ② 간접조명
③ ① 전반조명, ② 국부조명
④ ① 직접조명, ② 국부조명

46 급수방식에 관한 설명으로 옳은 것은?
① 압력수조방식은 경제적이며 공급압력이 일정하다.
② 펌프직송방식은 정교한 제어가 필요하며 전력차단 시 급수가 불가능하다.
③ 수도직결방식은 공급압력이 일정하여 고층 건물에 주로 사용된다.
④ 고가수조방식은 수질오염성이 가장 낮은 방식으로 단수 시 일정 시간 동안 급수가 가능하다.

47 대변기의 세정방식 중 플러시 밸브식에 관한 설명으로 옳은 것은?
① 대변기의 연속사용이 불가능하다.
② 급수관경과 필요 수압에 제한이 없어 급수압력이 낮은 곳에서도 사용이 용이하다.
③ 핸들 또는 레버의 조작에 의해 낙차에 의한 수압으로 대변기를 세정하는 방식이다.
④ 소음이 크고 단시간에 다량의 물이 필요하므로 가정용으로는 일반적으로 사용하지 않는다.

48 다음과 같은 식으로 산출되는 것은?

$$\frac{최대수요전력}{총부하설비용량} \times 100\%$$

① 수용률　② 부등률
③ 부하율　④ 역률

49 공기조화방식 중 이중덕트방식에 관한 설명으로 옳지 않은 것은?

① 전공기방식이다.
② 부하특성이 다른 다수의 실이나 존에도 적용할 수 있다.
③ 덕트 샤프트나 덕트 스페이스가 필요 없거나 작아도 된다.
④ 냉·온풍의 혼합으로 인한 혼합손실이 있어서 에너지 소비량이 많다.

50 다음과 같은 조건에서 겨울철 벽체 내부에 발생하는 결로현상에 관한 설명으로 옳은 것은?

(콘크리트+단열재)로 구성된 벽체로서 콘크리트 전체두께와 단열재 종류, 두께는 같고 단열재 위치만 다른 외벽체의 경우로 내단열, 외단열, 중단열구조를 가정한다.

① 내단열 구조의 경우가 내부결로의 발생우려가 가장 적다.
② 외단열 구조의 경우가 내부결로의 발생우려가 가장 적다.
③ 중단열 구조의 경우가 내부결로의 발생우려가 가장 적다.
④ 두께가 같으면 내부결로의 발생정도는 동일하다.

51 건물의 피난층 외의 층에서는 거실의 각 부분으로부터 피난층 또는 지상으로 통하는 직통계단까지의 보행거리를 최대 얼마 이하가 되도록 하여야 하는가? (단, 건축물의 주요구조부가 내화구조 또는 불연재료로 되어 있지 않은 경우)

① 10m　② 20m　③ 30m　④ 40m

52 건축물에 설치하는 특별피난계단의 구조에 관한 기준으로 옳지 않은 것은?

① 계단실에는 노대 또는 부속실에 접하는 부분 외에는 건축물의 내부와 접하는 창문등을 설치하지 아니할 것
② 건축물의 내부에서 노대 또는 부속실로 통하는 출입구에는 을종방화문을 설치할 것
③ 계단은 내화구조로 하되, 피난층 또는 지상까지 직접 연결되도록 할 것
④ 출입구의 유효너비는 0.9m 이상으로 하고 피난의 방향으로 열 수 있을 것

53 건축물의 출입구에 설치하는 회전문은 계단이나 에스컬레이터로부터 최소 얼마 이상의 거리를 두어야 하는가?

① 2m 이상　② 3m 이상
③ 4m 이상　④ 5m 이상

54 건축물에 설치하는 배연설비의 기준으로 옳지 않은 것은?

① 건축물이 방화구획으로 구획된 경우에는 그 구획마다 1개소 이상의 배연창을 설치한다.
② 배연창의 상변과 천장 또는 반자로부터 수직거리가 0.9m 이내로 한다.
③ 배연구는 연기감지기 또는 열감지기에 의하여 자동으로 열 수 있는 구조로 하고, 손으로는 열고 닫을 수 없도록 한다.
④ 배연구는 예비전원에 의하여 열 수 있도록 한다.

55 20층의 아파트를 건축하는 경우 6층 이상 거실 바닥면적의 합계가 12,000㎡일 경우에 승용승강기 최소 설치대수는? (단, 15인승 이하 승용승강기임)

① 2대　　② 3대
③ 4대　　④ 5대

56 소화활동설비에 해당되는 것은?

① 스프링클러설비
② 자동화재탐지설비
③ 상수도소화용수설비
④ 연결송수관설비

57 건축물을 건축하거나 대수선하는 경우 해당건축물의 설계자는 국토교통부령으로 정하는구조기준 등에 따라 그 구조의 안전을 확인하여야 하는데 그 대상 건축물에 해당하는 것은?

① 층수가 2층인 건축물
② 연면적이 800㎡인 건축물
③ 처마높이가 9m인 건축물
④ 기둥과 기둥 사이의 거리가 7m인 건축물

58 건물의 피난층 외의 층에서는 거실의 각 부분으로부터 피난층 또는 지상으로 통하는 직통계단까지의 보행거리를 최대 얼마 이하가 되도록 하여야 하는가? (단, 건축물의 주요구조부가 내화구조 또는 불연재료로 되어 있지 않은 경우)

① 10m　　② 20m
③ 30m　　④ 40m

59 층수가 5층인 건물의 각층에 옥내소화전이 2개씩 설치되어 있을 때, 옥내소화전설비의 수원의 저수량은 최소 얼마 이상이 되도록 하여야 하는가?

① $1.3m^3$　　② $2.6m^3$
③ $4.3m^3$　　④ $5.2m^3$

60 장애인·노인·임산부 등의 편의증진 보장에 관한 법률상 "공공건물 및 공중이용시설"에 해당되지 않는 것은?

① 문화 및 집회시설
② 위락시설
③ 묘지관련시설
④ 운동시설

과년도 기출문제

07 | 실내건축산업기사 2024년 제1회

1과목 실내디자인계획

01 게슈탈트 심리학에서 제시한 인간의 지각원리와 관련 주요 법칙에 속하지 않는 것은?

① 유사성
② 접근성
③ 폐쇄성
④ 착시성

02 디자인의 원리 중 균형에 대한 설명으로 가장 적당한 것은?

① 자유로운 형태와 변화를 가지고 있으면서 전체로서 조화와 힘의 안정을 유지하고 있는 상태
② 순차적으로 조금씩 변화해 가는 현상
③ 성질이나 질량이 전혀 다른 둘 이상의 것이 동일한 공간에 배열될 때 서로의 특징을 한층 돋보이게 하는 현상
④ 두 요소가 서로 조화되지 않고 경쟁 관계에 있으면서 항상 갈등의 상태에 있는 것

03 아일랜드형 부엌에 관한 설명으로 옳지 않은 것은?

① 부엌의 크기에 관계없이 적용 가능하다.
② 개방성이 큰 만큼 부엌의 청결과 유지관리가 중요하다.
③ 가족 구성원 모두가 부엌일에 참여하는 것을 유도할 수 있다.
④ 부엌의 작업대가 식당이나 거실 등으로 개방된 형태의 부엌이다.

04 주택의 거실에 대한 설명이 잘못된 것은?

① 다목적 기능을 가진 공간이다.
② 전체 평면의 중앙에 배치하여 각 실로 통하는 통로로서의 기능을 부여한다.
③ 거실의 면적은 가족 수와 가족의 구성 형태 및 거주자통로로의 사회적 지위나 손님의 방문 빈도와 수 등을 고려하여 계획한다.
④ 가족들의 단란의 장소로서 공동 사용 공간이다.

05 문과 창문에 관한 설명으로 옳지 않은 것은?

① 공기와 빛을 통과시켜 통풍과 채광을 가능하게 한다.
② 인접된 공간을 연결시킨다.
③ 동선에 영향을 주지 않는다.
④ 전망과 프라이버시의 확보가 가능하다.

06 백화점의 엘리베이터 계획에 관한 설명으로 옳지 않은 것은?

① 교통 동선의 중심에 설치하여 보행거리가 짧도록 배치한다.
② 여러 대의 엘리베이터를 설치하는 경우, 그룹별 배치와 군 관리 운전 방식으로 한다.
③ 일렬 배치는 6대를 한도로 하고, 엘리베이터 중심간 거리는 8m 이하가 되도록 한다.
④ 엘리베이터 홀은 엘리베이터 정원 합계의 50% 정도를 수용할 수 있어야 하며, 1인당 점유면적은 0.5~0.8m^{2}로 계산한다.

07 소비자의 구매심리 5단계의 순서를 바르게 나열한 것은?

① 욕망 - 주의 - 흥미 - 기억 - 행동
② 욕망 - 흥미 - 기억 - 주의 - 행동
③ 주의 - 흥미 - 욕망 - 기억 - 행동
④ 주의 - 욕망 - 흥미 - 기억 - 행동

08 다음 그림이 나타내는 특수전시기법은?

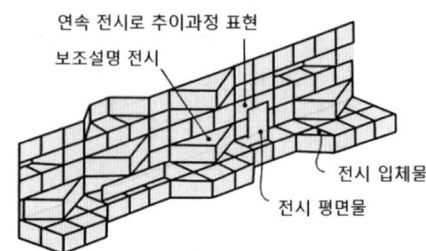

① 디오라마 전시
② 아일랜드 전시
③ 파노라마 전시
④ 하모니카 전시

09 사무소 건축의 실 단위 계획 중 개방식 배치에 관한 설명으로 옳지 않은 것은?

① 소음의 우려가 있다.
② 프라이버시의 확보가 용이하다.
③ 모든 면적을 유용하게 이용할 수 있다.
④ 방의 길이나 깊이에 변화를 줄 수 있다.

10 다음 중 렌더링(Rendering)의 의미로 가장 알맞은 것은?

① 아이디어 스케치
② 설계도
③ 완성 예상도
④ 연구모형

11 다음 중 중간혼합에 해당하지 않는 것은?

① 회전혼색
② 병치혼색
③ 감법혼색
④ 점묘화

12 다음 중 진출색이 지니는 조건이 아닌 것은?

① 따뜻한 색이 차가운 색보다 더 진출하는 느낌을 준다.
② 어두운색이 밝은색보다 더 진출하는 느낌을 준다.
③ 채도가 높은색이 낮은색보다 더 진출하는 느낌을 준다.
④ 유채색이 무채색보다 더 진출하는 느낌을 준다.

13 오스트발트 색체계의 설명이 아닌 것은?

① '조화는 질서와 같다'는 오스트발트의 생각대로 대칭으로 구성되어 있다.
② 색의 3속성을 시각적으로 고른 색채단계가 되도록 구성하였다.
③ 등색상 삼각형 W, B와 평행선상에 있는 색으로 순색의 혼량이 같은 계열을 등순색 계열이라고 한다.
④ 현실에 존재하지 않는 이상적인 3가지 요소(B, W, C)를 가정하여 물체의 색을 체계화하였다.

14 빨강, 파랑, 노랑과 같이 색지각 또는 색감각의 성질을 갖는 색의 속성은?

① 색상
② 명도
③ 채도
④ 색조

15 우리나라 KS표준 색표이며 색채 교육용으로 채택된 표색계는?
① 먼셀 표색계
② 오스트발트 표색계
③ 문·스펜서 표색계
④ 져드 표색계

16 색을 지각적으로 고른 감도의 오메가 공간을 만들어 조화시킨 색채 학자는?
① 오스트발트
② 먼셀
③ 문·스펜서
④ 비렌

17 먼셀의 20색상환에서 보색대비의 연결은?
① 노랑 - 남색
② 파랑 - 초록
③ 보라 - 노랑
④ 빨강 - 초록

18 디지털 색채 시스템 중 HSB 시스템에 대한설명으로 옳지 않은 것은?
① 먼셀의 색채 개념인 색상, 명도, 채도를 중심으로 선택하도록 되어 있다.
② 프로그램 상에서는 H모드, S모드, B모드를 볼 수 있다.
③ B모드는 색상을 선택하는 방법이다.
④ S모드는 채도, 즉 색채의 포화도를 선택하는 방법이다.

19 다음 중 마르셀 브로이어(Marcel Breuer)가 디자인한 의자는?
① 바르셀로나 의자
② 바레트 의자
③ 바실리 의자
④ 판톤 의자

20 다음 중 인체지지용 가구가 아닌 것은?
① 소파
② 침대
③ 책상
④ 작업의자

2과목 실내디자인 시공 및 재료

21 목재의 함수율에 관한 설명으로 옳지 않은 것은?
① 함수율이 30% 이상에서는 함수율의 증감에 따라 강도의 변화가 거의 없다.
② 기건목재의 함수율은 15% 정도이다.
③ 목재의 진비중은 일반적으로 2.54 정도이다.
④ 목재의 함수율 30% 정도를 섬유포화점이라 한다.

22 목재의 흠의 종류 중 가지가 줄기의 조직에 말려 들어가 나이테가 밀집되고 수지가 많아 단단하게 된 것은?
① 옹이
② 지선
③ 할렬
④ 잔적

23 전건(乾) 목재의 비중이 0.4일 때, 이 전건(全乾) 목재의 공극률은?
① 26%
② 36%
③ 64%
④ 74%

24 트래버틴(Travertine)에 관한 설명으로 옳지 않은 것은?

① 석질이 불균일하고 다공질이다.
② 변성암으로 황갈색의 반문이 있다.
③ 탄산석회를 포함한 물에서 침전, 생성된 것이다.
④ 특수 외장용 장식재로서 주로 사용된다.

25 조적벽 40㎡를 쌓는 데 필요한 벽돌량은? (단, 표준형벽돌 0.5B 쌓기, 할증은 고려하지 않는다.)

① 2,850장　② 3,000장
③ 3,150장　④ 3,500장

26 클링커 타일(Clinker Tile)이 주로 사용되는 장소에 해당하는 곳은?

① 침실의 내벽
② 화장실의 내벽
③ 테라스의 바닥
④ 화학실험실의 바닥

27 목재의 이음에 사용되는 듀벨(Dubel)이 저항하는 힘의 종류는?

① 인장력　② 전단력
③ 압축력　④ 수평력

28 스테인리스강(Stainless Steel)은 어떤 성분의 금속이 많이 포함되어 있는 금속재료인가?

① 망간(Mn)　② 규소(Si)
③ 크롬(Cr)　④ 인(P)

29 점토제품 시공후 발생하는 백화에 관한 설명으로 옳지 않은 것은?

① 타일 등의 시유·소성한 제품은 시멘트 중의 경화체가 백화의 주된 요인이 된다.
② 작업성이 나쁠수록 모르타르의 수밀성이 저하되어 투수성이 커지게 되고, 투수성이 커지면 백화 발생이 커지게 된다.
③ 점토제품의 흡수율이 크면 모르타르 중의 함유수를 흡수하여 백화 발생을 억제한다.
④ 모르타르의 물시멘트비가 크게 되면 잉여수가 증대되고, 이 잉여수가 증발할 때 가용성분의 용출을 발생시켜 백화 발생의 원인이 된다.

30 타일의 제조공법에 관한 설명으로 옳지 않은 것은?

① 건식제법에는 가압성형과정이 포함된다.
② 건식제법이라 하더라고 제작과정 중에 함수하는 과정이 있다.
③ 습식제법은 건식제법에 비해 제조능률과 치수·정밀도가 우수하다.
④ 습식제법은 복잡한 형상의 제품제작이 가능하다.

31 유리에 관한 설명으로 옳지 않은 것은?

① 망입유리는 화재 시 개구부에서의 연소를 방지하는 효과가 있으며, 유리파편이 거의 튀지 않는다.
② 복층유리는 단판유리보다 단열효과가 우수하므로 냉, 난방 부하를 경감시킬 수 있다.
③ 강화유리는 파손 시 파편이 작기 때문에 파편에 의한 손상사고를 줄일 수 있다.
④ 열선흡수유리는 유리 한 면에 열선반사막을 입힌 판유리로서, 가시광선 투과율이 30% 정도 낮아 외부로부터 시선을 차단할 수 있다.

32 다음 중 회반죽에 여물을 넣는 가장 주된 이유는?
① 균열을 방지하기 위하여
② 강도를 높이기 위하여
③ 경화속도를 높이기 위하여
④ 경도를 높이기 위하여

33 스트레이트 아스팔트(A)와 블론 아스팔트(B)의 성질을 비교한 것으로 옳지 않은 것은?
① 신도는 A가 B보다 크다.
② 연화점은 B가 A보다 크다.
③ 감온성은 A가 B보다 크다.
④ 접착성은 B가 A보다 크다.

34 콘크리트용 혼화제에 관한 설명으로 옳은 것은?
① 지연제는 굳지 않은 콘크리트의 운송시간에 따른 콜드 조인트 발생을 억제하기 위하여 사용된다.
② AE제는 콘크리트의 워커빌리티를 개선하지만 동결융해에 대한 저항성을 저하시키는 단점이 있다.
③ 급결제는 초미립자로 구성되며 이를 사용한 콘크리트의 초기강도는 작으나, 장기강도는 일반적으로 높다.
④ 감수제는 계면활성제의 일종으로 굳지 않은 콘크리트의 단위수량을 감소시키는 효과가 있으나 골재분리 및 블리딩현상을 유발하는 단점이 있다.

35 FRP, 욕조, 물탱크 등에 사용되는 내후성과 내약품성이 뛰어난 열경화성 수지는?
① 불소수지
② 불포화 폴리에스테르지
③ 초산비닐수지
④ 폴리우레탄수지

36 관리 사이클의 단계를 바르게 나열한 것은?
① Plan-Check-Do-Action
② Plan-Do-Check-Action
③ Plan-Do-Action-Check
④ Plan-Action-Do-Check

37 안전관리 총괄책임자의 직무에 해당하지 않는 것은?
① 작업진행상황을 관찰하고 세부기술에 관한 지도 및 조언을 한다.
② 안전관리계획서의 작성·제출 및 안전관리를 총괄한다.
③ 안전관리관계자의 직무를 감독한다.
④ 안전관리비의 편성과 집행 내용을 확인한다.

38 멤브레인(Membrane) 방수층에 포함되지 않는 것은?
① 아스팔트방수층
② 스테인리스 시트방수층
③ 합성고분자계 시트방수층
④ 도막방수층

39 Net Work(네트웍) 공정표의 장점이라고 볼 수 없는 것은?
① 작업 상호간의 관련성 파악이 용이하다.
② 진도 관리를 명확하게 실시할 수 있으며 적절한 조치를 취할 수 있다.
③ 계획관리 면에서 신뢰도가 높고 전산기 이용이 가능하다.
④ 작성 및 검사에 특별한 기능이 필요 없고 경험이 없는 사람도 쉽게 작성할 수 있다.

40 재료의 일반적 성질 중 재료에 외력을 제거하여도 재료가 원상으로 돌아가지 않고 변형된 그대로의 상태로 남아 있는 성질을 무엇이라고 하는가?

① 탄성　　② 소성
③ 점성　　④ 인성

3과목　실내디자인 환경

41 건축물 외벽의 표면결로 방지 방법으로 옳지 않은 것은?

① 냉교현상을 없앤다.
② 실내에서 발생하는 수증기를 억제한다.
③ 환기에 의해 실내 절대습도를 저하한다.
④ 실내벽 표면온도를 실내공기의 노점온도보다 낮게 한다.

42 인체의 열쾌적에 영향을 미치는 물리적 온열 4요소가 옳게 나열된 것은?

① 기온, 기류, 습도, 복사열
② 기온, 기류, 습도, 활동량
③ 기온, 습도, 복사열, 활동량
④ 기온, 기류, 복사열, 착의량

43 건축물의 에너지 절약을 위한 단열계획으로 옳지 않은 것은?

① 외벽 부위는 외단열로 시공한다.
② 외피의 모서리 부분은 열교가 발생하지 않도록 단열재를 연속적으로 설치한다.
③ 건물의 창호는 가능한 한 작게 설계하되, 열손실이적은 북측의 창면적은 가능한 한 크게 한다.
④ 창호면적이 큰 건물에는 단열성이 우수한 로이(Low-E) 복층창이나 삼중창 이상의 단열성능을 갖는 창호를 설치한다.

44 열전도율에 관한 설명으로 옳은 것은?

① 열전도율의 단위는 $W/m^2 \cdot K$이다.
② 열전도율의 역수를 열전도 비저항이라고 한다.
③ 액체는 고체보다 열전도율이 크고, 기체는 더욱더 크다.
④ 열전도율이란 두께 1cm 판의 양면에 1℃의 온도차가 있을 때 $1cm^2$의 표면적을 통해 흐르는 열량을 나타낸 것이다.

45 사무공간의 소음 방지대책으로 옳지 않은 것은?

① 개인공간이나 회의실의 구역을 한정한다.
② 낮은 칸막이, 식물 등의 흡음재를 적당히 배치한다.
③ 바닥, 벽에는 흡음재를, 천장에는 음의 반사재를 사용한다.
④ 소음원을 일반 사무공간으로부터 가능한 멀리 떼어놓는다.

46 급수·배수 등의 용도를 위하여 건축물에 설치하는 배관설비의 설치 및 구조에 관한 기준으로 옳지 않은 것은?

① 배관설비의 오수에 접하는 부분은 내수재료를 사용할 것
② 지하실 등 공공하수도로 자연배수를 할 수 없는 곳에는 배수용량에 맞는 강제배수시설을 설치할 것
③ 우수관과 오수관은 통합하여 배관할 것
④ 콘크리트구조체를 관통할 경우에는 구조체에 덧관을 미리 매설하는 등 배관의 부식을 방지하고 그 수선 및 교체가 용이하도록 할 것

47 공기조화방식 중 팬코일유닛방식에 관한 설명으로 옳지 않은 것은?

① 덕트 샤프트나 스페이스가 필요 없거나 작아도 된다.
② 전공기방식이므로 수배관으로 인한 누수의 우려가 없다.
③ 유닛을 창문 밑에 설치하면 콜드 드래프트를 줄일 수 있다.
④ 각 실의 유닛은 수동으로도 제어할 수 있고, 개별 제어가 쉽다.

48 점광원으로부터 일정 거리 떨어진 수평면이 조도에 관한 설명으로 옳지 않은 것은?

① 광원의 광도에 비례한다.
② cos(입사각)에 비례한다.
③ 거리의 제곱에 반비례한다.
④ 측정점의 반사율에 비례한다.

49 다음 설명에 알맞은 건축화조명방식은?

- 벽면 전체 또는 일부분을 광원화하는 방식이다.
- 광원을 넓은 벽면에 매입함으로써 비스타(Vista)적인 효과를 낼 수 있으며 시선의 배경으로 작용할 수 있다.

① 코브조명　　② 광창조명
③ 코퍼조명　　④ 코니스조명

50 물 0.5kg을 15℃에서 70℃로 가열하는 데 필요한 열량은 얼마인가? (단, 물의 비열은 4.2kJ/kg℃이다.)

① 27.5kJ　　② 57.75kJ
③ 115.5kJ　　④ 231.5kJ

51 무창층의 정의와 관련한 아래 내용에서 밑줄 친 부분에 해당하는 기준 내용이 틀린 것은?

"무창층"이란 지상층 중 다음 각 목의 요건을 모두 갖춘 개구부의 면적의 합계가 해당 층의 바닥면적의 30분의 1 이하가 되는 층을 말한다.

① 크기는 지름 50cm 이상의 원이 내접할 수 있는 크기일 것
② 해당 층의 바닥 면으로부터 개구부 밑부분까지의 높이가 1.2m 이내일 것
③ 도로 또는 차량이 진입할 수 있는 빈터를 향할 것
④ 내부 또는 외부에서 쉽게 부수거나 열 수 없는 고정창일 것

52 건축물의 피난층 또는 피난층의 승강장으로부터 건축물의 바깥쪽에 이르는 통로에 경사로를 설치하여야 하는 판매시설의 연면적 기준은?

① 1,000m² 미만　　② 2,000m² 미만
③ 3,000m² 이상　　④ 5,000m² 이상

53 옥상광장 또는 2층 이상인 층에 있는 노대의 주위에 설치하여야 하는 난간의 최소 높이 기준은?

① 1.0m 이상　　② 1.1m 이상
③ 1.2m 이상　　④ 1.5m 이상

54 다음은 건축법령에 따른 차면시설 설치에 관한 조항이다. ( )안에 들어갈 내용으로 옳은 것은?

인접대지경계선으로부터 직선거리 ( ) 이내에 이웃 주택의 내부가 보이는 창문 등을 설치하는 경우에는 차면시설(遮面施設)을 설치하여야 한다.

① 1.5m　　② 2m
③ 3m　　④ 4m

55 건축물의 바깥쪽으로의 출구로 쓰이는 문을 안여닫이로 해서는 안 되는 건축물에 속하지 않는 것은?

① 장례식장
② 종교시설
③ 문화 및 집회시설 중 전시장
④ 문화 및 집회시설 중 공연장

56 건축물의 설계자가 건축구조기술사의 협력을 받아 건축물에 대한 구조의 안전을 확인하여야 하는 대상 건축물 기준에 해당하지 않는 것은? (단, 국토교통부령으로 따로 정하는 건축물의 경우는 고려하지 않는다.)

① 기둥과 기둥 사이의 거리가 10m인 건축물
② 지상층수가 20층인 건축물
③ 다중이용 건축물
④ 6층인 필로티형식 건축물

57 건축관계법규에서 규정하는 방화구조가 되기 위한 철망모르타르의 최소 바름두께는?

① 1.0cm ② 2.0cm
③ 2.7cm ④ 3.0cm

58 대수선의 범위에 관한 기준으로 옳지 않은 것은?

① 내력벽을 증설 또는 해체하거나 그 벽면적을 30m² 이상 수선 또는 변경하는 것
② 기둥을 증설 또는 해체하거나 3개 이상 수선 또는 변경하는 것
③ 보를 증설 또는 해체하거나 2개 이상 수선 또는 변경하는 것
④ 방화벽 또는 방화구획을 위한 바닥 또는 벽을 증설 또는 해체하거나 수선 또는 변경하는 것

59 단독주택의 거실에 있어 거실 바닥면적에 대한 채광면적(채광을 위하여 거실에 설치하는 창문 등의 면적)의 비율로서 옳은 것은?

① 1/7 이상   ② 1/10 이상
③ 1/15 이상 ④ 1/20 이상

60 다음은 피난층 또는 지상으로 통하는 직통계단을 특별피난계단으로 설치하여야 하는 층에 관한 법령 사항이다. ( )안에 들어갈 내용으로 옳은 것은?

> 건축물(갓복도식 공동주택은 제외 한다.)의 (A) 이상 (공동주택의 경우에는 (B) 이상)인 층(바닥면적이 400㎡ 미만인 층은 제외한다.) 또는 지하 3층 이하인 층(바닥면적이 400㎡ 미만인 층은 제외한다.)으로부터 피난층 또는 지상으로 통하는 직통계단은 제1항에도 불구하고 특별피난계단으로 설치하여야 한다.

① A: 8층, B:11층
② A: 8층, B:16층
③ A: 11층, B:12층
④ A: 11층, B:16층

과년도 기출문제

08 | 실내건축산업기사 2024년 제2회

1과목 실내디자인계획

01 선의 조형 효과에 관한 설명으로 옳지 않은 것은?

① 수직선은 상승감, 존엄성의 느낌을 준다.
② 사선은 침착, 안정 등 주로 정적인 느낌을 준다.
③ 수평선은 영원, 무한, 안정, 평화의 느낌을 준다.
④ 곡선은 유연함, 우아함 등 여성적인 느낌을 준다.

02 다음 중 조화에 대한 설명으로 가장 알맞은 것은?

① 전체 성질이 다른 요소를 동시 공간에 배열하는 것이다.
② 전체적인 조립 방법이 모순 없이 질서를 잡는 것이다.
③ 규칙적인 요소들의 반복으로 디자인에 시각적인 질서를 부여하는 통제된 운동감각을 의미한다.
④ 어떠한 요소가 일정한 간격으로 되풀이 되는 현상을 말하는 것이다.

03 다음 중 두 공간을 상징적으로 분리·구분하는 상징적 경계를 나타내는 것은?

① 60cm 높이의 벽이나 담장
② 120cm 높이의 벽이나 담장
③ 150cm 높이의 벽이나 담장
④ 180cm 높이의 벽이나 담장

04 다음 중 실내 디자인의 레이아웃(Layout) 단계에서 고려해야 할 내용과 가장 거리가 먼 것은?

① 출입형식 및 동선 체계
② 인체공학적 치수와 가구의 크기
③ 바닥, 벽, 천장의 치수 및 색채 선정
④ 공간 간의 상호 연계성

05 VMD(visual merchandising)의 구성에 속하지 않는 것은?

① VP ② PP
③ IP ④ POP

06 다음 중 주택의 거실에 대한 설명으로 옳지 않은 것은?

① 거실의 기능은 각 가족의 생활주기와 생활양식에 따라, 또는 주택의 규모나 방의 수에 따라 다르다.
② 거실은 실내의 다른 공간과 유기적으로 연결될 수 있도록 하되 거실이 통로화 되지 않도록 주의해야 한다.
③ 거실의 평면은 정사각형보다 한 변이 너무 짧지 않은 직사각형이 가구배치와 TV 시청에 효과적이다.
④ 거실의 면적은 일률적으로 규정하기 어려우나 일반적으로 가족 1인당 1~2m² 정도로 계획하는 것이 가장 바람직하다.

07 부엌 작업대의 배치유형 중 일렬형에 대한 설명으로 옳지 않은 것은?

① 부엌의 폭이 좁거나 공간의 여유가 없는 소규모 주택에 적합하다.
② 작업대가 길어지면, 작업 동선이 길게 되어 비효율적이 된다.
③ 작업대 전체의 길이는 3,500~4,000mm 정도가 가장 적당하다.
④ 작업대를 벽면에 한 줄로 붙여 배치하는 유형이다.

08 다음 중 전시공간의 규모 설정에 영향을 주는 요인과 가장 거리가 먼 것은?

① 전시 방법
② 전시의 목적
③ 전시공간 평면형태
④ 전시자료의 크기와 수량

09 호텔의 중심기능으로 모든 동선체계의 시작이 되는 공간은?

① 린넨실 ② 연회장
③ 로비 ④ 객실

10 컴퓨터 그래픽에서의 디자인 이미지 작업의 순서는?

① 페인팅 작업→이미지 구상→드로잉 작업→이미지 작업
② 이미지 구상→드로잉 작업→페인팅 작업→이미지 표현
③ 드로잉 작업→페인팅 작업→이미지 구상→이미지 표현
④ 이미지 구상→이미지 표현→드로잉 작업→페인팅 작업

11 오스트발트 색채조화론에 의한 조화법칙 중 틀린 것은?

① 색상이 동일하고 색의 기호가 다르면 두 색은 조화하지 않는다(예: 5ge-5ne).
② 색상이 달라도 색의 기호가 동일한 두 색은 조화한다(예: 5ne-8ne).
③ 색의 기호 중 앞의 문자가 동일한 두 색은 조화한다(예: ga-ge).
④ 색의 기호 중 앞의 문자와 뒤의 문자가 같은 색은 조화한다(예:la-pl).

12 우리에게 잘 알려진 배색으로서 저녁 노을, 가을의 붉은 단풍잎, 동물과 곤충 등의 색들이 조화된다는 색채 조화의 원리는?

① 질서성의 원리
② 친근성의 원리
③ 명료성의 원리
④ 보색의 원리

13 "M=O/C"는 문스펜서의 미도를 나타내는 공식이다 "O"는 무엇을 나타내는가?

① 환경의 요소 ② 복잡성의 요소
③ 구성의 요소 ④ 질서의 요소

14 디지털 색채 체계에 대한 설명 중 옳은 것은?

① RGB 색공간에서 각 색의 값은 0~100%로 표기한다.
② RGB 색공간에서 모든 원색을 혼합하면 검정색이 된다.
③ $L^*a^*b^*$ 색공간에서 L^*은 명도를, a^*는 빨강과 초록을, b^*는 노랑과 파랑을 나타낸다.
④ CMYK 색공간은 RGB 색공간보다 컬러의 범위가 넓어 RGB 데이터를 CMYK 데이터로 변환하면 컬러가 밝아진다.

15 관용색명에 대한 설명이 아닌 것은?

① 고대 색명과 현대 색명으로 나눌 수 있다.
② 계통색명을 말한다.
③ 동물이나 식물 등에서 따온 색명을 말한다.
④ 옛날부터 관습상 사용하는 색명을 말한다.

16 색각에 대한 학설 중 3원색설을 주장한 사람은?

① 헤링
② 영·헬름홀츠
③ 맥니콜
④ 먼셀

17 색채관리에 대한 설명으로 거리가 먼 것은?

① 기업 운영의 중요한 기술이라 할 수 있다.
② 디자인과 색채를 통일하여 좋은 기업상을 만들 수 있다.
③ 제품의 생산단계에서부터 도입하여 색채관리를 한다.
④ 소비자가 구매 충동을 일으킬 수 있는 색채관리가 필요하다.

18 다음 색체계 중 혼색계를 나타내는 것은?

① 먼셀 체계
② NCS 체계
③ CIE 체계
④ DIN 체계

19 미스 반 데로에에 의하여 디자인된 의자로, X자로 된 강철 파이프 다리 및 가죽으로 된 등받이와 좌석으로 구성되어 있는 것은?

① 바실리 의자
② 체스카 의자
③ 파이미오 의자
④ 바르셀로나 의자

20 한국의 전통가구에 대한 설명 중 옳지 않은 것은?

① 사방탁자는 다과, 책, 가벼운 화병 등을 올려놓는 네모반듯한 탁자이다.
② 서안과 경상은 안방 가구의 하나로 각종 문방용품과 문서 등을 보관하기 위한 가구이다.
③ 함은 뚜껑에 경첩을 달아 여닫도록 만든 상자이다.
④ 머릿장은 머리맡에 두고 손쉽게 사용하는 소품 등을 넣어두는 장이다.

2과목 실내디자인 시공 및 재료

21 왕대공 지붕틀을 구성하는 부재가 아닌 것은?

① 평보   ② ㅅ자보
③ 빗대공 ④ 반자틀

22 목섬유(Wood Fiber)에 합성수지 접착제, 방부제 등을 첨가 결합하여 만든 것으로 밀도가 균일하기 때문에 측면의 가공성이 매우 좋으나, 습기에 약하여 부스러지기 쉬운 것은?

① MDF   ② 파티클 보드
③ 침엽수 제재목 ④ 합판

23 건조 전 중량 5kg인 목재를 건조시켜 전건중량이 4kg이 되었다면 이 목재의 함수율은 몇 %인가?

① 8%   ② 20%
③ 25%   ④ 40%

24 1종 점토벽돌의 압축강도는 최소 얼마 이상인가?

① 8.87MPa   ② 10.78MPa
③ 20.59MPa   ④ 24.50MPa

25 질이 단단하고 내구성 및 강도가 크며 외관이 수려하나 함유광물의 열팽창계수가 달라 내화성이 약한 석재로 외장, 내장, 구조재, 도로포장재, 콘크리트 골재 등에 사용되는 것은?

① 응회암　② 화강암
③ 화산암　④ 대리석

26 다음 그림과 같은 보강블록조의 평면도에서 x축 방향의 벽량을 구하면? (단, 벽체두께는 150mm이며, 그림의 모든 단위는 mm이다.)

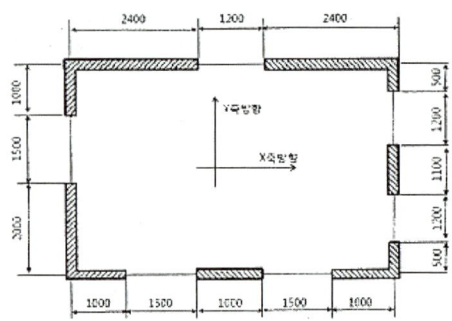

① 23.9cm/m^2　② 28.9cm/m^2
③ 31.9cm/m^2　④ 34.9cm/m^2

27 단열재가 갖추어야 할 조건으로 옳지 않은 것은?

① 열전도율이 낮을 것
② 비중이 클 것
③ 흡수율이 낮을 것
④ 내화성이 좋을 것

28 강재의 인장시험 시 탄성에서 소성으로 변하는 경계는?

① 비례한계점
② 변형경화점
③ 항복점
④ 인장강도점

29 금속가공제품에 관한 설명으로 옳은 것은?

① 조이너는 얇은 판에 여러 가지 모양으로 도려낸 철물로서 환기구·라디에이터 커버 등에 이용된다.
② 펀칭메탈은 계단의 디딤판 끝에 대어 오르내릴 때 미끄러지지 않게 하는 철물이다.
③ 코너 비드는 벽, 기둥 등의 모서리부분의 미장바름을 보호하기 위하여 사용한다.
④ 논슬립은 천장·벽 등에 보드류를 붙이고 그 이음새를 감추고 누르는 데 쓰이는 것이다.

30 수지를 지방유와 가열·융합하고, 건조제를 첨가한 다음 용제를 사용하여 희석하여 만든 도료는?

① 래커
② 유성 바니시
③ 유성 페인트
④ 내열도료

31 다음 설명에 해당하는 유리는?

> 열적외선을 반사하는 은(銀)소재 도막으로 코팅하여 방사율과 열관류율을 낮추고 가시광선 투과율을 높인 유리

① 강화유리　② 접합유리
③ 로이유리　④ 배강도유리

32 미장재료 중 고온소성의 무수석고를 특별하게 화학처리한 것으로 킨즈 시멘트라고도 불리는 것은?

① 경석고 플라스터
② 혼합석고 플라스터
③ 보드용 플라스터
④ 돌로마이트 플라스터

33 다음 중 시멘트의 안정성 측정시험법은?
① 오토클레이브 팽창도시험
② 브레인법
③ 표준체법
④ 슬럼프시험

34 조강 포틀랜드 시멘트를 사용하기에 가장 부적절한 것은?
① 긴급공사
② 프리스트레스트 콘크리트
③ 매스 콘크리트
④ 동절기공사

35 합성수지에 대한 다음 설명 중 틀린 것은?
① 요소수지 : 내수합판의 접착제로 널리 사용되며 도료, 마감재, 장식재로 쓰인다.
② 에폭시수지 : 내수성, 내약품성, 전기절연성이 우수하여 건축의 넓은 분야에 사용된다.
③ 실리콘 : 발수성은 좋지 않으며, 기포성 제품으로 가공하여 보온재나 쿠션재로 사용된다.
④ 아크릴수지 : 투명도가 높아 채광판, 도어판, 칸막이 벽 등에 쓰인다.

36 휘발유 등의 용제에 아스팔트를 희석시켜 만든 유액으로서 방수층에 이용되는 아스팔트제품은?
① 아스팔트 루핑
② 아스팔트 프라이머
③ 아스팔트 싱글
④ 아스팔트 펠트

37 벤토나이트 방수재료에 관한 설명으로 옳지 않은 것은?
① 팽윤 특성을 지닌 가소성이 높은 광물이다.
② 콘크리트 시공 조인트용 수팽창 지수재로 사용된다.
③ 콘크리트 믹서를 이용하여 혼합한 벤토나이트와 토사를 롤러로 전압하여 연약한 지반을 개량한다.
④ 염분을 포함한 해수에서는 벤토나이트의 팽창반응이 강화되어 차수력이 강해진다.

38 공동주택관리법상의 공동주택 내력구조부에 대한 하자보수책임기간으로서 가장 부적당한 것은?
① 기둥 : 10년   ② 내력벽 : 10년
③ 보 : 10년   ④ 바닥 : 5년

39 안전관리를 "안전은 ( )을(를) 제어하는 기술"이라 정의할 때 다음 중 ( )에 들어갈 용어로 예방관리적 차원과 가장 가까운 용어는?
① 위험   ② 사고
③ 재해   ④ 상해

40 다음은 공사현상에서 이루어지는 업무에 관한 설명이다. 이 업무의 명칭으로 옳은 것은?

> 공사내용을 분석하고 공사관리의 목적을 명확히 제시하여 작업의 순서를 반영하며 실내공사의 작업을 세분화하고 집약시킨다. 공사의 종류에 따라 기술적인 순서와 상호관계를 정리하고 설계도서, 시방서, 물량산출서, 견적서를 기초로 작업에 투여되는 인력, 장비, 자재의 수량을 비교·검토한다.

① 실행예산 편성   ② 공정계획
③ 작업일보 작성   ④ 입찰참가 신청

3과목 실내디자인 환경

41 인체의 열방출 과정 중 일반적으로 가장 높은 비율을 차지하는 것은? (단, 전도에 의한 손실이 없는 경우)
① 관류
② 복사
③ 대류
④ 증발

42 실내공기질관리법령에 따른 신축공동주택의 실내공기질 측정항목에 속하지 않는 것은?
① 벤젠
② 라돈
③ 자일렌
④ 에틸렌

43 환기에 관한 설명으로 옳지 않은 것은?
① 실내환경의 쾌적성을 유지하기 위한 외기량을 필요환기량이라 한다.
② 1인당 차지하는 공간체적이 클수록 필요환기량은 증가한다.
③ 실내가 실외에 비해 온도가 높을 경우 실내의 공기밀도는 실외보다 낮다.
④ 중력환기는 실내외 온도차에 의한 공기의 밀도차에 의하여 발생한다.

44 크기가 2m×0.8m, 두께는 40mm, 열전도율이 0.14W/m·K인 목재문의 내측 표면온도가 15℃, 외측표면온도가 5℃일 때, 이 문을 통하여 1시간 동안에 흐르는 전도열량은?
① 0.056W
② 0.56W
③ 5.6W
④ 56W

45 바닥면적이 100m^{2}인 의료시설의 병실에서 채광을 위하여 설치하여야 하는 창문 등의 최소면적은?
① 5m^2
② 10m^2
③ 20m^2
④ 30m^2

46 구조체의 열용량에 관한 설명으로 옳지 않은 것은?
① 건물의 창면적비가 클수록 구조체의 열용량은 크다.
② 건물의 열용량이 클수록 외기의 영향이 작다.
③ 건물의 열용량이 클수록 실온의 상승 및 하강 폭이 작다.
④ 건물의 열용량이 클수록 외기온도에 대한 실내온도 변화의 시간지연이 있다.

47 다음의 조명에 관한 설명 중 ( )안에 알맞은 용어는?

> 실내 전체를 거의 똑같이 조명하는 경우를 (㉠)이라 하고, 어느 부분만을 강하게 조명하는 방법을 (㉡)이라 한다.

① ㉠ 직접조명, ㉡ 국부조명
② ㉠ 직접조명, ㉡ 간접조명
③ ㉠ 전반조명, ㉡ 국부조명
④ ㉠ 상시조명, ㉡ 간접조명

48 광원의 연색성에 관한 설명으로 옳지 않은 것은?
① 연색성을 수치로 나타낸 것을 연색평가수라고 한다.
② 고압수은램프의 평균 연색평가수(Ra)는 100이다.
③ 평균 연색평가수(Ra)가 100에 가까울수록 연색성이 좋다.
④ 물체가 광원에 의하여 조명될 때, 그 물체의 색의 보임을 정하는 광원의 성질을 말한다.

49 온수난방 배관에서 리버스리턴(Reverse Return)방식을 사용하는 주된 이유는?

① 배관길이를 짧게 하기 위해
② 배관의 부식을 방지하기 위해
③ 배관의 신축을 흡수하기 위해
④ 온수의 유량분배를 균일하게 하기 위해

50 변전실의 위치결정 시 고려할 사항으로 옳지 않은 것은?

① 부하의 중심위치에서 멀 것
② 외부로부터 전원의 인입이 편리할 것
③ 발전기실, 축전지실과 인접한 장소일 것
④ 기기를 반입, 반출하는 데 지장이 없을 것

51 수용장소의 총전기설비 용량에 대한 최대수용전력의 비율을 백분율로 나타낸 것은?

① 부하율   ② 부등율
③ 수용률   ④ 감광보상률

52 높이 31m를 넘는 각 층의 바닥면적 중 최대 바닥면적이 6,000㎡인 건축물에 설치해야 하는 비상용 승강기의 최소설치 대수는? (단, 8인승 승강기임)

① 2대   ② 3대
③ 4대   ④ 5대

53 경보설비의 종류가 아닌 것은?

① 누전경보기
② 자동화재탐지설비
③ 비상방송설비
④ 무선통신보조설비

54 건축물의 바깥쪽에 설치하는 피난계단의 구조에 관한 기준 내용으로 옳지 않은 것은?

① 계단의 유효너비는 0.9m 이상으로 할 것
② 계단실에는 예비전원에 의한 조명설비를 할 것
③ 계단은 내화구조로 하고 지상까지 직접 연결되도록 할 것
④ 건축물의 내부에서 계단으로 통하는 출입구에는 60+방화문 또는 60분 방화문을 설치할 것

55 다음은 건축허가 등을 할 때 미리 소방본부장 또는 소방서장의 동의를 받아야 하는 건축물 등의 범위에 관한 내용이다. 빈칸에 들어갈 내용을 순서대로 옳게 나열한 것은? (단, 차고 주차장 또는 주차용도로 사용되는 시설)

가. 차고 주차장으로 사용되는 바닥면적이( )이상인 층이 있는 건축물이나 주차시설
나. 승강기 등 기계장치에 의한 주차시설로서 자동차 ( )이상을 주차할 수 있는 시설

① 100m², 20대
② 200m², 20대
③ 100m², 30대
④ 200m², 30대

56 특정소방대상물에 사용하는 실내장식물 중 방염대상물품에 속하지 않는 것은?

① 창문에 설치하는 커튼류
② 두께가 2mm 미만인 종이벽지
③ 전시용 섬유판
④ 전시용 합판

57 건축물에 설치하는 배연설비의 기준으로 옳지 않은 것은?

① 건축물이 방화구획으로 구획된 경우에는 그 구획마다 1개소 이상의 배연창을 설치한다.
② 배연창의 상변과 천장 또는 반자로부터 수직거리를 0.9m 이내로 한다.
③ 배연구는 연기감지기 또는 열감지기에 의하여 자동으로 열 수 있는 구조로 하고, 손으로는 열고 닫을 수 없도록 한다.
④ 배연구는 예비전원에 의하여 열 수 있도록 한다.

58 스프링클러설비를 설치하여야 하는 특정소방대상물에 대한 기준으로 옳은 것은?

① 창고시설(물류터미널은 제외한다)로서 바닥면적 합계가 3,000m² 이상인 경우에는 모든 층
② 판매시설, 운수시설 및 창고시설(물류터미널에 한정한다)로서 바닥면적의 합계가 3,000m² 이상이거나 수용인원이 300명 이상인 경우에는 모든 층
③ 숙박이 가능한 수련시설로서 해당용도로 사용되는 바닥면적의 합계가 600m² 이상인 경우 모든 층
④ 종교시설(주요 구조부가 목조인 것은 제외)의 경우 수용인원이 50명 이상인 경우 모든 층

59 연면적 1,000m² 이상인 건축물에 설치하는 방화벽의 구조기준으로 옳지 않은 것은?

① 내화구조로서 홀로 설 수 있는 구조일 것
② 방화벽의 양쪽 끝과 위쪽 끝을 건축물의 외벽면 및 지붕 면으로부터 0.5m 이상 튀어나오게 할 것
③ 방화벽에 설치하는 출입문의 너비 및 높이는 각각 1.8m 이하로 할 것
④ 방화벽에 설치하는 출입문에는 60+ 방화문 또는 60분 방화문)을 설치할 것

60 판매시설의 용도에 쓰이는 층의 최대 바닥면적이 500m²일 때 피난층에 설치하는 건축물의 바깥쪽으로의 출구의 유효너비 합계는 최소 얼마 이상으로 하여야 하는가?

① 2.5m
② 3m
③ 3.5m
④ 5m

과년도 기출문제

09 | 실내건축산업기사 2024년 제3회

1과목 실내디자인계획

01 다음 중 수평선(Horizontal Line)이 주는 느낌으로 가 알맞은 것은?
① 존엄성 ② 경쾌
③ 위험   ④ 안정

02 실내디자인의 원리 중 휴먼 스케일에 대한 설명으로 옳지 않은 것은?
① 인간의 신체를 기준으로 파악되고 측정되는 척도 기준이다.
② 휴먼 스케일의 적용은 추상적, 상징적이 아닌 기능적인 척도를 추구하는 것이다.
③ 휴먼 스케일이 잘 적용된 실내공간은 심리적, 시각적으로 안정된 느낌을 준다.
④ 공간의 규모가 웅대한 기념비적인 공간은 휴먼 스케일을 적용하는데 용이하다.

03 실내공간을 구성하는 주요 기본구성요소에 관한 설명으로 옳지 않은 것은?
① 벽은 공간을 에워싸는 수직적 요소로 수평방향을 차단하여 공간을 형성한다.
② 바닥은 신체와 직접 접촉하기에 촉각적으로 만족할 수 있는 조건을 요구한다.
③ 천장은 외부로부터 추위와 습기를 차단하고 사람과 물건을 지지하여 생활 장소를 지탱하게 해준다.
④ 기둥은 선형의 수직요소로 크기, 형상을 가지고 있으며 구조적 요소로 사용되거나 또는 강조적·상징적 요소로 사용된다.

04 동선 계획에 관한 설명으로 옳은 것은?
① 동선의 속도가 빠른 경우 단 차이를 두거나 계단을 만들어 준다.
② 동선의 빈도가 높은 경우 동선 거리를 연장하고 곡선으로 처리한다.
③ 동선의 하중이 큰 경우 통로의 폭을 좁게 하고 쉽게 식별할 수 있도록 한다.
④ 동선이 복잡해질 경우 별도의 통로 공간을 두어 동선을 독립시킨다.

05 주택의 실구성 형식에 관한 설명으로 옳지 않은 것은?
① DK형은 이상적인 식사공간 분위기가 비교적 어렵다.
② LD형은 식사도중 거실의 고유 기능분리가 어렵다.
③ LDK형은 거실, 식당, 부엌 각 실의 안정성 확보에 유리하다.
④ LDK형은 공간을 효율적으로 활용되어서 소규모 주택에 주로 이용된다.

06 다음 중 주거공간의 효율을 높이고, 데드 스페이스(dead space)를 줄이는 방법과 가장 거리가 먼 것은?
① 플랫폼 가구를 활용한다.
② 기능과 목적에 따라 독립된 실로 계획한다.
③ 침대, 계단 밑 등을 수납공간으로 활용한다.
④ 가구와 공간의 치수체계를 통합하여 계획한다.

07 사무소 건축의 실단위 계획 중 개실시스템에 관한 설명으로 옳지 않은 것은?

① 독립성이 우수하다는 장점이 있다.
② 일반적으로 복도를 통해 각 실로 진입한다.
③ 실의 길이와 깊이에 변화를 주기 용이하다.
④ 프라이버시의 확보와 응접이 요구되는 최고경영자나 전문직 개실에 사용된다.

08 상점에서 쇼윈도, 출입구 및 홀의 입구부분을 포함한 평면적인 구성요소와 아케이드, 광고판, 사인 및 외부장치를 포함한 입면적인 구성요소의 총체를 뜻하는 용어는?

① VMD ② 파사드
③ AIDMA ④ 디스플레이

09 전시실의 순회형식 중 연속순회형식에 관한 설명으로 옳은 것은?

① 연속된 전시실의 한쪽 복도에 의해서 각 실을 배치한 형식이다.
② 각 실에 직접 들어갈 수 있으며 필요시에는 자유로이 독립적으로 폐쇄할 수 있다.
③ 1실을 폐쇄할 경우 전체 동선이 막히게 되므로 비교적 소규모의 전시실에 적합하다.
④ 중심부에 하나의 큰 홀을 두고 그 주위에 각 전시실을 배치하여 자유로이 출입하는 형식이다.

10 컴퓨터 그래픽에서의 디자인이미지 작업의 순서는?

① 페인팅 작업 → 이미지 구상 → 드로잉 작업 → 이미지 작업
② 이미지 구상 → 드로잉 작업 → 페인팅 작업 → 이미지 표현
③ 드로잉 작업 → 페인팅 작업 → 이미지 구상 → 이미지 표현
④ 이미지 구상 → 이미지 표현 → 드로잉 작업 → 페인팅 작업

11 색의 속성이란?

① 빨강, 파랑, 노랑
② 빨강, 초록, 파랑
③ 색상, 명도, 채도
④ 무채색, 유채색, 색

12 식물의 이름에서 유래된 관용색명은?

① 피콕블루(peacock blue)
② 세피아(sepia)
③ 에메랄드 그린(emerald green)
④ 올리브(olive)

13 색의 동화작용에 관한 설명 중 옳은 것은?

① 잔상 효과로서 나중에 본 색이 먼저 본 색과 섞여 보이는 현상
② 난색 계열의 색이 더 커 보이는 현상
③ 색들끼리 영향을 주어서 옆의 색과 닮은 색으로 보이는 현상
④ 색점을 섬세하게 나열 배치해 두고 어느정도 떨어진 거리에서 보면 쉽게 혼색되어 보이는 현상

14 먼셀의 색입체 수직 단면도에서 중심축 양쪽에 있는 두 색상의 관계는?

① 인접색 ② 보색
③ 유사색 ④ 약보색

15 디지털 색채시스템에서 RGB형식으로 검정을 표현하기에 적절한 수치는?

① R=255, G=255, B=255
② R=0, G=0, B=255
③ R=0, G=0, B=0
④ R=255, G=255, B=0

16 문(P.Moon)·스펜서(D.E. spencer)의 색채조화론에 있어서 조화의 종류가 아닌 것은?

① 배색의 조화
② 동등의 조화
③ 유사의 조화
④ 대비의 조화

17 오스트발트의 등가색환에서의 조화에 대한 설명 중 올바른 것은? (24색상 기준)

① 색상차가 4이하 일 때 보색조화라 부른다.
② 색상차가 6~8일 때 유사색 조화라 부른다.
③ 색상차가 12일 때 이색조화라 부른다.
④ 2 간격 3 색상 조화는 매우 약한 대비의 조화가 된다.

18 컬러 TV의 화면이나 인상파 화가의 점묘법, 직에서 발견되는 색의 혼색방법은?

① 동시감법혼색　② 계시가법혼색
③ 병치가법혼색　④ 감법혼색

19 고대 로마시대 음식물을 먹거나 잠을 자기 위해 사용했던 긴 의자로 몸을 기댈 수 있도록 좌판의 한쪽 끝이 올라간 형태를 갖는 것은?

① 체스터필드(Chesterfield)
② 스툴(Stool)
③ 세티(Settee)
④ 카우치(Couch)

20 다음 중 가구류의 분류가 옳지 않은 것은?

① 작업용가구 - 테이블, 책상
② 인체지지용가구 - 휴식의자, 침대
③ 정리수납용가구 - 벽장, 선반, 서랍
④ 작업용가구 - 부엌작업대, 작업의자

2과목　실내디자인 시공 및 재료

21 목재의 강도 중 큰 순서대로 열거한 것 중 옳은 것은? (단, 섬유에 평행한 가력방향 임)

| ① 인장강도 | ② 압축강도 |
| ③ 전단강도 | ④ 휨강도 |

① ①〉④〉②〉③
② ④〉①〉②〉③
③ ②〉①〉④〉③
④ ①〉③〉②〉④

22 목재는 화재가 발생하면 순간적으로 불이 확산하여 큰 피해를 주는데 이를 억제하는 방법으로 옳지 않은 것은?

① 목재의 표면에 플라스터로 피복한다.
② 염화비닐수지로 도포한다.
③ 방화페인트로 도포한다.
④ 인산암모늄 약제로 도포한다.

23 테라조판(Terrazzo Tile)의 종석으로 주로 활용되는 것은?

① 화강암
② 대리석
③ 수성암
④ 안산암

24 점토제품 중 소성온도가 가장 높고 흡수성이 작으며 타일이나 위생도기 등에 쓰이는 것은?

① 토기
② 도기
③ 석기
④ 자기

25 기본벽돌(190×90×57) 2.0B 벽두께 치수로 옳은 것은? (단, 공간쌓기 아님)

① 390mm ② 420mm
③ 430mm ④ 450mm

26 아래 설명에 해당하는 유리를 무엇이라고 하는가?

> 2장 또는 그 이상의 판유리사이에 유연성 있는 강하고 투명한 플라스틱필름을 넣고 판유리 사이에 있는 공기를 완전히 제거한 진공상태에서 고열로 강하게 접착하여 파손되더라도 그 파면이 접착제로부터 떨어지지 않도록 만든 유리이다.

① 연마판유리
② 복층유리
③ 강화유리
④ 접합유리

27 도료의 전색제 중 천연수지로 볼 수 없는 것은?

① 로진(Rosin)
② 댐머(Dammer)
③ 멜라민(Melamine)
④ 셸락(Shellac)

28 그림과 같은 벽 A의 대린벽으로 옳은 것은?

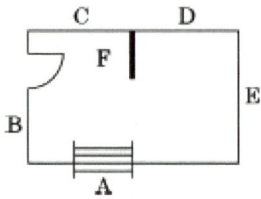

① B와 E ② C와 D
③ E와 D ④ B와 C

29 온도에 따른 탄소강의 기계적 성질에 관한 설명으로 옳지 않은 것은?

① 연신율은 200~300℃에서 최소로 된다.
② 인장강도는 500℃ 정도에서 상온 강도의 약 1/2로 된다.
③ 인장강도는 100℃ 정도에서 최대로 된다.
④ 항복점과 탄성한계는 온도가 상승함에 따라 감소한다.

30 금속의 부식방지를 위한 관리대책으로 옳지 않은 것은?

① 가능한 한 이종금속을 인접 또는 접촉시켜 사용할 것
② 큰 변형을 준 것은 가능한 한 풀림하여 사용할 것
③ 표면을 평활하고 깨끗이 하며, 가능한 한 건조상태를 유지할 것
④ 부분적으로 녹이 발생하면 즉시 제거할 것

31 미장재료 중 건조 수축율이 가장 큰 것은?

① 소석회
② 돌로마이트 플라스터
④ 시멘트
③ 소석고

32 시멘트 보관창고에 대한 설명으로 옳지 않은 것은?

① 주위에 배수도랑을 두고 우수의 침투를 방지한다.
② 바닥높이는 지면으로부터 30cm 이상으로 한다.
③ 공기의 유통을 원활히 하기 위해 개구부를 크게 하는 것이 좋다.
④ 시멘트의 높이 쌓기는 13포대를 한도로 한다.

33 각 시멘트의 성질에 관한 설명으로 옳지 않은 것은?
① 조강포틀랜드시멘트는 발열량이 높아 저온에서도 도발현이 가능하다.
② 플라이애쉬시멘트는 메스 콘크리트공사, 항만공사 등에 적용된다.
③ 실리카흄 시멘트를 사용한 콘크리트는 강도 및 내구성이 뛰어나다.
④ 고로시멘트를 사용한 콘크리트는 해수에 대한 내식성이 좋지 않다.

34 KS F 2503(굵은 골재의 밀도 및 흡수율 시험방법)에 따른 흡수율 산정식은 다음과 같다. 여기서 A가 의미하는 것은?

$$Q = \frac{B-A}{A} \times 100(\%)$$

① 절대건조상태 시료의 질량(g)
② 표면건조포화상태 시료의 질량(g)
③ 시료의 수중질량(g)
④ 기건상태시료의 질량(g)

35 물시멘트비가 60%, 단위시멘트량이 300kg/㎥일 경우 필요한 단위수량은?
① 150 kg/㎥   ② 180 kg/㎥
③ 210 kg/㎥   ④ 340 kg/㎥

36 두꺼운 아스팔트 루핑을 4각형 또는 6각형 등으로 절단하여 경사 지붕재로 사용하는 역청제품의 명칭은?
① 아스팔트 싱글
② 망상 루핑
③ 아스팔트 시트
④ 석면 아스팔트 펠트

37 단열재에 관한 설명으로 옳지 않은 것은?
① 열전도율이 낮은 것일수록 단열효과가 좋다.
② 열관류율이 높은 재료는 단열성이 낮다.
③ 같은 두께인 경우 경량재료인 편이 단열효과가 나쁘다.
④ 단열재는 보통 다공질의 재료가 많다.

38 기본 점성이 크며 내수성, 내약품성, 전기절연성이 모두 우수한 만능형 접착제로 금속, 플라스틱, 도자기, 유리, 콘크리트 등의 접합에 사용되며 내구력도 큰 합성수지계 접착제는?
① 에폭시수지 접착제
② 네오프렌 접착제
③ 요소수지 접착제
④ 페놀수지 접착제

39 그림과 같은 네트워크 공정표에서 주공정선(Critical path)은?

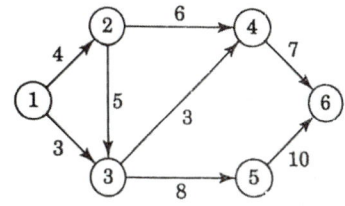

① ① → ③ → ⑤ → ⑥
② ① → ② → ④ → ⑥
③ ① → ② → ③ → ④ → ⑥
④ ① → ② → ③ → ⑤ → ⑥

40 품질관리(TQC)를 위한 7가지 도구 중에서 불량수, 결점수 등 셀 수 있는 데이터를 분류하여 항목별로 나누었을 때 어디에 집중되어 있는가를 알기 쉽도록 한 그림 또는 표를 무엇이라 하는가?
① 산포도   ② 히스토그램
③ 체크 시트   ④ 파레토도

3과목 실내디자인 환경

41 일조율의 정의로 가장 알맞은 것은?

① 24시간에 대한 가조시간의 백분율
② 24시간에 대한 일조시간의 백분율
③ 가조시간에 대한 일조시간의 백분율
④ 일영시간에 대한 일조시간의 백분율

42 다음과 같은 조건에 있는 벽체의 실내측 표면 온도는?

- 외기온도 : -10℃
- 실내공기온도 : 20℃
- 벽체의 열관류율 : 1.5 W/㎡·K
- 벽체의 내표면 열전달률 : 9 W/㎡·K

① 10℃   ② 15℃
③ 20℃   ④ 25℃

43 습공기를 가습하였을 때의 상태변화로 옳은 것은? (단, 건구온도는 일정하다.)

① 엔탈피가 커진다.
② 노점온도가 낮아진다.
③ 습구온도가 낮아진다.
④ 절대습도가 작아진다.

44 다음 설명에 알맞은 환기방식은?

- 배기용 송풍기를 설치하여 실내 공기를 강제적으로 배출시키는 방법으로 실내는 부압이 된다.
- 화장실, 욕실 등의 환기에 적합하다.

① 제1종 환기
② 제2종 환기
③ 제3종 환기
④ 제4종 환기

45 조명에서 발생하는 눈부심에 관한 설명으로 옳지 않은 것은?

① 광원의 크기가 클수록 눈부심이 강하
② 광원의 휘도가 작을수록 눈부심이 강하다.
③ 광원이 시선에 가까울수록 눈부심이 강하다.
④ 배경이 어둡고 눈이 암순응 될수록 눈부심이 강하다.

46 다음 설명에 알맞은 음과 관련된 현상은?

- 서로 다른 음원에서의 음이 중첩되면 합성되어 음은 쌍방의 상황에 따라 강해지든지, 약해진다든지 한다.
- 2개의 스피커에서 같은 음을 발생하면 음이 크게 들리는 곳과 작게 들리는 곳이 생긴다.

① 음의 간섭
② 음의 굴절
③ 음의 반사
④ 음의 회절

47 건축물을 건축하거나 대수선하는 경우 해당건축물의 설계자는 국토교통부령으로 정하는구조기준 등에 따라 그 구조의 안전을 확인하여야 하는데 그 대상 건축물에 해당하는 것은?

① 층수가 2층인 건축물
② 연면적이 800㎡인 건축물
③ 처마높이가 9m인 건축물
④ 기둥과 기둥 사이의 거리가 7m인 건축물

48 다음 중 거실·욕실 또는 조리장의 바닥 부분에 방습을 위한 조치를 하지 않아도 되는 경우는?

① 건축물의 최하층에 있는 목조 바닥의 거실
② 건축물의 최하층에 있는 석조 바닥의 거실
③ 제1종 근린생활시설 중 휴게음식점의 조리장
④ 제2종 근린생활시설 중 숙박시설의 욕실

49 신축 또는 리모델링하는 100세대 이상이 공동주택은 자연환기설비 또는 기계환기설비를 설치하여 최소 시간당 몇 회 이상의 환기가 이루어지도록 해야 하는가?

① 0.5회   ② 0.6회
③ 0.8회   ④ 1.0회

50 25층 업무시설로서 6층 이상의 거실면적 합계가 36,000㎡인 경우 승용 승강기의 최소 설치 대수는? (단, 16인승 이상의 승강기로 설치한다.)

① 7대   ② 8대
③ 9대   ④ 10대

51 다음은 건축물의 3층 이상인 층으로서 직통계단 외에 그 층으로부터 지상으로 통하는 옥외피난계단을 설치하여야 하는 대상에 관한 내용이다. 빈칸에 알맞은 것은?

> 문화 및 집회시설 중 집회장의 용도로 쓰는 층으로서 그 층 거실의 바닥면적의 합계가 (   ) 이상인 것

① 500㎡   ② 1000㎡
③ 1500㎡   ④ 2000㎡

52 건축물의 지하층에 설치하는 비상탈출구의 유효너비 및 유효높이는 각각 최소 얼마 이상으로 하여야 하는가?

① 0.5m, 0.5m
② 0.5m, 0.75m
③ 0.75m, 0.75m
④ 0.75m, 1.5m

53 장애인·노인·임산부 등의 편의증진보장에 관한 법률상 불특정 다수인이 이용하는 공공 및 공중이용시설에 해당하지 않는 것은?

① 제2종 근린생활시설
② 문화 및 집회시설
③ 공동주택
④ 공장

54 다음 소방시설 중 소화설비에 해당되지 않는 것은?

① 연결살수설비   ② 스프링클러설비
③ 옥외소화전설비   ④ 소화기구

55 건축허가등을 할 때 미리 소방본부장 또는 소방서장의 동의를 받아야 하는 건축물 등의 연면적 기준으로 옳은 것은? (단, 노유자시설 및 수련시설의 경우)

① 100㎡ 이상   ② 200㎡ 이상
③ 300㎡ 이상   ④ 400㎡ 이상

56 방염성능기준 이상의 실내장식물 등을 설치하여야 하는 특정소방대상물에 해당하지 않는 것은?

① 교육연구시설 중 합숙소
② 방송통신시설 중 방송국
③ 건축물의 옥내에 있는 종교시설
④ 건축물의 옥내에 있는 수영장

57 할로겐램프에 관한 설명으로 옳지 않은 것은?

① 휘도가 낮다.
② 형광램프에 비해 수명이 짧다.
③ 흑화가 거의 일어나지 않는다.
④ 광속이나 색온도의 저하가 적다.

58 급수방식에 관한 설명으로 옳지 않은 것은?

① 고가수조방식은 급수압력이 일정하다.
② 수도직결방식은 위생성 측면에서 바람직한 방식이다.
③ 압력수조방식은 단수 시에 일정량의 급수가 가능하다.
④ 펌프직송방식은 일반적으로 하향급수 배관방식으로 배관이 구성된다.

59 공기조화방식 중 이중덕트방식에 관한 설명으로 옳지 않은 것은?

① 전공기방식이다.
② 부하특성이 다른 다수의 실이나 존에도 적용할 수 있다.
③ 덕트 샤프트나 덕트 스페이스가 필요 없거나 작아도 된다.
④ 냉·온풍의 혼합으로 인한 혼합손실이 있어서 에너지 소비량이 많다.

60 자동화재탐지설비의 감지기 중 감지기 주위의 온도가 일정한 온도 이상이 되었을 때 작동하는 것은?

① 차동식감지기
② 정온식감지기
③ 광전식 감지기
④ 이온화식 감지기

과년도 기출문제

08 | 실내건축산업기사 2025년 제1회

1과목 실내디자인계획

01 공간의 형태에 관한 설명으로 옳은 것은?
① 천장면이 모아진 삼각형의 공간에서는 높이에 대한 집중도와 중심성이 상대적으로 떨어진다.
② 원형이나 정사각형의 평면 중심에 강한 요소를 도입하면 공간형태를 더욱 강조할 수 있다.
③ 공간의 형태는 일관성이나 축에 따라 자연적인 것과 유기적인 형태의 것으로 구분할 수 있다.
④ 천장면이 곡면일 경우 공간의 방향성은 공간의 중심으로 모이게 되며 정적인 분위기가 된다.

02 디자인의 원리 중 대비에 관한 설명으로 가장 알맞은 것은?
① 제반요소를 단순화하여 실내를 조화롭게 하는 것이다.
② 저울의 원리와 같이 중심에서 양측에 물리적 법칙으로 힘의 안정을 구하는 현상이다.
③ 모든 시각적 요소에 대하여 극적 분위기를 주는 상반된 성격의 결합에서 이루어진다.
④ 디자인 대상의 전체에 미적 질서를 부여하는 것으로 모든 형식의 출발점이며 구심점이다.

03 평면이 돌출된 형태의 창으로 장식품을 두거나 간이휴식 공간을 마련할 수 있는 창을 무엇이라고 하는가?
① 베이 윈도우(bay window)
② 픽쳐 윈도우(picture window)
③ 윈도우 월(window wall)
④ 고창(clerestory)

04 창과 문에 관한 설명으로 옳지 않은 것은?
① 문은 인접된 공간을 연결시킨다.
② 창과 문의 위치는 동선에 영향을 주지 않는다.
③ 창은 공기와 빛을 통과시켜 통풍과 채광을 가능하게 한다.
④ 창의 크기와 위치, 형태는 창에서 보이는 시야의 특성을 결정한다.

05 부엌 가구의 배치 유형 중 L자형에 관한 설명으로 옳지 않은 것은?
① 부엌과 식당을 겸할 경우 많이 활용된다.
② 두 벽면을 이용하여 작업대를 배치한 형식이다.
③ 작업면이 가장 넓은 형식으로 작업 효율도 가장 좋다.
④ 한쪽 면에 싱크대를, 다른 면에 가열대를 설치하면 능률적이다.

06 사무소 건축에서 코어의 기능에 관한 설명으로 옳지 않은 것은?
① 내력적 구조체로서의 기능을 수행할 수 있다.
② 공용부분을 집약시켜 사무소의 유효면적이 증가된다.
③ 엘리베이터, 파이프 샤프트, 덕트 등의 설비 요소를 집약시킬 수 있다.
④ 설비 및 교통 요소들이 존(zone)을 형성함으로서 업무공간의 융통성이 감소된다.

07 상점 진열창(show window)의 눈부심을 방지하기 위한 방법으로 옳지 않은 것은?
① 유리면을 경사지게 한다.
② 외부에 차양을 설치한다.
③ 특수한 곡면유리를 사용한다.
④ 진열창의 내부조도를 외부보다 낮게 한다.

08 비주얼 머천다이징(VMD)에 관한 설명으로 옳지 않은 것은?
① VMD의 구성은 IP, PP, VP 등이 포함된다.
② VMD의 구성 중 IP는 상점의 이미지와 패션 테마의 종합적인 표현을 일컫는다.
③ 상품계획, 상점계획, 판촉 등을 시각화시켜 상점 이미지를 고객에게 인식시키는 판매 전략을 말한다.
④ VMD란 상품과 고객 사이에서 치밀하게 계획된 정보전달 수단으로서 디스플레이의 기법 중 하나이다.

09 쇼룸의 공간구성은 상품전시공간, 상담공간, 어트랙션(attraction)공간, 서비스공간, 통로공간, 출입구를 포함한 파사드로 구성되어진다. 다음 중 어트랙션(attraction)공간에 관한 설명으로 가장 알맞은 것은?
① 구매상담을 도와주고 관람자를 통제하는 공간이다.
② 전시상품에 대한 정보를 알리거나 관람자를 안내하기 위한 공간이다.
③ 입구에서 관람객의 시선을 집중시켜 쇼룸의 내부로 관람객을 유인하는 역할을 한다.
④ 진열되는 상품을 디스플레이하기 위한 공간으로 진열대와 진열기구, 연출기구 등이 필요하다.

10 와이어 프레임 모델(Wire-frame model)의 설명이 아닌 것은?
① 면과 면이 만나는 선만으로 입체를 생성한다.
② 처리 속도가 빠르다.
③ 입체물의 무게감, 부피, 실체감 등을 표현한다.
④ 작업 초기에 진행되며, 가장 기본적인 모델링이다.

11 색의 속성이란?
① 빨강, 파랑, 노랑
② 빨강, 초록, 파랑
③ 색상, 명도, 채도
④ 무채색, 유채색, 색

12 식물의 이름에서 유래된 관용색명은?
① 피콕블루(peacock blue)
② 세피아(sepia)
③ 에메랄드 그린(emerald green)
④ 올리브(olive)

13 인접한 색들끼리 서로의 영향을 받아 인접한 색에 가깝게 보이는 것은?
① 동화현상　② 동시대비
③ 계시대비　④ 잔상

14 보기의 설명에 해당하는 감정의 색은?

> 이 색은 신비로운, 환상, 성스러움 등을 상징한다. 여성스러운 부드러움을 강조하는 역할을 하기도 하지만 반면 비애감과 고독감을 느끼게 하기도 한다.

① 빨강　② 주황
③ 파랑　④ 보라

15 배색 방법 중 하나로 단계적으로 명도, 채도, 색상, 톤의 배열에 따라서 시각적인 자연스러움을 주는 것으로 3색 이상의 다색배색에서 이와 같은 효과를 낼 수 있는 배색방법은?
① 반복배색　　② 강조배색
③ 연속배색　　④ 트리콜로 배색

16 광원에 관한 설명 중 틀린 것은?
① 광(光)의 굴절 정도는 파장이 짧은 쪽이 작고, 긴 쪽이 크다.
② 스펙트럼은 적색에서 자색에 이르는 색띠를 나타낸다.
③ 색으로 느끼지 못하는 광의 감각을 심리학상의 감각이라 한다.
④ 같은 물체라도 발광체의 종류에 따라 색이 틀리다.

17 오스트발트의 등가색환에서의 조화에 대한 설명 중 올바른 것은? (24색상 기준)
① 색상차가 4이하 일 때 보색조화라 부른다.
② 색상차가 6~8일 때 유사색 조화라 부른다.
③ 색상차가 12일 때 이색조화라 부른다.
④ 2 간격 3 색상 조화는 매우 약한 대비의 조화가 된다.

18 안전 색채 중 교통 환경에서 사용하는 노란색은 무엇을 의미하는가?
① 정지, 고도 위험　　② 주의, 경고
③ 소화, 금지　　④ 안전, 진행

19 바르셀로나 체어를 디자인한 건축가는?
① 마르셀 브로이어(Marcel Breuer)
② 루이스 설리반(Louis Sullivan)
③ 미스 반 데어 로에(Mies Van der Rohe)
④ 프랑크 로이드 라이트(Frank Lloyd Wright)

20 다음 중 인체지지용 가구가 아닌 것은?
① 소파　　② 침대
③ 책상　　④ 작업의자

2과목　실내디자인 시공 및 재료

21 골재의 함수상태에 관한 식으로 옳지 않은 것은?
① 흡수량=(표면건조상태의 중량)-(절대건조상태의 중량)
② 유효흡수량=(표면건조상태의중량)-(기건상태의 중량)
③ 표면수량=(습윤상태의 중량)-(표면건조상태의 중량)
④ 전체함수량=(습윤상태의 중량)-(기건상태의 중량)

22 다음 중 지하방수나 아스팔트 펠트 삼투용(滲透用)으로 쓰이는 것은?
① 스트레이트 아스팔트
② 블로운 아스팔트
③ 아스팔트 컴파운드
④ 콜타르

23 각종 금속의 성질에 관한 설명으로 옳지 않은 것은?
① 알루미늄은 콘크리트와 접촉하면 침식된다.
② 동은 대기 중에서는 내구성이 있으나 암모니아에는 침식되기 쉽다.
③ 동은 주물로 하기 어려우나 청동이나 황동은 쉽다.
④ 납은 산이나 알칼리에 강하므로 콘크리트에 매설해도 침식되지 않는다.

24 목재의 역학적 성질에 대한 설명 중 옳지 않은 것은?
① 섬유포화점 이상에서는 함수율 변화에 따른 강도가 일정하나 섬유포화점 이하에서는 함수율이 감소할수록 강도는 증대한다.
② 비중이 증가할수록 외력에 대한 저항이 증가한다.
③ 목재의 강도나 탄성은 가력방향과 섬유방향과의 관계에 따라 현저한 차이가 있다.
④ 압축강도는 옹이가 있으면 감소하나 인장강도는 영향을 받지 않는다.

25 각 점토제품에 관한 설명으로 옳은 것은?
① 자기질 타일은 흡수율이 매우 낮다.
② 테라코타는 주로 구조재로 사용된다.
③ 내화벽돌은 돌을 분쇄하여 소성한 것으로 점토제품에 속하지 않는다.
④ 소성벽돌이 붉은색을 띠는 것은 안료를 넣었기 때문이다.

26 콘크리트의 건조수축에 관한 설명으로 옳은 것은?
① 골재가 경질이고 탄성계수가 클수록 건조수축은 커진다.
② 물-시멘트비가 작을수록 건조수축이 크다.
③ 골재의 크기가 일정할 때 슬럼프값이 클수록 건조수축은 작아진다.
④ 물-시멘트비가 같은 경우 건조수축은 단위시멘트량이 클수록 크다.

27 각종 석재에 관한 설명 중 옳지 않은 것은?
① 화강암은 내구성 및 강도는 크지만, 내화성이 약하다.
② 대리석은 석회석이 변화되어 결정화한 것으로 내화성이 크고 연질이다.
③ 석회석은 석질은 치밀하고 강도가 크나 화학적으로 산에 약하다.
④ 안산암은 강도, 경도, 비중이 크고 내화성도 우수하다.

28 탄소강의 성질에 대한 설명으로 옳은 것은?
① 합금강에 비해 강도와 경도가 크다.
② 보통 저탄소강은 철근이나 강판을 만드는데 쓰인다.
③ 열처리를 해도 성질의 변화가 없다.
④ 탄소함유량이 많을수록 강도는 지속적으로 커진다.

29 다음 각 합성수지에 대한 설명 중 옳지 않은 것은?
① 요소수지는 열경화성수지로 공업용보다는 일용품, 장식품 등에 많이 사용된다.
② 실리콘수지는 탄성을 가지며 내후성 및 내화학성 등이 우수하기 때문에 접착제, 도료로서 주로 사용된다.
③ 페놀수지는 내알칼리성이 우수하며 성형품, 접착제보다는 도료로 많이 쓰인다.
④ 폴리스티렌수지는 성형하여 단열재로 널리 사용된다.

30 다음 중 네트워크 공정표에 사용되는 용어의 설명으로 옳지 않은 것은?
① Critical Path : 처음작업부터 마지막작업에 이르는 모든 경로 중에서 가장 긴 시간이 걸리는 경로
② Activity : 작업을 수행하는데 필요한 시간
③ Float : 각 작업에 허용되는 시간적인 여유
④ Event : 작업과 작업을 결합하는 점 및 프로젝트의 개시점 혹은 종료점

31 건물 외부에 낙하물 방지망을 설치할 경우 수평면과의 가장 적절한 각도는?

① 5° 이상, 10° 이하
② 10° 이상, 15° 이하
③ 15° 이상, 20° 이하
④ 20° 이상, 30° 이하

32 타일의 제조공정에서 건식제법에 관한 설명으로 옳지 않은 것은?

① 내장타일은 주로 건식제법으로 제조된다.
② 제조능률이 높다.
③ 치수 정도(精度)가 좋다.
④ 복잡한 형상의 것에 적당하다.

33 점토벽돌에 관한 설명으로 옳지 않은 것은?

① 적색 또는 적갈색을 띠고 있는 것은 점토내에 포함되어 있는 산화철분에 의한것이다.
② 1종 점토벽돌의 압축강도 기준은 14.70 MPa 이상이다.
③ KS표준에 의한 점토벽돌의 모양에 따른구분은 일반형과 유공형으로 나뉜다.
④ 2종 점토벽돌의 흡수율 기준은 15.0%이하이다.

34 미장재료 중 건조 수축율이 가장 큰 것은?

① 소석회
② 돌로마이트 플라스터
④ 시멘트
③ 소석고

35 유성페인트에 관한 설명으로 옳은 것은?

① 보일유에 안료를 혼합시킨 도료이다.
② 안료를 적은 양의 물로 용해하여 수용성 교착제와 혼합한 분말상태의 도료이다.
③ 천연수지 또는 합성수지 등을 건성유와 같이 가열·융합시켜 건조제를 넣고 용제로 녹인 도료이다.
④ 니트로셀룰로오스와 같은 용제에 용해시킨 섬유계 유도체를 주성분으로 하여 여기에 합성수지, 가소제와 안료를 첨가한 도료이다.

36 다음 중 방수성이 가장 우수한 수지는?

① 푸란수지
② 실리콘수지
③ 멜라민수지
④ 알키드수지

37 다음 금속재료에 대한 설명 중 옳지 않은 것은?

① 청동은 황동과 비교하여 주조성이 우수하다.
② 아연함유량 50% 이상의 황동은 구조용으로 적합하다.
③ 알루미늄은 상온에서 판, 선으로 압연가공하면 경도와 인장강도가 증가하고 연신율이 감소한다.
④ 아연은 청색을 띤 백색 금속이며, 비점이 비교적 낮다.

38 벽돌벽 두께 1.5B, 벽면적 40㎡ 쌓기에 소요되는 점토벽돌(190×90×57mm)의 소요량은? (단, 할증률은 3%로 계산)

① 8850장
② 8960장
③ 9229장
④ 9408장

39 아래 설명에 해당하는 유리를 무엇이라고 하는가?

> 2장 또는 그 이상의 판유리사이에 유연성 있는 강하고 투명한 플라스틱필름을 넣고 판유리 사이에 있는 공기를 완전히 제거한 진공상태에서 고열로 강하게 접착하여 파손되더라도 그 파면이 접착제로부터 떨어지지 않도록 만든 유리이다.

① 연마판유리
② 복층유리
③ 강화유리
④ 접합유리

40 다음 석재 중 압축강도가 일반적으로 가장 큰 것은?
① 화강암 ② 사문암
③ 사암   ④ 응회암

3과목 실내디자인 환경

41 인체의 열쾌적에 직접적인 영향을 미치는 요소와 가장 거리가 먼 것은?
① 기류 ② 습도
③ 일조 ④ 기온

42 결로에 관한 설명으로 옳지 않은 것은?
① 외측단열공법으로 시공하는 경우 내부결로 방지에 효과가 있다.
② 겨울철 결로는 일반적으로 단열성 부족이 원인이 되어 발생한다.
③ 내부결로가 발생할 경우 벽체 내의 함수율은 낮아지며 열전도율은 커진다.
④ 실내에서 발생하는 수증기를 억제할 경우 표면결로 방지에 효과가 있다.

43 다음의 옥내소화전설비에 관한 설명 중 ( )안에 알맞은 것은?

옥내소화전방수구는 특정소방대상물의 층마다 설치하되, 해당 특정소방대상물의 각 부분으로부터 하나의 옥내소화전방수구까지의 수평거리가 ( )m 이하가 되도록 할 것

① 25 ② 30
③ 35 ④ 40

44 공기조화방식 중 2중덕트방식에 관한 설명으로 옳지 않은 것은?
① 전수방식의 특성이 있다.
② 냉·온풍의 혼합으로 인한 혼합손실이 있다.
③ 부하특성이 다른 다수의 실이나 존에 적용할 수 있다.
④ 단일덕트방식에 비해 덕트 샤프트 및 덕트 스페이스를 크게 차지한다.

45 0.6L의 물을 5℃에서 55℃로 올리는데 필요한 열량은? (단, 물의 비열은 4.2kJ/kg · K, 물의 밀도는 1kg/L이다.)
① 63.0kJ   ② 126kJ
③ 127.5kJ ④ 180.0kJ

46 다음 설명에 알맞은 조명의 연출기법은?

수직벽면을 빛으로 쓸어내리는 듯한 효과를 주기 위해 비대칭 배광방식의 조명기구를 사용하여 수직벽면에 균일한 조도의 빛을 비추는 기법

① 빔플레이   ② 월워싱 기법
③ 실루엣 기법 ④ 스파클 기법

47 기계적 에너지가 아닌 열에너지에 의해 냉동 효과를 얻는 냉동효과를 얻는 냉동기는?
① 터보식 냉동기   ② 흡수식 냉동기
③ 스크류식 냉동기 ④ 왕복동식 냉동기

48 천창채광에 관한 설명으로 옳지 않은 것은?
① 비막이에 불리하다.
② 조도 분포의 균일화에 유리하다.
③ 측창채광에 비해 채광량이 적다.
④ 근린의 상황에 따라 채광을 방해받는 경우가 적다.

49 실내음향에 관한 설명으로 옳지 않은 것은?

① 잔향시간은 실내 용적이 클수록 길어진다.
② 잔향시간은 실내의 흡음력이 작을수록 길어진다.
③ 강당과 음악당의 최적 잔향시간을 비교하면 강당의 잔향시간이 더 길어야 한다.
④ 잔향시간이란 실내의 음압레벨이 초기값보다 60dB 감쇠할 때까지의 시간을 말한다.

50 전기사업법령에 따른 저압의 범위로 옳은 것은? (2021년 개정된 KEC 규정 적용됨)

① 직류 500V 이하, 교류 1000V 이하
② 직류 1000V 이하, 교류 500V 이하
③ 직류 600V 이하, 교류 750V 이하
④ 교류 1000V 이하, 직류 1500V 이하

51 건축물에서의 계단의 설치기준으로 옳지 않은 것은?

① 초등학교 계단인 경우 계단 및 계단참의 너비는 150cm 이상으로 한다.
② 중·고등학교 계단인 경우 단높이는 18cm 이하로 한다.
③ 바로 위층 거실바닥면적의 합계가 200m^2 이상인 지하층의 계단인 경우 계단의 너비는 120cm 이상으로 한다.
④ 문화 및 집회시설 중 공연장인 경우 계단 및 계단참의 너비는 100cm 이상으로 한다.

52 다음의 소방시설 중 경보설비에 속하지 않는 것은?

① 비상방송설비
② 자동화재속보설비
③ 자동화재탐지설비
④ 무선통신보조설비

53 소방시설법령에 따른 방염대상물품의 방염성능기준으로 옳지 않은 것은?

① 불꽃에 의하여 완전히 녹을 때까지 불꽃의 접촉 횟수는 5회 이상일 것
② 탄화(炭化)한 면적은 50cm^2 이내, 탄화한 길이는 20cm 이내일 것
③ 버너의 불꽃을 제거한 때부터 불꽃을 올리지 아니하고 연소하는 상태가 그칠 때까지 시간은 30초 이내일 것
④ 소방청장이 정하여 고시한 방법으로 발연량(發煙量)을 측정하는 경우 최대연기밀도는 400 이하일 것

54 장애인·노인·임산부 등의 편의증진 보장에 관한 법률에서 규정하고 있는 편의시설을 설치하여야 하는 대상 시설물이 아닌 것은?

① 공공건물 및 공중이용시설
② 다중주택
③ 우체통
④ 공원

55 다음은 건축물의 3층 이상인 층으로서 직통계단 외에 그 층으로부터 지상으로 통하는 옥외피난계단을 설치하여야 하는 대상에 관한 내용이다. 빈칸에 알맞은 것은?

> 문화 및 집회시설 중 집회장의 용도로 쓰는 층으로서 그 층 거실의 바닥면적의 합계가 (　) 이상인 것

① 500m^2
② 1000m^2
③ 1500m^2
④ 2000m^2

56 비상경보설비를 설치하여야 하는 특정소방대상물의 기준으로 옳지 않은 것은?

① 연면적 400㎡ 이상인 것
② 지하층 바닥면적이 150㎡ 이상인 것
③ 지하가 중 터널로서 길이가 500m 이상인 것
④ 30명 이상의 근로자가 작업하는 옥내작업장

57 건축법상의 '주요구조부'에 해당하지 않는 것은?

① 내력벽　　② 기둥
③ 지붕틀　　④ 최하층바닥

58 20층의 아파트를 건축하는 경우 6층 이상 거실 바닥면적의 합계가 12,000㎡일 경우에 승용승강기 최소 설치대수는? (단, 15인승 이하 승용승강기임)

① 2대　　② 3대
③ 4대　　④ 5대

59 지하층의 비상탈출구에 관한 기준으로 옳지 않은 것은?

① 비상탈출구의 유효너비는 0.75m 이상으로 하고, 유효높이는 1.5m 이상으로 할 것
② 비상탈출구의 진입부분 및 피난통로에는 통행에 지장이 있는 물건을 방치하거나 시설물을 설치하지 아니할 것
③ 비상탈출구의 문은 피난방향으로 열리도록 하고, 실내에서 항상 열 수 있는 구조로 하여야 하며, 내부 및 외부에는 비상탈출구의 표시를 할 것
④ 비상탈출구는 출입구로부터 3m 이내에 설치할 것

60 철근콘크리트 구조로서 내화구조가 아닌 것은?

① 두께가 8cm인 바닥
② 두께가 10cm인 벽
③ 보
④ 지붕

과년도 기출문제

08 실내건축산업기사 2025년 제2회

1과목 실내디자인계획

01 선의 조형 효과에 관한 설명으로 옳지 않은 것은?

① 수직선은 상승감, 존엄성의 느낌을 준다.
② 사선은 침착, 안정 등 주로 정적인 느낌을 준다.
③ 수평선은 영원, 무한, 안정, 평화의 느낌을 준다.
④ 곡선은 유연함, 우아함 등 여성적인 느낌을 준다.

02 디자인의 원리 중 대비에 관한 설명으로 옳지 않은 것은?

① 극적인 분위기를 연출하는데 효과적이다.
② 상반 요소가 밀접하게 접근하면 할수록 대비의 효과는 감소 된다.
③ 강력하고 화려하며 남성적인 이미지를 주지만 지나치게 크거나 많은 대비의 사용은 통일성을 방해할 우려가 있다.
④ 질적, 양적으로 전혀 다른 둘 이상의 요소가 동시에 혹은 계속적으로 배열될 때 상호의 특질이 한층 강하게 느껴지는 통일적 현상이다.

03 주택 식당의 조명계획에 관한 설명으로 옳지 않은 것은?

① 전체조명과 국부조명을 병용한다.
② 한색계의 광원으로 깔끔한 분위기를 조성하는 것이 좋다.
③ 조리대 위에 국부조명을 설치하여 필요한 조도를 맞춘다.
④ 식탁에는 조사 방향에 주의하여 그림자가 지지 않게 한다.

04 사무소 건축의 실단위 계획 중 개실시스템에 관한 설명으로 옳지 않은 것은?

① 독립성이 우수하다는 장점이 있다.
② 일반적으로 복도를 통해 각 실로 진입한다.
③ 실의 길이와 깊이에 변화를 주기 용이하다.
④ 프라이버시의 확보와 응접이 요구되는 최고 경영자나 전문직 개실에 사용된다.

05 사무실의 책상배치 유형 중 대향형에 관한 설명으로 옳지 않은 것은?

① 면적 효율이 좋다.
② 각종 배선의 처리가 용이하다.
③ 커뮤니케이션 형성에 유리하다.
④ 시선에의해 프라이버시를 침해할 우려가 없다.

06 동선계획에 관한 설명으로 옳은 것은?

① 동선의 속도가 빠른 경우 단 차이를 두거나 계단을 만들어 준다.
② 동선의 빈도가 높은 경우 동선 거리를 연장하고 곡선으로 처리한다.
③ 동선의 하중이 큰 경우 통로의 폭을 좁게하고 쉽게 식별할 수 있도록 한다.
④ 동선이 복잡해질 경우 별도의 통로공간을 두어, 동선을 독립시킨다.

07 다음 설명에 알맞은 실내공간의 구성요소는?

> - 공간을 형성하는 수평적 요소이다.
> - 시각적 흐름이 최종적으로 멈추는 곳이기에 지각의 느낌에 영향을 미친다.

① 지붕
② 바닥
③ 천장
④ 개구부

08 상점에서 쇼윈도, 출입구 및 홀의 입구 부분을 포함한 평면적인 구성요소와 아케이드, 광고판, 사인 및 외부장치를 포함한 입면적인 구성요소의 총체를 뜻하는 용어는?

① VMD
② 파사드
③ AIDMA
④ 디스플레이

09 다음 중 전시 공간의 규모 설정에 영향을 주는 요인과 가장 거리가 먼 것은?

① 전시방법
② 전시의 목적
③ 전시공간의 평면형태
④ 전시자료의 크기와 수량

10 컴퓨터 그래픽에서의 디자인 이미지 작업의 순서는?

① 페인팅 작업 → 이미지 구상 → 드로잉 작업 → 이미지 작업
② 이미지 구상 → 드로잉 작업 → 페인팅 작업 → 이미지 표현
③ 드로잉 작업 → 페인팅 작업 → 이미지 구상 → 이미지 표현
④ 이미지 구상 → 이미지 표현 → 드로잉 작업 → 페인팅 작업

11 디지털 색채 시스템에서 RGB형식으로 검정을 표현하기에 적절한 수치는?

① R=255, G=255, B=255
② R=0, G=0, B=255
③ R=0, G=0, B=0
④ R=255, G=255, B=0

12 문(P.Moon)·스펜서(D.E. spencer)의 색채조화론에 있어서 조화의 종류가 아닌 것은?

① 배색의 조화
② 동등의 조화
③ 유사의 조화
④ 대비의 조화

13 노랑색 무늬를 어떤 바탕색 위에 놓으면 가장 채도가 높아 보이는가?

① 황토색
② 흰색
③ 회색
④ 검정색

14 먼셀의 20색상환에서 보색대비의 연결은?

① 노랑 - 남색
② 파랑 - 초록
③ 보라 - 노랑
④ 빨강 - 초록

15 컬러 TV의 화면이나 인상파 화가의 점묘법, 직에서 발견되는 색의 혼색방법은?

① 동시감법혼색
② 계시가법혼색
③ 병치가법혼색
④ 감법혼색

16 혼색계에 대한 설명 중 올바른 것은?
① 심리, 물리적인 빛의 혼색 실험에 기초를 둠
② 오스트발트 표색계
③ 먼셀표색계
④ 물체색을 표시하는 표색계

17 다음 중 가장 진출, 팽창되어 보이는 색은?
① 채도가 높은 한색계열
② 명도가 낮은 난색계열
③ 채도가 높은 난색계열
④ 명도가 높은 한색계열

18 먼셀의 색채조화 원리에 대한 설명으로 틀린 것은?
① 평균 명도가 N5가 되는 색들은 조화된다.
② 중간 정도 채도의 보색은 동일 면적으로 배색할 때 조화를 이룬다.
③ 명도는 같으나 채도가 다른 색들은 조화를 이룬다.
④ 색상이 다른 여러 색을 배색할 경우 동일한 명도와 채도를 적용하면 조화를 이루지 못한다.

19 가구배치에 대한 설명 중 옳지 않은 것은?
① 가구 배치 방법은 크게 집중적 배치와 분산적 배치로 분류할 수 있다.
② 가구 사용자의 동선에 적당하게 놓으며 타인의 동작을 차단하는 위치가 되도록 한다.
③ 큰 가구는 가능한 한 벽면과 평행되게 놓아 방의 통일감을 주도록 한다.
④ 가구가 너무 많으면 실내가 답답해 보이고 너무 적으면 허전한 느낌을 주므로 심적 균형을 고려하여 배치한다.

20 각종 의자에 관한 설명으로 옳지 않은 것은?
① 스툴은 등받이와 팔걸이가 없는 형태의 보조 의자이다.
② 풀업 체어는 필요에 따라 이동시켜 사용할 수 있는 간이 의자이다.
③ 이지 체어는 편안한 휴식을 위해 발을 올려 놓는데 사용되는 스툴의 종류이다.
④ 라운지 체어는 비교적 큰 크기의 의자로 편하게 휴식을 취할 수 있도록 구성되어 있다.

2과목 실내디자인 시공 및 재료

21 콘크리트 혼화제 중 AE제를 사용하는 목적과 가장 거리가 먼 것은?
① 동결 융해에 대한 저항성 개선
② 단위수량 감소
③ 워커빌리티 향상
④ 철근과의 부착강도 증대

22 건조 전 중량 5kg인 목재를 건조시켜 전건중량이 4kg이 되었다면 이 목재의 함수율은 몇 %인가?
① 8%　② 20%　③ 25%　④ 40%

23 KS F 4052에 따라 방수공사용 아스팔트는 사용 용도에 따라 4종류로 분류된다. 이 중, 감온성이 낮은 것으로서 주로 일반지역의 노출지붕 또는 기온이 비교적 높은 지역의 지붕에 사용하는 것은?
① 1종(침입도 지수 3 이상)
② 2종(침입도 지수 4 이상)
③ 3종(침입도 지수 5 이상)
④ 4종(침입도 지수 6 이상)

24 추락에 의한 위험을 방지하기 위한 추락방호망의 설치기준으로 옳지 않은 것은?

① 추락방호망의 설치위치는 가능하면 작업 면으로부터 가까운 지점에 설치할 것
② 건축물 등의 바깥쪽으로 설치하는 경우 망의 내민길이는 벽면으로부터 2m 이상이 되도록 할 것
③ 추락방호망은 수평으로 설치하고, 망의 처짐은 짧은 변 길이의 12% 이상이 되도록 할 것
④ 작업 면으로부터 망의 설치지점까지의 수직거리는 10m를 초과하지 아니할 것

25 바름벽이 바탕에서 떨어지는 것을 방지하는 역할을 하는 것으로서 충분히 건조되고 질긴 삼, 어저귀, 종려털 또는 마닐라 삼을 사용하는 재료는?

① 라프코트(rough coat)
② 수염
③ 리신바름(lithin coat)
④ 테라조바름

26 관리 사이클의 단계를 바르게 나열한 것은?

① Plan-Check-Do-Action
② Plan-Do-Check-Action
③ Plan-Do-Action-Check
④ Plan-Action-Do-Check

27 목재에 관한 설명 중 옳은 것은?

① 인장강도와 압축강도는 섬유방향에 대한 강도가 가장 크다.
② 탄성계수는 축방향, 반지름방향, 함수율과 관련이 없다.
③ 전단강도는 직각방향이 평행방향보다 작다.
④ 휨강도는 옹이의 크기와 위치에 상관없이 동일하다.

28 금속의 부식방지를 위한 관리대책으로 옳지 않은 것은?

① 가능한 한 이종금속을 인접 또는 접촉시켜 사용할 것
② 큰 변형을 준 것은 가능한 한 풀림하여 사용할 것
③ 표면을 평활하고 깨끗이 하며, 가능한 한 건조상태를 유지할 것
④ 부분적으로 녹이 발생하면 즉시 제거할 것

29 점토 벽돌(KS L 4201)의 시험방법과 관련된 항목이 아닌 것은?

① 겉모양   ② 압축강도
③ 내충격성   ④ 흡수율

30 수성페인트에 합성수지와 유화제를 섞은 페인트는?

① 에멀션 페인트   ② 조합 페인트
③ 견련 페인트   ④ 방청 페인트

31 보강블록조에 테두리보(Wall Girder)를 설치하는 이유와 가장 관계가 먼 것은?

① 가로철근의 정착을 위해서
② 분산된 벽체를 일체화시키기 위해서
③ 횡력에 의한 벽체의 수직균열을 막기 위해서
④ 집중하중을 직접 받는 블록을 보강하기 위해서

32 알루미늄의 성질에 관한 설명으로 옳지 않은 것은?

① 융점이 낮기 때문에 용해주조도는 좋으나 내화성이 부족하다.
② 열·전기 전도성이 크고 반사율이 높다.
③ 알칼리나 해수에는 부식이 쉽게 일어나지 않지만 대기 중에서는 쉽게 침식된다.
④ 비중이 철의 1/3 정도로 경량이다.

33 기본공정표와 상세공정표에 표시된 대로 공사를 진행시키기 위해 재료, 노력, 원척도 등이 필요한 기일까지 반입, 동원될 수 있도록 작성한 공정표는?

① 횡선식 공정표
② 열기식 공정표
③ 사선 그래프식 공정표
④ 일순식 공정표

34 목재의 성질에 관한 설명으로 옳지 않은 것은?

① 변재부는 심재부보다 신축 변형이 크다.
② 비중이 큰 목재일수록 신축 변형이 작다.
③ 섬유포화점이란 함수율이 30% 정도인 상태를 말한다.
④ 목재의 널결면은 수축팽창의 변형이 크다.

35 건축재료 중 압축강도가 일반적으로 가장 큰 것부터 작은 순서로 나열된 것은?

① 화강암 - 보통콘크리트 - 시멘트벽돌 - 참나무
② 보통콘크리트 - 화강암 - 참나무 - 시멘트벽돌
③ 화강암 - 참나무 - 보통콘크리트 - 시멘트벽돌
④ 보통콘크리트 - 참나무 - 화강암 - 시멘트벽돌

36 금속과의 접착성이 크고 내약품성과 내열성이 우수하여 금속 도료 및 접착제, 콘크리트 균열 보수제 등으로 사용되는 열경화성 수지는?

① 에폭시 수지
② 아크릴 수지
③ 염화비닐 수지
④ 폴리에틸렌 수지

37 창호철물로서 도어체크를 달 수 있는 문은?

① 미닫이문
② 여닫이문
③ 접이문
④ 미서기문

38 각종 색유리의 작은 조각을 도안에 맞추어 절단하여 조합해서 만든 것으로 성당의 창등에 사용되는 유리제품은?

① 내열유리
② 유리타일
③ 샌드블라스트유리
④ 스테인드글라스

39 벽돌 내쌓기에 있어 한켜씩 내쌓을 경우 그 내미는 길이는?

① $\frac{1}{2}B$
② $\frac{1}{3}B$
③ $\frac{1}{4}B$
④ $\frac{1}{8}B$

40 재료가 외력을 받으면서 발생하는 변형에 저항하는 정도를 나타내는 것은?

① 가소성
② 강성
③ 크리프
④ 좌굴

3과목 실내디자인 환경

41 열의 이동(전열)에 관한 설명 중 옳지 않은 것은?

① 열은 온도가 높은 곳에서 낮은 곳으로 이동한다.
② 유체와 고체 사이의 열의 이동을 열전도라고 한다.
③ 일반적으로 액체는 고체보다 열전도율이 작다.
④ 열전도율은 물체의 고유성질로서 전도에 의한 열의 이동정도를 표시한다.

42 수조면의 단위면적에 입사하는 광속으로 정의되는 용어는?
① 조도 ② 광도
③ 휘도 ④ 광속발산도

43 결로의 발생원인과 가장 거리가 먼 것은?
① 실내 습기의 과다발생
② 잦은 환기
③ 시공불량
④ 시공직후 콘크리트, 모르타르 등의 미건조 상태

44 급수방식에 관한 설명으로 옳지 않은 것은?
① 고가수조방식은 일반적으로 하향급수 배관방식이 사용된다.
② 압력수조방식은 급수압력의 변화가 심하고 취급이 까다롭다.
③ 수도직결방식은 급수압력의 변동이 없어 일정한 수압으로 급수가 가능하다.
④ 펌프직송방식은 펌프운전방식에 따라 정속방식과 변속방식으로 분류할 수 있다.

45 변전실의 위치 결정 시 고려할 사항으로 옳지 않은 것은?
① 부하의 중심위치에서 멀 것
② 외부로부터 전원의 인입이 편리할 것
③ 발전기실, 축전지실과 인접한 장소일 것
④ 기기를 반입, 반출하는데 지장이 없을 것

46 다음 중 차음재료에 요구되는 성질과 가장 거리가 먼 것은?
① 공기의 유통이 없이 비교적 밀실한 재질을 지니고 있다.
② 공기 중을 전파하는 음파의 차단에 관하여 특질을 갖추고 있다.
③ 연속기포 다공질 재료로서 공기 중을 전파하여 입사한 음파의 투과가 용이하다.
④ 실용적으로 사용하기 편리한 재료이고, 차음의 목적에 따라 천장, 벽, 바닥 등의 구성재료가 될 수 있다.

47 실내에 1000[cd]의 전등이 있을 때, 이 전등으로부터 4m 떨어진 곳의 직각면 조도는?
① 62.5[lx] ② 125[lx]
③ 250[lx] ④ 500[lx]

48 음의 대소를 나타내는 감각량을 음의 크기라고 한다. 음의 크기의 단위는?
① sone ② phon
③ dB ④ Hz

49 다음 중 배수관에 통기관을 설치하는 목적과 가장 거리가 먼 것은?
① 트랩의 봉수를 보호한다.
② 배수관의 신축을 흡수한다.
③ 배수관 내 기압을 일정하게 유지한다.
④ 배수관 내의 배수흐름을 원활히 한다.

50 습공기를 가습하였을 때의 상태변화로 옳은 것은? (단, 건구온도는 일정하다.)

① 엔탈피가 커진다.
② 노점온도가 낮아진다.
③ 습구온도가 낮아진다.
④ 절대습도가 작아진다.

51 다음은 건축물의 최하층에 있는 거실(바닥이 목조인 경우)의 방습 조치에 관한 규정이다. ( )안에 들어갈 내용으로 옳은 것은?

> 건축물의 최하층에 있는 거실바닥의 높이는 지표면으로부터 ( ) 이상으로 하여야 한다. 다만, 지표면을 콘크리트 바닥으로 설치하는 등 방습을 위한 조치를 하는 경우에는 그러하지 아니한다.

① 30cm   ② 45cm
③ 60cm   ④ 75cm

52 건축물의 피난·방화구조 등의 기준에 관한 규칙에서 규정한 방화구조에 해당하지 않는 것은?

① 시멘트모르타르 위에 타일을 붙인 것으로서 그 두께의 합계가 2cm인 것
② 철망모르타르로서 그 바름두께가 2.5cm인 것
③ 석고판 위에 시멘트모르타르를 바른 것으로서 그 두께의 합계가 3cm인 것
④ 심벽에 흙으로 맞벽치기 한 것

53 건축물을 건축하거나 대수선하는 경우 해당건축물의 설계자는 국토교통부령으로 정하는구조기준 등에 따라 그 구조의 안전을 확인하여야 하는데 그 대상 건축물에 해당하는 것은?

① 층수가 2층인 건축물
② 연면적이 $800m^2$인 건축물
③ 처마높이가 9m인 건축물
④ 기둥과 기둥 사이의 거리가 7m인 건축물

54 연결송수관설비를 설치하여야 하는 특정소방 대상물의 기준 내용으로 옳지 않은 것은? (단, 가스시설 또는 지하구는 제외)

① 층수가 5층 이상으로서 연면적 $6000m^2$ 이상인 것
② 지하층을 포함하는 층수가 7층 이상인 것
③ 지하층의 층수가 3층 이상이고 지하층의 바닥면적의 합계가 $1000m^2$ 이상인 것
④ 지하가 중 터널로서 길이가 500m 이상인 것

55 건축허가등을 할 때 미리 소방본부장 또는 소방서장의 동의를 받아야 하는 대상 건축물의 범위에 관한 기준으로 옳지 않은 것은?

① 연면적 $400m^2$ 이상인 건축물
② 항공기 격납고
③ 방송용 송수신탑
④ 승강기 등 기계장치에 의한 주차시설로서 자동차 10대 이상을 주차할 수 있는 시설

56 옥내소화전 설비를 설치해야 하는 특정소방 대상물의 종류 기준과 관련하여, 지하가 중 터널은 길이가 최소 얼마 이상인 것을 기준대상으로 하는가?

① 1000m 이상   ② 2000m 이상
③ 3000m 이상   ④ 4000m 이상

57 판매시설의 용도에 쓰이는 피난층에 설치하는 건축물의 바깥쪽으로의 출구의 유효너비의 합계는 최소 얼마 이상으로 하여야 하는가? (단, 해당 용도에 쓰이는 바닥면적이 최대인 층에 있어서의 바닥면적이 600m² 인 경우)

① 3.0m   ② 3.6m   ③ 4.2m   ④ 5.0m

58 12층의 바닥면적이 1500㎡인 건축물로서 자동식 소화설비를 설치한 경우 방화구획으로 나누어지는 바닥은 몇 개소인가? (단, 디자인과 평면계획은 고려치 않음)

① 1개소 이상 ② 2개소 이상
③ 3개소 이상 ④ 4개소 이상

59 비상용승강기의 승강장에 설치하는 배연설비의 구조에 관한 기준으로 옳지 않은 것은?

① 배연구에 설치하는 자동개방장치는 손으로 열고 닫을 수 없도록 할 것
② 배연구는 평상시에는 닫힌 상태를 유지하고, 연 경우에는 배연에 의한 기류로 인하여 닫히지 아니하도록 할 것
③ 배연구가 외기에 접하지 아니하는 경우에는 배연기를 설치할 것
④ 배연기에는 예비전원을 설치할 것

60 다음 설명에 알맞은 건축화조명의 종류는?

> 벽에 형광등기구를 설치해 목재, 금속판 및 투과율이 낮은 재료로 광원을 숨기며 직접광은 아래쪽 벽이나 커튼을, 위쪽은 천장을 비추는 분위기 조명

① 코브 조명 ② 광창 조명
③ 광천장 조명 ④ 밸런스 조명

과년도 기출문제

08 | 실내건축산업기사 2025년 제3회

1과목 실내디자인계획

01 점과 선에 관한 설명으로 옳지 않은 것은?
① 선은 면의 한계, 면들의 교차에서 나타난다.
② 크기가 같은 두 개의 점에는 주의력이 균등하게 작용한다.
③ 곡선은 약동감, 생동감 넘치는 에너지와 속도감을 준다.
④ 배경의 중심에 있는 하나의 점은 시선을 집중시키는 효과가 있다.

02 디자인의 원리 중 대비에 관한 설명으로 가장 알맞은 것은?
① 제반 요소를 단순화하여 실내를 조화롭게 하는 것이다.
② 저울의 원리와 같이 중심에서 양측에 물리적 법칙으로 힘의 안정을 구하는 현상이다.
③ 모든 시각적 요소에 대하여 극적 분위기를 주는 상반된 성격의 결합에서 이루어진다.
④ 디자인 대상의 전체에 미적 질서를 부여하는 것으로 모든 형식의 출발점이며 구심점이다.

03 주택의 평면계획 시 공간의 조닝 방법에 속하지 않는 것은?
① 사용 빈도에 의한 조닝
② 사용 시간에 의한 조닝
③ 실의 크기에 의한 조닝
④ 사용자 특성에 의한 조닝

04 다음 중 부엌의 능률적인 작업순서에 따른 작업대의 배열순서로 알맞은 것은?
① 준비대 → 개수대 → 가열대 → 조리대 → 배선대
② 준비대 → 조리대 → 가열대 → 개수대 → 배선대
③ 준비대 → 개수대 → 조리대 → 가열대 → 배선대
④ 준비대 → 조리대 → 개수대 → 가열대 → 배선대

05 사무소 건축의 엘리베이터 계획에 관한 설명으로 옳지 않은 것은?
① 출발 기준층은 2개 층 이상으로 한다.
② 승객의 층별 대기시간은 평균 운전 간격 이하가 되게 한다.
③ 군 관리 운전의 경우 동일 군내의 서비스 층은 같게 한다.
④ 초고층, 대규모 빌딩인 경우는 서비스 그룹을 분할(조닝)하는 것을 검토한다.

06 동선에 관한 설명으로 옳지 않은 것은?
① 동선 사용의 빈도가 큰 공간은 주동선을 중심으로 배치한다.
② 동선은 사람이나 물건이 이동하면서 만든 궤적으로서 일상생활의 움직임을 표시하는 선이다.
③ 동선은 밀도, 크기, 길이의 3요소를 가지며 이들 요소의 정도에 따라 거리의 장단, 폭의 대소가 결정되어 진다.
④ 동선계획의 기본은 동선의 시작에서 목적하는 지점에 이르는 끝까지 원활하고 자연스러운 흐름이 되도록 하는 것이다.

07 실내공간을 구성하는 주요 기본 구성요소에 관한 설명으로 옳지 않은 것은?

① 벽은 공간을 에워싸는 수직적 요소로 수평 방향을 차단하여 공간을 형성한다.
② 바닥은 신체와 직접 접촉하기에 촉각적으로 만족할 수 있는 조건을 요구한다.
③ 천장은 외부로부터 추위와 습기를 차단하고 사람과 물건을 지지하여 생활 장소를 지탱하게 해준다.
④ 기둥은 선형의 수직 요소로 크기, 형상을 가지고 있으며 구조적 요소로 사용 되거나 또는 강조적 · 상징적 요소로 사용된다.

08 상점 구성의 기본이 되는 상품 계획을 시각적으로 구체화시켜 상점 이미지를 경영 전략적 차원에서 고객에게 인식시키는 표현 전략은?

① VMD
② 슈퍼그래픽
③ 토큰 디스플레이
④ 스테이지 디스플레이

09 다음 설명에 알맞은 전시 공간의 특수전시기법은?

> - 연속적인 주제를 시간적인 연속성을 가지고 선형으로 연출하는 전시기법이다.
> - 벽면 전시와 입체물이 병행되는 것이 일반적인 유형으로 넓은 시야의 실경을 보는 듯한 감각을 준다.

① 디오라마 전시
② 파노라마 전시
③ 아일랜드 전시
④ 하모니카 전시

10 색채 계획에 관한 내용으로 적합한 것은?

① 사용 대상자의 유형은 고려하지 않는다.
② 색채 정보 분석 과정에서는 시장 정보, 소비자 정보 등을 고려한다.
③ 색채계획에서는 경제적 환경 변화는 고려하지 않는다.
④ 재료나 기능보다는 심미성이 중요하다.

11 인간의 눈의 구조에서 색을 구별하는 기능을 가진 것은?

① 각막
② 간상세포
③ 수정체
④ 원추세포

12 색의 항상성(Color Constancy)을 바르게 설명한 것은?

① 배경색에 따라 색채가 변하여 인지된다.
② 조명에 따라 색체가 다르게 인지된다.
③ 빛의 양과 거리에 따라 색채가 다르게 인지된다.
④ 배경색과 조명이 변해도 색체는 그대로 인지된다.

13 다음 중 ( )에 들어갈 말로 옳은 것은?

> 빨강 물감에 흰색 물감을 섞으면 두 개 물감의 비율에 따라 진분홍, 분홍, 연분홍 등으로 변화한다. 이런 경우에 혼합으로 만든 색채들의 ( )는 혼합할수록 낮아진다.

① 명도
② 채도
③ 밀도
④ 명시도

14 다음 중 색료 혼합에서 같은 양의 3원색을 혼합한 결과와 가장 가까운 색은?

① 흰색
② 어두운 회색
③ 보라색
④ 자주색

15 색의 조화에 관한 설명 중 옳은 것은?
① 색채의 조화, 부조화는 주관적인 것이기 때문에 인간 공통의 어떠한 법칙을 찾아내는 것은 불가능하다.
② 일반적으로 조화는 질서 있는 배색에서 생긴다.
③ 문·스펜서 조화론은 오스트발트 표색계를 사용한 것이다.
④ 오스트발트 조화론은 먼셀 표색계를 사용한 것이다.

16 배색방법 중 하나로 단계적으로 명도, 채도, 색상, 톤의 배열에 따라서 시각적인 자연스러움을 주는 것으로 3색 이상의 다색배색에서 이와 같은 효과를 낼 수 있는 배색방법은?
① 반복배색
② 강조배색
③ 연속배색
④ 트리콜로 배색

17 색채의 온도감은 색상에 의한 효과가 강하지만 무채색 계통의 온도감은 무엇에 요인이 되는가?
① 색상
② 채도
③ 명도
④ 순도

18 베졸드 효과와 관련이 있는 것은?
① 색의 대비
② 동화현상
③ 연상과 상징
④ 계시대비

19 소파나 의자 옆에 위치하며 손이 쉽게 닿는 범위 내에 전화기, 문구 등 필요한 물품을 올려놓거나 수납하며 찻잔, 컵 등을 올려놓기도 하여 차 탁자의 보조용으로도 사용되는 테이블은?
① 티 테이블(tea table)
② 엔드 테이블(end table)
③ 나이트 테이블(night table)
④ 익스텐션 테이블(extension table)

20 3차원 모델링의 특징이 아닌 것은?
① 은선 제거 및 실물 같은 음영처리와 렌더링을 할 수 있다.
② 3차원 모델로부터 도면을 작성했을 때 설계 변경에 신속하게 대응이 가능하다.
③ 관측하기 유리한 임의의 시점으로부터 모델 뷰를 표현할 수 있다.
④ 자동 가공 작업을 위한 데이터 추출이 불가능하다.

2과목 실내디자인 시공 및 재료

21 목재 가공제품에 관한 설명 중 옳은 것은?
① 베니어판은 함수율 변화에 따라 신축변형이 크다.
② 집성목재란 구조재료보다 주로 장식재로 사용되는 인공 목재이다.
③ 코펜하겐리브는 내장 및 보온 목적으로 사용한다.
④ 파티클 보드는 음 및 열의 차단성이 우수하고 강도가 크다.

22 콘크리트의 강도를 결정하는 변수에 관한 설명으로 옳지 않은 것은?
① 물시멘트비가 일정한 콘크리트에서 공기량 증가에 따른 콘크리트 강도는 감소한다.
② 물시멘트비가 일정할 때 빈배합 콘크리트가 부배합의 경우보다 높은 강도를 낼 수 있다.
③ 콘크리트 비빔방법 중 손비빔으로 하는 것보다 기계비빔으로 하는 것이 강도가 커진다.
④ 물시멘트비가 일정할 때 굵은 골재의 최대 치수가 클수록 콘크리트의 강도는 커진다.

23 품질관리(TQC)를 위한 7가지 도구 중에서 불량수, 결점수 등 셀 수 있는 데이터를 분류하여 항목별로 나누었을 때 어디에 집중되어 있는가를 알기 쉽도록 한 그림 또는 표를 무엇이라 하는가?

① 산포도　　② 히스토그램
③ 체크 시트　④ 파레토도

24 경질섬유판의 성질에 관한 설명으로 옳지 않은 것은?

① 가로·세로의 신축이 거의 같으므로 비틀림이 적다.
② 표면이 평활하고 비중이 0.5 이하이며 경도가 작다.
③ 구멍뚫기, 본뜨기, 구부림 등의 2차 가공이 가능하다.
④ 펄프를 접착제로 제판하여 양면을 열압건조 시킨 것이다.

25 목재의 강도 중 큰 순서대로 열거한 것 중 옳은 것은? (단, 섬유에 평행한 가력방향 임)

① 인장강도　② 압축강도
③ 전단강도　④ 휨강도

① ①>④>②>③　② ④>①>②>③
③ ②>①>④>③　④ ①>③>②>④

26 벽돌쌓기 방식 중 불식쌓기에 관한 설명으로 옳지 않은 것은?

① 통줄눈이 생겨서 영식쌓기에 비하여 튼튼하지 않은 편이다.
② 미관을 위주로 하는 벽체 또는 벽돌담 등에 쓰인다.
③ 벽의 모서리나 끝에는 반절 또는 이오토막을 쓰지 않고 칠오토막을 사용한다.
④ 한 켜에서 마구리와 길이를 번갈아 놓아 쌓고, 다음 켜는 마구리가 길이의 중심부에 놓이게 쌓는다.

27 탄소강의 성질에 대한 설명으로 옳은 것은?

① 합금강에 비해 강도와 경도가 크다.
② 보통 저탄소강은 철근이나 강판을 만드는데 쓰인다.
③ 열처리를 해도 성질의 변화가 없다.
④ 탄소함유량이 많을수록 강도는 지속적으로 커진다.

28 공정표를 작성할 때의 주의사항 중 틀린 것은?

① 공정표에는 공사수량도 기입한다.
② 공정표에는 재료의 발주시기를 명기(明記)한다.
③ 한 공사가 완전히 끝난 며칠 후 다음 공사가 시작하도록 작성한다.
④ 기초공사는 공정의 변동가능성이 많으므로 충분한 여유를 둔다.

29 돌로마이트 플라스터(Dolomite Plaster)에 대한 설명으로 옳지 않은 것은?

① 점성이 커서 풀이 필요 없다.
② 수경성 미장재료에 해당된다.
③ 다른 미장재료에 비해 비중이 큰 편이다.
④ 냄새, 곰팡이가 없어 변색될 염려가 없다.

30 벽돌구조에서 벽면이 고르지 않을 때 사용하고 평줄눈, 빗줄눈에 대해 대조적인 형태로 비슷한 질감을 연출하는 효과를 주는 줄눈의 형태는?

① 오목줄눈　② 볼록줄눈
③ 내민줄눈　④ 민줄눈

31 추락재해 방지를 위한 방망의 그물코 규격 기준으로 옳은 것은?

① 사각 또는 마름모로서 크기가 5cm 이하
② 사각 또는 마름모로서 크기가 10cm 이하
③ 사각 또는 마름모로서 크기가 15cm 이하
④ 사각 또는 마름모로서 크기가 20cm 이하

32 강의 역학적 성질에서 재료에 가해진 외력을 제거한 후에도 영구변형하지 않고 원형으로 되돌아올 수 있는 한계를 의미하는 것은?

① 탄성한계점 ② 상위항복점
③ 하위항복점 ④ 인장강도점

33 각종 유리의 성질에 관한 설명으로 옳지 않은 것은?

① 유리 블록은 실내의 냉·난방에 효과가 있으며 보통 유리창보다 균일한 확산광을 얻을 수 있다.
② 열선반사 유리는 단열 유리라고도 불리우며 태양광선 중·장파부분을 흡수한다.
③ 자외선차단 유리는 자외선의 화학작용을 방지할 목적으로 의류품의 진열창, 식품이나 약품의 창고 등에 쓴다.
④ 내열유리는 규산분이 많은 유리로서 성분은 석영유리에 가깝다.

34 석재의 재료적 특징에 대한 설명으로 틀린 것은?

① 외관이 장중하고 석질이 치밀한 것을 갈면 미려한 광택이 난다.
② 압축강도는 인장강도에 비해 매우 작아 장대재(長大材)를 얻기 어렵다.
③ 화열에 닿으면 화강암은 균열이 발생하여 파괴된다.
④ 비중이 크고 가공이 불편하다.

35 건축공사의 일반창유리로 사용되는 것은?

① 석영유리   ② 붕규산유리
③ 칼라석회유리 ④ 소다석회유리

36 다음 미장재료 중 수경성에 해당되지 않는 것은?

① 보드용 석고 플라스틱
② 돌로마이트 플라스틱
③ 인조석 바름
④ 시멘트 모르타르

37 도장재료에 관한 설명으로 옳지 않은 것은?

① 바니시는 천연수지, 합성수지 또는 역청질 등을 건성유와 같이 가열·융합시켜 건조제를 넣고 용제로 녹인 것을 말한다.
② 유성조합페인트는 붓바름 작업성 및 내후성이 뛰어나다.
③ 유성페인트는 보일유와 안료를 혼합한 것을 말한다.
④ 수성페인트는 광택이 매우 뛰어나고, 마감면의 마모가 거의 없다.

38 물 시멘트 비 65%로 콘크리트 1㎥를 만드는데 필요한 물의 양으로 적당한 것은? (단, 콘크리트 1㎥당 시멘트 8포대이며, 1포대는 40kg임)

① $0.1 m^3$ ② $0.2 m^3$
③ $0.3 m^3$ ④ $0.4 m^3$

39 다음 중 열경화성 합성수지에 속하지 않은 것은?

① 페놀수지   ② 요소수지
③ 초산비닐수지 ④ 멜라민수지

40 두꺼운 아스팔트 루핑을 4각형 또는 6각형 등으로 절단하여 경사 지붕재로 사용하는 역청제품의 명칭은?

① 아스팔트 싱글
② 망상 루핑
③ 아스팔트 시트
④ 석면 아스팔트 펠트

3과목 실내디자인 환경

41 급수배관의 설계 및 시공상의 주의점에 관한 설명으로 옳지 않은 것은?

① 수평배관에는 공기나 오물이 정체하지 않도록 한다.
② 수평주관은 기울기를 주지 않고, 가능한 한 수평이 되도록 배관한다.
③ 주배관에는 적당한 위치에 플랜지 이음을 하여 보수점검을 용이하게 한다.
④ 음료용 급수관과 다른 용도의 배관이 크로스 커넥션(cross connection)되지 않도록 한다.

42 공기조화방식 중 전공기 방식에 관한 설명으로 옳지 않은 것은?

① 덕트 스페이스가 필요 없다.
② 중간기에 외기냉방이 가능하다.
③ 실내유효 스페이스를 넓힐 수 있다.
④ 실내에 배관으로 인한 누수의 염려가 없다.

43 중앙식 급탕방식에 관한 설명으로 옳지 않은 것은?

① 배관 및 기기로부터의 열손실이 많다.
② 급탕개소마다 가열기의 설치 스페이스가 필요하다.
③ 시공 후 기구 증설에 따른 배관변경 공사를 하기 어렵다.
④ 기구의 동시이용률을 고려하여 가열 장치의 총용량을 적게 할 수 있다.

44 1명당 필요한 신선공기량이 30㎥/h일 때 정원이 800명, 실용적이 6000㎥인 강당의 1시간당 필요 환기횟수는?

① 1회   ② 2회   ③ 3회   ④ 4회

45 조명설계의 순서 중 가장 우선인 것은?

① 조명기구의 배치
② 조명방식의 결정
③ 광원의 선택
④ 소요조도의 결정

46 음의 물리적 특성에 대한 설명으로 옳지 않은 것은?

① 음이 1초 동안에 진동하는 횟수를 주파수라고 한다.
② 인간의 귀로 들을 수 있는 주파수 범위를 가청주파수라고 한다.
③ 기온이 높아지면 공기 중에 전파되는 음의 속도도 증가한다.
④ 공기 중으로 전달되는 음파의 전파속도는 주파수와 비례한다.

47 공기조화방식 중 2중덕트 변풍량방식에 관한 설명으로 옳지 않은 것은? [17 실건]

① 변풍량 유닛의 설치공간이 필요하다.
② 2중덕트 정풍량방식보다 에너지 절감효과가 있다
③ 외기 풍량을 많이 필요로 하는 실에는 적용할 수 없다.
④ 최소풍량이 취출되어도 실내온도는 설정 온도 범위를 유지할 수 있다.

48 다음 설명에 알맞은 전시설비 관련 장치는?

> 하나의 패널로 조합하도록 설계된 단위 패널의 집합체로 모선이나 자동 과전류차단 장치, 조명, 온도, 전력회로의 제어용 개폐기가 설치되어 있으며, 전면에서만 접근할 수 있는것

① 아웃렛 ② 분전반
③ 배전반 ④ 캐비닛

49 전열에 관한 설명으로 옳은 것은?

① 벽체에 열전달저항은 벽체에 닿는 풍속이 클수록 크다.
② 벽이 결로 등에 의해 습기를 포함하면 열관류저항이 커진다.
③ 유리의 열관류저항은 그 양측 표면 열전달저항의 합의 2배 값과 거의 같다.
④ 벽과 같은 고체를 통하여 유체(유기)에서 유체(공기)로 열이 전해지는 현상을 열관류라고 한다.

50 실내음향에 관한 설명으로 옳지 않은 것은?

① 잔향시간은 실내 용적이 클수록 길어진다.
② 잔향시간은 실내의 흡음력이 작을수록 길어진다.
③ 강당과 음악당의 최적 잔향시간을 비교하면 강당의 잔향시간이 더 길어야 한다.
④ 잔향시간이란 실내의 음압레벨이 초기값보다 60dB 감쇠할 때까지의 시간을 말한다.

51 건축물 내부에 설치하는 피난계단의 구조기준으로 옳지 않은 것은?

① 계단은 내화구조로 하고 피난층 또는 지상까지 직접 연결되도록 한다.
② 계단실에는 예비전원에 의한 조명설비를 한다.
③ 계단실의 실내에 접하는 부분의 마감은 난연재료로 한다.
④ 건축물의 내부에서 계단실로 통하는 출입구의 유효너비는 0.9m 이상으로 한다.

52 건축관계법규에 따라 단독주택 및 공동주택의 거실 등에 적용하는 채광 및 환기에 관한 기준으로 옳지 않은 것은?

① 환기를 위하여 거실에 설치하는 창문 등의 최소면적 기준은 기계환기장치 및 중앙관리방식의 공기조화설비를 설치하는 경우에는 적용받지 않는다.
② 채광을 위한 창문 등의 면적은 그 거실 바닥면적의 1/10 이상이어야 한다.
③ 환기를 위하여 거실에 설치하는 창문 등의 면적은 그 거실 바닥면적의 1/10 이상이어야 한다.
④ 채광 및 환기 관련 기준을 적용함에 있어 수시로 개방할 수 있는 미닫이로 구획된 2개의 거실은 1개의 거실로 본다.

53 건축법에 따라 계단에 대체하여 설치되는 경사로의 경사도는 최대 얼마를 넘지 않아야 하는가?

① 1:6   ② 1:8
③ 1:10 ④ 1:12

54 장애인용 승강기의 크기로 옳은 것은?

① 폭 1m × 깊이 1.45m 이상
② 폭 1m × 깊이 1.35m 이상
③ 폭 1.1m × 깊이 1.35m 이상
④ 폭 1.1m × 깊이 1.45m 이상

55 연면적이 200㎡를 초과하는 공동주택에 설치하는 복도의 유효너비는 최소 얼마 이상이어야 하는가?(단, 양옆에 거실이 있는 복도의 경우)
① 1.2m ② 1.8m
③ 2.4m ④ 3.0m

56 방염성능기준 이상의 실내장식물 등을 설치하여야 하는 특정소방대상물에 해당하는 것은?
① 12층인 아파트
② 건축물의 옥내에 있는 운동시설 중 수영장
③ 옥외 운동시설
④ 방송통신시설 중 방송국

57 건축화조명 중 코브(cove) 조명에 관한 설명으로 옳은 것은?
① 광원을 넓은 면적의 벽면에 매입하여 비스타(vista)적인 효과를 낼 수 있다.
② 벽면의 상부에 위치하여 모든 빛이 아래로 직사하도록 하는 직접조명방식이다.
③ 천장, 벽의 구조체에 의해 광원의 빛이 천장 또는 벽면으로 가려지게 하여 반사광으로 간접 조명하는 방식이다.
④ 건축구조체로 천장에 조명기구를 설치하고 그 밑에 루버나 유리, 플라스틱 같은 확산 투과판으로 천장을 마감처리하여 설치하는 조명방식이다.

58 소방시설법령에서 규정하고 있는 비상콘센트설비를 설치하여야 하는 특정소방대상물의 기준으로 옳은 것은?
① 층수가 7층 이상인 특정소방대상물의 경우에는 7층 이상의 층
② 층수가 8층 이상인 특정소방대상물의 경우에는 8층 이상의 층
③ 층수가 10층 이상인 특정소방대상물의 경우에는 10층 이상의 층
④ 층수가 11층 이상인 특정소방대상물의 경우에는 11층 이상의 층

59 소방시설은 소화설비, 경보설비, 피난설비, 소화용수설비, 소화활동설비로 구분할 수 있다. 소화설비에 해당하지 않는 것은 다음 중 어느 것인가?
① 제연설비
② 포소화설비
③ 옥내소화전설비
④ 스프링클러설비

60 가로 9m, 세로 12m, 높이 2.7m인 강의실에 32W 형광램프(광속 2560[lm]) 30대가 설치되어 있다. 이 강의실 평균조도를 500[lx]로 하려고 할 때 추가해야 할 32W 형광램프 대수는? (단, 보수율 0.67, 조명률 0.6)
① 5대   ② 11대
③ 17대 ④ 23대

정답 및 해설

04 실내건축산업기사 2023년 1회

1과목 실내디자인계획

01 ①

해설 | 바닥은 실내공간을 구성하는 수평적 요소로서 인간의 감각 중 시각적, 촉각적 요소와 밀접한 관계를 갖는 가장 기본적인 요소이며 고저의 정도에 따라 시간이나 공간의 연속성 조절도 가능하다.

02 ③

해설 | 부엌 작업대의 배치 순서
준비대 – 개수대 – 조리대 – 가열대 – 배선대

03 ③

해설 | 조형 심리적 효과
㉠ 수직선은 심리적으로 상승감, 엄숙함, 존엄성 등의 느낌을 준다.
㉡ 수평선은 영원, 안정, 무한 등 주로 정적인 느낌을 준다.
㉢ 사선은 운동감, 속도감 등의 느낌을 준다.(불안, 변화하는 활동적 느낌)
㉣ 곡선은 유연, 복잡, 동적, 부드러움, 경쾌하며 여성적인 느낌을 들게 한다.

04 ③

해설 | 대비
㉠ 질적, 양적으로 전혀 다른 둘 이상의 요소가 동시적 혹은 계속적으로 배열될 때 상호의 특징이 한층 강하게 느껴지는 통일적 현상.
㉡ 상반되는 요소가 인접될수록 대비효과는 커진다.
㉢ 디자인에서는 절대적 통일성이 필요하나 대비를 통해서 강력함, 남성적인 성격을 갖게 된다.
㉣ 조형 요소로서의 대비 개념에는 직선과 곡선, 대소, 장단, 무거움과 가벼움, 딱딱함과 부드러움, 투명과 불투명 등이 있다.

05 ③

해설 | 레이아웃(layout)
생활 행위를 분석하여 공간 배분 계획에 따라 하는 배치를 말하는 것으로 실내디자인의 기본 요소인 바닥, 벽, 천장과 기구, 집기들의 위치를 결정하는 것을 말한다.
㉠ 공간 상호 간의 연계성
㉡ 공간의 출입 형식(배분 계획)
㉢ 동선 체계
㉣ 인체 공학적 치수와 가구 설치(가구 배치 계획)

06 ①

해설 | 사무소 건축의 코어 형식
㉠ 중심 코어형(중앙 코어형) : 고층, 초고층에 내력벽 및 내진 구조의 역할을 하므로 구조적으로 가장 바람직하며, 바닥 면적이 클 때 적합하다.
㉡ 편심 코어형(평단 코어형) : 기준층 바닥 면적이 적었을 때 적합하며, 바닥면적이 커지면 코어 이외에 피난 시설, 설비 샤프트 등이 필요해진다. 너무 저층일 때 구조상 좋지 않게 된다.
㉢ 양단 코어형(분리 코어형) : 한 개의 대 공간이 있어야 하는 전용 사무소에 적합하고, 2방향 피난에 이상적이며 방재상 유리하다.
  ⓐ 독립 코어형(외코어형) : 편심 코어형에서 발전된 형이며, 자유로운 사무실 공간을 코어와 관계없이 마련할 수 있고 설비 덕트나 배관을 코어로부터 사무실까지 끌어내는데 제약이 있다. 방재상 불리하고 바닥 면적이 커지면 피난시설을 포함한 서브 코어가 필요해진다.

07 ②

해설 | 유사성(factor of similarity)
형태, 규모, 색채, 질감 등에 있어서 유사한 시각적 요소들이 서로 연관되어 자연스럽게 그룹핑(grouping)하여 하나의 패턴으로 보이는 법칙이다.

08 ③

해설 | 전시공간의 규모 설정에 영향을 미치는 요인은 전시의 성격 및 목적, 전시자료의 크기와 수량, 전시방법 등이 있다.

09 ④

해설 | VMD의 개념
  ㉠ VMD는 V(Visual : 전달 기술로서의 시각화)와 MD(Merchandising : 상품 계획)의 조합
  ㉡ 상점 구성의 기본이 되는 상품 계획을 시각적으로 구체화 시켜 상점 이미지를 경영 전략적 차원에서 고객에게 인식시키는 표현전략
  ㉢ 상점의 이미지 형성, 다른 상점과의 차별화, 당해 상점의 이미지 주장 과정으로 전개된다.

10 ③

해설 | 3소점 투시도
  ㉠ 건물 위에서 내려다보는 조감도를 표현할 때 사용된다.
  ㉡ 아주 높은 위치나 낮은 위치에서 물체의 모양을 표현할 때 쓰인다.

11 ③

해설 | ㉠ 반복 배색 : 두 가지나 세 가지 색에 일정한 질서를 주어 반복적으로 배색하는 방법이다.
  ㉡ 강조 배색 : 단조로운 배색에 대조색을 소량 덧붙여서 존체를 돋보이게 하는 배색 방법이다.
  ㉢ 연속 배색 : 명도, 채도, 색상, 톤의 배열에 따라서 시각적인 자연스러움을 주는 배색 방법이다.
  ㉣ 트리 콜로 배색 : 세 가지 색을 이용하여 긴장감을 주기 위한 배색으로 하나의 면을 3가지로 나눈다.

12 ②

해설 | 주목성(명시성)이 높은 색은 주위의 색과 명도, 색상, 채도의 차가 크며, 단 형태가 같은 것은 동떨어지는 것이 효과를 낼 수 있다. 검정 바탕에 노랑 글씨가 눈에 잘 띄고 쉽게 확인할 수 있으므로 시인성이 높다고 볼 수 있다.

13 ④

해설 | 오스트발트의 조화(24색상 기준)
  ㉠ 보색조화 : 오스트발트의 색환은 24색상이기 때문에 색상차가 12가 되며 보색조화가 된다.
  ㉡ 유사색 조화 : 색상차가 4이하인 경우
  ㉢ 이색조화 : 색상차가 6~8일 경우의 중간 대조의 배색

14 ③

해설 | 병치가법 혼색
여러 가지 물감을 서로 혼합하지 않고 화면에 작은 색점을 많이 늘어놓아 병치 혼합의 효과로써 사물을 묘사하도록 한 것을 말한다. 이것은 채도를 낮추지 않는 어떤 중간색을 만들어 보자는 의도로 가법 혼색이라고도 한다.

15 ①

해설 | 광(光)의 굴절 정도는 파장이 길면 굴절률도 작고 파장이 짧으면 굴절률도 크다. 빨강은 파장이 길어서 굴절률이 가장 작으며, 보라는 파장이 짧아서 굴절률이 가장 크다.

16 ②

해설 | ㉠ RGB는 가산혼합으로 빛의 삼원색을 이용하여 색을 표현하는 방식이다. RED, GREEN, BLUE 세종류의 광원(光源)을 이용하여 색을 합하며 색을 섞을수록 밝아지기 때문에 '가산 혼합'이라고 한다.
  ㉡ CMYK는 혼색을 구현하는 체계 중 하나로 인쇄와 사진에서의 색 재현에 사용된다. 주로 옵셋 인쇄에 쓰이는 4가지 색을 이용한 잉크 체계를 뜻하며, 각각 시안(Cyan), 마젠타(Magenta), 옐로(Yellow), 블랙(Black)을 나타낸다.

17 ②

해설 | 안전색채
  ㉠ 빨강 : 방화(소화기·소화전), 금지(바리케이드), 정지(긴급 정지버튼)
  ㉡ 주황 : 위험(위험표지, 기계 안전커버 내면)
  ㉢ 노랑 : 주의(장애물, 과속 방지턱), 명시(출구)
  ㉣ 검정 : 노랑과 주황을 눈에 잘 띄게 하는 배경, 보호색으로 사용
  ㉤ 녹색 : 안전(안전 깃발), 구급(구급상자, 보호구상자), 피난(비상구)
  ㉥ 파랑 : 지시(주차 방향, 소재 표시), 주의(수리 중)
  ㉦ 자주 : 방사능

18 ④

해설 | 눈의 구조와 기능
  ㉠ 각막 : 눈의 앞쪽 창문에 해당되는 이 부분은 광선을 질서 정연한 모양으로 굴절시킴으로써 보는 과정의 첫 단계를 담당한다.
  ㉡ 동공 : 조절이 가능한 광선의 통로로 홍체를 통해 눈으로 들어오는 빛의 양을 조절(카메라의 조리개 역할)
  ㉢ 수정체 : 각막, 방수, 동공을 통과하는 빛의 물체를 잘 볼 수 있도록 초점을 맞추어 주므로 카메라의 렌즈에 해당된다.(카메라의 렌즈 역할)
  ㉣ 망막 : 빛이 수정체를 통과하면 수정체는 눈의 안쪽 후면 2/3를 덮고 있는 얇은 반투명 벽지 모양의 망막에 정확히 초점을 맞춘다.(카메라의 필름 역할)

19 ③

해설 | 바르셀로나 체어
미스 반 데어 로에에 의하여 디자인된 의자로, X자로 된 강철 파이프 다리 및 가죽으로 된 등받이와 좌석으로 구성된다.

20 ②

해설 | ㉠ 양식 가구는 기능과 각 실의 용도에 따라 종류와 형태가 다르고 크기와 너비가 결정된다.
  ㉡ 한식은 가구와 거의 관계없이 수납공간을 확보하는 것과 각 방의 크기와 설비가 결정된다.

2과목 실내디자인 시공 및 재료

21 ①

해설 | 섬유포화점
세포내의 빈 부분 또는 세포 사이의 공간 부분이 증발하고 세포막에 흡수되어 있는 수분의 상태를 말하며, 생나무가 건조하여 함수율이 30%가 된 상태이다.
  ※ **섬유포화점 이하에서는?**
    목재의 수축과 팽창이 일어나고 함수율이 감소하면 강도는 증가하고 탄성은 감소한다.
  ※ **섬유포화점 이상에서는?**
    수축, 팽창, 강도 변화가 없다.

22 ④

해설 | ㉠ 집성목재 : 두께 15~50mm의 단판을 몇 장 또는 몇 겹으로 접착한 것으로서 합판과 다른 점은 판의 섬유방향을 평행으로 붙인 점, 홀수가 아니라도 되는 점, 또한 합판과 같은 박판이 아닌 점. 목재의 강도를 인위적으로 자유롭게 제작하여 구조재로 사용 가능하다.
  ㉡ 합판 : 단판을 섬유방향과 직교되게 홀수겹(3,5,7매)으로 겹쳐 접착제로 압착하여 만들어진 것을 합판이라 한다. 일반 판재에 비하여 균질이며 단판은 얇아서 건조가 빠르다. 합판은 함수율 변화에 따른 뒤틀림이 없고 수축 및 팽창의 방향성이 없다.
  ㉢ 코펜하겐리브 : 코펜하겐리브는 보통 두께 30mm, 너비 100mm 정도의 긴 판에 표면을 리브 가공한 것으로, 강당·집회장 등의 음향 조절 및 일반 건물의 벽 수장재로 사용

23 ④

해설 | 벽돌의 크기 – 표준형 190×90×57
총 벽두께는 190+10+90=290mm

24 ③

해설 | • 과소벽돌 : 질이 견고하고, 흡수율이 낮으나 형상이 일그러져 부정형이다.
  • 내화벽돌 : S.K(내화도) 26~42(1,580 ~2,000℃)로 소성한 벽돌
  • 포도벽돌 : 경질벽돌로 마멸이나 충격에 강하고, 흡수율이 작아 도로의 포장이나 바닥용으로 사용된다.

25 ③

해설 | 석재의 비중 순위
대리석 〉 화강암 〉 안산암 〉 사암 〉 응회암 〉 부석

26 ③
해설 | 타일 붙이기
① 바탕의 청소와 물축임은 타일 붙이기 직전에 실시한다.
② 내벽 타일은 아래에서 위로 붙인다.
③ 벽타일 시공 후 바닥 타일을 시공한다.

27 ②
해설 | 자기질 타일은 주로 내장타일, 외장타일, 바닥타일, 모자이크타일로 사용된다.

28 ③
해설 | 오일 서페이서는 래커 에나멜이나 프탈산 수지에나멜 등을 도장할 때에 중도하기에 적합한 액상으로 불투명 산화 건조성의 도료이다.

29 ④
해설 | 건식제법은 단순타일에 적합하고, 습식제법은 복잡한 형상 타일에 적합하다.

30 ④
해설 | 성형성(plasticity)
거푸집에 쉽게 다져서 넣을 수 있는 정도

31 ①
해설 | 셀프 레벨링재(self leveling) 바름
① 석고계 셀프레벨링재는 석고 + 모래, 경화지연제 및 유동화제로 구성
② 석고계 셀프 레벨링재 석고에 모래, 경화 지연제, 유동화제 등을 혼합한 것으로, 물이 닿지 않는 실내에서만 사용한다.

32 ①
해설 | 유성페인트(oil paint)
① 성분 : 안료 + 보일드유 + 희석제
② 두꺼운 도막을 형성하여 내후성 및 내마모성이 우수하다.
③ 가격은 경제적이나 건조시간이 길다.
④ 내장 및 외장에 시공이 용이하다.
⑤ 알칼리에 약하므로 콘크리트, 모르타르 면에 시공 부적합

33 ②
해설 | 크레센트(crescent)
오르내리창이나 미서기창의 잠금장치

34 ①
해설 | 금속의 이온화
K 〉 Ca 〉 Na 〉 Mg 〉 Al 〉 Zn 〉 Fe 〉 Ni 〉 Sn 〉 H

35 ③
해설 | 알루미늄(Aluminum)
열팽창이 철의 약 2배로 크고, 공기중에 산화피막이 생겨 내식성이 크다. 산과 알칼리, 해수에 약하므로 접촉면은 반드시 방식처리를 해야 한다.

36 ④
해설 | 접합유리(laminate glass)
㉠ 안전유리의 일종으로 2장 이상의 판유리 사이에 폴리비닐을 넣고 고열로 접합하여 파손 시 파편이 튀지 않고 붙어 있는 특성이 있다.
㉡ 삽입한 필름의 인장력으로 인한 충격흡수력이 높으며, 방탄유리 제조와 유사점이 있다.
㉢ 용도 : 자동차, 선박, 기차 등

37 ②
해설 | 도막이 흘러내리는 현상
• 지나친 희석으로 점도가 낮을 때
• 도료를 한 번에 너무 두껍게 도장하였을 때
• 저온으로 건조시간이 길 때
• 도료가 오래되어 되었을 때

38 ①
해설 | 페놀수지
매우 견고하고 전기절연성, 내산성, 내열성, 내수성 우수하나, 내알카리성이 약하다. 전기 관계 재료로 가장 많이 사용되며, 보드류·도료·접착제 등으로 쓰인다.

39 ④
해설 | 액티비티(activity)
작업, 프로젝트를 구성하는 작업단위

40 ③

해설 | 속빈 콘크리트 블록(KS F 4002)의 성능평가 시험항목
  ㉠ 기건비중 시험
  ㉡ 전 단면적에 대한 압축강도 시험
  ㉢ 흡수율 시험
  ※ 속빈 콘크리트 블록(KS_F 4002)의 주요 시험·검사 설비에는 골재시험용기구, 치수측정설비, 기건비중시험설비, 압축강도시험설비, 흡수율시험설비가 있다.

3과목 실내디자인 환경

41 ④

해설 | 내벽의 표면온도를 실내공기 노점온도보다 높게 유지한다.

42 ③

해설 | 잔향시간이 짧을수록 음의 명료도가 향상된다. 따라서 언어를 전달하는 강당이 음악당보다 잔향시간이 짧아야 한다.

43 ③

해설 | 환기량 $Q = n \cdot v$
Q : 환기량(m/h), n : 환기횟수(회/h), V : 실용적(㎥)
환기횟수 $n = \dfrac{Q}{V} = \dfrac{10,000m^3}{5,000m^3} = 2$회

44 ①

해설 | 조명의 4요소
  ① 명도
  ② 대비
  ③ 크기(물체의 크기와 시거리로 정하는 시각의 대소)
  ④ 움직임(노출시간)

45 ③

해설 | 천창은 동일 창면적일 때 채광량이 측창의 3배가 많다.

46 ④

해설 | 고가수조방식(단점)
  ㉠ 수질의 오염 가능성이 가장 크다.
  ㉡ 구조체의 보강이 필요하다.
  ㉢ 설비비가 고가이다.

47 ③

해설 | U트랩
  • 일명 가옥트랩, 메인트랩
  • 배수 수평주관 도중에 설치하여 공공하수관에서의 하수가스의 역류방지용으로 사용되나 유속이 저하되는 단점도 있다.

48 ④

해설 | 음파는 물체의 진동횟수와는 관계없이 일정한 속도로 진행된다. 즉, 소리의 속도는 소리의 주파수 영향을 받지 않고 통과하는 물질의 성질에 따라 영향을 받는다.

49 ④

해설 | 플로어덕트배선공사
은행, 회사 등의 사무실 콘크리트 바닥면에 매입하여 사용되며, 강전과 약전의 교차점에는 접속함을 사용하여 전선끼리 접촉하지 않도록 한다.

50 ④

해설 | 출입구로부터 3m 이상 떨어진 곳에 설치

51 ③

해설 | 승강장의 바닥면적은 비상용승강기 1대에 대하여 6㎡ 이상으로 할 것

52 ②

해설 | 단독경보형감지기 설치 특정소방대상물
  ① 연면적 1,000㎡ 미만의 아파트
  ② 연면적 1,000㎡ 미만의 기숙사
  ③ 연면적 2,000㎡ 미만의 교육연구시설 또는 수련시설 내에 있는 합숙소, 기숙사
  ④ 연면적 600㎡ 미만의 숙박시설
  ⑤ 연면적 400㎡ 미만의 유치원

53 ②

해설 | 지하가(터널은 제외한다.)로서 연면적이 1,000㎡ 이상인 것

54 ①

해설 | 연결송수관설비
① 방수구의 방수압력 : 0.35MPa 이상
② 방수량 : 2,400 ℓ/min
③ 방수구 설치간격 : 건물 각 부분에서 방수구까지 수평거리는 50m 이내
④ 설치높이 : 바닥으로부터 높이 0.5m ~ 1m 이하

55 ③

해설 | 차동식(공기 팽창식)
- 주위 온도가 일정 상승률 이상이 되면 작동
- 사무실, 학교, 연구실과 같이 부착 높이가 8m 미만인 장소에 이용된다.

56 ②

해설 | 내수재료의 마감
아래 사항에 해당하는 욕실 또는 조리장의 바닥과 그 바닥으로부터 높이 1m까지의 안벽은 내수재료로 마감하여야 한다.
㉠ 제1종 근린생활시설 : 일반 목욕장의 욕실, 휴게음식점의 조리장
㉡ 제2종 근린생활시설 : 일반음식점, 휴게음식점의 조리장, 숙박시설의 욕실

57 ④

해설 | 공동주택이란 주택법에 따른 공동주택을 말한다.

58 ④

해설 | 옥상광장 또는 2층 이상인 층에 있는 노대(露臺)나 그 밖에 이와 비슷한 것의 주위에는 높이 1.2m 이상의 난간을 설치하여야 한다.

59 ③

해설 | 배기구 높이는 도로 면으로부터 2m 이상의 높이에 설치해야 한다.

60 ①

해설 | 6층 이상 건축물로서
- 문화 및 집회시설, 종교시설, 판매시설, 운수시설
- 의료시설(**요양병원 및 정신병원은 제외**)
- 교육연구시설 중 연구소
- 노유자시설 중 아동 관련시설, 노인복지시설(**노인요양시설은 제외**)
- 수련시설 중 유스호스텔
- 운동시설, 업무시설, 숙박시설, 위락시설, 관광휴게시설, 장례시설
- 제2종근린생활시설 중 바닥면적의 합계가 각각 300㎡ 이상인

정답 및 해설

05 실내건축산업기사 2023년 2회

1과목 실내디자인계획

01 ②

해설 | 벽은 수평 방향 요소를 차단한다. 즉 인간의 시선과 동작을 차단하며, 공기의 움직임을 제어할 수 있는 수직적 요소이다.

02 ②

해설 | 조닝(zoning)
단위 공간을 사용자의 특성, 사용 목적, 사용 시간, 사용 빈도, 행위의 연결 등을 고려하여 공간의 기능이나 성격이 유사한 것끼리 묶어 배치하여 전체 공간을 몇 개의 기능적인 공간으로 구분하는 것이다.

03 ③

해설 | 도형으로 지각되는 조건
㉠ 상하로 구분된 도형은 하부가 도형이 되기 쉽다.
㉡ 요철 형에서는 대칭형이 도형이 되기 쉽다.
㉢ 선에 의해 폐쇄된 공간은 도형이 되고, 외부는 배경이 된다.
㉣ 면적이 작은 부분이 도형이 되고, 큰 부분이 배경이 된다.
㉤ 규칙적인 것은 도형으로 되기 쉽다.
㉥ 바탕 위에 무리로 된 것은 도형으로 되기 쉽다.
㉦ 이미 도형으로서 체험한 것은 도형으로 되기 쉽다.
㉧ 명도가 높은 것이 낮은 것보다 도형으로 되기 쉽다.

04 ②

해설 | 눈높이는 1,500mm 기준으로 하며 시야 범위는 상향 10°에서 하향 20°가 가장 좋다. 따라서 상품 진열범위는 바닥에서 600~2,100mm 이하이며 가장 편안한 높이(golden space)는 850~1,250mm이다.

05 ①

해설 | 아일랜드(island) 전시
사방에서 감상해야 할 필요가 있는 조각물이나 모형을 전시하기 위해 벽면에서 띄어놓아 전시하는 방법으로, 관람자의 동선을 자유롭게 변화시킬 수 있어 전시 공간을 다양하게 사용할 수 있다.

06 ①

해설 | VMD 전개의 목적
㉠ 상점과 상품의 이미지를 높인다.
㉡ 타 상점과의 차별화하기 위해 활용한다.
㉢ 즐거운 쇼핑 분위기를 제공한다.
㉣ 고객은 고르기 쉽고 사기 쉬우며, 판매자는 판매하기 쉽고 관리하기 쉬운 매장을 구성한다.

07 ①

해설 | ㉠ 계단실형(홀형) : 계단실 또는 엘리베이터 홀에서 직접 단위 주거로 들어가는 형식으로 통행부의 면적이 작아 건물의 면적 이용도가 높으며, 단위 주거에 따라 2 단위 주거형, 다수 단위 주거형으로 구분하며 1대의 엘리베이터에 대한 이용률이 가장 낮다.
㉡ 편복도형 : 엘리베이터 1대당 이용 단위 주거의 수를 늘릴 수 있으므로 계단실형보다 효율적이며 공용복도를 통해 각 세대에 출입하는 형식으로 긴 주동계획에 이용된다.
㉢ 중복도형 : 대지의 이용률이 높아 시가지 내에서 소규모 단위 주거를 고밀도로 계획할 때 적당하고 도심부의 독신자 아파트에도 적합하다.

08 ③

해설 | 개방형(오픈 오피스)
개방된 큰 방으로 설계하고 중역들을 위해 분리된 작은 방을 두는 방법
① 자연채광에 인공조명이 필요하다.
② **전면적을 유효하게 이용할 수 있다.**
③ 방의 길이나 깊이에 변화를 줄 수 있다.
④ 개인의 **프라이버시가 결여되기** 쉽다.
⑤ 칸막이벽이 없는 관계로 공사비가 낮다.

09 ③

해설 | 와이어 프레임 모델링(Wire-frame modelling, 선 처리 방식)
㉠ 작업 초기에 진행되며, 가장 기본적인 모델링이다.
㉡ 면과 면이 만나는 선만으로 입체를 생성한다.
㉢ 처리 속도가 빠르다.
㉣ 모델이 간단하고, 조작이 간편하다.
㉤ 정밀도가 떨어지고 곡면이나 입체 내부의 식별이 불가능하다.

10 ③

해설 | 천장
바닥과 함께 실내공간을 형성하는 수평적 요소로서 다양한 형태나 패턴의 처리가 가능하면서 바닥과는 달리 하중을 싣지 않으므로 형태에 있어 자유롭다.
㉠ **바닥과 함께 실내공간을 형성하는 수평적 요소로서** 바닥과 천장 사이에 있는 내부공간을 규정한다.
㉡ 시각적 흐름이 최종적으로 멈추는 곳으로 지각의 느낌에 영향을 준다. **낮은 천장은 아늑한 느낌, 높은 천장은 확장감을 준다.**
㉢ 수평 천장은 가장 일반적인 것으로 단순하여 시선을 거의 끌지 않으며, 경사진 천장은 활기찬 느낌을 준다.

11 ③

해설 | 가시광선의 파장은 스펙트럼 상에서 빨강. 주황. 노랑. 초록. 파랑. 보라 순이다.

12 ②

해설 | 분광 반사율
㉠ 물체 표면이 스펙트럼 효과에 의해 빛을 반사하는 각 파장별 단색광의 세기를 말한다.
㉡ 물체의 색은 표면에서 반사되는 빛의 각 파장별 분광 반사율에 따라 특정 색으로 정의된다.
㉢ 분광 반사율의 척도는 가시광선의 전체 파장대역에 대해 반사율 100%가 되는 완전(이상) 확산 반사면을 기준으로 한다.

13 ④

해설 | 난색이 한색보다 주목성이 높다.

14 ③

해설 | HSB 시스템
먼셀의 색채개념인 색상, 명도, 채도를 중심으로 선택하도록 되어 있다.
프로그램 상에서는 H모드, S모드, B모드를 볼 수 있다.
• H모드 : 색상을 선택하는 방법이다. 0 ~ 360°로 표시
• S모드 : 채도 즉, 색채의 포화도를 선택하는 방법
• B모드 : 명도를 선택하는 방법

15 ④

해설 | 중량감
㉠ 무게감은 색의 명도에 의해 좌우된다.
㉡ 고명도일수록 가볍게, 저명도일수록 무겁게 느껴진다.
㉢ 색상, 채도의 영향은 작은 편이나, 난색은 비교적 가볍고 한색은 비교적 무겁게 느껴진다.
㉣ 밝은색의 팽창색은 가벼운 느낌의 색이고, 어두운색의 수축색은 무거운 느낌의 색이다. 흑, 청, 적, 자, 주황, 녹색, 황, 백의 순으로 무겁게 느껴진다.

16 ④

해설 | 개인의 경험, 기억 또는 민족성, 생활환경 등의 다양한 요소에 의해 다르게 나타날 수 있으므로 시각적 표면색에만 국한되지 않는다.

17 ③

해설 | 병치혼합
서로 다른 색이 조밀하게 병치되어 있어 서로 혼합되어 보이는 현상. 점묘파 화가인 쇠라, 시냑이 사용했던 기법으로 사진인쇄, TV 등에서 사용한다.

18 ④

해설 | 색상이 다른 여러 색을 배색할 경우 동일한 명도와 채도를 적용하면 조화를 이룬다.

19 ③

해설 | 대면형은 일자형보다 가구 점유 면적이 크다.

20 ①

해설 | 시스템 가구는 수납기능도 높일 수 있다.

2과목 실내디자인 시공 및 재료

21 ③

해설 | 목재는 다공질(**多孔質**)이므로 열전도율이 낮다.

22 ③

해설 | 함수율
$= \left(\dfrac{건조전중량 - 절대건조시중량}{절대건조시중량}\right) \times 100\%$
$= \dfrac{5kg - 4kg}{4kg} \times 100(\%) = 25\%$

23 ④

해설 | 벽돌의 품질 기준(KSL 4201)
- 1종 벽돌 : 압축강도 24.5 N/㎟ 이상, 흡수율 10% 이하
- 2종 벽돌 : 압축강도 14.79 N/㎟ 이상, 흡수율 15% 이하

24 ②

해설 | 개구부와 개구부와의 수직거리는 60cm 이상으로 한다.

25 ③

해설 | 압축강도
화강암(160MPa) > 참나무(64.1MPa) > 보통 콘크리트(15MPa 이상) > 시멘트벽돌(10~15MPa)

26 ②

해설 | 열전도율(λ)
은(429W/m·K) 〉 동(386W/m·K) 〉 알루미늄(164W/m·K) 〉 철(43W/m·K)

27 ①

해설 | 혹두기(메다듬)
마름돌 표면의 거친 돌출부를 쳐서 다듬는 작업으로 쇠메와 망치를 사용한다.

28 ④

해설 | 건식제법은 단순타일에 적합하고, 습식제법은 복잡한 형상 타일에 적합하다.

29 ②

해설 | 도막방수
도막방수는 도료상의 방수재를 바탕면에 여러 번 칠하여 상당한 살두께의 방수막을 만드는 방수방법으로 고분자계방수공법의 일종이다.
ⓛ 연신율이 뛰어나며 경량의 장점이 있다.
ⓒ 방수층의 내수성, 내화성이 우수하다.
ⓒ 균일한 두께를 확보하기 어렵고 두꺼운 층을 만들 수 없다.
ⓔ 시공이 간편하며, 누수사고가 생기면 아스팔트 방수에 비해 보수가 용이하다.

30 ①

해설 | 유성 바니시(oil varnish)
ⓛ 성분 : 유용성 수지 + 건성유(용제) + 희석제 + 착색제
ⓒ 무색 투명도료로 보통 니스로 통용된다.
ⓒ 건조가 빠르고, 광택, 투명도가 좋고 도막이 단단하다.
ⓔ 내화학성이 나빠서 시간이 지나면 누렇게 변색이 생긴다.
ⓜ 종류 : 스파 바니시(spa), 코팔 바니시(copal), 골드 사이즈 바니시(gold size)

31 ④

해설 | 펄라이트판
- 펄라이트 입자를 압축성형하여 만든다.
- 경량이며 수분침투에 대한 저항성이 있다.
- 내열성이 높아 배관용 단열재 등에 사용된다.

32 ②

해설 | • 수경성 재료(석고질)
시멘트 모르타르, 석고플라스터, 무수석고(경석고 플라스터, 킨즈시멘트), 인조석 바름, 테라조 현장 바름

33 ②

해설 | 물 - 시멘트비(W/C) $= \dfrac{물의 중량}{시멘트 중량} \times 100(\%)$
물의 중량 = 시멘트 중량 × 물-시멘트비(W/C)
= 300kg/㎥ × 0.6 = 180kg/㎥

34 ③

해설 | 고로 시멘트
  ㉠ 고로슬래그(slag)를 분쇄한 것과 포틀랜드시멘트와의 혼합시멘트(슬래그의 배합량은 30% 내외)
  ㉡ 내열성이 크고, 수밀성이 양호하다.
  ㉢ 건조수축이 크며, 응결시간이 느린 편이다.
  ㉣ 발열량이 적어 해수, 지하수중 공사, 댐공사, 항만공사 등의 매스콘크리트 공사에 사용

35 ②

해설 | 미장재료의 혼화재
  ㉠ 해초풀 : 회반죽 시공시 점도를 증가시켜 작업성을 좋게 한다.
  ㉡ 여물 : 건조, 수축, 균열방지, 끈기를 돋우고 처져 떨어짐을 방지한다.
  ㉢ 수염 : 바람벽이 바탕에서 떨어지는 것을 방지한다.

36 ④

해설 | 주공정선(CP)
  = ① → ② → ③ → ⑤ → ⑥
  = 4 + 5 + 8 + 10 = 27일(총공사일수)

37 ①

해설 | 아크릴수지
  투명도가 높으므로 유기유리라는 명칭이 있으며 착색이 자유롭고 내충격강도가 유리의 약 10배 이상이다.

38 ③

해설 | 천연 접착제

종류	특성 및 용도
동물성	• 카세인, 아교, 알부민 ※ **카세인**, 아교의 주성분은 **우유**
식물성	대두교, 전분 등

39 ④

해설 | ㉠ 내열유리 : 연화온도가 높고 열팽창계수가 작아서 금고실, 난로 앞 가리게, 방화용 창에 이용된다. 규산분이 많은 유리로 성분은 석영유리에 가깝다.
  ㉡ 유리타일 : 외부 장식용으로 사용되며, 색유리를 작은 조각으로 잘라 타일형으로 만든 것으로 색채가 다양하고 불흡수성이며, 절단·가공이 자유롭다.
  ㉢ 샌드블라스트유리(sand blast glass : 흐린 유리) : 금강사, 모래 등을 분사기로 뿜거나 거칠게 가공, 장식용 창, screen 등에 사용된다.

40 ③

해설 | 벽돌벽의 균열
  • 계획설계상의 미비
    ㉠ 기초의 부동 침하
    ㉡ 문꼴 크기의 불합리
    ㉢ 불균형 또는 큰 집중하중, 횡력 및 충격
    ㉣ 건물의 평면, 입면의 불균형 및 벽의 불합리한 배치
    ㉤ 벽돌벽의 길이, 높이, 두께와 벽돌 벽체의 강도
  • 시공상의 결함
    ㉠ 모르타르 바름의 신축 및 들뜨기
    ㉡ 벽돌 및 모르타르의 강도부족과 신축성
    ㉢ 벽돌벽의 부분적 시공 결함
    ㉣ 이질 재료와 접합부
    ㉤ 장막벽의 상부

3과목 실내디자인 환경

41 ①

해설 | 열용량
  ㉠ 열용량이 큰 물체는 온도를 올리기 위해 보다 많은 열량을 필요로 한다.
  ㉡ 열용량이 큰 물체는 가열된 후 식는 데에도 상대적으로 시간이 많이 소요된다.
  ∴ 건물의 창면적비가 클수록 구조체의 열용량은 작다.

42 ②

해설 | 연색성
  광원이 색을 어느 정도 충실하게 나타내고 있는가의 척도

43 ④

해설 | ① 광창 조명 : 광원을 넓은 면적의 벽면에 매입하여 비스타(vista)적인 효과를 낼 수 있으며 시선에 안락한 배경으로 작용하는 건축화 조명이다.
  ② 코브(cove) 조명 : 천장, 벽의 구조체에 의해 광원의 빛이 천장 또는 벽면으로 가려지게 하여 반사광으로 간접조명하는 방식이다.
  ③ 광천장 조명 : 천장면 전체에서 발광되는 방식으로 조명 설치 후 반투명 아크릴이나 루버로 같은 확산성 재료를 이용해서 연출한다.

44 ①

해설 | 결로
건물의 표면온도가 접촉하고 있는 공기의 노점온도보다 낮을 경우 그 표면에 발생한다.

45 ④

해설 | 재질이 단단하고, 무거우며, 치밀하고, 투과손실(TL)이 클수록 재료는 차음성이 높다.
다공질재(유리면, 암면, 펠트, 연질 섬유판, 목모시멘트판)는 흡음성이 높은 재료이다.

46 ③

해설 | 열량(Q) = $m \cdot c \cdot \triangle t$ [kJ]
= 질량(kg) × 비열(kJ/kg·K) × 온도차(K)
= 0.5kg × 4.2kJ/kg·℃ × (70-15)℃ = 115.5kJ

47 ②

해설 | 공기를 냉각하면 상대습도는 높아지고, 건구온도는 낮아지며, 절대습도는 변화는 없다.

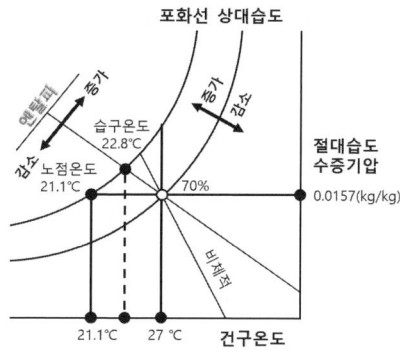

48 ③

해설 | 수도직결방식
도로에 매설된 수도본관에서 수도관을 연결하여 건물 내로 직접 직수하는 방식으로 일반적으로 상향급수 배관방식을 사용한다.
㉠ 1~2층 정도 소규모 건물에 쓰인다.
㉡ 물의 오염 가능성이 가장 적다.
㉢ 정전시일 때도 급수가 가능하다.
㉣ 단수시일 때는 급수가 불가능하다.
㉤ 일정한 수압 유지가 어렵다.
㉥ 기계실이 필요없어 설비비 및 유지관리비용이 저렴하다.

49 ②

해설 | 통기관의 설치 목적
㉠ 사이폰 작용에 의해 트랩 봉수가 파괴되는 것을 방지한다.
㉡ 배수관 내의 배수 흐름 원활하게 한다.
㉢ 신선한 공기를 유통시켜 배수관 내의 환기를 도모하여 관내를 청결하게 유지한다.
㉣ 배수관 내의 기압을 일정하게 유지한다.

50 ①

해설 | 모든 설비장치는 가능한 한 부하의 중심에 가까운 곳에 두므로 축전실과 발전기실의 가까이 둔다.

51 ②

해설 | 굴뚝의 상단으로부터 수평거리 1m 이내에 다른 건축물이 있는 경우에는 그 건축물의 처마보다 1m 이상 높게 할 것

52 ①

해설 | 승강장의 바닥면적은 비상용승강기 1대에 대하여 6㎡ 이상으로 할 것

53 ④

해설 | 무선통신보조설비 – 소화활동설비

54 ①

55 ②

해설 | • 채광을 위한 창문면적 : 거실 바닥면적의 1/10 이상
• 환기를 위한 창문면적 : 거실 바닥면적의 1/20 이상

56 ②

해설 | 개별관람실 각 출구의 유효폭 : 1.5m 이상
[비교] 개별관람실 출구 유효너비의 합계
개별관람실의 바닥면적 100㎡ 마다 0.6m의 비율로 산정한 너비 이상으로 할 것

∴ 바닥면적인 300㎡ = $\dfrac{300 m^2}{100 m^2}$ × 0.6 = 1.8m 이상

57 ④

해설 | 관계전문기술자의 협력을 받아야 하는 건축물은 연면적 10,000㎡ 이상인 건축물(창고시설은 제외)

58 ③

해설 | 공동주택, 교육연구시설
1대에 3,000㎡를 초과하는 경우에는 그 초과하는 매 3,000㎡ 이내마다 1대를 더한 대수

$$1 + \frac{A - 3{,}000m^2}{3{,}000m^2} = 1 + \frac{12{,}000 - 3{,}000}{3{,}000}$$
$$= 4대(15인승 이하)$$

59 ①

해설 | 옥내소화전설비는 해당 건물 각 층 각 부분에서 옥내소화전방수구까지의 수평거리가 25m 이내로 한다.

60 ③

해설 | ① 창고시설(물류터미널은 제외한다)로서 바닥면적 합계가 5000㎡ 이상인 경우에는 모든 층
② 판매시설, 운수시설 및 창고시설(물류터미널에 한정한다)로서 바닥면적의 합계가 5000㎡ 이상이거나 수용인원이 500명 이상인 경우에는 모든 층
④ 종교시설(주요구조부가 목조인 것은 제외)의 경우 수용인원이 100명 이상인 경우 모든 층

정답 및 해설

06 | 실내건축산업기사 2023년 3회

1과목 실내디자인계획

01 ①

해설 | 선(line)
  ㉠ 선은 점이 이동된 궤적으로 점이 확장되어 선이 된다.
  ㉡ 선은 위치, 길이, 방향의 개념은 있으나 폭과 깊이의 개념은 없다.
  ㉢ 선은 폭이 넓어지면 면이 되고, 굵기를 늘리면 입체 또는 공간이 된다.
  ㉣ 어떤 형상을 규정하거나 한정하고 면적을 분할하며 길이, 속도, 굵기, 색깔에 따라 다양한 느낌을 받을 수 있다.
  ㉤ 모든 표현 및 이차원적인 장식을 위한 기본이 되며 디자인 요소 중 가장 감정적인 느낌을 갖게 한다.

02 ③

해설 | 질감의 특징
  ㉠ 매끄러운 질감은 거친 질감에 비해 빛을 반사하는 이 있고, 거친 질감은 반대로 흡수하는 특성을 갖는다.
  ㉡ 질감의 성격에 따라 공간의 통일성을 살릴 수도 파괴시킬 수도 있으므로 공간에서의 영향력이 있으며, 재료의 질감대비를 통해 실내공간의 변화와 다양성을 꾀할 수 있다.
  ㉢ 목재와 같은 자연 재료의 질감은 따뜻함과 친근감을 부여한다.

03 ③

해설 | 노인 침실계획
  ㉠ 일조가 충분한 남향에 조용한 곳으로 아동실에서 좀 떨어진 곳으로 식당이나 화장실, 욕실이 근접하며 정원을 내다 볼 수 있는 곳이 좋다.
  ㉡ 노인 침실계획 시 화장실, 욕실은 미끄럼을 방지하도록 하며, 바닥에 단 차이를 두면 이동 시 안전사고가 발생 될 수 있다.

04 ②

해설 | 작업대의 배치유형
  ㉠ 일렬형(직선형, ㅡ자형) : 좁은 부엌에 알맞고 동선의 혼란이 없는 반면 움직임이 많아 동선이 길어진다. 작업대 전체 길이가 2,700~3,000mm 이상이 넘지 않도록 한다.(냉장고를 넣었을 때 3,600mm 이내가 효과적이다.)
  ㉡ 병렬형 : 작업 동선을 단축하게 할 수 있지만, 몸을 앞뒤로 바꾸면서 작업을 해야 하는 불편이 있고, 양쪽 작업대 사이가 너무 길면 오히려 불편하므로 약 1,200~1,500mm가 이상적인 간격이다.
  ㉢ ㄱ자형(코너형) : 정방형의 부엌에 적당하며, 두 벽면을 이용하여 작업대를 배치한 형태로, 한쪽 면에 싱크대를, 다른 면에는 가스레인지를 설치하면 능률적이며, 작업대를 설치하지 않은 남은 공간을 식사나 세탁 등의 용도로 사용할 수 있다.
  ㉣ ㄷ자형 : 부엌 내의 세 벽면을 이용하여 작업대를 배치한 형태로서 매우 효율적인 형태가 된다. 다른 동선과 완전 분리가 가능하며 ㄷ자형의 사이를 1,000~ 1,500mm 정도 확보하는 것이 좋으나 외부로 통하는 출입구의 설치가 곤란하다.

05 ④

해설 | 자연 형태는 일반적으로 그 형태가 부정형이고 단순한 여러 기하학적인 형태를 취하는 것이 특징적이다. 디자인에 있어 형태는 인위적 형태로 수학적인 기본요소들이 직관적으로 이해될 수 있는 미를 창출 한다는 것을 의미한다.

06 ③

해설 | 벽의 종류(구조적 기능에 따라 구분)
  ㉠ 내력벽 : 건물의 하중을 받아 기초에 전달하는 역할을 하는 벽으로 두껍고 튼튼하고 차음성이 있으며 프라이버시의 확보에 유리하다.
  ㉡ 비내력벽 : 건물의 하중을 받지 않는 벽으로 공간과 공간을 분리하는 칸막이 역할을 하며 장막벽, 칸막이벽이라고도 한다.

07 ④

해설 | 동선 계획
  ㉠ 중요한 동선부터 우선 처리한다.
  ㉡ 교통량이 많은 동선은 직선으로 최단 거리로 한다.
  ㉢ 빈도와 하중이 큰 동선은 중요한 동선으로 처리한다.
  ㉣ 서로 다른 동선은 가능한 분리하고 필요 이상의 교차는 피해야 한다.
  ㉤ 동선이 복잡해질 경우 별도의 통로 공간을 두어 동선을 독립시킨다.
  ※ 동선 계획에서 출입구의 위치를 고려하여야 한다.

08 ①

해설 | 개방형(open room system)
  ㉠ 자연채광에 인공조명이 필요하다.
  ㉡ **전면적을 유효하게 이용할 수 있다.**
  ㉢ 방의 길이나 깊이에 변화를 줄 수 있다.
  ㉣ 개인의 **프라이버시가 결여**되기 쉽다.
  ㉤ 칸막이벽이 없는 관계로 공사비가 낮다.

09 ④

해설 | 비주얼 머천다이징(V.M.D) 요소
  ① VP(Visual Presentation) : 상점 연출의 종합적 표현으로, 상점과 상품의 이미지를 높인다.(쇼윈도우, 층별 메인 스테이지)
  ② PP(Point of sale Presentation) : 블록별 상품 이미지를 높이며, 상품의 중요점을 표현한다.(테이블, 벽면 상단, 집기류 상판)
  ③ IP(Item Presentation) : 상품을 분리·정리하여 구매하기 쉽고 판매하기 쉬운 매장을 만든다.(행거, 선반, 쇼케이스)

10 ①

해설 | 오스트발트 표색계의 무채색 색량 기호는 W에서 B방향으로 a, c, e, g, i, l, n, p로 나누어 표기한다.

11 ②

해설 | 오방정색이라 하며 오방색 사이의 중간색이 오방간색이다.
  ㉠ 황(黃) : 토(土)로 우주 중심에 해당하고 오방색의 중심. 가장 고귀한 색으로 임금만이 황색 옷을 입을 수가 있었다.
  ㉡ 청(靑) : 목(木)으로써 동쪽에 해당하고 만물이 생성하는 봄의 색으로 창조, 생명, 신생을 상징.
  ㉢ 백(白) : 금(金)으로 서쪽에 해당되고 결백과 진실, 삶, 순결 등을 뜻하며, 우리 민족이 흰 옷을 즐겨 입으며 백의민족 이라고 함.
  ㉣ 적(赤) : 화(火)를 상징하며 만물이 무성한 남쪽을 뜻하며, 태양, 불, 피 등과 같이 생성과 창조, 정열과 애정, 적극성을 뜻한다.
  ㉤ 흑(黑) : 수(水)를 상징하고, 북쪽이며 인간의 지혜를 관장.

12 ②

해설 | 스펙트럼(Spectrum)
  ㉠ 스펙트럼은 1666년 Newton이 프리즘으로 실험하여 광학적으로 증명하였다.
  ㉡ 스펙트럼이란 무지개의 색과 같이 연속된 색의 띠를 말한다.
  ㉢ 모든 발광체의 스펙트럼은 모두 같지 않으며, 그 빛의 성질에 따라 파장의 범위를 지닌다.
  ㉣ **파장이 길면 굴절률은 작고 파장이 짧을수록 굴절률은 크다.**
  ㉤ 장파장이 적색광이고 단파장이 자색광이다.

13 ③

해설 | 계시대비(successive contrast)
  ㉠ 어떤 색을 본 후에 다른 색을 보면 단독으로 볼 때와는 다르게 보이는 현상
  ㉡ 보색잔상의 영향으로 먼저 본 색의 보색이 나중에 보는 색에 혼합되어 보이는 것과 관련된 대비이며, 계속대비 또는 연속대비라고도 한다.
  ㉢ 예를 들면 빨간색을 본 후 흰색을 보면 순간적으로 청록색으로 보이는 현상

14 ①

해설 | 항상성
밝기나 조명등의 물리적 변화에 망막의 자극 변화가 비례하지 않는 현상
  예 백지는 어두워져도 백지로 기억된다.

15 ④

해설 | 프로세스 잉크는 컬러 인쇄에 사용되는 잉크이다.

16 ②

해설 | 먼셀(Munsell)의 표색계
  ㉠ 미국의 화가 먼셀(Munsell)에 의해 1905년에 창안되었다.
  ㉡ 우리나라는 한국산업규격(KS)에서 색채표기법으로 채택하고 있다.
  ㉢ 적(R), 황(Y), 녹(G), 청(B), 자(P)가 기본 5색이다.
  ㉣ 물체 표면의 색지각을 기초로 심리적인 색의 속성을 색상(H), 명도(V), 채도(C)의 세 가지 속성으로 나누고, HV/C로 표기한다.
  ㉤ 5GY 6/4는 색상이 연두색의 5GY에 명도가 6이며 채도가 4인 색채이다.
  ㉥ 무채색의 경우 N4와 같이 명도만을 나타내고 앞에 N을 표기하여 무채색임을 명시한다.
  ㉦ 색상은 원으로, 명도는 직선으로, 채도는 방사선으로 배열한다.

17 ①

해설 | 디자인에 가장 널리 쓰이고 있는 색감의 배열이나 배치는 색채측정 및 색채관리를 정확히 할 수 있는 Lab 형식으로 표시하여 사용한다.

18 ③

해설 | ㉠ 명도는 물체색, 광원색의 밝기의 정도를 말하며 색상에 흰색을 섞으면 명도가 높아지고 검정색에 섞으면 명도가 낮아진다.
  ㉡ 채도는 색의 순도 또는 포화도를 나타내며 무채색을 중심으로 바깥쪽으로 멀어지면 순색에 가까워지므로 채도가 높고 중심에 가까울수록 채도가 낮아진다.
  ㉢ 인간이 색을 구분하는 능력은 130~200 단계가 가능하다.

19 ②

해설 | 서안과 경상은 사랑방 가구의 하나로 각종 문방용품과 문서 등을 보관하기 위한 가구이다.

20 ④

해설 | 바르셀로나 체어
  미스 반 데어 로에에 의하여 디자인된 의자로, X자로 된 강철 파이프 다리 및 가죽으로 된 등받이와 좌석으로 구성된다.

2과목 실내디자인 시공 및 재료

21 ②

해설 | MDF
MDF는 중밀도섬유판으로 목질 섬유를 펄프로 만들어 얻은 목섬유를 액상의 합성수지 접착제를 투입하여 층을 쌓은 후 성형하고 열압하여 만든 제품이다.
  ㉠ 무게가 무겁고 습기에 약하다.
  ㉡ 재질이 균일하고 조직이 치밀하다.
  ㉢ 도장성과 접착성이 우수 실내 수장공사에 많이 사용
  ㉣ 면이 평활하고 견고하나, 한 번 고정철물을 사용한 곳에는 재시공이 어렵다.

22 ④

해설 | 공극률(v) = $(1 - \dfrac{W}{1.54}) \times 100$

　　　　= $(1 - \dfrac{0.45}{1.54}) \times 100(\%)$ = 70%

23 ④

해설 | 안산암
  ㉠ 가공성이 좋고 내화성도 높은 무광택의 석재
  ㉡ 경도·비중·강도가 크고 내화성은 높으나, 내구성 및 색채 등이 떨어진다.
  ㉢ 큰 재료를 얻기가 어렵다.
  ㉣ 콘크리트용 쇄석의 주원료로 기초석이나 석축 등에 쓰인다.

24 ④

해설 | 자기 : 외장타일, 위생도기, 모자이크 타일

25 ①

해설 | 점토제품의 흡수성과 관계된 현상으로 백화, 동해, 균열 등이 있다.

26 ②

해설 | 자기질 점토 소성제품
  • 자기는 백색이며, 유리질로써 두드리면 금속성을 낸다.
  • 흡수성이 거의 없다.
  • 1,300℃~1,500℃의 높은 온도로 소성된다.

27 ①

해설 | 테두리보(Wall Girder)를 설치하는 이유
  ㉠ 수평력에 견디기 위해서
  ㉡ 횡력에 의한 수직 균열을 방지하기 위해서
  ㉢ 세로근의 정착을 위해서
  ㉣ 분산된 벽체를 일체로 하여 하중을 균등히 분포시키기 위해서
  ㉤ 집중하중을 받는 부분을 보강하기 위해서
  ㉥ 자중을 내력벽에 전달하기 위해서

28 ③

해설 | 벽돌량 산출
  1.5B = 40 × 224 × 1.03(할증률)
       = 9,228.8장 ≒ 9,229장

29 ③

해설 | 황동
  • 구리 + 아연(10~40%)을 첨가하여 만든 합금
  • 외관이 미려하며 주조와 가공이 구리에 비해 쉽다.
  • 내식성이 크고 내구성이 좋아 창호철물로 사용된다.
  • 용도 : 다양한 장식품, 창호철물 등에 사용된다.

30 ②

해설 | • 열선반사유리(solar reflective glass)
  ① 빛을 쾌적하게 느낌 정도로만 받아들이고 외부에서는 실내가 안보이고 거울처럼 보여 시선을 막아주는 효율적인 기능을 가진 유리
  ② 표면에 금속피막을 코팅하여 태양열의 차단효과가(가시광선은 40%, 태양열선은 30% 반사) 우수하여 냉난방비 절감 효과
  ③ 용도 : 고층 빌딩의 창, 프라이버시 공간

  • 열선흡수유리(Heat absorbing glass)
  ① 판유리에 소량의 니켈, 코발트, 세렌 등을 함유시켜 열선의 흡수율을 높인 유리이다.
  ② 태양광선 중 열선(적외선)을 흡수하므로 단열에 사용된다.
  ③ 용도 : 자외선의 화학작용을 피해야 하는 장소, 식품, 약품창고, 의류 진열장

31 ④

해설 | 에어리스 스프레이
  높은 압력을 가하여 작은 노즐의 구멍으로 분출 시키는 구조로 압축공기의 힘에 의해 도료를 미립화 시키는 것이 아니고 도료 자체가 분출력을 갖고 있기 때문에 종래의 분무기를 사용할 수 없다.

32 ③

해설 | 열가소성 수지
  아크릴수지, 염화비닐수지, 초산비닐수지, 스티롤수지(폴리스티렌), 폴리에틸렌 수지, ABS 수지, 비닐아세틸 수지, 메틸메타 크릴수지, 폴리아미드수지(나일론), 셀룰로이드

33 ④

해설 | ALC(Autoclaved Lightweight Concrete : 경량기포 콘크리트)
  ㉠ Autoclave(가압처리기)에서 고온, 고압으로 양생하여 만든 다공질의 경량기포 콘크리트이다.
  ㉡ 생석회와 규사 주원료로 하며, 경량화된 제품으로 주로 단열 및 방음재로 쓰인다.
  ㉢ 다공질로 인하여 습기에 약하고 강도가 낮아 구조재로 사용은 부적합하다.
  ㉣ 경량이므로 시공이 용이하고 내화성이 양호한 편이다.
  ㉤ 우수한 차음성 및 단열적 특성이 있고, 사용 후 변형이나 균열이 적다.

34 ④

해설 | 물시멘트비가 일정할 때 굵은 골재의 최대 치수가 클수록 콘크리트의 강도는 감소한다.

35 ②

해설 | 강재의 탄소 함유량
  ㉠ 강재는 탄소 함유량에 따라 각종 성질이 변한다.
  ㉡ 강은 일반적으로 탄소함유량이 증가할수록 비열, 전기저항, 내식성, 항복강도, 인장강도, 경도 등은 증가하고, 비중, 열전도율, 열팽창계수, 연신율, 단면 수축률, 신도 등은 감소한다.

36 ②

해설 | 알키드수지
  • 내후성은 우수하나 내수성, 내알칼리성은 약하다.
  • 전기적 성능이 우수하며 접착성이 좋다.
  • 도료(래커, 바니시), 접착제

37 ③

해설 | 미장 바름층 바탕의 일반적인 조건
① 바름층과 유해한 화학반응을 하지 않을 것
② 바름층을 지지하는데 필요한 접착강도를 얻을 수 있을 것
③ 바름층보다 강도, 강성이 클 것
④ 바름층의 경화, 건조를 방해하지 않을 것
⑤ 미장층의 시공에 적합한 흡수성을 가질 것

38 ③

해설 | 내력구조부별 하자보수기간(공동주택관리법)
• 기둥, 내력벽 : 10년
• 보, 바닥, 지붕 : 5년

39 ③

해설 | 단열재의 열전도율, 열전달률이 작을수록 단열효과가 크며, 흡수성 및 투습성이 낮을수록 좋다. 또한 단열재에 습기나 물기가 침투하면 열전도율이 높아져 단열성능이 나빠진다.

40 ①

해설 | MCX(Minimum Cost eXpending)기법
① 최소 비용으로 최적의 공기를 찾아 공정을 수행하는 공기단축 기법
② 네트워크 공정표 작성 후 주공정선(CP)을 구하고 각 작업의 비용구배를 구한다.
③ 주공정선(CP)의 작업에서 비용구배가 최소한 작업부터 단축 가능일수 범위 내에서 단축한다.
④ 주의한 점은 주공정선(CP)이 바뀌지 않도록 해야 한다.

3과목 실내디자인 환경

41 ②

해설 | 열환경 4요소(물리적 요소)
기온, 습도, 기류, 복사열로 인체의 열 쾌적에 영향을 미치는 요소를 말한다.

42 ③

해설 | 개구부의 중력환기량은 개구부의 단면적에 비례한다.

43 ③

해설 | 최적 잔향 시간
㉠ 실용적이 클수록, 흡음력이 적을수록 잔향 시간을 길게 한다.
㉡ 흡음재의 사용량을 증가시키면 잔향 시간을 줄일 수 있다.
㉢ 명료도가 요구되는 강연, 연극 → 잔향 시간을 짧게 (명료도가 높다.)
㉣ 풍부한 음량이 요구되는 음악 → 잔향 시간을 길게 (명료도가 낮다.)
㉤ 전기, 음향 설비를 주로 하는 경우는 최적치 보다 잔향 시간을 짧게 한다.
㉥ 실의 용도가 다목적인 경우 잔향시간의 가변 장치 (가변 흡음 구조)를 설치한다.
※ 음의 명료도
사람이 말을 할 때 어느 정도 정확하게 청취할 수 있는가를 표시하는 기준이다.

44 ③

해설 | 빔플레이(beam play) 기법
광선 그 자체가 시각적인 특성을 지니게 하는 기법. 광선(Beam)이 표면에 비추어 시각적인 특성을 지니게 하는 기법으로 컴퓨터 프로그램을 통하여 빔영상 효과를 다양하게 변화시킬 수 있는 2차원적 조명 기법.

45 ③

해설 | 실 전체-전반조명, 어느 부분-국부조명

46 ②

해설 | ① 압력수조방식은 공급압력이 일정하지 않다.
③ 수도직결방식은 낮은 건물에 주로 사용된다.
④ 고가수조방식은 수질의 오염가능성이 가장 큰 방식으로 급수공급 압력이 일정하고, 취급이 용이하여 대규모 급수에 적합하다.

47 ④

해설 | 세정밸브식(Flush valve system)
백화점, 극장, 학교, 공장 등 사용빈도가 많거나 일시적으로 많은 사람들이 연속하여 사용하는 경우에 가장 적합한 방식으로, 세정밸브의 핸들을 작동하면 급수관에서 세정밸브를 거쳐대변기 급수구에 일정량의 물이 분사되어 세정하는 방식이다.
가정용으로는 주로 로우탱크식이 사용된다.

48 ①

해설 | 수용률(demend factor)
최대수요전력을 구하기 위한 것으로 최대수요전력의 총부하용량에 대한 비율을 백분율로 표시한 것이다.

49 ③

해설 | 이중덕트 방식
전공기식 방식으로 중앙 공조기에서 온·냉풍을 동시에 제조하여 덕트로 보내고 각 실마다의 부하에 따라 혼합유닛(혼합상자)에서 온·냉풍을 적절히 혼합하여 송풍온도를 조절하는 방식이다.
㉠ 실별 개별 조절이 가능하다.
㉡ 부하 특성이 다른 다수의 실이나 존에도 적용할 수 있다.
㉢ 온·냉풍의 혼합으로 인한 혼합손실로 인하여 에너지 소비량이 많다.
㉣ 혼합유닛에서 소음과 진동이 생긴다.
㉤ 단일덕트식보다 공간을 더 많이 차지한다.

50 ②

해설 | 외단열
㉠ 지속난방에 유리하며 건물 외측 표면에 단열재를 설치하는 방식이다.
㉡ 실온 변동이 작고 내부결로 위험이 적다.
㉢ 건물의 열교현상을 방지할 수 있다.
㉣ 시공비와 시공난이도가 높지만 단열 성능이 가장 우수하다.

51 ③

해설 | 각 부분으로부터 계단까지 30m 이하이며 주요구조부가 내화구조 또는 불연재료일 경우 50m 이하

52 ②

해설 | 건축물의 내부에서 노대 또는 부속실로 통하는 출입구에는 갑종방화문(60 + 방화문, 60분 방화문)을 설치하고, 노대 또는 부속실로부터 계단실로 통하는 출입구에는 60 + 방화문, 갑종방화문 또는 을종방화문(30분 방화문)을 설치할 것

53 ①

해설 | 회전문의 설치기준
① 위치는 계단이나 에스컬레이터로부터 2m 이상 거리를 둘 것
② 회전속도는 분당 회전수가 8회를 넘지 아니하도록 할 것
③ 회전문과 문틀 사이는 5cm 이상 간격을 확보 할 것
④ 회전문과 바닥 사이는 3cm 이하 간격을 확보 할 것
⑤ 회전문의 틈 사이를 고무와 고무펠트의 조합체 등을 사용하여 신체나 물건 등에 손상이 없도록 할 것
⑥ 회전문은 사용에 편리하게 일정한 방향으로 회전할 수 있는 구조로 할 것

54 ③

해설 | 연기감지기, 열감지기에 의해 자동으로 열 수 있는 구조로 하되 손으로 여닫을 수 있도록 할 것

55 ③

해설 | 공동주택, 교육연구시설의 경우
1대에 3,000㎡를 초과하는 경우에는 그 초과하는 매 3,000㎡ 이내마다 1대를 더한 대수
$$1 + \frac{A - 3{,}000m^2}{3{,}000m^2} = 1 + \frac{12{,}000 - 3{,}000}{3{,}000}$$
$$= 4대(15인승 이하)$$

56 ④

해설 | 소화활동설비
제연설비, 연결송수관설비, 연결살수설비
비상콘센트설비, 무선통신보조설비, 연소방지설비

57 ④

해설 |

구분	기준
층수	2층 이상(기둥과 보가 목구조인 건축물은 3층 이상)
높이	13m 이상
처마높이	9m 이상
경간 (기둥과 기둥사이 거리)	10m 이상
연면적	200㎡ 이상(목구조 건축물의 경우 500㎡ 이상) [제외] 창고, 축사, 작물재배사 및 표준설계도에 따라 건축하는 건축물

58 ③

해설 | 각 부분으로부터 계단까지 30m 이하이며 주요구조부가 내화구조 또는 불연재료일 경우 50m 이하

59 ④

해설 | 옥내소화전설비
 ※ 설치 기준
 ① 방수압력 : 0.17MPa 이상
 ② 방수량 : 130ℓ/min(20분 정도 방수)
 ※ 수원의 용량
  = 옥내소화전 1개의 방수량 × 20분 × 동시 개구수
 ∴ 수원의 용량 = 130L/min × 20min × 2개
         = 5,200L= 5.2㎥

60 ②

해설 | 공공건물 및 공중이용시설
 불특정 다수가 이용하는 건축물, 시설 및 그 부대시설로서 다음의 건물과 시설,
 ① 제1종 근린생활시설 및 제2종 근린생활시설
 ② 문화 및 집회시설
 ③ 판매시설
 ④ 의료시설
 ⑤ 종교시설 ⑥ 교육연구시설 ⑦ 공장
 ⑧ 수련시설 ⑨ 운동시설 ⑩ 업무시설
 ⑪ 숙박시설 ⑫ 노유자시설 ⑬ 자동차관련시설
 ⑭ 교정시설 ⑮ 방송통신시설
 ⑯ 묘지관련시설 및 관광휴게시설

정답 및 해설

07 | 실내건축산업기사 2024년 제1회

1과목 실내디자인계획

01 ④

해설 | 게슈탈트(Gestalt)의 법칙
㉠ 유사성 : 비슷한 형태, 색채, 질감은 같은 요소로 보인다.
㉡ 접근성 : 근접한 것끼리는 같은 패턴으로 보일 가능성이 크다.
㉢ 폐쇄성 : 시각요소들이 어떤 형성을 지각하게 하는데 있어서 폐쇄된 느낌을 주는 법칙이다.
㉣ 연속성 : 유사한 배열은 하나의 묶음으로 보인다.

02 ①

해설 | 균형
디자인 요소들의 상호작용이 하나의 지점에서 역학적으로 평형을 갖거나 전체의 그룹 안에서 서로 균등함을 이루고 있는 상태를 말한다. 평형감, 안정감을 주는 균형에는 대칭적 균형과 비대칭적 균형, 방사성 균형, 비정형 균형 등이 있다.

03 ①

해설 | 아일랜드형 부엌
취사용 작업대가 하나의 섬처럼 실내에 설치되는 형태로, 주로 대규모 부엌 및 개방된 공간의 오픈 시스템이다.

04 ②

해설 | 거실은 실내의 다른 공간과 유기적으로 연결될 수 있도록 하되 거실이 통로화 되지 않도록 주의해야 한다.

05 ③

해설 | 개구부(창과 문)의 기능
㉠ 인접된 공간을 연결시킨다.
㉡ 기와 빛을 통과시켜 통풍과 채광을 가능하게 한다.
㉢ 전망과 프라이버시의 확보가 가능하다.

06 ③

해설 | 일렬배치는 4대를 한도로 하고, 엘리베이터 간 거리는 8m 이하가 되도록 한다.

07 ③

해설 | 소비자의 구매심리 5단계
- A (주의, Attention) : 주목시킬 수 있는 배려
- I (흥미, Interest) : 공감을 주는 호소력
- D (욕망, Desire) : 욕구를 일으키는 연상
- M (기억, Memory) : 인상적인 변화
- A (행동, Action) : 구매동기, 행동을 불러일으키는 구성

08 ③

해설 | 파노라마 전시
주제를 연속적으로 연관성 깊게 표현하기 위해 선형으로 연출되는 전시 기법

09 ②

해설 | 개방식 배치
㉠ 전 면적을 유용하게 이용할 수 있다.
㉡ 방의 길이나 깊이 변화를 줄 수 있다.
㉢ 소음이 들리고 프라이버시가 결핍된다.
㉣ 칸막이가 없어서 공사비가 적게 든다.

10 ③

해설 | 렌더링(rendering)
㉠ 표현, 묘사, 연출이라는 뜻으로 디자인한 대상물의 완성을 예측하여 실물처럼 충실히 표현한 것으로 2차원의 화상을 3차원의 화상으로 만드는 과정이다.
㉡ 렌더링은 정확한 투시도로서 디자이너의 구체적 언어와 마찬가지이다.
㉢ 완성 예상도로 쓰이는 렌더링은 최종 결정단계에서 스타일을 확인하고 설명하기 위한 것이다.

11 ③

해설 | 중간혼합
직접적인 혼합이 아니고 주위 조건에 따라 혼합효과가 나타나는 것으로 명도, 채도가 크게 달라지지 않아 중간 혼합이라고 한다. 착시를 일으켜 색이 혼합된 것처럼 보이는 현상으로 회전혼색, 병치혼색, 점묘화법이 속한다.

12 ②

해설 | 색의 진출, 후퇴
㉠ 난색계는 한색계보다 진출성이 있다.
㉡ 배경색의 채도보다 높을 경우 색은 진출성이 있다.
㉢ 배경색보다 명도차를 크게 한 밝은 색은 진출성이 있다
㉣ 순색 중에서도 황색이 진출색이며 주황 > 녹색 > 적색 > 자색의 순이다.
㉤ 진출색 : 고명도, 고채도, 따뜻한 느낌의 색
㉥ 후퇴색 : 저명도, 저채도, 차가운 느낌의 색

13 ②

해설 | ②번 색의 3속성을 시각적으로 고른 색채단계가 되도록 구성하는 것은 먼셀 색체계이다.

14 ①

해설 | 색상은 물체의 표면에서 선택적으로 반사되는 색 파장의 종류에 의해 결정되며 빨강, 주황, 노랑, 녹색, 파랑, 보라 등으로 구분된다.

15 ①

해설 | 먼셀 표색계
한국공업규격으로 1965년 한국산업표준 KS규격(KS A 0062)으로 채택하고 있고, 교육용으로는 교육부 고시 312호로 지정해 사용되고 있다.

16 ③

해설 | 문스펜서(P. Moon.D. E. Spencer)의 조화론
두 색의 간격이 애매하지 않은 배색, 오메가 공간에 간단한 기하학적 관계가 되도록 선택한 배색을 가정으로 조화와 부조화로 분류하고, 색채 조화에 관한 원리들을 정량적인 색좌표에 의해 과학적으로 설명하였다.

17 ①

해설 | 보색
㉠ 서로 반대되는 색상, 즉 색상환에서 180도 반대편에 있는 색이다.
㉡ 색상이 다른 두 색을 적당한 비율로 혼합하여 무채색이 된다. 빨강과 녹색, 노랑과 파랑, 녹색과 보라 등의 색광은 서로 보색이다.

18 ③

해설 | HSB 시스템
먼셀의 색채개념인 색상, 명도, 채도를 중심으로 선택하도록 되어 있다.
㉠ 프로그램 상에서는 H모드, S모드, B모드를 볼 수 있다.
㉡ H모드: 색상을 선택하는 방법이다. 0~360°로 표시
㉢ S모드 : 채도 즉, 색채의 포화도를 선택하는 방법
㉣ B모드 : 명도를 선택하는 방법

19 ③

해설 | 마르셀 브로이어(Marcel Breuer)
㉠ 체스카 의자
㉡ 바실리 의자 - 스틸파이프를 휘어서 골조를 만들고 좌판, 등받이, 팔걸이는 가죽으로 만들었다.
※ 바르셀로나 의자 - 미스 반 데어 로에

20 ③

해설 | 인체공학적 입장에 따른 가구의 분류
㉠ 인체지지용 가구(인체계 가구, 휴식용 가구) : 의자, 소파, 침대, 스툴(stool)
㉡ 작업용 가구(준인체계 가구) : 테이블, 책상
㉢ 수납용 가구(건물계 가구) : 벽장, 선반, 서랍장, 붙박이장

2과목 실내디자인 시공 및 재료

21 ③

해설 | 목재의 비중은 대체로 0.3~1.0이고 실용상으로는 큰 차이가 없으나 비중의 대소는 강도, 공극률 등 기타 성질과 관계가 깊다.

22 ①

해설 | 목재의 흠
㉠ 옹이(knot) : 줄기세포와 가지세포가 교차되는 곳에서 발생
㉡ 갈라짐(crack) : 건조나 수축에 의해 생기며 주로 노목에서 발생
㉢ 입피(껍질박이) : 외상(外傷)으로 인해 수피가 말려 들어간 것으로 활엽수에 많다.
㉣ 부패(썩음) : 주로 균에 의해 국부 또는 전체가 부패되며 강도 저하의 원인이 된다.

23 ④

해설 | 공극률(v) $= (1 - \dfrac{W}{1.54}) \times 100$

$\qquad\qquad\quad = (1 - \dfrac{0.4}{1.54}) \times 100(\%) = 74\%$

24 ④

해설 | 트래버틴(Travertine)
- 용천의 침전물이나 종유굴 속의 석순, 종유석 등으로 생겨난 황갈색의 다공질의 대리석의 일종
- 석질이 불균일하며 특수 실내용 장식재로 사용

25 ②

해설 | 벽돌량 산출 (0.5B → 1㎡당 75장)
0.5B = 40×75장 = 3,000장

26 ③

해설 | 클링커 타일은 석기질계의 표면이 거친 타일로 주로 외부 바닥이나 옥상에 사용되며, 장식효과와 미끄럼막이로도 유효한 타일이다.

27 ②

해설 | 듀벨은 2개의 목재를 접합 할때 두 부재 사이에 끼워 볼트와 병용하여 전단력에 저항하도록 한 철물(볼트는 인장력)

28 ③

해설 | 스테인리스강(Stainless Steel)
크롬 또는 니켈 등을 강에 첨가하여 철의 최대 단점인 내식성의 부족을 개선할 목적으로 만들어진 녹슬지 않도록 한 금속재료이다. 가벼우며 광택이 좋고 납땜도 가능하다.

29 ③

해설 | 점토제품의 흡수율이 커지면 수분을 많이 흡수하게 되고, 이러한 수분과 점토제품과 접해 있는 모르타르의 석회 간의 반응에 의해 백화 발생이 촉진될 수 있다.

30 ③

해설 | 건식제법은 제조능률과 치수·정밀도가 우수하며, 습식제법은 정밀도가 낮다.

31 ④

해설 | 열선반사유리
유리 한 면에 열선반사막을 입힌 판유리로서, 가시광선 투과율이 30% 정도 낮아 외부로부터 시선을 차단할 수 있다.
열선흡수유리
단열유리라고도 불리며 태양광선 중 장파부분을 흡수하는 유리를 말한다.

32 ①

해설 | ㉠ 여물 : 균열방지
㉡ 해초풀 : 접착력 증대
㉢ 모래 : 점도조절

33 ④

해설 | 스트레이트 아스팔트 (straight asphalt)
① 신장성, 점착성, 방수성이 우수하다.
② 신도가 높고 연화점이 낮으며 외기온도에 영향을 받아 지하실공사에 사용한다.
③ 아스팔트 루핑의 침투용 아스팔트로 사용한다.

블로운 아스팔트(blown asphalt)
① 온도에 대한 감온성과 신도가 적고 연화점이 높아 옥상지붕 방수에 많이 사용된다.
② 아스팔트 컴파운드 및 아스팔트 프라이머의 원료가 된다.

34 ①

해설 | ② AE제는 콘크리트의 워커빌리티를 개선하지만 동결 융해에 대한 저항성 증대(내동해성)
③ 급결제는 초미립자로 구성되며 이를 사용한 콘크리트의 초기강도는 발현에 사용됨
④ 감수제는 계면활성제의 일종으로 굳지 않은 콘크리트의 단위수량을 감소시키는 효과가 있으나 골재분리 및 블리딩 현상을 감소시킨다.

35 ②

해설 | 불포화 폴리에스테르수지
- 내구성, 내후성, 가요성, 열절연성, 내열성, 내약품성이 우수하다.
- 유리섬유로 보강하면 강철과 유사한 강도를 나타내며 구조재나 설비재로 이용된다.

36 ②

해설 | 데밍의 cycle, PDCA cycle
계획(Plan) → 실시(Do) → 계측(Check) → 시정(Action)

37 ①

해설 | 기술지도에 관한 사항으로, 안전관리에 대한 직무와는 거리가 멀다.

38 ②

해설 | 멤브레인(Membrane)방수공법은 아스팔트 루핑, 시트 등의 각종 루핑류를 방수바탕에 접착시켜 막모양의 방수층을 형성시키는 공법이다.(합성고분자계 시트방수층, 도막방수층, 아스팔트방수층 등)

39 ④

해설 | 네트워크 공정표 단점
- 공정표 자체 작성시간이 오래 걸린다.
- 작성 및 검사에 특별한 지식이 필요하다.
- 기법의 표현상 세분화에 한계가 있다.
- 공정표 수정이 어렵다.

40 ②

해설 | 소성(塑性)
물체에 작은 외력을 가하여도 변형하지 않고, 어느 정도(항복값) 이상의 외력을 가하면 변형하고 외력을 제거하여도 원래의 형상으로 되돌아가지 않는 성질을 말한다.

3과목 실내디자인 환경

41 ④

해설 | 내벽의 표면온도를 실내공기 노점온도보다 높게 유지한다.

42 ①

해설 | 열환경 4요소(물리적 요소) 기온, 습도, 기류, 복사열로 인체의 열 쾌적에 영향을 미치는 요소를 말한다.

43 ③

해설 | 건물의 창호는 가능한 작게 설계하고, 특히 열손실이 많은 북측의 창면적은 최소화한다.

44 ②

해설 | 열관류저항, 열전도저항, 열전달저항은 각각 열관류율, 열전도율, 열전달률의 역수이다.
열관류저항: $1/k$, 열전도저항: $1/\lambda$, 열전달저항: $1/\alpha$
① 열전도율의 단위는 W/m·K이다.
③ 열전도율의 크기 순서는 고체>액체>기체이다.
④ 열전도율이란 두께 1m 판의 양면에 1℃의 온도차가 있을 때 1㎡의 표면적을 통해 흐르는 열량을 나타낸 것이다.

45 ③

해설 | 사무공간은 바닥, 벽, 천장 흡음재를 사용하여 소음을 방지하고, 반사재는 형태와 소리가 효과적으로 반사되도록 해주기 때문에 무대 및 콘서트홀 등에 적합하다.

46 ③

해설 | 우수관과 오수관이 통합될 경우 비가 많이 오게 되면 오수가 역류될 수 있어, 우수관과 오수관은 별도 설치하여야 한다.

47 ②

해설 | 팬코일 유닛 (FCU)
소형 송풍기와 냉·온수 코일 및 필터 등을 구비한 소형 공조기를 각 실에 설치하여 중앙기계실로부터 냉·온수를 공급하여 공기조화를 하는 방식이다. 외기의 공급 없이 실내공기가 반복적으로 팬코일 유닛에 순환되어 환기가 불가능하다.
- 각 실에 배관으로 인한 누수의 우려가 있다.
- 각 유닛마다 개별조절이 가능하다.

48 ④

해설 | 조도의 특성
㉠ 조도는 광원의 광도에 비례한다.
㉡ 조도는 거리의 제곱에 반비례한다.
㉢ 조도는 $\cos\theta$ (입사각)에 비례한다.

49 ②

해설 | 광창 조명
  ㉠ 광천장과 같은 방식으로 광원을 넓은 면적의 벽면에 매입
  ㉡ 비스타(vista)적 효과 및 시선에 안락한 배경으로 작용한다.
  ㉢ 지하공간 벽면 및 지하철 광고판 등에서 사용한다.

50 ③

해설 | 열량(Q) = $m \cdot c \cdot \Delta t$ [kJ]
  = 질량(kg) × 비열(kJ/kg·K) × 온도차(K)
  = 0.5kg × 4.2kJ/kg·℃ × (70-15)℃ = 115.5kJ

51 ④

해설 | 무창층의 개구부는 내부 또는 외부에서 쉽게 부수거나 열 수 있어야 한다.

52 ④

해설 | 경사로 설치 대상은 연면적 5,000㎡ 이상인 판매시설, 운수시설

53 ③

해설 | 옥상광장 또는 2층 이상인 층에 있는 노대 주위의 난간은 노대 등에 출입할 수 없는 경우를 제외하고 높이 1.2m 이상으로 설치하여야 한다.

54 ②

해설 | 차면시설은 인접 대지 경계선으로부터 직선거리 2m 이내의 창문(이웃주택의 내부가 보이는 경우)등을 설치하는 경우 차면시설을 설치하여야 한다.

55 ③

해설 | 문화 및 집회시설 중 전시장 및 동·식물원은 제외한다.

56 ①

해설 | 기둥과 기둥 사이의 거리가 20m 이상인 건축물이 해당된다.

57 ②

해설 |

구조부분	방화구조의 기준
• 철망모르타르 바르기	바름두께가 2cm 이상
• 석고판 위에 시멘트모르타르 또는 회반죽을 바른 것 • 시멘트모르타르 위에 타일을 붙인 것	두께의 합계가 2.5cm 이상
• 심벽에 흙으로 맞벽치기 한 것	두께에 관계없이 인정
• 한국산업표준규격이 정하는 바에 따라 시험한 결과 방화 2급 이상에 해당하는 것	

58 ③

해설 | 보를 증설 또는 해체하거나 3개 이상 수선 또는 변경하는 것이 해당된다.

59 ②

해설 | • 채광을 위한 창문면적 : 거실 바닥면적의 1/10 이상
  • 환기를 위한 창문면적 : 거실 바닥면적의 1/20 이상

60 ④

해설 | 피난층 또는 지상으로 통하는 직통계단을 특별피난계단은 11층 이상(공동주택은 16층 이상)의 층으로부터 피난층 또는 지상으로 통하는 직통계단을 설치한다.

정답 및 해설

08 | 실내건축산업기사 2024년 제2회

1과목 실내디자인계획

01 ②

해설 | 선의 조형 심리적 효과
㉠ 수직선은 구조적인 높이와 존엄성, 고양감을 느끼게 한다.
㉡ 수평선은 영원, 무한, 안정, 안락, 평화감을 느끼게 한다.
㉢ 사선은 넘어지려는 움직임이 있어 운동감, 불안정, 변화하는 활동적인 느낌을 준다.
㉣ 곡선은 유연, 복잡, 동적, 경쾌하며 여성적인 느낌을 들게 한다.

02 ②

해설 | 조화
㉠ 전체적인 조립이 모순 없이 질서를 갖는 것으로 다양성의 통일이다.
㉡ 디자인 요소의 상호관계에 미적 현상을 발생시킨다. 즉 형태, 질감, 조명, 색, 선 등의 디자인 요소들 중 대부분이 일관성을 띠면서도 한두 개씩 다를 때 이루어지며, 통합적으로 일체감을 느끼게 되는 상태이다.
㉢ 둘 이상의 요소들이 상호 관련성에 의해 어울림을 느끼게 되는 상태이다.

03 ①

해설 | 상징적 경계
통행과 시선이 자유롭다. 벽의 높이가 600mm 이하의 낮은 벽, 담장으로 두 공간을 상징적으로 분리하여 구분한다.

04 ③

해설 | 공간의 레이아웃(lay-out)
평면상의 배치 계획으로서 기능적 공간의 배분계획을 통칭하여 공간의 레이아웃(lay-out)이라 한다.
㉠ 실내공간의 구성 요소를 구분하면 공간을 형성하는 바닥, 벽, 천장 부분과 가구, 기구 등 설치되는 물체가 있는데 이것들의 위치를 정하는 단계이다.
㉡ 공간을 구성하는 요소의 배치는 공간 상호간의 연계성, 출입형식 및 동선체계, 인체공학적 치수와 가구 설치 등을 고려한다.

05 ④

해설 | 비주얼 머천다이징(V.M.D) 요소
㉠ VP(Visual Presentation) : 상점 연출의 종합적 표현으로, 상점과 상품의 이미지를 높인다. (쇼윈도우, 층별 메인 스테이지)
㉡ PP(Point of sale Presentation) : 블록별 상품 이미지를 높이며, 상품의 중요점을 표현한다. (테이블, 벽면 상단, 집기류 상판)
㉢ IP(Item Presentation) : 상품을 분리·정리하여 구매하기 쉽고 판매하기 쉬운 매장을 만든다. (행거, 선반, 쇼케이스)

06 ④

해설 | 거실의 면적은 가족 1인당 4~6m^2 정도로 계획하는 것이 바람직하다.

07 ③

해설 | 직선형(일렬형)
좁은 면적 이용에 효과적이므로 소규모 부엌에 주로 이용되는 형식이다. 동선의 혼란이 없는 반면 움직임이 많아 동선이 길어지는 경향이 있다.
작업대는 길이가 길면 작업 동선이 길어지므로 총길이는 2.7~3m가 적당하다.

08 ③

해설 | 전시공간의 규모 설정에 영향을 미치는 요인은 전시의 성격 및 목적, 전시자료의 크기와 수량, 전시방법 등이 있다.

09 ③

해설 | ㉠ 로비 : 호텔의 중심기능으로 모든 동선체계의 시작이며 호텔의 첫인상을 좌우하는 동시에 처음으로 접촉하게 되는 공간이다.
㉡ 린넨실 : 호텔에서 침구류나 타월 등 모든 직물을 관리하는 공간이다.

10 ②
해설 | 디자인 이미지 작업은 툴을 이용해 드로잉 작업을 하고 컬러를 적용해 페인트 작업을 하여 최종 이미지를 표현하는 것이다.

11 ①
해설 | 색상이 동일하고 색의 기호가 다르면 두 색은 조화한다.

12 ②
해설 | 친근성의 원리
빛의 명암 또는 자연에서 느껴지는 익숙한 색의 배색은 조화롭다는 원리이다.

13 ④
해설 | 미도(M) = 질서의 요소(O) / 복잡성의 요소(C)

14 ③
해설 | ① RGB 색공간에서 각 색의 값은 0~255까지 256단계를 갖는다.
② RGB 색공간에서 모든 원색을 혼합하면 흰색이 된다.
④ CMYK 색공간은 RGB 색공간보다 컬러의 범위가 작아서 RGB 데이터를 CMYK 데이터로 변환하면 컬러가 어두워진다.

CIE L*a*b*색체계
Lab 컬러모드: 헤링의 4원색설에 기초로 L*(명도), a*(빨강/녹색), b*(노랑/파랑)으로 다른 환경에서도 최대한 색상을 유지 시켜주기 위한 디지털 색채체계이다.

15 ②
해설 | ㉠ 관용색명: 옛날부터 관습상 사용되어온 색명으로 사회적으로 사용되는 색으로, 광물, 식물, 동물, 지명, 인명 등의 이름으로 사용하는 색을 말한다.
㉡ 계통색명 : 기본 색명 앞에 색상을 나타내는 수식어와 톤을 나타내는 수식어를 붙여 표현하는 것이다

16 ②
해설 | 영·헬름홀츠의 3원색설
우리 눈의 망막조직에는 R, G, B(빨강,녹색, 파랑)의 세포가 있고 색광을 감광하는 시신경 섬유가 있어 이 세포들이 혼합이 시신경을 통해 뇌에 전달됨으로써 색을 인지한다고 주장했다. 즉 세 가지 시세포가 망막에 분포하여 여러 가지 색지각을 일어난다는 설이다.

17 ③
해설 | 제품의 품질관리 단계에서부터 색채관리를 말한다.

18 ③
해설 | 혼색계
㉠ 색광을 표시하는 표색계이다.
㉡ 물리적인 변색이 일어나지 않는다.
㉢ 색표계로 변환이 가능하며 오차를 적용할 수 있다.
㉣ 광원의 영향을 받지 않고 심리적·물리적인 빛의 혼색실험에 기초를 두고 있다.
㉤ 측색기로 측색하여 출력된 데이터의 수치나 좌표로 표현한다.
㉥ CIE 표색계가 해당된다.

19 ④
해설 | 바르셀로나 체어
미스 반 데어 로에에 의하여 디자인된 의자로, X자로 된 강철 파이프 다리 및 가죽으로 된 등받이와 좌석으로 구성된다.

20 ②
해설 | 서안과 경상은 사랑방에서 쓰이던 가구의 하나로 각종 문방용품과 문서 등을 보관하기 위한 가구이다.

2과목 실내디자인 시공 및 재료

21 ④
해설 | 왕대공 지붕틀

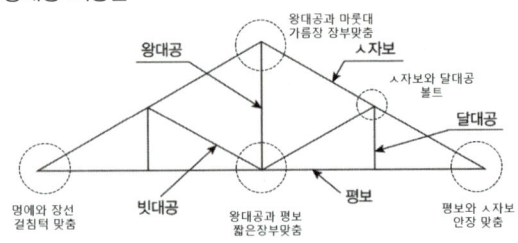

㉠ 왕대공과 평보 - 짧은장부맞춤
㉡ 평보와 ㅅ자보 - 안장 맞춤
㉢ 왕대공과 마룻대 - 가름장 장부맞춤
㉣ 멍에와 장선 - 걸침턱 맞춤
㉤ ㅅ자보와 달대공, ㅅ자보와 평보 - 볼트

22 ①

해설 | MDF는 중밀도섬유판으로 목질 섬유를 펄프로 만들어 얻은 목섬유를 액상의 합성수지 접착제를 투입하여 층을 쌓은 후 성형하고 열압하여 만든 제품이다.
㉠ 무게가 무겁고 습기에 약하다.
㉡ 재질이 균일하고 조직이 치밀하다.
㉢ 도장성과 접착성이 우수 실내 수장공사에 많이 사용
㉣ 면이 평활하고 견고하나, 한번 고정철물을 사용한 곳에는 재시공이 어렵다.

23 ③

해설 | 함수율= $\left(\dfrac{\text{건조전중량}-\text{절대건조시중량}}{\text{절대건조시중량}}\right)\times 100\%$

$= \dfrac{5kg-4kg}{4kg}\times 100(\%)=25\%$

24 ④

해설 | 벽돌의 품질 기준 (KSL 4201)
- 1종벽돌:압축강도 24.5MPa 이상, 흡수율 10% 이하
- 2종벽돌:압축강도 14.79MPa 이상, 흡수율 15% 이하

25 ②

해설 |
- 주성분은 석영, 장석, 운모 등이다.
- 압축강도가 높아서(1,600kg/cm²), 석질이 견고하여 구조재로도 쓰이며 대형 구조재로 사용할 수 있다.
- 내마모성·내구성이 우수하고, 흡수성은 낮다.
- 내화도가 낮아서 고열을 받는 곳에는 부적당하다.
- 가공성이 용이하여 구조용이나 장식재료로 사용되나 세밀한 가공(조각)이 어려운 단점이다.

26 ②

해설 | 벽량 = $\dfrac{(2.4+2.4+1+1+1)m}{(4.5\times 6)m} = \dfrac{7.8m}{27m^2}$

$= \dfrac{780cm}{27m^2} = 28.9cm/m^2$

27 ②

해설 | 열전도율, 비중, 흡수율이 낮고 내화성이 좋을 것

28 ③

해설 | 탄성에서 소성으로 변하는 경계를 항복점이라 한다.

29 ③

해설 | ① 펀칭 메탈 ② 논슬립 ④ 조이너

30 ②

해설 | 유성 바니시(oil varnish)
- 성분 : 유용성 수지 + 건성유(용제) + 희석제 + 착색제
- 무색 투명도료로 보통 니스로 통용된다.
- 건조가 빠르고, 광택, 투명도가 좋고 도막이 단단하다.
- 내화학성이 나빠서 시간이 지나면 누렇게 변색이 생긴다.

31 ③

해설 | 로이유리(Low-E glass : 낮은 방사율)
- 유리 표면에 열적외선을 반사하는 은(銀)소재 도막으로 코팅하여 방사율과 열관류율을 낮추고 가시광선 투과율을 높인 유리
- 열의 이동을 최소화 시켜 냉·난방비를 절감할 수 있는 에너지 절약형 유리

배강도 유리 (반강화유리)
연화점 이하의 온도에서 가열하고 서냉, 내풍압강도가 우수하여 건축물의 외벽, 개구부 등에 사용된다.

32 ①

해설 | 경석고 플라스터 (킨즈 시멘트, keen`s cement)
㉠ 고온소성의 무수석고를 특별한 화학처리하여 제조
㉡ 응결과 경화의 속도가 소석고에 비하여 매우 늦어 경화 촉진제로 화학처리하여 사용
㉢ 경화 후 강도와 경도가 높고 수축균열이 작다.
㉣ 산성으로 철제를 녹슬게 하는 단점이 있다.
㉤ 은은한 붉은빛을 띠는 흰색의 마감 광택을 갖는다.
㉥ 벽 및 바닥 바름에도 쓰이며 킨즈 시멘트라고도 부른다.

33 ①

해설 |
- 시멘트 분말도 시험 - 브레인법, 표준체법
- 시멘트 시공연도 시험 - 슬럼프 시험

34 ③

해설 | 매스 콘크리트
댐이나 교각 등 단면치수가 커서 수화열에 따른 온도변화에 따라 콘크리트의 과한 팽창과 수축이 발생되지 않도록 고려한 콘크리트이다.

35 ③

해설 | 실리콘 수지
- −60 ~ 260℃의 범위에서 안정하고 탄성을 가지며 내화학성이 우수하여 접착제와 도료에 쓰이는 고가의 합성수지
- 내후성도 우수하고 발수성이 있기 때문에 건축물, 전기 절연물 등의 방수용 코킹재로 쓰인다.
- 합성수지 중 내열성이 가장 우수하다.

36 ②

해설 | 아스팔트 프라이머(asphalt primer)
- 아스팔트와 휘발성 용제를 혼합하여 만든 아스팔트.
- 콘크리트 표면에 도포하여 바탕면에 펠트가 잘 붙게 하기 위해 사용

37 ④

해설 | 염분 함량이 2% 이상인 해수와 접촉 시에는 벤토나이트의 팽창성능이 저하되어 차수력이 약해질 수 있다. 벤토나이트 방수재료는 패널(Panel), 시트(Sheet), 매트(Mat) 등이 있다.

38 ③

해설 | 내력구조부별 하자보수기간(공동주택관리법)
- 기둥, 내력벽 : 10년
- 보, 바닥, 지붕 : 5년

39 ①

해설 | 안전은 위험을 제어하는 기술

40 ②

해설 | 공정계획(공정관리)
프로젝트를 공사기간 내에 완성 시키기 위하여 공사내용 및 공사 관리의 목적을 명확히 제시하고 작업의 순서를 반영하여 실내공사의 작업을 세분화 후 도표화(공정표) 시킨다.
기술적인 순서와 상호관계를 정리하고 설계도서, 시방서, 물량산출서, 견적서를 기초로 작업에 투여되는 인력, 장비, 자재의 수량을 비교 검토한다.

3과목 실내디자인 환경

41 ②

해설 | 인체의 열손실 (Body heat production)
인체의 열손실 비율은 복사 45~50%, 대류 25~30%, 증발 25%로 복사가 가장 높은 비율을 차지한다.

42 ④

해설 | 다중이용시설 실내공기질관리법령
미세먼지, 이산화탄소, 포름알데히드, 일산화탄소, 이산화질소, 석면, 휘발성 유기화합물(라돈, 벤젠, 자일렌, 스틸렌, 톨루엔)

43 ②

해설 | 1인당 차지하는 공간체적이 클수록 필요환기량은 감소한다.

44 ④

해설 | $Q = \dfrac{\lambda}{d} \cdot A \cdot \Delta t(w)$

$= \dfrac{0.14}{0.04} \times (2 \times 0.8) \times (15-5) = 56W$

※ 열전도 열량 계산 공식은 벽두께만 반비례(분모)하며 나머지 변수는 비례(분자)함

45 ②

해설 | 의료시설의 채광을 위한 기준은 거실 바닥면적의 1/10 이상이므로, 거실면적이 100㎡일 경우 채광을 위하여 설치하여야 하는 창문 등의 최소면적은 10㎡이다.

46 ①

해설 | 벽체에 비해 창의 열용량이 작기 때문에 건물의 창면적비가 커질수록 구조체 전체 열용량은 작아지게 된다.

47 ③

해설 | 실내 전체를 거의 똑같이 조명하는 경우를 전반조명이라 하고, 어느 부분만을 강하게 조명하는 방법을 국부조명이라 한다.

48 ②

해설 | 백열등 〉 광색형광등 ≧ 할로겐등 〉 메탈할라이드등 〉 형광등 〉 수은등 〉 나트륨등
※ 연색평가수(Ra) : 0에 가까울수록 연색성이 나쁘다.

49 ④

해설 | 리버스리턴(Reverse Return) 방식
보일러와 가장 가까운 방열기는 공급관이 가장 짧고 환수관은 가장 길게 배관한 것으로 각 방열기의 공급관과 환수관의 합은 각각 동일하게 되며, 동일저항으로 온수가 순환하므로 방열기에 온수를 균등히 공급할 수 있는 방식이다. (역환수방식)

50 ①

해설 | 변전실은 부하의 중심에 가까우며 배전에 편리한 곳

51 ③

해설 | 수용률(demend factor)
최대수요전력을 구하기 위한 것으로 최대수요전력의 총부하용량에 대한 비율을 백분율로 표시한 것이다.

$$수용률 = \frac{최대수용전력}{부하설비용량} \times 100\%$$

52 ②

해설 | $1 + \frac{A - 1,500m^2}{3,000m^2} = 1 + \frac{6,000 - 1,500}{3,000}$
= 1+1.5 = 2.5대 ≒ 3대 (8인승)

53 ④

해설 | 무선통신보조설비 → 소화활동설비

54 ②

해설 | 건축물의 바깥쪽에 설치하는 피난계단
- 계단의 유효너비는 **0.9m** 이상으로 할 것
- 계단은 내화구조로 하고 지상까지 직접 연결되도록 할 것
- 계단은 그 계단으로 통하는 출입구 외의 창문 등(망이 들어 있는 유리의 붙박이창으로서 그 면적이 각각 1㎡ 이하인 것은 제외)으로부터 **2m** 이상의 거리를 두고 설치할 것
- 건축물의 내부에서 계단으로 통하는 출입구에는 **갑종방화문**(60+방화문, 60분 방화문)을 설치할 것

55 ②

해설 | 차고, 주차장 또는 주차용도로 사용되는 시설
- 차고, 주차장으로 사용되는 층 중 바닥면적이 200㎡ 이상인 층이 있는 시설
- 승강기 등 기계장치에 의한 주차시설로서 자동차 20대 이상을 주차할 수 있는 시설

56 ②

해설 | 두께가 2mm 미만인 벽지류가 포함되나, 벽지류 중 종이벽지는 제외한다.

57 ③

해설 | 배연구는 자동으로 작동하지 않을 경우 및 유지관리를 위해서 손으로도 열고 닫을 수 있도록 해야 한다.

58 ③

해설 | ① 창고시설(물류터미널은 제외한다)로서 바닥면적 합계가 5,000㎡ 이상인 경우에는 모든 층
② 판매시설, 운수시설 및 창고시설(물류터미널에 한정한다)로서 바닥면적의 합계가 5,000㎡ 이상이거나 수용인원이 500명 이상인 경우에는 모든 층
④ 종교시설(주요 구조부가 목조인 것은 제외)의 경우 수용인원이 100명 이상인 경우 모든 층

59 ③

해설 | 방화벽에 설치하는 출입문의 너비 및 높이는 각각 2.5m 이하로 하여야 한다.

60 ②

해설 | 건축물의 바깥쪽으로의 출구의 유효너비의 합계는 해당 용도에 쓰이는 바닥면적이 최대인 층의 해당 용도의 바닥면적 100㎡마다 0.6m의 비율로 산정한 너비 이상으로 설치해야 함.

$$\therefore \frac{500m^2}{100m^2} \times 0.6m \leq 3m$$

정답 및 해설

09 실내건축산업기사 2024년 제3회

1과목 실내디자인계획

01 ④

해설 | 수평선(Horizontal Line)은 영원, 안정, 무한, 정적인 느낌을 준다.

02 ④

해설 | 휴먼스케일(Human Scale)
인간의 신체를 기준으로 파악하고 측정되는 척도 기준이다. 생활 속의 모든 스케일 개념은 인간중심으로 결정되어야 한다. 휴먼스케일이 잘 적용된 실내는 안정되고 안락한 느낌을 준다.

03 ③

해설 | ㉠ 천장은 바닥과 함께 실내공간을 형성하는 수평적 요소로서 다양한 형태나 패턴 처리로 공간의 형태를 변화시킬 수 있다. 천정의 높이는 실내공간의 사용목적과 깊은 관계가 있다.
㉡ 바닥은 외부로부터 추위와 습기를 차단하고 사람과 물건을 지지하여 생활 장소를 지탱하게 해준다.

04 ④

해설 | 동선 계획
㉠ 중요한 동선부터 우선 처리한다.
㉡ 교통량이 많은 동선은 직선으로 최단 거리로 한다.
㉢ 빈도와 하중이 큰 동선은 중요한 동선으로 처리한다.
㉣ 서로 다른 동선은 가능한 분리하고 필요 이상의 교차는 피해야 한다.
㉤ 동선이 복잡해질 경우 별도의 통로 공간을 두어 동선을 독립시킨다.
※ 동선 계획에서 출입구의 위치를 고려하여야 한다.

05 ③

해설 | LDK형은 거실, 식당, 부엌 각 실의 안정성 확보에 불리하다.
※ living kitchen (LDK형)의 특징
㉠ 주부의 가사 노동의 경감(주부의 동선단축)
㉡ 통로가 절약되어 바닥 면적의 이용률이 높다.에 적당)
㉢ 부엌의 통풍·채광이 우수하다. (위생적이다.)

06 ②

해설 | 주거공간의 효율을 높이고, 데드 스페이스(dead space)를 줄이는 방법으로 가구와 공간의 치수체계를 통합하여 계획하고, 플랫폼 가구를 활용하며 침대, 계단 밑 등을 수납공간으로 활용함으로써 공간을 보다 넓게 할 수 있어 공간의 활용의 극대화가 가능하다.
※ 데드 스페이스(deadspace) : 공간 활용이 안되며 낭비되는 공간을 의미한다.

07 ③

해설 | 개실시스템 (individual room system)
복도에 의해 각 층의 여러 부분으로 들어가는 방법으로 유럽에서 널리 쓰인다.
㉠ 독립성과 쾌적성이 좋다.
㉡ 자연채광 조건이 좋다.
㉢ 공사비가 비교적 높다.
㉣ 방 길이에는 변화를 줄 수 있지만, 방 깊이에는 변화를 줄 수 없다.

08 ②

해설 | 파사드(facade)
쇼 윈도우, 출입구 및 홀의 입구 뿐만 아니라 간판, 광고판, 광고탑, 네온사인 등을 포함한 점포 전체의 얼굴로서 기업 및 상품에 대한 첫 인상을 주는 곳으로 강한 이미지를 줄 수 있도록 계획한다.
※ 파사드(facade) 구성에 요구되는 AIDMA법칙 (구매심리 5단계를 고려한 디자인)
㉠ A (주의, attention) : 주목시킬 수 있는 배려
㉡ I(흥미, interest) : 공감을 주는 호소력
㉢ D(욕망, desire) : 욕구를 일으키는 연상
㉣ M(기억, memory) : 인상적인 변화
㉤ A(행동, action) : 들어가기 쉬운 구성

09 ③

해설 | 연속 순로(순회) 형식
구형(矩形) 또는 다각형의 각 전시실을 연속적으로 연결하는 형식이다.
㉠ 단순하고 공간이 절약된다.
㉡ 소규모의 전시실에 적합하다.
㉢ 전시 벽면을 많이 만들 수 있다.
㉣ 많은 실을 순서별로 통해야 하고 1실을 닫으면 전체 동선이 막히게 된다.

10 ②

해설 | 디자인 이미지 작업은 툴을 이용해 드로잉 작업을 하고 컬러를 적용해 페인트 작업을 하여 최종 이미지를 표현하는 것이다.

11 ③

해설 | 색의 3속성
색은 색상, 명도, 채도의 3가지 속성을 가지고 있다.
㉠ 색상(Hue) : 색의 차이
㉡ 명도(Value) : 색상의 밝은 정도
㉢ 채도(Chroma) : 색상의 선명한 정도

12 ④

해설 | 색명(名)
㉠ 계통색명(系統色名): 일반색명이라고 하며 색상, 명도, 채도를 표시하는 색명이다.
㉡ 관용색명(慣用色名, individual color name): 고유색명 중에서 비교적 잘 알려져 예부터 습관적으로 사용되고 있는 색명을 말한다.

고유한 색명으로 동물, 식물, 지명, 인명 등이며 피부색(살색), 쥐색 등의 동물과 관련된 색이름 및 밤색, 살구색, 호박색 등 식물과 관련된 이름 등이 있다.
[예] 관용색명과 계통색명의 연결(단, 한국산업표준 KS 기준)
• 커피색 : 탁한 갈색
• 딸기색 : 선명한 빨강
• 밤색 : 진한 갈색
• 개나리색 : 크롬 엘로우(Chrome Yellow)

13 ③

해설 | 동화작용(동화현상)
㉠ 동시대비와는 반대 현상이며 옆에 있는 색과 닮은 색으로 변해 보이는 현상이다.
㉡ 색상동화, 명도동화, 채도동화가 있으나 이들은 모두 동시적으로 일어나는 현상으로 줄무늬와 같이 주위를 둘러싼 면적이 작거나 하나의 좁은 시야에 복잡하고 섬세하게 배치되었을 때에 일어난다.
㉢ 회화, 그래픽 디자인, 직물디자인 등의 모든 배색 조화에 필수적인 요소이다.

14 ②

해설 | 보색(補色)
㉠ 서로 반대되는 색상, 즉 색상환에서 180도 반대편에 있는 색이다.
㉡ 보색인 색광을 혼합하여 백색광이 되었을 때 두 색광은 서로 상대에 대한 보색이라 하는데 빨강과 청록, 파랑과 노랑, 녹색과 자주를 혼합하면 백색광이 된다.
㉢ 주목성이 강하며, 서로 돋보이게 해주므로 주제를 살리는데 효과가 있다.

15 ③

해설 | 모니터 화면의 검은색 조정에서 RGB 각각에 R=0, G=0, B=0과 같은 수치를 주어 디스플레이하면 전압영역이 검은색이 된다.
※ RGB: R은 Red, G는 Green, B는 Blue

16 ①

해설 | 문·스펜서의 색채 조화론
㉠ 동등조화(Identity) – 같은 배색은 조화된다.
㉡ 유사조화(similarity) – 유사한 배색은 조화된다.
㉢ 대비조화(Contrast) – 대비 관계에 있는 배색은 조화된다.

17 ④

해설 | 오스트발트의 조화(24색상 기준)
㉠ 보색조화 : 오스트발트의 색환은 24색상이기 때문에 색상차가 12가 되며 보색조화가 된다.
㉡ 유사색 조화 : 색상차가 4이하인 경우
㉢ 이색조화 : 색상차가 6~8일 경우의 중간 대조의 배색

18 ③

해설 | 병치가법 혼색
여러 가지 물감을 서로 혼합하지 않고 화면에 작은 색점을 많이 늘어놓아 병치 혼합의 효과로써 사물을 묘사하도록 한 것을 말한다. 이것은 채도를 낮추지 않는 어떤 중간색을 만들어 보자는 의도로 가법 혼색이라고도 한다.

19 ④

해설 | ① 체스터필드(Chesterfield) : 솜, 스펀지 등을 채워서 쿠션이 좋게 만든 의자
② 스툴(Stool): 등받이와 팔걸이가 없는 형태의 보조 의자이다.
③ 세티 (Settee): 동일한 두 개의 의자를 나란히 합해 2인이 앉을 수 있도록 한 것이다.

20 ④

해설 | 가구 기능에 따른 분류
㉠ 작업용 가구 : 작업대, 싱크대, 책상 등.
㉡ 인체 지지용 가구 : 소파, 침대, 의자 등
㉢ 정리 수납용 가구 : 장롱, 캐비닛, 책장 등

2과목 실내디자인 시공 및 재료

21 ①

해설 | 섬유에 평행한 방향측에서 일반적으로 강도는
인장강도 > 휨강도 > 압축강도 > 전단강도

22 ②

해설 | 목재의 방화제
- 불연성 도료(도포법) : 방화 페인트, 규산나트륨(물유리), 시멘트모르타르 등으로 표면 피복
- 방화제(주입법) : 불연성 방화제(제2 인산암모늄, 황산암모늄, 붕산, 탄산칼륨, 탄산나트륨 등) 를 단독 또는 혼합하여 주입

23 ②

해설 | 테라죠판 (Terrazzo)
㉠ 대리석을 종석으로 고가인 천연석을 대체할 목적으로 생산되었으며 인조석 자체의 특성을 그대로 갖춘 대표적인 인조대리석으로 건축물의 바닥재로 쓰인다.
㉡ 대리석, 화강암 등의 분수골재, 안료, 시멘트 등을 혼합한 콘크리트로 성형하고, 경화한 후 표면을 연마 광택을 내어 마무리한 석재제품이다.

24 ④

해설 | 소성온도 및 강도 크기 : 자기 > 석기 > 도기 > 토기

25 ①

해설 | 벽돌의 크기 - 표준형 190×90×57
총 벽두께는 190+10+190=390mm

26 ④

해설 | 접합유리(laminate glass)
① 안전유리의 일종으로 2장 이상의 판유리 사이에 폴리비닐을 넣고 고열로 접합하여 파손 시 파편이 튀지 않고 붙어 있는 특성이 있다.
② 삽입한 필름의 인장력으로 인한 충격흡수력이 높으며, 방탄유리 제조와 유사점이 있다.
③ 용도 : 자동차, 선박, 기차 등

27 ③

해설 | 멜라민 수지
- 요소수지보다 성능이 높다.
- 표면경도가 크고 아름다운 광택을 지니면서 착색이 자유롭고 내열성이 우수한 것으로 마감재, 전기부품 등에 활용된다.

28 ①

해설 | 대린벽
인근 건물에 면하고 있는 벽. 하나의 벽에 대하여 직각으로 설치한 여러 개의 내력벽 중 서로 인접하여 있는 벽.

29 ③

해설 | 강은 온도에 따라 인장강도가 변화하는데 100℃ 이상 되면 강도가 증가하여 250℃에서 최대가 된다. (250℃ 이상 되면 인장강도는 감소한다.)
① 500℃에서는 0℃일 때의 1/2로 감소한다.
② 600℃에서는 0℃일 때의 1/3로 감소한다.
③ 900℃에서는 0℃일 때의 1/10'로 감소한다.
※ 인장강도는 250~300℃ 정도에서 최대로 되며, 이 이상으로 온도가 상승하게 되면 급격히 감소한다.

30 ①

해설 | 가능한 이종 금속을 인접 또는 접촉사용을 금지

31 ②

해설 | 기경성(수축성), 수경성(팽창성)
수축률 순위
돌로마이터 플라스터 > 소석회 > 순수석고 플라스터

32 ③
해설 | 출입구 이외의 개구부는 설치하지 않으며 반입·반출구를 구분해 반입순서대로 반출시킨다.

33 ④
해설 | 보통의 포틀랜드시멘트에 비하여 고로시멘트는, 시멘트의 경화과정에서 발생되는 열인 수화열이 낮고, 내구성이 높으며, 화학저항성이 큰 한편, 투수(水)가 적은 특징이 있다.

34 ①
해설 | 흡수율 = $\dfrac{\text{표면건조상태} - \text{절대건조상태}}{\text{절대건조상태}} \times 100(\%)$

35 ②
해설 | 물-시멘트비(W/C) = $\dfrac{\text{물의 중량}}{\text{시멘트 중량}} \times 100(\%)$

물의 중량 = 시멘트 중량 × 물-시멘트비(W/C)
= 300kg/㎥ × 0.6 = 180kg/㎥

36 ①
해설 | 아스팔트 싱글
주로 지붕재로 사용하기 위해 표면에 돌입자로 코팅한 것으로. 방수성과 내수성, 내변색성이 우수한 재료이다. 일반 아스팔트 싱글의 단위 중량은 10.3kg/㎡ 이상 12.5kg/㎡ 미만이다.

37 ③
해설 | 같은 두께인 경우 경량재료가 단열에 더 효과적이다.

38 ①
해설 | 에폭시수지 접착제
- 점성이 매우 높아 접착력이 강하며 내수성, 내습성, 내약품성, 내산, 내알칼리성 등이 우수하나, 유연성 부족, 경화제를 병행 사용, 고가인 것이 단점이다.
- 최고의 성능으로 콘크리트, 항공기, 기계부품 등의 접착에 사용되는 만능형 접착제이다.

39 ④
해설 | 주공정선(CP)
= ① → ② → ③ → ⑤ → ⑥
= 4+5+8+10 = 27일(총공사일수)

40 ③
해설 | 체크 시트
체크시트 제품의 불량수, 결점수와 같은 수치가 어디에 집중되어 있는가를 나타낸 그림이나 표
※ TQC 활동의 도구 : 히스토그램, 특성요인도, 파레토도, 체크 시이트, 각종 그래프 및 관리도, 산점도, 층별

3과목 실내디자인 환경

41 ③
해설 | 일조율
가조시간(일몰에서 일출까지의 시간수)에 대한 일조시간의 백분율
일조율 = $\dfrac{\text{일조시간}}{\text{가조시간}} \times 100 \, (\%)$

42 ②
해설 | 벽체의 열관류열량과 실내측 표면 열전달량은 같다. 열통과량과 벽체 표면 열전달량은 같으므로 다음과 같은 평행식을 세울수 있다.
열관류량 (Q) = $k \cdot A \cdot \Delta t (W)$
Q = 1.5 × 1 × [20-(-10)] = 45
열전달량 (Q_v) = $a \cdot A \cdot \Delta t(w)$
= 9 × 1 × (20-t)
∴ 45 = 9 × 1 × (20-t), t = 15℃

43 ①
해설 | 습공기를 가습하였을 때?
상대습도, 절대습도는 증가, 습구온도 상승, 노점온도와 엔탈피, 수증기분압, 비체적은 높아진다. (건구온도만 상태값이 증가하지 않는다.)

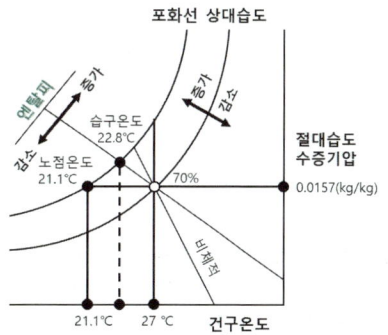

44 ③

해설 | 제3종 환기(흡출식)
㉠ 실내압력 부압(-) / 자연급기 / 배풍기
㉡ 실내의 냄새난 유해물질을 다른 공간으로 흘려보내지 않는다.
㉢ 화장실, 욕실, 주방 등 (수증기, 열기, 취기 등이 발생하는 장소)

45 ②

해설 | 눈부심(글레어, glare)
눈이 순응하고 있는 상태에서 휘도가 높은 부분 또는 휘도 대비가 현저하게 큰 부분이 있으면 잘 보이지 않게 되거나 불쾌감을 느끼게 되는데 이것을 눈부심(글레어)이라 한다.

46 ①

해설 | 음의 간섭
㉠ 서로 다른 음원에서의 음이 중첩되면 합성되어 음은 쌍방의 상황에 따라 강하게 하거나 약화 시키는 현상이다.
㉡ 같은 음을 2개의 스피커에서 발생하면 음이 크게 들리는 곳과 작게 들리는 곳이 생긴다.

47 ④

해설 |

구분	기준
층수	2층 이상 (기둥과 보가 목구조인 건축물은 3층 이상)
높이	13m 이상
처마높이	9m 이상
경간(기둥과 기둥사이 거리)	10m 이상
연면적	200m² 이상 (목구조 건축물의 경우 500m² 이상) [제외] 창고, 축사, 작물재배사 및 표준설계도에 따라 건축하는 건축물

48 ②

해설 | 방습조치는 건축물 최하층에 있는 거실의 바닥은(목조인 경우) 그 바닥 높이를 지표면으로부터 45cm 이상으로 하여야 한다

49 ①

해설 | 100세대 이상 신축 또는 리모델링하는 공동주택은 시간당 최소 0.5회 이상의 환기가 이루어질 수 있도록 자연환기설비 또는 기계 환기설비를 설치해야 한다.

50 ③

해설 | 업무시설, 숙박시설, 위락시설
1대에 3,000m²를 초과하는 경우에는 그 초과하는 매 2,000m² 이내마다 1대를 더한 대수
$1+\dfrac{A-3,000m^2}{2,000m^2} = 1+\dfrac{36,000-3,000}{2,000}$
= 17.5대÷2= 9대 (16인승 이상)

51 ②

해설 |

건축물의 용도	해당 층의 거실의 바닥면적 합계
• 문화 및 집회시설 (공연장에 한함) • 위락시설 (주점영업에 한함)	300m² 이상
• 문화 및 집회시설 (집회장에 한함)	1,000m² 이상

52 ④

해설 | 비상탈출구의 유효너비는 0.75m 이상으로 하고, 유효높이는 1.5m 이상으로 할 것

53 ③

해설 | 공공 및 공중이용시설
불특정 다수가 이용하는 건축물, 시설 및 그 부대시설로서 다음의 건물과 시설,
① 제1종 근린생활시설 및 제2종 근린생활시설
② 문화 및 집회시설 ③ 판매시설 ④ 의료시설
⑤ 종교시설 ⑥ 교육연구시설 ⑦ 공장
⑧ 수련시설 ⑨ 운동시설 ⑩ 업무시설
⑪ 숙박시설 ⑫ 노유자시설 ⑬ 자동차관련시설
⑭ 교정시설 ⑮ 방송통신시설
⑯ 묘지관련시설 및 관광휴게시설

54 ①

해설 | 소화활동설비
제연설비, 연결송수관설비, 연결살수설비
비상콘센트설비, 무선통신보조설비, 연소방지설비

55 ②

해설 | 노유자시설 및 수련시설 연면적 200m² 이상인 건축물

56 ④

해설 | 방염성능기준 이상의 실내장식물 등을 설치하여야 하는 특정소방대상물
① 근린생활시설 중 체력단련장, 의원, 숙박시설, 방송통신시설 중 방송국 및 촬영소
② 건축물의 옥내에 있는 문화 및 집회 시설, 종교시설, 운동시설(수영장은 제외)
③ 의료시설 중 종합병원, 요양병원 및 정신의료기관 (입원실이 없는 정신건강의학의원은 제외)
④ 노유자시설 및 숙박이 가능한 수련시설
⑤ 다중이용업소
⑥ 교육연구시설 중 합숙소
⑦ 상기①~⑥의 시설에 해당하지 아니하는 것으로서 층수(건축법 시행령에 따라 산정한 층수)가 11층 이상인 것(아파트는 제외)

57 ①

해설 | 할로겐등
㉠ 고휘도이고 연색성이 좋으며 단위광속이 크다.
㉡ 초소형, 경량의 전구(백열등 크기의 1/10)
㉢ 수명이 백열전구에 비해 2배 길다.
㉣ 광색은 적색부분이 비교적 많다.
㉤ 발광온도가 높다
㉥ 흑화(黑化) 발생이 거의 없다.

58 ④

해설 | 펌프직송방식(탱크없는 부스터 방식)
물을 지하실 등의 저수탱크에 물을 받은 후 급수펌프만으로 건물내에 급수하는 방식으로 배관 내 압력변동 등을 감지하여 펌프를 운전하는 상향급수방식이다.
※ 하향급수방식은 고가수조방식이 유일하다.

59 ③

해설 | 이중덕트 방식
전공기식 방식으로 중앙 공조기에서 온·냉풍을 동시에 제조하여 덕트로 보내고 각 실마다의 부하에 따라 혼합유닛(혼합상자)에서 온·냉풍을 적절히 혼합하여 송풍온도를 조절하는 방식이다.
㉠ 실별 개별 조절이 가능하다.
㉡ 부하 특성이 다른 다수의 실이나 존에도 적용할 수 있다.
㉢ 온·냉풍의 혼합으로 인한 혼합손실로 인하여 에너지 소비량이 많다.
㉣ 혼합유닛에서 소음과 진동이 생긴다.
㉤ 단일덕트식보다 공간을 더 많이 차지한다.

60 ②

해설 | 정온식(금속팽창식)
㉠ 주위 온도가 일정 온도 이상이 되면 작동
㉡ 보일러실, 주방 등 다량의 열 발생 장소에 이용된다.

정답 및 해설

09 | 실내건축산업기사 2025년 제1회

1과목 실내디자인계획

01 ②

해설 | ① 천장면이 모아진 삼각형의 공간에서는 높이에 대한 집중도와 중심성이 높아진다.
③ 공간의 형태는 일관성이나 축에 따라 자연적인 것과 인위적인 형태의 것으로 구분할 수 있다.
④ 천장면이 곡면일 경우 공간의 방향성은 공간의 중심으로 모이게 되며 동적인 분위기가 된다.

02 ③

해설 | 대비
㉠ 질적, 양적으로 전혀 다른 둘 이상의 요소가 동시적 혹은 계속적으로 배열될 때 상호의 특징이 한층 강하게 느껴지는 통일적 현상
㉡ 상반되는 요소가 인접될수록 대비효과는 커진다.
㉢ 디자인에서는 절대적 통일성이 필요하나 대비를 통해서 강력함, 남성적인 성격을 갖게 된다.
㉣ 조형 요소로서의 대비 개념에는 직선과 곡선, 대소, 장단, 무거움과 가벼움, 딱딱함과 부드러움, 투명과 불투명 등이 있다.

03 ①

해설 | ㉠ 픽쳐 윈도우(picture window) : 바닥부터 천장까지 닿은 커다란 창문으로 베란다 창이 있다.
㉡ 윈도우 월(window wall) : 벽면 전체를 창으로 처리해 개방감이 아주 좋다.
㉢ 고창(clerestory) : 천장 가까이 있는 벽에 위치하며, 좁고 긴 창문으로 지하실의 창 또는 미술관에 설치한다.

04 ②

해설 | 창과 문의 위치는 가구배치와 동선에 영향을 준다.

05 ③

해설 | ③은 작업면이 가장 넓은 형식은 U자형(ㄷ자형)으로 작업 효율도 가장 좋다.

06 ④

해설 | 설비 및 교통 요소들이 존(zone)을 형성함으로서 업무 공간의 유효면적이 증가하여 융통성 있는 공간계획을 할 수 있다.

07 ④

해설 | 쇼윈도우의 현휘 현상 방지책
㉠ 쇼윈도우의 내부 조도를 외부보다 더 밝게 한다.
㉡ 차양을 설치하여 외부에 그늘을 만든다.
㉢ 유리면을 경사지게 하고 특수한 곡면 유리를 사용한다.
㉣ 가로수를 심어 건너편의 건물이 비치는 것을 방지한다.
㉤ 야간에는 광원을 감추고, 눈에 입사하는 광속을 적게 한다.

08 ②

해설 | VMD의 구성요소
㉠ IP(Item Presentation) : 개개의 상품을 분류, 정리, 고르기 쉽고 사기 쉬운 매장연출
㉡ PP(Point of sale Presentation) : 분류된 상품의 점두 표현 역할
㉢ VP(Visual Presentation) : 매장의 이미지와 패션 테마의 종합적인 표현

09 ③

해설 | 어트랙션 공간
㉠ 입구에서 관람객의 시선을 집중시켜 쇼룸의 내부로 관람객을 유인하는 역할을 한다.
㉡ 입구부분과 전시 공간 내에서 비중이 크므로 중심이 되는 곳에 배치하는 것이 일반적이다.

10 ③

해설 | 와이어 프레임 모델링(Wire-frame modelling, 선처리 방식)
  ㉠ 작업 초기에 진행되며, 가장 기본적인 모델링이다.
  ㉡ 면과 면이 만나는 선만으로 입체를 생성한다.
  ㉢ 처리 속도가 빠르다.
  ㉣ 모델이 간단하고, 조작이 간편하다.
  ㉤ 정밀도가 떨어지고 곡면이나 입체 내부의 식별이 불가능하다.

11 ③

해설 | 색의 3속성 : 색상, 명도, 채도

12 ④

해설 | 식물과 관련 있는 관용색명(고유색명) : 귤색, 밤색, 가지색, 살구색, 복숭아색, 팥색, 올리브(olive)

13 ①

해설 | 동화 현상
  ㉠ 옆에 있는 색이나 주위의 색과 닮아 보이는 현상
  ㉡ 전파효과 : 하나의 색이 다른 색 위에서 넓혀 가려는 것처럼 보이는 효과
  ㉢ 혼색효과 : 혼색되려는 효과
  예) 검정에 싸인 흰색은 주위의 흰색보다 어둡게 보인다. 가는 줄무늬 패턴의 면은 배경색이 줄무늬 색 기미를 띠어 보인다.

14 ④

해설 | • 보라
  ㉠ 이미지 : 우아함, 예술, 고귀함, 신비, 독창성, 판타지, 영웅
  ㉡ 연상 : 나팔꽃, 가지
• 주황 : 원기, 만족, 풍부, 건강 등 따뜻하고 활기찬 느낌, 노을, 석양, 오렌지

15 ③

해설 | ① 반복배색 : 2색 이상을 반복 사용하여 일정한 질서를 유도하여 조화를 이루는 배색
② 강조배색 : 단조로운 배색에 대조 색을 소량 덧붙임으로서 전체를 돋보이게 하는 배색
④ 트리콜로 배색 : 하나의 면을 세 가지로 나누는 배색으로 강렬하고 대비가 강하며 안정감이 높은 배색

16 ①

해설 | 광(光)의 굴절 정도는 파장이 짧은 쪽이 크고, 긴 쪽이 작다.

17 ④

해설 | ㉠ 색상차가 12간격대일 때 보색조화라 부른다.
㉡ 색상차가 2, 3, 4 간격대일 때 유사색조화라 부른다.
㉢ 색상차가 6, 7, 8 간격대일 때 이색조화라 부른다.

18 ②

해설 | 안전색채의 조건
  ㉠ 제품안전 라벨에 안전색을 사용하여 주목성을 높인다.
  ㉡ 초록은 안전의 의미를 가지며 의무실, 비상구, 대피소 등에 사용된다.
  ㉢ 안전색채는 다른 물체의 색과 쉽게 식별되어야 한다.
  ㉣ 노랑과 검정 대비 색 조합 안전표지는 잠재적 위험을 경고하는 의미를 가진다.

19 ③

해설 | 바르셀로나 의자(Barcelona chair)
1929년 바르셀로나에서 열린 국제박람회의 독일 정부관을 위해 미스 반 데어 로에에 의하여 디자인된 것으로 ×자로 된 강철 파이프 다리 및 가죽으로 된 등받이와 좌석으로 구성된다.

20 ③

해설 | 인체공학적 입장에 따른 가구의 분류
  ㉠ 인체지지용 가구(인체계 가구, 휴식용 가구) : 의자, 소파, 침대, 스툴(stool)
  ㉡ 작업용 가구(준인체계 가구) : 테이블, 책상, 작업용 의자
  ㉢ 수납용 가구(건물계 가구) : 벽장, 선반, 서랍장, 붙박이장

2과목 | 실내디자인 시공 및 재료

21 ④

해설 | 함수량
습윤상태 골재의 내외에 함유하는 전체 수량

22 ①

해설 | 스트레이트 아스팔트 (straight asphalt)
① 신장성, 점착성, 방수성이 우수하다.
② 신도가 높고 연화점이 낮으며 외기온도에 영향을 받아 지하실 공사에 사용한다.
③ 아스팔트 루핑의 침투용 아스팔트로 사용한다.

23 ④

해설 | 납은 X선의 차단효과가 콘크리트의 100배 정도로 크나, 알칼리에 약하다.

24 ④

해설 | 목재의 흠에는 옹이, 갈라짐, 입피 등이 있으며 섬유방향으로 압축력을 가할 때에는 그 옹이의 영향이 작으나, 인장강도인 경우에는 옹이의 종류에 관계없이 빠진 옹이로 볼 수 있으므로, 전체적으로 강도가 많이 떨어진다.

25 ①

해설 | 흡수성 크기 : 토기 > 도기 > 석기 > 자기

26 ④

해설 | 건조수축 방지대책 (건조수축 적게 발생)
① 물-시멘트비가 작을수록
② 단위 시멘트량이 작을수록
③ 단위수량이 작을수록
④ 공극률이 감소하면
⑤ 골재 중에 점토분이 작을수록
 (골재 중에 포함된 미립분이나 점토, 실트는 일반적으로 건조수축을 증대시킨다.)
⑥ 양생을 충분히 할수록

27 ②

해설 | 대리석
• 석회암이 변화되어 결정화된 암석으로 주성분은 탄산석회이다.
• 산과 열에 약하다.
• 품질의 변화가 심하고 균열이 많아서 통행이나 마모가 많은 장소에는 부적합하다.

28 ④

해설 | 강은 일반적으로 탄소함유량이 증가할수록 비열, 전기저항, 내식성, 항복강도, 인장강도, 경도 등은 증가하고, 비중, 열전도율, 열팽창계수, 연신율, 단면 수축률, 신도 등은 감소한다.

29 ③

해설 | 페놀수지
매우 견고하고 전기절연성, 내산성, 내열성, 내수성 우수하나, 내알칼리성이 약하다. 전기 관계 재료로 가장 많이 사용되며, 보드류·도료·접착제 등으로 쓰인다.

30 ②

해설 | 작업 (activity)
프로젝트를 구성하는 작업단위로 → 위에 작업명, → 아래에 작업일수를 표시한다.

31 ④

해설 | 낙하물 방지망
㉠ 낙하물방지망 설치높이는 10m 이내 또는 3개 층마다 설치한다.
㉡ 그물코 크기는 20mm 이하가 추락 방호망에 적합
㉢ 내민길이는 비계 또는 구조체의 외측에서 수평거리 2m 이상으로 설치한다.
㉣ 수평면과의 경사각도는 20°~30°로 설치한다.
㉤ 낙하물방지망과 비계 또는 구조체와의 간격은 250mm 이하로 설치한다.
㉥ 낙하물방지망의 이음은 150mm 이상 겹쳐 이음

32 ④

해설 | 건식제법은 단순타일에 적합하고, 습식제법은 복잡한 형상 타일에 적합하다.

33 ②

해설 | 벽돌의 품질 기준 (KSL 4201)
• 1종벽돌:압축강도 24.5 N/mm² 이상, 흡수율 10%이하
• 2종벽돌:압축강도 14.79 N/mm² 이상, 흡수율 15%이하

34 ②

해설 | 기경성(수축성), 수경성(팽창성)
- 수축률 순위
  돌로마이트 플라스터 〉 소석회 〉 순수석고 플라스터

35 ①

해설 | 유성페인트(oil paint)
① 성분 : 안료 + 보일드유 + 희석제
② 두꺼운 도막을 형성하여 내후성 및 내마모성이 우수하다.
③ 가격은 경제적이나 건조시간이 길다.
④ 내장 및 외장에 시공이 용이하다.
⑤ 알칼리에 약하므로 콘크리트, 모르타르 면에 시공 부적합

36 ②

해설 | 실리콘수지
- −60 ~ 260℃의 범위에서 안정하고 탄성을 가지며 내화학성이 우수하여 접착제와 도료에 쓰이는 고가의 합성수지
- 내후성도 우수하고 발수성이 있기 때문에 건축물, 전기 절연물 등의 방수용 코킹재로 쓰인다.
- 합성수지 중 내열성이 가장 우수하다.

37 ②

해설 | 황동은 주로 다양한 장식품, 창호철물 등에 사용된다.

38 ③

해설 | 벽돌량 산출
1.5B = 40×224×1.03(할증률)=9,228.8장≒9,229장

39 ④

해설 | 접합유리(laminate glass)
① 안전유리의 일종으로 2장 이상의 판유리 사이에 폴리비닐을 넣고 고열로 접합하여 파손시 파편이 튀지 않고 붙어 있는 특성이 있다.
② 삽입한 필름의 인장력으로 인한 충격흡수력이 높으며, 방탄유리 제조와 유사점이 있다.
③ 용도 : 자동차, 선박, 기차 등

40 ①

해설 | 석재의 강도 순위
- 화강암 〉 대리석 〉 안산암 〉 사암 〉 응회암 〉 부석

3과목 실내디자인 환경

41 ③

해설 | 열환경 4요소(물리적 요소)
기온, 습도, 기류, 복사열로 인체의 열 쾌적에 영향을 미치는 요소를 말한다.

42 ③

해설 | 내부결로가 발생할 경우 벽체 내의 함수율은 증가하여 열전도율은 커진다.

43 ①

해설 | 옥내소화전설비는 해당 건물 각 층 각 부분에서옥내소화전방수구까지의 수평거리가 25m 이내로 한다.

44 ①

해설 | 이중덕트 방식
전공기식 방식으로 중앙 공조기에서 온·냉풍을 동시에 제조하여 덕트로 보내고 각 실마다의 부하에 따라 혼합유닛(혼합상자)에서 온·냉풍을 적절히 혼합하여 송풍온도를 조절하는 방식이다.
㉠ 실별 개별 조절이 가능하다.
㉡ 부하 특성이 다른 다수의 실이나 존에도 적용할 수 있다.
㉢ 온·냉풍의 혼합으로 인한 혼합손실로 인하여 에너지 소비량이 많다.
㉣ 혼합유닛에서 소음과 진동이 생긴다.
㉤ 단일덕트식보다 공간을 더 많이 차지한다.

45 ②

해설 | 열량(Q) = $m \cdot c \cdot \triangle t$ [kJ]
= 질량(kg) × 비열(kJ/kg·K) × 온도차(K)
= 0.6kg/h × 4.2kJ/kg·K × (55-5)(K)= 126kJ
※ 1L=1kg, 절대온도(K) = 273.15 + 섭씨온도(℃)

46 ②

해설 | 월워싱 기법
벽면의 표면 연출을 극대화하기 위해 수직벽면을 빛으로 쓸어 내리는 듯한 효과를 주기 위해 비대칭 배광방식의 조명기구를 사용하여, 수직벽면에 균일한 조도의 빛을 비추는 기법

47 ②

해설 | 흡수식 냉동기
  ㉠ 증발기 → 흡수기 → 재생기 → 응축기 4가지 주요 요소로 구성
  ㉡ 기계적 에너지가 아닌 열에너지에 의해 냉동 효과를 얻는 냉동기

48 ③

해설 | 천창은 동일 창면적일 때 채광량이 측창의 3배가 많다.

49 ③

해설 | 잔향시간이 짧을수록 음의 명료도가 향상된다. 따라서 언어를 전달하는 강당이 음악당보다 잔향시간이 짧아야 한다.

50 ④

해설 |

구분	직류(DC)	교류(AC)
저압	1,500V 이하	1,000V 이하
고압	1,500V 초과 7,000V 이하	1,000V 초과 7,000V 이하
특별고압	7,000V 초과	7,000V 초과

51 ④

해설 | 문화 및 집회시설 중 공연장인 경우 계단 및 계단참의 너비는 120cm 이상으로 한다.

52 ①

해설 | 비상방송설비 – 경보설비

53 ①

해설 | 불꽃에 의하여 완전히 녹을 때까지 불꽃의 접촉횟수는 3회 이상

54 ②

해설 | 편의시설 대상 시설물
  공원, 공공건물 및 공중이용시설, 공동주택, 통신시설

55 ②

해설 |

건축물의 용도	해당 층의 거실의 바닥면적 합계
• 문화 및 집회시설 (**공연장**에 한함) • 위락시설 (**주점영업**에 한함)	300m² 이상
• 문화 및 집회시설 (**집회장**에 한함)	1,000m² 이상

56 ④

해설 | 옥내 작업장 작업 근로자수 50명 이상

57 ④

해설 | 주요구조부 : 내력벽, 기둥, 지붕틀

58 ③

해설 | 공동주택, 교육연구시설
  1대에 3,000m²를 초과하는 경우에는 그 초과하는 매 3,000m² 이내마다 1대를 더한 대수
  $1 + \dfrac{A - 3{,}000m^2}{3{,}000m^2} = 1 + \dfrac{12{,}000 - 3{,}000}{3{,}000}$
  = 4대 (15인승 이하)

59 ④

해설 | 출입구로부터 3m 이상 떨어진 곳에 설치

60 ①

해설 | 철근콘크리트 구조로서 두께가 10cm 이상 바닥

정답 및 해설

09 | 실내건축산업기사 2025년 제2회

1과목 실내디자인계획

01 ②

해설 | 사선은 운동감, 속도감, 불안, 변화하는 활동적 느낌을 준다.

02 ②

해설 | 대비
  ㉠ 질적, 양적으로 전혀 다른 둘 이상의 요소가 동시적 혹은 계속적으로 배열될 때 상호의 특징이 한층 강하게 느껴지는 통일적 현상
  ㉡ 상반되는 요소가 인접될수록 대비효과는 커진다.
  ㉢ 디자인에서는 절대적 통일성이 필요하나 대비를 통해서 강력함, 남성적인 성격을 갖게 된다.
  ㉣ 조형 요소로서의 대비 개념에는 직선과 곡선, 대소, 장단, 무거움과 가벼움, 딱딱함과 부드러움, 투명과 불투명 등이 있다.

03 ②

해설 | 주택 식당의 조명계획
  ㉠ 일반적으로 식탁 위를 집중적으로 조명하는 천장에 매달아 늘어뜨린 펜던트 조명과 천장에 부착시킨 직부등이나 벽에 부착시킨 벽등으로 하는 배경조명을 사용한다.
  ㉡ 광원은 백열등이나 할로겐램프가 음식을 돋보이게 하여 이상적이다.

04 ③

해설 | 개실형(싱글 오피스)
  복도에 의해 각 층의 여러 부분으로 들어가는 방식
  ㉠ 독립성과 쾌적성 및 자연 채광이 우수하다.
  ㉡ 개방식 배치에 비해 공사비가 높다.
  ㉢ 방 길이에 변화를 줄 수 있지만, 연속된 복도 때문에 방 깊이에는 변화를 줄 수 없다.

05 ④

해설 | 대향형
  책상을 마주 보도록 배치하는 형태로 면적 효율이 좋고 각종 배선의 처리가 용이하며, 커뮤니케이션 형성에 유리하여 공동작업의 형태로 업무가 이루어지는 영업관리에 적합하나 대면 시선에 의해 프라이버시를 침해할 우려가 있다.

06 ④

해설 | 동선의 원칙
  ㉠ 동선은 가능한 한 굵고 짧게 한다.
  ㉡ 동선의 형은 가능한 한 단순하며 명쾌하게 한다.
  ㉢ 서로 다른 종류의 동선은 가능한 한 분리하고 필요 이상의 교차는 피한다.
  ㉣ 동선내 공간이 확보되어야 한다.
  ㉤ 동선의 유형은 직선형, 방사형, 격자형, 혼합형 등으로 분류할 수 있다.
  * 동선계획의 기본은 동선의 시작에서 목적하는 지점에 이르는 끝까지 원활하고 자연스러운 흐름이 되도록 하는 것이다.

07 ③

해설 | 실내공간의 구성 요소
  ㉠ 바닥 : 실내공간의 가장 기초적인 요소로 수평적인 성격을 가지며 인간의 접촉 빈도가 가장 많은 요소이다.
  ㉡ 천장 : 시각적 흐름이 최종적으로 멈추는 곳으로 지각의 느낌에 영향을 준다. 낮은 천장은 아늑한 느낌, 높은 천장은 확장감을 준다.
  ㉢ 개구부 : 개구부는 벽의 일부를 뚫어 외부와 통하는 부분을 말한다. 대표적으로 문과 창문을 들수 있다. 문은 공간의 이동을 연결하며, 창문은 실내공간에 환기, 조명, 채광 효과를 줄 수 있다.

08 ②

해설 | 파사드
ⓐ 쇼윈도우, 출입구 및 홀의 입구부분을 포함한 평면적인 구성요소와 아케이드, 광고판, 사인, 외부 장치를 포함한 입체적인 구성 요소의 총체이다.
ⓑ 상점내의 내용과 결부된 개성적인 계획으로 고객의 구매 욕구를 유도하게 한다.
ⓒ 개성적, 인상적으로 표현하며 통행 객을 상점으로 유도하도록 하며, 상점의 취급 상품, 업종 등을 쉽게 인지하도록 표현한다.

09 ③

해설 | 전시공간의 규모 설정에 영향을 미치는 요인은 전시의 성격 및 목적, 전시자료의 크기와 수량, 전시방법 등이 있다.

10 ②

해설 | 디자인이미지 작업은 툴을 이용해 드로잉 작업을 하고 컬러를 적용해 페인트 작업을 하여 최종 이미지를 표현하는 것이다.

11 ③

해설 | ①백색, ③검정, ④노랑

12 ①

해설 | 문·스펜서의 색채 조화론
ⓐ 동등조화(Identity) - 같은 배색은 조화된다.
ⓑ 유사조화(similarity) - 유사한 배색은 조화된다.
ⓒ 대비조화(Contrast) - 대비 관계에 있는 배색은 조화된다.

13 ④

해설 | 채도는 색의 선명도를 나타낸 것으로 회색을 띄고 있는 정도 즉, 색의 순하고 탁한 정도이다. 순색일수록 채도가 높다. 노랑색 무늬를 검정색 바탕색 위에 놓으면 가장 채도가 높아 보인다.

14 ①

해설 | ② 파랑 - 주황, ③ 보라 - 연두, ④ 빨강 - 청록

15 ③

해설 | 병치가법혼색(병치혼합)
색광에 의한 병치혼합으로 작은 색점을 섬세하게 병치시키는 방법으로 빨강, 초록, 청자 3색의 작은 점들이 규칙으로 배열되어 혼색이 되는 현상을 말한다.
예) 칼라 TV의 화상, 모자이크 벽화, 신인상파 화기점묘 화법, 직물의 색조디자인

16 ①

해설 | 혼색계
ⓐ 색광을 표시하는 표색계이다.
ⓑ 물리적인 변색이 일어나지 않는다.
ⓒ 색표계로 변환이 가능하며 오차를 적용할 수 있다.
ⓓ 광원의 영향을 받지 않고 심리적·물리적인 빛의 혼색실험에 기초를 두고 있다.

17 ③

해설 | 진출 후퇴색
ⓐ 진출색 : 난색계의 색, 유채색, 높은 채도, 밝은색
ⓑ 후퇴색 : 한색계의 색, 무채색, 낮은 채도, 어두운색
배경이 밝을 때는 어두운색이 진출, 배경이 어두울 때는 밝은 색일수록 진출

18 ④

해설 | 색상이 다른 여러 색을 배색할 경우 명도와 채도를 같게 하면 조화롭다.

19 ②

해설 | 가구 배치 시 실내 재실자의 동선에 방해가 되지 않도록 해야 한다.

20 ③

해설 | 이지 체어(easy chair)
라운지 체어와 비슷하거나 크기가 작으며 기계장치가 없다.

2과목 실내디자인 시공 및 재료

21 ④

해설 | AE제
- 콘크리트속의 미세한 기포를 발생시켜 단위수량을 적게 하고, 콘크리트 시공연도, 내구성, 수밀성을 향상 시킨다.
- 동결융해에 대한 저항성을 증가시킨다. (내동해성)
- 건조수축 및 블리딩현상이 감소한다.
- AE제만 사용하는 것보다 감수제를 병용하면 시공연도 개선에 더욱 효과가 크다.

22 ③

해설 | 함수율
$= \left(\dfrac{건조전중량 - 절대건조시중량}{절대건조시중량}\right) \times 100\%$
$= \dfrac{5kg - 4kg}{4kg} \times 100(\%) = 25\%$

23 ③

해설 | KS F 4052 방수공사용 아스팔트는 사용용도
- 1종 : 보통의 감온성을 갖고 있으며 비교적 연질로써 실내, 지하 구조 부분에 사용하며 교면도막식방수 공사 기간 중이나 그 후에도 알맞은 온도를 가져야 합니다.
- 2종 : 비교적 적은 감온성을 갖고 있으며 일반 지역의 경사가 완만한 옥내 구조부에 사용합니다.
- 3종 : 감온성이 적은 것으로 일반 지역의 노출 지붕, 기온이 비교적 높은 지역의 지붕에 사용합니다.
- 4종 : 감온성이 아주 적으며 비교적 연질의 것으로 일반 지역 외에 한랭 지역의 지붕과 기타 부분에 사용합니다.

24 ②

해설 | 추락방호망
① 작업 면으로부터 가까운 지점에 수평으로 설치
② 건축물 등의 바깥쪽으로 설치하는 경우 내민 길이는 벽면으로부터 3m 이상
③ 망의 처짐은 짧은 변 길이의 12% 이상이 되도록 할 것
④ 작업 면으로부터 망의 설치지점까지의 수직거리(H)는 10m를 초과 금지

25 ②

해설 | 수염 : 삼, 어저귀, 종려털 또는 마닐라 삼

26 ②

해설 | 품질관리 순서 4단계
PDCA cycle, 데밍의 cycle,

27 ①

해설 |
- 목재의 역학적 강도 순서: 인장강도 > 휨강도 > 압축강도 > 전단강도
- 섬유의 평행 방향 > 섬유의 직각 방향

28 ①

해설 | 가능한 이종 금속을 인접 또는 접촉사용을 금지

29 ③

해설 | 점토 벽돌(KS L 4201)의 시험방법
겉모양, 압축강도, 흡수율

30 ①

해설 | 에멀션페인트(emulsion paint)
① 성분 : 수성페인트 + 유화제 + 합성수지
② 수성페인트와 유성페인트의 중간적 특성

31 ①

해설 | 테두리보 (Wall Girder)
각 층의 벽체 상부에 철근 콘크리트보를 둘러 내력벽과 일체로 연결한 보.
- 벽체를 일체로 연결하여 하중을 균등하게 분산시킨다.
- 보강블록조에서 세로 철근을 정착하기 위하여 사용한다.
- 횡력에 의한 수직 균열을 방지한다.
- 집중하중을 받는 부분의 보강재 역할을 한다.

32 ③

해설 | 알루미늄은 대기 중에서 쉽게 부식되지 않으나 산, 알칼리 및 해수에 약하다.

33 ②

해설 | 열기식 공정표
일반적인 표 형식으로 작업명, 작업일수, 재료, 노무, 장비 등을 표에 나열한 형태로 재료 및 노무 수배를 계획할 목적으로 작성하는 공정표

34 ②

해설 | 비중이 큰 목재일수록 신축 변형이 크다.

35 ③

해설 | 압축강도(kg/cm²)
화강암(500~1,940)>참나무(507)>보통콘크리트(400)>시멘트벽돌(40)

36 ①

해설 | 에폭시 수지
- 접착력이 좋아 알루미늄 등 경금속의 접착에 쓰인다.
- 내약품성, 내열성이 우수하고 다소 고가이다.
- 접착제, 금속도료, 보온·보냉제, 내수피막제

37 ②

해설 | 도어클로저(door closer)
여닫이문이 자동적으로 닫히게 하는 장치이며, 도어체크(door check)라고도 한다.

38 ④

해설 | 스테인드 글라스(stained glass)
① 착색유리로 무늬나 그림을 그려 모양을 낸 유리이다.
② 접합부에는 납으로 끼워 맞춰 모양을 낸다.
③ 용도 : 성당의 창, 장식용 창 등

39 ④

해설 | 내쌓기
- 벽면에서 부분적으로 길게 내밀어 박공벽, 수평띠 등의 모양을 내기 위해 벽면에서 벽돌을 쌓는 방식
- 내쌓기는 한 켜당 $\frac{1}{8}$B 또는 두 켜당 내밀 때는 $\frac{1}{4}$B로 하고, 최대 내미는 길이는 2.0B 이내로 한다.

40 ②

해설 | 취성(취약성, brittleness)
어떤 재료에 외력을 가하였을 때, 작은 변형만 나타내도 곧 파괴되는 성질

3과목 실내디자인 환경

41 ②

해설 | 열전도 (벽체 내의 열의 흐름)
고체 자체 내에서의 열이동, 즉 벽체 내부에서 열이 이동하는 현상이다.
㉠ 열전도율의 단위 : λ[W/m · K]
㉡ 공극이 많은 재료일수록 열전도율은 작고 비중과 열전도율 비례하다.
㉢ 기체 < 액체 < 고체 순으로 열전도율이 크다.
㉣ 열전도율이 크면 클수록 열전도저항은 작아진다.

42 ①

해설 | 조도(E, lux)
단위면적당 입사광속으로 점광원에서 어떤 물체나 표면 도달하는 광속의 밀도 [장소의 명도]

43 ②

해설 | 결로의 발생원인
㉠ 실내·외의 온도차
㉡ 실내의 습기 과다
㉢ 환기부족, 단열재 및 시공불량, 시공 후 미 건조

44 ③

해설 | 수도직결방식은 일정한 수압 유지가 어렵다.

45 ①

해설 | 변전실은 부하의 중심에 가까우며 배전에 편리한 곳에 설치한다.

46 ③

해설 | 차음재료는 음의 투과율이 작을수록 차음력은 커진다.

47 ①

해설 | 빛이 수직으로 입사 시 조도 계산
$$조도 = \frac{광도}{거리^2} \text{ (m)}$$
여기서, 광도=1,000cd, 거리 = 4m
∴ 조도 = $\frac{1,000}{4^2}$ = 62.5 lx

48 ①

해설 | 음의 크기

청각의 감각량으로 음의 대소를 나타내는 감각량을 음의 크기라고 한다. 단위는 sone이며 sone값을 2배로 하면 음 크기는 2배가 된다.

49 ②

해설 | 통기관의 설치 목적
㉠ 사이폰 작용에 의해 트랩 봉수가 파괴되는 것을 방지한다.
㉡ 배수관 내의 배수 흐름 원활하게 한다.
㉢ 신선한 공기를 유통시켜 배수관 내의 환기를 도모하여 관내를 청결하게 유지한다.
㉣ 배수관 내의 기압을 일정하게 유지한다.

50 ①

해설 | 습공기를 가습하였을 때 ?
상대습도, 절대습도는 증가, 습구온도 상승, 노점온도와 엔탈피, 수증기분압, 비체적은 높아진다. (건구온도만 상태값이 증가하지 않는다.)

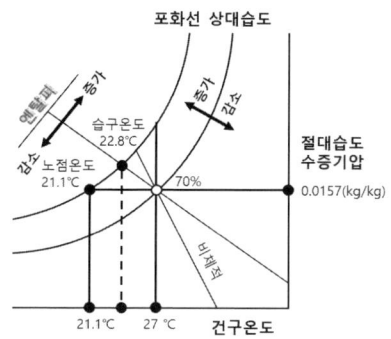

51 ②

해설 | 방습조치는 건축물 최하층에 있는 거실의 바닥은(목조인 경우) 그 바닥높이를 지표면으로부터 45cm 이상으로 하여야 한다

52 ①

해설 | • 시멘트모르타르 위에 타일을 붙인 것으로서 그 두께의 합계가 2.5cm인 것
• 심벽에 흙으로 맞벽치기 한 것(두께에 관계없이 인정)

53 ④

해설 |

구분	기준
층수	2층 이상 (기둥과 보가 목구조인 건축물은 3층 이상)
높이	13m 이상
처마높이	9m 이상
경간 (기둥과 기둥사이 거리)	10m 이상
연면적	200m² 이상 (목구조 건축물의 경우 500m² 이상) [제외] 창고, 축사, 작물재배사 및 표준설계도에 따라 건축하는 건축물

54 ④

해설 | 지하가 중 터널로서 길이가 1,000m 이상인 것

55 ④

해설 | 승강기 등 기계장치에 의한 주차시설로서 자동차 20대 이상을 주차할 수 있는 시설

56 ①

해설 | 지하가 중 터널은 길이가 최소 1000m 이상

57 ②

해설 | $\dfrac{600m^2}{100m^2} \times 0.6m \leq 3.6m$

58 ③

해설 | 11층 이상의 층은 바닥면적 200m²(600m²) 이내마다 구획한다.
∴ 1,500÷600=2.5≒3개소

59 ①

해설 | 배연구에 설치하는 수동개방장치 또는 자동개방장치(열감지기 또는 연기감지기에 의한 것을 말한다.)는 손으로도 열고 닫을 수 있도록 해야 한다.

60 ④

해설 | 밸런스 조명(벽면, 상하향 간접조명)
코브와 코니스를 혼합한 형태로 목재, 금속판 및 투과율이 낮은 재료로 광원을 숨기며 천장 방향과 바닥 방향 양쪽으로 빛을 비추는 방식

정답 및 해설

09 | 실내건축산업기사 2025년 제3회

1과목 실내디자인계획

01 ③

해설 | 곡선은 유연, 복잡, 동적, 부드러움, 경쾌, 여성적인 느낌을 준다.

02 ③

해설 | 대비
- ㉠ 질적, 양적으로 전혀 다른 둘 이상의 요소가 동시적 혹은 계속적으로 배열될 때 상호의 특징이 한층 강하게 느껴지는 통일적 현상
- ㉡ 상반되는 요소가 인접될수록 대비효과는 커진다.
- ㉢ 디자인에서는 절대적 통일성이 필요하나 대비를 통해서 강력함, 남성적인 성격을 갖게 된다.
- ㉣ 조형 요소로서의 대비 개념에는 직선과 곡선, 대소, 장단, 무거움과 가벼움, 딱딱함과 부드러움, 투명과 불투명 등이 있다.

03 ③

해설 | 조닝(zoning) 계획
공간 내에서 이루어지는 다양한 행동의 목적, 공간, 사용시간, 입체 동작 상태 등에 따라 공간의 성격이 달라진다. 공간의 내용이나 성격에 따라서 구분되는 공간을 구역(zone)이라 하며, 이 구역을 구분하는 것을 조닝(zoning)이라 한다.
※ 주거공간의 영역 구분(zoning)
- ㉠ 사용자의 범위(생활공간)에 따른 구분
- ㉡ 공간의 사용시간(사용시간)에 따른 구분
- ㉢ 행동의 목적 (주행동)에 따른 구분
- ㉣ 행동반사에 따른 구분- 정적공간, 동적공간, 완충공간

04 ③

해설 | 부엌의 작업 순서
- ㉠ 작업 순서 : 작업대는 능률적인 작업을 위해 준비대→개수대→조리대→가열대→배선대 순서로 배치한다.
- ㉡ 작업 삼각형(work triangle) : 냉장고와 개수대 그리고 가열대를 잇는 작업 삼각형의 길이는 3.6~6.6m로 하는 것이 능률적이며 개수대는 창에 면하는 것이 좋다.

05 ①

해설 | 사무소 건축의 엘리베이터는 가능한 한 1개소에 집중해서 배치한다. 여러 대의 엘리베이터를 설치하는 경우, 그룹별 배치와 군 관리 운전방식으로 한다. 각 서비스 존별 엘리베이터 수량은 가능한 한 8대 이하로 한다. 군 관리 운전의 경우 동일 군내의 서비스층은 같게 한다.

06 ③

해설 | 동선은 속도, 빈도, 하중의 3요소를 가지며, 이들 요소의 정도에 따라 거리의 장단, 폭의 대소가 결정되어진다.

07 ③

해설 | 바닥은 외부로부터 추위와 습기를 차단하고 사람과 물건을 지지하여 생활장소를 지탱하게 해준다.

08 ①

해설 | VMD의 개념
- ㉠ VMD는 V(Visual : 전달 기술로서의 시각화)와 MD (Merchandising : 상품 계획)의 조합
- ㉡ 상점 구성의 기본이 되는 상품 계획을 시각적으로 구체화시켜 상점 이미지를 경영 전략적 차원에서 고객에게 인식시키는 표현전략
- ㉢ 상점의 이미지 형성, 다른 상점과의 차별화, 당해 상점의 이미지 주장 과정으로 전개된다.

09 ②

해설 | 파노라마 전시
주제를 연속적으로 연관성 깊게 표현하기 위해 선형으로 연출되는 전시 기법

10 ②

해설 | 색채 정보 분석 과정에서는 시장 정보, 소비자 정보, 유행정보 등을 고려하여 색채계획을 한다.

11 ④

해설 | 원추세포
망막의 감각세포에서 모양과 색을 인식하며, 노란색에 가장 예민하다.

12 ④

해설 | 색의 항상성은 일종의 색순응 현상으로서 주변의 광원이나 조명이 되는 빛의 강도와 조건이 달라져도 색을 본래의 모습 그대로 느끼는 현상을 말한다.

13 ②

해설 | 채도(Chroma, saturation)
　㉠ 색의 탁하고 선명한 강약의 정도를 나타내는 척도이다.
　㉡ 채도 단계는 1~14단계로 되어 있다.
　㉢ 순색으로 반사율이 높은 색이 채도가 높다.
　㉣ 색의 강약에 따라 순색, 청색, 탁색으로 분류된다.
　㉤ 순색에 무채색이 많을수록 채도는 낮아지고, 무채색이 적을수록 채도는 높아진다.
　㉥ 색의 채도가 높으면 명도는 낮게, 채도가 낮으면 명도를 높게 하는 것이 좋다.

14 ②

해설 | 색료 혼합의 3원색은 시안(Cyan), 마젠타(Magenta), 노랑(Yellow)을 모두 혼합하면 흑색(Black)이 된다.

15 ②

해설 | ① 색채의 조화, 부조화는 인간 공통의 어떠한 법칙을 찾아내는 것이 가능하다.
　③ 문·스펜서 조화론은 먼셀 표색계를 사용한 것이다.
　④ 오스트발트 조화론은 오스트발트 표색계를 사용한 것이다.

16 ③

해설 | ① 반복배색 : 2색 이상을 반복 사용하여 일정한 질서를 유도하여 조화를 이루는 배색
　② 강조배색 : 단조로운 배색에 대조 색을 소량 덧붙임으로서 전체를 돋보이게 하는 배색
　④ 트리콜로 배색 : 하나의 면을 세 가지로 나누는 배색으로 강렬하고 대비가 강하며 안정감이 높은 배색

17 ③

해설 | 색채의 온도감
　㉠ 명도에 의해서도 느낄 수 있는데 일반적으로 무채색에서는 저명도가 난색에 속하고 고명도인 흰색 등은 차갑게 느껴진다(흰색보다는 검정색이 따뜻하게 느껴진다).
　㉡ 유채색에서는 장파장 계통의 빨강, 주황, 노랑 등이 난색에 속하며 진출, 팽창성이 있고 심리적으로 느슨함과 여유를 느낄 수 있다.
　㉢ 유채색에서는 단파장 계통의 청록, 파랑, 청자 등이 한색에 속하며 파란색 계통은 물, 바다 등을 연상하게 되므로 차갑게 느껴진다.

18 ②

해설 | 동화 현상
　㉠ 옆에 있는 색이나 주위의 색과 닮아 보이는 현상
　㉡ 전파효과 : 하나의 색이 다른 색 위에서 넓혀 가려는 것처럼 보이는 효과
　㉢ 혼색효과 : 혼색되려는 효과

　예) 검정에 싸인 흰색은 주위의 흰색보다 어둡게 보인다. 가는 줄무늬 패턴의 면은 배경색이 줄무늬 색 기미를 띠어 보인다.(베졸트 효과)

19 ②

해설 | ① 티 테이블(Tea Table) : 객실 내에 있는 가구로서 의자 중간에 놓는 간단한 테이블
　③ 나이트 테이블(Night Table) : 침대 머리 양쪽 옆에 놓는 테이블
　④ 익스텐션 테이블(Extension Table) : 다기능테이블의 일종

20 ④

해설 | 3차원 모델링의 특징
　㉠ 은선 제거 및 실물 같은 음영처리와 렌더링을 할 수 있다.
　㉡ 3차원 모델로부터 도면을 작성했을 때 설계변경에 신속하게 대응이 가능하다.
　㉢ 관측하기 유리한 임의의 시점으로부터 모델 뷰를 표현할 수 있다.
　㉣ 자동 가공 작업을 위한 데이터 추출이 가능하다.
　㉤ 2차원 단면 및 도면을 편리하게 작성할 수 있다.

2과목 실내디자인 시공 및 재료

21 ④

해설 | ① 베니어판은 함수율 변화에 따라 신축변형이 작다.
② 집성목재란 장식재보다 주로 구조재로 사용되는 인공 목재이다.
③ 코펜하겐리브는 음향조절 효과와 장식효과가 있다.

22 ④

해설 | 골재는 입도가 좋을수록 분말도가 낮을수록 커지므로 굵은 골재와 잔 골재를 섞어 사용해야 한다.
따라서 굵은 골재의 최대치수가 클수록 콘크리트의 강도가 작아진다.

23 ③

해설 | 체크 시트
체크시트 제품의 불량수, 결점수와 같은 수치가 어디에 집중되어 있는가를 나타낸 그림이나 표
※ TQC 활동의 도구 : 히스토그램, 특성요인도, 파레토도, 체크 시이트, 각종 그래프 및 관리도, 산점도, 층별

24 ②

해설 | 표면이 평활하고 비중이 0.9 이상이며 경도가 크다.

25 ①

해설 | 섬유에 평행한 방향측에서 일반적으로 강도는
인장강도 〉 휨강도 〉 압축강도 〉 전단강도

26 ③

해설 | 화란식(네덜란드)쌓기
영식쌓기와 같으나 벽의 끝이나 모서리에 칠오토막 사용

27 ④

해설 | 강은 일반적으로 탄소의 양이 증가하면 비열, 전기저항, 항복강도, 인장강도, 경도 등은 증가하고, 비중, 열전도율, 열팽창계수, 연신율, 단면 수축률, 신도, 내식성 등은 감소한다.

28 ③

해설 | 임의의 한 공사가 완전히 끝난 뒤 다음 공사가 연속되도록 작성하는 것이 공정표의 원칙이다.

29 ②

해설 | 수중에서는 경화하지 않는 기경성 재료이다.

30 ③

해설 | 내민줄눈은 벽면이 고르지 않을 때 사용하며 줄눈의 효과가 확실하다.

31 ②

해설 |
- 추락방호망 (사람)
  그물코 크기는 10cm 이하가 추락 방호망에 적합하다.
- 낙하물 방지망 (자재, 공구 등)
  그물코 크기는 20mm 이하가 낙하물 방호망에 적합하다.

32 ①

해설 | 외력의 제거 시 응력과 변형이 0으로 돌아가는 최대한도 탄성한도이다.

33 ②

해설 | 열선반사유리 (solar reflective glass)
① 빛을 쾌적하게 느낌정도로만 받아들이고 외부에서는 실내가 안보이고 거울처럼 보여 시선을 막아주는 효율적인 기능을 가진 유리
② 표면에 금속피막을 코팅하여 태양열의 차단효과가 (가시광선은 40%, 태양열선은 30% 반사) 우수하여 냉난방비 절감 효과
③ 용도 : 고층 빌딩의 창, 프라이버시 공간

34 ②

해설 | 석재의 단점
- 불에 노출되면 균열이 생기고 강도가 떨어진다.
- 인장강도가 약하다. (압축강도의 1/20 ~ 1/40)
- 중량이 크고 가공이 어렵다.
- 장대재를 얻기 어렵다.
- 벽체가 두꺼워 실내공간이 줄어든다.

35 ④

해설 | 소다석회 유리(소다 유리, 크라운 유리)
- 용융하기 쉽고 산에는 강하나 알칼리에 약하다.
- 비교적 팽창률이 크고 강도가 높으나 풍화의 우려가 있다.
- 용도 : 건축 일반용 창유리, 일반 병유리 등

36 ②

해설 |
- 수경성 재료(석고질)
  시멘트 모르타르, 석고플라스터, 무수석고(경석고 플라스터, 킨즈시멘트), 인조석 바름, 테라조 현장 바름
- 수경성 재료(석고질)
  시멘트 모르타르, 석고플라스터, 무수석고(경석고 플라스터, 킨즈시멘트), 인조석 바름, 테라조 현장 바름

37 ④

해설 | 수성페인트는 내수성 및 내구성이 약해서 실내용으로 사용

38 ②

해설 | 물-시멘트비(W/C) = $\dfrac{물의\ 중량}{시멘트\ 중량} \times 100(\%)$

시멘트중량 = 8포 × 40kg = 320kg
물의 중량 = 시멘트 중량 × 물-시멘트비(W/C)
= 320kg × 0.65 = 208kg = 0.208㎥

39 ③

해설 | 초산비닐수지 - 열가소성 합성수지

40 ①

해설 | 아스팔트 싱글
주로 지붕재로 사용하기 위해 표면에 돌입자로 코팅한 것으로, 방수성과 내수성, 내변색성이 우수한 재료이다. 일반 아스팔트 싱글의 단위 중량은 10.3kg/㎡ 이상 12.5kg/㎡ 미만이다.

3과목 실내디자인 환경

41 ②

해설 | 배관의 구배
급수관은 수리를 위해 관속에 물을 완전히 빼낼수 있고 또한 공기가 정체 하지 않도록 구배를 주어 배관한다.

42 ①

해설 | 전공기 방식은 덕트 크기가 커지므로 설치공간이 많이 필요하다.

43 ②

해설 | 급탕개소마다 가열기의 설치 스페이스가 필요한 방식은 국소식(개별식) 급탕방식

44 ④

해설 | 환기량 $Q = n \cdot v$
Q : 환기량(m/h), n : 환기횟수(회/h), V : 실용적(㎥)
∴ 환기횟수 $n = \dfrac{Q}{V} = \dfrac{800명 \times 30m^3}{6,000m^3}$ = 4회

45 ④

해설 | 조명설계의 순서
소요조도의 결정 → 광원의 선정 → 조명방식의 선정 → 조명기구의 선정 → 광속계산 → 조명기구 배치

46 ④

해설 | 공기 중으로 전달되는 음파의 전파속도는 주파수 영향을 받지 않고 통과하는 물질의 성질에 따라 영향을 받는다.

47 ③

해설 | 변풍량(VAV)방식
각 실, 각 존별 변풍량 유닛을 설치하여 부하변동에 따라 송풍량을 조절할 수 있어 에너지 절약 효과가 있다. 외기 풍량을 많이 필요로 하는 실에는 적용이 가능하다.

48 ②

해설 | 분전반(pannel board)
분기 보안을 위해 퓨즈류를 모아 놓은 장치로서, 하나의 패널로 설계된 단위 패널의 집합체로 각 전선, 자동과전류차단장치, 조명, 온도, 전력회로의 제어용 개폐기가 설치되어 있으며, 전면에서만 접근할 수 있다. 분전반 종류로는 매입형, 반매입형, 노출벽부형과 전기전용실에 설치 가능한 자립형이 있다.

49 ④

해설 | 열관류 (열전달+열전도+열전달)
열은 고온측에서 저온측으로 흘러 두 유체 간의 전열이 진행되는데 벽과 같은 고체를 통하여 유체(공기)에서 유체(공기)로 열전달-열전도-열전달의 과정을 통해 열이 전해지는 현상을 말한다.

50 ③

해설 | 잔향시간이 짧을수록 음의 명료도가 향상된다. 따라서 언어를 전달하는 강당이 음악당보다 잔향시간이 짧아야 한다.

51 ③

해설 | 계단실의 실내에 접하는 부분의 마감은 불연재료로 할 것

52 ③

해설 |
- 채광을 위한 창문면적 : 거실 바닥면적의 1/10 이상
- 환기를 위한 창문면적 : 거실 바닥면적의 1/20 이상

53 ②

해설 | 계단을 대체하여 설치하는 경사로 경사도는 1:8 이하

54 ③

해설 | 승강기 내부 유효바닥면적 : 1.1m 이상, 깊이 1.35m 이상

55 ②

해설 |

구분	양측에 거실이 있는 복도	기타의 복도
유치원, 초등학교, 중학교, 고등학교	2.4m 이상	1.8m 이상
공동주택, 오피스텔	1.8m 이상	1.2m 이상
거실의 바닥면적 합계가 200m² 이상인 층	1.5m 이상 (의료시설 복도는 1.8m 이상)	1.2m 이상

56 ④

해설 | 방염성능기준 이상의 실내장식물 등을 설치하여야 하는 특정소방대상물
① 근린생활시설 중 체력단련장, 의원, 숙박시설, 방송통신시설 중 방송국 및 촬영소
② 건축물의 옥내에 있는 문화 및 집회 시설, 종교시설, 운동시설(수영장은 제외)
③ 의료시설 중 종합병원, 요양병원 및 정신의료기관(입원실이 없는 정신건강의학의원은 제외)
④ 노유자시설 및 숙박이 가능한 수련시설
⑤ 다중이용업소
⑥ 교육연구시설 중 합숙소
⑦ 상기①~⑥의 시설에 해당하지 아니하는 것으로서 층수(건축법 시행령에 따라 산정한 층수)가 11층 이상인 것(아파트는 제외)

57 ③

해설 | 코브(cove) 조명(천장면 상향간접조명)
천장, 벽의 구조체에 의해 광원의 빛이 천장 또는 벽면으로 가려지게 하여 반사광으로 간접조명하는 방식이다.
㉠ 천장고가 높거나 현장 높이가 변화하는 실내에 적합하다.
㉡ 높이에 대한 느낌을 표현할 수 있으며 빛이 부드럽고 균등하며 눈부심이 없어 보조조명으로 많이 사용된다.

58 ④

해설 | 비상콘센트설비 설치 특정소방대상물
- 층수가 11층 이상인 특정소방대상물의 경우에는 11층 이상의 층
- 지하층의 층수가 3개층 이상이고 지하층의 바닥면적의 합계가 1,000㎡ 이상인 것은 지하층의 모든 층
- 지하가 중 터널로서 길이 500m 이상인 것

59 ①

해설 | 제연설비 → 소화활동설비

60 ④

해설 | 소요램프 수, $N = \dfrac{E \cdot A}{F \cdot U \cdot M}$(개)

$= \dfrac{500 \times (9 \times 12)}{2560 \times 0.6 \times 0.67} = \dfrac{54,000}{1,029} = 52.47\text{EA}$

∴ 53개−30대(기존 설치대수)=23대
N : 램프의 개수(?), F : 램프 1개당 광속(2560lm),
E : 평균수평면조도(500lx), A : 실면적(9×12㎡),
U : 조명률(0.6), M : 보수율(0.67)

www.epasskorea.com

저자 소개

한석우

- 중앙대학교, 대학원 실내건축과 석사 졸업
- 실내건축기사 1급 자격증 취득 (1994)
- 실내디자인 3급 교사 자격증 (1999)
- 한국 실내디자인학회 정회원 (KIID)
- 한국 실내건축가협회 정회원 (KOSID)

약력

- (주)Bontte DesignCDO
- (주) 다원디자인 : 설계본부 상무
- (주) 이노디자인 (국내 종합디자인 1위) : 디자인 디렉터
- (주) 금강오길비 (舊 금강기획) : 크리에이티브팀
- (주) LG화학 : 디자인 기획팀
- 삼성에버랜드 (주) 중앙디자인 : 설계본부
- 경문직업전문학교, LG화학 데코빌 리모델링 아카데미 전임강사
- 성신여자대학교 공예과, 대림대학 실내건축과, 한성대 학점은행 강사

인기 유튜브 채널 운영자
채널명 : #공간살롱
"한소장의 실내디자이너로 자라기 시리즈"
soban@naver.com

강혜진

- 연세대학교 대학원 건축공학과 박사 졸업
- 중앙대학교 대학원 실내건축과 석사 졸업
- 광운대학교 건축공학과 졸업
- 건축기사 1급 자격증 취득 (1993)
- 실내디자인 3급 교사 자격증 (1999)
- 건축 분야 특급 기술자 (2020)
- 한국 실내디자인학회 정회원 (KIID)
- 한국 건축 학회 정회원

약력

- 인하공업 전문대학 겸임교수
- 김포대학, 인덕대학, 한양대학교 실내건축, 한성대학교 디자인아트 평생교육원, 서경대학교 예술교육원 강사
- (주) 쏨니엄 디자인 : 설계본부
- (주) 금강오길비 (舊 금강기획) : 크리에이티브팀
- (주) 참 공간 디자인 연구소 : 디자인 기획팀

저서

- 2014년 함께 만드는 건축 역사 교과서/구미서관

2026 실내건축산업기사 필기

개정2판 1쇄 인쇄 | 2025년 10월 13일
개정2판 1쇄 발행 | 2025년 10월 27일

지 은 이 | 한석우, 강혜진
발 행 인 | 이재남
발 행 처 | (주)이패스코리아
　　　　　　 서울시 영등포구 경인로 775 에이스하이테크시티 2동 10층
　　　　　　 전화 1600-0522　팩스 02-6345-6701
　　　　　　 홈페이지 www.epasskorea.com
　　　　　　 이메일 book@epasskorea.com
등록번호 | 제318-2003-000119호(2003년 10월 15일)

※ 잘못된 책은 교환해 드립니다.
※ 이책은 저작권법에 의해 보호를 받는 저작물 이므로 무단전재와 복제를 금합니다.
본 교재의 저작권은 이패스코리아에 있습니다.